MECÂNICA VETORIAL para ENGENHEIROS
DINÂMICA

Tradução da 9a. ed.
Antônio Eustáquio de Melo Pertence
Doutor em Engenharia Mecânica pela UFMG
Professor aposentado do Departamento de Engenharia Mecânica da UFMG

Revisão técnica da 9a. ed.
Antonio Pertence Júnior
Mestre em Engenharia Mecânica pela UFMG
Ex-professor da Universidade Fumec/MG

Tradução da 11a. ed.
Nathália Bergamaschi Glasenapp e Renata Mariante Tavares

M486	Mecânica vetorial para engenheiros : dinâmica / Ferdinand P. Beer... [et al.] ; tradução: Nathália Bergamaschi Glasenapp, Renata Mariante Tavares. – 11. ed. – Porto Alegre: AMGH, 2019. xvii, [857 p. em várias paginações] : il. color. ; 28 cm. v. 2. ISBN 978-85-8055-621-6 (obra completa). –ISBN 978-85-8055-619-3 (v.1). – ISBN 978-85-8055-617-9 (v.2) 1. Engenharia mecânica. I. Beer, Ferdinand P. II.Título. CDU 621

Catalogação na publicação: Karin Lorien Menoncin – CRB 10/2147

FERDINAND P. BEER
Ex-professor da Lehigh University

E. RUSSELL JOHNSTON, JR.
Ex-professor da University of Connecticut

PHILLIP J. CORNWELL
Rose-Hulman Institute of Technology

BRIAN P. SELF
California Polytechnic State University – San Luis Obispo

SANJEEV SANGHI
Indian Institute of Technology, Delhi

MECÂNICA VETORIAL para ENGENHEIROS
Volume 2

DINÂMICA

COM UNIDADES NO SISTEMA INTERNACIONAL

11ª EDIÇÃO

AMGH Editora Ltda.
2019

Obra originalmente publicada sob o título
Vector Mechanics for Engineers: Statics and Dynamics, 11th Edition
ISBN 9780073398242

Copyright da edição original ©2015, McGraw-Hill Global Education Holdings, LLC.
Todos os direitos reservados.

Gerente editorial: *Arysinha Jacques Affonso*

Colaboraram nesta edição:

Capa: *Márcio Monticelli* (arte sobre capa original)

Imagem da capa: ©shutterstock.com / Merkushev Vasiliy, Flying snowboarder on mountains. Extreme sport.

Projeto gráfico e editoração: *Techbooks*

Revisão e conferência de emendas: *Lucas Reis Gonçalves* e *Ildo Orsolin Filho*

Reservados todos os direitos de publicação, em língua portuguesa, à
AMGH EDITORA LTDA., uma parceria entre GRUPO A EDUCAÇÃO S.A. e McGRAW-HILL EDUCATION
Av. Jerônimo de Ornelas, 670 – Santana
90040-340 Porto Alegre RS
Fone: (51) 3027-7000   Fax: (51) 3027-7070

Unidade São Paulo
Rua Doutor Cesário Mota Jr., 63 – Vila Buarque
01221-020 São Paulo SP
Fone: (11) 3221-9033

SAC 0800 703-3444 – www.grupoa.com.br

É proibida a duplicação ou reprodução deste volume, no todo ou em parte, sob quaisquer
formas ou por quaisquer meios (eletrônico, mecânico, gravação, fotocópia, distribuição na Web
e outros), sem permissão expressa da Editora.

IMPRESSO NO BRASIL
PRINTED IN BRAZIL

Os autores

Ferdinand P. Beer. Nascido na França e educado na França e na Suíça, era Mestre em Ciências pela Sorbonne e Doutor em Mecânica Teórica pela Universty of Genebra. Radicou-se nos Estados Unidos após servir ao exército francês no início da Segunda Grande Guerra e lecionar durante quatro anos no Williams College, no programa conjunto Williams-MIT em artes e engenharia. Após trabalhar no Williams College, Ferd ingressou no corpo docente da Lehigh University, onde lecionou durante 37 anos. Ocupou vários cargos, incluindo o de Professor Emérito da Universidade e chefe do Departamento de Engenharia Mecânica. Em 1995, Ferd foi agraciado com o título honorário de Doutor em Engenharia pela Lehigh University.

E. Russell Johnston, Jr. Nascido na Filadélfia, Russ recebeu o título de Bacharel em Engenharia Civil da University of Delaware e o título de Doutor em Engenharia Estrutural do Massachusetts Institute of Tecnology. Lecionou na Lehigh University e no Worcester Polytechnic Institute antes de ingressar na University of Connecticut, onde ocupou o cargo de chefe do Departamento de Engenharia Civil e lecionou por 26 anos. Em 1991, Russ recebeu o prêmio Outstanding Civil Engineer da Connecticut Section da American Society of Civil Engineers

Phillip J. Cornwell. Phil recebeu o título de Bacharel em Engenharia Mecânica pela Texas Tech University e título de Mestre e Doutor em Engenharia Mecânica e Aeroespacial pela Princeton University. Atualmente é professor de engenharia mecânica e vice-presidente de assuntos acadêmicos no Rose-Hulman Institute of Technology, onde ensina desde 1989. Phil recebeu o prêmio SAE Ralph R. Teetor Educational em 1992, o prêmio Dean's Outstanding Teacher em Rose-Hulman em 2000 e o prêmio Board of Trustees' Outstanding Scholar em Rose-Hulman em 2001. Phil foi um dos desenvolvedores do Dynamics Concept Inventory.

Brian P. Self. Brian obteve seu título de Bacharel e Mestre em Engenharia Mecânica pela Virginia Tech e de Doutor em Bioengenharia pela University of Utah. Ele trabalhou nos Laboratórios de Pesquisa da Força Aérea antes de lecionar na U.S. Air Force Academy por sete anos. Brian leciona no Departamento de Engenharia Mecânica na Cal Poly, em San Luis Obispo, desde 2006. Atuou no Conselho da American Society of Engineering Education, entre 2008 e 2010. Com uma equipe de cinco, Brian desenvolveu o Dynamics Concept Inventory para ajudar a avaliar a compreensão conceitual dos alunos. Seus interesses profissionais incluem pesquisa educacional, fisiologia da aviação e biomecânica.

Sanjeev Sanghi. Sanjeev obteve seu título de Bacharel em Engenharia Mecânica pelo Indian Institute of Technology, em Kanpur. Continuou seus estudos na Cornell University e no The Levich Institute da City University of New York, onde obteve seu Mestrado e Doutorado, respectivamente. Atualmente é professor no Departamento de Mecânica Aplicada do Indian Institute of Technology, em Delhi. Ele ingressou no departamento em 1992 e desde então tem ministrado cursos de Engenharia Mecânica e Mecânica de Fluidos nos níveis de graduação e pós-graduação. Ele coordenou o Educational Technology and Service Centre, no IIT Delhi, e foi pofessor-visitante na University of Sussex, no Reino Unido, em 2007 e 2008. Na Cornell University, ganhou o prêmio Distinguished Teaching Assistant, em 1988. Em 2002, recebeu o prêmio Distinguished Teacher da C V Kapoor Foundation. Sanjeev publicou artigos em revistas de renome, como o *Journal of Fluid Mechanics*, o *Journal of Computational Physics*, o *Physics of Fluids*, o *Chaos*, o *AIAA Journal*, o *ASME Journal of Heat Transfer*, o *Journal of Sound and Vibration*, o *Computers and Structures* e o *Computers and Fluids*.

Agradecimentos

Agradecemos especialmente a Jim Widmann, do California Polytechnic State University, que verificou cuidadosamente as soluções e respostas de todos os problemas desta edição e preparou as soluções para o *Instructor's and solutions manual*. Os autores também agradecem a Baheej Saoud, que ajudou a desenvolver e resolver vários dos novos problemas desta edição.

Temos o prazer de agradecer a David Chelton, que cuidadosamente revisou todo o texto e forneceu muitas sugestões úteis para revisar esta edição.

Os autores agradecem às várias empresas que forneceram fotografias para esta edição. Reconhecemos de bom grado os esforços e a paciência de nosso pesquisador de fotos, Danny Meldung.

Os autores também são gratos à equipe da McGraw-Hill pelo apoio e dedicação durante a preparação desta nova edição.

Phillip J. Cornwell
Brian P. Self

Finalmente, os autores agradecem os muitos comentários e sugestões oferecidas pelos usuários das edições anteriores de *Mecânica vetorial para engenheiros*:

George Adams
  Northeastern University
William Altenhof
  University of Windsor
Sean B. Anderson
  Boston University
Manohar Arora
  Colorado School of Mines
Gilbert Baladi
  Michigan State University
Francois Barthelat
  McGill University
Oscar Barton, Jr.
  U.S. Naval Academy
M. Asghar Bhatti
  University of Iowa
Shaohong Cheng
  University of Windsor
Philip Datseris
  University of Rhode Island
Timothy A. Doughty
  University of Portland

Howard Epstein
  University of Connecticut
Asad Esmaeily
  Kansas State University,
  Civil Engineering Department
David Fleming
  Florida Institute of Technology
Jeff Hanson
  Texas Tech University
David A. Jenkins
  University of Florida
Shaofan Li
  University of California, Berkeley
William R. Murray
  Cal Poly State University
Eric Musslman
  University of Minnesota, Duluth
Masoud Olia
  Wentworth Institute of Technology
Renee K. B. Petersen
  Washington State University

Amir G Rezaei
  California State Polytechnic
  University, Pomona
Martin Sadd
  University of Rhode Island
Stefan Seelecke
  North Carolina State University
Yixin Shao
  McGill University
Muhammad Sharif
  The University of Alabama
Anthony Sinclair
  University of Toronto
Lizhi Sun
  University of California, Irvine
Jeffrey Thomas
  Northwestern University
Jiashi Yang
  University of Nebraska
Xiangwa Zeng
  Case Western Reserve University

Prefácio

Objetivos

O principal objetivo de um primeiro curso de mecânica deve ser o de ajudar a desenvolver no estudante a capacidade de analisar problemas de um modo simples e lógico e aplicar princípios básicos à sua resolução. Um entendimento forte e objetivo desses princípios básicos da mecânica é essencial para o sucesso na resolução de problemas dessa área. Espera-se que este livro, assim como o volume anterior, *Mecânica vetorial para engenheiros: Estática*, possa auxiliar o professor a alcançar esses objetivos.*

Abordagem geral

A análise vetorial foi introduzida no início do primeiro volume e usada na apresentação dos princípios básicos de estática, assim como para a resolução de muitos problemas, em particular de problemas tridimensionais. Analogamente, o conceito de diferenciação vetorial será introduzido logo no início deste volume, e a análise vetorial será usada ao longo de toda a apresentação dos conceitos de dinâmica. Essa abordagem leva a deduções mais concisas dos princípios fundamentais da mecânica. Também torna possível analisar muitos problemas de cinemática e cinética que não poderiam ser resolvidos por métodos escalares. No entanto, a ênfase do texto permanece sendo a compreensão correta dos princípios da mecânica e a sua aplicação à solução de problemas de engenharia, e a análise vetorial é apresentada principalmente como uma ferramenta adequada.**

Aplicações práticas são imediatamente apresentadas. Uma das características da abordagem adotada neste livro é que a mecânica de *partículas* é claramente separada da mecânica de *corpos rígidos*. Essa abordagem permite considerar aplicações práticas simples já em um estágio inicial e postergar a introdução de conceitos mais complexos. Por exemplo:

- No volume *Estática*, a estática de partículas é tratada em primeiro lugar o princípio de equilíbrio de uma partícula é imediatamente aplicado a situações práticas que envolvem apenas forças concorrentes. A estática de corpos rígidos é considerada mais tarde, os produtos escalar e vetorial de dois vetores são apresentados e usados para se definir o momento de uma força em relação a um ponto e a um eixo.
- No volume *Dinâmica*, observa-se a mesma divisão. Os conceitos básicos de força, massa e aceleração, trabalho e energia e de impulso e quantidade de movimento são introduzidos e aplicados primeiramente a problemas que envolvem apenas partículas. Assim, os estudantes podem se familiarizar com os três métodos básicos usados em dinâmica e aprender suas respectivas vantagens antes de se defrontar com dificuldades associadas ao movimento de corpos rígidos.

---

* Ambos os textos também estão disponíveis em um único volume, *Vector Mechanics for Engineers: Statics and Dynamics,* 11ª edição.

** Em um texto paralelo, em inglês, Mechanics for Engineers: Statics, 5ª edição, o uso de álgebra vetorial fica limitado à adição e subtração de vetores, e o diferencial de um vetor é omitido.

x Prefácio

17.1 MÉTODOS DE ENERGIA PARA UM CORPO RÍGIDO

O princípio de trabalho e energia será usado agora na análise do movimento plano de corpos rígidos. Conforme salientado no Cap. 13, o método de trabalho e energia adapta-se particularmente bem à resolução de problemas que envolvem velocidades e deslocamentos. Sua vantagem principal reside no fato de que o trabalho de forças e a energia cinética de partículas são grandezas escalares.

17.1A Princípio de trabalho e energia

Para aplicar o princípio de trabalho e energia à análise do movimento de um corpo rígido, admitiremos novamente que o corpo rígido é constituído de um grande número n de partículas de massa Δm_i. Retomando a Eq. (14.30) da Seção 14.12B, escrevemos

Princípio de trabalho e energia para um corpo rígido

$$T_1 + U_{1 \to 2} = T_2 \qquad (17.1)$$

onde T_1, T_2 = valores inicial e final da energia cinética total das partículas constituintes do corpo rígido
$U_{1 \to 2}$ = trabalho de todas as forças que agem sobre as várias partículas do corpo.

De fato, como vimos no Cap. 13, podemos expressar o trabalho realizado por forças não conservativas como $U_{1 \to 2}^{NC}$ e podemos definir termos de energia potencial para forças conservativas. Então, podemos expressar a Eq. (17.1) como

$$T_1 + V_{g_1} + V_{e_1} + U_{1 \to 2}^{NC} = T_2 + V_{g_2} + V_{e_2} \qquad (17.1')$$

onde V_{g1} e V_{g2} são a energia potencial gravitacional inicial e final do centro de massa do corpo rígido em relação a um ponto de referência ou ponto de partida e V_{e1} e V_{e2} são os valores inicial e final do elástico, energia associada a molas no sistema.

A energia cinética total

$$T = \frac{1}{2} \sum_{i=1}^{n} \Delta m_i v_i^2 \qquad (17.2)$$

é obtida adicionando-se as grandezas escalares positivas, sendo ela mesma uma grandeza escalar positiva. Veremos adiante que T pode ser determinada para vários tipos de movimento de um corpo rígido.

A expressão $U_{1 \to 2}$ na Eq. (17.1) representa o trabalho de todas as forças que agem sobre as várias partículas do corpo, sejam essas forças internas ou externas. Todavia, o trabalho total das forças internas que mantêm as partículas de um corpo rígido juntas é nulo. Considere duas partículas A e B de um corpo rígido e as duas forças iguais e opostas $\mathbf{F}$ e $-\mathbf{F}$ que elas exercem uma sobre a outra (Fig. 17.1). Embora, em geral, pequenos deslocamentos $d\mathbf{r}$ e $d\mathbf{r}'$ das duas partículas sejam diferentes, os componentes desses deslocamentos ao longo de AB precisam ser iguais; caso contrário, as partículas não permaneceriam à mesma distância uma da outra e o corpo não seria rígido. Portanto, o trabalho de $\mathbf{F}$ é igual em módulo e tem sinal oposto ao trabalho de $-\mathbf{F}$, e sua soma é igual a zero. Logo, o trabalho total das forças internas que agem sobre as par-

---

NOVO!

Novos conceitos são apresentados em termos simples. Considerando que este livro foi desenvolvido para um primeiro curso de dinâmica, os conceitos novos são apresentados em termos simples, e cada etapa é explicada em detalhe. Por outro lado, ao discutir os aspectos mais amplos dos problemas considerados e ao acentuar os métodos de aplicação geral, atingiu-se uma maturidade definitiva de abordagem. Por exemplo, o conceito de energia potencial é discutido no contexto geral de força conservativa. Além disso, o estudo do movimento plano de corpos rígidos foi projetado para conduzir naturalmente ao estudo de seu movimento mais geral no espaço. Isso é verdadeiro tanto em cinemática como em cinética, onde o princípio de equivalência de termos inerciais e forças externas é aplicado diretamente à análise do movimento plano, facilitando, assim, a transição para o estudo do movimento tridimensional.

Princípios fundamentais são apresentados no contexto de aplicações simples. É destacado o fato de a mecânica ser essencialmente uma ciência *dedutiva*, baseada em poucos princípios fundamentais. As deduções são apresentadas em sua sequência lógica e com todo o rigor permitido nesse nível. Entretanto, como o processo de aprendizagem é amplamente *indutivo*, aplicações simples são consideradas primeiro. Por exemplo:

- A cinemática de partículas (Cap. 11) precede a cinemática de corpos rígidos (Cap. 15).
- Os princípios fundamentais da cinética de corpos rígidos são aplicados primeiro à solução de problemas bidimensionais (Caps. 16 e 17), que podem ser mais facilmente visualizados pelo estudante, enquanto os problemas tridimensionais são abordados somente no Cap. 18.

A apresentação dos princípios de cinética é unificada. A décima primeira edição de *Mecânica vetorial para engenheiros* manteve a apresentação unificada de cinética que caracterizou as dez edições anteriores. Os conceitos de quantidade de movimento linear e angular são introduzidos no Cap. 12 de modo que a segunda lei de Newton do movimento possa ser apresentada não apenas em sua forma convencional $\mathbf{F} = m\mathbf{a}$, mas também como uma lei que relaciona, respectivamente, a soma das forças que agem sobre uma partícula e de seus momentos às taxas de variação da quantidade de movimento linear e angular da partícula. Isso torna possível introduzir antecipadamente o princípio de conservação da quantidade de movimento angular e discutir de maneira mais significativa o movimento de uma partícula sujeita a uma força central (Seção 12.3A). Mais importante ainda, essa abordagem pode ser prontamente estendida ao estudo do movimento de um sistema de partículas (Cap. 14) e leva a um tratamento mais conciso e unificado da cinética de corpos rígidos bi e tridimensionais (Caps. de 16 a 18).

Abordagem sistemática de solução de problemas. Nesta nova edição do livro, todos os problemas resolvidos são solucionados usando as etapas de Estratégia, Modelagem, Análise e Para refletir. Essa metodologia pretende dar confiança aos alunos ao abordar novos problemas, e eles são incentivados a aplicar essa abordagem na solução de todos os problemas atribuídos.

Diagramas de corpo livre são usados tanto para resolver problemas de equilíbrio como para expressar a equivalência de sistemas de forças. Diagramas de corpo livre foram previamente introduzidos em estática e sua importância é enfatizada ao longo de todo o livro. Eles foram usados não apenas para resolver problemas de equilíbrio, mas também para expressar a equivalência de dois sistemas de forças ou, de modo geral, de dois sistemas de vetores. Em dinâmica, vamos introduzir um diagrama cinético, que é uma representação pictórica de termos inerciais. A vantagem dessa abordagem torna-se aparente no estudo da dinâmica de corpos rígidos, onde é usada para resolver tanto problemas tridimensionais como bidimensionais. Ao dar maior ênfase aos diagramas de corpo livre e cinético do que às equações algébricas do movimento, é possível chegar a uma compreensão mais intuitiva e completa dos princípios fundamentais da dinâmica. Essa abordagem, introduzida pela primeira vez em 1962 na primeira edição de *Mecânica vetorial para engenheiros*, tem hoje ampla aceitação entre os professores de mecânica dos Estados Unidos. Por essa razão, ela é usada preferencialmente ao método do equilíbrio dinâmico e às equações do movimento na apresentação de todos os problemas resolvidos deste livro.

Seções opcionais oferecem tópicos avançados ou especializados. Um grande número de seções opcionais foi incluído nesta edição. Essas seções são indicadas por asteriscos, de modo a distingui-las facilmente daquelas que constituem o núcleo do curso básico de dinâmica. Elas podem ser omitidas sem prejuízo à compreensão do restante do texto.

Os tópicos incluídos nas seções opcionais incluem métodos gráficos para a resolução de problemas de movimento retilíneo, a trajetória de uma partícula sujeita a uma força central, a deflexão de correntes de fluido, problemas que envolvem a propulsão a jato e de foguetes, a cinemática e a cinética de corpos rígidos tridimensionais, vibrações mecânicas amortecidas e análogos elétricos. Esses tópicos serão considerados de particular interesse quando a dinâmica for ensinada no curso básico de engenharia.

O material apresentado no texto e a maioria dos problemas não requerem conhecimento matemático prévio além de álgebra, trigonometria, cálculo elementar e os elementos de álgebra vetorial apresentados nos Caps. 2 e 3 do volume *Estática*.* Entretanto, foram incluídos problemas especiais que fazem uso de um conhecimento mais avançado de cálculo e, certas seções, como as Seções 19.5A e 19.5B sobre vibrações amortecidas, somente devem ser ministradas se os estudantes tiverem embasamento matemático apropriado. Nas partes do texto que empregam o cálculo elementar, uma ênfase maior é dada à compreensão e aplicação corretas dos conceitos de diferenciação e integração em relação à manipulação rápida de fórmulas matemáticas. Nesse contexto, deve-se mencionar que a determinação dos centroides de áreas compostas precede o cálculo de centroides por integração, tornando possível, então, estabelecer firmemente o conceito de momento de área antes de introduzir o uso do conceito de integração.

Suplementos. Um pacote de suplementos destinados aos professores está disponível em loja.grupoa.com.br, na área do professor (sob proteção de senha). Lá constam, em inglês, o manual do professor, os exercícios com soluções e os resumos de cada capítulo. Os estudantes também estão convidados a se cadastrar no site para ter acesso aos problemas de computador e às apresentações PPT® com as imagens do livro.

---

* Para a conveniência do leitor, algumas definições e propriedades úteis de álgebra vetorial foram resumidas no Apêndice A, no final deste volume. Além disso, as Seções 9.5 e 9.6 do volume *Estática*, que tratam de momentos de inércia de massas, foram reproduzidos no Apêndice B.

Lista de símbolos

$\mathbf{a}, a$ Aceleração

a Constante; raio; distância, semieixo maior da elipse

$\bar{\mathbf{a}}, \bar{a}$ Aceleração do centro de massa

$\mathbf{a}_{B/A}$ Aceleração de B relativa a um referencial em translação com A

$\mathbf{a}_{P/\mathscr{F}}$ Aceleração de P relativa a um referencial rotativo $\mathscr{F}$

$\mathbf{a}_c$ Aceleração de Coriolis

$\mathbf{A}, \mathbf{B}, \mathbf{C}, \ldots$ Reações em apoios e conexões

$A, B, C, \ldots$ Pontos

A Área

b Largura; distância, semieixo menor da elipse

c Constante; coeficiente de amortecimento viscoso

C Centroide; centro instantâneo de rotação; capacitância

d Distância

$\mathbf{e}_n, \mathbf{e}_t$ Vetor unitário ao longo da normal e tangente

$\mathbf{e}_r, \mathbf{e}_\theta$ Vetor unitário na direção radial e transversal

e Coeficiente de restituição; base dos logaritmos naturais

E Energia mecânica total; voltagem

f Função escalar

f_f Frequência de vibração forçada

f_n Frequência natural

$\mathbf{F}$ Força; força de atrito

g Aceleração da gravidade

G Centro de gravidade; centro de massa; constante gravitacional

h Quantidade de movimento angular por unidade de massa

$\mathbf{H}_O$ Quantidade de movimento angular em relação ao ponto O

$\dot{\mathbf{H}}_G$ Taxa de variação da quantidade de movimento angular $\mathbf{H}_G$ com relação a um referencial de orientação fixa

$(\dot{\mathbf{H}}_G)_{Gxyz}$ Taxa de variação da quantidade de movimento angular $\mathbf{H}_G$ com relação a um referencial rotativo $Gxyz$

$\mathbf{i}, \mathbf{j}, \mathbf{k}$ Vetores unitários ao longo dos eixos coordenados

i Corrente

$I, I_x, \ldots$ Momentos de inércia

$\bar{I}$ Momento de inércia centroidal

$I_{xy}, \ldots$ Produtos de inércia

J Momento de inércia polar

k Constante de mola

k_x, k_y, k_O Raios de giração

$\bar{k}$ Raio de giração centroidal

l Comprimento

$\mathbf{L}$ Quantidade de movimento linear

L Comprimento; indutância

m Massa

m' Massa por unidade de comprimento

$\mathbf{M}$ Binário; momento

$\mathbf{M}_O$ Momento em relação ao ponto O

$\mathbf{M}_O^R$ Momento resultante em relação ao ponto O

M Intensidade do binário ou momento; massa da Terra

M_{OL} Momento em relação ao eixo OL

n Direção normal

$\mathbf{N}$ Componente normal da reação

O Origem das coordenadas

$\mathbf{P}$ Força; vetor

$\dot{\mathbf{P}}$ Taxa de variação do vetor P em relação a um referencial de orientação fixa

q Vazão em massa de um escoamento; carga elétrica

$\mathbf{Q}$ Força; vetor

$\dot{\mathbf{Q}}$ Taxa de variação do vetor Q em relação a um referencial de orientação fixa

$(\dot{\mathbf{Q}})_{Oxyz}$ Taxa de variação do vetor Q em relação a um referencial $Oxyz$

$\mathbf{r}$ Vetor de posição

$\mathbf{r}_{B/A}$ Vetor de posição de B em relação a A

r Raio; distância; coordenada polar

$\mathbf{R}$ Força resultante; vetor resultante; reação

R Raio da Terra; resistência

$\mathbf{s}$ Vetor de posição

s Comprimento de arco

t Tempo; espessura; direção tangencial

$\mathbf{T}$ Força

T Tensão; energia cinética

$\mathbf{u}$ Velocidade

u Variável

U	Trabalho	γ	Peso específico
U^{NC}_{1-2}	Trabalho realizado por forças não conservativas	δ	Alongamento
$\mathbf{v}, v$	Velocidade	ε	Excentricidade da seção cônica ou de órbita
v	Velocidade	$\boldsymbol{\lambda}$	Vetor unitário ao longo de uma linha
$\bar{\mathbf{v}}, \bar{v}$	Velocidade do centro de massa	η	Eficiência
$\mathbf{v}_{B/A}$	Velocidade de B relativa a um referencial em translação com A	θ	Coordenada angular; ângulo de Euler; ângulo; coordenada polar
$\mathbf{v}_{P/\mathscr{F}}$	Velocidade de P relativa a um referencial rotativo $\mathscr{F}$	μ	Coeficiente de atrito
$\mathbf{V}$	Produto vetorial	ρ	Massa específica; raio de curvatura
V	Volume; energia potencial	τ	Período
w	Carga por unidade de comprimento	τ_n	Período de vibração livre
$\mathbf{W}, W$	Peso; carga	ϕ	Ângulo de atrito; ângulo de Euler; ângulo de fase; ângulo
x, y, z	Coordenadas retangulares; distâncias	φ	Diferença de fase
$\dot{x}, \dot{y}, \dot{z}$	Derivadas temporais das coordenadas x, y, z	ψ	Ângulo de Euler
$\bar{x}, \bar{y}, \bar{z}$	Coordenadas retangulares do centroide, do centro de gravidade ou do centro de massa	$\boldsymbol{\omega}, \omega$	Velocidade angular
$\boldsymbol{\alpha}, \alpha$	Aceleração angular	ω_f	Frequência circular de vibração forçada
α, β, γ	Ângulos	ω_n	Frequência natural circular
		$\boldsymbol{\Omega}$	Velocidade angular do referencial

Sumário

11 Cinemática de partículas 615

11.1 Movimento retilíneo de partículas 617

11.2 Casos especiais e movimento relativo 635

*11.3 Soluções gráficas 652

11.4 Movimento curvilíneo de partículas 663

11.5 Componentes não retangulares 690

Revisão e resumo 711

Problemas de revisão 715

12 Cinemática de partículas: A segunda lei de Newton 718

12.1 A segunda lei de Newton e a quantidade de movimento linear 720

12.2 Quantidade de movimento angular e movimento orbital 762

*12.3 Aplicações do movimento de uma força central 773

Revisão e resumo 788

Problemas de revisão 792

13 Cinemática de partículas: métodos de energia e quantidade de movimento 795

13.1 Trabalho e energia 797

13.2 Conservação da energia 827

13.3 Impulso e quantidade de movimento 855

13.4 Impacto 877

Revisão e resumo 905

Problemas de revisão 911

xvi Sumário

14 Sistemas de partículas 915

14.1 Aplicação da segunda lei de Newton e princípios de movimento a um sistema de partículas 917

14.2 Métodos de energia e movimento para um sistema de partículas 936

*14.3 Sistemas variáveis de partículas 950

Revisão e resumo 970

Problemas de revisão 974

15 Cinemática de corpos rígidos 977

15.1 Translação e rotação de eixo fixo 980

15.2 Movimento plano geral: velocidade 997

15.3 Centro instantâneo de rotação 1015

15.4 Movimento plano geral: aceleração 1029

15.5 Análise do movimento em relação a um sistema de referência rotativo 1048

*15.6 Movimento de um corpo rígido no espaço 1065

*15.7 Movimento em relação a um sistema de referência em movimento 1082

Revisão e resumo 1097

Problemas de revisão 1104

16 Movimento plano de corpos rígidos: forças e acelerações 1107

16.1 Cinética de um corpo rígido 1109

16.2 Movimento plano restrito 1144

Revisão e resumo 1175

Problemas de revisão 1177

17 Movimento plano de corpos rígidos: métodos de energia e quantidade de movimento 1181

17.1 Métodos de energia para um corpo rígido 1183

17.2 Métodos de quantidade de movimento para um corpo rígido 1211

17.3 Impacto excêntrico 1234

Revisão e resumo 1256

Problemas de revisão 1260

18 Cinética de corpos rígidos tridimensionais 1264

18.1 Energia e quantidade de movimento de um corpo rígido 1266

*18.2 Movimento de um corpo rígido tridimensional 1285

*18.3 Movimento de um giroscópio 1305

Revisão e resumo 1323

Problemas de revisão 1328

19 Vibrações mecânicas 1332

19.1 Vibrações sem amortecimento 1334

19.2 Vibrações livres de corpos rígidos 1350

19.3 Aplicação do princípio de conservação de energia 1364

19.4 Vibrações forçadas 1375

19.5 Vibrações amortecidas 1389

Revisão e resumo 1403

Problemas de revisão 1408

Apêndice A: Algumas definições úteis e propriedades de álgebra vetorial A1

Apêndice B: Momentos de inércia de massas B1

Respostas R1

Créditos das fotos C1

Índice I1

11
Cinemática de partículas

O movimento do *paraglider* pode ser descrito por sua *posição*, sua *velocidade* e sua *aceleração*. Quando aterrissa, seu piloto precisa considerar a velocidade do vento e o *movimento relativo* do *glider* com relação ao vento. O estudo do movimento é conhecido como *cinemática*, o assunto deste capítulo.

616 Mecânica vetorial para engenheiros: Dinâmica

11.1 Movimento retilíneo de partículas
11.1A Posição, velocidade e aceleração
11.1B Determinação do movimento de uma partícula

11.2 Casos especiais e movimento relativo
11.2A Movimento retilíneo uniforme
11.2B Movimento retilíneo uniformemente acelerado
11.2C Movimento de muitas partículas

*11.3 Soluções gráficas

11.4 Movimento curvilíneo de partículas
11.4A Vetor de posição, velocidade e aceleração
11.4B Derivadas de funções vetoriais
11.4C Componentes retangulares de velocidade e aceleração
11.4D Movimento relativo a um sistema de referência em translação

11.5 Componentes não retangulares
11.5A Componentes tangencial e normal
11.5B Componentes radial e transversal

Objetivos

- **Descrever** as relações cinemáticas básicas entre posição, velocidade, aceleração e tempo.
- **Resolver** problemas usando essas relações cinemáticas básicas e cálculo ou métodos gráficos.
- **Definir** posição, velocidade e aceleração em termos de coordenadas cartesianas, tangencial e normal, radial e transversal.
- **Analisar** o movimento relativo de partículas múltiplas usando um sistema de coordenadas de translação.
- **Determinar** o movimento de uma partícula que depende do movimento de outra partícula.
- **Determinar** qual sistema de coordenadas é mais apropriado para resolver um problema de cinemática curvilínea.
- **Calcular** posição, velocidade e aceleração de uma partícula submetida a um movimento curvilíneo usando coordenadas cartesianas, tangencial e normal, radial e transversal.

Introdução

Os Capítulos de 1 a 10 foram dedicados à **estática**, ou seja, à análise de corpos em repouso. Agora, iniciaremos o estudo da **dinâmica**, a parte da mecânica que trata da análise de corpos em movimento.

Enquanto o estudo da estática remonta à época dos filósofos gregos, a primeira contribuição significativa à dinâmica foi feita por Galileu (1564-1642). Os experimentos de Galileu sobre corpos uniformemente acelerados levaram Newton (1642-1727) a formular suas leis fundamentais do movimento.

A dinâmica inclui duas grandes áreas de estudo:

1. **Cinemática**, que é o estudo da geometria do movimento. Os princípios da cinemática relacionam deslocamento, velocidade, aceleração e tempo do movimento de um corpo, sem referência às causas do movimento.
2. **Cinética**, que é o estudo da relação existente entre as forças que atuam sobre um corpo, a massa do corpo e seu movimento. Usamos a cinética para prever o movimento causado por forças conhecidas ou para determinar as forças necessárias para produzir um dado movimento.

Os Capítulos de 11 a 14 descrevem a **dinâmica das partículas**; no Capítulo 11 consideramos a **cinemática das partículas**. O uso da palavra *partícula* não significa que nosso estudo estará limitado a corpúsculos; mais propriamente, ele indica que nesses primeiros capítulos o movimento de corpos – possivelmente tão grandes quanto automóveis, foguetes ou aviões – serão considerados sem levar em conta o tamanho desses corpos. Ao afirmar que os corpos são analisados como partículas, queremos dizer que apenas seu movimento, como um todo, será considerado; qualquer rotação em torno do seu centro de massa será desprezada. Há casos, entretanto, em que tal rotação não é desprezível; os corpos, então, não poderão ser considerados como partículas. Tais movimentos serão analisados em capítulos posteriores, que tratam da **dinâmica de corpos rígidos**.

Na primeira parte do Capítulo 11, o movimento retilíneo de uma partícula será analisado; ou seja, a posição, velocidade e aceleração de uma partícula serão determinadas a cada instante à medida que ela se move ao longo de uma linha reta. Primeiro, métodos gerais de análise serão usados para estudar o movimento de uma partícula; em seguida, dois casos particulares importantes serão considerados, a saber, o movimento uniforme e o movimento uniformemente acelerado de uma partícula (Seção 11.2). Então discutimos o movimento simultâneo de várias partículas e introduzimos o conceito de movimento relativo de uma partícula em relação a outra. A primeira parte deste capítulo termina com um estudo de métodos gráficos de análise e de sua aplicação para a solução de vários problemas que envolvem o movimento retilíneo de partículas.

Na segunda parte do capítulo, será analisado o movimento de uma partícula à medida que ela se move ao longo de uma trajetória curva. Como a posição, a velocidade e a aceleração de uma partícula serão definidas como grandezas vetoriais, o cálculo de derivada de uma função vetorial será introduzido e adicionado às nossas ferramentas matemáticas. As aplicações em que o movimento de uma partícula é definido pelos componentes retangulares de sua velocidade e aceleração serão então consideradas; nesse momento, o movimento de um projétil será estudado (Seção 11.4C). Consideramos então o movimento de uma partícula relativamente a um sistema de referência em translação. Finalmente, o movimento curvilíneo de uma partícula será analisado em termos de outros componentes que não os retangulares. Na Seção 11.5, serão introduzidos os componentes tangencial e normal da velocidade e da aceleração de um objeto e, logo, os componentes radial e transversal.

11.1 Movimento retilíneo de partículas

Diz-se que uma partícula que se desloca ao longo de uma linha reta está em **movimento retilíneo**. As únicas variáveis que precisamos para descrever este movimento são o tempo t e a distância ao longo da linha x em função do tempo. Com estas variáveis, podemos definir a posição, a velocidade e a aceleração da partícula, que descrevem completamente o seu movimento. Quando estudarmos o movimento de uma partícula movendo-se em um plano (duas dimensões) ou no espaço (três dimensões), usaremos um vetor de posição mais geral ao invés de simplesmente a distância ao longo de uma linha.

11.1A Posição, velocidade e aceleração

Em qualquer instante dado t, uma partícula vai ocupar uma certa posição sobre a linha reta. Para definir a posição P da partícula, escolhemos uma origem fixa O na linha reta e um sentido positivo ao longo da reta. Medimos a distância x de O a P e a anotamos com um sinal positivo ou negativo, de acordo com o fato de P ter sido alcançado a partir de O movendo-se no sentido positivo ou no negativo ao longo da linha. A distância x, com o sinal adequado, define completamente a posição da partícula; ela é chamada de **coordenada de posição** da partícula. Por exemplo, a coordenada de posição correspondente a P na Fig. 11.1a é $x = +5$ m; e a coordenada correspondente a P' na Fig. 11.1b é $x' = -2$ m.

Quando a coordenada de posição x de uma partícula é conhecida para qualquer valor do tempo t, dizemos que o movimento da partícula é conhecido.

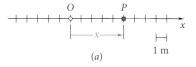

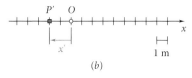

Figura 11.1 A posição é medida a partir de uma origem fixa. (a) Uma coordenada de posição positiva; (b) uma coordenada de posição negativa.

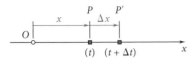

Figura 11.2 Um pequeno deslocamento Δx do tempo t ao tempo $t + \Delta t$.

Foto 11.1 O movimento do carro solar pode ser descrito por sua posição, velocidade e aceleração.

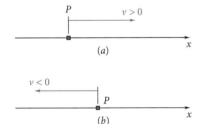

Figura 11.3 Em movimento retilíneo, a velocidade pode ser somente (a) positiva ou (b) negativa ao longo da linha.

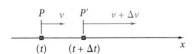

Figura 11.4 Uma mudança na velocidade de v para $v + \Delta v$ corresponde a uma mudança no tempo de t para $t + \Delta t$.

Podemos fornecer um "cronograma" do movimento na forma de uma equação em x e t, como $x = 6t^2 - t^3$, ou na forma de um gráfico de x versus t, como mostrado na Fig. 11.6. A unidade usada mais frequentemente para medir a coordenada de posição x é o metro (m), no sistema SI de unidades*.

Considere a posição P ocupada pela partícula no instante t e a coordenada correspondente x (Fig. 11.2). Considere também a posição P' ocupada pela partícula em um momento posterior no instante $t + \Delta t$. Podemos obter a coordenada de posição P' somando à coordenada x de P o pequeno deslocamento Δx. Esse deslocamento será positivo ou negativo de acordo com o fato de P' estar à direita ou à esquerda de P. A **velocidade média** da partícula no intervalo de tempo Δt é definida como o quociente do deslocamento Δx pelo intervalo de tempo Δt:

$$\text{Velocidade média} = \frac{\Delta x}{\Delta t}$$

Se unidades do SI forem utilizadas, Δx é expresso em metros e Δt em segundos; a velocidade média será então expressa em metros por segundo (m/s).

Podemos determinar a **velocidade instantânea** v da partícula no instante t escolhendo intervalos de tempo Δt cada vez menores:

$$\text{Velocidade instantânea} = v = \lim_{\Delta t \to 0} \frac{\Delta x}{\Delta t}$$

A velocidade instantânea também será expressa em m/s. Observando que o limite do quociente é igual, por definição, à derivada de x em relação a t, escrevemos

Velocidade de uma partícula ao longo de uma linha

$$v = \frac{dx}{dt} \qquad (11.1)$$

A velocidade v é representada por um número algébrico que pode ser positivo ou negativo.** O valor positivo de v indica que x aumenta, isto é, que a partícula se move no sentido positivo (Fig. 11.3a). Um valor negativo de v indica que x diminui, ou seja, que a partícula se move no sentido negativo (Fig. 11.3b). A intensidade de v é conhecida como a **velocidade escalar** da partícula.

Considere a velocidade v da partícula no instante t e também sua velocidade $v + \Delta v$ em um instante posterior $t + \Delta t$ (Fig. 11.4). A **aceleração média** da partícula no intervalo de tempo Δt é definida como o quociente de Δv por Δt:

$$\text{Aceleração média} = \frac{\Delta v}{\Delta t}$$

Se unidades do SI forem utilizadas, Δv é expresso em m/s e Δt em segundos; a aceleração média será então expressa em m/s².

---

*Veja a Seção 1.3.

**Como você verá na Seção 11.4A, a velocidade é realmente uma quantidade vetorial. Entretanto, como estamos considerando aqui o movimento retilíneo de uma partícula, onde a velocidade da partícula tem uma direção conhecida e fixa, somente precisamos especificar o sentido e a intensidade da velocidade; isto pode ser feito convenientemente usando-se uma quantidade escalar com um sinal positivo ou negativo. O mesmo é verdadeiro para a aceleração de uma partícula em movimento retilíneo.

Obtemos a **aceleração instantânea** a da partícula no instante t permitindo novamente que o intervalo de tempo Δt se aproxime de zero. Portanto,

$$\text{Aceleração instantânea} = a = \lim_{\Delta t \to 0} \frac{\Delta v}{\Delta t}$$

A aceleração instantânea também será expressa em m/s². O limite do quociente, que é, por definição, a derivada de v em relação a t, mede a taxa de variação da velocidade. Escrevemos então:

Aceleração de uma partícula ao longo de uma linha

$$a = \frac{dv}{dt} \qquad (11.2)$$

Substituindo v da Eq. (11.1).

$$a = \frac{d^2x}{dt^2} \qquad (11.3)$$

A aceleração a é representada por um número algébrico que pode ser positivo ou negativo*. Um valor positivo para a indica que a velocidade (ou seja, o número algébrico v) aumenta. Isso pode significar que a partícula está se movendo mais rapidamente no sentido positivo (Fig. 11.5a), ou que ela está se deslocando mais lentamente no sentido negativo (Fig. 11.5b); em ambos os casos, Δv é positivo. Um valor negativo de a indica que a velocidade está diminuindo; ou a partícula está se deslocando mais lentamente no sentido positivo (Fig. 11.5c), ou ela está se movendo mais rapidamente no sentido negativo (Fig. 11.5d).

O termo *desaceleração* é, às vezes, usado para se referir a a quando a velocidade escalar da partícula (isto é, a intensidade de v) está diminuindo; a partícula está, então, se deslocando mais lentamente. Por exemplo, a partícula da Fig. 11.5 está desacelerada nas partes b e c; e ela está realmente acelerada (ou seja, se move mais rapidamente) nas partes a e d.

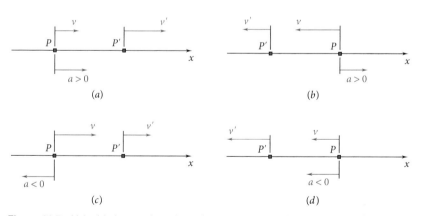

Figura 11.5 Velocidade e aceleração podem estar em sentidos iguais ou diferentes. (a, d) Quando a e v estão no mesmo sentido, a partícula acelera; (b, c) quando a e v estão em sentidos opostos, a partícula desacelera.

---

* N. de R.: Veja a nota de rodapé da página anterior.

Podemos obter outra expressão para a aceleração eliminando o diferencial dt nas equações (11.1) e (11.2). Resolvendo a Eq. (11.1) para dt, temos $dt = dx/v$; substituindo na Eq. (11.2), escrevemos

$$a = v\frac{dv}{dx} \quad (11.4)$$

APLICAÇÃO DE CONCEITO 11.1

Considere uma partícula movendo-se em uma linha reta e assuma que sua posição é definida pela equação

$$x = 6t^2 - t^3$$

onde t é expresso em segundos e x em metros. A velocidade v em qualquer instante t é obtida diferenciando x em relação a t:

$$v = \frac{dx}{dt} = 12t - 3t^2$$

A aceleração a é obtida diferenciando novamente em relação a t. Consequentemente,

$$a = \frac{dv}{dt} = 12 - 6t$$

Na Fig. 11.6, traçamos a coordenada de posição, a velocidade e a aceleração. As curvas obtidas são conhecidas como *curvas de movimento*. Tenha em mente, entretanto, que a partícula não se movimenta ao longo de nenhuma dessas curvas; a partícula se movimenta em uma linha reta.

Como a derivada de uma função mede a inclinação da curva correspondente, a inclinação da curva x-t, para qualquer instante dado, é igual ao valor de v naquele instante. Similarmente, a inclinação da curva v-t é igual ao valor de a. Como $a = 0$ quando $t = 2$ s, a inclinação da curva v-t deve ser igual a zero para $t = 2$ s; a velocidade alcança um máximo nesse instante. Além disso, como $v = 0$ em $t = 0$ e em $t = 4$ s, a tangente à curva x-t deve ser horizontal para esses valores de t.

Um estudo das três curvas de movimento da Fig. 11.6 mostra que o movimento da partícula de $t = 0$ até $t = \infty$ pode ser dividido em quatro fases:

1. A partícula parte da origem, $x = 0$, sem velocidade, mas com uma aceleração positiva. Sob essa aceleração, a partícula adquire uma velocidade positiva e se move no sentido positivo. De $t = 0$ a $t = 2$ s, x, v e a são todos positivos.
2. Em $t = 2$ s, a aceleração é igual a zero; a velocidade atingiu seu valor máximo. De $t = 2$ s a $t = 4$ s, v é positivo, mas a é negativo; a partícula ainda se movimenta no sentido positivo, mas cada vez mais lentamente; a partícula está se desacelerando.
3. Em $t = 4$ s, a velocidade é igual a zero; a coordenada de posição x alcançou seu valor máximo (32 m). A partir de então, tanto v como a são negativos; a partícula está acelerando e se move no sentido negativo com velocidade cada vez maior.
4. Em $t = 6$ s, a partícula passa pela origem; sua coordenada x é então igual a zero, enquanto a distância total percorrida desde o início do movimento é de 64 m (ou seja, duas vezes o seu valor máximo). Para valores de t maiores que 6 s, x, v e a serão todos negativos. A partícula continua se movendo no sentido negativo, afastando-se de O, cada vez mais rapidamente.

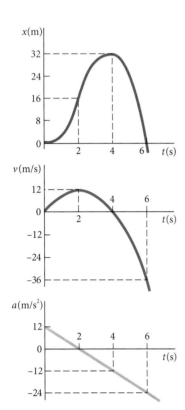

Figura 11.6 Gráficos de posição, velocidade e aceleração como funções de tempo para a Aplicação de Conceito 11.1.

11.1B Determinação do movimento de uma partícula

Vimos na seção anterior que o movimento de uma partícula é tido como conhecido se a posição dessa partícula for conhecida para cada valor do tempo t. Na prática, entretanto, um movimento é raramente definido por uma relação entre x e t. Mais frequentemente, as condições do movimento serão especificadas pelo tipo de aceleração que a partícula possui. Por exemplo, um corpo em queda livre terá uma aceleração constante, dirigida para baixo e igual a 9,81 m/s^2; uma massa presa a uma mola que foi estirada terá uma aceleração proporcional ao alongamento instantâneo da mola medido em relação à posição de equilíbrio, etc. Em geral, a aceleração da partícula pode ser expressa como uma função de uma ou mais das variáveis x, v e t. Portanto, para determinar a coordenada de posição x em termos de t, será necessário efetuar duas integrações sucessivas.

Vamos considerar três classes comuns de movimento:

1. $a = f(t)$. **A aceleração é uma dada função de** t. Resolvendo a Eq. (11.2) para dv e substituindo a por $f(x)$, escrevemos

$$dv = a\,dt$$
$$dv = f(t)\,dt$$

Integrando os membros, obtemos a equação

$$\int dv = \int f(t)\,dt$$

Essa equação define v em função de t. Deve-se notar, entretanto, que uma constante arbitrária será introduzida como um resultado da integração. Isso acontece devido ao fato de que existem muitos movimentos que correspondem à aceleração dada $a = f(t)$. Para definir de forma unívoca o movimento da partícula, é necessário especificar as **condições iniciais** do movimento, isto é, o valor v_0 da velocidade e o valor x_0 da coordenada de posição em $t = 0$. Em vez de usar uma constante arbitrária que é determinada pelas condições iniciais, muitas vezes é mais conveniente substituir as integrais indefinidas por **integrais definidas**. Integrais definidas têm os limites inferiores correspondentes às condições iniciais $t = 0$ e $v = v_0$ e os limites superiores correspondentes a $t = t$ e $v = v$. Escrevemos

$$\int_{v_0}^{v} dv = \int_{0}^{t} f(t)\,dt$$

$$v - v_0 = \int_{0}^{t} f(t)\,dt$$

que fornece v em termos de t.

A Eq. (11.1) pode agora ser resolvida para dx,

$$dx = v\,dt$$

e a expressão obtida anteriormente substituída para v da primeira integração. Ambos os membros são, então, integrados: o membro do lado esquerdo em relação a x, de $x = x_0$ até $x = x$, e o membro do lado direito em relação a t, de $t = 0$ até $t = t$. A coordenada de posição x é, então, obtida em termos de t; o movimento está completamente determinado.

622 Mecânica vetorial para engenheiros: Dinâmica

Dois casos particulares importantes serão estudados com mais detalhes na Seção 11.2: o caso quando $a = 0$, correspondente a um *movimento uniforme*, e o caso quando $a =$ constante, correspondente ao *movimento uniformemente acelerado*.

2. $a = f(x)$. **A aceleração é uma dada função de** x. Reordenando a Eq. (11.4) e substituindo a por $f(x)$, escrevemos

$$v \, dv = a \, dx$$
$$v \, dv = f(x) \, dx$$

Como cada membro contém somente uma variável, podemos integrar a equação. Representando novamente por v_0 e x_0, respectivamente, os valores iniciais da velocidade e da coordenada de posição, obtemos

$$\int_{v_0}^{v} v \, dv = \int_{x_0}^{x} f(x) \, dx$$

$$\tfrac{1}{2}v^2 - \tfrac{1}{2}v_0^2 = \int_{x_0}^{x} f(x) \, dx$$

que fornece v em termos de x. Agora resolvemos (11.1) para dt,

$$dt = \frac{dx}{v}$$

e substituímos para v a expressão obtida anteriormente. Ambos os membros podem ser integrados para obter a relação desejada entre x e t. Entretanto, na maioria dos casos, essa última integração não pode ser realizada analiticamente e devemos recorrer a um método numérico de integração.

3. $a = f(v)$. **A aceleração é uma dada função de** v. Podemos agora substituir a por $f(v)$ nas Eqs.(11.2) ou (11.4) para obter uma das seguintes relações:

$$f(v) = \frac{dv}{dt} \quad f(v) = v\frac{dv}{dx}$$

$$dt = \frac{dv}{f(v)} \quad dx = \frac{v \, dv}{f(v)}$$

A integração da primeira equação fornecerá uma relação entre v e t; a integração da segunda equação fornecerá uma relação entre v e x. Qualquer uma dessas relações pode ser usada em conjunto com a Eq. (11.1) para obter a relação entre x e t que caracteriza o movimento da partícula.

PROBLEMA RESOLVIDO 11.1

A posição de uma partícula que se desloca ao longo de uma linha reta é definida pela relação $x = t^3 - 6t^2 - 15t + 40$, onde x é expresso em metros e t em segundos. Determine (a) o instante em que a velocidade será zero, (b) a posição e a distância percorrida pela partícula nesse instante, (c) a aceleração da partícula nesse instante e (d) a distância percorrida pela partícula de $t = 4$ s a $t = 6$ s.

ESTRATÉGIA Você pode utilizar as relações cinemáticas básicas entre posição, velocidade e aceleração. Como a posição é dada em função do tempo, você pode derivá-la para encontrar equações para a velocidade e aceleração. Depois de ter essas equações, você consegue resolver o problema.

MODELAGEM E ANÁLISE Tendo a derivada de posição, obtemos

$$x = t^3 - 6t^2 - 15t + 40 \quad (1)$$

$$v = \frac{dx}{dt} = 3t^2 - 12t - 15 \quad (2)$$

$$a = \frac{dv}{dt} = 6t - 12 \quad (3)$$

Essas equações são representadas graficamente na Fig. 1.

a. Instante em que $v = 0$. Fazemos $v = 0$ em (2):

$$3t^2 - 12t - 15 = 0 \qquad t = -1 \text{ s} \qquad \text{e} \qquad t = +5 \text{ s} \blacktriangleleft$$

Somente a raiz $t = +5$ s corresponde a um instante após o movimento ter iniciado: para $t < 5$ s, $v < 0$, a partícula se move no sentido negativo; para $t > 5$ s, $v > 0$, a partícula se desloca no sentido positivo.

b. Posição e distância percorrida quando $v = 0$. Substituindo $t = +5$s em (1), escrevemos

$$x_5 = (5)^3 - 6(5)^2 - 15(5) + 40 \qquad x_5 = -60 \text{ m} \blacktriangleleft$$

A posição inicial para $t = 0$ era $x_0 = +40$ m. Como $v = 0$ durante o intervalo de $t = 0$ a $t = 5$ s, temos

$$\text{Distância percorrida} = x_5 - x_0 = -60 \text{ m} - 40 \text{ m} = -100 \text{ m}$$

$$\text{Distância percorrida} = 100 \text{ m no sentido negativo} \blacktriangleleft$$

c. Aceleração quando $v = 0$. Substituímos $t = +5$ s em (3):

$$a_5 = 6(5) - 12 \qquad a_5 = +18 \text{ m/s}^2 \blacktriangleleft$$

d. Distância percorrida de $t = 4$ s a $t = 6$ s. A partícula se desloca no sentido negativo de $t = 4$ s a $t = 5$ s e no sentido positivo de $t = 5$ s a $t = 6$ s; portanto, a distância percorrida durante cada um desses intervalos de tempo será calculada separadamente.

De $t = 4$ s a $t = 5$ s: $\quad x_5 = -60$ m

$$x_4 = (4)^3 - 6(4)^2 - 15(4) + 40 = -52 \text{ m}$$

(*Continua*)

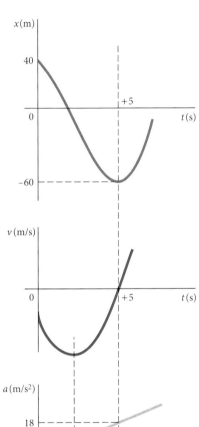

Figura 1 Curvas de movimento para a partícula.

$$\text{Distância percorrida} = x_5 - x_4 = -60 \text{ m} - (-52 \text{ m}) = -8 \text{ m}$$
$$= 8 \text{ m no sentido negativo}$$

De $t = 5$ s a $t = 6$ s: $x_5 = -60$ m

$$x_6 = (6)^3 - 6(6)^2 - 15(6) + 40 = -50 \text{ m}$$
$$\text{Distância percorrida} = x_6 - x_5 = -50 \text{ m} - (-60 \text{ m}) = +10 \text{ m}$$
$$= 10 \text{ m no sentido positivo}$$

A distância total percorrida de $t = 4$ s a $t = 6$ s é 8 m + 10 m   = 18 m ◀

PARA REFLETIR A distância total percorrida pela partícula no intervalo de 2 segundos é 18 m, mas como uma distância é positiva e uma é negativa, a mudança de posição líquida é apenas 2 m (no sentido positivo). Isso ilustra a diferença entre a distância total percorrida e a mudança líquida de posição. Observe que o deslocamento máximo ocorre em $t = 5$ s, quando a velocidade é zero.

PROBLEMA RESOLVIDO 11.2

Uma bola é arremessada a uma velocidade de 10 m/s, dirigida verticalmente para cima, de uma janela de um prédio localizada a 20 m acima do solo. Sabendo que a aceleração da bola é constante e igual a 9,81 m/s² para baixo, determine (*a*) a velocidade v e a elevação y da bola acima do solo, para qualquer instante t, (*b*) a elevação máxima atingida pela bola e o correspondente valor de t e (*c*) o instante em que a bola atingirá o solo e a velocidade correspondente. Desenhe as curvas *v-t* e *y-t*.

ESTRATÉGIA A aceleração é constante, então podemos integrar a equação cinemática para aceleração, uma vez para encontrar a equação de velocidade e uma segunda vez para encontrar a relação de posição. Depois de ter essas equações, você pode resolver o problema.

MODELAGEM E ANÁLISE Modele a bola como uma partícula com um arrasto desprezível.

a. Velocidade e elevação. O eixo y para medir a coordenada de posição (ou elevação) é escolhido com sua origem O no solo e seu sentido positivo para cima. O valor da aceleração e os valores iniciais de v e y são os indicados na Figura 1. Substituindo a em $a = dv/dt$ e notando que, em $t = 0$, $v_0 = +10$ m/s, temos

$$\frac{dv}{dt} = a = -9{,}81 \text{ m/s}^2$$

$$\int_{v_0=10}^{v} dv = -\int_0^t 9{,}81 \, dt$$

$$[v]_{10}^v = -[9{,}81t]_0^t$$

$$v - 10 = -9{,}81t$$

$$v = 10 - 9{,}81t \quad (1) \quad ◀$$

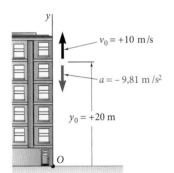

Figura 1 Aceleração, velocidade inicial e posição inicial da bola.

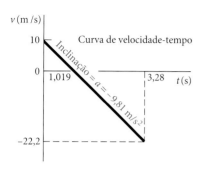

Figura 2 Velocidade da bola em função do tempo.

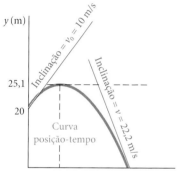

Figura 3 Peso da bola em função do tempo.

Substituindo para v em $v = dy/dt$ e notando que para $t = 0$, $y_0 = 20$ m, temos

$$\frac{dy}{dt} = v = 10 - 9{,}81t$$

$$\int_{y_0=20}^{y} dy = \int_{0}^{t} (10 - 9{,}81t)\, dt$$

$$[y]_{20}^{y} = [10t - 4{,}905t^2]_{0}^{t}$$

$$y - 20 = 10t - 4{,}905t^2$$

$$y = 20 + 10t - 4{,}905t^2 \quad (2) \blacktriangleleft$$

Os gráficos dessas equações são mostrados nas Figuras 2 e 3.

b. Elevação máxima. A bola atinge sua elevação máxima quando $v = 0$. Substituindo na Eq. (1), obtemos

$$10 - 9{,}81t = 0 \qquad t = 1{,}019\text{ s} \blacktriangleleft$$

Substituindo $t = 1{,}019$ s em (2), encontramos

$$y = 20 + 10(1{,}019) - 4{,}905(1{,}019)^2 \quad y = 25{,}1\text{ m} \blacktriangleleft$$

c. A bola atinge o solo. A bola atinge o solo quando $y = 0$. Substituindo na Eq. (2), obtemos

$$20 + 10t - 4{,}905t^2 = 0 \qquad t = -1{,}243\text{ s} \quad\text{e}\quad t = +3{,}28\text{ s} \blacktriangleleft$$

Somente a raiz $t = +3{,}28$ s corresponde a um instante posterior ao início do movimento. Levando este valor de t para (1), temos

$$v = 10 - 9{,}81(3{,}28) = -22{,}2\text{ m/s} \qquad v = 22{,}2\text{ m/s} \downarrow \blacktriangleleft$$

PARA REFLETIR Quando a aceleração é constante, a velocidade muda linearmente e a posição é uma função quadrática do tempo. Você verá na Seção 11.2 que o movimento nesse problema é um exemplo de queda livre, em que a aceleração na direção vertical é constante e igual a $-g$.

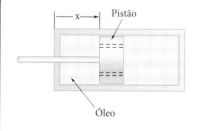

PROBLEMA RESOLVIDO 11.3

Muitas suspensões de *mountain bike* utilizam um pistão que se move em um cilindro fixo cheio de óleo para absorver impactos; o esquema deste sistema é mostrado na figura. Quando o pneu da frente sofre um solavanco, o cilindro recebe uma velocidade v_0. O pistão, que está preso ao garfo da bicicleta, se movimenta em relação ao cilindro. O óleo é forçado através de orifícios no interior do pistão e causa, assim, a sua desaceleração a uma taxa proporcional à velocidade de ambos; isto é, $a = -kv$. Em $t = 0$, a posição do pistão é $x = 0$. Expresse (*a*) a velocidade v em termos de t, (*b*) a posição x em termos de t e (*c*) a velocidade v em termos de x. Desenhe as curvas de movimento correspondentes.

(*Continua*)

ESTRATÉGIA Como a aceleração é dada em função da velocidade, você precisa utilizar $a = dv/dt$ ou $a = v\, dv/dx$ e então separar variáveis e integrá-las. A escolha entre uma delas depende do que você precisa encontrar. Uma vez que o item *a* pede *v* em termos de *t*, use $a = dv/dt$. Você pode integrar isso novamente usando $v = dx/dt$ para o item *b*. Uma vez que o item *c* pediu $v(x)$, você deve usar $a = v\, dv/dx$ e, em seguida, separar as variáveis e integrá-las.

MODELAGEM E ANÁLISE A rotação do pistão não é relevante; então você pode considerá-lo uma partícula em movimento retilíneo.

a. *v* em termos de *t*. Substituímos a por $-kv$ na fórmula fundamental que define a aceleração, $a = dv/dt$. Obtemos

$$-kv = \frac{dv}{dt} \qquad \frac{dv}{v} = -k\, dt \qquad \int_{v_0}^{v} \frac{dv}{v} = -k \int_0^t dt$$

$$\ln \frac{v}{v_0} = -kt \qquad\qquad v = v_0 e^{-kt} \blacktriangleleft$$

b. *x* em termos de *t*. Substituímos a expressão somente para obter *v* em $v = dx/dt$. Temos

$$v_0 e^{-kt} = \frac{dx}{dt}$$

$$\int_0^x dx = v_0 \int_0^t e^{-kt}\, dt$$

$$x = -\frac{v_0}{k}[e^{-kt}]_0^t = -\frac{v_0}{k}(e^{-kt} - 1)$$

$$x = \frac{v_0}{k}(1 - e^{-kt}) \blacktriangleleft$$

c. *v* em termos de *x*. Substituímos a por $-kv$ em $a = v\, dv/dx$. Obtemos

$$-kv = v\frac{dv}{dx}$$

$$dv = -k\, dx$$

$$\int_{v_0}^{v} dv = -k \int_0^x dx$$

$$v - v_0 = -kx \qquad\qquad v = v_0 - kx \blacktriangleleft$$

A curva de movimento é mostrada na Fig. 1.

PARA REFLETIR Você poderia ter resolvido o item *c* eliminando *t* das respostas obtidas para os itens *a* e *b*. Esse método alternativo pode ser usado como uma verificação. Do item *a*, obtemos $e^{-kt} = v/v_0$; substituindo a resposta de *b*, temos

$$x = \frac{v_0}{k}(1 - e^{-kt}) = \frac{v_0}{k}\left(1 - \frac{v}{v_0}\right) \qquad v = v_0 - kx \text{ (confere)}$$

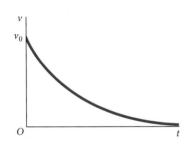
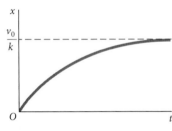
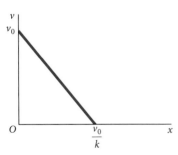

Figura 1 Curvas de movimento para o pistão.

PROBLEMA RESOLVIDO 11.4

Um automóvel descontrolado viaja a 72 km/h na estrada quando se choca com uma barreira quadrada. Depois de bater inicialmente na barreira, o automóvel desacelera a uma taxa proporcional à distância x percorrida ao entrar na barreira; especificamente, $a = -30\sqrt{x}$, onde a e x são expressos em m/s² e m, respectivamente. Determine a distância que o automóvel percorrerá através da barreira antes que ele entre em repouso.

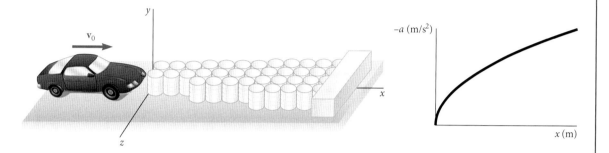

ESTRATÉGIA Uma vez que possui a desaceleração em função do deslocamento, você deve começar com a relação cinemática básica $a = v\, dv/dx$.

MODELAGEM E ANÁLISE Considere o carro como uma partícula. Primeiro, encontramos a velocidade inicial em m/s.

$$v_0 = \left(72\,\frac{\text{km}}{\text{hr}}\right)\left(\frac{1\,\text{hr}}{3600\,\text{s}}\right)\left(\frac{1000\,\text{m}}{\text{km}}\right) = 20\,\frac{\text{m}}{\text{s}}$$

Substituindo $a = -30\sqrt{x}$ em $a = v\, dv/dx$, temos

$$a = -30\sqrt{x} = \frac{v\, dv}{dx}$$

Separando as variáveis e integrando-as, obtemos

$$v\, dv = -30\sqrt{x}\, dx \longrightarrow \int_{v_0}^{0} v\, dv = -\int_{0}^{x} 30\sqrt{x}\, dx$$

$$\frac{1}{2}v^2 - \frac{1}{2}v_0^2 = -20x^{3/2} \longrightarrow x = \left(\frac{1}{40}(v_0^2 - v^2)\right)^{2/3} \quad (1)$$

Substituindo $v = 0$, $v_0 = 20$ m/s, temos

$$d = 4{,}64\,\text{m} \quad \blacktriangleleft$$

PARA REFLETIR Uma distância de 4,64 m parece razoável para uma barreira deste tipo. Se substituir d na equação para a, você encontrará uma desaceleração máxima de cerca de 7 g. Observe que este problema teria sido muito mais difícil de resolver se você tivesse que encontrar o tempo para o automóvel parar. Nesse caso, você precisaria determinar $v(t)$ da Eq. (1). Escrevemos $v = \sqrt{v_0^2 - 40x^{3/2}}$. Usando a relação cinemática básica $v = dx/dt$, você pode facilmente mostrar que

$$\int_0^t dt = \int_0^x \frac{dx}{\sqrt{v_0^2 - 40x^{3/2}}}$$

Infelizmente, não existe uma solução pronta para essa integral; você precisaria resolvê-la numericamente.

METODOLOGIA PARA A RESOLUÇÃO DE PROBLEMAS

Nos problemas desta seção, você será solicitado a determinar a **posição**, a **velocidade**, e/ou a **aceleração** de uma partícula em **movimento retilíneo**. À medida que lê cada problema, é importante que você identifique a variável independente (tipicamente t ou x) e também o que é pedido (por exemplo, a necessidade de expressar v como função de x). Pode ser útil começar cada problema escrevendo a informação dada e um enunciado simples do que deve ser determinado.

1. **Determinando $v(t)$ e $a(t)$ para um dado $x(t)$.** Como explicado na Seção 11.1A, a primeira e a segunda derivadas de x em relação a t são respectivamente iguais à velocidade e à aceleração da partícula [Eqs. (11.1) e (11.2)]. Se a velocidade e a aceleração tiverem sinais opostos, a partícula poderá parar e, então, mover no sentido oposto [Problema Resolvido 11.1]. Portanto, quando estiver calculando a distância total percorrida por uma partícula, você deve primeiro determinar se ela vai parar durante o intervalo de tempo especificado. Construir um diagrama similar ao do Problema Resolvido 11.1, que mostra a posição e a velocidade da partícula em cada instante crucial ($v = v_{máx}$, $v = 0$ etc.), vai ajudá-lo a visualizar o movimento.

2. **Determinando $v(t)$ e $x(t)$ para um dado $a(t)$.** A solução de problemas desse tipo foi discutida na primeira parte da Seção 11.1B. Usamos as condições iniciais, $t = 0$ e $v = v_0$, para os limites inferiores das integrais em t e v, mas qualquer outra condição conhecida (por exemplo, $t = t_1$, $v = v_1$) poderia ter sido usada. Além disso, se a função dada $a(t)$ contém uma constante desconhecida (por exemplo, a constante k, se $a = kt$), você vai ter que determinar primeiro essa constante substituindo um conjunto de valores conhecidos de t e a na equação que define $a(t)$.

3. **Determinando $v(x)$ e $x(t)$ para um dado $a(x)$.** Esse é o segundo caso considerado na Seção 11.1B. Notamos novamente que os limites inferiores de integração podem ser quaisquer condições conhecidas (por exemplo, $x = x_1$, $v = v_1$). Além disso, como $v = v_{máx}$ quando $a = 0$, as posições em que os valores máximos da velocidade ocorrem são facilmente determinadas escrevendo $a(x) = 0$ e resolvendo para x.

4. **Determinando $v(x)$, $v(t)$ e $x(t)$ para um dado $a(v)$.** Esse é o último caso tratado na Seção 11.1B; as técnicas apropriadas de solução para problemas desse tipo estão ilustradas no Problemas Resolvidos 11.3 e 11.4. Todos os comentários gerais para os casos anteriores aplicam-se aqui mais uma vez. Observe que o Problema Resolvido 11.3 fornece um exemplo de como e quando usar as equações $v = dx/dt$, $a = dv/dt$ e $a = v \, dv/dx$.

Podemos resumir essas relações na Tabela 11.1.

Tabela 11.1

Se...	Relação cinemática	Integrar
$a = a(t)$	$\dfrac{dv}{dt} = a(t)$	$\displaystyle\int_{v_0}^{v} dv = \int_{0}^{t} a(t)dt$
$a = a(x)$	$v\dfrac{dv}{dx} = a(x)$	$\displaystyle\int_{v_0}^{v} v\, dv = \int_{x_0}^{x} a(x)dx$
$a = a(v)$	$\dfrac{dv}{dt} = a(v)$	$\displaystyle\int_{v_0}^{v} \dfrac{dv}{a(v)} = \int_{0}^{t} dt$
	$v\dfrac{dv}{dx} = a(v)$	$\displaystyle\int_{x_0}^{x} dx = \int_{v_0}^{v} \dfrac{v\, dv}{a(v)}$

PROBLEMAS*

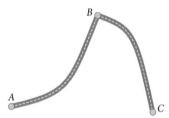

Figura P11.PC1

PERGUNTAS CONCEITUAIS

11.PC1 Um ônibus percorre os 100 km entre A e B a 50 km/h e depois outros 100 km entre B e C a 70 km/h. A velocidade média do ônibus em toda a viagem de 200 km é:
   a. Mais que 60 km/h.
   b. Igual a 60 km/h.
   c. Menos que 60 km/h.

11.PC2 Dois carros, A e B, correm um ao lado do outro por uma estrada reta. A posição de cada carro em função do tempo é mostrada na figura a seguir. Qual das seguintes afirmações é verdadeira (mais de uma resposta pode ser correta)?
   a. No tempo t_2, ambos os carros percorreram a mesma distância.
   b. No tempo t_1, ambos os carros percorreram a mesma velocidade.
   c. Ambos os carros têm a mesma velocidade em algum instante $t < t_1$.
   d. Ambos os carros têm a mesma aceleração em algum instante $t < t_1$.
   e. Ambos os carros têm a mesma aceleração em algum instante $t_1 < t < t_2$.

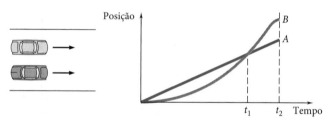

Figura P11.PC2

PROBLEMAS DE FINAL DE SEÇÃO

11.1 Uma experiente *snowboarder* inicia a descida do topo de uma grande montanha. À medida que ela desce a encosta, as coordenadas do GPS são usadas para determinar seu deslocamento em função do tempo: $x = 0{,}5t^3 + t^2 + 2t$, onde x e t são expressos em metros e segundos, respectivamente. Sabendo que ela parte do repouso, determine a posição, a velocidade e a aceleração da *snowboarder* quando $t = 5$ s.

11.2 O movimento de uma partícula é definido pela relação $x = 2t^3 - 9t^2 + 12t + 10$, onde x e t são expressos em metros e segundos, respectivamente. Determine o tempo, a posição e a aceleração da partícula quando $v = 0$.

11.3 O movimento vertical da massa A é definido pela relação $x = 10$ sen $2t + 15$ cos $2t + 100$, onde x e t são expressos em milímetros e segundos, respectivamente. Determine (a) a posição, a velocidade e a aceleração de A quando $t = 1$ s, (b) a velocidade e a aceleração máximas de A.

Figura P11.3

---

*As respostas para todos os problemas escritos em fonte normal (tal como **11.1**) são dadas no final do livro. Respostas a problemas cujo número é escrito em itálico (tal como ***11.6***) não são dadas.

11.4 Um vagão de trem carregado está se movendo em uma velocidade constante quando é conectado a uma mola e a um sistema amortecedor. Após o engate, o movimento do vagão é definido pela relação $x = 60e^{-4,8t}$ sen $16t$, onde x e t são expressos em milímetros e segundos, respectivamente. Determine a posição, a velocidade e a aceleração do vagão de trem quando (a) $t = 0$, (b) $t = 0,3$ s.

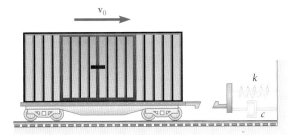

Figura P11.4

11.5 O movimento de uma partícula é definido pela relação $x = 6t^4 - 2t^3 - 12t^2 + 3t + 3$, onde x e t são expressos em metros e segundos, respectivamente. Determine o tempo, a posição e a velocidade quando $a = 0$.

11.6 O movimento de uma partícula é definido pela relação $x = t^3 - 9t^2 + 24t - 8$, onde x e t são expressos em metros e segundos, respectivamente. Determine (a) quando a velocidade é zero, (b) a posição e a distância total percorrida quando a aceleração é zero.

11.7 Uma menina está brincando com um carrinho de controle remoto em um estacionamento vazio. A posição da menina está na origem dos eixos coordenados xy, e a superfície do estacionamento está no plano xy. Ela dirige o carro em linha reta, de modo que a coordenada x é definida pela relação $x(t) = 0,5t^3 - 3t^2 + 3t + 2$, onde x e t são expressos em metros e segundos, respectivamente. Determine (a) quando a velocidade é zero, (b) a posição e a distância total percorrida quando a aceleração é zero.

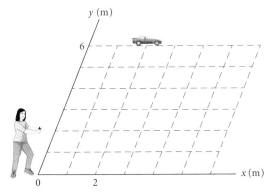

Figura P11.7

11.8 O movimento de uma partícula é definido pela relação $x = t^2 - (t - 2)^3$, onde x e t são expressos em metros e segundos, respectivamente. Determine (a) as duas posições em que a velocidade é zero, (b) a distância total percorrida pela partícula de $t = 0$ a $t = 4$.

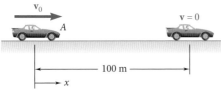

Figura P11.9

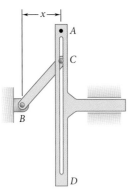

Figura P11.13 e P11.14

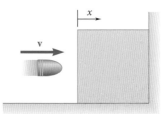

Figura P11.16

11.9 Os freios de um carro são acionados, fazendo com que ele desacelere a uma taxa de 3 m/s². Sabendo que o carro para em 100 m, determine (*a*) quão rápido o carro estava viajando imediatamente antes dos freios serem acionados, (*b*) o tempo necessário para o carro parar.

11.10 A aceleração de uma partícula é definida pela relação $a = 3e^{-0,2t}$, onde *a* e *t* são expressos em m/s² e segundos, respectivamente. Sabendo que $x = 0$ e $v = 0$ em $t = 0$, determine a velocidade e a posição da partícula quando $t = 0,5$ s.

11.11 A aceleração de uma partícula é diretamente proporcional ao quadrado do tempo *t*. Quando $t = 0$, a partícula está em $x = 24$ m. Sabendo que $t = 6$ s, $x = 96$ m e $v = 18$ m/s, expresse *x* e *v* em termos de *t*.

11.12 A aceleração de uma partícula é definida pela relação $a = kt^2$. (*a*) Sabendo que $v = -8$ m/s quando $t = 0$ e $v = +8$ m/s quando $t = 2$ s, determine a constante *k*. (*b*) Escreva a equação do movimento, sabendo também que $x = 0$ quando $t = 2$ s.

11.13 O jugo escocês é um mecanismo que transforma o movimento circular em movimento alternativo (ou vice-versa). É usado em diversos motores de combustão interno, compressores e outras máquinas. No mecanismo mostrado, a aceleração do ponto *A* é definida pela relação $a = -1,8$ sen kt, onde *a* e *t* são expressos em m/s² e segundos, respectivamente, e $k = 3$ rad/s. Sabendo que $x = 0$ e $v = 0,6$ m/s quando $t = 0$, determine a velocidade e a posição do ponto *A* quando $t = 0,5$ s.

11.14 Para o mecanismo mostrado, a aceleração do ponto *A* é definida pela relação $a = -1,08$ sen $kt - 1,44$ cos kt, onde *a* e *t* são expressos em m/s² e segundos, respectivamente, e $k = 3$ rad/s. Sabendo que $x = 0,16$ m e $v = 0,36$ m/s quando $t = 0$, determine a velocidade e a posição do ponto *A* quando $t = 0,5$ s.

11.15 Uma peça de um equipamento eletrônico protegida por sua embalagem cai de modo a atingir o solo com uma velocidade de 4 m/s. Depois do impacto, o equipamento experimenta uma aceleração de $a = -kx$, onde *k* é uma constante e *x* é a compressão do material da embalagem. Se o material da embalagem experimenta uma compressão máxima de 20 mm, determine a aceleração máxima do equipamento.

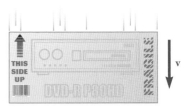

Figura P11.15

11.16 Um projétil entra em um meio resistente em $x = 0$ com uma velocidade inicial $v_0 = 270$ m/s e percorre 100 mm antes de entrar em repouso. Considerando que a velocidade do projétil é definida pela relação $v = v_0 - kx$, onde *v* é expressa em m/s e *x* em metros, determine (*a*) a aceleração inicial do projétil, (*b*) o tempo requerido para que o projétil penetre 97,5 mm no meio resistente.

11.17 A aceleração de uma partícula é definida pela relação $a = -k/x$. Foi determinado experimentalmente que $v = 5$ m/s quando $x = 0,2$ m e que $v = 3$ m/s quando $x = 0,4$ m. Determine (*a*) a velocidade da partícula quando $x = 0,5$ m, (*b*) a posição da partícula em que sua velocidade é zero.

11.18 Um bloco de latão (não magnético) *A* e um ímã de aço *B* estão em equilíbrio em um tubo de latão sob a força magnética de repulsão de outro ímã de aço *C*, localizado a uma distância $x = 0,004$ m de *B*. A força é inversamente proporcional ao quadrado da distância entre *B* e *C*. Se o bloco *A* for subitamente removido, a aceleração do bloco *B* é de $a = -9,81 + k/x^2$, onde *a* e *x* são expressos em m/s^2 e metros, respectivamente, e $k = 4 \times 10^{-4}$ m^3/s^2. Determine a velocidade e a aceleração máximas de *B*.

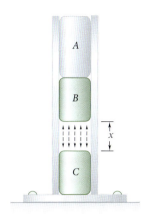

Figura P11.18

11.19 Baseado em observações experimentais, a aceleração de uma partícula é definida pela relação $a = -(0,1 + \text{sen } x/b)$, onde *a* e *x* são expressos em m/s^2 e metros, respectivamente. Sabendo que $b = 0,8$ m e que $v = 1$ m/s quando $x = 0$, determine (*a*) a velocidade da partícula quando $x = -1$ m, (*b*) a posição onde a velocidade é máxima, (*c*) a velocidade máxima.

11.20 Uma mola *AB* está ligada a um suporte em *A* e a um colar. O comprimento da mola quando não esticada é *l*. Sabendo que o colar é liberado do repouso em $x = x_0$ e tem uma aceleração definida pela relação $a = -100(x - lx/\sqrt{l^2 + x^2})$, determine a velocidade do colar ao passar pelo ponto *C*.

11.21 A aceleração de uma partícula é definida pela relação $a = k(1 - e^{-x})$, onde *k* é a constante. Sabendo que a velocidade da partícula é $v = +9$ m/s quando $x = -3$ m e que a partícula entra em repouso na origem, determine (*a*) o valor de *k*, (*b*) a velocidade da partícula quando $x = -2$ m.

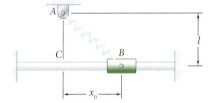

Figura P11.20

11.22 Partindo de $x = 0$ sem velocidade inicial, uma partícula sofre uma aceleração $a = 0,1\sqrt{v^2 + 49}$, onde *a* e *v* são expressos em m/s^2 e m/s, respectivamente. Determine (*a*) a posição da partícula quando $v = 24$ m/s, (*b*) a velocidade da partícula quando $x = 40$ m.

11.23 Uma bola de boliche é lançada de um barco e atinge a superfície de um lago com a velocidade de 8 m/s. Considerando que a bola experimenta uma aceleração para baixo de $a = 3 - 0,1v^2$ (onde *a* e *v* são expressos em m/s^2 e m/s, respectivamente) quando está na água, determine a velocidade da bola quando ela atinge o fundo do lago.

11.24 A aceleração de uma partícula é definida pela relação $a = -k\sqrt{v}$, onde *k* é uma constante. Sabendo que $x = 0$ e $v = 81$ m/s e que $v = 36$ m/s quando $x = 18$ m, determine (*a*) a velocidade da partícula quando $x = 20$ m, (*b*) o tempo necessário para que a partícula fique em repouso.

11.25 A aceleração de uma partícula é definida pela relação $a = -kv^{2,5}$, onde *k* é uma constante. A partícula inicia em $x = 0$ com uma velocidade de 16 mm/s e, quando $x = 6$ mm, a velocidade é 4 mm/s. Determine (*a*) a velocidade da partícula quando $x = 5$ mm, (*b*) o instante em que a velocidade da partícula é 9 mm/s.

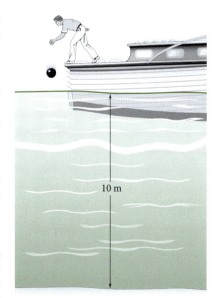

Figura P11.23

Figura P11.26

Figura P11.27

Figura P11.28

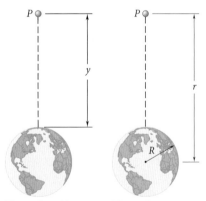

Figura *P11.29* Figura *P11.30*

11.26 Um veículo com propulsão humana (HPV) quer modelar a aceleração durante a arrancada da corrida de 260 m (os primeiros 60 m são chamados de começo de voo) usando $a = A - Cv^2$, onde a é aceleração em m/s^2 e v é a velocidade em m/s. A partir de testes em túnel de vento, verificaram que $C = 0,0012$ m^{-1}. Sabendo que o ciclista está indo a 100 km/h na marca dos 260 metros, qual é o valor de A?

11.27 Dados experimentais indicam que, em uma região a jusante de uma dada saída de ventilação, a velocidade do ar posto em circulação é definida por $v = 0,18v_0/x$, onde v e x são expressos em m/s e metros, respectivamente, e v_0 é a velocidade inicial de descarga do ar. Para $v_0 = 3,6$ m/s, determine (*a*) a aceleração do ar em $x = 2$ m, (*b*) o tempo necessário para o ar fluir de $x = 1$ m a $x = 3$ m.

11.28 Com base em observações, a velocidade de um corredor pode ser aproximada pela relação $v = 12(1 - 0,06x)^{0,3}$, onde v e x são expressos em km/h e quilômetros, respectivamente. Sabendo que $x = 0$ em $t = 0$, determine (*a*) a distância que o corredor percorreu quando $t = 1$ h, (*b*) a aceleração do corredor em m/s^2 em $t = 0$ e (*c*) o tempo necessário para o corredor percorrer 9 km.

11.29 A aceleração devida à gravidade, a uma altitude y acima da superfície da Terra, pode ser expressa como

$$a = \frac{-9,81}{\left[1 + \left(\dfrac{y}{6,37 \times 10^6}\right)\right]^2}$$

onde a e y são expressos em m/s^2 e metros, respectivamente. Usando esta expressão, calcule a altura atingida por um projétil disparado verticalmente para o alto, a partir da superfície terrestre, se sua velocidade inicial for (*a*) 540 m/s, (*b*) 900 m/s e (*c*) 11.180 m/s.

11.30 A aceleração devida à gravidade de uma partícula caindo em direção à Terra é $a = -gR^2/r^2$, onde r é a distância a partir do *centro* da Terra até a partícula, R é o raio da Terra e g é a aceleração devida à gravidade na superfície da Terra. Se $R = 6.370$ km, calcule a *velocidade de escape*, isto é, a velocidade mínima com que uma partícula deve ser lançada verticalmente para o alto, a partir da superfície da Terra, para que não retorne a ela. (*Dica*: $v = 0$ para $r = \infty$)

11.31 A velocidade de uma partícula é $v = v_0[1 - \text{sen}(\pi t/T)]$. Sabendo que a partícula parte da origem com uma velocidade inicial v_0, determine (*a*) sua posição e sua aceleração em $t = 3T$, (*b*) sua velocidade média durante o intervalo de $t = 0$ a $t = T$.

11.32 Uma câmara circular excêntrica, que desempenha uma função semelhante à do jugo escocês no problema 11.13, é utilizada em conjunto com um seguidor de face plana para controlar o movimento nas bombas e nas válvulas de um motor a vapor. Sabendo que a excentricidade é indicada por e, o alcance máximo do deslocamento do seguidor é $d_{máx}$ e a velocidade máxima do seguidor é $v_{máx}$, determine o deslocamento, a velocidade e a aceleração do seguidor.

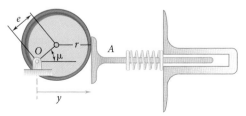

Figura P11.32

Capítulo 11 Cinemática de partículas **635**

11.2 Casos especiais e movimento relativo

Nesta seção, derivamos as equações que descrevem o movimento retilíneo uniforme e o movimento retilíneo uniformemente acelerado. Também introduzimos o conceito de movimento relativo, que é de fundamental importância sempre que consideramos o movimento de mais de uma partícula ao mesmo tempo.

11.2A Movimento retilíneo uniforme

O movimento retilíneo uniforme é um tipo de movimento em linha reta que é frequentemente encontrado em aplicações práticas. Nesse movimento, a aceleração a da partícula é zero para todo valor de t. A velocidade v é, portanto, constante, e a Eq. (11.1) se torna

$$\frac{dx}{dt} = v = \text{constante}$$

Podemos obter uma coordenada de posição x integrando essa equação. Indicando o valor inicial de x por x_0, temos

Distância em movimento retilíneo uniforme

$$\int_{x_0}^{x} dx = v \int_{0}^{t} dt$$

$$x - x_0 = vt$$

$$x = x_0 + vt \qquad \textbf{(11.5)}$$

Essa equação pode ser usada *somente se soubermos que a velocidade da partícula é constante*. Por exemplo, isso seria verdadeiro para um avião em voo constante ou um carro que cruza ao longo de uma estrada em uma velocidade constante.

11.2B Movimento retilíneo uniformemente acelerado

O movimento retilíneo uniformemente acelerado é outro tipo comum de movimento. Nesse caso, a aceleração a da partícula é constante, e a Eq. (11.2) torna-se

$$\frac{dv}{dt} = a = \text{constante}$$

Podemos obter a velocidade v da partícula integrando está equação como

$$\int_{v_0}^{v} dv = a \int_{0}^{t} dt$$

$$v - v_0 = at$$

$$v = v_0 + at \qquad \textbf{(11.6)}$$

onde v_0 é a velocidade inicial. Substituindo por v na Eq. (11.1), temos

$$\frac{dx}{dt} = v_0 + at$$

Representando por x_0 o valor inicial de x e integrando-o, temos

$$\int_{x_0}^{x} dx = \int_{0}^{t}(v_0 + at)dt$$

$$x - x_0 = v_0 t + \tfrac{1}{2}at^2$$

$$x = x_0 + v_0 t + \tfrac{1}{2}at^2 \quad (11.7)$$

Podemos também usar a Eq. (11.4) e escrever

$$v\frac{dv}{dx} = a = \text{constante}$$

$$v\,dv = a\,dx$$

Integrando ambos os lados, obtemos

$$\int_{v_0}^{v} v\,dv = a\int_{x_0}^{x} dx$$

$$\tfrac{1}{2}(v^2 - v_0^2) = a(x - x_0)$$

$$v^2 = v_0^2 + 2a(x - x_0) \quad (11.8)$$

As três equações que derivamos proporcionam relações úteis entre posição, velocidade e tempo no caso de aceleração constante, uma vez que você forneceu os valores apropriados para a, v_0 e x_0. Primeiro você precisa definir a origem O do eixo x e escolher um sentido positivo ao longo do eixo; esse sentido determina os sinais de a, v_0 e x_0. A Eq. (11.6) relaciona v e t, e deve ser usada quando o valor de v correspondente a um dado valor de t for desejado, ou inversamente. A Eq. (11.7) relaciona x e t; a Eq. (11.8) relaciona v e x. Uma aplicação importante do movimento uniformemente acelerado é o movimento de um corpo em **queda livre**. A aceleração de um corpo em queda livre (geralmente denotada por g) é igual a 9,81 m/s² (nesse caso, ignoramos a resistência do ar).

É importante ter em mente que as três equações apresentadas anteriormente podem ser usadas *somente quando soubermos que a aceleração da partícula é constante*. Se a aceleração da partícula é variável, você precisa determinar seu movimento a partir das Eqs. fundamentais (11.1) a (11.4) de acordo com os métodos descritos na Seção 11.1B.

11.2C Movimento de muitas partículas

Quando várias partículas se movem livremente ao longo da mesma linha, equações de movimento independentes podem ser escritas para cada partícula. Sempre que possível, o tempo deve ser contado a partir do mesmo instante inicial para todas as partículas e os deslocamentos devem ser medidos em relação à mesma origem e no mesmo sentido. Em outras palavras, um único relógio e uma única fita de medida devem ser usados.

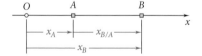

Figura 11.7 Duas partículas A e B que se deslocam ao longo da mesma linha reta.

Movimento relativo de duas partículas. Considere duas partículas A e B que se deslocam ao longo da mesma linha reta (Fig. 11.7). Se medimos as coordenadas de posição x_A e x_B da mesma origem, a diferença $x_B - x_A$ define a **coordenada de posição relativa de B em relação a A**, que é representada por $x_{B/A}$. Escrevemos então:

Posição relativa de duas partículas

$$x_{B/A} = x_B - x_A \quad \text{ou} \quad x_B = x_A + x_{B/A} \quad (11.9)$$

Independentemente das posições de A e B em relação à origem, um sinal positivo para $x_{B/A}$ significa que B está à direita de A, e um sinal negativo significa que B está à esquerda de A.

A taxa de variação de $x_{B/A}$ é denominada **velocidade relativa de B em relação a A** e é representada por $v_{B/A}$. Diferenciando a Eq. (11.9), obtemos

Velocidade relativa de duas partículas

$$v_{B/A} = v_B - v_A \quad \text{ou} \quad v_B = v_A + v_{B/A} \quad (11.10)$$

Um sinal positivo para $v_{B/A}$ significa que B é *observado a partir de A* deslocando-se no sentido positivo; um sinal negativo significa que ele é observado deslocando no sentido negativo.

A taxa de variação de $v_{B/A}$ é denominada **aceleração relativa de B em relação a A** e é representada por $a_{B/A}$. Diferenciando a Eq. (11.10), obtemos*

Aceleração relativa de duas partículas

$$a_{B/A} = a_B - a_A \quad \text{ou} \quad a_B = a_A + a_{B/A} \quad (11.11)$$

Foto 11.2 Múltiplos cabos e polias são usados pelo guindaste portuário.

Movimento dependente de partículas Algumas vezes, a posição de uma partícula dependerá da posição de outra partícula ou de várias outras partículas. Esses movimentos são chamados **dependentes**. Por exemplo, a posição do bloco B na Fig.11.8 depende da posição do bloco A. Como a corda $ACDE$-FG tem comprimento constante, e como os comprimentos dos segmentos de corda CD e EF que envolvem as polias permanecem constantes, tem-se que a soma dos comprimentos dos segmentos AC, DE e FG é constante. Observando que o comprimento do segmento AC difere de x_A apenas por uma constante e que, da mesma forma, os comprimentos dos segmentos DE e FG diferem de x_B apenas por uma constante, temos

$$x_A + 2x_B = \text{constante}$$

Como somente uma das duas coordenadas x_A e x_B pode ser escolhida arbitrariamente, dizemos que o sistema ilustrado na Fig. 11.8 tem **um grau de liberdade**. A partir da relação entre as coordenadas de posição x_A e x_B, segue-se que se para x_A é dado um aumento Δx_A – isto é, se o bloco A é abaixado por uma quantidade Δx_A – a coordenada x_B recebe um aumento $\Delta x_B = -\frac{1}{2}\Delta x_A$. Em outras palavras, o bloco B sobe pela metade a mesma quantidade. Você pode verificar isto diretamente na Fig. 11.8.

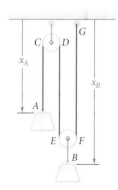

Figura 11.8 Um sistema de blocos e polias com um grau de liberdade.

Nesse caso dos três blocos da Fig. 11.9, podemos observar que o comprimento da corda que passa sobre as polias é constante. Portanto, a seguinte relação deve ser satisfatória pelas coordenadas de posição dos três blocos:

$$2x_A + 2x_B + x_C = \text{constante}$$

Como duas das coordenadas podem ser escolhidas arbitrariamente, dizemos que o sistema mostrado na Fig. 11.9 tem **dois graus de liberdade**.

Quando a relação existente entre as coordenadas de posição de várias partículas é *linear*, uma relação semelhante é válida entre as velocidades e

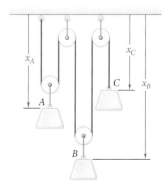

Figura 11.9 Um sistema de blocos e polias com dois graus de liberdade.

---

*Observe que o produto dos subscritos A e B/A usados no membro do lado direito das Eqs. (11.9), (11.10) e (11.11), é igual ao subscrito B que aparece nos lados esquerdos. Isso pode ajudá-lo a lembrar da ordem correta de subscritos em várias situações.

entre as acelerações dessas partículas. No caso dos blocos da Fig. 11.9, por exemplo, derivamos duas vezes a equação obtida e escrevemos

$$2\frac{dx_A}{dt} + 2\frac{dx_B}{dt} + \frac{dx_C}{dt} = 0 \quad \text{ou} \quad 2v_A + 2v_B + v_C = 0$$

$$2\frac{dv_A}{dt} + 2\frac{dv_B}{dt} + \frac{dv_C}{dt} = 0 \quad \text{ou} \quad 2a_A + 2a_B + a_C = 0$$

PROBLEMA RESOLVIDO 11.5

Em um poço de elevador, uma bola é lançada verticalmente para cima com uma velocidade inicial de 18 m/s de uma altura de 12 m acima do solo. No mesmo instante, um elevador de plataforma aberta passa pelo nível de 5 m, subindo com uma velocidade constante de 2 m/s. Determine: (a) quando e onde a bola vai atingir o elevador; (b) a velocidade relativa da bola em relação ao elevador quando a bola o atinge.

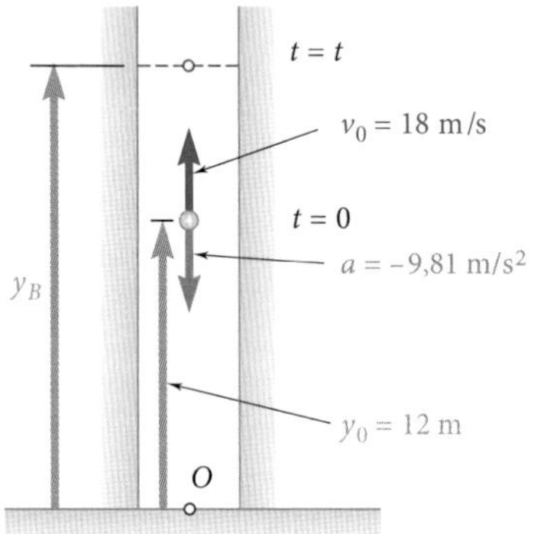

ESTRATÉGIA Como a bola tem uma aceleração constante, seu movimento é *uniformemente acelerado*. Como o elevador tem uma velocidade constante, seu movimento é *uniforme*. Você pode escrever equações para descrever cada movimento e, em seguida, definir as coordenadas de posição iguais entre si para descobrir quando as partículas se encontram. A velocidade relativa é determinada a partir do movimento calculado de cada partícula.

MODELAGEM E ANÁLISE

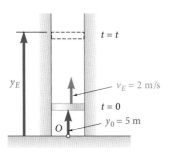

Figura 1 Aceleração, velocidade inicial e posição inicial da bola.

Movimento da bola. Coloque a origem O do eixo y ao nível do solo e escolha seu sentido positivo para cima (Fig. 1). Então a posição inicial da bola é $y_0 = +12$ m, sua velocidade inicial é $v_0 = +18$ m/s, e sua aceleração é de $a = -9,81$ m/s². Substituindo estes valores nas equações para o movimento uniformemente acelerado, escrevemos

$$v_B = v_0 + at \qquad v_B = 18 - 9,81t \qquad (1)$$

$$y_B = y_0 + v_0 t + \frac{1}{2}at^2 \qquad y_B = 12 + 18t - 4,905t^2 \qquad (2)$$

Movimento do elevador. Novamente coloque a origem O do eixo y ao nível do solo e escolha seu sentido positivo para cima (Fig. 2). Observando que $y_0 = +5$ m, temos

$$v_E = +2 \text{ m/s} \qquad (3)$$
$$y_E = y_0 + v_E t \qquad y_E = 5 + 2t \qquad (4)$$

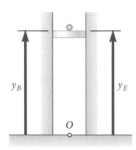

Figura 2 Velocidade inicial e posição inicial do elevador.

A bola atinge o elevador. Primeiro notamos que o mesmo tempo t e a mesma origem O foram usados para escrever as equações do movimento da bola e do elevador. Na Fig. 3, quando a bola bate no elevador,

$$y_E = y_B \qquad (5)$$

Substituindo y_E e y_B das Eqs. (2) e (4) na Eq. (5), obtemos

$$5 + 2t = 12 + 18t - 4,905t^2$$
$$t = -0,39 \text{ s} \quad \text{e} \quad t = 3,65 \text{ s} \blacktriangleleft$$

Somente a raiz $t = 3,65$ s corresponde a um instante após o movimento ter começado. Substituindo esse valor na Eq. (4), obtemos

$$y_E = 5 + 2(3,65) = 12,30 \text{ m}$$

Elevação a partir do solo = 12,30 m ◀

Figura 3 Posição da bola e do elevador no tempo t.

Velocidade relativa. A velocidade relativa da bola em relação ao elevador é

$$v_{B/E} = v_B - v_E = (18 - 9{,}81t) - 2 = 16 - 9{,}81t$$

Quando a bola atinge o elevador no instante $t = 3{,}65$ s, temos

$$v_{B/E} = 16 - 9{,}81(3{,}65) \qquad v_{B/E} = -19{,}81 \text{ m/s} \blacktriangleleft$$

O sinal negativo significa que, se você estiver no elevador, parecerá que a bola está se movendo para baixo.

PARA REFLETIR A perspicácia é que, quando duas partículas colidem, suas coordenadas de posição devem ser iguais. Além disso, embora você possa usar as relações cinemáticas básicas neste problema, pode ser mais fácil usar as equações que relacionam a, v, x e t quando a aceleração é constante ou zero.

PROBLEMA RESOLVIDO 11.6

O carro A está viajando a uma constante de 135 km/h quando passa por uma viatura policial B estacionada, que dá início a uma perseguição quando o carro passa por ela. O policial acelera a uma velocidade constante até atingir a velocidade de 150 km/h. Depois disso, sua velocidade permanece constante. O policial pega o carro a 4,5 km do seu ponto de partida. Determine a aceleração inicial do policial.

ESTRATÉGIA Um carro está viajando em uma velocidade constante e o outro tem uma aceleração constante, então você pode começar com as relações algébricas encontradas na Seção 11.2 em vez de resgatar e integrar as relações cinemáticas básicas.

MODELAGEM E ANÁLISE Uma imagem claramente identificada ajudará a compreender melhor o problema (Fig. 1). A posição x é definida a partir do ponto em que o carro passa o policial.

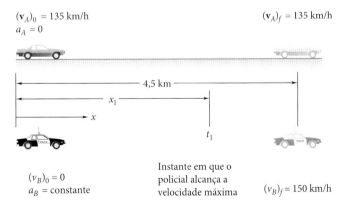

Figura 1 Velocidades e acelerações do carro em variação de tempo.

(*Continua*)

640 Mecânica vetorial para engenheiros: Dinâmica

Conversões de unidades. Primeiro você deve converter tudo para unidades de metros e segundos. Use o subscrito A para o carro e B para o policial

$$v_A = \left(135 \frac{\text{km}}{\text{hr}}\right)\left(\frac{1 \text{ hr}}{3600 \text{ s}}\right)\left(\frac{1000 \text{ m}}{\text{km}}\right) = 37,5 \frac{\text{m}}{\text{s}}$$

$$v_B = \left(150 \frac{\text{km}}{\text{hr}}\right)\left(\frac{1 \text{ hr}}{3600 \text{ s}}\right)\left(\frac{1000 \text{ m}}{\text{km}}\right) = \frac{125}{3} \frac{\text{m}}{\text{s}}$$

Movimento do carro *A* acelerando. Uma vez que o carro tem uma velocidade constante,

$$x_A = v_A t = 37,5 \, t \tag{1}$$

Movimento do policial *B*. O policial tem uma aceleração constante até que ela atinja uma velocidade final de 150 km/h. Este tempo é classificado t_1 na Fig. 1. Portanto, do tempo $0 < t < t_1$, o policial tem uma velocidade de

$$v_B = a_B t \quad \text{para} \quad 0 < t < t_1$$

ou no instante $t = t_1$, é

$$\frac{125}{3} = a_B t_1 \tag{2}$$

A distância que o policial percorre vai ser a distância de 0 a t_1 e, então, de t_1 a t_f. Consequentemente,

$$x_B = \frac{1}{2} a_B t_1^2 + v_B(t - t_1) \quad \text{para } t > t_1 \tag{3}$$

O policial captura o motorista quando $x_A = x_B = 4,5$ km $= 4.500$ m. Da Eq. (1), você pode resolver para o tempo $t_f = (4500 \text{ m})/(37,5 \text{ m/s}) = 120$ s. Portanto, você tem duas equações: Eq. (2) e

$$4500 = \frac{1}{2} a_B t_1^2 + \frac{125}{3}(120 - t_1) \tag{4}$$

Substituindo a Eq. (2) na Eq. (4), podemos resolver para t_1:

$$t_1 = 24,0 \text{ s}$$

Substituindo na Eq. (2), temos

$$a_B = 1,736 \text{ m/s}^2 \quad \blacktriangleleft$$

PARA REFLETIR É importante usar a mesma origem para a posição de ambos os veículos. O tempo para acelerar de 0 a 150 km/h parece razoável, embora seja mais do que você pode esperar. Um carro esportivo de alto desempenho pode ir de 0 a 90 km/h em menos de 5 segundos. É muito provável que o policial possa ter acelerado a 150 km/h em menos tempo se ele quisesse, mas talvez tivesse que considerar a segurança de outros motoristas.

PROBLEMA RESOLVIDO 11.7

O colar A e o bloco B estão ligados por um cabo que passa sobre três polias C, D e E, como mostrado na figura. As polias C e E são fixas, enquanto D está presa a um colar que é puxado para baixo com uma velocidade constante de 75 mm/s. No instante $t = 0$, o colar A começa a se mover para baixo a partir da posição K com uma aceleração constante e sem velocidade inicial. Sabendo que a velocidade do colar A é de 300 mm/s ao passar pelo ponto L, determine a variação na elevação, a velocidade e a aceleração do bloco B quando o colar A passar por L.

ESTRATÉGIA Você tem vários objetos conectados por cabos; então, este é um problema em *movimento dependente*. Use os dados obtidos para escrever uma única equação relacionando as mudanças nas coordenadas de posição do colar A, da polia D e do bloco B. Com base nas informações fornecidas, você também precisará usar as relações algébricas encontradas para o movimento uniformemente acelerado.

MODELAGEM E ANÁLISE

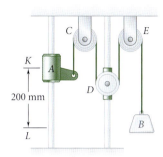

Movimento do colar A. Colocamos a origem O na superfície horizontal superior e escolhemos o sentido positivo para baixo. Então, quando $t = 0$, o colar A está na posição K e $(v_A)_0 = 0$ (Fig. 1). Visto que $v_A = 300$ mm/s e $x_A - (x_A)_0 = 200$ mm quando o colar passa por L, temos

$$v_A^2 = (v_A)_0^2 + 2a_A[x_A - (x_A)_0] \quad (300)^2 = 0 + 2a_A(200)$$
$$a_A = 225 \text{ mm/s}^2$$

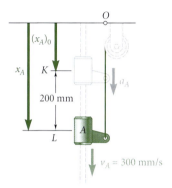

Figura 1 Posição, velocidade e aceleração do colar A.

Para encontrar o instante em que o colar A atinge o ponto L, use a equação para a velocidade como uma função de tempo com aceleração uniforme. Portanto,

$$v_A = (v_A)_0 + a_A t \quad 300 = 0 + 225t \quad t = 1,333 \text{ s}$$

Movimento da polia D. Como o sentido positivo é para baixo, temos (Fig. 2)

$$a_D = 0 \quad v_D = 75 \text{ mm/s} \quad x_D = (x_D)_0 + v_D t = (x_D)_0 + 75t$$

Quando o colar A atinge L em $t = 1,333$ s, a posição da polia D é

$$x_D = (x_D)_0 + 75(1,333) = (x_D)_0 + 100$$

Portanto, $\quad x_D - (x_D)_0 = 100$ mm

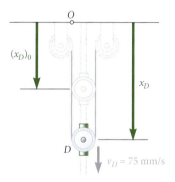

Figura 2 Posição e velocidade da polia D.

Movimento do bloco B. Observe que o comprimento total do cabo $ACDEB$ se difere da quantidade $(x_A + 2x_D + x_B)$ apenas por uma constante. Como o comprimento do cabo é constante durante o movimento, essa quantidade também deve permanecer constante. Portanto, considerando os tempos $t = 0$ e $t = 1,333$ s, podemos escrever

$$x_A + 2x_D + x_B = (x_A)_0 + 2(x_D)_0 + (x_B)_0 \quad (1)$$
$$[x_A - (x_A)_0] + 2[x_D - (x_D)_0] + [x_B - (x_B)_0] = 0 \quad (2)$$

Mas sabemos que $x_A - (x_A)_0 = 200$ mm e $x_D - (x_D)_0 = 100$ mm; substituindo esses valores na Eq. (2), encontramos

$$200 + 2(100) + [x_B - (x_B)_0] = 0 \quad x_B - (x_B)_0 = -400 \text{ mm}$$

Portanto, $\qquad$ Alteração na elevação de B = 400 m ↑ ◀

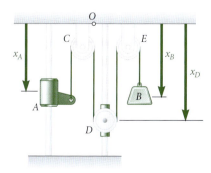

Figura 3 Posição de A, B e D.

(Continua)

Diferenciando a Eq. (1) duas vezes, obtemos equações que relacionam as velocidades e as acelerações de A, B e D. Substituindo os valores das velocidades e acelerações de A e D em $t = 1{,}333$ s, temos

$$v_A + 2v_D + v_B = 0: \quad 300 + 2(75) + v_B = 0$$
$$v_B = -450 \text{ mm/s} \quad v_B = 450 \text{ mm/s} \uparrow \quad \blacktriangleleft$$

$$a_A + 2a_D + a_B = 0: \quad 225 + 2(0) + a_B = 0$$
$$a_B = -225 \text{ mm/s}^2 \quad a_B = 225 \text{ mm/s}^2 \uparrow \quad \blacktriangleleft$$

PARA REFLETIR Neste caso, a relação que precisávamos não era entre coordenadas de posição, mas entre mudanças de coordenadas de posição em dois instantes diferentes. O passo-chave é definir claramente seus vetores de posição. Este é um sistema de dois graus de liberdade, porque duas coordenadas são necessárias para descrevê-lo completamente.

PROBLEMA RESOLVIDO 11.8

O bloco C parte do repouso e se movimenta para baixo com uma aceleração constante. Sabendo que, após o bloco A ter se movido 450 mm, sua velocidade é 180 mm/s, determine (a) a aceleração de A e C, (b) a mudança na velocidade e a mudança na posição do bloco B após 2,5 segundos.

ESTRATÉGIA Como você tem blocos conectados por cabos, este é um problema de movimento dependente. Você deve definir coordenadas para cada massa e escrever equações de restrição para ambos os cabos.

MODELAGEM E ANÁLISE Defina os vetores de posição como mostrado na Fig. 1, onde o positivo é definido para ser para baixo.

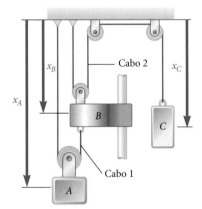

Figura 1 Posição de A, B e C.

Capítulo 11   Cinemática de partículas   **643**

Equações de restrição. Considerando que os cabos são inextensíveis, você pode escrever os comprimentos em termos das coordenadas definidas e, em seguida, derivar.

Cabo 1: $\qquad\qquad x_A + (x_A - x_B) = \text{constante}$

Diferenciando, encontramos

$$2v_A = v_B \quad \text{e} \quad 2a_A = a_B \tag{1}$$

Cabo 2: $\qquad\qquad 2x_B + x_C = \text{constante}$

Derivando, encontramos

$$v_C = -2v_B \quad \text{e} \quad a_C = -2a_B \tag{2}$$

Substituindo a Eq. (1) na Eq. (2), temos

$$v_C = -4v_A \quad \text{e} \quad a_C = -4a_A \tag{3}$$

Movimento de *A*. Podemos usar as equações de aceleração constante para o bloco A:

$$v_A^2 - v_{A_0}^2 = 2a_A[x_A - (x_A)_0] \quad \text{ou} \quad a_A = \frac{v_A^2 - (v_A)_0^2}{2[x_A - (x_A)_0]} \tag{4}$$

a. Aceleração de *A* e *C*. Considerando que v_C e a_C são para baixo, da Eq. (3) sabemos que v_A e a_A são para cima. Substituindo os valores dados na Eq. (4), temos

$$a_A = \frac{(180 \text{ mm/s})^2 - 0}{2(-450 \text{ mm})} = -36 \text{ mm/s}^2 \quad \mathbf{a}_A = 36 \text{ mm/s}^2 \uparrow \quad \blacktriangleleft$$

Substituindo esse valor em $a_C = -4a_A$, obtemos:

$$\mathbf{a}_C = 144 \text{ mm/s}^2 \downarrow \quad \blacktriangleleft$$

b. Velocidade e mudança na posição de *B* após 2,5 s. Substituindo a_A em $a_B = 2a_A$, temos

$$a_B = 2(-36 \text{ mm/s}^2) = -72 \text{ mm/s}^2$$

Você pode utilizar as equações da aceleração constante para determinar

$$\Delta v_B = a_B t = (-72 \text{ mm/s}^2)(2,5 \text{ s}) = -180 \text{ mm/s} \quad \Delta v_B = 180 \text{ mm/s} \uparrow \quad \blacktriangleleft$$

$$\Delta x_B = \tfrac{1}{2}a_B t = \tfrac{1}{2}(-72 \text{ mm/s}^2)(2,5 \text{ s})^2 = -225 \text{ mm} \quad \Delta x_B = 225 \text{ mm} \uparrow \quad \blacktriangleleft$$

PARA REFLETIR Uma das chaves para resolver este problema é reconhecendo que, uma vez que existem dois cabos, você precisa escrever duas equações de restrição. Além disso, os sentidos das respostas são coerentes. Se o bloco C estiver acelerando para baixo, espera-se que A e B acelerem para cima.

METODOLOGIA PARA A RESOLUÇÃO DE PROBLEMAS

Nesta seção, derivamos as equações que descrevem o **movimento retilíneo uniforme** (velocidade constante) e o **movimento retilíneo uniformemente acelerado** (aceleração constante). Também introduzimos o conceito de **movimento relativo**. As equações para movimento relativo [Eqs. (11.9) a (11.11)] podem ser aplicadas aos movimentos independentes ou dependentes de duas partículas quaisquer movimentando-se ao longo da mesma linha reta.

A. Movimento independente de uma ou mais partículas. A solução de problemas desse tipo deve ser organizada da seguinte forma:

1. Comece sua solução listando a informação dada, esboçando o sistema e selecionando a origem e o sentido positivo do eixo coordenado [Problema Resolvido 11.5]. É sempre vantajoso ter uma representação visual de problemas desse tipo.

2. Escreva as equações que descrevem os movimentos de várias partículas como também aquelas que descrevem como esses movimentos estão relacionados [Eq. (5) do Problemas Resolvido 11.5].

3. Defina as condições iniciais, ou seja, especifique o estado do sistema correspondente a $t = 0$. Isso é especialmente importante se os movimentos das partículas começam em tempos diferentes. Em tais casos, qualquer uma das duas abordagens a seguir pode ser usada.

    a. Seja $t = 0$ o instante em que a última partícula começa seu movimento. Você deve então determinar a posição inicial x_0 e a velocidade inicial v_0 de cada uma das outras partículas.

    b. Seja $t = 0$ o instante em que a primeira partícula começa a se mover. Você deve, então, em cada uma das equações que descrevem o movimento de uma outra partícula, substituir t por $t - t_0$, onde t_0 é o instante em que aquela partícula específica começa a se mover. É importante reconhecer que as equações obtidas dessa maneira são válidas somente para $t \geq t_0$.

B. Movimento dependente de duas ou mais partículas. Em problemas desse tipo, as partículas do sistema estão unidas umas às outras geralmente por cordas ou cabos. O método de solução desses problemas é parecido com aquele do grupo anterior de problemas, exceto que agora será necessário descrever as *ligações físicas* entre as partículas. Nos problemas a seguir, a ligação é estabelecida por um ou mais cabos. Para cada cabo, você terá que escrever equações similares às três últimas equações da Seção 11.2C. Sugerimos que você use o seguinte procedimento:

1. Desenhe um esboço do sistema e selecione um sistema de coordenadas, indicando claramente um sentido positivo para cada um dos eixos coordenados. Por exemplo, nos Problemas Resolvidos 11.7 e 11.8, medimos os comprimentos para baixo a partir do suporte horizontal superior. Segue-se, então, que os deslocamentos, as velocidades e as acelerações que tiverem valores positivos serão dirigidos para baixo.

2. Escreva a equação que descreve a restrição imposta por cada cabo sobre o movimento das partículas envolvidas. Derivando essa equação duas vezes, você vai obter as relações correspondentes entre velocidades e acelerações.

3. Se várias direções de movimento estão envolvidas, você deve selecionar um eixo coordenado e um sentido positivo para cada uma dessas direções. Você deve também tentar localizar as origens de seus eixos coordenados para que as equações das restrições sejam tão simples quanto possível. Por exemplo, no Problema Resolvido 11.7, é mais fácil definir as várias coordenadas medindo-as para baixo a partir do suporte superior que as medindo para cima a partir do suporte inferior.

Finalmente, tenha em mente que o método de análise descrito nesta seção e as equações correspondentes podem ser usados somente para partículas que se deslocam com um *movimento retilíneo uniforme* ou *movimento retilíneo uniformemente acelerado*.

PROBLEMAS

11.33 Um avião começa sua decolagem em A com velocidade zero e uma aceleração constante a. Sabendo que ele passa a ser transportado pelo ar 30 s mais tarde em B e que a distância AB é 900 m, determine (*a*) a aceleração a, (*b*) a velocidade de decolagem v_B.

Figura P11.33

11.34 Uma motorista está viajando a 54 km/h quando ela observa que um semáforo 240 m a sua frente fica vermelho. O semáforo é programado para ficar vermelho por 24 s. Se a motorista deseja passar o sinal sem parar apenas quando ele fica verde novamente, determine (*a*) a desaceleração uniforme necessária do carro, (*b*) a velocidade do carro quando passa o sinal.

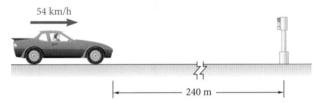

Figura P11.34

11.35 Rampas de escape são construídas ao lado de rodovias de montanhas para permitir que os veículos com freios com defeito parem com segurança. Um caminhão entra em uma rampa de 225 m a uma velocidade v_0 alta e percorre 160 m em 6 s em desaceleração constante antes que sua velocidade seja reduzida a $v_0/2$. Considerando a mesma desaceleração constante, determine (*a*) o tempo adicional necessário para o caminhão parar, (*b*) a distância adicional percorrida pelo caminhão.

Figura P11.35

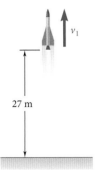

Figura P11.36

11.36 Um grupo de estudantes lança um modelo de foguete na direção vertical. Baseando-se em dados registrados, eles determinam que a altitude do foguete foi de 27 m ao final da porção propulsada do voo e que o foguete aterrissou 16 s depois. Sabendo que o paraquedas de descida não se abriu e que o foguete caiu livremente até o chão depois de atingir sua altitude máxima, e considerando que $g = 9{,}81$ m/s^2, determine (*a*) a velocidade v_1 do foguete ao final do voo propulsado, (*b*) a altitude máxima atingida pelo foguete.

11.37 Um pequeno pacote é liberado do repouso em A e se move ao longo do transportador de rolete $ABCD$. O pacote tem uma aceleração uniforme de 4,8 m/s^2 enquanto se move para baixo pelas seções AB e CD, com velocidade constante entre B e C. Se a velocidade do pacote em D é 7,2 m/s, determine (a) a distância d entre C e D, (b) o tempo necessário para o pacote alcançar D.

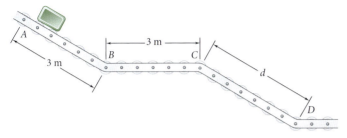

Figura *P11.37*

11.38 Um corredor em uma corrida de 100 m acelera uniformemente nos primeiros 35 m e então corre com velocidade constante. Se o tempo do corredor nos primeiros 35 m é de 5,4 s, determine (a) sua aceleração, (b) sua velocidade final e (c) seu tempo para a corrida.

11.39 O automóvel A parte de O e acelera à taxa constante de 0,75 m/s^2. Pouco tempo depois é passado pelo ônibus B que está viajando na direção oposta a uma velocidade constante de 6 m/s. Sabendo-se que o ônibus B passa o ponto O 20 s após o automóvel A ter saído dali, determine quando e onde os veículos se cruzaram.

Figura *P11.38*

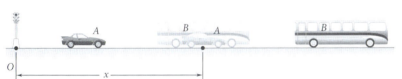

Figura P11.39

11.40 Em uma corrida de barcos, o barco A está 50 m a frente do barco B e ambos estão viajando a uma velocidade escalar constante de 180 km/h. Em $t = 0$, os barcos aceleram a taxas constantes. Sabendo que quando B ultrapassa A, $t = 8$ s e $v_A = 225$ km/h, determine (a) a aceleração de A, (b) a aceleração de B.

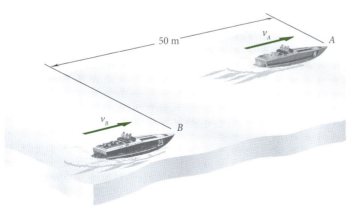

Figura P11.40

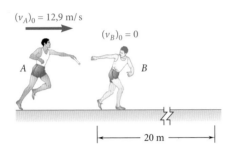

Figura P11.41

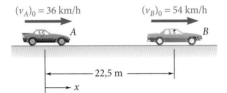

Figura P11.42

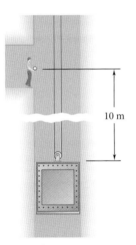

Figura P11.44

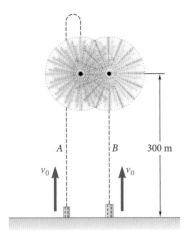

Figura *P11.45*

11.41 Quando o corredor de revezamento A entra na zona de troca de 20 m de extensão com uma velocidade escalar de 12,9 m/s, ele começa a diminuir sua velocidade. Ele passa o bastão ao corredor B 1,82 s depois, enquanto os dois deixam a zona de troca com a mesma velocidade. Determine (a) a aceleração uniforme de cada um dos corredores, (b) quando o corredor B deve começar a correr.

11.42 Dois automóveis A e B percorrem, no mesmo sentido, pistas adjacentes e, em $t = 0$, têm suas posições e velocidades escalares mostradas na figura. Sabendo que o automóvel A tem uma aceleração constante de 0,54 m/s^2 e que B tem uma desaceleração constante de 0,36 m/s^2, determine (a) quando e onde A vai ultrapassar B, (b) a velocidade de cada automóvel nesse instante.

11.43 Dois automóveis A e B estão se aproximando em pistas adjacentes de uma rodovia. Em $t = 0$, A e B estão separados por 1 km, suas velocidades são $v_A = 108$ km/h e $v_B = 63$ km/h, e estão nos pontos P e Q, respectivamente. Sabendo que A passa pelo ponto Q 40 s depois que B passou por ali e que B passa pelo ponto P 42 s depois que A passou por lá, determine (a) as acelerações uniformes de A e B, (b) quando os veículos se cruzam, (c) a velocidade de B nesse instante.

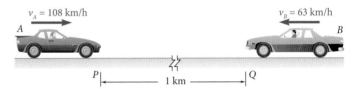

Figura P11.43

11.44 Um elevador está se movendo para cima em uma velocidade constante de 4m/s. Um homem em pé, que está 10 m acima do topo do elevador, lança uma bola para cima com uma velocidade de 3 m/s. Determine (a) quando a bola vai bater no elevador, (b) onde a bola vai bater no elevador em relação à localização do homem.

11.45 Dois foguetes são lançados em uma exposição de fogos de artifício. O foguete A é lançado com uma velocidade inicial $v_0 = 100$ m/s e o foguete B é lançado t_1 segundos depois com a mesma velocidade inicial. Os dois foguetes são cronometrados para explodir simultaneamente a uma altura de 300 m enquanto A está caindo e B está subindo. Considerando uma aceleração constante $g = 9,81$ m/s^2, determine (a) o tempo t_1, (b) a velocidade de B em relação a A no momento da explosão.

11.46 O carro A está estacionado ao longo da pista na direção norte de uma rodovia, e o carro B está viajando na pista em direção sul a uma velocidade constante de 90 km/h. Em $t = 0$, A liga o motor e acelera a uma taxa constante a_A, enquanto em $t = 5$ s B começa a diminuir a velocidade com uma desaceleração constante de intensidade $a_A/6$. Sabendo que, quando os carros passam um pelo outro, $x = 90$ m e $v_A = v_B$, determine (a) a aceleração a_A, (b) quando os veículos passam um pelo outro, (c) a distância d entre os veículos em $t = 0$.

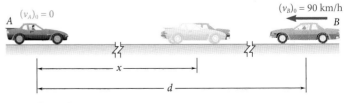

Figura *P11.46*

11.47 O elevador E mostrado na figura se movimenta para baixo com velocidade constante de 4 m/s. Determine (a) a velocidade do cabo C, (b) a velocidade do contra-peso W, (c) a velocidade relativa do cabo C em relação ao elevador, (d) a velocidade relativa do contrapeso W em relação ao elevador.

11.48 O elevador E mostrado na figura sai do repouso e se movimenta para cima com aceleração constante. Se o contrapeso W se movimenta 10 m em 5 s, determine (a) a aceleração do elevador e do cabo C, (b) a velocidade do elevador após 5 s.

11.49 Uma atleta puxa a alça A para a esquerda com uma velocidade constante de 0,5 m/s. Determine (a) a velocidade do peso B, (b) a velocidade relativa do peso B em relação à alça A.

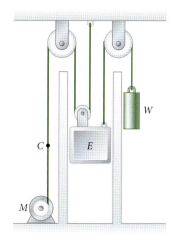

Figura P11.47 e P11.48

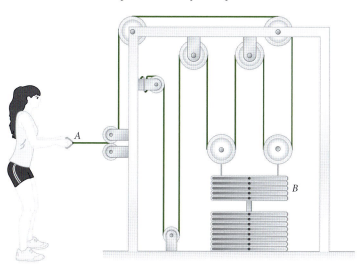

Figura P11.49

11.50 Uma atleta puxa a alça A para a esquerda com uma aceleração constante. Sabendo que, após o peso B ter sido levantado 100 mm, sua velocidade é de 0,6 m/s, determine (a) as acelerações do cabo A e do peso B, (b) a velocidade e a variação da posição do cabo A após 0,5 s.

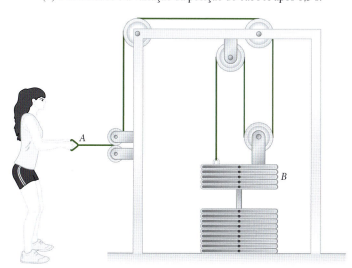

Figura P11.50

11.51 O bloco deslizante B se movimenta para a direita com uma velocidade constante de 300 mm/s. Determine (a) a velocidade do bloco deslizante A, (b) a velocidade da porção C do cabo, (c) a velocidade da porção D do cabo e (d) a velocidade relativa da porção C do cabo em relação ao bloco deslizante A.

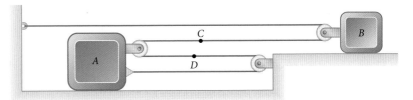

Figura P11.51 e P11.52

11.52 No instante mostrado na figura, o bloco deslizante B está se movendo para a direita com uma aceleração constante, e sua velocidade é 150 mm/s. Sabendo que, depois que o bloco deslizante A se move 240 mm para a direita, sua velocidade é de 60 mm/s, determine (a) as acelerações de A e B, (b) a aceleração da porção D do cabo, (c) a velocidade e a variação da posição do bloco deslizante B depois de 4 s.

11.53 O bloco deslizante A se move para a esquerda com a velocidade constante de 6 m/s. Determine (a) a velocidade do bloco B, (b) a velocidade da porção D do cabo, (c) a velocidade relativa da porção C do cabo em relação a porção D.

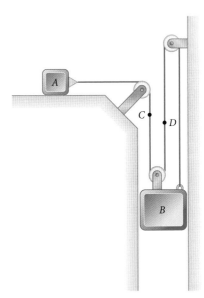

Figura *P11.53*

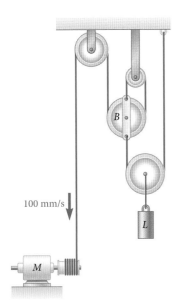

Figura *P11.54*

11.54 O motor M enrola o cabo a uma velocidade constante de 100 mm/s. Determine (a) a velocidade da carga L, (b) a velocidade da polia B em relação à carga L.

11.55 O colar A parte do repouso e se movimenta para cima com aceleração constante. Sabendo que, depois de 8 s, a velocidade relativa do colar B em relação ao colar A é 0,6 m/s, determine (a) as acelerações de A e B, (b) a velocidade e a variação da posição de B depois de 6 s.

11.56 O bloco A parte do repouso em $t = 0$ e move-se para cima com aceleração constante de 150 mm/s^2. Sabendo que o bloco B move-se para baixo com velocidade constante de 75 mm/s, determine (a) o instante no qual a velocidade do bloco C é zero, (b) a posição do bloco C correspondente.

Figura P11.56

Figura P11.55

11.57 O bloco B inicia em repouso, o bloco A se movimenta com aceleração constante, e o bloco deslizante C se movimenta para a direita com aceleração constante de 75 mm/s^2. Sabendo que em $t = 2$ s as velocidades de B e C são de 480 mm/s para baixo e 280 mm/s para a direita, respectivamente, determine (a) as acelerações de A e B, (b) as velocidades iniciais de A e C, (c) a variação de posição do bloco deslizante C após 3 s.

11.58 O bloco B se movimenta para baixo com velocidade constante de 20 mm/s. Em $t = 0$, o bloco A é movimentado para cima com aceleração constante e sua velocidade é 30 mm/s. Sabendo que em $t = 3$ s o bloco deslizante C teria se movimentado 57 mm para a direita, determine (a) a velocidade do bloco deslizante C em $t = 0$, (b) as acelerações de A e C, (c) a variação da posição do bloco A após 5 s.

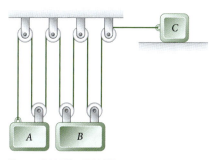

Figura P11.57 e P11.58

11.59 O sistema mostrado parte do repouso, e cada um de seus componentes se move com uma aceleração constante. Se a aceleração relativa do bloco C em relação ao colar B é de 60 mm/s^2 para cima e a aceleração relativa do bloco D em relação ao bloco A é de 110 mm/s^2 para baixo, determine (a) a velocidade do bloco C depois de 3 s e (b) a variação de posição do bloco D depois de 5 s.

*11.60 O sistema mostrado parte do repouso, e o comprimento da corda superior está ajustado para que A, B e C estejam inicialmente no mesmo nível. Cada componente se move com uma aceleração constante e, depois de 2 s, a variação da posição relativa do bloco C em relação ao bloco A é 280 mm para cima. Sabendo que quando a velocidade relativa do colar B em relação ao bloco A é de 80 mm/s para baixo, os deslocamentos de A e B são 160 mm para baixo e 320 mm para baixo, respectivamente, determine (a) as acelerações de A e B se $a_B > 10$ mm/s^2, (b) a variação de posição do bloco D quando a velocidade do bloco C é de 600 mm/s para cima.

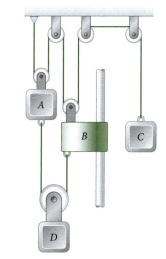

Figura P11.59 e P11.60

*11.3 Soluções gráficas

Na análise de problemas no movimento retilíneo, é frequentemente útil desenhar gráficos de posição, velocidade ou aceleração em função do tempo. Muitas vezes esses gráficos podem fornecer informações sobre a situação, indicando quando as quantidades aumentam, diminuem ou permanecem iguais. Em outros casos, os gráficos podem fornecer soluções numéricas quando os métodos analíticos não estão disponíveis. Em muitas situações experimentais, os dados são coletados em função do tempo, e os métodos desta seção são muito úteis para a análise.

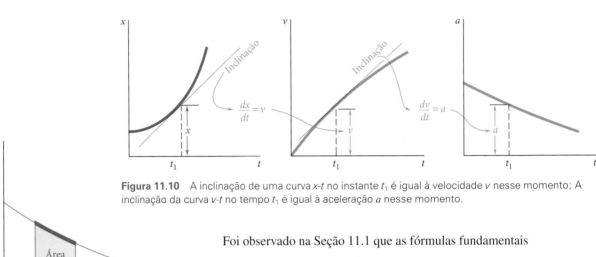

Figura 11.10 A inclinação de uma curva x-t no instante t_1 é igual à velocidade v nesse momento; A inclinação da curva v-t no tempo t_1 é igual à aceleração a nesse momento.

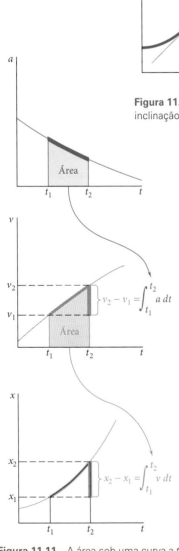

Figura 11.11 A área sob uma curva a-t é igual à variação de velocidade durante esse intervalo de tempo; a área sob a curva v-t é igual à variação de posição durante esse intervalo de tempo.

Foi observado na Seção 11.1 que as fórmulas fundamentais

$$v = \frac{dx}{dt} \quad \text{e} \quad a = \frac{dv}{dt}$$

possuem um significado geométrico. A primeira fórmula expressa que a velocidade em qualquer instante é igual à inclinação da curva x-t nesse mesmo instante (Fig. 11.10). A segunda fórmula expressa que a aceleração é igual à inclinação da curva v-t. Podemos utilizar essas duas propriedades para determinar graficamente as curvas v-t e a-t de um movimento quando a curva x-t é conhecida.

Integrando as duas fórmulas fundamentais de um instante t_1 a um instante t_2, escrevemos

$$x_2 - x_1 = \int_{t_1}^{t_2} v\,dt \quad \text{e} \quad v_2 - v_1 = \int_{t_1}^{t_2} a\,dt \quad \textbf{(11.12)}$$

A primeira fórmula expressa que a área medida sob a curva v-t de t_1 a t_2 é igual à variação de x durante esse intervalo de tempo (Fig. 11.11). Similarmente, a segunda fórmula nos diz que a área medida sob a curva a-t de t_1 a t_2 é igual à variação de v durante o mesmo intervalo de tempo. Essas duas propriedades podem ser usadas para determinar graficamente a curva x-t de um movimento quando sua curva v-t ou sua curva a-t é conhecida (ver Problema Resolvido 11.9).

As soluções gráficas são particularmente úteis quando o movimento considerado é definido a partir de dados experimentais e quando x, v e a não são funções analíticas de t. Elas também podem ser usadas, com vantagem, quando o movimento consiste em partes distintas e quando sua análise requer que se escreva uma equação diferente para cada uma dessas partes. Ao usar uma solução gráfica, no entanto, tenha cuidado para observar que (1) a área sob a

Capítulo 11 Cinemática de partículas **653**

curva v-t mede *a variação de x* (não x em si) e que, similarmente, a área sob a curva a-t mede a variação de v; (2) uma área acima do eixo t corresponde a um *aumento* de x ou v, enquanto que uma área situada abaixo do eixo t mede uma *diminuição* de x ou v.

Ao desenhar curvas de movimento, é útil lembrar que, se a velocidade é constante, ela é representada por uma linha reta horizontal; a coordenada de posição x é então uma função linear de t e é representada por uma linha reta oblíqua. Se a aceleração é constante e diferente de zero, ela é representada por uma linha reta horizontal; v é então uma função linear de t representada por uma linha reta oblíqua, e x é um polinômio de segundo grau em t e é representado por uma parábola. Se a aceleração for uma função linear de t, a velocidade e a coordenada de posição serão iguais, respectivamente, a polinômios do segundo e terceiro graus; a será então representada por uma reta oblíqua, v por uma parábola e x por uma cúbica. Em geral, se a aceleração é um polinômio de grau n em t, a velocidade é um polinômio de grau $n + 1$, e a coordenada de posição é um polinômio de grau $n + 2$. Estes polinômios são representados por curvas de movimento de grau correspondente.

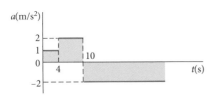

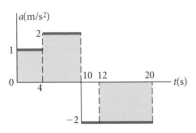

Figura 1 Aceleração da partícula em função do tempo.

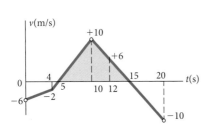

Figura 2 Velocidade da partícula em função do tempo.

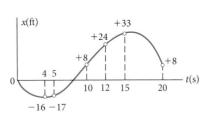

Figura 3 Posição da partícula em função do tempo.

PROBLEMA RESOLVIDO 11.9

Uma partícula se move em linha reta com a aceleração mostrada na figura. Sabendo que parte da origem com $v_0 = -6$ m/s, (a) desenhe as curvas v-t e x-t para $0 < t < 20$ s, (b) determine sua velocidade, sua posição e a distância total percorrida quando $t = 12$ s.

ESTRATÉGIA Você recebeu o gráfico de a versus t. É possível calcular áreas sob essa curva para determinar a curva v-t e calcular áreas sob a curva v-t para determinar a curva x-t.

MODELAGEM E ANÁLISE A partícula está se movendo com aceleração retilínea.

a. Curva aceleração–tempo.
Condições iniciais: $t = 0$, $v_0 = -6$ m/s, $x_0 = 0$
Variação de v = área sob a curva a-t:

$v_0 = -6$ m/s

$0 < t < 4s$: $v_4 - v_0 = (1 \text{ m/s}^2)(4s) = +4$ m/s $v_4 = -2$ m/s

$4s < t < 10s$: $v_{10} - v_4 = (2 \text{ m/s}^2)(6s) = +12$ m/s $v_{10} = +10$ m/s

$10s < t < 12s$: $v_{12} - v_{10} = (-2 \text{ m/s}^2)(2s) = -4$ m/s $v_{12} = +6$ m/s

$12s < t < 20s$: $v_{20} - v_{12} = (-2 \text{ m/s}^2)(8s) = -16$ m/s $v_{20} = -10$ m/s ◀

Variação de x = área sob a curva v-t: $x_0 = 0$

$0 < t < 4s$: $x_4 - x_0 = \frac{1}{2}(-6-2)(4) = -16$ m $x_4 = -16$ m

$4s < t < 5s$: $x_5 - x_4 = \frac{1}{2}(-2)(1) = -1$ m $x_5 = -17$ m

$5s < t < 10s$: $x_{10} - x_5 = \frac{1}{2}(+10)(5) = +25$ m $x_{10} = 8$ m

$10s < t < 12s$: $x_{12} - x_{10} = \frac{1}{2}(+10+6)(2) = +16$ m $x_{12} = +24$ m

$12s < t < 15s$: $x_{15} - x_{12} = \frac{1}{2}(+6)(3) = +9$ m $x_{16} = +33$ m

$15s < t < 20s$: $x_{20} - x_{15} = \frac{1}{2}(-10)(5) = -25$ m $x_{20} = +8$ m

b. A partir das curvas acima, vemos que:
Para $t=12$ s: $v_{12} = +6$ m/s, $x_{12} = +24$ m
Distância percorrida $t = 0$ a $t = 12$ s
De $t = 0$ s a $t = 5$ s: Distância percorrida = 17 m
De $t = 5$ s a $t = 12$ s Distância percorrida = (17 + 24) = 41 m

Distância total percorrida = 58 m ◀

PARA REFLETIR Este problema também poderia ter sido resolvido usando-se as equações de movimento uniforme para cada intervalo de tempo que tem uma aceleração diferente, mas teria sido muito mais difícil e demorado. Para uma partícula real, a aceleração não varia instantaneamente de um valor para outro.

METODOLOGIA PARA A RESOLUÇÃO DE PROBLEMAS

Nesta seção, revisamos e desenvolvemos várias **técnicas gráficas** para a resolução de problemas envolvendo o movimento retilíneo. Essas técnicas podem ser usadas para solucionar problemas diretamente ou para complementar métodos analíticos de solução fornecendo uma descrição visual e, assim, uma melhor compreensão do movimento de um dado corpo. Sugerimos que você esboce uma ou mais curvas de movimento para os vários problemas desta seção, ainda que estes problemas não façam parte de sua tarefa de casa.

1. Desenho de curvas *x-t*, *v-t* e *a-t* e aplicação de métodos gráficos. Descrevemos as seguintes propriedades na Sec. 11.3, e eles devem ser mantidos em mente como usar um método gráfico de solução.

    a. As inclinações das curvas *x-t* e *v-t* num tempo t_1 são iguais à velocidade e à aceleração no tempo t_1, respectivamente.

    b. As áreas sob as curvas *a-t* e *v-t* entre os tempos t_1 e t_2 são iguais à variação Δv da velocidade e à variação Δx da coordenada de posição, respectivamente, durante esse intervalo de tempo.

    c. Se uma das curvas de movimento é conhecida, as propriedades fundamentais que resumimos nos parágrafos *a* e *b* irão permitir construir as duas outras curvas. Entretanto, quando estivermos usando as propriedades do parágrafo *b*, a velocidade e a coordenada de posição no tempo t_1 devem ser conhecidas para determinar a velocidade e a coordenada de posição no instante t_2. Portanto, no Problema Resolvido 11.9, sabendo que o valor inicial da velocidade era -6 m/s, foi possível encontrar a velocidade em $t = 4$ s: $v_4 = v_0 + \Delta v = -6 + 4$ m/s $= -2$ m/s.

Se você estudou anteriormente os diagramas de esforço cortante e de momento fletor para uma viga, deve reconhecer a analogia que existe entre as três curvas de movimento e os três diagramas que representam, respectivamente, a carga distribuída, o esforço cortante e o momento fletor na viga. Assim, qualquer técnica que você tenha aprendido em relação à construção desses diagramas pode ser aplicada ao desenhar as curvas de movimento.

2. Usando métodos aproximados. Quando as curvas a-t e v-t não estão representadas por funções analíticas ou quando elas são baseadas em dados experimentais, é frequentemente necessário usar métodos aproximados para calcular as áreas sob essas curvas. Nesses casos, a área dada é aproximada por uma série de retângulos de largura Δt. Quanto menor for o valor de Δt, menor será o erro introduzido pela aproximação. Você pode obter a velocidade e a coordenada de posição de

$$v = v_0 + \Sigma a_{\text{méd}} \Delta t \qquad x = x_0 + \Sigma v_{\text{méd}} \Delta t$$

onde $a_{\text{méd}}$ e $v_{\text{méd}}$ são as alturas de um retângulo de aceleração e de um retângulo de velocidade, respectivamente.

PROBLEMAS

11.61 Uma partícula se move em linha reta com uma aceleração constante de -4 m/s^2 durante 6 s, uma aceleração nula para os próximos 4 s e uma aceleração constante de $+4$ m/s^2 para os próximos 4 s. Sabendo que a partícula parte da origem e que sua velocidade é de -8 m/s durante o intervalo de tempo de aceleração zero, (*a*) construa as curvas *v-t* e *x-t* para $0 \leq t \leq 14$ s, (*b*) determine a posição e a velocidade da partícula e a distância total percorrida quando $t = 14$ s.

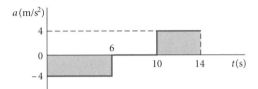

Figura P11.61 e P11.62

11.62 Uma partícula se move em linha reta com uma aceleração constante de -4 m/s^2 durante 6 s, uma aceleração nula para os próximos 4 s e uma aceleração constante de $+4$ m/s^2 para os próximos 4 s. Sabendo que a partícula parte da origem com $v_0 = 16$m/s, (*a*) construa as curvas *v-t* e *x-t* para $0 \leq t \leq 14$ s, (*b*) determine a quantidade de tempo durante o qual a partícula está a mais de 16 m da origem.

11.63 Uma partícula move-se em linha reta com a aceleração mostrada na figura. Sabendo que $x = -540$ m em $t = 0$, (*a*) construa as curvas *a-t* e *x-t* para $0 < t < 50$ s, e determine (*b*) a distância total percorrida pela partícula quando $t = 50$ s, (*C*) as duas vezes em que $x = 0$.

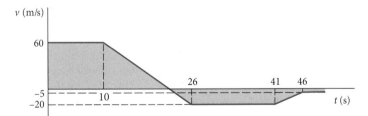

Figura P11.63 e P11.64

11.64 Uma partícula move-se em linha reta com a aceleração mostrada na figura. Sabendo que $x = -540$ mm em $t = 0$, (*a*) construa as curvas *a-t* e *x-t* para $0 < t < 50$ s e determine (*b*) o valor máximo da coordenada de posição da partícula, (*c*) os valores de *t* para os quais a partícula está em $x = 100$ m.

11.65 Uma partícula se move em linha reta com a velocidade mostrada na figura. Sabendo que $x = -48$ m em $t = 0$, desenhe as curvas *a-t* e *x-t* para $0 < t < 40$ s e determine (*a*) o valor máximo da coordenada de posição da partícula, (*b*) os valores de *t* para os quais a partícula está em uma distância de 108 m da origem.

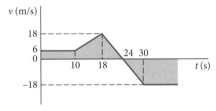

Figura P11.65

11.66 Um paraquedista está em queda livre a uma taxa de 200 km/h quando abre seu paraquedas a uma altitude de 600 m. Seguindo uma desaceleração rápida e constante, ele então cai para uma taxa constante de 50 km/h de 586 m a 30 m, onde manobra o paraquedas em direção ao vento para diminuir mais ainda a velocidade de sua descida. Sabendo que o paraquedista aterrissa com uma velocidade descendente desprezível, determine (*a*) o tempo necessário para esse paraquedista aterrissar depois de abrir seu paraquedas, (*b*) a desaceleração inicial.

Figura P11.66

11.67 Um trem de passageiros que viaja a 60 km/h está a 4,5 km de uma estação. O trem, então, desacelera de modo que a sua velocidade seja de 30 km/h quando estiver a 0,75 km da estação. Sabendo que o trem chega na estação 7,5 min depois de ter começado a desacelerar e considerando desacelerações constantes, determine (*a*) o tempo necessário para percorrer os primeiros 3,75 km, (*b*) a velocidade escalar do trem quando ele chega na estação, (*c*) a desaceleração constante final do trem.

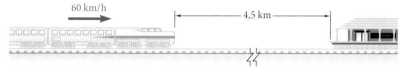

Figura *P11.67*

11.68 Um sensor de temperatura está acoplado ao cursor *AB*, que se desloca para frente e para trás ao longo de 1500 mm. As velocidades máximas do cursor são 300 mm/s para a direita e 750 mm/s para a esquerda. Quando o cursor se desloca para a direita, ele acera e desacelera a uma taxa constante de 150 mm/s²; quando se desloca para a esquerda, o cursor acelera e desacelera a uma taxa constante de 500 mm/s². Determine o tempo necessário para o cursor completar um ciclo inteiro e construa as curvas *v-t* e *x-t* de seu movimento.

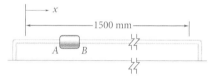

Figura *P11.68*

11.69 Em um teste em tanque de água que envolve o lançamento de um pequeno modelo de barco, a velocidade horizontal inicial do modelo é de 6 m/s e sua aceleração horizontal varia linearmente de -12 m/s² em $t = 0$ a -2 m/s² em $t = t_1$ e então permanece igual a -2 m/s² até $t = 1,4$ s. Sabendo que $v = 1,8$ m/s quando $t = t_1$, determine (*a*) o valor de t_1, (*b*) a velocidade e a posição do modelo em $t = 1,4$ s.

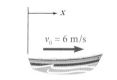

Figura P11.69

11.70 O registro de aceleração mostrado foi obtido para um pequeno avião viajando ao longo de um curso reto. Sabendo que $x = 0$ e $v = 60$ m/s quando $t = 0$, determine (*a*) a velocidade e a posição do avião em $t = 20$ s, (*b*) a velocidade média durante o intervalo 6 s < t < 14 s.

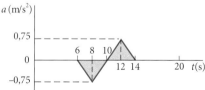

Figura P11.70

11.71 Em uma corrida de 400 m, a corredora *A* atinge sua velocidade máxima v_A em 4 s com aceleração constante e mantém essa velocidade até atingir o ponto intermediário com um tempo parcial de 25 s. O corredor *B* atinge sua velocidade máxima v_B em 5 s com aceleração constante e mantém essa velocidade até atingir o ponto intermediário com um tempo parcial de 25,2 s. Ambos os corredores, em seguida, executam a segunda metade da corrida com a mesma desaceleração constante de 0,1 m/s². Determine (*a*) os tempos de corrida para ambos os corredores, (*b*) a posição do vencedor em relação ao perdedor quando o vencedor chegar à linha de chegada.

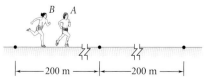

Figura P11.71

11.72 Um carro e um caminhão estão viajando numa velocidade constante de 50 km/h; o carro está 12 m atrás do caminhão. O motorista do carro quer passar o caminhão, ou seja, ele deseja colocar seu carro em B, 12 m à frente do caminhão, e depois reduzir sua velocidade para 50 km/h. A aceleração máxima do carro é 1,5 m/s^2 e a desaceleração máxima obtida, aplicando-se os freios, é 6 m/s^2. Qual é o menor tempo no qual o motorista do carro pode completar a operação de ultrapassagem se ele não pode exceder, em momento algum, a velocidade de 75 km/h? Desenhe a curva v-t.

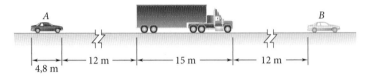

Figura P11.72

11.73 Resolva o Problema 11.72 considerando que o motorista do carro não presta atenção alguma ao limite de velocidade enquanto ultrapassa e se concentra em alcançar a posição B e reduzir a velocidade para 50 km/h no tempo mais curto possível. Qual é a velocidade máxima atingida? Desenhe a curva v-t.

11.74 O carro A está viajando em uma rodovia a uma velocidade constante $(v_A)_0 = 90$ km/h e está a 120 m da entrada de uma rampa de acesso, quando o carro B entra na pista de aceleração naquele ponto com uma velocidade $(v_B)_0 = 25$ km/h. O carro B acelera uniformemente e entra na pista principal depois de percorrer 60 m em 5 s. Ele então continua a acelerar na mesma taxa até atingir uma velocidade de 90 km/h, que é então mantida. Determine a distância final entre os dois carros.

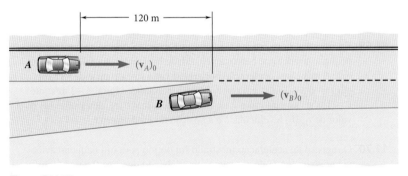

Figura P11.74

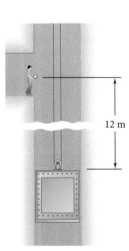

Figura P11.75

11.75 Um elevador parte do repouso e sobe acelerando a uma taxa de 1,2 m/s^2 até atingir a velocidade de 7,8 m/s, que é então mantida. Dois segundos após o elevador começar a se mover, um homem que está em pé 12 m acima da posição inicial do topo do elevador joga uma bola para cima com uma velocidade inicial de 20 m/s. Determine quando a bola irá atingir o elevador.

11.76 O carro A está viajando a uma velocidade de 60 km/h quando entra em um trecho com limite de velocidade de 40 km/h. A motorista do carro A desacelera a uma taxa de 5 m/s² até atingir uma velocidade de 40 km/h, que ela então mantém. Quando o carro B, que estava inicialmente 20 m atrás do carro A e viajando a uma velocidade constante de 70 km/h, entra nesse trecho de limite de velocidade, seu motorista desacelera a uma taxa de 6 m/s² até atingir uma velocidade de 35 km/h. Sabendo que o motorista do carro B mantém essa velocidade de 35 km/h, determine (a) a menor distância a que o carro B chega do carro A, (b) o momento em que o carro A está 25 m à frente do carro B.

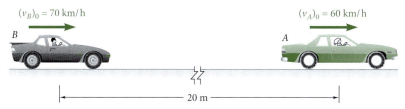

Figura *P11.76*

11.77 Um registro de acelerômetro para o movimento de uma dada parte de um mecanismo se aproxima a um arco de uma parábola para 0,2 s e a uma linha reta para o próximo 0,2 s, como mostrado na figura. Sabendo que $v = 0$ quando $t = 0$ e $x = 0,4$ m quando $t = 0,4$ s, (a) construa a curva v-t para $0 \leq t \leq 0,4$ s, (b) determine a posição da parte em $t = 0,3$ s e $t = 0,2$ s.

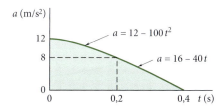

Figura *P11.77*

11.78 Um carro está viajando em uma velocidade constante de 54 km/h quando o motorista vê uma criança correndo na estrada. O motorista pisa nos freios até a criança retornar para a calçada e, então, acelera para retornar à sua velocidade de 54 km/h; o registro da aceleração do carro é mostrado na figura. Considerando $x = 0$ quando $t = 0$, determine (a) o tempo t_1 no qual a velocidade é novamente 54 km/h, (b) a posição do carro naquele momento, (c) a velocidade média do carro durante o intervalo $1 \text{ s} \leq t \leq t_1$.

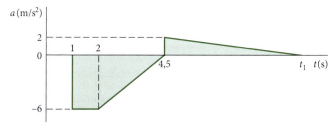

Figura P11.78

11.79 Um trem de transporte de um aeroporto trafega entre dois terminais que estão afastados 2,5 km. Para manter o conforto do passageiro, a aceleração do trem é limitada a $\pm 1,2$ m/s^2 e a taxa de variação da aceleração é limitada a $\pm 0,24$ m/s^2 por segundo. Se esse trem tem uma velocidade escalar máxima de 30 km/h, determine (*a*) o tempo mais curto para o trem trafegar entre os dois terminais e (*b*) a velocidade média correspondente do trem.

11.80 Durante um processo de manufatura, uma esteira transportadora parte do repouso e percorre um total de 400 mm antes de voltar temporariamente ao repouso. Sabendo que o impulso ou taxa de variação da aceleração é limitada a $\pm 1,5$ m/s^2 por segundo, determine (*a*) o menor tempo necessário para a esteira se mover 400 mm, (*b*) os valores máximo e médio da velocidade da esteira durante esse tempo.

11.81 Dois segundos são necessários para levar a haste do pistão de um cilindro de ar ao repouso; o registro da aceleração do pistão durante os 2 s é mostrado na figura. Determine por meios aproximados (*a*) a velocidade inicial da haste do pistão, (*b*) a distância percorrida pela haste do pistão enquanto ele é levado ao repouso.

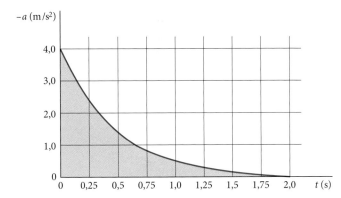

Figura **P11.81**

11.82 O registro de aceleração mostrado na figura foi obtido durante os testes de velocidade de um carro esportivo. Sabendo que o carro parte do repouso, determine por meios aproximados (*a*) a velocidade do carro quando $t = 8$ s, (*b*) a distância que o carro percorreu quando $t = 20$ s.

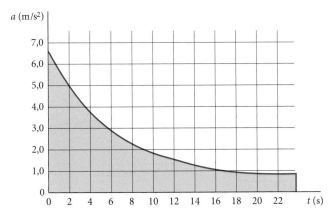

Figura **P11.82**

11.83 Um avião de treinamento tem velocidade de 38 m/s quando pousa em um porta-aviões. Quando o mecanismo de parada traz o avião ao repouso, a velocidade e a aceleração do avião são registradas; os resultados são mostrados (curva sólida) na figura. Determine por meios aproximados (*a*) o tempo necessário para o avião chegar ao repouso e (*b*) a distância percorrida nesse tempo.

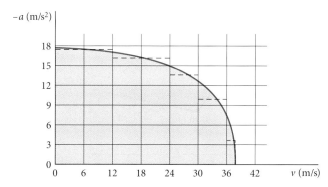

Figura P11.83

11.84 Na figura é mostrada uma parte da curva *v-x* determinada experimentalmente para um carrinho de transporte. Determine por métodos aproximados a aceleração do carrinho (*a*) quando $x = 250$ mm e (*b*) quando $v = 2000$ mm/s.

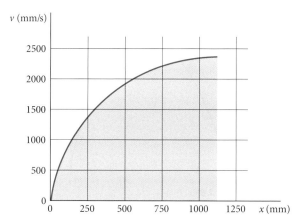

Figura P11.84

11.85 Um elevador começa a partir do repouso e sobe 40 m até sua velocidade máxima em *T* s com o registro de aceleração mostrado na figura. Determine (*a*) o tempo requerido *T*, (*b*) a velocidade máxima, (*c*) a velocidade e a posição do elevador em $t = T/2$.

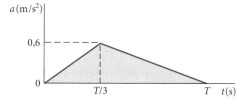

Figura P11.85

11.86 A aceleração de um objeto submetido à onda de pressão de uma grande explosão é definida aproximadamente pela curva mostrada. O objeto está inicialmente em repouso e está novamente em repouso no instante t_1. Usando o método da Seção 11.8, determine (a) o tempo t_1, (b) a distância pela qual o objeto é movido devido à onda de pressão.

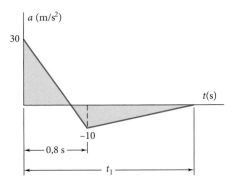

Figura **P11.86**

11.87 Como mostrado na figura, de $t = 0$ até $t = 4$ s a aceleração de uma dada partícula é representada por uma parábola. Sabendo que $x = 0$ e $v = 8$ m/s quando $t = 0$, (a) construa as curvas v-t e x-t de $0 < t < 4$ s, (b) determine a posição da partícula em $t = 3$ s. (*Dica*: Use a tabela das páginas finais do livro.)

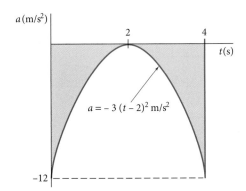

Figura **P11.87**

11.88 Uma partícula move-se em linha reta com a aceleração mostrada na figura. Sabendo que a partícula parte da origem com $v_0 = -2$ m/s, (a) construa as curvas v-t e x-t para $0 < t < 18$ s, (b) determine a posição e a velocidade da partícula e a distância total percorrida quando $t = 18$ s.

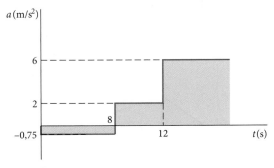

Figura **P11.88**

11.4 Movimento curvilíneo de partículas

Quando uma partícula se move ao longo de uma curva diferente de uma linha reta, dizemos que a partícula está em **movimento curvilíneo**. Podemos usar a posição, a velocidade e a aceleração para descrever o movimento, mas agora devemos tratar essas quantidades como vetores, pois elas podem ter direções em duas ou três dimensões.

11.4A Vetores de posição, velocidade e aceleração

Para definir a posição P ocupada por uma partícula em movimento curvilíneo em um dado tempo t, selecionamos um sistema de referência fixo, como os eixos x, y, z mostrados na Fig. 11.12a, e desenhamos o vetor $\mathbf{r}$ unindo a origem O e o ponto P. O vetor $\mathbf{r}$ é caracterizado pela sua intensidade r e sua direção em relação aos eixos de referência, de modo que define completamente a posição da partícula em relação a esses eixos. Referimo-nos ao vetor $\mathbf{r}$ como **vetor de posição** da partícula no tempo t.

Considere agora o vetor $\mathbf{r}'$ que define a posição P' ocupada pela mesma partícula em um momento posterior $t + \Delta t$. O vetor $\Delta \mathbf{r}$ unindo P e P' representa a variação no vetor de posição durante o intervalo de tempo Δt e é chamado de **vetor de deslocamento**. Podemos verificar isso diretamente da Fig. 11.12a, onde obtemos o vetor $\mathbf{r}'$ adicionando os vetores $\mathbf{r}$ e $\Delta \mathbf{r}$ de acordo com a regra do triângulo. Notamos que $\Delta \mathbf{r}$ representa uma variação na *direção* bem como uma variação na *intensidade* do vetor de posição $\mathbf{r}$.

A **velocidade média** da partícula no intervalo de tempo Δt é definida como o quociente de $\Delta \mathbf{r}$ e Δt. Como $\Delta \mathbf{r}$ é um vetor e Δt é um escalar, o quociente $\Delta \mathbf{r}/\Delta t$ é um vetor ligado a P com a mesma direção que $\Delta \mathbf{r}$ e uma intensidade igual à intensidade de $\Delta \mathbf{r}$ dividida por Δt (Fig. 11.12b).

Obtemos a **velocidade instantânea** da partícula no instante t usando o limite quando o intervalo de tempo Δt se aproxima de zero. A velocidade instantânea é então representada pelo vetor

$$\mathbf{v} = \lim_{\Delta t \to 0} \frac{\Delta \mathbf{r}}{\Delta t} \qquad (11.13)$$

À medida que Δt e $\Delta \mathbf{r}$ se tornam menores, os pontos P e P' se aproximam. Assim, o vetor $\mathbf{v}$ obtido no limite deve ser tangente à trajetória da partícula (Fig. 11.12c).

Como o vetor de posição $\mathbf{r}$ depende do tempo t, podemos nos referir a ele como uma **função vetorial** da variável escalar t e denotá-lo por $\mathbf{r}(t)$. Estendendo o conceito da derivada de uma função escalar introduzido no cálculo elementar, nos referimos ao limite do quociente $\Delta \mathbf{r}/\Delta t$ como a **derivada** da função vetorial $\mathbf{r}(t)$. Escrevemos então

Velocidade vetorial

$$\mathbf{v} = \frac{d\mathbf{r}}{dt} \qquad (11.14)$$

A intensidade v do vetor $\mathbf{v}$ é chamada de **velocidade** da partícula. Ela pode ser obtida substituindo-se o vetor $\Delta \mathbf{r}$, na fórmula (11.13), pela inten-

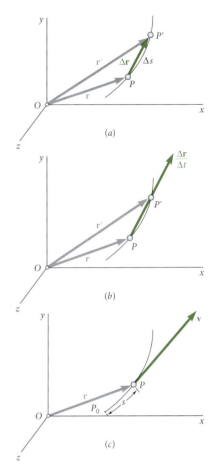

Figura 11.12 (*a*) Vetores de posição para uma partícula que se move ao longo de uma curva de P a P'; (*b*) o vetor de velocidade média é o quociente da variação de posição para o intervalo de tempo decorrido; (*c*) o vetor de velocidade instantânea é tangente ao trajeto da partícula.

664 Mecânica vetorial para engenheiros: Dinâmica

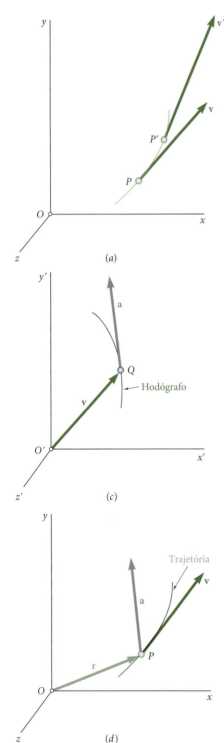

Figura 11.13 (a) As velocidades v e v' de uma partícula em dois diferentes momentos; (b) a variação de vetor na velocidade da partícula durante o intervalo de tempo; (c) o vetor de aceleração instantânea é tangente ao hodógrafo; (d) em geral, o vetor de aceleração não é tangente à trajetória da partícula.

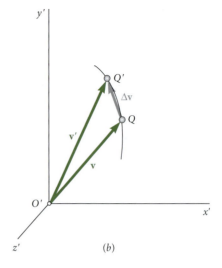

sidade desse vetor representada pelo segmento PP'. No entanto, o comprimento do segmento PP' se aproxima do comprimento Δs do arco PP' à medida que Δt decresce (Fig. 11.12a). Então, podemos escrever

$$v = \lim_{\Delta t \to 0} \frac{PP'}{\Delta t} = \lim_{\Delta t \to 0} \frac{\Delta s}{\Delta t} \quad v = \frac{ds}{dt} \quad (11.15)$$

Assim, obtemos a velocidade v encontrando o comprimento s do arco descrito pela partícula e derivando-o em relação a t.

Agora considere a velocidade **v** da partícula no instante t e sua velocidade **v**' em um instante posterior $t + \Delta t$ (Fig. 11.13a). Desenhemos ambos os vetores **v** e **v**' a partir da mesma origem O' (Fig. 11.13b). O vetor Δ**v** que une Q e Q' representa a variação na velocidade da partícula durante o intervalo de tempo Δt, já que podemos obter o vetor **v**' adicionando os vetores **v** e Δ**v**. Devemos notar que Δ**v** representa uma variação na *direção* da velocidade, bem como uma variação em *velocidade*. A **aceleração média** da partícula no intervalo de tempo Δt é definida como o quociente de Δ**v** e Δt. Como Δ**v** é um vetor e Δt é um escalar, o quociente Δ**v**/Δt é um vetor na mesma direção que Δ**v**.

Obtemos a **aceleração instantânea** da partícula no tempo t escolhendo valores cada vez menores para Δt e Δ**v**. A aceleração instantânea é então representada pelo vetor

$$\mathbf{a} = \lim_{\Delta t \to 0} \frac{\Delta \mathbf{v}}{\Delta t} \quad (11.16)$$

Observando que a velocidade **v** é uma função vetorial **v**(t) do tempo t, podemos nos referir ao limite do quociente Δ**v**/Δt como a derivada de **v** em relação a t. Escrevemos então:

Aceleração vetorial $\quad \mathbf{a} = \dfrac{d\mathbf{v}}{dt} \quad (11.17)$

Observe que a aceleração **a** é tangente à curva descrita pela extremidade Q do vetor **v** quando desenhamos **v** a partir de uma origem fixa O' (Fig. 11.13c). No entanto, em geral, a aceleração *não* é tangente à trajetória da partícula (Fig. 11.13d). A curva descrita pela extremidade de **v**, mostrada na Fig. 11.13c, é chamada de *hodógrafo* do movimento.

11.4B Derivadas de funções vetoriais

Acabamos de ver que podemos representar a velocidade **v** de uma partícula em movimento curvilíneo pela derivada da função vetorial **r**(t) caracterizando a posição da partícula. Da mesma forma, podemos representar a aceleração **a** da partícula pela derivada da função vetorial **v**(t). Nesta seção, vamos dar uma definição formal da derivada de uma função vetorial e estabelecer algumas regras que determinam a derivação de somas e produtos de funções vetoriais.

Seja **P**(u) uma função vetorial da variável escalar u. Com isso, queremos dizer que o escalar u define completamente a intensidade e a direção do vetor **P**. Se o vetor **P** for desenhado a partir de uma origem fixa O e se o escalar u puder variar, a extremidade de **P** vai descrever uma determinada curva no espaço. Considere os vetores **P** que correspondem, respectivamente, aos valores de u e u + Δu da variável escalar (Fig. 11.14a) Seja Δ**P** o vetor que une as extremidades dos dois vetores dados. Obtemos

$$\Delta \mathbf{P} = \mathbf{P}(u + \Delta u) - \mathbf{P}(u)$$

Dividindo por Δu e deixando Δu se aproximar de zero, definimos a derivada da função vetorial **P**(u) como

$$\frac{d\mathbf{P}}{du} = \lim_{\Delta u \to 0} \frac{\Delta \mathbf{P}}{\Delta u} = \lim_{\Delta u \to 0} \frac{\mathbf{P}(u + \Delta u) - \mathbf{P}(u)}{\Delta u} \quad (11.18)$$

À medida que Δu se aproxima de zero, a linha de ação de Δ**P** se torna tangente à curva da Fig. 11.14a. Então, a derivada d**P**/du da função vetorial **P**(u) *é tangente à curva descrita pela extremidade de* **P**(u) (Fig. 11.14b).

As regras padrão para a derivação de somas e produtos de funções escalares podem ser estendidas às funções vetoriais. Considere, primeiro, **a soma de duas funções vetoriais** **P**(u) e **Q**(u) da mesma variável escalar u. De acordo com a definição dada na Eq. (11.18), a derivada do vetor **P** + **Q** é

$$\frac{d(\mathbf{P} + \mathbf{Q})}{du} = \lim_{\Delta u \to 0} \frac{\Delta(\mathbf{P} + \mathbf{Q})}{\Delta u} = \lim_{\Delta u \to 0} \left(\frac{\Delta \mathbf{P}}{\Delta u} + \frac{\Delta \mathbf{Q}}{\Delta u} \right)$$

ou, como o limite de uma soma é igual à soma dos limites de seus termos,

$$\frac{d(\mathbf{P} + \mathbf{Q})}{du} = \lim_{\Delta u \to 0} \frac{\Delta \mathbf{P}}{\Delta u} + \lim_{\Delta u \to 0} \frac{\Delta \mathbf{Q}}{\Delta u}$$

$$\frac{d(\mathbf{P} + \mathbf{Q})}{du} = \frac{d\mathbf{P}}{du} + \frac{d\mathbf{Q}}{du} \quad (11.19)$$

Ou seja, a derivada de uma soma de funções vetoriais é igual à soma da derivada de cada função separadamente.

Consideremos agora o **produto de uma função escalar** $f(u)$ **e uma função vetorial P**(u) da mesma variável escalar u. A derivada do vetor f**P** é

$$\frac{d(f\mathbf{P})}{du} = \lim_{\Delta u \to 0} \frac{(f + \Delta f)(\mathbf{P} + \Delta \mathbf{P}) - f\mathbf{P}}{\Delta u} = \lim_{\Delta u \to 0} \left(\frac{\Delta f}{\Delta u} \mathbf{P} + f \frac{\Delta \mathbf{P}}{\Delta u} \right)$$

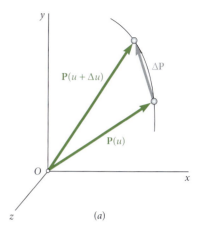

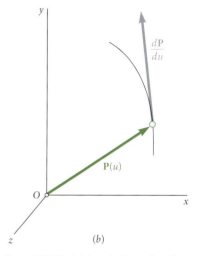

Figura 11.14 (a) A variação na função vetorial para uma partícula que se move ao longo de um trajeto curvilíneo; (b) a derivada da função vetorial é tangente à trajetória descrita pela extremidade da função.

666 Mecânica vetorial para engenheiros: Dinâmica

ou recordando as propriedades dos limites de somas e produtos

$$\frac{d(f\mathbf{P})}{du} = \frac{df}{du}\mathbf{P} + f\frac{d\mathbf{P}}{du} \qquad (11.20)$$

De forma semelhante, podemos obter as derivadas do **produto escalar** e do **produto vetorial** de duas funções vetoriais $\mathbf{P}(u)$ e $\mathbf{Q}(u)$. Portanto,

$$\frac{d(\mathbf{P} \cdot \mathbf{Q})}{du} = \frac{d\mathbf{P}}{du} \cdot \mathbf{Q} + \mathbf{P} \cdot \frac{d\mathbf{Q}}{du} \qquad (11.21)$$

$$\frac{d(\mathbf{P} \times \mathbf{Q})}{du} = \frac{d\mathbf{P}}{du} \times \mathbf{Q} + \mathbf{P} \times \frac{d\mathbf{Q}}{du} \qquad (11.22)*$$

Podemos usar as propriedades que acabamos de estabelecer para determinar os **componentes retangulares da derivada de uma função vetorial** $\mathbf{P}(u)$. Decompondo $\mathbf{P}$ em componentes ao longo de eixos retangulares fixos x, y, e z, temos

$$\mathbf{P} = P_x\mathbf{i} + P_y\mathbf{j} + P_z\mathbf{k} \qquad (11.23)$$

onde P_x, P_y e P_z são os componentes retangulares escalares do vetor $\mathbf{P}$ e $\mathbf{i}$, $\mathbf{j}$ e $\mathbf{k}$ são vetores unitários correspondentes, respectivamente, aos eixos x, y e z (Seção 2.12 ou Apêndice A). Pela Eq. (11.19), a derivada de $\mathbf{P}$ é igual à soma das derivadas dos termos do lado direito da equação. Como cada um destes termos é o produto de um escalar por uma função vetorial, devemos usar a Eq. (11.20). Entretanto, os vetores unitários $\mathbf{i}$, $\mathbf{j}$ e $\mathbf{k}$ possuem uma intensidade constante (igual a 1) e direções fixas. Suas derivadas são, portanto, iguais a zero, e escrevemos

$$\frac{d\mathbf{P}}{du} = \frac{dP_x}{du}\mathbf{i} + \frac{dP_y}{du}\mathbf{j} + \frac{dP_z}{du}\mathbf{k} \qquad (11.24)$$

Observe que os coeficientes dos vetores unitários são, por definição, os componentes escalares do vetor $d\mathbf{P}/du$. Concluímos, então, que podemos obter as componentes escalares retangulares da derivada $d\mathbf{P}/du$ da função vetorial $\mathbf{P}(u)$ derivando os componentes escalares correspondentes de $\mathbf{P}$.

Taxa de variação de um vetor. Quando o vetor $\mathbf{P}$ é uma função do tempo t, sua derivada $d\mathbf{P}/dt$ representa a **taxa de variação** de $\mathbf{P}$ em relação ao sistema $Oxyz$. Decompondo $\mathbf{P}$ em componentes retangulares e usando a Eq. (11.24), temos

$$\frac{d\mathbf{P}}{dt} = \frac{dP_x}{dt}\mathbf{i} + \frac{dP_y}{dt}\mathbf{j} + \frac{dP_z}{dt}\mathbf{k}$$

ou, usando pontos para indicar derivação em relação a t,

$$\dot{\mathbf{P}} = \dot{P}_x\mathbf{i} + \dot{P}_y\mathbf{j} + \dot{P}_z\mathbf{k} \qquad (11.24')$$

---

*Como o produto vetorial não é comutativo (ver Seção 3.4), a ordem dos fatores na Eq. (11.22) deve ser mantida.

Como veremos na Seção 15.5, a taxa de variação de um vetor, quando observado de um *sistema de referência em movimento*, é em geral diferente da sua taxa de variação quando observado de um sistema de referência fixo. Entretanto, se o sistema $O'x'y'z'$ está em *translação*, ou seja, se seus eixos permanecem paralelos aos eixos correspondentes da estrutura fixa $Oxyz$ (Fig. 11.15), podemos usar os mesmos vetores unitários **i**, **j** e **k** em ambos os sistemas, e em qualquer instante dado, o vetor **P** tem os mesmos componentes P_x, P_y e P_z em ambos os sistemas de referência. Decorre da Eq. (11.24′) que a taxa de mudança $\dot{\mathbf{P}}$ é a mesma em relação aos sistemas $Oxyz$ e $O'x'y'z'$. Portanto,

A taxa de variação de um vetor é a mesma em relação a um sistema fixo e a um sistema em translação.

Essa propriedade vai simplificar muito nosso trabalho, já que trataremos principalmente de sistemas em translação.

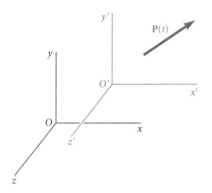

Figura 11.15 A taxa de variação de um vetor é a mesma em relação a um sistema fixo e a um sistema em translação.

11.4C Componentes retangulares de velocidade e aceleração

Suponha que a posição de uma partícula P seja definida em qualquer instante pelas suas coordenadas retangulares x, y e z. Neste caso, é frequentemente conveniente decompor a velocidade **v** e a aceleração **a** da partícula em componentes retangulares (Fig. 11.16).

Para decompor o vetor de posição **r** da partícula em componentes retangulares, escrevemos

$$\mathbf{r} = x\mathbf{i} + y\mathbf{j} + z\mathbf{k} \quad (11.25)$$

Aqui as coordenadas x, y e z são funções de t. Derivando duas vezes, obtemos

Velocidade e aceleração em componentes retangulares

$$\mathbf{v} = \frac{d\mathbf{r}}{dt} = \dot{x}\mathbf{i} + \dot{y}\mathbf{j} + \dot{z}\mathbf{k} \quad (11.21)$$

$$\mathbf{a} = \frac{d\mathbf{v}}{dt} = \ddot{x}\mathbf{i} + \ddot{y}\mathbf{j} + \ddot{z}\mathbf{k} \quad (11.22)$$

onde $\dot{x}$, $\dot{y}$ e $\dot{z}$ e $\ddot{x}$, $\ddot{y}$ e $\ddot{z}$ representam, respectivamente, a primeira e a segunda derivadas de x, y e z em relação a t. Segue-se das Equações (11.26) e (11.27) que os componentes escalares da velocidade e da aceleração são

$$v_x = \dot{x} \qquad v_y = \dot{y} \qquad v_z = \dot{z} \quad (11.28)$$

$$a_x = \ddot{x} \qquad a_y = \ddot{y} \qquad a_z = \ddot{z} \quad (11.29)$$

Um valor positivo para v_x indica que o componente vetorial $\mathbf{v}_x$ está dirigido para a direita e um valor negativo indica que ele está dirigido para a esquerda. O sentido de cada um dos outros componentes vetoriais pode ser determinado de modo semelhante a partir do sinal do componente escalar correspondente. Se desejado, podemos obter as intensidades e direções da velocidade e da aceleração de seus componentes escalares usando os métodos das Seções 2.2A e 2.4A (ou Apêndice A).

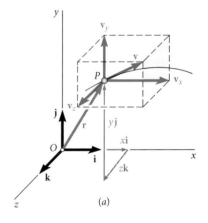

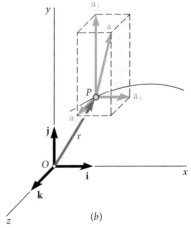

Figura 11.16 (*a*) Componentes retangulares de posição e de velocidade para uma partícula P; (*b*) componentes retangulares de aceleração para a partícula P.

Foto 11.3 O movimento deste praticante de *snowboard* no ar será uma parábola, considerando que podemos desprezar a resistência do ar.

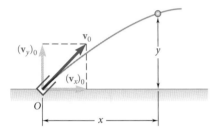

(*a*) Movimento de um projétil

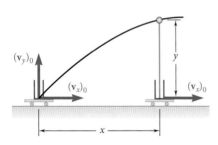

(*b*) Movimentos retilíneos equivalentes

Figura 11.17 O movimento de uma partícula (*a*) consiste no movimento horizontal uniforme e no movimento vertical uniformemente acelerado e (*b*) é equivalente a dois movimentos retilíneos independentes.

A utilização de componentes retangulares para descrever a posição, a velocidade e a aceleração de uma partícula é particularmente eficaz quando o componente a_x da aceleração depende apenas de t, x, e/ou v_x, e, da mesma forma, quando a_y depende somente de t, y, e/ou v_y, e quando a_z depende de t, z e/ou v_z. Neste caso, podemos integrar Equações (11.28) e (11.29) independentemente. Em outras palavras, o movimento da partícula na direção x, seu movimento na direção y, e seu movimento na direção z podem ser estudados separadamente.

No caso do **movimento de um projétil**, por exemplo, podemos mostrar (ver Seção 12.1D) que os componentes da aceleração são

$$a_x = \ddot{x} = 0 \qquad a_y = \ddot{y} = -g \qquad a_z = \ddot{z} = 0$$

se a resistência do ar for desprezada. Indicando as coordenadas de uma arma por x_0, y_0 e z_0 e os componentes da velocidade inicial $\mathbf{v}_0$ do projétil por $(v_x)_0$, $(v_y)_0$ e $(v_z)_0$, podemos integrar duas vezes em t e obter

$$v_x = \dot{x} = (v_x)_0 \qquad v_y = \dot{y} = (v_y)_0 - gt \qquad v_z = \dot{z} = (v_z)_0$$
$$x = x_0 + (v_x)_0 t \qquad y = y_0 + (v_y)_0 t - \tfrac{1}{2}gt^2 \qquad z = z_0 + (v_z)_0 t$$

Se o projétil é disparado no plano xy da origem O, temos $x_0 = y_0 = z_0 = 0$ e $(v_z)_0 = 0$, e as equações de movimento se reduzem a

$$v_x = (v_x)_0 \qquad v_y = (v_y)_0 - gt \qquad v_z = 0$$
$$x = (v_x)_0 t \qquad y = (v_y)_0 t - \tfrac{1}{2}gt^2 \qquad z = 0$$

Essas equações mostram que o projétil permanece no plano xy, que seu movimento na direção horizontal é uniforme e que seu movimento na direção vertical é uniformemente acelerado. Portanto, podemos substituir o movimento de um projétil por dois movimentos retilíneos independentes, que são facilmente visualizados se considerarmos que o projétil é disparado verticalmente com uma velocidade inicial $(\mathbf{v}_y)_0$ de uma plataforma se movendo com uma velocidade horizontal constante $(\mathbf{v}_x)_0$ (Fig. 11.17). A coordenada x do projétil é igual, em qualquer instante, à distância percorrida pela plataforma, e podemos calcular sua coordenada y como se o projétil estivesse se movendo ao longo de uma linha vertical. Além disso, como os valores $(\mathbf{v}_x)_0$ são os mesmos, o projétil pousará na plataforma independentemente do valor de $(\mathbf{v}_y)_0$.

Observe que as equações que definem as coordenadas x e y de um projétil em um instante qualquer são as equações paramétricas de uma parábola. Dessa forma, a trajetória de um projétil é *parabólica*. Esse resultado, entretanto, deixa de ser válido quando a resistência do ar ou a variação da aceleração da gravidade com a altitude forem levadas em conta.

11.4D Movimento relativo a um sistema em translação

Vimos como descrever o movimento de uma partícula usando um único sistema de referência. Na maioria dos casos, esse sistema estava preso à Terra e era considerado como fixo. Situações nas quais é conveniente usar vários sistemas de referência simultaneamente serão agora analisadas. Se um desses sistemas estiver preso à Terra, ele será chamado de **sistema de referência fixo**, e os demais sistemas serão denominados **sistemas de referência móveis**. Deve-se entender, entretanto, que a seleção de um sistema de referência fixo é puramente arbitrária. Qualquer sistema poderá ser designado como "fixo"; todos os demais sistemas não ligados rigidamente a este sistema serão descritos como "móveis".

Considere duas partículas A e B que se movem no espaço (Fig. 11.18). Os vetores $\mathbf{r}_A$ e $\mathbf{r}_B$ definem as suas posições em qualquer instante dado com relação ao sistema de referência fixo $Oxyz$. Considere agora um sistema de eixos x', y' e z' centrado em A e paralelo aos eixos x, y e z. Enquanto a origem desses eixos se desloca, suas orientações permanecem as mesmas; o sistema de referência $Axyz$ está em *translação* em relação a $Oxyz$. O vetor $\mathbf{r}_{B/A}$ que une A e B define **a posição de B relativa ao sistema móvel** $Ax'y'z'$ (ou, simplesmente, **a posição de B relativa a A**).

Notamos a partir da Figura 11.18 que o vetor de posição $\mathbf{r}_B$ da partícula B é a soma do vetor de posição $\mathbf{r}_A$ da partícula A com o vetor de posição $\mathbf{r}_{B/A}$ de B relativo a A; logo,

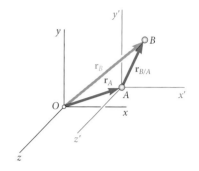

Figura 11.18 O vetor $\mathbf{r}_{B/A}$ define a posição de B em relação ao sistema móvel A.

Posição relativa

$$\mathbf{r}_B = \mathbf{r}_A + \mathbf{r}_{B/A} \qquad (11.30)$$

Derivando a Eq. (11.30) em relação a t, no sistema de referência fixo, e usando pontos para indicar derivadas em relação ao tempo, temos

$$\dot{\mathbf{r}}_B = \dot{\mathbf{r}}_A + \dot{\mathbf{r}}_{B/A} \qquad (11.31)$$

As derivadas $\dot{\mathbf{r}}_A$ e $\dot{\mathbf{r}}_B$ representam, respectivamente, as velocidades $\mathbf{v}_A$ e $\mathbf{v}_B$ das partículas A e B. Como $Ax'y'z'$ está em translação, a derivada $\dot{\mathbf{r}}_{B/A}$ representa a taxa de variação de $\mathbf{r}_{B/A}$ em relação ao sistema $Ax'y'z'$, bem como em relação ao referencial fixo (Seção 11.4B). Essa derivada, portanto, define **a velocidade $\mathbf{v}_{B/A}$ de B em relação ao referencial** $Ax'y'z'$ (ou, resumindo, **a velocidade $\mathbf{v}_{B/A}$ de B em relação a A**). Escrevemos,

Foto 11.4 O piloto do helicóptero deve levar em conta o movimento relativo do navio quando aterrissar.

Velocidade relativa

$$\mathbf{v}_B = \mathbf{v}_A + \mathbf{v}_{B/A} \qquad (11.32)$$

Derivando a Eq. (11.32) em relação a t, e usando a derivada $\dot{\mathbf{v}}_{B/A}$ para definir **a aceleração $\mathbf{a}_{B/A}$ de B em relação ao referencial** $Ax'y'z'$ (ou, simplesmente, **a aceleração $\mathbf{a}_{B/A}$ de B em relação a A**), escrevemos

Aceleração relativa

$$\mathbf{a}_B = \mathbf{a}_A + \mathbf{a}_{B/A} \qquad (11.33)$$

O movimento de B em relação ao referencial fixo $Oxyz$ é denominado **movimento absoluto de B**. As equações deduzidas nesta seção mostram que **o movimento absoluto de B pode ser obtido pela combinação do movimento de A e do movimento relativo de B em relação ao referencial móvel preso em A**. A Equação (11.32), por exemplo, expressa que a velocidade absoluta $\mathbf{v}_B$ da partícula B pode ser obtida pela adição vetorial da velocidade de A com a velocidade de B relativa ao referencial $Ax'y'z'$. A Equação (11.33) expressa uma propriedade semelhante em termos das acelerações. (Observe que o produto dos subscritos A e B/A usados no membro do lado direito das Eqs. (11.30) a (11.33) é igual ao subscrito B usado no membro do lado esquerdo dessas equações.) Devemos ter em mente, entretanto, que o sistema $Ax'y'z'$ está em *translação*; isto é, enquanto ele se move com A, ele mantém a mesma orientação. Como veremos (Seção 15.7), relações diferentes devem ser usadas no caso de um sistema de referência em rotação.

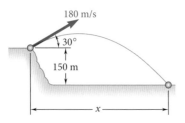

Figura 1 Aceleração e velocidade inicial do projétil na direção de y.

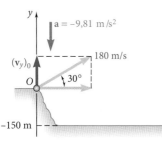

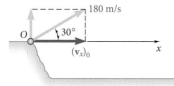

Figura 2 Velocidade inicial do projétil na direção de x.

PROBLEMA RESOLVIDO 11.10

Um projétil é disparado da extremidade de um rochedo de 150 m de altura, com uma velocidade inicial de 180 m/s, em um ângulo de 30° com a horizontal. Desprezando a resistência do ar, encontre (a) a distância horizontal da arma até o ponto onde o projétil atinge o solo, e (b) a altura máxima em relação ao solo alcançada pelo projétil.

ESTRATÉGIA Este problema trata do movimento de um projétil; portanto, os movimentos vertical e horizontal serão considerados separadamente. Primeiro determine as equações que regem cada direção e, em seguida, use-as para encontrar as distâncias.

MODELAGEM E ANÁLISE Modele o projétil como uma partícula e despreze os efeitos da resistência do ar. O movimento vertical tem aceleração constante. Escolhendo o sentido positivo do eixo y para cima e colocando a origem O na arma (Fig. 1), temos

$$(v_y)_0 = (180 \text{ m/s}) \text{ sen } 30° = +90 \text{ m/s}$$
$$a = -9,81 \text{ m/s}^2$$

Substituindo esses valores nas equações de movimento uniformemente acelerado, temos

$$v_y = (v_y)_0 + at \qquad v_y = 90 - 9,81t \qquad (1)$$
$$y = (v_y)_0 t + \tfrac{1}{2}at^2 \qquad y = 90t - 4,90t^2 \qquad (2)$$
$$v_y^2 = (v_y)_0^2 + 2ay \qquad v_y^2 = 8100 - 19,62y \qquad (3)$$

O movimento horizontal tem aceleração nula. Escolhendo o sentido positivo do eixo x para a direita (Fig. 2), temos

$$(v_x)_0 = (180 \text{ m/s}) \cos 30° = +155,9 \text{ m/s}$$

Substituindo na equação de movimento uniforme, obtemos

$$x = (v_x)_0 t \qquad x = 155,9t \qquad (4)$$

a. Distância horizontal. Quando o projétil atinge o solo, temos

$$y = -150 \text{ m}$$

Substituindo esse valor para a Eq. (2) do movimento vertical, escrevemos

$$-150 = 90t - 4,90t^2 \qquad t^2 - 18,37t - 30,6 = 0 \qquad t = 19,91 \text{ s}$$

Substituindo $t = 19,91$ s na Eq. (4) do movimento horizontal, obtemos

$$x = 155,9(19,91) \qquad x = 3100 \text{ m} \blacktriangleleft$$

b. Máxima elevação. Quando o projétil atinge sua elevação máxima, temos $v_y = 0$; levando este valor à Eq. (3) do movimento vertical, escrevemos

$$0 = 8100 - 19,62y \qquad y = 413 \text{ m}$$

Elevação máxima acima do solo = 150 m + 413 m = 563 m ◀

PARA REFLETIR Como não há resistência do ar, você pode tratar os movimentos vertical e horizontal separadamente e imediatamente escrever as equações algébricas do movimento. Para incluir a resistência do ar, você deverá usar a aceleração como uma função da velocidade (você verá como derivar isso no Capítulo 12), e então precisará utilizar as relações cinemáticas básicas, separar as variáveis e integrar.

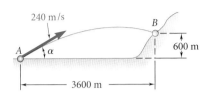

Figura 1 Velocidade inicial do projétil na direção de x.

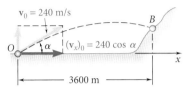

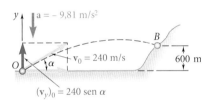

Figura 2 Aceleração e velocidade inicial do projétil na direção de y.

PROBLEMA RESOLVIDO 11.11

Um projétil é disparado com uma velocidade inicial de 240 m/s contra um alvo B situado a 600 m acima da arma A e a uma distância horizontal de 3.600 m. Desprezando a resistência do ar, determine o valor do ângulo de disparo α necessário para atingir o alvo.

ESTRATÉGIA Este problema trata do movimento de um projétil; portanto, os movimentos vertical e horizontal serão considerados separadamente. Primeiro, determine as equações que regem cada direção e, em seguida, use-as para encontrar o ângulo de disparo.

MODELAGEM E ANÁLISE

Movimento horizontal. Colocando a origem dos eixos coordenados na arma (Fig.1), temos

$$(v_x)_0 = 240 \cos \alpha$$

Substituindo na equação de movimento horizontal uniforme, obtemos

$$x = (v_x)_0 t \qquad x = (240 \cos \alpha)t$$

O tempo necessário para que o projétil percorra uma distância horizontal de 3.600 m é obtido fazendo x igual a 3.600 m.

$$3600 = (240 \cos \alpha)t$$
$$t = \frac{3.600}{240 \cos \alpha} = \frac{15}{\cos \alpha}$$

Movimento vertical. Novamente, coloque a origem na arma (Fig. 2).

$$(v_y)_0 = 240 \operatorname{sen} \alpha \qquad a = -9{,}81 \text{ m/s}^2$$

Substituindo na equação de movimento uniformemente acelerado, obtemos

$$y = (v_y)_0 t + \tfrac{1}{2}at^2 \qquad y = (240 \operatorname{sen} \alpha)t - 4{,}905 t^2$$

O projétil atinge o alvo. Quando $x = 3600$ m, queremos $y = 600$ m. Substituindo y e fazendo t igual ao valor encontrado anteriormente, temos

$$600 = 240 \operatorname{sen} \alpha \frac{15}{\cos \alpha} - 4{,}905 \left(\frac{15}{\cos \alpha}\right)^2 \tag{1}$$

Como $1/\cos^2 \alpha = \sec^2 \alpha = 1 + \operatorname{tg}^2 \alpha$, temos

$$600 = 240(15) \operatorname{tg} \alpha - 4{,}905(15^2)(1 + \operatorname{tg}^2 \alpha)$$
$$1104 \operatorname{tg}^2 \alpha - 3600 \operatorname{tg} \alpha + 1704 = 0$$

Resolvendo essa equação quadrática para $\operatorname{tg} \alpha$, temos

$$\operatorname{tg} \alpha = 0{,}575 \qquad \text{e} \qquad \operatorname{tg} \alpha = 2{,}69$$
$$\alpha = 29{,}9° \qquad \text{e} \qquad \alpha = 69{,}6° \blacktriangleleft$$

O alvo será atingido se qualquer um dos dois ângulos de tiro for utilizado (Fig. 3).

PARA REFLETIR É uma característica bem conhecida do movimento de um projétil poder atingir o mesmo alvo usando qualquer um dos dois ângulos de disparo. Usamos trigonometria para escrever a equação em termos de tg α, mas a maioria das calculadoras ou programas de computador como Maple, Matlab ou Mathematica também pode ser usada para resolver α em (1). Porém, você deve ter cuidado ao usar essas ferramentas, para se certificar de que você encontrará ambos os ângulos.

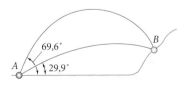

Figura 3 Ângulos de disparo que atingirão o alvo B.

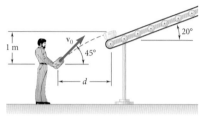

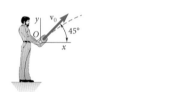

Figura 1 Velocidade inicial do pacote.

PROBLEMA RESOLVIDO 11.12

Uma esteira transportadora em um ângulo de 20° com a horizontal é usada para transportar pequenas embalagens para outras partes de uma planta industrial. Um trabalhador lança um pacote com uma velocidade inicial $\mathbf{v}_0$ com um ângulo de 45°, de modo que sua velocidade é paralela à esteira quando ele cai 1 m acima do ponto de lançamento. Determine (a) a intensidade de v_0, (b) a distância horizontal d.

ESTRATÉGIA Este problema trata do movimento de um projétil; portanto, os movimentos vertical e horizontal serão considerados separadamente. Primeiro, determine as equações que regem cada direção e, em seguida, use-as para determinar as quantidades desconhecidas.

MODELAGEM E ANÁLISE

Movimento horizontal. Colocando os eixos de sua origem no local onde o pacote deixa as mãos do trabalhador (Fig. 1), podemos escrever

Horizontal: $v_x = v_0 \cos 45°$ e $x = (v_0 \cos 45°)t$

Vertical: $v_y = v_0 \sen 45° - gt$ e $y = (v_0 \sen 45°)t - \frac{1}{2}gt^2$

Queda sobre a esteira. A afirmação do problema indica que, quando a embalagem cai na esteira, seu vetor de velocidade estará na mesma direção em que a esteira está se movendo. Se isso acontece quando $t = t_1$, podemos escrever

$$\frac{v_y}{v_x} = \tg 20° = \frac{v_0 \sen 45° - gt_1}{v_0 \cos 45°} = 1 - \frac{gt_1}{v_0 \cos 45°} \qquad (1)$$

Essa equação tem duas quantidades desconhecidas: t_1 e v_0. Portanto, você precisa de mais equações. Substituindo $t = t_1$ nas equações de movimento de projétil restantes, temos

$$d = (v_0 \cos 45°)t \qquad (2)$$

$$1 \text{ m} = (v_0 \sen 45°)t_1 - \frac{1}{2}gt_1^2 \qquad (3)$$

Agora você tem três equações, (1), (2), e (3), e três incógnitas: t_1, v_0 e d. Utilizando $g = 9,81$ m/s² e resolvendo estas três equações, temos $t_1 = 0,3083$ s e

$$v_0 = 6,73 \text{ m/s} \quad \blacktriangleleft$$

$$d = 1,466 \text{ m} \quad \blacktriangleleft$$

PARA REFLETIR Todos esses problemas que tratam de projéteis são semelhantes. Você escreve as equações determinantes para o movimento nas direções horizontal e vertical e então usa as informações adicionais do enunciado do problema para resolvê-lo. Neste caso, a distância é de quase 1,5 m, que é uma distância razoável para um trabalhador lançar um pacote.

PROBLEMA RESOLVIDO 11.13

O avião B, que está viajando a uma velocidade constante de 560 km/h, está seguindo o avião A, que está viajando para nordeste a uma velocidade constante de 800 km/h. No instante $t = 0$, o avião A fica a 640 km a leste do avião B. Determine (*a*) a direção do curso que o avião B deve seguir (medido do leste) para interceptar A, (*b*) a taxa da diminuição da distância entre os aviões, (*c*) quanto tempo leva para o avião B alcançar o avião A.

ESTRATÉGIA Para encontrar o momento em que B intercepta A, você só precisa descobrir quando os dois aviões estão na mesma posição. A taxa de diminuição da distância é a intensidade de $v_{B/A}$. Assim, você pode usar a equação de velocidade relativa.

MODELAGEM E ANÁLISE Escolha *x* para estar a leste, *y* para estar a norte e coloque a origem de seu sistema de coordenadas em B (Fig. 1).

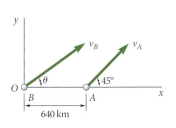

Figura 1 Velocidade inicial dos aviões A e B.

Posições dos aviões: Como cada avião tem uma velocidade constante, você pode escrever um vetor de posição para cada avião. Portanto,

$$\mathbf{r}_A = [(v_A \cos 45°)t + 640 \text{ km}]\mathbf{i} + [(v_A \sen 45°)t]\mathbf{j} \quad (1)$$
$$\mathbf{r}_B = [(v_B \cos \theta)t]\mathbf{i} + [(v_B \sen \theta)t]\mathbf{j} \quad (2)$$

a. Direção de B. O avião B alcançará A quando eles estiverem na mesma posição, isto é, $\mathbf{r}_A = \mathbf{r}_B$. Você pode igualar os componentes na direção de **j** para encontrar

$$v_A \sen 45° t_1 = v_B \sen \theta \, t_1$$

Depois de substituir os valores na equação,

$$\sen \theta = \frac{(v_A \sen 45°)t_1}{v_B t_1} = \frac{(560 \text{ km/h})\sen 45°}{800 \text{ km/h}} = 0{,}4950$$
$$\theta = \sen^{-1} 0{,}4950 = 29{,}67° \quad\quad \theta = 29{,}7° \blacktriangleleft$$

b. Taxa. A taxa de diminuição da distância é a intensidade de $\mathbf{v}_{B/A}$. Então,

$$\mathbf{v}_{B/A} = \mathbf{v}_B - \mathbf{v}_A = (v_B \cos \theta \, \mathbf{i} + v_B \sen \theta \, \mathbf{j}) - (v_A \cos 45° \, \mathbf{i} + v_A \sen 45° \, \mathbf{j})$$
$$= [(800 \text{ km/h})\cos 29{,}668° - (560 \text{ km/h})\cos 45°]\mathbf{i}$$
$$+ [(800 \text{ km/h})\sen 29{,}668° - (560 \text{ km/h})\sen 45°]\mathbf{j}$$
$$= 299{,}15 \text{ km/h } \mathbf{i} \quad\quad |\mathbf{v}_{B/A}| = 299 \text{ km/h} \blacktriangleleft$$

c. Tempo para B alcançar A. Para encontrar o tempo, igualamos os componentes **i** de cada vetor de posição:

$$(v_A \cos 45°)t_1 + 640 \text{ km} = (v_B \cos \theta)t_1$$

Resolvendo para t_1,

$$t_1 = \frac{640 \text{ km}}{v_B \cos \theta - v_A \cos 45°}$$
$$= \frac{640 \text{ km}}{(800 \text{ km/h})\cos 29{,}67° - (560 \text{ km/h})\cos 45°} = 2{,}139 \text{ h}$$
$$t_1 = 2{,}14 \text{ h} \blacktriangleleft$$

PARA REFLETIR A velocidade relativa está somente na direção horizontal (leste). Isso parece razoável, já que os componentes verticais (norte) devem ser iguais para que os dois aviões se cruzem.

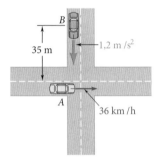

PROBLEMA RESOLVIDO 11.14

O automóvel A está trafegando para leste com uma velocidade constante de 36 km/h. Quando ele passa pelo cruzamento mostrado na figura, o automóvel B parte do repouso a 35 m ao norte do cruzamento e se dirige para o sul com uma aceleração constante de 1,2 m/s². Determine a posição, a velocidade e a aceleração de B relativas a A 5 s depois de A ter passado pelo cruzamento.

ESTRATÉGIA Este é um problema de movimento relativo. Determine o movimento de cada veículo independentemente e, então, use a definição de movimento relativo para determinar as quantidades desejadas.

MODELAGEM E ANÁLISE

Movimento do automóvel A. Escolhemos os eixos x e y com origem no cruzamento das duas ruas e com sentidos positivos dirigidos, respectivamente, para leste e norte. Primeiro, a velocidade é expressa em m/s:

$$v_A = \left(36 \frac{\text{km}}{\text{h}}\right)\left(\frac{1000 \text{ m}}{1 \text{ km}}\right)\left(\frac{1 \text{ h}}{3600 \text{ s}}\right) = 10 \text{ m/s}$$

Como o movimento de A é uniforme, para qualquer tempo t,

$$a_A = 0$$
$$v_A = +10 \text{ m/s}$$
$$x_A = (x_A)_0 + v_A t = 0 + 10t$$

Para $t = 5$ s, temos (Fig. 1)

$$a_A = 0 \qquad\qquad \mathbf{a}_A = 0$$
$$v_A = +10 \text{ m/s} \qquad\qquad \mathbf{v}_A = 10 \text{ m/s} \rightarrow$$
$$x_A = +(10 \text{ m/s})(5 \text{ s}) = +50 \text{ m} \qquad \mathbf{r}_A = 50 \text{ m} \rightarrow$$

Movimento do automóvel B. O movimento de B é uniformemente acelerado, então

$$a_B = -1,2 \text{ m/s}^2$$
$$v_B = (v_B)_0 + at = 0 - 1,2t$$
$$y_B = (y_B)_0 + (v_B)_0 t + \tfrac{1}{2}a_B t^2 = 35 + 0 - \tfrac{1}{2}(1,2)t^2$$

Para $t = 5$ s, temos (Fig. 1)

$$a_B = -1,2 \text{ m/s}^2 \qquad\qquad \mathbf{a}_B = 1,2 \text{ m/s}^2 \downarrow$$
$$v_B = -(1,2 \text{ m/s}^2)(5 \text{ s}) = -6 \text{ m/s} \qquad \mathbf{v}_B = 6 \text{ m/s} \downarrow$$
$$y_B = 35 - \tfrac{1}{2}(1,2 \text{ m/s}^2)(5 \text{ s})^2 = +20 \text{ m} \qquad \mathbf{r}_B = 20 \text{ m} \uparrow$$

Movimento de B em relação a A. Desenhe o triângulo correspondente à equação vetorial $\mathbf{r}_B = \mathbf{r}_A + \mathbf{r}_{B/A}$ (Fig. 2) e obtenha a intensidade e a direção do vetor de posição de B em relação a A.

$$r_{B/A} = 53{,}9 \text{ m} \qquad \alpha = 21{,}8° \qquad \mathbf{r}_{B/A} = 53{,}9 \text{ m} \; ⦨ \; 21{,}8° \quad◀$$

Procedendo de maneira semelhante, encontramos a velocidade e a aceleração de B em relação a A. Consequentemente,

$$\mathbf{v}_B = \mathbf{v}_A + \mathbf{v}_{B/A}$$
$$v_{B/A} = 11{,}66 \text{ m/s} \qquad \beta = 31{,}0° \qquad \mathbf{v}_{B/A} = 11{,}66 \text{ m/s} \; ⦫ \; 31{,}0° \quad◀$$
$$\mathbf{a}_B = \mathbf{a}_A + \mathbf{a}_{B/A}$$
$$\mathbf{a}_{B/A} = 1{,}2 \text{ m/s}^2 \downarrow \quad◀$$

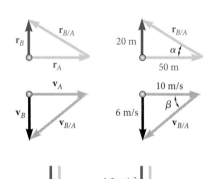

Figura 2 Triângulos vetoriais de posição, velocidade e aceleração.

PARA REFLETIR Observe que a posição e a velocidade relativas de B em relação a A mudam com o tempo; os valores dados aqui são apenas para o instante $t = 5$ s. Ao invés de desenhar triângulos, você também poderia ter usado álgebra vetorial. Quando os vetores estão em ângulo reto, como neste problema, o desenho de triângulos vetoriais é geralmente mais fácil.

PROBLEMA RESOLVIDO 11.15

Sabendo que, no instante mostrado, o cilindro/rampa A tem uma velocidade de 200 mm/s direcionada para baixo, determine a velocidade do bloco B.

ESTRATÉGIA Você tem objetos conectados por cabos; portanto, este é um problema de movimento dependente. Você deve definir coordenadas para cada objeto de bloco e escrever uma equação de restrição para o cabo. Você também precisará usar movimento relativo, já que B desliza em A.

MODELAGEM E ANÁLISE Definem-se os vetores de posição como mostra a Fig. 1.

Equações de restrição. Considerando que os cabos são inextensíveis, podemos escrever os comprimentos em termos das coordenadas e então derivar.

A equação de restrição para o cabo é

$$x_A + 2x_{B/A} = \text{constante}$$

Derivando, temos

$$v_A = -2v_{B/A} \quad (1)$$

Substituindo v_A, temos $v_{B/A} = -100$ mm/s ou 100 mm/s para cima na inclinação.

Movimento dependente. Você sabe que o sentido de $v_{B/A}$ é direcionado para cima na inclinação. Portanto, a equação de movimento relativo que relaciona as velocidades dos blocos A e B é $\mathbf{v}_B = \mathbf{v}_A + \mathbf{v}_{B/A}$. Você poderia desenhar um triângulo de vetores ou usar álgebra vetorial. Vamos usar álgebra vetorial. Utilizando o sistema de coordenadas mostrado na Fig. 2 e substituindo os valores, temos

$$(v_B)_x \, \mathbf{i} + (v_B)_y \, \mathbf{j} = (-200 \text{ mm/s})\mathbf{j} + (-100 \text{ mm/s}) \text{ sen } 50° \, \mathbf{i} + (100 \text{ mm/s}) \cos 50° \, \mathbf{j}$$

Igualando os componentes, temos

i: $(v_B)_x = -(100 \text{ mm/s})\text{sen } 50° \quad \rightarrow \quad v_{B_x} = -76{,}6 \text{ mm/s}$

j: $(v_B)_y = (-200 \text{ mm/s}) + (100 \text{ mm/s})\cos 50° \quad \rightarrow \quad v_{B_y} = -135{,}7 \text{ mm/s}$

Encontrando a intensidade e a direção, temos

$$\mathbf{v}_B = 155{,}8 \text{ mm/s} \; \angle 60{,}6° \quad \blacktriangleleft$$

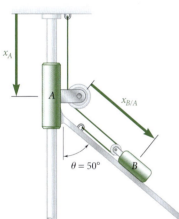

Figura 1 Vetores de posição de A e B.

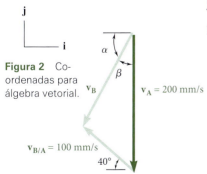

Figura 2 Coordenadas para álgebra vetorial.

Figura 3 Triângulo vetorial para a velocidade dos blocos A e B.

PARA REFLETIR Em vez de usar álgebra vetorial, você também poderia ter desenhado um triângulo vetorial, como mostrado na Fig. 3. Para utilizar esse triângulo, você precisaria da lei dos cossenos e da lei dos senos. Observando o mecanismo, o bloco B deve mover-se para cima na inclinação se o bloco A se move para baixo; nosso resultado matemático condiz com isso. Também é interessante notar que, apesar de B se mover para cima na inclinação em relação a A, o bloco B está, na verdade, movendo-se para baixo e para a esquerda, como mostrado no cálculo. Isso ocorre porque o bloco A também se move para baixo.

METODOLOGIA PARA A RESOLUÇÃO DE PROBLEMAS

Nos problemas desta seção, você vai analisar o **movimento curvilíneo** de uma partícula. Apesar das interpretações físicas da velocidade e da aceleração serem as mesmas que nas primeiras lições deste capítulo, você deve lembrar de que essas quantidades são vetores. Além do mais, você deve compreender, a partir de suas experiências com vetores em estática, que é frequentemente vantajoso expressar os vetores de posição, velocidades e acelerações em termos de seus componentes escalares retangulares [Eqs. (11.25) a (11.27)].

A. Analisando o movimento de um projétil. Vários dos problemas a seguir tratam do movimento bidimensional de um projétil em que a resistência do ar pode ser desprezada. Na Seção 11.4C, desenvolvemos as equações que descrevem esse tipo de movimento e observamos que o componente horizontal da velocidade permanecia constante (movimento uniforme), enquanto o componente vertical da aceleração era constante (movimento uniformemente acelerado). Foi possível considerar separadamente os movimentos vertical e horizontal da partícula. Considerando que o projétil é disparado da origem, podemos escrever as duas equações

$$x = (v_x)_0 t \qquad y = (v_y)_0 t - \tfrac{1}{2} g t^2$$

1. Se a velocidade inicial e o ângulo de disparo são conhecidos, o valor de y correspondente a qualquer valor dado de x (ou o valor de x para qualquer valor de y) pode ser obtido resolvendo-se uma das equações anteriores para t e substituindo t na outra equação [Problema Resolvido 11.10].

2. Se você conhece a velocidade inicial e as coordenadas de um ponto da trajetória e deseja determinar o ângulo de disparo α, comece sua solução expressando os componentes $(v_x)_0$ e $(v_y)_0$ da velocidade inicial como funções de α. Essas expressões e os valores conhecidos de x e y são então substituídos nas equações anteriores. Finalmente, resolva a primeira equação para t e substitua esse valor de t na segunda equação para obter uma equação trigonométrica em α, que você pode resolver para essa incógnita [Problema Resolvido 11.11].

B. Resolvendo problemas de movimento relativo de translação bidimensional. Você viu na Seção 11.4D que podemos obter o movimento absoluto de uma partícula B combinando o movimento de uma partícula A e o **movimento relativo** de B em relação ao sistema ligado a A que está em *translação* [Problemas Resolvidos 11.12 e 11.13]. Podemos então expressar a velocidade e a aceleração de B, como mostradas nas Eqs. (11.32) e (11.33), respectivamente.

1. Para visualizar o movimento relativo de B em relação a A, imagine que você está preso à partícula A enquanto observa o movimento da partícula B. Por exemplo, para um passageiro no automóvel A do Problema Resolvido 11.14, o automóvel B parece se dirigir no sentido sudoeste (*sul* deve ser óbvio; e *oeste* é pelo fato de o automóvel A estar se movendo para o leste – o automóvel B então parece viajar para o oeste). Observe que essa conclusão é consistente com a direção de $\mathbf{v}_{B/A}$.

2. Para resolver um problema de movimento relativo, escreva primeiro as equações vetoriais (11.30), (11.32) e (11.33), que se referem aos movimentos das partículas A e B. Você pode então usar um dos métodos a seguir:

    a. Construa os triângulos de vetores correspondentes e os resolva para o vetor de posição, velocidade e aceleração desejada [Problema Resolvido 11.14].

    b. Expresse todos os vetores em termos de seus componentes retangulares e resolva os dois conjuntos independentes de equações escalares obtidos dessa maneira [Problema resolvido 11.15]. Se você escolher este método, não se esqueça de selecionar o mesmo sentido positivo para o deslocamento, velocidade e aceleração de cada partícula.

PROBLEMAS

PERGUNTAS CONCEITUAIS

11.PC3 Dois modelos de foguetes são disparados simultaneamente de uma elevação e seguem as trajetórias mostradas. Desprezando a resistência do ar, qual dos foguetes atingirá o solo primeiro?
  a. A
  b. B
  c. Eles atingem ao mesmo tempo.
  d. A resposta depende de h.

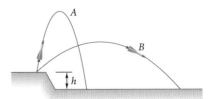

Figura P11.PC3

11.PC4 A bola A é jogada para cima. Quais das seguintes afirmações sobre a bola são verdadeiras no ponto mais alto da sua trajetória?
  a. A velocidade e a aceleração são nulas.
  b. A velocidade é nula, mas a aceleração não é nula.
  c. A velocidade não é nula, mas a aceleração é nula.
  d. Nem a velocidade nem a aceleração são nulas.

Figura P11.PC4

11.PC5 A bola A é jogada para cima com uma velocidade inicial v_0 e atinge uma elevação máxima h antes de cair. Quando A atinge sua elevação máxima, uma segunda bola é jogada para cima com a mesma velocidade inicial v_0. A que altura y as bolas se cruzam?
  a. $y = h$
  b. $y > h/2$
  c. $y = h/2$
  d. $y < h/2$
  e. $y = 0$

11.PC6 Dois carros estão se aproximando de um cruzamento a velocidades constantes como mostrado. Que velocidade o carro B parecerá ter para um observador no carro A?
  a. →   b. ↘   c. ↖   d. ↗   e. ↙

Figura P11.PC6

11.PC7 Os blocos A e B são soltos do repouso nas posições mostradas. Desprezando o atrito entre todas as superfícies, qual figura indica melhor a direção α da aceleração do bloco B?

a.   b.   c.   d.   e.

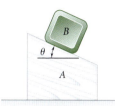

Figura P11.PC7

PROBLEMAS DE FINAL DE SEÇÃO

11.89 Uma bola é lançada de modo que o movimento é definido pelas equações $x = 5t$ e $y = 2 + 6t - 4,9t^2$, onde x e y são expressos em metros e t é expresso em segundos. Determine (a) a velocidade em $t = 1$ s, (b) a distância horizontal que a bola percorre antes de atingir o solo.

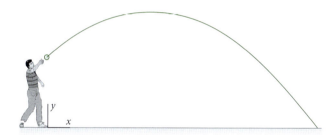

Figura P11.89

11.90 O movimento amortecido de uma partícula que vibra é definido pelo vetor de posição $\mathbf{r} = 10(1 - e^{-3t})\mathbf{i} + (4e^{-2t} \operatorname{sen} 15t)\mathbf{j}$, onde $\mathbf{r}$ e t estão expressos em milímetros e segundos, respectivamente. Determine a velocidade e a aceleração quando (a) $t = 0$, (b) $t = 0,5$ s.

11.91 O movimento de uma partícula que vibra é definido pelo vetor de posição $\mathbf{r} = (4 \operatorname{sen} \pi t)\mathbf{i} - (\cos 2\pi t)\mathbf{j}$, onde r é expresso em metros e t em segundos. (a) Determine a velocidade e a aceleração quando $t = 1$ s. (b) Mostre que a trajetória da partícula é parabólica.

11.92 O movimento de uma partícula é definido pelas equações $x = 100t - 50 \operatorname{sen} t$ e $y = 100 - 50 \cos t$, onde x e y são expressos em milímetros e t é expresso em segundos. Esboce a trajetória da partícula para o intervalo de tempo $0 \leq t \leq 2\pi$ e determine (a) as intensidades da menor e da maior velocidade atingida pela partícula, (b) os instantes de tempo, posição e direção correspondentes à velocidade.

11.93 O movimento amortecido de uma partícula que vibra é definido pelo vetor de posição $\mathbf{r} = x_1[1 - 1/(t + 1)]\mathbf{i} + (y_1 e^{-\pi t/2} \cos 2\pi t)\mathbf{j}$, onde t é expresso em segundos. Para $x_1 = 30$ mm e $y_1 = 20$ mm, determine a posição, a velocidade e a aceleração da partícula quando (a) $t = 0$ e (b) $t = 1,5$ s.

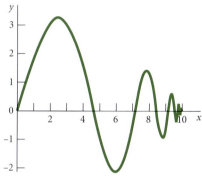

Figura P11.90

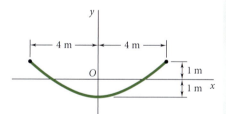

Figura P11.91

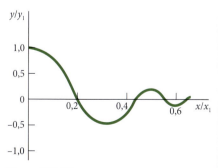

Figura *P11.93*

11.94 Uma menina está brincando com um carrinho de controle remoto em um estacionamento vazio. A posição da menina está na origem dos eixos de coordenadas xy, e a superfície do estacionamento está no plano x-y. O movimento do carro é definido pelo vetor de posição $\mathbf{r} = (2 + 2t^2)\mathbf{i} + (6 + t^3)\mathbf{j}$, onde $\mathbf{r}$ e t são expressos em metros e segundos, respectivamente. Determine (a) a distância entre o carro e a menina quando $t = 2$ s, (b) a distância que o carro viajou no intervalo de $t = 0$ a $t = 2$ s, (c) a velocidade e a direção da velocidade do carro em $t = 2$ s, (d) a intensidade da aceleração do carro em $t = 2$ s.

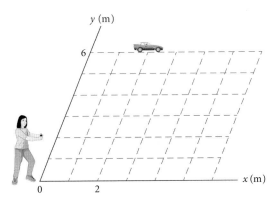

Figura **P11.94**

11.95 O movimento tridimensional de uma partícula é definido pelo vetor de posição $\mathbf{r} = (Rt \cos \omega_n t)\mathbf{i} + ct\mathbf{j} + (Rt \sen \omega_n t)\mathbf{k}$. Determine as intensidades da velocidade e aceleração da partícula. (A curva espacial descrita pela partícula é uma hélice cônica.)

*11.96 O movimento tridimensional de uma partícula é definido pelo vetor de posição $\mathbf{r} = (At \cos t)\mathbf{i} + (A\sqrt{t^2 + 1})\mathbf{j} + (Bt \sen t)\mathbf{k}$, onde r e t estão expressos em metros e segundos, respectivamente. Mostre que a curva descrita pela partícula cai sobre o hiperboloide $(y/A)^2 - (x/A)^2 - (z/B)^2 = 1$. Para $A = 3$ e $B = 1$, determine (a) as intensidades da velocidade e da aceleração quando $t = 0$ e (b) o menor valor de t diferente de zero para o qual o vetor de posição e o vetor de velocidade são perpendiculares entre si.

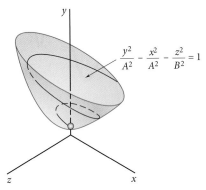

Figura **P11.96**

11.97 Um avião usado para jogar água sobre um incêndio florestal está voando horizontalmente em linha reta a 315 km/h a uma altitude de 80 m. Determine a distância d na qual o piloto deverá liberar a água de modo que ela atinja o fogo em B.

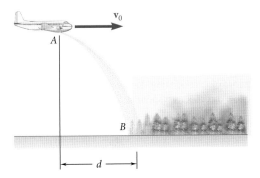

Figura P11.97

11.98 Um saltador de esqui começa com uma velocidade de decolagem horizontal de 25 m/s e pousa em uma colina de pouso reta inclinada a 30°. Determine (*a*) o tempo entre a decolagem e o pouso, (*b*) o comprimento *d* do salto, (*c*) a distância vertical máxima entre o saltador e a colina de pouso.

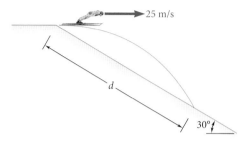

Figura P11.98

11.99 Uma máquina lança bolas de beisebol a uma velocidade horizontal v_0. Sabendo que a altura *h* varia entre 788 mm e 1068 mm, determine (*a*) o intervalo de valores de v_0, (*b*) os valores de a correspondentes α h = 788 mm e h = 1.068 mm.

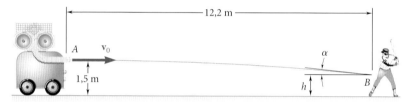

Figura P11.99

11.100 Durante a entrega de jornais, uma garota joga um jornal com uma velocidade horizontal v_0. Determine o intervalo de valores de v_0 para que o jornal caia entre os pontos *B* e *C*.

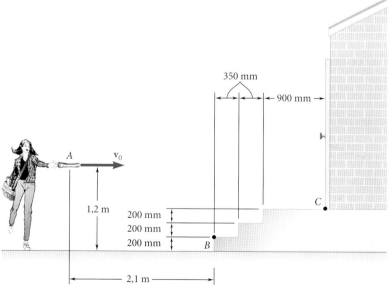

Figura P11.100

11.101 A água flui de um tubo de drenagem com uma velocidade inicial de 0,75 m/s a um ângulo de 15° com a horizontal. Determine o intervalo de valores da distância d para o qual a água entrará na tina BC.

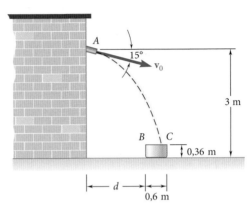

Figura P11.101

11.102 Um dos lançamentos típicos do *softball* compreende em atingir uma altura máxima de 1,8 m a 3,7 m acima do solo. Um arremesso é feito com uma velocidade inicial $\mathbf{v}_0$ e com uma intensidade de 13 m/s num ângulo de 33° com a horizontal. Determine (*a*) se o arremesso satisfaz à exigência de altura máxima, (*b*) a altura da bola quando atinge o taco.

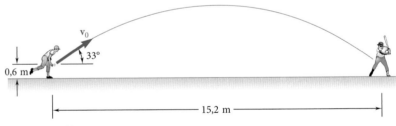

Figura P11.102

11.103 Um jogador de vôlei dá um saque com uma velocidade inicial $\mathbf{v}_0$ de intensidade 13,40 m/s com um ângulo de 20° com a horizontal. Determine (*a*) se a bola tocará na rede, (*b*) quão longe da rede a bola cairá.

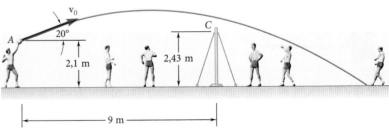

Figura P11.103

11.104 Um golfista acerta uma bola de golfe com uma velocidade inicial de 50 m/s em um ângulo de 25° com a horizontal. Sabendo que o campo de golfe se inclina para baixo em um ângulo médio de 5°, determine a distância d entre o golfista e o ponto B onde a bola cai primeiro.

Figura *P11.104*

11.105 Um morador usa o removedor de neve para limpar a entrada de sua garagem. Sabendo que a neve é lançada a um ângulo médio de 40° com a horizontal, determine a velocidade inicial v_0 da neve.

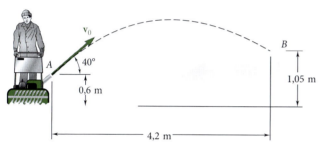

Figura P11.105

11.106 No intervalo de um jogo de futebol, alguns torcedores ganham as bolas que são lançadas do campo por um homem com uma velocidade $\mathbf{v}_0$. Determine o intervalo de valores de v_0 se as bolas caírem entre os pontos B e C.

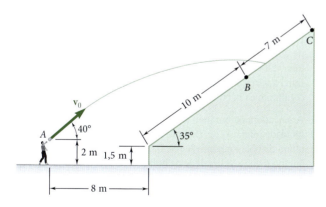

Figura P11.106

11.107 Uma jogadora de basquete arremessa a bola a 5 m da tabela. Sabendo que a bola tem uma velocidade inicial $\mathbf{v}_0$ em um ângulo de 30° com a horizontal, determine o valor de v_0 quando d é igual a (*a*) 225 mm e (*b*) 425 mm.

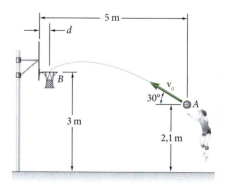

Figura P11.107

11.108 Uma tenista acerta a bola a uma altura $h = 2,5$ m com uma velocidade inicial $\mathbf{v}_0$ num ângulo de 5° com a horizontal. Determine o intervalo de v_0 para o qual a bola pousará na área de serviço, que se estende a 6,4 m além da rede.

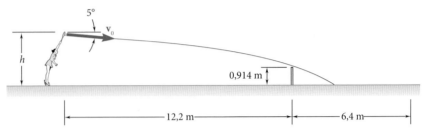

Figura P11.108

11.109 O bocal em A descarrega água de refrigeração com uma velocidade inicial $\mathbf{v}_0$ a um ângulo de 6° com a horizontal sobre um esmeril de 350 mm de diâmetro. Determine o intervalo de valores da velocidade inicial para o qual a água vai cair no esmeril entre os pontos B e C.

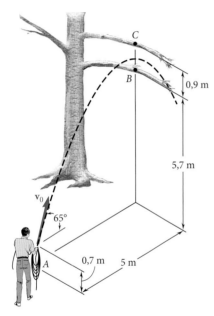

Figura P11.110

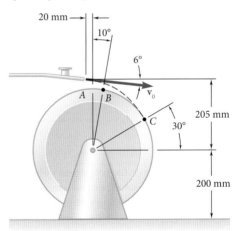

Figura *P11.109*

11.110 Enquanto segura uma das extremidades, o trabalhador lança um rolo de corda sobre o galho mais baixo da árvore. Se ele joga a corda a uma velocidade inicial $\mathbf{v}_0$ a um ângulo de 65° com a horizontal, determine a variação de valores de v_0 para que a corda passe apenas sobre o galho mais baixo.

11.111 A lançadora de um jogo de softball arremessa uma bola com uma velocidade inicial $\mathbf{v}_0$ de 72 km/h em um ângulo α com a horizontal. Se a altura da bola no ponto B é de 0,68 m, determine (*a*) o ângulo α, (*b*) o ângulo θ que a velocidade da bola forma com a horizontal no ponto B.

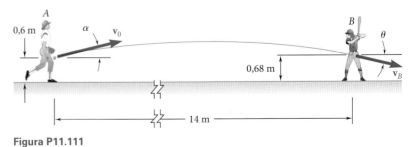

Figura P11.111

11.112 Um modelo de foguete é lançado do ponto A com uma velocidade inicial $\mathbf{v}_0$ de 75 m/s. Se o paraquedas de descida do foguete não se abre e o foguete cai a $d = 100$ m de A, determine (a) o ângulo α que v_0 forma com a vertical, (b) a altura máxima acima do ponto A alcançada pelo foguete, (c) a duração do voo.

11.113 A velocidade inicial $\mathbf{v}_0$ de um disco de hóquei é de 160 km/h. Determine (a) o maior valor (menor que 45°) do ângulo α com que o disco entrará na rede e (b) o tempo correspondente necessário para o disco atingir a rede.

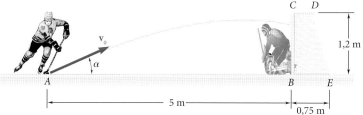

Figura P11.113

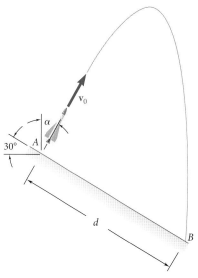

Figura P11.112

11.114 Um trabalhador usa água sob alta pressão para limpar o interior de uma longa canalização de drenagem. Se a água é descarregada com uma velocidade inicial $\mathbf{v}_0$ de 11,5 m/s, determine (a) a distância d do ponto mais remoto B no alto do cano que a água pode lavar a partir de sua posição em A e (b) o ângulo α correspondente.

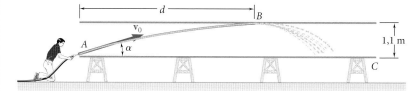

Figura P11.114

11.115 Um irrigador oscilante de jardim, que lança um jato de água com uma velocidade inicial $\mathbf{v}_0$ de 8 m/s, é usado para irrigar uma horta. Determine a distância d para o ponto mais afastado B que será irrigado e o ângulo α correspondente quando (a) os vegetais estiverem apenas começando a crescer e (b) a altura h de um pé de milho for de 1,8 m.

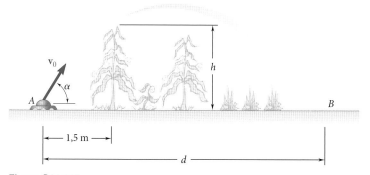

Figura *P11.115*

*11.116 Uma bola é solta sobre um degrau no ponto A e quica com uma velocidade inicial $\mathbf{v}_0$ a um ângulo de 15° com a vertical. Determine o valor de v_0 sabendo que, no instante imediatamente anterior ao da bola quicar no ponto B, sua velocidade $\mathbf{v}_B$ forma um ângulo de 12° com a vertical.

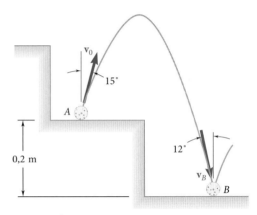

Figura *P11.116*

11.117 As velocidades dos esquiadores A e B são mostradas na figura. Determine a velocidade de A com relação a B.

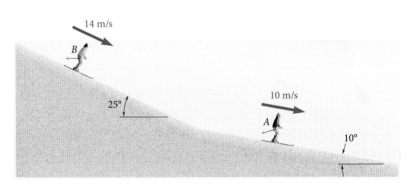

Figura P11.117

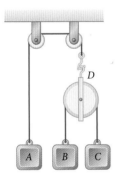

Figura P11.118

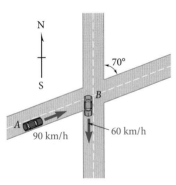

Figura P11.119

11.118 Os três blocos mostrados na figura se movem com velocidades constantes. Encontre a velocidade de cada bloco, sabendo que a velocidade relativa de A com relação a C é 300 mm/s para cima e que a velocidade relativa de B com relação a A é 200 mm/s para baixo.

11.119 Três segundos após o automóvel B passar pelo cruzamento mostrado, o automóvel A também passa. Sabendo que a velocidade de cada automóvel é constante, determine (*a*) a velocidade relativa de B em relação a A, (*b*) a variação na posição de B em relação a A durante um intervalo de 4 s, (*c*) a distância entre os dois automóveis 2 s depois que A passou pela intersecção.

11.120 Um radar costeiro indica que uma barca sai de seu atracadouro com uma velocidade **v** = 18 km/h ⤢ 70°, enquanto instrumentos a bordo da barca indicam velocidade de 18,4 km/h e direção 30° a oeste da direção sul relativa ao rio. Determine a velocidade do rio.

11.121 Os aviões A e B estão voando à mesma altitude e acompanhando o olho de um furacão C. A velocidade relativa de C em relação a A é $v_{C/A}$ = 350 km/h ⤢ 75°, e a velocidade relativa de C em relação a B é $v_{C/B}$ = 400 km/h ⤡ 40°. Determine (a) a velocidade relativa de B em relação a A, (b) a velocidade de A se um radar baseado no chão indica que o furacão está se movendo a uma velocidade de 30 km/h para o norte, (c) a mudança na posição de C em relação a B durante um intervalo de 15 min.

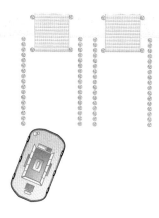

Figura P11.120

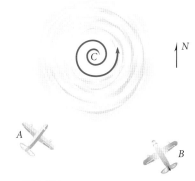

Figura *P11.121*

11.122 Instrumentos em um avião que está em um voo nivelado indicam que a velocidade relativa ao ar (velocidade aerodinâmica) é de 120 km/h e a direção do vetor de velocidade relativa é 70° nordeste. Instrumentos no solo indicam que a velocidade do avião (velocidade de solo) é de 110 km/h e a direção de voo (percurso) é 60° nordeste. Determine a velocidade e a direção do vento.

11.123 Sabendo que a velocidade do bloco B em relação ao bloco A é $v_{B/A}$ = 5,6 m/s ⤣ 70°, determine as velocidades de A e B.

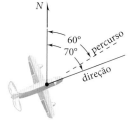

Figura *P11.122*

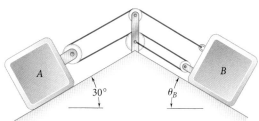

Figura P11.123

11.124 Sabendo que, no instante mostrado na figura, o bloco A tem velocidade de 200 mm/s e aceleração de 150 mm/s², ambas no sentido de descida da rampa, determine (a) a velocidade do bloco B, (b) a aceleração do bloco B.

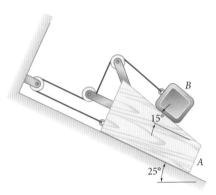

Figura P11.124

11.125 Um barco está se movendo para a direita com uma desaceleração constante de 0,3 m/s² quando um menino em pé no convés D lança uma bola com uma velocidade inicial em relação ao convés que é vertical. A bola sobe a uma altura máxima de 8 m acima do ponto de lançamento, e o menino deve avançar uma distância d para pegá-la à mesma altura que o ponto de lançamento. Determine (a) a distância d, (b) a velocidade relativa da bola em relação ao convés quando a bola é pega.

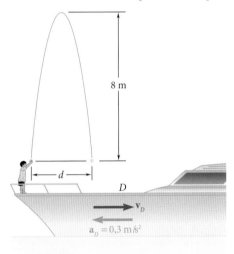

Figura P11.125

11.126 O conjunto da barra A com a cunha B sai do repouso e se move para a direita com aceleração constante de 2 mm/s². Determine (a) a aceleração da cunha C, (b) a velocidade da cunha C quando $t = 10$ s.

11.127 Determine a velocidade necessária da correia B se a velocidade relativa com a qual a areia atinge a correia B é (a) vertical, (b) a menor possível.

11.128 A esteira transportadora A, que forma um ângulo de 20° com a horizontal, se move a uma velocidade constante de 1,2 m/s e é usada para carregar um avião. Sabendo que um trabalhador joga uma bolsa B com uma velocidade inicial de 0,75 m/s a um ângulo de 30° com a horizontal, determine a velocidade da bolsa em relação à esteira ao cair nela.

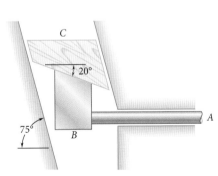

Figura P11.126

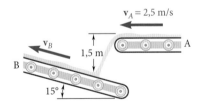

Figura P11.127

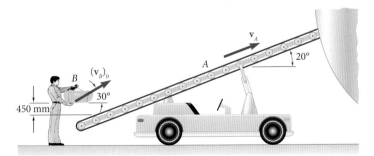

Figura P11.128

11.129 As trajetórias das gotas de chuva durante uma tempestade parecem formar um ângulo de 30° com a vertical e cair para a esquerda quando observadas pela janela lateral de um trem que viaja a uma velocidade escalar de 15 km/h. Pouco tempo depois, após a velocidade do trem ter aumentado para 24 km/h, o ângulo entre a vertical e as trajetórias das gotas parece ser de 45°. Supondo que o trem parasse, em que ângulo e com que velocidade as gotas cairiam se observadas da janela do trem?

11.130 Os instrumentos do avião A indicam que, em relação ao ar, o avião é dirigido a 30° nordeste com uma velocidade aerodinâmica de 480 km/h. Ao mesmo tempo, o radar do navio B indica que a velocidade relativa do avião em relação ao navio é de 416 km/h na direção 33° nordeste. Sabendo que o navio está dirigindo-se ao sul a 20 km/h, determine (*a*) a velocidade do avião, (*b*) a velocidade e a direção do vento.

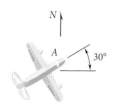
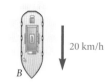

Figura *P11.130*

11.131 Quando um pequeno barco viaja para o norte a 5 km/h, uma bandeira montada na sua popa forma um ângulo $\theta = 50°$ com a linha central do barco, como mostrado na figura. Pouco depois, quando o barco está viajando para leste a 20 km/h, o ângulo θ é novamente de 50°. Determine a velocidade e a direção do vento.

11.132 Em uma parte de uma loja de departamento, um trem de ferromodelismo D corre em uma leve inclinação vista entre duas escadas rolantes de subida e descida. Quando o trem e os compradores passam pelo ponto A, o trem parece, para o cliente que sobe na escada rolante B, mover-se para baixo com um ângulo de 22° com a horizontal, e para a cliente que desce a escada rolante C, parece mover-se para cima e para a esquerda com um ângulo de 23° com a horizontal. Sabendo que a velocidade das escadas rolantes é 1 m/s, determine a velocidade e a direção do trem.

Figura P11.131

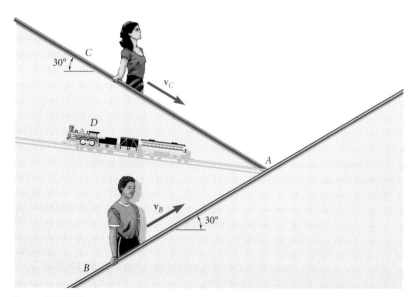

Figura *P11.132*

11.5 Componentes não retangulares

Às vezes é útil analisar o movimento de uma partícula em um sistema de coordenadas que não é retangular. Nesta seção, introduzimos dois sistemas comuns e importantes. O primeiro sistema é baseado na trajetória da partícula; o segundo sistema é baseado na distância radial e no deslocamento angular da partícula.

11.5A Componentes tangencial e normal

Vimos na Seção 11.4 que a velocidade de uma partícula é um vetor tangente à trajetória dessa partícula, mas que, em geral, a aceleração não é tangente a essa trajetória. Algumas vezes é conveniente decompor a aceleração em seus componentes dirigidos, respectivamente, ao longo da tangente e da normal à trajetória da partícula.

Movimento plano de uma partícula. Inicialmente, vamos considerar uma partícula que se desloca ao longo de uma curva contida no plano da figura. Seja P a posição da partícula num dado instante. Fixamos em P o vetor $\mathbf{e}_t$ tangente à trajetória da partícula, apontando no sentido do movimento (Fig. 11.19a). Seja $\mathbf{e}'_t$ o vetor unitário correspondente à posição P' da partícula num instante seguinte. Traçando os dois vetores a partir da mesma origem O', definimos o vetor $\Delta\mathbf{e}_t = \mathbf{e}'_t - \mathbf{e}_t$ (Fig. 11.19b). Como $\mathbf{e}_t$ e $\mathbf{e}'_t$ têm comprimento unitário, suas extremidades estão sobre uma circunferência de raio igual a 1. Representando por $\Delta\theta$ o ângulo formado por $\mathbf{e}_t$ e $\mathbf{e}'_t$, encontramos que a intensidade de $\Delta\mathbf{e}_t$ é 2 sen $(\Delta\theta/2)$. Considerando agora o vetor $\Delta\mathbf{e}_t/\Delta\theta$, observamos que, à medida que A tende a zero, este vetor se torna tangente à circunferência unitária da Fig. 11.19b, isto é, perpendicular a $\mathbf{e}_t$ e com intensidade tendendo a

$$\lim_{\Delta\theta \to 0} \frac{2\,\text{sen}(\Delta\theta/2)}{\Delta\theta} = \lim_{\Delta\theta \to 0} \frac{\text{sen}(\Delta\theta/2)}{\Delta\theta/2} = 1$$

Portanto, o vetor obtido no limite é um vetor unitário ao longo da normal à trajetória da partícula, apontando na direção para a qual $\mathbf{e}_t$ gira. Representando este vetor por $\mathbf{e}_n$, escrevemos

$$\mathbf{e}_n = \lim_{\Delta\theta \to 0} \frac{\Delta\mathbf{e}_t}{\Delta\theta}$$

$$\mathbf{e}_n = \frac{d\mathbf{e}_t}{d\theta} \quad (11.34)$$

Como a velocidade $\mathbf{v}$ da partícula é tangente à trajetória, ela pode ser expressa como o produto da velocidade escalar v pelo vetor unitário $\mathbf{e}_t$. Temos

$$\mathbf{v} = v\mathbf{e}_t \quad (11.35)$$

Para obter a aceleração da partícula, derivamos a Eq. (11.35) em relação a t. Aplicando a regra da derivação do produto de uma função escalar por uma função vetorial (Seção 11.4B), temos

$$\mathbf{a} = \frac{d\mathbf{v}}{dt} = \frac{dv}{dt}\mathbf{e}_t + v\frac{d\mathbf{e}_t}{dt} \quad (11.36)$$

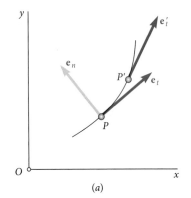

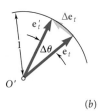

Figura 11.19 (a) Vetores unitários tangentes para duas posições de partícula P; (b) o ângulo entre os vetores unitários tangentes e sua diferença $\Delta\mathbf{e}_t$.

Mas

$$\frac{d\mathbf{e}_t}{dt} = \frac{d\mathbf{e}_t}{d\theta}\frac{d\theta}{ds}\frac{ds}{dt}$$

Recordando que, a partir da Eq. (11.15) $ds/dt = v$, a partir da Eq. (11.34), $d\mathbf{e}_t/d\theta = \mathbf{e}_n$, e do cálculo elementar, $d\theta/ds = 1/\rho$ onde ρ é o raio de curvatura da trajetória em P (Fig. 11.20), temos

$$\frac{d\mathbf{e}_t}{dt} = \frac{v}{\rho}\mathbf{e}_n \qquad (11.37)$$

Substituindo na Eq. (11.36), obtemos

Aceleração em componentes normais e tangenciais

$$\mathbf{a} = \frac{dv}{dt}\mathbf{e}_t + \frac{v^2}{\rho}\mathbf{e}_n \qquad (11.38)$$

Portanto, os componentes escalares da aceleração são

$$a_t = \frac{dv}{dt} \qquad a_n = \frac{v^2}{\rho} \qquad (11.39)$$

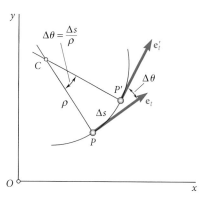

Figura 11.20 Relação entre $\Delta\theta$, Δs e ρ. Lembre-se de que para um círculo, o comprimento do arco é igual ao raio multiplicado pelo ângulo.

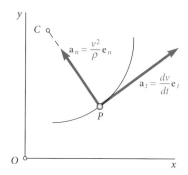

Figura 11.21 Componentes de aceleração em coordenadas normal e tangencial; o componente normal sempre aponta para o centro de curvatura do caminho.

As relações obtidas expressam que o **componente tangencial** da aceleração é igual à **taxa de variação da velocidade escalar da partícula**, enquanto o **componente normal** é igual ao **quadrado da velocidade escalar dividido pelo raio de curvatura da trajetória em P**. Para uma determinada velocidade, a aceleração normal aumenta à medida que o raio de curvatura diminui. Se a partícula viaja em linha reta, ρ é infinito, e a aceleração normal é nula. Se a velocidade da partícula aumenta, a_t é positivo e o componente vetorial $\mathbf{a}_t$ aponta para a direção do movimento. Se a velocidade da partícula diminui, a_t é negativa e $\mathbf{a}_t$ aponta na direção contrária do movimento. O componente vetorial $\mathbf{a}_n$, por outro lado, **está sempre orientado para o centro de curvatura C da trajetória** (Fig 11.21).

Concluímos, a partir do que nos foi apresentado anteriormente, que o componente tangencial da aceleração reflete uma variação na velocidade escalar da partícula, enquanto seu componente normal reflete uma variação na direção de movimento da partícula. A aceleração de uma partícula será zero somente se ambos os componentes forem zero. Assim, a aceleração de uma partícula que se desloca com velocidade constante ao longo de uma curva não será zero, a não ser que a partícula passe por um ponto de inflexão da curva (onde o raio de curvatura é infinito) ou que a curva seja uma linha reta.

O fato de que o componente normal da aceleração depende do raio de curvatura da trajetória seguida pela partícula é levado em conta no projeto de estruturas ou mecanismos tão diferentes entre si como asas de avião, linhas férreas e cames. Para evitar variações repentinas na aceleração das partículas de ar que escoam ao redor de uma asa, perfis de asas são projetados sem qualquer mudança brusca de curvatura. Uma precaução similar é tomada no projeto de curvas de ferrovia, de forma a evitar variações bruscas na aceleração dos vagões (que prejudicariam o equipamento e causariam desconforto aos passageiros). Uma seção reta de linha férrea, por exemplo, nunca é diretamente seguida de uma seção circular. Seções especiais de transição são usadas para suavizar

Foto 11.5 Os passageiros no trem que viaja ao longo da curva experimentarão uma aceleração normal em direção ao centro da curvatura do caminho.

a passagem de um raio de curvatura infinito do trecho reto para o raio finito do trecho circular. Da mesma maneira, no projeto de cames de alta velocidade (que podem ser usados para transformar movimento de rotação em movimento de translação), mudanças abruptas na aceleração são evitadas com o uso de curvas de transição que produzem uma variação contínua na aceleração.

Movimento de uma partícula no espaço. As relações nas Eqs. (11.38) e (11.39) também são válidas para o caso de uma partícula que se desloca ao longo de uma curva no espaço. Entretanto, como há um número infinito de retas que são perpendiculares à tangente em um dado ponto P de uma curva no espaço, é necessário definir com mais precisão a direção do vetor unitário $\mathbf{e}_n$.

Vamos considerar novamente os vetores unitários $\mathbf{e}_t$ e $\mathbf{e}'_t$ tangentes à trajetória da partícula em dois pontos vizinhos P e P' (Fig. 11.22a) e o vetor $\Delta \mathbf{e}_t$, que representa a diferença entre $\mathbf{e}_t$ e $\mathbf{e}'_t$ (Fig. 11.22b). Vamos supor agora um plano passando por P (Fig. 11.22c), paralelo ao plano definido pelos vetores $\mathbf{e}_t$, $\mathbf{e}'_t$ e $\Delta \mathbf{e}_t$, (Fig. 11.22b). Este plano contém a tangente à trajetória curva em P e é paralelo à tangente em P'. Se fizermos P' tender a P, vamos obter no limite o plano que melhor se ajusta à trajetória nas redondezas de P. Esse plano é chamado de **plano osculador*** em P. Segue-se desta definição que o plano osculador contém o vetor unitário $\mathbf{e}_n$, uma vez que esse vetor representa o limite do vetor $\Delta \mathbf{e}_t / \Delta \theta$. A normal definida por $\mathbf{e}_n$ está contida, então, no plano osculador; ela é chamada de **normal principal** em P. O vetor unitário $\mathbf{e}_b = \mathbf{e}_t \times \mathbf{e}_n$ completa o triedro positivo de vetores $\mathbf{e}_t$, $\mathbf{e}_n$, $\mathbf{e}_b$ (Fig. 11.22c) e define a **binormal** em P. A binormal é, portanto, perpendicular ao plano osculador. Concluímos que a aceleração da partícula em P pode ser expressa mediante dois componentes, um ao longo da tangente e o outro ao longo da normal principal em P, conforme mostrado na Eq. (11.38). Note que a aceleração não tem nenhum componente ao longo da binormal.

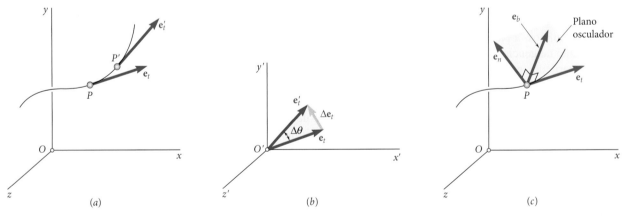

Figura 11.22 (a) Vetores unitários tangentes para uma partícula que se move no espaço; (b) o plano definido pelos vetores unitários e a diferença vetorial $\Delta \mathbf{e}_t$; (c) o plano osculador contém a unidade tangente e principais vetores normais e é perpendicular ao vetor unitário binormal.

---

*N. de T.: Do Latim *osculari*, beijar.

11.5B Componentes radial e transversal

Em certos problemas de movimento no plano, a posição da partícula P é definida por suas coordenadas polares r e θ (Fig. 11.23a). É, então, conveniente decompor a velocidade e a aceleração da partícula em componentes paralelos e perpendiculares, respectivamente, à linha OP. Esses componentes são denominados **componentes radial e transversal**.

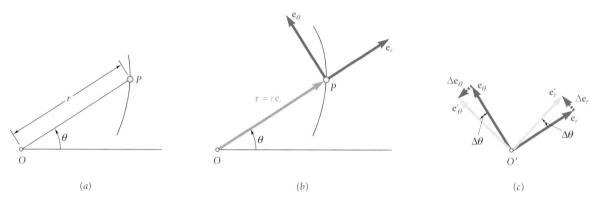

Figura 11.23 (a) As coordenadas polares r e θ de uma partícula em P; (b) vetores unitários radiais e transversais; (c) alterações dos vetores unitários radiais e transversais resultantes de uma alteração no ângulo $\Delta\theta$.

Fixamos em P dois vetores unitários, $\mathbf{e}_r$ e $\mathbf{e}_\theta$ (Fig. 11.23b). O vetor $\mathbf{e}_r$ é dirigido ao longo de OP e o vetor $\mathbf{e}_\theta$ é obtido girando-se $\mathbf{e}_r$ em 90° no sentido anti-horário. O vetor unitário $\mathbf{e}_r$ define a direção **radial**, isto é, a direção na qual P se deslocaria se r aumentasse e θ permanecesse constante; o vetor unitário $\mathbf{e}_\theta$ define a direção **transversal**, isto é, a direção pela qual P se deslocaria se θ fosse aumentado e r fosse mantido constante. Uma dedução análoga àquela usada na seção anterior para determinar a derivada do vetor unitário $\mathbf{e}_t$ leva às relações

$$\frac{d\mathbf{e}_r}{d\theta} = \mathbf{e}_\theta \qquad \frac{d\mathbf{e}_\theta}{d\theta} = -\mathbf{e}_r \qquad (11.40)$$

onde $-\mathbf{e}_r$ representa um vetor unitário de sentido contrário ao de $\mathbf{e}_r$ (Fig. 11.23c). Usando a regra da cadeia para derivação, expressamos as derivadas temporais dos vetores unitários $\mathbf{e}_r$ e $\mathbf{e}_\theta$ como segue

$$\frac{d\mathbf{e}_r}{dt} = \frac{d\mathbf{e}_r}{d\theta}\frac{d\theta}{dt} = \mathbf{e}_\theta \frac{d\theta}{dt} \qquad \frac{d\mathbf{e}_\theta}{dt} = \frac{d\mathbf{e}_\theta}{d\theta}\frac{d\theta}{dt} = -\mathbf{e}_r \frac{d\theta}{dt}$$

ou, usando pontos para indicar as derivadas em relação a t,

$$\dot{\mathbf{e}}_r = \dot{\theta}\mathbf{e}_\theta \qquad \dot{\mathbf{e}}_\theta = -\dot{\theta}\mathbf{e}_r \qquad (11.41)$$

Para obter a velocidade $\mathbf{v}$ da partícula P, expressamos o vetor de posição $\mathbf{r}$ de P como o produto do escalar r pelo vetor unitário $\mathbf{e}_r$ e derivamos em relação a t

$$\mathbf{v} = \frac{d}{dt}(r\mathbf{e}_r) = \dot{r}\mathbf{e}_r + r\dot{\mathbf{e}}_r$$

Foto 11.6 Os suportes para os pés numa bicicleta elíptica estão sujeitos ao movimento curvilíneo.

Utilizando a primeira das relações da Eq. (11.41), podemos reescrever isto como

Velocidade em componentes radiais e transversais

$$\mathbf{v} = \dot{r}\mathbf{e}_r + r\dot{\theta}\mathbf{e}_\theta \tag{11.42}$$

Derivando novamente em relação a t para obter a aceleração, escrevemos

$$\mathbf{a} = \frac{d\mathbf{v}}{dt} = \ddot{r}\mathbf{e}_r + \dot{r}\dot{\mathbf{e}}_r + \dot{r}\dot{\theta}\mathbf{e}_\theta + r\ddot{\theta}\mathbf{e}_\theta + r\dot{\theta}\dot{\mathbf{e}}_\theta$$

Substituindo $\dot{\mathbf{e}}_r$ e $\dot{\mathbf{e}}_\theta$ da Eq. (11.41) e fatorando $\mathbf{e}_r$ e $\mathbf{e}_\theta$, obtemos

Aceleração em componentes radiais e transversais

$$\mathbf{a} = (\ddot{r} - r\dot{\theta}^2)\mathbf{e}_r + (r\ddot{\theta} + 2\dot{r}\dot{\theta})\mathbf{e}_\theta \tag{11.43}$$

Os componentes escalares da velocidade e da aceleração nas direções radial e transversal são, portanto,

$$v_r = \dot{r} \qquad v_\theta = r\dot{\theta} \tag{11.44}$$

$$a_r = \ddot{r} - r\dot{\theta}^2 \qquad a_\theta = r\ddot{\theta} + 2\dot{r}\dot{\theta} \tag{11.45}$$

É importante notar que a_r não é igual à derivada temporal de v_r e que a_θ não é igual a derivada temporal de v_θ.

No caso de uma partícula que se desloca ao longo de uma circunferência de centro O, temos $r =$ constante e $\dot{r} = \ddot{r} = 0$, e as fórmulas (11.42) e (11.43) se reduzem, respectivamente, a

$$\mathbf{v} = r\dot{\theta}\mathbf{e}_\theta \qquad \mathbf{a} = -r\dot{\theta}^2\mathbf{e}_r + r\ddot{\theta}\mathbf{e}_\theta \tag{11.46}$$

Compare isto usando coordenadas tangenciais e normais para uma partícula em uma trajetória circular. Neste caso, o raio de curvatura ρ é igual ao raio do círculo r, e temos $\mathbf{v} = v\mathbf{e}_t$ e $\mathbf{a} = \dot{v}\mathbf{e}_t + (v^2/r)\mathbf{e}_n$. Note que $\mathbf{e}_r$ e $\mathbf{e}_n$ apontam em sentidos opostos ($\mathbf{e}_n$ para dentro e $\mathbf{e}_r$ para fora).

Extensão para o movimento de uma partícula no espaço: Coordenadas cilíndricas. A posição de uma partícula P no espaço é algumas vezes definida pelas suas coordenadas cilíndricas R, θ e z (Fig. 11.24a). Portanto, é conveniente utilizar os vetores unitários $\mathbf{e}_R$, $\mathbf{e}_\theta$ e $\mathbf{k}$ mostrados na Fig 11.24b. Decompondo o vetor de posição $\mathbf{r}$ da partícula P segundo componentes ao longo desses vetores unitários, temos

$$\mathbf{r} = R\mathbf{e}_R + z\mathbf{k} \tag{11.47}$$

Observando que $\mathbf{e}_R$ e $\mathbf{e}_\theta$ definem, respectivamente, as direções radial e transversal no plano horizontal xy e que o vetor $\mathbf{k}$, que define a direção **axial**, é constante em intensidade e direção, verificamos facilmente que

$$\mathbf{v} = \frac{d\mathbf{r}}{dt} = \dot{R}\mathbf{e}_R + R\dot{\theta}\mathbf{e}_\theta + \dot{z}\mathbf{k} \tag{11.48}$$

$$\mathbf{a} = \frac{d\mathbf{v}}{dt} = (\ddot{R} - R\dot{\theta}^2)\mathbf{e}_R + (R\ddot{\theta} + 2\dot{R}\dot{\theta})\mathbf{e}_\theta + \ddot{z}\mathbf{k} \tag{11.49}$$

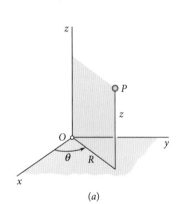

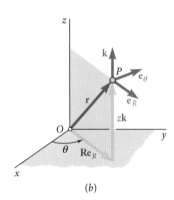

Figura 11.24 (a) Coordenadas cilíndricas R, θ, e z; (b) vetores unitários em coordenadas cilíndricas para uma partícula no espaço.

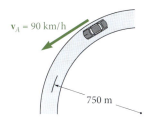

PROBLEMA RESOLVIDO 11.16

Um motorista está percorrendo uma parte curvada de rodovia com um raio de 750 m a uma velocidade de 90 km/h. O motorista de repente aciona os freios, fazendo o automóvel reduzir sua velocidade de forma constante. Sabendo que após 8 s a velocidade foi reduzida para 72 km/h, determine a aceleração do automóvel imediatamente após os freios terem sido aplicados.

ESTRATÉGIA Você conhece a trajetória do movimento e sabe que a velocidade escalar do veículo define a direção de e_t. Portanto, você pode usar componentes tangenciais e normais.

MODELAGEM E ANÁLISE

Componente tangencial da aceleração. Em primeiro lugar, as velocidades escalares são expressas em m/s.

$$90 \text{ km/h} = \left(90 \frac{\text{km}}{\text{h}}\right)\left(\frac{1000 \text{ m}}{1 \text{ km}}\right)\left(\frac{1 \text{ h}}{3600 \text{ s}}\right) = 25 \text{ m/s}$$

$$72 \text{ km/h} = 20 \text{ m/s}$$

Uma vez que a velocidade do veículo diminui a uma taxa constante, temos a aceleração tangencial de

$$a_t = \text{média } a_t = \frac{\Delta v}{\Delta t} = \frac{20 \text{ m/s} - 25 \text{ m/s}}{8 \text{ s}} = -0{,}625 \text{ m/s}^2$$

Componente normal da aceleração. Imediatamente após os freios terem sido acionados, a velocidade escalar ainda é de 25 m/s. Portanto, temos

$$a_n = \frac{v^2}{\rho} = \frac{(25 \text{ m/s})^2}{750 \text{ m}} = 0{,}833 \text{ m/s}^2$$

Intensidade e direção da aceleração. A intensidade e direção da resultante **a** dos componentes são a_n e a_t são (Fig. 1)

$$\text{tg } \alpha = \frac{a_n}{a_t} = \frac{0{,}833 \text{ m/s}^2}{0{,}625 \text{ m/s}^2} \qquad \alpha = 53{,}1° \blacktriangleleft$$

$$a = \frac{a_n}{\text{sen } \alpha} = \frac{0{,}833 \text{ m/s}^2}{\text{sen } 53{,}1°} \qquad \mathbf{a} = 1{,}041 \text{ m/s}^2 \blacktriangleleft$$

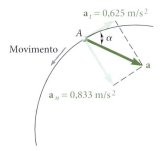

Figura 1 Aceleração do carro.

PARA REFLETIR A componente tangencial da aceleração é oposta à direção do movimento, e a componente normal da aceleração aponta para o centro de curvatura, que é o que você esperaria para a desaceleração em uma trajetória curva. Observe que resolver este problema em coordenadas cartesianas seria muito difícil.

PROBLEMA RESOLVIDO 11.17

Determine o raio de curvatura mínimo da trajetória descrita pelo projétil considerado no Problema Resolvido 11.10.

ESTRATÉGIA Como é preciso determinar o raio de curvatura, você deve usar as coordenadas normal e tangencial.

MODELAGEM E ANÁLISE Como $a_n = v^2/\rho$, temos $\rho = v^2/a_n$. Portanto, o raio será pequeno quando v for pequeno ou quando a_n for grande. A velocidade v é mínima no topo da trajetória, visto que $v_y = 0$ neste ponto; a_n é máxima neste mesmo ponto, uma vez que a direção vertical coincide com a direção da normal (Fig. 1). Portanto, o raio de curvatura mínimo ocorre no topo da trajetória. Nesse ponto, temos

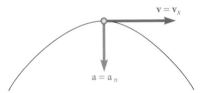

Figura 1 Aceleração e velocidade do projétil.

$$v = v_x = 155{,}9 \text{ m/s} \qquad a_n = a = 9{,}81 \text{ m/s}^2$$
$$\rho = \frac{v^2}{a_n} = \frac{(155{,}9 \text{ m/s})^2}{9{,}81 \text{ m/s}^2} \qquad \rho = 2480 \text{ m} \blacktriangleleft$$

PARA REFLETIR O topo da trajetória é o ponto mais fácil para determinar o raio de curvatura. Em qualquer outro ponto dela, você precisaria encontrar o componente normal da aceleração. Você pode facilmente fazer isso no topo, pois a aceleração total é apontada verticalmente para baixo e o componente normal é o componente perpendicular à tangente à trajetória. Depois de ter a aceleração normal, é fácil determinar o raio de curvatura se você souber a velocidade.

PROBLEMA RESOLVIDO 11.18

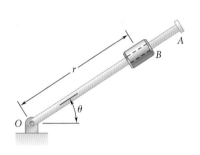

A rotação do braço OA de 0,9 m de comprimento em torno de O é definida pela relação $\theta = 0{,}15t^2$, onde θ está expresso em radianos e t em segundos. O cursor B desliza ao longo do braço de tal maneira que sua distância em relação a O é $r = 0{,}9 - 0{,}12t^2$, onde r é expresso em metros e t em segundos. Após o braço OA ter girado 30°, determine (a) a velocidade total do cursor, (b) a aceleração total do cursor, e (c) a aceleração relativa do cursor em relação ao braço.

ESTRATÉGIA Você recebeu informações em termos de r e θ; portanto, use coordenadas polares.

MODELAGEM E ANÁLISE Modele o cursor como uma partícula.

Instante t no qual $\theta = 30°$. Substituindo $\theta = 30° = 0{,}524$ rad na expressão para θ, obtemos

$$\theta = 0{,}15t^2 \qquad 0{,}524 = 0{,}15t^2 \qquad t = 1{,}869 \text{ s}$$

Capítulo 11 Cinemática de partículas 697

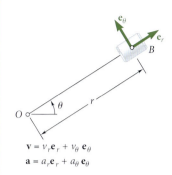

Figura 1 Coordenadas radial e transversal do cursor B.

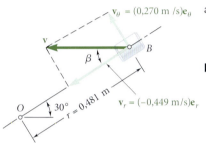

Figura 2 Velocidade do colar B.

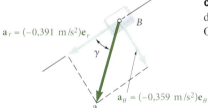

Figura 3 Aceleração do colar B.

Equações do movimento. Substituindo $t = 1{,}869$ s nas expressões para r, θ e suas primeiras e segundas derivadas, temos

$$r = 0{,}9 - 0{,}12t^2 = 0{,}481 \text{ m} \qquad \theta = 0{,}15t^2 = 0{,}524 \text{ rad}$$
$$\dot{r} = -0{,}24t = -0{,}449 \text{ m/s} \qquad \dot{\theta} = 0{,}30t = 0{,}561 \text{ rad/s}$$
$$\ddot{r} = -0{,}24 = -0{,}240 \text{ m/s}^2 \qquad \ddot{\theta} = 0{,}30 = 0{,}300 \text{ rad/s}^2$$

a. Velocidade de B. Usando as Eqs. (11.44), obtemos os valores de v_r e v_θ quando $t = 1{,}869$ s (Fig. 1).

$$v_r = \dot{r} = -0{,}449 \text{ m/s}$$
$$v_\theta = r\dot{\theta} = 0{,}481(0{,}561) = 0{,}270 \text{ m/s}$$

Resolvendo o triângulo retângulo mostrado na Figura 2, obtemos a intensidade e a direção da velocidade,

$$v = 0{,}524 \text{ m/s} \qquad \beta = 31{,}0° \quad \blacktriangleleft$$

b. Aceleração de B. Usando as Eqs. (11.45), obtemos (Fig. 3)

$$a_r = \ddot{r} - r\dot{\theta}^2$$
$$= -0{,}240 - 0{,}481(0{,}561)^2 = -0{,}391 \text{ m/s}^2$$
$$a_\theta = r\ddot{\theta} + 2\dot{r}\dot{\theta}$$
$$= 0{,}481(0{,}300) + 2(-0{,}449)(0{,}561) = -0{,}359 \text{ m/s}^2$$
$$a = 0{,}531 \text{ m/s}^2 \qquad \gamma = 42{,}6° \quad \blacktriangleleft$$

c. Aceleração de B em relação ao braço OA. Notamos que o movimento do cursor em relação ao braço é retilíneo e definido pela coordenada r (Fig. 4). Obtemos

$$a_{B/OA} = \ddot{r} = -0{,}240 \text{ m/s}^2$$
$$a_{B/OA} = 0{,}240 \text{ m/s}^2 \text{ no sentido de } O. \quad \blacktriangleleft$$

Figura 4

PARA REFLETIR Você deve considerar as coordenadas polares para qualquer tipo de movimento de rotação. Elas resolvem este problema de forma simples, enquanto qualquer outro sistema de coordenadas tornaria este problema muito mais difícil. Uma maneira de fazê-lo mais difícil seria solicitar que determine o raio de curvatura, além da velocidade e da aceleração. Para fazer isso, você teria que determinar o componente normal da aceleração, isto é, o componente de aceleração que é perpendicular à direção tangencial definida pelo vetor de velocidade.

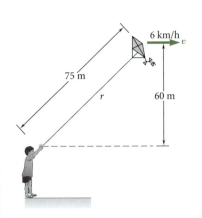

PROBLEMA RESOLVIDO 11.19

Um menino está soltando uma pipa que está a 60 m de altura e tem 75 m de cordão. A pipa se move horizontalmente a partir desta posição a uma constante de 6 km/h para longe do menino. Supondo que o cordão se mantenha esticado, determine a rapidez com que ele está sendo solto neste instante e quão rápido essa taxa está aumentando.

ESTRATÉGIA A forma mais natural de descrever a posição da pipa é usando um vetor e um ângulo radiais, como mostrado na Fig. 1. A distância r está variando; portanto, use coordenadas polares.

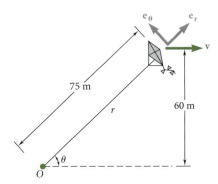

Figura 1 Coordenadas radial e transversal da pipa.

MODELAGEM E ANÁLISE O ângulo e a velocidade escalar da pipa em m/s são determinados por

$$\theta = \text{sen}^{-1}\left(\frac{60}{75}\right) = 53,13° \quad \text{e} \quad v = 6\left(\frac{\text{km}}{\text{h}}\right)\left(\frac{\text{h}}{3600\text{ s}}\right)\left(\frac{1000\text{ m}}{\text{km}}\right) = \frac{5}{3}\text{ m/s}$$

Velocidade nas coordenadas polares: Sabemos que em coordenadas polares a velocidade é $\mathbf{v} = \dot{r}\mathbf{e}_r + r\dot{\theta}\mathbf{e}_\theta$. Utilizando a Fig. 1, podemos resolver o vetor velocidade em coordenadas polares escrevendo

$$\dot{r} = v\cos\theta = \left(\frac{5}{3}\text{ m/s}\right)\cos 53,13° \quad \dot{r} = 1,000\text{ m/s} \blacktriangleleft$$

$$r\dot{\theta} = -v\,\text{sen}\,\theta \quad \dot{\theta} = -\frac{v\,\text{sen}\,\theta}{r} = -\frac{(5/3\text{ m/s})\,\text{sen}\,53,13°}{75\text{ m}} = 0,01778\text{ rad/s}$$

Aceleração nas coordenadas polares: Sabemos que a aceleração é nula porque a pipa está voando a uma velocidade constante. Isso significa que ambos os componentes da aceleração precisam ser nulos. Sabemos que a componente radial é $a_r = \ddot{r} - r\dot{\theta}^2 = 0$. Então

$$\ddot{r} = r\dot{\theta}^2 = (75\text{ m})(-0,01778\text{ rad/s})^2 \quad \ddot{r} = 0,0237\text{ m/s}^2 \blacktriangleleft$$

PARA REFLETIR Quando o ângulo é 90°, $\dot{r}$ será zero. Quando o ângulo é muito pequeno - ou seja, quando a pipa está longe - esperamos que o cordão aumente a uma taxa de 6 m/s, que é a velocidade da pipa. Nossa resposta, portanto, é razoável, pois está entre esses dois limites.

PROBLEMA RESOLVIDO 11.20

No instante mostrado, a lança AB está sendo rebaixada à taxa constante de 0,08 rad/s, e seu comprimento está *diminuindo* à taxa constante de 0,2 m/s. Determine (*a*) a velocidade do ponto B, (*b*) a aceleração do ponto B.

ESTRATÉGIA Utilize coordenadas polares, já que essa é a forma mais natural de descrever a posição do ponto B.

MODELAGEM E ANÁLISE Do enunciado do problema, temos

$$\dot{r} = -0{,}2 \text{ m/s} \qquad \ddot{r} = 0 \qquad \dot{\theta} = -0{,}08 \text{ rad/s} \qquad \ddot{\theta} = 0$$

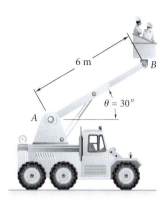

a. Velocidade de B. Usando a Eq. (11.44), podemos determinar os valores de v_r e v_θ no mesmo instante:

$$v_r = \dot{r} = -0{,}2 \text{ m/s}$$
$$v_\theta = r\dot{\theta} = (6 \text{ m})(-0{,}08 \text{ rad/s}) = -0{,}48 \text{ m/s}$$

Portanto, podemos escrever o vetor de velocidade como

$$\mathbf{v} = (-0{,}200 \text{ m/s})\mathbf{e}_r + (-0{,}480 \text{ m/s})\mathbf{e}_t \blacktriangleleft$$

b. Aceleração de B. Usando a Eq. (11.45), encontramos

$$a_r = \ddot{r} - r\dot{\theta}^2 = 0 - (6 \text{ m})(-0{,}08 \text{ rad/s})^2 = -0{,}0384 \text{ m/s}^2$$
$$a_\theta = r\ddot{\theta} + 2\dot{r}\dot{\theta} = 0 + 2(-0{,}02 \text{ m/s})(-0{,}08 \text{ rad/s}) = 0{,}00320 \text{ m/s}^2$$

ou

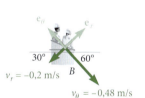

Figura 1 Velocidade de B.

$$\mathbf{a} = (-0{,}0384 \text{ m/s}^2)\mathbf{e}_r + (0{,}00320 \text{ m/s}^2)\mathbf{e}_\theta \blacktriangleleft$$

PARA REFLETIR Depois de identificar o que é dado no enunciado do problema, é bastante simples. Às vezes você será solicitado a expressar sua resposta em termos de intensidade e direção. A forma mais simples de fazer isso é primeiro determinar os componentes *x* e *y* e depois encontrar a intensidade e a direção. A partir da Fig. 1, escrevemos

$$\xrightarrow{+}: (v_B)_x = 0{,}48 \cos 60° - 0{,}2 \cos 30° = 0{,}06680 \text{ m/s}$$
$$+\uparrow: (v_B)_y = -0{,}48 \text{ sen } 60° - 0{,}2 \text{ sen } 30° = -0{,}5157 \text{ m/s}$$

A intensidade e a direção são

$$v_B = \sqrt{0{,}06680^2 + 0{,}5157^2}$$
$$= 0{,}520 \text{ m/s} \qquad \text{tg } \beta = \frac{0{,}51569}{0{,}06680}, \quad \beta = 82{,}6°$$

Assim, uma forma alternativa para expressar a velocidade de B é $\mathbf{v}_B = 0{,}520$ m/s ⦨82,6°

Figura 2 Velocidade resultante de B em coordenadas cartesianas radial e transversal.

Você também pode encontrar a intensidade e a direção da aceleração se você precisa expressar desta forma. É importante notar que, independentemente do sistema de coordenadas escolhido, o vetor de velocidade resultante é o mesmo. Você pode expressar esse vetor no sistema de coordenadas que for mais útil. A Figura 2 mostra o vetor de velocidade $\mathbf{v}_B$ decomposto em componentes *x* e *y* e em coordenadas *r* e *θ*.

METODOLOGIA PARA A
RESOLUÇÃO DE PROBLEMAS

Será pedido, nos problemas a seguir, que você dê a velocidade e a aceleração de partículas em termos de seus **componentes normais e tangenciais** ou em termos de seus **componentes radiais e transversais**. Embora esses componentes possam não ser tão familiares para você quanto os componentes retangulares, você vai descobrir que eles podem simplificar a solução de muitos problemas, e que certos tipos de movimento são mais facilmente descritos quando são utilizados.

1. **Usando componentes normais e tangenciais.** Esses componentes são mais frequentemente usados quando a partícula de interesse se movimenta ao longo de uma trajetória curvilínea ou quando o raio de curvatura da trajetória precisa ser determinado. [Problema Resolvido 11.16]. Lembre-se de que o vetor unitário $\mathbf{e}_t$ é tangente à trajetória da partícula (e assim alinhado com a velocidade), enquanto o vetor unitário $\mathbf{e}_n$ está dirigido ao longo da normal para a trajetória e sempre aponta na direção do seu centro de curvatura. Segue-se que, à medida que a partícula se movimenta, as direções dos dois vetores unitários estão em constante variação.

2. **Aceleração em termos de seus componentes tangenciais e normais.** Vimos na Seção 11.5A a seguinte equação, aplicável tanto ao movimento bidimensional como ao tridimensional de uma partícula:

$$\mathbf{a} = \frac{dv}{dt}\mathbf{e}_t + \frac{v^2}{\rho}\mathbf{e}_n \tag{11.38}$$

As seguintes observações podem ajudá-lo a resolver os problemas desta seção.

  a. **O componente tangencial** da aceleração mede a taxa de mudança da velocidade escalar como $a_t = dv/dt$. Segue-se que, quando a_t é constante, as equações para o movimento uniformemente acelerado podem ser usadas com a aceleração igual a a_t. Além disso, quando uma partícula se movimenta a uma velocidade constante, temos $a_t = 0$, e a aceleração da partícula se reduz a seu componente normal.

  b. **O componente normal** da aceleração é sempre dirigido para o centro de curvatura da trajetória da partícula e sua intensidade é $a_n = v^2/\rho$. Portanto, o componente normal pode ser facilmente determinado se a velocidade escalar da partícula e o raio de curvatura ρ da trajetória forem conhecidos. Reciprocamente, se você sabe a velocidade e a aceleração normal da partícula, o raio de curvatura da trajetória pode ser obtido resolvendo essa equação para ρ [Problema Resolvido 11.17].

3. Usando componentes radial e transversal. Esses componentes são usados para analisar o movimento plano de uma partícula P, quando a posição de P é definida pelas suas coordenadas polares r e θ. Como mostrado na Fig. 11.23, o vetor unitário $\mathbf{e}_r$, que define a direção **radial**, está preso a P e aponta em direção oposta ao ponto fixo O, enquanto o vetor unitário $\mathbf{e}_\theta$, que define a direção **transversal**, é obtido girando-se $\mathbf{e}_r$ em 90 graus no *sentido anti-horário*. A velocidade e a aceleração de uma partícula foram expressas em termos de seus componentes radiais e transversais nas Eqs. (11.42) e (11.43), respectivamente. Você vai notar que as expressões obtidas contêm a primeira e a segunda derivadas em relação a t das coordenadas r e θ.

Nos problemas desta seção, você vai encontrar os seguintes tipos de questões envolvendo componentes radiais e transversais:

a. Tanto r como θ são funções conhecidas de t. Neste caso, você vai calcular a primeira e a segunda derivadas de r e θ e substituir as expressões obtidas nas Eqs. (11.42) e (11.43).

b. Existe uma certa relação entre r e θ. Primeiro, você deve determinar essa relação a partir da geometria do sistema dado e usá-la para expressar r em função de θ. Quando a função $r = f(\theta)$ for conhecida, você poderá aplicar a regra da cadeia para determinar $\dot{r}$ em termos de θ e $\dot{\theta}$, e $\ddot{r}$ em termos de θ, $\dot{\theta}$ e $\ddot{\theta}$:

$$\dot{r} = f'(\theta)\dot{\theta}$$

$$\ddot{r} = f''(\theta)\dot{\theta}^2 + f'(\theta)\ddot{\theta}$$

As expressões obtidas podem então ser substituídas nas Eqs. (11.42) e (11.43).

c. O movimento tridimensional de uma partícula, como indicado no final da Seção 11.15B, pode muitas vezes ser descrito efetivamente em termos das **coordenadas cilíndricas** R, θ e z (Fig. 11.24). Os vetores unitários devem então consistir de $\mathbf{e}_R$, $\mathbf{e}_\theta$ e $\mathbf{k}$. Os componentes correspondentes da velocidade e da aceleração são dados nas Eqs. (11.48) e (11.49). Note que a distância radial R é sempre medida em um plano paralelo ao plano xy e tenha cuidado para não confundir o vetor de posição $\mathbf{r}$ com seu componente radial $R\mathbf{e}_R$.

PROBLEMAS

PERGUNTAS CONCEITUAIS

11.PC8 A roda-gigante está girando com uma velocidade angular constante ω. Qual é a direção da aceleração do ponto A?
    a. →   **b.** ↑   **c.** ↓   **d.** ←   **e.** A aceleração é nula.

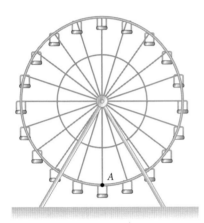

Figura P11.PC8

11.PC9 Um carro de corrida percorre a pista mostrada a uma velocidade constante. Em que ponto o carro de corrida terá maior aceleração?
    a. A **b.** B **c.** C **d.** D **e.** A aceleração será nula em todos os pontos.

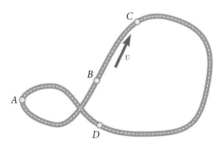

Figura P11.PC9

11.PC10 Uma criança caminha de um lado a outro no gira-gira A com uma velocidade constante u em relação a A. O gira-gira sofre rotação de eixo fixo em torno de seu centro com uma velocidade angular constante ω no sentido anti-horário. Quando a criança está no centro de A, como mostrado, qual é a direção de sua aceleração quando vista de cima?
    a. →   **b.** ←   **c.** ↑   **d.** ↓   **e.** A aceleração é nula.

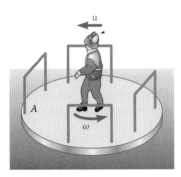

Figura P11.PC10

PROBLEMAS DE FINAL DE SEÇÃO

11.133 Determine o menor raio que deveria ser usado para a rodovia se a componente normal da aceleração de um carro viajando a 72 km/h não pudesse exceder 0,8 m/s².

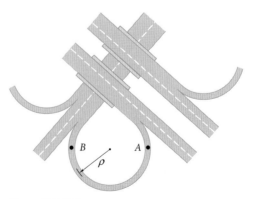

Figura P11.133

11.134 Determine a velocidade máxima que os carros da montanha-russa podem atingir ao longo da seção circular AB da pista se $\rho = 25$ m e o componente normal de sua aceleração não pode exceder 3g.

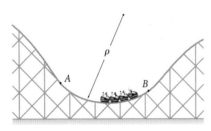

Figura P11.134

11.135 As centrífugas humanas são frequentemente usadas para simular diferentes níveis de aceleração para pilotos e astronautas. Os pilotos de ônibus espaciais se posicionam no centro da gôndola a fim de experimentar uma aceleração simulada de 3g para a frente. Sabendo que o astronauta fica a 5 m do eixo de rotação e experimenta 3g para dentro, determine sua velocidade.

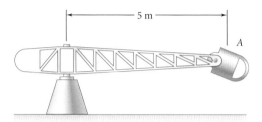

Figura P11.135

11.136 O pino A, que está fixado à haste de conexão AB, tem seu movimento restrito à abertura circular CD. Sabendo que, no instante $t = 0$, o pino parte do repouso e se movimenta de tal modo que sua velocidade aumenta a uma taxa constante de 20 mm/s^2, determine a intensidade da aceleração total quando (a) $t = 0$ e (b) $t = 2$ s.

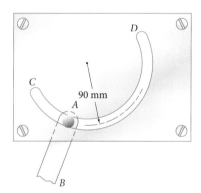

Figura P11.136

11.137 Um trem monotrilho parte do repouso em uma curva de raio 400 m e acelera com uma taxa constante a_t. Se a aceleração máxima total do trem não deve exceder 1,5 m/s^2, determine (a) a distância mais curta em que o trem pode alcançar a velocidade de 72 km/h, (b) a taxa constante da aceleração a_t correspondente.

11.138 Um braço robótico se move de modo que P percorre um círculo em torno do ponto B, que não se move. Sabendo que P parte do repouso e sua velocidade aumenta a uma taxa constante de 10 mm/s^2, determine (a) a intensidade da aceleração quando $t = 4$ s, (b) o tempo para a intensidade da aceleração ser 80 mm/s^2.

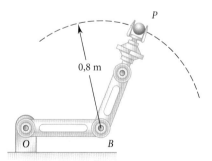

Figura P11.138

11.139 Um trem monotrilho parte do repouso em uma curva de raio 400 m e acelera com uma taxa constante a_t. Se a aceleração máxima total do trem não deve exceder 1,5 m/s², determine (*a*) a distância mais curta em que o trem pode alcançar a velocidade de 72 km/h, (*b*) a taxa constante da aceleração a_t correspondente.

11.140 Um motorista parte do repouso no ponto *A* em uma rampa de entrada circular quando $t = 0$, aumenta a velocidade de seu automóvel a uma taxa constante e entra na estrada no ponto *B*. Sabendo que sua velocidade continua a aumentar na mesma taxa até atingir 100 km/h no ponto *C*, determine (*a*) a velocidade no ponto *B*, (*b*) a intensidade da aceleração total quando $t = 20$ s.

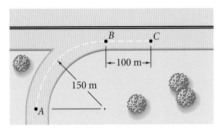

Figura **P11.140**

11.141 O carro de corrida A está se deslocando em uma parte reta da pista enquanto o carro de corrida B está se deslocando em uma parte circular da pista. No instante mostrado na figura, a velocidade de A está diminuindo a uma taxa de 10 m/s², e a velocidade de B está aumentando a uma taxa de 6 m/s². Para as posições mostradas, determine (*a*) a velocidade de B em relação a A, (*b*) a aceleração de B em relação a A.

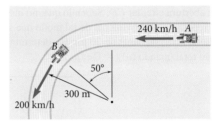

Figura P11.141

11.142 Em um dado instante de uma corrida de aeronaves, o avião A está voando horizontalmente em linha reta, e sua velocidade é aumentada a uma taxa de 8 m/s². O avião B está voando na mesma altitude que o avião A e, à medida que ele contorna uma antena, segue uma trajetória circular de 300 m de raio. Sabendo que, em um dado instante, a velocidade de B começa a decrescer a uma taxa de 3 m/s², determine, para as posições mostradas na figura, (*a*) a velocidade de B em relação a A, (*b*) a aceleração de B em relação a A.

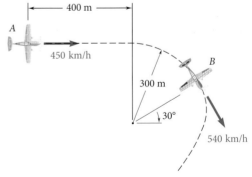

Figura **P11.142**

11.143 Um carro de corrida entra na parte circular de uma pista que tem um raio de 70 m. Quando o carro entra na curva no ponto *P*, está viajando com uma velocidade de 120 km/h que está aumentando a 5 m/s². Determine as componentes *x* e *y* da velocidade e da aceleração do carro três segundos depois.

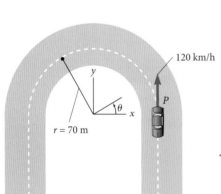

Figura P11.143

11.144 Um avião que voa a uma velocidade constante de 240 m/s faz uma curva horizontal inclinada. Qual é o raio mínimo permitido da curva se as especificações estruturais exigem que a aceleração do avião nunca exceda 4g?

11.145 Um jogador de golfe lança uma bola a partir do ponto A com uma velocidade inicial de 50 m/s e um ângulo de 25° com a horizontal. Determine o raio de curvatura da trajetória descrita pela bola (a) no ponto A, (b) no ponto mais alto da trajetória.

11.146 Três crianças estão jogando bolas de neve umas nas outras. A criança A joga uma bola de neve com velocidade horizontal v_0. Se a bola de neve quase toca a cabeça da criança B e atinge a criança C, determine o raio de curvatura da trajetória descrita pela bola de neve (a) no ponto B, (b) no ponto C.

Figura P11.144

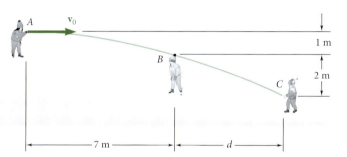

Figura P11.146

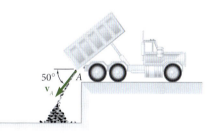

Figura P11.145

11.147 O carvão é descarregado da carroceria de um caminhão basculante com uma velocidade inicial de $v_A = 2$ m/s ⤢ 50°. Determine o raio de curvatura da trajetória descrita pelo carvão (a) no ponto A, (b) no ponto da trajetória localizado 1 m abaixo do ponto A.

11.148 A partir de medições de uma fotografia, verificou-se que o fluxo de água mostrado na figura deixa o bocal em A e tem raio de curvatura de 25 m. Determine (a) a velocidade inicial v_A do fluxo, (b) o raio da curvatura do fluxo se ele alcança sua altura máxima em B.

11.149 Uma criança lança uma bola do ponto A com velocidade inicial v_0 e ângulo de 3° com a horizontal. Sabendo que a bola atinge uma parede no ponto B, determine (a) a intensidade da velocidade inicial, (b) o raio de curvatura mínimo da trajetória.

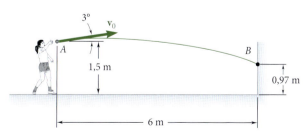

Figura P11.149

Figura P11.147

Figura *P11.148*

11.150 Um projétil é disparado a partir do ponto A com uma velocidade inicial $\mathbf{v}_0$. (*a*) Mostre que o raio de curvatura da trajetória do projétil alcança seu valor mínimo no ponto mais alto B da trajetória. (*b*) Representando por θ o ângulo formado entre a trajetória e a horizontal em um dado ponto C, mostre que o raio de curvatura da trajetória em C é $\rho = \rho_{\text{mín}}/\cos^3\theta$.

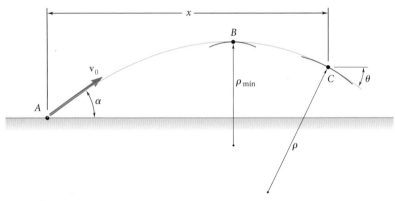

Figura *P11.150*

*****11.151** Determine o raio de curvatura da trajetória descrita pela partícula do Problema 11.95 quando $t = 0$.

*****11.152** Determine o raio de curvatura da trajetória descrita pela partícula do Problema 11.96 quando $t = 0, A = 3$ e $B = 1$.

11.153 e 11.154 Um satélite vai percorrer indefinidamente uma órbita circular em torno de um planeta se o componente normal da aceleração do satélite for igual a $g(R/r)^2$, onde g é a aceleração da gravidade na superfície do planeta, R é o raio do planeta e r é a distância do centro do planeta até o satélite. Sabendo que o diâmetro do sol é de 1,39 Gm e que a aceleração da gravidade na sua superfície é de 274 m/s², determine o raio da órbita do planeta indicado em torno do sol considerando que a órbita é circular.
   11.153 Terra: $(v_{\text{méd}})_{\text{órbita}} = 107$ Mm/h.
   11.154 Saturno: $(v_{\text{méd}})_{\text{órbita}} = 34,7$ Mn/h.

11.155 a *11.157* Determine a velocidade do satélite relativa ao planeta indicado se o satélite deve percorrer indefinidamente uma órbita circular 160 km acima da superfície do planeta. (Veja as informações fornecidas nos Problemas 11.153-11.154.)
   11.155 Vênus: $g = 8{,}53$ m/s², $R = 6161$ km.
   11.156 Marte: $g = 3{,}83$ m/s², $R = 3332$ km.
   11.157 Júpiter: $g = 26{,}0$ m/s², $R = 69.893$ km.

11.158 Um satélite vai percorrer indefinidamente uma órbita circular em torno da Terra se o componente normal da aceleração do satélite for igual a $g(R/r)^2$, onde $g = 9{,}81$ m/s², R = raio da Terra = 6.370 Km, e r é a distância do centro do planeta até o satélite. Considerando que a órbita da lua é um círculo com um raio de 384×10^3 km, determine a velocidade da lua em relação à Terra.

11.159 Sabendo que o raio da Terra é 6.370 km, determine o tempo que o telescópio espacial Hubble leva para percorrer uma órbita, considerando que o telescópio percorre uma órbita circular 590 km acima da superfície da Terra. (Veja as informações fornecidas nos Problemas 11.153-11.154)

11.160 Os satélites A e B percorrem órbitas circulares coplanares em torno da Terra com altitudes de 180 e 300 km, respectivamente. Se em $t = 0$ os satélites estão alinhados como mostrado na figura e sabendo que o raio da Terra é $R = 6.370$ km, determine quando os satélites estarão radialmente alinhados de novo. (Veja as informações fornecidas nos Problemas 11.153-11.154)

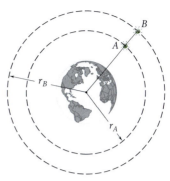

Figura **P11.160**

11.161 A oscilação da haste OA em torno de O é definida pela relação $\theta = (2/\pi)(\text{sen } \pi t)$, onde θ e t são expressos em radianos e segundos, respectivamente. O cursor B desliza ao longo da haste de tal forma que sua distância do ponto O é $r = \dfrac{625}{(t+4)}$, onde r e t são expressos em milímetros e segundos, respectivamente. Quando $t = 1$ s, determine (a) a velocidade do cursor, (b) a aceleração total do cursor, (c) a aceleração do cursor em relação à haste.

11.162 A trajetória de uma partícula P é um caracol de Pascal. O movimento da partícula é definido pelas relações $r = b(2 + \cos \pi t)$ e $\theta = \pi t$, onde t e θ são expressos em segundos e radianos, respectivamente. Determine (a) a velocidade e a aceleração da partícula quando $t = 2$ s, (b) o valor de θ para o qual a intensidade da velocidade é máxima.

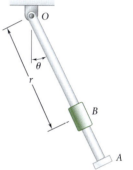

Figura **P11.161**

11.163 Durante um passeio de parapente, o barco está viajando a uma constante de 30 km/h com uma corda de reboque de 200 m de comprimento. No instante mostrado, o ângulo entre a corda e a água é de 30° e está aumentando a uma velocidade constante de 2°/s. Determine a velocidade e a aceleração do parapente neste instante.

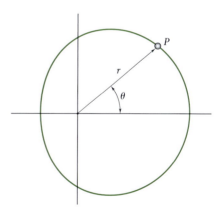

Figura **P11.162**

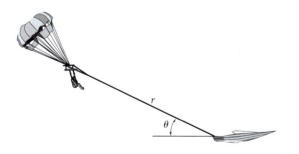

Figura **P11.163**

11.164 O pino P está ligado à haste BC e desliza livremente ao longo da ranhura existente na haste OA. Determine a taxa de variação $\dot{\theta}$ do ângulo θ, sabendo que BC se move com velocidade constante v_0. Expresse sua resposta em termos de v_0, h, β e θ.

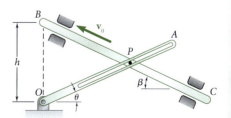

Figura **P11.164**

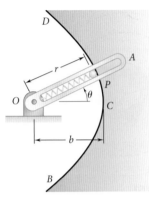

Figura P11.165

11.165 À medida que a haste OA gira, o pino P se move ao longo da parábola BCD. Sabendo que a equação desta parábola é $r = 2b/(1 + \cos\theta)$ e que $\theta = kt$, determine a velocidade e a aceleração de P quando (a) $\theta = 0$, (b) $\theta = 90°$.

11.166 O pino em B está deslizando livremente ao longo da haste circular DE e ao longo da haste rotativa OC. Considerando que a haste OC gira a uma taxa constante $\dot\theta$, (a) mostre que a aceleração do pino B é de intensidade constante, (b) determine a direção da aceleração do pino B.

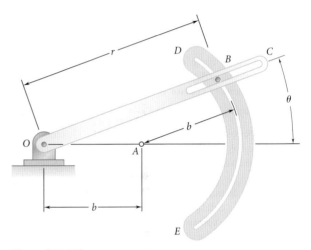

Figura P11.166

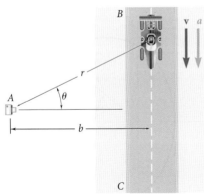

Figura P11.167

11.167 Para o estudo do desempenho de um carro de corrida, posiciona-se uma câmera filmadora de alta velocidade no ponto A. A câmera é montada em um mecanismo que possibilita que ela grave o movimento do carro à medida que ele percorre a trajetória reta BC. Determine (a) a velocidade escalar do carro em termos de b, θ e $\dot\theta$, (b) a intensidade da aceleração em termos de b, θ, $\dot\theta$ e $\ddot\theta$.

11.168 Após a decolagem, um helicóptero sobe em linha reta em um ângulo constante de rampa β. Seu voo é rastreado por um radar localizado no ponto A. Determine a velocidade do helicóptero em termos de d, β, θ e $\dot\theta$.

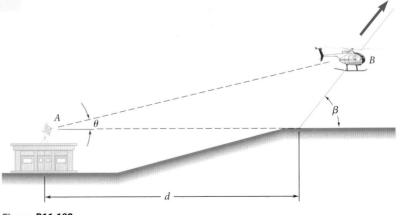

Figura P11.168

11.169 Na parte baixa de um *loop* em um plano vertical, um avião tem velocidade de 150 m/s e está acelerando a uma taxa de 25 m/s². O raio de curvatura do *loop* é 2.000 m. O avião está sendo rastreado pelo radar em O. Qual é o valor registrado de $\dot{r}, \ddot{r}, \dot{\theta}$ e $\ddot{\theta}$ para esse instante?

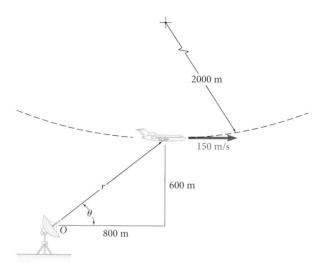

Figura P11.169

11.170 O pino C está ligado à haste BC e desliza livremente na ranhura da haste OA, que gira à velocidade constante ω. No instante em que $\beta = 60°$, determine (a) $\dot{r}$ e $\dot{\theta}$, (b) $\ddot{r}$ e $\ddot{\theta}$. Expresse suas respostas em termos de d e ω.

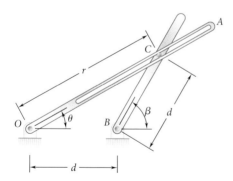

Figura P11.170

11.171 Para o carro de corrida do Problema 11.167, determinou-se que ele levou 0,5 s para se deslocar da posição $\theta = 60°$ para a posição $\theta = 35°$. Sabendo que $b = 25$ m, determine a velocidade escalar média do carro durante o intervalo de 0,5 s.

11.172 Para o helicóptero do Problema 11.168 determinou-se que, quando ele se encontrava no ponto B, a distância e o ângulo de rampa desse helicóptero eram $r = 1000$ m e $\theta = 20°$, respectivamente. Quatro segundos depois, a estação de radar avistou o helicóptero na posição $r = 1100$ m e $\theta = 23,1°$. Determine a velocidade escalar média e o ângulo de subida β do helicóptero durante o intervalo de 4 s.

11.173 e 11.174 Uma partícula se move ao longo da espiral mostrada na figura. Determine a intensidade da velocidade da partícula em termos b, θ e $\dot{\theta}$.

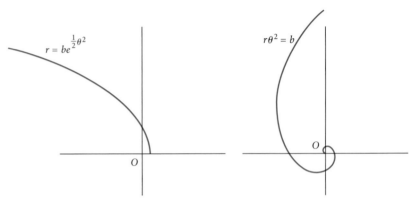

Figura *P11.173* e P11.175   Figura *P11.174* e P11.176

11.175 e 11.176 Uma partícula se move ao longo da espiral mostrada na figura. Sabendo que $\dot{\theta}$ é constante e representando essa constante por ω, determine a intensidade da aceleração da partícula em termos de b, θ e $\dot{\theta}$.

11.177 O movimento de uma partícula sobre a superfície de um cilindro circular reto é definido pelas relações $R = A$, $\theta = 2\pi t$ e $z = B$ sen $2\pi nt$, onde A e B são constantes e n é um inteiro. Determine as intensidades da velocidade e da aceleração da partícula em qualquer instante t.

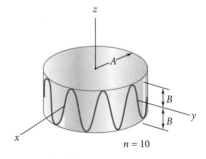

Figura P11.177

11.178 Mostre que $\dot{r} = h\dot{\phi}$ sen θ sabendo que, para o instante mostrado na figura, o pedal AB do aparelho de ginástica está girando no sentido anti-horário a uma taxa constante $\dot{\phi}$.

11.179 O movimento tridimensional de uma partícula é definido por suas relações $R = A(1 - e^{-t})$, $\theta = 2\pi t$ e $z = B(1 - e^{-t})$. Determine as intensidades da velocidade e da aceleração quando (a) $t = 0$, (b) $t = \infty$.

*11.180 Para a hélice cônica do Problema 11.95, determine o ângulo que o plano osculador forma com o eixo y.

*11.181 Determine a direção da binormal da trajetória descrita pela partícula do Problema 11.96 quando (a) $t = 0$, (b) $t = \pi/2$ s.

Figura P11.178

REVISÃO E RESUMO

Coordenada de posição da partícula em movimento retilíneo.

Na primeira metade do capítulo, analisamos o **movimento retilíneo de uma partícula**, isto é, o movimento de uma partícula ao longo de uma linha reta. Para definir a posição P da partícula sobre essa reta, escolhemos uma origem fixa O e um sentido positivo (Fig. 11.25). A distância x de O a P, com o sinal apropriado, define completamente a posição da partícula sobre a linha e é chamada de **coordenada de posição** da partícula [Seção 11.1A]

Figura 11.25

Velocidade e aceleração em movimento retilíneo

Foi mostrado que a **velocidade** v da partícula é igual à derivada temporal da coordenada de posição x, então

$$v = \frac{dx}{dt} \quad (11.1)$$

e a **aceleração** a foi obtida diferenciando-se v em relação a t

$$a = \frac{dv}{dt} \quad (11.2)$$

ou

$$a = \frac{d^2x}{dt^2} \quad (11.3)$$

Notamos também que a aceleração a pode ser expressa como

$$a = v\frac{dv}{dx} \quad (11.4)$$

Observamos que a velocidade v e a aceleração a foram representadas por números algébricos que podem ser positivos ou negativos. Um valor positivo para v indica que a partícula se movimenta no sentido positivo, e um valor negativo indica que ela se move no sentido negativo. Porém, um valor positivo de a pode indicar que a partícula está sendo realmente acelerada (isto é, movendo-se cada vez mais rápido) no sentido positivo, ou que ela está sendo desacelerada (ou seja, movendo-se cada vez mais devagar) no sentido negativo. Um valor negativo para a tem uma interpretação análoga [Problema Resolvido 11.1].

Determinação da velocidade e aceleração por integração

Na maioria dos problemas, as condições de movimento de uma partícula são definidas pelo tipo de aceleração que essa partícula possui e pelas condições iniciais [Seção 11.1B] A velocidade e a posição da partícula podem, então, ser obtidas integrando duas das Eqs. de (11.1) a (11.4). A escolha de quais dessas equações devem ser selecionadas depende do tipo de aceleração envolvida [Problemas Resolvidos 11.2 e 11.4].

Movimento retilíneo uniforme

Dois tipos de movimento são frequentemente encontrados. O **movimento retilíneo uniforme** [Seção 11.2A], no qual a velocidade v da partícula é constante, é descrito por

$$x = x_0 + vt \quad (11.5)$$

Movimento retilíneo uniformemente acelerado

O **movimento retilíneo uniformemente acelerado** [Seção 11.2B], em que a aceleração a da partícula é constante, é descrito por

$$v = v_0 + at \tag{11.6}$$
$$x = x_0 + v_0 t + \tfrac{1}{2}at^2 \tag{11.7}$$
$$v^2 = v_0^2 + 2a(x - x_0) \tag{11.8}$$

Movimento relativo de duas partículas

Quando duas partículas A e B (como, por exemplo, dois aviões) se movem, podemos querer considerar o **movimento relativo** de B em relação a A [Seção 11.2C]. Representando a **coordenada de posição relativa** de B em relação a A por $x_{B/A}$ (Fig. 11.26), temos

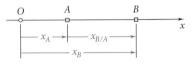

Figura 11.26

$$x_B = x_A + x_{B/A} \tag{11.9}$$

Derivando a Eq. (11.9) duas vezes em relação a t, obtemos sucessivamente

$$v_B = v_A + v_{B/A} \tag{11.10}$$
$$a_B = a_A + a_{B/A} \tag{11.11}$$

onde $v_{B/A}$ e $a_{B/A}$ representam, respectivamente, a **velocidade relativa** e a **aceleração relativa** de B em relação a A.

Movimentos dependentes

Quando vários blocos estão **conectados por cordas inextensíveis**, é possível escrever uma relação linear entre as suas coordenadas de posição. É possível, então, escrever relações semelhantes entre suas velocidades e entre suas acelerações, que poderão servir para analisar seu movimento. [Problemas Resolvidos 11.7 e 11.8].

Soluções gráficas

Algumas vezes é conveniente usar uma **solução gráfica** para problemas envolvendo o movimento retilíneo de uma partícula [Seção 11.3]. A solução gráfica geralmente utilizada envolve as curvas x-t, v-t e a-t [Problema Resolvido 11.10]. Foi mostrado que, para qualquer instante dado t,

$$v = \text{inclinação da curva } x\text{-}t$$
$$a = \text{inclinação da curva } v\text{-}t$$

Ao passo que, para qualquer intervalo de tempo dado de t_1 até t_2,

$$v_2 - v_1 = \text{área sob a curva } a\text{-}t$$
$$x_2 - x_1 = \text{área sob a curva } v\text{-}t$$

Vetor de posição e velocidade em movimento curvilíneo

Na segunda metade do capítulo, analisamos o **movimento curvilíneo de uma partícula**, isto é, o movimento de uma partícula ao longo de uma trajetória curvilínea. A posição P da partícula em um dado instante [Seção 11.4A] foi determinada pelo **vetor de posição r**, que une a origem O do sistema de coordenadas ao ponto P (Fig. 11.27). A **velocidade v** da partícula foi definida pela relação

$$\mathbf{v} = \frac{d\mathbf{r}}{dt} \tag{11.14}$$

A velocidade é um **vetor tangente à trajetória da partícula**, com intensidade v (chamada de **velocidade escalar** da partícula) igual à derivada temporal do comprimento s do arco descrito pela partícula. Portanto,

$$v = \frac{ds}{dt} \quad (11.15)$$

Aceleração em movimento curvilíneo

A **aceleração a** da partícula foi definida pela relação

$$\mathbf{a} = \frac{d\mathbf{v}}{dt} \quad (11.17)$$

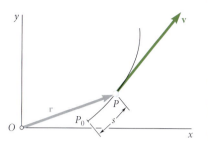

Figura 11.27

e notamos que, em geral, *a aceleração não é tangente à trajetória da partícula*.

Derivada de uma função vetorial

Antes de prosseguirmos com o estudo dos componentes de velocidade e aceleração, recapitulamos a definição formal da derivada de uma função vetorial e estabelecemos algumas regras que determinam a diferenciação de somas e produtos de funções vetoriais. Mostramos, então, que a taxa de variação de um vetor é a mesma em relação a um referencial fixo e a um referencial em translação [Seção 11.4B].

Componentes retangulares de velocidade e aceleração

Representando por x, y e z as coordenadas retangulares de uma partícula P, encontramos que os componentes retangulares da velocidade e da aceleração de P são iguais, respectivamente, às primeiras e segundas derivadas em relação a t das coordenadas correspondentes. Portanto,

$$v_x = \dot{x} \quad v_y = \dot{y} \quad v_z = \dot{z} \quad (11.28)$$

$$a_x = \ddot{x} \quad a_y = \ddot{y} \quad a_z = \ddot{z} \quad (11.29)$$

Movimentos componentes

Quando o componente a_x da aceleração depende somente de t, x, e/ou v_x; quando, analogamente, a_y depende somente de t, y, e/ou v_y; e a_z de t, z e/ou v_z, as Eq. (11.29) podem ser integradas independentemente. Nesse caso, a análise do movimento curvilíneo dado se reduz à análise de três movimentos componentes retilíneos independentes [Seção 11.4C]. Esse procedimento é particularmente eficaz no estudo do movimento de projéteis [Problemas Resolvidos 11.10 e 11.11]

Movimento relativo de duas partículas

Para duas partículas A e B que se movem no espaço (Fig. 11.28), consideramos o movimento relativo de B em relação a A, ou, mais precisamente, em relação a um sistema móvel de coordenadas fixado em A e em translação com A [Seção 11.4D]. Representando o **vetor de posição relativa** de B em relação a A por $\mathbf{r}_{B/A}$ (Fig. 11.28), temos

$$\mathbf{r}_B = \mathbf{r}_A + \mathbf{r}_{B/A} \quad (11.30)$$

Representando a **velocidade relativa** e a **aceleração relativa** de B em relação a A por $\mathbf{v}_{B/A}$ e $\mathbf{a}_{B/A}$, respectivamente, também mostramos que

$$\mathbf{v}_B = \mathbf{v}_A + \mathbf{v}_{B/A} \quad (11.32)$$

e

$$\mathbf{a}_B = \mathbf{a}_A + \mathbf{a}_{B/A} \quad (11.33)$$

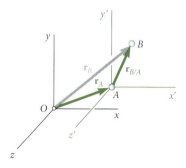

Figura 11.28

Componentes normal e tangencial

Em alguns casos, é conveniente decompor a velocidade e a aceleração de uma partícula P em termos de outros componentes que não os componentes retangulares x, y e z. Para uma partícula P que se move ao longo de uma trajetória plana, fixamos a P os vetores unitários $\mathbf{e}_t$, tangente à trajetória, e $\mathbf{e}_n$, normal à trajetória, e apontamos para o centro de curvatura dessa trajetória [Seção 11.5A] Expressamos, então, a velocidade e a aceleração da partícula em termos de seus componentes tangencial e normal. Temos,

$$\mathbf{v} = v\mathbf{e}_t \quad (11.35)$$

e

$$\mathbf{a} = \frac{dv}{dt}\mathbf{e}_t + \frac{v^2}{\rho}\mathbf{e}_n \quad (11.38)$$

onde v é a velocidade escalar da partícula e ρ o raio de curvatura de sua trajetória [Problemas Resolvidos 11.16 e 11.17.] Observamos que, enquanto a velocidade $\mathbf{v}$ é direcionada ao longo da tangente ao trajeto, a aceleração $\mathbf{a}$ consiste em um componente $\mathbf{a}_t$ dirigido ao longo da tangente à trajetória e um componente $\mathbf{a}_n$ direcionado para o centro de curvatura da trajetória (Fig. 11.29).

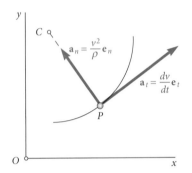

Figura 11.29

Movimento ao longo de uma curva no espaço

Para uma partícula P que se desloca ao longo de uma curva no espaço, definimos como **plano osculador** o plano que melhor se ajusta à trajetória nas redondezas de P. Esse plano contém os vetores unitários $\mathbf{e}_t$ e $\mathbf{e}_n$, que definem, respectivamente, a tangente e a normal principal à curva. O vetor unitário $\mathbf{e}_b$, que é perpendicular ao plano osculador, define a **binormal**.

Componentes radial e transversal

Quando a posição de uma partícula P que se move em um plano é definida por suas coordenadas polares r e θ, é conveniente usar os componentes radiais e transversais dirigidos, respectivamente, ao longo do vetor de posição $\mathbf{r}$ da partícula e na direção obtida pela rotação do vetor $\mathbf{r}$ de 90° no sentido anti-horário [Seção 11.5B]. Ligamos a P os vetores unitários $\mathbf{e}_r$ e $\mathbf{e}_\theta$ dirigidos nas direções radial e transversal, respectivamente (Fig. 11.30). Expressamos, então, a velocidade e a aceleração da partícula em termos dos componentes radial e transversal:

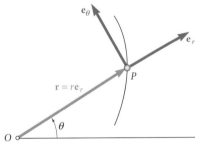

Figura 11.30

$$\mathbf{v} = \dot{r}\mathbf{e}_r + r\dot{\theta}\mathbf{e}_\theta \quad (11.42)$$

$$\mathbf{a} = (\ddot{r} - r\dot{\theta}^2)\mathbf{e}_r + (r\ddot{\theta} + 2\dot{r}\dot{\theta})\mathbf{e}_\theta \quad (11.43)$$

onde os pontos são usados para indicar derivação em relação ao tempo. Os componentes escalares da velocidade e aceleração nas direções radial e transversal são, portanto:

$$v_r = \dot{r} \qquad v_\theta = r\dot{\theta} \quad (11.44)$$
$$a_r = \ddot{r} - r\dot{\theta}^2 \qquad a_\theta = r\ddot{\theta} + 2\dot{r}\dot{\theta} \quad (11.45)$$

É importante notar que a_r não é igual à derivada temporal de v_r e que a_θ não é igual à derivada temporal de v_θ [Problemas Resolvidos 11.18, 11.19 e 11.20].

O capítulo se encerra com uma discussão sobre o uso de coordenadas cilíndricas para definir a posição e o movimento de uma partícula no espaço.

PROBLEMAS DE REVISÃO

11.182 O movimento de uma partícula é definido pela relação $x = 2t^3 - 15t^2 + 24t + 4$, onde x e t são expressos em metros e segundos, respectivamente. Determine (*a*) quando a velocidade é zero, (*b*) a posição e a distância total percorrida quando a aceleração é zero.

11.183 Um carro com motor potente que participa de provas de arrancada (*dragster*) parte do repouso e desce a pista de corrida com uma aceleração definida por $a = 50 - 10t$, onde a e t estão em m/s² e segundos, respectivamente. Depois de atingir uma velocidade de 125 m/s, um paraquedas é aberto para ajudar a desacelerar o *dragster*. Sabendo que esta desaceleração é definida pela relação $a = -0{,}02v^2$, onde v é a velocidade em m/s, determine (*a*) o tempo total desde o início da corrida até que o carro diminua para 10 m/s, (*b*) a distância total que o carro percorre durante esse período.

11.184 Uma partícula se move em linha reta com a aceleração mostrada na figura. Sabendo que a partícula começa na origem com $v_0 = -2$ m/s, (*a*) construa as curvas v–t e x–t para $0 < t < 18$ s, (*b*) determine a posição e a velocidade da partícula e a distância total percorrida quando $t = 18$ s.

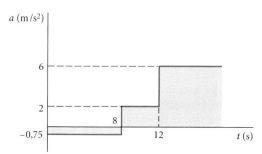

Figura **P11.184**

11.185 As velocidades dos trens de passageiros A e B são como mostradas na figura. Sabendo que a velocidade de cada trem é constante e que B atinge o cruzamento 10 min depois de A ter passado por ele, determine (*a*) a velocidade relativa de B em relação a A, (*b*) a distância entre as dianteiras das máquinas 3 min depois de A ter passado pelo cruzamento.

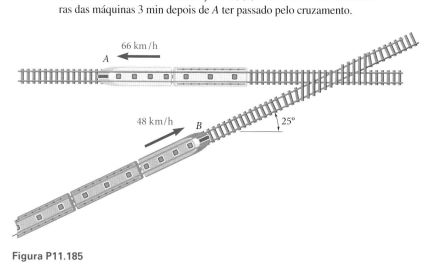

Figura **P11.185**

11.186 O bloco B parte do repouso e se move para baixo com uma aceleração constante. Sabendo que, depois do bloco deslizante A ter se deslocado 400 mm, sua velocidade é 4 m/s, determine (a) a aceleração de A e B, (b) a velocidade e a variação de posição de B após 2 s.

11.187 O cursor A parte do repouso em $t = 0$ e se movimenta para baixo com uma aceleração constante de 175 mm/s². O cursor B se movimenta para cima com uma aceleração constante, e sua velocidade inicial é de 200 mm/s. Sabendo que o cursor B percorre 500 mm entre $t = 0$ e $t = 2$ s, determine (a) as acelerações do cursor B e do bloco C, (b) o instante em que a velocidade do bloco C é igual a zero e (c) a distância que o bloco C terá percorrido naquele instante.

11.188 Um golfista bate em uma bola de golfe com uma velocidade inicial de intensidade v_0 em um ângulo α com a horizontal. Sabendo que a bola deve passar por cima de duas árvores e pousar o mais próximo possível da bandeira, determine v_0 e a distância d quando o golfista usar (a) um taco n⁰ 6 com $\alpha = 31°$, (b) um taco n⁰ 5 com $\alpha = 27°$.

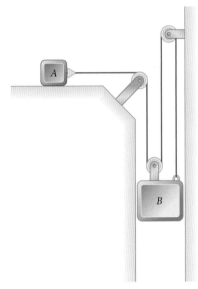

Figura **P11.186**

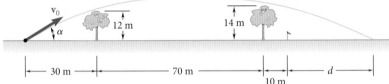

Figura P11.188

11.189 À medida que o caminhão, mostrado na figura, começa a dar ré com uma aceleração constante de 1,2 m/s², a parte exterior B começa a se recolher com uma aceleração constante de 0,48 m/s² em relação ao caminhão. Determine (a) a aceleração da parte B, (b) a velocidade da parte B quando $t = 2$ s.

11.190 Um velódromo é uma pista especialmente projetada para ser utilizada em corridas de bicicleta que tem curvas de raio constante em cada extremidade. Sabendo que um ciclista parte do repouso com uma aceleração $a_t = (11,46 - 0,01878v^2)$ m/s², determine sua aceleração no ponto B.

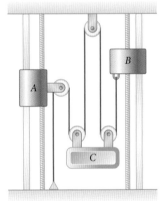

Figura P11.187

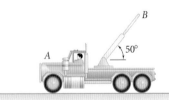

Figura P11.189

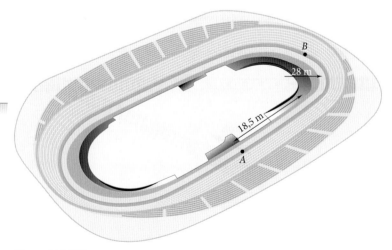

Figura P11.190

11.191 A areia é descarregada em *A* por uma esteira transportadora e cai no topo de um monte em *B*. Sabendo que a esteira transportadora forma um ângulo α = 25° com a horizontal, determine (a) a velocidade v_0 da esteira, (b) o raio de curvatura da trajetória descrita pela areia no ponto *B*.

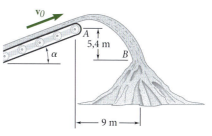

11.192 O ponto final *B* de uma lança está originalmente a 5 m do ponto fixo *A* quando o motorista começa a retraí-la com uma aceleração radial constante de $\ddot{r} = -1,0$ m/s² e a baixa com uma aceleração angular constante $\ddot{\theta} = -0,5$ rad/s². Em *t* = 2 s, determine (a) a velocidade do ponto *B*, (b) a aceleração do ponto *B*, (c) o raio de curvatura da trajetória.

Figura P11.191

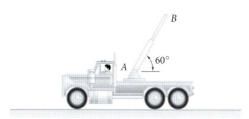

Figura P11.192

11.193 Um sistema de telemetria é usado para quantificar os valores cinemáticos de uma saltadora de esqui imediatamente antes de ela deixar a rampa. De acordo com o sistema, *r* = 150 m, $\dot{r} = -31,5$ m/s, $\ddot{r} = -3$ m/s², θ = 25°, $\dot{\theta} = 0,07$ rad/s, $\ddot{\theta} = 0,06$ rad/s². Determine (a) a velocidade da esquiadora imediatamente antes de ela saltar, (b) a aceleração da esquiadora neste instante, (c) a distância do salto *d*, desprezando a elevação e a resistência do ar.

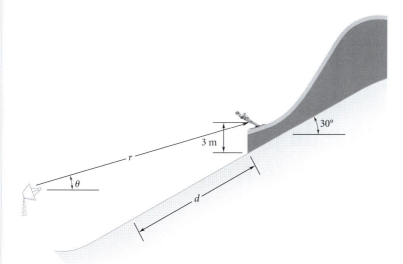

Figura P11.193

12
Cinemática de partículas: a segunda lei de Newton

As forças experimentadas pelos passageiros de um carro em uma montanha russa dependerão do movimento desse carro: se está subindo ou descendo os trilhos, se está se movimentando em linha reta ou se está se deslocando ao longo de uma trajetória curvilínea horizontal ou vertical.

Capítulo 12 Cinemática de partículas: a segunda lei de Newton **719**

Objetivos

- **Explicar** as relações entre massa, força e aceleração.
- **Modelar** sistemas físicos, desenhando diagramas completos de corpo livre e cinético.
- **Aplicar** a segunda lei de Newton do movimento para resolver problemas de partículas cinéticas usando diferentes sistemas de coordenadas.
- **Analisar** os problemas de movimento sob a ação de uma força central usando os princípios da quantidade de movimento angular e da lei de Newton da gravitação.

Introdução

A primeira e a terceira leis de Newton do movimento são muito utilizadas na Estática para estudar corpos em repouso e as forças que atuam sobre eles. Essas duas leis também são usadas em Dinâmica; de fato, elas são suficientes para o estudo do movimento de corpos que não têm aceleração. Entretanto, quando os corpos são acelerados, isto é, quando a intensidade ou a direção de suas velocidades mudam, é necessário utilizar a segunda lei de Newton do movimento para relacionar o movimento do corpo às forças que atuam sobre ele.

Neste capítulo, discutiremos a segunda lei de Newton e a aplicaremos à análise do movimento de partículas. De acordo com a segunda lei, se a resultante das forças que atuam sobre uma partícula não for zero, a partícula terá uma aceleração proporcional à intensidade da resultante e na direção dessa força resultante. Mais do que isso, a razão entre as intensidades da força resultante e da aceleração pode ser usada para definir a *massa* da partícula. Na Seção 12.1B definimos a *quantidade de movimento linear* de uma partícula como o produto $\mathbf{L} = m\mathbf{v}$ da massa m pela velocidade $\mathbf{v}$ da partícula. Também é demonstrado que a segunda lei de Newton pode ser expressa de forma alternativa, relacionando a taxa de variação da quantidade de movimento linear com a resultante das forças que atuam nessa partícula.

Nos Problemas Resolvidos, a segunda lei de Newton é aplicada à solução de problemas de engenharia, empregando tanto componentes retangulares quanto componentes tangencial e normal das forças e acelerações envolvidas. Recordamos que um corpo real – incluindo corpos tão grandes quanto um carro, um foguete ou um avião – pode ser considerado como uma partícula para a finalidade de analisar-se o seu movimento, contanto que o efeito de uma rotação do corpo em torno de seu centro de massa possa ser ignorado. Destacamos a necessidade de um sistema consistente de unidades para a solução de problemas de Dinâmica e fazemos uma pequena revisão do Sistema Internacional de Unidades (unidades do SI).

A segunda parte deste capítulo é dedicada ao estudo do movimento de partículas sob forças centrais. Definimos a *quantidade de movimento angular* $\mathbf{H}_O$ de uma partícula em relação a um ponto O como o momento em relação a O da quantidade de movimento linear da partícula: $\mathbf{H}_O = \mathbf{r} \times m\mathbf{v}$. Segue-se, então, da segunda lei de Newton que a taxa de variação temporal da quantidade de movimento angular $\mathbf{H}_O$ de uma partícula é igual à soma dos momentos em relação a O das forças que atuam sobre essa partícula.

12.1 A segunda Lei de Newton e a quantidade de movimento linear
12.1A A segunda lei de Newton do movimento
12.1B Quantidade de movimento linear de uma partícula e sua taxa de variação
12.1C Sistemas de unidades
12.1D Equações de movimento

12.2 Quantidade de movimento angular e movimento orbital
12.2A Quantidade de movimento angular de uma partícula e sua taxa de variação
12.2B Movimento sujeito a uma força central e conservação da quantidade de movimento angular
12.2C Lei de Newton da gravitação

12.3 Aplicações do movimento de uma força central
12.3A Trajetória de uma partícula sob uma força central
12.3B Aplicação à mecânica espacial
12.3C Leis de Kepler do movimento planetário

Podemos usar essa forma da segunda lei para lidar com o movimento de uma partícula sob a ação de uma *força central*, isto é, uma ação direcionada para, ou afastando-se de, um ponto fixo O. Como tal força tem momento igual a zero em relação ao ponto O, segue-se que a quantidade de movimento angular da partícula em relação a O se mantém. Essa propriedade simplifica muito a análise do movimento, como mostraremos ao resolver problemas envolvendo movimento orbital de corpos sob atração gravitacional.

Na Seção 12.3, que é opcional, apresentaremos uma discussão mais ampla do movimento orbital, incluindo diversos problemas relacionados à mecânica espacial.

12.1 A segunda lei de Newton e a quantidade de movimento linear

Em estática, estudamos forças que atuam sobre partículas e levam a um estado de equilíbrio. Agora estudaremos forças que atuam sobre partículas e levam a um estado de movimento. A conexão chave entre força e movimento é a segunda lei de Newton.

12.1A A segunda lei de Newton do movimento

A segunda lei de Newton pode ser enunciada como se segue:

> **Se a força resultante que atua sobre uma partícula não for nula, a partícula terá uma aceleração proporcional à intensidade da resultante e na mesma direção dessa força resultante.**

A segunda lei de Newton do movimento é mais bem compreendida se imaginarmos o seguinte experimento: Uma partícula está sujeita a uma força $\mathbf{F}_1$, de direção e intensidade constantes F_1. Sob a ação dessa força, a partícula se desloca em uma linha reta e *na direção e sentido da força* (Fig. 12.1a). Determinando a posição da partícula em vários instantes, verificamos que sua aceleração tem uma intensidade constante a_1. Se o experimento for repetido com forças $\mathbf{F}_2$, $\mathbf{F}_3$, ... de diferentes intensidades ou direções (Fig. 12.1b e c), constatamos que, para cada caso, a partícula se move na direção e sentido da força que atua sobre ela e que as intensidades a_1, a_2, a_3, ... das acelerações são proporcionais às intensidades F_1, F_2, F_3, ... das forças correspondentes. Portanto,

$$\frac{F_1}{a_1} = \frac{F_2}{a_2} = \frac{F_3}{a_3} = \cdots = \text{constante}$$

O valor constante obtido para a relação entre as intensidades das forças e acelerações é uma característica da partícula que está sendo considerada; ele é chamado de **massa** da partícula e é representado por m. Quando uma força $\mathbf{F}$ atua sobre uma partícula de massa m, a força $\mathbf{F}$ e a aceleração $\mathbf{a}$ dessa partícula devem, portanto, satisfazer à relação

Segunda lei de Newton

$$\mathbf{F} = m\mathbf{a} \tag{12.1}$$

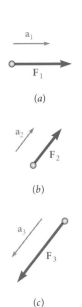

Figura 12.1 Experimentos mostram que uma força aplicada a uma partícula fornece a ela uma aceleração proporcional à intensidade da força e na mesma direção.

Essa relação fornece uma formulação completa da segunda lei de Newton; ela expressa não somente que as intensidades de $\mathbf{F}$ e $\mathbf{a}$ são proporcionais, mas também (como m é um escalar positivo) que os vetores $\mathbf{F}$ e $\mathbf{a}$ têm a mesma direção e sentido (Fig. 12.2). Devemos notar que a Eq. (12.1) permanece válida quando **F** não for constante, mas varia com o tempo em intensidade ou direção. As intensidades de **F** e **a** permanecem proporcionais, e os dois vetores têm a mesma direção e sentido em qualquer instante dado. Entretanto, esses vetores não serão, em geral, tangentes à trajetória da partícula.

Quando uma partícula estiver sujeita simultaneamente a várias forças, a Eq. (12.1) deve ser substituída por

Segunda lei de Newton, múltiplas forças

$$\Sigma \mathbf{F} = m\mathbf{a} \quad (12.2)$$

onde $\Sigma \mathbf{F}$ representa a soma, ou resultante, de todas as forças que atuam sobre a partícula.

Figura 12.2 De acordo com a segunda lei de Newton, a constante de proporcionalidade entre uma força aplicada e a aceleração resultante é a massa m da partícula.

Deve-se observar que o sistema de eixos de referência em relação ao qual a aceleração **a** é determinada não é arbitrário. Esses eixos devem ter uma orientação constante em relação às estrelas, e sua origem deve estar fixa no Sol (mais precisamente, no centro de massa do sistema solar) ou se deslocar com uma velocidade constante em relação a ele. Esse sistema de eixos é chamado de **sistema de referência newtoniano***. Um sistema de eixos fixos na Terra *não* constitui um sistema de referência newtoniano, pois a Terra gira em relação às estrelas e está acelerada em relação ao Sol. Entretanto, na maioria das aplicações da engenharia, a aceleração **a** pode ser determinada em relação a eixos ligados a Terra, e as Eqs. (12.1) e (12.2) podem ser usadas sem qualquer erro apreciável. Por outro lado, essas equações não valem se **a** representa uma aceleração relativa, medida em relação a eixos em movimento, tais como eixos ligados a um carro acelerado ou a uma peça rotativa de uma máquina.

Observamos que se a resultante $\Sigma \mathbf{F}$ das forças que atuam sobre a partícula for zero, segue-se da Eq. (12.2) que a aceleração **a** dessa partícula também é zero. Se a partícula está inicialmente em repouso ($\mathbf{v}_0 = 0$) em relação ao sistema de referência newtoniano usado, ela permanecerá então em repouso ($\mathbf{v} = 0$). Se a partícula estiver originalmente com uma velocidade $\mathbf{v}_0$, ela manterá uma velocidade constante $\mathbf{v} = \mathbf{v}_0$; ou seja, ela se moverá com velocidade escalar constante v_0 em uma linha reta. Lembrando, essa é a expressão da primeira lei de Newton (Seção 2.3B); portanto, a primeira lei de Newton é um caso específico da segunda lei de Newton.

12.1B Quantidade de movimento linear de uma partícula e sua taxa de variação

Substituindo a aceleração **a** pela derivada $d\mathbf{v}/dt$ na Eq. (12.2), escrevemos

$$\Sigma \mathbf{F} = m\frac{d\mathbf{v}}{dt}$$

Uma vez que a massa m da partícula é constante, podemos escrever

$$\Sigma \mathbf{F} = \frac{d}{dt}(m\mathbf{v}) \quad (12.3)$$

O produto $m\mathbf{v}$ é chamado de **quantidade de movimento linear**, ou simplesmente de **quantidade de movimento**, da partícula. Ele tem a mesma direção e sentido que a velocidade da partícula e sua intensidade é igual ao produto

Foto 12.1 Quando o carro de corrida acelera para frente, os pneus traseiros sofrem uma força de atrito atuando na direção em que o carro está se movimentando.

---

*Como as estrelas, na realidade, não são fixas, uma definição mais rigorosa de um sistema de referência newtoniano (também chamado de *sistema inercial*) é um sistema em relação ao qual a Eq. (12.2) é válida.

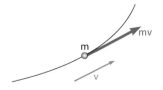

Figura 12.3 Quantidade de movimento linear é o produto da massa *m* e da velocidade **v** de uma partícula. É um vetor da mesma direção e velocidade.

da massa *m* pela velocidade escalar *v* dessa partícula (Fig. 12.3). A Eq. (12.3) expressa:

A resultante das forças que atuam sobre uma partícula é igual à taxa de variação da quantidade de movimento linear dessa partícula.

Foi sob essa forma que a segunda lei do movimento foi originalmente enunciada por Newton. Representando por **L** a quantidade de movimento linear da partícula, temos

Quantidade de movimento linear

$$\mathbf{L} = m\mathbf{v} \tag{12.4}$$

Se representamos por $\dot{\mathbf{L}}$ sua derivada em relação a *t*, podemos escrever a Eq. (12.3) na forma alternativa como

Segunda lei de Newton, forma de quantidade de movimento

$$\Sigma \mathbf{F} = \dot{\mathbf{L}} \tag{12.5}$$

Deve-se notar que a massa *m* da partícula foi considerada constante nas Eqs. (12.3) a (12.5). As Eqs. (12.3) ou (12.5), portanto, não devem ser utilizadas para resolver problemas envolvendo o movimento de corpos, tais como foguetes, que ganham ou perdem massa. Problemas desse tipo serão considerados na Seção 14.3B.*

Decorre da Eq. (12.3) que a taxa de variação da quantidade de movimento linear *m***v** é zero quando $\Sigma \mathbf{F} = 0$. Portanto,

Se a força resultante que atua sobre a partícula é zero, a quantidade de movimento linear dessa partícula permanece constante tanto em intensidade quanto em direção e sentido.

Esse é o princípio da **conservação da quantidade de movimento linear** para uma partícula.

12.1C Sistemas de unidades

Usando a equação fundamental $\mathbf{F} = m\mathbf{a}$, as unidades de força, massa, comprimento e tempo não podem ser escolhidas de maneira arbitrária. Se forem, a intensidade da força **F** necessária para dar uma aceleração **a** à massa *m* não será numericamente igual ao produto *m*a; ela seria somente proporcional a esse produto. Portanto, podemos escolher três das quatro unidades arbitrariamente, mas devemos escolher a quarta unidade de modo que a equação $\mathbf{F} = m\mathbf{a}$ seja satisfeita. Dizemos então que as unidades formam um sistema de unidades cinéticas consistentes.

O sistema de unidades cinéticas mais usado por engenheiros é o Sistema Internacional de Unidades (unidades SI). Tal sistema foi discutido em detalhe na Seção 1.3 e está brevemente descrito nesta seção.

Sistema Internacional de Unidades (Unidades SI). Nesse sistema, as unidades de base são as unidades de comprimento, massa e tempo chamadas, respectivamente, de *metro* (*m*), *quilograma* (kg) e *segundo* (s). Todas as três são arbitrariamente definidas (Seção 1.3). A unidade de força é uma unidade deri-

---

*Observe que as Eqs. (12.3) e (12.5) valem em mecânica relativística, onde a massa *m* da partícula é assumida como variável de acordo com a velocidade escalar dessa partícula.

vada. Ela é chamada de *newton* (N) e é definida como a força que produz uma aceleração de 1 m/s² em uma massa de 1 kg (Fig 12.4). Da Eq. (12.1), temos

$$1 \text{ N} = (1 \text{ kg})(1 \text{ m/s}^2) = 1 \text{ kg·m/s}^2$$

Diz-se que as unidades SI formam um sistema *absoluto* de unidades. Isto significa que as três unidades de base escolhidas são independentes do local onde as medidas são feitas. O metro, o quilograma e o segundo podem ser usados em qualquer lugar na Terra; até em outro planeta. Terão sempre o mesmo significado.

O *peso* **W** de um corpo, ou a *força da gravidade* exercida sobre esse corpo, deve, como qualquer outra força, ser expresso em newtons. Um corpo sujeito a seu peso próprio adquire uma aceleração igual à aceleração da gravidade *g*. (Tenha cuidado ao usar o termo *aceleração da gravidade*, uma vez que o único momento em que o objeto acelera com intensidade *g* é durante a queda livre na ausência de arrasto.) Segue-se da segunda lei de Newton que a intensidade W do peso de um corpo de massa *m* é

$$W = mg \quad (12.6)$$

Recordando que $g = 9,81$ m/s², verificamos que o peso de um corpo de massa de 1 kg (Fig. 12.5) é

$$W = (1 \text{ kg})(9,81 \text{ m/s}^2) = 9,81 \text{ N}$$

Isso valeria muito menos na lua, onde a aceleração da gravidade é de 1,6249 m/s².

Múltiplos e submúltiplos das unidades de comprimento, massa e força são usados frequentemente na prática de engenharia. Eles são, respectivamente: *quilômetro* (km) e *milímetro* (mm); *megagrama* (Mg, também chamado de tonelada métrica) e *grama* (g); e *quilonewton* (kN). Por definição,

$$1 \text{ km} = 1.000 \text{ m} \qquad 1 \text{ mm} = 0,001 \text{ m}$$
$$1 \text{ Mg} = 1.000 \text{ kg} \qquad 1 \text{ g} = 0,001 \text{ kg}$$
$$1 \text{ kN} = 1.000 \text{ N}$$

A conversão dessas unidades em metros, quilogramas e newtons, respectivamente, pode ser efetivada simplesmente movendo-se o ponto decimal três casas para a direita ou para a esquerda.

Outras unidades, além das unidades de massa, comprimento e tempo, podem ser expressas em termos dessas três unidades de base. Por exemplo, a unidade da quantidade de movimento linear pode ser obtida recordando a definição de quantidade de movimento linear e escrevendo

$$mv = (\text{kg})(\text{m/s}) = \text{kg·m/s}$$

12.1D Equações de movimento

Considere uma partícula de massa *m* sob a ação de diversas forças. Recordamos que a segunda lei de Newton pode ser expressa pela equação

$$\Sigma \mathbf{F} = m\mathbf{a} \quad (12.2)$$

que relaciona as forças que atuam sobre a partícula e o vetor *m***a** (Fig. 12.6).*
Duas das mais importantes ferramentas que você usará para resolver problemas

---

*No século XVIII, Jean-Baptiste le Rond d'Alembert expressou a segunda lei de Newton como $\Sigma \mathbf{F} - m\mathbf{a} = 0$ de forma que pudesse resolver problemas de dinâmica usando princípios da estática. O termo $-m\mathbf{a}$ é chamado de *força inercial* fictícia, mas é importante que você saiba que não existe forças inerciais (ou força centrífuga que o "empurre" para fora ao fazer uma curva). O princípio de D'Alembert (também chamado de equilíbrio dinâmico) é raramente usado na engenharia moderna.

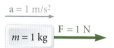

Figura 12.4 Uma força de 1 newton produz uma aceleração de 1 m/s² em uma massa de 1 kg.

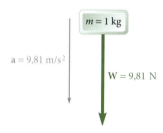

Figura 12.5 No sistema SI, um bloco com uma massa de 1 kg tem um peso de 9,81 N.

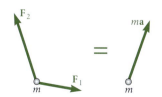

Figura 12.6 A soma das forças aplicadas para uma partícula de massa *m* produz um vetor *m***a** na direção da força resultante.

de dinâmica, particularmente aqueles que envolvem a segunda lei de Newton, são os diagramas de corpo livre e cinético. Esses diagramas vão ajudá-lo a modelar sistemas dinâmicos e a aplicar as equações de movimento mais adequadas. O diagrama de corpo livre, mostrado à esquerda na Fig. 12.7, não é diferente do que você viu no Capítulo 4 do *Estática*, e consiste nos seguintes passos:

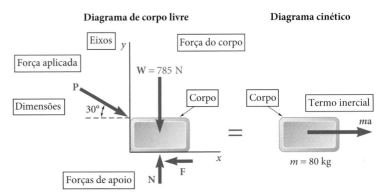

Figura 12.7 Etapas no desenho de diagramas de corpo livre e cinético para resolver problemas de dinâmica.

Corpo: Defina seu sistema isolando o corpo (ou corpos) de interesse. Se um problema tem diversos corpos (como os Problemas Resolvidos 12.3 a 12.5), você pode ter que desenhar vários diagramas de corpo livre e cinético.

Eixos: Desenhe um sistema de coordenadas adequado (por exemplo, cartesiano, normal e tangencial, ou radial e transversal).

Forças de apoio: Substitua apoios ou restrições por forças adequadas (por exemplo, duas forças perpendiculares para um pino, forças normais, forças de atrito).

Forças aplicadas e Forças do corpo: Desenhe quaisquer forças aplicadas e forças sobre o corpo (às vezes chamada de forças de campo) em seu diagrama (por exemplo, peso, forças magnéticas, uma força de tração conhecida).

Dimensões: Acrescente ângulos e distâncias que são importantes para resolver o problema.

Em problemas de estática, lidamos com corpos em equilíbrio, e o termo inercial na segunda lei de Newton é nulo. Esse não é o caso para problemas de dinâmica. Utilizamos o diagrama cinético para visualizar esse termo.

Corpo: Esse é o mesmo corpo do diagrama de corpo livre; coloque-o ao lado do diagrama de corpo livre.

Termos inerciais: Desenhe o termo $m\mathbf{a}$ de forma consistente com o sistema de coordenadas. Em geral, o termo deve ter diferentes componentes (por exemplo, ma_x e ma_y ou ma_n e ma_t). Se as quantidades não forem conhecidas é melhor desenhá-los em direções positivas como definido pelas suas coordenadas.

O leitor deve notar que o diagrama de corpo livre, que mostra todas as forças externas, não depende do enquadramento de referência do observador. No entanto, o diagrama cinético, que mostra o termo inercial, é dependente do enquadramento de referência do observador, e a igualdade dos dois diagramas é válida apenas se a aceleração é medida em relação ao enquadramento de referência newtoniano.

O desenho desses dois diagramas ajuda a desenvolver as equações de movimento. O diagrama de corpo livre é uma representação visual do termo $\Sigma \mathbf{F}$ e o diagrama cinético é uma representação visual do termo $m\mathbf{a}$. Uma vez que a segunda lei de Newton é uma equação vetorial, você pode usar o diagrama de corpo livre e o diagrama cinético para escrever $\Sigma \mathbf{F} = m\mathbf{a}$ diretamente na forma componente. Exemplos de como usar desses diagramas para ajudá-lo a escrever equações de movimento são mostrados nos Problemas Resolvidos, e você pode praticar mais um pouco resolvendo os problemas de corpo livre 12.F1 a 12.F12.

Como já mencionado, é, em geral, mais conveniente substituir a Eq. (12.2) por equações equivalentes que envolvam quantidades escalares. Como vimos no Capítulo 11, podemos decompor esses vetores em componentes usando diferentes sistemas de coordenadas (por exemplo, cartesiano, tangencial e normal ou radial e transversal), dependendo do tipo de problema que estamos resolvendo.

Componentes retangulares. Decompondo cada força $\mathbf{F}$ e a aceleração $\mathbf{a}$ em componentes retangulares, escrevemos

$$\Sigma(F_x\mathbf{i} + F_y\mathbf{j} + F_z\mathbf{k}) = m(a_x\mathbf{i} + a_y\mathbf{j} + a_z\mathbf{k})$$

da qual se segue que

$$\Sigma F_x = ma_x \qquad \Sigma F_y = ma_y \qquad \Sigma F_z = ma_z \qquad \textbf{(12.7)}$$

Relembramos a partir da Seção 11.4C que os componentes da aceleração são iguais às derivadas segundas das coordenadas da partícula. Isso nos leva a

$$\Sigma F_x = m\ddot{x} \qquad \Sigma F_y = m\ddot{y} \qquad \Sigma F_z = m\ddot{z} \qquad \textbf{(12.7')}$$

Considere, como exemplo, o movimento de um projétil. Se a resistência do ar for desprezada, a única força que atua no projétil depois de ele ter sido disparado é seu peso $\mathbf{W} = -W\mathbf{j}$. As equações que definem o movimento do projétil são, portanto,

$$m\ddot{x} = 0 \qquad m\ddot{y} = -W \qquad m\ddot{z} = 0$$

e os componentes da aceleração do projétil são

$$\ddot{x} = 0 \quad \ddot{y} = -\frac{W}{m} = -g \quad \ddot{z} = 0$$

onde g é 9,81 m/s². As equações obtidas podem ser integradas independentemente, como mostrado na Seção 11.4C, para se obter a velocidade e o deslocamento do projétil em qualquer instante.

Quando um problema envolve dois ou mais corpos, equações de movimento devem ser escritas para cada um dos corpos (ver os Problemas Resolvidos 12.3 a 12.5). Você vai se recordar da Seção 12.1A, que todas as acelerações devem ser medidas em relação a um sistema de referência newtoniano. Na maioria das aplicações de engenharia, as acelerações podem ser determinadas em relação a eixos presos à Terra, mas as acelerações relativas medidas com respeito a eixos em movimento, tais como eixos presos a um corpo acelerado, não podem ser usadas para substituir $\mathbf{a}$ nas equações de movimento.

Foto 12.2 Pesquisadores da área de biomecânica usam análises de vídeo e medições de placas de força em coordenadas cartesianas para analisar o movimento humano.

Foto 12.3 O piloto de um avião de caça experimentará componentes normais grandes de aceleração ao executar uma curva acentuada, muitas vezes igual a vários *g*. Como resultado, o piloto sente uma grande força normal que, em casos extremos, pode provocar desmaios.

Componentes normal e tangencial. Decompondo as forças e a aceleração da partícula em componentes ao longo da tangente à trajetória (na direção e sentido do movimento) e da normal (apontando para o interior da trajetória) (Fig. 12.8) e substituindo-as na Eq. (12.2), obtemos as duas equações escalares

$$\Sigma F_t = ma_t \qquad \Sigma F_n = ma_n \tag{12.8}$$

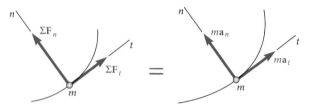

Figura 12.8 A força resultante que atua sobre uma partícula que se move em uma trajetória curvilínea pode ser resolvida em componentes normal e tangencial à trajetória, produzindo componentes tangencial e normal da aceleração.

Substituindo a_t e a_n das Eqs. (11.39), temos

$$\Sigma F_t = m\frac{dv}{dt} \qquad \Sigma F_n = m\frac{v^2}{\rho} \tag{12.8'}$$

As equações obtidas podem ser resolvidas para duas incógnitas.

Componentes radial e transversal. Considere uma partícula *P*, de coordenadas polares *r* e θ, que se move em um plano sob a ação de várias forças. Decompondo as forças e a aceleração da partícula em componentes radial e transversal (Fig. 12.9) e substituindo-as na Eq. (12.2), obtemos as duas equações escalares

$$\Sigma F_r = ma_r \qquad \Sigma F_\theta = ma_\theta \tag{12.9}$$

Substituindo a_r e a_θ nas Eqs. (11.45), temos

$$\Sigma F_r = m(\ddot{r} - r\dot{\theta}^2) \tag{12.10}$$

$$\Sigma F_\theta = m(r\ddot{\theta} + 2\dot{r}\dot{\theta}) \tag{12.11}$$

As equações obtidas podem ser resolvidas para duas incógnitas.

Foto 12.4 As forças aplicadas nas amostras da centrífuga de alta velocidade podem ser descritas em termos de componentes radial e transversal.

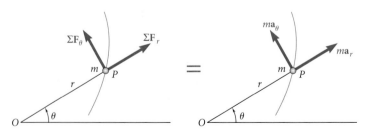

Figura 12.9 Representação pictórica da segunda lei de Newton em componentes radial e transversal.

PROBLEMA RESOLVIDO 12.1

Um bloco de 80 kg está em repouso sobre um plano horizontal. Encontre a intensidade da força **P** necessária para dar ao bloco uma aceleração de 2,5 m/s² para a direita. O coeficiente de atrito cinético entre o bloco e o plano é $\mu_k = 0,25$.

ESTRATÉGIA Você foi informado de uma aceleração e deve encontrar a força aplicada. Portanto, deve usar a segunda lei de Newton.

MODELAGEM Escolha o bloco como seu sistema e modele-o como uma partícula. Desenhando seus diagramas de corpo livre e cinético, você obtém a Fig. 1.

ANÁLISE O peso do bloco é

$$W = mg = (80 \text{ kg})(9,81 \text{ m/s}^2) = 785 \text{ N}$$

Da Fig. 1, fica claro que as forças que atuam sobre o bloco mostrado no diagrama de corpo livre devem ser iguais ao vetor $m\mathbf{a}$, como mostra o diagrama cinético. Usando esses diagramas, podemos escrever

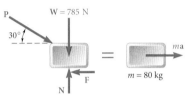

Figura 1 Diagramas de corpo livre e cinético para o bloco.

$\xrightarrow{+} \Sigma F_x = ma$: $\quad P \cos 30° - 0,25N = (80 \text{ kg})(2,5 \text{ m/s}^2)$
$\qquad\qquad\qquad P \cos 30° - 0,25N = 200 \text{ N}$ \hfill (1)

$+\uparrow \Sigma F_y = 0$: $\quad N - P \text{ sen } 30° - 785 \text{ N} = 0$ \hfill (2)

Resolvendo a Eq. (2) para N e substituindo o resultado na Eq. (1), obtemos

$$N = P \text{ sen } 30° + 785 \text{ N}$$
$$P \cos 30° - 0,25(P \text{ sen } 30° + 785 \text{ N}) = 200 \text{ N} \qquad P = 535 \text{ N} \blacktriangleleft$$

PARA REFLETIR Quando você começa a empurrar um objeto, primeiro você deve superar a força de atrito estático ($F = \mu_s N$) antes que o objeto se mova. Observe também que a componente descendente da força **P** aumenta a força normal **N**, que por sua vez, aumenta a força de atrito **F** que você deve superar.

PROBLEMA RESOLVIDO 12.2

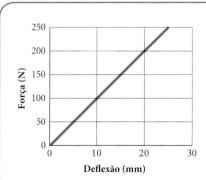

Um vaso de vidro de 0,5 kg cai sobre uma almofada grossa que tem a relação força-deflexão mostrada na figura. Sabendo que o vaso tem uma velocidade de 3 m/s quando alcança a almofada, determine o deslocamento descendente máximo do vaso.

ESTRATÉGIA Utilize a segunda lei de Newton para determinar a aceleração do vaso e integrá-lo para obter o deslocamento.

(Continua)

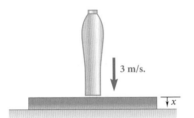

MODELAGEM Escolha o vaso para ser seu sistema e modele-o como uma partícula. Uma vez que a força é uma função linear do deslocamento, você pode expressar a força que atua sobre o vaso como

$$F_P = \frac{200 \text{ N}}{0,02 \text{ m}} y = (10.000 \text{ N/m})x$$

Desenhe seus diagramas de corpo livre e cinético (Fig. 1).

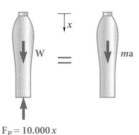

Figura 1 Diagramas de corpo livre e cinético para o vaso.

ANÁLISE Você pode obter uma equação escalar aplicando a segunda lei de Newton na direção vertical. Portanto,

$$+\downarrow \Sigma F_x = ma \qquad W - (10.000)x = ma$$

Substituindo os valores e resolvendo a, temos

$$a = 9,81 - 20.000x$$

Deslocamento máximo Agora que temos a aceleração como uma função do deslocamento, precisamos usar as relações da cinemática básica para calcular a compressão máxima da almofada. Substituindo $a = 9,81 - 20.000x$ em $a = v\,dv/dx$, temos

$$a = 9,81 - 20.000x = \frac{v\,dv}{dx}$$

Separando variáveis e integrando-as, teremos

$$v\,dv = (9,81 - 20.000x)dx \longrightarrow \int_{v_0}^{0} v\,dv = \int_{0}^{x_{máx}} (9,81 - 20.000x)dx$$

$$0 - \frac{1}{2}v_0^2 = 9,81 x_{máx} - 10.000 x_{máx}^2 \tag{1}$$

Substituindo $v_0 = 3$ m/s na Eq. (1) e resolvendo para $x_{máx}$ usando a fórmula quadrática, temos $x_{máx} = 0,0217$ m

$$x_{máx} = 21,7 \text{ mm} \blacktriangleleft$$

PARA REFLETIR Uma distância de 21,7 mm indica que a almofada deve ser relativamente grossa. Para uma almofada real, a suposição de que ela atua como uma mola linear pode não ser um modelo preciso. Para os números dados nesse problema, a aceleração máxima do vaso é

$$a = 9,81 - (20.000)(0,0217) = -207,3 \text{ m/s}^2 \text{ ou aproximadamente } 21g$$

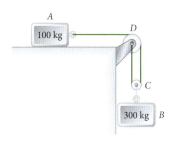

Figura 1 Diagramas de corpo livre e cinético para A.

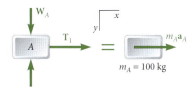

Figura 2 Diagramas de corpo livre e cinético para B.

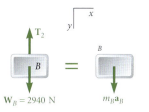

Figura 3 Diagramas de corpo livre e cinético para a roldana.

PROBLEMA RESOLVIDO 12.3

Os dois blocos mostrados na figura partem do repouso. Não há atrito no plano horizontal nem na roldana, e a roldana é considerada como tendo massa desprezível. Determine a aceleração de cada bloco e a tração em cada corda.

ESTRATÉGIA Você deve obter a tração na corda e a aceleração dos dois blocos, então use a segunda lei de Newton. Os dois blocos estão ligados por um cabo, o que indica a necessidade de relacionar suas acelerações usando as técnicas discutidas no Capítulo 11 para objetos com movimento dependente.

MODELAGEM Trate ambos os blocos como partículas e assuma que a roldana não tem massa nem atrito. Como há duas massas, você precisa de dois sistemas: bloco A por si mesmo e bloco B por si mesmo. Os diagramas de corpo livre e cinético desses objetos são mostrados nas Fig. 1 e 2. Para ajudá-lo a determinar as forças que atuam no bloco B, você pode isolar a roldana C, que não tem massa, como um sistema (Fig. 3).

ANÁLISE Você pode começar com a cinética ou a cinemática. O importante é ter certeza sobre as equações e incógnitas.

Cinética. Aplicamos a segunda lei de Newton sucessivamente ao bloco A, ao bloco B e à roldana C.

Bloco A. Representamos a tração na corda ACD por T_1 (Fig. 1) e escrevemos

$$\xrightarrow{+} \Sigma F_x = m_A a_A: \qquad T_1 = 100 a_A \qquad (1)$$

Bloco B. Observamos que o peso do bloco B é

$$W_B = m_B g = (300 \text{ kg})(9{,}81 \text{ m/s}^2) = 2940 \text{ N}$$

Representando por T_2 a tração na corda BC (Fig. 2), escrevemos

$$+\downarrow \Sigma F_y = m_B a_B: \qquad 2940 - T_2 = 300 a_B \qquad (2)$$

Roldana C. Já que m_C é considerada como sendo zero, temos (Fig. 3)

$$+\downarrow \Sigma F_y = m_C a_C = 0: \qquad T_2 - 2T_1 = 0 \qquad (3)$$

Neste ponto você terá três equações, (1), (2) e (3) e quatro incógnitas: T_1, T_2, a_B e a_A. Portanto, você precisa de mais uma equação, que você pode obter na cinemática.

Cinemática. É importante ter certeza de que as orientações seguidas nos diagramas cinéticos sejam consistentes com a análise cinemática. Observe que se o bloco A movimenta-se por uma distância x_A para a direita, o bloco B move-se para baixo por uma distância

$$x_B = \frac{1}{2} x_A$$

Diferenciando duas vezes em relação a t, temos

$$a_B = \frac{1}{2} a_A \qquad (4)$$

(*Continua*)

Agora você tem quatro equações e quatro incógnitas, portanto, pode resolver esse problema. Pode fazê-lo usando um computador, uma calculadora ou lápis e papel. Para resolver essas equações à mão, você pode substituir a_B da Eq. (4) na Eq. (2) para

$$2940 - T_2 = 300(\tfrac{1}{2}a_A)$$
$$T_2 = 2940 - 150a_A \qquad (5)$$

Agora substitua T_1 e T_2 das Eqs. (1) e (5), respectivamente, na Eq. (3).

$$2940 - 150a_A - 2(100a_A) = 0$$
$$2940 - 350a_A = 0 \qquad a_A = 8{,}40 \text{ m/s}^2 \blacktriangleleft$$

Substituindo o valor obtido para a_A nas Eqs. (4) e (1), temos

$$a_B = \tfrac{1}{2}a_A = \tfrac{1}{2}(8{,}40 \text{ m/s}^2) \qquad a_B = 4{,}20 \text{ m/s}^2 \blacktriangleleft$$
$$T_1 = 100a_A = (100 \text{ kg})(8{,}40 \text{ m/s}^2) \qquad T_1 = 840 \text{ N} \blacktriangleleft$$

Recordando a Eq. (3), escrevemos

$$T_2 = 2T_1 \qquad T_2 = 2(840 \text{ N}) \qquad T_2 = 1680 \text{ N} \blacktriangleleft$$

PARA REFLETIR Notamos que o valor obtido para T_2 *não* é igual ao peso do bloco B. Em vez de escolher B e a roldana como sistemas separados, você poderia ter escolhido um sistema composto por B *e* pela roldana. Nesse caso, T_2 seria uma força interna.

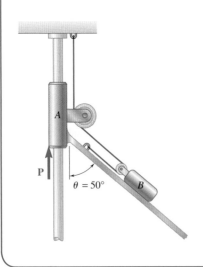

PROBLEMA RESOLVIDO 12.4

O colar A tem uma rampa que é soldada e uma força $P = 25$ N aplicada, como mostrado na figura. O colar A e a rampa pesam 15 N e o bloco B pesa 4 N. Desprezando o atrito, determine a tração no cabo.

ESTRATÉGIA O princípio que você utilizará é a segunda lei de Newton. Como um bloco está deslizando para baixo com uma inclinação e um cabo está ligando A e B, você também precisa utilizar o movimento relativo e o movimento dependente.

MODELAGEM Modele A e B como partículas e considere que todas as superfícies são lisas. Como sempre, primeiro escolha um sistema e desenhe os diagramas de corpo livre e cinético. Esse problema tem dois sistemas, e você deve ter cuidado na sua definição. Os sistemas de uso mais fácil são (*a*) colar A com a sua roldana e a rampa soldada (sistema 1) e (*b*) bloco B e a roldana ligada a ele (sistema 2), como mostrado na Fig. 1. Os diagramas de corpo livre e cinético para o sistema 1 são mostrados na Fig. 2. Os diagramas de corpo livre e cinético para B exigem cuidado, pois você não conhece a direção da aceleração de B.

Cinemática para o Bloco B. A aceleração $\mathbf{a}_B$ do bloco B pode ser expressa como a soma da aceleração de A e da aceleração de B relativa a A. Temos

$$\mathbf{a}_B = \mathbf{a}_A + \mathbf{a}_{B/A}$$

onde $\mathbf{a}_{B/A}$ é dirigida ao longo da superfície inclinada da cunha. Agora você pode desenhar os diagramas adequados (Fig. 3). Observe que você não precisa usar o mesmo sistema de coordenadas x–y para cada massa, uma vez que essas orientações são usadas apenas para chegar às equações escalares.

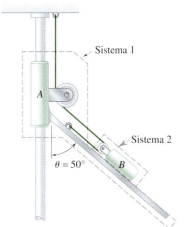

Figura 1 Sistemas de limites.

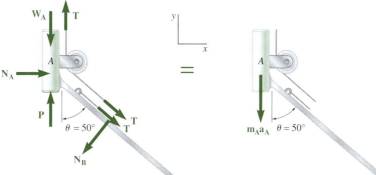

Figura 2 Diagramas de corpo livre e cinético para o sistema 1.

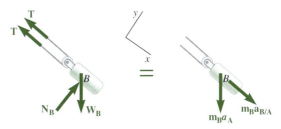

Figura 3 Diagramas de corpo livre e cinético para B.

ANÁLISE Você pode obter uma equação escalar aplicando a segunda lei de Newton a cada um desses sistemas.

a. Sistema 1:

$\xrightarrow{+} \Sigma F_x = m_A a_{A_x} \quad N_A - N_B \cos 50° + 2T \cos 40° = 0 \quad\quad (1)$

$+\uparrow \Sigma F_y = m_A a_{A_y} \quad -W_A + P + T - 2T \operatorname{sen} 40° - N_B \operatorname{sen} 50° = -m_A a_A \quad (2)$

b. Bloco B:

$+\searrow \Sigma F_x = m_B a_{B_x} \quad -2T + W_B \operatorname{sen} 40° = m_B a_{B/A} + m_B a_A \operatorname{sen} 40° \quad (3)$

$+\nearrow \Sigma F_y = m_B a_{B_y} \quad N_B - W_B \cos 40° = -m_B a_A \cos 40° \quad (4)$

Agora temos quatro equações e cinco incógnitas (T, N_A, N_B, a_A e $a_{B/A}$), então precisamos de mais uma equação. Os movimentos de A e B estão relacionados porque eles estão ligados por um cabo. Observe que $m_A = W_A/g$ e $m_B = W_B/g$.

Equações de restrição. Defina os vetores de posição, como mostra a Fig. 4. Observe que as direções positivas dos vetores de posição para A e B são definidas

(*Continua*)

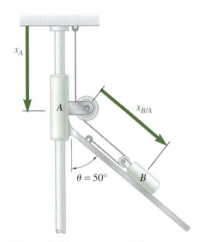

Figura 4 Vetores de posição para movimento dependente.

nos diagramas cinéticos das Figs. 2 e 3. Considerando que o cabo é inextensível, podemos escrever os comprimentos em termos das coordenadas e, em seguida, diferenciá-los.

Equação de restrição para o cabo: $x_A + 2x_{B/A}$ = constante

Diferenciando isso duas vezes, temos

$$a_A = -2a_{B/A} \quad (5)$$

Agora você tem cinco equações e cinco incógnitas, então tudo o que resta é substituir os valores conhecidos e resolver as incógnitas. Os resultados são N_A = –0,641 N, N_B = 4,35 N, T = 1,405 N, a_A = –4,10 m/s² e $a_{B/A}$ = 2,05 m/s².

$$T = 1{,}405 \text{ N} \blacktriangleleft$$

PARA REFLETIR Nesse problema, nos concentramos na formulação do problema e consideramos que podemos resolver as equações resultantes manualmente ou utilizando uma calculadora/computador. É importante notar que você recebe os pesos de A e B, então precisa calcular as massas em kg usando $m = W/g$. A solução exigia múltiplos sistemas e conceitos múltiplos, incluindo a segunda lei de Newton, movimento relativo e movimento dependente. Se o atrito ocorresse entre B e a rampa, você precisaria primeiro determinar se o sistema se moveria sob a força aplicada, considerando que não se move e calculando a força de atrito. Então poderia comparar essa força com a força máxima permitida $\mu_s N$.

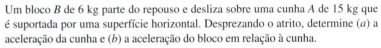

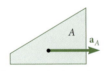

Figura 1 Aceleração de A.

PROBLEMA RESOLVIDO 12.5

Um bloco B de 6 kg parte do repouso e desliza sobre uma cunha A de 15 kg que é suportada por uma superfície horizontal. Desprezando o atrito, determine (a) a aceleração da cunha e (b) a aceleração do bloco em relação à cunha.

ESTRATÉGIA Você recebeu as forças (pesos) dos dois objetos e deseja obter suas acelerações. Você pode usar a segunda lei de Newton, mas deve levar em conta, também, o movimento relativo.

MODELAGEM Considere os dois objetos como partículas. Uma vez que você tem dois objetos, precisará de dois sistemas: cunha A e bloco B. Para desenhar os diagramas cinéticos para cada um desses sistemas, você precisa saber a direção das acelerações. Portanto, antes de desenhar os diagramas de corpo livre e cinéticos, observe a cinemática.

Cinemática. Primeiramente examinamos a aceleração da cunha e a aceleração do bloco.

Cunha A. Como a cunha está restrita a se mover sobre a superfície horizontal, sua aceleração $\mathbf{a}_A$ é horizontal (Fig. 1). Assumiremos que ela está dirigida para a direita.

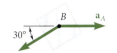

Figura 2 Aceleração de B.

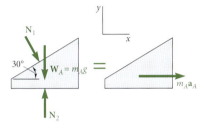

Figura 3 Diagramas de corpo livre e cinético para A.

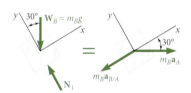

Figura 4 Diagramas de corpo livre e cinéticos para B.

Bloco B. Você pode expressar a aceleração $\mathbf{a}_B$ do bloco B como a soma da aceleração de A e da aceleração de B em relação a A (Fig. 2), então

$$\mathbf{a}_B = \mathbf{a}_A + \mathbf{a}_{B/A}$$

onde $\mathbf{a}_{A/B}$ é dirigida ao longo da superfície inclinada da cunha. Agora você pode desenhar os diagramas adequados. Os diagramas de corpo livre e cinéticos para A e B são mostrados nas Figs. 3 e 4, respectivamente. As forças exercidas pelo bloco e pela superfície horizontal sobre a cunha A são representadas por $\mathbf{N}_1$ e $\mathbf{N}_2$, respectivamente.

ANÁLISE
Cinética. Relembre que as Figs. 3 e 4 são representações visuais da segunda lei de Newton. Portanto, você pode usá-las para obter equações escalares.

Cunha A. Para a cunha A, a direção positiva x é definida como sendo à direita. Aplicando a segunda lei de Newton na direção x, temos

$$\xrightarrow{+}\Sigma F_x = m_A a_A: \qquad N_1 \operatorname{sen} 30° = m_A a_A$$
$$0{,}5 N_1 = m_A a_A \qquad (1)$$

Bloco B. Utilizando os eixos de coordenadas mostrados na Fig. 4 e decompondo $\mathbf{a}_B$ em seus componentes $\mathbf{a}_A$ e $\mathbf{a}_{B/A}$, temos

$$+\nearrow \Sigma F_x = m_B a_x: \qquad -m_B g \operatorname{sen} 30° = m_B a_A \cos 30° - m_B a_{B/A}$$
$$-m_B g \operatorname{sen} 30° = m_B (a_A \cos 30° - a_{B/A})$$
$$a_{B/A} = a_A \cos 30° + g \operatorname{sen} 30° \qquad (2)$$

$$+\nwarrow \Sigma F_y = m_B a_y: \quad N_1 - m_B g \cos 30° = -m_B a_A \operatorname{sen} 30° \qquad (3)$$

Agora você tem três equações, (1), (2) e (3), e três incógnitas, N_1, a_A e $a_{B/A}$, para que você possa resolvê-las com sua calculadora ou à mão, como mostrado aqui.

a. A aceleração da cunha A. Substitua N_1 da Eq. (1) na Eq. (3).

$$2 m_A a_A - m_B g \cos 30° = -m_B a_A \operatorname{sen} 30°$$

Em seguida, resolva para a_A e substitua os dados numéricos.

$$a_A = \frac{m_B g \cos 30°}{2 m_A + m_B \operatorname{sen} 30°} = \frac{(6 \text{ kg})(9{,}81 \text{ m/s}^2) \cos 30°}{2(15 \text{ kg}) + (6 \text{ kg}) \operatorname{sen} 30°}$$
$$a_A = +1{,}545 \text{ m/s}^2 \qquad \mathbf{a}_A = 1{,}545 \text{ m/s}^2 \rightarrow \quad \blacktriangleleft$$

b. Aceleração do bloco B em relação a A. Substitua o valor obtido para a_A na Eq. (2).

$$a_{B/A} = (1{,}545 \text{ m/s}^2) \cos 30° + (9{,}81 \text{ m/s}^2) \operatorname{sen} 30°$$
$$a_{B/A} = +6{,}24 \text{ m/s}^2 \qquad \mathbf{a}_{B/A} = 6{,}24 \text{ m/s}^2 \, \angle 30° \quad \blacktriangleleft$$

PARA REFLETIR Muitos estudantes são instigados a desenhar a aceleração do bloco B abaixo da inclinação no diagrama cinético. É importante reconhecer que esta é a direção da aceleração *relativa*. Em vez do diagrama cinético, que você usou para o bloco B, você poderia simplesmente colocar acelerações desconhecidas nas direções x e y e então usar sua equação de movimento relativo para obter mais equações escalares.

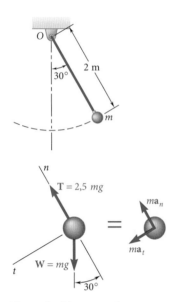

Figura 1 Diagramas de corpo livre e cinético para o pêndulo.

PROBLEMA RESOLVIDO 12.6

A extremidade de um pêndulo de 2 m de comprimento descreve um arco de circunferência em um plano vertical. Se a tração na corda é 2,5 vezes o peso do pêndulo para a posição mostrada na figura, determine a velocidade e a aceleração do pêndulo nessa posição.

ESTRATÉGIA A abordagem mais direta é usar a lei de Newton com componentes tangencial e normal.

MODELAGEM Escolha o pêndulo como seu sistema; se seu raio é pequeno, você pode modelá-lo como uma partícula. Desenhe os diagramas de corpo livre e cinético para o pêndulo, sabendo que seu peso é $W = mg$; a tração na corda é de 2,5 mg. A aceleração normal $\mathbf{a}_n$ é dirigida para O, e você pode considerar que $\mathbf{a}_t$ está na direção mostrada na Fig. 1.

ANÁLISE Você pode obter uma equação escalar ao aplicar a segunda lei de Newton na direção vertical. Consequentemente,

$$+\swarrow \Sigma F_t = ma_t: \qquad mg \operatorname{sen} 30° = ma_t$$
$$a_t = g \operatorname{sen} 30° = +4{,}90 \text{ m/s}^2 \qquad \mathbf{a}_t = 4{,}90 \text{ m/s}^2 \swarrow \blacktriangleleft$$

$$+\nwarrow \Sigma F_n = ma_n: \qquad 2{,}5mg - mg \cos 30° = ma_n$$
$$a_n = 1{,}634g = +16{,}03 \text{ m/s}^2 \qquad \mathbf{a}_n = 16{,}03 \text{ m/s}^2 \nwarrow \blacktriangleleft$$

Como $a_n = v^2/\rho$, temos $v^2 = \rho a_n = (2 \text{ m})(16{,}03 \text{ m/s}^2)$. Portanto,

$$v = \pm 5{,}66 \text{ m/s} \qquad \mathbf{v} = 5{,}66 \text{ m/s} \nearrow \text{ (para cima ou para baixo)} \blacktriangleleft$$

PARA REFLETIR Se você observar essas equações em um ângulo de zero em vez de 30°, você verá que quando o pêndulo está em linha reta abaixo do ponto O, a aceleração tangencial é nula e a velocidade é uma máxima. A aceleração normal não é nula porque o pêndulo tem uma velocidade neste ponto.

PROBLEMA RESOLVIDO 12.7

Determine a velocidade de segurança calculada para uma curva de rodovia de raio $\rho = 120$ m, inclinada a um ângulo $\theta = 18°$. A *velocidade de segurança* calculada de uma curva de uma rodovia com declive é a velocidade escalar na qual um carro deve trafegar sem que nenhuma força de atrito lateral seja exercida em suas rodas.

ESTRATÉGIA Você recebeu informações sobre a força de atrito lateral – ou seja, é igual a zero –, então use a segunda lei de Newton. Utilize os componentes normal e tangencial, uma vez que o carro está viajando em uma trajetória curva e o problema envolve velocidade e um raio de curvatura.

MODELAGEM Escolha o carro para ser o sistema. Supondo que você pode desprezar a rotação do carro sobre seu centro de massa, considere-o como uma partícula.

Capítulo 12 Cinemática de partículas: a segunda lei de Newton 735

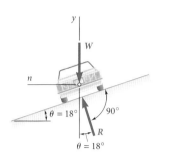

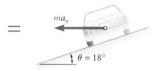

Figura 1 Diagramas de corpo livre e cinético para o carro.

O carro percorre uma trajetória circular *horizontal* de raio ρ. O componente normal $\mathbf{a}_n$ da aceleração é direcionado para o centro da trajetória, como mostrado no diagrama cinético (Fig. 1); sua intensidade é $a_n = v^2/\rho$, onde v é a velocidade escalar do carro em m/s. A massa m do carro é W/g, onde W é o peso do carro. Como nenhuma força de atrito lateral deve ser exercida sobre o carro, a reação **R** da estrada é perpendicular à estrada, como mostrada no diagrama de corpo livre (Fig. 1).

ANÁLISE Você pode obter uma equação escalar ao aplicar a segunda lei de Newton nas direções vertical e normal. Portanto,

$$+\uparrow \Sigma F_y = 0: \qquad R\cos\theta - W = 0 \qquad R = \frac{W}{\cos\theta} \qquad (1)$$

$$\xleftarrow{+} \Sigma F_n = ma_n: \qquad R\,\text{sen}\,\theta = \frac{W}{g}a_n \qquad (2)$$

Substituindo R da Eq. (1) na Eq. (2) e relembrando que $a_n = v^2/\rho$, obtemos

$$\frac{W}{\cos\theta}\text{sen}\,\theta = \frac{W}{g}\frac{v^2}{\rho} \qquad v^2 = g\rho\,\text{tg}\,\theta$$

Por fim, substituindo $\rho = 120$ m e $\theta = 18°$ nesta equação, obtemos $v^2 = (9{,}81\text{ m/s}^2)(120\text{ m})\,\text{tg}\,18°$. Portanto,

$$v = 19{,}56 \text{ m/s} \qquad\qquad v = 70{,}4 \text{ km/h} \blacktriangleleft$$

PARA REFLETIR Para uma curva de rodovia, isso parece uma velocidade razoável para evitar que o carro saia do controle. Para este problema, a direção tangencial aponta para dentro da página; uma vez que você não foi perguntado sobre forças ou acelerações nessa direção, não precisa analisar o movimento na direção tangencial. Se a estrada fosse inclinada em um ângulo maior, a velocidade nominal seria maior ou menor do que esse valor calculado?

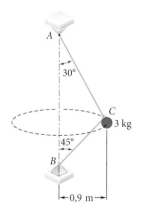

PROBLEMA RESOLVIDO 12.8

Dois fios AC e BC estão ligados em C a uma esfera que gira à velocidade constante v no círculo horizontal, como mostrado na figura. Sabendo que os fios quebrarão se sua tração exceder 75 N, determine o intervalo de valores de v para que ambos os fios permaneçam tensos e não quebrem.

ESTRATÉGIA Você recebeu informações sobre as forças nos fios, então use a segunda lei de Newton. A esfera está se movendo ao longo de uma trajetória curva, então utilize coordenadas normal e tangencial.

MODELAGEM Escolha a esfera como o sistema e assuma que ele pode ser considerado como uma partícula. Desenhe os diagramas de corpo livre e cinético, como mostrado na Fig. 1. As trações atuam na direção dos fios e a direção normal é em direção ao centro da trajetória circular.

(*Continua*)

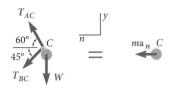

Figura 1 Diagramas de corpo livre e cinético para a esfera.

ANÁLISE Você pode obter uma equação escalar ao aplicar a segunda lei de Newton nas direções normal e vertical. Portanto,

$$+ \leftarrow \Sigma F_n = ma_n \qquad T_{AC}\cos 60° + T_{BC}\cos 45° = ma_n = m\frac{v^2}{\rho} \qquad (1)$$

$$+ \uparrow \Sigma F_y = ma_y \qquad -W + T_{AC}\operatorname{sen} 60° - T_{BC}\operatorname{sen} 45° = 0 \qquad (2)$$

onde $W = mg = (3 \text{ kg})(9,81 \text{ m/s}^2) = 29,43$ N e $\rho = 0,9$ m. Nessas duas equações, temos três incógnitas, T_{AC}, T_{BC} e v, então você precisa de uma terceira equação. A afirmação do problema indica que você quer que o intervalo de velocidades quando os dois fios permanecem tensos (ou seja, a tração é positiva) e que essa tração seja inferior a 75 N. Para obter esse intervalo, primeiro defina cada tração igual a zero e resolva o conjunto resultante de equações.

Para $T_{AC} = 0$, temos que $T_{BC} = -41,62$ N, que é impossível para um fio.

Isso também se reflete no valor imaginário obtido para v.

Para $T_{BC} = 0$, você encontra $v = 2,258$ m/s e $T_{AC} = 33,98$ N.

Portanto, a velocidade mínima é de 2,258 m/s. Agora ajuste as trações iguais a 75 N para calcular a velocidade máxima.

Para $T_{AC} = 75$ N, você encontra $v = 4,68$ m/s e $T_{BC} = 50,23$ N.

Para $T_{BC} = 75$ N, você encontra $v = 5,495$ m/s e $T_{AC} = 95,22$ N.

Assim, a velocidade máxima é 4,68 m/s. A combinação desses resultados é

$$2,26 \text{ m/s} \leq v \leq 4,68 \text{ m/s} \quad \blacktriangleleft$$

PARA REFLETIR Nesse problema, você precisava utilizar as informações do enunciado do problema para obter equações adicionais para que pudesse determinar o intervalo de velocidades. Outra maneira de olhar para a solução é resolver as Eqs. (1) e (2) para T_{AC} e T_{AB} em termos de v e traçá-los como mostrado na Fig. 2. É fácil ver a partir deste gráfico que T_{AC} determina a velocidade máxima e T_{BC} determina a velocidade mínima se ambos os fios devem permanecer tensos e também têm trações inferiores a 75 N.

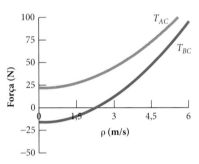

Figura 2 Tração nos cabos em função da velocidade.

PROBLEMA RESOLVIDO 12.9

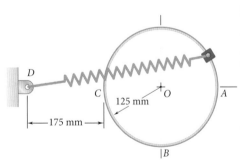

Um colar de 0,5 kg está preso a uma mola e desliza sem atrito ao longo de uma haste circular em um plano *vertical*. A mola tem um comprimento indeformado de 150 mm e uma constante $k = 200$ N/m. Sabendo que o colar tem uma velocidade de 3 m/s quando passa pelo ponto B, determine a aceleração tangencial do colar e a força da haste sobre o colar nesse instante.

ESTRATÉGIA Esse problema lida com forças e acelerações, então você precisa utilizar a segunda lei de Newton. O colar se move ao longo de uma trajetória curva, dessa forma você deve usar as coordenadas normal e tangencial.

MODELAGEM Escolha o colar como o sistema e considere que ele pode ser modelado como uma partícula. Desenhe os diagramas de corpo livre e cinético, como mostrado na Fig. 1. A força da mola atua na direção da mola, e a força é desenhada considerando que a mola é esticada e não comprimida. Verifique isso utilizando a geometria.

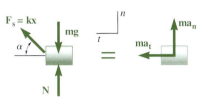

Figura 1 Diagramas de corpo livre e cinético para o colar.

$$\operatorname{sen} \alpha = \frac{125 \text{ mm}}{300 \text{ mm}} = 0{,}4167 \longrightarrow \alpha = 24{,}62°$$

$$L_{BD} = \sqrt{(300 \text{ mm})^2 + (125 \text{ mm})^2} = 325 \text{ mm}$$

Portanto, quando o colar está em B, a mola é estendida como $x = L_{BD} - L_0 = 325$ mm $- 150$ mm $= 175$ mm.

ANÁLISE Você pode obter uma equação escalar ao aplicar a segunda lei de Newton nas direções normal e tangencial. Assim,

$$+\uparrow \Sigma F_n = ma_n \quad kx \operatorname{sen} \alpha + N - mg = ma_n = m\frac{v^2}{\rho} \quad (1)$$

$$\overset{+}{\leftarrow} \Sigma F_t = ma_t \qquad Fx \cos \alpha = ma_t \quad (2)$$

Agora você tem duas equações, (1) e (2), e duas incógnitas, a_t e N. Você pode resolver à mão ou usando uma calculadora/computador. Podemos resolver a força normal na Eq. (1) como

$$N = mg + m\frac{v^2}{\rho} - kx \cos \alpha$$

Substituindo os valores, temos

$$N = (0{,}5 \text{ kg})(9{,}81 \text{ m/s}^2) + (0{,}5 \text{ kg})\frac{(3 \text{ m/s})^2}{0{,}125 \text{ m}} - (200 \text{ N/m})(0{,}175 \text{ m})\operatorname{sen}(24{,}62°)$$

$$N = 26{,}3 \text{ N} \blacktriangleleft$$

$$a_t = \frac{Fx \cos \alpha}{m} = \frac{(200 \text{ N/m})(0{,}175)\cos(24{,}62°)}{0{,}5 \text{ kg}}$$

$$a_t = 63{,}6 \text{ m/s}^2 \blacktriangleleft$$

PARA REFLETIR Como esse problema mudaria se tivesse atrito atuando entre a haste e o colar? Você teria um termo adicional em seu diagrama de corpo livre, $\mu_k N$, na direção oposta à velocidade. Assim, você precisaria ser informado sobre a direção em que o colar estava se movendo, bem como o coeficiente de atrito cinético.

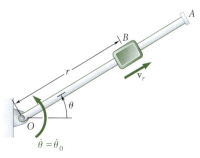

PROBLEMA RESOLVIDO 12.10

Um bloco B de massa m pode deslizar livremente sobre um braço OA sem atrito que gira em um plano horizontal com uma taxa constante $\dot{\theta}_0$. Sabendo que B é liberado a uma distância r_0 de O, expresse, como uma função de r, (a) o componente v_r da velocidade de B ao longo de OA e (b) a intensidade da força horizontal $\mathbf{F}$ exercida sobre B pelo braço OA.

ESTRATÉGIA Uma vez que você precisa determinar forças, utilize a segunda lei de Newton. A distância radial r da massa está mudando, assim como o deslocamento angular θ, então utilize as coordenadas radial e transversal.

(Continua)

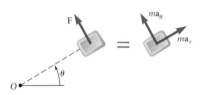

Figura 1 Diagramas de corpo livre e cinético para o bloco.

MODELAGEM Escolha o bloco B como seu sistema e considere que você pode modelá-lo como uma partícula. Como todas as outras forças são perpendiculares ao plano da figura, a única força mostrada na figura atuando sobre B é a força $\mathbf{F}$ perpendicular a OA. Os diagramas de corpo livre e cinético para o bloco B são mostrados na Fig. 1.

ANÁLISE

Equações do movimento. Você pode obter equações escalares ao aplicar a segunda lei de Newton nas direções radial e transversal. Assim,

$+\nearrow \Sigma F_r = ma_r$: $\qquad 0 = m(\ddot{r} - r\dot{\theta}^2)$ $\qquad$ (1)

$+\nwarrow \Sigma F_\theta = ma_\theta$: $\qquad F = m(r\ddot{\theta} + 2\dot{r}\dot{\theta})$ $\qquad$ (2)

a. Componente v_r da velocidade. Como $v_r = \dot{r}$, temos

$$\ddot{r} = \dot{v}_r = \frac{dv_r}{dt} = \frac{dv_r}{dr}\frac{dr}{dt} = v_r \frac{dv_r}{dr}$$

Depois de usar a Eq. (1) para obter $\ddot{r} = r\dot{\theta}^2$ e lembrando que $\dot{\theta} = \dot{\theta}_0$, podemos separar as variáveis para obter

$$v_r \, dv_r = \dot{\theta}_0^2 r \, dr$$

Multiplique por 2 e integre de 0 a v_r e de r_0 a r. O resultado é

$$v_r^2 = \dot{\theta}_0^2(r^2 - r_0^2) \qquad v_r = \dot{\theta}_0(r^2 - r_0^2)^{1/2} \qquad \blacktriangleleft$$

b. Força horizontal F. Faça $\dot{\theta} = \dot{\theta}_0$, $\ddot{\theta} = 0$ e $\dot{r} = v_r$ na Eq. (2). Em seguida, substitua para v_r a expressão obtida na parte a. O resultado é

$$F = 2m\dot{\theta}_0(r^2 - r_0^2)^{1/2}\dot{\theta}_0 \qquad F = 2m\dot{\theta}_0^2(r^2 - r_0^2)^{1/2} \qquad \blacktriangleleft$$

PARA REFLETIR A introdução de componentes radial e transversal de força e aceleração envolve o uso de componentes de velocidade, bem como nos cálculos. Mas isso ainda é muito mais simples e mais direto do que tentar usar outros sistemas de coordenadas. Mesmo que a aceleração radial seja nula, o bloco acelera em relação à haste com aceleração $\ddot{r}$.

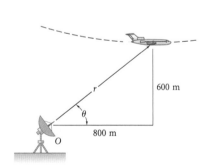

PROBLEMA RESOLVIDO 12.11

A NASA lança uma aeronave de gravidade reduzida (conhecida como Vomit Comet) em um voo elíptico para treinar os astronautas em um ambiente de microgravidade. O avião está sendo rastreado por um radar localizado em O. Quando o avião está próximo do ponto mais baixo de sua trajetória, como mostrado na figura, os valores da estação de rastreamento do radar são $\dot{r} = 120$ m/s, $\dot{\theta} = -0,900$ rad/s, $\ddot{r} = 34,8$ m/s² e $\ddot{\theta} = 0,0156$ rad/s². No instante mostrado, determine a força exercida sobre o piloto de 80 kg pelo seu assento.

ESTRATÉGIA Você precisa determinar a força que o piloto sofre nesse instante e pode calcular as acelerações, então deve utilizar a segunda lei de Newton. Como a distância radial e o ângulo estão mudando com o tempo, utilize componentes radial e transversal.

MODELAGEM Escolha o piloto como o sistema e desenhe os diagramas de corpo livre e cinético, como mostrado na Fig. 1. Você pode optar por colocar as forças e o piloto na direção r e θ ou na direção x e y (escolhemos F_x e F_y para representar as forças do encosto e do assento, respectivamente).

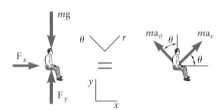

Figura 1

ANÁLISE Antes de você aplicar a segunda lei de Newton, determine r e θ da geometria.

$$r = \sqrt{800^2 + 600^2} = 1000 \text{ m} \qquad \theta = \text{tg}^{-1}(600/800) = 36{,}87°$$

Cinemática. Determine as componentes das acelerações como

$$a_r = \ddot{r} - r\dot{\theta}^2 = 34{,}8 \text{ m/s}^2 - (100 \text{ m})(-0{,}090 \text{ rad/s})^2 = 26{,}7 \text{ m/s}^2$$

$$a_\theta = r\ddot{\theta} + 2\dot{r}\dot{\theta} = (1000 \text{ m})(0{,}0156 \text{ rad/s}^2) + 2(120 \text{ m/s})(-0{,}090 \text{ rad/s})$$
$$= -6{,}00 \text{ m/s}^2$$

Cinética. Você pode obter equações escalares ao aplicar a segunda lei de Newton nas direções horizontal e vertical. Portanto,

$$\xrightarrow{+} \Sigma F_x = ma_x \qquad F_x = ma_r\cos\theta - ma_\theta\,\text{sen}\,\theta \qquad (1)$$

$$+\uparrow \; F_y = ma_y \qquad F_y - mg = ma_r\,\text{sen}\,\theta + ma_\theta\cos\theta \qquad (2)$$

Você tem duas equações, (1) e (2), e duas incógnitas, F_x e F_y. Substituindo os valores conhecidos nas Eqs. (1) e (2), temos

$$F_x = (80 \text{ kg})(26{,}7 \text{ m/s}^2)\cos 36{,}87° - (80 \text{ kg})(-6{,}00 \text{ m/s}^2)\,\text{sen}\,36{,}87°$$

$$F_x = 1997 \text{ N} \rightarrow \quad \blacktriangleleft$$

$$F_y = (80 \text{ kg})(9{,}81 \text{ m/s}^2) + (80\text{kg})(26{,}7 \text{ m/s}^2)\,\text{sen}\,36{,}87° +$$
$$(80 \text{ kg})(-6{,}00 \text{ m/s}^2)\cos 36{,}87°$$

$$F_y = 1682 \text{ N} \uparrow \quad \blacktriangleleft$$

PARA REFLETIR Essas forças correspondem a uma aceleração de 2,54g para a frente e a uma aceleração de 2,14g para cima. Embora isso seja um pouco alto para um avião de passageiros, é dentro das características de voo para o Vomit Comet. Se você tivesse sido solicitado a determinar se o avião estava acelerando ou desacelerando, seria necessário determinar a componente da aceleração na direção tangencial, que é definida pela direção do vetor de velocidade.

METODOLOGIA PARA A RESOLUÇÃO DE PROBLEMAS

Nos problemas para esta seção, você aplicará a **segunda lei de Newton do movimento**, $\Sigma\mathbf{F} = m\mathbf{a}$, para relacionar as forças que atuam sobre uma partícula em seu movimento.

1. Escrevendo as equações de movimento. Quando estiver aplicando a segunda lei de Newton aos tipos de movimento discutidos nesta seção, você vai achar mais conveniente expressar os vetores $\mathbf{F}$ e $\mathbf{a}$ em termos de seus componentes retangulares, seus componentes tangencial e normal ou suas componentes radial e transversal.

   a. Quando utilizamos os componentes retangulares [Problemas Resolvidos 12.1 a 12.5], relembre da Seção 11.4C as expressões encontradas para a_x, a_y e a_z. Então podemos escrever

$$\Sigma F_x = m\ddot{x} \qquad \Sigma F_y = m\ddot{y} \qquad \Sigma F_z = m\ddot{z}$$

   b. Quando utilizamos os componentes tangencial e normal [Problemas Resolvidos 12.6 a 12.9], relembre da Seção 11.5A as expressões encontradas para a_t e a_n. Então podemos escrever

$$\Sigma F_t = m\frac{dv}{dt} \qquad \Sigma F_n = m\frac{v^2}{\rho}$$

   c. Quando utilizamos os componentes radial e transversal [Problemas Resolvidos 12.10 e 12.11], relembre da Seção 11.5B as expressões encontradas para a_r e a_θ. Então podemos escrever

$$\Sigma F_r = m(\ddot{r} - r\dot{\theta}^2) \qquad \Sigma F_\theta = m(r\ddot{\theta} + 2\dot{r}\dot{\theta})$$

2. Desenhando diagramas de corpo livre e cinético. Desenhar um diagrama de corpo livre mostrando as forças aplicadas e um diagrama cinético mostrando o vetor $m\mathbf{a}$ ou seus componentes irá fornecer uma representação pictórica da segunda lei de Newton [Problemas Resolvidos 12.1 a 12.11]. Esses diagramas lhe serão de grande utilidade quando for escrever as equações de movimento. Note que, quando um problema envolve dois ou mais corpos, em geral é melhor considerar cada corpo separadamente.

3. Aplicando a segunda lei de Newton. Como observamos na Seção 12.1A, a aceleração usada na equação $\Sigma\mathbf{F} = m\mathbf{a}$ deve ser sempre a aceleração absoluta da partícula (ou seja, ela deve ser medida em relação a um sistema de referência newtoniano). Além disso, se o sentido da aceleração $\mathbf{a}$ for desconhecido ou não for facilmente deduzido, assuma um sentido arbitrário para $\mathbf{a}$ (normalmente a direção positiva de um eixo coordenado) e deixe então a solução lhe fornecer o sentido correto. Finalmente, note como as soluções dos Problemas Resolvidos 12.3 a 12.5 foram divididas em uma parte *cinemática* e uma parte *cinética* e como nos Problemas Resolvidos 12.4 e 12.5 usamos dois sistemas de eixos coordenados para simplificar as equações de movimento.

4. Quando um problema envolve atrito seco, lembre-se de revisar as seções relevantes de *Estática* [Seção 8.1] antes de tentar solucioná-lo. Em particular, você deve saber quando cada uma das equações $F = \mu_s N$ e $F = \mu_k N$ podem ser usadas. Você também deve reconhecer que se o movimento de um sistema não está especificado, é necessário primeiramente assumir um movimento possível e então verificar a validade daquela suposição. Por exemplo, você pode considerar que o movimento é iminente, então verifique se a força de atrito é maior que $\mu_s N$ (se for, então sua suposição estava errada e a partícula está se movendo).

5. Resolvendo problemas que envolvem movimento relativo. Quando um corpo B se movimenta em relação a um corpo A, como nos Problemas Resolvidos 12.4 e 12.5, muitas vezes é conveniente expressar a aceleração de B como

$$\mathbf{a}_B = \mathbf{a}_A + \mathbf{a}_{B/A}$$

onde $\mathbf{a}_{B/A}$ é a aceleração de B relativa a A, ou seja, a aceleração de B como observada de um sistema de referência preso a A e em translação. Se B for observado movendo-se em uma linha reta, $\mathbf{a}_{B/A}$ será dirigida ao longo dessa linha. Por outro lado, se B é observado movendo-se ao longo de uma trajetória circular, a aceleração relativa $\mathbf{a}_{B/A}$ deve ser decomposta em componentes tangencial e normal àquela trajetória.

6. Finalmente, sempre considere as implicações de todas as hipóteses que você fizer. Assim, em um problema envolvendo duas cordas, se você assumir que a tração em uma delas é igual ao seu valor máximo admissível, verifique se todos os requisitos estabelecidos para a outra corda estarão, então, satisfeitos. Por exemplo, a tração T naquela corda vai satisfazer a relação $0 \leq T \leq T_{máx}$? Ou seja, a corda permanecerá esticada e sua tração será menor que seu valor máximo admissível?

PROBLEMAS

PERGUNTAS CONCEITUAIS

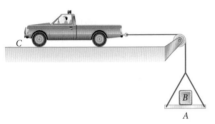

Figura P12.PC1

12.PC1 Um pedregulho B de 1000 N está em repouso sobre uma plataforma A de 200 N quando a caminhonete C acelera para a esquerda com uma aceleração constante. Quais das seguintes afirmações são verdadeiras (mais de uma pode ser verdadeira)?
   a. A tração na corda ligada à caminhonete é 200 N.
   b. A tração na corda ligada à caminhonete é 1200 N.
   c. A tração na corda ligada à caminhonete é maior que 1200 N.
   d. A força normal entre A e B é 1000 N.
   e. A força normal entre A e B é 1200 N.
   f. Nenhuma das anteriores é verdadeira.

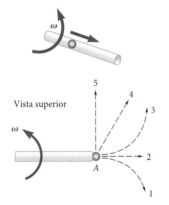

Figura P12.PC2

12.PC2 A bola de gude A é colocada em um tubo oco, e o tubo é balançado em um plano horizontal, fazendo com que a bola de gude seja jogada para fora. Visto de cima, qual das seguintes opções descreve melhor a trajetória da bola de gude depois de deixar o tubo?
   a. 1   **b.** 2   **c.** 3   **d.** 4   **e.** 5

12.PC3 Os dois sistemas mostrados na figura partem do repouso. À esquerda, dois pesos de 200 N são ligados por uma corda inextensível, e à direita, uma força constante de 200 N puxa a corda. Desprezando todas as forças de atrito, qual das seguintes afirmações é verdadeira?
   a. Os blocos A e C terão a mesma aceleração.
   b. O bloco C terá uma aceleração maior do que o bloco A.
   c. O bloco A terá uma aceleração maior do que o bloco C.
   d. O bloco A não se moverá.
   e. Nenhuma das anteriores é verdadeira.

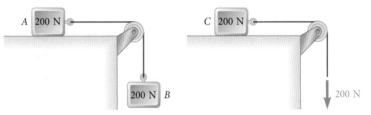

Figura 12.PC3

Figura P12.PC4

12.PC4 Os blocos A e B são liberados do repouso na posição mostrada. Desprezando o atrito, a força normal entre o bloco A e o solo é:
   a. Menor que o peso de A mais o peso de B.
   b. Igual ao peso de A mais o peso de B.
   c. Maior que o peso de A mais o peso de B.

12.PC5 As pessoas sentam-se em uma roda-gigante nos pontos A, B, C e D. A roda-gigante viaja a uma velocidade angular constante. No instante mostrado, qual pessoa experimenta a maior força de sua cadeira (encosto e assento)? Considere que você pode desprezar o tamanho das cadeiras, e que as pessoas estão localizadas na mesma distância do eixo de rotação.
- **a.** A
- **b.** B
- **c.** C
- **d.** D
- **e.** A força é a mesma para todos os passageiros.

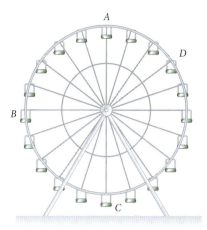

Figura P12.PC5

PROBLEMAS PRÁTICOS DE DIAGRAMA DE CORPO LIVRE

12.F1 Uma caixa A é cuidadosamente colocada com uma velocidade inicial nula em uma correia transportadora em movimento. O coeficiente de atrito cinético entre a caixa e a correia é μ_k. Desenhe os diagramas de corpo livre e cinético para A imediatamente após entrar em contato com a correia.

Figura P12.F1

12.F2 As caixas W_A e W_B estão em repouso sobre uma esteira transportadora que está inicialmente em repouso. A esteira é ligada de repente num sentido de movimento para cima, de modo que ocorre escorregamento entre a esteira e as caixas. Assumindo que o coeficiente de atrito entre a esteira e as caixas é μ_k, desenhe os diagramas de corpo livre e cinético para os blocos A e B. Como você determinaria se A e B permanecem em contato?

Figura P12.F2

12.F3 Os objetos A, B e C têm massas m_A, m_B e m_C, respectivamente. O coeficiente de atrito cinético entre A e B é μ_k, e o atrito entre A e o solo é desprezível e as polias não têm massa e atrito. Considerando que B desliza em A, desenhe os diagramas de corpo livre e cinético para cada uma das três massas A, B e C.

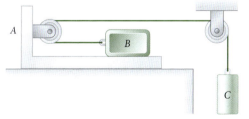

Figura P12.F3

12.F4 Os blocos A e B tem massas m_A e m_B, respectivamente. Desprezando o atrito entre todas as superfícies, desenhe os diagramas de corpo livre e cinético para cada massa.

Figura P12.F4

12.F5 Os blocos A e B têm massas m_A e m_B, respectivamente. Desprezando o atrito entre todas as superfícies, desenhe os diagramas de corpo livre e cinético para os dois sistemas mostrados.

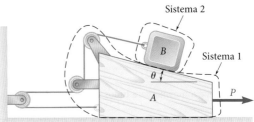

Figura P12.F5

12.F6 Um piloto de massa m pilota um jato em um meio "*loop*" vertical de raio R de modo que a velocidade do jato v permaneça constante. Desenhe os diagramas de corpo livre e cinético do piloto nos pontos A, B e C.

12.F7 Dois fios AC e BC estão amarrados a uma esfera que roda com uma velocidade escalar v no círculo horizontal de raio r mostrado na figura. Desenhe os diagramas de corpo livre e cinético de C.

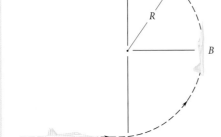

Figura P12.F6

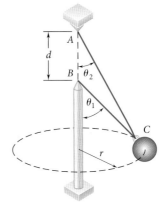

Figura P12.F7

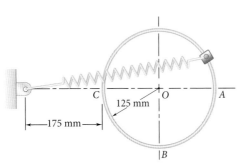

Figura P12.F8

12.F8 Um colar de massa m está preso a uma mola e desliza sem atrito ao longo de uma haste circular em um plano horizontal. A mola tem um comprimento indeformado de 125 mm e uma constante k. Sabendo que o colar tem uma velocidade v no ponto C, desenhe os diagramas de corpo livre e cinético do colar neste ponto.

12.F9 Quatro pinos deslizam em quatro fendas separadas cortadas em uma placa circular horizontal, como mostrado. Quando a placa está em repouso, cada pino tem uma velocidade dirigida, como mostrado, e da mesma intensidade constante u. Cada pino tem uma massa m e mantém a mesma velocidade em relação à placa quando ela gira em torno de O com uma velocidade angular constante ω no sentido anti-horário. Desenhe os diagramas de corpo livre e cinético para determinar as forças nos pinos P_1 e P_2.

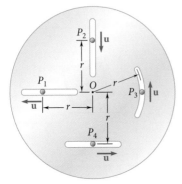

Figura P12.F9

12.F10 No instante mostrado, o comprimento da lança AB está *diminuindo* à taxa constante de 0,2 m/s e a lança está sendo abaixada à taxa constante de 0,08 rad/s. Se a massa dos homens e do elevador conectados à lança no ponto B for m, desenhe os diagramas de corpo livre e cinético que poderiam ser usados para determinar as forças horizontais e verticais em B.

12.F11 O disco A gira em um plano horizontal em torno de um eixo vertical a uma taxa constante $\dot{\theta}_0$. O cursor B tem uma massa m e se movimenta em uma fenda sem atrito aberta no disco. O cursor é preso a uma mola de constante k, que está indeformada quando $r = 0$. Sabendo que o cursor é liberado sem velocidade radial na posição $r = r_0$, desenhe os diagramas de corpo livre e cinético a uma distância arbitrária r de O.

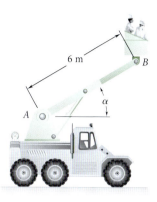

Figura P12.F10

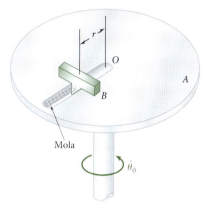

Figura P12.F11

12.F12 O pino B tem uma massa m e desliza ao longo da fenda no braço giratório OC e ao longo da fenda DE que foi aberta em um plano horizontal fixo. Desprezando o atrito e sabendo que a haste OC gira à taxa constante $\dot{\theta}_0$, desenhe os diagramas de corpo livre e cinético que podem ser usados para determinar as forças **P** e **Q** exercidas sobre o pino B pela haste OC e pela parede da fenda DE, respectivamente.

PROBLEMAS DE FINAL DE SEÇÃO

12.1 Os astronautas que aterrizaram na Lua durante as missões Apollo 15, 16 e 17 trouxeram de volta uma grande coleção de pedras para a Terra. Sabendo que as rochas pesavam 700 N quando estavam na Lua, determine (*a*) o peso das rochas na Terra, (*b*) a massa das rochas em kg. A aceleração devido à gravidade na Lua é 1,625 m/s².

12.2 O valor de g em qualquer latitude ϕ pode ser dado pela fórmula

$$g = 9{,}78(1 + 0{,}0053 \operatorname{sen}^2 \phi)\text{m/s}^2$$

onde o efeito da rotação da Terra e também o fato de a Terra não ser esférica foram levados em conta. Sabendo que a massa de uma barra de prata foi oficialmente designada como 5 kg, determine até quatro casas significativas, (*a*) o peso em Newtons, (*b*) a massa em kg nas latitudes de 0°, 45° e 60°.

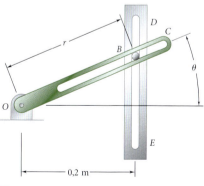

Figura P12.F12

12.3 Um satélite de 400 kg é posto em uma órbita circular a 1.500 km acima da superfície da Terra. A aceleração da gravidade nesta elevação é 6,43 m/s². Determine a quantidade de movimento linear do satélite, sabendo que sua velocidade orbital é de $25{,}6 \times 10^3$ km/h.

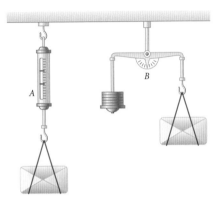

Figura P12.4

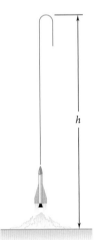

Figura P12.6

12.4 Uma balança de mola A e uma balança de alavanca B com braços de alavanca iguais estão presas ao teto de um elevador e pacotes idênticos estão sendo segurados por elas, tal como mostra a figura. Sabendo que quando o elevador desce com uma aceleração de 1 m/s² a balança de mola indica uma carga de 60 N, determine (*a*) o peso dos pacotes, (*b*) a carga indicada pela balança de mola e a massa necessária para equilibrar a balança de alavanca quando o elevador se move para cima com uma aceleração de 1 m/s².

12.5 Em antecipação a um aclive de 7°, um motorista de ônibus acelera a uma taxa constante de 0,9 m/s² enquanto ainda está na seção nivelada da rodovia. Sabendo que a velocidade escalar do ônibus é 100 km/h no início da subida e que o motorista não altera a posição do acelerador nem troca de marcha, determine a distância percorrida pelo ônibus na subida até sua velocidade escalar ter decrescido para 80 km/h.

12.6 Um modelo de foguete de 0,09 kg é lançado verticalmente a partir do repouso no tempo $t = 0$ com um impulso constante de 4 N por um segundo e nenhum impulso para $t > 1$ s. Desprezando a resistência do ar e a diminuição da massa do foguete, determine (*a*) a altura máxima h alcançada pelo foguete, (*b*) o tempo necessário para atingir essa altura máxima.

12.7 Um rebocador puxa uma barca pequena por um porto. O impulso da hélice menos o arrasto produz um impulso líquido que varia linearmente com a velocidade. Sabendo que o peso combinado do rebocador e da barca é 3600 kN, determine (*a*) o tempo necessário para aumentar a velocidade de um valor inicial $v_1 = 1,0$ m/s para um valor final $v_2 = 2,5$ m/s, (*b*) a distância percorrida durante esse intervalo de tempo.

12.8 Determine a velocidade escalar teórica máxima que pode ser alcançada em uma distância de 60 m por um carro inicialmente em repouso, sabendo que o coeficiente de atrito estático é de 0,80 entre os pneus e o pavimento e que 60% do peso do carro é distribuído sobre suas rodas dianteiras e 40% sobre suas rodas traseiras. Suponha (*a*) tração nas quatro rodas, (*b*) tração dianteira, (*c*) tração traseira.

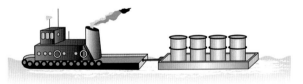

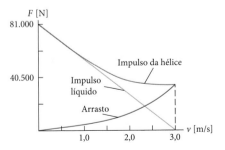

Figura P12.7

12.9 Se a distância de frenagem de um automóvel a 90 km/h é de 45 m em um piso nivelado, determine a distância de frenagem desse automóvel a 90 km/h quando ele está (*a*) subindo um plano inclinado de 5° e (*b*) descendo um plano com inclinação de 3%. Considere que a força de frenagem é independente da situação.

12.10 Uma mãe e seu filho estão esquiando juntos, com a mãe segurando a ponta de uma corda amarrada na cintura do filho. Eles estão se movendo a uma velocidade de 7,2 km/h na parte plana de uma trilha de esqui quando a mãe observa que eles estão se aproximando de um trecho de descida. Ela puxa a corda com uma força média de 7 N. Sabendo que o coeficiente de atrito entre a criança e o chão é de 0,1 e que o ângulo da corda não muda, determine (*a*) o tempo necessário para que a velocidade da criança seja cortada pela metade, (*b*) a distância percorrida nesse tempo.

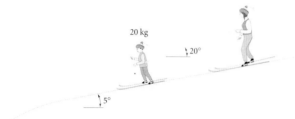

Figura P12.10

12.11 Os coeficientes de atrito entre a carga e o reboque de piso plano mostrado na figura são $\mu_s = 0{,}40$ e $\mu_k = 0{,}30$. Sabendo que velocidade escalar do equipamento é 72 km/h, determine a menor distância na qual o equipamento pode ser parado se a carga não pode se movimentar.

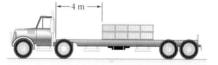

Figura P12.11

12.12 Um trem leve composto de dois vagões está viajando a 90 km/h quando os freios são aplicados em ambos os vagões. Sabendo que o vagão A tem uma massa de 25 Mg e o vagão B uma massa de 20 Mg, e que a força de freagem é de 30 kN em cada vagão, determine (*a*) a distância percorrida pelo trem antes de parar, (*b*) a força no acoplamento entre os vagões enquanto o trem está desacelerando.

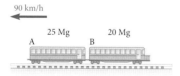

Figura P12.12

12.13 Os dois blocos mostrados na figura estão originalmente em repouso. Desprezando as massas das roldanas e o efeito do atrito nessas roldanas e entre o bloco A e a superfície horizontal, determine (*a*) a aceleração de cada bloco, (*b*) a tração no cabo.

12.14 Os dois blocos mostrados na figura estão originalmente em repouso. Desprezando as massas das roldanas e o efeito do atrito nessas roldanas e considerando que os coeficientes de atrito entre o bloco A e a superfície horizontal são $\mu_s = 0{,}25$ e $\mu_k = 0{,}20$, determine (*a*) a aceleração de cada bloco, (*b*) a tração no cabo.

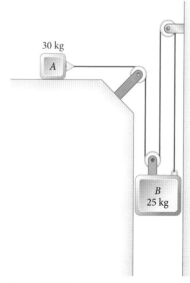

Figura P12.13 e P12.14

12.15 Cada um dos sistemas mostrados na figura está inicialmente em repouso. Desprezando o atrito nos eixos e as massas das roldanas, determine para cada sistema (a) a aceleração do bloco A, (b) a velocidade do bloco A depois de ele ter se movido 3 m, (c) o tempo necessário para o bloco A atingir uma velocidade de 6 m/s.

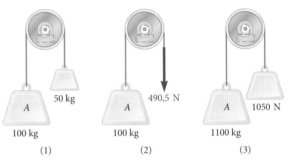

Figura P12.15

Figura P12.16

12.16 As caixas A e B estão em repouso sobre uma esteira transportadora que está inicialmente em repouso. A esteira é ligada de repente num sentido de movimento para cima, de modo que ocorre escorregamento entre a esteira e as caixas. Sabendo que os coeficientes de atrito cinético entre a esteira e as caixas são de $(\mu_k)_A = 0{,}30$ e $(\mu_k)_B = 0{,}32$, determine a aceleração inicial de cada caixa.

12.17 Uma caminhonete de 2.500 kg é usada para elevar uma rocha B de 500 kg que está sobre uma empilhadeira A de 100 kg. Sabendo que a aceleração da caminhonete é 0,3 m/s², determine (a) a força horizontal entre os pneus e o chão, (b) a força entre a rocha e a empilhadeira.

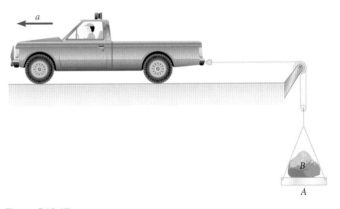

Figura P12.17

12.18 O bloco A tem uma massa de 40 kg e o bloco B tem uma massa de 8 kg. Os coeficientes de atrito entre todas as superfícies de contato são $\mu_s = 0{,}20$ e $\mu_k = 0{,}15$. Se $P = 0$, determine (a) a aceleração do bloco B e (b) a tração na corda.

12.19 O bloco A tem uma massa de 40 kg e o bloco B tem uma massa de 8 kg. Os coeficientes de atrito entre todas as superfícies de contato são $\mu_s = 0{,}20$ e $\mu_k = 0{,}15$. Se $P = 40$ N, determine (a) a aceleração do bloco B e (b) a tração na corda.

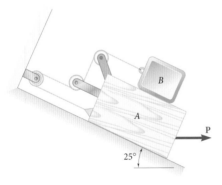

Figura P12.18 e P12.19

12.20 O reboque de piso plano de um caminhão leva duas barras de 1.500 kg com a barra superior presa por um cabo. Os coeficientes de atrito estático entre as duas barras e entre a barra inferior e o leito do reboque são 0,25 e 0,30, respectivamente. Sabendo que a carga não se desloca, determine (*a*) a aceleração máxima do reboque e a tração correspondente no cabo, (*b*) a desaceleração máxima do reboque.

Figura P12.20

12.21 Um transportador de bagagem é usado para descarregar a bagagem de um avião. A bolsa *A* de 10 kg está apoiada sobre a mala *B* de 20 kg. O transportador está movendo as malas para baixo a uma velocidade constante de 0,5 m/s quando a correia transportadora para de repente. Sabendo que o coeficiente de atrito entre a correia e *B* é de 0,3 e que a bolsa *A* não escorrega na mala *B*, determine o menor coeficiente de atrito estático admissível entre as malas.

Figura *P12.21*

12.22 Para descarregar uma pilha amarrada de madeira compensada de um caminhão, o motorista primeiro inclina a caçamba do caminhão e então acelera, a partir do repouso. Sabendo que os coeficientes de atrito entre a camada inferior da madeira compensada e o piso da caçamba são $\mu_s = 0,40$ e $\mu_k = 0,30$, determine (*a*) a menor aceleração do caminhão que fará a pilha de madeira compensada deslizar, (*b*) a aceleração do caminhão que faz o canto *A* da pilha de madeira compensada atingir a extremidade da caçamba em 0,9 s.

Figura *P12.22*

12.23 Para transportar uma série de pacotes de telhas *A* para um telhado, um empreiteiro usa um elevador movido a motor que consiste de uma plataforma horizontal *BC* que se desloca sobre trilhos presos aos lados de uma escada. O elevador parte do repouso e se move inicialmente com uma aceleração constante **a**₁, tal como mostra a figura a seguir. O elevador, então, desacelera a uma taxa constante **a**₂ e chega ao repouso em *D*, perto do topo da escada. Sabendo que o coeficiente de atrito estático entre o pacote de telhas e a plataforma horizontal é de 0,30, determine a maior aceleração possível **a**₁ e a maior desaceleração possível **a**₂ para que o pacote não escorregue sobre a plataforma.

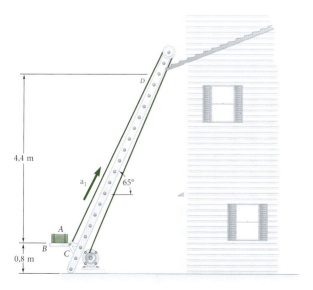

Figura P12.23

12.24 Um avião tem uma massa de 25 Mg e seus motores desenvolvem um impulso total de 40 kN durante a decolagem. Se o arrasto **D** exercido sobre o avião tiver uma intensidade $D = 2,25\ v^2$, onde v é expresso em metros por segundo e D em newtons, e se o avião se tornar aerotransportado a uma velocidade de 240 km/h, determine o comprimento da pista necessário para o avião decolar.

12.25 Um projétil de 4 kg é disparado verticalmente a uma velocidade inicial de 90 m/s, atinge uma altura máxima e cai no chão. O arrasto aerodinâmico **D** tem uma intensidade $D = 0,0024\ v^2$ onde D e v são expressos em newtons e m/s, respectivamente. Sabendo que a direção do arrasto é sempre oposta à direção da velocidade, determine (a) a altura máxima da trajetória, (b) a velocidade do projétil quando ele chega ao chão.

12.26 Uma força constante **P** é aplicada a um pistão e a uma haste de massa total m para fazê-los se moverem em um cilindro cheio de óleo. À medida que o pistão se move, o óleo é forçado por meio de orifícios no pistão e exerce nesse pistão uma força de intensidade kv numa direção oposta ao movimento do pistão. Sabendo que o pistão parte do repouso em $t = 0$ e $x = 0$, mostre que a equação que relaciona x, v e t, onde x é a distância percorrida pelo pistão e v é a velocidade escalar do pistão, é linear em cada uma das variáveis.

Figura *P12.26*

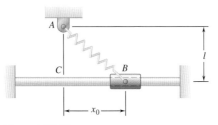

Figura P12.27

12.27 Uma mola AB de constante k é presa a um suporte A e a um colar de massa m. O comprimento não deformado da mola é l. Sabendo que o colar é liberado do repouso quando $x = x_0$ e desprezando o atrito entre o colar e a haste horizontal, determine a intensidade da velocidade do colar ao passar pelo ponto C.

12.28 O bloco A tem a massa de 10 kg, e os blocos B e C têm a massa de 5 kg cada. Sabendo que os blocos estão inicialmente em repouso e que B percorre uma distância de 3 m em 2 s, determine (a) a intensidade da força **P**, (b) a tração na corda AD. Despreze as massas das roldanas e o atrito nos eixos.

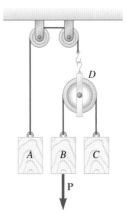

Figura P12.28

12.29 Um painel deslizante de 20 kg é suportado pelos roletes em B e C. Um contrapeso A de 12,5 kg é fixado por cabo como mostrado na figura e, nos casos a e c, está em contato com a borda vertical do painel. Desprezando o atrito, determine em cada caso mostrado a aceleração do painel e a tração na corda imediatamente depois do sistema sair do repouso.

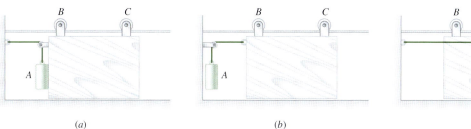
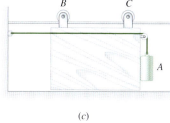

(a) (b) (c)

Figura P12.29

12.30 Uma atleta puxa a alça A para a esquerda com uma força constante de $P = 100$ N. Sabendo que depois de a alça A ser puxada 30 cm sua velocidade é 3 m/s, determine a massa do conjunto de pesos B.

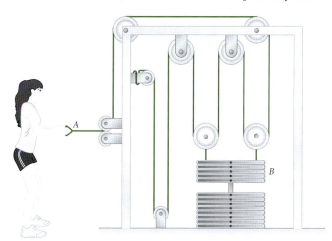

Figura P12.30

12.31 Um bloco B de 6 kg repousa, como mostrado na figura, sobre um suporte A de 10 kg. Os coeficientes de atrito são $\mu_s = 0,30$ e $\mu_k = 0,25$ entre o bloco B e o suporte A, e não há atrito na roldana ou entre o suporte e a superfície horizontal. (a) Determine o peso máximo do bloco C se o bloco B não desliza sobre o suporte A. (b) Se o peso do bloco C é 10% maior que a resposta encontrada em a, determine as acelerações de A, B e C.

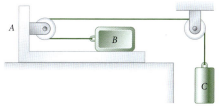

Figura P12.31

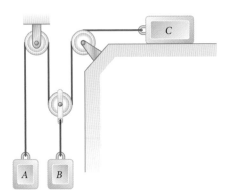

Figura **P12.32** e **P12.33**

12.32 Sabendo que $\mu_k = 0{,}30$, determine a aceleração de cada bloco quando $m_A = m_B = m_C$.

12.33 Sabendo que $\mu_k = 0{,}30$, determine a aceleração de cada bloco quando $m_A = 5$ kg, $m_B = 30$ kg e $m_C = 15$ kg.

12.34 Um bloco A de 25 kg repousa sobre uma superfície inclinada e um contrapeso B de 15 kg está ligado a um cabo como mostrado na figura. Desprezando o atrito, determine a aceleração de A e a tração no cabo imediatamente depois do sistema sair do repouso.

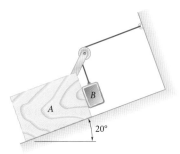

Figura P12.34

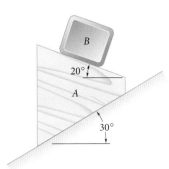

Figura P12.35

12.35 O bloco B de massa 10 kg repousa na superfície superior de uma cunha A de 22 kg, como mostra a figura. Sabendo que o sistema é liberado do repouso e desprezando o atrito, determine (a) a aceleração de B, (b) a velocidade de B em relação a A em $t = 0{,}5$ s.

12.36 Uma bola A de 450 g presa a uma corda se move ao longo de uma trajetória circular a uma velocidade escalar constante de 4 m/s. Determine (a) o ângulo θ que a corda forma com o poste BC, (b) a tração na corda.

12.37 Durante um treinamento de impulso de um lançador de martelo, a cabeça A de 7,1 kg do martelo roda a uma velocidade escalar constante v em um círculo horizontal, tal como mostra a figura. Se $\theta = 60°$ e $\rho = 0{,}93$, determine (a) a tração no fio BC e (b) a velocidade escalar da cabeça do martelo.

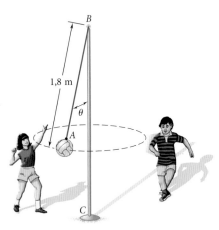

Figura P12.36

Figura P12.37

12.38 As centrífugas humanas são frequentemente usadas para simular diferentes níveis de aceleração para pilotos. Quando os fisiologistas aeroespaciais dizem que um piloto está puxando 9 g, eles querem dizer que a força normal resultante no piloto, a partir do assento, é nove vezes o seu peso. Sabendo que a centrífuga começa a partir do repouso e tem uma aceleração angular constante de 1,5 RPM por segundo até que o piloto esteja puxando 9 g e depois continua com uma velocidade angular constante, determine (a) quanto tempo levará para o piloto chegar a 9 g, (b) o ângulo θ da força normal quando o piloto atinge 9 g. Suponha que a força paralela ao assento é nula.

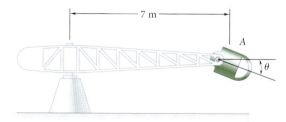

Figura P12.38

12.39 Um fio único ACB passa por um anel em C que está preso a uma esfera que roda com uma velocidade escalar constante v no círculo horizontal mostrado na figura. Sabendo que a tração é a mesma em ambas as partes do fio, determine a velocidade escalar v.

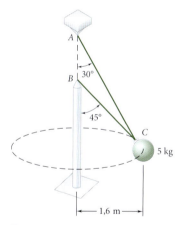

Figura P12.39 e P12.40

*12.40 Dois fios AC e BC estão amarrados em C a uma esfera que roda com uma velocidade escalar v no círculo horizontal mostrado na figura. Determine o intervalo de valores admissíveis de v para que ambos os fios permaneçam esticados e para que a tração em cada um dos dois fios não ultrapasse 60N.

12.41 Uma esfera de 1 kg está em repouso em relação a um prato parabólico que gira a uma taxa constante em torno de um eixo vertical. Desprezando o atrito e sabendo que $r = 1$ m, determine (a) a velocidade v da esfera, (b) a intensidade da força normal exercida pela esfera sobre a superfície inclinada do prato parabólico.

Figura P12.41

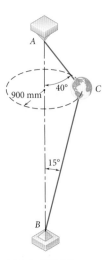

Figura P12.42

*12.42 Como parte de uma exposição ao ar livre, um modelo C da Terra de 6 kg está preso aos fios AC e BC e gira a uma velocidade escalar constante v no círculo horizontal mostrado na figura. Determine o intervalo de valores admissíveis de v para que ambos os fios permaneçam esticados e para que a tração em cada um dos dois fios não ultrapasse 125 N.

*12.43 As esferas de 0,6 kg de um regulador centrífugo giram a uma velocidade escalar constante v no círculo horizontal de 150 mm de raio, tal como mostra a figura. Desprezando a massa das hastes AB, BC, AD e DE e exigindo que as hastes suportem somente forças de tração, determine o intervalo de valores admissíveis de v de modo que as intensidades das forças nas hastes não ultrapassem 80 N.

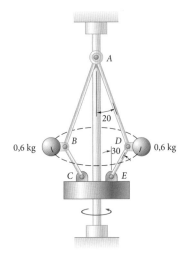

Figura P12.43

12.44 Uma bola de demolição B de 60 kg está presa a um cabo de aço AB de 15 m de comprimento e oscila no arco vertical mostrado na figura. Determine a tração no cabo (a) no ponto mais alto C da oscilação, (b) no ponto mais baixo D da oscilação, onde a velocidade escalar de B é de 4,2 m/s.

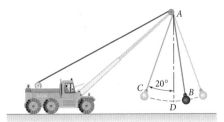

Figura P12.44

12.45 Durante uma corrida de alta velocidade, um carro esportivo de 1.000 kg que viaja a uma velocidade escalar de 160 km/h perde, por um instante, o contato com a estrada quando atinge o cume A de um morro. (a) Determine o raio de curvatura ρ do perfil vertical da estrada em A. (b) Usando o valor de ρ encontrado no item a, determine a força exercida sobre um motorista de 80 kg pelo assento de seu carro de 1.200 kg quando o carro, deslocando-se a uma velocidade escalar constante de 75 km/h, passa por A.

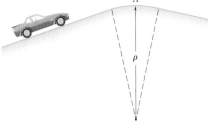

Figura P12.45

12.46 Um piloto de linha aérea sobe para um novo nível de voo ao longo da trajetória mostrada. Sabendo que a velocidade do avião diminui a uma taxa constante de 180 m/s no ponto A para 160 m/s no ponto C, determine a intensidade da mudança abrupta na força exercida sobre um passageiro de 90 kg enquanto o avião passa no ponto B.

12.47 A pista de montanha-russa mostrada na figura está contida em um plano vertical. A parte da pista entre A e B é reta e horizontal, enquanto as partes à esquerda de A e à direita de B têm raios de curvatura como indicado na figura. O carro está se movendo a uma velocidade escalar de 72 km/h quando os freios são repentinamente acionados, fazendo com que as rodas do carro deslizem sobre a pista ($\mu_k = 0{,}20$). Determine a desaceleração inicial do carro se os freios são acionados quando ele (a) está quase chegando em A, (b) está se movendo entre A e B, (c) acabou de passar por B.

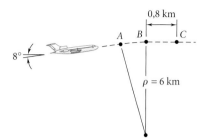

Figura P12.46

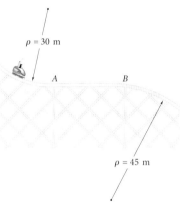

Figura P12.47

12.48 Um regulador de tampa esférica é fixado a um eixo vertical que gira com a velocidade angular ω. Quando o badalo de massa m sustentado por uma corda toca a tampa, um interruptor de corte é operado eletricamente para reduzir a velocidade do eixo. Sabendo que o raio do badalo é pequeno em relação à tampa, determine a velocidade angular mínima na qual o interruptor de corte opera.

12.49 Uma série de pequenos pacotes, cada um com massa de 0,5 kg, é descarregada de uma correia transportadora como mostrado na figura. Sabendo que o coeficiente de atrito estático entre cada pacote e a correia transportadora é 0,4, determine (a) a força exercida pela esteira no pacote exatamente depois que ele tenha passado no ponto A, (b) o ângulo θ definindo o ponto B onde os pacotes têm o primeiro escorregamento relativo na correia.

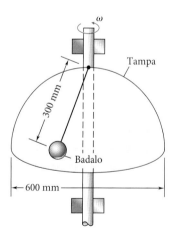

Figura P12.48

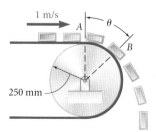

Figura P12.49

12.50 Um piloto de 54 kg pilota um jato de treinamento em um meio "loop" de 1.200 m de raio de modo que a velocidade escalar do jato diminui a uma taxa constante. Sabendo que os pesos aparentes do piloto nos pontos A e C são 1.680 N e 350 N, respectivamente, determine a força exercida no piloto pelo assento do jato quando esse jato está no ponto B.

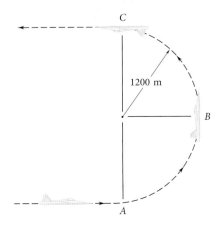

Figura P12.50

12.51 Um brinquedo de um parque de diversões é projetado para permitir que o público experimente um movimento de alta aceleração. O trajeto gira em torno do ponto O em um círculo horizontal de modo que aquele que estiver ali tenha uma velocidade v_0. A pessoa reclina-se sobre uma plataforma A que caminha sobre rolos de tal modo que o atrito é desprezível. Uma parada mecânica impede a plataforma de rolar para baixo a inclinação. Determine (a) a velocidade v_0 em que a plataforma A começa a rolar para cima, (b) a força normal experimentada por uma pessoa de 80 kg a essa velocidade.

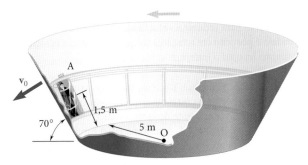

Figura P12.51

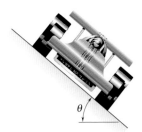

Figura **P12.52**

12.52 Uma curva em um circuito de velocidade tem raio de 300 m e velocidade de segurança de 190 km/h. (Ver no Problema Resolvido 12.7 a definição de velocidade de segurança.) Sabendo que o carro de corrida começa a derrapar na curva quando viaja a uma velocidade de 290 km/h, determine (a) o ângulo de inclinação θ, (b) o coeficiente de atrito estático entre os pneus e a estrada sob as condições prevalentes, (c) a velocidade escalar mínima para a qual o mesmo carro poderia fazer a curva.

12.53 Trens pendulares como o *American Flyer*, que viaja entre Washington, Nova York e Boston, são projetados para viajar com segurança a altas velocidades em seções curvas de linhas férreas que foram construídas para trens convencionais, mais lentos. Quando entra em uma curva, cada carro é inclinado por amadores hidráulicos montados em seus vagões. Essa característica de inclinação dos vagões também aumenta o conforto dos passageiros por eliminar ou reduzir muito a força lateral $\mathbf{F}_s$ (paralela ao piso do vagão) à qual os passageiros estão sujeitos. Para um trem que viaja a 160 km/h em uma seção curva de trilho inclinada lateralmente a um ângulo de $\theta = 6°$ e com uma velocidade de segurança de 100 km/h, determine (*a*) a intensidade da força lateral sentida por um passageiro de peso W em um vagão normal sem inclinação ($\phi = 0$), (*b*) o ângulo de inclinação ϕ necessário para que o passageiro não sinta nenhuma força lateral. (Ver no Problema Resolvido 12.7 a definição de velocidade de segurança.)

12.54 Testes feitos com os trens pendulares descritos no Problema 12.53 revelam que os passageiros se sentem desconfortáveis quando veem pela janela do vagão que o trem está fazendo uma curva em alta velocidade, ainda que eles não sintam nenhuma força lateral. Os projetistas, portanto, preferem reduzir, mas não eliminar, essa força. Para o trem do Problema 12.53, determine o ângulo de inclinação ϕ necessário para os passageiros sentirem forças laterais iguais a 10% de seu peso.

Figura P12.53 e *P12.54*

12.55 Um bloco de 3 kg está em repouso em relação a um prato parabólico que gira a uma velocidade constante em torno de um eixo vertical. Sabendo que o coeficiente de atrito estático é 0,5 e que $r = 2$ m, determine a máxima velocidade admissível v do bloco.

Figura P12.55

12.56 Um polidor é colocado em funcionamento para que a lã ao longo da circunferência sofra uma aceleração tangencial constante de 4 m/s². Três segundos depois de iniciado, pequenos tufos de lã ao longo da circunferência do disco de polimento de 225 mm de diâmetro são vistos voando livremente para fora desse disco. Neste momento, determine (*a*) a velocidade v de um tufo à medida que deixa o disco, (*b*) a intensidade da força necessária para liberar um tufo se sua massa média for 1,6 mg.

Figura P12.56

12.57 Uma mesa rotativa A é construída em um palco para uso em uma produção teatral. Observa-se, durante um ensaio, que um baú B começa a deslizar sobre a mesa 10 s depois que ela começa a girar. Sabendo que o baú é submetido a uma aceleração tangencial constante de 0,24 m/s², determine o coeficiente de atrito estático entre o baú e a mesa rotativa.

Figura P12.57

12.58 O brinquedo de parque de diversões do Problema 12.51 é modificado para que os passageiros de 80 kg possam se mover para cima e para baixo na parede inclinada, à medida que a velocidade do trajeto aumenta. Considerando que o atrito entre a parede e o carro do brinquedo é desprezível, determine a posição h do passageiro se a velocidade $v_0 = 13$ m/s.

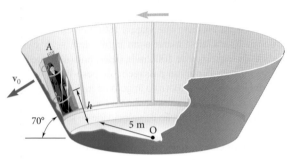

Figura P12.58 e *P12.59*

12.59 O brinquedo de parque de diversões do Problema 12.51 é modificado para que os passageiros de 80 kg possam se mover para cima e para baixo na parede inclinada à medida que a velocidade do trajeto aumenta. Sabendo que o coeficiente de atrito estático entre a parede e a plataforma é 0,2, determine o intervalo de valores da velocidade constante v_0 para que a plataforma permaneça em $h = 1,5$ m.

12.60 Uma ranhura semicircular de 250 mm de raio é cortada em uma placa plana que gira sobre o eixo vertical AD a uma taxa constante de 14 rad/s. Um pequeno bloco E de 0,4 kg é projetado para deslizar na ranhura conforme a placa gira. Sabendo que os coeficientes de atrito são $\mu_s = 0{,}35$ e $\mu_k = 0{,}25$, determine se o bloco irá deslizar na ranhura se for liberado na posição correspondente de (a) $\theta = 80°$, (b) $\theta = 40°$. Determine também a intensidade e a direção da força de atrito exercida no bloco imediatamente depois de ele ser liberado.

12.61 Um pequeno bloco B se encaixa dentro de uma ranhura cortada no braço OA que gira num plano vertical a uma taxa constante. O bloco permanece em contato com a extremidade da ranhura mais próxima de A, e a sua velocidade é de 1,4 m/s para $0 \le \theta \le 150°$. Sabendo que o bloco começa a deslizar quando $\theta = 150°$, determine o coeficiente de atrito estático entre o bloco e a ranhura.

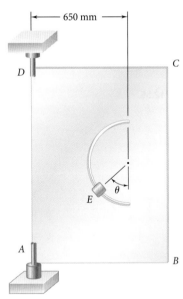

Figura *P12.60*

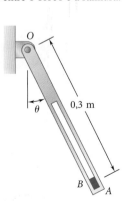

Figura P12.61

12.62 O mecanismo *ABCD* de hastes paralelas é usado para transportar um componente *I* entre processos de produção nas estações *E*, *F* e *G*, pegando-o em uma estação quando $\theta = 0$ e depositando-o na estação seguinte quando $\theta = 180°$. Sabendo que o elemento *BC* permanece horizontal ao longo de seu movimento e que as hastes *AB* e *CD* giram a uma taxa constante em um plano vertical de tal modo que $v_B = 0{,}7$ m/s, determine (*a*) o valor mínimo do coeficiente de atrito estático entre o componente e *BC* se o componente não deve deslizar sobre *BC* enquanto está sendo transferido, (*b*) os valores de θ para os quais a ocorrência do escorregamento é iminente.

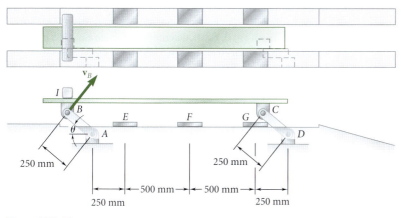

Figura P12.62

12.63 Sabendo que os coeficientes de atrito entre o componente *I* e o elemento *BC* do mecanismo do Problema 12.62 são $\mu_s = 0{,}35$ e $\mu_k = 0{,}25$, determine (*a*) a máxima velocidade escalar constante admissível v_B se o componente não deve deslizar sobre *BC* enquanto está sendo transferido, (*b*) os valores de θ para os quais a ocorrência do escorregamento é iminente.

12.64 Um pequeno colar *C* de 250 g desliza em uma haste semicircular que é colocada para girar sobre a vertical *AB* a uma taxa constante de 7,5 rad/s. Determine os três valores de θ para que o colar não deslize sobre a haste, considerando que não existe atrito entre o colar e a haste.

12.65 Um pequeno colar *C* de 200 g desliza em uma haste semicircular que é colocada para girar sobre a vertical *AB* a uma taxa constante de 7,5 rad/s. Sabendo que os coeficientes de atrito são $\mu_s = 0{,}25$ e $\mu_k = 0{,}20$, determine se o bloco irá deslizar na ranhura se for liberado na posição correspondente de (*a*) $\theta = 75°$, (*b*) $\theta = 40°$. Determine também a intensidade e a direção da força de atrito exercida no bloco imediatamente depois de ele ser liberado.

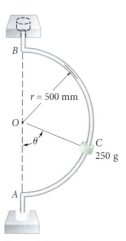

Figura P12.64 e P12.65

12.66 Um bloco *B* de 0,5 kg desliza sem atrito dentro de uma pequena cavidade aberta no braço *OA*, que gira no plano vertical a uma taxa constante $\dot\theta = 2$ rad/s. No instante em que $\theta = 30°$, $r = 0{,}6$ m e a força exercida sobre o bloco pelo braço é nula. Determine, nesse instante, (*a*) a velocidade relativa do bloco em relação ao braço, (*b*) a aceleração relativa do bloco em relação ao braço.

Figura P12.66 e P12.67

12.67 Um bloco B de 0,5 kg desliza sem atrito dentro de uma pequena cavidade aberta no braço OA, que gira no plano vertical. O movimento da haste é definida pela relação $\ddot{\theta} = 10$ rad/s², constante. No instante em que $\theta = 45°$, $r = 0,8$ m e a velocidade do bloco é nula. Determine, nesse instante, (a) a força exercida sobre o bloco pelo braço, (b) a aceleração relativa do bloco em relação ao braço.

12.68 O colar B de 3 kg desliza sobre o braço sem atrito AA'. O braço é preso ao tambor D e roda em torno de O em um plano horizontal a uma taxa $\dot{\theta} = 0,75t$, onde $\dot{\theta}$ e t são expressos em rad/s e segundos, respectivamente. À medida que o conjunto braço-tambor gira, um mecanismo dentro do tambor solta a corda de modo que o colar se move para fora a partir de O com uma velocidade escalar constante de 0,5 m/s. Sabendo que em $t = 0$, $r = 0$, determine o instante em que a tração na corda é igual à intensidade da força horizontal exercida sobre B pelo braço AA'.

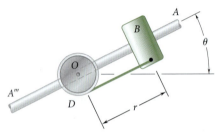

Figura P12.68

12.69 A haste OA gira em torno de O em um plano horizontal. O movimento do colar B de 300 g é definido pelas relações $r = 300 + 100 \cos(0,5 \pi t)$ e $\theta = \pi(t^2 - 3t)$, onde r é expresso em milímetros, t em segundos e θ em radianos. Determine as componentes radial e transversal da força exercida sobre o colar quando (a) $t = 0$, (b) $t = 0,5$ s.

12.70 O pino B tem uma massa de 0,1 kg e está livre para deslizar em um plano horizontal ao longo do braço giratório OC e ao longo da fenda circular fixa DE de raio $b = 500$ mm. Desprezando o atrito e considerando que $\dot{\theta} = 15$ rad/s e $\ddot{\theta} = 250$ rad/s² para a posição $\theta = 20°$, determine para essa posição (a) os componentes radial e transversal da força resultante exercida sobre o pino B, (b) as forças **P** e **Q** exercidas sobre o pino B pelo braço OC e pela parede da fenda DE, respectivamente.

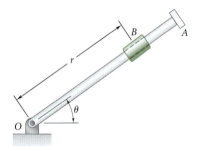

Figura P12.69

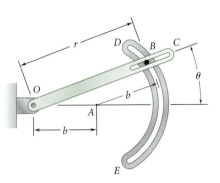

Figura P12.70

12.71 Os dois blocos são liberados do repouso quando $r = 0{,}8$ m e $\theta = 30°$. Desprezando a massa da roldana e o efeito do atrito na roldana e entre o bloco A e a superfície horizontal, determine (*a*) a tração inicial no cabo, (*b*) a aceleração inicial do bloco A, (*c*) a aceleração inicial do bloco B.

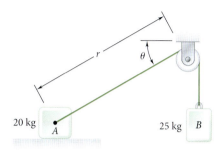

Figura P12.71 e P12.72

12.72 A velocidade do bloco A é 2 m/s para a direita no instante em que $r = 0{,}8$ m e $\theta = 30°$. Desprezando as massas das roldanas e o efeito do atrito nessas roldanas e entre o bloco A e a superfície horizontal, determine, para esse instante, (*a*) a tração no cabo, (*b*) a aceleração do bloco A, (*c*) a aceleração do bloco B.

*12.73 O cursor C pesa 0,25 kg e pode mover-se na fenda aberta no braço AB, que gira a uma taxa constante $\dot{\theta}_0 = 10$ rad/s no plano horizontal. O cursor é preso a uma mola de constante $k = 50$ N/m, que não está deformada quando $r = 0$. Sabendo que o cursor é liberado em repouso com velocidade radial nula na posição $r = 500$ mm, e desprezando o atrito, determine para a posição $r = 300$ mm (*a*) as componentes radial e transversal da velocidade do cursor, (*b*) as componentes radial e transversal de sua aceleração, (*c*) a força horizontal exercida no cursor pelo braço AB.

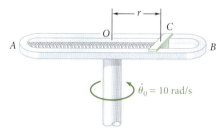

Figura *P12.73*

12.2 Quantidade de movimento angular e movimento orbital

Na Seção 12.1, introduzimos a ideia de quantidade de movimento linear e mostramos como a segunda lei de Newton poderia ser expressa como a taxa de variação da quantidade de movimento linear. A quantidade de movimento angular, ou o momento da quantidade de movimento linear, é outra quantidade útil. Nesta seção, definimos a quantidade de movimento angular para uma partícula e discutimos o movimento de uma partícula sob uma força central, que é aplicável a muitos tipos de movimento orbital.

12.2A Quantidade de movimento angular de uma partícula e sua taxa de variação

Considere uma partícula P de massa m que se move em relação a um sistema de referência newtoniano $Oxyz$. Como vimos na Seção 12.1B, a quantidade de movimento linear da partícula em um dado instante é definida como o vetor $m\mathbf{v}$ obtido multiplicando-se a velocidade $\mathbf{v}$ da partícula por sua massa m. O momento em relação a O do vetor $m\mathbf{v}$ é chamado de *momento da quantidade de movimento*, ou **quantidade de movimento angular**, da partícula em relação a O naquele instante, representado por $\mathbf{H}_O$. Recordando a definição de momento de um vetor (Seção 3.1E) e representando por $\mathbf{r}$ o vetor de posição de P, obtemos

Quantidade de movimento angular de uma partícula.

$$\mathbf{H}_O = \mathbf{r} \times m\mathbf{v} \qquad (12.12)$$

Notamos que $\mathbf{H}_O$ é um vetor perpendicular ao plano que contém $\mathbf{r}$ e $m\mathbf{v}$ e de intensidade

$$H_O = rmv \operatorname{sen} \phi \qquad (12.13)$$

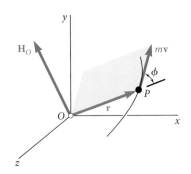

Figura 12.10 O vetor da quantidade de movimento angular de uma partícula é o produto vetorial do vetor de posição $\mathbf{r}$ e do vetor de momento linear $m\mathbf{v}$.

onde ϕ é o ângulo entre $\mathbf{r}$ e $m\mathbf{v}$ (Fig. 12.10). O sentido de $\mathbf{H}_O$ pode ser determinado a partir do sentido de $m\mathbf{v}$, aplicando-se a regra da mão direita. A unidade da quantidade de movimento angular é obtida pela multiplicação das unidades de comprimento e de quantidade de movimento linear (Seção 12.1C). Com unidades do sistema SI, temos

$$(m)(kg \cdot m/s) = kg \cdot m^2/s$$

Decompondo os vetores $\mathbf{r}$ e $m\mathbf{v}$ em componentes e aplicando a fórmula (3.10), escrevemos

$$\mathbf{H}_O = \begin{vmatrix} \mathbf{i} & \mathbf{j} & \mathbf{k} \\ x & y & z \\ mv_x & mv_y & mv_z \end{vmatrix} \qquad (12.14)$$

Os componentes de $\mathbf{H}_O$, que também representam os momentos da quantidade de movimento linear $m\mathbf{v}$ em relação aos eixos coordenados, podem ser obtidos expandindo o determinante em (12.14). Os resultados são

$$\begin{aligned} H_x &= m(yv_z - zv_y) \\ H_y &= m(zv_x - xv_z) \\ H_z &= m(xv_y - yv_x) \end{aligned} \qquad (12.15)$$

No caso de uma partícula que se move no plano xy, temos $z = v_z = 0$ e os componentes H_x e H_y se reduzem a zero. A quantidade de movimento angular é então perpendicular ao plano xy; ele é, assim, completamente definido pelo escalar

$$H_O = H_z = m(xv_y - yv_x) \quad (12.16)$$

Esses valores podem ser positivos ou negativos de acordo com o sentido em que a partícula se mover em relação a O. Se forem usadas coordenadas polares, decompomos a quantidade de movimento linear da partícula em componentes radial e transversal (Fig 12.11) e escrevemos

$$H_O = rmv \operatorname{sen} \phi = rmv_\theta \quad (12.17)$$

Alternativamente, recordando a Eq. (11.44) que $v_\theta = r\dot\theta$, temos

Quantidade de movimento angular em coordenadas polares

$$H_O = mr^2\dot\theta \quad (12.18)$$

Vamos agora calcular a derivada em relação a t da quantidade de movimento angular $\mathbf{H}_O$ de uma partícula P que se move no espaço. Diferenciando ambos os membros da Eq. (12.12) e recordando a regra para a diferenciação de um produto vetorial (Seção 11.4B), escrevemos

$$\dot{\mathbf{H}}_O = \dot{\mathbf{r}} \times m\mathbf{v} + \mathbf{r} \times m\dot{\mathbf{v}} = \mathbf{v} \times m\mathbf{v} + \mathbf{r} \times m\mathbf{a}$$

Como os vetores $\mathbf{v}$ e $m\mathbf{v}$ são colineares, o primeiro termo da expressão obtida é zero; e, pela segunda lei de Newton, $m\mathbf{a}$ é igual à soma $\Sigma\mathbf{F}$ das forças que atuam sobre P. Observando que $\mathbf{r} \times \Sigma\mathbf{F}$ representa a soma $\Sigma\mathbf{M}_O$ dos momentos em relação a O dessas forças, escrevemos

$$\Sigma\mathbf{M}_O = \dot{\mathbf{H}}_O \quad (12.19)$$

A Eq. (12.19), que resulta diretamente da segunda lei de Newton, afirma que:

> A soma dos momentos em relação a O das forças que atuam sobre uma partícula é igual à taxa de variação da quantidade de movimento angular (ou momento da quantidade de movimento) dessa partícula em relação a O.

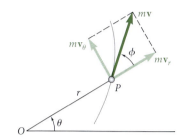

Figura 12.11 Em coordenadas polares, a quantidade de movimento angular de uma partícula é o produto da posição r e da componente transversal da quantidade de movimento linear.

12.2B Movimento sujeito a uma força central e conservação da quantidade de movimento angular

Quando a única força que atua sobre uma partícula P é uma força $\mathbf{F}$ dirigida para, ou afastando-se de, um ponto fixo O, diz-se que essa partícula se move sob a ação de uma **força central**, e o ponto O é chamado de **centro de força** (Fig. 12.12). Como a linha de ação de $\mathbf{F}$ passa por O, devemos ter $\Sigma\mathbf{M}_O = 0$ em qualquer instante dado. Substituindo na Eq. (12.19), obtemos

$$\dot{\mathbf{H}}_O = 0$$

para todos os valores de t e integrando em t

$$\mathbf{H}_O = \text{constante} \quad (12.20)$$

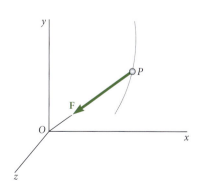

Figura 12.12 A força central $\mathbf{F}$ atua em direção ao centro de força O.

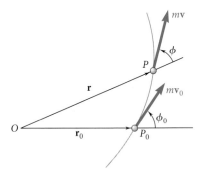

Figura 12.13 Quantidade de movimento angular de uma partícula movendo-se em um plano fixo sob a ação de uma força central.

Concluímos, então, que

> A quantidade de movimento angular de uma partícula que se move sob a ação de uma força central é constante, tanto em intensidade como em direção e sentido.

Recordando a definição de quantidade de movimento angular de uma partícula (Seção 12.2A), temos

Conservação da quantidade de movimento angular

$$\mathbf{r} \times m\mathbf{v} = \mathbf{H}_O = \text{constante} \tag{12.21}$$

Segue-se que o vetor de posição **r** da partícula *P* deve ser perpendicular ao vetor constante $\mathbf{H}_O$. Portanto, uma partícula sob a ação de uma força central se move em um plano fixo perpendicular a $\mathbf{H}_O$. O vetor $\mathbf{H}_O$ e o plano fixo são definidos pelo vetor de posição inicial $\mathbf{r}_0$ e pela velocidade inicial $\mathbf{v}_0$ da partícula. Por conveniência, vamos assumir que o plano da figura coincide com o plano fixo do movimento (Fig. 12.13).

Como a intensidade H_O da quantidade de movimento angular da partícula *P* é constante, o membro do lado direito da Eq. (12.13) deve ser constante. Escrevemos, assim,

$$rmv \operatorname{sen} \phi = r_0 m v_0 \operatorname{sen} \phi_0 \tag{12.22}$$

Essa é outra maneira de expressar a conservação da quantidade de movimento angular; essa relação se aplica ao movimento de qualquer partícula sob a ação de uma força central. Como a força gravitacional exercida pelo Sol sobre um planeta é uma força central dirigida para o centro do Sol, a Eq. (12.22) é fundamental para o estudo do movimento planetário. Por uma razão similar, ela é também fundamental para o estudo do movimento de veículos espaciais em órbita ao redor da Terra.

Alternativamente, recordando a Eq. (12.18), podemos expressar o fato de que a intensidade H_O da quantidade de movimento angular da partícula *P* é constante escrevendo

$$mr^2 \dot{\theta} = H_O = \text{constante} \tag{12.23}$$

Dividindo por *m* e representando por *h* a quantidade de movimento angular por unidade de massa H_O/m, temos

$$r^2 \dot{\theta} = h \tag{12.24}$$

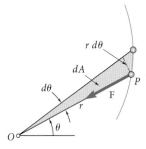

Figura 12.14 Quando uma partícula se move sob uma força central, sua velocidade areal é constante.

Uma interpretação geométrica interessante pode ser dada à Eq. (12.24). Observamos a partir da Fig. 12.14 que o raio vetor *OP* varre uma área infinitesimal $dA = \frac{1}{2}r^2 d\theta$, quando ele gira de um ângulo $d\theta$. Então, definindo a **velocidade areolar** da partícula como o quociente *dA/dt*, constatamos que o membro do lado esquerdo da Eq. (12.24) representa o dobro da velocidade areolar da partícula. Concluímos, então, que

> Quando uma partícula se move sob a ação de uma força central, sua velocidade areolar é constante.

12.2C Lei de Newton da gravitação

Como vimos na seção anterior, a força gravitacional exercida pelo Sol sobre um planeta, ou pela Terra sobre um satélite em órbita, é um exemplo importante de uma força central. Nesta seção você vai aprender como determinar a intensidade de uma força gravitacional.

Em sua **lei de gravitação universal**, Newton estabeleceu que duas partículas de massas M e m a uma distância r uma da outra se atraem com forças iguais e opostas **F** e –**F** dirigidas ao longo da linha que as une (Fig. 12.15). A intensidade comum F das duas forças é

Lei de Newton da gravitação universal

$$F = G\frac{Mm}{r^2} \qquad (12.25)$$

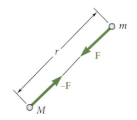

Figura 12.15 Pela lei de gravitação de Newton, duas massas se atraem com a mesma força.

onde G é uma constante universal, chamada **constante de gravitação**. Experimentos mostram que o valor de G é $(66,73 \pm 0,03) \times 10^{-12}$ m^3/kg·s^2 em unidades SI. As forças gravitacionais existem entre qualquer par de corpos, mas seus efeitos são apreciáveis somente quando um dos corpos tem uma massa muito grande. O efeito das forças gravitacionais é evidente nos casos de movimento de um planeta ao redor do Sol, de satélites em órbita ao redor da Terra, ou de corpos que caem sobre a superfície da Terra.

Como a força exercida pela Terra sobre um corpo de massa m localizada sobre – ou próximo – a sua superfície é definida como o peso **W** do corpo, podemos substituir F pela intensidade $W = mg$ do peso e r pelo raio R da Terra na Eq. (12.25). Obtemos

$$W = mg = \frac{GM}{R^2}m \quad \text{ou} \quad g = \frac{GM}{R^2} \qquad (12.26)$$

onde M é a massa da Terra. Como a Terra não é realmente esférica, a distância R do centro da Terra depende do ponto escolhido na sua superfície, e os valores de W e g irão, dessa maneira, variar conforme a altitude e latitude do ponto considerado. Outra razão para a variação de W e g com a latitude é que um sistema de eixos fixo à Terra não constitui um sistema de referência newtoniano (ver Seção 12.1A). Uma definição mais precisa do peso de um corpo deve, portanto, incluir um componente que represente os efeitos dessa aceleração centrípeta devida à rotação da Terra. Os valores de g ao nível do mar variam de 9,781 m/s^2 (ou 32,09 ft/s^2) no Equador a 9,833 m/s^2 (ou 32,26 ft/s^2) nos polos.*

A força exercida pela Terra sobre um corpo de massa m localizado no espaço a uma distância r do centro da Terra pode ser encontrada a partir da Eq. (12.25). Os cálculos serão um pouco simplificados se notarmos que, de acordo com a Eq. (12.26), o produto da constante de gravitação G e da massa M da Terra pode ser expresso como

$$GM = gR^2 \qquad (12.27)$$

onde g e o raio R da Terra são substituídos por seus valores médios $g = 9,81$ m/s^2 e $R = 6,37 \times 10^6$ m em unidades do SI.**

A descoberta da lei da gravitação universal tem sido frequentemente atribuída à crença de que, após observar uma maçã caindo de uma árvore, Newton refletiu que a Terra deveria atrair uma maçã e a Lua da mesma forma. Embora seja duvidoso que esse incidente realmente tenha ocorrido, pode-se dizer que Newton não teria formulado sua lei se ele não tivesse primeiro percebido que a aceleração de um corpo em queda deve ter a mesma causa que a aceleração que mantém a Lua em sua órbita.

---

*Uma fórmula que expressa g em termos da latitude ϕ foi dada no Problema 12.2.

**O valor de R é facilmente encontrado se recordarmos que a circunferência da Terra é $2\pi r = 40 \times 10^6$ m.

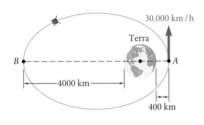

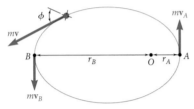

Figura 1 O satélite em várias posições.

PROBLEMA RESOLVIDO 12.12

Um satélite é lançado em uma direção paralela à superfície da Terra com uma velocidade de 30.000 km/h de uma altitude de 400 km. Determine a velocidade do satélite quando atinge sua altitude máxima de 4.000 km. Lembre que o raio da Terra é de 6.370 km.

ESTRATÉGIA Uma força central atua sobre o satélite, de modo que a quantidade de movimento angular é conservada. Você pode usar o princípio da conservação da quantidade de movimento angular para determinar a velocidade do satélite.

MODELAGEM E ANÁLISE Como o satélite está se movendo sob a ação de uma força central dirigida para o centro O da Terra, seu momento angular $\mathbf{H}_O$ é constante. Da Eq. (12.13), temos

$$rmv \operatorname{sen} \phi = H_O = \text{constante}$$

Essa equação mostra que v é mínima em B, onde r e sen ϕ são máximos. Expressando a conservação da quantidade de movimento angular entre A e B, escrevemos

$$r_A m v_A = r_B m v_B$$

Assim,

$$v_B = v_A \frac{r_A}{r_B} = (30.000 \text{ km/h}) \frac{6370 \text{ km} + 400 \text{ km}}{6370 \text{ km} + 4000 \text{ km}}$$

$$v_B = 19.590 \text{ km/h} \blacktriangleleft$$

PARA REFLETIR Observe que para aumentar a velocidade, você pode optar por aplicar propulsores para empurrar a espaçonave mais perto da Terra. Como essa é uma força central, a quantidade de movimento angular da nave espacial permanece constante. Por conseguinte, a sua velocidade v aumenta à medida que a distância radial r diminui.

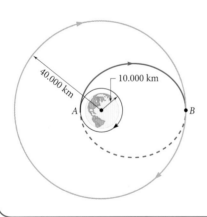

PROBLEMA RESOLVIDO 12.13

Um rebocador espacial viaja em uma órbita circular com um raio de 10.000 km ao redor da Terra. Para transferi-lo para uma órbita maior, com um raio de 40.000 km, ele é primeiro colocado em uma trajetória elíptica AB, disparando seus motores quando passa por A, aumentando, assim, sua velocidade em 6.350 km/h. Determine quanto a velocidade do rebocador deve ser aumentada à medida que atinge B para inseri-lo na órbita circular maior. Lembre-se que o raio da Terra é 6.370 km.

ESTRATÉGIA Utilize a segunda lei de Newton e a conservação da quantidade de movimento angular.

MODELAGEM Escolha o rebocador espacial como o sistema e considere que ele pode ser modelado como uma partícula. Desenhe os diagramas de corpo livre e cinético do sistema em A, como mostrado na Fig. 1.

ANÁLISE

Órbita circular através de A. Aplicando a segunda lei de Newton na direção normal quando o rebocador está em A, temos

$$\overset{+}{\rightarrow} \Sigma F_n = ma_n \qquad \frac{GMm}{r_A^2} = \frac{mv_A^2}{r_A} \qquad (1)$$

Resolva a Eq. (1) para v_A e substitua em números para determinar

$$v_A = \sqrt{\frac{GM}{r_A}} = \sqrt{\frac{gR^2}{r_A}} = \sqrt{\frac{(9{,}81 \text{ m/s}^2)((6370 \text{ km})(1000 \text{ m/km}))^2}{(10.000 \text{ km})(1000 \text{ m/km})}} = 6309 \text{ m/s}$$

Convertendo isso para km/h, temos $v_A = 22.713$ km/h. Portanto, a velocidade para colocar o rebocador espacial em uma órbita elíptica é $(v_A)_{el}$ 22.713 km/h + 6350 km/h = 29.063 km/h.

Trajetória elíptica AB. Para calcular a velocidade em B, utilize a conservação da quantidade de movimento angular entre A e B. A velocidade é perpendicular para r em ambos A e B, então temos

$$H_O = r_A m v_A = r_B m v_B \qquad (2)$$

Resolvendo a Eq. (2) para v_B e substituindo em números, temos

$$(v_B)_{el} = \frac{r_A}{r_B}(v_A)_{el} = \frac{10.000 \text{ m}}{40.000 \text{ km}}(29{,}063 \text{ km/h}) = 7266 \text{ km/h}$$

Órbita circular através de B. Aplicando a segunda lei de Newton na direção normal quando o rebocador está em B, temos

$$\overset{+}{\leftarrow} \Sigma F_n = ma_n \qquad \frac{GMm}{r_B^2} = \frac{mv_B^2}{r_B} \qquad (3)$$

Resolvendo a Eq. (3) para v_B e substituindo em números, obtemos

$$v_B = \sqrt{\frac{GM}{r_B}} = \sqrt{\frac{gR^2}{r_B}} = \sqrt{\frac{(9{,}81 \text{ m/s}^2)((6370 \text{ km})(1000 \text{ m/km}))^2}{(40.000 \text{ km})(1000 \text{ m/km})}} = 3155 \text{ m/s}$$

Esta é a velocidade do rebocador espacial em B para que ele tenha uma órbita circular. Convertendo isso para mi/h temos $v_B = 11.375$ km/h. Portanto, o aumento da velocidade necessário é

$$\Delta v_B = 11.375 \text{ km/h} - 7266 \text{ km/h}$$

$$\Delta v_B = 4090 \text{ km/h} \quad \blacktriangleleft$$

PARA REFLETIR As velocidades dos satélites e veículos orbitais são muito grandes, como visto nesse problema. O próximo tipo de pergunta que poderíamos fazer é qual força é necessária para transmitir essa mudança de velocidade.

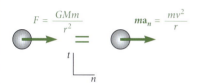

Figura 1 Diagramas de corpo livre e cinético do satélite no ponto A.

METODOLOGIA PARA A RESOLUÇÃO DE PROBLEMAS

Nesta seção, introduzimos o *momento da quantidade de movimento*, ou a *quantidade de movimento angular*, $\mathbf{H}_O$ de uma partícula em relação a O, como

$$\mathbf{H}_O = r \times m\mathbf{v} \tag{12.12}$$

e encontramos que $\mathbf{H}_O$ é constante quando a partícula se move sob a ação de uma **força central** com seu centro localizado em O.

1. Resolvendo problemas que envolvem o movimento de uma partícula sujeita a uma força central. Em problemas deste tipo, a quantidade de movimento angular $\mathbf{H}_O$ da partícula em relação ao centro de força O se mantém. Podemos expressar a conservação da quantidade de movimento angular da partícula P em relação a O pelo $rmv \operatorname{sen} \phi = r_0 mv_0 \operatorname{sen} \phi_0$.

2. Em problemas de mecânica espacial que envolvem o movimento orbital de um planeta em torno do Sol, ou de um satélite em torno da Terra, da Lua ou de algum outro planeta, a força central $\mathbf{F}$ é a força de atração gravitacional. Ela é dirigida *para* o centro de força O e tem a intensidade

$$F = G\frac{Mm}{r^2} \tag{12.25}$$

Observe que no caso particular da força gravitacional exercida pela Terra, o produto GM pode ser substituído por gR^2, onde R é o raio da Terra [Eq. 12.27].

Os dois casos de movimento orbital a seguir são encontrados frequentemente:

a. Para um satélite em uma órbita circular, a força $\mathbf{F}$ é normal à órbita e pode ser escrita como $F = ma_n$ [Problema Resolvido 12.13]. Substituindo o valor de F da Eq. (12.25) e observando que $a_n = v^2/\rho = v^2/r$, você obterá

$$G\frac{Mm}{r^2} = m\frac{v^2}{r} \quad \text{ou} \quad v^2 = \frac{GM}{r}$$

b. Para um satélite em uma órbita elíptica, o raio vetor $\mathbf{r}$ e a velocidade $\mathbf{v}$ do satélite são perpendiculares entre si nos pontos A e B que são, respectivamente, o mais afastado e o mais próximo do centro de força O [Problema Resolvido 12.12]. Portanto, a conservação da quantidade de movimento angular do satélite entre esses dois pontos pode ser expressa como

$$r_A mv_A = r_B mv_B$$

PROBLEMAS

12.74 Uma partícula de massa m é lançada do ponto A com uma velocidade inicial $\mathbf{v}_0$ perpendicular à linha OA e se movimenta sob a ação de uma força central $\mathbf{F}$ direcionada para longe do centro de força O. Sabendo que a partícula segue uma trajetória definida pela equação $r = r_0/\sqrt{\cos 2\theta}$ e usando a Eq. (12.24), expresse os componentes radial e transversal da velocidade $\mathbf{v}$ da partícula em função de θ.

12.75 Para a partícula do Problema 12.74, mostre (a) que a velocidade da partícula e a força central $\mathbf{F}$ são proporcionais à distância r da partícula ao centro de força O, (b) que o raio de curvatura da trajetória é proporcional a r^3.

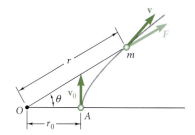

Figura P12.74

12.76 Uma partícula de massa m é lançada do ponto A com uma velocidade inicial $\mathbf{v}_0$ perpendicular à linha OA e se movimenta sob a ação de uma força central $\mathbf{F}$ ao longo de uma trajetória semicircular de diâmetro OA. Observando que $r = r_0 \cos\theta$ e usando a Eq. (12.24), demonstre que a velocidade escalar da partícula é $v = v_0/\cos^2\theta$.

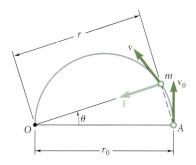

Figura P12.76

12.77 Para a partícula do Problema 12.76, determine a componente tangencial F_t da força central $\mathbf{F}$ ao longo da tangente da trajetória da partícula para (a) $\theta = 0$, (b) $\theta = 45°$.

12.78 Determine a massa da Terra sabendo que o raio médio da órbita da Lua em torno da Terra é de 384.000 km e que a Lua precisa de 27,32 dias para completar uma volta inteira em torno da Terra.

12.79 Demonstre que o raio r da órbita da Lua pode ser determinado a partir do raio R da Terra, da aceleração da gravidade g na superfície da Terra e do tempo τ necessário para a Lua completar uma volta em torno da Terra. Calcule r sabendo que $\tau = 27,3$ dias.

12.80 Satélites de comunicação são colocados em uma órbita geossíncrona, isto é, em uma órbita circular tal que eles realizam uma volta completa em torno da Terra em um dia sideral (23,934 horas) e, então, aparentam estar parados em relação ao solo. Determine (a) a altitude desses satélites acima da superfície da Terra, (b) a velocidade com que eles descrevem suas órbitas.

12.81 Demonstre que o raio r da órbita da lua de um dado planeta pode ser determinado a partir do raio R deste planeta, da aceleração da gravidade na superfície do planeta e do tempo τ necessário para a lua fazer uma volta completa em torno do planeta. Determine a aceleração da gravidade na superfície do planeta Júpiter sabendo que $R = 71.492$ km, $\tau = 3,551$ dias e $r = 670,9 \times 10^3$ km para sua lua, Europa.

12.82 A órbita do planeta Vênus é quase circular com uma velocidade orbital de $126,5 \times 10^3$ km/h. Sabendo que a distância média entre o centro do Sol e o centro de Vênus é 108×10^6 e que o raio do Sol é $695,5 \times 10^3$ km, determine (*a*) a massa do Sol, (*b*) a aceleração da gravidade na superfície do sol.

12.83 Um satélite é colocado em uma órbita circular em torno do planeta Saturno a uma altitude de 3.400 km. O satélite descreve sua órbita com velocidade de 87.500 km/h. Sabendo que o raio da órbita sobre Saturno e o período de Atlas, uma das luas de Saturno, são $136,9 \times 10^3$ km e 0,6017 dias, respectivamente, determine (*a*) o raio de Saturno, (*b*) a massa de Saturno. (O *período* de um satélite é o tempo requerido para ele concluir uma volta completa em torno do planeta.)

12.84 O período (ver Problema 12.83) de um satélite terrestre em uma órbita polar circular é de 120 minutos. Determine (*a*) a altitude h do satélite, (*b*) o tempo durante o qual o satélite está acima do horizonte, para um observador localizado no polo norte.

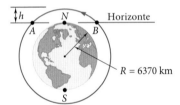

Figura **P12.84**

12.85 Uma espaçonave de 500 kg é colocada primeiramente em uma órbita circular em torno da Terra a uma altitude de 4.500 km e, então, é transferida para uma órbita circular em torno da Lua. Sabendo que a massa da Lua é 0,01230 vezes a massa da Terra e que o raio da Lua é de 1.737 km, determine (*a*) a força gravitacional exercida sobre a espaçonave enquanto ela orbitava a Terra, (*b*) o raio necessário da órbita da espaçonave em torno da Lua para que os períodos (ver Problema 12.83) das duas órbitas sejam iguais, (*c*) a aceleração da gravidade na superfície da Lua.

12.86 Um veículo espacial está em uma órbita circular de 2.200 km de raio ao redor da Lua. Para ser transferido para uma órbita menor, de 2.080 km de raio, o veículo é posto primeiro em uma trajetória elíptica AB, reduzindo sua velocidade escalar em 26,3 m/s ao passar por A. Sabendo que a massa da Lua é de $73,49 \times 10^{21}$ kg, determine (*a*) a velocidade escalar do veículo quando ele se aproxima de B pela trajetória elíptica, (*b*) em quanto sua velocidade deve ser reduzida quando ele se aproxima de B para que ele seja inserido na órbita circular menor.

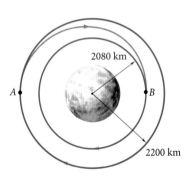

Figura P12.86

12.87 Como uma primeira aproximação para a análise de um voo espacial da Terra para Marte, considere que as órbitas da Terra e de Marte são circulares e coplanares. As distâncias médias do sol à Terra e a Marte são $149,6 \times 10^6$ km e $227,8 \times 10^6$ km, respectivamente. Para colocar a espaçonave em uma órbita de transferência elíptica no ponto A, sua velocidade é aumentada ao longo de um curto intervalo de tempo até v_A, que é 2,94 km/s mais rápida que a velocidade orbital da Terra. Quando a espaçonave alcança o ponto B na órbita de transferência elíptica, sua velocidade v_B é aumentada para a velocidade orbital de Marte. Sabendo que a massa do sol é $332,8 \times 10^3$ vezes a massa da terra, determine o aumento da velocidade necessário em B.

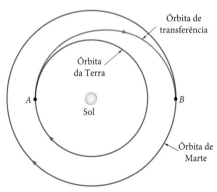

Figura P12.87

12.88 Para colocar um satélite de comunicações em uma órbita geossíncrona (ver Problema 12.80) a uma altitude de 35.800 km acima da superfície da Terra, o satélite primeiro é liberado do ônibus espacial, cuja órbita circular está na altitude de 300 km, e então é propelido, por um estágio superior de foguete auxiliar, para sua altitude final. Quando o satélite passa por A, o motor do foguete é acionado para inserir o satélite em uma órbita elíptica de transferência. O foguete auxiliar é novamente acionado em B para inserir o satélite em uma órbita geossíncrona. Sabendo que o segundo impulso aumenta a velocidade escalar do satélite em 1.440 m/s, determine (a) a velocidade escalar do satélite quando ele se aproxima de B na órbita de transferência elíptica, (b) o aumento da velocidade escalar resultante da primeira propulsão em A.

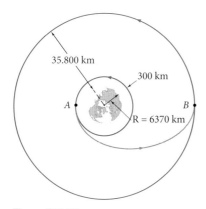

Figura P12.88

12.89 Planos para a missão de um pouso não tripulado ao planeta Marte indica que o veículo de retorno à Terra primeiro descreve uma órbita circular a uma altitude d_A = 2200 km acima da superfície do planeta com a velocidade de 2771 m/s. Ao passar pelo ponto A, o veículo foi posto em uma órbita de transferência elíptica pela ação de seus foguetes, aumentando sua velocidade escalar em Δv_A = 1046 m/s. Ao passar por meio do ponto B, na altitude d_B = 100.000 km, foi posto em uma segunda órbita de transferência localizada em um plano ligeiramente diferente, mudando a direção de sua velocidade e reduzindo sua velocidade escalar de Δv_B = −22,0 m/s. Finalmente, ao passar por meio do ponto C, a uma altitude d_C = 1000 km, sua velocidade escalar foi incrementada de Δv_C = 660 m/s para inseri-lo na trajetória de retorno. Sabendo que o raio do planeta Marte é R = 3400 km, determine a velocidade do veículo depois de completar a última manobra.

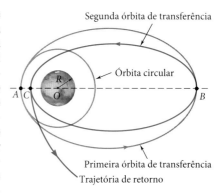

Figura P12.89

12.90 Um colar de 1 kg pode deslizar em uma haste horizontal que é livre para girar sobre um eixo vertical. O colar é inicialmente mantido preso ao eixo em A por uma corda. A mola de constante 30 N/m é fixada ao colar e ao eixo e não está deformada quando o colar está em A. No momento em que a haste gira a uma taxa $\dot{\theta}$ = 16 rad/s, a corda é cortada e o colar move-se ao longo da haste. Desprezando o atrito e a massa da haste, determine (a) as componentes radial e transversal da aceleração do colar em A, (b) a aceleração do colar em relação à haste em A, (c) a componente transversal da velocidade do colar em B.

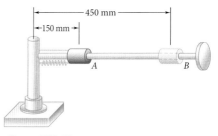

Figura P12.90

12.91 Uma bola A de 0,2 kg e uma bola B de 0,4 kg são montadas em uma barra horizontal que gira livremente sobre um eixo vertical. As bolas são mantidas nas posições mostradas na figura por pinos. O pino que segura B é repentinamente removido e a bola se move para a posição C enquanto a barra gira. Desprezando o atrito e a massa da barra e sabendo que a velocidade escalar inicial de A é $v_A = 2{,}5$ m/s, determine (a) os componentes radial e transversal da aceleração da bola B imediatamente após o pino ser retirado, (b) a aceleração da bola B relativa à barra nesse instante, (c) a velocidade escalar da bola A depois de a bola B ter atingido o batente em C.

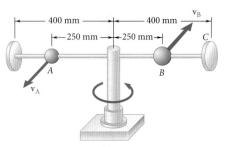

Figura P12.91

12.92 Dois colares A e B de 1,25 kg podem deslizar sem atrito em uma estrutura, formada pela haste horizontal OE e pela haste vertical CD, que é livre para rodar sobre CD. Os dois colares estão presos por uma corda que desliza sobre uma polia que está ligada à estrutura em O, e um batente evita que o colar B se mova. A estrutura está girando a taxa $\dot{\theta} = 12$ rad/s e $r = 200$ mm quando o batente é removido permitindo que o colar A se afaste ao longo da barra OE. Desprezando o atrito e a massa da estrutura, determine, para a posição $r = 400$ mm, (a) a componente transversal da velocidade do colar A, (b) a tração na corda e a aceleração do colar A em relação à haste OE.

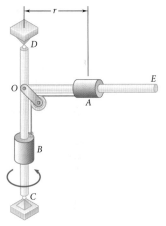

Figura **P12.92**

12.93 Uma pequena bola balança em um círculo horizontal na extremidade de uma corda de comprimento l_1, que forma um ângulo θ_1 com a vertical. A corda é então puxada lentamente pelo suporte em O até que o comprimento da ponta livre seja de l_2. (a) Deduza uma relação entre l_1, l_2, θ_1 e θ_2. (b) Se a bola é posta em movimento de modo que inicialmente $l_1 = 0{,}8$ m e $\theta_1 = 35°$, determine o ângulo θ_2 quando $l_2 = 0{,}6$ m.

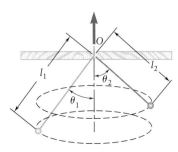

Figura **P12.93**

*12.3 Aplicações do movimento de uma força central

Os exemplos mais importantes de uma partícula movendo-se sob a ação de uma força central ocorrem na mecânica espacial, na qual a gravidade é a força central. Nesta seção, examinamos algumas das ideias básicas desse movimento, concentrando nos movimentos dos satélites ao redor da Terra e planetas em torno de uma estrela.

12.3A Trajetória de uma partícula sob uma força central

Considere uma partícula P que se move sob a ação de uma força central $\mathbf{F}$. Para caracterizar completamente o movimento da partícula P (que poderia representar um satélite, uma lua, etc.), nossa proposta é obter a equação diferencial que defina sua trajetória.

Considerando que a força $\mathbf{F}$ é dirigida para o centro de força O, notamos que ΣF_r e ΣF_θ se reduzem, respectivamente, a $-F$ e zero nas Eqs. (12.10) e (12.11). Portanto, temos

$$m(\ddot{r} - r\dot{\theta}^2) = -F \tag{12.28}$$

$$m(r\ddot{\theta} + 2\dot{r}\dot{\theta}) = 0 \tag{12.29}$$

Essas equações definem o movimento de P. Podemos utilizar também a Eq. (12.24) para analisar o movimento de P, obtendo

$$r^2\dot{\theta} = h \quad \text{ou} \quad r^2\frac{d\theta}{dt} = h \tag{12.30}$$

Podemos usar a Eq. (12.30) para eliminar a variável independente t da Eq. (12.28). Resolvendo a Eq. (12.30) para $\dot{\theta}$ ou $d\theta/dt$, obtemos

$$\dot{\theta} = \frac{d\theta}{dt} = \frac{h}{r^2} \tag{12.31}$$

Segue-se que

$$\dot{r} = \frac{dr}{dt} = \frac{dr}{d\theta}\frac{d\theta}{dt} = \frac{h}{r^2}\frac{dr}{d\theta} = -h\frac{d}{d\theta}\left(\frac{1}{r}\right)$$

$$\ddot{r} = \frac{d\dot{r}}{dt} = \frac{d\dot{r}}{d\theta}\frac{d\theta}{dt} = \frac{h}{r^2}\frac{d\dot{r}}{d\theta} \tag{12.32}$$

Se substituirmos $\dot{r}$ da Eq. (12.32) na expressão para $\ddot{r}$, temos

$$\ddot{r} = \frac{h}{r^2}\frac{d}{d\theta}\left[-h\frac{d}{d\theta}\left(\frac{1}{r}\right)\right]$$

$$\ddot{r} = -\frac{h^2}{r^2}\frac{d^2}{d\theta^2}\left(\frac{1}{r}\right) \tag{12.33}$$

Agora, substituindo $\dot{\theta}$ e $\ddot{r}$ das Eqs. (12.31) e (12.33), respectivamente, na Eq. (12.28) e introduzindo a função $u = 1/r$, obtemos, após simplificações

$$\frac{d^2u}{d\theta^2} + u = \frac{F}{mh^2u^2} \tag{12.34}$$

Foto 12.5 O telescópio Hubble foi colocado em órbita pelo ônibus espacial em 1990 (primeiro geoestacionário da NASA).

Na dedução da Eq. (12.34), a força **F** foi considerada como estando dirigida para O. A intensidade F deve ser, portanto, positiva se **F** estiver realmente dirigida para O (força de atração) e negativa se **F** estiver se afastando de O (força repulsiva). Se F é uma função conhecida de r e, portanto, de u, a Eq. (12.34) é uma equação diferencial em u e θ. Essa equação diferencial define a trajetória seguida pela partícula sob a ação da força central **F**. A equação da trajetória pode ser obtida resolvendo-se a equação diferencial (12.34) para u como uma função de θ e determinando as constantes de integração a partir das condições iniciais.

*12.3B Aplicação à mecânica espacial

Após os últimos estágios de seus foguetes lançadores terem queimado seus combustíveis, os satélites da Terra e outros veículos espaciais estão sujeitos apenas à atração gravitacional da Terra. Seu movimento pode, portanto, ser determinado a partir das Eqs. (12.30) e (12.34), que governam o movimento de uma partícula sob a ação de uma força central, depois que F tiver sido substituído pela expressão obtida para a força de atração gravitacional.* Definimos F na Eq. (12.35) como

$$F = \frac{GMm}{r^2} = GMmu^2$$

onde M = massa da Terra.
m = massa do veículo espacial
r = distância do centro da Terra ao veículo
$u = 1/r$

obtemos a equação diferencial

$$\frac{d^2u}{d\theta^2} + u = \frac{GM}{h^2} \quad (12.37)$$

onde se observa que o membro do lado direito da equação é uma constante.

A solução da equação diferencial (12.35) é obtida somando-se a solução particular $u = GM/h^2$ à solução geral $u = C \cos(\theta - \theta_0)$ da equação homogênea correspondente (isto é, a equação obtida tomando o membro do lado direito igual a zero). Escolhendo o eixo polar de modo que $\theta_0 = 0$, escrevemos

$$\frac{1}{r} = u = \frac{GM}{h^2} + C \cos\theta \quad (12.38)$$

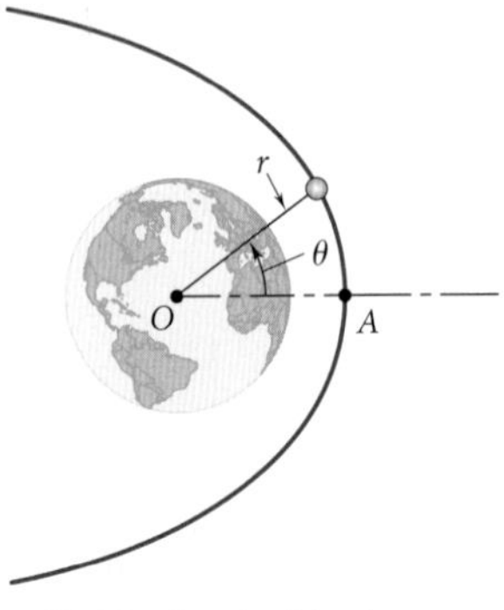

A Eq. (12.36) é a equação de uma *seção cônica* (elipse, parábola ou hipérbole) nas coordenadas polares r e θ. A origem O das coordenadas, que está localizada no centro da Terra, é um *foco* dessa seção cônica, e o eixo polar é um de seus eixos de simetria (Fig. 12.16).

A razão entre as constantes C e GM/h^2 define a **excentricidade** ε da seção cônica. Se fizermos

$$\varepsilon = \frac{C}{GM/h^2} = \frac{Ch^2}{GM} \quad (12.37)$$

Figura 12.16 A trajetória de um satélite terrestre é uma seção cônica com o centro da terra como um de seus focos.

---

*Consideramos que os veículos espaciais aqui estudados são atraídos unicamente pela Terra e que suas massas são desprezíveis comparadas com a massa da Terra. Se um veículo se desloca para muito longe da Terra, sua trajetória pode ser afetada pela atração do Sol, da Lua ou de outro planeta.

podemos escrever a Eq. (12.36) sob a forma

$$\frac{1}{r} = \frac{GM}{h^2}(1 + \varepsilon \cos \theta) \qquad (12.36')$$

Essa equação representa três trajetórias possíveis.

1. $\varepsilon > 1$, ou $C > GM/h^2$: existem dois valores θ_1 e $-\theta_1$ do ângulo polar, definido por $\theta_1 = -GM/Ch^2$, para os quais o membro do lado direito da Eq. (12.36) se torna zero. Para ambos os valores, o raio vetor r se torna infinito; a seção cônica é uma *hipérbole* (Fig. 12.17).
2. $\varepsilon = 1$, ou $C = GM/h^2$: o raio vetor se torna infinito para $\theta = 180°$; a seção cônica é uma *parábola*.
3. $\varepsilon < 1$, ou $C < GM/h^2$: o raio vetor permanece finito para todo valor de θ; a seção cônica é uma *elipse*. No caso particular quando $\varepsilon = C = 0$, o comprimento do raio vetor é constante; a seção cônica é um círculo.

Vejamos agora como as constantes C e GM/h^2, que caracterizam a trajetória de um veículo espacial, podem ser determinadas a partir da posição e da velocidade do veículo no início de seu voo livre. Consideremos que, como é geralmente o caso, a fase propulsada de seu voo tenha sido programada de tal modo que quando o último estágio do foguete de lançamento se extinguir, o veículo terá uma velocidade paralela à superfície da Terra (Fig. 12.18). Em outras palavras, vamos considerar que o veículo espacial inicie seu voo livre no vértice A de sua trajetória. (Na Seção 13.2D, consideramos problemas envolvendo lançamentos oblíquos.)

Representando o raio vetor e a velocidade escalar do veículo no início de seu voo livre por r_0 e v_0, respectivamente, observamos que a velocidade se reduz a seu componente transversal. Portanto, $v_0 = r_0\dot\theta_0$. Recordando a Eq. (12.24), expressamos a quantidade de movimento angular por unidade de massa h como

$$h = r_0^2 \dot\theta_0 = r_0 v_0 \qquad (12.38)$$

O valor obtido para h pode ser usado para determinar a constante GM/h^2. Observamos, também, que o cálculo dessa constante será simplificado se usarmos a relação obtida na Seção 12.2C.

$$GM = gR^2 \qquad (12.27)$$

onde R é o raio da Terra ($R = 6,37 \times 10^6$ m ou 3960 mi) e g é a aceleração da gravidade na superfície da Terra.

A constante C é obtida fazendo $\theta = 0$, $r = r_0$ em (12.36). Assim,

$$C = \frac{1}{r_0} - \frac{GM}{h^2} \qquad (12.39)$$

Substituindo para h de (12.38), podemos facilmente expressar C em termos de r_0 e v_0.

Condições iniciais. Vamos agora determinar as condições iniciais correspondentes a cada uma das três trajetórias fundamentais indicadas anteriormente. Considerando em primeiro lugar a trajetória parabólica, colocamos C igual a GM/h^2 na Eq. (12.39) e eliminamos h nas Eqs. (12.38) e (12.39). Resolvendo para v_0, obtemos

$$v_0 = \sqrt{\frac{2GM}{r_0}}$$

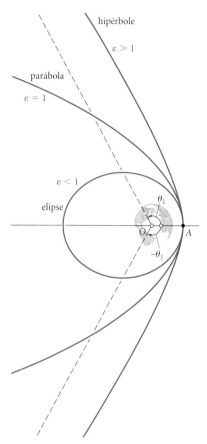

Figura 12.17 Dependendo da excentricidade, a órbita de um satélite terrestre pode ser uma hipérbole, uma parábola ou uma elipse.

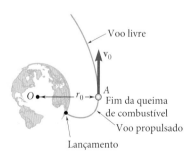

Figura 12.18 Tipicamente, um veículo espacial tem uma velocidade paralela à superfície da terra após a parte acionada de seu voo.

Podemos facilmente verificar que um valor maior da velocidade inicial corresponde a uma trajetória hiperbólica e um valor menor corresponde a uma órbita elíptica. Como o valor de v_0 obtido para a trajetória parabólica é o menor valor para o qual o veículo espacial não retorna ao seu ponto de partida, ele é denominado **velocidade de escape**. Portanto, se fizermos uso da Eq. (12.27), temos

$$v_{esc} = \sqrt{\frac{2GM}{r_0}} \quad \text{ou} \quad v_{esc} = \sqrt{\frac{2gR^2}{r_0}} \quad (12.40)$$

Observamos que a trajetória será (1) hiperbólica, se $v_0 > v_{esc}$, (2) parabólica, se $v_0 = v_{esc}$, e (3) elíptica, se $v_0 < v_{esc}$.

Entre as várias órbitas elípticas possíveis, aquela obtida quando $C = 0$, a *órbita circular*, é de especial interesse. Levando em conta a Eq. (12.27), o valor da velocidade inicial correspondente a uma órbita circular é

$$v_{circ} = \sqrt{\frac{GM}{r_0}} \quad \text{ou} \quad v_{circ} = \sqrt{\frac{gR^2}{r_0}} \quad (12.41)$$

Verificamos a partir da Fig 12.19 que para valores de v_0 maiores que v_{circ}, mas menores que v_{esc}, o ponto A onde o voo livre se inicia é o ponto da órbita mais próximo da Terra. Esse ponto é denominado *perigeu*, enquanto o ponto A', que está mais afastado da Terra, é conhecido como *apogeu*. Para valores de v_0 menores que v_{circ}, o ponto A é o apogeu, enquanto o ponto A'', no outro lado da órbita, é o perigeu. Para valores de v_0 muito menores que v_{circ}, a trajetória do veículo espacial intercepta a superfície da Terra; em tal caso, o veículo não entra em órbita.

Mísseis balísticos, que são projetados para atingir a superfície da Terra, também se deslocam ao longo de trajetórias elípticas. Na verdade, devemos agora compreender que qualquer objeto lançado no vácuo com uma velocidade inicial v_0 menor que v_{esc} vai se deslocar ao longo de uma trajetória elíptica. Somente quando as distâncias envolvidas são pequenas é que o campo gravitacional da Terra pode ser considerado uniforme e a trajetória elíptica pode, nesse caso, ser aproximada de uma trajetória parabólica, como foi feito anteriormente (Seção 11.4C) no caso de projéteis convencionais.

Período. Uma característica importante do movimento de um satélite da Terra é o tempo requerido pelo satélite para descrever sua órbita. Esse tempo, conhecido como o **período** do satélite, é representado por τ. Observamos em primeiro lugar, tendo em vista a definição de velocidade areolar (Seção 12.2B), que τ pode ser obtido dividindo-se a área interior da órbita pela velocidade areolar. Consideramos que a área de uma elipse é igual a πab, onde a e b representam os semieixos maior e menor, respectivamente. Como a velocidade areolar é igual a $h/2$, escrevemos

$$\tau = \frac{2\pi ab}{h} \quad (12.42)$$

Enquanto h pode ser facilmente determinado a partir de r_0 e v_0 no caso de um satélite lançado em uma direção paralela à superfície da Terra, os semieixos a e b não estão diretamente relacionados às condições iniciais. Como, por outro lado, os valores r_0 e r_1 de r correspondentes ao perigeu e apogeu da órbita podem ser facilmente determinados a partir da Eq. (12.36), vamos expressar os semieixos a e b em termos de r_0 e r_1.

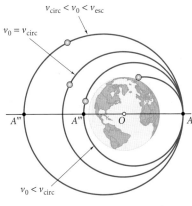

Figura 12.19 As várias órbitas elípticas possíveis para satélites da Terra dependem da velocidade inicial.

Considere a órbita elíptica mostrada na Fig. 12.20. O centro da Terra está localizado em O e coincide com um dos dois focos da elipse, enquanto os pontos A e A' representam, respectivamente, o perigeu e o apogeu da órbita. Podemos facilmente verificar que

$$r_0 + r_1 = 2a$$

e, portanto,

$$a = \tfrac{1}{2}(r_0 + r_1) \qquad (12.43)$$

Recordando que a soma das distâncias de cada um dos focos a qualquer ponto da elipse é constante, escrevemos

$$O'B + BO = O'A + OA = 2a \quad \text{ou} \quad BO = a$$

Por outro lado, temos que $CO = a - r_0$. Podemos, portanto, escrever

$$b^2 = (BC)^2 = (BO)^2 - (CO)^2 = a^2 - (a - r_0)^2$$
$$b^2 = r_0(2a - r_0) = r_0 r_1$$

e, portanto,

$$b = \sqrt{r_0 r_1} \qquad (12.44)$$

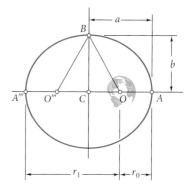

Figura 12.20 Para uma órbita elíptica, as distâncias para o apogeu (A') e o perigeu (A) estão relacionadas aos semieixos maior e menor.

As fórmulas (12.43) e (12.44) indicam que os semieixos maior e menor da órbita são iguais, respectivamente, às médias aritmética e geométrica dos valores máximo e mínimo do raio vetor. Uma vez que r_0 e r_1 tenham sido determinados, os comprimentos dos semieixos podem ser facilmente calculados e substituídos para a e b na fórmula (12.42).

*12.3C Leis de Kepler do movimento planetário

As equações que governam o movimento de um satélite da Terra podem ser usadas para descrever o movimento da Lua ao redor da Terra. Nesse caso, entretanto, a massa da Lua não é desprezível quando comparada à massa da Terra, e os resultados obtidos não são totalmente exatos.

A teoria desenvolvida nas seções precedentes também pode ser aplicada ao estudo do movimento dos planetas ao redor do Sol. Apesar de outro erro ser introduzido ao se desprezar as forças exercidas pelos planetas uns sobre os outros, a aproximação obtida é excelente. De fato, mesmo antes de Newton ter formulado sua teoria fundamental, as propriedades expressas pela Eq. (12.36), onde M agora representa a massa do Sol, e pela Eq. (12.30) foram descobertas pelo astrônomo alemão Johann Kepler (1571-1630) a partir de observações astronômicas do movimento dos planetas.

As três **leis do movimento planetário** de Kepler podem ser enunciadas como se segue:

1. Cada planeta descreve uma elipse, com o Sol localizado em um de seus focos.
2. O raio vetor traçado do Sol a um planeta varre áreas iguais em tempos iguais.
3. Os quadrados dos períodos dos planetas são proporcionais aos cubos dos semieixos maiores de suas órbitas.

A primeira lei enuncia um caso particular do resultado estabelecido na Seção 12.3B e a segunda expressa que a velocidade areolar de cada planeta é constante (ver Seção 12.2B). A terceira lei de Kepler também pode ser deduzida dos resultados obtidos na Seção 12.3B (Ver também Problema 12.120).

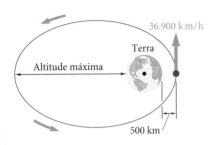

PROBLEMA RESOLVIDO 12.14

Um satélite é lançado em uma direção paralela à superfície da Terra com velocidade de 36.900 km/h de uma altitude de 500 km. Determine (*a*) a máxima altitude alcançada pelo satélite e (*b*) o período do satélite.

ESTRATÉGIA Após o satélite ter sido lançado, ele está sujeito apenas à atração gravitacional da Terra e move-se sob a ação de uma força central. Sabendo disso, você pode determinar a trajetória do satélite, a altitude máxima e o período.

MODELAGEM E ANÁLISE O satélite pode ser modelado como uma partícula.

a. Altitude máxima. Após o satélite ter sido lançado, ele está sujeito somente à atração gravitacional da Terra. Seu movimento é, portanto, governado pela Eq. (12.36),

$$\frac{1}{r} = \frac{GM}{h^2} + C \cos \theta \qquad (1)$$

Como o componente radial da velocidade é zero no ponto de lançamento A, temos $h = r_0 v_0$. Recordando que para a Terra $R = 6370$ km, calculamos

$$r_0 = 6370 \text{ km} + 500 \text{ km} = 6870 \text{ km} = 6{,}87 \times 10^6 \text{ m}$$
$$v_0 = 36.900 \text{ km/h} = \frac{36{,}9 \times 10^6 \text{ m}}{3{,}6 \times 10^3 \text{ s}} = 10{,}25 \times 10^3 \text{ m/s}$$
$$h = r_0 v_0 = (6{,}87 \times 10^6 \text{ m})(10{,}25 \times 10^3 \text{ m/s}) = 70{,}4 \times 10^9 \text{ m}^2/\text{s}$$
$$h^2 = 4{,}96 \times 10^{21} \text{ m}^4/\text{s}^2$$

Como $GM = gR^2$, onde R é o raio da Terra, temos

$$GM = gR^2 = (9{,}81 \text{ m/s}^2)(6{,}37 \times 10^6 \text{ m})^2 = 398 \times 10^{12} \text{ m}^3/\text{s}^2$$
$$\frac{GM}{h^2} = \frac{398 \times 10^{12} \text{ m}^3/\text{s}^2}{4{,}96 \times 10^{21} \text{ m}^4/\text{s}^2} = 80{,}3 \times 10^{-9} \text{ m}^{-1}$$

Substituindo esse valor na Eq. (1), obtemos

$$\frac{1}{r} = 80{,}3 \times 10^{-9} \text{ m}^{-1} + C \cos \theta \qquad (2)$$

Considerando que no ponto A, $\theta = 0$ e $r = r_0 = 6{,}87 \times 10^6$ m (Fig. 1), calculamos a constante C como

$$\frac{1}{6{,}87 \times 10^6 \text{ m}} = 80{,}3 \times 10^{-9} \text{ m}^{-1} + C \cos 0° \qquad C = 65{,}3 \times 10^{-9} \text{ m}^{-1}$$

Em A', o ponto da órbita mais afastado da Terra, temos $\theta = 180°$ (Fig. 1). Utilizando a Eq. (2), podemos calcular a distância correspondente r_1:

$$\frac{1}{r_1} = 80{,}3 \times 10^{-9} \text{ m}^{-1} + (65{,}3 \times 10^{-9} \text{ m}^{-1}) \cos 180°$$
$$r_1 = 66{,}7 \times 10^6 \text{ m} = 66.700 \text{ km}$$

Altitude máxima $= 66.700 \text{ km} - 6370 \text{ km} = 60.300 \text{ km}$ ◄

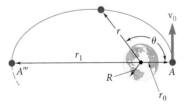

Figura 1 Satélite orbital após a velocidade de lançamento v_0.

b. Período. Como A e A' são respectivamente o perigeu e o apogeu da órbita elíptica, usamos as Eqs. (12.43) e (12.44) e calculamos os semieixos maior e menor da órbita (Fig. 2):

$$a = \tfrac{1}{2}(r_0 + r_1) = \tfrac{1}{2}(6{,}87 + 66{,}7)(10^6) \text{ m} = 36{,}8 \times 10^6 \text{ m}$$

$$b = \sqrt{r_0 r_1} = \sqrt{(6{,}87)(66{,}7)} \times 10^6 \text{ m} = 21{,}4 \times 10^6 \text{ m}$$

$$\tau = \frac{2\pi ab}{h} = \frac{2\pi(36{,}8 \times 10^6 \text{m})(21{,}4 \times 10^6 \text{m})}{70{,}4 \times 10^9 \text{ m}^2/\text{s}}$$

$$\tau = 70{,}3 \times 10^3 \text{ s} = 1171 \text{ min} = 19 \text{ h } 31 \text{ min} \quad \blacktriangleleft$$

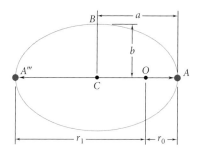

Figura 2 Semieixos maior e menor da órbita.

PARA REFLETIR O satélite demora menos de um dia para percorrer mais de 60.000 km ao redor da Terra. Nesse problema, você começou com a Eq. 12.36, mas é importante lembrar que essa fórmula foi a solução para uma equação diferencial que foi derivada usando a segunda lei de Newton.

METODOLOGIA PARA A
RESOLUÇÃO DE PROBLEMAS

Nesta seção, continuamos nosso estudo do movimento de uma partícula sob a ação de uma força central e aplicamos os resultados a problemas de mecânica espacial. Verificamos que a trajetória de uma partícula sob a ação de uma força central é definida pela equação diferencial

$$\frac{d^2u}{d\theta^2} + u = \frac{F}{mh^2u^2} \qquad (12.34)$$

onde u é o inverso da distância r da partícula até o centro de força ($u = 1/r$), F é a intensidade da força central $\mathbf{F}$ e h é uma constante igual à quantidade de movimento angular por unidade de massa da partícula. Em problemas de mecânica espacial, $\mathbf{F}$ é a força da atração gravitacional exercida sobre o satélite ou nave espacial pelo Sol, a Terra ou outro planeta em torno do qual ele viaja. Substituindo $F = GMm/r^2 = GMmu^2$ na Eq. (12.34), obtemos para esse caso

$$\frac{d^2u}{d\theta^2} + u = \frac{GM}{h^2} \qquad (12.35)$$

onde o membro do lado direito é uma constante.

1. **Analisando o movimento de satélites e espaçonaves.** A solução da equação diferencial (12.35) define a trajetória de um satélite ou espaçonave. Ela foi obtida na Seção (12.3) e foi dada nas formas alternativas

$$\frac{1}{r} = \frac{GM}{h^2} + C \cos \theta \quad \text{ou} \quad \frac{1}{r} = \frac{GM}{h^2}(1 + \varepsilon \cos \theta) \qquad (12.36,\ 12.36')$$

Lembre-se de que, ao aplicarem essas equações, $\theta = 0$ corresponde sempre ao perigeu (o ponto de aproximação mais próximo) da trajetória (Fig. 12.16) e que h é uma constante para uma dada trajetória. Dependendo do valor da excentricidade ε, a trajetória será uma hipérbole, uma parábola ou uma elipse.

    a. $\varepsilon > 1$: **A trajetória é uma hipérbole.** Para este caso, a espaçonave nunca retorna ao seu ponto de partida.

    b. $\varepsilon = 1$: **A trajetória é uma parábola.** Este é o caso limite entre trajetórias abertas (hiperbólicas) e fechadas (elípticas). Tínhamos observado para este caso que a velocidade v_0 no perigeu é igual à velocidade de escape v_{esc}. Assim,

$$v_0 = v_{esc} = \sqrt{\frac{2GM}{r_0}} \qquad (12.40)$$

Observe que a velocidade de escape é a menor velocidade para a qual a espaçonave não retoma ao seu ponto de partida.

    c. $\varepsilon < 1$: **A trajetória é uma órbita elíptica.** Para problemas que envolvem órbitas elípticas, você pode notar que a relação deduzida no Problema 12.102

$$\frac{1}{r_0} + \frac{1}{r_1} = \frac{2GM}{h^2}$$

vai ser útil para a solução de problemas subsequentes. Quando aplicar esta equação, lembre-se de que r_0 e r_1 são as distâncias do centro de força ao perigeu ($\theta = 0$) e ao apogeu ($\theta = 180°$), respectivamente, que $h = r_0 v_0 = r_1 v_1$ e que, para um satélite orbitando a Terra, $GM_{\text{Terra}} = gR^2$, onde R é o raio da Terra. Recorde também que a trajetória é um círculo quando $\varepsilon = 0$.

2. Determinando o ponto de impacto de uma espaçonave em descida. Para problemas deste tipo, você pode considerar que a trajetória é elíptica e que o ponto inicial da trajetória de descida é o apogeu do percurso (Fig. 12.19). Observe que, no ponto de impacto, a distância r nas Eqs. (12.36) e (12.36′) é igual ao raio R do corpo no qual a espaçonave pousa ou colide. Além disso, temos $h = R v_1 \operatorname{sen} \phi_1$, onde v_1 é a velocidade escalar da espaçonave no impacto e ϕ_1 é o ângulo que sua trajetória forma com a vertical no ponto de impacto.

3. Calculando o tempo para viajar entre dois pontos de uma trajetória. Para um movimento sob a ação de força central, o tempo t necessário para uma partícula percorrer uma parte de sua trajetória pode ser determinado recordando, da Seção 12.2B, que a taxa na qual área é varrida por unidade de tempo pelo vetor de posição $\mathbf{r}$ é igual à metade da quantidade de movimento angular por unidade de massa h da partícula: $dA/dt = h/2$. Como h é uma constante para uma dada trajetória, segue-se que

$$t = \frac{2A}{h}$$

onde A é a área total varrida no tempo t.

a. No caso de uma trajetória elíptica, o tempo necessário para completar uma órbita é chamado de **período** e é expresso como

$$\tau = \frac{2(\pi a b)}{h} \tag{12.42}$$

onde a e b são os semieixos maior e menor, respectivamente, da elipse e estão relacionados às distâncias r_0 e r_1 por

$$a = \tfrac{1}{2}(r_0 + r_1) \qquad \text{e} \qquad b = \sqrt{r_0 r_1} \tag{12.43, 12.44}$$

b. A terceira lei de Kepler fornece uma relação conveniente entre os períodos de dois satélites que descrevem órbitas elípticas em torno do mesmo corpo [Seção 12.3C]. Representando os semieixos maiores por a_1 e a_2, respectivamente, e os correspondentes períodos por τ_1 e τ_2, temos

$$\frac{\tau_1^2}{\tau_2^2} = \frac{a_1^3}{a_2^3}$$

c. No caso de uma trajetória parabólica, você poderá usar a expressão dada na parte interna da capa frontal do livro para uma área parabólica ou semiparabólica para calcular o tempo necessário para viajar entre dois pontos da trajetória.

PROBLEMAS

PERGUNTAS CONCEITUAIS

12.PC6 Uma caixa uniforme C de massa m está sendo transportada para a esquerda por uma empilhadeira com uma velocidade constante v_1. Qual é a intensidade da quantidade de movimento angular da caixa sobre o ponto D, ou seja, o canto superior esquerdo da caixa?
  a. 0
  b. $mv_1 a$
  c. $mv_1 b$
  d. $mv_1 \sqrt{a^2 + b^2}$

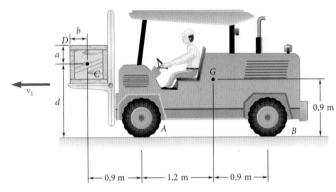

Figura P12.PC6 e P12.PC7

12.PC7 Uma caixa uniforme C de massa m está sendo transportada para a esquerda por uma empilhadeira com uma velocidade constante v_1. Qual é a intensidade da quantidade de movimento angular da caixa sobre o ponto A, isto é, o ponto de contato entre o pneu dianteiro da empilhadeira e o chão?
  a. 0
  b. $mv_1 d$
  c. $3mv_1$
  d. $mv_1 \sqrt{3^2 + d^2}$

PROBLEMAS DE FINAL DE SEÇÃO

12.94 Uma partícula de massa m é lançada do ponto A com uma velocidade inicial $\mathbf{v}_0$ perpendicular a OA e se move sob a ação de uma força central $\mathbf{F}$ ao longo de uma trajetória elíptica definida pela equação $r = r_0/(2 - \cos\theta)$. Usando a Eq. (12.34), demonstre que $\mathbf{F}$ é inversamente proporcional ao quadrado da distância r da partícula ao centro de força O.

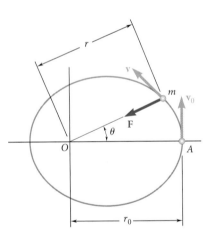

Figura P12.94

12.95 Uma partícula de massa m descreve uma espiral logarítmica $r = r_0\, e^{b\theta}$ sob uma força central $\mathbf{F}$ voltada para o centro de força O. Usando a Eq. (12.34), demonstre que $\mathbf{F}$ é inversamente proporcional ao cubo da distância r da partícula ao centro de força O.

12.96 Uma partícula de massa m descreve uma trajetória definida pela equação $r = r_0/(6\cos\theta - 5)$ sob uma força central $\mathbf{F}$ voltada para o centro de força O. Usando a Eq. (12.36), demonstre que $\mathbf{F}$ é inversamente proporcional ao quadrado da distância r da partícula ao centro de força O.

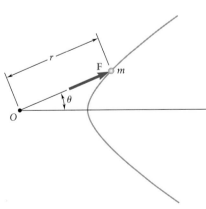

Figura P12.96

12.97 Uma partícula de massa m descreve uma parábola $y = x^2/4r_0$ sob uma força central **F** dirigida para o centro da força C. Usando a Eq. (12.34) e a Eq. (12.37′) com $\varepsilon = 1$, mostre que **F** é inversamente proporcional ao quadrado da distância r da partícula ao centro de força e que a quantidade de movimento angular por unidade de massa $h = \sqrt{2GMr_0}$.

12.98 Foi observado que durante o seu segundo sobrevoo pela Terra, a espaçonave Galileu tinha uma velocidade de 14,1 km/s quando atingiu sua altitude mínima de 303 km acima da superfície da Terra. Determine a excentricidade da trajetória da espaçonave durante essa parte de seu voo.

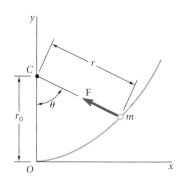

Figura P12.97

12.99 Foi observado que durante seu primeiro sobrevoo pela Terra, a espaçonave Galileu atingiu a altitude mínima de 960 km acima da superfície da Terra. Considerando que a trajetória da espaçonave era parabólica, determine a velocidade máxima da Galileu durante esse seu primeiro sobrevoo.

12.100 Quando uma sonda espacial que se aproxima do planeta Vênus em uma trajetória parabólica atinge o ponto A mais próximo do planeta, sua velocidade é diminuída para que ela seja inserida em uma órbita circular. Sabendo que a massa e o raio de Vênus são $4,87 \times 10^{24}$ kg e 6052 km, respectivamente, determine (a) a velocidade da sonda quando ela se aproxima de A, (b) a diminuição da velocidade necessária para inseri-la na órbita circular.

12.101 Foi observado que, quando a nave espacial Voyager I alcançou o ponto mais próximo do planeta Saturno, ela estava a uma distância de 185×10^3 km do centro do planeta e tinha uma velocidade de 21 km/s. Sabendo que Tethys, uma das luas de Saturno, descreve uma órbita circular de raio 295×10^3 km a uma velocidade escalar de 11,35 km/s, determine a excentricidade da trajetória da Voyager I em sua aproximação à Saturno.

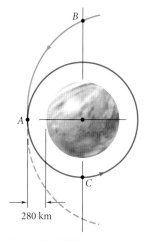

Figura P12.100

12.102 Um satélite descreve uma órbita elíptica em torno de um planeta de massa M. Representando por r_0 e r_1, respectivamente, os valores mínimo e máximo da distância r do satélite ao centro do planeta, deduza a relação

$$\frac{1}{r_0} + \frac{1}{r_1} = \frac{2GM}{h^2}$$

onde h é a quantidade de movimento angular por unidade de massa do satélite.

12.103 Uma sonda espacial descreve uma órbita circular em torno de um planeta de raio R. A altitude da sonda acima da superfície do planeta é αR e sua velocidade escalar é v_0. Para inserir a sonda em uma órbita elíptica que a aproximará do planeta, sua velocidade escalar foi reduzida de v_0 para βv_0, onde $\beta < 1$, disparando seus motores por um curto intervalo de tempo. Determine o menor valor admissível de β se a sonda não se choca com a superfície do planeta.

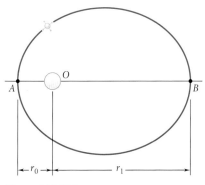

Figura P12.102

12.104 Um satélite está descrevendo uma órbita circular a uma altitude de 19.110 km acima da superfície da Terra. Determine (a) o aumento da velocidade necessário no ponto A para que o satélite alcance a velocidade de escape e entre em uma órbita parabólica, (b) a diminuição da velocidade necessária no ponto A para que o satélite entre em uma órbita elíptica com uma altitude mínima de 6.370 km, (c) a excentricidade ε da órbita elíptica.

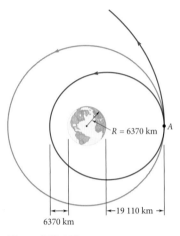

Figura P12.104

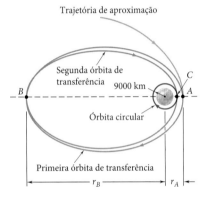

Figura P12.105

12.105 Uma sonda espacial está em uma órbita circular de 9.000 km de raio ao redor do planeta Vênus em um plano especificado. Quando a sonda alcança A, o ponto de sua trajetória inicial mais próximo de Vênus, ela é inserida em uma primeira órbita elíptica de transferência, reduzindo sua velocidade escalar em Δv_A. Essa órbita leva a sonda ao ponto B com uma velocidade muito reduzida. Ali, a sonda é inserida em uma segunda órbita de transferência localizada no plano especificado, mudando a direção de sua velocidade e reduzindo ainda mais sua velocidade escalar em Δv_B. Finalmente, quando a sonda atinge o ponto C, ela é inserida na órbita circular desejada reduzindo-se sua velocidade escalar em Δv_C. Sabendo que a massa de Vênus é 0,82 vezes a massa da Terra, que $r_A = 15 \times 10^3$ km e $r_B = 300 \times 10^3$ km e que a sonda se aproxima de A em uma trajetória parabólica, determine em quanto a velocidade escalar da sonda deve ser reduzida (a) em A, (b) em B, (c) em C.

12.106 Para a sonda do Problema 12.105, sabe-se que $r_A = 15 \times 10^3$ km e que sua velocidade escalar é reduzida em 6000 m/s quando ela passa por A. Determine (a) a distância do centro de Vênus ao ponto B e (b) as quantidades em que a velocidade escalar da sonda deve ser reduzida em B e C, respectivamente.

12.107 À medida que descreve uma órbita elíptica ao redor do Sol, uma espaçonave alcança uma distância máxima de 320×10^6 km do centro do Sol no ponto A (chamado de afélio) e uma distância mínima de 150×10^6 km no ponto B (chamado de periélio). Para inserir a espaçonave em uma órbita elíptica menor, com afélio A' e periélio B', onde A' e B' estão localizados a 260×10^6 km e 135×10^6 km, respectivamente, do centro do Sol, a velocidade escalar da espaçonave é, em primeiro lugar, reduzida quando ela passa por A e, a seguir, reduzida ainda mais quando ela passa por B'. Sabendo que a massa do Sol é $332,8 \times 10^3$ vezes a massa da Terra, determine (a) a velocidade escalar da espaçonave em A, (b) as quantidades em que a velocidade escalar da espaçonave deve ser reduzida em A e B' para que ela seja inserida na órbita elíptica desejada.

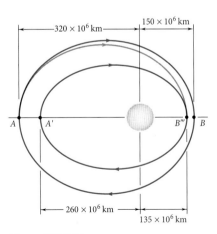

Figura P12.107

12.108 O cometa Halley viaja em uma órbita elíptica alongada cuja distância mínima do Sol é aproximadamente $\frac{1}{2} r_E$, onde $r_E = 150 \times 10^6$ km é a distância média do Sol à Terra. Sabendo que o período do cometa Halley é cerca de 76 anos, determine a máxima distância do Sol alcançada pelo cometa.

12.109 Com base em observações feitas durante a aparição de 1996 do cometa Hyakutake, concluiu-se que a trajetória desse cometa é uma elipse muito alongada para a qual a excentricidade é de aproximadamente $\varepsilon = 0,999887$. Sabendo que, para essa aparição de 1996, a distância mínima entre o cometa e o Sol era de $0,230R_E$, onde R_E é a distância média do Sol à Terra, determine o período do cometa.

12.110 Uma sonda espacial está em uma órbita circular de 4.000 km de raio ao redor do planeta Marte. Quando a sonda alcança A, o ponto de sua trajetória inicial mais próximo de Marte, ela é inserida em uma primeira órbita elíptica de transferência, reduzindo sua velocidade escalar. Essa órbita leva a sonda ao ponto B com uma velocidade muito reduzida. Ali, a sonda é inserida em uma segunda órbita de transferência, reduzindo ainda mais sua velocidade escalar. Sabendo que a massa de Marte é 0,1074 vezes a massa da Terra, que $r_A = 9.000$ km e $r_B = 180.000$ km e que a sonda se aproxima de A em uma trajetória parabólica, determine o tempo necessário para a sonda espacial viajar de A para B na sua primeira órbita de transferência.

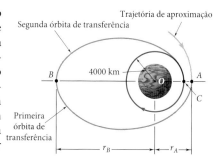

Figura **P12.110**

12.111 Uma espaçonave e um satélite estão em posições diametralmente opostas na mesma órbita circular de altitude 500 km acima da terra. Quando passa pelo ponto A, o motor da espaçonave é acionado por um curto intervalo de tempo para aumentar sua velocidade escalar e entrar em uma órbita elíptica. Sabendo que a espaçonave retorna para A ao mesmo tempo em que o satélite atinge A depois de completar uma órbita e meia, determine (*a*) o aumento de velocidade necessário, (*b*) o período para a órbita elíptica.

12.112 A espaçonave Clementine descreveu uma órbita elíptica de altitude mínima $h_A = 400$ km e de altitude máxima $h_B = 2.940$ km acima da superfície da Lua. Sabendo que o raio da Lua é de 1.737 km e que sua massa é 0,01230 vezes a massa da Terra, determine o período da espaçonave.

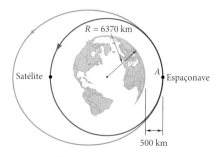

Figura **P12.111**

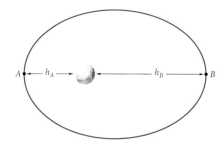

Figura P12.112

12.113 Determine o tempo necessário para a sonda espacial do Problema 12.100 viajar de B para C.

12.114 Uma sonda espacial está descrevendo uma órbita circular de raio nR com uma velocidade escalar v_0 ao redor de um planeta de raio R e centro O. Quando ela passa pelo ponto A, sua velocidade escalar é reduzida de v_0 para βv_0, onde $\beta < 1$, para ser inserida em uma trajetória de impacto. Expresse em termos de n e β o ângulo AOB, onde B representa o ponto de impacto da sonda sobre o planeta.

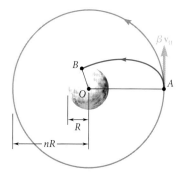

Figura **P12.114**

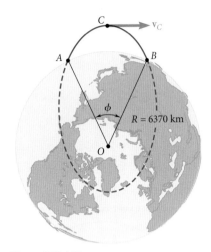

Figura P12.115

12.115 Uma trajetória balística de longo alcance entre os pontos A e B na superfície terrestre consiste em uma porção de uma elipse com o apogeu no ponto C. Sabendo que o ponto C está a 1.500 km acima da superfície da Terra e a faixa $R\phi$ da trajetória é 6.000 km, determine (a) a velocidade do projétil em C, (b) a excentricidade ε da trajetória.

12.116 Um ônibus espacial está descrevendo uma órbita circular a uma altitude de 563 km acima da superfície da Terra. Quando passa pelo ponto A, ele aciona seu motor por um curto intervalo de tempo para reduzir em 152 m/s sua velocidade escalar e começa sua descida para a Terra. Determine o ângulo AOB de modo que a altitude do ônibus espacial no ponto B seja de 121 km. (Dica: O ponto A é o apogeu da órbita elíptica de descida).

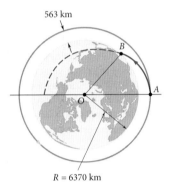

Figura **P12.116**

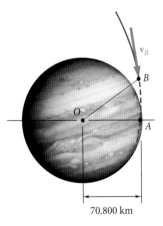

Figura **P12.117**

12.117 Ao aproximar-se do planeta Júpiter, uma nave espacial libera uma sonda que entra na atmosfera do planeta no ponto B a uma altitude de 450 km acima da superfície do planeta. A trajetória da sonda é uma hipérbole de excentricidade $\varepsilon = 1,031$. Sabendo que o raio e a massa de Júpiter são 71.429 km e $1,9 \times 10^{27}$ kg, respectivamente, e que a velocidade $\mathbf{v}_B$ da sonda em B forma um ângulo de 82,9° com a direção AO, determine (a) o ângulo AOB, (b) a velocidade escalar v_B da sonda em B.

12.118 Um satélite descreve uma órbita elíptica em torno de um planeta. Representando por r_0 e r_1 as distâncias correspondentes, respectivamente, ao perigeu e ao apogeu da órbita, mostre que a curvatura da órbita em cada um desses pontos pode ser expressa como

$$\frac{1}{\rho} = \frac{1}{2}\left(\frac{1}{r_0} + \frac{1}{r_1}\right)$$

12.119 (a) Expresse a excentricidade ε da órbita elíptica descrita por um satélite em torno de um planeta em termos das distâncias r_0 e r_1 correspondentes, respectivamente, ao perigeu e ao apogeu da órbita. (b) Use o resultado obtido na parte a e os dados fornecidos no Problema 12.109, onde $R_E = 149,6 \times 10^6$ km, para determinar a distância máxima aproximada do Sol atingida pelo cometa Hyakutake.

12.120 Deduza a terceira lei do movimento planetário de Kepler das Eqs. 12.36 e 12.42.

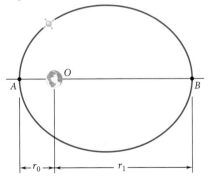

Figura P12.118 e **P12.119**

12.121 Demonstre que o momento angular por unidade de massa h de um satélite que descreve uma órbita elíptica de semieixo maior a e excentricidade ε, em torno de um planeta de massa M, pode ser expresso como

$$h = \sqrt{GMa(1 - \varepsilon^2)}$$

REVISÃO E RESUMO

Este capítulo foi dedicado à segunda lei de Newton e a sua aplicação na análise do movimento de partículas.

Segunda lei de Newton

Representando por m a massa de uma partícula, por $\Sigma\mathbf{F}$ a soma, ou resultante, das forças que atuam sobre a partícula, e por $\mathbf{a}$ a aceleração da partícula relativa a um sistema de referência newtoniano [Seção 12.1A], escrevemos

$$\Sigma\mathbf{F} = m\mathbf{a} \qquad (12.2)$$

Quantidade de movimento linear

Introduzindo a **quantidade de movimento linear** de uma partícula, $\mathbf{L} = m\mathbf{v}$ [Seção 12.1B], vimos que a segunda lei de Newton também pode ser escrita sob a forma

$$\Sigma\mathbf{F} = \dot{\mathbf{L}} \qquad (12.5)$$

Essa equação expressa que **a resultante das forças que atuam sobre uma partícula é igual à taxa de variação da quantidade de movimento linear dessa partícula.**

Sistema consistente de unidades

A Eq. (12.2) é válida somente se um sistema consistente de unidades é usado. Com unidades do SI, as forças devem ser expressas em newtons, as massas em quilogramas e as acelerações em m/s^2.

Diagramas de corpo livre e cinético

Um **diagrama de corpo livre** para um sistema mostra forças aplicadas, e um **diagrama cinético** mostra o vetor $m\mathbf{a}$ ou seus componentes. Esses diagramas fornecem uma representação pictórica da segunda lei de Newton. Desenhá-los será de grande utilidade quando for escrever as equações de movimento. Note que, quando um problema envolve dois ou mais corpos, em geral é melhor considerar cada corpo separadamente.

Equações do movimento para uma partícula

Para resolver um problema envolvendo o movimento de uma partícula, primeiro devemos desenhar os diagramas de corpo livre e cinético para cada partícula no sistema. Então, podemos usar esses diagramas para nos ajudar a escrever equações contendo quantidades escalares (Seção 12.1D). Usando **componentes retangulares** de $\mathbf{F}$ e $\mathbf{a}$, escrevemos

$$\Sigma F_x = ma_x \qquad \Sigma F_y = ma_y \qquad \Sigma F_z = ma_z \qquad (12.7)$$

Usando **componentes tangencial e normal**, temos

$$\Sigma F_t = m\frac{dv}{dt} \qquad\qquad \Sigma F_n = m\frac{v^2}{\rho} \qquad (12.8')$$

Usando **componentes radial e transversal**, temos

$$\Sigma F_r = m(\ddot{r} - r\dot{\theta}^2) \quad (12.10)$$

$$\Sigma F_\theta = m(r\ddot{\theta} + 2\dot{r}\dot{\theta}) \quad (12.11)$$

Os Problemas Resolvidos 12.1 a 12.5 foram solucionados usando os componentes retangulares, os Problemas Resolvidos 12.6 a 12.9, usando as coordenadas tangencial e normal, e os Problemas Resolvidos 12.10 e 12.11, usando coordenadas radial e transversal.

Quantidade de movimento angular

Na segunda parte do capítulo, definimos a **quantidade de movimento angular** $\mathbf{H}_O$ de uma partícula em relação a um ponto O como o momento em relação a O da quantidade de movimento linear $m\mathbf{v}$ dessa partícula [Seção 12.2A]. Portanto,

$$\mathbf{H}_O = \mathbf{r} \times m\mathbf{v} \quad (12.12)$$

e verificamos que $\mathbf{H}_O$ é um vetor perpendicular ao plano que contém $\mathbf{r}$ e $m\mathbf{v}$ (Fig. 12.21) e de intensidade

$$H_O = rmv \,\text{sen}\, \phi \quad (12.13)$$

Decompondo os vetores $\mathbf{r}$ e $m\mathbf{v}$ em componentes retangulares, expressamos a quantidade de movimento angular $\mathbf{H}_O$ sob a forma de um determinante

$$\mathbf{H}_O = \begin{vmatrix} \mathbf{i} & \mathbf{j} & \mathbf{k} \\ x & y & z \\ mv_x & mv_y & mv_z \end{vmatrix} \quad (12.14)$$

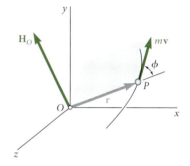

Figura 12.21

No caso de uma partícula movendo-se no plano xy, temos $z = v_z = 0$. A quantidade de movimento angular é perpendicular ao plano xy e é inteiramente definida por sua intensidade. Escrevemos

$$H_O = H_z = m(xv_y - yv_x) \quad (12.16)$$

Taxa de variação da quantidade de movimento angular

Calculando a taxa de variação $\dot{\mathbf{H}}_O$ da quantidade de movimento linear $\mathbf{H}_O$ e aplicando a segunda lei de Newton, escrevemos a equação

$$\Sigma \mathbf{M}_O = \dot{\mathbf{H}}_O \quad (12.19)$$

Essa equação estabelece que **a soma dos momentos em relação a O das forças que atuam sobre uma partícula é igual à taxa de variação da quantidade de movimento angular dessa partícula em relação a O.**

Movimento sujeito a uma força central

Quando a única força que atua sobre uma partícula P é uma força $\mathbf{F}$ dirigida para, ou afastando-se de, um ponto fixo O, diz-se que a partícula está se movendo **sob a ação de uma força central** [Seção 12.2B]. Como $\Sigma \mathbf{M}_O = 0$ em qualquer instante dado, segue-se da Eq. (12.19) que $\dot{\mathbf{H}}_O = 0$ para todos os valores de t e, portanto, que

$$\mathbf{H}_O = \text{constante} \quad (12.20)$$

Concluímos que **a quantidade de movimento angular de uma partícula que se mova sob a ação de uma força central é constante, tanto em intensidade como em direção e sentido,** e que a partícula se move em um plano perpendicular ao vetor $\mathbf{H}_O$.

Recordando a Eq. (12.13), escrevemos a relação

$$rmv \,\text{sen}\, \phi = r_0 m v_0 \,\text{sen}\, \phi_0 \quad (12.22)$$

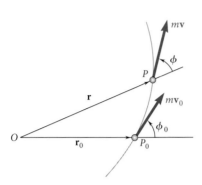

Figura 12.22

para o movimento de qualquer partícula sob a ação de uma força central (Fig. 12.22). Usando coordenadas polares e recordando a Eq. (12.18), obtivemos também

$$r^2 \dot{\theta} = h \qquad (12.24)$$

onde h é uma constante que representa a quantidade de movimento angular por unidade de massa, H_O/m, da partícula. Observamos (Fig. 12.23) que a área infinitesimal dA varrida pelo raio vetor OP, quando este gira em $d\theta$, é igual a $dA = \tfrac{1}{2} r^2 d\theta$ e, portanto, que o membro do lado esquerdo da Eq. (12.24) representa o dobro da **velocidade areolar** dA/dt da partícula. Portanto, **a velocidade areolar de uma partícula que se move sob a ação de uma força central é constante.**

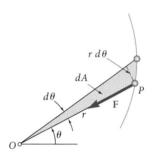

Figura 12.23

Lei de Newton da gravitação universal

Uma aplicação importante do movimento sob a ação de uma força central é dada pelo movimento orbital de corpos sob a ação da atração gravitacional [Seção 12.2C]. De acordo com a **lei de Newton da gravitação universal**, duas partículas a uma distância r uma da outra e de massas M e m, respectivamente, atraem-se mutuamente com forças iguais e opostas $\mathbf{F}$ e $-\mathbf{F}$ dirigidas ao longo da linha que une essas partículas (Fig. 12.24). A intensidade comum F das duas forças é

$$F = G \frac{Mm}{r^2} \qquad (12.25)$$

onde G é a **constante de gravitação**. No caso de um corpo de massa m sujeito à atração gravitacional da Terra, o produto GM, onde M é a massa da Terra, pode ser expresso como

$$GM = gR^2 \qquad (12.27)$$

onde $g = 9{,}81$ m/s² e R é o raio da Terra.

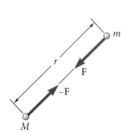

Figura 12.24

Movimento orbital

Foi mostrado na Seção 12.3A que uma partícula que se move sob a ação de uma força central descreve uma trajetória definida pela equação diferencial

$$\frac{d^2 u}{d\theta^2} + u = \frac{F}{mh^2 u^2} \qquad (12.34)$$

onde $F > 0$ corresponde a uma força de atração e $u = 1/r$. No caso de uma partícula movendo-se sob a ação de uma força de atração gravitacional [Seção 12.12C], substituímos F pela expressão dada na Eq. (12.25). Medindo θ a partir do eixo OA que liga o ponto focal O ao ponto A da trajetória mais próximo de O (Fig. 12.25), encontramos que a solução da Eq. (12.34) é

$$\frac{1}{r} = u = \frac{GM}{h^2} + C \cos \theta \qquad (12.36)$$

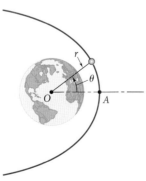

Figura 12.25

Esta é a equação de uma cônica de excentricidade $\varepsilon = Ch^2/GM$. A cônica é uma **elipse** se $\varepsilon < 1$, uma **parábola** se $\varepsilon = 1$ e uma **hipérbole** se $\varepsilon > 1$. As constantes C e h podem ser determinadas a partir das condições iniciais; se a partícula for lançada do ponto A ($\theta = 0$, $r = r_0$) com uma velocidade inicial $\mathbf{v}_0$ perpendicular a OA, temos $h = r_0 v_0$ [Problema Resolvido 12.14].

Velocidade de escape

Também foi mostrado que os valores da velocidade inicial que correspondem, respectivamente, a uma trajetória parabólica e a uma trajetória circular são

$$v_{esc} = \sqrt{\frac{2GM}{r_0}} \qquad\qquad (12.40)$$

$$v_{circ} = \sqrt{\frac{GM}{r_0}} \qquad\qquad (12.41)$$

e que o primeiro desses valores, chamado de **velocidade de escape**, é o menor valor de v_0 para o qual a partícula não vai retornar ao seu ponto de partida.

Período

O **período** τ de um planeta ou satélite é definido como o tempo necessário para o corpo descrever sua órbita. Foi mostrado que

$$\tau = \frac{2\pi ab}{h} \qquad\qquad (12.42)$$

onde $h = r_0 v_0$ e a e b representam os semieixos maior e menor da órbita. Foi mostrado, além disso, que esses semieixos são, respectivamente, iguais às médias aritmética e geométrica dos valores máximo e mínimo do raio vetor r.

Leis de Kepler

A última seção do capítulo [Seção 12.3C] apresentou as **leis de Kepler do movimento planetário** e mostrou que essas leis empíricas, obtidas por antigas observações astronômicas, confirmam as leis de Newton do movimento, assim como sua lei da gravitação.

PROBLEMAS DE REVISÃO

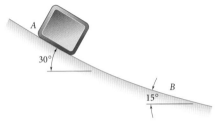

Figura *P12.122*

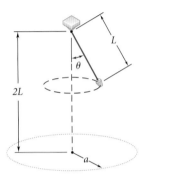

Figura *P12.123*

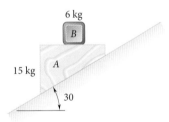

Figura P12.124

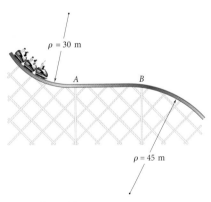

Figura P12.126

12.122 A aceleração de um pacote deslizando no ponto A é 3 m/s². Considerando que o coeficiente de atrito cinético é o mesmo em cada seção, determine a aceleração do pacote no ponto B.

12.123 Um balde é preso a uma corda de comprimento $L = 1,2$ m e é feito para girar em um círculo horizontal. Gotas de água vazam do balde, caem e atingem o chão ao longo do perímetro de um círculo de raio a. Determine o raio a quando $\theta = 30°$.

12.124 Um bloco B de 6 kg repousa, tal como mostra a figura, sobre a superfície superior de uma cunha A de 15 kg. Desprezando o atrito, determine, imediatamente depois que o sistema é solto a partir do repouso, (*a*) a aceleração de A e (*b*) a aceleração de B relativa a A.

12.125 Um caixote B de 250 kg está suspenso por um cabo preso a um carrinho A de 20 kg que corre por uma viga I inclinada, tal como mostra a figura. Sabendo que, no instante mostrado, o carrinho tem uma aceleração de 0,4 m/s² para cima e para direita, determine (*a*) a aceleração de B relativa a A, (*b*) a tração no cabo CD.

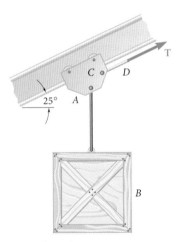

Figura P12.125

12.126 A pista de montanha-russa mostrada na figura está contida em um plano vertical. A parte da pista entre A e B é reta e horizontal, enquanto as partes à esquerda de A e à direita de B têm raios de curvatura como indicado na figura. Um carro está se movendo a uma velocidade escalar de 72 km/h quando os freios são repentinamente acionados, fazendo com que as rodas do carro deslizem sobre a pista ($\mu_k = 0,25$). Determine a desaceleração inicial do carro se os freios são acionados quando ele (*a*) está quase chegando em A, (*b*) está se movendo entre A e B, (*c*) acabou de passar por B.

12.127 O sistema de *parasailing* mostrado na figura usa um molinete para puxar a pessoa em direção ao barco, que está a uma velocidade constante. Durante o intervalo em que θ está entre $20°$ e $40°$ (em que $t = 0$ a $\theta = 20°$), o ângulo aumenta à taxa constante de $2°/s$. Durante este tempo, o comprimento da corda é definido pela relação $r = 125 - \frac{1}{3}t^{3/2}$, onde r e t são expressos em metros e segundos, respectivamente. No instante em que a corda faz um ângulo de $30°$ com a água, a tração na corda é de 18 kN. Neste momento, qual é a intensidade e a direção da força do *parasail* sobre os 75kg da pessoa?

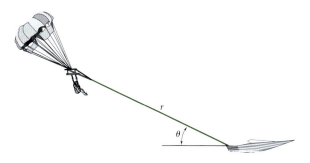

Figura P12.127

12.128 Um pequeno colar C de 200 g desliza em uma haste semicircular que é colocada para girar em torno da vertical AB a uma taxa constante de 6 rad/s. Determine o valor mínimo necessário do coeficiente de atrito estático entre o colar e a haste se o colar não desliza quando (a) $\theta = 90°$, (b) $\theta = 75°$, (c) $\theta = 45°$. Indique em cada caso a direção do movimento iminente.

12.129 Um equipamento de telemetria é usado para quantificar os valores cinemáticos de um carrinho de montanha-russa de 200 kg que passa por cima dele. De acordo com o sistema, $r = 25$ m, $\dot{r} = -10$ m/s, $\ddot{r} = -2$ m/s², $\theta = 90°$, $\dot{\theta} = -0,4$ rad/s, $\ddot{\theta} = -0,32$ rad/s². Neste instante, determine (a) a força normal entre o carrinho e a pista, (b) o raio de curvatura da pista.

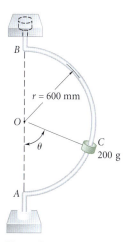

Figura P12.128

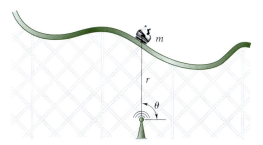

Figura *P12.129*

12.130 O raio da órbita da lua de um dado planeta é duas vezes o tamanho do raio desse planeta. Representando por ρ a densidade média do planeta, mostre que o tempo necessário para a lua fazer uma volta completa em torno dele é $(24\pi/G\rho)^{1/2}$, onde G é a constante de gravitação.

12.131 No momento do corte do motor principal, o ônibus espacial tinha alcançado o ponto A numa altitude de 80 km acima da superfície da Terra e tinha uma velocidade horizontal $\mathbf{v}_0$. Sabendo que sua primeira órbita foi elíptica e que o ônibus foi transferido para uma órbita circular quando passou pelo ponto B numa altitude de 270 km, determine (*a*) o tempo necessário para o ônibus viajar de A para B em sua órbita elíptica original, (*b*) o período do ônibus em sua órbita circular final.

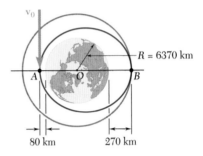

Figura **P12.131**

12.132 Uma sonda espacial em uma órbita baixa na Terra é inserida numa órbita de transferência elíptica para o planeta Vênus. Sabendo que a massa do sol é $332,8 \times 10^3$ vezes a massa da Terra e considerando que a sonda é submetida apenas à atração gravitacional do Sol, determine o valor de ϕ que define a posição relativa de Vênus com relação à Terra no momento em que a sonda é inserida na órbita de transferência.

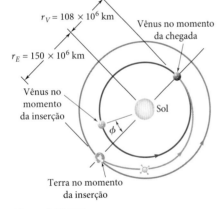

Figura **P12.132**

*12.133 O disco A gira em um plano horizontal em torno de um eixo vertical a uma taxa constante $\dot{\theta}_0 = 10$ rad/s. O cursor B tem uma massa de 1 kg e se movimenta em uma fenda sem atrito aberta no disco. O cursor é preso a uma mola de constante k, que não está deformada quando $r = 0$. Sabendo que o cursor é liberado sem velocidade radial na posição $r = 500$ mm, determine a posição do cursor e da força horizontal exercida sobre ele pelo disco em $t = 0,1$ s para (*a*) $k = 100$ N/m, (*b*) $k = 200$ N/m.

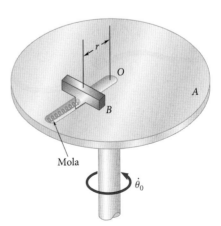

Figura **P12.133**

13
Cinemática de partículas: métodos de energia e quantidade de movimento

Uma bola de golfe irá se deformar com o impacto, como mostrado por esta fotografia de alta velocidade. A máxima deformação ocorrerá quando a velocidade da cabeça do taco e a velocidade da bola forem as mesmas. Neste capítulo, os impactos serão analisados usando o coeficiente de restituição e a conservação da quantidade de movimento linear. A cinética de partículas usando os métodos de energia e quantidade de movimento é o assunto deste capítulo.

796 Mecânica vetorial para engenheiros: Dinâmica

13.1 Trabalho e energia
13.1A Trabalho de uma força
13.1B Princípio de trabalho e energia
13.1C A aplicação do princípio de trabalho e energia
13.1D Potência e eficiência

13.2 Conservação da energia
13.2A Energia potencial
*13.2B Forças conservativas
13.2C O princípio de conservação da energia
13.2D Aplicação à mecânica espacial: movimento sob uma força central conservativa.

13.3 Impulso e quantidade de movimento
13.3A Princípio de impulso e quantidade de movimento
13.2B Movimento impulsivo

13.4 Impacto
13.4A Impacto central direto
13.4B Impacto central oblíquo
13.4C Problemas envolvendo princípios múltiplos

Objetivos

- **Calcular** o trabalho realizado por uma força.
- **Calcular** a energia cinética de uma partícula.
- **Calcular** a energia potencial gravitacional e elástica de um sistema.
- **Resolver** problemas de cinética de partículas usando o princípio de trabalho e energia.
- **Calcular** a potência e a eficiência de um sistema mecânico.
- **Resolver** problemas de cinética de partículas usando conservação de energia.
- **Resolver** problemas de cinética de partículas envolvendo forças centrais conservativas.
- **Desenhar** diagramas de impulso e quantidade de movimento completos e precisos.
- **Resolver** problemas de cinética de partículas usando o princípio de impulso e quantidade de movimento.
- **Resolver** problemas de cinética de partículas usando conservação da quantidade de movimento linear.
- **Resolver** problemas de impacto usando o princípio de impulso e quantidade de movimento e o coeficiente de restituição.
- **Determinar** o(s) princípio(s) apropriado(s) para aplicar quando resolver um problema de dinâmica de partículas.
- **Resolver** problemas de dinâmica de várias etapas usando múltiplos princípios da cinética.

Introdução

No capítulo anterior, a maioria dos problemas que tratavam do movimento de partículas foi resolvida com o uso da equação fundamental do movimento $F = ma$. Dada uma partícula submetida à ação de uma força F, pudemos resolver essa equação para a aceleração a; então, aplicando os princípios da Cinemática, pudemos determinar, a partir de a, a velocidade e a posição da partícula em qualquer instante.

Entretanto, a utilização da equação geral $F = ma$ em conjunto com a cinemática permite-nos obter dois conceitos adicionais: o **princípio de trabalho e energia** e o **princípio de impulso e quantidade de movimento**. A vantagem desses métodos reside no fato de que eles tornam desnecessária a determinação da aceleração. De fato, o método de trabalho e energia relaciona diretamente força, massa, velocidade e deslocamento, ao passo que o método de impulso e quantidade de movimento relaciona força, massa, velocidade e tempo.

O método de trabalho e energia será considerado em primeiro lugar. Na Seção 13.1, o *trabalho de uma força* e a *energia cinética de uma partícula* serão discutidos, e o princípio de trabalho e energia será aplicado à solução de problemas de engenharia. Também vamos introduzir os conceitos de *potência* e *eficiência* de uma máquina, que são importantes em aplicações de engenharia como motores e atuadores hidráulicos.

A Seção 13.2 é dedicada ao conceito de *energia potencial* de uma força conservativa e à aplicação do princípio de conservação da energia a diversos problemas de interesse prático. Na Seção 13.2D, os princípios de conservação da energia e de conservação da quantidade de movimento angular são usados em conjunto para resolver problemas de mecânica espacial.

A segunda parte do capítulo é dedicada ao princípio de impulso e quantidade de movimento e suas aplicações ao estudo do movimento de uma partícula. Como você verá na Seção 13.3B, o princípio é particularmente eficaz no estudo do *movimento impulsivo* de uma partícula, onde grandes forças são aplicadas durante um intervalo de tempo muito curto – como bater em um prego com um martelo.

O *impacto central* de dois corpos será considerado. Vamos mostrar que existe uma certa relação entre as velocidades relativas dos dois corpos em colisão antes e depois do impacto. Essa relação, juntamente com o fato de que a quantidade de movimento total dos dois corpos se conserva, pode ser usada para resolver vários problemas de interesse prático.

Finalmente, vamos discutir como escolher o melhor princípio para resolver um determinado problema entre a segunda lei de Newton, trabalho e energia, ou impulso e quantidade de movimento. Você pode até ter a necessidade de aplicar vários princípios, a fim de resolver alguns problemas de dinâmica.

13.1 Trabalho e energia

Trabalho e energia têm significados muito específicos na ciência e na engenharia. No discurso cotidiano, você poderia dizer que segurar um bloco de concreto é muito trabalho, mas na ciência, se o bloco não se move, você não faz nenhum trabalho enquanto segura ele. Da mesma forma, as pessoas falam de energia o tempo todo, de como você se sente em um determinado dia ("eu não pareço ter muita energia hoje") à política nacional e internacional ("O alto custo da energia está afetando nossa balança comercial com outros países."). Em ciência e engenharia, trabalho e energia têm definições muito específicas que envolvem forças, deslocamentos, massas e velocidades. Esses dois conceitos são de grande valor na análise de uma ampla variedade de problemas de engenharia.

13.1A Trabalho de uma força

Definiremos em primeiro lugar os termos *deslocamento* e *trabalho* da maneira como são usados em mecânica*. Considere uma partícula que se move de um ponto A em direção a um ponto vizinho A' (Fig. 13.1). Se **r** representa o vetor de posição correspondente ao ponto A, o pequeno vetor que liga A e A' pode ser representado pela diferencial $d\mathbf{r}$; o vetor $d\mathbf{r}$ é denominado **deslocamento** da partícula. Vamos agora admitir que uma força **F** esteja atuando sobre a partícula. O **trabalho da força F correspondente ao deslocamento** $d\mathbf{r}$ é definido como a quantidade

$$dU = \mathbf{F} \cdot d\mathbf{r} \qquad (13.1)$$

Nós obtemos dU efetuando o produto escalar entre a força **F** e o deslocamento $d\mathbf{r}$. Representamos as intensidades da força e do deslocamento por F

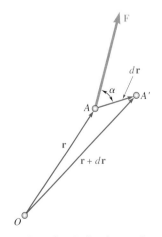

Figura 13.1 O trabalho de uma força que atua sobre uma partícula é o produto escalar da força **F** e o deslocamento $d\mathbf{r}$ da partícula.

---
*A definição de trabalho foi dada na Seção 10.1A, e as propriedades básicas do trabalho de uma força foram delineadas nas Seções 10.1A e 10.2A. Por conveniência, repetimos aqui as partes daquele material relacionadas à cinética de partículas.

e ds, respectivamente, e o ângulo formado por **F** e $d\mathbf{r}$ por α. Relembrando a definição do produto escalar de dois vetores (Seção 3.2A), escrevemos

$$dU = F\,ds\,\cos\alpha \tag{13.1'}$$

Usando a Eq. (3.30), podemos também expressar o trabalho dU em termos dos componentes retangulares da força e do deslocamento:

$$dU = F_x\,dx + F_y\,dy + F_z\,dz \tag{13.1''}$$

Por ser uma grandeza escalar, o trabalho tem uma intensidade e um sinal, mas não uma direção.

Notemos também que ele pode ser expresso em unidades obtidas do produto das unidades de comprimento pelas unidades de força. No SI, o trabalho deve ser expresso em N·m. A unidade de trabalho N·m é chamada de **joule** (J).*

Resulta de (13.1') que o trabalho dU é positivo se o ângulo α for agudo e negativo se α for obtuso. Três casos particulares são de especial interesse. Se a força **F** possui o mesmo sentido que $d\mathbf{r}$, o trabalho dU reduz-se a $F\,ds$. Se **F** tem um sentido oposto ao de $d\mathbf{r}$, o trabalho é $dU = -F\,ds$. Finalmente, se **F** é perpendicular a $d\mathbf{r}$, o trabalho dU é nulo.

O trabalho de **F** durante um deslocamento *finito* da partícula de A_1 até A_2 (Fig. 13.2a) é obtido por integração da Eq. (13.1) ao longo da trajetória descrita pela partícula. Esse trabalho, representado por $U_{1\to 2}$, é

Trabalho de uma força

$$U_{1\to 2} = \int_{A_1}^{A_2} \mathbf{F}\cdot d\mathbf{r} \tag{13.2}$$

Usando a equação alternativa (13.1') para o trabalho elementar dU, e observando que $F\cos\alpha$ representa o componente tangencial F_t da força, podemos também expressar o trabalho $U_{1\to 2}$ como

$$U_{1\to 2} = \int_{s_1}^{s_2} (F\cos\alpha)\,ds = \int_{s_1}^{s_2} F_t\,ds \tag{13.2'}$$

onde a variável de integração s mede a distância percorrida pela partícula ao longo da trajetória. O trabalho $U_{1\to 2}$ é representado pela área sob a curva obtida plotando $F_t = F\cos\alpha$ em função de s (Fig. 13.2b).

Quando a força **F** é definida pelos seus componentes retangulares, a Eq. (13.1'') pode ser usada para o trabalho elementar. Escrevemos então

$$U_{1\to 2} = \int_{A_1}^{A_2} (F_x\,dx + F_y\,dy + F_z\,dz) \tag{13.2''}$$

sendo a integração efetuada ao longo da trajetória descrita pela partícula.

Podemos usar essas equações para derivar fórmulas para o trabalho feito por uma força em várias situações comuns e importantes, como mostramos

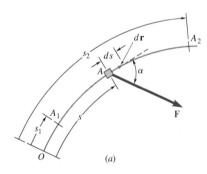

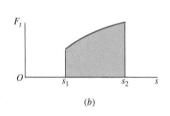

Figura 13.2 (*a*) O trabalho de força **F** sobre um deslocamento finito é a integral da Eq. (13.1) do ponto A_1 ao ponto A_2. (*b*) O trabalho é representado pela área sob o gráfico de F_t *versus* s de s_1 a s_2.

---

*O joule (J) é a unidade de energia do SI, seja na forma mecânica (trabalho, energia potencial ou energia cinética), ou nas formas química, elétrica ou térmica. Devemos notar que, embora N·m = J, o momento de uma força deve ser expresso em N·m, e não em joules, pois o momento de uma força não é uma forma de energia.

agora. Estas fórmulas podem simplificar os cálculos necessários para resolver muitos problemas comuns. Para outras situações, você pode retornar às Equações básicas (13.1) e (13.2) e suas variantes.

Trabalho de uma força constante em movimento retilíneo. Quando uma partícula que se move em linha reta é submetida à ação de uma força **F** de intensidade e direção constantes (Fig. 13.3), a Eq. (13.2′) fornece

$$U_{1 \to 2} = (F \cos \alpha) \Delta x \qquad (13.3)$$

onde: α = ângulo entre a força e a direção do movimento
Δx = deslocamento de A_1 até A_2

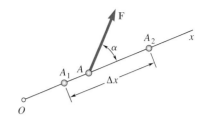

Figura 13.3 Para uma força constante em movimento retilíneo, o trabalho é igual ao deslocamento vezes a componente de força na direção do deslocamento.

Trabalho da força da gravidade. O trabalho do peso **W** de um corpo, isto é, da força da gravidade exercida sobre aquele corpo, é obtido substituindo-se os componentes de **W** em (13.1″) e (13.2″). Escolhendo o eixo y vertical para cima (Fig. 13.4), temos $F_x = 0$, $F_y = -W$ e $F_z = 0$. Então podemos escrever

$$dU = -W\, dy$$

$$U_{1 \to 2} = -\int_{y_1}^{y_2} W\, dy = Wy_1 - Wy_2 \qquad (13.4)$$

ou

$$U_{1 \to 2} = -W(y_2 - y_1) = -W\, \Delta y \qquad (13.4')$$

onde Δy é o deslocamento vertical de A_1 até A_2. Logo, o trabalho do peso **W** é igual ao **produto de W e do deslocamento vertical do centro de gravidade do corpo**. O trabalho é positivo quando $\Delta y < 0$, isto é, quando o corpo move-se para baixo. Quando o corpo se move para cima (e $\Delta y > 0$), a força e o deslocamento estão em direções opostas e o trabalho é negativo.

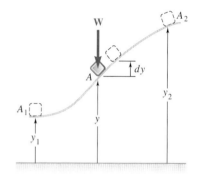

Figura 13.4 O trabalho realizado pela força da gravidade é o produto do peso e do deslocamento vertical do centro de gravidade do objeto. Se o objeto se move para cima, o trabalho feito pela gravidade é negativo.

Trabalho da força exercida por uma mola. Considere um corpo A conectado a um ponto fixo B por meio de uma mola; admite-se que a mola não esteja deformada quando o corpo está em A_0 (Fig. 13.5a). Para uma mola linear, a intensidade da força **F** exercida pela mola sobre o corpo A é proporcional à deflexão x da mola medida em relação à posição não deformada A_0 (isto é, $x = L_{\text{esticada}} - L_{\text{não esticada}}$). Escrevemos então

$$F = kx \qquad (13.5)$$

onde k é a **constante de mola**, expressa em N/m ou kN/m em unidades do SI*.

O trabalho da força **F** exercida pela mola durante um deslocamento finito do corpo de $A_1(x = x_1)$ até $A_2(x = x_2)$ é obtido escrevendo-se

$$dU = -F\, dx = -kx\, dx$$

$$U_{1 \to 2} = -\int_{x_1}^{x_2} kx\, dx = \tfrac{1}{2}kx_1^2 - \tfrac{1}{2}kx_2^2 \qquad (13.6)$$

---

*A relação $F = kx$ é correta apenas sob condições estáticas. Sob condições dinâmicas, a fórmula (13.5) deve ser modificada para levar em consideração a inércia da mola. Todavia, o erro introduzido ao usar-se a relação $F = kx$ para a solução de problemas cinéticos é pequeno se a massa da mola for pequena em comparação com as outras massas em movimento.

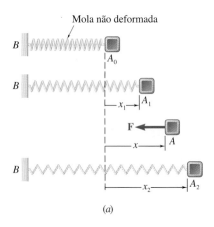

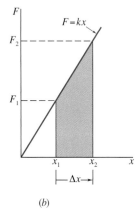

Figura 13.5 (a) O trabalho de uma força exercida por uma mola depende da constante da mola e das posições inicial e final da mola. (b) O trabalho é representado pela área sob o gráfico de força versus posição.

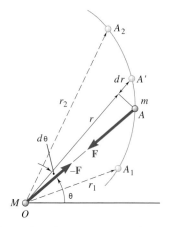

Figura 13.6 O trabalho de uma força gravitacional depende da constante gravitacional, das massas dos corpos que interagem e da distância radial entre eles.

Deve-se ter cuidado ao expressar k e x em unidades consistentes. Observemos que o trabalho da força **F** exercida pela mola sobre o corpo é positivo quando $x_2 < x_1$, isto é, quando a mola está retornando à sua posição indeformada. Quando o corpo é movido de x_1 para x_2, o trabalho da força é negativo, uma vez que o deslocamento e a força estão em direções opostas.

Como a Eq. (13.5) é a equação de uma linha reta de coeficiente angular k passando pela origem, o trabalho $U_{1 \to 2}$ da força **F** durante o deslocamento de A_1 até A_2 pode ser obtido pelo cálculo da área do trapézio mostrado na Fig. 13.5b. Isso é feito calculando-se F_1 e F_2 e multiplicando a base Δx do trapézio pela sua altura média $\frac{1}{2}(F_1 + F_2)$. Já que o trabalho da força **F** exercida pela mola é positivo para um valor negativo de Δx, escrevemos

$$U_{1 \to 2} = -\tfrac{1}{2}(F_1 + F_2)\,\Delta x \qquad (13.6')$$

Trabalho de uma força gravitacional. Vimos na Seção 12.2C que duas partículas de massas M e m a uma distância r entre ambas se atraem mutuamente com forças iguais e opostas **F** e $-\mathbf{F}$ direcionadas ao longo da linha que as une, cuja intensidade é

$$F = G\frac{Mm}{r^2}$$

Consideremos que a partícula M ocupe uma posição O fixa enquanto a partícula m se move ao longo da trajetória mostrada na Fig. 13.6. O trabalho da força **F** exercida sobre a partícula m durante um deslocamento infinitesimal da partícula de A até A' pode ser obtido multiplicando-se a intensidade F da força pelo componente radial dr do deslocamento. Como **F** é orientada para O e dr é orientado para longe de O, o trabalho é negativo e escrevemos

$$dU = -F\,dr = -G\frac{Mm}{r^2}\,dr$$

O trabalho da força gravitacional **F** durante um deslocamento finito desde $A_1(r = r_1)$ até $A_2(r = r_2)$ é, portanto,

$$U_{1 \to 2} = -\int_{r_1}^{r_2} \frac{GMm}{r^2}\,dr = \frac{GMm}{r_2} - \frac{GMm}{r_1} \qquad (13.7)$$

onde M é a massa da Terra. Essa equação pode ser usada para determinar o trabalho da força exercida pela Terra sobre um corpo de massa m a uma distância r do centro da Terra, quando r é maior que o raio R da Terra. Retomando a primeira das relações (12.27), podemos substituir o produto GMm da Eq. (13.7) por WR^2, onde R é o raio da Terra ($R = 6{,}37 \times 10^6$ m ou 3960 mi) e W é o peso do corpo na superfície da Terra.

Algumas forças frequentemente encontradas em problemas de cinética *não realizam trabalho*. São forças aplicadas a pontos fixos ($ds = 0$) ou que agem em uma direção perpendicular ao deslocamento ($\cos \alpha = 0$). Entre as forças que não realizam trabalho estão as seguintes: a reação em um pino sem atrito quando o corpo apoiado gira em torno dele; a força normal em uma superfície fixa sem atrito quando o corpo em contato move-se ao longo da superfície; a reação em um rolamento que se move ao longo de sua pista; e o peso de um corpo quando seu centro de gravidade se move horizontalmente.

13.1B Princípio de trabalho e energia

Considere uma partícula de massa *m* submetida à ação de uma força **F** e que se move ao longo de uma trajetória que tanto pode ser retilínea como curva (Fig. 13.7). Expressando a segunda lei de Newton em termos dos componentes tangenciais da força e da aceleração (ver Seção 12.1D), escrevemos

$$F_t = ma_t \quad \text{ou} \quad F_t = m\frac{dv}{dt}$$

onde *v* é a velocidade da partícula. Relembrando da Seção 11.4A, que $v = ds/dt$, obtemos

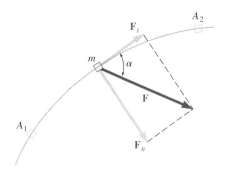

Figura 13.7 Uma partícula *m* é acionada por uma força **F**.

$$F_t = m\frac{dv}{ds}\frac{ds}{dt} = mv\frac{dv}{ds}$$

$$F_t\, ds = mv\, dv$$

Integrando desde A_1, onde $s = s_1$ e $v = v_1$, até A_2, onde $s = s_2$ e $v = v_2$, escrevemos

$$\int_{s_1}^{s_2} F_t\, ds = m\int_{v_1}^{v_2} v\, dv = \tfrac{1}{2}mv_2^2 - \tfrac{1}{2}mv_1^2 \tag{13.8}$$

O lado esquerdo da Eq. (13.8) representa o trabalho $U_{1\to 2}$ da força **F** exercida sobre a partícula durante o seu deslocamento de A_1 até A_2; conforme indicado anteriormente, o trabalho $U_{1\to 2}$ é uma grandeza escalar. A expressão $\tfrac{1}{2}mv^2$ também é uma grandeza escalar; ela é definida como a energia cinética da partícula, sendo representada por *T*. Escrevemos

Energia cinética de uma partícula

$$T = \frac{1}{2}mv^2 \tag{13.9}$$

Substituindo na Eq. (13.8), temos

Princípio de trabalho e energia

$$U_{1\to 2} = T_2 - T_1 \tag{13.10}$$

Essa equação afirma que quando uma partícula move-se de A_1 até A_2 sob a ação de uma força **F**, **o trabalho da força F é igual à variação da energia cinética da partícula.** Isso é conhecido como o **princípio de trabalho e energia**. Reordenando os termos em (13.10), escrevemos

$$T_1 + U_{1\to 2} = T_2 \tag{13.11}$$

Assim como a segunda lei de Newton da qual foi deduzido, o princípio de trabalho e energia aplica-se somente em relação a um sistema de referência newtoniano (Seção 12.2). A velocidade *v* usada para determinar a energia cinética *T* deve, portanto, ser medida em relação a um sistema de referência newtoniano.

Uma vez que tanto o trabalho quanto a energia cinética são grandezas escalares, sua soma pode ser calculada como uma soma algébrica usual, com o trabalho $U_{1\to 2}$ sendo considerado positivo ou negativo de acordo com o sentido de **F**. Quando diversas forças agem sobre a partícula, a expressão $U_{1\to 2}$ representa o trabalho total das forças que agem sobre a partícula; ele é obtido adicionando-se algebricamente o trabalho das várias forças.

Conforme observado anteriormente, a energia cinética de uma partícula é uma grandeza escalar. Além disso, da definição $T = \frac{1}{2}mv^2$ resulta que a energia cinética é sempre positiva, não importando o sentido do movimento da partícula. Considerando o caso particular em que $v_1 = 0$ e $v_2 = v$, e substituindo $T_1 = 0$ e $T_2 = T$ na Eq. (13.10), observamos que o trabalho realizado pelas forças que agem sobre a partícula é igual a T. Logo, a energia cinética de uma partícula que se move com velocidade v representa o trabalho que deve ser realizado para levar a partícula do repouso até a velocidade v. Substituindo $T_1 = T$ e $T_2 = 0$ na Eq. (13.10), notamos também que, quando uma partícula que se move com velocidade v é levada ao repouso, o trabalho realizado pelas forças que agem sobre a partícula é $-T$. Considerando que nenhuma energia seja dissipada em calor, concluímos que o trabalho realizado pelas forças exercidas *pela partícula* sobre os corpos que a levam ao repouso é igual a T. Logo, a energia cinética de uma partícula também representa **a capacidade de realizar trabalho associada à velocidade da partícula.**

A energia cinética é medida nas mesmas unidades que o trabalho, isto é, em joules, no SI. Verificamos que

$$T = \tfrac{1}{2}mv^2 = \text{kg}(\text{m/s})^2 = (\text{kg·m/s}^2)\text{m} = \text{N·m} = \text{J}$$

13.1C A aplicação do princípio de trabalho e energia

A aplicação do princípio de trabalho e energia simplifica bastante a solução de muitos problemas que envolvem forças, deslocamentos e velocidades. Considere, por exemplo, o pêndulo OA, que consiste em um corpo A de peso W preso à corda de comprimento l (Fig. 13.8a). O pêndulo é liberado do repouso em uma posição horizontal OA_1 e posto para oscilar em um plano vertical. Queremos determinar a velocidade escalar do corpo quando ele passar por A_2, exatamente abaixo de O.

Em primeiro lugar, determinamos o trabalho realizado durante o deslocamento de A_1 até A_2 pelas forças que agem sobre o corpo do pêndulo. Desenhamos um diagrama de corpo livre do corpo, mostrando todas as forças *reais* que agem sobre ele, isto é, o peso **W** e a força **P** exercida pela corda (Fig. 13.8b). (Um vetor de inércia não é uma força real e *não deve* ser incluído no diagrama de corpo livre.) Observamos que a força **P** não realiza trabalho, pois é normal à trajetória; logo, a única força que realiza trabalho é o peso **W**. O trabalho de **W** é obtido pelo produto da sua intensidade W pelo deslocamento vertical l (Seção 13.1A); como o deslocamento é para baixo, o trabalho é positivo. Escrevemos, portanto, que $U_{1\to 2} = Wl$.

Considerando agora a energia cinética do corpo do pêndulo, encontramos $T_1 = 0$ em A_1 e $T_2 = \tfrac{1}{2}(W/g)v_2^2$ em A_2. Podemos, então, aplicar o princípio de trabalho e energia. Relembrando a Eq. (13.11), escrevemos

$$T_1 + U_{1\to 2} = T_2 \qquad 0 + Wl = \frac{1}{2}\frac{W}{g}v_2^2$$

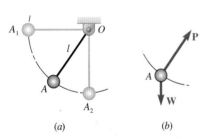

Figura 13.8 (*a*) Um pêndulo de peso W oscila de uma posição inicial A_1 para uma posição final A_2; (*b*) diagrama de corpo livre do pêndulo na posição A.

Resolvendo para v_2, encontramos $v_2 = \sqrt{2gl}$. Notemos que a velocidade escalar obtida é a mesma de um corpo em queda livre de uma altura l.

O exemplo que acabamos de considerar ilustra as seguintes vantagens do método de trabalho e energia:

1. A fim de encontrar-se a velocidade escalar em A_2, não há necessidade de determinar a aceleração em uma posição intermediária A e integrar a expressão obtida de A_1 até A_2.
2. Todas as grandezas envolvidas são escalares e podem ser adicionadas diretamente, sem o emprego de componentes x e y.
3. Forças que não realizam trabalho são eliminadas da solução do problema.

Entretanto, o que é vantagem para um problema pode ser desvantagem para outro. É evidente, por exemplo, que o método de trabalho e energia não pode ser usado para determinar diretamente uma aceleração. Também é evidente que, na determinação de uma força que é normal à trajetória da partícula (força esta que não realiza trabalho), o método de trabalho e energia deve ser suplementado pela aplicação direta da segunda lei de Newton. Suponha, por exemplo, que queiramos determinar a tração na corda do pêndulo da Fig. 13.8a quando o corpo passar por A_2. Desenhamos um diagrama de corpo livre do pêndulo naquela posição (Fig. 13.9) e expressamos a segunda lei de Newton em termos de componentes tangencial e normal. As equações $\Sigma F_t = ma_t$ e $\Sigma F_n = ma_n$ conduzem, respectivamente, $a_t = 0$ e

$$P - W = ma_n = \frac{W}{g}\frac{v_2^2}{l}$$

Mas a velocidade escalar em A_2 foi determinada anteriormente pelo método de trabalho e energia. Substituindo $v_2^2 = 2gl$ e resolvendo para P, escrevemos

$$P = W + \frac{W}{g}\frac{2gl}{l} = 3W$$

Se usássemos apenas princípios estáticos e projetássemos a corda para segurar o peso do pêndulo (ou mesmo o dobro do peso do pêndulo), a corda teria falhado.

Quando um problema envolve duas ou mais partículas, o princípio de trabalho e energia pode ser aplicado a cada partícula separadamente. Adicionando as energias cinéticas das várias partículas e considerando o trabalho de todas as forças que agem sobre elas, podemos também escrever uma equação única de trabalho e energia para todas as partículas envolvidas. Escrevemos então:

$$T_1 + U_{1\to 2} = T_2 \quad (13.11)$$

onde T_1 representa a soma aritmética das energias cinéticas das partículas envolvidas na posição 1, T_2 representa a soma aritmética das energias cinéticas das partículas envolvidas na posição 2 e $U_{1\to 2}$ é o trabalho de todas as forças que agem sobre as partículas, incluindo as forças de ação e reação exercidas pelas partículas entre si. Em problemas que envolvem corpos ligados por cordas ou conexões inextensíveis, porém, o trabalho das forças exercidas por uma certa corda ou conexão sobre os dois corpos ligados por ela se anula, pois os pontos de aplicação dessas forças se movem por distâncias iguais (ver Problema Resolvido 13.2). (No Capítulo 14 discutiremos como aplicar o método de trabalho e energia a um sistema de partículas.).

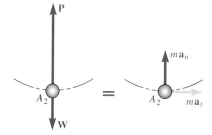

Figura 13.9 Diagramas de corpo livre e cinético para determinar a força em um pêndulo.

Como as forças de atrito têm sentido oposto ao do deslocamento do corpo em que atuam, **o trabalho das forças de atrito é sempre negativo**. Esse trabalho representa a energia dissipada em calor e sempre resulta em um decréscimo na energia cinética do corpo envolvido (ver Problema Resolvido 13.3).

13.1D Potência e eficiência

A **potência** é definida como a taxa temporal de realização de trabalho. Na seleção de uma máquina ou de um motor, a potência é um critério muito mais importante do que a quantidade real de trabalho a ser realizado. Tanto um pequeno motor quanto uma grande usina elétrica podem ser usados para fornecer uma dada quantidade de trabalho, mas o pequeno motor pode levar um mês para realizar o trabalho feito pela usina em poucos minutos. Se ΔU é o trabalho realizado durante o intervalo de tempo Δt, então a potência média durante aquele intervalo é

$$\text{Potência média} = \frac{\Delta U}{\Delta t}$$

Fazendo Δt tender a zero, obtemos no limite

Potência

Foto 13.1 A potência utilizada para operar um teleférico em uma estação de esqui é o produto da força aplicada e da velocidade do elevador.

$$\text{Potência} = \frac{dU}{dt} \quad (13.12)$$

Substituindo o produto escalar $\mathbf{F} \cdot d\mathbf{r}$ para dU, podemos escrever também

$$\text{Potência} = \frac{dU}{dt} = \frac{\mathbf{F} \cdot d\mathbf{r}}{dt}$$

e, relembrando que $d\mathbf{r}/dt$ representa a velocidade $\mathbf{v}$ do ponto de aplicação de $\mathbf{F}$, temos

$$\text{Potência} = \mathbf{F} \cdot \mathbf{v} \quad (13.13)$$

Como a potência foi definida como a taxa temporal de realização de trabalho, ela deve ser expressa em unidades obtidas dividindo-se as unidades de trabalho pela unidade de tempo. Logo, no SI, a potência deve ser expressa em J/s; essa unidade é denominada *watt* (W). Escrevemos então:

$$1\ \text{W} = 1\ \text{J/s} = 1\ \text{N·m/s}$$

$$1\ \text{ft·lb/s} = 1{,}356\ \text{J/s} = 1{,}356\ \text{W}$$

$$1\ \text{hp} = 550(1{,}356\ \text{W}) = 746\ \text{W} = 0{,}746\ \text{kW}$$

A **eficiência mecânica** de uma máquina foi definida na Seção 10.1D como sendo a razão entre o trabalho de saída e o trabalho de entrada:

$$\eta = \frac{\text{trabalho de saída}}{\text{trabalho de entrada}} \quad (13.14)$$

Essa definição baseia-se na hipótese de que o trabalho é realizado a uma taxa constante. Logo, a proporção entre os trabalhos de saída e de entrada é igual à proporção das taxas de realização dos trabalhos de saída e de entrada, e temos

Eficiência mecânica

$$\eta = \frac{\text{potência de saída}}{\text{potência de entrada}} \qquad (13.15)$$

Por causa das perdas de energia devido ao atrito, o trabalho de saída é sempre menor que o trabalho de entrada e, consequentemente, a potência de saída é sempre menor que a potência de entrada. Logo, a eficiência mecânica de uma máquina é sempre menor que 1.

Quando uma máquina é usada para transformar energia mecânica em energia elétrica, ou energia térmica em energia mecânica, sua *eficiência global* pode ser obtida a partir da Eq. (13.15). A eficiência global de uma máquina é sempre menor que 1; ela fornece uma medida das diversas perdas de energia envolvidas (perdas de energia elétrica ou térmica, assim como perdas por atrito). Observe que é necessário expressar a potência de saída e a potência de entrada nas mesmas unidades antes de aplicar a Eq. (13.15).

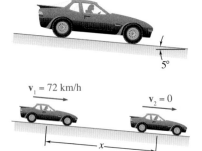

Figura 1 O carro em duas posições de interesse.

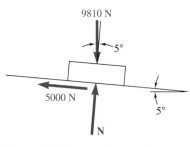

Figura 2 Diagrama de corpo livre para o carro.

PROBLEMA RESOLVIDO 13.1

Um automóvel de massa 1.000 kg é conduzido em um declive de 5° a uma velocidade de 72 km/h quando os freios são usados, causando uma força de frenagem total constante (aplicada pela estrada sobre os pneus) de 5.000 N. Determine a distância percorrida pelo automóvel até ele parar.

ESTRATÉGIA Você recebeu a velocidade do carro em duas posições ao longo da estrada e precisa determinar a distância x entre eles (Fig. 1), então use o princípio de trabalho e energia.

MODELAGEM Escolha o carro como o sistema e considere que ele pode ser modelado como uma partícula.

ANÁLISE Para aplicar o princípio de trabalho e energia, devemos encontrar a energia cinética em cada posição do carro. A diferença entre as energias cinéticas será igual ao trabalho realizado pela força de frenagem.

Princípio de trabalho e energia.

$$T_1 + U_{1 \to 2} = T_2 \quad (1)$$

Portanto, precisamos calcular cada termo nesta equação.

Energia cinética.

Posição 1.
$$v_1 = \left(72 \frac{\text{km}}{\text{h}}\right)\left(\frac{1000 \text{ m}}{1 \text{ km}}\right)\left(\frac{1 \text{ h}}{3600 \text{ s}}\right) = 20 \text{ m/s}$$

$$T_1 = \tfrac{1}{2}mv_1^2 = \tfrac{1}{2}(1000)(20 \text{ m/s})^2 = 200.000 \text{ J}$$

Posição 2. $\quad v_2 = 0 \quad T_2 = 0$

Trabalho. A melhor maneira de identificar quais forças realizam trabalho é desenhar um diagrama de corpo livre, como mostrado na Fig. 2. É claro que as únicas forças externas que realizam trabalho são a força de frenagem total e o peso. A força normal não realiza trabalho porque é perpendicular ao movimento. Utilizando a definição de trabalho, temos

$$U_{1 \to 2} = -5000x + (1000 \text{ kg})(9{,}81 \text{ m/s}^2)(\text{sen } 5°)x = -4145x$$

Observe que o trabalho da força gravitacional é positivo desde que o automóvel esteja se movendo para baixo. Substituindo na Eq. (1), temos

$$200.000 - 4145x = 0 \qquad x = 48{,}3 \text{ m} \blacktriangleleft$$

PARA REFLETIR Resolver este problema usando a segunda lei de Newton exigiria determinar a desaceleração do carro a partir do diagrama de corpo livre (Fig. 2) e, em seguida, integrá-la usando a velocidade informada. Utilizar o princípio de trabalho e energia permite evitar esse cálculo.

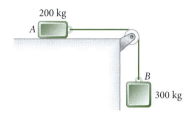

PROBLEMA RESOLVIDO 13.2

Dois blocos estão conectados por um cabo inextensível como mostrado na figura. Se o sistema é liberado do repouso, determine a velocidade do bloco A depois que ele se desloca 2 m. Admita que o coeficiente de atrito cinético entre o bloco A e o plano seja de $\mu_k = 0{,}25$ e que a roldana não tenha nem peso nem atrito.

ESTRATÉGIA Você precisa determinar a velocidade, e são dados dois lugares no espaço. Portanto, utilize o princípio de trabalho e energia. Você pode aplicar este princípio a cada bloco e combinar as equações resultantes, ou pode escolher o seu sistema para ser ambos os blocos e o cabo, evitando assim a necessidade de determinar o trabalho das forças internas.

MODELAGEM Defina dois sistemas separados, um para cada bloco, e modele-os como partículas. Como indicado no problema, considere a polia sem peso e sem atrito.

ANÁLISE

Trabalho e energia para o Bloco A. Representamos a força de atrito por $\mathbf{F}_A$ e a força exercida pelo cabo por $\mathbf{F}_C$, e escrevemos

$$m_A = 200 \text{ kg} \qquad W_A = (200 \text{ kg})(9{,}81 \text{ m/s}^2) = 1962 \text{ N}$$
$$F_A = \mu_k N_A = \mu_k W_A = 0{,}25(1962 \text{ N}) = 490 \text{ N}$$
$$T_1 + U_{1 \to 2} = T_2: \quad 0 + F_C(2 \text{ m}) - F_A(2 \text{ m}) = \tfrac{1}{2} m_A v^2$$
$$F_C(2 \text{ m}) - (490 \text{ N})(2 \text{ m}) = \tfrac{1}{2}(200 \text{ kg}) v^2 \qquad (1)$$

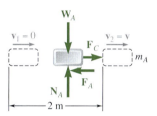

Figura 1 Diagrama de corpo livre e duas posições para o bloco A.

Trabalho e energia para o bloco B. A partir do diagrama de corpo livre para o bloco B (Fig. 2), temos

$$m_B = 300 \text{ kg} \qquad W_B = (300 \text{ kg})(9{,}81 \text{ m/s}^2) = 2940 \text{ N}$$
$$T_1 + U_{1 \to 2} = T_2: \quad 0 + W_B(2 \text{ m}) - F_C(2 \text{ m}) = \tfrac{1}{2} m_B v^2$$
$$(2940 \text{ N})(2 \text{ m}) - F_C(2 \text{ m}) = \tfrac{1}{2}(300 \text{ kg}) v^2 \qquad (2)$$

Agora, adicionamos os lados esquerdo e direito das Eqs. (1) e (2). O trabalho das forças exercidas pelo cabo em A e B se anula. É por isso que, ao resolver problemas usando trabalho e energia, geralmente é melhor escolher o seu sistema para incluir todos os objetos de interesse, de modo que você não precise se preocupar com o trabalho das forças internas. Portanto, depois de combinar as Eqs. (1) e (2) ou escolher o sistema para ser o bloco A, o bloco B e o cabo, obtemos

$$(2940 \text{ N})(2 \text{ m}) - (490 \text{ N})(2 \text{ m}) = \tfrac{1}{2}(200 \text{ kg} + 300 \text{ kg}) v^2$$
$$4900 \text{ J} = \tfrac{1}{2}(500 \text{ kg}) v^2 \qquad v = 4{,}43 \text{ m/s} \quad \blacktriangleleft$$

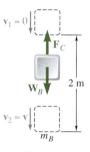

Figura 2 Diagrama de corpo livre e duas posições para o bloco B.

PARA REFLETIR Ao usar o princípio de trabalho e energia, geralmente economiza-se tempo escolher o seu sistema para ser tudo que se move. Agora que você conhece a velocidade do bloco, você pode usar a Eq. (1) para determinar a força no cabo. Você precisará isolar parte de um sistema somente quando precisar determinar uma força interna.

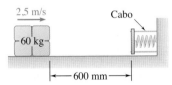

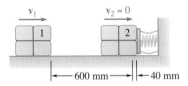

Figura 1 O pacote na posição 1 e na posição 2.

Figura 2 Diagrama de corpo livre antes da mola estar acionada.

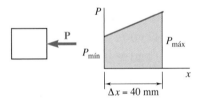

Figura 3 A força P no bloco antes de atingir a mola.

PROBLEMA RESOLVIDO 13.3

Uma mola é usada para parar um pacote de 60 kg que desliza sobre uma superfície horizontal. A mola tem uma constante $k = 20$ kN/m e é contida por meio de cabos de tal modo que, inicialmente, ela está comprimida em 120 mm. Sabendo que o pacote tem uma velocidade de 2,5 m/s na posição mostrada na figura e que a deflexão adicional máxima da mola é de 40 mm, determine (a) o coeficiente de atrito cinético entre o pacote e a superfície, (b) a velocidade do pacote quando ele passar novamente pela posição mostrada.

ESTRATÉGIA Você tem informações de velocidade e locais específicos no espaço, então use o princípio de trabalho e energia. Quebre o movimento em dois segmentos: o segmento 1 é a posição inicial até o ponto em que a mola tem uma deflexão máxima (Fig. 1), e o segmento 2 é a partir do ponto em que a mola tem uma deflexão máxima de volta à posição original.

MODELAGEM O sistema é a caixa, que você pode modelar como uma partícula. Um diagrama de corpo livre para a caixa, quando não está em contato com a mola, é mostrado na Fig. 2. Depois de atingir a mola, a caixa tem uma força adicional **P** agindo sobre ela devido à compressão da mola (Fig. 3).

ANÁLISE O princípio de trabalho e energia é

$$T_1 + U_{1\to 2} = T_2 \quad (1)$$

Chame a posição inicial da embalagem de posição 1 e a posição em que a deflexão máxima da mola ocorre de posição 2 (Fig. 1).

a. Movimento da posição 1 para a posição 2

Energia cinética. *Posição 1.* $v_1 = 2{,}5$ m/s

$$T_1 = \tfrac{1}{2}mv_1^2 = \tfrac{1}{2}(60 \text{ kg})(2{,}5 \text{ m/s})^2 = 187{,}5 \text{ N·m} = 187{,}5 \text{ J}$$

Posição 2. (máxima deflexão da mola): $v_2 = 0$ $T_2 = 0$

Trabalho. *Força de atrito* **F**. Temos (Fig. 2)

$$F = \mu_k N = \mu_k W = \mu_k mg = \mu_k(60 \text{ kg})(9{,}81 \text{ m/s}^2) = (588{,}6 \text{ N})\mu_k$$

O trabalho de **F** é negativo e igual a

$$(U_{1\to 2})_f = -Fx = -(588{,}6 \text{ N})\mu_k(0{,}600 \text{ m} + 0{,}040 \text{ m}) = -(377 \text{ J})\mu_k$$

Força da mola **P**. A força variável **P** exercida pela mola realiza uma quantidade de trabalho negativo igual à área sob a curva força-deflexão da mola. Temos

$$P_{\text{mín}} = kx_0 = (20 \text{ kN/m})(120 \text{ mm}) = (20.000 \text{ N/m})(0{,}120 \text{ m}) = 2400 \text{ N}$$
$$P_{\text{máx}} = P_{\text{mín}} + k\,\Delta x = 2400 \text{ N} + (20 \text{ kN/m})(40 \text{ mm}) = 3200 \text{ N}$$
$$(U_{1\to 2})_e = -\tfrac{1}{2}(P_{\text{mín}} + P_{\text{máx}})\,\Delta x = -\tfrac{1}{2}(2400 \text{ N} + 3200 \text{ N})(0{,}040 \text{ m}) = -112{,}0 \text{ J}$$

O trabalho total entre as posições 1 e 2 é, então,

$$U_{1\to 2} = (U_{1\to 2})_f + (U_{1\to 2})_e = -(377 \text{ J})\mu_k - 112{,}0 \text{ J}$$

Princípio de trabalho e energia. Você pode determinar o coeficiente de atrito cinético a partir da expressão para o princípio de trabalho e energia neste segmento do movimento.

$$T_1 + U_{1\to 2} = T_2: \quad 187{,}5 \text{ J} - (377 \text{ J})\mu_k - 112{,}0 \text{ J} = 0 \quad \mu_k = 0{,}20 \quad \blacktriangleleft$$

Capítulo 13 Cinemática de partículas: métodos de energia e quantidade de movimento 809

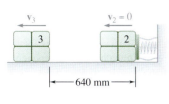

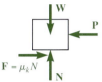

Figura 4 Diagrama de corpo livre quando o pacote está se movendo para a esquerda.

b. Movimento da posição 2 para a posição 3. Chame a posição onde a embalagem retorna à sua posição inicial de posição 3 (Fig. 4).

Energia cinética. *Posição 2.*

$$v_2 = 0 \qquad T_2 = 0$$

Posição 3. $\qquad T_3 = \frac{1}{2}mv_3^2 = \frac{1}{2}(60 \text{ kg})v_3^2$

Trabalho. Uma vez que as distâncias envolvidas são as mesmas, os valores numéricos do trabalho da força de atrito **F** e da força da mola **P** são os mesmos calculados anteriormente. Todavia, enquanto o trabalho de **F** ainda é negativo, o trabalho de **P** é agora positivo.

$$U_{2\to3} = -(377 \text{ J})\mu_k + 112{,}0 \text{ J} = -75{,}5 \text{ J} + 112{,}0 \text{ J} = +36{,}5 \text{ J}$$

Princípio de trabalho e energia.

$$T_2 + U_{2\to3} = T_3: \qquad 0 + 36{,}5 \text{ J} = \frac{1}{2}(60 \text{ kg})v_3^2$$
$$v_3 = 1{,}103 \text{ m/s} \qquad \mathbf{v}_3 = 1{,}103 \text{ m/s} \leftarrow \quad \blacktriangleleft$$

PARA REFLETIR Você precisou quebrar este problema em dois segmentos. A partir do primeiro segmento, você foi capaz de determinar o coeficiente de atrito. Então você poderia utilizar o princípio de trabalho e energia para determinar a velocidade do pacote em qualquer outro local. Observe que o sistema não perde nenhuma energia devido à mola; ele retorna toda sua energia de volta para o pacote. A fim de trazer o pacote para o repouso, você precisaria projetar algo que pudesse absorver a energia cinética dele.

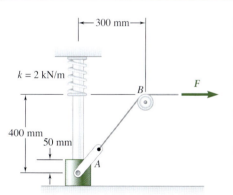

PROBLEMA RESOLVIDO 13.4

O cursor A de 2 kg parte do repouso na posição mostrada quando uma força constante $F = 100$ N é aplicada ao cabo, fazendo com que o cursor A se mova para cima pelo eixo vertical liso. Desprezando a massa da polia sem atrito e da mola, determine a velocidade de A quando a mola é comprimida 50 mm.

ESTRATÉGIA Você tem informações sobre duas posições e foi solicitado a determinar uma velocidade, então use o princípio de trabalho e energia.

MODELAGEM Você tem várias opções de sistemas. Considere os sistemas mostrados na Fig. 1.

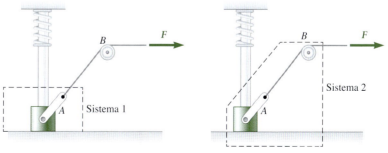

Figura 1 Possíveis sistemas para este problema.

(*Continua*)

Qual deles você deve usar? Você pode resolver o problema utilizando qualquer um, mas verifica-se que algumas escolhas de sistema tornam o problema mais fácil de resolver do que outras. Para o sistema 1, a tração na corda é F, mas apenas a componente de F na direção do movimento realiza trabalho. Este componente está mudando continuamente, assim calcular o trabalho é difícil. Para o sistema 2, o trabalho que a força F faz é apenas a intensidade de F (uma vez que é constante) vezes a distância que a força viaja horizontalmente. Portanto, o problema é mais fácil de resolver usando o sistema 2.

ANÁLISE O princípio de trabalho e energia é

$$T_1 + U_{1 \to 2} = T_2 \qquad (1)$$

Para iniciar, desenhe o sistema nas duas posições mostradas na Fig. 2. Uma vez que a figura ficará muito confusa se você desenhar as duas posições na mesma figura, você deve desenhá-las lado a lado.

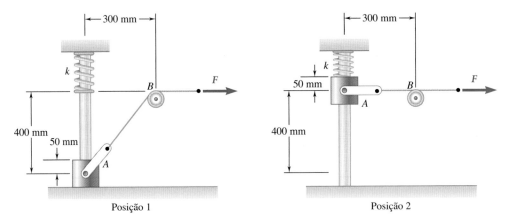

Figura 2 O sistema em duas posições de interesse.

Energia cinética. Como o cursor está inicialmente em estado de repouso, $T_1 = 0$. Na posição 2, quando a mola superior é comprimida 50 mm, a energia cinética é

$$T_2 = \frac{1}{2}mv_2^2 = \frac{1}{2}(2 \text{ kg})v_2^2 = v_2^2$$

Trabalho. À medida que o cursor é levantado da posição 1 para onde a mola é comprimida 50 mm, o trabalho feito pelo peso é

$$(U_{1 \to 2})_g = -mgy_2 = -(2 \text{ kg})(9{,}81 \text{ m/s}^2)(0{,}4 \text{ m}) = -7{,}848 \text{ J}$$

e o trabalho da força da mola é

$$(U_{1 \to 2})_s = \frac{1}{2}kx_1^2 - \frac{1}{2}kx_2^2 = 0 - \frac{1}{2}(2000 \text{ N/m})(0{,}05 \text{ m})^2 = -2{,}50 \text{ J}$$

Finalmente, você deve calcular o trabalho da força de 100 N. Na posição 1, o comprimento AB é

$$(l_{AB})_1 = \sqrt{(0{,}4)^2 + (0{,}3)^2} = 0{,}5 \text{ m}$$

Na posição 2, o comprimento AB é $(l_{AB})_2 = 0{,}3$ m. A distância que a força de 100 N percorre é, portanto,

$$d = (l_{AB})_1 - (l_{AB})_2 = 0{,}5 \text{ m} - 0{,}3 \text{ m} = 0{,}2 \text{ m}$$

O trabalho realizado pela força F de 100 N é

$$(U_{1\to2})_F = Fd = (100\text{ N})(0{,}5\text{ m} - 0{,}3\text{ m}) = 20\text{ J}$$

Logo, o trabalho total é

$$U_{1\to2} = (U_{1\to2})_g + (U_{1\to2})_s + (U_{1\to2})_F = -7{,}848\text{ J} - 2{,}50\text{ J} + 20\text{ J} = 9{,}652\text{ J}$$

Substituindo esses valores no princípio de trabalho e energia, temos

$$T_1 + U_{1\to2} = T_2$$
$$0 + 9{,}652 = v_2^2$$

$$v_2 = 3{,}11\text{ m/s} \blacktriangleleft$$

PARA REFLETIR   E se a força tivesse sido apenas 10 N em vez de 100 N? O trabalho teria sido um fator 10 vezes menor (ou seja, 2 J), e você teria $v_2^2 = -8{,}348$, o que obviamente não faz sentido. O que isso significa? Isso significa que a suposição de que a massa realmente vai chegar à posição 2 está incorreta.

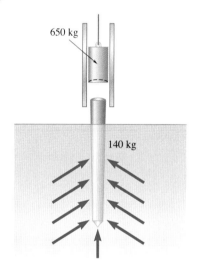

PROBLEMA RESOLVIDO 13.5

O martelo de 650 kg de uma bate-estaca acerta o topo de uma estaca de 140 kg. Após o impacto, o martelo e a estaca juntam-se e têm uma velocidade de 3 m/s. A força vertical exercida sobre a estaca pelo solo após o impacto é dada por $F = 0{,}02x^2$, onde x e F são expressos em mm e kN, respectivamente. Determine a velocidade do sistema após penetrar 80 mm no solo.

ESTRATÉGIA   Você recebeu uma força em função do deslocamento e está interessado em duas posições. Portanto, use o princípio de trabalho e energia.

MODELAGEM   O sistema é o martelo e a estaca juntos após o impacto. Eles podem ser modelados como uma única partícula. Um diagrama de corpo livre para esse sistema (Fig. 1) mostra que as duas únicas forças que realizam trabalho são o peso e a força do solo.

ANÁLISE   O princípio de trabalho e energia é

$$T_1 + U_{1\to2} = T_2 \qquad (1)$$

Energia cinética.   As duas posições consideradas são imediatamente após o impacto e depois que o sistema desceu 50 mm. Como o sistema está inicialmente viajando a 3 m/s, a energia cinética inicial é

$$T_1 = \frac{1}{2}mv_1^2 = \frac{1}{2}(650\text{ kg} + 140\text{ kg})(3\text{ m/s})^2 = 3555\text{ J}$$

Na posição 2, a energia cinética é

$$T_2 = \frac{1}{2}mv_2^2 = \frac{1}{2}(650\text{ kg} + 140\text{ kg})v_2^2 = 395v_2^2$$

Trabalho.   À medida que o sistema se move para dentro do chão, o peso e a força de resistência F realizam trabalho. O trabalho que o peso realiza é

$$(U_{1\to2})_g = mgy = (790\text{ kg})(9{,}81\text{ m/s}^2)(0{,}08\text{ m}) = 620{,}0\text{ J}$$

(*Continua*)

Figura 1 Diagrama de corpo livre depois do impacto.

A equação dada para a força é tal que F é em kN quando x é expresso em mm. Isso significa que o número na frente (isto é, o 0,02) tem que ter as unidades de kN/mm^2 para as unidades funcionarem. O trabalho da força de resistência é

$$(U_{1\to 2})_F = \int_{x_1}^{x_2} F_x\, dx$$

$$= \int_0^{0,05} -(0,02\text{ kN/mm}^2)x^2\, dx = -\left(\frac{0,02}{3}\text{ kN/mm}^2\right)x^3\Big|_0^{80}$$

$$= -3413\text{ kN·mm} = -3413\text{ J}$$

Logo, o trabalho total é

$$U_{1\to 2} = (U_{1\to 2})_g + (U_{1\to 2})_F = 620,0\text{ J} - 3413\text{ J} = -2793\text{ J}$$

Substituindo as energias cinéticas e o trabalho total no princípio de trabalho e energia, obtemos

$$T_1 + U_{1\to 2} = T_2$$
$$3555 - 2793 = 395v_2^2$$

$$v_2 = 1,389\text{ m/s} \downarrow \blacktriangleleft$$

PARA REFLETIR Para determinar quão profundamente o sistema entra no solo antes de parar, você precisa definir a energia cinética final igual a zero e fazer a profundidade máxima, x_m, desconhecida. Escrevemos

$$3555 + 790(9,81)x_m - \left(\frac{0,02}{3}\text{ kN/mm}^2\right)x_m^3 = 0$$

Resolvendo isto, determinamos $x_m = 0,0859$ m ou 85,9 mm.

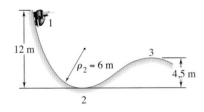

PROBLEMA RESOLVIDO 13.6

Um carrinho de montanha-russa de 1.000 kg parte do repouso no ponto 1 e move-se pista abaixo, sem atrito. (*a*) Determine a força exercida pela pista sobre o carrinho no ponto 2, onde o raio de curvatura da pista é de 6 m. (*b*) Determine o valor de segurança mínimo do raio de curvatura no ponto 3.

ESTRATÉGIA Utilize o princípio de trabalho e energia para determinar a velocidade do carrinho em qualquer local ao longo da pista. Para determinar a força exercida pela pista, você precisa utilizar a segunda lei de Newton. Você precisará desenhar um diagrama de corpo livre e um diagrama cinético do carrinho em cada posição.

MODELAGEM Escolha o carrinho como o sistema e considere que ele pode ser modelado como uma partícula.

ANÁLISE Aplicamos o princípio de trabalho e energia

$$T_1 + U_{1\to 2} = T_2 \qquad (1)$$

a. A força exercida pela pista no ponto 2.
O princípio de trabalho e energia é usado para determinar a velocidade do carrinho quando ele passa pelo ponto 2.

Energia cinética. $T_1 = 0 \qquad T_2 = \frac{1}{2}mv_2^2$

Trabalho. A única força que realiza trabalho é o peso **W**. Como o deslocamento vertical do ponto 1 ao ponto 2 é de 12 m para baixo, o trabalho do peso é

$$U_{1\to2} = +W(12\text{ m}) = mg(12\text{ m})$$

Princípio de trabalho e energia. Substituindo esses valores na Eq. (1), temos

$$T_1 + U_{1\to2} = T_2 \qquad 0 + mg(12\text{ m}) = \frac{1}{2}mv_2^2$$

$$v_2^2 = 24g = (24\text{ m})(9{,}81\text{ m/s}^2) \quad v_2 = 15{,}34\text{ m/s}$$

Segunda lei de Newton no ponto 2. A aceleração $\mathbf{a}_n$ do carrinho no ponto 2 tem uma intensidade de $a_n = v_2^2/\rho$ e é orientada para cima. Como as forças externas que agem sobre o carrinho são **W** e **N** (Fig. 1), escrevemos

$$+\uparrow \Sigma F_n = ma_n: \qquad -W + N = ma_n$$

$$= m\frac{v_2^2}{\rho}$$

$$= m\frac{24g}{6} = 4\,mg = 4W$$

$$N = 5W = 5(1000\text{ kg})(9{,}81\text{ m/s}^2) \qquad N = 49{,}05\text{ kN} \uparrow \quad \blacktriangleleft$$

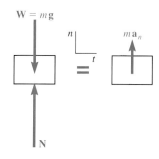

Figura 1 Diagramas de corpo livre e cinético para o ponto 2.

b. Valor mínimo de ρ no ponto 3.

Princípio de trabalho e energia. Aplicando o princípio de trabalho e energia entre o ponto 1 e o ponto 3, obtemos

$$T_1 + U_{1\to3} = T_3 \qquad 0 + mg(7{,}5\text{ m}) = \frac{1}{2}mv_3^2$$

$$v_3^2 = 15g = (15\text{ m})(9{,}81\text{ m/s}^2) \quad v_3 = 12{,}13\text{ m/s}$$

Segunda lei de Newton no ponto 3. O valor de segurança mínimo de ρ ocorre quando $N = 0$. Nesse caso, a aceleração $\mathbf{a}_n$ de intensidade $a_n = v_3^2/\rho$ é orientada para baixo (Fig. 2), e escrevemos

$$+\downarrow \Sigma F_n = ma_n: \qquad W = m\frac{v_3^2}{\rho}$$

$$\rho = \frac{v_3^2}{g} = \frac{50g}{g} \qquad \boldsymbol{\rho = 15\text{ m}} \quad \blacktriangleleft$$

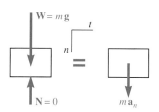

Figura 2 Diagramas de corpo livre e cinético para o ponto 3.

PARA REFLETIR Esse é um exemplo em que você precisa tanto da segunda lei de Newton quanto do princípio de trabalho e energia. Trabalho-energia é utilizado para determinar a velocidade do carrinho, e a segunda lei de Newton é utilizada para determinar a força normal. Uma força normal de $5W$ é equivalente a um piloto de caça puxando $5g$ e só deve ser experimentada por um tempo muito curto. Por segurança, você também gostaria de certificar-se de que o seu raio de curvatura era um pouco maior do que 15 m.

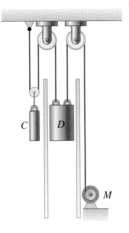

PROBLEMA RESOLVIDO 13.7

O elevador D e sua carga têm uma massa combinada de 300 kg, enquanto o contrapeso C tem massa de 400 kg. Determine a potência liberada pelo motor elétrico M quando o elevador (a) se move para cima com uma velocidade constante de 2,5 m/s e (b) se move com uma velocidade instantânea de 2,5 m/s e aceleração de 1 m/s², ambas orientadas para cima.

ESTRATÉGIA Este problema requer que você use a definição de potência. Você precisará usar a segunda lei de Newton para determinar as trações nos dois cabos.

MODELAGEM Defina dois sistemas separados, um para o corpo C e um para o corpo D, e modele-os como partículas. Considere a polia sem peso e sem atrito.

ANÁLISE Como a força $\mathbf{F}$ exercida pelo cabo do motor tem o mesmo sentido da velocidade $\mathbf{v}_D$ do elevador, a potência é igual a Fv_D, sendo $v_D = 2,5$ m. Para obter a potência, devemos antes determinar $\mathbf{F}$ em cada uma das duas situações dadas.

a. Movimento uniforme. Temos $a_C = a_D = 0$; ambos os corpos estão em equilíbrio (Fig. 1).

Corpo livre C: $+\uparrow \Sigma F_y = 0$: $2T - 400\,g = 0$ $T = 200\,g = 1962$ N
Corpo livre D: $+\uparrow \Sigma F_y = 0$: $F + T - 300\,g = 0$
$$F = 300\,g - T = 300\,g - 200\,g = 100\,g = 981 \text{ N}$$
$$Fv_D = (981 \text{ N})(2,5 \text{ m/s}) = 2452 \text{ W}$$
$$\text{Potência} = 2450 \text{ W} \quad \blacktriangleleft$$

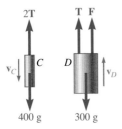

Figura 1 Diagramas de corpo livre para C e D.

b. Movimento acelerado. Temos

$$\mathbf{a}_D = 1 \text{ m/s}^2 \uparrow \qquad \mathbf{a}_C = -\tfrac{1}{2}\mathbf{a}_D = 0,5 \text{ m/s}^2 \downarrow$$

As equações de movimento são obtidas usando as Figs. 2 e 3.

Corpo livre C: $+\downarrow \Sigma F_y = m_C a_C$: $400\,g - 2T = 400\,(0,5)$
$$T = \frac{(400)(9,81) - 400\,(0,5)}{2} = 1862 \text{ N}$$
Corpo livre D: $+\uparrow \Sigma F_y = m_D a_D$: $F + T - 300\,g = 300\,(1)$
$$F + 1862 - 300\,(9,81) = 300 \quad F = 1381 \text{ N}$$
$$Fv_D = (1381 \text{ N})(2,5 \text{ m/s}) = 3452 \text{ W}$$
$$\text{Potência} = 3450 \text{ W} \quad \blacktriangleleft$$

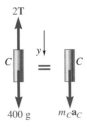

Figura 2 Diagramas de corpo livre e cinético para C.

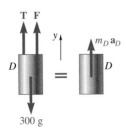

Figura 3 Diagrama de corpo livre e cinético para D.

PARA REFLETIR Como você esperava, o motor precisa fornecer mais potência para produzir movimento acelerado do que para produzir movimento em velocidade constante.

METODOLOGIA PARA A RESOLUÇÃO DE PROBLEMAS

No capítulo anterior você resolveu problemas que tratam do movimento de uma partícula usando a equação fundamental $\mathbf{F} = m\mathbf{a}$ para determinar a aceleração $\mathbf{a}$. Aplicando os princípios da cinemática, você foi então capaz de determinar, a partir de $\mathbf{a}$, a velocidade e o deslocamento da partícula em um instante qualquer. Nesta seção, combinamos $\mathbf{F} = m\mathbf{a}$ e os princípios da cinemática para obter um método adicional de análise denominado **princípio de trabalho e energia**. Esse método elimina a necessidade de calcular a aceleração e possibilitará que você relacione as velocidades da partícula em dois pontos ao longo de sua trajetória. Para resolver um problema pelo método de trabalho e energia, você deverá seguir os seguintes passos:

1. **Calcular o trabalho de cada uma das forças externas.** O trabalho $U_{1\rightarrow2}$ de uma dada força $\mathbf{F}$ durante um deslocamento finito de uma partícula de A_1 até A_2 é definido como

$$U_{1\rightarrow2} = \int \mathbf{F}\cdot d\mathbf{r} \quad \text{ou} \quad U_{1\rightarrow2} = \int (F\cos\alpha)\, ds \qquad \textbf{(13.2, 13.2}')$$

onde α é o ângulo entre $\mathbf{F}$ e o deslocamento $d\mathbf{r}$. O trabalho $U_{1\rightarrow2}$ é uma grandeza escalar e é expresso em N·m ou joules (J) no SI. Observe que o trabalho realizado é nulo para uma força perpendicular ao deslocamento ($\alpha = 90°$). O trabalho realizado é negativo para $90° < \alpha < 180°$ e, em particular, para uma força de atrito, que sempre é oposta à direção do deslocamento ($\alpha = 180°$).

O trabalho $U_{1\rightarrow2}$ pode ser facilmente avaliado nos seguintes casos que você encontrará:

a. **Trabalho de uma força constante em movimento retilíneo** [Problema Resolvido 13.1.]

$$U_{1\rightarrow2} = (F\cos\alpha)\,\Delta x \qquad \textbf{(13.3)}$$

onde: α = ângulo entre a força e a direção do movimento
Δx = deslocamento de A_1 até A_2 (Fig. 13.3)

b. **Trabalho da força da gravidade** [Problemas Resolvidos 13.2 e 13.6.]

$$U_{1\rightarrow2} = -W\Delta y \qquad \textbf{(13.4}')$$

onde Δy é o deslocamento vertical do centro de gravidade do corpo cujo peso é W. Observe que o trabalho é positivo quando Δy é negativo, isto é, quando o corpo se move para baixo (Fig. 13.4).

c. **Trabalho da força exercida por uma mola** [Problemas Resolvidos 13.3 e 13.4.]

$$U_{1\rightarrow2} = \tfrac{1}{2}kx_1^2 - \tfrac{1}{2}kx_2^2 \qquad \textbf{(13.6)}$$

onde k é a constante da mola e x_1 e x_2 são as elongações da mola correspondentes às posições A_1 e A_2 (Fig. 13.5).

(Continua)

d. Trabalho de uma força gravitacional

$$U_{1 \to 2} = \frac{GMm}{r_2} - \frac{GMm}{r_1} \qquad (13.7)$$

para um deslocamento do corpo de $A_1(r = r_1)$ até $A_2(r = r_2)$ (Fig. 13.6).

2. Calcular a energia cinética em A_1 e A_2. A energia cinética T é

$$T = \tfrac{1}{2}mv^2 \qquad (13.9)$$

onde m é a massa da partícula e v é a intensidade da velocidade. As unidades de energia cinética são iguais às unidades de trabalho, isto é, N·m ou joules (J), no SI.

3. Substituir os valores do trabalho realizado $U_{1 \to 2}$ e das energias cinéticas T_1 e T_2 na equação:

$$T_1 + U_{1 \to 2} = T_2 \qquad (13.11)$$

Você terá agora uma equação escalar que pode resolver para uma incógnita. Observe que essa equação não fornece diretamente o tempo de percurso ou a aceleração. Todavia, se você conhece o raio de curvatura ρ da trajetória da partícula em um ponto onde tenha obtido a velocidade v, você pode expressar o componente normal da aceleração como $a_n = v^2/\rho$ e obter o componente normal da força exercida sobre a partícula utilizando a segunda lei de Newton.

4. A potência foi introduzida nesta seção como sendo a taxa temporal de realização de trabalho, $P = dU/dt$. A potência é medida em J/s ou *watts* (W) no SI. Utiliza-se, comumente, como alternativa o hp (*cavalo-potência*). Para calcular a potência, você pode aplicar a fórmula equivalente

$$P = \mathbf{F} \cdot \mathbf{v} \qquad (13.13)$$

onde $\mathbf{F}$ e $\mathbf{v}$ representam, respectivamente, a força e a velocidade em um certo instante [Problema Resolvido 13.7]. Em alguns problemas [ver, por exemplo, o Problema 13.47], será solicitado que você calcule a *potência média*, que pode ser obtida dividindo-se o trabalho total pelo intervalo de tempo durante o qual o trabalho é realizado.

PROBLEMAS

PERGUNTAS CONCEITUAIS

13.PC1 O bloco A está viajando a uma velocidade v_0 em uma superfície lisa quando a superfície torna-se repentinamente áspera com um coeficiente de atrito de μ, fazendo o bloco parar após uma distância d. Se o bloco A estava viajando duas vezes mais rápido, isto é, a uma velocidade de $2v_0$, até que ponto ele vai viajar na superfície áspera antes de parar?
  a. $d/2$
  b. d
  c. $\sqrt{2}d$
  d. $2d$
  e. $4d$

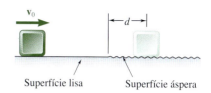

Figura P13.PC1

PROBLEMAS DE FINAL DE SEÇÃO

13.1 Um satélite de 400 kg é posto em uma órbita circular a 6.394 km acima da superfície da Terra. Nessa elevação, a aceleração da gravidade é de 4,09 m/s². Determine a energia cinética do satélite, sabendo que sua velocidade orbital é de 20.000 k m/h.

13.2 Uma pedra de 0,5 kg é jogada dentro do "poço sem fundo" nas cavernas de Carlsbad e atinge o solo a uma velocidade de 30 m/s. Desprezando a resistência do ar, (*a*) determine a energia cinética da pedra quando ela atinge o chão e a altura *h* da queda. (*b*) Resolva o item *a* considerando que a mesma pedra é lançada em um buraco na Lua. (Aceleração da gravidade na Lua = 1,63 m/s².)

Figura P13.2

13.3 Um jogador de beisebol atinge uma bola de beisebol de 160 g com uma velocidade inicial de 40 m/s a um ângulo de 40° com a horizontal, como mostrado na figura. Determine (*a*) a energia cinética da bola imediatamente após ser atingida, (*b*) a energia cinética da bola quando atingir sua altura máxima, (*c*) a altura máxima acima do solo atingido pela bola.

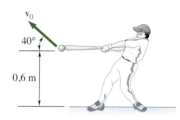

Figura *P13.3*

13.4 Um satélite de comunicações de 500 kg está em uma órbita geossíncrona circular e completa uma volta sobre a Terra em 23h e 56min a uma altitude de 35.800 km acima da superfície da Terra. Sabendo que o raio da Terra é de 6.370 km, determine a energia cinética do satélite.

13.5 Em uma operação de mineração, uma caçamba cheia de minério é suspensa por um guindaste móvel que se desloca lentamente ao longo de uma ponte estacionária. A caçamba não deverá oscilar mais que 4 m horizontalmente quando o guindaste sofrer uma parada repentina. Determine a velocidade escalar máxima *v* admissível do guindaste.

13.6 Em uma operação de mineração, uma caçamba cheia de minério é suspensa por um guindaste móvel que se desloca lentamente ao longo de uma ponte estacionária. O guindaste desloca-se a uma velocidade de 3 m/s quando sofre uma parada repentina. Determine a distância horizontal máxima de oscilação da caçamba.

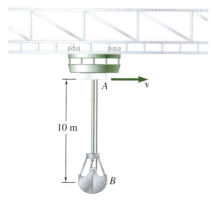

Figura P13.5 e P13.6

13.7 Determine a máxima velocidade escalar teórica que pode ser alcançada em uma distância de 110 m por um carro inicialmente em repouso considerando que não há deslizamento. O coeficiente de atrito estático entre os pneus e o pavimento é 0,75; 60% do peso do carro está distribuído sobre as rodas dianteiras e 40% nas rodas traseiras. Considere (*a*) tração dianteira, (*b*) tração traseira.

13.8 Um automóvel de 2.000 kg parte do repouso no ponto *A* numa inclinação de 6° e percorre uma distância de 150 m até o ponto *B*. Os freios são então acionados, fazendo com que o automóvel fique parado no ponto *C*, que está a 20 m de *B*. Sabendo que o deslizamento é iminente durante o período de frenagem, e desprezando as resistências do ar e de rolamento, determine (*a*) a velocidade do automóvel no ponto *B*, (*b*) o coeficiente de atrito estático entre os pneus e a estrada.

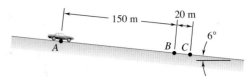

Figura P13.8

13.9 Um pacote é lançado para cima num aclive de 15° em *A* com velocidade de 8 m/s. Sabendo que o coeficiente de atrito cinético entre o pacote e a inclinação é 0,12, determine (*a*) a distância máxima *d* que o pacote se moverá para cima na inclinação, (*b*) a velocidade do pacote quando este retornar a sua posição original.

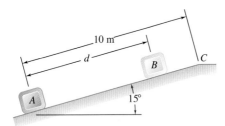

Figura P13.9

13.10 Um modelo de foguete de 1,4 kg é lançado verticalmente a partir do repouso com um impulso constante de 25 N até que o foguete chegue a uma altitude de 15 m e o impulso termina. Desprezando a resistência do ar, determine (*a*) a velocidade do foguete quando o impulso termina, (*b*) a altura máxima atingida pelo foguete, (*c*) a velocidade do foguete quando ele retorna ao solo.

13.11 Os pacotes são descarregados em um declive em *A* com velocidade de 1 m/s. Eles deslizam ao longo da superfície *ABC* para a esteira transportadora que se move com velocidade de 2 m/s. Sabendo que $\mu_k = 0{,}25$ entre os pacotes e a superfície *ABC*, determine a distância *d* se os pacotes alcançam *C* com velocidade de 2 m/s.

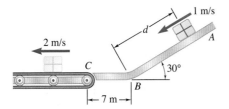

Figura P13.11 e P13.12

13.12 Os pacotes são descarregados em um declive em *A* com velocidade de 1 m/s. Eles deslizam ao longo da superfície *ABC* para a esteira transportadora que se move com velocidade de 2 m/s. Sabendo que $d = 7{,}5$ m e $\mu_k = 0{,}25$ entre os pacotes e todas as superfícies, determine (*a*) a velocidade do pacote em *C*, (*b*) a distância que um pacote deslizará na esteira transportadora antes de ficar em repouso em relação à esteira.

13.13 As caixas são transportadas por uma esteira com uma velocidade $\mathbf{v}_0$ até o início de um plano inclinado fixo em *A*, onde elas deslizam e finalmente caem em *B*. Sabendo que $\mu_k = 0{,}40$, determine a velocidade da esteira transportadora para que as caixas deixem o plano inclinado em *B* com uma velocidade de 2,5 m/s.

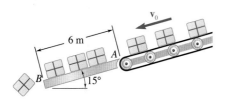

Figura P13.13 e P13.14

13.14 As caixas são transportadas por uma esteira com uma velocidade $\mathbf{v}_0$ até o início de um plano inclinado fixo em *A*, onde elas deslizam e finalmente caem em *B*. Sabendo que $\mu_k = 0{,}40$, determine a velocidade da esteira transportadora para que as caixas tenham velocidade nula em *B*.

13.15 Um reboque de 1.200 kg é preso a um carro de 1.400 kg. O carro e o reboque estão viajando a 72 km/h quando o motorista aciona os freios tanto no carro como no reboque. Sabendo que as forças de frenagem exercidas sobre o carro e sobre o reboque são de 5.000 N e 4.000 N, respectivamente, determine (*a*) a distância percorrida pelo carro e pelo reboque antes de pararem, (*b*) a componente horizontal da força exercida pelo engate do reboque sobre o carro.

Figura P13.15

13.16 Um caminhão-baú entra em um aclive com 2% de inclinação deslocando-se a 72 km/h e atinge uma velocidade de 108 km/h em 300 m. O cavalo mecânico tem uma massa de 1.800 kg e o baú, 5.400 kg. Determine (*a*) a força média nas rodas do cavalo mecânico, (*b*) a força média no engate entre o cavalo mecânico e o baú.

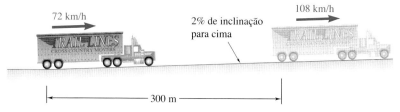

Figura P13.16

13.17 Um trem de metrô está viajando numa velocidade escalar de 50 km/h quando os freios são plenamente aplicados nas rodas dos carros *B* e *C*, causando então o deslizamento nos trilhos, mas não são aplicados nas rodas do carro *A*. Sabendo que o coeficiente de atrito cinético é 0,35 entre as rodas e o trilho, determine (*a*) a distância necessária para produzir a parada do trem, (*b*) a força em cada engate.

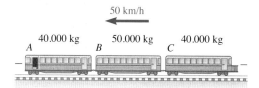

Figura P13.17 e P13.18

13.18 Um trem de metrô está viajando numa velocidade escalar de 50 km/h quando os freios são plenamente aplicados nas rodas do carro *A*, causando então o deslizamento nos trilhos, mas não são aplicados nas rodas dos carros *A* e *B*. Sabendo que o coeficiente de atrito cinético é 0,35 entre as rodas e o trilho, determine (*a*) a distância necessária para produzir a parada do trem, (*b*) a força em cada engate.

13.19 Os blocos *A* e *B* têm massas de 11 kg e 5 kg, respectivamente, e estão a uma altura *h* = 2 m acima do chão, quando o sistema é liberado do repouso. Exatamente antes de atingir o chão, o bloco *A* está se movendo com a velocidade de 3 m/s. Determine (*a*) a quantidade de energia dissipada no atrito das roldanas, (*b*) a tração em cada porção da corda durante o movimento.

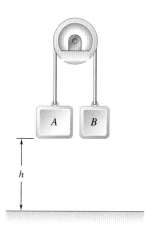

Figura P13.19

13.20 O sistema mostrado na figura está em repouso quando uma força constante de 150 N é aplicada em um colar B. (a) Se a força atua por meio de todo movimento, determine a velocidade do colar B que atinge o suporte em C. (b) Depois de qual distância d a força de 150 N deveria ser retirada se o colar alcança o suporte C com velocidade nula?

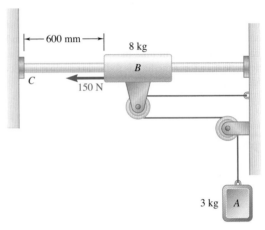

Figura P13.20

13.21 O carro B está rebocando o carro A a uma velocidade constante de 10 m/s numa subida quando os freios do carro A são completamente acionados, provocando o deslizamento das quatro rodas. O condutor do carro B não muda o ajuste do acelerador ou muda as marchas. As massas dos carros A e B são 1.400 kg e 1.200 kg, respectivamente, e o coeficiente de atrito cinético é 0,8. Desprezando a resistência do ar e a resistência de rolamento, determine (a) a distância percorrida pelos carros antes de pararem, (b) a tração no cabo.

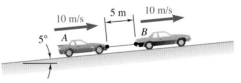

Figura P13.21

13.22 O sistema mostrado na figura está em repouso quando uma força constante de 250 N é aplicada ao bloco A. Desprezando as massas das polias e o efeito do atrito nessas polias e entre o bloco A e a superfície horizontal, determine (a) a velocidade do bloco B após o deslocamento do bloco A em 2 m, (b) a tração no cabo.

13.23 O sistema mostrado está em repouso quando é aplicada uma força constante de 250 N ao bloco A. Desprezando as massas das polias e o efeito do atrito nas polias e considerando que os coeficientes de atrito entre o bloco A e a superfície horizontal são $\mu_s = 0{,}25$ e $\mu_s = 0{,}20$, determine (a) a velocidade do bloco B após o deslocamento do bloco A em 2 m, (b) a tração no cabo.

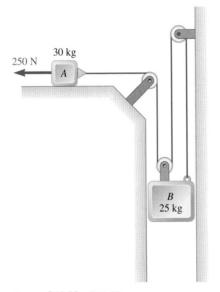

Figura P13.22 e P13.23

13.24 Dois blocos A e B, de massa de 4 kg e 5 kg, respectivamente, estão conectados por uma corda que passa por roldanas, como mostrado na figura. Um colar C de 3 kg é colocado sobre o bloco A e o sistema é liberado do repouso. Depois que os blocos se deslocam 0,9 m, o colar C é removido e os blocos A e B continuam a se mover. Determine a velocidade do bloco A exatamente antes de ele atingir o chão.

13.25 Quatro pacotes de 3 kg são mantidos no lugar por atrito sobre uma correia transportadora que está desengatada de seu motor de acionamento. Quando o sistema é liberado do repouso, o pacote 1 deixa a esteira em A justamente quando o pacote 4 vai para a parte inclinada da esteira em B. Determine (a) a velocidade do pacote 2 quando ele deixa a esteira em A, (b) a velocidade do pacote 3 quando ele deixa a esteira em A. Despreze as massas da esteira e dos roletes.

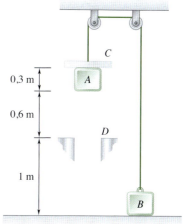

Figura P13.24

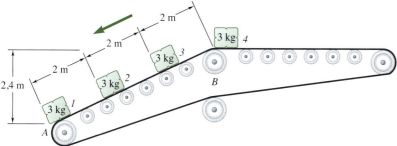

Figura P13.25

13.26 Um bloco de 3 kg repousa sobre um bloco de 2 kg que está apoiado, mas não preso, a uma mola de constante 40 N/m. O bloco superior é subitamente removido. Determine (a) a velocidade máxima alcançada pelo bloco de 2 kg, (b) a altura máxima alcançada pelo bloco de 2 kg.

13.27 Resolva o Problema 13.26, considerando que o bloco de 2 kg esteja preso à mola.

13.28 Um colar C de 4 kg desliza sobre uma barra horizontal entre as molas A e B. Se o colar é empurrado para a direita até que a mola B seja comprimida 50 mm e em seguida liberada, determine a distância que o colar percorrerá, admitindo (a) que não haja atrito entre o colar e a barra, (b) um coeficiente de atrito $\mu_k = 0,35$.

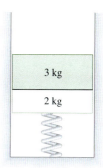

Figura P13.26

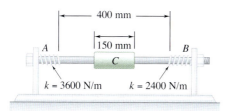

Figura P13.28

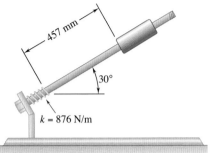

Figura P13.29

13.29 Um colar de 3,4 kg é liberado do repouso na posição mostrada na figura, deslizando para baixo na haste inclinada e comprimindo a mola. A direção do movimento é invertida e o colar desliza para cima na haste. Sabendo que a deflexão máxima da mola é de 127 mm, determine (a) o coeficiente de atrito cinético entre o colar e a haste, (b) a velocidade máxima do colar.

13.30 Um bloco de 10 kg é ligado à mola A e à mola B por um cordão e por uma polia. O bloco é mantido na posição mostrada na figura com ambas as molas não esticadas quando o suporte é removido e o bloco é liberado sem velocidade inicial. Sabendo que a constante de cada mola é de 2 kN/m, determine (a) a velocidade do bloco após ter descido 50 mm, (b) a velocidade máxima obtida pelo bloco.

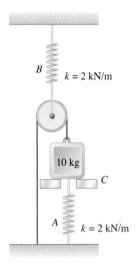

Figura *P13.30*

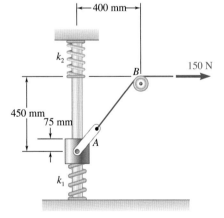

Figura *P13.31*

13.31 Um colar A de 5 kg encontra-se em repouso sobre uma mola com rigidez $k_1 = 400$ N/m, mas não fixado a ela, quando uma força constante de 150 N é aplicada ao cabo. Sabendo que A tem uma velocidade de 1 m/s quando a mola superior é comprimida 75 mm, determine a rigidez da mola k_2. Despreze o atrito e a massa da polia.

13.32 Um pistão de massa m e seção transversal de área A está em equilíbrio sob a pressão p no centro de um cilindro fechado em ambas as extremidades. Considerando que o cilindro seja empurrado para a esquerda a uma distância $a/2$ e liberado, e sabendo que a pressão em cada lado do pistão varia inversamente com o volume, determine a velocidade do pistão quando ele alcançar novamente o centro do cilindro. Despreze o atrito entre o pistão e o cilindro e expresse sua resposta em termos de m, a, p e A.

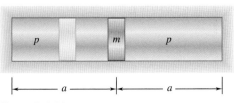

Figura P13.32

13.33 Um automóvel desgovernado deslocando-se a 100 km/h bate de frente com um sistema rodoviário de absorção de impacto (amortecedor) do tipo mostrado na figura, no qual o automóvel é levado ao repouso pelo esmagamento sucessivo de tambores de aço. A intensidade F da força necessária para esmagar os tambores é mostrada como uma função da distância x de deslocamento do automóvel dentro do amortecedor. Sabendo que a massa do automóvel é 1.000 kg e desprezando o efeito do atrito, determine (a) a distância que o automóvel percorrerá dentro do amortecedor antes de atingir o repouso e (b) a desaceleração máxima do automóvel.

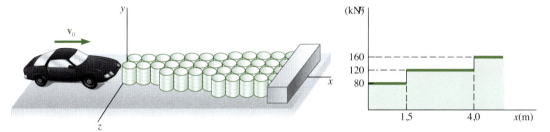

Figura P13.32

13.34 Um bloco de bronze A (não magnético) de 300 g e um ímã de aço B de 200 g estão em equilíbrio em um tubo de bronze sob a força magnética repulsiva de um outro ímã de aço C localizado a uma distância $x = 4$ mm de B. A força é inversamente proporcional ao quadrado da distância entre B e C. Se o bloco A for subitamente removido, determine (a) a velocidade máxima de B e (b) a aceleração máxima de B. Considere que a resistência do ar e o atrito sejam desprezíveis.

13.35 Molas não lineares são classificadas como duras ou macias, dependendo da curvatura de sua curva força-deflexão (ver a figura). Se um instrumento delicado, com massa de 5 kg, é colocado sobre uma mola de comprimento l, de modo que sua base esteja apenas tocando a mola indeformada, sendo então liberado do repouso inadvertidamente, determine a máxima deflexão x_m da mola e a máxima força F_m exercida pela mola, considerando (a) mola linear de constante $k = 3$ kN/m, (b) mola dura, não linear, para a qual $F = (3 \text{ kN/m})(x + 160x^3)$.

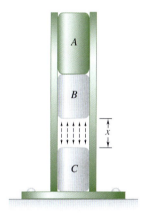

Figura P13.34

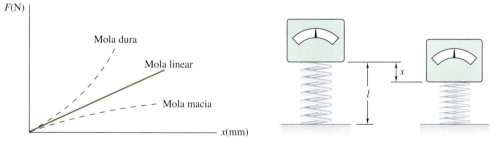

Figura *P13.35*

13.36 Um meteoro parte do repouso a uma distância muito grande da Terra. Sabendo que o raio da Terra é 6.370 km e desprezando todas as forças, exceto a atração gravitacional da Terra, determine a velocidade do meteoro (a) quando ele entra na ionosfera a uma altitude de 1.000 km, (b) quando entra na estratosfera a uma altitude de 50 km, (c) quando atinge a superfície terrestre.

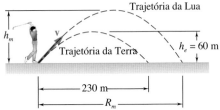

Figura P13.38

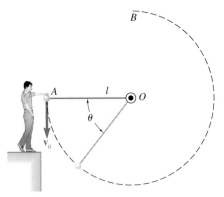

Figura P13.39 e P13.40

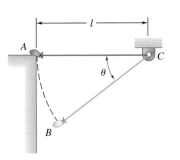

Figura P13.41

13.37 Expresse a aceleração da gravidade g_h a uma altitude h acima da superfície da Terra em termos da aceleração da gravidade g_0 na superfície da Terra, da altitude h e do raio R da Terra. Determine o erro percentual se o peso que um objeto possui sobre a superfície da Terra for usado como o seu peso a uma altitude de (*a*) 1 km e (*b*) 1.000 km.

13.38 Uma bola de golfe golpeada na Terra alcança uma altura máxima de 60 m e atinge o chão a uma distância de 230 m. Quão alto a mesma bola de golfe se desloca na Lua se a intensidade e a direção de sua velocidade forem as mesmas que ela teria na Terra imediatamente depois de ser atingida? Considere que a bola é atingida e aterrissa com a mesma elevação em ambos os casos e que o efeito da atmosfera na Terra é desprezado, de modo que a trajetória em ambos os casos é uma parábola. A aceleração da gravidade na Lua é 0,165 vezes daquela da Terra.

13.39 A esfera em A é empurrada para baixo com velocidade $\mathbf{v}_0$ de intensidade 5 m/s e oscila em um plano vertical na extremidade de uma corda de comprimento $l = 2$ m, presa a um apoio em O. Determine o ângulo θ no qual a corda irá romper, sabendo que ela pode resistir a uma tração máxima igual ao dobro do peso da esfera.

13.40 A esfera em A é empurrada para baixo com velocidade $\mathbf{v}_0$ e oscila em um círculo vertical de raio l e centro O. Determine a menor velocidade $\mathbf{v}_0$ para que a esfera atinja o ponto B oscilando em torno do ponto O (*a*) se AO for uma corda, (*b*) se AO for uma barra delgada de massa desprezível.

13.41 Um saco é levemente empurrado para fora do topo de uma parede em A e oscila em um plano vertical na extremidade de uma corda de comprimento l. Determine o ângulo θ no qual a corda irá arrebentar, sabendo que ela pode suportar uma tração máxima igual ao dobro do peso do saco.

13.42 Uma montanha-russa inicia a partir do repouso em A, desce pela pista a B, descreve uma volta circular de 12 m de diâmetro e se move para cima e para baixo no ponto E. Sabendo que $h = 18$ m e considerando que não há perda de energia devido ao atrito, determine (*a*) a força exercida pelo assento sobre um rapaz de 80 kg em B e D, (*b*) o valor mínimo do raio de curvatura em E se a montanha-russa não deixar a pista nesse ponto.

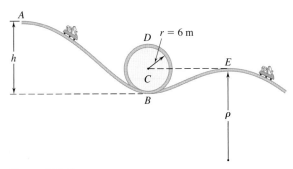

Figura *P13.42*

13.43 No Problema 13.42, determine o intervalo de valores de *h* para os quais a montanha-russa não deixará a pista em *D* ou *E*, sabendo que o raio de curvatura em *E* é $\rho = 22{,}5$ m. Considere que não há perda de energia devido ao atrito.

13.44 Um pequeno bloco desliza com uma velocidade *v* sobre uma superfície horizontal. Sabendo que $h = 0{,}9$ m, determine a velocidade necessária para que ele deixe a superfície cilíndrica *BCD* quando $\theta = 30°$.

13.45 Um pequeno bloco desliza com uma velocidade $v = 2{,}5$ m/s sobre uma superfície horizontal a uma altura $h = 1$ m acima do chão. Determine (*a*) o ângulo θ em que ele deixará a superfície cilíndrica *BCD*, (*b*) a distância *x* em que ele baterá no chão. Despreze o atrito e a resistência do ar.

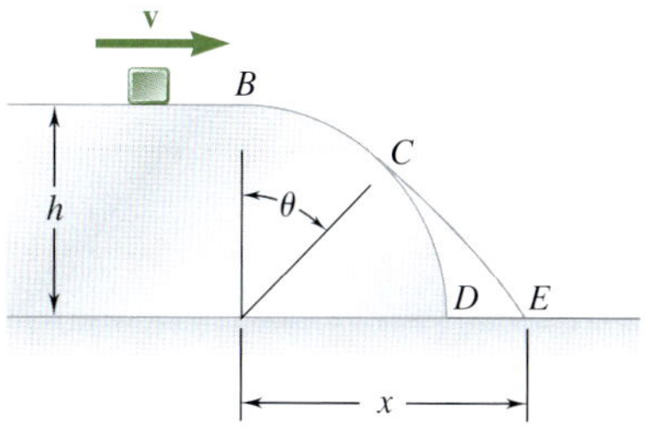

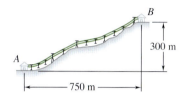

Figura P13.44 e P13.45

13.46 Um teleférico é projetado para transportar 1.000 esquiadores por hora da base *A* até o topo *B*. A massa média de cada esquiador é 70 kg e a velocidade média do teleférico é 75 m/min. Determine (*a*) a potência média necessária, (*b*) a capacidade necessária do motor se a eficiência mecânica é de 85% e se é permitida uma sobrecarga de 300%.

13.47 São necessários 15 s para erguer um carro de 1.200 kg e a plataforma de apoio de 300 kg de um elevador hidráulico de carros a uma altura de 2,8 m. Determine (*a*) a potência média de saída fornecida pela bomba hidráulica para erguer o sistema, (*b*) a potência elétrica média necessária, sabendo que a eficiência global de conversão de potência elétrica em mecânica do sistema é de 82%.

Figura P13.46

13.48 A velocidade do elevador hidráulico do Problema 13.47 cresce uniformemente de zero até seu valor máximo a meia altura em 7,5 s e então decresce uniformemente até zero em 7,5 s. Sabendo que a maior potência de saída da bomba hidráulica é de 6 kW quando sua velocidade é máxima, determine a força máxima de elevação fornecida pela bomba.

13.49 (*a*) Uma mulher de 50 kg pedala uma bicicleta de 7,5 kg subindo uma ladeira com 3% de inclinação a uma velocidade constante de 1,5 m/s. Quanta potência precisa ser desenvolvida pela mulher? (*b*) Um homem de 75 kg em uma bicicleta de 9 kg começa a descer a mesma ladeira, mantendo com os freios uma velocidade constante de 6 m/s. Quanta potência é dissipada pelos freios? Ignore as resistências do ar e de rolamento.

Figura P13.47

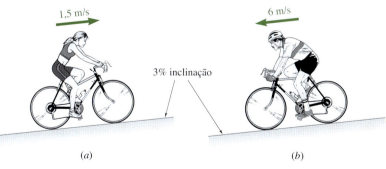

(*a*)   (*b*)

Figura *P13.49*

13.50 Uma fórmula para especificação de potência deve ser deduzida para os motores elétricos que acionam esteiras transportadoras que deslocam material sólido a diferentes taxas ao longo de alturas e distâncias diferentes. Representando por η a eficiência dos motores e desprezando a potência necessária para acionar a própria esteira, deduza uma fórmula para a potência P em kW em termos da vazão em massa m em kg/h, da altura b e da distância horizontal l em metros.

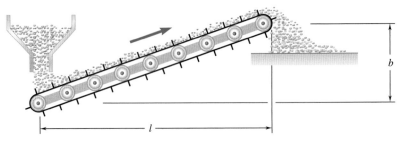

Figura **P13.50**

13.51 Um automóvel de 1.400 kg parte do repouso e viaja 400 m durante um teste de desempenho. O movimento do automóvel é definido pela relação $x = 4.000 \ln(\cosh 0,03t)$, onde x e t são expressos em metros e segundos, respectivamente. A intensidade do arrasto aerodinâmico é $D = 0,35v^2$, onde D e v são expressos em newtons e m/s, respectivamente. Determine a potência dissipada pelo arrasto aerodinâmico quando (a) $t = 10$ s, (b) $t = 15$ s.

Figura P13.51 e P13.52

13.52 Um automóvel de 1.400 kg parte do repouso e viaja 400 m durante um teste de desempenho. O movimento do automóvel é definido pela relação $a = 3,6e^{-0,0005x}$, onde x e a são expressos em metros e em m/s², respectivamente. A intensidade do arrasto aerodinâmico é $D = 0,35v^2$, onde D e v são expressos em newtons e m/s, respectivamente. Determine a potência dissipada pelo arrasto aerodinâmico quando (a) $x = 200$ m, (b) $x = 400$ m.

13.53 O fluido de transmissão de um caminhão de 15 Mg permite que o motor transmita uma potência essencialmente constante de 50 kW para as rodas motrizes. Determine o tempo necessário e a distância percorrida à medida que a velocidade do caminhão é aumentada (a) de 36 km/h para 54 km/h, (b) de 54 km/h para 72 km/h.

13.54 O elevador E tem uma massa de 3.000 kg quando totalmente carregado e está ligado, pelo modo mostrado na figura, a um contrapeso W de massa 1.000 kg. Determine a potência em kW entregue pelo motor (a) quando o elevador estiver movendo-se para baixo a uma velocidade constante de 3 m/s e (b) quando ele tiver uma velocidade de 3 m/s para cima e uma desaceleração de 0,5 m/s².

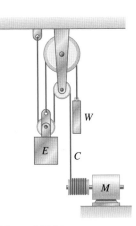

Figura P13.54

13.2 Conservação da energia

O princípio de trabalho e energia é útil para resolver muitos tipos diferentes de problemas de engenharia. No entanto, em muitas aplicações de engenharia, a energia mecânica total permanece constante, embora possa ser transformada de uma forma para outra. Isso é conhecido como o princípio de conservação de energia. Para formular esse princípio, devemos primeiro definir uma quantidade conhecida como energia potencial. (Alguns dos materiais desta seção foram considerados na Seção 10.2B.)

13.2A Energia potencial

Vamos considerar novamente um corpo de peso **W** que se move ao longo de uma trajetória curva de um ponto A_1 de elevação y_1 até um ponto A_2 de elevação y_2 (Fig. 13.4). Recordemos da Seção 13.1A que o trabalho realizado pela força da gravidade **W** durante esse deslocamento é

$$U_{1 \to 2} = -(Wy_2 - Wy_1) = Wy_1 - Wy_2 \quad (13.4)$$

O trabalho de **W** pode então ser obtido subtraindo-se o valor da função Wy correspondente à segunda posição do corpo do seu valor correspondente à primeira posição. O trabalho de **W** é independente da trajetória real percorrida; ele depende apenas dos valores inicial e final da função Wy. Essa função é denominada **energia potencial** do corpo em relação à **força da gravidade W** e é representada por V_g. Escrevemos

Energia potencial gravitacional na Terra

$$U_{1 \to 2} = (V_g)_1 - (V_g)_2 \qquad \text{onde } V_g = Wy \quad (13.16)$$

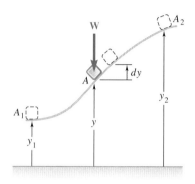

Figura 13.4 (repetida)

onde y é medido a partir de um dado arbitrário horizontal onde a energia potencial é zero por definição. Notemos que se $(V_g)_2 > (V_g)_1$, isto é, **se a energia potencial aumenta** durante o deslocamento (como no caso aqui considerado), **o trabalho $U_{1 \to 2}$ é negativo**. Se, por outro lado, o trabalho de **W** é positivo, a energia potencial diminui. Logo, a energia potencial V_g do corpo fornece uma medida do trabalho que pode ser realizado pelo seu peso **W**. Note que a *variação* da energia potencial – e não o valor real de V_g – está envolvida na Eq. (13.16). Por essa razão, o nível de referência a partir do qual a elevação y é medida pode ser escolhido arbitrariamente. Observe que a energia potencial é expressa nas mesmas unidades que o trabalho, isto é, em joules.

Deve-se notar que a expressão que acabamos de obter para a energia potencial de um corpo em relação à gravidade é válida apenas enquanto o peso **W** do corpo puder ser considerado constante, ou seja, enquanto os deslocamentos do corpo forem pequenos em comparação com o raio da Terra. No caso de um veículo espacial, porém, devemos levar em conta a variação da força da gravidade com a distância r do centro da Terra. Usando a expressão obtida na Seção 13.1A para o trabalho de uma força gravitacional, escrevemos (Fig. 13.6)

$$U_{1 \to 2} = \frac{GMm}{r_2} - \frac{GMm}{r_1} \quad (13.7)$$

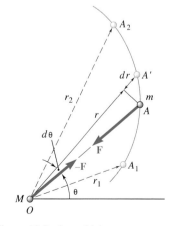

Figura 13.6 (repetida)

Logo, o trabalho da força da gravidade pode ser obtido subtraindo-se o valor da função $-GMm/r$ correspondente à segunda posição do corpo do seu valor correspondente à primeira posição. Assim, a expressão que deve ser usada para a energia potencial V_g quando a variação da força da gravidade não puder ser desprezada é

Energia potencial gravitacional no espaço

$$V_g = -\frac{GMm}{r} \qquad (13.17)$$

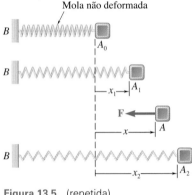

Figura 13.5 (repetida)

Considerando a primeira das relações da Eq. (12.26), escrevemos V_g de forma alternativa

$$V_g = -\frac{WR^2}{r} \qquad (13.17')$$

onde R é o raio da Terra e W é o valor do peso do corpo sobre a superfície da Terra. Quando qualquer das relações (13.17) ou (13.17') for usada para expressar V_g, a distância r deverá ser medida, obviamente, a partir do centro da Terra.* Note que V_g é sempre negativa e tende a zero para valores muito grandes de r.

Considere agora um corpo preso a uma mola e movendo-se de uma posição A_1, correspondente a uma deflexão x_1 da mola, até uma posição A_2, correspondente a uma deflexão x_2 da mola (Fig. 13.5). Relembremos da Seção 13.2 que o trabalho realizado pela força $\mathbf{F}$ exercida pela mola sobre o corpo é

$$U_{1 \to 2} = \tfrac{1}{2}kx_1^2 - \tfrac{1}{2}kx_2^2 \qquad (13.6)$$

O trabalho da força elástica é então obtido subtraindo-se o valor da função $\tfrac{1}{2}kx^2$, correspondente à segunda posição do corpo, do seu valor correspondente à primeira posição. Essa função é representada por V_e e é denominada **energia potencial** do corpo em relação à **força elástica F**. Escrevemos

Energia potencial elástica

$$U_{1 \to 2} = (V_e)_1 - (V_e)_2 \quad \text{com } V_e = \tfrac{1}{2}kx^2 \qquad (13.18)$$

onde $x = L_{\text{esticada}} - L_{\text{não esticada}}$, ou a deflexão da mola de sua posição indeformada. Observamos que, durante o deslocamento de A_1 até A_2, o trabalho da força $\mathbf{F}$ exercido pela mola sobre o corpo é negativo e a energia potencial V_e aumenta. A Eq. (13.18) pode ser usada mesmo quando a mola foi girada em torno de sua extremidade fixa (Fig. 13.10a). O trabalho da força elástica depende somente das deflexões inicial e final da mola (Fig. 13.10b).

O conceito de energia potencial pode ser usado para outras forças envolvidas além das forças gravitacionais e elásticas. De fato, ele permanece válido sempre que o trabalho da força considerado for independente da trajetória percorrida pelo seu ponto de aplicação à medida que esse ponto se desloca de uma dada posição A_1 para uma dada posição A_2. Tais forças são denominadas **forças conservativas** ou **forças independentes da trajetória**. Em seguida, vamos considerar suas propriedades gerais.

---

*As expressões dadas para V_g em (13.17) e (13.17') são válidas apenas quando $r \geq R$, isto é, quando o corpo considerado estiver acima da superfície da Terra.

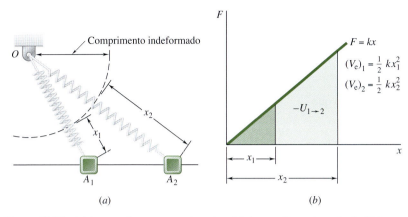

Figura 13.10 (a) A equação para energia potencial de uma força de mola é válida se a mola se estica quando girada em torno de uma extremidade fixa; (b) o trabalho da força elástica depende apenas das deflexões inicial e final da mola.

*13.2B Forças conservativas

Conforme indicado na seção anterior, a força **F** que age sobre uma partícula A é dita **conservativa se o seu trabalho** $U_{1\to 2}$ **é independente da trajetória percorrida pela partícula** A **à medida que ela se desloca de** A_1 **até** A_2 (Fig. 13.11a). Podemos então escrever

$$U_{1\to 2} = -(V(x_2, y_2, z_2) - V(x_1, y_1, z_1)) = V(x_1, y_1, z_1) - V(x_2, y_2, z_2) \quad (13.19)$$

ou, de modo resumido,

$$U_{1\to 2} = V_1 - V_2 \quad (13.19')$$

A função $V(x, y, z)$ é denominada energia potencial, ou **função potencial**, de **F**.

Notemos que se A_2 é escolhida de modo a coincidir com A_1, isto é, se a partícula descreve uma trajetória fechada (Fig. 13.11b), temos $V_1 = V_2$ e o trabalho é nulo. Logo, para qualquer força conservativa **F**, podemos escrever

$$\oint \mathbf{F} \cdot d\mathbf{r} = 0 \quad (13.20)$$

onde o círculo no sinal de integral indica que a trajetória é fechada.

Vamos aplicar agora a Eq. (13.19) entre dois pontos próximos $A(x, y, z)$ e $A'(x + dx, y + dy, z + dz)$. O trabalho elementar dU correspondente ao deslocamento $d\mathbf{r}$ de A até A' é

$$dU = V(x, y, z) - V(x + dx, y + dy, z + dz)$$

ou

$$dU = -dV(x, y, z) \quad (13.21)$$

Logo, o trabalho elementar de uma força conservativa é um **diferencial exato**.

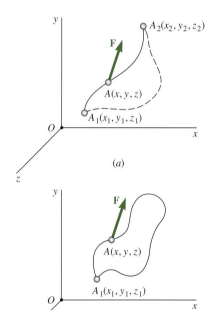

Figura 13.11 (a) O trabalho de uma força conservativa que atua sobre uma partícula é independente da trajetória da partícula; (b) se a partícula percorre uma trajetória fechada, o trabalho de uma força conservativa é zero.

Substituindo a expressão obtida para dU da Eq. 13.1″ na Eq. (13.21) e relembrando a definição de diferencial de uma função de várias variáveis, escrevemos

$$F_x \, dx + F_y \, dy + F_z \, dz = -\left(\frac{\partial V}{\partial x}dx + \frac{\partial V}{\partial y}dy + \frac{\partial V}{\partial z}dz\right)$$

da qual resulta que

$$F_x = -\frac{\partial V}{\partial x} \qquad F_y = -\frac{\partial V}{\partial y} \qquad F_z = -\frac{\partial V}{\partial z} \qquad \textbf{(13.22)}$$

Fica claro que os componentes de $\mathbf{F}$ devem ser funções das coordenadas x, y e z. Assim, uma condição necessária para que uma força seja conservativa é que ela dependa apenas do seu ponto de aplicação. As relações da Eq. (13.22) podem ser expressas de modo mais conciso se escrevermos

$$\mathbf{F} = F_x\mathbf{i} + F_y\mathbf{j} + F_z\mathbf{k} = -\left(\frac{\partial V}{\partial x}\mathbf{i} + \frac{\partial V}{\partial y}\mathbf{j} + \frac{\partial V}{\partial z}\mathbf{k}\right)$$

O vetor entre parênteses é conhecido como a **gradiente de uma função escalar** V e é representado por **grad** V. Para qualquer força conservativa, escrevemos então

$$\mathbf{F} = -\textbf{grad } V \qquad \textbf{(13.23)}$$

As relações de (13.19) até (13.23) mostraram ser satisfeitas para qualquer força conservativa. É também possível mostrar que, se uma força $\mathbf{F}$ satisfaz uma dessas relações, $\mathbf{F}$ deve ser uma força conservativa.

13.2C O princípio de conservação da energia

Vimos nas duas seções anteriores que o trabalho de uma força conservativa, tal como o peso de uma partícula ou a força exercida por uma mola, pode ser expresso como uma variação da energia potencial. Quando uma partícula se desloca sob a ação de forças conservativas, o princípio de trabalho e energia estabelecido na Seção 13.B pode ser expresso de uma forma modificada. Substituindo $U_{1\to2}$ da Eq. (13.19′) na Eq. (13.10), temos

$$V_1 - V_2 = T_1 - T_2$$

ou

Conservação de energia

$$T_1 + V_1 = T_2 + V_2 \qquad \textbf{(13.24)}$$

A Eq. (13.24) indica que, quando uma partícula se desloca sob a ação de forças conservativas, **a soma da energia cinética e da energia potencial da partícula permanece constante**. A soma $T + V$ é denominada **energia mecânica total** da partícula e é representada por E. Até agora, discutimos dois tipos de energia potencial: energia potencial gravitacional, V_g, e energia potencial elástica, V_e. Portanto, uma outra maneira de escrever a Eq. (13.24) é

$$T_1 + V_{g1} + V_{e1} = T_2 + V_{g2} + V_{e2} \qquad \textbf{(13.24′)}$$

Considere, por exemplo, o pêndulo analisado na Seção 13.1C, que é liberado com velocidade nula em A_1 para oscilar em um plano vertical (Fig. 13.12). Medindo a energia potencial em relação ao nível de A_2, ou seja, colocando o nível de referência em A_2, temos, em A_1

$$T_1 = 0 \qquad V_1 = Wl \qquad T_1 + V_1 = Wl$$

Relembrando que em A_2 a velocidade do pêndulo é $v_2 = \sqrt{2gl}$, temos

$$T_2 = \tfrac{1}{2}mv_2^2 = \frac{1}{2}\frac{W}{g}(2gl) = Wl \qquad V_2 = 0$$

$$T_2 + V_2 = Wl$$

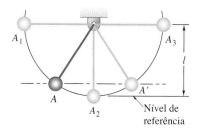

Figura 13.12 O movimento de um pêndulo é facilmente analisado usando a conservação da energia.

Verificamos assim que a energia mecânica total $E = T + V$ do pêndulo é a mesma em A_1 e em A_2. Enquanto a energia é inteiramente potencial em A_1, ela torna-se inteiramente cinética em A_2 e, à medida que o pêndulo permanece oscilando para a direita, a energia cinética é transformada em energia potencial de novo. Em A_3, $T_3 = 0$, e $V_3 = Wl$.

Como a energia mecânica total do pêndulo permanece constante e como sua energia potencial depende apenas de sua elevação, a energia cinética do pêndulo terá o mesmo valor em dois pontos quaisquer localizados na mesma altura. Logo, a velocidade do pêndulo é a mesma em A e em A' (Fig. 13.12). Esse resultado pode ser estendido ao caso de uma partícula que se move ao longo de uma dada trajetória qualquer, independentemente de sua forma, desde que as únicas forças que atuem sobre a partícula sejam o seu peso e a reação normal da trajetória. A partícula da Fig. 13.13, por exemplo, que desliza em um plano vertical ao longo de uma pista sem atrito, terá a mesma velocidade em A, A' e A''.

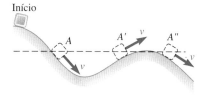

Figura 13.13 Uma partícula que se move ao longo de uma pista sem atrito tem a mesma velocidade toda vez que passa pela mesma elevação.

Enquanto o peso de uma partícula e a força exercida por uma mola são forças conservativas, **as forças de atrito são forças não conservativas, ou forças dependentes da trajetória**. Em outras palavras, *o trabalho de uma força de atrito não pode ser expresso como uma variação de energia potencial*. O trabalho de uma força de atrito depende da trajetória percorrida pelo seu ponto de aplicação; e, enquanto o trabalho $U_{1\to 2}$ definido pela Eq. (13.19) é positivo ou negativo de acordo com o sentido do movimento, o trabalho de uma força de atrito é sempre negativo, como discutimos na Seção 13.1C. Logo, conclui-se que a energia mecânica total de um sistema mecânico que envolve atrito não permanece constante, mas diminui. A energia do sistema, porém, não é perdida; ela é transformada em calor, e a soma da *energia mecânica* e da *energia térmica* do sistema permanece constante.

Outras formas de energia também podem estar envolvidas em um sistema. Por exemplo, um gerador converte energia mecânica em *energia elétrica*; um motor à gasolina converte *energia química* em energia mecânica; um reator nuclear converte *massa* em energia térmica. Se todas as formas de energia forem levadas em conta, a energia do sistema pode ser considerada constante e o princípio de conservação da energia permanece válido sob todas as condições.

Se expressarmos o trabalho realizado por forças não conservativas como $U_{1\to 2}^{NC}$, podemos expressar a Eq. (13.2) como

$$T_1 + V_{g_1} + V_{e_1} + U_{1\to 2}^{NC} = T_2 + V_{g_2} + V_{e_2} \qquad (13.24'')$$

Observe que, se $U_{1\to 2}^{NC}$ for zero, então a expressão se reduz à equação de conservação da energia da Eq. (13.24').

Foto 13.2 A energia potencial do carrinho de montanha russa é convertida em energia cinética conforme ele desce a pista.

13.2D Aplicação à mecânica espacial: movimento sob uma força central conservativa

Foto 13.3 Uma vez em órbita, os satélites da Terra se movem sob a ação da gravidade, que atua como uma força central.

Vimos na Seção 12.2B que quando uma partícula P move-se sob a ação de uma força central $\mathbf{F}$, a quantidade de movimento angular $\mathbf{H}_O$ da partícula em relação ao centro de força O é constante. Se a força $\mathbf{F}$ também é conservativa, existe uma energia potencial V associada a $\mathbf{F}$, e a energia total $E = T + V$ da partícula é constante. Assim, quando uma partícula se move sob uma força central conservativa, tanto o princípio de conservação da quantidade de movimento angular como o princípio de conservação da energia podem ser usados para estudar seu movimento.

Considere, por exemplo, um veículo espacial de massa m movendo-se sob a força gravitacional da Terra. Vamos admitir que ele inicie seu voo livre no ponto P_0 a uma distância r_0 do centro da Terra, com uma velocidade $\mathbf{v}_0$ que faz um ângulo ϕ_0 com o raio vetor OP_0 (Fig. 13.14). Sendo P um ponto da trajetória descrita pelo veículo, representamos por r a distância de O a P, por $\mathbf{v}$ a velocidade do veículo em P e por ϕ o ângulo entre $\mathbf{v}$ e o raio vetor OP. Aplicando o princípio de conservação da quantidade de movimento angular em relação a O entre P_0 e P (Seção 12.2B), temos

$$r_0 m v_0 \operatorname{sen} \phi_0 = r m v \operatorname{sen} \phi \qquad (13.25)$$

Retomando a expressão da Eq. (13.17) obtida para a energia potencial devida a uma força gravitacional, aplicamos o princípio de conservação da energia entre P_0 e P e escrevemos

$$T_0 + V_0 = T + V$$

$$\tfrac{1}{2}mv_0^2 - \frac{GMm}{r_0} = \tfrac{1}{2}mv^2 - \frac{GMm}{r} \qquad (13.26)$$

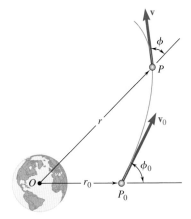

Figura 13.14 Um veículo espacial movendo-se de P_0 para P sob a força gravitacional da Terra.

onde M é a massa da Terra.

A Eq. (13.26) pode ser resolvida para a intensidade v da velocidade do veículo em P quando a distância r de O a P é conhecida; a Eq. (13.25) pode, então, ser usada para determinar o ângulo ϕ que a velocidade faz com o raio vetor OP.

As Eqs. (13.25) e (13.26) também podem ser usadas para determinar os valores máximo e mínimo de r no caso de um satélite lançado de P_0 em uma direção que forma um ângulo ϕ_0 com a vertical OP_0 (Fig. 13.15). Os valores desejados de r são obtidos fazendo com que $\phi = 90°$ na Eq. (13.25) e eliminando v entre as Eqs. (13.25) e (13.26).

Deve-se observar que a aplicação dos princípios de conservação da energia e de conservação da quantidade de movimento angular conduz a uma formulação dos problemas de mecânica espacial mais fundamental que a do método indicado na Seção 12.3B. Em todos os casos que envolvem lançamentos oblíquos, ela também resultará em cálculos bem mais simples. E, embora o método da Seção 12.3B deva ser usado quando a trajetória real ou o período de um veículo espacial tiverem de ser calculados, os cálculos serão simplificados se os princípios de conservação forem antes aplicados ao cálculo dos valores máximo e mínimo do raio vetor r.

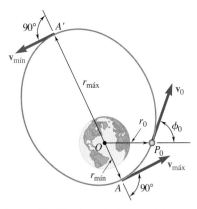

Figura 13.15 Um veículo espacial lançado do ponto P_0 em uma órbita em torno da Terra.

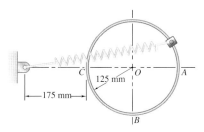

PROBLEMA RESOLVIDO 13.8

Um colar de 1,5 kg está preso a uma mola e desliza sem atrito ao longo de uma haste circular em um plano horizontal. A mola tem um comprimento indeformado de 150 mm e uma constante $k = 400$ N/m. Sabendo que o colar está em equilíbrio em A e recebe um leve impulso para mover-se, determine a velocidade do colar quando passa por B.

ESTRATÉGIA Você recebeu duas posições e quer determinar a velocidade do colar. Nenhuma força não conservativa está envolvida, então use a conservação da energia. Observe que o colar e o anel estão em um plano horizontal.

MODELAGEM Para o seu sistema, escolha o colar e a mola. Você pode tratar o colar como uma partícula.

ANÁLISE **Conservação da energia.** Aplicando o princípio de conservação da energia entre as posições 1 e 2, escrevemos

$$T_1 + V_{e_1} = T_2 + V_{e_2} \quad (1)$$

Você precisa determinar as energias cinética e potencial nessas posições.

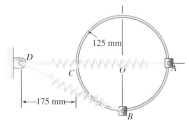

Figura 1 O sistema nas posições 1 e 2.

Posição 1. *Energia potencial.* O alongamento da mola linear (Fig. 1) é

$$x_1 = (175 \text{ mm} + 250 \text{ mm}) - (150 \text{ mm}) = 275 \text{ mm} = 0{,}275 \text{ m}$$

Escrevemos

$$V_{e_1} = \tfrac{1}{2}kx_1^2 = \tfrac{1}{2}(400 \text{ N/m})(0{,}275 \text{ m})^2 = 15{,}125 \text{ J}$$

Energia cinética. Como a velocidade na posição 1 é nula, temos $T_1 = 0$.

Posição 2. *Energia potencial.* O alongamento da mola é determinado a seguir:

$$L_{BD} = (300^2 \text{ mm} + 125^2 \text{ mm})^{1/2}$$
$$= 325 \text{ mm}$$
$$x_2 = L_{BD} - L_O$$
$$= (325 \text{ mm} - 150 \text{ mm})$$
$$= 175 \text{ mm} = 0{,}175 \text{ m}$$

Então temos

$$V_{e_2} = \tfrac{1}{2}kx_2^2 = \tfrac{1}{2}(400 \text{ N/m})(0{,}175 \text{ m})^2 = 6{,}125 \text{ J}$$

Energia cinética.

$$T_2 = \tfrac{1}{2}mv_2^2 = \tfrac{1}{2}(1{,}5 \text{ kg})v_2^2 = (0{,}75)v_2^2$$

Conservação da energia. Substituindo na Eq. (1), temos

$$T_1 + V_{e_1} = T_2 + V_{e_2}$$
$$0 + 15{,}125 = 0{,}75v_2^2 + 6{,}125$$
$$v_2 = \pm 3{,}46 \text{ m/s}$$

$\mathbf{v}_2 = 3{,}46 \text{ m/s} \downarrow$ ◄

PARA REFLETIR Se você não tivesse incluído a mola em seu sistema, você precisaria tratá-la como uma força externa; portanto, você precisaria determinar o trabalho. Da mesma forma, se houvesse atrito agindo sobre o colar, você precisaria usar o princípio de trabalho e energia mais geral para resolver este problema. Acontece que o trabalho realizado por atrito não é muito fácil de calcular porque a força normal depende da força da mola.

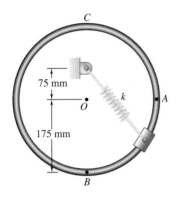

PROBLEMA RESOLVIDO 13.9

Um colar de 1,25 kg está preso a uma mola e desliza ao longo de uma haste circular lisa em um plano vertical. A mola tem um comprimento indeformado de 100 mm e uma constante de mola k. O colar está em repouso no ponto C e recebe um leve impulso para a direita. Sabendo que a velocidade máxima do colar é alcançada quando ele passa pelo ponto A, determine (a) a constante de mola k, (b) a força exercida pela haste sobre o colar no ponto A.

ESTRATÉGIA Uma vez que você tem duas posições, e são dadas informações sobre a velocidade, use a conservação da energia. Para encontrar a força, você precisa usar a segunda lei de Newton.

MODELAGEM Para a parte do problema sobre a conservação da energia, modele o colar como uma partícula e a mola como seu sistema. Ao usar a segunda lei de Newton, use o colar como seu sistema.

ANÁLISE Conservação da energia. Posição 1 é quando o colar está no ponto C e posição 2 é quando ele está no ponto A (Fig. 1).

Aplicando o princípio de conservação da energia entre as posições 1 e 2, escrevemos

$$T_1 + V_{g_1} + V_{e_1} = T_2 + V_{g_2} + V_{e_2} \quad (1)$$

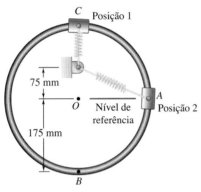

Figura 1 O sistema em duas posições de interesse.

Posição 1. Porque o sistema inicia do repouso, $T_1 = 0$, e como a mola tem um comprimento não esticado de 100 mm, $V_{e_1} = 0$. Colocando o nível de referência em A, temos

$$V_{g_1} = (1,25 \text{ kg})(9,81 \text{ m/s}^2)(0,175 \text{ m}) = 2,146 \text{ J}$$

Posição 2. Da geometria, a distância do pino para A é $\sqrt{(75 \text{ mm})^2 + (175 \text{ mm})^2} = 190,39$ mm. Portanto, o alongamento da mola linear (Fig. 1) é $x_2 = 190,39$ mm $- 100$ mm $= 90,39$ mm $= 0,09039$ m. Você sabe que $V_{g_2} = 0$ porque o nível de referência está na posição 2. Você também sabe que

$$V_{e_2} = \tfrac{1}{2}kx_2^2 = \frac{1}{2}k(0,09039)^2 = 4,085 \times 10^{-2} k$$

$$T_2 = \tfrac{1}{2}mv_2^2 = \frac{1}{2}(1,25 \text{ kg})v_2^2 = 0,625v_2^2$$

Substituindo essas expressões na Eq. (1), temos

$$0 + 2,146 + 0 = 0,625v_2^2 + 0 + 4,085 \times 10^{-3}k \quad (2)$$

Você tem duas incógnitas nesta equação, então precisa de outra equação. No enunciado do problema, também é informado que o colar tem uma velocidade máxima no ponto A. Portanto, a aceleração tangencial deve ser zero em A, e você deve usar a segunda lei de Newton para obter equações adicionais. Agora, o sistema inclui apenas o colar; a mola aplica uma força externa ao sistema. Os diagramas de corpo livre e cinético para o colar na posição 2 são mostrados na Fig. 2. Aplicando a segunda lei de Newton na direção t, temos

$$+\uparrow \Sigma F_t = 0 = kx_2 \operatorname{sen}\theta - W \quad \text{ou} \quad k(0,09039 \text{ m})(75/190,39) - (1,25)(9,81) = 0$$

Resolvendo para k,

$$k = 344,4 \text{ N/m}$$

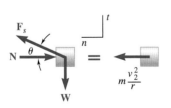

Figura 2 Diagramas de corpo livre e cinético para o colar no ponto A.

Capítulo 13   Cinemática de partículas: métodos de energia e quantidade de movimento   835

Força exercida pela haste: Substituindo este valor de k na Eq. (2), temos $v_2 = 1{,}0875$ m/s. Aplicando a segunda lei de Newton na direção n, temos

$$\overset{+}{\leftarrow} \Sigma F_n = m\frac{v_2^2}{r} \qquad kx_2 \cos\theta - N = \frac{mv_2^2}{r}$$

Resolvendo para N e substituindo valores fornecidos

$$\begin{aligned} N &= kx_2 \cos\theta - \frac{mv_2^2}{r} \\ &= (344{,}4\text{ N/m})(0{,}09039\text{ m})(175/190{,}39) \\ &\quad - \frac{(1{,}25\text{ kg})(1{,}0875\text{ m/s})^2}{(0{,}175\text{ m})} \end{aligned}$$

$$N = 20{,}2\text{ N} \quad \blacktriangleleft$$

PARA REFLETIR Quando o colar é empurrado para a direita, sua velocidade aumenta até atingir o ponto A, e então ela começa a diminuir. A velocidade mínima ocorre quando o colar está em B, já que as únicas forças estão na direção normal; isto é, nenhuma força atua na direção tangencial. Portanto, a aceleração na direção tangencial é zero, indicando uma velocidade mínima.

PROBLEMA RESOLVIDO 13.10

Um bloco de 250 g é empurrado contra a mola em A e liberado do repouso. Ele se move 1.200 mm ao longo de uma superfície horizontal áspera até que alcança um laço liso. O coeficiente de atrito cinético ao longo da superfície horizontal áspera é $\mu_k = 0{,}3$, e a mola é inicialmente comprimida 0,75 mm. Determine a constante k mínima da mola para a qual o bloco percorrerá $BCDE$ e permanecerá sempre em contato com o laço.

ESTRATÉGIA Você recebeu duas posições, e uma força não conservativa está presente, então use o princípio de trabalho e energia. Como o bloco deve permanecer em contato com o laço, a força **N** exercida pelo laço sobre o bloco deve ser igual ou maior que zero. Portanto, você deve usar a segunda lei de Newton.

MODELAGEM Escolha o bloco como seu sistema e modele-o como uma partícula. Os diagramas de corpo livre e cinético para o bloco quando ele está no ponto D são mostrados na Fig. 1.

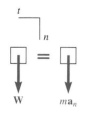

Figura 1 Diagramas de corpo livre e cinético para o bloco no ponto D.

ANÁLISE

A segunda lei de Newton Aplicando a segunda lei de Newton na direção normal e fazendo $N = 0$, temos

$$+\downarrow \Sigma F_n = ma_n: \qquad W = ma_n \qquad mg = ma_n \qquad a_n = g$$

$$a_n = \frac{v_D^2}{r}: \qquad v_D^2 = ra_n = rg = (0{,}6\text{ m})(9{,}81\text{ m/s}^2) = 5{,}886\text{ m}^2/\text{s}^2$$

Essa é a velocidade mínima do bloco em D para que ele permaneça em contato com o trajeto.

Trabalho e energia Escolha o sistema para ser o bloco e a mola. Aplicando o princípio de conservação da energia entre as posições 1 e 2, escrevemos

$$T_1 + V_{g_1} + V_{e_1} + U^{NC}_{1\to 2} = T_2 + V_{g_2} + V_{e_2} \tag{1}$$

Você precisa determinar as energias potencial e cinética nas posições 1 e 2 e o trabalho realizado pelo atrito.

Posição 1. *Energia potencial.* A energia potencial elástica é

$$V_{e_1} = \tfrac{1}{2}kx^2 = \tfrac{1}{2}(k)(0{,}075 \text{ m})^2 = 2{,}8125 \times 10^{-3} k$$

Escolhendo o nível de referência em A, temos $V_{g_1} = 0$.

Energia cinética. Como o bloco é liberado do repouso, $v_A = 0$ e $T_1 = 0$.

Posição 2. *Energia potencial.* Agora a mola está indeformada; logo, $V_{e_2} = 0$. Como o bloco está a 1,2 m acima do nível de referência, temos

$$V_{g_2} = W y_2 = (0{,}25 \text{ kg})(9{,}81 \text{ m/s}^2)(1{,}2 \text{ m}) = 2{,}943 \text{ J}$$

Energia cinética. Usando o valor de v_D^2 obtido acima, escrevemos

$$T_2 = \tfrac{1}{2}mv_D^2 = \frac{1}{2}(0{,}25 \text{ kg})(5{,}886 \text{ m}^2/\text{s}^2) = 0{,}73575 \text{ J}$$

Trabalho. Como a força normal é igual ao peso em uma superfície horizontal, você encontra o trabalho que o atrito realiza:

$$U^{NC}_{1\to 2} = -\mu_k N d = -0{,}3(0{,}25 \text{ kg})(9{,}81 \text{ m/s}^2)(1{,}2 \text{ m}) = -0{,}8829 \text{ J}$$

Trabalho e energia Substituindo esse valor na Eq. (1), temos

$$T_1 + V_{g_1} + V_{e_1} + U^{NC}_{1\to 2} = T_2 + V_{g_2} + V_{e_2}$$
$$0 + 0 + 2{,}8125 \times 10^{-3}\, k - 0{,}8829 \text{ J} = 0{,}73575 \text{ J} + 2{,}943 \text{ J} + 0$$

Podemos resolver isto para k.

$$k = 1622 \text{ N/m} \quad \blacktriangleleft$$

PARA REFLETIR: Um equívoco comum em problemas como este é considerar que a velocidade da partícula é zero na parte superior do laço, em vez de que a força normal é igual ou maior que zero. Se o bloco tivesse uma velocidade zero no topo, ele claramente cairia para baixo, o que é impossível.

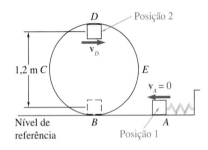

Figura 2 O sistema nas posições de interesse.

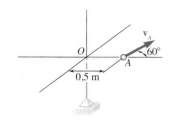

PROBLEMA RESOLVIDO 13.11

Uma esfera de massa $m = 0{,}6$ kg está presa a uma corda elástica de constante $k = 100$ N/m, que está indeformada quando a esfera encontra-se na origem O. Sabendo que a esfera pode deslizar sem atrito sobre a superfície horizontal e que na posição mostrada na figura sua velocidade $\mathbf{v}_A$ tem intensidade de 20 m/s, determine (a) as distâncias máxima e mínima da esfera em relação à origem O e (b) os valores correspondentes de sua velocidade.

ESTRATÉGIA A força exercida pela corda sobre a esfera passa pelo ponto fixo O, então utilize a conservação da quantidade de movimento angular. Além disso, você está interessado na velocidade em dois locais, e nenhuma força não conservativa atua na esfera. Você pode, portanto, usar a conservação da energia.

MODELAGEM Escolha a esfera, que pode ser modelada como uma partícula, como seu sistema.

ANÁLISE

Conservação da quantidade de movimento angular em relação a O. No ponto B, onde a distância de O é máxima (Fig. 1), a velocidade da esfera é perpendicular a OB e a quantidade de movimento angular é $r_m m v_m$. Uma propriedade similar vale no ponto C, onde a distância de O é mínima. Expressando a conservação da quantidade de movimento angular entre A e B, escrevemos

$$r_A m v_A \operatorname{sen} 60° = r_m m v_m$$
$$(0{,}5 \text{ m})(0{,}6 \text{ kg})(20 \text{ m/s}) \operatorname{sen} 60° = r_m(0{,}6 \text{ kg})v_m$$
$$v_m = \frac{8{,}66}{r_m} \quad (1)$$

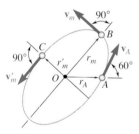

Figura 1 A partícula nas localizações A, B e C.

Você tem uma equação e duas incógnitas, v_m e r_m. Portanto, você precisa usar a conservação da energia para obter uma segunda equação.

Conservação da energia.

No ponto A. $T_A = \tfrac{1}{2}mv_A^2 = \tfrac{1}{2}(0{,}6 \text{ kg})(20 \text{ m/s})^2 = 120$ J
$V_A = \tfrac{1}{2}kr_A^2 = \tfrac{1}{2}(100 \text{ N/m})(0{,}5 \text{ m})^2 = 12{,}5$ J

No ponto B. $T_B = \tfrac{1}{2}mv_m^2 = \tfrac{1}{2}(0{,}6 \text{ kg})v_m^2 = 0{,}3 v_m^2$
$V_B = \tfrac{1}{2}kr_m^2 = \tfrac{1}{2}(100 \text{ N/m})r_m^2 = 50 r_m^2$

Aplicando o princípio de conservação da energia entre os pontos A e B, escrevemos

$$T_A + V_A = T_B + V_B$$
$$120 + 12{,}5 = 0{,}3 v_m^2 + 50 r_m^2 \quad (2)$$

a. Valores máximo e mínimo de distância. Substituindo v_m da Eq. (1) na Eq. (2) e resolvendo para r_m^2, obtemos

$$r_m^2 = 2{,}468 \text{ ou } 0{,}1824 \qquad r_m = 1{,}571 \text{ m},\ r_m' = 0{,}427 \text{ m} \blacktriangleleft$$

b. Valores correspondentes de velocidade. Substituindo os valores obtidos para r_m e r_m' na Eq. (1), temos

$$v_m = \frac{8{,}66}{1{,}571} \qquad v_m = 5{,}51 \text{ m/s} \blacktriangleleft$$
$$v_m' = \frac{8{,}66}{0{,}427} \qquad v_m' = 20{,}3 \text{ m/s} \blacktriangleleft$$

PARA REFLETIR Este problema é semelhante aos problemas relacionados à mecânica espacial; em vez da força gravitacional central que atua sobre um corpo em órbita, você tem a força da mola que atua na esfera. Pode-se mostrar que a trajetória da esfera é uma elipse de centro O.

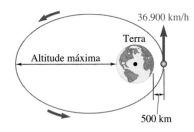

PROBLEMA RESOLVIDO 13.12

Um satélite é lançado em uma direção paralela à superfície da Terra com uma velocidade de 36.900 km/h de uma altitude de 500 km. Determine (*a*) a altitude máxima alcançada pelo satélite e (*b*) o erro máximo admissível na direção de lançamento do satélite para que ele entre em órbita e não se aproxime em até 200 km da superfície da Terra.

ESTRATÉGIA Como a única força que age sobre o satélite é a força da gravidade, que é uma força central, você está interessado em duas posições (a posição do satélite no lançamento e em sua altitude máxima) e pode usar a conservação da quantidade de movimento angular e a conservação da energia.

MODELAGEM Escolha o satélite, que pode ser modelado como uma partícula, como seu sistema.

ANÁLISE

a. Altitude máxima. Representamos por A' o ponto da órbita mais afastado da Terra e por r_1 a distância correspondente do centro da Terra. Como o satélite está em voo livre entre A e A', aplicamos o princípio de conservação da energia:

$$T_A + V_A = T_{A'} + V_{A'}$$

$$\tfrac{1}{2}mv_0^2 - \frac{GMm}{r_0} = \tfrac{1}{2}mv_1^2 - \frac{GMm}{r_1} \qquad (1)$$

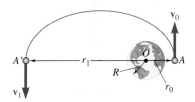

Figura 1 O sistema em duas posições de interesse.

Agora aplique o princípio da conservação da quantidade de movimento angular do satélite em relação a O. Considerando os pontos A e A', temos

$$r_0 m v_0 = r_1 m v_1 \qquad v_1 = v_0 \frac{r_0}{r_1} \qquad (2)$$

Substituindo essa expressão para v_1 na Eq. (1), dividindo cada termo pela massa m e reordenando os termos, obtemos

$$\tfrac{1}{2}v_0^2\left(1 - \frac{r_0^2}{r_1^2}\right) = \frac{GM}{r_0}\left(1 - \frac{r_0}{r_1}\right) \qquad 1 + \frac{r_0}{r_1} = \frac{2GM}{r_0 v_0^2} \qquad (3)$$

Relembrando que o raio da Terra é $R = 6.370$ km, calculamos

$$r_0 = 6370 \text{ km} + 500 \text{ km} = 6870 \text{ km} = 6{,}87 \times 10^6 \text{ m}$$
$$v_0 = 36.900 \text{ km/h} = (36{,}9 \times 10^6 \text{ m})/(3{,}6 \times 10^3 \text{ s}) = 10{,}25 \times 10^3 \text{ m/s}$$
$$GM = gR^2 = (9{,}81 \text{ m/s}^2)(6{,}37 \times 10^6 \text{ m})^2 = 398 \times 10^{12} \text{ m}^3/\text{s}^2$$

Substituindo esses valores na Eq. (3), obtemos $r_1 = 66,8 \times 10^6$ m.

Altitude máxima = $66,8 \times 10^6$ m $- 6,37 \times 10^6$ m = $60,4 \times 10^6$ m = 60.400 km ◄

b. Erro admissível na direção de lançamento. O satélite é lançado de P_0 em uma direção que faz um ângulo ϕ_0 com a vertical OP_0 (Fig. 2). O valor de ϕ_0 correspondente a $r_{mín} = 6.370$ km $+ 200$ km $= 6.570$ km é obtido pela aplicação dos princípios de conservação da energia e de conservação da quantidade de movimento angular entre P_0 e A:

$$\tfrac{1}{2}mv_0^2 - \frac{GMm}{r_0} = \tfrac{1}{2}mv_{máx}^2 - \frac{GMm}{r_{mín}} \quad (4)$$

$$r_0 m v_0 \operatorname{sen} \phi_0 = r_{mín} m v_{máx} \quad (5)$$

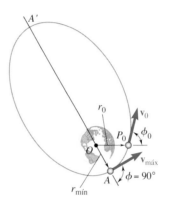

Figura 2 Dois locais usados para determinar o erro máximo admissível na direção.

Resolvendo (5) para $v_{máx.}$ e então substituindo $v_{máx.}$ na Eq. (4), podemos resolver (4) para ϕ_0. Usando os valores de v_0 e GM calculados no item *a* e observando que $r_0/r_{mín} = 6.870/6.570 = 1,0457$, encontramos

$\operatorname{sen} \phi_0 = 0,9801 \qquad \phi_0 = 90° \pm 11,5° \qquad$ Erro admissível $= \pm 11,5°$ ◄

PARA REFLETIR: Sondas espaciais e outros veículos de longa distância são projetados com pequenos foguetes para permitir correções no meio do curso. Os satélites lançados da Estação Espacial normalmente não precisam desse tipo de ajuste.

METODOLOGIA PARA A
RESOLUÇÃO DE PROBLEMAS

Nesta seção você aprendeu que, quando o trabalho realizado por uma força $\mathbf{F}$ que age sobre uma partícula A é independente da trajetória percorrida pela partícula quando ela se move de uma dada posição A_1 para uma dada posição A_2 (Fig. 13.11a), é possível definir uma função V, denominada **energia potencial**, para a força $\mathbf{F}$. Tais forças são designadas como **forças conservativas**, e você pode escrever

$$U_{1\rightarrow2} = -(V(x_2, y_2, z_2) - V(x_1, y_1, z_1)) = V(x_1, y_1, z_1) - V(x_2, y_2, z_2) \tag{13.19}$$

ou, de modo resumido,

$$U_{1\rightarrow2} = V_1 - V_2 \tag{13.19'}$$

Note que o trabalho é negativo quando a variação da energia potencial é positiva, isto é, quando $V_2 > V_1$.

Substituindo a expressão acima na equação para trabalho e energia, você pode escrever

$$T_1 + V_1 = T_2 + V_2 \tag{13.24}$$

ou

$$T_1 + V_{g_1} + V_{e_1} = T_2 + V_{g_2} + V_{e_2} \tag{13.24'}$$

Essa equação mostra que, quando uma partícula se desloca sob a ação de uma força conservativa, **a soma das energias cinética e potencial da partícula permanece constante.** Expandimos essa equação para os casos em que existem forças não conservativas presentes:

$$T_1 + V_{g_1} + V_{e_1} + U^{\text{NC}}_{1\rightarrow2} = T_2 + V_{g_2} + V_{e_2} \tag{13.24''}$$

Sua resolução de problemas ao usar as fórmulas acima consistirá dos seguintes passos:

1. **Determine se todas as forças envolvidas são conservativas.** Se alguma força não for conservativa, por exemplo, se o atrito estiver envolvido, você deverá empregar a segunda equação (13.24''), pois o trabalho realizado por tais forças depende da trajetória percorrida pela partícula, não existindo uma função potencial dessas forças não conservativas. Você pode então determinar o trabalho realizado pelas forças não conservativas como:

$$U^{\text{NC}}_{1\rightarrow2} = \int_1^2 \mathbf{F}^{\text{NC}} \cdot d\mathbf{s}$$

2. **Determine a energia cinética $T = \frac{1}{2}mv^2$ em cada extremidade da trajetória.**

3. Calcule a energia potencial de todas as forças envolvidas em cada extremidade da trajetória. Você relembrará que as seguintes expressões para a energia potencial foram deduzidas nesta seção:

a. A energia potencial de um peso W próximo à superfície da Terra e a uma altura y acima de um dado nível de referência:

$$V_g = Wy \qquad\qquad (13.16)$$

b. A energia potencial de uma massa m localizada a uma distância r do centro da Terra, grande o suficiente para que a variação da força da gravidade deva ser levada em conta:

$$V_g = -\frac{GMm}{r} \qquad\qquad (13.17)$$

onde a distância r é medida do centro da Terra e V_g é igual a zero para $r = \infty$.

c. A energia potencial de um corpo em relação a uma força elástica $F = kx$:

$$V_e = \tfrac{1}{2}kx^2 \qquad\qquad (13.18)$$

onde a distância x é a deflexão da mola elástica medida em relação à sua posição *indeformada* e k é a constante da mola. Note que V_e depende apenas da deflexão x, e não da trajetória do corpo preso à mola. Além disso, V_e é sempre positivo, esteja a mola comprimida ou esticada.

4. Substituir suas expressões para o trabalho não conservativo e as energias cinética e potencial na Eq. (13.24″). Você estará apto a resolver essa equação para uma incógnita, por exemplo, para a velocidade [Problema Resolvido 13.8]. Se mais de uma incógnita estiver envolvida, você terá de procurar outra condição ou equação, tal como a segunda lei de Newton [Problema Resolvido 13.10], a velocidade máxima [Problema Resolvido 13.9], a velocidade mínima [Problema Resolvido 13.10] ou a energia potencial mínima da partícula. Para problemas envolvendo uma força central, uma segunda equação pode ser obtida usando-se a conservação da quantidade de movimento angular [Problema Resolvido 13.11]. Isso é especialmente útil em aplicações à mecânica espacial [Seção 13.2D].

PROBLEMAS

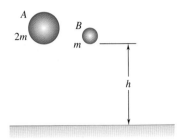

Figura P13.PC2

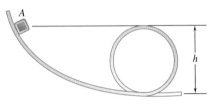

Figura P13.PC3

PERGUNTAS CONCEITUAIS

13.PC2 Duas bolas pequenas A e B de massas 2m e m, respectivamente, são liberadas do repouso a uma altura h acima do solo. Desprezando a resistência do ar, qual das seguintes afirmativas é verdadeira quando as duas bolas atingem o solo?
  a. A energia cinética de A é a mesma que a energia cinética de B.
  b. A energia cinética de A é a metade da energia cinética de B.
  c. A energia cinética de A é duas vezes a energia cinética de B.
  d. A energia cinética de A é quatro vezes a energia cinética de B.

13.PC3 Um bloco pequeno A é liberado do repouso e desliza para baixo na rampa, sem atrito, para o laço. A altura máxima h do laço é a mesma que a altura inicial do bloco. O bloco A conseguirá fazer a volta do laço sem perder contato com o trajeto?
  a. Sim
  b. Não
  c. Precisa de mais informação.

PROBLEMAS DE FINAL DE SEÇÃO

13.55 Uma força **P** é lentamente aplicada a uma placa que está presa a duas molas, causando uma deflexão x_0. Para cada um dos casos mostrados na figura, deduza uma expressão para a constante k_e, em termos k_1 e k_2, de uma mola única equivalente para o sistema dado, isto é, da mola única que sofrerá a mesma deflexão x_0 quando submetida à mesma força **P**.

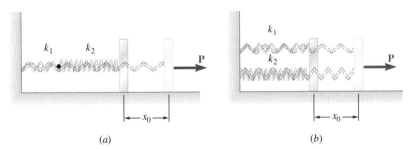

Figura P13.55

13.56 Um vagão ferroviário carregado, de massa m, se move a uma velocidade constante v_0 quando se acopla com um sistema de para-choques sem massa. Determine a deflexão máxima do para-choque considerando que as duas molas estão (a) em série (como mostrado na figura), (b) em paralelo.

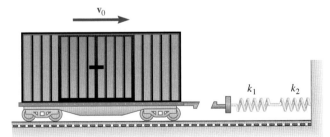

Figura *P13.56*

13.57 Um colar de 750 g pode deslizar ao longo da barra mostrada na figura. Ele está preso a uma corda elástica com um comprimento indeformado de 300 mm e uma constante de mola de 150 N/m. Sabendo que o colar é liberado do repouso em A e desprezando o atrito, determine a velocidade do colar (a) em B, (b) em E.

13.58 Um colar de 1,8 kg pode deslizar sem atrito ao longo da haste horizontal e está em equilíbrio em A quando é puxado 25 mm para a direita e liberado do repouso. As molas estão indeformadas quando o colar está em A, e a constante de cada mola é 490 kN/m. Determine a velocidade máxima do colar.

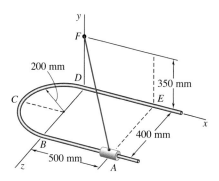

Figura P13.57

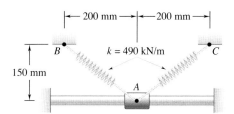

Figura P13.58 e P13.59

13.59 Um colar de 1,8 kg pode deslizar sem atrito ao longo da haste horizontal e é liberado do repouso em A. O comprimento indeformado das molas BA e CA são 250 mm e 225 mm, respectivamente, e a constante de cada mola é 490 kN/m. Determine a velocidade do colar quando ele se move 25 mm para a direita.

13.60 Um colar de 500 g pode deslizar sem atrito sobre uma barra curva BC em um plano *horizontal*. Sabendo que o comprimento indeformado da mola é de 80 mm e que $k = 400$ kN/m, determine (a) a velocidade que o colar deve receber em A para alcançar B com velocidade nula, (b) a velocidade do colar quando ele finalmente alcançar C.

13.61 Para o instrumento de *shuffleboard* mostrado na figura, você decide utilizar uma corda elástica para impulsionar o disco para a frente. Quando a corda é esticada diretamente entre os pontos A e B, a tração é de 20 N. O disco de 425 gramas é colocado no centro e puxado para trás por uma distância de 400 mm; uma força de 100 N é necessária para mantê-lo nesse local. Sabendo que o coeficiente de atrito é 0,3, determine o quão longe o disco vai percorrer.

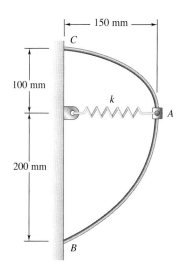

Figura *P13.60*

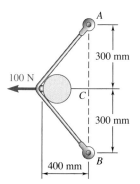

Figura *P13.61*

Figura P13.62

13.62 Um cabo elástico é projetado para *bungee jumping* em uma torre de 40 m. As especificações indicam que o cabo deve ter 25 m quando estiver indeformado e esticar até um comprimento total de 30 m quando um peso de 300 kg é preso nele e cai da torre. Determine (*a*) a constante de mola k do cabo necessária, (*b*) o quão próximo do chão um homem de 90 kg ficará se ele usar o cabo e pular da torre.

13.63 É mostrado na engenharia dos materiais que quando uma viga elástica AB suporta um bloco de peso W em um ponto B, a deflexão y_{st} (chamada de deflexão estática) é proporcional a W. Mostre que se o mesmo bloco cai de uma altura h na extremidade B da viga em balanço AB e não ricocheteia, a máxima deflexão y_m no movimento subsequente pode ser expressa como $y_m = y_{st}(1 + \sqrt{1 + 2h/y_{st}})$. Note que essa fórmula é aproximada, já que está baseada no pressuposto que não há energia dissipada no impacto e que o peso da viga é pequeno comparado com o peso do bloco.

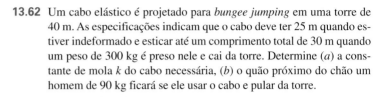

Figura *P13.63*

13.64 Um colar de 2 kg é preso a uma mola e desliza sem atrito em um plano vertical ao longo da haste curvada ABC. A mola é indeformada quando o colar está em C e sua constante é 600 N/m. Se o colar é liberado do repouso em A sem velocidade inicial, determine sua velocidade (*a*) quando passa por B, (*b*) quando chega a C.

Figura P13.64

13.65 Um colar de 500 g pode deslizar sem atrito ao longo de uma barra semicircular BCD. A mola tem constante 320 N/m e seu comprimento indeformado é 200 mm. Sabendo que o colar é liberado do repouso em B, determine (*a*) a velocidade do colar quando ele passar por C, (*b*) a força exercida pela barra sobre o colar em C.

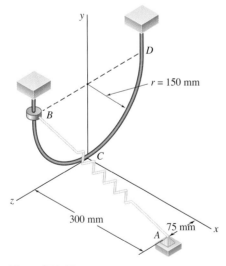

Figura P13.65

13.66 Uma barra circular delgada é sustentada em um *plano vertical* por um suporte em A. Uma mola de constante k = 50 N/m e comprimento indeformado igual ao arco de círculo AB está presa ao suporte e enrolada frouxamente em volta da barra. Um colar C de 250 g, não ligado à mola, pode deslizar sem atrito ao longo da barra. Sabendo que o colar é liberado do repouso a um ângulo θ em relação à vertical, determine (*a*) o menor valor de θ para que o colar passe por D e alcance o ponto A, (*b*) a velocidade do colar quando ele alcançar o ponto A.

13.67 Cornhole é um jogo em que você atira sacos de feijão em um buraco numa placa de madeira. Pessoas com mobilidade limitada no braço muitas vezes têm dificuldade para desfrutar desta atividade indevida. Um dispositivo de lançamento adaptado liga-se a uma cadeira de rodas de modo que os pontos O e A são fixos. O dispositivo imita um arremesso baixo utilizando uma tira elástica para capacitar o braço OC, que gira em torno do pino O. A tira elástica tem um comprimento não esticado de 300 mm e está ligada ao ponto fixo A e ao ponto B no braço. O peso combinado do saco de feijão e do suporte em C é 20 N, e você pode desprezar o peso da haste OB. Sabendo que a posição de partida é de 30° em relação à horizontal, conforme mostrado na figura, determine a constante de mola se a velocidade do saco de feijão for de 10 m/s quando o saco for liberado com um ângulo de θ = 45°.

13.68 Uma mola é usada para parar um pacote de 50 kg que está se movendo para baixo em uma inclinação de 20°. A mola tem constante k = 30 kN/m e é mantida por cabos de modo que está comprimida inicialmente 50 mm. Sabendo que a velocidade do pacote é 2 m/s quando ele está a 8 m da mola e desprezando o atrito, determine a máxima deformação adicional na mola para levar o pacote ao repouso.

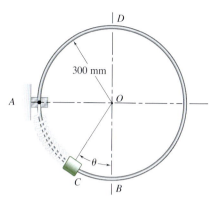

Figura P13.66

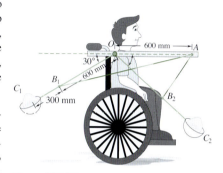

Figura *P13.67*

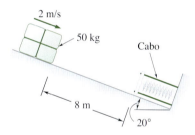

Figura P13.68

13.69 Resolva o Problema 13.68 considerando que o coeficiente de atrito cinético entre o pacote e a inclinação é 0,2.

13.70 Um trecho da pista de uma montanha-russa consiste de dois arcos de círculo AB e CD unidos por um trecho reto BC. O raio de AB é 27 m e o raio de CD é 72 m. O carrinho e seus ocupantes, de massa total de 250 kg, alcançam o ponto A praticamente sem velocidade e então caem livremente ao longo da pista. Determine a força normal exercida pela pista sobre o carro quando este alcança o ponto B. Ignore as resistências do ar e de rolamento.

13.71 Um trecho da pista de uma montanha-russa consiste de dois arcos de círculo AB e CD unidos por um trecho reto BC. O raio de AB é 27 m e o raio de CD é 72 m. O carrinho e seus ocupantes, de massa total de 250 kg, alcançam o ponto A praticamente sem velocidade e então caem livremente ao longo da pista. Determine os valores máximo e mínimo da força normal exercida pela pista sobre o carro durante o percurso de A até D. Ignore as resistências do ar e de rolamento.

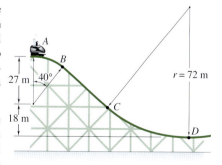

Figura P13.70 e P13.71

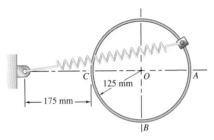

Figura P13.72

13.72 Um colar de 500 g está preso a uma mola e desliza sem atrito ao longo de uma haste circular em um plano *vertical*. A mola tem um comprimento indeformado de 125 mm e uma constante k = 150 N/m. Sabendo que o colar está em equilíbrio em A e que recebe um leve impulso para se movimentar, determine a velocidade do colar e força normal entre o colar e a haste quando ele passar por B.

13.73 Um colar de 4,5 kg está preso a uma mola e desliza sem atrito ao longo de uma haste circular fixa em um plano vertical. A mola tem um comprimento indeformado de 356 mm e uma constante k = 700 N/m. Sabendo que o colar é liberado do repouso na posição mostrada na figura, determine a força exercida pela haste sobre o colar no (*a*) ponto A, (*b*) ponto B. Ambos os pontos estão na posição curvada da haste.

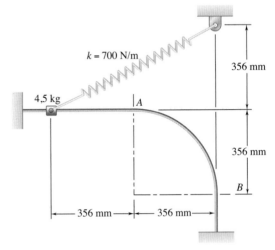

Figura *P13.73*

13.74 Um pacote de 200 g é lançado para cima com uma velocidade v_0 por uma mola em A; ele se move em torno de uma estrutura sem atrito e é depositado em C. Para cada uma das estruturas mostradas nas figuras, determine (*a*) a menor velocidade v_0 para que o pacote alcance C, (*b*) a força correspondente exercida pelo pacote sobre a estrutura justamente antes de o pacote deixar a estrutura em C.

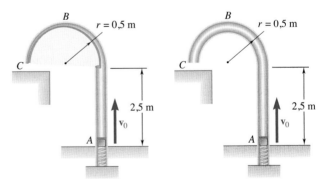

Figura P13.74 e *P13.75*

13.75 Se o pacote do Problema 13.74 não puder atingir a superfície horizontal em C com velocidade superior a 3,5 m/s, (*a*) mostre que esse requisito só pode ser atendido pela segunda estrutura, (*b*) determine a maior velocidade inicial admissível v_0 quando a segunda estrutura for usada.

13.76 Um pacote pequeno de peso W é projetado em uma estrutura de retorno vertical em A com uma velocidade $\mathbf{v}_0$. A embalagem viaja sem atrito ao longo de um círculo de raio r e é depositada em uma superfície horizontal em C. Para cada uma das estruturas mostradas, determine (a) a menor velocidade $\mathbf{v}_0$ para que a embalagem alcance a superfície horizontal em C, (b) a força correspondente exercida pela estrutura sobre a embalagem à medida que ela passa pelo ponto B.

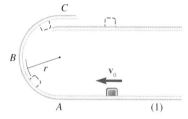 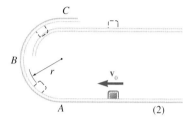

Figura P13.76

13.77 Uma bola de 1 kg em A é suspensa por uma corda inextensível e tem velocidade inicial de 5 m/s. Se $l = 0,6$ m e $x_B = 0$, determine y_B de modo que a bola entre no cesto.

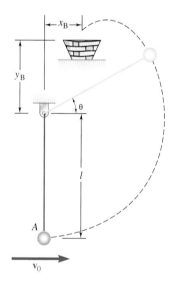

Figura P13.77

13.78 O pêndulo mostrado na figura é liberado do repouso em A e oscila em 90° antes que a corda toque no pino fixo B. Determine o menor valor de a para o qual o pêndulo irá descrever um círculo ao redor do pino.

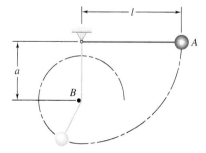

Figura P13.78

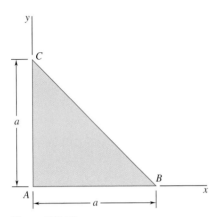

Figura P13.81

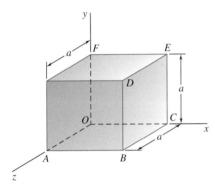

Figura P13.82

*13.79 Prove que uma força $F(x, y, z)$ é conservativa se, e somente se, as seguintes relações forem satisfeitas:

$$\frac{\partial F_x}{\partial y} = \frac{\partial F_y}{\partial x} \quad \frac{\partial F_y}{\partial z} = \frac{\partial F_z}{\partial y} \quad \frac{\partial F_z}{\partial x} = \frac{\partial F_x}{\partial z}$$

13.80 A força $\mathbf{F} = (yz\mathbf{i} + zx\mathbf{j} + xy\mathbf{k})/xyz$ age sobre uma partícula $P(x, y, z)$ que se move no espaço. (a) Usando a relação deduzida no Problema 13.79, mostre que essa força é uma força conservativa. (b) Determine a função potencial associada a $\mathbf{F}$.

*13.81 Uma força $\mathbf{F}$ age sobre uma partícula $P(x, y)$ que se move no plano xy. Determine se a força $\mathbf{F}$ é uma força conservativa e calcule o trabalho de $\mathbf{F}$ quando P descreve a trajetória $ABCA$ sabendo que (a) $\mathbf{F} = (kx + y)\mathbf{i}, + (kx + y)\mathbf{j}$, (b) $\mathbf{F} = (kx + y)\mathbf{i} + (x + ky)\mathbf{j}$.

*13.82 A função potencial associada com a força $\mathbf{P}$ no espaço é conhecida por ser $V(x, y, z) = -(x^2 + y^2 + z^2)^{1/2}$. (a) Determine os componentes x, y e z de $\mathbf{P}$. (b) Calcule o trabalho realizado por $\mathbf{P}$ de O para D por integração ao longo da trajetória $OABD$ e mostre que este valor é igual ao negativo da variação no potencial de O a D.

*13.83 (a) Calcule o trabalho realizado de D a O pela força $\mathbf{P}$ do Problema 13.82 por integração ao longo da diagonal do cubo. (b) Usando o resultado obtido na resposta da parte b do Problema 13.82, verifique que o trabalho realizado pela força conservativa ao longo da trajetória fechada $OABDO$ é zero.

*13.84 A força $\mathbf{F} = (x\mathbf{i} + y\mathbf{j} + z\mathbf{k})/(x^2 + y^2 + z^2)^{3/2}$ age sobre uma partícula $P(x, y, z)$ que se move no espaço. (a) Usando a relação deduzida no Problema 13.79, prove que $\mathbf{F}$ é uma força conservativa. (b) Determine a função potencial $V(x, y, z)$ associada a $\mathbf{F}$.

13.85 (a) Determine a energia cinética por unidade de massa que um míssil deve ter depois de ser lançado da superfície da Terra se quiser alcançar uma distância infinita da Terra. (b) Qual é a velocidade inicial do míssil (chamada *velocidade de escape*)? Dê suas respostas em unidades SI e mostre que a resposta à parte b é independente do ângulo de lançamento.

13.86 Um satélite descreve uma órbita elíptica de altitude mínima 606 km acima da superfície da Terra. Os semieixos maior e menor são 17.440 km e 13.950 km, respectivamente. Sabendo que a velocidade do satélite no ponto C é 4,78 km/s, determine (a) a velocidade no ponto A, o perigeu, (b) a velocidade no ponto B, o apogeu.

13.87 Enquanto descreve uma órbita circular a 300 km acima da Terra, um veículo espacial lança um satélite de comunicação de 3.600 kg. Determine (a) a energia adicional necessária para pôr o satélite em uma órbita geoestacionária a uma altitude de 35.770 km acima da superfície da Terra, (b) a energia necessária para pôr o satélite na mesma órbita lançando-o da superfície da Terra, excluindo a energia necessária para vencer a resistência do ar. (Uma *órbita geoestacionária* é uma órbita circular em que o satélite parece estacionário em relação ao solo.)

13.88 Quanta energia por quilograma deve ser fornecida a um satélite a fim de colocá-lo em uma órbita circular a uma altitude de (a) 600 km, (b) 6.000 km?

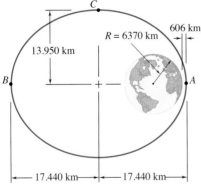

Figura P13.86

13.89 Sabendo que a velocidade de uma sonda espacial experimental lançada da Terra tem intensidade $v_A = 32,5$ Mm/h no ponto A, determine a velocidade da sonda quando ela passar pelo ponto B.

13.90 Uma espaçonave descreve uma órbita circular a uma altitude de 1.500 km acima da superfície da Terra. Ao passar pelo ponto A, sua velocidade é reduzida em 40% e ela entra em uma trajetória de impacto elíptica com o apogeu no ponto A. Desprezando a resistência do ar, determine a velocidade da espaçonave quando atingir a superfície terrestre no ponto B.

13.91 Observações mostram que um corpo celeste que viaja a 2×10^6 km/h parece estar descrevendo um círculo em torno do ponto B de raio igual a 60 anos-luz. Suspeita-se que o ponto B seja uma concentração de massa muito densa conhecida como buraco negro. Determine a razão M_B/M_S entre a massa de B e a massa do Sol. (A massa do Sol é 330.000 vezes a massa da Terra e um ano-luz é a distância percorrida pela luz em um ano à velocidade de 3×10^5 km/s.)

13.92 (a) Fazendo $r = R + y$ no membro à direita da Eq.(13.17') e expandindo-o em uma série de potências de y/R, mostre que a expressão na Eq. (13.16) para a energia potencial V_g devido à gravidade é uma aproximação de primeira ordem para a expressão dada na Eq. (13.17'). (b) Usando a mesma expansão, deduza uma aproximação de segunda ordem para V_g.

13.93 Um colar A de 3 kg está preso a uma mola de constante 1.200 N/m e comprimento indeformado igual a 0,5 m. O sistema é posto em movimento com $r = 0,3$ m, $v_\theta = 2$ m/s e $v_r = 0$. Desprezando a massa da barra e o efeito de atrito, determine os componentes radial e transversal da velocidade do colar quando $r = 0,6$ m.

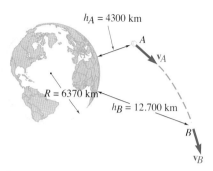

Figura P13.89

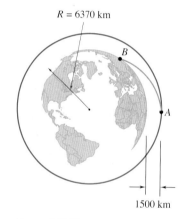

Figura P13.90

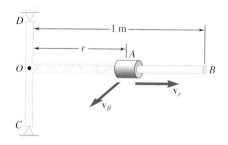

Figura P13.93 e P13.94

13.94 Um colar A de 3 kg está preso a uma mola de constante 1.200 N/m e comprimento indeformado igual a 0,5 m. O sistema é posto em movimento com $r = 0,3$ m, $v_\theta = 2$ m/s e $v_r = 0$. Desprezando a massa da barra e o efeito de atrito, determine (a) a distância máxima entre a origem e o colar, (b) a velocidade correspondente. (*Dica*: Resolva por tentativa e erro a equação obtida para r.)

13.95 Um colar A de 1,8 kg e um colar B de 0,7 kg podem deslizar sem atrito sobre uma estrutura que consiste da barra horizontal OE e da barra vertical CD, livre para girar em torno de CD. Os dois colares estão conectados por uma corda que passa por uma roldana presa à estrutura em O. No instante mostrado na figura, a velocidade $\mathbf{v}_A$ do colar A tem intensidade 2,1 m/s e uma trava impede o movimento do colar B. Se a trava for removida subitamente, determine (a) a velocidade do colar A quando ele estiver a 0,2 m de O, (b) a velocidade do colar A quando o colar B chegar ao repouso. (Considere que o colar B não atinge O, que o colar A não sai da barra OE, e que a massa da estrutura é desprezível.)

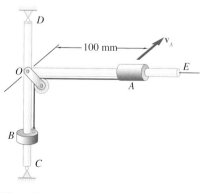

Figura P13.95

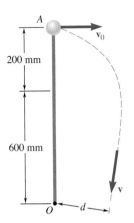

Figura P13.96 e P13.97

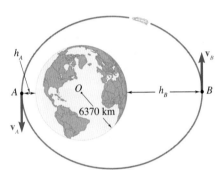

Figura P13.100

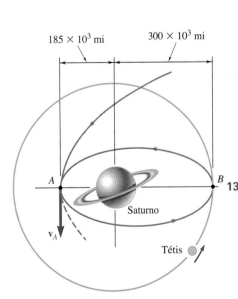

Figura P13.102

13.96 Uma bola de 0,7 kg que pode deslizar sobre uma superfície *horizontal* sem atrito está ligada a um ponto fixo O por meio de uma corda elástica de constante $k = 150$ N/m e comprimento indeformado de 600 mm. A bola é colocada no ponto A, a 800 mm de O, e dada uma velocidade inicial $\mathbf{v}_0$ perpendicular a OA. Determine (*a*) o menor valor admissível da velocidade inicial v_0 se a corda não se tornar frouxa, (*b*) a distância d mais próxima que a bola chegará do ponto O se for dada metade da velocidade inicial encontrada na parte *a*.

13.97 Uma bola de 0,7 kg que pode deslizar sobre uma superfície *horizontal* sem atrito está ligada a um ponto fixo O por meio de uma corda elástica de constante $k = 150$ N/m e comprimento indeformado de 600 mm. A bola é colocada no ponto A, a 800 mm de O, e dada uma velocidade inicial $\mathbf{v}_0$ perpendicular a OA, permitindo que a bola chegue a uma distância $d = 270$ mm do ponto O depois que a corda se torna frouxa. Determine (*a*) a velocidade inicial v_0 da bola, (*b*) a sua velocidade máxima.

13.98 Usando os princípios de conservação da energia e da quantidade de movimento angular, resolva o item *a* do Problema Resolvido 12.14.

13.99 Resolva o Problema Resolvido 13.11, considerando que a corda elástica é substituída por uma força central $\mathbf{F}$ de intensidade de $(80/r^2)$ voltada para O.

13.100 Uma espaçonave descreve uma órbita elíptica de altitude mínima $h_A = 2.400$ km e altitude máxima $h_B = 9.600$ km acima da superfície da Terra. Determine a velocidade da espaçonave em A.

13.101 Ao descrever uma órbita circular 300 km acima da superfície da Terra, um ônibus espacial ejeta no ponto A um foguete de dois estágios de combustível sólido (IUS) que transporta um satélite de comunicações para ser colocado em uma órbita geoestacionária (ver Problema 13.87) a uma altitude de 36.000 km acima da superfície da Terra. Determine (*a*) a velocidade do IUS em relação ao ônibus espacial após o seu motor ter sido acionado em A, (*b*) o aumento de velocidade necessário em B para colocar o satélite em sua órbita final.

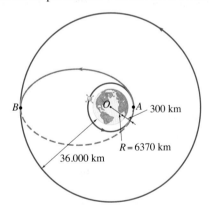

Figura P13.101

13.102 Uma espaçonave aproxima-se do planeta Saturno, atingindo o ponto A com uma velocidade $\mathbf{v}_A$ de intensidade de 20×10^3 m/s. Ela é posta em uma órbita elíptica em torno de Saturno, de modo que estará apta a examinar periodicamente Tétis, uma das luas de Saturno. Tétis está em uma órbita circular de raio 300×10^3 km em torno do centro de Saturno, viajando a uma velocidade de $11,1 \times 10^3$ m/s. Determine (*a*) o decréscimo de velocidade da espaçonave em A necessário para que ela atinja a órbita desejada, (*b*) a velocidade da espaçonave quando ela alcançar a órbita de Tétis em B.

13.103 Uma espaçonave navega ao longo de uma trajetória parabólica em direção ao planeta Júpiter, e a expectativa é de que atinja o ponto A com uma velocidade $\mathbf{v}_A$ de intensidade 26,9 km/s. Seus motores serão, então, acionados para desacelerá-la, colocando-a em uma órbita elíptica que a levará para até 100×10^3 km de Júpiter. Determine o decréscimo de velocidade Δv no ponto A que colocará a espaçonave na órbita requerida. A massa de Júpiter é 319 vezes a massa da Terra.

13.104 Como uma primeira aproximação para a análise de um voo espacial da Terra para Marte, considere que as órbitas da Terra e de Marte são circulares e coplanares. As distâncias médias do Sol à Terra e a Marte são $149,6 \times 10^6$ km e $227,8 \times 10^6$ km, respectivamente. Para colocar a espaçonave em uma órbita de transferência elíptica no ponto A, sua velocidade é aumentada ao longo de um curto intervalo de tempo até v_A, que é mais rápida que a velocidade orbital da Terra. Quando a espaçonave alcança o ponto B na órbita de transferência elíptica, sua velocidade v_B é aumentada para a velocidade orbital de Marte. Sabendo que a massa do Sol é $332,8 \times 10^3$ vezes a massa da Terra, determine o aumento da velocidade necessária (a) em A, (b) em B.

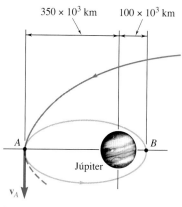

Figura P13.103

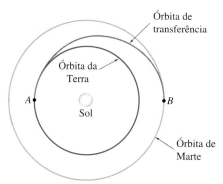

Figura *P13.104*

13.105 A melhor maneira de transferir um veículo espacial de uma órbita circular mais interna para uma órbita coplanar mais externa é acionando seus motores quando ele passar por A, a fim de aumentar sua velocidade e colocá-lo em uma órbita elíptica de transferência. Outro aumento de velocidade quando ele passar por B irá colocá-lo na órbita circular desejada. Para um veículo em uma órbita circular em torno da Terra a uma altitude $h_1 = 200$ mi que deve ser transferido para uma órbita circular a uma altitude $h_2 = 500$ mi, determine (a) o aumento de velocidade requerido em A e B, (b) a energia total por unidade de massa necessária para executar a transferência.

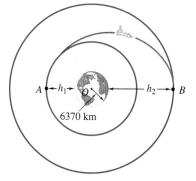

Figura *P13.105*

13.106 Durante um sobrevoo na Terra, a velocidade de uma espaçonave é de 10,4 km/s quando atinge a sua altitude mínima de 990 km acima da superfície no ponto A. No ponto B, observa-se que a espaçonave tem uma altitude de 8350 km. Determine (a) a intensidade da velocidade no ponto B, (b) o ângulo ϕ_B.

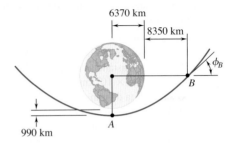

Figura P13.106

13.107 Uma plataforma espacial encontra-se em uma órbita circular ao redor da Terra a uma altitude de 300 km. Quando a plataforma passa por A, um foguete carregando um satélite de comunicação é lançado da plataforma com uma velocidade relativa de intensidade de 3,44 km/s em uma direção tangente à órbita da plataforma. A intenção era colocar o foguete em uma órbita de transferência elíptica, levando-o ao ponto B, onde o foguete seria novamente acionado a fim de pôr o satélite em uma órbita geoestacionária de raio de 42.140 km. Após o lançamento, descobriu-se que a velocidade relativa fornecida ao foguete havia sido grande demais. Determine o ângulo γ no qual o foguete cruzará a órbita pretendida no ponto C.

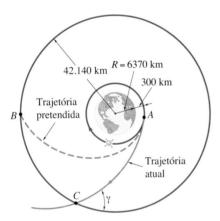

Figura P13.107

13.108 Um satélite é lançado ao espaço com uma velocidade $\mathbf{v}_0$ a uma distância r_0 do centro da Terra pelo último estágio de seu foguete lançador. A velocidade $\mathbf{v}_0$ foi calculada para enviar o satélite para uma órbita circular de raio r_0. Entretanto, devido a uma falha de controle, o satélite não é lançado horizontalmente, mas a um ângulo α com a horizontal e, como resultado, é propulsionado para uma órbita elíptica. Determine os valores máximo e mínimo da distância entre o centro da Terra e o satélite.

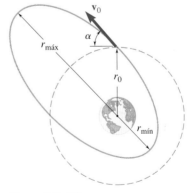

Figura P13.108

13.109 Um veículo espacial está indo de encontro a um laboratório em órbita que circula a Terra a uma altitude constante de 360 km. O veículo atinge uma altitude de 60 km quando seu motor é desligado e sua velocidade $\mathbf{v}_0$ forma um ângulo $\phi_0 = 50°$ com a vertical OB naquele momento. Que intensidade $\mathbf{v}_0$ deve ter se a trajetória do veículo for tangente à órbita do laboratório em A?

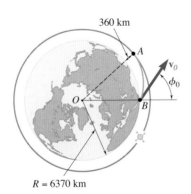

Figura P13.109

13.110 Um veículo espacial encontra-se em uma órbita circular a uma altitude de 360 km acima da Terra. Para retornar à Terra, ele diminui sua velocidade quando passa por A, acionando seu motor por um curto intervalo de tempo em sentido oposto ao de seu movimento. Sabendo que a velocidade do veículo espacial deve formar um ângulo $\phi_B = 60°$ com a vertical quando ele atingir o ponto B a uma altitude de 60 km, determine (*a*) a velocidade necessária para que o veículo deixe sua órbita circular em A, (*b*) sua velocidade no ponto B.

*13.111 No Problema 13.110, a velocidade do veículo espacial foi diminuída quando ele passava por A acionando seu motor em um sentido oposto ao do movimento. Uma estratégia alternativa para tirar o veículo espacial de sua órbita circular seria girá-lo de modo que o motor apontasse para longe da Terra e, então, fornecer uma velocidade incremental $\Delta \mathbf{v}_A$ em direção ao centro O da Terra. Isso provavelmente exigiria um menor consumo de energia para acionar o motor em A, mas poderia resultar em uma descida muito rápida para B. Considerando o uso dessa estratégia com apenas 50% do consumo de energia do Problema 13.110, determine os valores resultantes de ϕ_B e v_B.

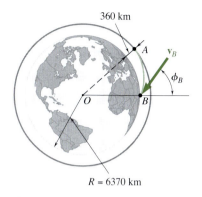

Figura P13.110

13.112 Mostre que os valores v_A e v_P da velocidade de um satélite da Terra no apogeu A e no perigeu P de uma órbita elíptica estão definidos pelas relações

$$v_A^2 = \frac{2GM}{r_A + r_P} \frac{r_P}{r_A} \qquad v_P^2 = \frac{2GM}{r_A + r_P} \frac{r_A}{r_P}$$

onde M é a massa da Terra e r_A e r_P representam, respectivamente, as distâncias máxima e mínima da órbita ao centro da Terra.

13.113 Mostre que a energia total E de um satélite da Terra de massa m que descreve uma órbita elíptica é $E = -GMm/(r_A + r_P)$, onde M é a massa da Terra e r_A e r_P representam, respectivamente, as distâncias máxima e mínima da órbita ao centro da Terra. (Considere que a energia potencial gravitacional de um satélite foi definida de modo a se anular a uma distância infinita da Terra.)

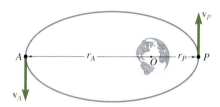

Figura P13.112 e P13.113

*13.114 Uma sonda espacial descreve uma órbita circular de raio nR com velocidade $\mathbf{v}_0$ em torno de um planeta de raio R e centro O. Mostre que (*a*) para que a sonda espacial deixe sua órbita e atinja o planeta com um ângulo θ com a vertical, sua velocidade deve ser reduzida a $\alpha \mathbf{v}_0$, onde

$$\alpha = \text{sen } \theta \sqrt{\frac{2(n-1)}{n^2 - \text{sen}^2\, \theta}}$$

(*b*) a sonda não atingirá o planeta se α for maior que $\sqrt{2/(1+n)}$.

13.115 Um míssil é lançado do chão com uma velocidade inicial $\mathbf{v}_0$ que faz um ângulo ϕ_0 com a vertical. Se o míssil tiver que alcançar uma altitude máxima igual a αR, onde R é o raio da Terra, (*a*) mostre que o ângulo requerido ϕ_0 está definido pela relação

$$\text{sen } \phi_0 = (1 + \alpha) \sqrt{1 - \frac{\alpha}{1+\alpha}\left(\frac{v_{\text{esc}}}{v_0}\right)^2}$$

onde v_{esc} é a velocidade de escape, (*b*) determine o intervalo de valores admissíveis para v_0.

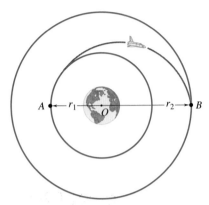

Figura **P13.116**

13.116 Uma espaçonave de massa m descreve uma órbita circular de raio r_1 ao redor da Terra. (a) Mostre que a energia adicional ΔE, que deve ser fornecida à espaçonave para transferi-la a uma órbita circular de raio maior r_2, é

$$\Delta E = \frac{GMm(r_2 - r_1)}{2r_1 r_2}$$

onde M é a massa da Terra. (b) Mostre ainda que se a transferência de uma órbita circular para outra é executada colocando-se a espaçonave em uma trajetória de transição semielíptica AB, as quantidades de energia ΔE_A e ΔE_B que devem ser fornecidas em A e B são, respectivamente, proporcionais a r_2 e r_1:

$$\Delta E_A = \frac{r_2}{r_1 + r_2}\Delta E \qquad \Delta E_B = \frac{r_1}{r_1 + r_2}\Delta E$$

*13.117 Usando as respostas obtidas no Problema 13.108, mostre que a órbita circular pretendida e a órbita elíptica resultante interceptam-se nas extremidades do eixo menor da órbita elíptica.

*13.118 (a) Expresse em termos de $r_{mín}$ e $v_{máx}$ a quantidade de movimento angular por unidade de massa h e a energia total por unidade de massa, E/m, do veículo espacial movendo sob a atração de um planeta de massa M (Fig. 13.15). (b) Eliminando $v_{máx}$ na equação, derive a fórmula

$$\frac{1}{r_{mín}} = \frac{GM}{h^2}\left[1 + \sqrt{1 + \frac{2E}{m}\left(\frac{h}{GM}\right)^2}\right]$$

(c) Mostre que a excentricidade ε da trajetória do veículo pode ser expressa como

$$\varepsilon = \sqrt{1 + \frac{2E}{m}\left(\frac{h}{GM}\right)^2}$$

(d) Mostre ainda que a trajetória do veículo é uma hipérbole, uma elipse ou uma parábola, dependendo se E é positivo, negativo ou zero.

13.3 Impulso e quantidade de movimento

Um terceiro método básico para a solução de problemas que tratam do movimento de partículas será considerado agora. Esse método baseia-se no princípio de impulso e quantidade de movimento e pode ser usado para resolver problemas que envolvem força, massa, velocidade e tempo. Ele é de particular interesse para a solução de problemas que incluem movimento impulsivo e impacto (Seções 13.3B e 13.4).

13.3A Princípio de impulso e quantidade de movimento

Considere uma partícula de massa m sujeita a uma força $\mathbf{F}$. Como vimos na Seção 12.1B, a segunda lei de Newton pode ser expressa na forma

$$\mathbf{F} = \frac{d}{dt}(m\mathbf{v}) \qquad (13.27)$$

onde $m\mathbf{v}$ é a quantidade de movimento linear da partícula. Multiplicando ambos os membros da Eq. (13.27) por dt e integrando a partir de um tempo t_1 até um tempo t_2 escrevemos

$$\mathbf{F}\,dt = d(m\mathbf{v})$$

$$\int_{t_1}^{t_2} \mathbf{F}\,dt = m\mathbf{v}_2 - m\mathbf{v}_1$$

Movendo $m\mathbf{v}_1$ para o lado esquerdo desta equação, temos

$$m\mathbf{v}_1 + \int_{t_1}^{t_2} \mathbf{F}\,dt = m\mathbf{v}_2 \qquad (13.28)$$

A integral na Eq. (13.28) é um vetor conhecido como **impulso linear**, ou simplesmente **impulso**, da força $\mathbf{F}$ durante o intervalo de tempo considerado. Decompondo $\mathbf{F}$ em componentes retangulares, escrevemos

$$\mathbf{Imp}_{1\to 2} = \int_{t_1}^{t_2} \mathbf{F}\,dt$$

$$= \mathbf{i}\int_{t_1}^{t_2} F_x\,dt + \mathbf{j}\int_{t_1}^{t_2} F_y\,dt + \mathbf{k}\int_{t_1}^{t_2} F_z\,dt \qquad (13.29)$$

Notamos que os componentes do impulso da força $\mathbf{F}$ são, respectivamente, iguais às áreas sob as curvas obtidas plotando os componentes F_x, F_y e F_z em função de t (Fig. 13.16). No caso de uma força $\mathbf{F}$ de intensidade e sentido constantes, o impulso é representado pelo vetor $\mathbf{F}(t_2 - t_1)$, que tem o mesmo sentido de $\mathbf{F}$.

Em unidades do SI, a intensidade do impulso de uma força é expressa em N·s. Mas, relembrando a definição de Newton, temos

$$\text{N·s} = (\text{kg·m/s}^2)\cdot\text{s} = \text{kg·m/s}$$

que é a unidade obtida na Seção 12.1C para a quantidade de movimento linear de uma partícula. Logo, verificamos que a Eq. (13.28) é dimensionalmente correta.

Foto 13.4 Este teste de impacto entre um F-4 Phantom e um alvo rígido reforçado foi para determinar a força de impacto em função do tempo.

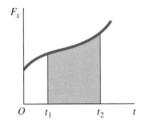

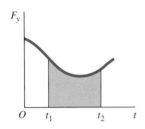

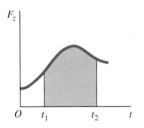

Figura 13.16 Componentes do impulso de uma força **F** a partir dos tempos t_1 a t_2.

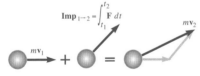

Figura 13.17 Diagrama de impulso e quantidade de movimento. Quantidade de movimento inicial mais impulso de uma força **F** é igual a quantidade de movimento final.

A Eq. (13.28) expressa que, quando uma partícula está sujeita a uma força **F** durante um dado intervalo de tempo, **a quantidade de movimento final $m\mathbf{v}_2$ da partícula pode ser obtida adicionando-se vetorialmente sua quantidade de movimento inicial $m\mathbf{v}_1$ e o impulso da força F durante o intervalo de tempo considerado**. Isso pode ser expresso como

Princípio de impulso e quantidade de movimento

$$m\mathbf{v}_1 + \mathbf{Imp}_{1 \to 2} = m\mathbf{v}_2 \qquad (13.30)$$

A Figura 13.17 é uma representação pictórica desse princípio e é chamada de *diagrama de impulso e quantidade de movimento*. Para obter uma solução analítica, é necessário, então, substituir a Eq. (13.30) pelas equações componentes correspondentes. Observamos que, enquanto a energia cinética e o trabalho são grandezas escalares, a quantidade de movimento e o impulso são grandezas vetoriais.

$$(mv_x)_1 + \int_{t_1}^{t_2} F_x \, dt = (mv_x)_2$$

$$(mv_y)_1 + \int_{t_1}^{t_2} F_y \, dt = (mv_y)_2 \qquad (13.31)$$

$$(mv_z)_1 + \int_{t_1}^{t_2} F_z \, dt = (mv_z)_2$$

Quando diversas forças agem sobre uma partícula, o impulso de cada uma das forças deve ser considerado. Escrevemos então

$$m\mathbf{v}_1 + \Sigma\mathbf{Imp}_{1 \to 2} = m\mathbf{v}_2 \qquad (13.32)$$

Novamente, a equação obtida representa uma relação entre grandezas vetoriais; na solução real de um problema, ela deve ser substituída pelas equações componentes correspondentes.

Quando um problema envolve duas ou mais partículas, cada partícula pode ser considerada separadamente, e a Eq. (13.32) pode ser escrita para cada partícula. Podemos também somar vetorialmente as quantidades de movimento de todas as partículas e os impulsos de todas as forças envolvidas. Escrevemos, então

$$\Sigma m\mathbf{v}_1 + \Sigma\mathbf{Imp}_{1 \to 2} = \Sigma m\mathbf{v}_2 \qquad (13.33)$$

Como as forças de ação e reação exercidas pelas partículas entre si formam pares de forças iguais e opostas, e como o intervalo de tempo de t_1 a t_2 é comum a todas as forças envolvidas, os impulsos das forças de ação e reação se cancelam, e apenas os impulsos das forças externas precisam ser considerados.*

---

*Devemos observar a diferença entre essa afirmação e a afirmação correspondente feita na Seção 13.1C com respeito ao trabalho das forças de ação e reação entre diversas partículas. Enquanto a soma dos impulsos dessas forças é sempre nula, a soma de seus trabalhos é nula apenas sob condições especiais, por exemplo, quando os vários corpos envolvidos estiverem conectados por cordas ou vínculos inextensíveis de modo a estarem obrigados a se mover por distâncias iguais.

Capítulo 13   Cinemática de partículas: métodos de energia e quantidade de movimento   857

Se nenhuma força externa é exercida sobre as partículas, ou, de modo mais geral, se a soma das forças externas é nula, o segundo termo da Eq. (13.33) desaparece e essa equação reduz-se a

Conservação da quantidade de movimento linear

$$\Sigma m\mathbf{v}_1 = \Sigma m\mathbf{v}_2 \qquad (13.34)$$

Para duas partículas A e B, isso é

$$m_A\mathbf{v}_A + m_B\mathbf{v}_B = m_A\mathbf{v}'_A + m_B\mathbf{v}'_B \qquad (13.34')$$

onde $\mathbf{v}'_A$ e $\mathbf{v}'_B$ representam as velocidades dos corpos no segundo intervalo. Essa equação expressa que **a quantidade de movimento total das partículas se conserva**. Considere, por exemplo, dois barcos de massas m_A e m_B, inicialmente em repouso, sendo puxados juntos (Fig. 13.18). Se a resistência da água for desprezada, as únicas forças externas que agem sobre os barcos são seus pesos e as forças de empuxo exercidas sobre eles. Como essas forças estão contrabalançadas, escrevemos

$$\Sigma m\mathbf{v}_1 = \Sigma m\mathbf{v}_2$$
$$0 = m_A\mathbf{v}'_A + m_B\mathbf{v}'_B$$

onde $\mathbf{v}'_A$ e $\mathbf{v}'_B$ representam as velocidades dos barcos após um intervalo de tempo finito. As equações obtidas indicam que os barcos se movem em sentido oposto (um em direção ao outro) com velocidades inversamente proporcionais a suas massas*.

Figura 13.18   Desprezando a resistência da água, a quantidade de movimento linear é conservada pelos dois barcos que são puxados juntos.

13.3B Movimento impulsivo

Uma força que age sobre uma partícula durante um intervalo de tempo muito curto e que seja grande o suficiente para produzir uma variação de quantidade de movimento é denominada **força impulsiva**. O movimento resultante é denominado **movimento impulsivo**. Por exemplo, quando uma bola de beisebol é golpeada, o contato entre bastão e bola ocorre durante um intervalo de tempo Δt muito curto. Mas o valor médio da força $\mathbf{F}_{méd}$ exercida pelo bastão sobre a

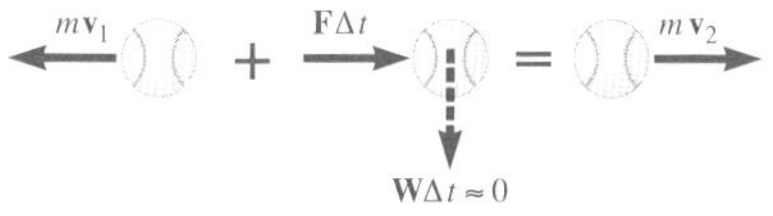

---

*Sinais de igualdade em preto são usados na Figura 13.18 e no restante de todo este capítulo para expressar que dois sistemas de vetores são *equipolentes*, isto é, que eles têm a mesma resultante e o mesmo momento resultante (cf. Seção 3.4B). Sinais de igualdade em preto continuarão a ser usados para indicar que dois sistemas de vetores são *equivalentes*, isto é, que eles têm o mesmo efeito. Este e o conceito de conservação da quantidade de movimento para um sistema de partículas serão discutidos em mais detalhes no Cap. 14.

Figura 13.19   Quando uma força impulsiva (isto é, uma grande força que atua ao longo de um curto período de tempo) atua sobre um sistema, muitas vezes podemos desprezar forças não impulsivas, como peso.

858 Mecânica vetorial para engenheiros: Dinâmica

bola é muito grande, e o impulso resultante $\mathbf{F}_{méd}\,\Delta t$ é grande o bastante para alterar o sentido de movimento da bola (Fig. 13.19).

Quando forças impulsivas agem sobre uma partícula, a Eq. (13.32) torna-se

Princípio de impulso e quantidade de movimento para movimento impulsivo

$$m\mathbf{v}_1 + \Sigma\mathbf{F}_{méd}\,\Delta t = m\mathbf{v}_2 \qquad (13.35)$$

Qualquer força que não seja uma força impulsiva pode ser desprezada, pois o impulso correspondente $\mathbf{F}_{méd}\,\Delta t$ é muito pequeno. As forças não impulsivas incluem o peso do corpo, a força exercida por uma mola ou qualquer outra força conhecida que seja pequena comparada com uma força impulsiva. Reações desconhecidas podem ser ou não impulsivas; logo, seus impulsos devem ser incluídos na Eq. (13.35) enquanto elas não se demonstrarem desprezíveis. O impulso do peso da bola de beisebol considerado anteriormente, por exemplo, pode ser desprezado. Se o movimento do bastão é analisado, o impulso do peso do bastão também pode ser desprezado. Entretanto, os impulsos das reações das mãos do jogador sobre o bastão devem ser incluídos; esses impulsos não serão desprezíveis se a bola for golpeada incorretamente.

Notemos que o método de impulso e quantidade de movimento é particularmente eficaz na análise do movimento impulsivo de uma partícula, pois envolve apenas as velocidades inicial e final da partícula e os impulsos das forças exercidas sobre a partícula. A aplicação direta da segunda lei de Newton, por outro lado, exigiria a determinação das forças como funções do tempo e a integração das equações de movimento sobre o intervalo de tempo Δt.

No caso do movimento impulsivo de diversas partículas, a Eq. (13.33) pode ser usada. Ela se reduz a

$$\Sigma m\mathbf{v}_1 + \Sigma\mathbf{F}_{méd}\,\Delta t = \Sigma m\mathbf{v}_2 \qquad (13.36)$$

onde o segundo termo envolve apenas as forças impulsivas externas. Se todas as forças externas que agem sobre as várias partículas são não impulsivas, o segundo termo da Eq. (13.36) desaparece, e essa equação reduz-se à Eq. (13.34):

$$\Sigma m\mathbf{v}_1 = \Sigma m\mathbf{v}_2 \qquad (13.34)$$

Como anteriormente, para duas partículas, isso se reduz a

$$m_A\mathbf{v}_A + m_B\mathbf{v}_B = m_A\mathbf{v}'_A + m_B\mathbf{v}'_B \qquad (13.34')$$

Em outras palavras, a quantidade de movimento total das partículas se conserva. Essa situação ocorre, por exemplo, quando duas partículas que se movem livremente colidem uma com a outra. Todavia, devemos observar que, embora a quantidade de movimento total das partículas seja conservada, sua energia total geralmente *não* se conserva. Problemas envolvendo a colisão ou *impacto* de duas partículas serão discutidos em detalhe na Seção 13.4.

Capítulo 13   Cinemática de partículas: métodos de energia e quantidade de movimento   859

PROBLEMA RESOLVIDO 13.13

Um automóvel de massa 1.800 kg é conduzido em um declive de 5° a uma velocidade de 100 km/h quando os freios são aplicados, causando uma força de frenagem total constante de 7.000 N (aplicada pela estrada nos pneus). Determine o tempo transcorrido até o automóvel parar.

ESTRATÉGIA Uma vez que são dadas velocidades em dois intervalos diferentes, use o princípio de impulso e quantidade de movimento.

MODELAGEM Escolha o automóvel para ser seu sistema e considere que você pode modelá-lo como uma partícula. O diagrama de impulso e quantidade de movimento para esse sistema é mostrado na Figura 1.

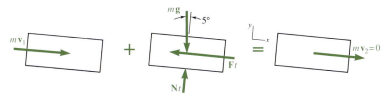

Figura 1 Diagrama de impulso e quantidade de movimento para o carro.

ANÁLISE O princípio geral de impulso e quantidade de movimento é

$$m\mathbf{v}_1 + \Sigma \mathbf{Imp}_{1 \to 2} = m\mathbf{v}_2$$

Essa é uma equação vetorial, e uma vez que a força impulsiva é constante, o impulso é simplesmente igual à força multiplicada pela sua duração de tempo. As equações escalares podem ser obtidas usando a Fig. 1. No sentido para baixo da inclinação, temos

+↘ componentes: $mv_1 + (mg \operatorname{sen} 5°)t - Ft = 0$

$$100 \text{ km/h} = 100 \times \frac{1000 \text{ m}}{1 \text{ km}} \times \frac{1 \text{ h}}{3600 \text{ s}} = 27{,}78 \text{ m/s}$$

$(1800 \text{ kg})(27{,}78 \text{ m/s}) + (1800 \text{ kg})(9{,}81 \text{ m/s}^2) \operatorname{sen} 5°t - (7000 \text{ N})t = 0$

$$t = 9{,}16 \text{ s} \quad \blacktriangleleft$$

PARA REFLETIR Você poderia usar a segunda lei de Newton para resolver este problema. Primeiro, você determinaria a desaceleração do carro, separando as variáveis e integrando $a = dv/dt$ para relacionar velocidade, desaceleração e tempo. Você não poderia usar a conservação da energia para resolver este problema, pois esse princípio não envolve tempo.

PROBLEMA RESOLVIDO 13.14

A fim de determinar o peso de um trem de carga de 40 vagões idênticos, um engenheiro anexa um dinamômetro entre o trem e a locomotiva. O trem começa a partir do repouso, viaja sobre uma pista reta e nivelada e alcança uma velocidade de 45 km/h após três minutos. Durante esse intervalo de tempo, a leitura média do dinamômetro é $1{,}2 \times 10^6$ N. Sabendo que o coeficiente de atrito efetivo no sistema é de 0,03 e que a resistência do ar é desprezível, determine (*a*) o peso do trem (em N), (*b*) a força de acoplamento entre os vagões *A* e *B*.

(*Continua*)

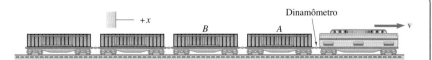

ESTRATÉGIA Este problema poderia ser resolvido usando a segunda lei de Newton e relações cinemáticas, mas uma vez dada as velocidades em dois tempos e solicitado a determinar a força, você também pode usar o impulso e quantidade de movimento.

MODELAGEM Escolha os 40 vagões atrás da locomotiva para ser o sistema. Um diagrama de impulso e quantidade de movimento para esse sistema é mostrado na Fig. 1, onde **F** é a força dinamométrica.

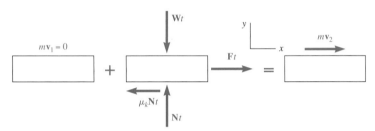

Figura 1 Diagrama de impulso e quantidade de movimento para os 40 vagões.

ANÁLISE Aplicamos o princípio de impulso e quantidade de movimento.

$$m\mathbf{v}_1 + \Sigma\mathbf{Imp}_{1\to 2} = m\mathbf{v}_2$$

Equações escalares podem ser obtidas usando a Fig. 1 e observando as direções x e y.

$+\uparrow$ componentes em y: $\quad Nt - Wt = 0 \quad N = W$
$\xrightarrow{+}$ componentes em x: $\quad 0 + Ft - \mu_k Nt = mv_2$

$$0 + (1{,}2 \times 10^6 \text{ N})(180\text{s}) - 0{,}03(W)(180\text{s})$$
$$= \left(\frac{W}{9{,}81 \text{ m/s}^2}\right)(45 \text{ km/h})\left(\frac{1 \text{ h}}{3600 \text{ s}}\right)\left(\frac{1000 \text{ m}}{1 \text{ km}}\right)$$

Resolvendo para W, podemos obter

$$W = 3{,}299 \times 10^6 \text{ N} = 3{,}30 \times 10^6 \text{ N} \quad \blacktriangleleft$$

Força de acoplamento entre os carros A e B. Você precisa definir um novo sistema onde a força de interesse é uma força externa. Portanto, escolha o carro A como seu sistema e defina F_A como a força de acoplamento entre os carros A e B. O diagrama de impulso e quantidade de movimento para esse sistema é mostrado na Fig. 2.

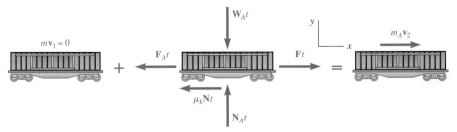

Figura 2 Diagrama de impulso e quantidade de movimento para o carro A.

Capítulo 13 Cinemática de partículas: métodos de energia e quantidade de movimento

Uma vez que todos os carros pesam a mesma quantidade, o peso de A é $W_A = W/40 = 82,475$ N. Aplicando o impulso e quantidade de movimento na direção y, temos $N_A = W_A$. Considerando a direção x,

$\xrightarrow{+}$ componentes em x: $\qquad 0 + Ft - \mu_k N_A t - F_A t = m_A v_2$

Substituindo em números e resolvendo para F_A, temos

$$F_A = 1,197 \times 10^6 \text{ N} \blacktriangleleft$$

PARA REFLETIR Em vez de usar A como seu sistema, você poderia ter escolhido os 39 carros restantes para ser o seu sistema. Neste caso, você encontraria

$$0 - \mu_k N_{39} t + F_A t = m_{39} v_2$$

onde N_{39} e m_{39} são a força normal e massa, respectivamente, para os 39 carros restantes. A resposta, como seria de esperar, é a mesma.

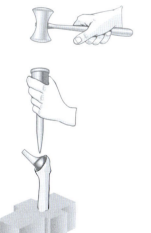

PROBLEMA RESOLVIDO 13.15

Um martelo e um punção são usados por um cirurgião ao inserir uma prótese de quadril. Para entender melhor esse processo, uma prótese instrumentada é inserida em um fêmur fixo replicado. A força de resistência para cima do fêmur replicado na prótese de quadril pode ser desprezível durante o impacto, e a força de impacto do punção pode ser aproximada por meia onda senoidal. Determine a velocidade do implante de 0,3 kg imediatamente após o impacto.

ESTRATÉGIA Como você está relacionando força, tempo e velocidades, você deve usar o princípio de impulso e quantidade de movimento.

MODELAGEM Escolha a prótese para ser o sistema. Um diagrama de impulso e quantidade de movimento para esse sistema é mostrado na Fig. 1. A força de resistência é deixada de fora da Fig. 1, uma vez que é considerada desprezível.

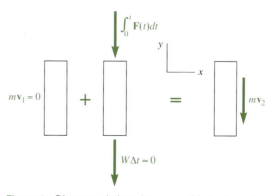

Figura 1 Diagrama de impulso e quantidade de movimento para a prótese.

(*Continua*)

862 Mecânica vetorial para engenheiros: Dinâmica

ANÁLISE Aplicamos o princípio de impulso e quantidade de movimento.

$$m\mathbf{v}_1 + \Sigma\mathbf{Imp}_{1\to 2} = m\mathbf{v}_2$$

Você pode obter equações escalares observando os componentes verticais.

$+\downarrow$ componentes em y: $\qquad\qquad 0 + \int_0^t F(t)dt = mv_2 \qquad\qquad (1)$

onde

$$\int_0^t F(t)dt = \int_0^{0,002} 35.000 \operatorname{sen}\left(\frac{2\pi}{0,004}t\right)dt = -35.000\frac{0,004}{2\pi}\cos\left(\frac{2\pi}{0,004}t\right)_0^{0,002}$$

$$= 45,56 \text{ N·s}$$

Substituindo na Eq. (1) e resolvendo para v_2, temos

$$v_2 = \frac{\displaystyle\int_0^t F(t)dt}{m} = \frac{45,36 \text{ N·s}}{0,3 \text{ kg}}$$

$$v_2 = 148,5 \text{ m/s} \quad \blacktriangleleft$$

PARA REFLETIR Este problema é semelhante ao Problema Resolvido 13.5, no qual o motorista da bate-estaca acerta a estaca, então o martelo e a estaca se movem para baixo e a terra resiste ao movimento. Naquele problema, você analisou o movimento *após* o impacto; neste problema, você está analisando o movimento *durante* o impacto. Na realidade, você precisaria fazer algumas medições experimentais para determinar se a força de resistência realmente é insignificante durante o impacto. Se você soubesse a relação de força do fêmur na prótese, você poderia resolver isso como um problema de duas partes para primeiro achar a velocidade da prótese imediatamente após o impacto usando impulso e quantidade de movimento e, em seguida, determinar até que ponto a prótese se move para baixo no fêmur, usando trabalho e energia.

PROBLEMA RESOLVIDO 13.16

Uma bola de beisebol de 120 g é arremessada com uma velocidade de 24 m/s em direção a um batedor. Depois que a bola é golpeada pelo bastão B, ela passa a ter uma velocidade de 36 m/s na direção mostrada na figura. Se a bola e o bastão ficam em contato por 0,015 s, determine a força impulsiva média exercida sobre a bola durante o impacto.

ESTRATÉGIA Esta situação apresenta um impacto e, portanto, forças impulsivas, então aplique o princípio de impulso e quantidade de movimento à bola.

MODELAGEM Escolha a bola como seu sistema e considere-a como uma partícula. O diagrama de impulso e quantidade de movimento para esse sistema é mostrado na Fig. 1. Como o peso da bola é uma força não impulsiva, ele pode ser desconsiderado.

Capítulo 13 Cinemática de partículas: métodos de energia e quantidade de movimento 863

ANÁLISE Aplicamos o princípio de impulso e quantidade de movimento.

$$m\mathbf{v}_1 + \Sigma\mathbf{Imp}_{1\to 2} = m\mathbf{v}_2$$

Aplicando isso nas direções x e y, temos

$\xrightarrow{+}$ componentes em x: $-mv_1 + F_x \Delta t = mv_2 \cos 40°$

$-(0{,}12 \text{ kg})(24 \text{ m/s}) + F_x (0{,}015 \text{ s}) = (0{,}12 \text{ kg})(36 \text{ m/s})(\cos 40°)$

$$F_x = +412{,}6 \text{ N}$$

$+\uparrow$ componentes em y: $0 + F_y \Delta t = mv_2 \text{ sen } 40°$

$$F_y(0{,}015 \text{ s}) = (0{,}12 \text{ kg})(36 \text{ m/s}) \text{ sen } 40°$$

$$F_y = +185{,}1 \text{ N}$$

A partir dos seus componentes F_x e F_y, podemos determinar a intensidade e a direção da força impulsiva média **F** como

$$\mathbf{F} = 452 \text{ N } \measuredangle 24{,}2° \blacktriangleleft$$

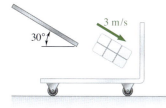

Figura 1 Diagrama de impulso e quantidade de movimento para a bola.

PARA REFLETIR Neste problema, desprezamos o impulso devido ao peso. Isso teria uma intensidade de $(0{,}12 \text{ kg})(9{,}81 \text{ m/s}^2)(0{,}015 \text{ s}) = 0{,}01766$ N·s. De fato, é muito menor do que o impulso exercido sobre a bola pelo bastão, que é $(452 \text{ N})(0{,}015 \text{ s}) = 6{,}78$ N·s.

PROBLEMA RESOLVIDO 13.17

Um pacote de 10 kg cai de uma rampa dentro de um carrinho de 25 kg com uma velocidade de 3 m/s. Sabendo que o carrinho está inicialmente em repouso e que pode rolar livremente, determine (*a*) a velocidade final do carrinho, (*b*) o impulso exercido pelo carrinho sobre o pacote e (*c*) a fração da energia inicial perdida no impacto.

ESTRATÉGIA Uma vez que você tem um impacto e forças impulsivas, use o princípio de impulso e quantidade de movimento.

MODELAGEM Escolha o pacote e o carrinho para ser seu sistema e considere que ambos podem ser tratados como partículas. O diagrama de impulso e quantidade de movimento para esse sistema é mostrado na Fig. 1. Observe que o impulso vertical ocorre entre o carrinho e o solo, pois o carrinho é forçado a mover-se horizontalmente.

ANÁLISE Aplicamos o princípio de impulso e quantidade de movimento.

$$m\mathbf{v}_1 + \Sigma\mathbf{Imp}_{1\to 2} = m\mathbf{v}_2$$

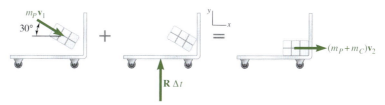

Figura 1 Diagrama de Impulso e quantidade de movimento para o sistema.

(*Continua*)

a. O pacote e o carrinho. Aplicando esse princípio na direção x, temos

$\xrightarrow{+}$ componentes em x: $\quad m_P v_1 \cos 30° + 0 = (m_P + m_C)v_2$
$\quad\quad\quad\quad\quad\quad\quad (10\text{ kg})(3\text{ m/s})\cos 30° = (10\text{ kg} + 25\text{ kg})v_2$

$$\mathbf{v}_2 = 0{,}742 \text{ m/s} \rightarrow \quad \blacktriangleleft$$

Na Fig. 1, a força entre o pacote e o carrinho não é mostrada, pois ela é interna ao sistema definido. Para determinar essa força, você precisa de um novo sistema; ou seja, apenas o pacote por si só. O diagrama de impulso e quantidade de movimento para o pacote é mostrado na Fig. 2.

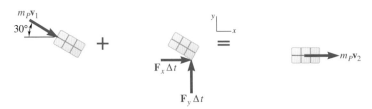

Figura 2 Diagrama de impulso e quantidade de movimento para o pacote.

b. Princípio de impulso e quantidade de movimento: pacote. O pacote se move em ambas as direções x e y, então escrevemos a equação de conservação de quantidade de movimento para cada componente do movimento.

$\xrightarrow{+}$ componentes em x: $\quad\quad\quad -mv_1 + F_x \Delta t = mv_2 \cos 40°$
$\quad\quad (10\text{ kg})(3\text{ m/s})\cos 30° + F_x \Delta t = (10\text{ kg})(0{,}742 \text{ m/s})$
$\quad\quad\quad\quad\quad\quad\quad\quad\quad F_x \Delta t = -18{,}56 \text{ N·s}$

$+\uparrow$ componentes em y: $\quad -m_P v_1 \operatorname{sen} 30° + F_y \Delta t = 0$
$\quad\quad -(10\text{ kg})(3\text{ m/s})\operatorname{sen} 30° + F_y \Delta t = 0$
$\quad\quad\quad\quad\quad\quad\quad\quad F_y \Delta t = +15 \text{ N·s}$

O impulso exercido sobre o pacote é

$$\mathbf{F}\,\Delta t = 23{,}9 \text{ N·s} \measuredangle 38{,}9° \quad \blacktriangleleft$$

c. Fração de energia perdida. As energias inicial e final são

$$T_1 = \tfrac{1}{2}m_P v_1^2 = \tfrac{1}{2}(10\text{ kg})(3\text{ m/s})^2 = 45 \text{ J}$$
$$T_2 = \tfrac{1}{2}(m_P + m_C)v_2^2 = \tfrac{1}{2}(10\text{ kg} + 25\text{ kg})(0{,}742 \text{ m/s})^2 = 9{,}63 \text{ J}$$

A fração de energia perdida é

$$\frac{T_1 - T_2}{T_1} = \frac{45\text{ J} - 9{,}63\text{ J}}{45\text{ J}} = 0{,}786 \blacktriangleleft$$

PARA REFLETIR Exceto no caso puramente teórico de uma colisão "perfeitamente elástica", a energia mecânica nunca é conservada em uma colisão entre dois objetos, mesmo que a quantidade de movimento linear possa ser conservada. Note que, neste problema, a quantidade de movimento foi conservada na direção x, mas não foi conservada na direção y devido ao impulso vertical nas rodas do carrinho. Sempre que você trabalha com um impacto, você precisa usar os métodos de impulso e quantidade de movimento.

METODOLOGIA PARA A RESOLUÇÃO DE PROBLEMAS

Nesta seção integramos a segunda lei de Newton para deduzir o **princípio de impulso e quantidade de movimento** para uma partícula. Relembrando que a *quantidade de movimento linear* de uma partícula foi definida como o produto de sua massa m e de sua velocidade $\mathbf{v}$ [Seção 12.1B], escrevemos

$$m\mathbf{v}_1 + \Sigma\mathbf{Imp}_{1\rightarrow2} = m\mathbf{v}_2 \tag{13.32}$$

Essa equação expressa que a quantidade de movimento linear $m\mathbf{v}_2$ de uma partícula no instante t_2 pode ser obtida adicionando-se à sua quantidade de movimento $m\mathbf{v}_1$ no instante t_1 os **impulsos** das forças exercidas sobre a partícula durante o intervalo de tempo de t_1 a t_2. Para fins de cálculo, as quantidades de movimento e os impulsos podem ser expressos em termos de seus componentes retangulares, e a Eq. (13.32) pode ser substituída pelas equações escalares equivalentes. A unidade de quantidade de movimento e impulso é N · s no SI. Para resolver problemas usando essa equação, você deve seguir os seguintes passos:

1. **Desenhe um diagrama de impulso e quantidade de movimento** mostrando a partícula, suas quantidades de movimento em t_1 e t_2 e os impulsos das forças exercidas sobre a partícula durante o intervalo de tempo de t_1 a t_2.

2. **Calcule o impulso de cada força,** expressando-o em termos de seus componentes retangulares se mais do que uma direção estiver envolvida. Você pode encontrar os seguintes casos:

   a. O intervalo de tempo é finito e a força é constante.

   $$\mathbf{Imp}_{1\rightarrow2} = \mathbf{F}(t_2 - t_1)$$

   b. O intervalo de tempo é finito e a força é uma função de t.

   $$\mathbf{Imp}_{1\rightarrow2} = \int_{t_1}^{t_2} \mathbf{F}(t)\,dt$$

   c. O intervalo de tempo é muito pequeno e a força é muito grande. A força é chamada de **força impulsiva**, e o seu impulso durante o intervalo de tempo $t_2 - t_1 = \Delta t$ é

   $$\mathbf{Imp}_{1\rightarrow2} = \mathbf{F}_{\text{méd}}\,\Delta t$$

Observa-se que esse impulso é nulo para uma força não impulsiva tal como o peso de um corpo, a força exercida por uma mola ou qualquer outra força conhecida que seja pequena em comparação com as forças impulsivas. Reações desconhecidas, porém, *não podem* ser admitidas como não impulsivas, e seus impulsos devem ser levados em conta.

3. **Substitua os valores obtidos para os impulsos na Eq. (13.32)** ou nas equações escalares equivalentes. Você verá que as forças e as velocidades dos problemas desta seção estão contidas em um plano. Logo, você escreverá duas equações escalares e resolverá essas equações para duas incógnitas. Essas incógnitas podem ser um *tempo* [Problema Resolvido 13.13], uma *força* [Problema Resolvido 13.14], uma *velocidade* [Problema Resolvido 13.15], uma *força impulsiva média* [Problema Resolvido 13.16] ou um *impulso* [Problema Resolvido 13.17].

(Continua)

4. Quando diversas partículas estão envolvidas, geralmente é necessário desenhar um diagrama separado para cada partícula, mostrando as quantidades de movimento inicial e final da partícula, bem como os impulsos das forças exercidas sobre a partícula.

a. Entretanto, é usualmente conveniente considerar em primeiro lugar um sistema que inclua todas as partículas. Esse sistema conduz à equação

$$\Sigma m\mathbf{v}_1 + \Sigma \mathbf{Imp}_{1\rightarrow2} = \Sigma m\mathbf{v}_2 \tag{13.33}$$

onde os impulsos de somente forças externas ao sistema precisam ser considerados.

Logo, as duas equações escalares equivalentes não conterão impulsos das forças internas desconhecidas.

b. Se a soma dos impulsos das forças externas for nula, a Eq. (13.33) reduz-se a

$$\Sigma m\mathbf{v}_1 = \Sigma m\mathbf{v}_2 \tag{13.34}$$

ou para duas partículas como

$$m_A\mathbf{v}_A + m_B\mathbf{v}_B = m_A\mathbf{v}'_A + m_B\mathbf{v}'_B \tag{13.34'}$$

o qual expressa que *a quantidade de movimento total das partículas se conserva*. Isso ocorre quando o intervalo de tempo é muito curto e as forças externas são insignificantes em comparação com as forças impulsivas. Todavia, tenha em mente que a quantidade de movimento total pode se conservar em uma direção, mas não necessariamente em outra [Problema Resolvido 13.17].

PROBLEMAS

PERGUNTAS CONCEITUAIS

13.PC4 Um inseto grande atinge o para-brisa dianteiro de um carro esportivo que viaja em uma estrada. Qual das seguintes afirmações é verdadeira durante a colisão?
  a. O carro exerce uma força maior sobre o inseto do que o inseto exerce sobre o carro.
  b. O inseto exerce uma força maior sobre o carro do que o carro exerce sobre o inseto.
  c. O carro exerce uma força maior sobre o inseto, mas o inseto não exerce uma força sobre o carro.
  d. O carro exerce sobre o inseto a mesma força que o inseto exerce sobre o carro.
  e. Nenhum exerce uma força sobre o outro; o inseto é esmagado simplesmente porque fica no caminho do carro.

Caso 1

13.PC5 Os danos esperados associados a dois tipos de colisões de impacto perfeitamente plástico devem ser comparados. No primeiro caso, dois carros idênticos que viajam à mesma velocidade se atingem mutuamente. No segundo caso, o carro atinge uma parede maciça de concreto. Em que caso você esperaria que o carro fosse mais danificado?
  a. Caso 1.
  b. Caso 2.
  c. O mesmo dano em cada caso.

Caso 2
Figura P13.PC5

PROBLEMAS PRÁTICOS DE DIAGRAMA DE IMPULSO E QUANTIDADE DE MOVIMENTO

13.F1 A velocidade inicial do bloco na posição A é 9 m/s. O coeficiente de atrito cinético entre o bloco e o plano é $\mu_k = 0{,}30$. Desenhe o diagrama de impulso e quantidade de movimento que pode ser usado para determinar o tempo que o bloco leva para alcançar B com velocidade zero, se $\theta = 20°$.

13.F2 Um colar de 20 N pode deslizar sobre uma barra vertical sem atrito e está sujeito a uma força **P** cuja intensidade varia como mostrado na figura. Sabendo que o colar está inicialmente em repouso, desenhe o diagrama de impulso e quantidade de movimento que pode ser usado para determinar sua velocidade em $t = 3$ s.

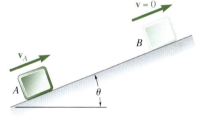
Figura P13.F1

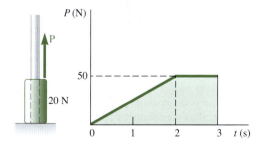
Figura P13.F2

13.F3 Uma mala de viagem A de 15 kg foi apoiada contra uma extremidade de um transportador de bagagem B de 40 kg, e é impedida de deslizar para baixo por outra bagagem. Quando a bagagem é descarregada e a última mala pesada é removida do suporte, a mala de viagem é livre para deslizar para baixo, fazendo com que o transportador de 40 kg se mova para a esquerda com uma velocidade v_B de intensidade 0,8 m/s. Desprezando o atrito, desenhe os diagramas de impulso e quantidade de movimento que podem ser usados para determinar (a) a velocidade de A à medida que rola sobre o transportador, (b) a velocidade do transportador depois que a mala de viagem acerta o lado direito do transportador sem voltar pulando.

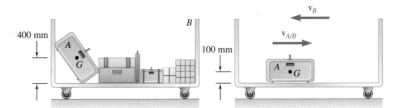

Figura P13.F3

13.F4 O carro A estava viajando para oeste a uma velocidade de 15 m/s e o carro B estava viajando para norte a uma velocidade desconhecida, quando eles colidiram em uma interseção. Pela investigação, soube-se que, após a batida, os dois carros se engataram e derraparam em um ângulo de 50° para nordeste. Sabendo que as massas de A e B são m_A e m_B, respectivamente, desenhe o diagrama de impulso e quantidade de movimento que pode ser usado para determinar a velocidade de B antes do impacto.

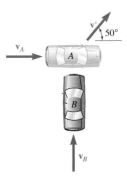

Figura P13.F4

13.F5 Duas esferas idênticas A e B, cada uma com massa m, estão conectadas por uma corda inextensível e não elástica de comprimento L, e em repouso a uma distância a uma da outra sobre uma superfície horizontal sem atrito. A esfera B recebe uma velocidade $\mathbf{v}_0$ em uma direção perpendicular à linha AB e se move sem atrito até atingir a posição B', quando a corda fica tensionada. Desenhe o diagrama de impulso e quantidade de movimento que pode ser usado para determinar a intensidade da velocidade de cada esfera imediatamente após a corda ficar tensionada.

PROBLEMAS DE FINAL DE SEÇÃO

13.119 Um transatlântico de 35.000 Mg tem uma velocidade inicial de 4 km/h. Despreze a resistência ao atrito da água e determine o tempo necessário para trazer o transatlântico para o repouso usando um único rebocador que exerce uma força de 150 kN.

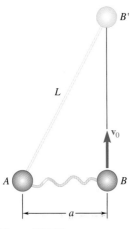

Figura P13.F5

13.120 Um automóvel de 1.200 kg está se movendo a uma velocidade de 90 km/h quando os freios são totalmente aplicados, causando a derrapagem de todas as quatro rodas. Determine o tempo necessário para parar o automóvel (*a*) no pavimento seco ($\mu_k = 0{,}75$), (*b*) na rodovia gelada ($\mu_k = 0{,}10$).

13.121 Um veleiro de 500 kg com seus tripulantes veleja a favor do vento a 12 km/h quando sua vela é içada para aumentar a velocidade do veleiro. Determine a força resultante fornecida pela vela durante o intervalo de 10 s que o veleiro leva para atingir uma velocidade de 18 km/h.

Figura P13.121

13.122 Uma caminhonete está puxando um tronco de 300 kg de uma vala usando um reboque ligado à parte de trás da caminhonete. Sabendo que o guincho aplica uma força constante de 2.500 N e que o coeficiente de atrito cinética entre o solo e o tronco é 0,45, determine o tempo para o tronco atingir uma velocidade de 0,5 m/s.

Figura *P13.122*

13.123 Os coeficientes de atrito entre a carga e o reboque de piso plano mostrado na figura são $\mu_s = 0{,}40$ e $\mu_k = 0{,}35$. Sabendo que velocidade escalar do caminhão é 88 km/h, determine o menor tempo no qual o caminhão pode ser parado se a carga não pode se movimentar.

Figura P13.123

13.124 Rampas de segurança íngremes são construídas ao lado de rodovias montanhosas para permitir que veículos com freios defeituosos consigam parar. Um caminhão de 10.000 kg entra em uma rampa a 15° em alta velocidade $v_0 = 30$ m/s e viaja por 6 s antes de sua velocidade ser reduzida para 10 m/s. Considerando uma desaceleração constante, determine (*a*) a intensidade da força de frenagem, (*b*) o tempo adicional necessário para o caminhão parar. Ignore as resistências do ar e de rolamento.

Figura P13.124

13.125 A bagagem no piso de um vagão-bagageiro de um trem de alta velocidade não está impedida de se movimentar, exceto pelo atrito. O trem está descendo com 5% de inclinação quando diminui a sua velocidade a uma taxa constante de 200 km/h para 90 km/h em um intervalo de tempo de 12 s. Determine o menor valor admissível do coeficiente de atrito estático entre a bagagem e o piso do vagão para que a bagagem não deslize.

13.126 O F-35B de 18.000 kg utiliza o empuxo vetorial para permitir a sua decolagem vertical. Em uma manobra, o piloto atinge o topo de seu plano estático a 200 m. A força combinada de empuxo e de elevação sobre o avião aplicada no final do deslocamento estático pode ser expressa como $\mathbf{F} = (44t + 2.500t^2)\mathbf{i} + (250t^2 + t + 176\,580)\mathbf{j}$, onde $\mathbf{F}$ e t são expressos em newtons e segundos, respectivamente. Determine (a) quanto tempo levará para o avião atingir uma velocidade de cruzeiro de 1.000 km/h (a velocidade de cruzeiro é definida apenas na direção x), (b) a altitude do avião neste momento.

Figura P13.126

13.127 Um caminhão desce uma ladeira com 4% de inclinação a uma velocidade de 80 km/h, quando os freios são aplicados para desacelerá-lo até 30 km/h. Um sistema de freios antiderrapantes limita a força de frenagem a um valor no qual as rodas do caminhão ficam na iminência de deslizar. Sabendo que o coeficiente de atrito estático entre a estrada e as rodas é 0,60, determine o menor tempo necessário para o caminhão reduzir a velocidade.

13.128 Em antecipação a um aclive de 6°, um motorista de ônibus acelera a uma taxa constante de 80 km/h para 100 km/h em 8s enquanto ainda está na seção nivelada da rodovia. Sabendo que a velocidade escalar do ônibus é 100 km/h no início da subida quando $t = 0$ e que o motorista não altera a posição do acelerador nem troca de marcha, determine (a) a velocidade do ônibus quando $t = 10$ s, (b) o tempo quando a velocidade é 60 km/h.

13.129 Um trem leve composto de dois vagões viaja a 72 km/h. O vagão A tem uma massa de 18.000 kg e o vagão B tem uma massa de 13.000 kg. Quando os freios são acionados repentinamente, uma força de frenagem constante de 21,5 kN é aplicada a cada vagão. Determine (a) o tempo necessário para o trem parar após o acionamento dos freios, (b) a força no engate entre os vagões durante a desaceleração do trem.

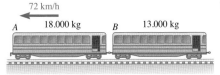

Figura P13.129

13.130 Resolva o Problema 13.129 considerando que a força de frenagem constante de 21,5 kN é aplicada no carro B, mas que os freios não são aplicados no carro A.

13.131 Um caminhão-baú, com um cavalo mecânico de 2.000 kg, um reboque de 4.500 kg e outro de 3.600 kg estão viajando em uma estrada nivelada a 90 km/h. Os freios do reboque traseiro falham e o sistema antiderrapagem do cavalo mecânico e do reboque da frente fornece a maior força possível para evitar que as rodas deslizem. Sabendo que o coeficiente de atrito estático é 0,75, determine (a) o menor tempo necessário para o caminhão parar, (b) a força no engate entre os reboques durante esse tempo. Considere que a força exercida pelo engate em cada um dos dois reboques é horizontal.

Figura P13.131

13.132 O sistema mostrado na figura está em repouso quando uma força constante de 150 N é aplicada no colar B. Desprezando o efeito de atrito, determine (a) o tempo em que a velocidade do colar B será 2,5 m/s para a esquerda, (b) a tração correspondente no cabo.

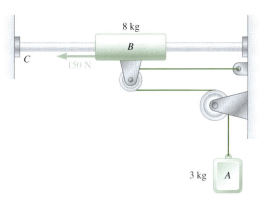

Figura P13.132

13.133 Um cilindro C de 8 kg repousa sobre uma plataforma A de 4 kg sustentada por uma corda que passa sobre as roldanas D e E e é presa a um bloco B de 4 kg. Sabendo que o sistema é liberado do repouso, determine (a) a velocidade do bloco B após 0,8 s, (b) a força exercida pelo cilindro sobre a plataforma.

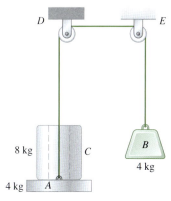

Figura *P13.133*

13.134 Uma estimativa da carga esperada sobre cintos de segurança é feita antes de se desenhar protótipos de cintos que serão avaliados em testes de impacto com automóveis. Considerando que um automóvel que roda a 72 km/h seja parado em 110 ms, determine (a) a força impulsiva média exercida por um homem de 100 kg sobre o cinto e (b) a força máxima F_m exercida sobre o cinto caso o diagrama força-tempo tenha a forma mostrada na figura.

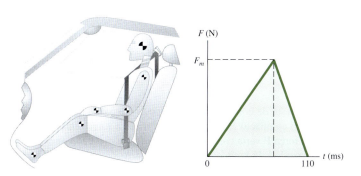

Figura P13.134

13.135 Um modelo de foguete de 60 g é lançado verticalmente. O motor aplica um impulso **P** que varia em intensidade como mostrado na figura. Desprezando a resistência do ar e a mudança de massa do foguete, determine (*a*) a velocidade máxima do foguete à medida que ele sobe, (*b*) o tempo para o foguete atingir sua elevação máxima.

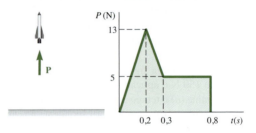

Figura **P13.135**

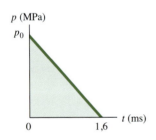

Figura **P13.136**

13.136 Um modelo simplificado baseado em uma linha reta deve ser obtido para a variação de pressão dentro do cano de um rifle de 10 mm de diâmetro durante o disparo de uma bala de 20 g. Sabendo que leva 1,6 ms para a bala percorrer o comprimento do cano e que a velocidade da bala na saída é de 700 m/s, determine o valor de p_0.

13.137 Um teste de colisão é realizado entre um SUV *A* e um carro compacto *B* de 1.200 kg. O carro compacto está parado antes do impacto e tem seus freios aplicados. Um transdutor mede a força durante o impacto, e a força **P** varia como mostrado na figura. Sabendo que os coeficientes de atrito entre os pneus e a estrada são $\mu_s = 0,9$ e $\mu_k = 0,7$, determine (*a*) o tempo em que o carro compacto vai começar a mover-se, (*b*) a velocidade máxima do carro, (*c*) o tempo em que o carro vai parar.

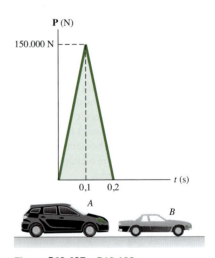

Figura **P13.137** e **P13.138**

13.138 Um teste de colisão é realizado entre um SUV *A* de 2.000 kg e um carro compacto *B*. Um transdutor mede a força durante o impacto, e a força **P** varia como mostrado na figura. Sabendo que o SUV está viajando a 45 km/h quando atinge o carro, determine a velocidade do SUV imediatamente após o impacto.

13.139 Um jogador de beisebol, ao pegar uma bola, pode amortecer o impacto levando sua mão para trás. Considerando que uma bola de 150 g atinge sua luva a 140 km/h e que o jogador puxa sua mão para trás durante o impacto a uma velocidade média de 9 m/s por uma distância de 150 mm, fazendo a bola parar, determine a força impulsiva média exercida sobre a mão do jogador.

Figura P13.139

13.140 Uma bola de golfe de 46 g é golpeada com um taco de golfe e o deixa a uma velocidade de 50 m/s. Consideramos que para $0 \leq t \leq t_0$, onde t_0 é a duração do impacto, a intensidade F da força exercida na bola pode ser expressa como $F = F_m$ sen $(\pi t/t_0)$. Sabendo que $t_0 = 0,5$ ms, determine o máximo valor de F_m da força exercida na bola.

13.141 O salto triplo é uma prova do atletismo em que o atleta faz uma corrida de arrancada e tenta se projetar o mais longe possível com um salto inicial, dois passos e um salto final. A figura mostra o salto inicial do atleta. Considerando que ele se aproxime da linha de salto vindo da esquerda com uma velocidade horizontal de 10 m/s, que permaneça em contato com o solo por 0,18 s e que salte com um ângulo de 50° a uma velocidade de 12 m/s, determine o componente vertical da força impulsiva média exercida pelo solo sobre seu pé. Dê sua resposta em termos do peso W do atleta.

Figura P13.141

13.142 A última parte da prova de salto triplo do atletismo é o salto final, em que o atleta faz o último salto e aterrissa em uma caixa de areia. Considerando que a velocidade de um atleta de 80 kg justamente antes de aterrissar é de 9 m/s a um ângulo de 35° com a horizontal, e que o atleta para por completo em 0,22 s após a aterrissagem, determine o componente horizontal da força impulsiva média exercida sobre seus pés durante a aterrissagem.

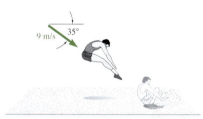

Figura P13.142

13.143 O projeto para uma nova prótese de quadril está sendo estudado usando um instrumento de inserção e um fêmur fixo falso. Considerando que o punção aplica uma força média de 2 kN durante um tempo de 2 ms sobre a prótese de 200 g, determine (*a*) a velocidade da prótese imediatamente depois do impacto, (*b*) a resistência média da prótese para penetração se esta move 1 mm antes de entrar em repouso.

Figura *P13.143*

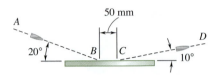

Figura P13.144

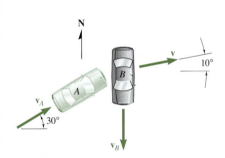

Figura P13.146

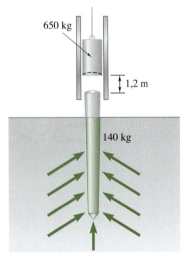

Figura P13.147

13.144 Uma bala de aço revestida de 28 g é disparada horizontalmente com uma velocidade de 650 m/s e ricocheteia em uma placa de aço, seguindo a trajetória CD com velocidade de 500 m/s. Sabendo que a bala deixa um risco de 50 mm na placa e considerando que sua velocidade média é 600 m/s enquanto ela está em contato com a placa, determine a intensidade e direção da força impulsiva média exercida pela placa na bala.

13.145 Um vagão ferroviário de 20 Mg que está se movendo a 4 km/h é acoplado a um vagão ferroviário de 40 Mg que está em repouso com as rodas travadas ($\mu_k = 0{,}30$). Determine (a) a velocidade dos carros depois que o acoplamento for completado, (b) o tempo que os carros levam para ficar em repouso.

Figura P13.145

13.146 Em um cruzamento, o carro B ia para o sul e o carro A viajava 30° para nordeste, quando se envolveram em uma colisão. Pela investigação, soube-se que, após a batida, os dois carros se engataram e derraparam em um ângulo de 10° para nordeste. Cada motorista declarou que dirigia à velocidade limite de 50 km/h e que tentou reduzir a velocidade, mas que não pôde evitar a batida porque o outro motorista vinha muito mais rápido. Sabendo que as massas dos carros A e B eram de 1.500 kg e 1.200 kg, respectivamente, determine (a) qual carro andava mais rápido, (b) a velocidade do carro mais rápido se o carro mais lento se deslocava na velocidade limite.

13.147 Um martelo de 650 kg de um bate-estaca cai de uma altura de 1,2 m sobre o topo de uma estaca de construção de 140 kg, movendo-se 110 mm no chão. Considerando um impacto perfeitamente plástico ($e = 0$), determine a resistência média do chão à penetração.

13.148 Um pequeno rebite que liga dois pedaços de chapa metálica é fixado a marteladas. Determine o impulso exercido sobre o rebite e a energia absorvida pelo rebite a cada golpe, sabendo que a cabeça do martelo tem uma massa de 0,75 kg e que atinge o rebite com uma velocidade de 6 m/s. Suponha que o martelo não ricocheteia e que a bigorna seja sustentada por molas e (a) tenha uma massa infinita (suporte rígido), (b) tenha uma massa de 4,5 kg.

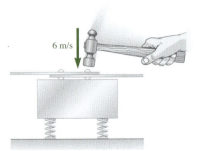

Figura P13.148

13.149 A bala *B* tem massa de 15 g e os blocos *A* e *C* de 2 kg. O coeficiente de atrito entre os blocos e o plano é $\mu_k = 0{,}25$. Inicialmente a bala está se movendo em v_0 e os blocos *A* e *C* estão em repouso (Figura 1). Depois que a bala atravessa *A*, ela penetra em *C* e todos os três objetos param nas posições mostradas na figura (Figura 2). Determine a velocidade inicial v_0 da bala.

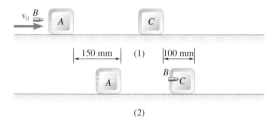

Figura P13.149

13.150 Um homem de 90 kg e uma mulher de 60 kg estão em extremidades opostas de um barco de 150 kg, prontos para mergulhar, cada um com uma velocidade de 5 m/s em relação ao barco. Determine a velocidade do barco após os dois terem mergulhado, se (*a*) a mulher mergulha primeiro, (*b*) o homem mergulha primeiro.

Figura P13.150

13.151 Uma bola de 75 g é projetada a partir de uma altura de 1,6 m com uma velocidade horizontal de 2 m/s e salta em uma placa lisa de 400 g sustentada por molas. Sabendo que a altura do ricochete é 0,6 m, determine (*a*) a velocidade da placa imediatamente após o impacto, (*b*) a energia perdida devido ao impacto.

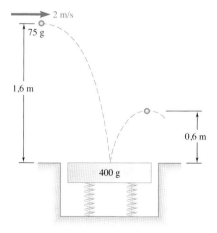

Figura P13.151

13.152 Um pêndulo balístico é usado para medir a velocidade de projéteis de alta velocidade. Uma bala A de 6 g é disparada em um bloco B de madeira de 1 kg suspenso por um cordão com um comprimento de $l = 2,2$ m. O bloco oscila então por um ângulo máximo de $\theta = 60°$. Determine (a) a velocidade inicial v_0 da bala, (b) o impulso transmitido pela bala no bloco, (c) a força sobre o cordão imediatamente após o impacto.

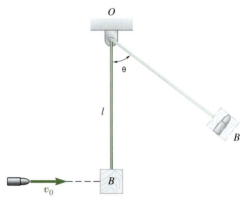

Figura P13.152

13.153 Uma bala de 25 g está viajando com uma velocidade de 425 m/s quando impacta e penetra num bloco de madeira de 2,5 kg. O bloco pode mover-se verticalmente sem atrito. Determine (a) a velocidade da bala e do bloco imediatamente após o impacto, (b) as componentes horizontal e vertical do impulso exercido pelo bloco na bala.

13.154 A fim de testar a resistência ao impacto de uma corrente, ela é suspensa por uma viga rígida de 120 kg apoiada em duas colunas. Uma barra presa no último elo é, então, golpeada por um bloco de 30 kg que cai a uma altura de 1,5 m. Determine o impulso inicial exercido sobre a corrente e a energia absorvida pela corrente, considerando que o bloco não dá rebote na barra e que as colunas de apoio da viga são (a) perfeitamente rígidas, (b) equivalentes a duas molas perfeitamente elásticas.

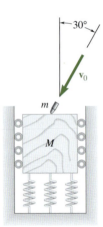

Figura P13.153

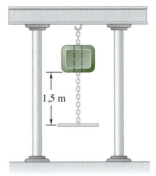

Figura P13.154

13.4 Impacto

Uma colisão entre dois corpos que ocorre em um intervalo de tempo muito pequeno e durante o qual os dois corpos exercem forças relativamente grandes um sobre o outro é denominada **impacto**. A normal comum às superfícies em contato durante o impacto é denominada **linha de impacto**. Se os centros de massa dos dois corpos em colisão estão localizados sobre essa linha, o impacto é chamado de **impacto central**. Caso contrário, o impacto é dito **excêntrico**. Nosso estudo se limitará aqui ao impacto central de duas partículas. A análise do impacto excêntrico de dois corpos rígidos será considerada no Capítulo 17.

Se as velocidades das duas partículas são orientadas ao longo da linha de impacto, o impacto é denominado **impacto direto** (Fig. 13.20a). Se uma ou ambas as partículas se movem ao longo de outra linha que não a linha de impacto, o impacto é denominado **impacto oblíquo** (Fig. 13.20b).

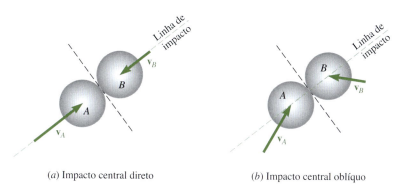

(a) Impacto central direto   (b) Impacto central oblíquo

Figura 13.20 Impacto central pode ser (a) direto ou (b) oblíquo.

13.4A Impacto central direto

Considere duas partículas A e B, de massas m_A e m_B, que se movem na mesma linha reta e à direita com velocidades conhecidas $\mathbf{v}_A$ e $\mathbf{v}_B$ (Fig. 13.21a). Se $\mathbf{v}_A$ é maior que $\mathbf{v}_B$, a partícula A finalmente atingirá a partícula B. Sob o impacto, as duas partículas se **deformarão** e, ao final do período de deformação, elas terão a mesma velocidade $\mathbf{u}$ (Fig. 13.21b). Tem início, então, um período de **restituição**, ao final do qual, dependendo da intensidade das forças de impacto e dos materiais envolvidos, as duas partículas retomarão a sua forma original ou ficarão permanentemente deformadas. Nosso propósito aqui é determinar as velocidades $\mathbf{v}'_A$ e $\mathbf{v}'_B$ das partículas ao final do período de restituição (Fig. 13.21c).

Considerando primeiro as duas partículas como um único sistema, notamos que não há força externa impulsiva. Logo, a quantidade de movimento total das duas partículas se conserva, e escrevemos

$$m_A\mathbf{v}_A + m_B\mathbf{v}_B = m_A\mathbf{v}'_A + m_B\mathbf{v}'_B \qquad (13.34')$$

Como todas as velocidades consideradas estão orientadas ao longo do mesmo eixo, podemos substituir a equação obtida pela seguinte relação envolvendo apenas componentes escalares:

$$m_A v_A + m_B v_B = m_A v'_A + m_B v'_B \qquad (13.37)$$

Um valor positivo para qualquer das grandezas escalares v_A, v_B, v'_A ou v'_B significa que o vetor correspondente é direcionado para a direita; um valor negativo indica que o vetor correspondente é direcionado para a esquerda.

Para obter as velocidades $\mathbf{v}'_A$ e $\mathbf{v}'_B$, é necessário estabelecer uma segunda relação entre os escalares $\mathbf{v}'_A$ e $\mathbf{v}'_B$. Com esse objetivo, consideremos o movi-

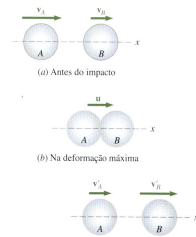

Figura 13.21 Cada impacto tem três etapas: (a) antes do impacto, (b) uma deformação máxima quando as partículas têm a mesma velocidade, e (c) após o impacto.

878 Mecânica vetorial para engenheiros: Dinâmica

mento da partícula A durante o período de deformação e apliquemos o princípio de impulso e quantidade de movimento. Uma vez que a única força impulsiva que age sobre A durante esse período é a força $\mathbf{P}$ exercida por B (Fig. 13.22a), escrevemos, usando de novo componentes escalares,

$$m_A v_A - \int P\, dt = m_A u \tag{13.38}$$

onde a integral se estende sobre o período de deformação. Considerando agora o movimento de A durante o período de restituição, e representando por $\mathbf{R}$ a força exercida por B sobre A durante esse período (Fig.13.22b), escrevemos

$$m_A u - \int R\, dt = m_A v'_A \tag{13.39}$$

onde a integral se estende sobre o período de restituição.

(a) Período de deformação

(b) Período de restituição

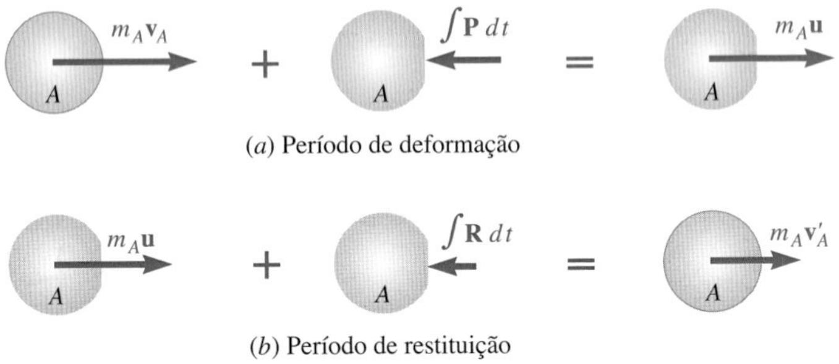

Figura 13.22 Diagrama de impulso e quantidade de movimento para a partícula A durante (a) o período de deformação, (b) o período de restauração.

Em geral, a força $\mathbf{R}$ exercida sobre A durante o período de restituição é diferente da força $\mathbf{P}$ exercida durante o período de deformação, e a intensidade $\int R\, dt$ do seu impulso é menor do que a intensidade $\int P\, dt$ do impulso de $\mathbf{P}$. A razão entre as intensidades dos impulsos correspondentes, respectivamente, ao período de restituição e ao período de deformação é denominada **coeficiente de restituição** e é representada por e. Escrevemos

$$e = \frac{\int R\, dt}{\int P\, dt} \tag{13.40}$$

O valor do coeficiente de restituição e está sempre entre 0 e 1. Ele depende em grande parte dos dois materiais envolvidos, mas também varia significativamente com a velocidade de impacto e com o formato e tamanho dos dois corpos em colisão.

Resolvendo as Eqs.(13.38) e (13.39) para os dois impulsos, e substituindo na Eq. (13.40), obtemos

$$e = \frac{u - v'_A}{v_A - u} \tag{13.41}$$

Uma análise semelhante da partícula B conduz à relação

$$e = \frac{v'_B - u}{u - v_B} \tag{13.42}$$

Como os quocientes em (13.41) e (13.42) são iguais, eles também são iguais ao quociente obtido somando-se, respectivamente, seus numeradores e seus denominadores. Temos, então,

$$e = \frac{(u - v'_A) + (v'_B - u)}{(v_A - u) + (u - v_B)} = \frac{v'_B - v'_A}{v_A - v_B}$$

e

Coeficiente de restituição

$$v'_B - v'_A = e(v_A - v_B) \quad (13.43)$$

Uma vez que $v'_B - v'_A$ representa a velocidade relativa das duas partículas após o impacto e $v_A - v_B$ representa sua velocidade relativa antes do impacto, a Eq. (13.43) expressa que:

A velocidade relativa das duas partículas após o impacto pode ser obtida multiplicando-se sua velocidade relativa antes do impacto pelo coeficiente de restituição.

Foto 13.5 A altura que a bola de tênis quica diminui após cada impacto, pois tem um coeficiente de restituição inferior a um, e a energia é perdida em cada salto.

Essa propriedade é usada para determinar experimentalmente o valor do coeficiente de restituição de dois materiais dados.

As velocidades de duas partículas após o impacto podem agora ser obtidas resolvendo as Eqs. (13.37) e (13.43) simultaneamente para v'_A e v'_B. Relembremos que a dedução das Eqs. (13.37) e (13.43) baseou-se na consideração de que a partícula B está localizada à direita de A e que ambas as partículas estão se movendo inicialmente para a direita. Se a partícula B se move inicialmente para a esquerda, o escalar v_B deve ser considerado negativo. A mesma convenção de sinais vale para as velocidades após o impacto: um sinal positivo para v'_A indicará que a partícula A se move para a direita após o impacto, e um sinal negativo indicará que ela se move para a esquerda.

Dois casos particulares de impacto são de especial interesse:

1. **Impacto perfeitamente plástico**, $e = 0$. Quando $e = 0$, a Eq. (13.43) fornece $v'_B = v'_A$. Não há período de restituição e ambas as partículas ficam juntas após o impacto. Substituindo $v'_B = v'_A = v'$ na Eq. (13.37), que expressa a conservação da quantidade de movimento total das partículas, escrevemos:

$$m_A v_A + m_B v_B = (m_A + m_B)v' \quad (13.44)$$

Essa equação pode ser resolvida para a velocidade comum v' das duas partículas após o impacto.

2. **Impacto perfeitamente elástico**, $e = 1$. Quando $e = 1$, a Eq. (13.43) se reduz a

$$v'_B - v'_A = v_A - v_B \quad (13.45)$$

Essa equação expressa que as velocidades relativas antes e depois do impacto são iguais. Os impulsos recebidos pelas partículas durante o período de deformação e durante o período de restituição são iguais. As velocidades v'_A e v'_B podem ser obtidas resolvendo as Eqs. (13.37) e (13.45) simultaneamente.

Vale a pena notar que, no caso de um **impacto perfeitamente elástico, a energia total das duas partículas se conserva**, bem como sua quantidade de movimento total. As Eqs. (13.37) e (13.45) podem ser escritas como

$$m_A(v_A - v'_A) = m_B(v'_B - v_B) \quad (13.37')$$
$$v_A + v'_A = v_B + v'_B \quad (13.45')$$

Multiplicando (13.37′) e (13.45′) membro a membro, temos

$$m_A(v_A - v'_A)(v_A + v'_A) = m_B(v'_B - v_B)(v'_B + v_B)$$
$$m_A v_A^2 - m_A(v'_A)^2 = m_B(v'_B)^2 - m_B v_B^2$$

Reordenando os termos da equação obtida e multiplicando por 1/2, escrevemos

$$\tfrac{1}{2}m_A v_A^2 + \tfrac{1}{2}m_B v_B^2 = \tfrac{1}{2}m_A(v'_A)^2 + \tfrac{1}{2}m_B(v'_B)^2 \quad (13.46)$$

que expressa que a energia cinética das partículas se conserva.

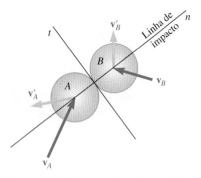

Figura 13.23 Em um impacto central oblíquo, as velocidades das partículas em colisão não são direcionadas ao longo da linha de impacto.

Foto 13.6 Quando uma bola de bilhar atinge outra há uma transferência de quantidade de movimento.

Todavia, deve-se notar que, no **caso geral de impacto**, isto é, quando e é diferente de 1, **a energia total das partículas não se conserva**. Isso pode ser verificado em qualquer caso comparando-se as energias cinéticas antes e depois do impacto. A perda de energia cinética pode ser transformada em outras formas de energia, como calor, som, geração de ondas elásticas dentro dos dois corpos em colisão ou deformação permanente dos corpos.

13.4B Impacto central oblíquo

Consideremos agora o caso em que as velocidades das duas partículas em colisão *não* estão orientadas ao longo da linha de impacto (Fig. 13.23). Conforme indicado anteriormente, o impacto é dito **oblíquo**. Como as velocidades $\mathbf{v}'_A$ e $\mathbf{v}'_B$ das partículas após o impacto são desconhecidas tanto em direção quanto em intensidade, sua determinação requererá o uso de quatro equações independentes.

Escolhemos como eixos de coordenadas o eixo n ao longo da linha de impacto, isto é, ao longo da normal comum às superfícies em contato, e o eixo t ao longo de sua tangente comum. Em casos muito especiais, em que podemos considerar que as partículas são perfeitamente lisas e sem atrito, observamos que os únicos impulsos exercidos sobre as partículas durante o impacto devem-se às forças internas orientadas ao longo da linha de impacto, isto é, ao longo do eixo n (Fig. 13.24). Isto leva aos seguintes resultados:

1. O componente ao longo do eixo t da quantidade de movimento de cada partícula, considerada separadamente, conserva-se; portanto, o componente t da velocidade de cada partícula permanece inalterado. Escrevemos

$$(v_A)_t = (v'_A)_t \qquad (v_B)_t = (v'_B)_t \tag{13.47}$$

2. O componente ao longo do eixo n da quantidade de movimento total das duas partículas é conservado porque os dois impulsos são iguais e opostos um ao outro. Escrevemos

$$m_A(v_A)_n + m_B(v_B)_n = m_A(v'_A)_n + m_B(v'_B)_n \tag{13.48}$$

3. O componente ao longo do eixo n da velocidade relativa das duas partículas após o impacto é obtido multiplicando-se o componente n de sua velocidade relativa antes do impacto pelo coeficiente de restituição. De fato, uma dedução semelhante à dada na Seção 13.4A para o impacto central direto fornece

$$(v'_B)_n - (v'_A)_n = e[(v_A)_n - (v_B)_n] \tag{13.49}$$

Logo, obtivemos quatro equações independentes que podem ser resolvidas para os componentes de velocidade de A e B após o impacto. Esse método de solução está exemplificado no Problema Resolvido 13.20.

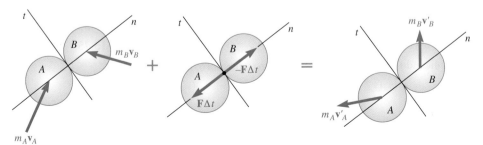

Figura 13.24 Diagrama de impulso e quantidade de movimento para um impacto oblíquo. Ao incluir os impulsos internos como iguais e opostos, você também tem o diagrama de impulso e quantidade de movimento para cada objeto individual (apenas ignore o outro objeto).

Nossa análise do impacto central oblíquo de duas partículas baseou-se até agora na hipótese de que ambas as partículas moviam-se livremente antes e depois do impacto. Examinemos então o caso em que uma ou ambas as partículas em colisão estejam restringidas em seu movimento. Considere, por exemplo, a colisão entre o bloco A, que é obrigado a mover-se sobre uma superfície horizontal, e a bola B, que é livre para mover-se no plano da figura (Fig. 13.25). Considerando que não há atrito entre o bloco e a bola, ou entre o bloco e a superfície horizontal, notamos que os impulsos exercidos sobre o sistema consistem dos impulsos das forças internas $\mathbf{F}$ e $-\mathbf{F}$ orientados ao longo da linha de impacto, isto é, ao longo do eixo n, e do impulso da força externa $\mathbf{F}_{ext}$ exercida pela superfície horizontal sobre o bloco A e orientada ao longo da vertical, como mostrado no diagrama de impulso e quantidade de movimento (Fig. 13.26).

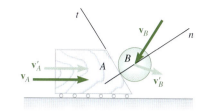

Figura 13.25 Um impacto entre um bloco movendo-se sobre uma superfície horizontal e uma bola movendo-se no plano vertical é chamado de "impacto forçado".

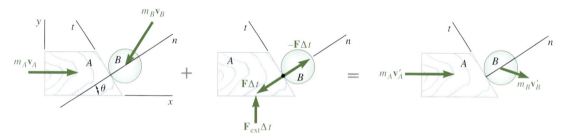

Figura 13.26 Diagrama de impulso e quantidade de movimento para o impacto forçado entre o bloco A e a bola B.

As velocidades do bloco A e da bola B imediatamente após o impacto são representadas por três incógnitas: a intensidade da velocidade v'_A do bloco A, conhecida como horizontal, e a intensidade e direção da velocidade v'_B da bola B. Devemos, portanto, escrever três equações. Fazemos isso usando o diagrama de impulso e quantidade de movimento e observando o seguinte comportamento:

1. O componente ao longo do eixo t da quantidade de movimento da bola B é conservado porque nenhum impulso age na bola na direção t; logo, o componente t da velocidade da bola B permanece inalterado. Escrevemos

$$(v_B)_t = (v'_B)_t \qquad (13.50)$$

2. O componente ao longo do eixo horizontal x da quantidade de movimento total do bloco A e da bola B é conservado porque nenhum impulso externo age na direção x. Escrevemos

$$m_A v_A + m_B (v_B)_x = m_A v'_A + m_B (v'_B)_x \qquad (13.51)$$

3. O componente ao longo do eixo n da velocidade relativa do bloco A e da bola B após o impacto é obtido multiplicando-se o componente n de sua velocidade relativa antes do impacto pelo coeficiente de restituição. Novamente, escrevemos

$$(v'_B)_n - (v'_A)_n = e[(v_A)_n - (v_B)_n] \qquad (13.49)$$

Devemos notar, entretanto, que no caso aqui considerado, a validade da Eq. (13.49) não pode ser estabelecida por mera extensão da dedução apresentada na Seção 13.4A para o impacto central direto de duas partículas movendo-se em linha reta. De fato, essas partículas não estavam sujeitas a nenhum impulso externo, ao passo que o bloco A da presente análise está sujeito ao impulso exercido pela superfície horizontal. Para demonstrar que a Eq. (13.49) ainda é válida, aplicaremos antes o princípio de impulso e quantidade de movimento

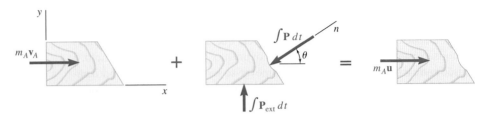

Figura 13.27 Diagrama de impulso e quantidade de movimento para o bloco A.

ao bloco A durante o período de deformação (Fig. 13.27). Considerando apenas os componentes horizontais, escrevemos

$$m_A v_A - (\int P\, dt) \cos \theta = m_A u \tag{13.52}$$

onde a integral estende-se sobre o período de deformação e onde **u** representa a velocidade do bloco A ao final daquele período. Considerando agora o período de restituição, obtemos de modo semelhante

$$m_A u - (\int R\, dt) \cos \theta = m_A v'_A \tag{13.53}$$

onde a integral se estende sobre o período de restituição.

Relembrando da Seção 13.4A a definição do coeficiente de restituição, escrevemos

$$e = \frac{\int R\, dt}{\int P\, dt} \tag{13.40}$$

Resolvendo as Eqs. (13.52) e (13.53) para as integrais $\int P\, dt$ e $\int R\, dt$ e substituindo na Eq. (13.40), obtemos, após reduções,

$$e = \frac{u - v'_A}{v_A - u}$$

ou, multiplicando todas as velocidades por $\cos \theta$ para obter suas projeções sobre a linha de impacto, temos

$$e = \frac{u_n - (v'_A)_n}{(v_A)_n - u_n} \tag{13.54}$$

Observamos que a Eq. (13.54) é idêntica à Eq. (13.41), exceto pelos subscritos n que foram usados aqui para indicar que estamos considerando componentes de velocidade ao longo da linha de impacto. Como o movimento da bola B é irrestrito, a demonstração da Eq. (13.49) pode ser completada da mesma maneira que na dedução da Eq. (13.43). Logo, concluímos que a relação (13.49) entre os componentes ao longo da linha de impacto das velocidades relativas de duas partículas em colisão permanece válida quando uma das partículas é restringida em seu movimento. A validade dessa relação é facilmente estendida ao caso em que ambas as partículas estão restringidas em seu movimento.

13.4C Problemas envolvendo princípios múltiplos

Temos agora à nossa disposição três métodos diferentes para a solução de problemas da cinética.

- A aplicação direta da segunda lei de Newton, $\Sigma \mathbf{F} = m\mathbf{a}$.
- O método de trabalho e energia, $T_1 + V_{g_1} + V_{e_1} + U_{1 \to 2}^{NC} = T_2 + V_{g_2} + V_{e_2}$, onde $U_{1 \to 2}^{NC}$ é o trabalho das forças não conservativas externas, como o atrito.
- O método de impulso e quantidade de movimento, $m\mathbf{v}_1 + \mathbf{Imp}_{1 \to 2} = m\mathbf{v}_2$.

Capítulo 13 Cinemática de partículas: métodos de energia e quantidade de movimento   883

Para tirar o máximo proveito desses três métodos, você deve estar apto a escolher o mais adequado à solução de um dado problema. Você também deve estar preparado para resolver problemas que exigem que você use vários princípios.

Você já observou que o método de trabalho e energia é, em muitos casos, mais rápido que a aplicação direta da segunda lei de Newton. Todavia, conforme indicado na Seção 13.1C, o método de trabalho e energia tem limitações e deve ser frequentemente suplementado pelo uso de $\Sigma \mathbf{F} = m\mathbf{a}$. Esse é o caso, por exemplo, quando você deseja determinar uma aceleração ou uma força normal.

Para a solução de problemas que não envolvam forças impulsivas, usualmente se concluirá que a equação $\Sigma \mathbf{F} = m\mathbf{a}$ fornece uma solução tão rapidamente quanto o método de impulso e quantidade de movimento, e que o método de trabalho e energia, se aplicável, é mais rápido e mais conveniente. Em problemas de impacto, porém, o método de impulso e quantidade de movimento é o único praticável. Uma solução baseada na aplicação direta de $\Sigma \mathbf{F} = m\mathbf{a}$ seria difícil, e o método de trabalho e energia não pode ser usado, pois o impacto (com exceção do perfeitamente elástico) ocasiona uma perda de energia mecânica.

Muitos problemas envolvem apenas forças conservativas, exceto por uma curta fase de impacto durante a qual forças impulsivas atuam. A resolução de tais problemas pode ser dividida em várias partes. A parte correspondente à fase de impacto pede o uso do método de impulso e quantidade de movimento e das relações entre velocidades relativas. As demais partes podem normalmente ser resolvidas pelo método de trabalho e energia. Todavia, se os problemas envolvem a determinação de uma força normal, o uso de $\Sigma \mathbf{F} = m\mathbf{a}$ é necessário.

Considere, por exemplo, um pêndulo A, de massa m_A e comprimento l, que é liberado sem velocidade de uma posição A_1 (Fig. 13.28a). O pêndulo oscila livremente em um plano vertical e bate em um segundo pêndulo B, de massa m_B e mesmo comprimento l, que está inicialmente em repouso. Após o impacto (com coeficiente de restituição e), o pêndulo B oscila de um ângulo θ que desejamos determinar.

A solução do problema pode ser dividida em três partes:

1. **Balanço do pêndulo A de A_1 até A_2.** O princípio de conservação da energia pode ser usado para determinar a velocidade $(\mathbf{v}_A)_2$ do pêndulo em A_2 (Fig. 13.28b).

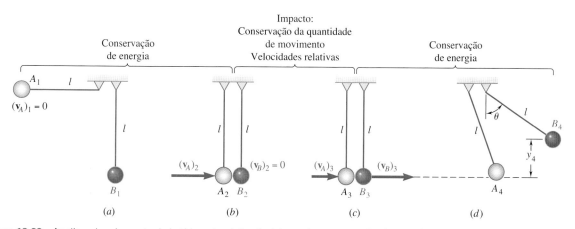

Figura 13.28 Analisando o impacto da batida entre dois pêndulos pela conservação da energia e pela conservação da quantidade de movimento.

2. **Batida do pêndulo A no pêndulo B.** Usamos o fato de que a quantidade de movimento total dos dois pêndulos se conserva e a relação entre suas velocidades relativas, isto é, o coeficiente de restituição, para determinar as velocidades $(v_A)_3$ e $(v_B)_3$ dos dois pêndulos após o impacto (Fig. 13.28c).
3. **Balanço do pêndulo B de B_3 até B_4.** Aplicando o princípio de conservação da energia ao pêndulo B, determinamos a elevação máxima y_4 alcançada por aquele pêndulo (Fig. 13.28d). O ângulo θ pode então ser determinado por trigonometria.

Observamos que, caso as trações nas cordas que seguram os pêndulos tenham que ser determinadas, o método de solução descrito anteriormente deverá ser suplementado pelo uso de $\Sigma F = ma$. Um resumo de todos os princípios cinéticos que discutimos até agora e algumas dicas sobre quando aplicá-los são mostrados na Fig. 13.29.

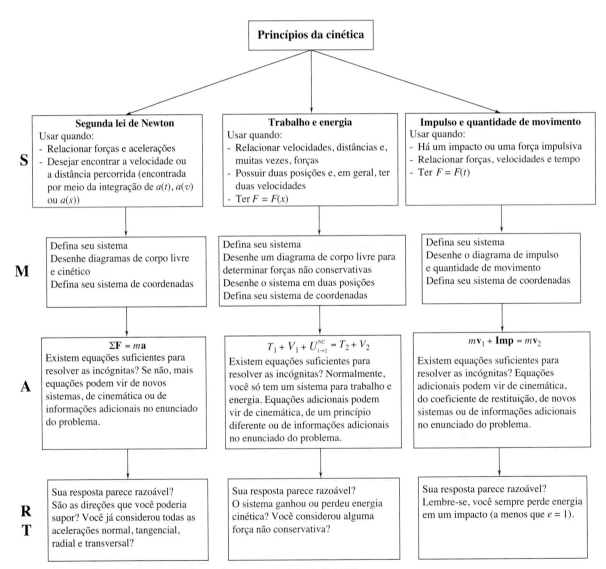

Figura 13.29 Os três princípios da cinética conforme a metodologia SMART.

PROBLEMA RESOLVIDO 13.18

Um vagão ferroviário de 20 Mg move-se a uma velocidade de 0,5 m/s para a direita quando colide com um vagão de 35 Mg que está em repouso. Após a colisão, o vagão de 35 Mg se move para a direita a uma velocidade de 0,3 m/s. Determine o coeficiente de restituição entre os vagões.

ESTRATÉGIA Como há um impacto e não há impulsos externos, utilize a conservação da quantidade de movimento linear. Você também precisará usar a equação para o coeficiente de restituição.

MODELAGEM Escolha ambos os vagões para ser seu sistema e modele-os como partículas. O diagrama de impulso e quantidade de movimento para esse sistema é mostrado na Fig. 1. Não existem impulsos externos atuando nesse sistema.

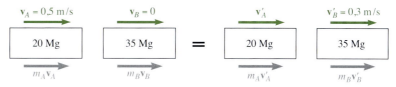

Figura 1 Velocidades e quantidades de movimento linear dos vagões antes e depois do impacto.

ANÁLISE A quantidade de movimento total dos vagões é conservada, então

$$m_A \mathbf{v}_A + m_B \mathbf{v}_B = m_A \mathbf{v}'_A + m_B \mathbf{v}'_B$$

Substituindo em valores conhecidos, temos

$$(20 \text{ Mg})(+0,5 \text{ m/s}) + (35 \text{ Mg})(0) = (20 \text{ Mg})v'_A + (35 \text{ Mg})(+0,3 \text{ m/s})$$

$$v'_A = -0,025 \text{ m/s} \qquad \mathbf{v}'_A = 0,025 \text{ m/s} \leftarrow$$

Podemos obter o coeficiente de restituição de sua definição

$$e = \frac{v'_B - v'_A}{v_A - v_B} = \frac{+0,3 - (-0,025)}{+0,5 - 0} = \frac{0,325}{0,5}$$

$$e = 0,65 \blacktriangleleft$$

PARA REFLETIR Os vagões são forçados a se mover ao longo da pista, de modo que este é um impacto central direto unidimensional. As forças de interação são grandes, mas duram um tempo muito curto. A energia mecânica é perdida durante este impacto, assim, você não poderia usar a conservação da energia.

PROBLEMA RESOLVIDO 13.19

Uma bola é arremessada contra uma parede vertical sem atrito. Logo antes que a bola atinja a parede, sua velocidade tem uma intensidade v e faz um ângulo de 30° com a horizontal. Sabendo-se que $e = 0,90$, determine a intensidade e a direção da velocidade da bola após o rebote na parede.

ESTRATÉGIA Ocorreu um impacto, e você recebeu o coeficiente de restituição, então use a conservação da quantidade de movimento e a definição do coeficiente de restituição.

MODELAGEM Escolha a bola para ser seu sistema e modele-o como uma partícula. O diagrama de impulso e quantidade de movimento para esse sistema é mostrado na Fig. 1.

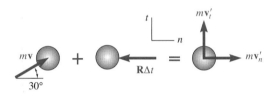

Figura 1 Diagrama de impulso e quantidade de movimento para a bola.

ANÁLISE Decompomos a velocidade inicial da bola em componentes perpendicular e paralelo à parede, como mostrado na Fig. 2.

$$v_n = v \cos 30° = 0,866v \qquad v_t = v \operatorname{sen} 30° = 0,500v$$

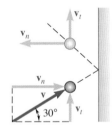

Figura 2 Componentes da velocidade inicial.

Movimento paralelo à parede. Como a parede é sem atrito, o impulso que ela exerce sobre a bola é perpendicular à parede. Logo, o componente da quantidade de movimento da bola paralelo à parede se conserva. Temos

$$\mathbf{v}'_t = \mathbf{v}_t = 0,500v \uparrow$$

Movimento perpendicular à parede. Como a massa da parede (e da Terra) é essencialmente infinita, escrever uma equação para a conservação da quantidade de movimento total da bola e da parede não fornecerá informação útil. Entretanto, usando a equação para o coeficiente de restituição, temos

$$0 - v'_n = e(v_n - 0)$$
$$v'_n = -0,90(0,866v) = -0,779v \qquad \mathbf{v}'_n = 0,779v \leftarrow$$

Movimento resultante. Somando vetorialmente os componentes $\mathbf{v}'_n$ e $\mathbf{v}'_t$ (Fig. 3), temos

$$\mathbf{v}' = 0,926v \;\angle\; 32,7° \blacktriangleleft$$

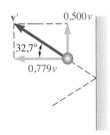

Figura 3 Determinando a intensidade e direção para a velocidade final.

PARA REFLETIR Testes semelhantes a este são feitos para se certificar de que o equipamento esportivo – como bolas de tênis, de golfe e de basquete – são consistentes e estão dentro de certas especificações. Testando bolas e tacos de golfe modernos mostra que o coeficiente de restituição realmente diminui com o aumento da velocidade do taco (de cerca de 0,84 para uma velocidade de 90 mph para cerca de 0,80 para uma velocidade do taco de 130 mph).

Capítulo 13   Cinemática de partículas: métodos de energia e quantidade de movimento   887

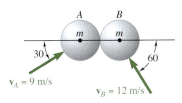

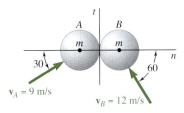

Figura 1 Velocidades iniciais de A e B e sistema de coordenadas a ser usado.

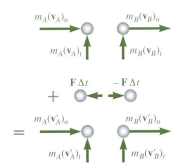

Figura 2 Diagrama de impulso e quantidade de movimento para o sistema.

PROBLEMA RESOLVIDO 13.20

A intensidade e a direção das velocidades de duas bolas idênticas sem atrito antes de se chocarem estão mostradas na figura. Considerando que $e = 0,90$, determine a intensidade e a direção da velocidade de cada bola após o impacto.

ESTRATÉGIA   Uma vez que um impacto ocorreu, utilize o princípio de impulso e quantidade de movimento. Você também precisará da equação para o coeficiente de restituição.

MODELAGEM   Escolha ambas as bolas para ser seu sistema. Considerando que elas são pequenas e não giram, você pode modelá-las como partículas. A Figura 1 mostra as direções normal e tangencial; a Fig. 2 mostra o diagrama de impulso e quantidade de movimento para esse sistema. As forças impulsivas que as bolas exercem entre si durante o impacto estão orientadas ao longo da linha que liga os centros das bolas, denominada linha de impacto. Decompondo as velocidades em componentes orientados, respectivamente, ao longo da linha de impacto e ao longo da tangente comum às superfícies em contato, escreva

$$(v_A)_n = v_A \cos 30° = +7,79 \text{ m/s}$$
$$(v_A)_t = v_A \sen 30° = +4,5 \text{ m/s}$$
$$(v_B)_n = -v_B \cos 60° = -6 \text{ m/s}$$
$$(v_B)_t = v_B \sen 60° = +10,39 \text{ m/s}$$

ANÁLISE
Movimento ao longo da tangente comum.   Considerando apenas os componentes em t, aplicamos o princípio de impulso e quantidade de movimento a cada bola *separadamente*. Como as forças impulsivas estão orientadas ao longo da linha de impacto, o componente t da quantidade de movimento e, portanto, o componente t da velocidade de cada bola, permanece inalterado. Temos

$$(\mathbf{v}'_A)_t = 4,5 \text{ m/s} \uparrow \qquad (\mathbf{v}'_B)_t = 10,39 \text{ m/s} \uparrow$$

Movimento ao longo da linha de impacto.   Na direção n, consideramos as duas bolas como um sistema único e notamos pela terceira lei de Newton que os impulsos internos são, respectivamente, $\mathbf{F}\,\Delta t$ e $-\mathbf{F}\,\Delta t$, e eles se cancelam. Escrevemos, então, que a quantidade de movimento total das bolas se conserva:

$$m_A(v_A)_n + m_B(v_B)_n = m_A(v'_A)_n + m_B(v'_B)_n$$
$$m(7,79) + m(-6) = m(v'_A)_n + m(v'_B)_n$$
$$(v'_A)_n + (v'_B)_n = 1,79 \qquad (1)$$

Usando a equação para o coeficiente de restituição relacionando as velocidades relativas, temos

$$(v'_B)_n - (v'_A)_n = e[(v_A)_n - (v_B)_n]$$

Agora podemos substituir as quantidades conhecidas nessa equação. É importante usar os sinais corretamente ao substituir nessa equação, por exemplo, $(\mathbf{v}_B)_n = -20$. Escrevemos

$$(v'_B)_n - (v'_A)_n = (0,90)[7,79 - (-6)]$$
$$(v'_B)_n - (v'_A)_n = 12,41 \qquad (2)$$

(*Continua*)

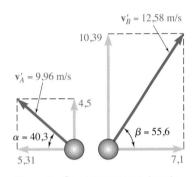

Figura 3 Os componentes de velocidade podem ser decompostos em suas intensidades e direções.

Resolvendo as Eqs. (1) e (2) simultaneamente, obtemos

$$(v'_A)_n = -5{,}31 \qquad (v'_B)_n = +7{,}1$$
$$(\mathbf{v}'_A)_n = 5{,}31 \text{ m/s} \leftarrow \qquad (\mathbf{v}'_B)_n = 7{,}1 \text{ m/s} \rightarrow$$

Movimento resultante. Somando vetorialmente os componentes de velocidade de cada bola (Fig. 3), obtemos

$$\mathbf{v}'_A = 6{,}96 \text{ m/s} \searrow 40{,}3° \qquad \mathbf{v}'_B = 12{,}58 \text{ m/s} \nearrow 55{,}6° \blacktriangleleft$$

PARA REFLETIR Em vez de escolher ambas as bolas para ser seu sistema, você poderia ter aplicado o impulso e quantidade de movimento ao longo da linha de impacto para cada bola individualmente. Isso teria resultado em duas equações e uma adicional desconhecida, $F\Delta t$. Para determinar a força impulsiva F, você precisaria saber o tempo para o impacto, Δt.

PROBLEMA RESOLVIDO 13.21

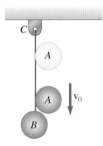

A bola B está pendurada por uma corda inextensível BC. Uma bola idêntica A é liberada do repouso quando apenas toca na corda e adquire uma velocidade $\mathbf{v}_0$ antes de atingir a bola B. Considerando um impacto perfeitamente elástico ($e = 1$), sem atrito, determine a velocidade de cada bola imediatamente após o impacto.

ESTRATÉGIA Uma vez que um impacto ocorreu, utilize o princípio de impulso e quantidade de movimento. Você também precisará da equação para o coeficiente de restituição.

MODELAGEM Você tem várias opções de sistemas neste problema. Se você escolhe A como seu sistema, você obtém o diagrama de impulso e quantidade de movimento mostrado na Fig. 1. Escolher ambas as bolas para ser o sistema resulta no diagrama de impulso e quantidade de movimento mostrado na Fig. 2.

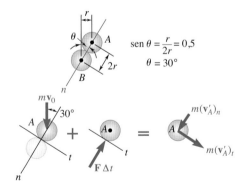

Figura 1 Diagrama de impulso e quantidade de movimento para a bola A.

ANÁLISE

Princípio de impulso e quantidade de movimento: bola A. Aplicando a conservação da quantidade de movimento da bola A ao longo da tangente comum para as bolas A e B (Fig. 1), temos

$$m\mathbf{v}_A + \mathbf{F}\,\Delta t = m\mathbf{v}'_A$$

$+\searrow$ componentes em t: $mv_0\,\text{sen}\,30° + 0 = m(v'_A)_t$

$$(v'_A)_t = 0{,}5v_0 \tag{1}$$

Princípio de impulso e quantidade de movimento: bolas A e B. Como a bola B está sendo forçada a se mover em um círculo de centro C, sua velocidade $\mathbf{v}_B$ após o impacto deve ser horizontal. Aplicando a conservação da quantidade de movimento para um sistema contendo ambas as bolas (Fig. 2), temos

$$m\mathbf{v}_A + \mathbf{T}\,\Delta t = m\mathbf{v}'_A + m\mathbf{v}'_B$$

$\xrightarrow{+}$ componentes em x: $0 = m(v'_A)_t \cos 30° - m(v'_A)_n \,\text{sen}\, 30° - mv'_B$

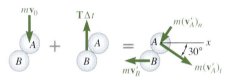

Figura 2 Diagrama de impulso e quantidade de movimento para ambas as bolas.

Observamos que a equação obtida expressa a conservação da quantidade de movimento total na direção x. Substituindo $(v'_A)_t$ da Eq. (1) e reordenando os termos, escrevemos

$$0{,}5(v'_A)_n + v'_B = 0{,}433v_0 \tag{2}$$

Velocidades relativas ao longo da linha de impacto. Como $e = 1$, a equação para o coeficiente de restituição é

$$(v'_B)_n - (v'_A)_n = (v_A)_n - (v_B)_n$$
$$v'_B\,\text{sen}\,30° - (v'_A)_n = v_0 \cos 30° - 0$$
$$0{,}5v'_B - (v'_A)_n = 0{,}866v_0 \tag{3}$$

É importante notar que o coeficiente de restituição sempre utiliza as componentes das velocidades ao longo da linha de impacto; isto é, a direção n. Resolvendo as Eqs. (2) e (3) simultaneamente, obtemos

$$(v'_A)_n = -0{,}520v_0 \qquad v'_B = 0{,}693v_0$$

$$\mathbf{v}'_B = 0{,}693v_0 \leftarrow \quad \blacktriangleleft$$

Retomando a Eq. (1), desenhamos o esboço (Fig. 3) e obtemos por trigonometria

$$v'_A = 0{,}721v_0 \qquad \beta = 46{,}1° \qquad \alpha = 46{,}1° - 30° = 16{,}1°$$

$$\mathbf{v}'_B = 0{,}721v_0 \measuredangle 16{,}1° \quad \blacktriangleleft$$

PARA REFLETIR Como $e = 1$, o impacto entre A e B é perfeitamente elástico. Portanto, em vez de usar o coeficiente de restituição, você poderia usar a conservação de energia como sua equação final.

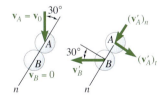

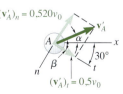

Figura 3 Diagrama para determinar a intensidade e a direção para a velocidade final de B.

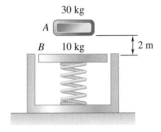

PROBLEMA RESOLVIDO 13.22

Um bloco de 30 kg é solto de uma altura de 2 m sobre o prato de 10 kg de uma balança de mola. A constante da mola é $k = 20$ kN/m. Considerando que o impacto seja perfeitamente plástico, determine a máxima deflexão do prato.

ESTRATÉGIA Este problema tem três fases distintas, como mostrado na Fig. 1. Na fase 1, A cai (use a conservação de energia); na fase 2, A atinge B (use a conservação da quantidade de movimento); e na fase 3, A e B se movem para baixo juntos (use a conservação da energia).

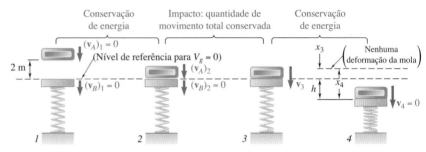

Figura 1 Três fases do movimento.

MODELAGEM Para cada fase do movimento, defina um sistema diferente. Para a fase 1, escolha A como seu sistema e, para a fase 2, defina seu sistema como A e B juntos. Para a fase 3, seu sistema é A, B e a mola.

ANÁLISE

Conservação de energia. Bloco A pesa

$$W_A = (30 \text{ kg})(9{,}81 \text{ m/s}^2) = 294 \text{ N}.$$

Portanto,

$$T_1 = \tfrac{1}{2} m_A (v_A)_1^2 = 0 \qquad V_1 = W_A y = (294 \text{ N})(2 \text{ m}) = 588 \text{ J}$$
$$T_2 = \tfrac{1}{2} m_A (v_A)_2^2 = \tfrac{1}{2}(30 \text{ kg})(v_A)_2^2 \qquad V_2 = 0$$
$$T_1 + V_1 = T_2 + V_2: \qquad 0 + 588 \text{ J} = \tfrac{1}{2}(30 \text{ kg})(v_A)_2^2 + 0$$
$$(v_A)_2 = +6{,}26 \text{ m/s} \qquad (\mathbf{v}_A)_2 = 6{,}26 \text{ m/s} \downarrow$$

Impacto: conservação da quantidade de movimento para A e B. Como o impacto é perfeitamente plástico, $e = 0$; o bloco e o prato movem-se juntos após o impacto.

$$m_A(v_A)_2 + m_B(v_B)_2 = (m_A + m_B)v_3$$
$$(30 \text{ kg})(6{,}26 \text{ m/s}) + 0 = (30 \text{ kg} + 10 \text{ kg})v_3$$
$$v_3 = +4{,}70 \text{ m/s} \qquad \mathbf{v}_3 = 4{,}70 \text{ m/s} \downarrow$$

Conservação da energia para A, B e a mola. Inicialmente, a mola sustenta o peso W_B do prato; logo, a deflexão inicial da mola é

$$x_3 = \frac{W_B}{k} = \frac{(10 \text{kg})(9{,}81 \text{ m/s}^2)}{20 \times 10^3 \text{ N/m}} = \frac{98{,}1 \text{ N}}{20 \times 10^3 \text{ N/m}} = 4{,}91 \times 10^{-3} \text{ m}$$

Representando por x_4 a deflexão máxima total da mola, escrevemos

$$T_3 = \tfrac{1}{2}(m_A + m_B)v_3^2 = \tfrac{1}{2}(30 \text{ kg} + 10 \text{ kg})(4{,}70 \text{ m/s})^2 = 442 \text{ J}$$
$$V_3 = V_g + V_e = 0 + \tfrac{1}{2}kx_3^2 = \tfrac{1}{2}(20 \times 10^3)(4{,}91 \times 10^{-3})^2 = 0{,}241 \text{ J}$$
$$T_4 = 0$$
$$V_4 = V_g + V_e = (W_A + W_B)(-h) + \tfrac{1}{2}kx_4^2 = -(392)h + \tfrac{1}{2}(20 \times 10^3)x_4^2$$

Notando que o deslocamento do prato é $h = x_4 - x_3$, o resultado final é

$$T_3 + V_3 = T_4 + V_4:$$
$$442 + 0{,}241 = 0 - 392(x_4 - 4{,}91 \times 10^{-3}) + \tfrac{1}{2}(20 \times 10^3)x_4^2$$
$$x_4 = 0{,}230 \text{ m} \qquad h = x_4 - x_3 = 0{,}230 \text{ m} - 4{,}91 \times 10^{-3} \text{ m}$$
$$h = 0{,}225 \text{ m} \qquad\qquad h = 225 \text{ mm} \blacktriangleleft$$

PARA REFLETIR A constante da mola para esta escala é consideravelmente grande, mas o bloco, que é razoavelmente maciço, cai de uma altura de 2 m. Desta perspectiva, a deflexão parece razoável.

PROBLEMA RESOLVIDO 13.23

Um bloco A de 2 kg é empurrado para cima contra uma mola, comprimindo-a a uma distância $x = 0{,}1$ m. O bloco é então liberado do repouso e desliza para baixo a uma inclinação de 20° até que atinge uma esfera B de 1 kg, que é sustentada por uma corda inextensível de 1 m. A constante da mola é $k = 800$ N/m, o coeficiente de atrito entre A e o solo é 0,2, o bloco A desliza a partir do comprimento não esticado da mola a uma distância $d = 1{,}5$ m, e o coeficiente de restituição entre A e B é 0,8. Quando $\alpha = 40°$, determine (a) a velocidade de B, (b) a tração na corda.

ESTRATÉGIA Muitas coisas estão acontecendo neste problema, então você precisa separar o movimento em etapas.

Passo 1: O bloco A desliza para baixo em uma inclinação, por isso existem duas posições. Portanto, use o princípio de trabalho e energia entre a posição 1 e a posição 2 para encontrar a velocidade de A imediatamente antes de atingir a esfera B (Fig. 1).

Passo 2: O bloco A atinge B, de modo que ocorre um impacto. Portanto, use o impulso e a quantidade de movimento e a equação para o coeficiente de restituição.

Passo 3: A bola B está oscilando para cima, então você tem duas posições (posição 2 e posição 3 na Figura 1). Você precisa determinar a velocidade na posição 3, portanto, use a conservação de energia.

Passo 4: Para encontrar a tração quando $\alpha = 40°$, use a segunda lei de Newton com coordenadas normal e tangencial.

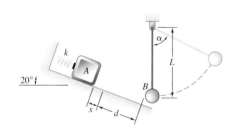

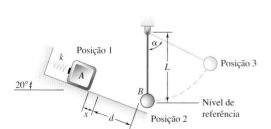

Figura 1 Três posições de interesse para este problema.

(*Continua*)

MODELAGEM Cada passo exige um sistema diferente. Para o passo 1, seu sistema é *A* e a mola. Para o passo 2, é *A* e *B*. Finalmente, para os passos 3 e 4, é *B*. Modelamos *A* e *B* como partículas e desenhamos as figuras apropriadas na seção de análise.

ANÁLISE

Passo 1. O bloco desliza para baixo na inclinação. O princípio de trabalho e energia entre o local onde o bloco é liberado e o ponto em que atinge *B* é

$$T_1 + V_{g_1} + V_{e_1} + U^{NC}_{1\to 2} = T_2 + V_{g_2} + V_{e_2} \quad (1)$$

Trabalho. A única força não conservativa que realiza trabalho é a força de atrito. Um diagrama de corpo livre para *A* é mostrado na Fig. 2. Aplicando a segunda lei de Newton, temos

$$+\nearrow \Sigma F_y = 0: \quad N - m_A g \cos\theta = 0 \quad \text{ou}$$
$$N = m_A g \cos\theta = (2 \text{ kg})(9{,}81 \text{ m/s}^2)\cos 20° = 18{,}437 \text{ N}$$

e a força de atrito é

$$F_f = \mu_k N = (0{,}2)(18{,}437 \text{ N}) = 3{,}687 \text{ N}$$

Então o trabalho é

$$U^{NC}_{1\to 2} = -F_f(x+d) = -(3{,}687 \text{ N})(1{,}6 \text{ m}) = -5{,}900 \text{ J}$$

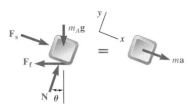

Figura 2 Diagramas de corpo livre e cinético para o bloco *A*.

Posição 1. Coloque seu nível de referência para V_g no ponto de impacto próximo a *B* (ver Fig. 1). Calcule a energia inicial como

$$T_1 = 0, \quad V_{e_1} = \tfrac{1}{2}kx_1^2 = \frac{1}{2}(800)(0{,}1)^2 = 4{,}00 \text{ J}$$
$$V_{g_1} = m_A g h_1 = m_A g(x+d)\text{sen}\,\theta = (2)(9{,}81)(1{,}6)\text{ sen } 20° = 10{,}737 \text{ J}$$

Posição 2. A energia na posição 2 é

$$T_2 = \tfrac{1}{2}m_A v_A^2 = \tfrac{1}{2}(2)v_A^2 = 1{,}000 v_A^2 \quad V_2 = 0$$

Substituindo na Eq. (1), temos $0 + 10{,}737 \text{ J} + 4{,}00 \text{ J} - 5{,}900 \text{ J} = 1{,}00\,v_A^2 + 0$. Resolvendo para v_A, temos $v_A = 2{,}973$ m/s.

Passo 2. Impacto. O diagrama de impulso e quantidade de movimento para *A* e *B* é mostrado na Fig. 3.

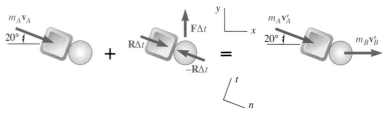

Figura 3 Diagrama de impulso e quantidade de movimento para *A* e *B*.

Observe que esses dois sistemas de coordenadas são definidos: n define a linha de impacto entre o bloco e a bola, e y está na direção da força impulsiva da corda. Como nenhuma força impulsiva atua na direção horizontal, aplique o impulso e quantidade de movimento na direção x. Portanto,

$\xrightarrow{+}$ componentes em x: $\qquad m_A v_A \cos\theta + 0 = m_A v'_A \cos\theta + m_B v'_B \qquad (2)$

Coeficiente de restituição.

$$(v'_B)_n - (v'_A)_n = e[(v_A)_n - (v_B)_n] \quad \text{ou} \quad v_B \cos\theta - v'_A = e v_A \qquad (3)$$

Nas Eqs. (2) e (3) podemos resolver para duas incógnitas, v'_A e v'_B. Escrevemos

$$v'_A = 1{,}0382 \text{ m/s}$$
$$v'_B = 3{,}6356 \text{ m/s}$$

Passo 3. A esfera B oscila para cima. A tração não realiza trabalho, então use a conservação de energia para B entre as posições 2 e 3. Novamente, defina o nível de referência como mostrado na Fig. 1.

$$T_2 + V_{g_2} + V_{e_2} = T_3 + V_{g_3} + V_{e_3} \qquad (4)$$

Posição 2.

$$T_2 = \frac{1}{2} m_B (v'_B)^2, \; V_{g_2} = 0, \; V_{e_2} = 0$$

Posição 3.

$$T_3 = \frac{1}{2} m_B v_3^2, \; V_{g_3} = m_B g L (1 - \cos\alpha), \; V_{e_3} = 0$$

Substituindo estes na Eq. (4) e resolvendo para v_{B_3}, temos

$$v_{B_3} = 2{,}94 \text{ m/s} \quad \blacktriangleleft$$

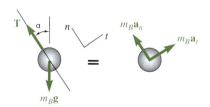

Figura 4

Passo 4. Tração na corda. Os diagramas de corpo livre e cinético para a esfera na posição 3 são mostrados na Fig. 4. Aplicando a segunda lei de Newton na direção normal, temos

$$+\nwarrow \Sigma F_n = m_B a_n: \qquad T - m_B g \cos\alpha = m_B a_n = m_B \frac{v_{B_3}^2}{L}$$

Resolvendo para T, temos

$$T = 16{,}14 \text{ N} \quad \blacktriangleleft$$

PARA REFLETIR Você não pode usar o trabalho e energia da posição 1 para a posição 3, pois ocorre uma perda de energia quando A atinge B. Se o coeficiente de atrito tivesse sido maior, como $\mu_k = 0{,}4$, você veria que, após o impacto, B tem uma velocidade de 2,10 m/s. Ligando isso na Eq. (4), temos um número imaginário para a velocidade em $\alpha = 40°$, significando que a esfera B não alcança esse ângulo.

METODOLOGIA PARA A RESOLUÇÃO DE PROBLEMAS

Esta seção trata do **impacto de dois corpos**, isto é, da colisão que ocorre em um intervalo de tempo muito pequeno. Você resolverá diversos problemas sobre impacto expressando que a quantidade de movimento total dos dois corpos se conserva e observando a relação que existe entre as velocidades relativas dos dois corpos antes e depois do impacto.

1. Como primeiro passo em sua resolução você deve selecionar e desenhar os seguintes eixos de coordenadas: o eixo t, tangente às superfícies de contato dos dois corpos em colisão, e o eixo n, normal às superfícies de contato e que define a linha de impacto. Em todos os problemas desta seção, a linha de impacto passa pelo centro de massa dos corpos em colisão e o impacto é referido como um **impacto central**.

2. Em seguida, você desenhará um diagrama mostrando as quantidades de movimento dos corpos antes do impacto, os impulsos exercidos sobre os corpos durante o impacto e as quantidades de movimento finais dos corpos após o impacto (Fig. 13.24). Você observará, então, se o impacto é um **impacto central direto** ou um **impacto central oblíquo.**

3. Impacto central direto [Problema Resolvido 13.18]. Ocorre quando as velocidades dos corpos A e B antes do impacto estão ambas orientadas ao longo da linha de impacto (Fig. 13.20a).
   a. Conservação da quantidade de movimento. Como as forças impulsivas são internas ao sistema, você pode escrever que a quantidade de movimento total de A e B se conserva:

$$m_A v_A + m_B v_B = m_A v'_A + m_B v'_B \tag{13.37}$$

onde v_A e v_B representam as velocidades dos corpos A e B antes do impacto e v'_A e v'_B representam suas velocidades após o impacto.
   b. Coeficiente de restituição. Você também pode escrever a seguinte relação entre as velocidades relativas dos dois corpos antes e depois do impacto:

$$v'_B - v'_A = e(v_A - v_B) \tag{13.43}$$

onde e representa o coeficiente de restituição entre os dois corpos.

   Note que as Eqs. (13.37) e (13.43) são equações escalares que podem ser resolvidas para duas incógnitas. Além disso, preste atenção para adotar uma convenção de sinais que seja consistente para todas as velocidades.

4. Impacto central oblíquo [Problema Resolvido 13.20]. Ocorre quando uma ou ambas as velocidades iniciais dos dois corpos não estão orientadas ao longo da linha de impacto (Fig. 13.20b). Novamente, esses passos de resolução são aplicáveis apenas a problemas em que as forças impulsivas na direção tangencial são desprezíveis (por exemplo, você não as utilizaria para resolver o Problema 13.146). Para resolver problemas desse tipo, você deve primeiro decompor as quantidades de movimento e impulsos mostrados em seu diagrama em componentes ao longo do eixo t e do eixo n.

a. Conservação da quantidade de movimento. Como as forças impulsivas agem ao longo da linha de impacto, isto é, ao longo do eixo n, o componente ao longo do eixo t da quantidade de movimento *de cada corpo* se conserva. Logo, você pode escrever para cada corpo que os componentes em t de sua velocidade antes e depois do impacto são iguais. Então,

$$(v_A)_t = (v'_A)_t \qquad\qquad (v_B)_t = (v'_B)_t \qquad\qquad \textbf{(13.47)}$$

Do mesmo modo, o componente ao longo do eixo n da quantidade de movimento total do sistema se conserva:

$$m_A(v_A)_n + m_B(v_B)_n = m_A(v'_A)_n + m_B(v'_B)_n \qquad\qquad \textbf{(13.48)}$$

b. Coeficiente de restituição. A relação entre as velocidades relativas dos dois corpos antes e depois do impacto pode ser escrita apenas na direção n.

$$(v'_B)_n - (v'_A)_n = e[(v_A)_n - (v_B)_n)] \qquad\qquad \textbf{(13.49)}$$

Você tem agora quatro equações que pode resolver para quatro incógnitas. Note que, após encontrar todas as velocidades, você pode determinar o impulso exercido pelo corpo A sobre o corpo B desenhando um diagrama de impulso e quantidade de movimento para B sozinho e equacionando os componentes na direção n.

c. Quando o movimento de um dos corpos em colisão é restringido, você deve incluir os impulsos das forças externas em seu diagrama [Problemas Resolvidos 13.21 e 13.23]. Você então observará que algumas das relações anteriores não valem. Entretanto, no exemplo mostrado na Fig. 13.26, a quantidade de movimento total do sistema conserva-se em uma direção perpendicular ao impulso externo. Você deve notar também que, quando um corpo A dá um rebote em uma superfície fixa B, a única equação de conservação de quantidade de movimento que pode ser usada é a primeira das Eqs. (13.47) [Problema Resolvido 13.19].

5. Lembre-se de que há perda de energia durante a maioria dos impactos. A única exceção é para os impactos **perfeitamente elásticos** ($e = 1$), onde a energia se conserva. Portanto, no caso geral de impacto, onde $e < 1$, a energia mecânica não se conserva. Logo, preste atenção para *não aplicar* o princípio de conservação da energia em uma situação de impacto. Em vez disso, aplique o princípio separadamente aos movimentos que precedem e seguem o impacto [Problemas Resolvidos 13.22 e 13.23].

PROBLEMAS

PERGUNTAS CONCEITUAIS

13.PC6 Uma bola A de 5 kg atinge uma bola B de 1 kg que está inicialmente em repouso. É possível que, depois do impacto, A não se mova e B tenha uma velocidade de 5v?
  a. Sim
  b. Não
Explique sua resposta.

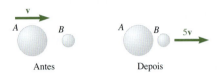

Figura P13.PC6

PROBLEMAS PRÁTICOS DE DIAGRAMA DE IMPULSO E QUANTIDADE DE MOVIMENTO

13.F6 Uma esfera com uma velocidade v_0 ricocheteia depois de atingir um plano inclinado sem atrito, como mostrado na figura. Desenhe o diagrama de impulso e quantidade de movimento que pode ser usado para determinar a velocidade da esfera após o impacto.

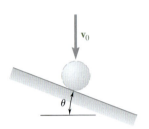

Figura P13.F6

13.F7 Uma locomotiva A de 80 Mg está desacelerando a 6,5 km/h quando atinge um vagão C de 20 Mg carregando uma carga B de 30 Mg que pode deslizar ao longo do piso do vagão ($\mu_k = 0{,}25$). O vagão estava em repouso com seus freios livres. Em vez de A e C acoplarem conforme o esperado, observa-se que A ricocheteia com uma velocidade de 2 km/h após o impacto. Desenhe os diagramas de impulso e quantidade de movimento que podem ser usados para determinar (a) o coeficiente de restituição e a velocidade do vagão imediatamente após o impacto, (b) o tempo que a carga leva para parar ao deslizar em relação ao vagão.

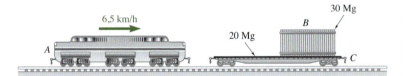

Figura P13.F7

13.F8 Duas bolas sem atrito atingem uma a outra, como mostrado na figura. O coeficiente de restituição entre as bolas é e. Desenhe o diagrama de impulso e quantidade de movimento que poderia ser usado para determinar as velocidades de A e B após o impacto.

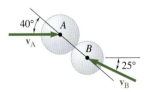

Figura P13.F8

13.F9 Uma bola A de 10 kg move-se horizontalmente a 12 m/s quando atinge uma bola B de 10 kg. O coeficiente de restituição do impacto é 0,4 e o coeficiente de atrito cinético entre o bloco e a superfície inclinada é 0,5. Desenhe o diagrama de impulso e quantidade de movimento que pode ser usado para determinar as velocidades de A e B após o impacto.

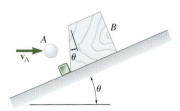

Figura P13.F9

13.F10 Um bloco A de massa m_A atinge uma bola B de massa m_B com uma velocidade de v_A, como mostrado na figura. Desenhe o diagrama de impulso e quantidade de movimento que pode ser usado para determinar as velocidades de A e B depois do impacto e o impulso durante o impacto.

PROBLEMAS DE FINAL DE SEÇÃO

13.155 O coeficiente de restituição entre dois colares é 0,70. Determine (a) suas velocidades após o impacto, (b) a energia perdida durante o impacto.

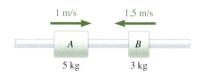

Figura P13.155

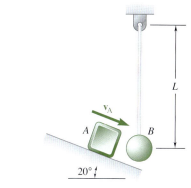

Figura P13.F10

13.156 Os colares A e B, de mesma massa m, movem-se um em direção ao outro com velocidades idênticas, como mostrado na figura. Sabendo que o coeficiente de restituição entre os colares é e, determine a energia perdida no impacto como uma função de m, e e v.

Figura P13.156

13.157 Um dos requisitos para as bolas de tênis serem usadas em competições oficiais é que, quando caem em uma superfície rígida de uma altura de 2,5 m, a altura do primeiro rebote da bola deve estar na faixa de 1,325 m $\leq h \leq$ 1,45 m. Determine a faixa do coeficiente de restituição da bola de tênis para satisfazer a esse requisito.

13.158 Dois discos deslizam sobre um plano horizontal sem atrito com velocidades de sentidos opostos e de mesma intensidade v_0 e batem de frente. Sabe-se que o disco A tem uma massa de 3 kg e observa-se que ele tem velocidade nula após o impacto. Determine (a) a massa do disco B, sabendo que o coeficiente de restituição entre os dois discos é 0,5 e (b) a faixa de valores possíveis da massa de B se o coeficiente de restituição entre os dois discos é desconhecido.

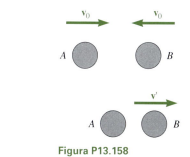

Figura P13.158

13.159 Para aplicar uma carga de choque a um projétil de artilharia, um pêndulo A de 20 kg é liberado a partir de uma altura conhecida e atinge o bloco de impacto B a uma velocidade $\mathbf{v}_0$ conhecida. O bloco de impacto B atinge o projétil de artilharia C de 1 kg. Sabendo que o coeficiente de restituição entre todos os objetos é e, determine a massa de B para maximizar o impulso aplicado ao projétil de artilharia C.

13.160 Em uma fornecedora de peças de automóvel, pacotes são transportados para o terminal de carga sendo empurrados ao longo de uma esteira de roletes com muito pouco atrito. No instante mostrado na figura, os pacotes B e C estão em repouso e o pacote A tem uma velocidade de 2 m/s. Sabendo que o coeficiente de restituição entre os pacotes é de 0,3, determine (a) a velocidade do pacote C depois que A bate em B e B bate em C, (b) a velocidade de A depois que ele bate em B pela segunda vez.

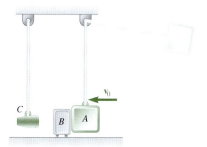

Figura *P13.159*

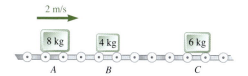

Figura *P13.160*

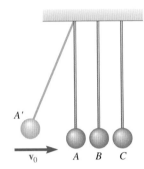

Figura P13.161

13.161 Três esferas de aço de massas iguais estão suspensas no teto por cordas de comprimentos iguais colocadas a uma distância ligeiramente superior ao diâmetro das esferas. Após ser puxada para trás e liberada, a esfera *A* bate na esfera *B* que por sua vez bate na esfera *C*. Representando por *e* o coeficiente de restituição entre as esferas e por v_0 a velocidade de *A* imediatamente antes de bater em *B*, determine (*a*) as velocidades de *A* e *B* imediatamente após a primeira colisão, (*b*) as velocidades de *B* e *C* imediatamente após a segunda colisão. (*c*) Considerando agora que *n* esferas estão suspensas no teto e que a primeira esfera é puxada para trás e liberada como descrito anteriormente, determine a velocidade da última esfera após sofrer a primeira batida. (*d*) Use o resultado da parte *c* para obter a velocidade da última esfera quando $n = 8$ e $e = 0,9$.

13.162 Em um parque de diversões há carros bate-bate *A*, *B* e *C* de 200 kg com pilotos de massas de 40 kg, 60 kg e 35 kg, respectivamente. O carro *A* está se movendo para a direita com a velocidade $v_A = 2$ m/s e o carro *C* tem a velocidade $v_B = 1,5$ m/s para a esquerda, mas o carro *B* está inicialmente em repouso. O coeficiente de restituição entre cada carro é 0,8. Determine a velocidade final de cada carro, após todos os impactos, considerando que (*a*) o carro *A* e o carro *C* atingem o carro *B* ao mesmo tempo, (*b*) o carro *A* atinge o carro *B* antes de o carro *C* atingir o carro *B*.

Figura *P13.162* e P13.163

13.163 Em um parque de diversões há carros bate-bate *A*, *B* e *C* de 200 kg com pilotos de massas de 40 kg, 60 kg e 35 kg, respectivamente. O carro *A* está se movendo para a direita com velocidade $v_A = 2$ m/s quando atinge o carro *B* parado. O coeficiente de restituição entre cada carro é 0,8. Determine a velocidade do carro *C* de modo que, após o carro *B* colidir com o carro *C*, a velocidade do carro *B* seja nula.

13.164 Duas bolas de bilhar idênticas podem mover-se livremente em uma mesa horizontal. A bola *A* tem uma velocidade de v_0, como mostrado na figura, e atinge a bola *B* que está em repouso no ponto *C* definido por $\theta = 45°$. Sabendo que o coeficiente de restituição entre as duas bolas é $e = 0,8$ e considerando que não há atrito, determine a velocidade de cada bola após o impacto.

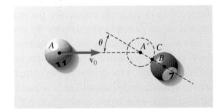

Figura P13.164

13.165 Duas bolas de bilhar idênticas de 57,15 mm de diâmetro podem mover-se livremente em uma mesa de bilhar. A bola *B* está em repouso e a bola *A* tem uma velocidade inicial $\mathbf{v} = v_0\mathbf{i}$. (*a*) Sabendo que $b = 50$ mm e $e = 0,7$, determine velocidade de cada bola após o impacto. (*b*) Mostre que, se $e = 1$, as velocidades finais das bolas formam um ângulo reto para todos os valores de *b*.

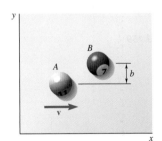

Figura P13.165

13.166 Uma bola A de 600 g move-se com velocidade de 6 m/s de intensidade quando é atingida, como mostrado na figura, por uma bola B de 1 kg que tem velocidade de 4 m/s de intensidade. Sabendo que o coeficiente de restituição é 0,8 e desprezando o atrito, determine a velocidade de cada bola após o impacto.

13.167 Dois discos de hóquei idênticos movem-se sobre uma pista de hóquei a uma mesma velocidade de 3 m/s em sentidos perpendiculares quando se chocam do modo que é mostrado na figura. Considerando um coeficiente de restituição $e = 0,9$, determine a intensidade e a direção da velocidade de cada disco após o impacto.

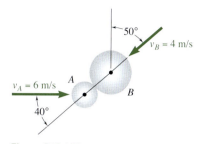

Figura P13.166

13.168 O coeficiente de restituição é 0,9 entre as duas bolas de bilhar A e B, de 60 mm de diâmetro. A bola A move-se na direção mostrada na figura, com velocidade de 1 m/s, quando bate na bola B, que está em repouso. Sabendo que, após o impacto, a bola B move-se na direção x, determine (a) o ângulo θ, (b) a velocidade de B após o impacto.

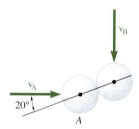

Figura P13.167

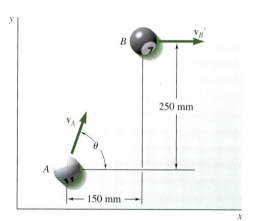

Figura P13.168

13.169 Um rapaz localizado no ponto A, na metade da distância entre o centro O da parede semicircular e a própria parede, joga uma bola na parede em uma direção que forma um ângulo de 45° com OA. Sabendo que, depois de atingir a parede, a bola ricocheteia em uma direção paralela a OA, determine o coeficiente de restituição entre a bola e a parede.

13.170 A espaçonave *Mars Pathfinder* usou grandes *airbags* para amortecer seu impacto com a superfície do planeta Marte ao aterrissar. Considerando que a espaçonave teve uma velocidade de impacto de 18,5 m/s em um ângulo de 45° em relação à horizontal, que o coeficiente de restituição é 0,85 e desprezando o atrito, determine (a) a altura do primeiro rebote, (b) o comprimento do primeiro rebote. (Aceleração da gravidade em Marte = 3,73 m/s².)

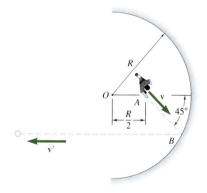

Figura P13.169

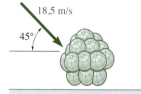

Figura *P13.170*

13.171 Uma garota arremessa uma bola contra uma parede inclinada a uma altura de 1,2 m. A bola bate na parede em A com uma velocidade horizontal v_0 de intensidade 15 m/s. Sabendo que o coeficiente de restituição entre a bola e a parede é de 0,9 e desprezando o atrito, determine a distância d da base da parede ao ponto B, no chão, onde a bola quicará depois do rebote na parede.

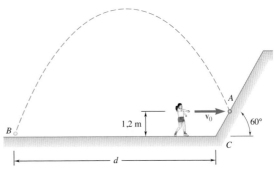

Figura P13.171

13.172 O desmoronamento de rochas pode causar grandes danos a estradas e infraestruturas. Para projetar pontes de mitigação e barreiras, os engenheiros usam o coeficiente de restituição para modelar o comportamento das rochas. A rocha A cai uma distância de 20 m antes de atingir uma inclinação com um declive de $\alpha = 40°$. Sabendo que o coeficiente de restituição entre a rocha A e a inclinação é de 0,2, determine a velocidade da rocha após o impacto.

13.173 A partir de testes experimentais, pedras menores tendem a ter um coeficiente de restituição maior do que pedras maiores. A pedra A cai uma distância de 20 metros antes de atingir uma inclinação com um declive de $\alpha = 45°$. Sabendo que $h = 30$ m e $d = 20$ m, determine se uma pedra cairá na estrada ou mais longe da estrada para um coeficiente de restituição de (a) $e = 0,2$, (b) $e = 0,1$.

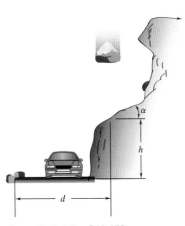

Figura P13.172 e P13.173

13.174 Dois carros de mesma massa batem de frente em C. Após a colisão, os carros derrapam com os freios travados e param na posição mostrada na parte inferior da figura. Sabendo que a velocidade do carro A logo antes do impacto era de 8 km/h e que o coeficiente de atrito cinético entre o pavimento e os pneus de ambos os carros é de 0,30, determine (a) a velocidade do carro B logo após o impacto, (b) o coeficiente de restituição efetivo entre os dois carros.

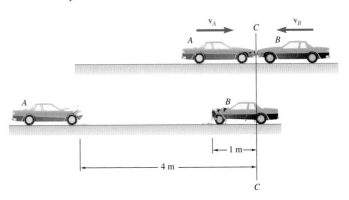

Figura P13.174

13.175 Um bloco B de 1 kg move-se com velocidade $\mathbf{v}_0$ de intensidade $v_0 = 2$ m/s quando bate na esfera A de 0,5 kg, que está em repouso e pendurada por uma corda presa em O. Sabendo que $\mu_k = 0,6$ entre o bloco e a superfície horizontal e que $e = 0,8$ entre o bloco e a esfera, determine, após o impacto, (a) a altura máxima h alcançada pela esfera, (b) a distância x percorrida pelo bloco.

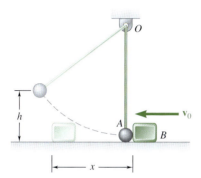

Figura P13.175

13.176 Uma bola de 90 g arremessada com uma velocidade horizontal $\mathbf{v}_0$ atinge uma placa de 720 g alojada em uma parede vertical a uma altura de 900 mm acima do chão. Observa-se que, após o rebote, a bola bate no chão a uma distância de 480 mm da parede quando a placa está rigidamente alojada na parede (Fig. 1) e a uma distância de 220 mm quando uma camada de borracha é colocada entre a placa e a parede (Fig. 2). Determine (a) o coeficiente de restituição e entre a bola e a placa, (b) a velocidade inicial $\mathbf{v}_0$ da bola.

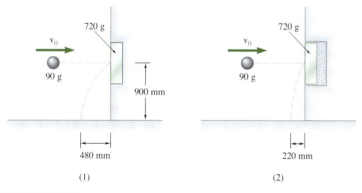

Figura P13.176

13.177 Depois de ser empurrado por um funcionário de uma companhia aérea, um carrinho de bagagem A vazio de 40 kg bate com uma velocidade de 5 m/s em um carrinho idêntico B contendo uma mala de 15 kg equipada com rodas. O impacto faz com que a mala role para a parede esquerda do carrinho B. Sabendo que o coeficiente de restituição entre os dois carrinhos é de 0,80 e que o coeficiente de restituição entre a mala e a parede do carrinho é de 0,30, determine (a) a velocidade do carrinho B depois que a mala bate na sua parede pela primeira vez, (b) a energia total perdida no impacto.

Figura P13.177

13.178 Os blocos A e B têm massa de 400 g cada, e o bloco C de 1,2 kg. O coeficiente de atrito entre os blocos e o plano é $\mu_k = 0{,}30$. Inicialmente, o bloco A move-se a uma velocidade $v_0 = 5$ m/s e os blocos B e C estão em repouso (Fig. 1). Depois que A bate em B e B bate em C, todos os três blocos param nas posições mostradas (Fig. 2). Determine (a) os coeficientes de restituição entre A e B e entre B e C, (b) o deslocamento x do bloco C.

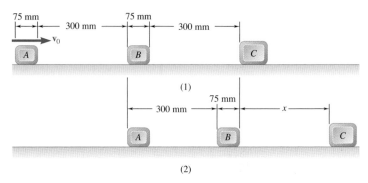

Figura **P13.178**

13.179 Uma esfera de 5kg é solta de uma altura de $y = 2$ m para testar molas projetadas em pisos novos utilizados na ginástica. A massa da seção do piso é de 10 kg e a rigidez efetiva do piso é $k = 120$ kN/m. Sabendo que o coeficiente de restituição entre a esfera e a plataforma é 0,6, determine (a) a altura h alcançada pela esfera após o rebote, (b) a força máxima nas molas.

13.180 Uma esfera de 5 kg é solta de uma altura de $y = 3$ m para testar molas em pisos novos usados na ginástica. A massa da seção do piso B é de 12 kg, e a esfera quica para cima uma distância de 44 mm. Sabendo que a deflexão máxima da seção do piso está a 33 mm da sua posição de equilíbrio, determine (a) o coeficiente de restituição entre a esfera e o piso, (b) a constante da mola efetiva k da seção do piso.

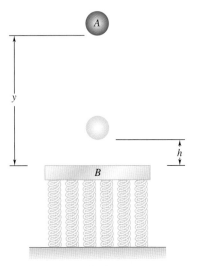

Figura P13.179 e P13.180

13.181 Os três blocos mostrados na figura são idênticos. Os blocos B e C estão em repouso quando o bloco B é atingido pelo bloco A, que se move com uma velocidade $\mathbf{v}_A$ de 1 m/s. Após o impacto, considerado perfeitamente plástico ($e = 0$), a velocidade dos blocos A e B diminui devido ao atrito, enquanto o bloco C adquire velocidade até que os três blocos acabam se movendo com a mesma velocidade $\mathbf{v}$. Sabendo que o coeficiente de atrito cinético entre todas as superfícies é $\mu_k = 0{,}20$, determine (a) o tempo necessário para os três blocos alcançarem a mesma velocidade, (b) a distância total que cada bloco percorre durante esse tempo.

Figura **P13.181**

13.182 O bloco A é liberado do repouso e desliza para baixo na superfície de B sem atrito até atingir um batente na extremidade direita de B. O bloco A tem uma massa de 10 kg, e o objeto B de massa de 30 kg pode correr livremente no solo. Determine as velocidades de A e B imediatamente após o impacto quando (a) $e = 0$, (b) $e = 0,7$.

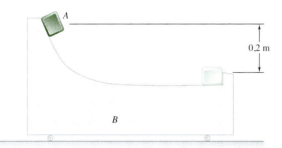

Figura P13.182

13.183 Uma bola B de 340 g está pendurada por uma corda inextensível presa a um suporte C. Uma bola A de 170 g atinge B com uma velocidade $\mathbf{v}_0$ de intensidade 1,5 m a um ângulo de 60° com a vertical. Considerando que o impacto é perfeitamente elástico ($e = 1$) e desprezando o atrito, determine a altura h alcançada pela bola B.

13.184 Um cilindro C de 8 kg é liberado do repouso na posição mostrada na figura e cai sobre uma plataforma A de 5 kg que está em repouso e é sustentada por uma corda inextensível ligada a um contrapeso B de 5 kg. Sabendo que o coeficiente de restituição entre o cilindro C e a plataforma A é 0,8, determine (a) as velocidades de C e A imediatamente após o primeiro impacto, (b) o impulso da força exercida na plataforma A pela corda durante o primeiro impacto.

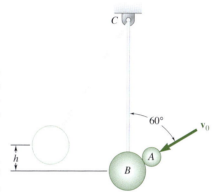

Figura P13.183

13.185 A bola B está pendurada por uma corda inextensível. Uma bola A idêntica é liberada do repouso quando está justamente tocando a corda e cai de uma distância vertical $h_A = 200$ mm antes de bater na bola B. Considerando $e = 0,9$ e desprezando o atrito, determine o deslocamento vertical resultante h_B da bola B.

Figura P13.184

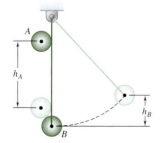

Figura P13.185

13.186 Uma bola B de 70 g é largada de uma altura $h_0 = 1,5$ m e alcança uma altura $h_2 = 0,25$ m após dois quiques em placas idênticas de 210 g. A placa A repousa diretamente no chão duro, ao passo que a placa C repousa sobre uma camada de borracha. Determine (a) o coeficiente de restituição entre a bola e as placas, (b) a altura h_1 do primeiro quique da bola.

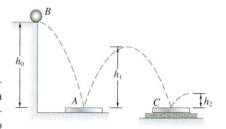

Figura P13.186

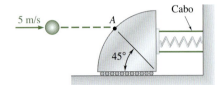

Figura P13.187

13.187 Uma esfera de 2 kg se desloca para a direita com uma velocidade de 5 m/s e atinge A, que está na superfície de um quarto de cilindro de 9 kg inicialmente em repouso e em contato com uma mola a uma constante de 20 kN/m. A mola é mantida por cabos, sendo inicialmente comprimida 50 mm. Desprezando o atrito e sabendo que o coeficiente de restituição é 0,6, determine (*a*) a velocidade da esfera imediatamente após o impacto, (*b*) a força de compressão máxima na mola.

13.188 Uma esfera A de 2 kg atinge a superfície inclinada sem atrito de uma cunha B de 6 kg a um ângulo de 90° com uma velocidade de 4 m/s de intensidade. A cunha pode rolar livremente no solo e está inicialmente em repouso. Sabendo que o coeficiente de restituição entre a cunha e a esfera é de 0,50 e que a superfície inclinada da cunha forma um ângulo $\theta = 40°$ com a horizontal, determine (*a*) as velocidades da esfera e da cunha imediatamente após o impacto, (*b*) a energia perdida devido ao impacto.

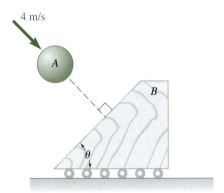

Figura P13.188

13.189 Quando a corda está a um ângulo de $\alpha = 30°$, a esfera A de 1 kg tem uma velocidade $v_0 = 0,6$ m/s. O coeficiente de restituição entre A e a cunha B de 2 kg é 0,8 e o comprimento da corda $l = 0,9$ m. A constante da mola tem um valor 1.500 N/m e $\theta = 20°$. Determine (*a*) as velocidades de A e B imediatamente após o impacto, (*b*) a deflexão máxima da mola, considerando que A não atinja B novamente antes deste ponto.

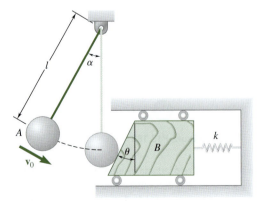

Figura P13.189

REVISÃO E RESUMO

Este capítulo foi dedicado ao método de trabalho e energia e ao método de impulso e quantidade de movimento. Na primeira parte do capítulo, estudamos o método de trabalho e energia e suas aplicações à análise do movimento de partículas.

Trabalho de uma força

Consideramos primeiro uma força **F** agindo sobre uma partícula A e definimos o **trabalho de F correspondente ao pequeno deslocamento $d\mathbf{r}$** [Seção 13.1] como sendo a grandeza

$$dU = \mathbf{F} \cdot d\mathbf{r} \tag{13.1}$$

ou, relembrando da definição do produto escalar de dois vetores,

$$dU = F\, ds\, \cos \alpha \tag{13.1'}$$

onde α é o ângulo entre **F** e $d\mathbf{r}$ (Fig. 13.30). O trabalho de **F** durante um deslocamento finito de A_1 até A_2, representado por $U_{1\to 2}$, foi obtido por integração da Eq. (13.1) ao longo da trajetória descrita pela partícula:

$$U_{1\to 2} = \int_{A_1}^{A_2} \mathbf{F} \cdot d\mathbf{r} \tag{13.2}$$

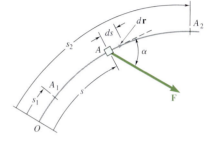

Figura 13.30

Para uma força definida por seus componentes retangulares, escrevemos

$$U_{1\to 2} = \int_{A_1}^{A_2} (F_x\, dx + F_y\, dy + F_z\, dz) \tag{13.2''}$$

Trabalho de um peso

O trabalho do peso **W** de um corpo, quando seu centro de gravidade move-se da elevação y_1 até y_2 (Fig. 13.31), foi obtido substituindo de $F_x = F_z = 0$ e $F_y = -W$ na Eq. (13.2'') e integrando-os. Encontramos

$$U_{1\to 2} = -\int_{y_1}^{y_2} W\, dy = Wy_1 - Wy_2 \tag{13.4}$$

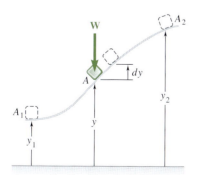

Figura 13.31

Trabalho da força exercida por uma mola

O trabalho de uma força **F** exercida por uma mola sobre um corpo A durante um deslocamento finito do corpo (Fig. 13.32) de A_1 ($x = x_1$) até A_2 ($x = x_2$) foi obtido escrevendo

$$dU = -F\, dx = -kx\, dx$$

$$U_{1\to 2} = -\int_{x_1}^{x_2} kx\, dx = \tfrac{1}{2}kx_1^2 - \tfrac{1}{2}kx_2^2 \quad (13.6)$$

Portanto, o trabalho de **F** é positivo quando a mola está retornando à sua posição indeformada.

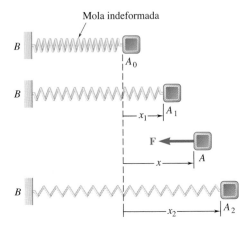

Figura 13.32

Trabalho da força gravitacional

O **trabalho da força gravitacional F** exercida por uma partícula de massa M localizada em O sobre uma partícula de massa m, quando a última se desloca de A_1 até A_2 (Fig. 13.32), foi obtido retomando da Seção 12.2C a expressão para a intensidade de **F** e escrevendo

$$U_{1\to 2} = -\int_{r_1}^{r_2} \frac{GMm}{r^2}\, dr = \frac{GMm}{r_2} - \frac{GMm}{r_1} \quad (13.7)$$

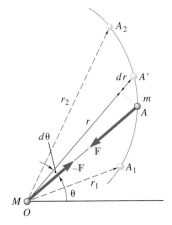

Figura 13.33

Energia cinética de uma partícula

A **energia cinética de uma partícula** de massa m movendo-se com velocidade $\mathbf{v}$ [Seção 13.1B] foi definida como a grandeza escalar

$$T = \tfrac{1}{2}mv^2 \qquad\qquad (13.9)$$

Princípio de trabalho e energia

Da segunda lei de Newton, deduzimos o **princípio de trabalho e energia**, que afirma que a energia cinética da partícula em A_2 pode ser obtida adicionando-se à sua energia cinética em A_1 o trabalho realizado durante o deslocamento de A_1 até A_2 pela força $\mathbf{F}$ exercida sobre a partícula.

$$T_1 + U_{1\to 2} = T_2 \qquad\qquad (13.11)$$

Método de trabalho e energia

O método de trabalho e energia simplifica a solução de muitos problemas que lidam com forças, deslocamentos e velocidades, pois não requer a determinação de acelerações [Seção 13.1C]. Observamos também que ele envolve apenas grandezas escalares e que as forças que não realizam trabalho não precisam ser consideradas [Problemas Resolvidos 13.1 e 13.4]. Todavia, esse método precisa ser suplementado pela aplicação direta da segunda lei de Newton para determinar-se a força normal à trajetória da partícula [Problema Resolvido 13.6].

Potência e eficiência mecânica

A potência desenvolvida por uma máquina e sua eficiência mecânica foram discutidas na Seção 13.1D. A potência foi definida como a taxa temporal de realização de trabalho:

$$\text{Potência} = \frac{dU}{dt} = \mathbf{F}\cdot\mathbf{v} \qquad\qquad (13.12,\ 13.13)$$

onde $\mathbf{F}$ é a força exercida sobre a partícula e $\mathbf{v}$ a velocidade da partícula [Problema Resolvido 13.7]. A **eficiência mecânica**, representada por η, foi expressa como

$$\eta = \frac{\text{potência de saída}}{\text{potência de entrada}} \qquad\qquad (13.15)$$

Força conservativa e energia potencial

Quando o trabalho de uma força $\mathbf{F}$ é independente da trajetória percorrida [Seções 13.2A e 13.2B], a força $\mathbf{F}$ é denominada **força conservativa**, e seu trabalho é igual a menos a variação da energia potencial V associada a $\mathbf{F}$:

$$U_{1\to 2} = V_1 - V_2 \qquad\qquad (13.19')$$

As seguintes expressões foram obtidas para a energia potencial associada a cada uma das forças consideradas anteriormente:

Força da gravidade (peso):

$$V_g = Wy \qquad\qquad (13.16)$$

Força gravitacional:

$$V_g = -\frac{GMm}{r} \qquad\qquad (13.17)$$

Força elástica exercida por uma mola:

$$V_e = \tfrac{1}{2}kx^2 \qquad\qquad (13.18)$$

Princípio de conservação da energia

Substituindo $U_{1\to 2}$ da Eq. (13.19′) na Eq. (13.11) e reordenando os termos [Seção 13.2C], obtivemos

$$T_1 + V_1 = T_2 + V_2 \qquad (13.24)$$

ou

$$T_1 + V_{g_1} + V_{e_1} = T_2 + V_{g_2} + V_{e_2} \qquad (13.24')$$

Esse é o **princípio de conservação da energia**, que afirma que quando uma partícula se desloca sob a ação de forças conservativas, a soma de suas energias cinética e potencial permanece constante. A aplicação desse princípio facilita a solução de problemas que envolvem apenas forças conservativas [Problemas Resolvidos 13.8 e 13.9.]

Expressão alternativa para o princípio de trabalho e energia

Em vez de determinar o trabalho devido a todas as forças externas, você pode escrever uma expressão alternativa para o princípio de trabalho e energia de tal forma que

$$T_1 + V_{g_1} + V_{e_1} + U_{1\to 2}^{NC} = T_2 + V_{g_2} + V_{e_2} \qquad (13.24'')$$

onde $U_{1\to 2}^{NC}$ o trabalho das forças não conservativas externas, como o atrito [Problema Resolvido 13.10].

Movimento sob uma força gravitacional

Relembrando da Seção 12.2B que quando uma partícula se desloca sob uma força central **F** sua quantidade de movimento angular em torno do centro da força O permanece constante, observamos [Seção 13.D] que, se a força central **F** também é conservativa, os princípios de conservação da quantidade de movimento angular e de conservação da energia podem ser usados em conjunto para analisar o movimento da partícula [Problema Resolvido 13.11]. Uma vez que a força gravitacional exercida pela Terra sobre um veículo espacial é tanto central como conservativa, essa abordagem foi usada no estudo do movimento de tais veículos [Problema Resolvido 13.12] e verificou-se que ela é particularmente efetiva no caso de um **lançamento oblíquo**. Considerando a posição inicial P_0 e uma posição arbitrária P do veículo (Fig. 13.34), escrevemos

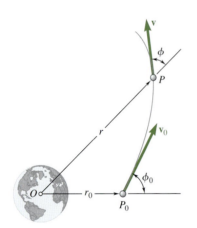

Figura 13.34

$$(H_O)_0 = H_O: \qquad r_0 m v_0 \operatorname{sen} \phi_0 = r m v \operatorname{sen} \phi \qquad (13.25)$$

$$T_0 + V_0 = T + V: \qquad \tfrac{1}{2}mv_0^2 - \frac{GMm}{r_0} = \tfrac{1}{2}mv^2 - \frac{GMm}{r} \qquad (13.26)$$

onde m é a massa do veículo e M a massa da Terra.

Princípio de impulso e quantidade de movimento de uma partícula

A segunda parte do capítulo foi dedicada ao método de impulso e quantidade de movimento e sua aplicação à solução de vários tipos de problemas envolvendo o movimento de partículas.

A **quantidade de movimento linear de uma partícula** foi definida [Seção 13.3A] como o produto $m\mathbf{v}$ da massa m da partícula e de sua velocidade $\mathbf{v}$. Da segunda lei de Newton, $\mathbf{F} = m\mathbf{a}$, deduzimos a relação

$$m\mathbf{v}_1 + \int_{t_1}^{t_2} \mathbf{F}\, dt = m\mathbf{v}_2 \qquad (13.28)$$

onde $m\mathbf{v}_1$ e $m\mathbf{v}_2$ representam a quantidade de movimento da partícula em um tempo t_1 e em um tempo t_2, respectivamente, e onde a integral define o **impulso linear da força F** durante o intervalo de tempo correspondente. Escrevemos, portanto,

$$m\mathbf{v}_1 + \mathbf{Imp}_{1\to 2} = m\mathbf{v}_2 \tag{13.30}$$

que expressa o princípio de impulso e quantidade de movimento para uma partícula.

Quando a partícula considerada está sujeita a diversas forças, a soma dos impulsos dessas forças deve ser usada; obtivemos

$$m\mathbf{v}_1 + \Sigma\mathbf{Imp}_{1\to 2} = m\mathbf{v}_2 \tag{13.32}$$

Como as Eqs. (13.30) e (13.32) envolvem grandezas vetoriais, é necessário considerar seus componentes em x e em y separadamente ao aplicá-las à solução de um dado problema [Problemas Resolvidos 13.13 e 13.15].

Movimento impulsivo

O método de impulso e quantidade de movimento é particularmente efetivo no estudo do **movimento impulsivo** de uma partícula, quando forças muito grandes, chamadas **forças impulsivas**, são aplicadas durante um intervalo de tempo muito pequeno Δt, pois o método envolve os impulsos $\mathbf{F}_{méd}\Delta t$ das forças em lugar das próprias forças [Seção 13.11]. Considerando que todas as forças não impulsivas (por exemplo, peso) são desprezíveis, escrevemos

$$m\mathbf{v}_1 + \Sigma\mathbf{F}_{méd}\Delta t = m\mathbf{v}_2 \tag{13.35}$$

No caso do movimento impulsivo de diversas partículas, obtivemos

$$\Sigma m\mathbf{v}_1 + \Sigma\mathbf{F}_{méd}\Delta t = \Sigma m\mathbf{v}_2 \tag{13.36}$$

onde o segundo termo envolve apenas forças impulsivas externas [Problema Resolvido 13.16 e 13.17.]

No caso particular em que a soma dos impulsos das forças externas é nula, a Eq. (13.36) reduz-se a $\Sigma m\mathbf{v}_1 = \Sigma m\mathbf{v}_2$; ou seja, a quantidade de movimento total das partículas se conserva. Como anteriormente, para duas partículas, isso se reduz a

$$m_A\mathbf{v}_A + m_B v_B = m_A\mathbf{v}'_A + m_B\mathbf{v}'_B \tag{13.34'}$$

Impacto central direto

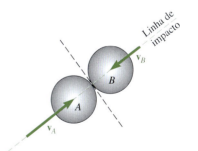

Figura 13.35

Na Seção 13.4, consideramos o **impacto central** de dois corpos em colisão. No caso de um **impacto central direto** [Seção 13.4A], os dois corpos em colisão A e B moviam-se ao longo da **linha de impacto** com velocidades $\mathbf{v}_A$ e $\mathbf{v}_B$, respectivamente (Fig. 13.35). Duas equações podiam ser usadas para determinar suas velocidades $\mathbf{v}'_A$ e $\mathbf{v}'_B$ após o impacto. A primeira expressava a conservação da quantidade de movimento dos dois corpos:

$$m_A v_A + m_B v_B = m_A v'_A + m_B v'_B \tag{13.37}$$

onde um sinal positivo indica que a velocidade correspondente está orientada para a direita. A segunda equação, chamada de equação do coeficiente de restituição, relacionava as *velocidades relativas* dos dois corpos antes e depois do impacto:

$$v'_B - v'_A = e(v_A - v_B) \tag{13.43}$$

A constante e é conhecida como **coeficiente de restituição**; seu valor fica entre 0 e 1 e depende em grande parte dos materiais envolvidos. Quando $e = 0$, o impacto é dito **perfeitamente plástico**; quando $e = 1$, é dito **perfeitamente elástico**. A Eq. (13.43) só é válida para o impacto central direto [Problema Resolvido 13.18].

Impacto central oblíquo

No caso de um **impacto central oblíquo** [Seção 13.4B], as velocidades dos dois corpos em colisão antes e depois do impacto foram decompostas em componentes em n, ao longo da linha de impacto, e em componentes em t, ao longo da tangente comum às superfícies em contato (Fig. 13.36). Observamos que o componente da velocidade em t de cada corpo permanecia inalterado, ao passo que os componentes em n satisfaziam equações similares às Eqs. (13.37) e (13.43) [Problemas Resolvidos 13.19 e 13.20]. Mostrou-se que, embora esse método tenha sido desenvolvido para corpos que se movem livremente antes e depois do impacto, ele poderia ser estendido ao caso em que um ou ambos os corpos em colisão estão restritos em seu movimento [Problema Resolvido 13.21]. Quando as velocidades não estão ao longo da linha de impacto, a equação do coeficiente de restituição usa a componente normal:

$$(v'_B)_n - (v'_A)_n = e[(v_A)_n - (v_B)_n] \tag{13.49}$$

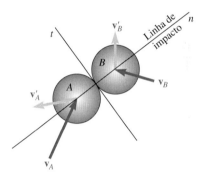

Figura 13.36

Uso dos três métodos fundamentais de análise cinética

Na Seção 13.4C, discutimos as vantagens relativas dos três métodos fundamentais apresentados neste capítulo e no capítulo anterior, a saber, a segunda lei de Newton, trabalho e energia e impulso e quantidade de movimento. Observamos que o método de trabalho e energia e o método de impulso e quantidade de movimento podem ser combinados para resolver problemas que envolvem uma fase curta de impacto durante a qual as forças impulsivas devem ser levadas em consideração [Problema Resolvido 13.22 e 13.23].

PROBLEMAS DE REVISÃO

13.190 Marcas de derrapagem em uma pista de corrida de arrancadas indicam que as rodas traseiras (de tração) de um carro derrapam durante os primeiros 18 m e rolam com deslizamento iminente durante os 382 m restantes. As rodas dianteiras do carro perdem contato com o solo durante os 18 m iniciais e, no restante da corrida, 75% do peso do carro recai sobre as rodas trasciras. Sabendo que a velocidade do carro é de 58 km/h no final dos primeiros 18 m e que o coeficiente de atrito cinético é 80% do coeficiente de atrito estático, determine a velocidade do carro no final da pista de 400 m. Ignore as resistências do ar e de rolamento.

Figura P13.190

13.191 Uma bolinha de 60 g disparada verticalmente por uma pistola de mola na superfície da Terra atinge a altura de 90 m. A mesma bolinha disparada pela mesma pistola na superfície da Lua atinge a altura de 570 m. Determine a energia dissipada pelo arraste aerodinâmico quando a bolinha é disparada na superfície da Terra. (A aceleração da gravidade na superfície da Lua é 0,165 vezes daquela na superfície da Terra.)

13.192 Um satélite descreve uma órbita elíptica ao redor de um planeta de massa M. Os valores mínimo e máximo da distância r do centro do satélite ao planeta são, respectivamente, r_0 e r_1. Use os princípios de conservação de energia e conservação da quantidade de movimento angular para deduzir a relação

$$\frac{1}{r_0} + \frac{1}{r_1} = \frac{2GM}{h^2}$$

onde h é a quantidade de movimento angular por unidade de massa do satélite e G é a constante de gravitação.

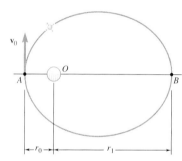

Figura P13.192

13.193 Uma esfera de aço de 60 g está presa a uma corda de 200 mm que pode balançar em volta do ponto O em um plano vertical. Ela está sujeita a seu próprio peso e a uma força **F** exercida por um pequeno ímã incorporado ao chão. A intensidade dessa força, expressa em newtons, é $F = 3000/r^2$, onde r é a distância entre o ímã e a esfera expressa em milímetros. Sabendo que a esfera é liberada do repouso em A, determine sua velocidade quando ela passa pelo ponto B.

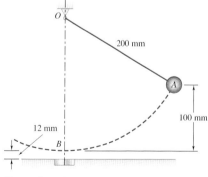

Figura P13.193

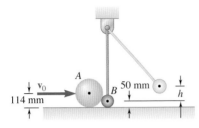

Figura P13.194

13.194 Uma esfera A de 22,7 kg com um raio de 114 mm está se movendo a uma velocidade com intensidade de $v_0 = 1,8$ m/s. A esfera A atinge uma esfera B de 2 kg que tem um raio de 50 mm, que está pendurada em um cabo inextensível e está inicialmente em repouso. Sabendo que a esfera B oscila para uma altura máxima de $h = 230$ mm, determine o coeficiente de restituição entre as duas esferas.

13.195 Um bloco de 300 g é liberado do repouso após a mola de constante $k = 600$ N/m ter sido comprimida 160 mm. Determine a força exercida pelo laço $ABCD$ no bloco à medida que o bloco passa pelo (*a*) ponto A, (*b*) ponto B, (*c*) ponto C. Despreze o atrito.

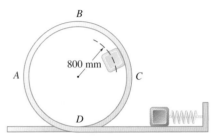

Figura P13.195

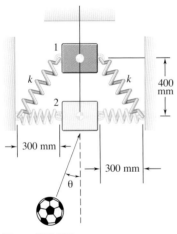

Figura *P13.196*

13.196 Um simulador de chute fica em frente a uma cadeira de rodas, permitindo que atletas com deficiências físicas joguem futebol. Os atletas carregam a mola mostrada na figura por meio de um mecanismo de catraca que puxa o "pé" de 2 kg para a posição 1. Eles então soltam o "pé" para impactar a bola de futebol de 0,45 kg que está rolando em direção ao "pé" com uma velocidade de 2 m/s em um ângulo $\theta = 30$, como mostrado na figura. O impacto ocorre com um coeficiente de restituição $e = 0,75$ quando o pé está na posição 2, onde as molas não estão esticadas. Sabendo que o coeficiente de atrito efetivo durante o rolamento é $\mu_k = 0,1$, determine (*a*) o coeficiente de mola necessário para fazer a bola rolar 30 m, (*b*) a direção que a bola vai percorrer depois que é chutada.

13.197 Um colar A de 300 g é liberado do repouso, desliza para baixo sem atrito por uma haste e atinge um colar B de 900 g que está em repouso e é suportado por uma mola de constante 500 N/m. Sabendo que o coeficiente de restituição entre os dois colares é 0,9, determine (*a*) a distância máxima que o colar A se move para cima da haste após o impacto, (*b*) a distância máxima que o colar B se move para baixo da haste após o impacto.

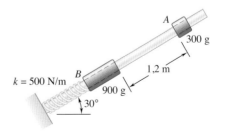

Figura P13.197

13.198 Dois blocos A e B estão conectados por uma corda que passa pelas roldanas e por meio de um colar C. O sistema é liberado do repouso quando $x = 1,7$ m. Como o bloco A sobe, ele bate no colar C com impacto perfeitamente plástico ($e = 0$). Após o impacto, os dois blocos e o colar se mantêm em movimento até que param e revertem seus movimentos. Como A e C se movem para baixo, C atinge o ressalto e os blocos A e B se mantêm em movimento até que param novamente. Determine (a) a velocidade dos blocos e do colar imediatamente após A atingir C, (b) a distância que os blocos e colar se movem após o impacto antes de parar, (c) o valor de x no final de um ciclo completo.

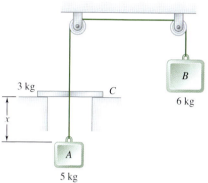

Figura P13.198

13.199 Uma bola B de 2 kg desloca-se horizontalmente a 10 m/s quando atinge uma bola A de 2 kg. A bola A está inicialmente em repouso e está ligada a uma mola A de constante 100 N/m e um comprimento não esticado de 1,2 m. Sabendo que o coeficiente de restituição entre A e B é 0,8 e o atrito entre todas as superfícies é desprezível, determine a força normal entre A e o solo quando estiver na parte de baixo do morro.

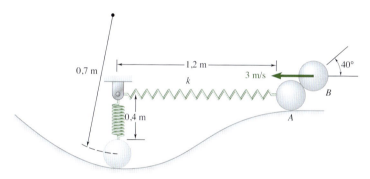

Figura P13.199

13.200 Um bloco A de 2 kg é empurrado para cima contra uma mola, comprimindo-a a uma distância x. O bloco é então liberado do repouso e desliza para baixo em uma inclinação de 20° até que atinge uma esfera B de 1 kg, que está suspensa por uma corda inextensível de 1 m. A constante da mola é $k = 800$ N/m, o coeficiente de atrito entre A e o solo é 0,2, o bloco A desliza a partir do comprimento não esticado da mola a uma distância $d = 1,5$ m e o coeficiente de restituição entre A e B é 0,8. Sabendo que a tração na corda é de 20 N quando $\alpha = 30°$, determine a compressão inicial x da mola.

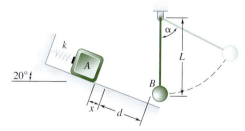

Figura P13.200

13.201 Uma bola A de 1 kg está suspensa por uma corda inextensível e tem velocidade inicial horizontal de 4,8 m/s. Se $l = 600$ mm, $x_B = 0{,}09$ e $y_B = 120$ mm, determine a velocidade inicial $\mathbf{v}_0$ de modo que a bola entre no cesto. (*Dica*: use um computador para resolver o conjunto resultante de equações.).

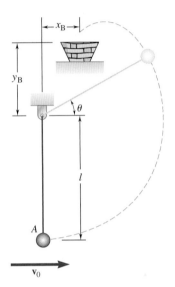

Figura **P13.201**

14
Sistemas de partículas

O empuxo para o motor deste protótipo XR-5M15 é produzido por partículas de gás ejetadas em alta velocidade. A determinação das forças no suporte de teste é baseada na análise do movimento de um *sistema variável de partículas*, ou seja, o movimento de um grande número de partículas de ar consideradas em conjunto, e não separadamente.

14.1 Aplicação da segunda lei de Newton e dos princípios de movimento a um sistema de partículas

14.1A A segunda lei de Newton para um sistema de partículas

14.1B Quantidade de movimento linear e angular de um sistema de partículas

14.1C Movimento do centro de massa de um sistema de partículas

14.1D Quantidade de movimento angular de um sistema de partículas em relação ao seu centro de massa

14.1E Conservação da quantidade de movimento para um sistema de partículas

14.2 Métodos de energia e movimento para um sistema de paticulas

14.2A Energia cinética de um sistema de partículas

14.2B Princípio de trabalho e energia e conservação de energia para um sistema de partículas

14.2C Princípio de impulso e quantidade de movimento e conservação da quantidade de movimento para um sistema de partículas

*14.3 Sistemas variáveis de partículas

*14.3A Fluxo permanente de partículas

*14.3B Sistemas que ganham ou perdem massa

Objetivos

- **Aplicar** a segunda lei de Newton a um sistema de partículas.
- **Calcular** as quantidades de movimento linear e angular sobre um ponto do sistema de partículas.
- **Descrever** o movimento do centro de massa de um sistema de partículas.
- **Determinar** a energia cinética de um sistema de partículas.
- **Analisar** o movimento de um sistema de partículas usando o princípio de trabalho e energia e o princípio de impulso e quantidade de movimento.
- **Analisar** o movimento do fluxo permanente de partículas.
- **Analisar** sistemas de partículas que ganham ou perdem massa.

Introdução

Neste capítulo, você vai estudar o movimento de **sistemas de partículas**, isto é, o movimento de um grande número de partículas consideradas em conjunto. A primeira parte do capítulo é dedicada a sistemas constituídos de partículas bem definidas, como um conjunto de bolas de bilhar ou um projétil que se fragmenta em pedaços. A segunda parte é dedicada ao estudo do movimento de sistemas variáveis de partículas, isto é, sistemas que estão continuamente ganhando ou perdendo partículas, ou fazendo ambas as coisas ao mesmo tempo. Com isso, poderemos descrever o movimento de um fluxo de água ou de um foguete durante seu lançamento.

Começamos aplicando a segunda lei de Newton em cada partícula do sistema. Vamos mostrar que as *forças externas* que atuam sobre as várias partículas formam um sistema equipolente ao sistema de $m_i\mathbf{a}_i$ para essas diversas partículas. Em outras palavras, ambos os sistemas têm a mesma resultante e o mesmo momento resultante em relação a qualquer ponto dado. Além disso, vamos mostrar que a resultante e o momento resultante das forças externas são iguais, respectivamente, à taxa de variação da quantidade de movimento linear total e da quantidade de movimento angular total das partículas do sistema.

Em seguida, o *centro de massa* de um sistema de partículas é definido, o movimento desse ponto é descrito e, então, o movimento das partículas em torno de seu centro de massa é analisado. Vamos discutir as condições nas quais a quantidade de movimento linear e a quantidade de movimento angular de um sistema de partículas se conservam e aplicar esses resultados à solução de vários problemas.

Na Seção 14.2, aplicamos o princípio de trabalho e energia a um sistema de partículas e, em seguida, o princípio de impulso e quantidade de movimento. Usaremos essas ideias para resolver diversos problemas de interesse prático.

Deve-se observar que, embora as derivações dadas na primeira parte deste capítulo tenham sido feitas para um sistema de partículas independentes, elas permanecem válidas quando as partículas do sistema estão rigidamente ligadas entre si, isto é, quando elas formam um corpo rígido. Na verdade, os resultados aqui obtidos vão formar a base de nossa discussão da cinética de corpos rígidos nos Capítulos 16 a 18.

Na Seção 14.3, consideramos um fluxo permanente de partículas, como um jato de água desviado por uma pá fixa ou o escoamento de ar em um motor a jato. Mostraremos como determinar a força exercida pelo fluxo sobre a pá e o empuxo desenvolvido pelo motor. Finalmente, você vai aprender como analisar sistemas que ganham massa pela absorção contínua de partículas ou que perdem massa pela expulsão contínua de partículas. Entre as várias aplicações práticas dessa análise está a determinação da força de propulsão desenvolvida por um motor de foguete.

14.1 Aplicação da segunda lei de Newton e dos princípios de movimento a um sistema de partículas

Em estática, estudamos os efeitos das forças em partículas e em corpos rígidos em equilíbrio. No entanto, quando falamos de partículas em movimento, é importante considerar os casos em que elas agem conjuntamente e não formam um corpo rígido, o que ocorre em várias aplicações importantes e práticas. Vamos analisar esse tipo de problema aplicando as leis de Newton ao sistema. Os resultados são um interessante ponto intermediário entre as dinâmicas de partículas e as dinâmicas dos corpos rígidos, os quais estudaremos em seguida.

14.1A A segunda lei de Newton para um sistema de partículas

Para deduzir as equações de movimento de um sistema de n partículas, vamos começar escrevendo a segunda lei de Newton para cada partícula individual do sistema. Considere a partícula P_i, onde $1 \leq i \leq n$. Seja m_i a massa de P_i e $\mathbf{a}_i$ sua aceleração em relação ao sistema de referência newtonia $Oxyz$. A força exercida sobre P_i por uma outra partícula P_j do sistema (Fig. 14.1), chamada de **força interna**, será representada por $\mathbf{f}_{ij}$. A resultante das forças internas exercidas sobre P_i por todas as outras partículas do sistema é, então, $\sum_{j=1}^{n} \mathbf{f}_{ij}$ (onde $\mathbf{f}_{ii}$ não tem significado físico e é considerado nulo). Por outro lado, considerando $\mathbf{F}_i$ a resultante de todas as **forças externas** que atuam sobre P_i, escrevemos a segunda lei de Newton para a partícula P_i como se segue:

$$\mathbf{F}_i + \sum_{j=1}^{n} \mathbf{f}_{ij} = m_i \mathbf{a}_i \quad (14.1)$$

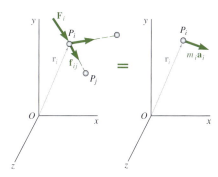

Figura 14.1 Segunda lei de Newton para a i-ésima partícula em um sistema de partículas.

Representado por $\mathbf{r}_i$ o vetor de posição de P_i e tomando os momentos em relação a O dos vários termos da Eq. (14.1), também escrevemos

$$\mathbf{r}_i \times \mathbf{F}_i + \sum_{j=1}^{n} (\mathbf{r}_i \times \mathbf{f}_{ij}) = \mathbf{r}_i \times m_i \mathbf{a}_i \quad (14.2)$$

Repetindo esse procedimento para cada partícula P_i do sistema, obtemos n equações do tipo (14.1) e n equações do tipo (14.2), onde i toma sucessivamente os valores 1, 2, ..., n. Portanto, as equações obtidas expressam o fato de que as forças externas $\mathbf{F}_i$ e as forças internas $\mathbf{f}_{ij}$ que atuam sobre as várias partículas formam um sistema equivalente ao sistema dos termos $m_i \mathbf{a}_i$ (isto é, um sistema pode ser substituído pelo outro) (Fig. 14.2). Antes

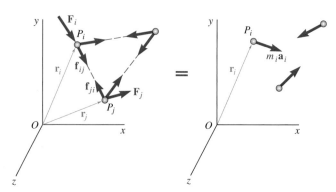

Figura 14.2 A soma das forças internas é igual a zero, e a soma das forças externas é igual à soma da massa vezes a aceleração para cada partícula do sistema.

de prosseguirmos com nossa derivação, examinaremos as forças internas $\mathbf{f}_{ij}$. Notamos que essas forças ocorrem em pares $\mathbf{f}_{ij}$, $\mathbf{f}_{ji}$, onde $\mathbf{f}_{ij}$ representa a força exercida pela partícula P_j sobre a partícula P_i e $\mathbf{f}_{ji}$ representa a força exercida por P_i sobre P_j (Fig. 14.2). Agora, de acordo com a terceira lei de Newton (*Estática*, Seção 6.1), quando estendida pela sua lei de gravitação para partículas que atuam à distância (Seção 12.2C), as forças $\mathbf{f}_{ij}$ e $\mathbf{f}_{ji}$ são iguais e opostas, e têm a mesma linha de ação. Sua soma é, portanto, $\mathbf{f}_{ij} + \mathbf{f}_{ji} = 0$, e a soma de seus momentos em relação a O é

$$\mathbf{r}_i \times \mathbf{f}_{ij} + \mathbf{r}_j \times \mathbf{f}_{ji} = \mathbf{r}_i \times (\mathbf{f}_{ij} + \mathbf{f}_{ji}) + (\mathbf{r}_j - \mathbf{r}_i) \times \mathbf{f}_{ji} = 0$$

pois os vetores $\mathbf{r}_j - \mathbf{r}_i$ e $\mathbf{f}_{ji}$ no último termo são colineares. Adicionando todas as forças internas do sistema e somando seus momentos em relação a O, obtemos as equações

$$\sum_{i=1}^{n} \sum_{j=1}^{n} \mathbf{f}_{ij} = 0 \qquad \sum_{i=1}^{n} \sum_{j=1}^{n} (\mathbf{r}_i \times \mathbf{f}_{ij}) = 0 \qquad (14.3)$$

Essas equações expressam o fato de que a resultante e o momento resultante das forças internas do sistema são iguais a zero.

Retomando agora às n equações (14.1), onde $i = 1, 2, ..., n$, somamos seus membros do lado esquerdo e seus membros do lado direito. Levando em conta a primeira das Eqs. (14.3), obtemos

$$\sum_{i=1}^{n} \mathbf{F}_i = \sum_{i=1}^{n} m_i \mathbf{a}_i \qquad (14.4)$$

Procedendo do mesmo modo com as Eqs. (14.2) e levando em conta a segunda das Eqs. (14.3), temos

$$\sum_{i=1}^{n} (\mathbf{r}_i \times \mathbf{F}_i) = \sum_{i=1}^{n} (\mathbf{r}_i \times m_i \mathbf{a}_i) \qquad (14.5)$$

As Eqs. (14.4) e (14.5) expressam o fato de que o sistema de forças externas $\mathbf{F}_i$ e o sistema de termos $m_i \mathbf{a}_i$ têm a mesma resultante e o mesmo momento resultante. Referindo à definição dada em *Estática*, na Seção 3.4B, para dois sistemas equipolentes de vetores, podemos, portanto, afirmar que **o sistema de**

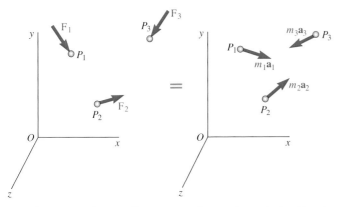

Figura 14.3 O diagrama de corpo livre para um sistema de partículas é igual ao seu diagrama cinético.

forças externas que atuam sobre as partículas e o sistema de termos $m_i\mathbf{a}_i$ dessas partículas são equipolentes (Fig. 14.3). A Figura 14.3 mostra basicamente que um diagrama de corpo livre para um sistema de partículas é igual ao seu diagrama cinético.

As Eqs. (14.3) expressam o fato de que o sistema das forças internas $\mathbf{f}_{ij}$ é equipolente a zero. Observe, entretanto, que *não* resulta disso as forças internas não terem efeito sobre as partículas em consideração. De fato, as forças gravitacionais que o Sol e os planetas exercem uns sobre os outros são internas ao Sistema Solar e equipolentes a zero. Contudo, essas forças sozinhas são responsáveis pelo movimento dos planetas em torno do Sol.

Analogamente, não resulta das Eqs. (14.4) e (14.5) que dois sistemas de forças externas, de mesma resultante e de mesmo momento resultante, produzirão o mesmo efeito sobre um dado sistema de partículas. Claramente, os sistemas mostrados nas Figs. 14.4*a* e 14.4*b* têm a mesma resultante e o mesmo momento resultante; contudo, o primeiro sistema acelera a partícula *A* e não afeta a partícula *B*, enquanto o segundo acelera *B* e não afeta *A*. É importante recordar que, quando estabelecemos na Seção 3.4B que dois sistemas equipolentes de forças que atuam sobre um corpo rígido também são equivalentes, observamos especificamente que esta propriedade *não* poderia ser estendida a um sistema de forças que atuam sobre um conjunto de partículas independentes como as consideradas neste capítulo.

A fim de evitar qualquer confusão, sinais de igualdade em preto são usados para ligar sistemas de vetores equipolentes, como os mostrados nas Figs. 14.3 e 14.4. Esses sinais indicam que os dois sistemas de vetores têm a mesma resultante e o mesmo momento resultante. Os sinais de igualdade em verde continuarão a ser usados para indicar que dois sistemas de vetores são equivalentes, isto é, que um sistema pode verdadeiramente ser substituído pelo outro (Fig. 14.2).

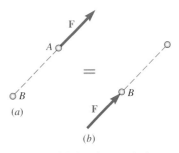

Figura 14.4 (*a*) Um sistema de força e momento resultantes aplicados à partícula *A* não é equivalente à (*b*) mesma força e momento aplicados à partícula *B*.

14.1B Quantidade de movimento linear e angular de um sistema de partículas

Podemos expressar as Eqs. (14.4) e (14.5) de forma mais condensada introduzindo a quantidade de movimento linear e a angular do sistema de partículas. Definindo a quantidade de movimento linear **L** do sistema de partículas como a soma das quantidades de movimento linear das várias partículas do sistema (Seção 12.1B), escrevemos

Quantidade de movimento linear, sistema de partículas

$$\mathbf{L} = \sum_{i=1}^{n} m_i \mathbf{v}_i \qquad (14.6)$$

Definindo a quantidade de movimento angular $\mathbf{H}_O$ em relação a O do sistema de partículas de um modo similar (Seção 12.2A), temos

Quantidade de movimento angular, sistema de partículas

$$\mathbf{H}_O = \sum_{i=1}^{n} (\mathbf{r}_i \times m_i \mathbf{v}_i) \qquad (14.7)$$

Diferenciando ambos os membros das Eqs. (14.6) e (14.7) em relação a t, escrevemos

$$\dot{\mathbf{L}} = \sum_{i=1}^{n} m_i \dot{\mathbf{v}}_i = \sum_{i=1}^{n} m_i \mathbf{a}_i \qquad (14.8)$$

e

$$\dot{\mathbf{H}}_O = \sum_{i=1}^{n} (\dot{\mathbf{r}}_i \times m_i \mathbf{v}_i) + \sum_{i=1}^{n} (\mathbf{r}_i \times m_i \dot{\mathbf{v}}_i)$$

$$= \sum_{i=1}^{n} (\mathbf{v}_i \times m_i \mathbf{v}_i) + \sum_{i=1}^{n} (\mathbf{r}_i \times m_i \mathbf{a}_i)$$

Já que os vetores $\mathbf{v}_i$ e $m_i \mathbf{v}_i$ são colineares, essa última equação se reduz a

$$\dot{\mathbf{H}}_O = \sum_{i=1}^{n} (\mathbf{r}_i \times m_i \mathbf{a}_i) \qquad (14.9)$$

Observamos que os membros do lado direito das Eqs. (14.8) e (14.9) são, respectivamente, idênticos aos membros do lado direito das Eqs. (14.4) e (14.5), respectivamente. Segue-se que os membros do lado esquerdo dessas equações são respectivamente iguais. Recordando que o membro do lado esquerdo da Eq. (14.5) representa a soma dos momentos $\mathbf{M}_O$ em relação a O das forças externas que atuam sobre as partículas do sistema. Então, omitindo o subscrito i da soma, temos

$$\Sigma \mathbf{F} = \dot{\mathbf{L}} \qquad (14.10)$$

$$\Sigma \mathbf{M}_O = \dot{\mathbf{H}}_O \qquad (14.11)$$

Essas equações expressam que

A resultante e o momento resultante em relação ao ponto fixo O das forças externas são respectivamente iguais às taxas de variação da quantidade de movimento linear e da quantidade de movimento angular em relação a O do sistema de partículas.

Capítulo 14 Sistemas de partículas **921**

14.1C Movimento do centro de massa de um sistema de partículas

A Eq. (14.10) pode ser escrita de forma alternativa se o **centro de massa** do sistema de partículas for considerado. O centro de massa do sistema é o ponto G definido pelo vetor de posição $\bar{\mathbf{r}}$, que satisfaz a relação

$$m\bar{\mathbf{r}} = \sum_{i=1}^{n} m_i \mathbf{r}_i \qquad \textbf{(14.12)}$$

onde m representa a massa total $m = \sum_{i=1}^{n} m_i$ das partículas. Decompondo os vetores de posição $\bar{\mathbf{r}}$ e $\mathbf{r}_i$ em coordenadas retangulares, obtemos as três equações escalares seguintes, que podem ser usadas para determinar as coordenadas $\bar{x}$, $\bar{y}$ e $\bar{z}$ do centro de massa:

$$m\bar{x} = \sum_{i=1}^{n} m_i x_i \qquad m\bar{y} = \sum_{i=1}^{n} m_i y_i \qquad m\bar{z} = \sum_{i=1}^{n} m_i z_i \qquad \textbf{(14.12}'\textbf{)}$$

Como $m_i g$ representa o peso da partícula P_i e mg o peso total das partículas, G é também o centro de gravidade do sistema de partículas. Entretanto, para evitar qualquer confusão, G será chamado de *centro de massa* do sistema de partículas quando propriedades associadas à *massa* das partículas forem discutidas e de *centro de gravidade* do sistema quando propriedades associadas ao *peso* das partículas forem consideradas. Partículas localizadas fora do campo gravitacional da Terra, por exemplo, têm uma determinada massa, mas nenhum peso. Podemos então nos referir propriamente a seus centros de massa, mas obviamente não a seus centros de gravidade.*

Diferenciando ambos os membros da Eq. (14.12) em relação a t, escrevemos

$$m\dot{\bar{\mathbf{r}}} = \sum_{i=1}^{n} m_i \dot{\mathbf{r}}_i$$

ou

$$m\bar{\mathbf{v}} = \sum_{i=1}^{n} m_i \mathbf{v}_i \qquad \textbf{(14.13)}$$

onde $\bar{\mathbf{v}}$ representa a velocidade do centro de massa G do sistema de partículas. Mas o membro do lado direito da Eq. (14.13) é, por definição, a quantidade de movimento linear $\mathbf{L}$ do sistema [veja a Eq. (14.6)]. Temos, portanto,

$$\mathbf{L} = m\bar{\mathbf{v}} \qquad \textbf{(14.14)}$$

e, diferenciando ambos os membros em relação a t,

$$\dot{\mathbf{L}} = m\bar{\mathbf{a}} \qquad \textbf{(14.15)}$$

---

*Também pode-se argumentar que o centro de massa e o centro de gravidade de um sistema de partículas não coincidem exatamente, pois os pesos das partículas são dirigidos para o centro da Terra e, portanto, não formam verdadeiramente um sistema de forças paralelas. Para partículas na Terra, essa diferença é extremamente pequena.

onde $\bar{\mathbf{a}}$ representa a aceleração do centro de massa G. Substituindo $\dot{\mathbf{L}}$ da Eq. (14.15) na Eq. (14.10), obtemos

$$\Sigma \mathbf{F} = m\bar{\mathbf{a}} \quad (14.16)$$

que define o movimento do centro de massa G do sistema de partículas.

Notamos que a Eq. (14.16) é idêntica à equação que teríamos obtido para uma partícula de massa m igual à massa total das partículas do sistema, sobre a qual atuam todas as forças externas. Dizemos, portanto, que

> **O centro de massa de um sistema de partículas se move como se a massa total do sistema e todas as forças externas estivessem concentradas nesse ponto.**

Esse princípio é melhor ilustrado pelo movimento de uma granada ao explodir. Sabemos que, se a resistência do ar for desprezada, pode-se assumir que a granada descreverá uma trajetória parabólica. Após sua explosão, o centro de massa G dos fragmentos dessa granada continuará a percorrer a mesma trajetória. Na verdade, o ponto G deve se mover como se a massa e o peso de todos os fragmentos estivessem concentrados em G; ele deve, portanto, se mover como se a granada não tivesse explodido.

Deve-se notar que a dedução precedente não envolve os momentos das forças externas. Portanto, *seria errado assumir* que as forças externas são equipolentes a um vetor $m\bar{\mathbf{a}}$ ligado ao centro de massa G. Esse não é geralmente o caso, pois, como você verá na próxima seção, a soma dos momentos em relação a G das forças externas não é geralmente igual a zero.

14.1D Quantidade de movimento angular de um sistema de partículas em relação ao seu centro de massa

Em algumas aplicações (por exemplo, na análise do movimento de um corpo rígido), é conveniente considerar o movimento das partículas do sistema em relação a um sistema de referência ligado ao centro de massa $Gx'y'z'$, que se move em translação em relação ao sistema de referência newtoniano $Oxyz$ (Fig. 14.5). Embora um sistema ligado ao centro de massa não seja, usualmente, um sistema de referência newtoniano, será visto que a relação fundamental na Eq. (14.11) permanece válida quando o sistema de referência $Oxyz$ é substituído por $Gx'y'z'$.

Vamos representar, respectivamente, por $\mathbf{r}'_i$ e $\mathbf{v}'_i$ o vetor de posição e a velocidade da partícula P_i em relação ao sistema de referência móvel $Gx'y'z'$. Então, vamos definir a **quantidade de movimento angular $\mathbf{H}'_G$** do sistema de partículas **em relação ao centro de massa G** como se segue:

$$\mathbf{H}'_G = \sum_{i=1}^{n} (\mathbf{r}'_i \times m_i \mathbf{v}'_i) \quad (14.17)$$

Agora diferenciamos ambos os membros da Eq. (14.17) em relação a t. Essa operação é similar àquela efetuada na Eq. (14.7); portanto, escrevemos

$$\dot{\mathbf{H}}'_G = \sum_{i=1}^{n} (\mathbf{r}'_i \times m_i \mathbf{a}'_i) \quad (14.18)$$

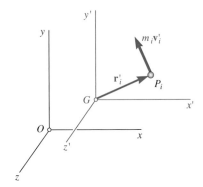

Figura 14.5 Um sistema de referência ligado ao centro de massa $Gx'y'z'$ se movendo em translação em relação ao sistema de referência newtoniano $Oxyz$.

onde $\mathbf{a}'_i$ representa a aceleração de P_i em relação ao sistema de referência móvel. Referindo à Seção 11.4D, escrevemos

$$\mathbf{a}_i = \overline{\mathbf{a}} + \mathbf{a}'_i$$

onde $\mathbf{a}_i$ e $\overline{\mathbf{a}}$ representam, respectivamente, as acelerações de P_i e G em relação ao sistema $Oxyz$. Resolvendo para $\mathbf{a}'_i$ e substituindo em (14.18), temos

$$\dot{\mathbf{H}}'_G = \sum_{i=1}^{n} (\mathbf{r}'_i \times m_i \mathbf{a}_i) - \left(\sum_{i=1}^{n} m_i \mathbf{r}'_i \right) \times \overline{\mathbf{a}} \qquad (14.19)$$

Mas, pela Eq. (14.12), a segunda soma da Eq. (14.9) é igual a $m\overline{\mathbf{r}}'$ e, portanto, igual a zero, pois o vetor de posição $\overline{\mathbf{r}}'$ de G em relação ao sistema $Gx'y'z'$ é claramente zero. Por outro lado, como $\mathbf{a}_i$ representa a aceleração de P_i em relação a um sistema newtoniano, podemos usar a Eq. (14.1) e substituir $m_i\mathbf{a}_i$ pela soma das forças internas $\mathbf{f}_{ij}$ e da resultante $\mathbf{F}_i$ das forças externas que atuam sobre P_i. Mas um argumento semelhante àquele usado na Seção 14.1A mostra que o momento resultante em relação a G das forças internas $\mathbf{f}_{ij}$ de todo o sistema é zero. A primeira soma da Eq. (14.19) se reduz, portanto, ao momento resultante em relação a G das forças externas que atuam sobre as partículas do sistema, e escrevemos

$$\Sigma \mathbf{M}_G = \dot{\mathbf{H}}'_G \qquad (14.20)$$

Essa equação expressa que

O momento resultante em relação a G das forças externas é igual à taxa de variação da quantidade de movimento angular em relação a G do sistema de partículas.

Deve-se notar que na Eq. (14.17) definimos a quantidade de movimento angular $\mathbf{H}'_G$ como a soma dos momentos em relação a G das quantidades de movimento das partículas $m_i\mathbf{v}'_i$ *em seus movimentos em relação a um sistema de referência ligado ao centro de massa $Gx'y'z'$*. Podemos querer, algumas vezes, calcular a soma $\mathbf{H}_G$ dos momentos em relação a G das quantidades de movimento das partículas $m_i\mathbf{v}_i$ *em seus movimentos absolutos*, isto é, em seus movimentos como observados a partir do sistema de referência newtoniano $Oxyz$ (Fig. 14.6):

$$\mathbf{H}_G = \sum_{i=1}^{n} (\mathbf{r}'_i \times m_i\mathbf{v}_i) \qquad (14.21)$$

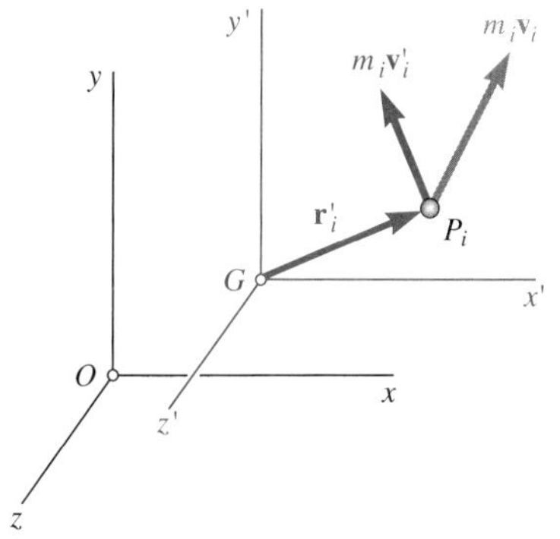

Observe que as quantidades de movimento angulares $\mathbf{H}'_G$ e $\mathbf{H}_G$ são iguais. Isso pode ser verificado recorrendo-se à Seção 11.4D e escrevendo

$$\mathbf{v}_i = \overline{\mathbf{v}} + \mathbf{v}'_i \qquad (14.22)$$

Substituindo o valor de $\mathbf{v}_i$ da Eq. (14.22) na Eq. (14.21), temos

$$\mathbf{H}_G = \left(\sum_{i=1}^{n} m_i\mathbf{r}'_i \right) \times \overline{\mathbf{v}} + \sum_{i=1}^{n} (\mathbf{r}'_i \times m_i\mathbf{v}'_i)$$

Mas, como observado anteriormente, a primeira soma é igual a zero. Portanto, $\mathbf{H}_G$ se reduz à segunda soma, que, por definição, é igual a $\mathbf{H}'_G$.*

Figura 14.6 A quantidade de movimento linear da partícula P_i em relação ao sistema de referência ligado ao centro de massa $(m_i v'_i)$ e ao sistema newtoniano $(m_i v_i)$.

---

*Note que esta propriedade é característica do sistema de referência ligado ao centro de massa $Gx'y'z'$, mas que, em geral, não é válida para outros sistemas de referência (ver Problema 14.29).

Levando em conta a propriedade que acabamos de estabelecer, simplificamos nossa notação retirando o apóstrofo (′) da Eq. (14.20) e escrevemos

$$\Sigma \mathbf{M}_G = \dot{\mathbf{H}}_G \qquad (14.23)$$

Aqui, podemos calcular a quantidade de movimento angular $\mathbf{H}_G$ tomando-se os momentos em relação a G das quantidades de movimento das partículas em seus movimentos, seja em relação ao sistema de referência newtoniana $Oxyz$ ou ao sistema de referência ligado ao centro de massa $Gx'y'z'$.

$$\mathbf{H}_G = \sum_{i=1}^{n} (\mathbf{r}'_i \times m_i \mathbf{v}_i) = \sum_{i=1}^{n} (\mathbf{r}'_i \times m_i \mathbf{v}'_i) \qquad (14.24)$$

14.1E Conservação da quantidade de movimento para um sistema de partículas

Se nenhuma força externa atua sobre as partículas de um sistema, os membros do lado esquerdo das Eqs. (14.10) e (14.11) são iguais a zero. Essas equações se reduzem a $\dot{\mathbf{L}} = 0$ e $\dot{\mathbf{H}}_O = 0$. Concluímos que

$$\mathbf{L} = \text{constante} \qquad \mathbf{H}_O = \text{constante} \qquad (14.25)$$

As equações obtidas expressam que a quantidade de movimento linear do sistema de partículas e sua quantidade de movimento angular em relação ao ponto fixo O se conservam.

Em algumas aplicações, como os problemas que envolvem forças centrais, o momento em relação a um ponto fixo O de cada uma das forças externas pode ser zero sem que nenhuma delas seja zero. Em tais casos, a segunda das Eqs. (14.25) ainda é verdadeira; a quantidade de movimento angular do sistema de partículas em relação a O se conserva.

O conceito de conservação da quantidade de movimento também pode ser aplicado à análise do movimento do centro de massa G de um sistema de partículas e à análise do movimento do sistema em relação a G. Por exemplo, se a soma das forças externas é zero, a primeira das Eq. (14.25) se aplica. Voltando à Eq. (14.14), temos

$$\bar{\mathbf{v}} = \text{constante} \qquad (14.26)$$

Essa equação expressa que o centro de massa G do sistema se move em uma linha reta e a uma velocidade constante. Por outro lado, se a soma dos momentos em relação a G das forças externas é zero, segue-se da Eq. (14.23) que a quantidade de movimento angular do sistema em relação a seu centro de massa é conservada:

$$\mathbf{H}_O = \text{constante} \qquad (14.27)$$

Foto 14.1 Nenhuma força externa atua na explosão de fogos de artifício; portanto, as quantidades de movimento linear e angular são conservadas.

PROBLEMA RESOLVIDO 14.1

Um veículo espacial de 200 kg é observado em $t = 0$ ao passar pela origem de um sistema de referência newtoniano $Oxyz$ com velocidade $\mathbf{v}_0 = (150 \text{ m/s})\mathbf{i}$ em relação ao sistema. Como resultado da detonação de cargas explosivas, o veículo se separa em três partes A, B e C, de massas de 100 kg, 60 kg e 40 kg, respectivamente. Sabendo que, em $t = 2,5$ s, as posições das partes A e B observadas são $A(555, -180, 240)$ e $B(255, 0, -120)$, sendo as coordenadas expressas em metros, determine a posição da parte C nesse instante.

ESTRATÉGIA Como não há forças externas, a quantidade de movimento linear do sistema é conservada. Use a cinemática para relacionar o movimento do centro de massa do veículo espacial e as coordenadas retangulares de sua posição.

MODELAGEM E ANÁLISE O sistema é o veículo espacial. Após a explosão, ele é composto por três partes: A, B e C. O centro de massa G do sistema se move com uma velocidade constante $\mathbf{v}_0 = (150 \text{ m/s})\mathbf{i}$. Em $t = 2,5$ s. sua posição é

$$\bar{\mathbf{r}} = \mathbf{v}_0 t = (150 \text{ m/s})\mathbf{i}(2,5\,\text{s}) = (375\,\text{m})\mathbf{i}$$

Voltando à Eq. (14.12), você tem

$$m\bar{\mathbf{r}} = m_A \mathbf{r}_A + m_B \mathbf{r}_B + m_C \mathbf{r}_C$$
$$(200 \text{ kg})(375 \text{ m})\mathbf{i} = (100 \text{ kg})[(555 \text{ m})\mathbf{i} - (180 \text{ m})\mathbf{j} + (240 \text{ m})\mathbf{k}]$$
$$+ (60 \text{ kg})[(255 \text{ m})\mathbf{i} - (120 \text{ m})\mathbf{k}] + (40 \text{ kg})\mathbf{r}_C$$

$$\mathbf{r}_C = (105 \text{ m})\mathbf{i} + (450 \text{ m})\mathbf{j} - (420 \text{ m})\mathbf{k} \quad \blacktriangleleft$$

PARA REFLETIR Esse tipo de cálculo pode servir como modelo para qualquer situação que envolva a fragmentação de um projétil sem a presença de forças externas.

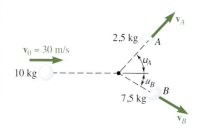

PROBLEMA RESOLVIDO 14.2

Um projétil de 10 kg se move com uma velocidade de 30 m/s quando explode em dois fragmentos, A e B, de massas 2,5 kg e 7,5 kg, respectivamente. Sabendo que, imediatamente após a explosão, os fragmentos A e B se movem em direções definidas respectivamente por $\theta_A = 45°$ e $\theta_B = 30°$, determine a velocidade de cada fragmento.

ESTRATÉGIA Como não há forças externas, aplique a conservação da quantidade de movimento linear ao sistema.

(Continua)

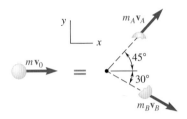

Figura 1 Diagrama de impulso e quantidade de movimento para o projétil.

MODELAGEM E ANÁLISE O sistema é o projétil. Após a explosão, ele é composto por dois fragmentos. O diagrama de impulso e quantidade de movimento desse sistema está representado na Fig. 1. Como não existem impulsos externos atuando nesse sistema, a quantidade de movimento linear se conserva:

$$m_A \mathbf{v}_A + m_B \mathbf{v}_B = m\mathbf{v}_0$$
$$(2{,}5)\mathbf{v}_A + (7{,}5)\mathbf{v}_B = (10)\mathbf{v}_0$$

A aplicação dessa equação nas direções x e y dará a você duas equações escalares. Portanto,

$\xrightarrow{+}$ componentes em x: $2{,}5v_A \cos 45° + 7{,}5v_B \cos 30° = 10(30)$

$+\uparrow$ componentes em y: $2{,}5v_A \text{ sen } 45° - 7{,}5v_B \text{ sen } 30° = 0$

Resolvendo simultaneamente as duas equações para v_A e v_B, temos

$$v_A = 62{,}2 \text{ m/s} \qquad v_B = 29{,}3 \text{ m/s}$$
$$\mathbf{v}_A = 62{,}2 \text{ m/s} \measuredangle 45° \qquad \mathbf{v}_B = 29{,}3 \text{ m/s} \measuredangle 30° \blacktriangleleft$$

PARA REFLETIR Como você pode ter previsto, o fragmento com a menor massa termina com uma intensidade de velocidade maior e parte da trajetória original com um ângulo maior.

PROBLEMA RESOLVIDO 14.3

Um sistema é formado por três partículas A, B e C, de massas $m_A = 1$ kg, $m_B = 2$ kg e $m_C = 3$ kg. As velocidades das partículas expressas em m/s são, respectivamente, $\mathbf{v}_A = 3\mathbf{i} - 2\mathbf{j} + 4\mathbf{k}$, $\mathbf{v}_B = 4\mathbf{i} + 3\mathbf{j}$ e $\mathbf{v}_C = 2\mathbf{i} + 5\mathbf{j} - 3\mathbf{k}$. Determine (a) a quantidade de movimento angular $\mathbf{H}_O$ do sistema em relação a O, (b) o vetor de posição $\bar{\mathbf{r}}$ do centro de massa G do sistema, (c) a quantidade de movimento angular $\mathbf{H}_G$ do sistema em relação a G.

ESTRATÉGIA Como este é um sistema de partículas, use as definições da quantidade de movimento angular e do centro de massa.

MODELAGEM Escolha as três partículas como seu sistema.

ANÁLISE A quantidade de movimento linear de cada partícula expressa em kg·m/s é

$$m_A \mathbf{v}_A = 3\mathbf{i} - 2\mathbf{j} + 4\mathbf{k}$$
$$m_B \mathbf{v}_B = 8\mathbf{i} + 6\mathbf{j}$$
$$m_C \mathbf{v}_C = 6\mathbf{i} + 15\mathbf{j} - 9\mathbf{k}$$

Os vetores de posição (em metros) são

$$\mathbf{r}_A = 3\mathbf{j} + \mathbf{k} \qquad \mathbf{r}_B = 3\mathbf{i} + 2{,}5\mathbf{k} \qquad \mathbf{r}_C = 4\mathbf{i} + 2\mathbf{j} + \mathbf{k}$$

a. Quantidade de movimento angular em relação a *O*. Usando a definição da quantidade de movimento angular em relação a O (em kg·m^2/s), encontramos

$$\mathbf{H}_O = \mathbf{r}_A \times (m_A\mathbf{v}_A) + \mathbf{r}_B \times (m_B\mathbf{v}_B) + \mathbf{r}_C \times (m_C\mathbf{v}_C)$$

$$= \begin{vmatrix} \mathbf{i} & \mathbf{j} & \mathbf{k} \\ 0 & 3 & 1 \\ 3 & -2 & 4 \end{vmatrix} + \begin{vmatrix} \mathbf{i} & \mathbf{j} & \mathbf{k} \\ 3 & 0 & 2,5 \\ 8 & 6 & 0 \end{vmatrix} + \begin{vmatrix} \mathbf{i} & \mathbf{j} & \mathbf{k} \\ 4 & 2 & 1 \\ 6 & 15 & -9 \end{vmatrix}$$

$$= (14\mathbf{i} + 3\mathbf{j} - 9\mathbf{k}) + (-15\mathbf{i} + 20\mathbf{j} + 18\mathbf{k}) + (-33\mathbf{i} + 42\mathbf{j} + 48\mathbf{k})$$

$$= 34\mathbf{i} + 65\mathbf{j} + 57\mathbf{k}$$

$$\mathbf{H}_O = -(34 \text{ kg·m}^2/\text{s})\mathbf{i} + (65 \text{ kg·m}^2/\text{s})\mathbf{j} + (57 \text{ kg·m}^2/\text{s})\mathbf{k} \quad \blacktriangleleft$$

b. Centro de massa. Usando a definição de centro de massa, encontramos

$$(m_A + m_B + m_C)\bar{\mathbf{r}} = m_A\mathbf{r}_A + m_B\mathbf{r}_B + m_C\mathbf{r}_C$$

$$6\bar{\mathbf{r}} = (1)(3\mathbf{j} + \mathbf{k}) + (2)(3\mathbf{i} + 2,5\mathbf{k}) + (3)(4\mathbf{i} + 2\mathbf{j} + \mathbf{k})$$

$$\bar{\mathbf{r}} = 3\mathbf{i} + 1,5\mathbf{j} + 1,5\mathbf{k}$$

$$\bar{\mathbf{r}} = (3,00 \text{ m})\mathbf{i} + (1,500 \text{ m})\mathbf{j} + (1,500 \text{ m})\mathbf{k} \quad \blacktriangleleft$$

c. Quantidade de movimento angular em relação a *G*. A quantidade de movimento angular do sistema em relação a G é

$$\mathbf{H}_G = \mathbf{r}'_A \times m_A\mathbf{v}_A + \mathbf{r}'_B \times m_B\mathbf{v}_B + \mathbf{r}'_C \times m_C\mathbf{v}_C$$

onde $\mathbf{r}'_A$, $\mathbf{r}'_B$, e $\mathbf{r}'_C$ são os vetores de posição das partículas até o centro de massa:

$$\mathbf{r}'_A = \mathbf{r}_A - \bar{\mathbf{r}} = -3\mathbf{i} + 1,5\mathbf{j} - 0,5\mathbf{k}$$

$$\mathbf{r}'_B = \mathbf{r}_B - \bar{\mathbf{r}} = -1,5\mathbf{j} + \mathbf{k}$$

$$\mathbf{r}'_C = \mathbf{r}_C - \bar{\mathbf{r}} = \mathbf{i} + 0,5\mathbf{j} - 0,5\mathbf{k}$$

Assim, podemos calcular a quantidade de movimento angular:

$$\mathbf{H}_G = \mathbf{r}'_A \times m_A\mathbf{v}_A + \mathbf{r}'_B \times m_B\mathbf{v}_B + \mathbf{r}'_C \times m_C\mathbf{v}_C$$

$$= \begin{vmatrix} \mathbf{i} & \mathbf{j} & \mathbf{k} \\ -3 & 1,5 & -0,5 \\ 3 & -2 & 4 \end{vmatrix} + \begin{vmatrix} \mathbf{i} & \mathbf{j} & \mathbf{k} \\ 0 & -1,5 & 1 \\ 8 & 6 & 0 \end{vmatrix} + \begin{vmatrix} \mathbf{i} & \mathbf{j} & \mathbf{k} \\ 4 & 0,5 & -0,5 \\ 6 & 15 & -9 \end{vmatrix}$$

$$= (5\mathbf{i} + 10,5\mathbf{j} + 1,5\mathbf{k}) + (-6\mathbf{i} + 8\mathbf{j} + 12\mathbf{k}) + (3\mathbf{i} + 6\mathbf{j} + 12\mathbf{k})$$

$$= 2\mathbf{i} + 24,5\mathbf{j} + 25,5\mathbf{k}$$

$$\mathbf{H}_G = (2,00 \text{ kg·m}^2/\text{s})\mathbf{i} + (24,5 \text{ kg·m}^2/\text{s})\mathbf{j} + (25,5 \text{ kg·m}^2/\text{s})\mathbf{k} \quad \blacktriangleleft$$

PARA REFLETIR Você pode notar que as respostas para esse problema contemplam a equação dada no Problema 14.27 ($\mathbf{H}_O = \bar{\mathbf{r}} \times m\bar{\mathbf{v}} + \mathbf{H}_G$). Como não existem impulsos atuando no sistema, a quantidade linear de todo o sistema é constante; a localização do centro de massa do sistema, porém, varia com o tempo.

METODOLOGIA PARA A RESOLUÇÃO DE PROBLEMAS

Este capítulo trata do movimento de **sistemas de partículas**, isto é, do movimento de um grande número de partículas consideradas em conjunto, em vez de separadamente. Nesta primeira lição você aprendeu a calcular a **quantidade de movimento linear** e a **quantidade de movimento angular** de um sistema de partículas. Definimos a quantidade de movimento linear $\mathbf{L}$ de um sistema de partículas como a soma das quantidades de movimentos lineares das partículas e definimos a quantidade de movimento angular $\mathbf{H}_O$ do sistema como a soma das quantidades de movimentos angulares das partículas em relação a O:

$$\mathbf{L} = \sum_{i=1}^{n} m_i\mathbf{v}_i \qquad \mathbf{H}_O = \sum_{i=1}^{n} (\mathbf{r}_i \times m_i\mathbf{v}_i) \qquad\qquad \textbf{(14.6, 14.7)}$$

Nesta lição, você vai resolver uma série de problemas práticos, seja observando que a quantidade de movimento linear de um sistema de partículas se conserva, seja considerando o movimento do centro de massa de um sistema de partículas.

1. **Conservação da quantidade de movimento linear de um sistema de partículas.** Isso ocorre *quando a resultante das forças externas que agem sobre as partículas do sistema é igual a zero*. Você pode encontrar tal situação nos seguintes tipos de problema.

a. **Problemas envolvendo o movimento retilíneo** de objetos como automóveis e vagões ferroviários que colidem entre si. Depois de verificar que a resultante das forças externas é igual a zero, iguale as somas algébricas das quantidades de movimento iniciais e finais para obter uma equação que possa ser resolvida para uma incógnita.

b. **Problemas envolvendo o movimento bidimensional ou tridimensional** de objetos como granadas explosivas, ou de aviões, automóveis e bolas de bilhar que colidem entre si. Depois de verificar que a resultante das forças externas é igual a zero, some vetorialmente as quantidades de movimento iniciais dos objetos, faça o mesmo com suas quantidades de movimento finais e iguale as duas somas para obter uma equação vetorial que expresse a conservação da quantidade de movimento linear do sistema.

No caso de um movimento bidimensional, essa equação pode ser substituída por duas equações escalares que podem ser resolvidas para duas incógnitas. No caso de um movimento tridimensional, ela pode ser substituída por três equações escalares que podem ser resolvidas para três incógnitas.

2. **Movimento do centro de massa de um sistema de partículas.** Você viu na Seção 14.1C que *o centro de massa de um sistema de partículas se move como se toda a massa do sistema e todas as forças externas estivessem concentradas nesse ponto.*

a. **No caso de um corpo que explode em movimento,** segue-se que o centro de massa dos fragmentos resultantes se movimenta como o corpo propriamente dito se moveria se a explosão não tivesse ocorrido**.** Problemas desse tipo podem ser resolvidos escrevendo-se a equação de movimento do centro de massa do sistema em forma vetorial e expressando o vetor de posição do centro de massa em termos dos vetores de posição dos vários fragmentos [Eq. (14.12) e Problema Resolvido 14.1]. Você pode então reescrever a equação vetorial como duas ou três equações escalares e resolver essas equações para um número equivalente de incógnitas.

b. **No caso da colisão de vários corpos em movimento,** segue-se que o movimento do centro de massa dos vários corpos não é afetado pela colisão. Problemas desse tipo podem ser resolvidos escrevendo-se a equação de movimento do centro de massa do sistema em forma vetorial e expressando seu vetor de posição antes e depois da colisão em termos dos vetores de posição dos corpos relevantes [Eq. (14.12)]. Você pode então reescrever a equação vetorial como duas ou três equações escalares e solucionar essas equações para um número equivalente de incógnitas.

PROBLEMAS

14.1 Um projétil de 30 g é disparado com uma velocidade horizontal de 450 m/s e fica incrustado no bloco B de massa 3 kg. Após o impacto, o bloco B desliza em um suporte C de 30 kg até se chocar com a extremidade do suporte. Sabendo que o impacto entre B e C é perfeitamente plástico e que o coeficiente de atrito cinético entre B e C é 0,2, determine (a) a velocidade do projétil e do bloco B depois do primeiro impacto, (b) a velocidade final do suporte.

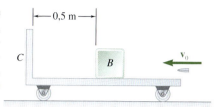

Figura P14.1

14.2 Dois automóveis idênticos de carga 1350 kg, A e B, estão em repouso com seus freios liberados quando B é atingido por um caminhão C de 5400 kg que estava se movendo para a esquerda a 8 km/h. Uma segunda colisão ocorre quando B bate em A. Considerando que a primeira colisão é perfeitamente plástica e que a segunda é elástica, determine as velocidades dos três veículos logo após a segunda colisão.

Figura P14.2

14.3 Um funcionário de uma companhia aérea joga rapidamente duas malas de viagem de massas iguais a 15 kg e 20 kg, respectivamente, sobre um carrinho de transporte de bagagem cuja massa é 25 kg. Sabendo que o carrinho está inicialmente em repouso e que o funcionário imprime uma velocidade horizontal de 3 m/s à mala de 15 kg e uma velocidade horizontal de 2 m/s à mala de 20 kg, determine a velocidade final do carrinho de bagagem se a primeira mala lançada sobre o carrinho é (a) a mala de 15 kg e (b) a mala de 20 kg.

Figura P14.3

14.4 Um projétil é disparado com uma velocidade horizontal de 450 m/s por meio de um bloco A de 3 kg de massa e fica incrustado em um bloco B de 2,5 kg. Sabendo que os blocos A e B iniciam seus movimentos com velocidades de 1,5 m/s e 2,7 m/s, respectivamente, determine (a) a massa do projétil e (b) sua velocidade ao se deslocar do bloco A para o bloco B.

Figura P14.4

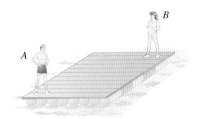

Figura **P14.5**

14.5 Dois nadadores A e B, com massas de 90 kg e 60 kg, respectivamente, estão em cantos diagonalmente opostos de um flutuador quando percebem que ele se soltou de seu ancoradouro. O nadador A imediatamente começa a andar em direção a B com velocidade de 0,6 m/s em relação ao flutuador. Sabendo que o flutuador tem massa de 150 kg, determine (*a*) a velocidade do flutuador caso B não se mova, (*b*) a velocidade com que B deve andar em direção a A para que o flutuador não se mova.

14.6 Um homem de 90 kg e uma mulher de 60 kg estão lado a lado na mesma extremidade de um barco de 150 kg, prontos para pular na água, cada um com uma velocidade de 5 m/s em relação ao barco. Determine a velocidade do barco após os dois terem saltado se (*a*) a mulher salta primeiro, (*b*) o homem salta primeiro.

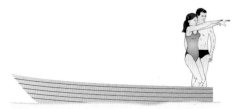

Figura **P14.6**

14.7 Um vagão A de massa de 40.000 kg move-se em um pátio de manobras ferroviário com uma velocidade de 9 km/h em direção aos vagões B e C, ambos em repouso com os freios liberados e a curta distância um do outro. O vagão prancha B é de 25.000 kg e transporta um contêiner de 30.000 kg, e o vagão C é de 35.000 kg. À medida que os vagões batem um no outro, eles são automaticamente e firmemente acoplados. Determine a velocidade do vagão A imediatamente após os dois acoplamentos, considerando que o contêiner (*a*) não desliza sobre o vagão prancha, (*b*) desliza após o primeiro acoplamento, mas atinge o repouso antes que o segundo acoplamento ocorra, (*c*) desliza e atinge o repouso apenas após o segundo acoplamento ter ocorrido.

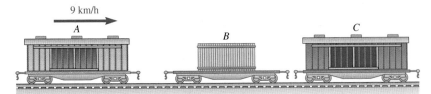

Figura P14.7

14.8 Dois carros idênticos A e B estão em repouso em um pátio portuário de carga com os freios liberados. Um carro C, de estilo um pouco diferente, mas de mesma massa, foi empurrado por trabalhadores portuários e bate no carro B com uma velocidade de 1,5 m/s. Sabendo que o coeficiente de restituição é de 0,8 entre B e C e de 0,5 entre A e B, determine a velocidade de cada carro após a ocorrência de todas as colisões.

Figura P14.8

14.9 Um satélite base de 20kg lança três subsatélites, cada um com sua própria capacidade de impulso, para realizar pesquisas sobre a propulsão por cabos. As massas dos subsatélites A, B e C são, respectivamente, 4kg, 6kg e 8kg, e suas velocidades expressas em m/s são dadas por $\mathbf{v}_A = 4\mathbf{i} - 2\mathbf{j} + 2\mathbf{k}$, $\mathbf{v}_B = \mathbf{i} + 4\mathbf{j}$, $\mathbf{v}_C = 2\mathbf{i} + 2\mathbf{j} + 4\mathbf{k}$. No momento mostrado, qual é a quantidade de movimento angular $\mathbf{H}_O$ do sistema em relação ao satélite base?

14.10 Para o sistema de satélites do Problema 14.9, considerando que a velocidade do satélite base é zero, determine (a) o vetor de posição $\bar{\mathbf{r}}$ do centro de massa G do sistema, (b) a quantidade de movimento linear $\mathbf{L}$ do sistema, (c) a quantidade de movimento angular $\mathbf{H}_G$ do sistema em relação a G. Verifique também se as respostas para esse problema e para o Problema 14.9 satisfazem a equação dada no Problema 14.27.

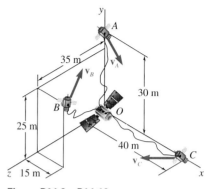

Figura P14.9 e P14.10

14.11 Um sistema é formado por três partículas iguais de 9kg, A, B e C. As velocidades das partículas são, respectivamente, $\mathbf{v}_A = v_A\mathbf{j}$, $\mathbf{v}_B = v_B\mathbf{i}$ e $\mathbf{v}_C = v_C\mathbf{k}$. Sabendo que a quantidade de movimento angular do sistema em relação a O expressa em kg·m²/s é $\mathbf{H}_O = -1{,}8\mathbf{k}$, determine (a) as velocidades das partículas, (b) a quantidade de movimento angular do sistema em relação ao seu centro de massa G.

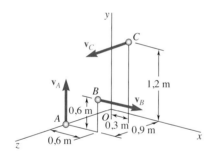

Figura P14.11 e P14.12

14.12 Um sistema é formado por três partículas iguais de 9kg, A, B e C. As velocidades das partículas são, respectivamente, $\mathbf{v}_A = v_A\mathbf{j}$, $\mathbf{v}_B = v_B\mathbf{i}$ e $\mathbf{v}_C = v_C\mathbf{k}$, e a intensidade da quantidade de movimento linear $\mathbf{L}$ do sistema é 45 kg·m/s. Sabendo que $\mathbf{H}_G = \mathbf{H}_O$, onde $\mathbf{H}_G$ é a quantidade de movimento angular do sistema em relação ao seu centro de massa G e $\mathbf{H}_O$ é a quantidade de movimento angular do sistema em relação a O, determine (a) as velocidades das partículas, (b) a quantidade de movimento angular do sistema em relação a O.

14.13 Um sistema é formado por três partículas, A, B e C. Sabemos que $m_A = 3$kg, $m_B = 2$ kg e $m_C = 4$ kg e que as velocidades das partículas expressas em m/s são, respectivamente, $\mathbf{v}_A = 4\mathbf{i} + 2\mathbf{j} + 2\mathbf{k}$, $\mathbf{v}_B = 4\mathbf{i} + 3\mathbf{j}$ e $\mathbf{v}_C = -2\mathbf{i} + 4\mathbf{j} + 2\mathbf{k}$. Determine a quantidade de movimento angular $\mathbf{H}_O$ do sistema em relação a O.

14.14 Para o sistema de partículas do Problema 14.13, determine (a) o vetor de posição $\bar{\mathbf{r}}$ do centro de massa G do sistema, (b) a quantidade de movimento linear $m\bar{\mathbf{v}}$ do sistema, (c) a quantidade de movimento $\mathbf{H}_G$ do sistema em relação a G. Verifique também se as respostas para esse problema e para o Problema 14.13 satisfazem a equação dada no Problema 14.27.

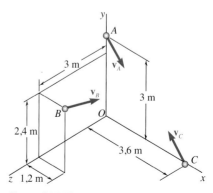

Figura *P14.13*

14.15 Um projétil de 13 kg passa pela origem O com uma velocidade $\mathbf{v}_0 =$ (35 m/s)$\mathbf{i}$ quando explode em dois fragmentos A e B, de 5 kg e 8 kg, respectivamente. Sabendo que 3 s depois a posição do fragmento A é (90 m, 7 m, −14 m), determine a posição do fragmento B no mesmo instante. Considere $a_y = -g = -9{,}81$ m/s^2 e despreze a resistência do ar.

14.16 Um veículo espacial de 300 kg viajando com uma velocidade $\mathbf{v}_0 =$ (360 m/s)$\mathbf{i}$ passa pela origem O no instante $t = 0$. Cargas explosivas separam o veículo em três partes, A, B e C, de 150 kg, 100 kg e 50 kg, respectivamente. Sabendo que, no instante $t = 4$ s, as posições observadas das partes A e B são A (1.170 m, −290 m, −585 m) e B (1.975 m, 365 m, 800 m), determine a correspondente posição da parte C. Despreze o efeito da gravidade.

14.17 Um modelo de foguete de 2 kg é lançado verticalmente e alcança uma altitude de 70 m com uma velocidade de 30 m/s no final do voo, instante $t = 0$. Quando o foguete atinge sua altitude máxima, ele explode em duas partes de massas $m_A = 0{,}7$ kg e $m_B = 1{,}3$ kg. Observa-se que a parte A atinge o solo a 80 m ao oeste do ponto de lançamento no instante $t = 6$s. Determine a posição da parte B nesse momento.

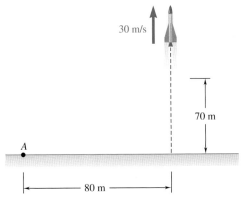

Figura **P14.17**

14.18 Uma bola de canhão de 18 kg e uma de 12 kg são presas por uma corrente e disparadas horizontalmente, a uma velocidade de 165 m/s, do alto de um muro de 15 m. A corrente quebra durante o voo, e a bola de canhão de 12 kg atinge o solo em $t = 1{,}5$s, a uma distância de 240 m do pé do muro e 7 m para a direita da linha de fogo. Determine a posição da outra bola de canhão no mesmo instante. Despreze a resistência do ar.

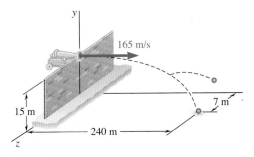

Figura **P14.18**

14.19 e 14.20 O carro *A* estava viajando para o leste em alta velocidade quando colidiu no ponto *O* com o carro *B*, que estava viajando para o norte a 72 km/h. O carro *C*, que estava viajando para o oeste a 90 km/h, estava a 10 m a leste e 3 m ao norte do ponto *O* quando houve a colisão. Por causa do pavimento molhado, o motorista do carro *C* não pôde impedir que seu carro deslizasse na direção dos outros dois carros, e os três carros, presos, continuaram deslizando até atingirem o poste *P*. Sabendo que as massas dos carros *A*, *B* e *C* são, respectivamente, 1.500 kg, 1.300 kg e 1.200 kg e desprezando as forças exercidas nos carros pelo pavimento molhado, resolva os problemas indicados.

14.19 Sabendo que a velocidade do carro *A* era de 129,6 km/h e que o tempo decorrido desde a primeira colisão até a parada em *P* foi 2,4 s, determine as coordenadas do poste *P*.

14.20 Sabendo que as coordenadas do poste são $x_p = 18$ m e $y_p = 13{,}9$ m, determine (*a*) o tempo decorrido desde a primeira colisão até a parada em *P*, (*b*) a velocidade do carro *A*.

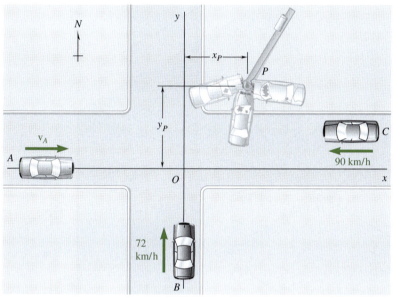

Figura P14.19 e P14.20

14.21 Um arqueiro demonstra sua habilidade em atingir uma bola de tênis jogada por seu assistente. A bola de tênis de 58 g tem uma velocidade de $(10 \text{ m/s})\mathbf{i} - (2 \text{ m/s})\mathbf{j}$ e está a 10 m do chão quando é atingida por uma flecha de 40 g viajando com a velocidade de $(50 \text{ m/s})\mathbf{j} + (70 \text{ m/s})\mathbf{k}$, onde **j** é dirigida para cima. Determine a posição *P* onde a bola e a flecha atingirão o chão em relação ao ponto *O*, localizado diretamente abaixo do ponto de impacto.

14.22 Duas esferas, cada uma de massa *m*, podem deslizar livremente sobre uma superfície horizontal sem atrito. A esfera *A* está se movendo a uma velocidade $v_0 = 5$ m/s quando atinge a esfera *B*, que está em repouso, e o impacto faz com que a esfera *B* se quebre em duas partes, ambas de massa *m*/2. Sabendo que, 0,7 s depois da colisão, uma parte alcança o ponto *C* e, 0,9s depois da colisão, a outra parte alcança o ponto *D*, determine (*a*) a velocidade da esfera *A* após a colisão, (*b*) o ângulo *θ* e as velocidades das duas partes após a colisão.

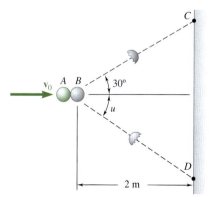

Figura P14.22

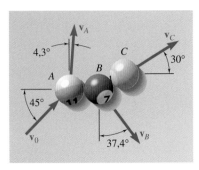

Figura **P14.23**

14.23 Em um jogo de bilhar, a bola A se move com uma velocidade $\mathbf{v}_0$ quando ela atinge as bolas B e C, que estão em repouso e alinhadas conforme mostrado na figura. Sabendo que, após a colisão, as três bolas se movem nas direções indicadas e que $v_0 = 4$ m/s e $v_C = 2$ m/s, determine a intensidade da velocidade (*a*) da bola A e (*b*) da bola B.

14.24 Um projétil de 6 kg se movendo com uma velocidade $\mathbf{v}_0 = (12 \text{m/s})\mathbf{i} - (9 \text{ m/s})\mathbf{j} - (360 \text{ m/s})\mathbf{k}$ explode no ponto D em três fragmentos A, B e C de massa 3 kg, 2 kg e 1 kg, respectivamente. Sabendo que os fragmentos atingem a parede vertical nos pontos indicados, determine a velocidade de cada fragmento imediatamente após a explosão. Despreze as mudanças de elevação devidas à gravidade.

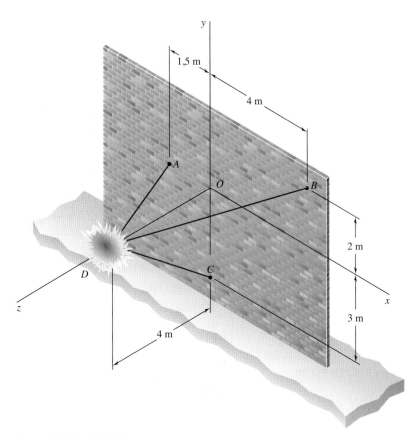

Figura **P14.24 e P14.25**

14.25 Um projétil de 6 kg se movendo com uma velocidade $\mathbf{v}_0 = (12 \text{m/s})\mathbf{i} - (9 \text{ m/s})\mathbf{j} - (360 \text{ m/s})\mathbf{k}$ explode no ponto D em três fragmentos A, B e C de massa 2 kg, 1 kg e 3 kg, respectivamente. Sabendo que os fragmentos atingem a parede vertical nos pontos indicados, determine a velocidade de cada fragmento imediatamente após a explosão. Despreze as mudanças de elevação devidas à gravidade.

14.26 Em um experimento de dispersão de partículas, uma partícula alfa A é projetada com a velocidade $\mathbf{u}_0 = -(600 \text{ m/s})\mathbf{i} + (750 \text{ m/s})\mathbf{j} - (800 \text{ m/s})\mathbf{k}$ em uma corrente de núcleos de oxigênio que se movem com uma velocidade comum $\mathbf{v}_0 = (600 \text{ m/s})\mathbf{j}$. Após colidir sucessivamente com os núcleos B e C, observa-se que a partícula A se move ao longo da trajetória definida pelos pontos A_1 (280, 240, 120) e A_2 (360, 320, 160), enquanto os núcleos B e C se movem ao longo das trajetórias definidas, respectivamente, por B_1 (147, 220, 130) e B_2 (114, 290, 120) e por C_1 (240, 232, 90) e C_2 (240, 280, 75). Todas as trajetórias formam segmentos de reta, e todas as coordenadas estão expressas em milímetros. Sabendo que a massa de um núcleo de oxigênio é quatro vezes a massa de uma partícula alfa, determine a velocidade de cada uma das três partículas após as colisões.

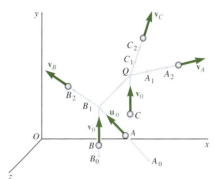

Figura 14.26

14.27 Deduza a relação

$$\mathbf{H}_O = \bar{\mathbf{r}} \times m\bar{\mathbf{v}} + H_G$$

entre as quantidades de movimento angular $\mathbf{H}_O$ e $\mathbf{H}_G$ definidas nas equações (14.7) e (14.24), respectivamente. Os vetores $\bar{\mathbf{r}}$ e $\bar{\mathbf{v}}$ definem, respectivamente, a posição e a velocidade do centro de massa G do sistema de partículas em relação ao sistema de referência newtoniano $Oxyz$, e m representa a massa total do sistema.

14.28 Mostre que a Eq. (14.23) pode ser derivada diretamente da Eq. (14.11) substituindo $\mathbf{H}_O$ pela expressão dada no Problema 14.27.

14.29 Considere o sistema de referência $Ax'y'z'$ em translação em relação ao sistema de referência newtoniano $Oxyz$. Definimos a quantidade de movimento angular $\mathbf{H}'_A$ de um sistema de n partículas em relação a A como a soma

$$\mathbf{H}'_A = \sum_{i=1}^{n} \mathbf{r}'_i \times m_i \mathbf{v}'_i \quad (1)$$

dos momentos em relação a A das quantidades de movimento $m_i\mathbf{v}'_i$ das partículas em seus movimentos relativos ao sistema de referência $Ax'y'z'$. Representando por $\mathbf{H}_A$ a soma

$$\mathbf{H}_A = \sum_{i=1}^{n} \mathbf{r}'_i \times m_i \mathbf{v}_i$$

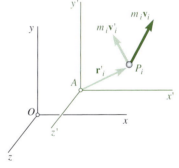

Figura 14.29

dos momentos em relação a A das quantidades de movimento $m_i\mathbf{v}_i$ das partículas em seu movimento relativo ao sistema de referência newtoniano $Oxyz$, mostre que $\mathbf{H}_A = \mathbf{H}'_A$ em um dado instante se, e somente se, e somente se, uma das seguintes condições for satisfeita nesse instante: (a) A tem velocidade nula em relação ao sistema de referência $Oxyz$, (b) A coincide com o centro de massa G do sistema, (c) a velocidade $\mathbf{v}_A$ relativa a $Oxyz$ está dirigida ao longo da linha AG.

14.30 Mostre que a relação $\Sigma\mathbf{M}_A = \dot{\mathbf{H}}'_A$, onde $\mathbf{H}'_A$ é definido pela Eq. (1) do Problema 14.29 e onde $\Sigma\mathbf{M}_A$ representa a soma dos momentos em relação a A das forças externas que atuam sobre o sistema de partículas, é válida se, e somente se, uma das seguintes condições for satisfeita: (a) o sistema de referência $Ax'y'z'$ é, ele próprio, um sistema newtoniano de referência, (b) A coincide com o centro de massa G, (c) a aceleração $\mathbf{a}_A$ de A relativa a $Oxyz$ está dirigida ao longo da linha AG.

14.2 Métodos de energia e movimento para um sistema de partículas

A solução de problemas que envolvem um sistema de partículas é frequentemente facilitada pela aplicação dos métodos de energia e movimento, assim como foi para uma única partícula no Capítulo 13. As definições de termos e as demonstrações dos princípios de trabalho e energia e de impulso e quantidade de movimento são muito semelhantes às versões de uma única partícula, especialmente quando se leva em conta o centro de massa das partículas.

14.2A Energia cinética de um sistema de partículas

A energia cinética T de um sistema de partículas é definida como a soma das energias cinéticas das várias partículas do sistema. Referindo-nos à Seção 13.1B, escrevemos

Energia cinética, sistema de partículas

$$T = \frac{1}{2}\sum_{i=1}^{n} m_i v_i^2 \qquad (14.28)$$

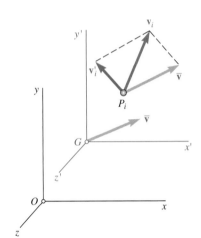

Figura 14.7 Um sistema de referência ligado ao centro de massa $Gx'y'z'$ que se move em translação com velocidade $\bar{\mathbf{v}}$ em relação a um sistema de referência newtoniano $Oxyz$.

Usando um sistema de referência ligado ao centro de massa. É frequentemente conveniente, ao calcular a energia cinética de um sistema com um grande número de partículas (como no caso de um corpo rígido), considerar separadamente o movimento do centro de massa G do sistema e o movimento do sistema em relação a um sistema de referência móvel ligado a G.

Seja P_i uma partícula do sistema, $\mathbf{v}_i$ sua velocidade relativa ao sistema de referência newtoniano $Oxyz$ e $\mathbf{v}'_i$ sua velocidade relativa ao sistema de referência móvel $Gx'y'z'$ que está em translação em relação a $Oxyz$ (Fig. 14.7). Recordando da Sec. 14.1D que

$$\mathbf{v}_i = \bar{\mathbf{v}} + \mathbf{v}'_i \qquad (14.22)$$

onde $\bar{\mathbf{v}}$ representa a velocidade do centro de massa G em relação ao sistema de referência newtoniano $Oxyz$. Observando que v_i^2 é igual ao produto escalar $\mathbf{v}_i \cdot \mathbf{v}_i$, expressamos a energia cinética T do sistema em relação ao sistema newtoniano $Oxyz$ como segue:

$$T = \frac{1}{2}\sum_{i=1}^{n} m_i v_i^2 = \frac{1}{2}\sum_{i=1}^{n}(m_i \mathbf{v}_i \cdot \mathbf{v}_i)$$

ou, substituindo para $\mathbf{v}_i$ da Eq. (14.22),

$$T = \frac{1}{2}\sum_{i=1}^{n}[m_i(\bar{\mathbf{v}} + \mathbf{v}'_i) \cdot (\bar{\mathbf{v}} + \mathbf{v}'_i)]$$

$$= \frac{1}{2}\left(\sum_{i=1}^{n} m_i\right)\bar{v}^2 + \bar{\mathbf{v}} \cdot \sum_{i=1}^{n} m_i \mathbf{v}'_i + \frac{1}{2}\sum_{i=1}^{n} m_i v'^2_i$$

Nesta equação, a primeira soma representa a massa total m do sistema. Voltando à Eq. (14.13), notamos que a segunda soma é igual a $m\bar{\mathbf{v}}'$ e, portanto, igual a zero, pois $\bar{\mathbf{v}}'$, que representa a velocidade de G relativa ao sistema de referência $Gx'y'z'$, é claramente igual a zero. Temos, portanto,

$$T = \tfrac{1}{2}m\bar{v}^2 + \frac{1}{2}\sum_{i=1}^{n} m_i v_i'^2 \tag{14.29}$$

Esta equação mostra que a energia cinética T de um sistema de partículas pode ser obtida **pela adição da energia cinética do centro de massa G à energia cinética do sistema em seu movimento relativo ao sistema $Gx'y'z'$.**

14.2B Princípio de trabalho e energia e conservação de energia para um sistema de partículas

Podemos aplicar o princípio de trabalho e energia para cada partícula P_i de um sistema de partículas, obtendo para cada partícula P_i

$$(T_1)_i + (U_{1\rightarrow 2})_i = (T_2)_i$$

onde $(U_{1\rightarrow 2})_i$ representa o trabalho realizado pelas forças internas $\mathbf{f}_{ij}$ e pela força resultante externa $\mathbf{F}_i$ que atua sobre P_i. Adicionando as energias cinéticas das várias partículas do sistema e considerando o trabalho de todas as forças envolvidas, obtemos uma expressão de todo sistema como

Princípio de trabalho e energia, sistema de partículas

$$T_1 + U_{1\rightarrow 2} = T_2 \tag{14.30}$$

As quantidades T_1 e T_2 representam agora a energia cinética de todo o sistema e podem ser calculadas pela Eq. (14.28) ou pela Eq. (14.29). A quantidade $U_{1\rightarrow 2}$ representa o trabalho de todas as forças que atuam sobre as partículas do sistema. Observe que, apesar das forças internas $\mathbf{f}_{ij}$ e $\mathbf{f}_{ji}$ serem iguais e opostas, o trabalho delas não vai, em geral, se cancelar, visto que as partículas P_i e P_j sobre as quais elas atuam sofrem, em geral, deslocamentos diferentes. Portanto, no cálculo de $U_{1\rightarrow 2}$, **devemos considerar o trabalho das forças internas $\mathbf{f}_{ij}$, bem como o trabalho das forças externas $\mathbf{F}_i$.** Uma maneira alternativa de escrever a Eq. (14.30) é

$$T_1 + V_{g_1} + V_{e_1} + U_{1\rightarrow 2}^{NC} = T_2 + V_{g_2} + V_{e_2} \tag{14.30'}$$

onde V_g é a energia potencial gravitacional do sistema, V_e é a energia potencial elástica e $U_{1\rightarrow 2}^{NC}$ é o trabalho devido às forças não conservativas.

Se todas as forças que atuam sobre as partículas do sistema são conservativas, podemos substituir a Eq. (14.30) por

Conservação de energia, sistema de partículas

$$T_1 + V_1 = T_2 + V_2 \tag{14.31}$$

onde V representa a energia potencial associada às forças internas e externas que atuam sobre as partículas do sistema.

14.2C Princípio de impulso e quantidade de movimento e conservação da quantidade de movimento para um sistema de partículas

Integrando as Eqs. (14.10) e (14.11) em t de t_1 a t_2, escrevemos

$$\sum \int_{t_1}^{t_2} \mathbf{F} \, dt = \mathbf{L}_2 - \mathbf{L}_1 \quad (14.32)$$

$$\sum \int_{t_1}^{t_2} \mathbf{M}_O \, dt = (\mathbf{H}_O)_2 - (\mathbf{H}_O)_1 \quad (14.33)$$

Recordando a definição do impulso linear de uma força dada na Seção 13.3A, observamos que as integrais da Eq. (14.32) representam os impulsos lineares das forças externas que atuam sobre as partículas do sistema. Devemos nos referir, de modo semelhante, às integrais da Eq. (14.33) como **impulsos angulares** em relação a O das forças externas. Portanto, a Eq. (14.32) expressa que a soma dos impulsos lineares das forças externas que atuam sobre o sistema é igual à variação da quantidade de movimento linear do sistema. Analogamente, a Eq. (14.33) expressa que a soma dos impulsos angulares em relação a O das forças externas é igual à variação da quantidade de movimento angular do sistema em relação a O.

Para tornar claro o significado físico das Eqs. (14.32) e (14.33), reordenamos os seus termos e escrevemos

$$\mathbf{L}_1 + \sum \int_{t_1}^{t_2} \mathbf{F} \, dt = \mathbf{L}_2 \quad (14.34)$$

$$(\mathbf{H}_O)_1 + \sum \int_{t_1}^{t_2} \mathbf{M}_O \, dt = (\mathbf{H}_O)_2 \quad (14.35)$$

Nas partes a e c da Fig. 14.8, esboçamos as quantidades de movimento das partículas do sistema nos tempos t_1 e t_2, respectivamente. Na parte b, mostramos um vetor igual à soma dos impulsos lineares das forças externas e um binário de momento igual à soma dos impulsos angulares em relação a O das forças externas. Para maior simplicidade, assumimos que as partículas se movem no plano da figura, mas a presente discussão permanece válida no caso de partícu-

Foto 14.2 Quando uma bola de golfe é lançada para fora da caixa de areia, parte da quantidade de movimento do taco é transferida para a bola de golfe e parte para a areia que é atingida.

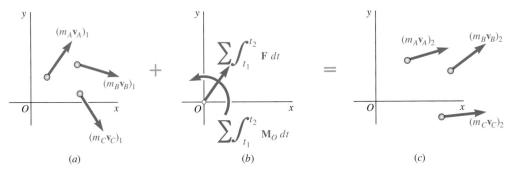

Figura 14.8 O diagrama de impulso e quantidade de movimento para um sistema de partículas contém (a) quantidades de movimento das partículas no instante t_1; (b) impulsos das forças externas e momentos em relação a O; (c) quantidades de movimento das partículas no instante t_2.

las que se movem no espaço. Recordando da Eq. (14.6) que $\mathbf{L}$, por definição, é a resultante das quantidades de $m_i\mathbf{v}_i$, observamos que a Eq. (14.34) expressa que a resultante dos vetores mostrados nas partes a e b da Fig. 14.8 é igual à resultante dos vetores mostrados na parte c da mesma figura. Recordando da Eq. (14.7) que $\mathbf{H}_O$ é a resultante das quantidades de movimento angular, observamos que a Eq. (14.35) expressa analogamente que a resultante das quantidades de movimento angular dos vetores na parte a somada aos impulsos angulares na parte b da Fig. 14.8 é igual à resultante das quantidades de movimento dos vetores na parte c. Juntas, as Eqs. (14.34) e (14.35) expressam que

> **As quantidades de movimento das partículas no instante t_1 e os impulsos das forças externas de t_1 a t_2 formam um sistema de vetores equipolentes ao sistema das quantidades de movimento das partículas no instante t_2.**

Isto foi indicado na Fig. 14.8 pela utilização da cor preta nos sinais de adição e igualdade.

Se nenhuma força externa age sobre as partículas do sistema, as integrais nas Eqs. (14.34) e (14.35) são zero, e essas equações dão

Conservação da quantidade de movimento linear e angular

$$\mathbf{L}_1 = \mathbf{L}_2 \qquad (14.36)$$
$$(\mathbf{H}_O)_1 = (\mathbf{H}_O)_2 \qquad (14.37)$$

Verificamos, portanto, o resultado obtido na Seção 14.1E: se nenhuma força externa atua sobre as partículas de um sistema, a quantidade de movimento linear e a quantidade de movimento angular em relação a O do sistema de partículas se conservam. O sistema das quantidades de movimento inicial é equipolente ao sistema das quantidades de movimento final, e segue-se que a quantidade de movimento angular do sistema de partículas em relação a *qualquer* ponto fixo se conserva.

PROBLEMA RESOLVIDO 14.4

Para o veículo espacial de 200 kg considerado no Problema Resolvido 14.1, sabe-se que, em $t = 2{,}5$ s, a velocidade da parte A é $\mathbf{v}_A = (270$ m/s$)\mathbf{i} - (120$ m/s$)\mathbf{j} + (160$ m/s$)\mathbf{k}$ e a velocidade da parte B é paralela ao plano xz. Determine (*a*) a velocidade da parte C, (*b*) a energia adquirida durante a detonação.

ESTRATÉGIA Como não há forças externas, a quantidade de movimento linear do sistema se conserva. Embora não seja imediatamente aparente, você também precisará usar a conservação da quantidade de movimento angular para resolver esse problema.

MODELAGEM E ANÁLISE Escolha as três partículas como seu sistema. Após a explosão, o sistema é composto por três partes: A, B e C. A Figura 1 mostra as quantidades de movimento do sistema antes e depois da explosão. Considerando a conservação do movimento linear, você tem

$\mathbf{L}_1 = \mathbf{L}_2$: $\qquad m\mathbf{v}_0 = m_A\mathbf{v}_A + m_B\mathbf{v}_B + m_C\mathbf{v}_C \qquad (1)$

Considerando a conservação do movimento angular sobre o ponto O, você tem

$(\mathbf{H}_O)_1 = (\mathbf{H}_O)_2$: $\quad 0 = \mathbf{r}_A \times m_A\mathbf{v}_A + \mathbf{r}_B \times m_B\mathbf{v}_B + \mathbf{r}_C \times m_C\mathbf{v}_C \qquad (2)$

Recordando do Problema Resolvido 14.1 que $\mathbf{v}_0 = (150$ m/s$)\mathbf{i}$,

$$m_A = 100 \text{ kg} \qquad m_B = 60 \text{ kg} \qquad m_C = 40 \text{ kg}$$
$$\mathbf{r}_A = (555 \text{ m})\mathbf{i} - (180 \text{ m})\mathbf{j} + (240 \text{ m})\mathbf{k}$$
$$\mathbf{r}_B = (255 \text{ m})\mathbf{i} - (120 \text{ m})\mathbf{k}$$
$$\mathbf{r}_C = (105 \text{ m})\mathbf{i} + (450 \text{ m})\mathbf{j} - (420 \text{ m})\mathbf{k}$$

Então, usando a informação dada no enunciado deste problema, reescrevemos as Eqs. (1) e (2) como

$$200(150\mathbf{i}) = 100(270\mathbf{i} - 120\mathbf{j} + 160\mathbf{k}) + 60[(v_B)_x\mathbf{i} + (v_B)_z\mathbf{k}]$$
$$+ 40[(v_C)_x\mathbf{i} + (v_C)_y\mathbf{j} + (v_C)_z\mathbf{k}] \qquad (1')$$

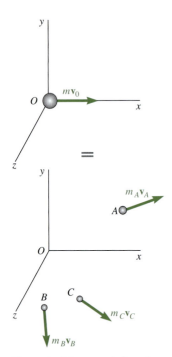

Figura 1 Diagrama de impulso e quantidade de movimento para o sistema.

$$0 = 100 \begin{vmatrix} \mathbf{i} & \mathbf{j} & \mathbf{k} \\ 555 & -180 & 240 \\ 270 & -120 & 160 \end{vmatrix} + 60 \begin{vmatrix} \mathbf{i} & \mathbf{j} & \mathbf{k} \\ 255 & 0 & -120 \\ (v_B)_x & 0 & (v_B)_z \end{vmatrix}$$
$$+ 40 \begin{vmatrix} \mathbf{i} & \mathbf{j} & \mathbf{k} \\ 105 & 450 & -420 \\ (v_C)_x & (v_C)_y & (v_C)_z \end{vmatrix} \qquad (2')$$

Iguale o coeficiente de $\mathbf{j}$ na Eq (1') e os coeficientes de $\mathbf{i}$ e $\mathbf{k}$ na Eq. (2') a zero. Depois das reduções, você terá três equações escalares de

$$(v_C)_y - 300 = 0$$
$$450(v_C)_z + 420(v_C)_y = 0$$
$$105(v_C)_y - 450(v_C)_x - 45\,000 = 0$$

que resultam, respectivamente, em

$$(v_C)_y = 300 \qquad (v_C)_z = -280 \qquad (v_C)_x = -30$$

A velocidade da parte C é, portanto,

$$\mathbf{v}_C = -(30 \text{ m/s})\mathbf{i} + (300 \text{ m/s})\mathbf{j} - (280 \text{ m/s})\mathbf{k} \quad \blacktriangleleft$$

Equacionando os coeficientes dos termos **i** e **k** em cada lado da Eq. (1') e solucionando para os componentes desconhecidos da velocidade de B, temos

$$(v_B)_x = 70 \text{ m/s} \qquad (v_B)_z = -80 \text{ m/s}$$

Então,

$$v_A = \sqrt{(270 \text{ m/s})^2 + (-120 \text{ m/s})^2 + (160 \text{ m/s})^2} = 336{,}0 \text{ m/s}$$
$$v_B = \sqrt{(70 \text{ m/s})^2 + (0)^2 + (-80 \text{ m/s})^2} = 106{,}3 \text{ m/s}$$
$$v_C = \sqrt{(-30 \text{ m/s})^2 + (300)^2 + (-280 \text{ m/s})^2} = 411{,}5 \text{ m/s}$$

A energia cinética inicial é

$$T_1 = \tfrac{1}{2}mv_0^2 = \frac{1}{2}(200 \text{ kg})(150 \text{ m/s})^2 = 2250 \text{ kJ}$$

A energia cinética final é

$$T_2 = \tfrac{1}{2}m_A v_A^2 + \tfrac{1}{2}m_A v_A^2 + \tfrac{1}{2}m_A v_A^2$$
$$= \frac{1}{2}(100 \text{ kg})(336{,}0 \text{ m/s})^2 + \frac{1}{2}(60 \text{ kg})(106{,}3 \text{ m/s})^2 + \frac{1}{2}(40 \text{ kg})(411{,}5 \text{ m/s})^2$$
$$= 9370 \text{ kJ}$$

Então,

$$\Delta T = T_2 - T_1 = 9370 \text{ kJ} - 2250 \text{ kJ} \qquad \Delta T = 7120 \text{ kJ} \blacktriangleleft$$

PARA REFLETIR Os sinais negativos para $(v_C)_x$ e $(v_C)_z$ indicam que a velocidade não é direcionada como mostra a Fig. 1. Também observamos que os sentidos dos componentes de $\mathbf{v}_C$ são opostos àquelas de $\mathbf{v}_A$. Dada a falta de forças externas, parece razoável esperar uma expansão mais simétrica das velocidades em todas as direções. Você também deve observar que a explosão adiciona bastante energia ao sistema.

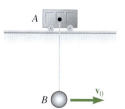

PROBLEMA RESOLVIDO 14.5

A bola B, de massa m_B, está suspensa por uma corda de comprimento l presa ao carrinho A, de massa m_A, que pode rolar livremente sobre uma pista horizontal sem atrito. Se é dada à bola B uma velocidade inicial horizontal $\mathbf{v}_0$ enquanto o carrinho está em repouso, determine (a) a velocidade de B quando ela atinge sua elevação máxima e (b) a distância vertical máxima h que B vai subir. (Considera-se que $v_0^2 < 2gl$.)

ESTRATÉGIA Como você terá que considerar a velocidade do sistema em duas posições diferentes, use o princípio de trabalho e energia. Você também usará o princípio de impulso e quantidade de movimento, já que a quantidade de movimento é conservada na direção x.

(*Continua*)

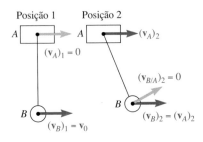

Figura 1 Vetores de velocidade nas duas posições.

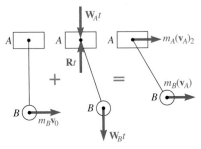

Figura 2 Diagrama de impulso e quantidade de movimento para o sistema.

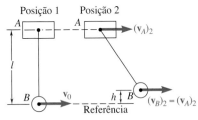

Figura 3 O sistema desenhado na posição 1 e na posição 2.

MODELAGEM E ANÁLISE Para o seu sistema, modele a bola e o carrinho como partículas.

Velocidades

Posição **1.** $\quad (\mathbf{v}_A)_1 = 0 \qquad\qquad (\mathbf{v}_B)_1 = \mathbf{v}_0 \qquad\qquad (1)$

Posição **2.** Quando a bola B atinge sua elevação máxima, sua velocidade $(\mathbf{v}_{B/A})_2$ relativa a seu suporte A é zero (Fig. 1). Portanto, nesse instante, sua velocidade absoluta é

$$(\mathbf{v}_B)_2 = (\mathbf{v}_A)_2 + (\mathbf{v}_{B/A})_2 = (\mathbf{v}_A)_2 \qquad (2)$$

Princípio de impulso e quantidade de movimento. Os impulsos externos consistem de $\mathbf{W}_A t$, $\mathbf{W}_B t$ e $\mathbf{R}t$, onde $\mathbf{R}$ é a reação da pista sobre o carrinho. Recordando as Eqs. (1) e (2), desenhamos o diagrama de impulso e quantidade de movimento (Fig. 2) e escrevemos

$$\Sigma m\mathbf{v}_1 + \Sigma\text{Ext Imp}_{1\to 2} = \Sigma m\mathbf{v}_2$$

$\overset{+}{\to}$ componentes em x: $\qquad m_B v_0 = (m_A + m_B)(v_A)_2$

Isso mostra que a quantidade de movimento linear do sistema se conserva na direção horizontal. Resolvendo para $(v_A)_2$:

$$(v_A)_2 = \frac{m_B}{m_A + m_B} v_0 \qquad (\mathbf{v}_B)_2 = (\mathbf{v}_A)_2 = \frac{m_B}{m_A + m_B} v_0 \to \quad \blacktriangleleft$$

Conservação de energia. O sistema é mostrado na Fig. 3 em duas posições. Definimos o ponto de referência em B da posição 1 (você também pode escolher defini-lo em A). Agora podemos calcular as energias cinéticas e potenciais nas duas posições:

Posição **1.** Energia potencial: $\quad V_1 = m_A g l$
Energia cinética: $\quad T_1 = \tfrac{1}{2} m_B v_0^2$
Posição **2.** Energia potencial: $\quad V_2 = m_A g l + m_B g h$
Energia cinética: $\quad T_2 = \tfrac{1}{2}(m_A + m_B)(v_A)_2^2$

Substituindo estes na conservação de energia, temos

$$T_1 + V_1 = T_2 + V_2: \quad \tfrac{1}{2} m_B v_0^2 + m_A g l = \tfrac{1}{2}(m_A + m_B)(v_A)_2^2 + m_A g l + m_B g h$$

Resolvendo para h, temos

$$h = \frac{v_0^2}{2g} - \frac{m_A + m_B}{m_B} \frac{(v_A)_2^2}{2g}$$

ou substituindo para $(v_A)_2$ a expressão obtida anteriormente,

$$h = \frac{v_0^2}{2g} - \frac{m_B}{m_A + m_B} \frac{v_0^2}{2g} \qquad h = \frac{m_A}{m_A + m_B} \frac{v_0^2}{2g} \quad \blacktriangleleft$$

PARA REFLETIR Recordando que $v_0^2 < 2gl$, segue-se da última equação que $h < l$; verificamos, portanto, que B permanece abaixo de A, como considerado na solução. Para $m_A \gg m_B$, as respostas obtidas se reduzem a $(\mathbf{v}_B)_2 = (\mathbf{v}_A)_2 = 0$ e $h = v_0^2/2g$; B oscila como um pêndulo simples com A fixo. Para $m_A \ll m_B$, elas se reduzem para $(\mathbf{v}_B)_2 = (\mathbf{v}_A)_2 = \mathbf{v}_0$ e $h = 0$; A e B se movem com a mesma velocidade constante $\mathbf{v}_0$.

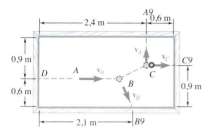

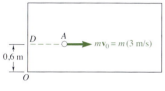

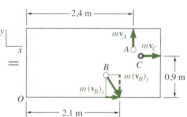

Figura 1 Diagrama de impulso e quantidade de movimento para o sistema.

PROBLEMA RESOLVIDO 14.6

Em um jogo de bilhar, foi dada à bola A uma velocidade inicial $\mathbf{v}_0$ de intensidade $v_0 = 3$ m/s ao longo da linha DA, paralela ao eixo da mesa. Ela atinge a bola B e a seguir a bola C, que estão ambas em repouso. Observa-se que as bolas A e C atingem as laterais da mesa perpendicularmente nos pontos A' e C', respectivamente, enquanto a bola B atinge a lateral da mesa obliquamente em B'. Considerando as superfícies sem atrito e os impactos perfeitamente elásticos, determine as velocidades $\mathbf{v}_A$, $\mathbf{v}_B$ e $\mathbf{v}_C$ com que as bolas atingem os lados da mesa. (*Observação*: neste e em vários dos problemas que se seguem, assume-se que as bolas de bilhar são partículas que se movem livremente em um plano horizontal, em vez de esferas que rolam e deslizam, o que elas realmente são.)

ESTRATÉGIA Como não há forças externas, use a conservação das quantidades de movimento linear e angular. Já que que os impactos são perfeitamente elásticos, você também pode usar a conservação de energia (mas observe que, em geral, a energia é perdida em um impacto).

MODELAGEM E ANÁLISE Escolha as três bolas de bilhar para serem o sistema e as modele como partículas.

Conservação da quantidade de movimento. Como não há força externa, a quantidade de movimento inicial $m\mathbf{v}_0$ é equipolente ao sistema das quantidades de movimento após as duas colisões (e antes que qualquer uma das bolas atinja o lado da mesa). Referindo-nos à Fig. 1, temos

$\overset{+}{\rightarrow}$ componentes em x: $\qquad m(3 \text{ m/s}) = m(v_B)_x + mv_C \qquad (1)$

$+\uparrow$ componentes em y: $\qquad 0 = mv_A - m(v_B)_y \qquad (2)$

$+\gamma$ momentos em relação a O: $\quad -(0{,}6 \text{ m})m(3 \text{ m/s}) = (2{,}4 \text{ m})mv_A$
$\qquad\qquad\qquad\qquad\qquad -(2{,}1 \text{ m})m(v_B)_y - (0{,}9 \text{ m})mv_C \qquad (3)$

Resolvendo as três equações para v_A, $(v_B)_x$ e $(v_B)_y$ em termos de v_C,

$$v_A = (v_B)_y = 3v_C - 6 \qquad (v_B)_x = 3 - v_C \qquad (4)$$

Conservação de energia. Como as superfícies são sem atrito e os impactos são perfeitamente elásticos, a energia cinética inicial $\frac{1}{2}mv_0^2$ é igual à energia cinética final do sistema:

$$\frac{1}{2}mv_0^2 = \frac{1}{2}mv_A^2 + \frac{1}{2}mv_B^2 + \frac{1}{2}mv_C^2$$
$$v_A^2 + (v_B)_x^2 + (v_B)_y^2 + v_C^2 = (3 \text{ m/s})^2 \qquad (5)$$

Substituindo as expressões de v_A, $(v_B)_x$ e $(v_B)_y$ da Eq. (4) na Eq. (5), temos

$$2(3v_C - 6)^2 + (3 - v_C)^2 + v_C^2 = 9$$
$$20v_C^2 - 78v_C + 72 = 0$$

Resolvendo para v_C, encontramos $v_C = 1{,}5$ m/s e $v_C = 2{,}4$ m/s. Como somente a segunda raiz fornece um valor positivo para v_A depois da substituição na Equação (4), então $v_C = 2{,}4$ m/s e

$$v_A = (v_B)_y = 3(2{,}4) - 6 = 1{,}2 \text{ m/s} \qquad (v_B)_x = 3 - 2{,}4 = 0{,}6 \text{ m/s}$$

$$\mathbf{v}_A = 1{,}2 \text{ m/s} \uparrow \qquad \mathbf{v}_B = 1{,}342 \text{ m/s} \searrow 63{,}4° \qquad \mathbf{v}_C = 2{,}4 \text{ m/s} \rightarrow \quad \blacktriangleleft$$

PARA REFLETIR Na vida real, a energia não seria conservada e você teria de saber o coeficiente de restituição entre as bolas para resolver esse problema. Nós também desprezamos o atrito e a rotação das bolas em nossas análises, o que geralmente não acontece em jogos de bilhar. Discutiremos os impactos de corpos rígidos no Capítulo 17.

METODOLOGIA PARA A RESOLUÇÃO DE PROBLEMAS

Na Seção 14.1, definimos a quantidade de movimento linear e a quantidade de movimento angular de um sistema de partículas. Nesta lição, definimos a **energia cinética** T de um sistema de partículas como

$$T = \frac{1}{2} \sum_{i=1}^{n} m_i v_i^2 \qquad \textbf{(14.28)}$$

As soluções dos problemas da Seção 14.1 foram baseadas na conservação da quantidade de movimento linear de um sistema de partículas ou na observação do movimento do centro de massa de um sistema de partículas. Nesta seção, você vai resolver problemas que envolvem os seguintes conceitos:

1. **Cálculo da energia cinética perdida em colisões.** A energia cinética T_1 do sistema de partículas antes das colisões e sua energia cinética T_2 depois das colisões são calculadas a partir da Eq. (14.28) e são subtraídas uma da outra. Tenha em mente que, enquanto a quantidade de movimento linear e a quantidade de movimento angular são quantidades vetoriais, a energia cinética é uma quantidade *escalar*.

2. **Conservação da quantidade de movimento linear e conservação de energia.** Como você viu na Seção 14.1, quando a resultante das forças externas que atuam em um sistema de partículas é igual a zero, a quantidade de movimento linear do sistema é conservada. Em problemas que envolvem movimento bidimensional e expressam que a quantidade de movimento linear inicial e a quantidade de movimento linear final do sistema são equipolentes, temos duas equações algébricas. Igualando a energia inicial total do sistema de partículas (incluindo a energia potencial e também a energia cinética) à sua energia total final, temos uma equação adicional. Portanto, você pode escrever três equações que podem ser resolvidas para três incógnitas [Problema Resolvido 14.6]. Observe que se a resultante das forças externas não é igual a zero, mas tem uma direção fixa, o componente da quantidade de movimento linear em uma direção perpendicular à da resultante é conservado; o número de equações que podem ser usadas é, então, reduzido para duas [Problema Resolvido 14.5].

3. **Conservação da quantidade de movimento linear e angular.** Quando não há forças externas atuando em um sistema de partículas, tanto a quantidade de movimento linear do sistema como sua quantidade de movimento angular em relação a algum ponto arbitrário são conservadas. No caso de movimento tridimensional, isso lhe permitirá escrever até seis equações, apesar de você poder resolver apenas algumas delas para obter as respostas desejadas [Problema Resolvido 14.4]. No caso de movimento bidimensional, você poderá escrever três equações que podem ser resolvidas para três incógnitas.

4. **Conservação da quantidade de movimento linear e angular e conservação de energia.** No caso do movimento bidimensional de um sistema de partículas que não estão sujeitas a quaisquer forças externas, você vai obter duas equações algébricas expressando que a quantidade de movimento linear do sistema é conservada; uma equação descrevendo que a quantidade de movimento angular do sistema em relação a algum ponto arbitrário é conservada; e uma quarta equação expressando que a energia total do sistema é conservada. Essas equações podem ser resolvidas para quatro incógnitas.

PROBLEMAS

14.31 Determine a energia perdida devido ao atrito e aos impactos descritos no Problema 14.1.

14.32 Considerando que o funcionário da companhia aérea do Problema 14.3 joga rapidamente primeiro a mala de 15 kg no carro de transporte de bagagem, determine a energia perdida (*a*) quando a primeira mala atinge o carro, (*b*) quando a segunda mala atinge o carro.

14.33 No Problema 14.6, determine o trabalho realizado pela mulher e pelo homem quando cada um salta do barco, considerando que a mulher pula primeiro.

14.34 Determine a energia perdida devido ao resultado da série de colisões descritas no Problema 14.8.

14.35 Dois automóveis, A e B, de massa m_A e m_B, respectivamente, se deslocavam em sentidos opostos quando colidem frontalmente. Considera-se que o choque é perfeitamente plástico e que a energia absorvida por cada automóvel é igual à sua perda de energia cinética em relação a um sistema de referência móvel ligado ao centro de massa do sistema de dois veículos. Representando por E_A e E_B, respectivamente, a energia absorvida pelo automóvel A e pelo automóvel B, (*a*) mostre que $E_A/E_B = m_A/m_B$, ou seja, que a quantidade de energia absorvida por cada veículo é inversamente proporcional à sua massa e (*b*) calcule E_A e E_B, sabendo que $m_A = 1.600$ kg e $m_B = 900$ kg e que as velocidades de A e B são, respectivamente, 90 km/h e 60 km/h.

Figura P14.35

14.36 Considera-se que cada um dos dois automóveis envolvidos na colisão descrita no Problema 14.35 foi projetado para resistir com segurança a um teste de impacto, em que o veículo bate em uma parede rígida, fixa, a uma velocidade v_0. O grau de gravidade da colisão do Problema 14.35 pode, então, ser avaliado para cada veículo pela relação entre a energia absorvida na colisão e a energia absolvida no teste. Com base nessa informação, mostre que a colisão descrita no Problema 14.35 é $(m_A/m_B)^2$ vezes mais grave para o automóvel B que para o automóvel A.

14.37 Resolva o Problema Resolvido 14.5 considerando que o carrinho A tem uma velocidade horizontal inicial $\mathbf{v}_0$ enquanto a bola B se encontra em repouso.

14.38 Dois hemisférios são mantidos unidos por uma corda que mantém uma mola comprimida (a mola não está presa aos hemisférios). A energia potencial da mola comprimida é de 120 J e a montagem tem uma velocidade inicial $\mathbf{v}_0$ de intensidade $v_0 = 8$ m/s. Sabendo que a corda se parte quando $\theta = 30°$, causando a separação dos hemisférios, determine a velocidade resultante de cada hemisfério.

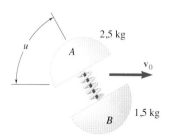

Figura P14.38

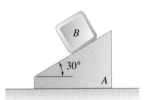

Figura P14.39

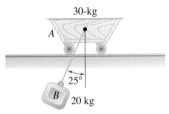

Figura P14.40

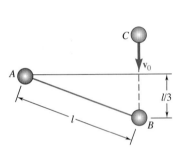

Figura **P14.43**

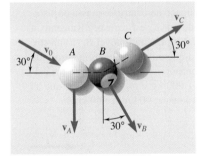

Figura P14.41

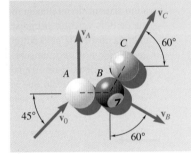

Figura P14.42

Figura **P14.44**

Figura P14.45

14.39 Um bloco B de 6 kg parte do repouso e desliza sobre uma cunha A de 10 kg que é suportada por uma superfície horizontal. Desprezando o atrito, determine (a) a velocidade do bloco B em relação à cunha A após ele ter deslizado 1 m sobre a superfície da cunha, (b) a velocidade correspondente da cunha A.

14.40 Um bloco B de 20 kg é suspenso por uma corda de 2 m fixada em um carrinho A de 30 kg, que pode rolar livremente sem atrito no caminho horizontal. Se o sistema é liberado do repouso na posição mostrada na figura, determine as velocidades de A e B quando B passa diretamente embaixo de A.

14.41 e 14.42 Em um jogo de bilhar, a bola A se desloca com uma velocidade $\mathbf{v}_0$ de intensidade $v_0 = 5$ m/s quando ela atinge as bolas B e C, que se encontram em repouso e alinhadas como mostrado na figura. Sabendo que após a colisão as três bolas se movem nas direções indicadas e considerando as superfícies sem atrito e os choques perfeitamente elásticos (isto é, conservação de energia), determine as intensidades das velocidades $\mathbf{v}_A$, $\mathbf{v}_B$ e $\mathbf{v}_C$.

14.43 Três esferas, cada uma de massa m, podem deslizar livremente sobre uma superfície horizontal sem atrito. As esferas A e B estão ligadas por um fio inextensível e inelástico de comprimento l e em repouso na posição mostrada na figura quando a esfera B é atingida perpendicularmente pela esfera C, que se move com uma velocidade $\mathbf{v}_0$. Sabendo que o fio está esticado quando a esfera B é atingida pela esfera C e considerando que o choque entre B e C é perfeitamente elástico (conservação de energia), determine a velocidade de cada esfera imediatamente depois do impacto.

14.44 Em um jogo de bilhar, a bola A se desloca com uma velocidade $\mathbf{v}_0 = v_0\mathbf{i}$ quando atinge as bolas B e C, que estão em repouso uma ao lado da outra. Considerando as superfícies sem atrito e o choque perfeitamente elástico (ou seja, conservação de energia), determine a velocidade final de cada bola se a trajetória de A (a) é perfeitamente centrada e A atinge B e C simultaneamente, (b) não é perfeitamente centrada e A atinge B um pouco antes de atingir C.

14.45 O subsatélite B, de 2 kg, tem uma velocidade inicial $\mathbf{v}_B = (3 \text{ m/s})\mathbf{j}$. Ele está conectado a um satélite base A de 20 kg por um cabo espacial de 500m. Determine a velocidade do satélite base e do subsatélite imediatamente após o cabo ficar esticado (sem ricochetear).

14.46 Um veículo espacial de 360 kg deslocando-se com velocidade $v_0 =$ (450 m/s)**k** passa pela origem O. Cargas explosivas dividem, então, o veículo em três partes, A, B e C, com massas de 60 kg, 120 kg e 180 kg, respectivamente. Sabendo que logo depois as posições das três partes são A (72, 72, 648), B (180, 396, 972) e C (−144, −288, 576), onde as coordenadas são expressas em metros, que a velocidade de B é $v_B = $ (150 m/s)**i** + (330 m/s)**j** + (660 m/s)**k** e que o componente x da velocidade de C é −120 m/s, determine a velocidade da parte A.

14.47 Quatro discos pequenos A, B, C e D conseguem deslizar livremente em uma superfície horizontal sem atritos. Os discos B, C e D são conectados por hastes finas e estão em repouso na posição mostrada quando o disco B é atingido diretamente pelo disco A, que está se movimentando para a direita com uma velocidade $v_0 = $ (12 m/s)**i**. As massas dos discos são $m_A = m_B = m_C = $ 7,5 kg e $m_D = $ 15 kg. Sabendo que as velocidades dos discos imediatamente após o impacto são $v_A = v_B = $ (2,5 m/s)**i**, $v_C = v_C$**i** e $v_D = v_D$**i**, determine (a) as velocidades v_C e v_D, (b) a fração da energia cinética inicial do sistema que é dissipada durante a colisão.

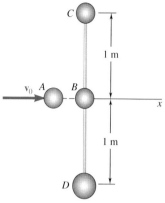

Figura P14.47

14.48 No experimento de dispersão de partículas feito no Problema 14.26, sabe-se que a partícula alfa é lançada a partir de A_0(300, 0, 300) e que ela colide com o núcleo de oxigênio C em Q(240, 200, 100), onde todas as coordenadas são expressas em milímetros. Determine as coordenadas do ponto B_0 onde a trajetória original do núcleo B intercepta o plano zx. (*Dica*: expresse que a quantidade de movimento angular das três partículas em relação a Q é conservada.)

14.49 Três pequenas esferas idênticas, cada uma de massa 1 kg, podem deslizar livremente sobre uma superfície horizontal sem atrito. As esferas B e C são conectadas por uma fina haste e estão em repouso na posição mostrada quando a esfera B é atingida diretamente pela esfera A, que está se movimentando para a direita com uma velocidade $v_0 = $ (2,4 m/s)**i**. Sabendo que $\theta = 45°$ e que as velocidades das esferas A e B imediatamente após o impacto são $v_A = 0$ e $v_B = $ (1,8 m/s)**i** + $(v_B)_y$**j**, determine $(v_B)_y$ e a velocidade de C imediatamente após o impacto.

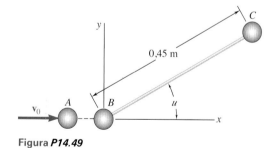

Figura **P14.49**

14.50 Três pequenas esferas A, B e C, cada uma de massa m, estão conectadas a um pequeno anel D de massa desprezível por três cordas inextensíveis e inelásticas de comprimento l. As esferas conseguem deslizar livremente em uma superfície horizontal sem atrito e estão rodando inicialmente a uma velocidade v_0 em torno do anel D, que está em repouso. De repente, a corda CD arrebenta. Depois que as outras duas cordas ficarem novamente esticadas, determine (a) a velocidade do anel D, (b) a velocidade relativa com que as esferas A e B giram em torno de D, (c) a fração da energia original das esferas A e B que é dissipada quando as cordas AD e BD ficam esticadas de novo.

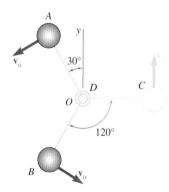

Figura **P14.50**

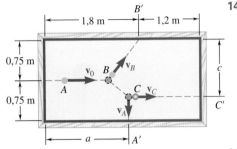

Figura P14.51

14.51 Em um jogo de bilhar, a bola A tem velocidade inicial $\mathbf{v}_0$ ao longo da direção do eixo longitudinal da mesa. Ela atinge a bola B e a seguir a bola C, que estão ambas em repouso. Observa-se que as bolas A e C atingem as laterais da mesa perpendicularmente nos pontos A' e C', respectivamente, enquanto a bola B atinge a lateral da mesa obliquamente em B'. Sabendo que $v_0 = 4$ m/s, $v_A = 1{,}92$ m/s^2, e $a = 1{,}65$ m, determine (*a*) as velocidades $\mathbf{v}_B$ e $\mathbf{v}_C$ das bolas B e C, (*b*) o ponto C' onde a bola C atinge a lateral da mesa. Considere as superfícies como sendo sem atrito e os choques como perfeitamente elásticos (isto é, conservação de energia).

14.52 Para o jogo de bilhar do Problema 14.51, considere agora que $v_0 = 5$ m/s, $v_C = 3{,}2$ m/s, e $c = 1{,}22$ m. Determine (*a*) as velocidades $\mathbf{v}_A$ e $\mathbf{v}_B$ das bolas A e B, (*b*) o ponto A' onde a bola A atinge a lateral da mesa.

14.53 Dois pequenos discos A e B de massas de 3 kg e 1,5 kg, respectivamente, podem deslizar livremente sobre uma superfície horizontal sem atrito. Os discos estão unidos por uma corda de 600 mm de comprimento e giram no sentido anti-horário em torno do seu centro de massa G a uma taxa de 10 rad/s. No instante $t = 0$, as coordenadas de G são $\bar{x}_0 = 0$, $\bar{y}_0 = 2$ m, e sua velocidade $\bar{\mathbf{v}}_0 = (1{,}2$ m/s$)\mathbf{i} + (0{,}96$ m/s$)\mathbf{j}$. Pouco depois, o fio se rompe; observa-se então que o disco A se move ao longo de uma trajetória paralela ao eixo y e o disco B ao longo de uma trajetória que intercepta o eixo x a uma distância $b = 7{,}5$ m de O. Determine (*a*) as velocidades de A e B após o fio se romper, (*b*) a distância a entre o eixo y e a trajetória de A.

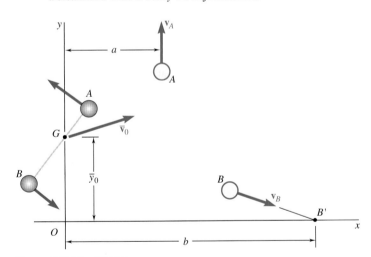

Figura P14.53 e P14.54

14.54 Dois pequenos discos A e B de massas de 2 kg e 1 kg, respectivamente, podem deslizar livremente sobre uma superfície horizontal sem atrito. Os discos estão unidos por um fio de massa desprezível e giram em torno do seu centro de massa G. No instante $t = 0$, G se move com velocidade $\bar{\mathbf{v}}_0$, e suas coordenadas são $\bar{x}_0 = 0$, $\bar{y}_0 = 1{,}89$ m. Logo depois, o fio se rompe; observa-se então que o disco A se move com uma velocidade $\mathbf{v}_A = (5$ m/s$)\mathbf{j}$ em linha reta e a uma distância $a = 2{,}56$ m do eixo y, enquanto B se move com uma velocidade $\mathbf{v}_B = (7{,}2$ m/s$)\mathbf{i} - (4{,}6$ m/s$)\mathbf{j}$ ao longo de uma trajetória que intercepta o eixo x a uma distância $b = 7{,}48$ m da origem O. Determine (*a*) a velocidade inicial $\bar{\mathbf{v}}_0$ do centro de massa G dos dois discos, (*b*) o comprimento do fio que inicialmente os unia, (*c*) a taxa em rad/s com que os discos giravam em torno de G.

14.55 Três pequenas esferas idênticas A, B e C, que podem deslizar livremente sobre uma superfície horizontal sem atrito, estão ligadas por três fios de comprimento 200 mm que estão amarrados a um anel G. Inicialmente, as esferas giram no sentido horário em torno do anel com uma velocidade relativa de 0,8 m/s, e o anel se desloca ao longo do eixo x com uma velocidade $\mathbf{v}_0 = (0{,}4 \text{ m/s})\mathbf{i}$. Repentinamente, o anel se parte, e as três esferas passam a se mover livremente no plano xy com A e B seguindo trajetórias paralelas ao eixo y a uma distância $a = 346$ mm uma da outra e C seguindo uma trajetória paralela ao eixo x. Determine (a) a velocidade de cada esfera, (b) a distância d.

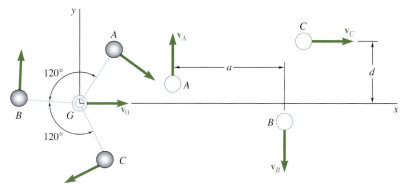

Figura P14.55 e P14.56

14.56 Três pequenas esferas idênticas A, B e C, que podem deslizar livremente sobre uma superfície horizontal sem atrito, estão ligadas por três fios de comprimento l que estão amarrados a um anel G. Inicialmente, as esferas giram no sentido horário em torno do anel que se desloca ao longo do eixo x com velocidade $\mathbf{v}_0$. Repentinamente, o anel se parte e as três esferas passam a se mover livremente no plano xy. Sabendo que $\mathbf{v}_A = (1{,}039 \text{ m/s})\mathbf{j}$, $\mathbf{v}_C = (1{,}8 \text{ m/s})\mathbf{i}$, $a = 416$ mm e $d = 240$ mm, determine (a) a velocidade inicial do anel, (b) o comprimento l dos fios, (c) a taxa, em rad/s, com a qual cada esfera estava girando em torno de G.

*14.3 Sistemas variáveis de partículas

Todos os sistemas de partículas considerados até agora consistiam em partículas bem definidas. Esses sistemas não ganhavam nem perdiam quaisquer partículas durante seu movimento. Em um grande número de aplicações de engenharia, entretanto, é necessário levar em consideração os **sistemas variáveis de partículas**, isto é, sistemas que estão continuamente ganhando ou perdendo partículas, ou fazendo ambas as coisas ao mesmo tempo. Considere, por exemplo, uma turbina hidráulica. Sua análise envolve a determinação das forças exercidas por um escoamento de água sobre as pás em rotação, e observamos que as partículas de água em contato com as pás formam um sistema em constante mudança, que continuamente adquire ou perde partículas. Os foguetes fornecem outro exemplo de sistemas variáveis, já que sua propulsão depende da ejeção contínua de partículas de combustível.

Para analisar os sistemas variáveis de partículas, devemos encontrar uma maneira de reduzir a análise a um sistema constante auxiliar. O procedimento a ser seguido é indicado nas Seções 14.3A e 14.3B para duas amplas categorias de aplicações: um fluxo permanente de partículas e um sistema que está ganhando ou perdendo massa.

*14.3A Fluxo permanente de partículas

Considere um fluxo permanente de partículas, tal como um fluxo de água desviado por uma pá fixa ou um jato de ar por meio de um duto ou ventilador. Para determinar a resultante das forças exercidas nas partículas em contato com a pá, duto ou ventilador, isolamos essas partículas e representamos por S o sistema assim definido (Fig. 14.9). Observamos que S é um sistema variável de partículas, já que ele ganha continuamente partículas que estão fluindo para dentro e perde um número igual de partículas que estão fluindo para fora. Portanto, os princípios da cinética que foram estabelecidos anteriormente não podem ser aplicados diretamente a S.

Entretanto, podemos facilmente definir um sistema auxiliar de partículas que permaneça constante durante um curto intervalo de tempo Δt. Considere, no instante t, o sistema S *mais* as partículas que vão entrar em S durante

Figura 14.9 Um sistema de partículas em um fluxo permanente.

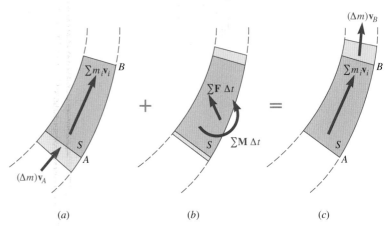

Figura 14.10 O diagrama de impulso e quantidade de movimento para um fluxo de partículas possui (*a*) quantidades de movimento das partículas que entram no sistema S, (*b*) impulsos que duram um intervalo de tempo Δt e (*c*) quantidades de movimento das partículas entrando e saindo do sistema.

Capítulo 14   Sistemas de partículas   **951**

o intervalo de tempo Δt (Fig. 14.10a). A seguir, considere, no instante $t + \Delta t$, o sistema S *mais* as partículas que deixaram S durante o intervalo Δt (Fig. 14.10c). Claramente, *as mesmas partículas estão envolvidas em ambos os casos*, e podemos aplicar a essas partículas o princípio de impulso e quantidade de movimento. Como a massa total m do sistema S permanece constante, as partículas que entram no sistema e aquelas que deixam o sistema no intervalo Δt devem ter a mesma massa Δm. Suponha que por $\mathbf{v}_A$ e $\mathbf{v}_B$ iremos representar, respectivamente, as velocidades das partículas que entram em S por meio de A e que deixam S por meio de B. Então, podemos representar a quantidade de movimento das partículas que entram em S por $(\Delta m)\mathbf{v}_A$ (Fig. 14.10a) e a quantidade de movimento das partículas que deixam S por $(\Delta m)\mathbf{v}_B$ (Fig. 14.10c). Também representamos por vetores apropriados as quantidades de movimento $m_i\mathbf{v}_i$ das partículas que formam S e os impulsos das forças exercidas sobre S. Então, indicamos por sinais de adição e igualdade, de cor preta, que o sistema das quantidades de movimento e impulsos nas partes a e b da Fig. 14.10 é equipolente ao sistema das quantidades de movimento na parte c da mesma figura.

A resultante $\Sigma m_i\mathbf{v}_i$ das quantidades de movimento das partículas de S está presente em ambos os lados do sinal de igualdade e pode, portanto, ser omitida. Concluimos que:

> **O sistema formado pela quantidade de movimento $(\Delta m)\mathbf{v}_A$ das partículas que entram em S no intervalo Δt e os impulsos das forças exercidas sobre S durante esse intervalo é equipolente à quantidade de movimento $(\Delta m)\mathbf{v}_B$ das partículas que deixam S no mesmo intervalo Δt.**

Matematicamente, temos

$$(\Delta m)\mathbf{v}_A + \Sigma \mathbf{F}\,\Delta t = (\Delta m)\mathbf{v}_B \qquad (14.38)$$

Uma equação semelhante pode ser obtida tomando os momentos dos vetores envolvidos (veja o Problema Resolvido 14.7). Dividindo todos os termos da Eq. (14.38) por Δt e fazendo Δt tender a zero, obtemos no limite

$$\Sigma \mathbf{F} = \frac{dm}{dt}(\mathbf{v}_B - \mathbf{v}_A) \qquad (14.39)$$

onde $\mathbf{v}_B - \mathbf{v}_A$ representa a diferença entre o *vetor* $\mathbf{v}_B$ e o *vetor* $\mathbf{v}_A$.

No SI, dm/dt é expresso em kg/s e as velocidades em m/s; verificamos que ambos os membros da Eq. (14.39) são expressos nas mesmas unidades (newtons).*

O princípio que acabamos de estabelecer pode ser usado para analisar um grande número de aplicações em engenharia. Algumas das aplicações mais comuns serão consideradas a seguir.

Fluxo de fluido desviado por uma pá.   Se a pá é fixa, podemos aplicar diretamente o método de análise apresentado para encontrar a força $\mathbf{F}$ exercida pela pá sobre o fluxo. Observamos que $\mathbf{F}$ é a única força que precisa ser con-

---

*Muitas vezes é conveniente expressar a taxa de variação do fluxo de massa dm/dt como o produto ρQ, onde ρ é a massa específica da corrente (massa por unidade de volume) e Q é sua vazão em volume (volume por unidade de tempo). Se você usa o SI, ρ é expresso em kg/m^3 (por exemplo, $\rho = 1.000$ kg/m^3 para a água) e Q em m^3/s.

siderada, já que a pressão no fluxo é constante (pressão atmosférica). A força exercida pelo fluxo sobre a pá será igual e oposta a **F**.

Se a pá se move com uma velocidade constante, o fluxo não é constante. Entretanto, ele parecerá ser constante para um observador que se move com a pá. Temos, portanto, que escolher um sistema de eixos que se desloque com a pá. Como esse sistema de eixos não está acelerado, a Eq. (14.38) ainda pode ser usada, mas v_A e v_B devem ser substituídas pelas *velocidades relativas* do fluxo em relação à pá (veja o Problema Resolvido 14.8).

Fluido que escoa por meio de um tubo. A força exercida pelo fluido sobre a região de transição de um tubo, tal como uma curva ou uma redução, pode ser determinada considerando-se o sistema de partículas S em contato com a transição. Como a pressão no escoamento é em geral variável, as forças exercidas sobre S pelas porções adjacentes do fluido também devem ser consideradas.

Motor a jato. Em um motor a jato, o ar entra com velocidade inicial nula pela frente do motor e sai pela parte posterior com alta velocidade. A energia necessária para acelerar as partículas de ar é obtida pela queima de combustível. A massa do combustível queimado nos gases de exaustão será, em geral, suficientemente pequena quando comparada com a massa do ar que flui pelo motor, que pode ser desprezada. Portanto, a análise de um motor a jato se reduz à análise de um fluxo de ar. Esse fluxo pode ser considerado como um fluxo permanente se todas as velocidades forem medidas em relação à aeronave. Consideraremos, portanto, que o fluxo de ar entra no motor com uma velocidade **v** de intensidade igual à velocidade do avião e sai com uma velocidade

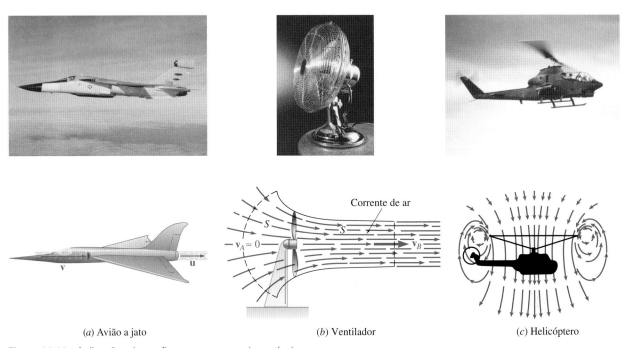

(a) Avião a jato   (b) Ventilador   (c) Helicóptero

Figura 14.11 Aplicações de um fluxo permanente de partículas.

u igual à velocidade relativa dos gases de exaustão (Fig. 14.11a). Como as pressões de entrada e saída são quase atmosféricas, a única força externa que precisa ser considerada é a força exercida pelo motor sobre o fluxo de ar. Essa força é igual e inversa ao empuxo.*

Ventilador. Consideremos o sistema de partículas S mostrado na Fig. 14.11b. Admite-se que a velocidade $\mathbf{v}_A$ das partículas que entram no sistema é igual a zero e que a velocidade $\mathbf{v}_B$ das partículas que saem do sistema é a velocidade da *corrente de ar* produzida. Podemos obter a taxa de escoamento multiplicando v_B pela área de seção transversal do fluxo de deslizamento. Como a pressão ao redor de S é atmosférica, a única força externa que atua em S é o empuxo do ventilador.

Helicóptero. A determinação do empuxo criado pelas pás rotativas de um helicóptero que paira é similar à determinação do empuxo de um ventilador (Fig. 14.11c). A velocidade $\mathbf{v}_A$ das partículas de ar que se aproximam das pás é considerada nula, e a vazão de ar é obtida multiplicando-se a intensidade da velocidade $\mathbf{v}_B$ da corrente de ar produzida pela sua área da seção transversal.

*14.3B Sistemas que ganham ou perdem massa

Analisemos agora um tipo diferente de sistema variável de partículas, a saber, um sistema que ganha massa pela absorção contínua de partículas ou que perde massa pela expulsão contínua de partículas. Considere o sistema S mostrado na Fig. 14.12. Sua massa, igual a m no instante t, aumenta em Δm no intervalo de tempo Δt. Para poder aplicar o princípio de impulso e quantidade de movimento à análise desse sistema, devemos considerar, no instante t, o sistema S mais as partículas de massa Δm que S absorve durante o intervalo de tempo Δt. A velocidade de S no instante t é representada por $\mathbf{v}$, a velocidade de S no instante $t + \Delta t$ é representada por $\mathbf{v} + \Delta \mathbf{v}$, e a velocidade absoluta das partículas absorvidas é representada por $\mathbf{v}_a$. Aplicando o princípio de impulso e quantidade de movimento, escrevemos

$$m\mathbf{v} + (\Delta m)\mathbf{v}_a + \Sigma \mathbf{F}\,\Delta t = (m + \Delta m)(\mathbf{v} + \Delta \mathbf{v}) \quad (14.40)$$

Resolvendo para a soma $\Sigma \mathbf{F}\,\Delta t$ dos impulsos das forças externas que atuam em S (excluindo as forças exercidas pelas partículas que são absorvidas), temos

$$\Sigma \mathbf{F}\,\Delta t = m\Delta \mathbf{v} + \Delta m(\mathbf{v} - \mathbf{v}_a) + (\Delta m)(\Delta \mathbf{v}) \quad (14.41)$$

Agora introduzimos a *velocidade relativa* **u** em relação a S das partículas que são absorvidas. Temos $\mathbf{u} = \mathbf{v}_a - \mathbf{v}$ e verificamos que, como $v_a < v$, a velocidade relativa **u** está direcionada para a esquerda, como mostrado na Fig. 14.12. Desprezando o último termo da Eq. (14.41), que é de segunda ordem, escrevemos

$$\Sigma \mathbf{F}\,\Delta t = m\,\Delta \mathbf{v} - (\Delta m)\mathbf{u}$$

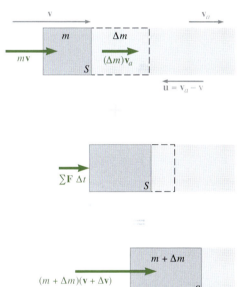

Figura 14.12 Diagrama de impulso e quantidade de movimento para um sistema que ganha massas.

---

*Note que, se o avião for acelerado, ele não poderá ser usado como um sistema de referência newtoniano. Contudo, o mesmo resultado será obtido para o empuxo pelo uso de um sistema de referência em repouso em relação à atmosfera. Nesse sistema, as partículas de ar entrarão no motor com velocidade nula e sairão dele com uma velocidade de intensidade $u - v$.

Foto 14.3 À medida que os foguetes propulsores do ônibus espacial são acionados, as partículas de gás ejetadas deles fornecem o impulso para a decolagem.

Agora, dividimos ambos os membros por Δt e fazemos Δt tender a zero. No limite, temos*

$$\Sigma \mathbf{F} = m\frac{d\mathbf{v}}{dt} - \frac{dm}{dt}\mathbf{u} \qquad (14.42)$$

Reordenando os termos e recordando que $d\mathbf{v}/dt = \mathbf{a}$, onde $\mathbf{a}$ é a aceleração do sistema S, escrevemos

$$\Sigma \mathbf{F} + \frac{dm}{dt}\mathbf{u} = m\mathbf{a} \qquad (14.43)$$

Essa equação mostra que a ação sobre S das partículas que estão sendo absorvidas é equivalente a um empuxo

$$\mathbf{P} = \frac{dm}{dt}\mathbf{u} \qquad (14.44)$$

que tende a retardar o movimento de S, já que a velocidade relativa $\mathbf{u}$ das partículas está dirigida para a esquerda. Se usarmos SI, dm/dt é expresso em kg/s, a velocidade relativa u em m/s e o empuxo correspondente em newtons.

As equações obtidas também podem ser usadas para determinar o movimento de um sistema S que perde massa. Nesse caso, a taxa de variação de massa é negativa, e a ação sobre S das partículas que estão sendo expelidas é equivalente a um empuxo na direção e sentido de $-\mathbf{u}$, isto é, no sentido oposto àquele no qual as partículas estão sendo expelidas. Um *foguete* representa um caso típico de sistema com perda contínua de massa (veja o Problema Resolvido 14.9).

---

*Quando a velocidade absoluta $\mathbf{v}_a$ das partículas absorvidas é zero, $\mathbf{u} = -\mathbf{v}$, e a Eq. (14.42) se torna

$$\Sigma \mathbf{F} = \frac{d}{dt}(m\mathbf{v})$$

Comparando a fórmula obtida com a Eq. (12.3) da Seção 12.1B, observamos que a segunda lei de Newton pode ser aplicada a um sistema que ganha massa, *contanto que as partículas absorvidas se encontrem inicialmente em repouso*. Ela também pode ser aplicada a um sistema que perde massa, *contanto que a velocidade das partículas expelidas seja zero* em relação ao sistema de referência escolhido.

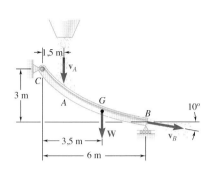

PROBLEMA RESOLVIDO 14.7

Grãos caem de um funil em uma calha CB à razão de 120 kg/s. Eles atingem a calha em A com uma velocidade de 10 m/s e saem da calha em B com uma velocidade de 7,5 m/s, formando um ângulo de 10° com a horizontal. Sabendo que o peso combinado da calha e dos grãos que ela suporta é uma força **W** com intensidade de 3.000 N aplicada em G, determine a reação no suporte de roletes B e os componentes da reação na articulação C.

ESTRATÉGIA Como temos um fluxo permanente de partículas, aplique o princípio de impulso e quantidade de movimento para o intervalo Δt.

MODELAGEM O sistema consiste na calha, nos grãos que ela suporta e na quantidade de grãos que atingem a calha no intervalo Δt. O diagrama de impulso e quantidade de movimento para esse sistema está representado na Fig. 1. Como a calha não se move, ela não tem quantidade de movimento. Observe que a soma $\Sigma m_i \mathbf{v}_i$ das quantidades de movimento das partículas suportada pela calha é a mesma em t e $t + \Delta t$ e que, portanto, pode ser omitida.

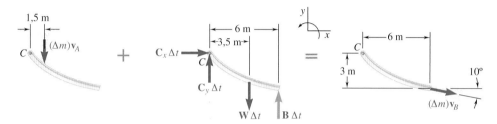

Figura 1 Diagrama de impulso e quantidade de movimento para o sistema.

ANÁLISE Podemos usar o diagrama de impulso e quantidade de movimento para obter equações escalares para as direções x e y e para momentos em relação ao ponto C.

$\xrightarrow{+}$ componentes em x: $\qquad C_x \Delta t = (\Delta m)v_B \cos 10°$ $\qquad$ (1)

$+\uparrow$ componentes em y: $\qquad -(\Delta m)v_A + C_y \Delta t - W \Delta t + B \Delta t$
$$= -(\Delta m)v_B \text{ sen } 10° \quad (2)$$

$+\gamma$ momentos em relação a C: $-1,5(\Delta m)v_A - 3,5(W \Delta t) + 6(B \Delta t)$
$$= 3(\Delta m)v_B \cos 10° - 6(\Delta m)v_B \text{ sen } 10° \quad (3)$$

Usando os dados fornecidos, $W = 3.000$ N, $v_A = 10$ m/s, $v_B = 7,5$ m/s e $\Delta m/\Delta t = 120$ kg/s e resolvendo a Eq. (3) para B e a Eq. (1) para C_x,

$6B = 3,5(3000) + 1,5(120)(10) + 3(120)(7,5)(\cos 10° - 2 \text{ sen } 10°)$
$\qquad B = 2340$ N $\qquad\qquad\qquad\qquad \mathbf{B} = 2340$ N $\uparrow$ ◄

$\qquad C_x = (120)(7,5) \cos 10° = 886$ N $\qquad \mathbf{C}_x = 886$ N $\rightarrow$ ◄

Substituindo o valor de B e resolvendo a Eq. (2) para C_y,

$C_y = 3000 - 2340 + (120)(10 - 7,5 \text{ sen } 10°) = 1704$ N
$\qquad\qquad\qquad\qquad\qquad\qquad\qquad\qquad \mathbf{C}_y = 1704$ N $\uparrow$ ◄

PARA REFLETIR Esse tipo de situação é comum em estruturas industriais e de armazenamento. Ser capaz de determinar as reações é essencial para projetar uma calha adequada que irá suportar o fluxo de forma segura. Podemos comparar este caso com um que não haja fluxo de massa, o que resultaria nas reações de B_y = 1.750 N, $C_y = 1.250$ N e $C_x = 0$ N.

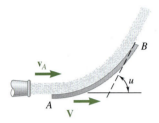

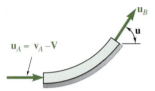

Figura 1 Velocidades relativas da água entrando e saindo da pá.

PROBLEMA RESOLVIDO 14.8

Um bocal descarrega um jato de água com área de seção transversal A e com uma velocidade $\mathbf{v}_A$. O jato é desviado por uma *única* pá que se desloca para a direita com uma velocidade constante $\mathbf{V}$. Considerando que a água escoa ao longo da pá com uma velocidade constante, determine (*a*) os componentes da força $\mathbf{F}$ exercida pela pá sobre o jato de água e (*b*) a velocidade $\mathbf{V}$ para a qual se obtém a potência máxima.

ESTRATÉGIA Como temos um fluxo permanente de partículas, aplique o princípio de impulso e quantidade de movimento.

MODELAGEM Escolhemos um sistema em que as partículas fiquem em contato com a pá e que a atinjam no intervalo de tempo Δt, utilizando um sistema de coordenadas que se mova com a pá a uma velocidade constante $\mathbf{V}$. As partículas de água atingem a pá com uma velocidade relativa $\mathbf{u}_A = \mathbf{v}_A - \mathbf{V}$ e deixam a pá com uma velocidade relativa $\mathbf{u}_B$, como mostrado na Fig. 1. Como as partículas se deslocam ao longo da pá com uma velocidade constante, as velocidades relativas $\mathbf{u}_A$ e $\mathbf{u}_B$ têm a mesma intensidade u. Representando a densidade da água por ρ, a massa das partículas da água que atingem a pá durante o intervalo de tempo Δt é $\Delta m = A\rho(v_A - V)\,\Delta t$; uma massa igual de partículas deixa a pá durante o intervalo de tempo Δt. O diagrama de impulso e quantidade de movimento para esse sistema está representado na Fig. 2.

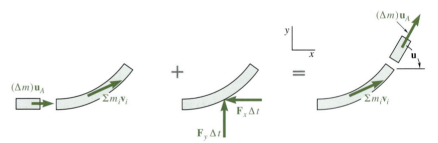

Figura 2 Diagrama de impulso e quantidade de movimento para o sistema.

ANÁLISE

a. Componentes da força exercida sobre o escoamento. Recordando que $\mathbf{u}_A$ e $\mathbf{u}_B$ têm a mesma intensidade u, omitindo as quantidades de movimento $\Sigma m_i \mathbf{v}_i$ que aparecem em ambos os lados e aplicando o princípio de impulso e quantidade de movimento, escrevemos

$\xrightarrow{+}$ componentes em x: $(\Delta m)u - F_x\,\Delta t = (\Delta m)u\,\cos\theta$

$+\uparrow$ componentes em y: $+F_y\,\Delta t = (\Delta m)u\,\text{sen}\,\theta$

Substituindo $\Delta m = A\rho\,(v_A - V)\,\Delta t$ e $u = v_A - V$, obtemos

$$F_x = A\rho(v_A - V)^2(1 - \cos\theta) \leftarrow \qquad F_y = A\rho(v_A - V)^2\,\text{sen}\,\theta \uparrow \quad \blacktriangleleft$$

b. Velocidade da pá para potência máxima. A potência é obtida multiplicando-se a velocidade V da pá pelo componente F_x da força exercida pelo escoamento sobre a pá.

$$\text{Potência} = F_x V = A\rho(v_A - V)^2(1 - \cos\theta)V$$

Diferenciando a potência em relação a V e fazendo a derivada igual a zero, obtemos

$$\frac{d(\text{potência})}{dV} = A\rho(v_A^2 - 4v_A V + 3V^2)(1 - \cos\theta) = 0$$

$$V = v_A \qquad V = \tfrac{1}{3}v_A \qquad \text{Para potência máxima } \mathbf{V} = \tfrac{1}{3}v_A \rightarrow \qquad \blacktriangleleft$$

PARA REFLETIR Esses resultados são válidos somente quando uma *única* pá desvia o jato. Resultados diferentes são obtidos quando uma série de pás desvia o jato, como no caso de uma turbina Pelton (Problema 14.81).

PROBLEMA RESOLVIDO 14.9

Um foguete com massa inicial m_0 (incluindo a estrutura e o combustível) é lançado verticalmente no instante $t = 0$. O combustível é consumido a uma taxa constante $q = dm/dt$ e expelido com uma velocidade constante u relativa ao foguete. Deduza uma expressão para a intensidade da velocidade do foguete no instante t, desprezando a resistência do ar.

ESTRATÉGIA Como temos um sistema que perde massa, aplique o princípio de impulso e quantidade de movimento. Ele fornecerá uma equação que pode ser integrada para se obter a velocidade.

MODELAGEM Considere o foguete e o combustível como seu sistema. No instante t, a massa da estrutura do foguete e do combustível não queimado remanescente é $m = m_0 - qt$, e sua velocidade é $\mathbf{v}$. Durante o intervalo de tempo Δt, uma massa de combustível $\Delta m = q\,\Delta t$ é expelida com uma velocidade u relativa ao foguete. O diagrama de impulso e quantidade de movimento para esse sistema é mostrado na Fig 1, onde $\mathbf{v}_e$ é a velocidade absoluta do combustível expelido.

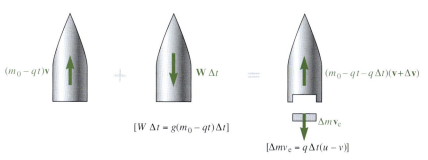

Figura 1 Diagrama de impulso e quantidade de movimento para o sistema.

(*continua*)

ANÁLISE Aplicamos o princípio de impulso e quantidade de movimento entre o intervalo t e o intervalo $t + \Delta t$ para encontrar

$$(m_0 - qt)v - g(m_0 - qt)\,\Delta t = (m_0 - qt - q\,\Delta t)(v + \Delta v) - q\,\Delta t(u - v)$$

Dividindo por Δt e tomando o limite quando Δt tende a zero, obtemos

$$-g(m_0 - qt) = (m_0 - qt)\frac{dv}{dt} - qu$$

Separando as variáveis e integrando de $t = 0$, $v = 0$ até $t = t$ e $v = v$, temos

$$dv = \left(\frac{qu}{m_0 - qt} - g\right)dt$$

$$\int_0^v dv = \int_0^t \left(\frac{qu}{m_0 - qt} - g\right)dt$$

$$v = \left[-u\ln(m_0 - qt) - gt\right]_0^t \qquad\qquad v = u\ln\frac{m_0}{m_0 - qt} - gt \quad \blacktriangleleft$$

PARA REFLETIR A massa remanescente no tempo t_f após todo o combustível ter sido expelido é igual à massa da estrutura do foguete $m_s = m_0 - qt_f$, e a velocidade máxima atingida pelo foguete é $v_m = u\ln(m_0/m_s) - gt_f$. Considerando que o combustível é expelido em um intervalo relativamente curto de tempo, o termo gt_f é pequeno, e temos $v_m \approx u\ln(m_0/m_s)$. Para poder escapar do campo gravitacional da Terra, um foguete deve alcançar uma velocidade de 11,18 km/s. Considerando $u = 2.200$ m/s e $v_m = 11{,}18$ km/s, obtemos $m_0/m_s = 161$. Portanto, para lançar cada quilograma da estrutura do foguete no espaço, é necessário consumir mais de 161 kg de combustível se for usado um propelente que produza $u = 2.200$ m/s.

METODOLOGIA PARA A RESOLUÇÃO DE PROBLEMAS

Esta seção é dedicada ao estudo do movimento de **sistemas variáveis de partículas**, isto é, sistemas que estão continuamente *ganhando ou perdendo partículas*, ou fazendo ambas as coisas ao mesmo tempo. Os problemas a serem resolvidos envolvem (1) **fluxos permanentes de partículas** e (2) **sistemas que ganham ou perdem massa**.

1. **Para resolver problemas que envolvem um fluxo permanente de partículas** [Problemas Resolvidos 14.7 e 14.8], considere uma parte S do fluxo e expresse matematicamente que o sistema formado pela quantidade de movimento das partículas que entram em S por meio de A no tempo Δt e os impulsos das forças exercidas em S durante esse tempo é equipolente à quantidade de movimento das partículas que deixam S por meio de B no mesmo tempo Δt (Fig. 14.10). Considerando somente as resultantes dos sistemas vetoriais envolvidos, você pode escrever a equação vetorial

$$(\Delta m)\mathbf{v}_A + \Sigma\mathbf{F}\,\Delta t = (\Delta m)\mathbf{v}_B \tag{14.38}$$

Você também pode querer considerar a quantidade de movimento angular dos sistemas de partículas para obter uma equação adicional [Problema Resolvido 14.7]. Contudo, muitos problemas podem ser resolvidos usando a Eq. (14.38) ou a equação obtida dividindo-se todos os termos por Δt e fazendo Δt tender a zero,

$$\Sigma\mathbf{F} = \frac{dm}{dt}(\mathbf{v}_B - \mathbf{v}_A) \tag{14.39}$$

Aqui, $\mathbf{v}_B - \mathbf{v}_A$ representa uma *subtração vetorial*, e a vazão mássica dm/dt pode ser expressa como o produto ρQ da massa específica ρ (massa por unidade de volume) e da vazão volumétrica Q (volume por unidade de tempo).

Problemas típicos envolvendo um fluxo permanente de partículas foram descritos na Seção 14.3A. Você poderá ser solicitado a determinar o seguinte:

    a. Empuxo causado por um fluxo desviado. A Eq. (14.39) é aplicável, mas você terá uma melhor compreensão do problema se usar uma solução baseada na Eq. (14.38).

    b. Reações nos apoios de pás ou de correias transportadoras. Primeiramente, desenhe um diagrama mostrando, em um lado da igualdade, a quantidade de movimento $(\Delta m)\mathbf{v}_A$ das partículas que atingem a pá ou a correia no tempo Δt, assim como os impulsos das cargas e reações nos apoios durante esse tempo. De outro lado, mostre a quantidade de movimento $(\Delta m)\mathbf{v}_B$ das partículas que saem da pá ou da correia no tempo Δt [Problema Resolvido 14.7]. Igualando os componentes em x, os componentes em y e os momentos das quantidades em ambos os lados da equação, você terá três equações escalares que podem ser resolvidas para três incógnitas.

    c. Empuxo desenvolvido por um motor a jato, uma hélice ou um ventilador. Na maioria dos casos, apenas uma incógnita está envolvida e pode ser obtida resolvendo-se a equação escalar derivada da Eq.(14.38) ou da Eq. (14.39).

(Continua)

2. Para resolver problemas que envolvem sistemas que ganham massa, considere o sistema S, que tem uma massa m e está se movimentando com uma velocidade $\mathbf{v}$ no instante t, e as partículas de massa Δm com velocidade $\mathbf{v}_a$ que S vai absorver no intervalo de tempo Δt (Fig. 14.12). Você vai então expressar que a quantidade de movimento total de S e das partículas que serão absorvidas *mais* o impulso das forças externas exercida em S são equipolentes à quantidade de movimento de S no instante $t + \Delta t$. Observando que a massa de S e sua velocidade naquele instante são, respectivamente, $m + \Delta m$ e $\mathbf{v} + \Delta\mathbf{v}$, você vai escrever a equação vetorial

$$m\mathbf{v} + (\Delta m)\mathbf{v}_a + \Sigma\mathbf{F}\,\Delta t = (m + \Delta m)(\mathbf{v} + \Delta\mathbf{v}) \tag{14.40}$$

Como foi mostrado na Seção 14.3B, se você introduzir a velocidade relativa $\mathbf{u} = \mathbf{v}_a - \mathbf{v}$ das partículas que estão sendo absorvidas, obterá a seguinte expressão para a resultante das forças externas aplicadas em S

$$\Sigma\mathbf{F} = m\frac{d\mathbf{v}}{dt} - \frac{dm}{dt}\mathbf{u} \tag{14.42}$$

Além disso, a ação sobre S das partículas que estão sendo absorvidas é equivalente a um empuxo

$$\mathbf{P} = \frac{dm}{dt}\mathbf{u} \tag{14.44}$$

exercido na direção e sentido da velocidade relativa das partículas que são absorvidas.

Exemplos de sistemas que ganham massa são as correias transportadoras, os vagões de trens em movimento sendo carregados com pedras ou areia e correntes sendo puxadas para fora de uma pilha.

3. Para resolver problemas que envolvem sistemas que perdem massas, tais como foguetes e motores de foguetes, você pode usar as Eqs. de (14.40) a (14.44), contanto que atribua valores negativos ao aumento de massa Δm e à razão de troca de massa dm/dt [Problema Resolvido 14.9]. Segue-se que o empuxo definido pela Eq. (14.44) será exercido em um sentido oposto àquele da velocidade relativa das partículas em processo de ejeção.

PROBLEMAS

14.57 Um jato de água com uma densidade $\rho = 1.000$ kg/m^3 é descarregado de um bocal a uma vazão de 0,06 m^3/s. Usando a equação de Bernoulli, observa-se que a pressão manométrica P no tubo a montante do bocal é $P = 0,5\rho(v_2^2 - v_1^2)$. Sabendo que o bocal é fixado no tubo por seis parafusos de flange, determine a tensão em cada parafuso desprezando a tensão inicial causada pelo aperto das porcas.

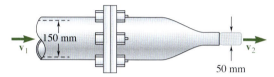

Figura P14.57

14.58 Um *jet ski* é colocado em um canal e amarrado de modo que permaneça em estado estacionário. A água entra no *jet ski* com velocidade v_1 e sai com velocidade v_2. Sabendo que a área de entrada é A_1 e a área de saída é A_2, determine a tensão na corda.

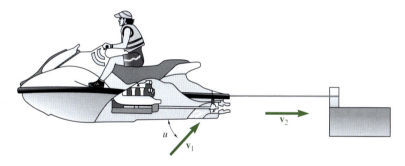

Figura P14.58

14.59 O bocal mostrado descarrega um jato de água a uma vazão de $Q = 1,8$ m^3/min com uma velocidade **v** e uma intensidade de 18,29 m/s. O jato é dividido em dois, com taxas de vazão iguais, por uma cunha que é mantida em uma posição fixa. Determine os componentes (arrasto e sustentação) da força exercida pelo jato na cunha.

14.60 O bocal mostrado descarrega um jato de água a uma vazão de $Q = 1,89$ m^3/min com uma velocidade **v** e uma intensidade de 14,6 m/s. O jato é dividido em dois, com taxas de vazão iguais, por uma cunha que se move para a esquerda em uma velocidade constante de 3,66 m/s. Determine os componentes (arrasto e sustentação) da força exercida pelo jato na cunha.

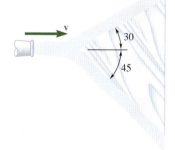

Figura P14.59 e P14.60

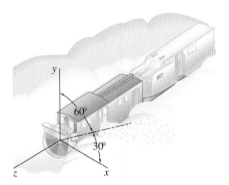

Figura P14.61

14.61 Uma máquina rotativa é utilizada para remover a neve de um trecho horizontal de uma linha férrea. O vagão removedor de neve é posicionado à frente de uma locomotiva que o empurra com uma velocidade constante de 20 km/h. O vagão remove 160 Mg de neve por minuto, projetando-a na direção mostrada na figura a uma velocidade de 12 m/s em relação ao vagão. Desprezando o atrito, determine (a) a força exercida pela locomotiva sobre o vagão removedor de neve, (b) a força lateral exercida pelo trilho sobre o vagão removedor de neve.

14.62 Arbustos e galhos são colocados a uma taxa de 5 kg/s no ponto A de um triturador que expulsa os resíduos de madeira resultantes em C com uma velocidade de 20 m/s. Determine o componente horizontal da força exercida pelo triturador sobre o engate do caminhão em D.

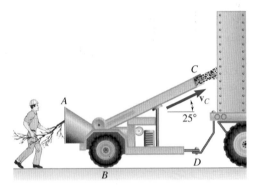

Figura P14.62

14.63 A areia cai de três funis para uma correia transportadora a uma taxa de 40 kg/s para cada funil. A areia atinge a correia com uma velocidade vertical $v_1 = 3$ m/s e é descarregada em A com uma velocidade horizontal $v_2 = 4$ m/s. Sabendo que a massa combinada da viga, do sistema de correia e da areia que ele suporta é de 600 kg com um centro de massa em G, determine a reação em E.

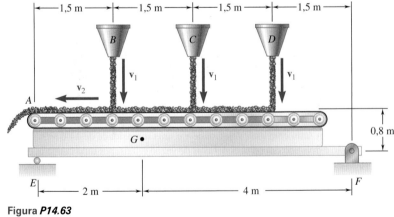

Figura *P14.63*

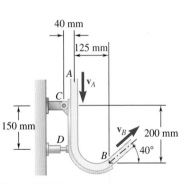

Figura P14.64

14.64 O jato de água mostrado na figura escoa com uma vazão de 550 L/min e se move a uma velocidade de intensidade 18 m/s tanto em A quanto em B. O defletor é sustentado por um pino e um suporte em C e por uma célula de carga em D que pode exercer apenas uma força horizontal. Desprezando o peso do defletor, determine os componentes das reações em C e em D.

14.65 O bocal mostrado na figura descarrega água a uma vazão de 1,13 m³/min. Sabendo que, tanto em A como em B, o jato de água se move com uma velocidade de intensidade de 22,86 m/s, e desprezando o peso do defletor, determine os componentes das reações C e D.

14.66 Uma corrente de água que flui a uma vazão de 1,2 m³/min e se move com uma velocidade de 30 m/s tanto em A como em B é desviada por uma pá soldada a uma placa articulada. Sabendo que a massa combinada da pá e da placa é 20 kg com o centro de massa no ponto G, determine (a) o ângulo θ, (b) a reação em C.

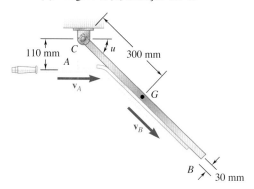

Figura P14.66 e P14.67

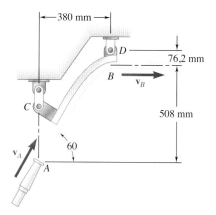

Figura P14.65

14.67 Uma corrente de água que flui a uma vazão de 1,2 m³/min e se move com uma velocidade v tanto em A como em B é desviada por uma pá soldada a uma placa articulada. A massa combinada da pá e da placa é 20 kg com o centro de massa no ponto G. Sabendo que $\theta = 45°$, determine (a) a velocidade v do fluxo, (b) a reação em C.

14.68 Uma correia transportadora descarrega carvão à taxa de 120 kg/s. O carvão descarregado é recebido no ponto A de uma segunda correia rolante que o descarrega novamente no ponto B. Sabendo que $v_1 = 3$ m/s e $v_2 = 4,25$ m/s e que a massa total da segunda correia, juntamente com o carvão que ela transporta, é de 472 kg, determine os componentes das reações em C e em D.

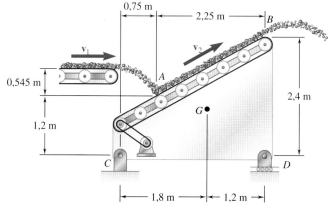

Figura P14.68

14.69 O arrasto total devido ao atrito com o ar de um avião a jato que viaja a uma velocidade de 900 km/h é de 35 kN. Sabendo que a velocidade de exaustão é 600 m/s em relação ao avião, determine a massa do ar que deve passar através do motor por segundo para manter a velocidade de 900 km/h em voo nivelado.

Figura P14.71

14.70 Durante um voo de cruzeiro nivelado a uma velocidade de 900 km/h, um avião a jato admite ar a uma taxa de 90 kg/s e o descarrega com uma velocidade de 660 m/s em relação ao avião. Determine o arrasto total devido ao atrito do ar com o avião.

14.71 Visando a diminuir a distância necessária para a aterrissagem, um avião a jato está equipado com defletores móveis que permitem fazer a reversão parcial da direção do ar descarregado por cada um dos motores. Cada motor admite ar a uma razão de 120 kg/s e o descarrega com uma velocidade de 600 m/s em relação ao motor. No momento em que a velocidade do avião é de 270 km/h, determine qual é o empuxo de reversão fornecido por cada um dos motores.

14.72 O helicóptero mostrado na figura consegue produzir uma velocidade de ar descendente máxima de 25 m/s em uma corrente de ar de 10 m de diâmetro. Sabendo que o peso do helicóptero e da tripulação é de 18 kN e considerando $\rho = 1,21$ kg/m^3 para o ar, determine a carga máxima que o helicóptero pode erguer quando paira.

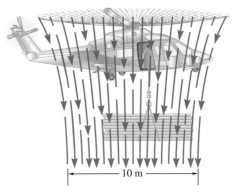

Figura P14.72

14.73 Antes da decolagem, o piloto de um avião bimotor de 3.000 kg testa as hélices de passo reversível aumentando o empuxo de reversão com os freios no ponto B acionados. Sabendo que o ponto G é o centro de gravidade do avião, determine a velocidade do ar nas duas correntes de ar de 2,2 diâmetros quando a roda dianteira A começa a levantar do solo. Considere $\rho = 1,21$ kg/m^3 e despreze a velocidade de aproximação do ar.

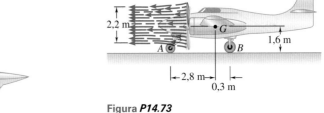

Figura *P14.73*

14.74 O motor a jato mostrado na figura admite ar em A a uma taxa de 100 kg/s e o descarrega em B a uma velocidade de 600 m/s em relação ao avião. Determine a intensidade e a direção do empuxo de propulsão desenvolvido pelo motor quando a velocidade do avião é de (*a*) 500 km/h, (*b*) 1.000 km/h.

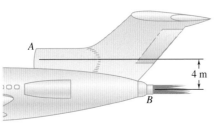

Figura P14.74

14.75 Um avião a jato comercial voa a uma velocidade de 900 km/h com cada um de seus motores descarregando ar a uma velocidade de 800 m/s em relação ao avião. Determine a velocidade do avião após ele perder o uso de (*a*) um de seus motores e (*b*) dois de seus motores. Considere que o arrasto devido à resistência do ar é proporcional ao quadrado da velocidade e que os motores remanescentes continuam operando à mesma taxa.

Figura *P14.75*

14.76 Um avião a jato de 16 Mg mantém uma velocidade constante de 774 km/h enquanto sobe com um ângulo de rampa de $\alpha = 18°$. O avião admite entrada de ar em seu motor a uma razão de 300 kg/s e o descarrega a uma velocidade de 665 m/s em relação ao avião. Se o piloto muda para um voo horizontal enquanto mantém o mesmo ajuste de motor, determine (*a*) a aceleração inicial do avião, (*b*) a velocidade horizontal máxima obtida. Considere que o arrasto devido ao atrito com o ar é proporcional ao quadrado da velocidade.

Figura P14.76

14.77 A hélice de um pequeno avião tem uma corrente de ar produzida de 2 m de diâmetro, gerando um empuxo de 3.600 N quando o avião está parado no solo. Considerando $\rho = 1,225$ kg/m³ para o ar, determine (*a*) a velocidade do ar na corrente produzida, (*b*) o volume de ar que passa pela hélice por segundo, (*c*) a energia cinética transmitida por segundo para o ar na corrente produzida.

14.78 A turbina eólica mostrada na figura tem uma potência de saída estimada em 1,5 MW para uma velocidade do vento de 36 km/h. Para a dada velocidade do vento, determine (*a*) a energia cinética das partículas de ar que entram no círculo de 82,5 m de diâmetro por segundo, (*b*) a eficiência deste sistema de conversão de energia. Considere $\rho = 1,21$ kg/m³ para o ar.

Figura P14.78 e P14.79

14.79 A turbina eólica mostrada na figura, de 82,5 m de diâmetro, produz 1,5 MW para uma velocidade do vento de 12 m/s. Determine o diâmetro da pá necessário para produzir 10 MW considerando que a eficiência é a mesma para ambos os projetos e $\rho = 1,21$ kg/m³ para o ar.

14.80 Durante um voo de cruzeiro nivelado a uma velocidade de 900 km/h, um avião a jato admite entrada de ar no motor a uma razão de 120 kg/s e o descarrega a uma velocidade de 650 m/s relativa ao avião. Determine (*a*) a potência realmente usada para propelir o avião, (*b*) a potência total desenvolvida pelo motor, (*c*) a eficiência mecânica do avião.

14.81 Em uma roda de turbina Pelton, o jato de água é defletido por uma série de pás de modo que a taxa com a qual a água é defletida pelas pás é igual à taxa com a qual a água sai do bocal ($\Delta m/\Delta t = A\rho v_A$). Usando a mesma notação do Problema Resolvido 14.8, (*a*) determine a velocidade **V** das pás para que a potência máxima seja desenvolvida, (*b*) deduza a expressão para a máxima potência, (*c*) deduza uma expressão para a eficiência mecânica.

Figura *P14.81*

14.82 Um orifício circular reentrante (também denominado bocal de Borda) de diâmetro D é posicionado a uma profundidade h abaixo da superfície de um tanque. Sabendo que a velocidade do escoamento no orifício é $v = \sqrt{2gh}$ e considerando que a velocidade de aproximação v_1 é zero, mostre que o diâmetro do jato é $d = D/\sqrt{2}$. (*Dica:* considere a seção de água indicada e observe que P é igual à pressão a uma profundidade h multiplicada pela área do orifício.)

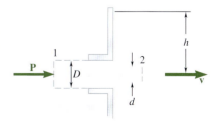

Figura *P14.82*

14.83 Um vagão de trem de comprimento L e massa m_0 quando vazio se movimenta livremente em um trilho horizontal enquanto está sendo carregado com areia a partir de uma calha estacionária a uma vazão $dm/dt = q$. Sabendo que o vagão estava se aproximando da calha com uma velocidade v_0, determine (a) a massa do vagão e sua carga após esse vagão ter passado pela calha e (b) a velocidade do vagão nesse instante.

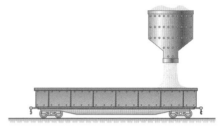

Figura P14.83

*14.84 A profundidade da água que escoa do um canal de seção transversal retangular de largura b a uma velocidade v_1 e a uma profundidade d_1 aumenta para uma profundidade d_2 em um *ressalto hidráulico*. Expresse a vazão Q em termos de b, d_1 e d_2.

Figura P14.84

*14.85 Determine a vazão no canal do Problema 14.84 sabendo que $b = 3,6$ m, $d_1 = 1,2$ m, e $d_2 = 1,5$ m.

14.86 Uma corrente de comprimento l e massa m está apoiada sobre o solo. Se sua extremidade A é erguida verticalmente a uma velocidade constante v, expresse, em termos do comprimento y da porção de corrente que está fora do chão em qualquer instante dado, (a) a intensidade da força **P** aplicada em A, (b) a reação do solo.

14.87 Resolva o Problema 14.86 considerando que a corrente é *abaixada* até o solo com uma velocidade constante v.

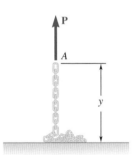

Figura P14.86

14.88 As extremidades de uma corrente encontram-se empilhadas em A e C. Quando liberada do repouso no tempo $t = 0$, a corrente desloca-se sobre a polia em B, que tem uma massa desprezível. Representado por L o comprimento da corrente ligada às duas pilhas e desprezando o atrito, determine a velocidade v da corrente no instante t.

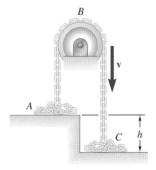

Figura P14.88

14.89 Um carro de brinquedo é propelido por água que esguicha de um tanque interno a uma velocidade constante de 2 m/s em relação ao carro. O carro contém 1 kg de água e, quando vazio, pesa 0,2 kg. Desprezando outras forças tangenciais, determine sua velocidade máxima.

Figura P14.89 e P14.90

14.90 Um carro de brinquedo é propelido por água que esguicha de um tanque interno. O carro contém 1 kg de água e, quando vazio, pesa 0,2 kg. Sabendo que a velocidade máxima do carro é 2,5 m/s, determine a velocidade relativa da água que está sendo ejetada.

14.91 O principal sistema de propulsão de um ônibus espacial é composto de três motores de foguete idênticos que fornecem um empuxo total de 6 MN. Determine a taxa em que a mistura propelente à base de hidrogênio e oxigênio é queimada por cada um dos três motores, sabendo que a mistura é ejetada com uma velocidade relativa de 3.750 m/s.

14.92 O principal sistema de propulsão de um ônibus espacial é composto de três motores de foguete idênticos, sendo que cada um deles queima a mistura propelente à base de hidrogênio e oxigênio a uma taxa de 340 kg/s e ejeta a uma velocidade relativa de 3.750 m/s. Determine o empuxo total fornecido pelos três motores.

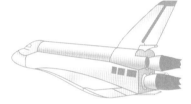

Figura P14.91 e *P14.92*

14.93 Um satélite de comunicação de 50 kN, incluindo o combustível, foi ejetado do ônibus espacial que descreve uma órbita circular de baixa altitude em torno da terra. Depois que o satélite foi lentamente impelido a uma distância segura do ônibus espacial, seus motores foram acionados para aumentar sua velocidade para 2.500 m/s como o primeiro passo para sua transferência para uma órbita geossincronizada. Sabendo que seu combustível é ejetado com a velocidade relativa de 4.000 m/s, determine o peso do combustível consumido em sua manobra.

Figura *P14.93*

Figura P14.94

14.94 Uma espaçonave que descreve uma órbita circular em torno da Terra a uma velocidade de 24×10^3 km/h libera sua cápsula frontal de 600 kg de massa bruta que inclui 400 kg de combustível. Sabendo que o combustível é consumido à taxa de 18 kg/s e ejetado com uma velocidade relativa de 3.000 m/s, determine (a) a aceleração tangencial da cápsula quando seu motor é acionado, (b) a velocidade máxima atingida pela cápsula.

14.95 Uma espaçonave de 540 kg é montada no topo de um foguete de massa 19 Mg, incluindo 17,8 Mg de combustível. Sabendo que o combustível é consumido a uma taxa de 225 kg/s e que a exaustão se dá com uma velocidade relativa de 3.600 m/s, determine a velocidade máxima alcançada pela espaçonave se o foguete é lançado verticalmente a partir do solo.

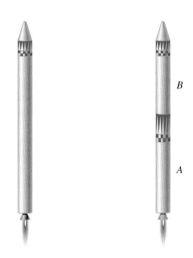

Figura P14.95 Figura P14.96

14.96 O foguete usado para lançar a espaçonave de 540 kg do Problema 14.95 é reprojetado para incluir dois estágios A e B, cada um de massa 9,5 Mg, incluindo 8,9 Mg de combustível. O combustível é novamente consumido a uma taxa de 225 kg/s e ejetado com uma velocidade relativa de 3.600 m/s. Sabendo que, quando a etapa A expele sua última partícula de combustível, sua carcaça é liberada e alijada, determine (a) a velocidade do foguete nesse instante, (b) a velocidade máxima alcançada pela espaçonave.

14.97 O peso de uma espaçonave, incluindo combustível, é de 51,6 kN quando os motores de foguetes são acionados para aumentar sua velocidade em 109,7 m/s. Sabendo que 453,6kg do combustível são consumidos, determine a velocidade relativa do combustível ejetado.

14.98 Os motores de foguetes de uma espaçonave são acionados para aumentar sua velocidade em 137 m/s. Sabendo que 544,3kg do combustível são ejetados a uma velocidade relativa de 1.646 m/s, determine o peso da espaçonave depois do acionamento dos motores.

Figura *P14.97* e *P14.98*

14.99 Determine a distância transcorrida pela espaçonave do Problema 14.97 durante o acionamento do motor do foguete, sabendo que a sua velocidade inicial era de 2.286 m/s e a duração do acionamento era de 60 s.

Capítulo 14 Sistemas de partículas **969**

14.100 Um foguete tem massa de 1.200 kg, incluindo 1.000 kg de combustível, que é consumido à taxa de 12,5 kg/s e ejetado com a velocidade relativa de 4.000 m/s. Sabendo que o foguete é lançado na vertical a partir do solo, determine sua aceleração (*a*) assim que ele é lançado, (*b*) quando a última partícula de combustível estiver sendo consumida.

14.101 Determine a altitude atingida pela espaçonave do Prob. 14.95 quando todo o combustível de seu foguete de lançamento for consumido.

14.102 Para a espaçonave e o foguete de lançamento em dois estágios do Problema 14.96, determine a altitude em que (*a*) o estágio *A* do foguete é liberado, (*b*) o combustível de ambos os estágios terá sido consumido.

14.103 Em um avião a jato, a energia cinética transmitida aos gases de exaustão é perdida no que concerne à propulsão do avião. A potência útil é igual ao produto da força disponível para impulsionar o avião pela velocidade do avião. Se v é a velocidade do avião e u é a velocidade relativa dos gases expelidos, mostre que a eficiência mecânica do avião é $\eta = 2v/(u + v)$. Explique por que $\eta = 1$ quando $u = v$.

14.104 Em um foguete, a energia cinética transmitida ao combustível consumido e ejetado é perdida no que concerne à propulsão do foguete. A potência útil é igual ao produto da força disponível para impulsionar o foguete pela velocidade desse foguete. Se v é a velocidade do foguete e u a velocidade relativa do combustível expelido, mostre que a eficiência mecânica do foguete é $\eta = 2uv/(u^2 + v^2)$. Explique por que $\eta = 1$ quando $u = v$.

REVISÃO E RESUMO

Neste capítulo, analisamos o movimento de **sistemas de partículas**, isto é, o movimento de um grande número de partículas consideradas em conjunto. Na primeira parte do capítulo, consideramos sistemas que consistem de partículas bem definidas, enquanto na segunda parte analisamos sistemas que estão continuamente ganhando ou perdendo partículas, ou fazendo ambas as coisas ao mesmo tempo.

A segunda lei de Newton para um sistema de partículas

Mostramos, então, que **o sistema de forças externas que atuam sobre as partículas e o sistema de termos** $m_i a_i$ **das partículas são equipolentes**; isto é, ambos os sistemas têm a *mesma resultante* e o *mesmo momento resultante* em relação a O:

$$\sum_{i=1}^{n} \mathbf{F}_i = \sum_{i=1}^{n} m_i \mathbf{a}_i \tag{14.4}$$

$$\sum_{i=1}^{n} (\mathbf{r}_i \times \mathbf{F}_i) = \sum_{i=1}^{n} (\mathbf{r}_i \times m_i \mathbf{a}_i) \tag{14.5}$$

Quantidade de movimento linear e angular de um sistema de partículas

Definimos a *quantidade de movimento linear* $\mathbf{L}$ e a *quantidade de movimento angular* $\mathbf{H}_O$ *em relação ao ponto* O do sistema de partículas [Seção 14.1B] como

$$\mathbf{L} = \sum_{i=1}^{n} m_i \mathbf{v}_i \qquad \mathbf{H}_O = \sum_{i=1}^{n} (\mathbf{r}_i \times m_i \mathbf{v}_i) \tag{14.6, 14.7}$$

Então, mostramos que podemos substituir as Eqs (14.4) e (14.5) pelas equações

$$\Sigma \mathbf{F} = \dot{\mathbf{L}} \qquad \Sigma \mathbf{M}_O = \dot{\mathbf{H}}_O \tag{14.10, 14.11}$$

Juntas, essas equações expressam que **a soma das forças externas é igual à taxa de variação da quantidade de movimento linear** e que **a soma dos momentos em relação a** O **é igual à taxa de variação da quantidade de movimento angular em relação a** O.

Movimento do centro de massa de um sistema de partículas

Na Seção 14.1C, definimos o centro de massa de um sistema de partículas como o ponto G cujo vetor de posição $\bar{\mathbf{r}}$ satisfaz à equação

$$m\bar{\mathbf{r}} = \sum_{i=1}^{n} m_i \mathbf{r}_i \tag{14.12}$$

onde m representa a massa total $m = \sum_{i=1}^{n} m_i$ das partículas. Diferenciando ambos os membros da Eq. (14.12) duas vezes em relação a t, obtivemos as relações

$$\mathbf{L} = m\bar{\mathbf{v}} \qquad \dot{\mathbf{L}} = m\bar{\mathbf{a}} \tag{14.14, 14.15}$$

onde $\bar{\mathbf{v}}$ e $\bar{\mathbf{a}}$ representam, respectivamente, a velocidade e a aceleração do centro de massa G. Substituindo por $\dot{\mathbf{L}}$ da Eq. (14.15) na Eq. (14.10), obtivemos

$$\Sigma \mathbf{F} = m\bar{\mathbf{a}} \tag{14.16}$$

da qual concluímos que **o centro de massa de um sistema de partículas se move como se toda a massa do sistema e todas as forças externas estivessem concentradas nesse ponto** [Problema Resolvido 14.1].

Quantidade de movimento angular de um sistema de partículas em relação ao seu centro de massa

Na Seção 14.1D, consideramos o movimento das partículas de um sistema em relação a um sistema de referência ligado ao centro de massa $Gx'y'z'$ com origem no centro de massa G do sistema e em translação em relação ao sistema newtoniano $Oxyz$ (Fig. 14.13). Definimos a *quantidade de movimento angular* do sistema *em relação ao seu centro de massa G* como a soma dos momentos em relação a G das quantidades de movimento $m_i\mathbf{v}_i'$ das partículas em relação ao sistema de referência ligado ao centro de massa $Gx'y'z'$. Observamos também que o mesmo resultado pode ser obtido se considerarmos os momentos em relação a G das quantidades de movimento $m_i\mathbf{v}_i$ das partículas em seu movimento absoluto. Escrevemos, portanto,

$$\mathbf{H}_G = \sum_{i=1}^{n} (\mathbf{r}_i' \times m_i\mathbf{v}_i) = \sum_{i=1}^{n} (\mathbf{r}_i' \times m_i\mathbf{v}_i') \qquad (14.24)$$

e deduzimos a relação

$$\Sigma\mathbf{M}_G = \dot{\mathbf{H}}_G \qquad (14.23)$$

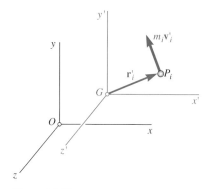

Figura 14.13

Essa equação expressa que **o momento resultante em relação a G das forças externas é igual à taxa de variação da quantidade de movimento angular em relação a G do sistema de partículas.** Como será visto adiante, essa relação é fundamental para o estudo do movimento de corpos rígidos.

Conservação da quantidade de movimento

Quando nenhuma força externa age sobre o sistema de partículas [Seção 14.1E], segue-se das Eqs. (14.10) e (14.11) que a quantidade de movimento linear $\mathbf{L}$ e a quantidade de movimento angular $\mathbf{H}_O$ do sistema se conservam [Problemas Resolvidos 14.2 e 14.4]. Em problemas envolvendo forças centrais, a quantidade de movimento angular do sistema em relação ao centro de força O também se conserva.

Energia cinética de um sistema de partículas

A energia cinética T de um sistema de partículas foi definida como a soma das energias cinéticas das partículas [Seção 14.2A]:

$$T = \frac{1}{2}\sum_{i=1}^{n} m_i v_i^2 \qquad (14.28)$$

Usando o sistema de referência ligado ao centro de massa $Gx'y'z'$ da Fig. 14.13, verificamos que a energia cinética do sistema também pode ser obtida somando-se a energia cinética $\frac{1}{2}m\bar{v}^2$ associada ao movimento do centro de massa G e a energia cinética do sistema em seu movimento relativo ao sistema de referência $Gx'y'z'$. Portanto,

$$T = \tfrac{1}{2}m\bar{v}^2 + \frac{1}{2}\sum_{i=1}^{n} m_i v_i'^2 \qquad (14.29)$$

Princípio de trabalho e energia

O **princípio de trabalho e energia** pode ser aplicado a um sistema de partículas, bem como a cada partícula individualmente [Seção 14.2B]. Escrevemos então

$$T_1 + U_{1 \to 2} = T_2 \qquad (14.30)$$

e verificamos que $U_{1 \to 2}$ representa o trabalho de *todas* as forças que atuam sobre as partículas do sistema, tanto internas quanto externas.

Conservação de energia

Se todas as forças que atuam sobre as partículas do sistema são *conservativas*, podemos determinar a energia potencial V do sistema e escrever

$$T_1 + V_1 = T_2 + V_2 \qquad (14.31)$$

que expressa **o princípio de conservação de energia** para um sistema de partículas.

Princípio de impulso e quantidade de movimento

Vimos, na Seção 14.2C, que o **princípio de impulso e quantidade de movimento** para um sistema de partículas pode ser expresso graficamente, como mostrado na Fig. 14.14. As quantidades de movimento das partículas no instante t_1 e os impulsos das forças externas de t_1 a t_2 formam um sistema de vetores equipolentes ao sistema das quantidades de movimento das partículas no instante t_2.

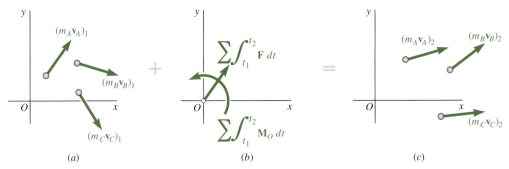

Figura 14.14

Se nenhuma força externa age sobre as partículas do sistema, os sistemas de quantidades de movimento mostrados nas partes *a* e *c* da Fig. 14.14 são equipolentes, e temos:

$$\mathbf{L}_1 = \mathbf{L}_2 \qquad (\mathbf{H}_O)_1 = (\mathbf{H}_O)_2 \qquad (14.36,\ 14.37)$$

Uso de princípios de conservação na solução de problemas que envolvem sistemas de partículas

Muitos problemas que envolvem o movimento de sistemas de partículas podem ser resolvidos aplicando-se simultaneamente o princípio de impulso e quantidade de movimento e o princípio de conservação de energia [Problema Resolvido 14.5], ou expressando-se que a quantidade de movimento linear, a quantidade de movimento angular e a energia do sistema se conservam [Problema Resolvido 14.6].

Fluxo permanente de partículas

Na segunda parte do capítulo, consideramos **sistemas variáveis de partículas**. Primeiro, consideramos **um fluxo permanente de partículas**, tal como um jato de água desviado por uma pá fixa ou o escoamento de ar em um motor a jato [Seção 14.3A]. Aplicamos o princípio de impulso e quantidade de movimento a um sistema S de partículas durante um intervalo Δt, incluindo as partículas que entram no sistema em A durante esse intervalo de tempo e as que deixam o sistema em B (de mesma massa Δm). Concluímos que **o sistema formado pela quantidade de movimento $(\Delta m)\mathbf{v}_A$ das partículas que entram em S no intervalo de tempo Δt e os impulsos das forças exercidas sobre S durante**

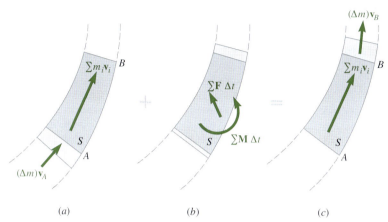

Figura 14.15

esse intervalo de tempo é equipolente à quantidade de movimento $(\Delta m)\mathbf{v}_B$ das partículas que deixam S no mesmo intervalo de tempo Δt (Fig. 14.15). Igualando os componentes em x, os componentes em y e os momentos em relação a um ponto fixo dos vetores envolvidos, poderíamos obter até três equações, resolvidas para as incógnitas desejadas [Problemas Resolvidos 14.7 e 14.8]. A partir desse resultado, pudemos também deduzir a seguinte expressão para a resultante $\Sigma \mathbf{F}$ das forças exercidas em S:

$$\Sigma \mathbf{F} = \frac{dm}{dt}(\mathbf{v}_B - \mathbf{v}_A) \tag{14.39}$$

onde $\mathbf{v}_B - \mathbf{v}_A$ representa a diferença entre os *vetores* $\mathbf{v}_B$ e $\mathbf{v}_A$ e onde dm/dt é a vazão mássica do escoamento de uma corrente (ver nota de rodapé da página 951).

Sistemas que ganham ou perdem massa

Consideramos a seguir um sistema de partículas que ganha massa pela absorção contínua de partículas ou que perde massa pela expulsão contínua de partículas [Seção 14.3B], como no caso de um foguete. Aplicamos o princípio de impulso e quantidade de movimento ao sistema durante o intervalo de tempo Δt, tomando o cuidado de incluir as partículas ganhas ou perdidas durante esse intervalo de tempo [Problema Resolvido 14.9]. Observamos também que a ação sobre um sistema S das partículas *absorvidas* por S era equivalente a um empuxo

$$\mathbf{P} = \frac{dm}{dt}\mathbf{u} \tag{14.44}$$

onde dm/dt é a taxa na qual a massa está sendo absorvida e $\mathbf{u}$ é a velocidade das partículas *relativamente a S*. No caso de partículas sendo *expelidas* por S, a taxa dm/dt é negativa, e o empuxo $\mathbf{P}$ é exercido em um sentido oposto àquele em que as partículas estão sendo expelidas.

PROBLEMAS DE REVISÃO

14.105 Em uma fornecedora de peças de automóvel, pacotes são transportados para o terminal de carga e empurrados ao longo de uma esteira de roletes com pouquíssimo atrito. No instante mostrado na figura, os pacotes B e C estão em repouso e o pacote A tem uma velocidade de 2 m/s. Sabendo que o coeficiente de restituição entre os pacotes é de 0,3, determine (a) a velocidade do pacote C depois que A bate em B e B bate em C, (b) a velocidade de A depois que ele bate em B pela segunda vez.

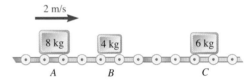

Figura **P14.105**

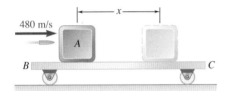

Figura P14.106

14.106 Um projétil de 30 g é disparado com uma velocidade horizontal de 480 m/s no bloco A, de massa 5 kg. O coeficiente de atrito cinético entre o bloco A e o carrinho BC é 0,50. Sabendo que o carro tem uma massa de 4 kg e pode rolar livremente, determine (a) a velocidade final do carrinho e do bloco, (b) a posição final do bloco no carrinho.

14.107 Uma locomotiva A de massa 80 Mg, movendo-se a uma velocidade de 6,5 km/h, atinge um vagão prancha C de 20 Mg que transporta uma carga B de 30 Mg, possível de deslizar sobre o piso do vagão (μ_k = 0,25). Sabendo que o vagão estava em repouso com os freios liberados e que se engata automaticamente à locomotiva após o impacto, determine a velocidade do vagão (a) imediatamente após o impacto e (b) após a carga ter deslizado para uma nova posição de repouso em relação ao vagão.

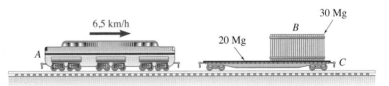

Figura P14.107

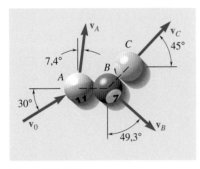

Figura P14.108

14.108 Em um jogo de bilhar, a bola A se move com uma velocidade v_0 quando atinge as bolas B e C, que estão em repouso e alinhadas conforme mostrado na figura. Sabendo que, após a colisão, as três bolas se movem nas direções indicadas e que v_0 = 4 m/s e v_C = 2 m/s, determine a intensidade da velocidade (a) da bola A e (b) da bola B.

14.109 O bloco C, que tem uma massa de 4 kg, é suspenso por uma corda ligada ao carrinho A, que tem uma massa de 5 kg e consegue deslizar livremente numa pista horizontal sem atrito. Um projétil de 60 g é disparado com uma velocidade v_0 = 500 m/s e fica alojado no bloco C. Determine (a) a velocidade de C à medida que atinge a sua elevação máxima, (b) a distância vertical máxima h que C percorrerá.

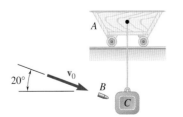

Figura P14.109

14.110 Um bloco B de 7,5 kg está em repouso, e uma mola de constante k = 15 kN/m é mantida comprimida em 75 mm por um cordão. Em seguida, o bloco A de 2,5 kg é colocado defronte à extremidade da mola, e o cordão é cortado, causando o movimento de A e B. Desprezando o atrito, determine as velocidades de A e B imediatamente após A deixar B.

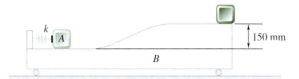

Figura P14.110

14.111 O carro A de massa 1.800kg e o carro B de massa 1.700 kg estão em repouso em um vagão prancha que também está em repouso. Os carros A e B aceleram e alcançam rapidamente velocidades constantes em relação ao vagão prancha de 2,35 m/s e 1,175 m/s, respectivamente, antes de desacelerarem até parar na extremidade oposta do vagão prancha. Desprezando o atrito e a resistência ao rolamento, determine a velocidade do vagão quando os carros estão se movendo em velocidades constantes.

Figura P14.111

14.112 O bocal mostrado na figura descarrega água a uma vazão de 800 L/min. Sabendo que, tanto em B como em C, o jato de água se move com uma velocidade de intensidade 30 m/s e desprezando o peso do defletor, determine o sistema força-binário que deve ser aplicado no ponto A para manter o defletor em sua posição.

14.113 Um avião com um peso W e um comprimento total de asa b voa horizontalmente a uma velocidade constante v. Use o avião como um sistema de referência; isto é, considere o avião imóvel e o ar que passa por ele com velocidade v. Suponha que um cilindro de ar com diâmetro b seja desviado para baixo pela asa (a seção transversal do cilindro é o círculo tracejado na figura). Mostre que o ângulo em que a corrente do cilindro é desviada (chamado de ângulo de *downwash*) é determinado pela fórmula sen $\theta = 4W / (\pi b^2 \rho v^2)$, onde ρ é a densidade de massa do ar.

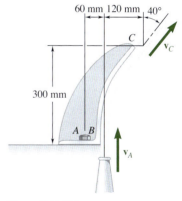

Figura P14.112

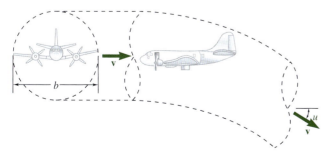

Figura *P14.113*

14.114 A extremidade final de uma correia transportadora recebe areia em A a uma taxa de 100 kg/s e a descarrega em B. A areia se desloca horizontalmente em A e B com uma velocidade de intensidade $v_A = v_B = 4{,}5$ m/s. Sabendo que o peso combinado da correia e da areia que ela suporta é $W = 4$ kN, determine as reações em C e D.

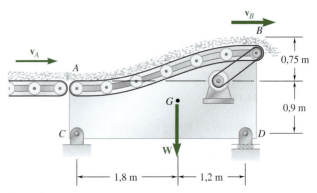

Figura P14.114

14.115 Um irrigador de jardim tem quatro braços rotativos, e cada um deles consiste em duas seções horizontais retas de tubos formando um ângulo de 120° entre si. Cada braço descarrega água a uma vazão de 20 L/min com uma velocidade de 18 m/s relativa ao braço. Sabendo que o atrito entre as partes móveis e estacionárias do irrigador é equivalente a um binário de intensidade $M = 0{,}375$ N·m, determine a taxa constante com que o irrigador gira.

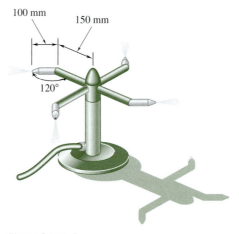

Figura P14.115

14.116 Uma corrente de comprimento l e massa m cai através de um pequeno orifício de uma placa. Inicialmente, quando y é muito pequeno, a corrente está em repouso. Em cada um dos casos apresentados, determine (a) a aceleração do primeiro elo A em função de y, (b) a velocidade da corrente quando o último elo dessa corrente passa pelo orifício. No caso 1, considere que os elos individuais permanecem em repouso até caírem pelo orifício; no caso 2, considere que, em qualquer instante, todos os elos têm a mesma velocidade. Despreze o atrito.

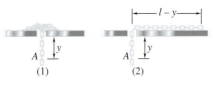

Figura P14.116

15
Cinemática de corpos rígidos

Este enorme virabrequim pertence a um motor a diesel. Neste capítulo, você aprenderá a fazer a análise *cinemática* de corpos rígidos que sofrem *translação*, *rotação de eixo fixo* e *movimento plano geral*.

978 Mecânica vetorial para engenheiros: Dinâmica

15.1 Translação e rotação de eixo fixo
15.1A Translação
15.1B Rotação em torno de um eixo fixo
15.1C Equações definidoras da rotação de um corpo rígido em torno de um eixo fixo

15.2 Movimento plano geral: velocidade
15.2A Análise do movimento plano geral
15.2B Velocidade absoluta e velocidade relativa no movimento plano

15.3 Centro instantâneo de rotação

15.4 Movimento plano geral: aceleração
15.4A Aceleração absoluta e aceleração relativa no movimento plano
*15.4B Análise do movimento plano em termos de um parâmetro

15.5 Análise do movimento em relação ao sistema de referência rotativo
15.5A Taxa de variação de um vetor em relação a um sistema de referência rotativo
15.5B Movimento plano de uma partícula em relação a um sistema de referência rotativo

*15.6 Movimento de um corpo rígido no espaço
15.6A Movimento em torno de um ponto fixo
*15.6B Movimento geral

*15.7 Movimento em relação a um sistema de referência em movimento
15.7A Movimento tridimensional de uma partícula em relação a um sistema de referência rotativo
*15.7B Sistema de referência em movimento geral

Objetivos

- **Descrever** os cinco tipos básicos de movimento de corpos rígidos: translação, rotação em torno de um eixo fixo, movimento plano geral, movimento em torno de um ponto fixo e movimento geral.
- **Utilizar** relações cinemáticas angulares que envolvam θ, ω, e α para determinar o movimento angular de um corpo rígido.
- **Identificar** as direções dos termos nas equações de velocidade relativa e de aceleração relativa.
- **Calcular** a velocidade linear e a aceleração linear de qualquer ponto em um corpo rígido que esteja sofrendo translação, rotação de eixo fixo ou movimento plano geral.
- **Resolver** problemas de cinemática de corpo rígido planar usando as equações de velocidade relativa e aceleração relativa.
- **Determinar** o centro instantâneo de rotação e usá-lo para analisar a cinemática da velocidade planar de um corpo rígido.
- **Definir,** quando apropriado, um sistema de coordenadas rotativo e usá-lo para resolver problemas de cinemática planar e tridimensional.
- **Determinar** a velocidade angular e a aceleração angular de um corpo que esteja sofrendo movimento tridimensional.
- **Calcular** a velocidade linear e a aceleração linear de qualquer ponto em um corpo rígido que esteja sofrendo movimento tridimensional.

Introdução

Neste capítulo, analisaremos a cinemática de **corpos rígidos**. Investigaremos as relações existentes entre o tempo, as posições, as velocidades e as acelerações das várias partículas que constituem um corpo rígido. Como veremos, os diversos tipos de movimento de corpos rígidos podem ser convenientemente agrupados da seguinte maneira:

1. **Translação.** Um movimento é denominado uma translação se qualquer linha reta dentro do corpo mantiver a mesma direção durante o movimento. Em uma translação todas as partículas que constituem o corpo movem-se ao longo de trajetórias paralelas. Se essas trajetórias são linhas retas, o movimento é denominado **translação retilínea** (Fig. 15.1); se as trajetórias são linhas curvas, o movimento é uma **translação curvilínea** (Fig. 15.2).

2. **Rotação em torno de um eixo fixo.** Nesse movimento, as partículas que constituem o corpo rígido movem-se em planos paralelos ao longo de círculos centrados em um mesmo eixo fixo (Fig. 15.3). Se esse eixo, denominado **eixo de rotação**, intercepta o corpo rígido, as partículas localizadas sobre o eixo têm velocidade e aceleração nulas.

   Cuidado: a rotação não deve ser confundida com certos tipos de translação curvilínea. Por exemplo, a placa mostrada na Fig. 15.4*a* está em translação curvilínea, com todas as suas partículas movendo-se ao longo de círculos *paralelos*, ao passo que a placa mostrada na Fig. 15.4*b*

Capítulo 15   Cinemática de corpos rígidos   979

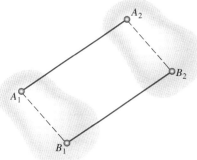 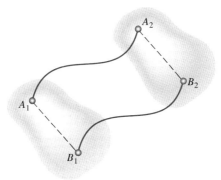 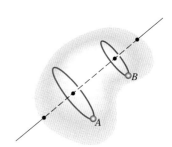

Figura 15.1   Um corpo rígido em translação retilínea.

Figura 15.2   Um corpo rígido em translação curvilínea.

Figura 15.3   Um corpo rígido girando em torno de um eixo fixo.

está em rotação, com todas as suas partículas movendo-se ao longo de círculos *concêntricos*. No primeiro caso, qualquer linha reta desenhada sobre a placa manterá a mesma direção, enquanto, no segundo caso, a orientação da placa muda de acordo com a rotação. Uma vez que cada partícula move-se em um dado plano, a rotação de um corpo em torno de um eixo fixo é denominada **movimento plano**.

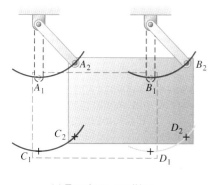 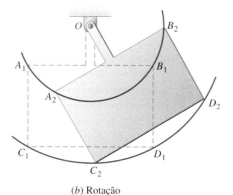

(*a*) Translação curvilínea   (*b*) Rotação

Figura 15.4   (*a*) Em um movimento curvilíneo, as partículas se movem ao longo de círculos paralelos, ao passo que (*b*) na rotação de um eixo fixo, as partículas se movem ao longo de círculos concêntricos.

3. **Movimento plano geral.** Existem muitos outros tipos de movimento plano, isto é, movimentos em que todas as partículas do corpo movem-se em um único plano. Todo movimento plano que não seja nem uma rotação nem uma translação é referido como um movimento plano geral. Dois exemplos de movimento plano geral estão ilustrados na Fig. 15.5.
4. **Movimento em torno de um ponto fixo.** O movimento tridimensional de um corpo rígido ligado a um ponto fixo O, como, por exemplo, o movimento de um pião sobre um piso áspero (Fig. 15.6), é conhecido como movimento em torno de um ponto fixo.
5. **Movimento geral.** Qualquer movimento que não se enquadre em alguma das categorias anteriores é referido como movimento geral.

Após uma breve discussão do movimento de translação, abordaremos a rotação de um corpo rígido em torno de um eixo fixo. A *velocidade angular* e a *aceleração angular* de um corpo rígido em torno de um eixo fixo serão

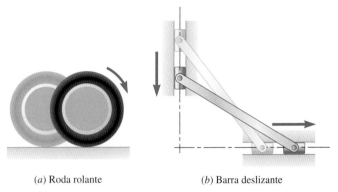

(a) Roda rolante   (b) Barra deslizante

Figura 15.5 (a) Uma roda rolante e (b) uma barra deslizante são exemplos comuns de movimento plano geral.

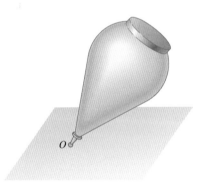

Figura 15.6 O movimento de um pião sobre um piso áspero é um exemplo de movimento tridimensional em torno de um ponto fixo.

definidas e você aprenderá a expressar a velocidade e a aceleração de um dado ponto do corpo em termos de seu vetor de posição e da velocidade angular e aceleração angular desse corpo.

Depois disso, estudaremos o movimento plano geral de um corpo rígido e sua aplicação à análise de mecanismos como engrenagens, barras de conexão e articulações conectadas por pinos. Decompondo o movimento plano de um corpo rígido em uma translação e uma rotação, expressaremos então a velocidade de um ponto B do corpo rígido como a soma da velocidade de um ponto de referência A e da velocidade de B em relação a um sistema de referência em translação com A (isto é, movendo-se com A, mas sem rotação). A mesma abordagem será usada mais tarde, na Seção 15.4, para expressar a aceleração de B em termos da aceleração de A e da aceleração de B em relação ao sistema de referência em translação com A. Também é apresentado um método alternativo para análise de velocidades no movimento plano, baseado no conceito de *centro de rotação instantâneo*, e ainda outro método de análise, baseado no uso de expressões paramétricas para as coordenadas de um dado ponto, é discutido.

O movimento de uma partícula em relação a um sistema de referência rotativo e o conceito de *aceleração de Coriolis* são discutidos na Seção 15.5. Aplicaremos os resultados obtidos à análise do movimento plano de mecanismos com partes que deslizam umas sobre as outras.

A parte restante do capítulo é dedicada à análise do movimento tridimensional de um corpo rígido, a saber, o movimento de um corpo rígido com um ponto fixo e o movimento geral de um corpo rígido. Um sistema de referência fixo ou um sistema de referência em translação será usado para desenvolver essa análise. Então o movimento do corpo em relação a um sistema de referência rotativo ou a um sistema de referência em movimento geral será considerado e, novamente, o conceito de aceleração de Coriolis será usado.

15.1 Translação e rotação de eixo fixo

Falamos, na introdução, que é possível decompor um movimento plano geral em uma translação e uma rotação. Portanto, nosso primeiro passo é formular as descrições matemáticas de translações e rotações simples.

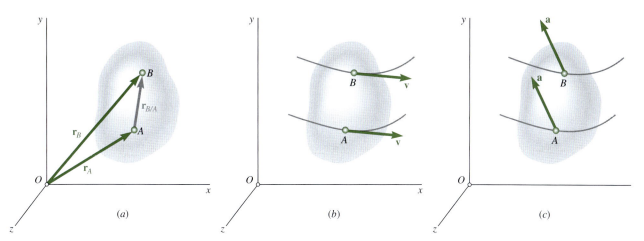

Figura 15.7 Para um corpo rígido em translação: (a) o vetor de posição entre dois pontos quaisquer é constante em intensidade e direção; (b) todo ponto tem a mesma velocidade; (c) todo ponto tem a mesma aceleração.

15.1A Translação

Considere um corpo rígido em translação (retilínea ou curvilínea), sendo A e B qualquer uma de suas partículas (Fig. 15.7a). Representando, respectivamente, por $\mathbf{r}_A$ e $\mathbf{r}_B$ os vetores de posição de A e B em relação a um sistema de referência fixo e por $\mathbf{r}_{B/A}$ o vetor que liga A a B, escrevemos

$$\mathbf{r}_B = \mathbf{r}_A + \mathbf{r}_{B/A} \qquad (15.1)$$

Para obter a relação entre as velocidades A e B, nós diferenciamos essa expressão em relação a t. Observe que, a partir da própria definição de uma translação, o vetor $\mathbf{r}_{B/A}$ deve manter uma direção constante; sua intensidade também deve ser constante, uma vez que A e B pertencem ao mesmo corpo rígido. Logo, a derivada de $\mathbf{r}_{B/A}$ é nula, e temos

$$\mathbf{v}_B = \mathbf{v}_A \qquad (15.2)$$

Diferenciando mais uma vez, obtemos a relação entre as acelerações de A e B:

$$\mathbf{a}_B = \mathbf{a}_A \qquad (15.3)$$

Logo, **quando um corpo rígido está em translação, todos os pontos do corpo têm a mesma velocidade e a mesma aceleração em qualquer instante dado** (Fig. 15.7b e c). No caso de translação curvilínea, a velocidade e a aceleração variam tanto em direção como em intensidade a todo instante. No caso de translação retilínea, todas as partículas do corpo movem-se ao longo de linhas retas paralelas e suas velocidade e aceleração mantêm a mesma direção durante todo o movimento.

Foto 15.1 A conexão horizontal de uma locomotiva sofre uma translação curvilínea.

15.1B Rotação em torno de um eixo fixo

Considere um corpo rígido que gira em torno de um eixo fixo AA'. Seja P um ponto do corpo e $\mathbf{r}$ seu vetor de posição em relação a um sistema de referência fixo. Por conveniência, vamos assumir que o sistema de referência esteja centrado no ponto O sobre AA' e que o eixo z coincida com AA' (Fig. 15.8). Seja B a projeção de P sobre AA'. Como P precisa permanecer a uma distância constante de B, ele descreverá um círculo de centro B e de raio r sen ϕ, onde ϕ representa o ângulo formado entre $\mathbf{r}$ e AA'.

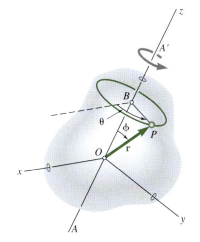

Figura 15.8 Para um corpo rígido em rotação em torno de um eixo fixo, cada ponto do corpo se move em um trajeto circular centrado no eixo.

Foto 15.2 Para a engrenagem central que gira em torno de um eixo fixo, as suas velocidade e a aceleração angulares são vetores orientados ao longo do eixo vertical de rotação.

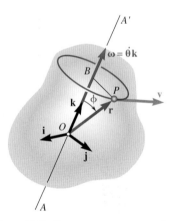

Figura 15.9 Em um corpo em rotação em torno de um eixo fixo, a velocidade de uma partícula é o produto vetorial da velocidade angular do corpo e do vetor de posição da partícula.

A posição de P e de todo o corpo fica totalmente definida pelo ângulo θ que a linha BP forma com o plano zx. O ângulo θ é denominado **coordenada angular** do corpo e é definido como positivo quando visto no sentido anti-horário a partir de A'. A coordenada angular será expressa em radianos (rad) ou, ocasionalmente, em graus (°) ou revoluções (rev). Lembre que

$$1 \text{ rev} = 2\pi \text{ rad} = 360°$$

Relembremos, da Seção 11.4A, que a velocidade $\mathbf{v} = d\mathbf{r}/dt$ de uma partícula P é um vetor tangente à trajetória de P e de intensidade $v = ds/dt$. O comprimento Δs do arco descrito por P quando o corpo gira em $\Delta\theta$ é

$$\Delta s = (BP)\,\Delta\theta = (r \operatorname{sen} \phi)\,\Delta\theta$$

Então, dividindo ambos os membros por Δt, obtemos no limite, com Δt tendendo a zero,

$$v = \frac{ds}{dt} = r\dot{\theta} \operatorname{sen} \phi \qquad (15.4)$$

onde $\dot{\theta}$ representa a derivada temporal de θ. (Observe que o ângulo θ depende da posição de P dentro do corpo, mas que a taxa de variação $\dot{\theta}$ é independente de P.) Concluímos que a velocidade $\mathbf{v}$ de P é um vetor perpendicular ao plano contendo AA' e $\mathbf{r}$, e de intensidade v definida pela Eq. (15.4). Mas esse é precisamente o resultado que obteríamos se desenhássemos ao longo de AA' um vetor $\boldsymbol{\omega} = \dot{\theta}\mathbf{k}$ e efetuássemos o produto vetorial $\boldsymbol{\omega} \times \mathbf{r}$ (Fig. 15.9). Logo, temos

$$\mathbf{v} = \frac{d\mathbf{r}}{dt} = \boldsymbol{\omega} \times \mathbf{r} \qquad (15.5)$$

O vetor

$$\boldsymbol{\omega} = \omega \mathbf{k} = \dot{\theta}\mathbf{k} \qquad (15.6)$$

é orientado ao longo do eixo da rotação. Ele é denominado **velocidade angular** do corpo, sendo igual em intensidade à taxa de variação $\dot{\theta}$ da coordenada angular. Seu sentido pode ser obtido pela regra da mão direita (*Estática*, Seção 3) usando sua mão direita, faça seus dedos acompanharem a direção da velocidade angular, e seu polegar apontará na direção do vetor.*

A aceleração $\mathbf{a}$ da partícula P será determinada agora. Diferenciando Eq. (15.5) e relembrando a regra de diferenciação de um produto vetorial (Sec. 11.4B), temos

$$\mathbf{a} = \frac{d\mathbf{v}}{dt} = \frac{d}{dt}(\boldsymbol{\omega} \times \mathbf{r})$$

$$= \frac{d\boldsymbol{\omega}}{dt} \times \mathbf{r} + \boldsymbol{\omega} \times \frac{d\mathbf{r}}{dt}$$

$$= \frac{d\boldsymbol{\omega}}{dt} \times \mathbf{r} + \boldsymbol{\omega} \times \mathbf{v} \qquad (15.7)$$

---

*Será mostrado na Seção 15.6, no caso mais geral de um corpo rígido que gira simultaneamente em torno de eixos de diferentes direções, que as velocidades angulares obedecem à lei de adição do paralelogramo e que, portanto, são realmente grandezas vetoriais.

O vetor $d\boldsymbol{\omega}/dt$ é representado por $\boldsymbol{\alpha}$ e é denominado **aceleração angular** do corpo. Considerando também a expressão para $\mathbf{v}$ na Eq. (15.5), temos

$$\mathbf{a} = \boldsymbol{\alpha} \times \mathbf{r} + \boldsymbol{\omega} \times (\boldsymbol{\omega} \times \mathbf{r}) \qquad (15.8)$$

Diferenciando a Eq. (15.6) e lembrando que $\mathbf{k}$ é constante em intensidade e direção, temos

$$\boldsymbol{\alpha} = \alpha \mathbf{k} = \dot{\omega}\mathbf{k} = \ddot{\theta}\mathbf{k} \qquad (15.9)$$

Logo, a aceleração angular de um corpo que gira em torno de um eixo fixo é um vetor orientado ao longo do eixo de rotação de intensidade igual à taxa $\dot{\omega}$ de variação da velocidade angular.

Retornando à Eq. (15.8), notamos que a aceleração de P é a soma de dois vetores. O primeiro vetor é igual ao produto vetorial $\boldsymbol{\alpha} \times \mathbf{r}$; ele é tangente ao círculo descrito por P e, assim, representa o componente tangencial da aceleração. O segundo vetor é igual ao produto *vetorial triplo* $\boldsymbol{\omega} \times (\boldsymbol{\omega} \times \mathbf{r})$ obtido efetuando-se o produto vetorial de $\boldsymbol{\omega}$ e $\boldsymbol{\omega} \times \mathbf{r}$. Como $\boldsymbol{\omega} \times \mathbf{r}$ é tangente ao círculo descrito por P, o produto vetorial triplo é orientado para o centro B do círculo e, portanto, representa o componente normal da aceleração.

Rotação de uma placa representativa. A rotação de um corpo rígido em torno de um eixo fixo pode ser definida pelo movimento de uma placa representativa em um plano de referência perpendicular ao eixo de rotação. Vamos escolher o plano xy como plano de referência e admitir que ele coincide com o plano da figura, com o eixo z apontando para fora do papel (Fig. 15.10). Relembrando a partir da Eq. (15.6) que $\boldsymbol{\omega} = \omega \mathbf{k}$, verificamos que um valor positivo do escalar ω corresponde a uma rotação anti-horária da placa representativa e um valor negativo a uma rotação horária. Substituindo $\boldsymbol{\omega}$ por $\omega \mathbf{k}$ na Eq. (15.5), expressamos a velocidade de qualquer ponto P da placa como

$$\mathbf{v} = \omega \mathbf{k} \times \mathbf{r} \qquad (15.10)$$

Sendo os vetores $\mathbf{k}$ e $\mathbf{r}$ perpendiculares entre si, a intensidade da velocidade $\mathbf{v}$ é

$$v = r\omega \qquad (15.10')$$

Seu sentido pode ser obtido girando-se $\mathbf{r}$ 90° no sentido de rotação da placa.

Substituindo $\omega \mathbf{k}$ na Eq. (15.8), obtemos $\omega \mathbf{k} \times (\omega \mathbf{k} \times \mathbf{r})$, que é simplificado para $-\omega^2 \mathbf{r}$. Isso indica que a direção da aceleração normal é $-\mathbf{r}$ ou em direção ao centro de rotação, que é exatamente o que esperamos. Usando essa expressão e $\boldsymbol{\alpha} = \alpha \mathbf{k}$ na Eq. (15.8), obtemos

$$\mathbf{a} = \alpha \mathbf{k} \times \mathbf{r} - \omega^2 \mathbf{r} \qquad (15.11)$$

Decompondo $\mathbf{a}$ em componentes tangencial e normal (Fig. 15.11), escrevemos

$$\begin{aligned}\mathbf{a}_t &= \alpha \mathbf{k} \times \mathbf{r} & a_t &= r\alpha \\ \mathbf{a}_n &= -\omega^2 \mathbf{r} & a_n &= r\omega^2\end{aligned} \qquad (15.11')$$

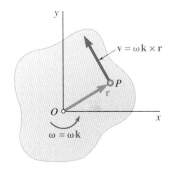

Figura 15.10 Para um objeto que sofre rotação de eixo fixo, a velocidade do ponto P é igual ao produto vetorial do vetor de velocidade angular e do vetor de posição de P. Um valor positivo do escalar ω corresponde ao movimento no sentido anti-horário.

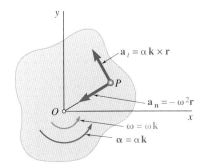

Figura 15.11 Para um objeto que sofre rotação de eixo fixo, a aceleração de um ponto P tem um componente tangencial que depende da aceleração angular e um componente normal que depende da velocidade angular.

Foto 15.3 Se o rolo inferior tem uma velocidade angular constante, a velocidade do papel que está sendo enrolado nele aumenta à medida que o raio do rolo cresce.

O componente tangencial $\mathbf{a}_t$ aponta para o sentido anti-horário se o escalar α é positivo e para o sentido horário se α é negativo. O componente normal $\mathbf{a}_n$ sempre aponta para o sentido oposto ao de $\mathbf{r}$, ou seja, para O.

15.1C Equações definidoras da rotação de um corpo rígido em torno de um eixo fixo

O movimento de um corpo rígido que gira em torno de um eixo fixo AA' é considerado *conhecido* quando sua coordenada angular θ pode ser expressa como uma função conhecida de t. Na prática, porém, a rotação de um corpo rígido raramente é definida por uma relação entre θ e t. Mais frequentemente, as condições de movimento serão especificadas pelo tipo de aceleração angular do corpo. Por exemplo, α pode ser dada como uma função de t, como uma função de θ ou como uma função de ω. Retomando as relações nas Eqs. (15.6) e (15.9), temos

$$\omega = \frac{d\theta}{dt} \tag{15.12}$$

$$\alpha = \frac{d\omega}{dt} = \frac{d^2\theta}{dt^2} \tag{15.13}$$

ou, resolvendo a Eq. (15.12) para dt e substituindo na Eq. (15.13), temos

$$\alpha = \omega \frac{d\omega}{d\theta} \tag{15.14}$$

Como essas equações são semelhantes àquelas obtidas no Cap. 11 para o movimento retilíneo de uma partícula, sua integração pode ser efetuada seguindo-se o procedimento delineado na Seção 11.1B.

Dois casos particulares de rotação são frequentemente encontrados:

1. *Rotação Uniforme.* Este caso é caracterizado pelo fato de que a aceleração angular é nula; logo, a velocidade angular é constante e a coordenada angular é dada pela equação

$$\theta = \theta_0 + \omega t$$

2. *Rotação Uniformemente Acelerada.* Neste caso, a aceleração angular é constante. Podemos derivar as seguintes fórmulas relacionando a velocidade angular, a posição angular e o tempo de uma maneira similar à descrita na Seção 11.2B. Fica clara a similaridade entre as fórmulas deduzidas aqui e aquelas obtidas para o movimento retilíneo uniformemente acelerado de uma partícula.

$$\begin{aligned} \omega &= \omega_0 + \alpha t \\ \theta &= \theta_0 + \omega_0 t + \tfrac{1}{2}\alpha t^2 \\ \omega^2 &= \omega_0^2 + 2\alpha(\theta - \theta_0) \end{aligned} \tag{15.16}$$

Deve-se enfatizar que a Eq. (15.15) só pode ser usada quando $\alpha = 0$ e que a Eq. (15.6) pode ser usada apenas quando $\alpha =$ constante. Em qualquer outro caso, as Eqs. (15.12) a (15.14) devem ser usadas.

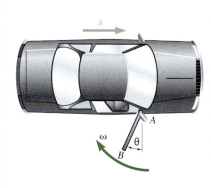

PROBLEMA RESOLVIDO 15.1

Um motorista arranca seu carro com a porta do lado do passageiro totalmente aberta ($\theta = 0$). À medida que o carro avança com aceleração constante, a aceleração angular da porta é $\alpha = 2{,}5 \cos \theta$, onde α está em rad/s². Determine a velocidade angular da porta quando ela fecha ($\theta = 90°$).

ESTRATÉGIA Você tem a aceleração angular como uma função de θ; portanto, use as relações cinemáticas entre a aceleração angular, a velocidade angular, a posição angular e o tempo.

MODELAGEM E ANÁLISE Modele a porta como um corpo rígido. Usando a relação cinemática básica, temos

$$\alpha = \frac{d\omega}{dt} = \omega \frac{d\omega}{d\theta} = 2{,}5 \cos \theta$$

Ao separar as variáveis, temos

$$\omega \, d\omega = 2{,}5 \cos \theta \, d\theta$$

Integrando e usando $\omega = 0$ quando $\theta = 0$, temos

$$\int_0^\omega \omega \, d\omega = \int_0^\theta 2{,}5 \cos \theta \, d\theta$$

$$\frac{1}{2}\omega^2 = 2{,}5 \,\text{sen}\, \theta \Big|_0^{\pi/2} = 2{,}5$$

$$\omega = 2{,}24 \text{ rad/s} \downarrow \blacktriangleleft$$

PARA REFLETIR Se a aceleração angular da porta tivesse sido uma constante de 2,5 rad/s², você teria encontrado $\frac{1}{2}\omega^2 = 2{,}5|_0^{\pi/2}$ ou $\omega = 2{,}80$ rad/s. Como $\alpha = 2{,}5 \cos \theta$ diminui à medida que θ aumenta, faz sentido que a resposta encontrada neste caso seja menor do que no caso de uma aceleração angular constante.

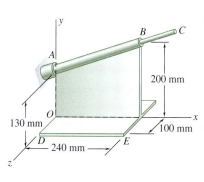

PROBLEMA RESOLVIDO 15.2

O conjunto mostrado gira em torno da haste AC. No instante mostrado, ele tem uma velocidade angular de 5 rad/s, que é aumentada com uma aceleração angular de 25 rad/s². Sabendo que o componente y de velocidade do canto D é negativo nesse instante, determine a velocidade e a aceleração do canto E.

ESTRATÉGIA Como estamos interessados em determinar a velocidade e a aceleração de um ponto em um corpo que está sofrendo uma rotação de eixo fixo, usaremos a cinemática de corpos rígidos.

(*continua*)

MODELAGEM E ANÁLISE Considere o conjunto como um corpo rígido. Você pode encontrar a velocidade e a aceleração de E usando

$$\mathbf{v}_E = \boldsymbol{\omega} \times \mathbf{r}_{E/B} \quad (1)$$

$$\mathbf{a}_E = \boldsymbol{\alpha} \times \mathbf{r}_{E/B} + \boldsymbol{\omega} \times (\boldsymbol{\omega} \times \mathbf{r}_{E/B}) = \boldsymbol{\alpha} \times \mathbf{r}_{E/B} + \boldsymbol{\omega} \times \mathbf{v}_E \quad (2)$$

Para usar essas equações, você precisa do vetor de velocidade angular, o vetor de aceleração angular e o vetor de posição. A direção da velocidade angular e dos vetores de aceleração estão ao longo do eixo de rotação. Como o canto D está se movendo para baixo, você pode usar a regra da mão direita e verificar que $\boldsymbol{\omega}$ está na direção mostrada na Fig. 1. Portanto, para escrever o vetor de velocidade angular, você precisa de um vetor unitário nessa direção. Você sabe que

$$\mathbf{AB} = (0{,}24 \text{ m})\mathbf{i} + (0{,}07 \text{ m})\mathbf{j}$$

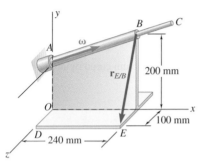

Figura 1 Direção da velocidade angular e do vetor de posição para o ponto E.

então o vetor unitário de A a B é

$$\boldsymbol{\lambda}_{AB} = \frac{(0{,}24 \text{ m})\mathbf{i} + (0{,}07 \text{ m})\mathbf{j}}{\sqrt{(0{,}24 \text{ m})^2 + (0{,}07 \text{ m})^2}} = 0{,}960\mathbf{i} + 0{,}280\mathbf{j}$$

Assim, a velocidade angular e a aceleração angular são

$$\boldsymbol{\omega} = \omega\boldsymbol{\lambda}_{AB} = (5 \text{ rad/s})(0{,}960\mathbf{i} + 0{,}280\mathbf{j}) = (4{,}80 \text{ rad/s})\mathbf{i} + (1{,}40 \text{ rad/s})\mathbf{j}$$

$$\boldsymbol{\alpha} = \alpha\boldsymbol{\lambda}_{AB} = (25 \text{ rad/s})(0{,}960\mathbf{i} + 0{,}280\mathbf{j}) = (24{,}0 \text{ rad/s}^2)\mathbf{i} + (7{,}00 \text{ rad/s}^2)\mathbf{j}$$

O vetor de posição de E em relação a B é

$$\mathbf{r}_{E/B} = (-0{,}20 \text{ m})\mathbf{j} + (0{,}10 \text{ m})\mathbf{k}$$

Substituindo essas expressões nas Eqs. (1) e (2), temos

$$\mathbf{v}_E = \boldsymbol{\omega} \times \mathbf{r}_{E/B} = \begin{vmatrix} \mathbf{i} & \mathbf{j} & \mathbf{k} \\ 4{,}80 & 1{,}40 & 0 \\ 0 & -0{,}20 & 0{,}10 \end{vmatrix} = 0{,}140\mathbf{i} - 0{,}480\mathbf{j} - 0{,}960\mathbf{k}$$

$$\mathbf{v}_E = (0{,}140 \text{ m/s})\mathbf{i} - (0{,}480 \text{ m/s})\mathbf{j} - (0{,}960 \text{ m/s})\mathbf{k} \blacktriangleleft$$

$$\mathbf{a}_E = \boldsymbol{\alpha} \times \mathbf{r}_{E/B} + \boldsymbol{\omega} \times \mathbf{v}_E = \begin{vmatrix} \mathbf{i} & \mathbf{j} & \mathbf{k} \\ 24{,}0 & 7{,}00 & 0 \\ 0 & -0{,}20 & 0{,}10 \end{vmatrix}$$

$$+ \begin{vmatrix} \mathbf{i} & \mathbf{j} & \mathbf{k} \\ 4{,}80 & 1{,}40 & 0 \\ 0{,}140 & -0{,}480 & -0{,}960 \end{vmatrix}$$

$$= 0{,}70\mathbf{i} - 2{,}40\mathbf{j} - 4{,}80\mathbf{k} - 1{,}344\mathbf{i} + 4{,}608\mathbf{j} + (-2{,}304 - 0{,}196)\mathbf{k}$$

$$\mathbf{a}_E = -(0{,}644 \text{ m/s}^2)\mathbf{i} + (2{,}21 \text{ m/s}^2)\mathbf{j} - (7{,}30 \text{ m/s}^2)\mathbf{k} \blacktriangleleft$$

PARA REFLETIR O primeiro termo da Eq. (2) representa a aceleração tangencial do ponto E. O segundo termo da Eq. (2) representa a aceleração normal do ponto E e aponta em direção à barra AB. Observe que você poderia ter escolhido qualquer ponto ao longo do eixo de rotação para definir seu vetor de posição.

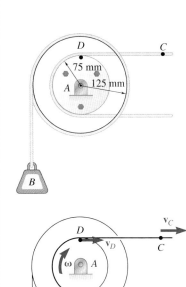

Figura 1 A velocidade de dois pontos em um cabo inextensível é igual.

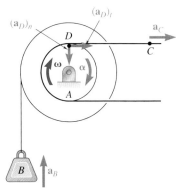

Figura 2 Aceleração de B, C e D.

PROBLEMA RESOLVIDO 15.3

A carga B é conectada a uma polia dupla por um dos dois cabos inextensíveis mostrados. O movimento da polia é controlado pelo cabo C, que tem uma aceleração constante de 225 m/s² e uma velocidade inicial de 300 mm/s, ambas orientadas para a direita. Determine (*a*) o número de revoluções executadas pela polia em 2 s, (*b*) a velocidade e a variação na posição da carga B depois de 2 s e (*c*) a aceleração do ponto D no aro interior da polia em $t = 0$.

ESTRATÉGIA Este é um caso de rotação uniformemente acelerada; portanto, você pode usar as relações cinemáticas entre aceleração angular, a velocidade angular, a posição angular e o tempo. Você também precisa usar as relações cinemáticas para a velocidade e para a aceleração de um ponto em um objeto que sofre rotação de eixo fixo.

MODELAGEM E ANÁLISE

a. Movimento da polia. Consideremos a polia como um corpo rígido girando em torno de um eixo fixo A. Como o cabo é inextensível, a velocidade do ponto D é igual à velocidade do ponto C (Fig. 1), e o componente tangencial da aceleração de D é igual à aceleração de C (Fig. 2).

$$(\mathbf{v}_D)_0 = (\mathbf{v}_C)_0 = 300 \text{ mm/s} \rightarrow \qquad (\mathbf{a}_D)_t = \mathbf{a}_C = 225 \text{ mm/s}^2 \rightarrow$$

A distância de D ao centro da polia é 75 mm. Assim,

$$(v_D)_0 = r\omega_0 \qquad 300 \text{ mm/s} = (75 \text{ mm})\omega_0 \qquad \omega_0 = 4 \text{ rad/s} \downarrow$$
$$(a_D)_t = r\alpha \qquad 225 \text{ mm/s}^2 = (75 \text{ mm})\alpha \qquad \alpha = 3 \text{ rad/s}^2 \downarrow$$

Usando as equações de movimento uniformemente acelerado, para $t = 2$ s, temos

$$\omega = \omega_0 + \alpha t = 4 \text{ rad/s} + (3 \text{ rad/s}^2)(2 \text{ s}) = 10 \text{ rad/s}$$
$$\omega = 10 \text{ rad/s} \downarrow$$
$$\theta = \omega_0 t + \tfrac{1}{2}\alpha t^2 = (4 \text{ rad/s})(2 \text{ s}) + \tfrac{1}{2}(3 \text{ rad/s}^2)(2 \text{ s})^2 = 14 \text{ rad}$$
$$\theta = 14 \text{ rad} \downarrow$$

$$\text{Número de revoluções} = (14 \text{ rad})\left(\frac{1 \text{ rev}}{2\pi \text{ rad}}\right) = 2,23 \text{ rev} \blacktriangleleft$$

b. Movimento da carga B. O movimento da carga B é o mesmo que sofre um ponto no aro exterior da polia dupla. Usando $r = 125$ mm, temos

$$v_B = r\omega = (125 \text{ mm})(10 \text{ rad/s}) = 1250 \text{ mm/s} \qquad \mathbf{v}_B = 1{,}25 \text{ m/s} \uparrow \blacktriangleleft$$
$$\Delta y_B = r\theta = (125 \text{ mm})(14 \text{ rad}) = 1750 \text{ mm} \quad \Delta y_B = 1{,}75 \text{ m para cima} \blacktriangleleft$$

c. Aceleração do ponto D em $t = 0$. A aceleração do ponto D possui um componente tangencial e um componente normal (Fig. 2). O componente tangencial de aceleração é

$$(\mathbf{a}_D)_t = \mathbf{a}_C = 225 \text{ mm/s}^2 \rightarrow$$

Como, em $t = 0$, $\omega_0 = 4$ rad/s, o componente normal de aceleração é

$$(a_D)_n = r_D\omega_0^2 = (75 \text{ mm})(4 \text{ rad/s})^2 = 1200 \text{ mm/s}^2 \qquad (\mathbf{a}_D)_n = 1200 \text{ mm/s}^2 \downarrow$$

(*continua*)

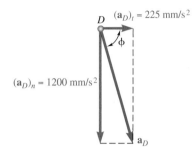

Figura 3 Triângulo de vetores para resolver o vetor de aceleração em uma determinada intensidade e direção.

Você pode obter a intensidade e a direção da aceleração total a partir da Fig. 3.

$$\operatorname{tg} \phi = (1200 \text{ mm/s}^2)/(225 \text{ mm/s}^2) \qquad \phi = 79{,}4°$$
$$a_D \operatorname{sen} 79{,}4° = 1200 \text{ mm/s}^2 \qquad a_D = 1220 \text{ mm/s}^2$$

$$\mathbf{a}_D = 1{,}22 \text{ m/s}^2 \searrow 79{,}4° \blacktriangleleft$$

PARA REFLETIR Uma polia dupla age de maneira semelhante a um sistema de engrenagens; para cada 75 mm em que o ponto C se move para a direita, o ponto B se move 125 mm para cima. Esse funcionamento também se parece ao da bicicleta; a relação de tamanho do anel da coroa dianteira com a coroa traseira controla a rotação da roda traseira.

PROBLEMA RESOLVIDO 15.4

Duas rodas de atrito A e B estão rolando livremente a 300 rpm no sentido horário quando são colocadas em contato. Depois de 6 s de deslizamento, durante os quais cada roda tem uma aceleração angular constante, a roda A atinge uma velocidade angular final de 60 rpm no sentido horário. Determine a aceleração angular de cada roda durante o período de deslizamento.

ESTRATÉGIA Como não são dadas as massas nem as forças, você pode usar a cinemática para resolver este problema.

MODELAGEM E ANÁLISE Considere cada roda como um corpo rígido.

Dado inicial. As velocidades angulares iniciais das rodas são $(\omega_A)_0 = (\omega_B)_0 = $ 300 rpm = 31,42 rad/s. ambas no sentido horário. Depois de 6 s de deslizamento, a velocidade angular final de A é $\omega_A = $ 60 rpm = 6,28 rad/s no sentido horário.

Roda A. Como as acelerações angulares das rodas são constantes,

$$\omega_A = (\omega_A)_0 + \alpha_A t: \qquad 6{,}28 \text{ rad/s} = 31{,}42 \text{ rad/s} + \alpha_A(6 \text{ s})$$
$$\alpha_A = -4{,}19 \text{ rad/s}^2 \qquad \boldsymbol{\alpha}_A = 4{,}19 \text{ rad/s}^2 \curvearrowleft \blacktriangleleft$$

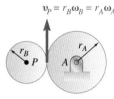

Figura 1 As rodas vão parar de deslizar quando as velocidades dos pontos de contato forem iguais.

Roda B. Em $t = 6$ s, as rodas param de deslizar, e os dois pontos de contato têm a mesma velocidade (Fig. 1). Portanto,

$$r_A \omega_A = r_B \omega_B$$

Então

$$\omega_B = \frac{r_A \omega_A}{r_B} = \frac{(125 \text{ mm})(6{,}28 \text{ rad/s})}{(75 \text{ mm})} = 10{,}47 \text{ rad/s} \curvearrowright$$

A aceleração angular de B é constante. Assim,

$$\omega_B = (\omega_B)_0 + \alpha_B t: \qquad -10{,}47 \text{ rad/s} = 31{,}42 \text{ rad/s} + \alpha_B(6 \text{ s})$$
$$\alpha_B = -6{,}98 \text{ rad/s}^2$$

$$\boldsymbol{\alpha}_B = 6{,}98 \text{ rad/s}^2 \curvearrowright \blacktriangleleft$$

PARA REFLETIR A velocidade angular inicial de B está no sentido horário, e sua velocidade angular final está no sentido anti-horário. Haverá um momento em que esta roda terá uma velocidade angular zero e mudará de orientação – do sentido horário para o sentido anti-horário.

METODOLOGIA PARA A RESOLUÇÃO DE PROBLEMAS

Nesta seção, começamos o estudo do movimento de corpos rígidos considerando dois tipos particulares de movimento: **translação** e **rotação em torno de um eixo fixo.**

1. **Corpo rígido em translação.** Em qualquer instante dado, todos os pontos de um corpo rígido em translação têm a *mesma velocidade* e a *mesma aceleração* (Fig. 15.7).

2. **Corpo rígido que gira em torno de um eixo fixo.** A posição de um corpo rígido que gira em torno de um eixo fixo é definida, em um dado instante qualquer, pela **posição angular** θ, usualmente medida em radianos. Selecionando o vetor unitário **k** ao longo do eixo fixo de tal modo que a rotação do corpo aparece no sentido anti-horário visto da ponta de **k**, definimos a **velocidade angular** ω e a **aceleração angular** α do corpo como

$$\boldsymbol{\omega} = \dot{\theta}\mathbf{k} \qquad \boldsymbol{\alpha} = \ddot{\theta}\mathbf{k} \tag{15.6, 15.9}$$

Para resolver os problemas, tenha em mente que os vetores $\boldsymbol{\omega}$ e $\boldsymbol{\alpha}$ estão ambos orientados ao longo do eixo fixo de rotação e que seus sentidos podem ser obtidos pela regra da mão direita [Problema Resolvido 15.2].

    a. **A velocidade de um ponto P** de um corpo que gira em torno de um eixo fixo é

$$\mathbf{v} = \boldsymbol{\omega} \times \mathbf{r} \tag{15.5}$$

onde $\boldsymbol{\omega}$ é a velocidade angular do corpo e **r** é o vetor de posição desenhado a partir de qualquer ponto sobre o eixo de rotação até o ponto P (Fig. 15.9).

    b. **A aceleração do ponto P** de um corpo que gira em torno de um eixo fixo é

$$\mathbf{a} = \boldsymbol{\alpha} \times \mathbf{r} + \boldsymbol{\omega} \times (\boldsymbol{\omega} \times \mathbf{r}) \tag{15.8}$$

Como os produtos vetoriais não são comutativos, *certifique-se de escrever os vetores na ordem mostrada* ao usar qualquer das duas equações acima.

3. **Rotação de uma placa representativa.** Em muitos problemas, você será capaz de reduzir a análise da rotação de um corpo tridimensional em torno de um eixo fixo ao estudo da rotação de uma placa representativa em um plano perpendicular ao eixo fixo. O eixo z deve ser orientado ao longo do eixo de rotação e apontar para fora do papel. Logo, a placa representativa irá girar no plano xy em torno da origem O do sistema de coordenadas (Fig. 15.10).

Para resolver problemas desse tipo, você deve seguir os seguintes passos:

    a. **Desenhar um diagrama da placa representativa** mostrando suas dimensões, sua velocidade e aceleração angulares, bem como os vetores que representam as velocidades e as acelerações dos pontos da placa para os quais você tem ou procura informações.

(Continua)

b. Relacionar a rotação da placa e o movimento dos pontos da placa escrevendo as equações

$$v = r\omega \qquad\qquad (15.10')$$

$$a_t = r\alpha \qquad a_n = r\omega^2 \qquad\qquad (15.11')$$

Lembre-se de que a velocidade $\mathbf{v}$ e o componente $\mathbf{a}_t$ da aceleração de um ponto P da placa são tangentes à trajetória circular descrita por P [Problemas Resolvidos 15.3 e 15.4]. As direções e os sentidos de $\mathbf{v}$ e $\mathbf{a}_t$ são encontrados pelo giro de 90° do vetor de posição $\mathbf{r}$ no sentido indicado por ω e α, respectivamente. O componente normal $\mathbf{a}_n$ da aceleração de P é sempre orientado para o eixo de rotação.

4. Equações definidoras da rotação de um corpo rígido. Observe a semelhança existente entre as equações que definem a rotação de um corpo rígido em torno de um eixo fixo [Eqs. (15.12) a (15.16)] e aquelas do Cap. 11, que definem o movimento retilíneo de uma partícula [Eqs. (11.1) a (11.8)]. Tudo o que você deve fazer para obter o novo conjunto de equações é substituir respectivamente x, v e a por θ, ω, e α nas equações do Cap. 11 [Problema Resolvido 15.1].

PROBLEMAS

PERGUNTAS CONCEITUAIS

15.PC1 Uma placa retangular oscila em braços de mesmo comprimento como mostrado. Qual é a intensidade da velocidade angular da placa?
  a. 0 rad/s
  b. 1 rad/s
  c. 2 rad/s
  d. 3 rad/s
  e. É necessário conhecer a localização do centro de gravidade.

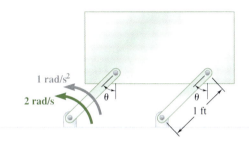

Figura P15.PC1

15.PC2 Sabendo que a roda A gira com uma velocidade angular constante e que não ocorre deslizamentos entre o anel C e a roda A e a roda B, qual das seguintes afirmações sobre as velocidades angulares dos três objetos é verdadeira?
  a. $\omega_a = \omega_b$
  b. $\omega_a > \omega_b$
  c. $\omega_a < \omega_b$
  d. $\omega_a = \omega_c$
  e. Os pontos de contato entre A e C têm a mesma aceleração.

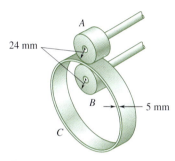

Figura P15.PC2

PROBLEMAS DE FINAL DE SEÇÃO

15.1 Um tambor de freio é ligado a um volante de motor que não é mostrado na figura. O movimento do tambor de freio é definido pela relação $\theta = 36t - 1{,}6t^2$, onde θ é expresso em radianos e t em segundos. Determine (a) a velocidade angular em $t = 2$ s, (b) o número de revoluções executadas pelo tambor de freio antes de ficar em repouso.

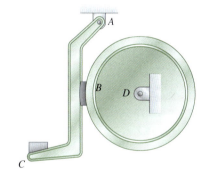

Figura P15.1

15.2 O movimento de um volante oscilante é definido pela relação $\theta = \theta_0 e^{-3\pi t} \cos 4\pi t$, onde θ é expresso em radianos e t em segundos. Sabendo que $\theta_0 = 0{,}5$ rad, determine a coordenada angular, a velocidade angular e a aceleração angular do volante quando (a) $t = 0$, (b) $t = 0{,}125$ s.

15.3 O movimento de um volante oscilante é definido pela relação $\theta = \theta_0 e^{-7\pi t/6} \operatorname{sen} 4\pi t$, onde θ é expresso em radianos e t em segundos. Sabendo que $\theta_0 = 0{,}4$ rad, determine a coordenada angular, a velocidade angular e a aceleração angular do volante quando (a) $t = 0{,}125$ s, (b) $t = \infty$.

Figura P15.2 e P15.3

15.4 O rotor de uma turbina a gás está girando a uma velocidade de 6.900 rpm quando a turbina é desligada. Observa-se que são necessários 4 min para que o rotor atinja o repouso. Considerando o movimento uniformemente acelerado, determine (a) a aceleração angular, (b) o número de revoluções que o rotor executa antes de atingir o repouso.

15.5 Uma pequena roda de moagem é anexada ao eixo de um motor elétrico que tem uma velocidade nominal de 3.600 rpm. Quando a alimentação é ligada, a unidade atinge a sua velocidade nominal em 5 s, e quando a alimentação é desligada, a unidade leva 70 s para atingir o repouso. Considerando um movimento uniformemente acelerado, determine o número de revoluções que o motor executa (a) para atingir sua velocidade nominal, (b) para alcançar o repouso.

Figura P15.5

Figura P15.6

15.6 Uma biela é suportada por uma ponta de faca no ponto A. Para pequenas oscilações, a aceleração angular da biela é comandada pela relação $\alpha = -6\theta$, onde α é expresso em rad/s^2 e θ em radianos. Sabendo que a biela é liberada do repouso quando $\theta = 20°$, determine (a) a velocidade angular máxima, (b) a posição angular quando $t = 2$ s.

15.7 Ao estudar a lesão de chicote resultante de colisões traseiras, a rotação da cabeça é um dos principais pontos de interesse. Um teste de impacto mostrou que a aceleração angular da cabeça é definida pela relação $\alpha = 700 \cos \theta + 70 \sen \theta$, onde α é expresso em rad/s^2 e θ em radianos. Sabendo que a cabeça está inicialmente em repouso, determine a sua velocidade angular quando $\theta = 30°$.

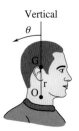

Figura *P15.7*

15.8 A aceleração angular de um disco oscilante é definida pela relação $\alpha = -k\theta$, onde alfa é expresso em rad/s^2 e teta é expresso em radianos. Determine (a) o valor de k para o qual $\omega = 12$ rad/s quando $\theta = 0$ e $\theta = 6$ rad quando $\omega = 0$, (b) a velocidade angular do disco quando $\theta = 3$ rad.

15.9 A aceleração angular de uma oscilação de um eixo é definida pela relação $\alpha = -0{,}5\omega$, onde α é expresso em rad/s^2 e ω em rad/s. Sabendo que em $t = 0$ a velocidade angular do eixo é 30 rad/s, determine (a) o número de revoluções que o eixo executará antes de atingir o repouso, (b) o tempo necessário para o eixo atingir o repouso, (c) o tempo necessário para a velocidade angular do eixo reduzir para 2% do seu valor inicial.

15.10 A barra dobrada *ABCDE* gira em torno de uma linha que liga os pontos *A* e *E* com uma velocidade angular constante de 9 rad/s. Sabendo que a rotação é horária a partir de *E*, determine a velocidade e a aceleração do canto *C*.

15.11 No Problema 15.10, determine a velocidade e a aceleração do canto *B*, considerando que a velocidade angular é de 9 rad/s e cresce a uma taxa de 45 rad /s^2.

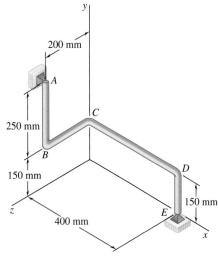

Figura P15.10

15.12 O bloco retangular mostrado na figura gira em torno da diagonal OA com uma velocidade angular constante de 6,76 rad/s. Sabendo que a rotação é anti-horária vista a partir de A, determine a velocidade e a aceleração do ponto B no instante mostrado.

15.13 O bloco retangular mostrado gira em torno da diagonal OA com uma velocidade angular de 3,38 rad/s, que decresce a uma taxa de 5,07 rad/s². Sabendo que a rotação é anti-horária vista a partir de A, determine a velocidade e a aceleração do ponto B no instante mostrado.

15.14 Uma placa circular de raio 120 mm é suportada por dois rolamentos A e B como mostrado na figura. A placa gira em torno da haste que liga A e B com uma velocidade angular constante de 26 rad/s. Sabendo que, no instante considerado, a velocidade do ponto C é orientada para a direita, determine a velocidade e a aceleração do ponto E.

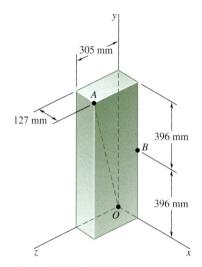

Figura P15.12 e P15.13

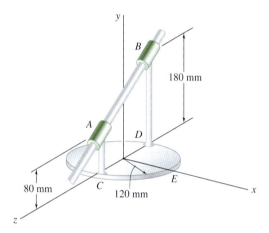

Figura P15.14

15.15 No Problema 15.14, determine a velocidade e a aceleração do ponto E considerando que a velocidade angular é 26 rad/s e cresce a uma taxa de 65 rad/s².

15.16 A Terra realiza uma revolução completa em torno do Sol em 365,24 dias. Admitindo que a órbita da Terra seja circular e tenha um raio de 15×10^6 km, determine a velocidade e a aceleração do planeta.

15.17 A Terra realiza uma revolução completa em torno de seu eixo em 23 h e 56 min. Sabendo que o raio médio da Terra é de 6.370 km, determine a velocidade e a aceleração lineares de um ponto sobre a superfície da Terra (a) no Equador, (b) na Filadélfia, a 40° de latitude norte, (c) no Polo Norte.

15.18 Uma série de pequenos componentes de máquina movidos por uma correia transportadora passa sobre uma polia de desvio de 120 mm de raio. No instante mostrado na figura, a velocidade do ponto A é de 300 mm/s para a esquerda e sua aceleração é de 180 mm/s² para a direita. Determine (a) a velocidade angular e a aceleração angular da polia e (b) a aceleração total do componente de máquina em B.

15.19 Uma série de pequenos componentes de máquina movidos por uma correia transportadora passa sobre uma polia de desvio de 120 mm de raio. No instante mostrado na figura, a velocidade angular da polia é de 4 rad/s no sentido horário. Determine a aceleração angular da polia para a qual a intensidade da aceleração total do componente de máquina em B é de 2400 mm/s².

Figura P15.18 e P15.19

15.20 A lixadeira mostrada na figura está inicialmente em repouso. Se o tambor de acionamento B tem uma aceleração angular constante de 120 rad/s² no sentido anti-horário, determine a intensidade da aceleração da correia no ponto C quando (a) $t = 0,5$ s, (b) $t = 2$ s.

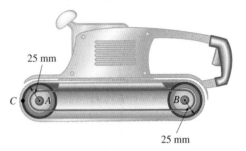

Figura **P15.20** e **P15.21**

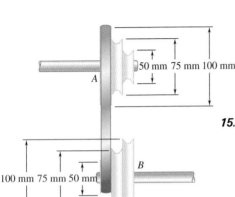

Figura P15.22

15.21 A velocidade nominal do tambor B da lixadeira mostrada na figura é de 2.400 rpm. Quando a lixadeira é desligada, observa-se que o tambor, então livre, alcança o repouso em 10 s. Admitindo-se um movimento uniformemente acelerado, determine a velocidade e a aceleração do ponto C da correia (a) imediatamente antes de desligar a lixadeira e (b) 9 s mais tarde.

15.22 As duas polias mostradas podem ser operadas com a correia em V em qualquer uma das três posições. Se a aceleração angular do eixo A é 6 rad/s² e se o sistema está inicialmente em repouso, determine o tempo necessário para que o eixo B atinja uma velocidade de 400 rpm com a correia em cada uma das três posições.

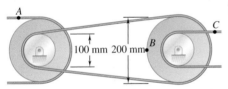

Figura P15.23

15.23 Três correias movem-se sobre duas polias sem deslizar no sistema de redução de velocidade mostrado. Neste instante, a velocidade do ponto A na correia de entrada é de 0,6 m/s para a direita, diminuindo à razão de 1,8 m/s². Determine, neste instante, (a) a velocidade e a aceleração do ponto C na correia de saída, (b) a aceleração do ponto B na polia de saída.

15.24 Um sistema de redução de engrenagem consiste em três engrenagens A, B e C. Sabendo que a engrenagem A gira no sentido horário com uma velocidade constante de $\omega_A = 600$ rpm, determine (a) as velocidades angulares das engrenagens B e C, (b) as acelerações dos pontos que estão em contato nas engrenagens B e C.

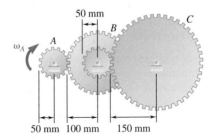

Figura P15.24

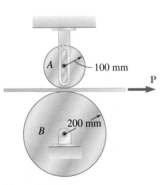

Figura P15.25

15.25 Uma correia é puxada para a direita entre os cilindros A e B. Sabendo que a velocidade da correia é uma constante de 1,5 m/s e não ocorre deslizamento, determine (a) as velocidades angulares de A e B, (b) as acelerações dos pontos que estão em contato com a correia.

15.26 O anel C tem uma raio interno de 55 mm e um raio externo de 60 mm e é posicionado entre duas rodas A e B, cada uma com raio externo de 24 mm. Sabendo que a roda A gira com uma velocidade angular constante de 300 rpm e que não ocorre deslizamento, determine (a) a velocidade angular do anel C e da roda B, (b) a aceleração dos pontos de A e B que estão em contato com C.

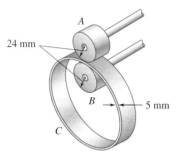

Figura P15.26

15.27 O anel B tem um raio interno r_2 e está suspenso por um eixo horizontal A do modo mostrado na figura. O eixo A gira com velocidade angular constante de 25 rad/s, e não ocorre deslizamento. Sabendo que $r_1 = 12$ mm, $r_2 = 30$ mm e $r_3 = 40$ mm, determine (a) a velocidade angular do anel B, (b) a aceleração dos pontos do eixo A e do anel B que estão em contato, (c) a intensidade da aceleração do ponto D.

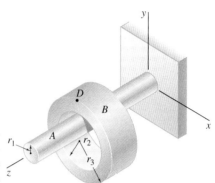

Figura P15.27

15.28 Um filme de plástico se move sobre dois tambores. Durante um intervalo de 4 s, a velocidade da fita aumenta uniformemente de $v_0 = 0{,}6$ m/s para $v_1 = 1{,}2$ m/s. Sabendo que a fita não desliza nos tambores, determine (a) a aceleração angular do tambor B, (b) o número de revoluções executadas pelo tambor B durante o intervalo de 4 s.

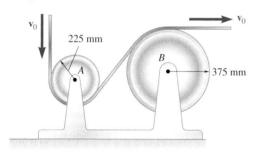

Figura P15.28

15.29 O cilindro A move-se para baixo com uma velocidade de 3 m/s quando o freio é subitamente aplicado ao tambor. Sabendo que o cilindro desloca-se 6 m para baixo antes de chegar ao repouso e admitindo um movimento uniformemente acelerado, determine (a) a aceleração angular do tambor, (b) o tempo necessário para o cilindro chegar ao repouso.

15.30 O sistema mostrado na figura é mantido em repouso pelo conjunto freio-tambor mostrado na figura. Depois que o freio é parcialmente liberado em $t = 0$, observa-se que o cilindro se desloca 5 m em 4,5 s. Admitindo um movimento uniformemente acelerado, determine (a) a aceleração angular do tambor, (b) a velocidade angular do tambor em $t = 3{,}5$ s.

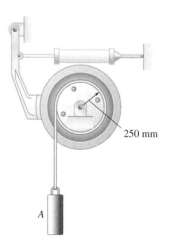

Figura P15.29 e P15.30

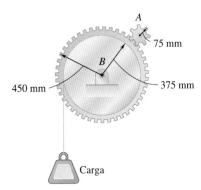

Figura P15.31

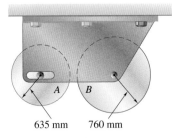

Figura P15.32 e P15.33

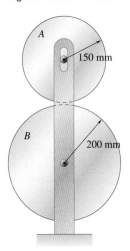

Figura P15.34 e P15.35

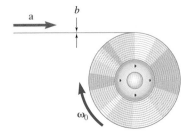

Figura P15.36

15.31 Uma carga deve ser elevada 6 m pelo sistema de içamento mostrado na figura. Considerando que a engrenagem A está inicialmente em repouso, acelera uniformemente a uma velocidade de 120 rpm em 5 s e depois mantém uma velocidade constante de 120 rpm, determine (a) o número de revoluções executadas pela engrenagem A na elevação da carga, (b) o tempo necessário para elevar a carga.

15.32 Uma unidade de atrito simples consiste em dois discos, A e B. Inicialmente, o disco B tem uma velocidade angular no sentido horário de 500 rpm, e o disco A está em repouso. Sabe-se que o disco B atingirá o repouso em 60 s. No entanto, em vez de esperar até que ambos os discos estejam em repouso para aproximá-los, o disco A recebe uma aceleração angular constante de 3 rad/s^2 no sentido anti-horário. Determine (a) em que momento os discos podem ser reunidos sem deslizarem, (b) a velocidade angular de cada disco quando ocorre o contato.

15.33 Duas rodas de atrito A e B estão rolando livremente a 300 rpm no sentido anti-horário quando são colocadas em contato. Depois de 12 s de deslizamento, durante os quais cada roda tem uma aceleração angular constante, a roda B atinge uma velocidade angular final de 75 rpm no sentido anti-horário. Determine (a) a aceleração angular de cada roda durante o período de deslizamento, (b) o momento em que a velocidade angular da roda A é igual a zero.

15.34 Dois discos de atrito A e B devem ser colocados em contato sem deslizar quando a velocidade angular do disco A for de 240 rpm no sentido anti-horário. O disco A parte do repouso no instante $t = 0$ e recebe uma aceleração angular constante com uma intensidade α. O disco B parte do repouso no instante $t = 2$ e recebe uma aceleração angular constante no sentido horário, também com uma intensidade α. Determine (a) a intensidade de aceleração angular necessária α, (b) o momento em que o contato ocorre.

15.35 Dois discos de atrito A e B são colocados em contato quando a velocidade angular do disco A é de 240 rpm no sentido anti-horário e o disco B está em repouso. Segue-se um período de deslizamento, e o disco B sofre duas revoluções antes de atingir sua velocidade angular final. Considerando que a aceleração angular de cada disco é constante e inversamente proporcional ao cubo de seus raios, determine (a) a aceleração angular de cada disco, (b) o tempo durante o qual os discos deslizam.

*15.36 Uma fita de aço é enrolada em uma bobina que gira com uma velocidade angular constante ω_0. Considerando r o raio da bobina e da fita em dado momento e b a espessura da fita, derive uma expressão para a aceleração da fita à medida que se aproxima da bobina.

*15.37 Em um processo contínuo de impressão, o papel é puxado para dentro das prensas a uma velocidade constante v. Representando por r o raio do rolo de papel em um instante dado qualquer e por b a espessura do papel, deduza uma expressão para a aceleração angular do rolo de papel.

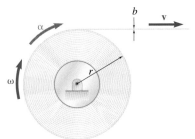

Figura P15.37

15.2 Movimento plano geral: velocidade

Como dito na introdução deste capítulo, entendemos por movimento plano geral um movimento plano que não é uma translação nem uma rotação. Todavia, como você verá a seguir, **um movimento plano geral pode ser sempre considerado como a soma de uma translação e de uma rotação**.

15.2A Análise do movimento plano geral

Considere, por exemplo, uma roda que rola sobre uma pista reta (Fig. 15.12). Durante um certo intervalo de tempo, dois pontos dados, A e B, se moverão de A_1 até A_2 e de B_1 até B_2, respectivamente. O mesmo resultado poderia ser obtido por meio de uma translação que levaria A_1 e B_1 para A_2 e B_1' (com a linha AB permanecendo na vertical), seguida de uma rotação em torno de A para trazer B até B_2. Embora o movimento original de rolamento difira da combinação de translação e rotação quando esses movimentos são considerados em sucessão, o movimento original pode ser duplicado exatamente por uma combinação de translação e rotação simultâneas.

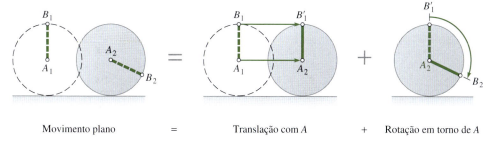

Movimento plano = Translação com A + Rotação em torno de A

Figura 15.12 O movimento plano geral de uma roda rolante pode ser analisado como uma combinação de translação mais uma rotação de eixo fixo.

Outro exemplo de movimento plano é dado na Fig. 15.13, que representa uma barra cujas extremidades deslizam ao longo de uma pista horizontal e de uma vertical, respectivamente. Esse movimento pode ser substituído por uma translação em uma direção horizontal e uma rotação em torno de A (Fig. 15.13a) ou por uma translação em uma direção vertical e uma rotação em torno de B (Fig. 15.13b).

No caso geral de movimento plano, consideraremos um pequeno deslocamento que leva duas partículas A e B de um corpo rígido representativo de A_1 e B_1 até A_2 e B_2, respectivamente (Fig. 15.14). Esse deslocamento pode ser dividido em duas partes: em uma delas, as partículas movem-se até A_2 e B_1', com a linha AB mantendo a mesma direção; na outra, B move-se até B_2, enquanto A permanece fixo. A primeira parte do movimento é claramente uma translação, e a segunda é uma rotação em torno de A.

Recordando a partir da definição dada na Seção 11.4D para o movimento relativo de uma partícula em relação a um sistema de referência móvel – em oposição ao seu movimento absoluto em relação a um sistema de referência fixo. Com essa definição em mente, podemos reafirmar nossos resultados do seguinte modo: dadas duas partículas A e B de um corpo rígido em movimento plano, o movimento relativo de B em relação a um sistema de referência ligado a A, de orientação fixa, é uma rotação. Para um observador movendo-se com A, mas sem girar, a partícula B parecerá descrever um arco de círculo centrado em A.

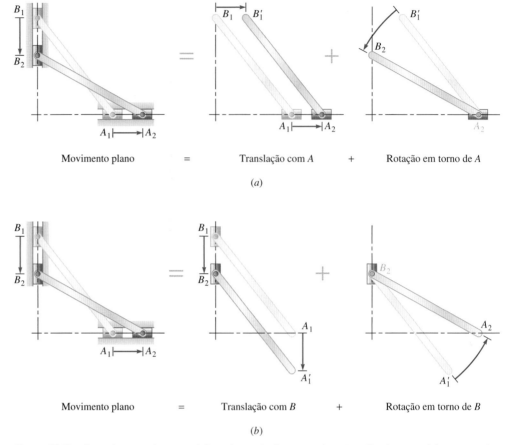

Movimento plano = Translação com A + Rotação em torno de A

(a)

Movimento plano = Translação com B + Rotação em torno de B

(b)

Figura 15.13 O movimento plano geral desta barra deslizante pode ser analisado como (a) uma translação horizontal mais uma rotação de eixo fixo em torno de A ou (b) uma translação vertical e uma rotação de eixo fixo em torno de B. Os resultados são os mesmos.

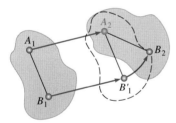

Figura 15.14 O movimento plano geral é uma combinação de uma translação mais um eixo fixo de rotação. Para um observador movendo-se com A, mas sem girar, a partícula B parecerá descrever um arco de círculo centrado em A.

15.2B Velocidade absoluta e velocidade relativa no movimento plano

Vimos na seção anterior que qualquer movimento plano de um corpo rígido pode ser substituído por uma translação definida pelo movimento de um ponto de referência arbitrário A e por uma rotação simultânea em torno de A. A velocidade absoluta $\mathbf{v}_B$ de uma partícula B do corpo rígido é obtida a partir da fórmula de velocidade relativa deduzida na Seção 11.4D,

$$\mathbf{v}_B = \mathbf{v}_A + \mathbf{v}_{B/A} \qquad (15.17)$$

onde o segundo membro representa uma soma vetorial. A velocidade $\mathbf{v}_A$ corresponde à translação do corpo rígido junto com A, enquanto a velocidade relativa $\mathbf{v}_{B/A}$ está associada à rotação do corpo rígido em torno de A e é medida em relação aos eixos centrados em A, de orientação fixa (Fig. 15.15). Representando por $\mathbf{r}_{B/A}$ o vetor de posição de B relativo a A (que aponta de A para B) e por $\omega\mathbf{k}$ a velocidade angular do corpo rígido em relação aos eixos de orientação fixa, temos, a partir das Eqs. (15.10) e (15.10′),

$$\mathbf{v}_{B/A} = \omega\mathbf{k} \times \mathbf{r}_{B/A} \qquad v_{B/A} = r\omega \qquad (15.18)$$

onde r é a distância de A a B. Substituindo $\mathbf{v}_{B/A}$ da Eq. (15.18) na Eq. (15.17), também podemos escrever

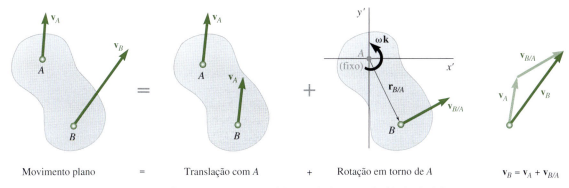

Movimento plano = Translação com A + Rotação em torno de A $v_B = v_A + v_{B/A}$

Figura 15.15 Representação pictórica da equação vetorial que relaciona a velocidade de dois pontos em um corpo rígido sob influência do movimento plano geral.

Velocidade relativa para dois pontos em um corpo rígido

$$\mathbf{v}_B = \mathbf{v}_A + \omega\mathbf{k} \times \mathbf{r}_{B/A} \qquad (15.17')$$

Como exemplo, examinaremos novamente a barra AB da Fig. 15.13. Considerando que a velocidade $\mathbf{v}_A$ da extremidade A é conhecida, nos propomos encontrar a velocidade $\mathbf{v}_B$ da extremidade B e a velocidade angular ω da barra em termos da velocidade $\mathbf{v}_A$, do comprimento l e do ângulo θ. Escolhendo A como ponto de referência, estabelecemos que o movimento dado é equivalente a uma translação junto com A e a uma rotação simultânea em torno de A (Fig. 15.16). A velocidade absoluta de B deve, portanto, ser igual à soma vetorial

$$\mathbf{v}_B = \mathbf{v}_A + \mathbf{v}_{B/A} \qquad (15.17)$$

Observamos que, enquanto a direção de $\mathbf{v}_{B/A}$ é conhecida, sua intensidade $l\omega$ é desconhecida. Todavia, isso é compensado pelo fato de que a direção de $\mathbf{v}_B$ é conhecida. Logo, podemos completar o diagrama da Fig. 15.16. Resolvendo para as intensidades v_B e ω, escrevemos

$$v_B = v_A \tan \theta \qquad \omega = \frac{v_{B/A}}{l} = \frac{v_A}{l \cos \theta} \qquad (15.19)$$

Foto 15.4 Os sistemas de engrenagens planetárias são usados em aplicações que exigem uma grande taxa de redução e uma alta relação torque–peso. As pequenas engrenagens sofrem movimento plano geral.

Também podemos resolver este problema usando a relação de vetores na Eq. (15.17'). Reconhecendo que o ponto A é obrigado a se mover somente na direção x e B apenas na direção y (suponha que ele se move para baixo), podemos escrever

$$-v_B\mathbf{j} = v_A\mathbf{i} + \omega\mathbf{k} \times (-l\,\text{sen}\,\theta\mathbf{i} + l\cos\theta\mathbf{j}) = (v_A - \omega l\cos\theta)\mathbf{i} - \omega l\,\text{sen}\,\theta\mathbf{j}$$

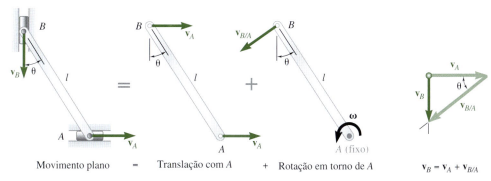

Movimento plano = Translação com A + Rotação em torno de A $v_B = v_A + v_{B/A}$

Figura 15.16 Representação pictórica da Eq. (15.17) para uma barra deslizante. A velocidade relativa $\mathbf{v}_{B/A}$ é perpendicular à linha que conecta A e B.

Equacionando os componentes na direção x, obtemos

$$v_A - \omega l \cos\theta = 0 \qquad \omega = \frac{v_A}{l \cos\theta}$$

Equacionando os componentes na direção y, obtemos

$$v_B = \omega l \operatorname{sen}\theta = \left(\frac{v_A}{l \cos\theta}\right) l \operatorname{sen}\theta = v_A \operatorname{tg}\theta$$

Esses são os mesmos resultados que encontramos na Eq. 15.19. Obtemos o mesmo resultando usando B como ponto de referência. Decompondo o movimento dado em uma translação junto com B e em uma rotação simultânea em torno de B (Fig. 15.17), escrevemos a equação

$$\mathbf{v}_A = \mathbf{v}_B + \mathbf{v}_{A/B} = \mathbf{v}_B + \omega \mathbf{k} \times \mathbf{r}_{A/B} \tag{15.20}$$

que é representada graficamente na Figura 15.17. Observe que $\mathbf{v}_{A/B}$ e $\mathbf{v}_{B/A}$ têm a mesma intensidade $l\omega$, mas sentidos opostos. O sentido da velocidade relativa depende, portanto, do ponto de referência que selecionamos e deve ser cuidadosamente determinado a partir do diagrama apropriado (Figura 15.16 ou 15.17).

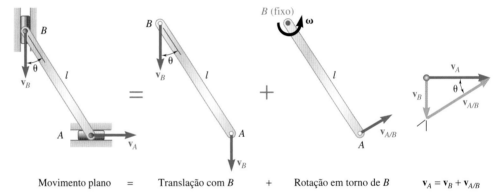

Figura 15.17 Representação pictórica da Eq. (15.20) para uma barra deslizante. A velocidade relativa $\mathbf{v}_{A/B}$ é perpendicular à linha que conecta A e B.

Finalmente, observamos que a velocidade angular ω da barra em sua rotação em torno de B é igual à da sua rotação em torno de A. Em ambos os casos, ela é medida pela taxa de variação do ângulo θ. Esse resultado é bastante geral; devemos, então, ter em mente que

A velocidade angular ω de um corpo rígido em movimento plano é independente do ponto de referência.

A maioria dos mecanismos consiste não só de uma, mas de *muitas* partes móveis. Quando as diversas partes de um mecanismo estão conectadas por pinos, a análise do mecanismo pode ser efetuada considerando-se cada parte como um corpo rígido, atentando para o fato de que os pontos onde duas partes estão conectadas devem ter a mesma velocidade absoluta (ver Problemas Resolvidos 15.7 e 15.8). Uma análise similar pode ser usada quando engrenagens estiverem envolvidas, pois os dentes em contato também devem ter a mesma velocidade absoluta. Entretanto, quando um mecanismo contém partes que deslizam umas sobre as outras, a velocidade relativa das partes em contato deve ser levada em consideração (Ver Seção 15.5).

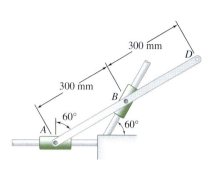

PROBLEMA RESOLVIDO 15.5

Os colares A e B estão ligados por pinos à barra ABD e podem deslizar ao longo de barras fixas. Sabendo que, no instante mostrado, a velocidade de A é 0,9 m/s para a direita, determine (a) a velocidade angular de ABD, (b) a velocidade do ponto D.

ESTRATÉGIA Use a equação cinemática que relaciona a velocidade de dois pontos no mesmo corpo rígido. Já que você conhece as direções das velocidades dos pontos A e B, escolha esses dois pontos para relacionar.

MODELAGEM E ANÁLISE Modele a barra ABD como um corpo rígido. Da cinemática, sabemos

$$\mathbf{v}_B = \mathbf{v}_A + \mathbf{v}_{B/A} = \mathbf{v}_A + \boldsymbol{\omega} \times \mathbf{r}_{B/A}$$

Substituindo pelos valores conhecidos (Figura 1) e considerando $\boldsymbol{\omega} = \omega\mathbf{k}$, temos

$$v_B \cos 60°\mathbf{i} + v_B \operatorname{sen} 60°\mathbf{j} = (0{,}9)\mathbf{i} +$$
$$\omega\mathbf{k} \times [(0{,}3 \cos 30°)\mathbf{i} + (0{,}3 \operatorname{sen} 30°)\mathbf{j}]$$
$$0{,}500v_B\mathbf{i} + 0{,}866v_B\mathbf{j} = (0{,}9 - 0{,}15\omega)\mathbf{i} + 0{,}260\omega\mathbf{j}$$

Equacionando os componentes,

$$\mathbf{i}: = 0{,}500v_B = 0{,}9 - 0{,}15\omega$$
$$\mathbf{j}: = 0{,}866v_B = 0{,}260\omega$$

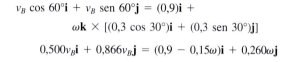

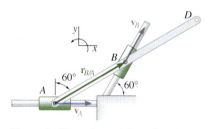

Figura 1 Vetor de posição e direções das velocidade de A e B.

Resolvendo essas equações, temos $v_B = 0{,}900$ m/s e $\omega = 3{,}00$ rad/s

$$\boldsymbol{\omega} = 3{,}00 \text{ rad/s} \curvearrowleft \quad \blacktriangleleft$$

Velocidade de D. A relação entre as velocidades de A e D é

$$\mathbf{v}_D = \mathbf{v}_A + \mathbf{v}_{D/A} = \mathbf{v}_D + \boldsymbol{\omega} \times \mathbf{r}_{D/A}$$

Substituindo pelos valores encontrados acima, temos

$$\mathbf{v}_D = (0{,}9)\mathbf{i} + 3{,}00\mathbf{k} \times [(0{,}6 \cos 30°)\mathbf{i} + (0{,}6 \operatorname{sen} 30°)\mathbf{j}]$$
$$\mathbf{v}_D = (0{,}9 - 0{,}9)\mathbf{i} + 1{,}559\mathbf{j}$$

$$\mathbf{v}_D = 1{,}559 \text{ m/s} \uparrow \quad \blacktriangleleft$$

PARA REFLETIR A velocidade do ponto D está orientada diretamente para cima neste instante, mas enquanto a barra continuar a girar no sentido anti-horário, a direção da velocidade de D mudará continuamente.

PROBLEMA RESOLVIDO 15.6

A engrenagem dupla mostrada na figura rola sobre a cremalheira inferior fixa, sendo a velocidade de seu centro A de 1,2 m/s para a direita. Determine (a) a velocidade angular da engrenagem e (b) as velocidades da cremalheira superior R e do ponto D da engrenagem.

ESTRATÉGIA Como a engrenagem dupla está sofrendo um movimento geral, use a cinemática de corpos rígidos. Decomponha o movimento de rolamento em dois movimentos componentes: uma translação junto com o centro A e uma rotação em torno do centro A (Fig. 1). Na translação, todos os pontos da engrenagem se movem com a mesma velocidade $\mathbf{v}_A$. Na rotação, cada ponto P da engrenagem se move em torno de A com a velocidade relativa $\mathbf{v}_{P/A} = \omega\mathbf{k} \times \mathbf{r}_{P/A}$, onde $\mathbf{r}_{P/A}$ é o vetor de posição de P relativo a A.

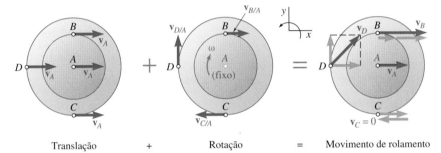

Translação + Rotação = Movimento de rolamento

Figura 1 O movimento da engrenagem pode ser modelado como uma translação mais uma rotação.

MODELAGEM E ANÁLISE

a. Velocidade angular da engrenagem. Uma vez que a engrenagem rola sobre a cremalheira inferior, seu centro A desloca-se por meio de uma distância igual ao perímetro da circunferência externa $2\pi r_1$ a cada revolução completa da engrenagem. Lembrando que 1 rev = 2π rad e que, quando A desloca-se para a direita ($x_A > 0$), a engrenagem gira no sentido horário ($\theta < 0$). Escrevemos

$$\frac{x_A}{2\pi r_1} = -\frac{\theta}{2\pi} \qquad x_A = -r_1\theta$$

Diferenciando em relação ao tempo t e substituindo os valores conhecidos $v_A = 1,2$ m/s e $r_1 = 150$ mm = 0,150 m, obtemos

$$v_A = -r_1\omega \qquad 1,2 \text{ m/s} = -(0,150 \text{ m})\omega \qquad \omega = -8 \text{ rad/s}$$

$$\boldsymbol{\omega} = \omega\mathbf{k} = -(8 \text{ rad/s})\mathbf{k} \blacktriangleleft$$

onde $\mathbf{k}$ é um vetor unitário que aponta para fora da página.

b. Velocidade da cremalheira superior. A velocidade da cremalheira superior é igual à velocidade do ponto B; escrevemos

$$\mathbf{v}_R = \mathbf{v}_B = \mathbf{v}_A + \mathbf{v}_{B/A} = \mathbf{v}_A + \omega\mathbf{k} \times \mathbf{r}_{B/A}$$
$$= (1,2 \text{ m/s})\mathbf{i} - (8 \text{ rad/s})\mathbf{k} \times (0,100 \text{ m})\mathbf{j}$$
$$= (1,2 \text{ m/s})\mathbf{i} + (0,8 \text{ m/s})\mathbf{i} = (2 \text{ m/s})\mathbf{i}$$

$$\mathbf{v}_R = 2 \text{ m/s} \rightarrow \blacktriangleleft$$

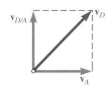

Figura 2 Dois componentes da velocidade de D.

Velocidade do ponto D. A velocidade do ponto D tem dois componentes (Fig. 2):

$$\mathbf{v}_D = \mathbf{v}_A + \mathbf{v}_{D/A} = \mathbf{v}_A + \omega\mathbf{k} \times \mathbf{r}_{D/A}$$
$$= (1{,}2 \text{ m/s})\mathbf{i} - (8 \text{ rad/s})\mathbf{k} \times (-0{,}150 \text{ m})\mathbf{i}$$
$$= (1{,}2 \text{ m/s})\mathbf{i} + (1{,}2 \text{ m/s})\mathbf{j}$$

$\mathbf{v}_D = 1{,}697$ m/s ⦟ 45° ◄

PARA REFLETIR Os princípios envolvidos neste problema são semelhantes aos que usamos no Problema Resolvido 15.3, mas neste problema, o ponto A estava livre para transladar. O ponto C, uma vez que está em contato com a cremalheira inferior fixa, tem uma velocidade nula. Cada ponto ao longo do diâmetro CAB tem um vetor de velocidade orientado para a direita (Fig. 1), e a intensidade da velocidade aumenta linearmente à medida que a distância do ponto C aumenta.

PROBLEMA RESOLVIDO 15.7

No sistema biela-manivela de motor mostrado na figura, a manivela AB tem uma velocidade angular constante de 2.000 rpm no sentido horário. Para a posição indicada da manivela, determine (*a*) a velocidade angular da barra de conexão BD, (*b*) a velocidade do pistão P.

ESTRATÉGIA Como a barra BD está sofrendo um movimento geral, use a cinemática de corpos rígidos. A manivela AB está passando por uma rotação de eixo fixo e o pistão P está em translação. O movimento do pistão é o mesmo da extremidade D da barra de conexão.

MODELAGEM E ANÁLISE

Movimento da Manivela AB. A manivela AB gira em torno do ponto A. Expressando ω_{AB} em rad/s e escrevendo $v_B = r\omega_{AB}$, temos (Fig. 1)

$$\omega_{AB} = \left(2000 \frac{\text{rev}}{\text{min}}\right)\left(\frac{1 \text{ min}}{60 \text{ s}}\right)\left(\frac{2\pi \text{ rad}}{1 \text{ rev}}\right) = 209{,}4 \text{ rad/s}$$

$$v_B = (AB)\omega_{AB} = (75 \text{ mm})(209{,}4 \text{ rad/s}) = 15.705 \text{ mm/s}$$
$$\mathbf{v}_B = 15.705 \text{ mm/s} \searrow 50°$$

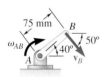

Figura 1 A manivela AB sofre uma rotação de eixo fixo.

Movimento da barra BD. Considere-o como um movimento plano geral. Usando a lei dos senos, calcule o ângulo β entre a barra de conexão e a horizontal:

$$\frac{\text{sen } 40°}{200 \text{ mm}} = \frac{\text{sen } \beta}{75 \text{ mm}} \quad \beta = 13{,}95°$$

A velocidade $\mathbf{v}_D$ do ponto D onde a barra está ligada ao pistão deve ser horizontal, enquanto a velocidade do ponto B é igual à velocidade $\mathbf{v}_B$ obtida anteriormente. Expressando a relação entre as velocidade $\mathbf{v}_D$, $\mathbf{v}_B$ e $\mathbf{v}_{D/B}$, temos

$$\mathbf{v}_D = \mathbf{v}_B + \mathbf{v}_{D/B}$$

(*continua*)

Esta equação é ilustrada na Fig. 2, onde o movimento de BD é decomposto em uma translação junto com B e uma rotação em torno de B.

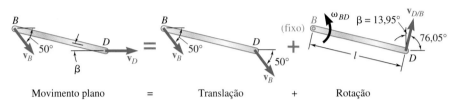

Movimento plano = Translação + Rotação

Figura 2 O movimento plano geral de uma barra de conexão pode ser modelado como uma translação mais uma rotação.

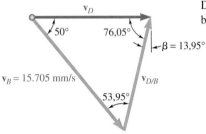

Figura 3 Triângulo de vetores mostrando a relação entre as velocidades de B e D.

Desenhando o diagrama de vetores correspondente a esta equação (Fig. 3) e relembrando que $\beta = 13{,}95°$, podemos determinar os ângulos do triângulo e escrever

$$\frac{v_D}{\operatorname{sen} 53{,}95°} = \frac{v_{D/B}}{\operatorname{sen} 50°} = \frac{15{.}705 \text{ mm/s}}{\operatorname{sen} 76{,}05°}$$

$v_{D/B} = 12{.}400$ mm/s $\mathbf{v}_{D/B} = 12{.}400$ mm/s $\measuredangle\ 76{,}05°$
$v_D = 13{.}083$ mm/s $= 13{,}08$ m/s $\mathbf{v}_D = 13{,}08$ m/s $\rightarrow$

$\mathbf{v}_P = \mathbf{v}_D = 13{,}08$ m/s $\rightarrow$ ◀

Como $v_{D/B} = l\omega_{BD}$, temos

$$12{.}400 \text{ mm/s} = (200 \text{ mm})\omega_{BD} \qquad \omega_{BD} = 62{,}0 \text{ rad/s} \uparrow \blacktriangleleft$$

PARA REFLETIR Observe como, à medida que a manivela se move no sentido horário abaixo da linha de centro, o pistão muda de direção e começa a se mover para a esquerda. Você consegue ver o que acontece com o movimento da barra de conexão naquele ponto? Você também pode resolver esse problema usando a relação de vetores mostrada na Eq. (15.17′); esse tipo de abordagem é mostrado no Problema Resolvido 15.8.

PROBLEMA RESOLVIDO 15.8

Na posição mostrada, a barra AB tem uma velocidade angular de 4 rad/s no sentido horário. Determine a velocidade angular das barras BD e DE.

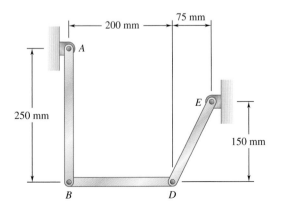

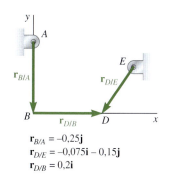

$r_{B/A} = -0{,}25j$
$r_{D/E} = -0{,}075i - 0{,}15j$
$r_{D/B} = 0{,}2i$

Figura 1 Vetores de posição relativos para os pontos B e D.

ESTRATÉGIA As barras AB e DE estão passando por uma rotação de eixo fixo, enquanto a barra BD está passando por um movimento plano geral. Você precisará usar a cinemática de corpos rígidos para analisar o movimento.

MODELAGEM E ANÁLISE Modele as barras como corpos rígidos. A velocidade angular de AB está dada e é igual a $\omega_{AB} = -(4 \text{ rad/s})k$. Você pode usar álgebra vetorial para relacionar as velocidades dos pontos B e D na barra BD e depois encontrar as velocidades de B e D a partir das barras conectadas. Os vetores de posição estão definidos na Fig. 1.

Barra AB. (Rotação em torno de A)

$$v_B = \omega_{AB} \times r_{B/A} = (-4k) \times (-0{,}25j) = -(1{,}00 \text{ m/s})i \quad (1)$$

Barra ED. (Rotação em torno de E) Considerando que ω_{DE} é positivo, temos

$$v_D = \omega_{DE}k \times r_{D/E} = \omega_{DE}k \times (-0{,}075i - 0{,}15j) = 0{,}15\omega_{DE}i - 0{,}075\omega_{DE}j \quad (2)$$

Barra BD. (Translação com B e rotação em torno de B)

$$v_D = v_B + v_{D/B} \quad (3)$$

onde se considera que ω_{BD} é positivo. A velocidade relativa é

$$v_{D/B} = \omega_{BD}k \times r_{D/B} = \omega_{BD}k \times 0{,}2i = 0{,}2\omega_{BD}j \quad (4)$$

Substituindo as Eqs. (1), (2) e (4) na Eq. (3), temos

$$0{,}15\ \omega_{DE}i - 0{,}075\omega_{DE}j = -1{,}00i + 0{,}2\omega_{BD}j$$

Equacionando os componentes, é possível encontrar as velocidades angulares desconhecidas:

i: $0{,}15\omega_{DE} = -1{,}00, \quad \omega_{DE} = -6{,}667 \text{ rad/s} \qquad \boldsymbol{\omega}_{DE} = 6{,}67 \text{ rad/s} \downarrow$ ◄

j: $-0{,}075\omega_{DE} = 0{,}2\omega_{BD} \quad \omega_{BD} = \dfrac{-(0{,}075)(-6{,}667)}{0{,}2}$

$\boldsymbol{\omega}_{BD} = 2{,}50 \text{ rad/s} \uparrow$ ◄

PARA REFLETIR A abordagem da álgebra vetorial é bastante eficaz para problemas como este, em que AB está girando no sentido horário, BD no sentido anti-horário e DE também no sentido horário.

METODOLOGIA PARA A RESOLUÇÃO DE PROBLEMAS

Nesta seção, você aprendeu a analisar a velocidade de corpos em **movimento plano geral**. Verificou que um movimento plano geral pode ser sempre considerado como a soma dos dois movimentos que estudamos na Seção 15.1, a saber, *uma translação e uma rotação*.

Para resolver um problema que envolve a velocidade de um corpo em movimento plano, você deve percorrer os seguintes passos:

1. **Sempre que possível, determine a velocidade dos pontos do corpo** onde o corpo estiver conectado a outro corpo cujo movimento seja conhecido. [Problema Resolvido 15.6]. Esse outro corpo pode ser um braço ou uma manivela que gira a uma dada velocidade angular [Problemas Resolvidos 15.7 e 15.8].

2. **Em seguida, comece a desenhar uma "equação de diagramas"** para usar em sua resolução (Figs. 15.15 e 15.16) se você não usar álgebra vetorial. Essa "equação" consistirá nos seguintes diagramas:
   a. Diagrama do movimento plano: Desenhe um diagrama do corpo incluindo todas as dimensões e mostrando os pontos cuja velocidade você conhece ou procura.
   b. Diagrama de translação: Selecione um ponto de referência A cuja direção e/ou a intensidade da velocidade $\mathbf{v}_A$ sejam conhecidas e desenhe um segundo diagrama mostrando o corpo em translação com todos os seus pontos movendo-se com a mesma velocidade $\mathbf{v}_A$.
   c. Diagrama de rotação: Considere o ponto A como um ponto fixo e desenhe um diagrama mostrando o corpo em rotação em torno de A. Mostre a velocidade angular $\boldsymbol{\omega} = \omega\mathbf{k}$ do corpo e as velocidades relativas dos outros pontos em relação a A, tais como a velocidade $\mathbf{v}_{B/A}$ de B em relação a A.

3. **Escreva a fórmula da velocidade relativa**

$$\mathbf{v}_B = \mathbf{v}_A + \mathbf{v}_{B/A} \tag{15.17}$$

ou do movimento plano

$$\mathbf{v}_B = \mathbf{v}_A + \omega\mathbf{k} \times \mathbf{r}_{B/A} \tag{15.17'}$$

Você pode resolver esta equação vetorial analiticamente escrevendo as equações escalares correspondentes ou usando um triângulo de vetores (Fig. 15.16).

4. **Use um ponto de referência diferente para obter uma equação equivalente.** Por exemplo, se o ponto B for selecionado como ponto de referência, a velocidade relativa do ponto A é expressa como

$$\mathbf{v}_A = \mathbf{v}_B + \mathbf{v}_{A/B} = \mathbf{v}_B + \omega\mathbf{k} \times \mathbf{r}_{A/B} \tag{15.20}$$

Note que as velocidades relativas $\mathbf{v}_{B/A}$ e $\mathbf{v}_{A/B}$ têm a mesma intensidade, mas sentidos opostos. Logo, as velocidades relativas dependem do ponto de referência selecionado. Entretanto, a velocidade angular é independente da escolha do ponto de referência.

5. **Escreva equações de velocidade relativa adicionais se você estiver analisando uma ligação multicorpo.** Para problemas como o do sistema biela-manivela no Problema Resolvido 15.7, você pode ter que escrever várias equações de velocidade relativa. Nesse problema, você pode expressar a velocidade de P em relação a B e então a velocidade de B em relação a A. Geralmente, as extremidades das ligações terão algum tipo de restrição (por exemplo, o pistão deslocando-se apenas na direção x).

PROBLEMAS

PERGUNTAS CONCEITUAIS

15.PC3 A bola mostrada na figura rola sem deslizar na superfície fixa. Qual é a direção da velocidade do ponto A?
 a. → b. ↗ c. ↑ d. ↓ e. ↘

15.PC4 Três hastes uniformes – ABC, DCE, e FGH – são conectadas como mostrado. Qual das seguintes afirmações sobre as velocidades angulares dos três objetos é verdadeira?
 a. $\omega_{ABC} = \omega_{DCE} = \omega_{FGH}$
 b. $\omega_{DCE} > \omega_{ABC} > \omega_{FGH}$
 c. $\omega_{DCE} < \omega_{ABC} < \omega_{FGH}$
 d. $\omega_{ABC} > \omega_{DCE} > \omega_{FGH}$
 e. $\omega_{FGH} = \omega_{DCE} < \omega_{ABC}$

Figura 15.PC3

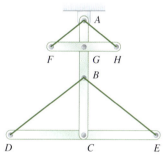

Figura 15.PC4

PROBLEMAS DE FINAL DE SEÇÃO

15.38 Um automóvel viaja para a direita a uma velocidade constante de 80 km/h. Se o diâmetro de uma roda é de 500 mm, determine as velocidades dos pontos B, C, D e E na extremidade da roda.

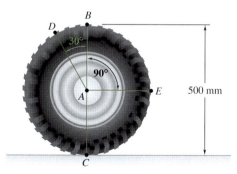

Figura P15.38

15.39 O movimento da barra AB é guiado por pinos presos em A e B que deslizam nas fendas mostradas na figura. No momento mostrado, $\theta = 40°$ e o pino em B move-se para cima e para a esquerda com uma velocidade constante de 150 mm/s. Determine (a) a velocidade angula da barra, (b) a velocidade do pino na extremidade A.

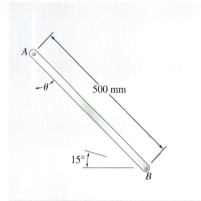

Figura P15.39

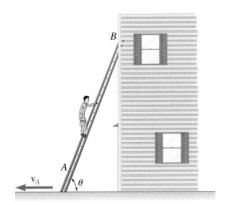

Figura P15.40

15.40 Um pintor está a meio caminho de uma escada de 10 metros quando, abaixo dele, a parte inferior da escada começa a escorregar. Sabendo que o ponto A tem uma velocidade $v_A = 2$ m/s orientada para esquerda quando $\theta = 60°$, determine (a) a velocidade angular da escada, (b) a velocidade do pintor.

15.41 A barra AB pode deslizar livremente ao longo do chão e do plano inclinado. No instante mostrado na figura, a velocidade da extremidade A é de 1,4 m/s para a esquerda. Determine (a) a velocidade angular da barra, (b) a velocidade da extremidade B da barra.

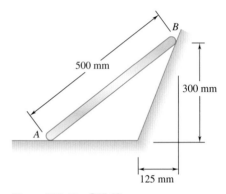

Figura P15.41 e *P15.42*

15.42 A barra AB pode deslizar livremente ao longo do chão e do plano inclinado. No instante mostrado na figura, a velocidade angular da barra é de 4,2 rad/s no sentido anti-horário. Determine (a) a velocidade da extremidade A da barra, (b) a velocidade da extremidade B da barra.

15.43 A barra AB move-se sobre uma pequena roda em C enquanto a extremidade A desloca-se para a direita com uma velocidade constante de 500 mm/s. No instante mostrado, determine (a) a velocidade angular da barra, (b) a velocidade da extremidade B da barra.

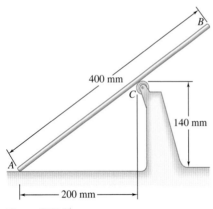

Figura *P15.43*

15.44 O disco mostrado se move no plano xy. Sabendo que $(v_A)_y = -7$ m/s, $(v_B)_x = -7,4$ m/s e $(v_C)_x = -1,4$ m/s, determine (a) a velocidade angular do disco, (b) a velocidade do ponto B.

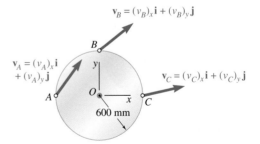

Figura P15.44 e P15.45

15.45 O disco mostrado se move no plano xy. Sabendo que $(v_A)_y = -7$ m/s, $(v_B)_x = -7,4$ m/s e $(v_C)_x = -1,4$ m/s, determine (a) a velocidade do ponto O, (b) o ponto do disco com velocidade nula.

15.46 A lâmina mostrada se move no plano *xy*. Sabendo que $(v_A)_x = 250$ mm/s, $(v_B)_y = -450$ mm/s, e $(v_C)_x = -500$ mm/s, determine (*a*) a velocidade angular da lâmina, (*b*) a velocidade do ponto *A*.

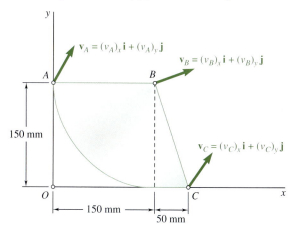

Figura **P15.46**

15.47 Sensores de velocidade estão localizados em um satélite que está se movendo somente no plano *xy*. Sabendo que, no instante mostrado, a medida dos sensores unidirecionais é $(v_A)_x = 0{,}6$ m/s, $(v_B)_x = -0{,}1$ m/s e $(v_C)_y = -0{,}6$ m/s, determine (*a*) a velocidade angular do satélite, (*b*) a velocidade do ponto *B*.

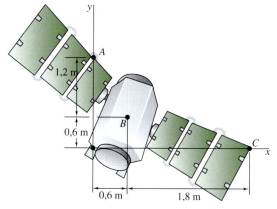

Figura P15.47

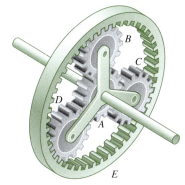

Figura P15.48 e P15.49

15.48 No sistema de engrenagens planetárias mostrado, o raio das engrenagens *A*, *B*, *C* e *D* é *a*, e o raio da outra engrenagem *E* é 3*a*. Sabendo que a velocidade angular da engrenagem *A* é ω_A no sentido horário e que a engrenagem externa *E* é fixa, determine (*a*) a velocidade angular de cada engrenagem planetária, (*b*) a velocidade angular do suporte de conexão das engrenagens planetárias.

15.49 No sistema de engrenagens planetárias mostrado, o raio das engrenagens *A*, *B*, *C* e *D* é 30 mm e o raio da engrenagem externa *E* é 90 mm. Sabendo que a engrenagem *E* tem uma velocidade angular de 180 rpm no sentido horário e que a engrenagem central *A* tem uma velocidade angular de 240 rpm no sentido horário, determine (*a*) a velocidade angular de cada engrenagem planetária, (*b*) a velocidade angular do suporte de conexão das engrenagens planetárias.

15.50 O braço *AB* tem velocidade angular de 20 rad/s no sentido anti-horário. Sabendo que a engrenagem externa *C* é fixa, determine (*a*) a velocidade angular da engrenagem *B*, (*b*) a velocidade do dente da engrenagem localizado no ponto *D*.

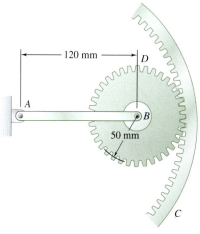

Figura P15.50

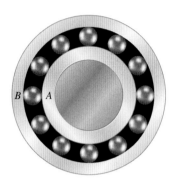

Figura P15.51

15.51 No esboço simplificado de um rolamento de esferas mostrado na figura, o diâmetro do anel interno A é de 60 mm e o diâmetro de cada bola é de 12 mm. O anel externo B é fixo enquanto o anel interno tem uma velocidade angular de 3.600 rpm. Determine (a) a velocidade do centro de cada bola, (b) a velocidade angular de cada bola, (c) o número de vezes por minuto que cada bola descreve um círculo completo.

15.52 Um sistema de engrenagem para um relógio mecânico simplificado é mostrado na figura. Sabendo que a engrenagem A tem uma velocidade angular constante de 1 rev/h e que a engrenagem C tem uma velocidade angular constante de 1 rpm, determine (a) o raio r, (b) as intensidades das acelerações dos pontos da engrenagem B que estão em contato com as engrenagens A e C.

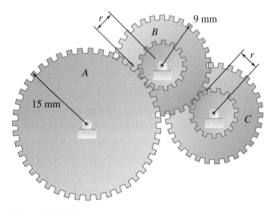

Figura *P15.52*

15.53 e **15.54** O braço ACB gira em torno do ponto C com uma velocidade angular de 40 rad/s no sentido anti-horário. Dois discos de atrito A e B são fixados em seus centros para montar ACB como mostrado na figura. Sabendo que os discos rolam sem deslizar nas superfícies de contato, determine a velocidade angular do (a) disco A, (b) disco B.

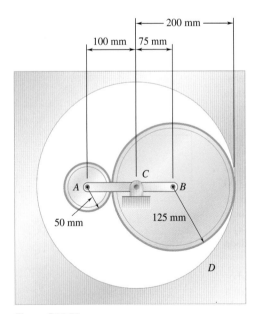

Figura P15.53

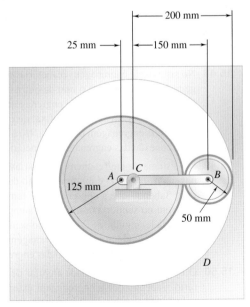

Figura *P15.54*

15.55 Sabendo que, no instante mostrado, a velocidade do colar A é 900 mm/s para a esquerda, determine (a) a velocidade angular da barra ABD, (b) a velocidade do ponto B.

15.56 Sabendo que, no instante mostrado, a velocidade angular da barra DE é 2,4 rad/s no sentido horário, determine (a) a velocidade do colar A, (b) a velocidade do ponto B.

15.57 Sabendo que o disco tem uma velocidade angular constante de 15 rad/s no sentido horário, determine a velocidade angular da barra BD e a velocidade do colar D quando (a) $\theta = 0$, (b) $\theta = 90°$, (c) $\theta = 180°$.

15.58 O disco tem uma velocidade angular constante de 20 rad/s no sentido horário. (a) Determine os dois valores do ângulo θ para os quais a velocidade do colar D é zero. (b) Para cada valor de θ, determine o valor correspondente da velocidade angular da barra BD.

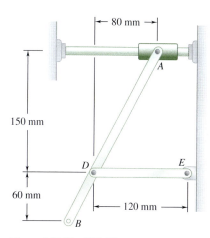

Figura P15.55 e P15.56

15.59 O equipamento mostrado foi desenvolvido para realizar testes de fadiga em trampolins de ginástica. Um motor aciona o volante de raio de 225 mm AB, que é fixado no seu ponto central A, no sentido anti-horário. O volante é ligado ao cilindro CD pela haste BC, de 450 mm. Sabendo que os "pés" em D devem bater no trampolim duas vezes por segundo, no instante em que $\theta = 0°$, determine (a) a velocidade angular da haste BC, (b) a velocidade de D, (c) a velocidade do ponto médio CB.

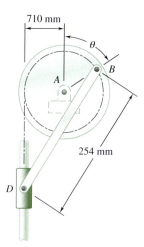

Figura P15.57 e P15.58

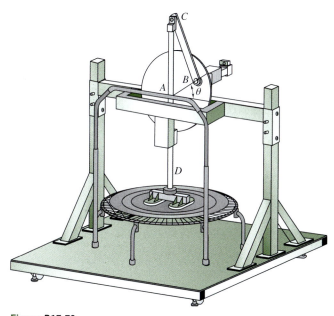

Figura P15.59

15.60 No excêntrico mostrado na figura, um disco de 40 mm de raio gira em torno do eixo O, que está localizado a 10 mm do centro A do disco. A distância entre o centro A do disco e o pino em B é 160 mm. Sabendo que a velocidade angular do disco é 900 rpm no sentido horário, determine a velocidade do bloco quando $\theta = 30°$.

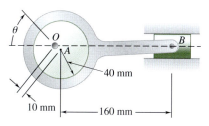

Figura P15.60

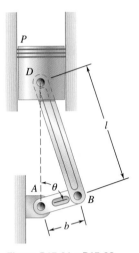

Figura P15.61 e P15.62

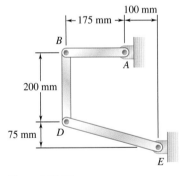

Figura P15.64

15.61 No sistema biela-manivela de motor mostrado, $l = 160$ mm e $b = 60$ mm. Sabendo que a manivela AB gira com uma velocidade angular constante de 1.000 rpm no sentido horário, determine a velocidade do pistão P e a velocidade angular da biela quando (*a*) $\theta = 0$, (*b*) $\theta = 90°$.

15.62 No sistema biela-manivela de motor mostrado, $l = 160$ mm e $b = 60$ mm. Sabendo que a manivela AB gira com uma velocidade angular constante de 1.000 rpm no sentido horário, determine a velocidade do pistão P e a velocidade angular da biela quando $\theta = 60°$.

15.63 Sabendo que, no instante mostrado, a velocidade angular da haste AB é de 15 rad/s no sentido horário, determine (*a*) a velocidade angular da haste BD, (*b*) a velocidade do ponto médio da haste BD.

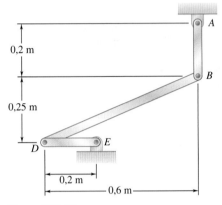

Figura P15.63

15.64 Na posição mostrada, a barra AB tem uma velocidade angular de 4 rad/s no sentido horário. Determine a velocidade angular das barras BD e DE.

15.65 A ligação $DBEF$ faz parte de um mecanismo de limpador de para-brisas, onde os pontos O, F e D são conexões de pinos fixos. Na posição mostrada, $\theta = 30°$ e a ligação EB é horizontal. Sabendo que a ligação EF tem uma velocidade angular no sentido anti-horário de 4 rad/s no instante mostrado, determine a velocidade angular das ligações EB e DB.

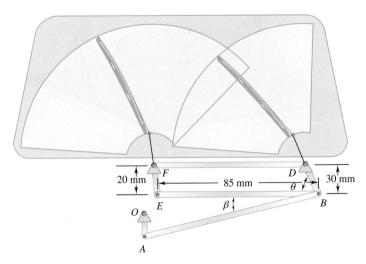

Figura P15.65

15.66 O mecanismo de Roberts é assim denominado por causa de Richard Roberts (1789-1864) e pode ser usado para desenhar algo próximo a uma linha reta usando uma caneta no ponto F. A distância AB é a mesma para BF, DF e DE. Sabendo que a velocidade angular da barra AB é de 5 rad/s no sentido horário na posição mostrada, determine (a) a velocidade angular da barra DE (b) a velocidade do ponto F.

15.67 O mecanismo de Roberts é assim denominado por causa de Richard Roberts (1789-1864) e pode ser usado para desenhar algo próximo a uma linha reta usando uma caneta no ponto F. A distância AB é a mesma para BF, DF e DE. Sabendo que a velocidade angular da lâmina BDF é de 2 rad/s no sentido anti-horário quando $\theta = 90°$, determine (a) as velocidades angulares das barras AB e DE, (b) a velocidade do ponto F. Quando $\theta = 90°$, o ponto F pode coincidir com o ponto E, com um erro desprezível na análise de velocidade.

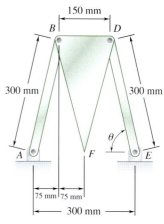

Figura P15.66 e P15.67

15.68 Na posição mostrada, a barra DE tem uma velocidade angular constante de 10 rad/s no sentido horário. Sabendo que $h = 500$ mm, determine (a) a velocidade angular da barra FBD, (b) a velocidade do ponto F.

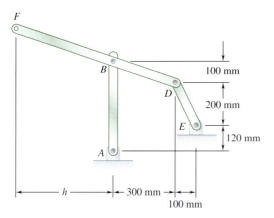

Figura P15.68 e P15.69

15.69 Na posição mostrada, a barra DE tem uma velocidade angular constante de 10 rad/s no sentido horário. Determine (a) a distância h para a qual a velocidade do ponto F é vertical, (b) a velocidade correspondente do ponto F.

15.70 Ambas as rodas de 150 mm de raio mostradas na figura rolam sem deslizar na superfície horizontal. Sabendo que a distância AD é 125 mm, a distância BE é 100 mm e D tem uma velocidade de 150 mm/s para a direita, determine a velocidade do ponto E.

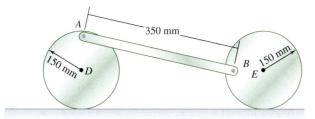

Figura P15.70

15.71 A roda de raio igual a 80 mm mostrada na figura roda para a esquerda com uma velocidade de 900 mm/s. Sabendo que a distância AD é 50 mm, determine a velocidade do colar e a velocidade angular da haste AB quando (a) $\beta = 0$, (b) $\beta = 90°$.

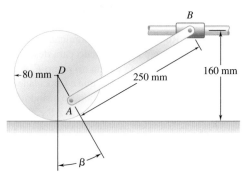

Figura P15.71

*15.72 Para a engrenagem mostrada, deduza uma expressão para a velocidade angular ω_C da engrenagem C e mostre que ω_C é independente do raio da engrenagem B. Suponha que o ponto A seja fixo e represente as velocidades angulares da haste ABC e da engrenagem A por ω_{ABC} e ω_A, respectivamente.

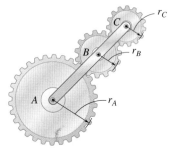

Figura P15.72

15.3 Centro instantâneo de rotação

Considere o movimento plano geral de um corpo rígido. Nos propomos a mostrar que, em um dado instante qualquer, as velocidades das várias partículas do corpo rígido são as mesmas caso o corpo estivesse girando em torno de um eixo perpendicular ao seu plano, denominado **eixo instantâneo de rotação**. Esse eixo intercepta o plano do corpo rígido em um ponto C, denominado **centro instantâneo de rotação** do corpo ou **centro instantâneo de velocidade nula**. Esse método é uma forma alternativa de resolver problemas que envolvam as velocidades dos pontos em um objeto em movimento plano e, muitas vezes, é mais simples que usar as equações da Seção 15.2.

Recordemos que o movimento plano de um corpo rígido sempre pode ser substituído por uma translação definida pelo movimento de um ponto de referência arbitrário A e por uma rotação em torno de A. No que concerne às velocidades, a translação é caracterizada pela velocidade $\mathbf{v}_A$ do ponto de referência A, e a rotação, pela velocidade angular $\boldsymbol{\omega}$ do corpo (que é independente da escolha de A). Logo, a velocidade $\mathbf{v}_A$ do ponto A e a velocidade angular $\boldsymbol{\omega}$ do corpo rígido definem completamente as velocidades de todas as outras partículas do corpo rígido (Fig. 15.18a).

Foto 15.5 Se os pneus deste carro estiverem rolando sem deslizar, o centro instantâneo de rotação de cada pneu é o ponto de contato entre o asfalto e o pneu.

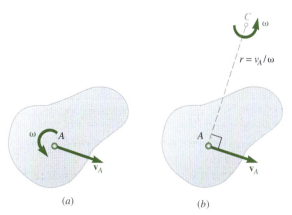

Figura 15.18 No que diz respeito às velocidades, em dado instante de tempo, o corpo rígido parece girar em torno de um ponto chamado centro instantâneo C.

Agora vamos admitir que $\mathbf{v}_A$ e $\boldsymbol{\omega}$ são conhecidas e que ambas são diferentes de zero. (Se $\mathbf{v}_A = 0$, o ponto A é ele próprio o centro instantâneo de rotação, e se $\boldsymbol{\omega} = 0$, todas as partículas têm a mesma velocidade $\mathbf{v}_A$.) Essas velocidades poderiam ser obtidas deixando-se o corpo rígido girar com a velocidade angular $\boldsymbol{\omega}$ em torno de um ponto C localizado sobre a perpendicular a $\mathbf{v}_A$ a uma distância $r = v_A/\omega$ de A, conforme mostrado na Fig. 15.18b. Verificamos que a velocidade de A seria perpendicular a AC e que sua intensidade seria $r\omega = (v_A/\omega)\omega = v_A$. Assim, as velocidades de todas as outras partículas do corpo seriam as mesmas definidas originalmente. Portanto, *no que concerne às velocidades, o corpo rígido parece girar em torno do centro instantâneo C no instante considerado.*

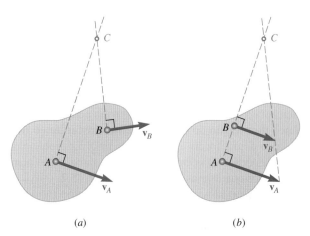

Figura 15.19 Localizando o centro instantâneo de rotação C (a) quando você conhece as direções das velocidades de dois pontos; (b) quando as velocidades de dois pontos são perpendiculares à linha AB.

A posição do centro instantâneo pode ser definida de duas outras maneiras. Se as direções das velocidades de duas partículas A e B do corpo rígido são conhecidas e se elas são diferentes, o centro instantâneo C é obtido traçando-se a perpendicular a v_A a partir de A e a perpendicular a v_B a partir de B e determinando o ponto em que essas duas linhas se interceptam (Fig. 15.19a). Se as velocidades v_A e v_B de duas partículas A e B são perpendiculares à linha AB e se suas intensidades são conhecidas, o centro instantâneo pode ser encontrado interceptando-se a linha AB com a linha que une as extremidades dos vetores v_A e v_B (Fig. 15.19b). Note que se v_A e v_B fossem paralelas na Fig. 15.19a ou se v_A e v_B tivessem a mesma intensidade na Fig. 15.19b, o centro instantâneo C estaria a uma distância infinita e ω seria zero; todos os pontos do corpo rígido teriam a mesma velocidade.

Para observar como o conceito de centro instantâneo de rotação pode ser aplicado, vamos considerar novamente a barra da Seção 15.2. Traçando a perpendicular a v_A a partir de A e a perpendicular a v_B a partir de B (Fig.15.20), obtemos o centro instantâneo C. Então, no instante considerado, se a barra girasse em torno de C, as velocidades de todas as partículas da barra seriam as mesmas. Agora, se a intensidade v_A da velocidade de A é conhecida, a intensidade ω da velocidade angular da barra pode ser obtida escrevendo-se

$$\omega = \frac{v_A}{AC} = \frac{v_A}{l\cos\theta}$$

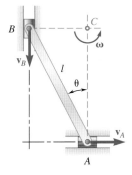

Figura 15.20 Centro instantâneo de rotação C para a haste deslizante AB.

A intensidade da velocidade de B pode então ser obtida escrevendo-se

$$v_B = (BC)\omega = l\,\text{sen}\,\theta \frac{v_A}{l\cos\theta} = v_A \tan\theta$$

Note que apenas velocidades *absolutas* estão envolvidas no cálculo.

O centro instantâneo de um corpo rígido no movimento plano pode estar localizado sobre o corpo ou fora dele. Se estiver localizado sobre o corpo rígido, a partícula C coincidente com o centro instantâneo em um dado instante t deverá ter velocidade nula naquele instante. No entanto, deve-se observar que o centro instantâneo de rotação é válido apenas em um dado instante. Assim, a partícula C do corpo rígido coincidente com o centro instantâneo no tempo t em geral não coincidirá com o centro instantâneo no tempo $t + \Delta t$. Embora sua velocidade seja zero no tempo t, ela provavelmente será diferente de zero no tempo $t + \Delta t$. Isso significa que, em geral, a partícula C *não possui aceleração nula* e, portanto, as acelerações das várias partículas do corpo rígido não podem ser determinadas como se o corpo estivesse girando em torno de C.

À medida que o movimento do corpo rígido continua, o centro instantâneo desloca-se no espaço. Além disso, a posição do centro instantâneo sobre o corpo também varia. Logo, o centro instantâneo descreve uma curva no espaço, denominada *centrodo espacial*, e uma outra curva sobre o corpo, denominada *centrodo corporal* (Fig. 15.21). Pode-se demonstrar que, a qualquer instante, essas duas curvas são tangentes em C e que, à medida que o corpo rígido se desloca, o centrodo corporal parece rolar sobre o centrodo espacial.

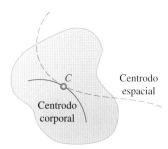

Figura 15.21 O centrodo espacial e o centrodo corporal são tangentes entre si.

PROBLEMA RESOLVIDO 15.9

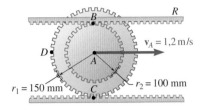

Solucione o Problema Resolvido 15.6 usando o método do centro instantâneo de rotação.

ESTRATÉGIA Como você conhece as direções das velocidades de dois pontos no mesmo corpo rígido, é possível encontrar um centro instantâneo de rotação. Uma vez que a engrenagem rola sobre a cremalheira inferior fixa, o ponto de contato C da engrenagem com a cremalheira não tem velocidade; logo, o ponto C é o centro instantâneo de rotação.

MODELAGEM E ANÁLISE

a. Velocidade angular da engrenagem. Podemos calcular a velocidade angular diretamente a partir dos dados da Fig. 1.

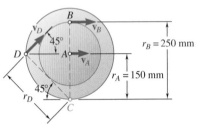

Figura 1 Distâncias do centro instantâneo de rotação até A, B e D.

$$v_A = r_A \omega \qquad 1{,}2 \text{ m/s} = (0{,}150 \text{ m})\,\omega$$

$$\omega = 8 \text{ rad/s} \downarrow \blacktriangleleft$$

b. Velocidades. No que concerne às velocidades, todos os pontos da engrenagem parecem girar em torno do centro instantâneo.

Velocidade da cremalheira superior. Relembrando que $v_R = v_B$, escrevemos

$$v_R = v_B = r_B \omega \qquad v_R = (0{,}250 \text{ m})(8 \text{ rad/s}) = 2 \text{ m/s}$$

$$\mathbf{v}_R = 2 \text{ m/s} \rightarrow \blacktriangleleft$$

Velocidade do ponto D. Como $r_D = (0{,}150 \text{ m})\sqrt{2} = 0{,}2121 \text{ m}$, temos

$$v_D = r_D \omega \qquad v_D = (0{,}2121 \text{ m})(8 \text{ rad/s}) = 1{,}697 \text{ m/s}$$

$$\mathbf{v}_D = 1{,}697 \text{ m/s} \measuredangle 45° \blacktriangleleft$$

PARA REFLETIR Como esperado, os resultados são os mesmos do Problema Resolvido 15.6, mas chegar a eles exigiu um número muito menor de cálculos.

PROBLEMA RESOLVIDO 15.10

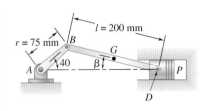

Resolva o Problema Resolvido 15.7 usando o método do centro instantâneo de rotação.

ESTRATÉGIA Você sabe a velocidade do ponto B a partir do movimento da manivela (ver Problema Resolvido 15.7) e sabe a direção da velocidade do ponto D. Portanto, você pode encontrar um centro instantâneo de rotação.

MODELAGEM E ANÁLISE

Movimento da manivela AB. Em referência ao Problema Resolvido 15.7, obtemos a velocidade do ponto B; $\mathbf{v}_B = 15{.}705$ mm/s $\measuredangle 50°$.

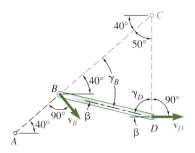

Figura 1 Centro instantâneo de rotação para barra BD.

Movimento da haste de conexão BD. Primeiro localize os centros instantâneos C traçando linhas perpendiculares para as velocidades absolutas $\mathbf{v}_B$ e $\mathbf{v}_D$ (Fig. 1). Relembrando o Problema Resolvido 15.7, onde $\beta = 13{,}95°$ e $BD = 200$ mm, resolva o triângulo BCD.

$$\gamma_B = 40° + \beta = 53{,}95° \qquad \gamma_D = 90° - \beta = 76{,}05°$$

$$\frac{BC}{\operatorname{sen} 76{,}05°} = \frac{CD}{\operatorname{sen} 53{,}95°} = \frac{200 \text{ mm}}{\operatorname{sen} 50°}$$

$$BC = 253{,}4 \text{ mm} \qquad CD = 211{,}1 \text{ mm}$$

Como a barra BD parece girar em torno do ponto C, escrevemos

$$v_B = (BC)\omega_{BD}$$
$$15.705 \text{ mm/s} = (253{,}4 \text{ mm})\omega_{BD}$$
$$\omega_{BD} = 62{,}0 \text{ rad/s} \;\;\triangleleft$$

$$v_D = (CD)\omega_{BD} = (211{,}1 \text{ mm})(62{,}0 \text{ rad/s})$$
$$= 13.083 \text{ mm/s} = 13{,}08 \text{ m/s}$$

$$\mathbf{v}_P = \mathbf{v}_D = 13{,}08 \text{ m/s} \rightarrow \;\;\triangleleft$$

PARA REFLETIR Muitas vezes, a parte mais difícil de resolver um problema usando o centro instantâneo de rotação é a geometria. Relembrar como se usa a lei dos senos ou a lei dos cossenos é muito útil.

PROBLEMA RESOLVIDO 15.11

Duas barras de 500 mm, AB e DE, estão ligadas conforme mostrado. O ponto D é o ponto médio da barra AB e, no instante mostrado, a barra DE está horizontal. Sabendo que a velocidade do ponto A é 0,3 m/s para baixo, determine (a) a velocidade angular da barra DE, (b) a velocidade do ponto E.

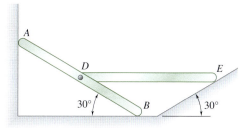

ESTRATÉGIA Sabendo as direções dos variados pontos nesses objetos, você pode usar os centros instantâneos de rotação para resolver este problema.

(*continua*)

MODELAGEM E ANÁLISE Localize o centro instantâneo de rotação C da barra AB como a intersecção da linha AC perpendicular a $\mathbf{v}_A$ e a linha BC perpendicular a $\mathbf{v}_B$ (Figura 1). Sabendo a localização de C, você pode determinar a direção da velocidade de D. A partir dessa direção, e da direção de E, pode-se encontrar o centro instantâneo I para a barra DE (Fig. 1).

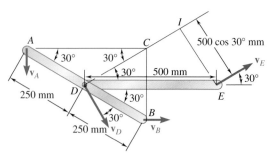

Figura 1 Os centros instantâneos de rotação para as barras AB e DE são C e I, respectivamente.

a. Velocidade angular de *DE*. Partindo da geometria, $r_{A/C} = (500 \cos 30°)$ mm, então

$$\omega_{AB} = \frac{v_A}{r_{A/C}} = \frac{300 \text{ mm/s}}{500 \cos 30° \text{ mm}} = 0{,}6928 \text{ rad/s} \; \uparrow$$

Agora podemos encontrar v_D a partir de $r_{D/C} = 250$ mm

$$v_D = \omega_{AB} r_{D/C} = (0{,}6928 \text{ rad/s})(250 \text{ mm}) = 173{,}2 \text{ mm/s}$$

$$v_D = 173{,}2 \text{ mm/s} \; \measuredangle \; 30°$$

Agora que conhecemos as direções das velocidades de D e E, $\mathbf{v}_E = v_E \measuredangle 30°$, podemos encontrar o ponto I, que é o centro instantâneo da barra DE. Partindo da geometria, $r_{D/I} = 500 \cos 30°$ mm e, portanto,

$$\omega_{DE} = \frac{v_D}{r_{D/I}} = \frac{173{,}2 \text{ mm/s}}{500 \cos 30° \text{ mm}} = 0{,}400 \text{ rad/s} \quad \omega_{DE} = 0{,}400 \text{ rad/s} \; \uparrow \blacktriangleleft$$

b. Velocidade de *E*. Usando essa velocidade angular, determinamos a velocidade de E:

$$v_E = \omega_{DE} r_{E/I} = (0{,}400 \text{ rad/s})(500 \text{ sen } 30° \text{ mm}) = 100 \text{ mm/s}$$

$$\mathbf{v}_E = 0{,}1 \text{ m/s} \; \measuredangle \; 30° \blacktriangleleft$$

PARA REFLETIR A direção de ω_{DE} intuitivamente faz sentido; espera-se que ela gire no sentido anti-horário no instante mostrado. Você também poderia ter resolvido esse problema usando equações vetoriais.

METODOLOGIA PARA A RESOLUÇÃO DE PROBLEMAS

N esta seção, introduzimos **o centro instantâneo de rotação** no movimento plano. Esse conceito nos fornece uma alternativa para resolver problemas envolvendo as *velocidades* dos vários pontos de um corpo em movimento plano [Problemas Resolvidos 15.9 a 15.11]. Como seu nome sugere, o centro instantâneo de rotação é o ponto em torno do qual pode-se considerar que um corpo esteja girando em um dado instante; você pode usá-lo para determinar a velocidade de qualquer ponto do corpo nesse instante.

A. Para determinar o centro instantâneo de rotação de um corpo em movimento plano, você deve usar um dos seguintes procedimentos.

1. Se a velocidade v_A de um ponto A e a velocidade angular ω do corpo são ambas conhecidas (Fig. 15.18):

    a. Desenhe um esboço do corpo mostrando o ponto A, sua velocidade $\mathbf{v}_A$ e a velocidade angular $\boldsymbol{\omega}$ do corpo.

    b. Partindo de A, trace uma linha perpendicular a v_A do lado de $\mathbf{v}_A$ pelo qual a velocidade é vista como tendo *o mesmo sentido de $\boldsymbol{\omega}$*.

    c. Localize o centro instantâneo C sobre essa linha, a uma distância $r = v_A/\omega$ do ponto A.

2. Se as direções das velocidades de dois pontos A e B são conhecidas e são diferentes (Fig. 15.19a):

    a. Desenhe um esboço do corpo mostrando os pontos A e B e suas velocidades $\mathbf{v}_A$ e $\mathbf{v}_B$.

    b. Partindo de A e B, trace linhas perpendiculares a v_A e v_B, respectivamente. O centro instantâneo C está localizado no ponto em que as duas linhas se interceptam.

    c. Se a velocidade de um dos pontos é conhecida, você pode determinar a velocidade angular do corpo nesse instante. Por exemplo, se você conhece $\mathbf{v}_A$, pode escrever $\omega = v_A/AC$, sendo AC a distância do ponto A ao centro instantâneo C.

3. Se as velocidades de dois pontos A e B são conhecidas e perpendiculares à linha AB (Fig. 15.19b):

    a. Desenhe um esboço do corpo mostrando os pontos A e B e suas velocidades $\mathbf{v}_A$ e $\mathbf{v}_B$ *representadas em escala*.

    b. Desenhe uma linha pelos pontos A e B e uma outra linha pelas pontas dos vetores $\mathbf{v}_A$ e $\mathbf{v}_B$. O centro instantâneo C fica no ponto onde as duas linhas se interceptam.

    c. A velocidade angular do corpo é obtida dividindo-se $\mathbf{v}_A$ por AC ou $\mathbf{v}_B$ por BC.

    d. Se as velocidades v_A e v_B têm a mesma intensidade, as duas linhas traçadas na parte b não se interceptam; o centro instantâneo C está a uma distância infinita. A velocidade angular $\boldsymbol{\omega}$ é nula e o corpo está em translação.

(Continua)

B. Uma vez que você tenha determinado o centro instantâneo e a velocidade angular de um corpo, poderá determinar a velocidade $\mathbf{v}_P$ de qualquer ponto P do corpo da seguinte maneira.

1. **Desenhe um esboço do corpo** mostrando o ponto P, o centro instantâneo de rotação C e a velocidade angular $\boldsymbol{\omega}$.

2. **Trace uma linha de P ao centro instantâneo C** e meça ou calcule a distância de P a C.

3. **A velocidade $\mathbf{v}_P$ é um vetor perpendicular à linha PC,** de mesmo sentido que $\boldsymbol{\omega}$, e de intensidade $v_P = (PC)\omega$.

Finalmente, lembre-se de que o centro instantâneo de rotação pode ser usado *apenas* para determinar velocidades em um dado instante de tempo. Ele não pode ser usado para determinar acelerações.

PROBLEMAS

PERGUNTAS CONCEITUAIS

15.PC5 O disco roda sem deslizar numa superfície fixa horizontal. No instante mostrado na figura, o centro instantâneo de velocidade zero para a haste *AB* estará localizado em qual região?
   a. Região 1.
   b. Região 2.
   c. Região 3.
   d. Região 4.
   e. Região 5.
   f. Região 6.

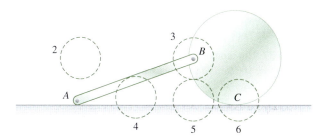

Figura P15.PC5

15.PC6 A barra *BDE* é conectada a duas ligações, *AB* e *CD*. No instante mostrado, as velocidades angulares da ligação *AB*, da ligação *CD* e da barra *BDE* são ω_{AB}, ω_{CD} e ω_{BDE}, respectivamente. Qual das seguintes afirmações sobre as velocidades angulares dos três objetos nesse instante é verdadeira?
   a. $\omega_{AB} = \omega_{CD} = \omega_{BDE}$
   b. $\omega_{BDE} > \omega_{AB} > \omega_{CD}$
   c. $\omega_{AB} = \omega_{CD} > \omega_{BDE}$
   d. $\omega_{AB} > \omega_{CD} > \omega_{BDE}$
   e. $\omega_{CD} > \omega_{AB} > \omega_{BDE}$

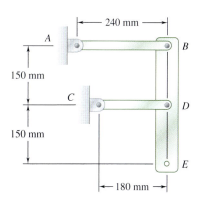

Figura P15.PC6

PROBLEMAS DE FINAL DE SEÇÃO

15.73 Uma clave de malabarismo é jogada verticalmente no ar. O centro de gravidade *G* da clave de 500 mm está localizado a 300 mm de uma das extremidades da clave. Sabendo que, no instante mostrado na figura, *G* tem uma velocidade de 1,2 m/s para cima e a clave tem uma velocidade angular de 30 rad/s no sentido anti-horário, determine (*a*) as velocidades dos pontos *A* e *B*, (*b*) a localização do centro instantâneo de rotação.

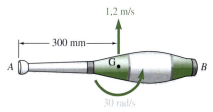

Figura *P15.73*

15.74 Em dado instante durante a desaceleração, a velocidade de um automóvel é de 12 m/s para a direita. Sabendo que a velocidade do ponto de contato A da roda com o solo é de 1,5 m/s à direita, determine (a) o centro instantâneo de rotação da roda, (b) a velocidade do ponto B, (c) a velocidade do ponto D.

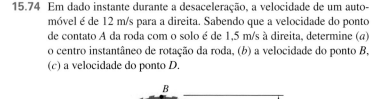

Figura P15.74

15.75 Um helicóptero desloca-se horizontalmente na direção x a uma velocidade de 200 km/h. Sabendo que as pás principais giram no sentido horário quando vistas de cima com uma velocidade angular de 180 rpm, determine o eixo instantâneo de rotação das pás principais.

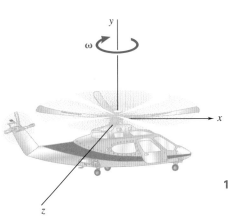

Figura P15.75

15.76 e 15.77 Um tambor de 60 mm de raio está rigidamente preso a um tambor de 100 mm de raio como ilustra a figura. Um dos tambores rola sem deslizar sobre a superfície mostrada, e uma corda é enrolada ao redor do outro. Sabendo que a extremidade E da corda é puxada para a esquerda com uma velocidade de 120 mm/s, determine (a) a velocidade angular dos tambores, (b) a velocidade do centro dos tambores e (c) o comprimento de corda enrolada ou desenrolada por segundo.

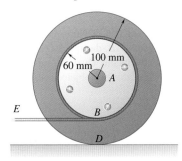

Figura P15.76

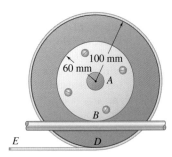

Figura P15.77

15.78 O carretel de fita e sua estrutura de apoio são puxados para cima com uma velocidade v_A = 750 mm/s. Sabendo que o carretel de raio 80 mm tem uma velocidade angular de 15 rad/s no sentido horário e que, no instante mostrado na figura, a espessura total da fita no carretel é de 20 mm, determine (a) o centro instantâneo de rotação do carretel, (b) as velocidades dos pontos B e D.

15.79 O carretel de fita e sua estrutura de apoio são puxados para cima com uma velocidade v_A = 100 mm/s. Sabendo que a extremidade B da fita é puxada para baixo com uma velocidade de 300 mm/s e que, no instante mostrado na figura, a espessura total da fita no carretel é de 20 mm, determine (a) o centro instantâneo de rotação do carretel, (b) a velocidade do ponto D do carretel.

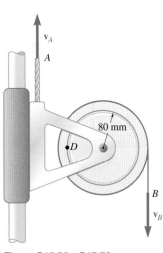

Figura P15.78 e P15.79

15.80 A barra ABC roda com uma velocidade angular de 4 rad/s no sentido anti-horário. Sabendo que a velocidade angular da engrenagem intermediária B é 8 rad/s no sentido anti-horário, determine (a) o centro instantâneo de rotação de engrenagens A e C, (b) as velocidades angulares das engrenagens A e C.

15.81 A engrenagem dupla roda na cremalheira esquerda fixa R. Sabendo que a cremalheira da direita tem uma velocidade constante de 0,6 m/s, determine (a) a velocidade angular da engrenagem, (b) as velocidades dos pontos A e D.

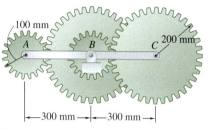

Figura P15.80

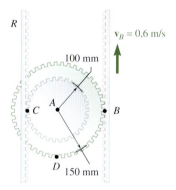

Figura *P15.81*

15.82 Uma porta basculante é guiada por roletes em A e B que rolam em uma pista horizontal e uma vertical. Sabendo que, quando $\theta = 40°$, a velocidade do rolete B é de 0,5 m/s para cima, determine (a) a velocidade angular da porta, (b) a velocidade da extremidade D da porta.

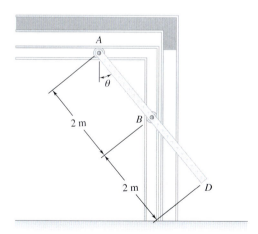

Figura P15.82

15.83 A barra ABD é guiada por roletes em A e B que rolam em uma pista horizontal e uma vertical. Sabendo, no instante mostrado na figura, $\beta = 60°$ e a velocidade do rolete B é de 1 m/s para baixo, determine (a) a velocidade angular da barra, (b) a velocidade do ponto D.

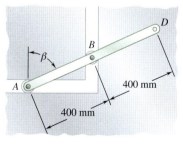

Figura P15.83

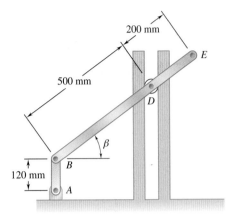

Figura **P15.84** e **P15.85**

15.84 A barra *BDE* é parcialmente guiada por um rolamento em *D* que se move em uma pista vertical. Sabendo que, no instante mostrado, a velocidade angular da manivela *AB* é 5 rad/s no sentido horário e que $\beta = 25°$, determine (*a*) a velocidade angular da barra, (*b*) a velocidade do ponto *E*.

15.85 A barra *BDE* é parcialmente guiada por um rolamento em *D* que se move em uma pista vertical. Sabendo que, no instante mostrado, $\beta = 30°$ e que o ponto *E* tem uma velocidade de 2 m/s para a direita, determine as velocidades angulares da barra *BDE* e da manivela *AB*.

15.86 Um motor em *O* aciona o mecanismo do limpador de para-brisa de forma que *OA* tem uma velocidade angular constante de 15 rpm. Sabendo que, no instante mostrado, a ligação *OA* é vertical, $\theta = 30°$ e $\beta = 15°$, determine (*a*) a velocidade angular da barra *AB*, (*b*) a velocidade do centro da barra *AB*.

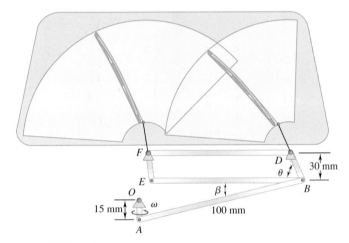

Figura P15.86 e P15.87

15.87 Um motor em *O* aciona o mecanismo do limpador de para-brisa de modo que o ponto *B* tem uma velocidade de 2 m/s. Sabendo que, no instante mostrado, a ligação *OA* é vertical, $\theta = 30°$, e $\beta = 15°$, determine (*a*) a velocidade angular da barra *OA*, (*b*) a velocidade do centro da barra *AB*.

15.88 A haste *AB* pode deslizar livremente ao longo do chão e do plano inclinado. Representando a velocidade do ponto *A* por $\mathbf{v}_A$, deduza uma expressão para (*a*) a velocidade angular da haste, (*b*) a velocidade da extremidade *B*.

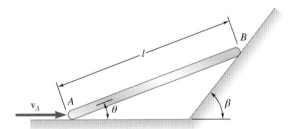

Figura P15.88 e P15.89

15.89 A haste *AB* pode deslizar livremente ao longo do chão e do plano inclinado. Sabendo que $\theta = 20°$, $\beta = 50°$, $l = 0,6$ m e $v_A = 3$ m/s, determine (*a*) a velocidade angular da haste, (*b*) a velocidade da extremidade *B*.

15.90 Duas fendas foram cortadas na placa *FG*, que foi posicionada de modo que as fendas encaixem em dois pinos fixos, *A* e *B*. Sabendo que, no instante mostrado, a velocidade angular da manivela *DE* é 6 rad/s no sentido horário, determine (*a*) a velocidade do ponto *F*, (*b*) a velocidade do ponto *G*.

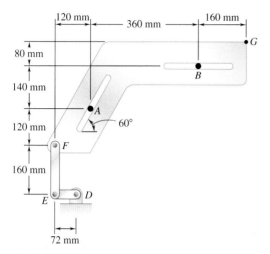

Figura P15.90

15.91 O disco mostrado na figura é liberado do repouso e rola para baixo na inclinação. Sabendo que a velocidade de *A* é 1,2 m/s quando $\theta = 0°$, determine nesse instante (*a*) a velocidade angular da haste, (*b*) a velocidade de *B*. (A figura mostra apenas um pequeno recorte das duas partes do sistema.)

15.92 O pino em *B* está ligado ao elemento *ABD* e pode deslizar livremente ao longo da fenda cortada na placa fixa. Sabendo que, no instante mostrado, a velocidade angular do braço *DE* é 3 rad/s no sentido horário, determine (*a*) a velocidade angular do membro *ABD*, (*b*) a velocidade do ponto *A*.

15.93 Duas barras idênticas, *ABF* e *DBE*, estão conectadas por um pino em *B*. Sabendo que, no instante mostrado, a velocidade do ponto *D* é 200 mm/s para cima, determine a velocidade (*a*) do ponto *E*, (*b*) do ponto *F*.

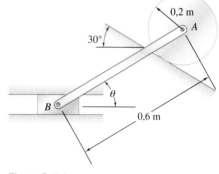

Figura P15.91

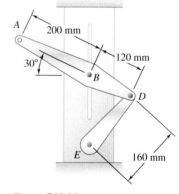

Figura *P15.92*

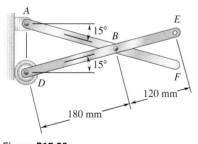

Figura *P15.93*

15.94 O braço *ABD* está conectado por pinos a um colar em *B* e a uma manivela *DE*. Sabendo que a velocidade do colar *B* é de 400 mm/s para cima, determine (*a*) a velocidade angular do braço *ABD*, (*b*) a velocidade do ponto *A*.

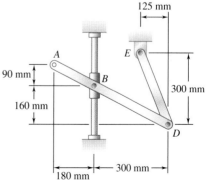

Figura P15.94

15.95 Duas hastes de 500 mm são conectadas por pinos em D como mostrado. Sabendo que B se move para a esquerda com uma velocidade constante de 360 mm/s, determine, para o instante mostrado, (a) a velocidade angular de cada haste, (b) a velocidade de E.

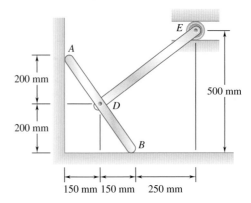

Figura P15.95

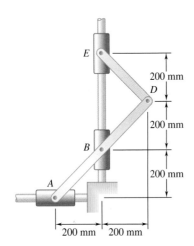

Figura P15.96

15.96 Duas barras ABD e DE estão conectadas a três colares como mostrado. Sabendo que a velocidade angular de ABD é de 5 rad/s no sentido horário no instante mostrado, determine (a) a velocidade de DE, (b) a velocidade do colar E.

15.97 No instante mostrado na figura, a velocidade do colar A é de 0,4 m/s para a direita e a velocidade do colar B é de 1 m/s para a esquerda. Determine (a) a velocidade angular da barra AD, (b) a velocidade angular da barra BD, (c) a velocidade do ponto D.

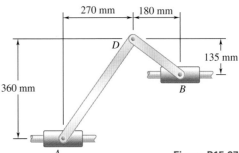

Figura P15.97

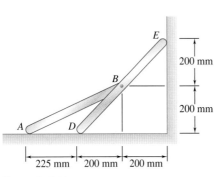

Figura P15.98

15.98 Duas barras AB e DE estão conectadas como mostrado. Sabendo que o ponto D se move para a esquerda com uma velocidade de 1 m/s, determine (a) a velocidade angular de cada barra, (b) a velocidade do ponto A.

15.99 Descreva o centrodo espacial e o centrodo corporal da barra ABD do Problema 15.83. (*Dica*: o centrodo corporal não precisa estar sobre uma parte física da barra.)

15.100 Descreva o centrodo espacial e o centrodo corporal da engrenagem do Problema Resolvido 15.6 enquanto ela rola sobre a cremalheira horizontal fixa.

15.101 Resolva o Problema 15.60 usando o método da Seção 15.3.

15.102 Resolva o Problema 15.64 usando o método da Seção 15.3.

15.103 Resolva o Problema 15.65 usando o método da Seção 15.3.

15.104 Resolva o Problema 15.38 usando o método da Seção 15.3.

15.4 Movimento plano geral: aceleração

Vimos na Seção 15.2A que qualquer movimento plano pode ser substituído por uma translação definida pelo movimento de um ponto A de referência arbitrário e por uma rotação simultânea em torno de A. Essa propriedade foi usada na Seção 15.2B para determinar a velocidade dos vários pontos de um corpo rígido móvel. A mesma propriedade será agora usada para determinar a aceleração dos pontos do corpo.

15.4A Aceleração absoluta e relativa no movimento plano

Primeiro, recordemos que a aceleração absoluta $\mathbf{a}_B$ de uma partícula do corpo rígido pode ser obtida a partir da fórmula da aceleração relativa deduzida na Seção 11.4D,

$$\mathbf{a}_B = \mathbf{a}_A + \mathbf{a}_{B/A} \qquad (15.21)$$

Foto 15.6 A engrenagem central gira em torno de um eixo fixo e está conectada por pinos a três barras que estão em movimento plano geral.

onde o segundo membro representa uma soma vetorial. A aceleração $\mathbf{a}_A$ corresponde à translação do corpo rígido junto com A. A aceleração relativa $\mathbf{a}_{B/A}$ está associada à rotação do corpo em torno de A e é medida em relação aos eixos centrados em A e de orientação fixa.

Recordemos da Seção 15.1B que a aceleração relativa $\mathbf{a}_{B/A}$ pode ser decomposta em dois componentes: um **componente tangencial** $(\mathbf{a}_{B/A})_t$ perpendicular à linha AB e um **componente normal** $(\mathbf{a}_{B/A})_n$ orientado para A (Fig. 15.22). Representando por $\mathbf{r}_{B/A}$ o vetor de posição de B relativo a A e, respectivamente, por $\omega\mathbf{k}$ e $\alpha\mathbf{k}$ velocidade angular e a aceleração angular do corpo rígido em relação aos eixos de orientação fixa, temos

$$\begin{aligned}(\mathbf{a}_{B/A})_t &= \alpha\mathbf{k} \times \mathbf{r}_{B/A} & (a_{B/A})_t &= r\alpha \\ (\mathbf{a}_{B/A})_n &= -\omega^2\mathbf{r}_{B/A} & (a_{B/A})_n &= r\omega^2\end{aligned} \qquad (15.22)$$

onde r é a distância de A a B. Substituindo na Eq. (15.21) as expressões obtidas para os componentes tangencial e normal de $\mathbf{a}_{B/A}$, podemos escrever também

Aceleração relativa para dois pontos em um corpo rígido

$$\mathbf{a}_B = \mathbf{a}_A + \alpha\mathbf{k} \times \mathbf{r}_{B/A} - \omega^2\mathbf{r}_{B/A} \qquad (15.21')$$

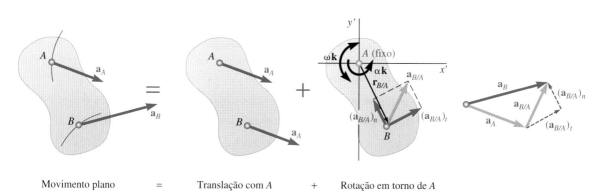

Movimento plano = Translação com A + Rotação em torno de A

Figura 15.22 Representação pictórica da equação vetorial que relaciona a aceleração de dois pontos em um corpo rígido sob influência do movimento plano geral.

1030 Mecânica vetorial para engenheiros: Dinâmica

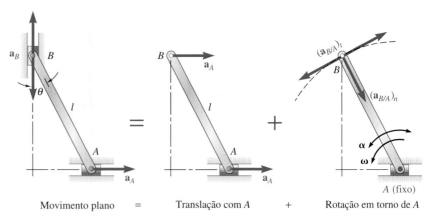

Movimento plano = Translação com A + Rotação em torno de A

Figura 15.23 Em uma barra deslizante em movimento plano geral, a aceleração do ponto B em relação ao ponto A pode ter um componente tangencial em qualquer direção perpendicular à barra. A aceleração normal de B em relação a A estará sempre orientada para A.

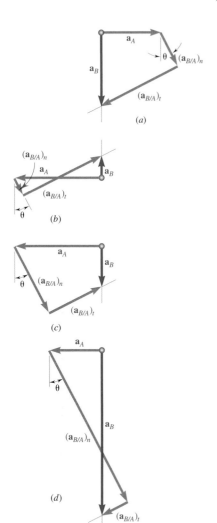

Figura 15.24 Quatro polígonos vetoriais possíveis para a aceleração da barra deslizante.

Como exemplo, vamos considerar novamente a barra AB, cujas extremidades deslizam, respectivamente, ao longo de uma pista horizontal e de uma pista vertical (Fig. 15.23). Admitindo que a velocidade $\mathbf{v}_A$ e a aceleração $\mathbf{a}_A$ de A são conhecidas, nos propomos a determinar a aceleração $\mathbf{a}_B$ de B e a aceleração angular $\boldsymbol{\alpha}$ da barra. Escolhendo A como um ponto de referência, estabelecemos que o movimento dado é equivalente a uma translação junto com A e a uma rotação em torno de A. A aceleração absoluta de B deve ser igual à soma

$$\mathbf{a}_B = \mathbf{a}_A + \mathbf{a}_{B/A}$$
$$= \mathbf{a}_A + (\mathbf{a}_{B/A})_n + (\mathbf{a}_{B/A})_t \qquad (15.23)$$

onde $(\mathbf{a}_{B/A})_n$ tem intensidade $l\omega^2$ e *é orientada para A*, enquanto $(\mathbf{a}_{B/A})_t$ tem intensidade $l\alpha$ e é perpendicular a AB. Observe que não há um meio de afirmar se o componente tangencial $(\mathbf{a}_{B/A})_t$ está orientado para a esquerda ou para a direita; portanto, ambas as possíveis orientações para esse componente estão indicadas na Fig. 15.23. De modo análogo, ambos os sentidos possíveis para $\mathbf{a}_B$ estão indicados, pois não se sabe se o ponto B está acelerado para cima ou para baixo.

Podemos escrever a Eq. (15.23) geometricamente. A Figura 15.24 mostra quatro polígonos vetoriais diferentes que podem ser obtidos dependendo do sentido de $\mathbf{a}_A$ e das intensidades relativas de $\mathbf{a}_A$ e $(\mathbf{a}_{B/A})_n$. Se tivermos de determinar a_B e α a partir de um desses diagramas, devemos conhecer não apenas a_A e θ, mas também ω. Logo, a velocidade angular da barra deve ser determinada separadamente por um dos métodos indicados nas Seções 15.2 e 15.3. Os valores de a_B e α podem então ser obtidos, considerando-se sucessivamente os componentes em x e em y dos vetores mostrados na Fig. 15.24. No caso do polígono a, consideramos que $\boldsymbol{\alpha}$ está no sentido anti-horário e que $\mathbf{a}_B$ está orientado para baixo. Logo, temos

$\xrightarrow{+}$ componentes em x: $\qquad 0 = a_A + l\omega^2 \operatorname{sen} \theta - l\alpha \cos \theta$

$+\uparrow$ componentes em y: $\qquad -a_B = -l\omega^2 \cos \theta - l\alpha \operatorname{sen} \theta$

e resolvemos para a_B e α. Uma abordagem alternativa ao desenho da Fig. 15.24 é usar álgebra vetorial; isto é, substituir as quantidades vetoriais em (15.21′), tomar o produto vetorial e igualar os componentes para obter as duas equações escalares mostradas anteriormente.

Fica bastante evidente que a determinação de acelerações é consideravelmente mais intrincada que a determinação de velocidades. Ainda no exemplo aqui considerado, as extremidades A e B da barra estavam deslocando-se ao longo de pistas retas e os diagramas desenhados eram relativamente simples. Se A e B estivessem movendo-se ao longo de pistas curvas, teria sido necessário decompor as acelerações $\mathbf{a}_A$ e $\mathbf{a}_B$ em componentes normal e tangencial, e a solução do problema teria envolvido seis vetores diferentes.

Quando as diversas partes de um mecanismo estão conectadas por pinos, a análise do mecanismo pode ser efetuada considerando-se cada parte como um corpo rígido, atentando para o fato de que os pontos onde duas partes estão conectadas devem ter a mesma velocidade absoluta (ver Problema Resolvido 15.15). No caso de engrenagens (ver Problema Resolvido 15.13), os componentes tangenciais da aceleração dos dentes em contato são iguais, mas seus componentes normais são diferentes.

*15.4B Análise do movimento plano em termos de um parâmetro

No caso de certos mecanismos, é possível expressar as coordenadas x e y de todos os pontos significativos do mecanismo por meio de expressões analíticas simples contendo um único parâmetro. Em casos assim, às vezes é vantajoso determinar diretamente a velocidade absoluta e a aceleração absoluta dos vários pontos do mecanismo, pois os componentes da velocidade e da aceleração de um dado ponto podem ser obtidos pela diferenciação das coordenadas x e y desse ponto.

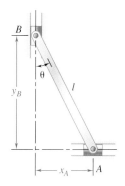

Figura 15.25 As coordenadas das extremidades da barra podem ser expressas em termos do parâmetro θ.

Vamos considerar outra vez a barra AB cujas extremidades deslizam, respectivamente, em uma pista horizontal e em uma vertical (Fig. 15.25). As coordenadas x_A e y_B das extremidades da barra podem ser expressas em termos do ângulo θ que a barra forma com a vertical:

$$x_A = l \operatorname{sen} \theta \qquad y_B = l \cos \theta \qquad (15.24)$$

Diferenciando a Equação (15.24) duas vezes em relação a t, escrevemos

$$v_A = \dot{x}_A = l\dot{\theta} \cos \theta$$
$$a_A = \ddot{x}_A = -l\dot{\theta}^2 \operatorname{sen} \theta + l\ddot{\theta} \cos \theta$$

$$v_B = \dot{y}_B = -l\dot{\theta} \operatorname{sen} \theta$$
$$a_B = \ddot{y}_B = -l\dot{\theta}^2 \cos \theta - l\ddot{\theta} \operatorname{sen} \theta$$

Relembrando que $\dot{\theta} = \omega$ e $\ddot{\theta} = \alpha$, obtemos

$$v_A = l\omega \cos \theta \qquad\qquad v_B = -l\omega \operatorname{sen} \theta \qquad (15.25)$$

$$a_A = -l\omega^2 \operatorname{sen} \theta + l\alpha \cos \theta \qquad a_B = -l\omega^2 \cos \theta - l\alpha \operatorname{sen} \theta \qquad (15.26)$$

Observamos que um sinal positivo para v_A ou para a_A indica que a velocidade $\mathbf{v}_A$ ou a aceleração $\mathbf{a}_A$ está orientada para a direita; um sinal positivo para v_B ou a_B indica que $\mathbf{v}_B$ ou $\mathbf{a}_B$ está orientada para cima. As Eqs. (15.25) podem ser usadas, por exemplo, para determinar v_B e ω quando v_A e θ são conhecidos. Substituindo ω na Eq. (15.26), podemos determinar a_B e α se a_A é conhecido.

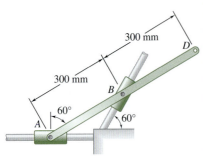

PROBLEMA RESOLVIDO 15.12

Os colares A e B estão ligados por pinos à barra ABD e podem deslizar ao longo de barras fixas. Sabendo que, no instante mostrado, A se move para a direita com uma velocidade de constante de 0,9 m/s, determine a aceleração angular de AB e a aceleração de B.

ESTRATÉGIA Use a equação cinemática que relaciona a aceleração de dois pontos no mesmo corpo rígido. Já que você sabe das direções das acelerações de A e B, escolha estes dois pontos para relacionar.

MODELAGEM E ANÁLISE Considere ABD um corpo rígido. A partir do Problema Resolvido 15.5, você sabe que $\omega = 3{,}00$ rad/s ↻. As acelerações de A e B estão relacionadas da seguinte forma:

$$\mathbf{a}_B = \mathbf{a}_A + \mathbf{a}_{B/A} = \mathbf{a}_A + \boldsymbol{\alpha} \times \mathbf{r}_{B/A} - \omega^2 \mathbf{r}_{B/A}$$

Substituindo por valores conhecidos (Fig. 1) e considerando $\boldsymbol{\alpha} = \alpha \mathbf{k}$, temos

$$a_B \cos 60°\mathbf{i} + a_B \sin 60°\mathbf{j} = 0\mathbf{i} + \alpha\mathbf{k} \times [(0{,}3 \cos 30°)\mathbf{i} + (0{,}3 \sin 30°)\mathbf{j}]$$
$$- 3^2 [(0{,}3 \cos 30°)\mathbf{i} + (0{,}3 \sin 30°)\mathbf{j}]$$

$$0{,}500 a_B \mathbf{i} + 0{,}866 a_B \mathbf{j} = (0 - 0{,}15\alpha - 2{,}338)\mathbf{i} + (0{,}260\alpha - 1{,}350)\mathbf{j}$$

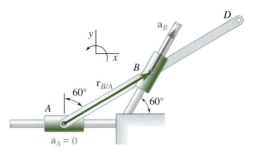

Figura 1 Vetor de posição e direção admitida da aceleração do ponto B.

Igualando os componentes, temos

i: $\quad 0{,}500 a_B = -0{,}15\alpha - 2{,}338$

j: $\quad 0{,}866 a_B = 0{,}260\alpha - 1{,}350$

Resolvendo essas equações, temos $a_B = -3{,}12$ m/s² e $\alpha = -5{,}20$ rad/s².

$$\boldsymbol{\alpha} = 5{,}20 \text{ rad/s}^2 \downarrow \blacktriangleleft$$
$$\mathbf{a}_B = 3{,}12 \text{ m/s}^2 \; \measuredangle \; 60° \blacktriangleleft$$

PARA REFLETIR Mesmo que A esteja deslizando a uma velocidade constante, a barra AB ainda terá uma aceleração angular, e B terá uma aceleração linear. Só porque um ponto em um corpo está se movendo em uma velocidade constante não significa que o resto dos pontos no corpo também têm uma velocidade constante.

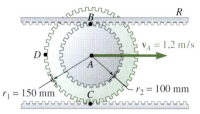

PROBLEMA RESOLVIDO 15.13

O centro da engrenagem dupla do Problema Resolvido 15.6 tem uma velocidade de 1,2 m/s para a direita e uma aceleração de 3 m/s² para a direita. Relembrando que a cremalheira inferior é fixa, determine (*a*) a aceleração angular da engrenagem e (*b*) a aceleração dos pontos *B*, *C* e *D* da engrenagem.

ESTRATÉGIA Como a engrenagem dupla é um corpo rígido que está sofrendo um movimento plano geral, use a cinemática da aceleração. Você também pode diferenciar a equação para a velocidade da engrenagem e usá-la para encontrar a sua aceleração.

MODELAGEM E ANÁLISE

a. Velocidade angular da engrenagem. No Problema Resolvido 15.6, verificamos que $x_A = -r_1\theta$ e $v_A = -r_1\omega$. Diferenciando esta última em relação ao tempo, obtemos $a_A = -r_1\alpha$.

$$v_A = -r_1\omega \qquad 1{,}2 \text{ m/s} = -(0{,}150 \text{ m})\omega \qquad \omega = -8 \text{ rad/s}$$
$$a_A = -r_1\alpha \qquad 3 \text{ m/s}^2 = -(0{,}150 \text{ m})\alpha \qquad \alpha = -20 \text{ rad/s}^2$$

$$\boldsymbol{\alpha} = \alpha\mathbf{k} = -(20 \text{ rad/s}^2)\mathbf{k} \blacktriangleleft$$

b. Acelerações. A relação entre a aceleração de quaisquer dois pontos em um corpo rígido submetido a um movimento plano geral é

$$\mathbf{a}_B = \mathbf{a}_A + \mathbf{a}_{B/A} = \mathbf{a}_A + (\mathbf{a}_{B/A})_t + (\mathbf{a}_{B/A})_n$$
$$= \mathbf{a}_A + \alpha\mathbf{k} \times \mathbf{r}_{B/A} - \omega^2 \mathbf{r}_{B/A} \qquad (1)$$

Essa equação indica que o movimento de rolamento da engrenagem pode ser entendido como uma translação com *A* e uma rotação em torno de *A* (Fig.1).

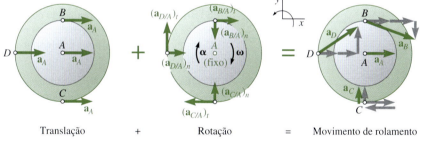

Translação + Rotação = Movimento de rolamento
Figura 1 Representação pictórica da Eq. 1.

Aceleração do ponto *B*. Substituindo os valores na Eq. (1), temos

$$\mathbf{a}_B = \mathbf{a}_A + \mathbf{a}_{B/A} = \mathbf{a}_A + (\mathbf{a}_{B/A})_t + (\mathbf{a}_{B/A})_n$$
$$= \mathbf{a}_A + \alpha\mathbf{k} \times \mathbf{r}_{B/A} - \omega^2 \mathbf{r}_{B/A}$$
$$= (3 \text{ m/s}^2)\mathbf{i} - (20 \text{ rad/s}^2)\mathbf{k} \times (0{,}100 \text{ m})\mathbf{j} - (8 \text{ rad/s})^2(0{,}100 \text{ m})\mathbf{j}$$
$$= (3 \text{ m/s}^2)\mathbf{i} + (2 \text{ m/s}^2)\mathbf{i} - (6{,}40 \text{ m/s}^2)\mathbf{j}$$

$$\mathbf{a}_B = 8{,}12 \text{ m/s}^2 \; \measuredangle \; 52{,}0° \blacktriangleleft$$

Figura 2 Diagrama de vetores que relaciona as acelerações de *A* e de *B*.

O triângulo de vetores correspondente a esta equação é mostrado na Fig. 2.

Aceleração do ponto *C*. Referindo-nos à Fig. 3,

$$\mathbf{a}_C = \mathbf{a}_A + \mathbf{a}_{C/A} = \mathbf{a}_A + \alpha\mathbf{k} \times \mathbf{r}_{C/A} - \omega^2 \mathbf{r}_{C/A}$$
$$= (3 \text{ m/s}^2)\mathbf{i} - (20 \text{ rad/s}^2)\mathbf{k} \times (-0{,}150 \text{ m})\mathbf{j} - (8 \text{ rad/s})^2(-0{,}150 \text{ m})\mathbf{j}$$
$$= (3 \text{ m/s}^2)\mathbf{i} - (3 \text{ m/s}^2)\mathbf{i} + (9{,}60 \text{ m/s}^2)\mathbf{j}$$

$$\mathbf{a}_C = 9{,}60 \text{ m/s}^2 \uparrow \blacktriangleleft$$

Figura 3 Diagrama de vetores da equação que relaciona as acelerações de *A* e de *C*.

(*continua*)

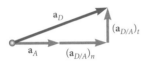

Figura 4 Diagrama de vetores que relaciona as acelerações de A e de D.

Aceleração do ponto D (Fig. 4).

$$\mathbf{a}_D = \mathbf{a}_A + \mathbf{a}_{D/A} = \mathbf{a}_A + \alpha\mathbf{k} \times \mathbf{r}_{D/A} - \omega^2 \mathbf{r}_{D/A}$$
$$= (3 \text{ m/s}^2)\mathbf{i} - (20 \text{ rad/s}^2)\mathbf{k} \times (-0{,}150 \text{ m})\mathbf{i} - (8 \text{ rad/s})^2(-0{,}150 \text{ m})\mathbf{i}$$
$$= (3 \text{ m/s}^2)\mathbf{i} + (3 \text{ m/s}^2)\mathbf{j} + (9{,}60 \text{ m/s}^2)\mathbf{i}$$

$$\mathbf{a}_D = 12{,}95 \text{ m/s}^2 \measuredangle 13{,}4° \blacktriangleleft$$

PARA REFLETIR É interessante notar que o componente x da aceleração para o ponto C é zero, desde que esteja diretamente em contato com a cremalheira fixa inferior. Ele tem, contudo, uma aceleração normal que aponta para cima. Isso também acontece com uma roda que rola sem deslizar.

PROBLEMA RESOLVIDO 15.14

Duas rodas idênticas adjacentes de um trem podem ser modeladas como cilindros rolantes conectados por uma ligação horizontal. A distância entre A e D é de 250 mm. Considere que as rodas rolam sem deslizar nos trilhos. Sabendo que o trem está viajando numa constante de 45 km/h, determine a aceleração do centro de massa de DE.

ESTRATÉGIA A barra de conexão DE está passando por uma translação curvilínea, de modo que a aceleração de cada ponto é idêntica; Isto é, $a_G = a_D$. Então, tudo o que você precisa fazer é determinar a aceleração de D usando a relação cinemática entre A e D.

MODELAGEM E ANÁLISE Modele as rodas e a barra DE como corpos rígidos. A velocidade de A é v_A = 45 km/h = 12,5 m/s. Como a roda não desliza, o ponto de contato com o chão, C (Figura 1), tem velocidade nula; então,

$$\omega = \frac{v_A}{r_{A/C}} = \frac{12{,}5 \text{ m/s}}{0{,}5 \text{ m}} = 25 \text{ rad/s}$$

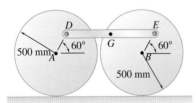

Aceleração de D. A aceleração de D é

$$\mathbf{a}_D = \mathbf{a}_A + \mathbf{a}_{D/A} = \mathbf{a}_A + \boldsymbol{\alpha} \times \mathbf{r}_{D/A} - \omega^2 \mathbf{r}_{D/A} \quad (1)$$

Como o trem está viajando em uma velocidade constante, a_A e α são zero. Substituindo as quantidades conhecidas na Equação (1), temos

$$\mathbf{a}_D = 0 + 0 - (25 \text{ rad/s})^2 [(0{,}25 \cos 60° \text{ m})\mathbf{i} + (0{,}25 \text{ sen } 60° \text{ m})\mathbf{j}]$$

$$= -(78{,}1 \text{ m/s}^2)\mathbf{i} - (135{,}3 \text{ m/s}^2)\mathbf{j}$$

$$\mathbf{a}_G = \mathbf{a}_D = -(78{,}1 \text{ m/s}^2)\mathbf{i} - (135{,}3 \text{ m/s}^2)\mathbf{j} \blacktriangleleft$$

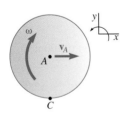

Figura 1 Velocidade e velocidade angular da roda.

PARA REFLETIR Em vez de usar a álgebra vetorial, você poderia ter reconhecido que a direção de $-\omega^2 \mathbf{r}_{D/A}$ é orientada de D para A. Assim, a aceleração final de D é simplesmente $-\omega^2 \mathbf{r}_{D/A} \nearrow 60°$.

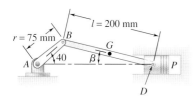

Figura 1 A aceleração de B é somente na direção normal.

PROBLEMA RESOLVIDO 15.15

A manivela *AB* do sistema biela-manivela de motor do Problema Resolvido 15.7 tem uma velocidade angular constante no sentido horário de 2.000 rpm. Para a posição mostrada da manivela, determine a aceleração angular da haste de conexão *BD* e a aceleração do ponto *D*.

ESTRATÉGIA A ligação consiste em dois corpos rígidos: a manivela *AB* está girando em torno de um eixo fixo e a haste de conexão *BD* está passando por um movimento plano geral. Portanto, você precisa usar a cinemática de corpo rígido.

MODELAGEM E ANÁLISE

Movimento da Manivela *AB*. Como a manivela gira em torno de *A* com uma velocidade constante de $\omega_{AB} = 2.000$ rpm = 209,4 rad/s, você tem $\alpha_{AB} = 0$. A aceleração de *B* é, portanto, direcionada a *A* (Fig. 1) e tem intensidade de

$$a_B = r\omega_{AB}^2 = (0,075 \text{ m})(209,4 \text{ rad/s})^2 = 3289 \text{ m/s}^2$$
$$\mathbf{a}_B = 3289 \text{ m/s}^2 \; \angle 40°$$

Movimento da haste de conexão *BD*. A velocidade angular ω_{BD} e o valor de β foram obtidos no Problema Resolvido 15.7 usando as equações de velocidade relativa:

$$\omega_{BD} = 62,0 \text{ rad/s} \uparrow \qquad \beta = 13,95°$$

Decomponha o movimento de *BD* em uma translação com *B* e uma rotação em torno de *B* (Fig. 2) e a aceleração relativa $\mathbf{a}_{D/B}$ em componentes normal e tangencial:

$$(a_{D/B})_n = (BD)\omega_{BD}^2 = (0,2 \text{ m})(62,0 \text{ rad/s})^2 = 768,8 \text{ m/s}^2$$
$$(\mathbf{a}_{D/B})_n = 768,8 \text{ m/s}^2 \; \angle 13,95°$$
$$(a_{D/B})_t = (BD)\alpha_{BD} = (0,2)\alpha_{BD} = 0,2\alpha_{BD}$$
$$(\mathbf{a}_{D/B})_t = 0,2 \alpha_{BD} \; \angle 76,05°$$

Embora $(\mathbf{a}_{D/B})_t$ deva ser perpendicular a *BD*, seu sentido não é conhecido.

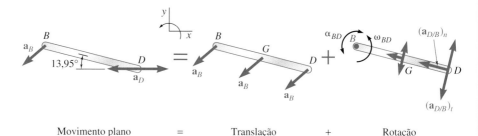

Movimento plano = Translação + Rotação

Figura 2 O movimento plano geral é uma combinação de uma translação com uma rotação.

Observando que a aceleração $\mathbf{a}_D$ deve ser horizontal, escrevemos

$$\mathbf{a}_D = \mathbf{a}_B + \mathbf{a}_{D/B} = \mathbf{a}_B + (\mathbf{a}_{D/B})_n + (\mathbf{a}_{D/B})_t \qquad (1)$$
$$[a_D \leftrightarrow] = [3289 \; \angle 40°] + [768,8 \; \angle 13,95°] + [0,2\alpha_{BD} \; \angle 76,05°]$$

Igualando os componentes *x* e *y*, obtemos as seguintes equações escalares:

$\xrightarrow{+}$ componentes em *x*:
$$-a_D = -3289 \cos 40° - 768,8 \cos 13,95° + 0,2\alpha_{BD} \text{ sen } 13,95°$$

$+\uparrow$ componentes em *y*:
$$0 = -3289 \text{ sen } 40° + 768,8 \text{ sen } 13,95° + 0,2\alpha_{BD} \cos 13,95°$$

(*continua*)

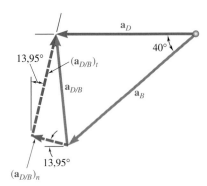

Figura 3 Polígono de vetores que relaciona as acelerações de B e de D.

Resolvendo as equações de forma simultânea, temos que $\alpha_{BD} = +9940$ rad/s² e $a_D = +2786$ m/s². O sinais positivos indicam que os sentidos mostrados no polígono de vetores (Figura 3) estão corretos.

$$\alpha_{BD} = 9940 \text{ rad/s}^2 \,\,\nwarrow \,\blacktriangleleft$$

$$\mathbf{a}_D = 2790 \text{ m/s}^2 \leftarrow \,\blacktriangleleft$$

PARA REFLETIR Nesta solução, analisamos a intensidade e a direção de cada termo na Equação (1) e encontrou os componentes de x e y. Alternativamente, poderíamos ter considerado que a_D estava para a esquerda, α_{BD} era positivo e então ter substituído as quantidades vetoriais para chegar a

$$\mathbf{a}_D = \mathbf{a}_B + \alpha\mathbf{k} \times \mathbf{r}_{D/B} - \omega^2 \mathbf{r}_{D/B}$$

$$-a_D\mathbf{i} = -a_B \cos 40°\mathbf{i} - a_B \text{ sen } 40°\mathbf{j} + \alpha_{BD}\mathbf{k} \times (l \cos \beta \mathbf{i} - l \text{ sen } \beta \mathbf{j})$$
$$- \omega_{BD}^2 (l \cos \beta \mathbf{i} - l \text{ sen } \beta \mathbf{j})$$
$$= -a_B \cos 40°\mathbf{i} - a_B \text{ sen } 40°\mathbf{j} + \alpha_{BD} \, l \cos \beta \mathbf{j} + \alpha_{BD} \, l \text{ sen } \beta \mathbf{i}$$
$$- \omega_{BD}^2 \, l \cos \beta \mathbf{i} + \omega_{BD}^2 \, l \text{ sen } \beta \mathbf{j}$$

Igualando os componentes, temos

i: $-a_D = -a_B \cos 40° + \alpha_{BD} \, l \text{ sen } \beta - \omega_{BD}^2 \, l \cos \beta$

j: $0 = -a_B \text{ sen } 40° + \alpha_{BD} \, l \cos \beta + \omega_{BD}^2 \, l \text{ sen } \beta$

Essas equações são idênticas às anteriores; você deve apenas substituir os números.

PROBLEMA RESOLVIDO 15.16

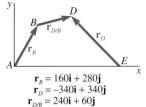

$\mathbf{r}_B = 160\mathbf{i} + 280\mathbf{j}$
$\mathbf{r}_D = -340\mathbf{i} + 340\mathbf{j}$
$\mathbf{r}_{D/B} = 240\mathbf{i} + 60\mathbf{j}$

Figura 1 Vetores de posição para os pontos B, D e E.

A articulação ABDE se movimenta em um plano vertical. Sabendo que, na posição mostrada, a manivela AB tem uma velocidade angular constante ω_1 de 20 rad/s no sentido anti-horário, determine as velocidades angulares e as acelerações angulares da barra de conexão BD e da manivela DE.

ESTRATÉGIA A articulação consiste em três corpos rígidos interconectados. Use as equações múltiplas da cinemática de velocidade e aceleração para relacionar os movimentos de cada corpo. Você poderia solucionar esse problema com o método usado no Problema Resolvido 15.15; no entanto, ilustramos uma abordagem vetorial, escolhendo os vetores de posição $\mathbf{r}_B$, $\mathbf{r}_D$ e $\mathbf{r}_{D/B}$, como mostrada na Fig. 1.

MODELAGEM E ANÁLISE

Velocidades. Considerando que as velocidades angulares de BD e DE são anti-horárias, temos

$$\boldsymbol{\omega}_{AB} = \omega_{AB}\mathbf{k} = (20 \text{ rad/s})\mathbf{k} \qquad \boldsymbol{\omega}_{BD} = \omega_{BD}\mathbf{k} \qquad \boldsymbol{\omega}_{DE} = \omega_{DE}\mathbf{k}$$

onde $\mathbf{k}$ é um vetor unitário que aponta para fora do papel. Podemos obter a velocidade de D relacionando-a com o ponto E:

$$\mathbf{v}_D = \mathbf{v}_E + \mathbf{v}_{D/E} = 0 + \omega_{AB}\mathbf{k} \times \mathbf{r}_D \qquad (1)$$

Podemos obter a velocidade de B relacionando-a com o ponto A:

$$\mathbf{v}_B = \mathbf{v}_A + \mathbf{v}_{B/A} = 0 + \omega_{AB}\mathbf{k} \times \mathbf{r}_B \qquad (2)$$

A relação entre as velocidades de D e de B é

$$\mathbf{v}_D = \mathbf{v}_B + \mathbf{v}_{D/B} \qquad (3)$$

Substituindo as Equações (1) e (2) na Equação (3) e usando $\mathbf{v}_{D/B} = \omega_{BD}\mathbf{k} \times \mathbf{r}_{D/B}$, temos

$$\omega_{DE}\mathbf{k} \times \mathbf{r}_D = \omega_{AB}\mathbf{k} \times \mathbf{r}_B + \omega_{BD}\mathbf{k} \times \mathbf{r}_{D/B}$$
$$\omega_{DE}\mathbf{k} \times (-340\mathbf{i} + 340\mathbf{j}) = 20\mathbf{k} \times (160\mathbf{i} + 280\mathbf{j}) + \omega_{BD}\mathbf{k} \times (240\mathbf{i} + 60\mathbf{j})$$

Dividindo cada termo por 20, obtemos

$$-17\omega_{DE}\mathbf{j} - 17\omega_{DE}\mathbf{i} = 160\mathbf{j} - 280\mathbf{i} + 12\omega_{BD}\mathbf{j} - 3\omega_{BD}\mathbf{i}$$

Equacionando os coeficientes dos vetores unitários $\mathbf{i}$ e $\mathbf{j}$, as duas equações escalares são

$$-17\omega_{DE} = -280 - 3\omega_{BD}$$
$$-17\omega_{DE} = +160 + 12\omega_{BD}$$

Resolvendo, temos $\qquad \omega_{BD} = -(29,33 \text{ rad/s})\mathbf{k} \quad \omega_{DE} = (11,29 \text{ rad/s})\mathbf{k} \quad \blacktriangleleft$

Acelerações. No instante considerado, como a manivela AB tem uma velocidade angular constante, temos

$$\boldsymbol{\alpha}_{AB} = 0 \qquad \boldsymbol{\alpha}_{BD} = \alpha_{BD}\mathbf{k} \qquad \boldsymbol{\alpha}_{DE} = \alpha_{DE}\mathbf{k}$$
$$\mathbf{a}_D = \mathbf{a}_B + \mathbf{a}_{D/B} \qquad (4)$$

Expressando $\mathbf{r}$ em m, temos

$$\mathbf{r}_B = 0,16\mathbf{i} + 0,28\mathbf{j}$$
$$\mathbf{r}_D = -0,34\mathbf{i} + 0,34\mathbf{j}$$
$$\mathbf{r}_{D/B} = 0,24\mathbf{i} + 0,06\mathbf{j}$$

Calcule cada termo da Equação (4) separadamente:

Barra DE:
$$\begin{aligned}
\mathbf{a}_D &= \alpha_{DE}\mathbf{k} \times \mathbf{r}_D - \omega_{DE}^2\mathbf{r}_D \\
&= \alpha_{DE}\mathbf{k} \times (-0,34\mathbf{i} + 0,34\mathbf{j}) - (11,29)^2(-0,34\mathbf{i} + 0,34\mathbf{j}) \\
&= -0,34\alpha_{DE}\mathbf{j} - 0,34\alpha_{DE}\mathbf{i} + 43,33\mathbf{i} - 43,33\mathbf{j}
\end{aligned}$$

Barra AB:
$$\begin{aligned}
\mathbf{a}_B &= \alpha_{AB}\mathbf{k} \times \mathbf{r}_B - \omega_{AB}^2\mathbf{r}_B = 0 - (20)^2(16\mathbf{i} + 0,28\mathbf{j}) \\
&= -64\mathbf{i} - 112\mathbf{j}
\end{aligned}$$

Barra BD:
$$\begin{aligned}
\mathbf{a}_{D/B} &= \alpha_{BD}\mathbf{k} \times \mathbf{r}_{D/B} - \omega_{BD}^2\mathbf{r}_{D/B} \\
&= \alpha_{BD}\mathbf{k} \times (0,24\mathbf{i} + 0,06\mathbf{j}) - (29,33)^2(0,24\mathbf{i} + 0,06\mathbf{j}) \\
&= 0,24\alpha_{BD}\mathbf{j} - 0,06\alpha_{BD}\mathbf{i} - 206,4\mathbf{i} - 51,61\mathbf{j}
\end{aligned}$$

Substituindo na Equação (4) e equacionando os coeficientes de $\mathbf{i}$ e $\mathbf{j}$, obtemos

$$-0,34\alpha_{DE} + 0,06\alpha_{BD} = -313,7$$
$$-0,34\alpha_{DE} - 0,24\alpha_{BD} = -120,28$$

Resolvendo, temos $\qquad \boldsymbol{\alpha}_{BD} = -(645 \text{ rad/s}^2)\mathbf{k} \quad \boldsymbol{\alpha}_{DE} = (809 \text{ rad/s}^2)\mathbf{k} \quad \blacktriangleleft$

PARA REFLETIR A análise vetorial é preferível quando há mais de duas articulações. É uma abordagem metódica mais fácil de se programar quando simulamos o movimento do mecanismo ao longo do tempo.

METODOLOGIA PARA A RESOLUÇÃO DE PROBLEMAS

Esta seção foi dedicada a determinar as acelerações dos pontos de um corpo rígido em movimento plano. Da mesma maneira que fez anteriormente para as velocidades, você irá considerar novamente o movimento plano de um corpo rígido como a soma de dois movimentos, a saber, uma translação e uma rotação.

Para resolver um problema envolvendo acelerações em um movimento plano, use os seguintes passos:

1. **Determine a velocidade angular do corpo.** Para encontrar ω, você também pode
   a. Considerar o movimento do corpo como a soma de uma translação e de uma rotação, como você fez na Seção 15.2, ou então
   b. Usar a análise vetorial, como você fez na Seção 15.2, ou o centro instantâneo de rotação do corpo, como na seção 15.3. No entanto, não se esqueça de que você não pode usar o centro instantâneo para determinar acelerações.

2. **Comece desenhando uma "equação de diagramas"** para usar em sua resolução. Essa "equação" envolverá os seguintes diagramas (Figura 15.22):
   a. **Diagrama do movimento plano.** Desenhe um esboço do corpo incluindo todas as dimensões, bem como a velocidade angular ω. Mostre a aceleração angular α com sua intensidade e sentido caso você os conheça. Mostre também os pontos para os quais você conheça ou procure as acelerações, indicando tudo o que souber a respeito delas.
   b. **Diagrama de translação:** Selecione um ponto de referência A do qual você conheça a direção, a intensidade ou um componente de aceleração $\mathbf{a}_A$. Desenhe um segundo diagrama, mostrando o corpo em translação, com cada ponto tendo a mesma aceleração que o ponto A.
   c. **Diagrama de rotação.** Considere o ponto A como um ponto fixo e desenhe um terceiro diagrama mostrando o corpo em rotação em torno de A. Indique os componentes normal e tangencial das acelerações relativas de outros pontos, tais como os componentes $(\mathbf{a}_{B/A})_n$ e $(\mathbf{a}_{B/A})_t$ da aceleração do ponto B em relação ao ponto A.

3. **Escreva a fórmula da aceleração relativa que relaciona dois pontos de interesse no corpo que está sendo analisado**

$$\mathbf{a}_B = \mathbf{a}_A + \mathbf{a}_{B/A} \qquad \text{ou} \qquad \mathbf{a}_B = \mathbf{a}_A + (\mathbf{a}_{B/A})_n + (\mathbf{a}_{B/A})_t$$

   a. **Abordagem gráfica.** Selecione um ponto para o qual você conhece a direção, a intensidade ou um componente de aceleração e desenhe um diagrama vetorial da equação [Problema Resolvido 15.15]. Começando no mesmo ponto, desenhe todos os componentes de aceleração conhecidos de ponta a ponta para cada membro da equação. Complete o diagrama desenhando os dois vetores restantes em direções apropriadas de tal forma que as duas somas de vetores terminem em um ponto comum.
   b. **Abordagem vetorial.** Para um único corpo rígido, podemos facilmente aplicar

$$\mathbf{a}_B = \mathbf{a}_A + \alpha_{AB} \times \mathbf{r}_{B/A} - \omega_{AB}^2 \mathbf{r}_{B/A}$$

Para problemas que envolvam articulações, você precisará escrever várias equações de aceleração relativa relacionando as acelerações dos pontos ao longo da articulação [Problema Resolvido 15.16].

4. A análise do movimento plano em termos de um parâmetro completa esta lição. Esse método deve ser usado *somente* se for possível expressar as coordenadas x e y de todos os pontos significativos do corpo em termos de um único parâmetro (Seção 15.4B). Diferenciando duas vezes as coordenadas x e y de um dado ponto em relação a t, você poderá determinar os componentes retangulares da velocidade absoluta e da aceleração absoluta daquele ponto.

PROBLEMAS

PERGUNTAS CONCEITUAIS

15.PC7 Um carro com tração traseira parte do repouso e acelera para a esquerda de modo que os pneus não deslizam na estrada. Qual é a direção da aceleração do ponto no pneu em contato com a estrada, ou seja, o ponto *A*?

a. ←   b. ↖   c. ↑   d. ↓   e. ↙

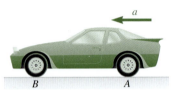

Figura P15.PC7

PROBLEMAS DE FINAL DE SEÇÃO

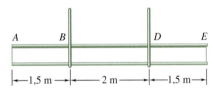

Figura P15.105 e P15.106

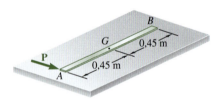

Figura P15.107 e P15.108

15.105 Uma viga de aço de 5 m está sendo abaixada por meio de dois cabos que se desenrolam de guindastes à mesma velocidade. Assim que a viga se aproxima do solo, os operadores dos guindastes aplicam freios para desacelerar a descida. No instante considerado, a desaceleração do cabo preso em *B* é de 2,5 m/s^2, enquanto a do cabo preso em *D* é de 1,5 m/s^2. Determine (*a*) a aceleração angular da viga e (*b*) a aceleração dos ponto *A* e *E*.

15.106 Para uma viga de aço *AE* de 5 m, a aceleração do ponto *A* é 2 m/s^2 para baixo e a aceleração angular da viga é de 1,2 rad/s^2 no sentido anti-horário. Sabendo que no instante considerado a velocidade angular da viga é zero, determine a aceleração (*a*) do cabo *B*, (*b*) do cabo *D*.

15.107 Uma barra de 900 mm repousa em uma mesa horizontal. A força **P** aplicada como mostrado na figura produz as seguintes acelerações: **a**$_A$ = 3,6 m/s^2 para a direita, α = 6 rad/s^2 no sentido anti-horário se visto de cima. Determine a aceleração (*a*) do ponto *G*, (*b*) do ponto *B*.

15.108 Para o Problema 15.107, determine o ponto da barra que (*a*) não tem aceleração, (*b*) tem uma aceleração de 2,4 m/s^2 para a direita.

15.109 Sabendo que, no instante mostrado, a manivela *BC* tem uma velocidade angular constante de 45 rpm no sentido horário, determine a aceleração (*a*) do ponto *A*, (*b*) do ponto *D*.

15.110 Os colares *B* e *D* estão conectados por pinos à barra *ABD* e podem deslizar ao longo de barras fixas. No instante mostrado na figura, a velocidade angular da barra *ABD* é zero, e a aceleração do ponto *D* é de 7,2 m/s^2 para a direita. Determine (*a*) a aceleração angular da barra, (*b*) a aceleração do ponto *B*, (*c*) a aceleração do ponto *A*.

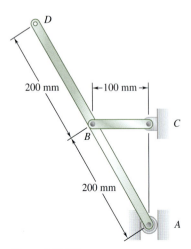

Figura P15.109

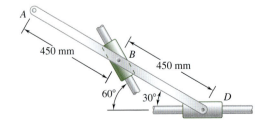

Figura P15.110

15.111 Um automóvel viaja para a esquerda a uma velocidade constante de 72 km/h. Sabendo que o diâmetro da roda é 560 mm, determine a aceleração (a) do ponto B, (b) do ponto C, (c) do ponto D.

15.112 Um volante de 500 mm de raio está rigidamente preso a um eixo de 40 mm de raio que pode rolar ao longo de trilhos paralelos. Sabendo que, no instante mostrado na figura, o centro do eixo tem uma velocidade de 30 mm/s e uma aceleração de 10 mm/s e ambas orientadas para baixo e para a esquerda, determine a aceleração (a) do ponto A, (b) do ponto B.

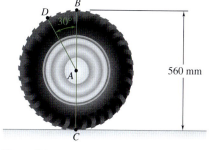

Figura P15.111

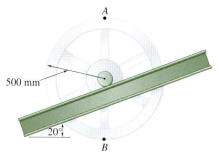

Figura P15.112

15.113 e 15.114 Um tambor de 75 mm de raio está preso rigidamente a um tambor de 125 mm de raio como mostra a figura. Um dos tambores rola sem deslizar sobre a superfície mostrada, e uma corda é enrolada ao redor do outro tambor. Sabendo que, no instante mostrado, a extremidade D da corda tem uma velocidade de 200 mm/s e uma aceleração de 750 mm/s^2, ambas orientadas para a esquerda, determine as acelerações dos pontos A, B e C dos tambores.

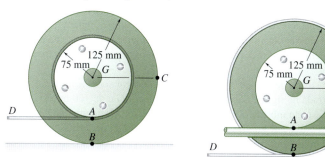

Figura P15.113   Figura P15.114

15.115 Uma caixa pesada está sendo movida a uma distância curta usando-se três cilindros idênticos como rodas. Sabendo que, no instante mostrado, a caixa tem uma velocidade de 200 mm/s e uma aceleração de 400 mm/s^2, ambas orientadas para a direita, determine (a) a aceleração angular do cilindro central, (b) a aceleração do ponto A no cilindro central.

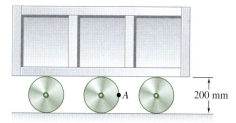

Figura P15.115

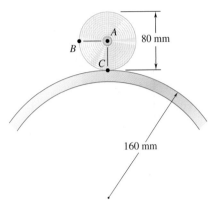

Figura P15.116

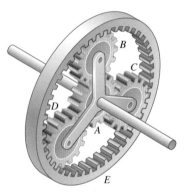

Figura P15.118

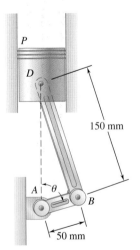

Figura P15.120 e P15.121

15.116 Uma roda rola sem deslizar sobre um cilindro fixo. Sabendo que, no instante mostrado, a velocidade angular da roda é 10 rad/s no sentido horário e sua aceleração angular é 30 rad/s² no sentido anti-horário, determine a aceleração do (a) ponto A, (b) ponto B, (c) ponto C.

15.117 O tambor de 100 mm de raio rola sem deslizar sobre uma parte de uma correia que se move para baixo e para a esquerda com uma velocidade constante de 120 mm/s. Sabendo que, em um dado instante, a velocidade e a aceleração do centro A do tambor têm os valores mostrados na figura, determine a aceleração do ponto D.

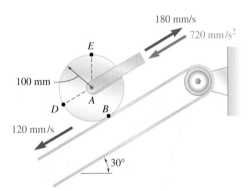

Figura P15.117

15.118 No sistema de engrenagens planetárias mostrado na figura, o raio das engrenagens A, B, C e D é 100 mm, e o raio da engrenagem externa E é 300 mm. Sabendo que a engrenagem A tem uma velocidade angular constante de 150 rpm no sentido horário e que a engrenagem externa E é fixa, determine a intensidade da aceleração do dente da engrenagem D que faz contato com (a) a engrenagem A, (b) a engrenagem E.

15.119 O disco de raio de 200 mm rola sem deslizar sobre a superfície mostrada na figura. Sabendo que a distância BG é de 160 mm e que, no instante mostrado, o disco tem uma velocidade angular de 8 rad/s no sentido anti-horário e uma aceleração angular de 2 rad/s² no sentido horário, determine a aceleração de A.

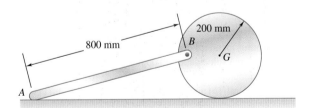

Figura P15.119

15.120 Sabendo que a manivela AB gira em torno do ponto A com uma velocidade angular constante de 900 rpm no sentido horário, determine a aceleração do pistão P quando $\theta = 60°$.

15.121 Sabendo que a manivela AB gira em torno do ponto A com uma velocidade angular constante de 900 rpm no sentido horário, determine a aceleração do pistão P quando $\theta = 120°$.

15.122 Em um compressor de dois cilindros mostrado na figura, estão conectadas as barras BD e BE, cada uma com o comprimento de 190 mm. A manivela AB gira em torno do ponto fixo A com uma velocidade angular constante de 1.500 rpm no sentido horário. Determine a aceleração de cada pistão quando $\theta = 0$.

15.123 O disco mostrado na figura tem uma velocidade angular constante de 500 rpm no sentido anti-horário. Sabendo que a barra BD tem 250 mm de comprimento, determine a aceleração do colar D quando (a) $\theta = 90°$, (b) $\theta = 180°$.

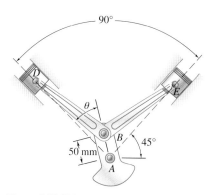

Figura P15.122

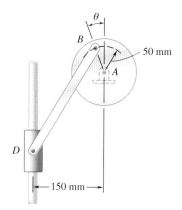

Figura P15.123

15.124 O braço AB tem uma velocidade angular constante de 16 rad/s no sentido anti-horário. No instante em que $\theta = 90°$, determine a aceleração (a) do colar D, (b) do ponto médio G da barra BD.

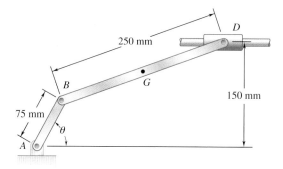

Figura P15.124 e P15.125

15.125 O braço AB tem uma velocidade angular constante de 16 rad/s no sentido anti-horário. No instante em que $\theta = 60°$, determine a aceleração do colar D.

15.126 Uma cremalheira reta repousa sobre uma engrenagem de raio $r = 75$ mm e é presa a um bloco B como mostrado. Sabendo que, no instante mostrado, $\theta = 20°$, a velocidade angular da engrenagem D é 3 rad/s no sentido horário e está acelerando a uma taxa de 2 rad/s^2, determine (a) a aceleração angular de AB, (b) a aceleração do bloco B.

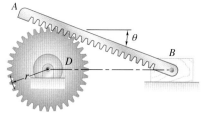

Figura P15.126

15.127 A máquina de exercício elíptico tem eixos de rotação fixos nos pontos A e E. Sabendo que, no instante mostrado, o volante AB tem uma velocidade angular constante de 6 rad/s no sentido horário, determine a aceleração do ponto D.

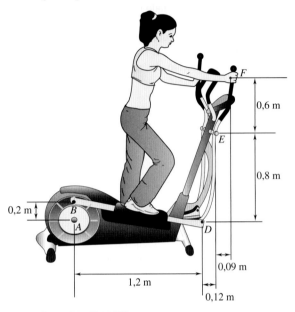

Figura P15.127 e P15.128

15.128 A máquina de exercício elíptico tem eixos de rotação fixos nos pontos A e E. Sabendo que, no instante mostrado, o volante AB tem uma velocidade angular constante de 6 rad/s no sentido horário, determine (a) a aceleração angular da barra DEF, (b) a aceleração do ponto F.

15.129 Sabendo que, no instante mostrado na figura, a barra AB tem uma velocidade angular constante de 19 rad/s no sentido horário, determine (a) a aceleração angular da barra BGD, (b) a aceleração angular da barra DE.

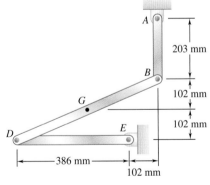

Figura P15.129 e P15.130

15.130 Sabendo que, no instante mostrado na figura, a barra DE tem uma velocidade angular constante de 18 rad/s no sentido horário, determine (a) a aceleração do ponto B, (b) a aceleração do ponto G.

15.131 e 15.132 Sabendo que, no instante mostrado na figura, a barra AB tem uma velocidade angular constante de 4 rad/s no sentido horário, determine a aceleração angular (a) da barra BD, (b) da barra DE.

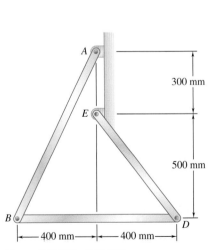

Figura P15.131 e P15.133

15.133 e 15.134 Sabendo que, no instante mostrado na figura, a barra AB tem uma velocidade angular constante de 4 rad/s e uma aceleração angular de 2 rad/s², ambas no sentido horário, determine a aceleração angular (*a*) da barra *BD*, (*b*) da barra *DE* usando a abordagem vetorial, como no Problema Resolvido 15.16.

15.135 O mecanismo de Roberts é assim denominado por causa de Richard Roberts (1789-1864) e pode ser usado para desenhar algo próximo a uma linha reta localizando uma caneta no ponto *F*. A distância *AB* é a mesma que *BF*, *DF*, e *DE*. Sabendo que, no instante mostrado, a barra *AB* tem uma velocidade angular constante de 4 rad/s no sentido horário, determine (*a*) a aceleração angular da barra *DE*, (*b*) a aceleração do ponto *F*.

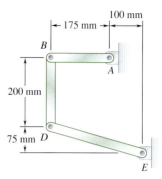

Figura P15.133 e P15.134

15.136 Para a bomba de petróleo mostrada, a ligação *AB* faz com que a viga *BCE* oscile quando a manivela *OA* gira. Sabendo que *OA* tem um raio de 0,6 m e uma velocidade angular constante no sentido horário de 20 rpm, determine a velocidade e a aceleração do ponto *D* no instante mostrado.

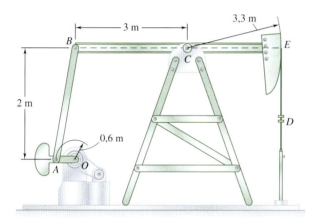

Figura P15.136

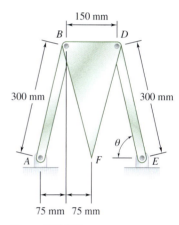

Figura *P15.135*

15.137 Representando por $\mathbf{r}_A$ o vetor de posição do ponto *A* de um corpo rígido que está em movimento plano, mostre que (*a*) o vetor de posição $\mathbf{r}_C$ do centro instantâneo de rotação é

$$\mathbf{r}_C = \mathbf{r}_A + \frac{\boldsymbol{\omega} \times \mathbf{v}_A}{\omega^2}$$

onde $\boldsymbol{\omega}$ é a velocidade angular do corpo e $\mathbf{v}_A$ é a velocidade do ponto *A*, (*b*) a aceleração do centro instantâneo de rotação é nula se, e somente se

$$\mathbf{a}_A = \frac{\alpha}{\omega}\mathbf{v}_A + \boldsymbol{\omega} \times \mathbf{v}_A$$

onde $\boldsymbol{\alpha} = \alpha\mathbf{k}$ é a aceleração angular do corpo.

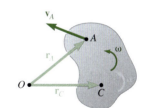

Figura P15.137

*****15.138** O disco de acionamento do mecanismo de cruzeta escocesa mostrado na figura tem uma velocidade angular ω e uma aceleração angular α, ambas no sentido anti-horário. Usando o método da Seção 15.4B, deduza expressões para a velocidade e a aceleração do ponto *B*.

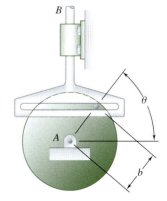

Figura P15.138

*15.139 As rodas fixadas às extremidades da barra AB rolam ao longo das superfícies mostradas na figura. Usando o método da Seção 15.4B, deduza uma expressão para a velocidade angular da barra em termos de v_B, θ, l e β.

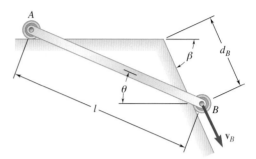

Figura P15.139 e P15.140

*15.140 As rodas fixadas às extremidades da barra AB rolam ao longo das superfícies mostradas na figura. Usando o método da Seção 15.4B e sabendo que a aceleração da roda B é zero, deduza uma expressão para a aceleração angular da barra em termos de v_B, θ, l e β.

*15.141 Um disco de raio r rola para a direita com uma velocidade constante **v**. Representando por P o ponto do aro em contato com o solo em $t = 0$, deduza expressões para os componentes horizontal e vertical da velocidade do ponto P em um instante qualquer t.

*15.142 A barra AB desloca-se sobre um rolete em C enquanto a extremidade A se move para a direita com uma velocidade constante $\mathbf{v}_A$. Usando o método da Seção 15.4B, deduza expressões para a velocidade angular e para a aceleração angular da barra.

*15.143 A barra AB desloca-se sobre um rolete em C enquanto a extremidade A se move para a direita com uma velocidade constante $\mathbf{v}_A$. Usando o método da Seção 15.4B, deduza expressões para os componentes horizontal e vertical da velocidade do ponto B.

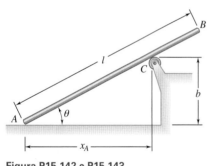

Figura P15.142 e P15.143

15.144 A manivela AB gira com uma velocidade angular constante ω no sentido horário. Usando o método da Seção 15.4B, deduza expressões para a velocidade angular da barra BD e para a velocidade do ponto na barra que coincide com o ponto E em termos de θ, ω, b e l.

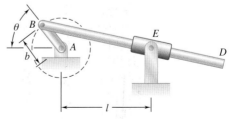

Figura P15.144 e P15.145

15.145 A manivela AB gira com uma velocidade angular constante ω no sentido horário. Usando o método da Seção 15.4B, deduza uma expressão para a aceleração angular da barra BD em termos de θ, ω, b e l.

15.146 O pino C está preso à barra CD e desliza em uma abertura cortada no braço AB. Sabendo que a barra CD se move verticalmente para cima com uma velocidade constante $\mathbf{v}_0$, deduza uma expressão para (a) a velocidade angular do braço AB, (b) os componentes da velocidade do ponto A, (c) a aceleração angular do braço AB.

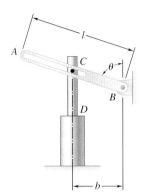

Figura P15.146

*15.147 A posição da barra AB é controlada por um disco de raio r que está preso no balancim CD. Sabendo que o balancim se desloca verticalmente para cima com uma velocidade constante $\mathbf{v}_0$, deduza expressões para a velocidade angular e para a aceleração angular da barra AB.

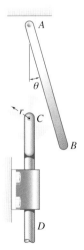

Figura P15.147

*15.148 Uma roda de raio r rola sem deslizar ao longo do interior de um cilindro fixo de raio R com uma velocidade angular constante $\boldsymbol{\omega}$. Representando por P o ponto da roda em contato com o cilindro em $t = 0$, deduza expressões para os componentes horizontal e vertical da velocidade de P em qualquer instante t. (A curva descrita pelo ponto P é uma *hipocicloide*.)

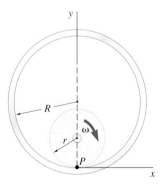

Figura P15.148

*15.149 Para o Problema 15.148, mostre que a trajetória de P é uma linha reta vertical quando $r = R/2$. Deduza expressões para a velocidade e a aceleração de P correspondentes em qualquer instante t.

15.5 Análise do movimento em relação a um sistema de referência rotativo

Foto 15.7 O mecanismo Genebra é usado para converter movimento rotativo em movimento intermitente.

Vimos na Seção 11.4B que a taxa de variação de um vetor é a mesma em relação a um sistema de referência fixo e em relação a um sistema de referência em translação. Nesta seção, serão consideradas as taxas de variação de um vetor **Q** em relação a um sistema de referência fixo e a um sistema de referência rotativo.* Você aprenderá a determinar a taxa de variação de **Q** em relação a um sistema de referência quando **Q** estiver definido por seus componentes em outro sistema de referência. Este tipo de análise é muito útil para projetar mecanismos que convertem um tipo de movimento em outro, como rotação contínua em rotação intermitente. Também é útil quando você tem, por exemplo, um atuador linear que está se estendendo e, ao mesmo tempo, girando.

15.5A Taxa de variação de um vetor em relação a um sistema de referência rotativo

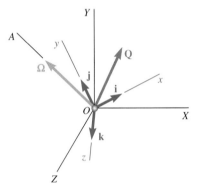

Figura 15.26 Um sistema de referência fixo OXYZ e um sistema rotativo Oxyz com velocidade angular Ω.

Considere dois sistemas de referência centrados em O: um sistema de referência fixo $OXYZ$ e um sistema de referência $Oxyz$ que gira em torno do eixo fixo OA. Seja Ω a velocidade angular do sistema de referência $Oxyz$ em um dado instante (Fig. 15.26). Considere agora uma função vetorial $\mathbf{Q}(t)$ representada pelo vetor **Q** ligado a O; com a variação do tempo t, tanto a direção como a intensidade de **Q** variam. Uma vez que a variação de **Q** é vista de modo diferente por um observador que usa $OXYZ$ como um sistema de referência e por outro que utiliza $Oxyz$, devemos esperar que a taxa de variação de **Q** dependa do sistema de referência escolhido. Logo, a taxa de variação de **Q** em relação ao sistema de referência fixo $OXYZ$ será representada por $(\dot{\mathbf{Q}})_{OXYZ}$, e a taxa de variação de **Q** em relação ao sistema de referência rotativo $Oxyz$ será representada por $(\dot{\mathbf{Q}})_{Oxyz}$. Propomos determinar a relação existente entre essas duas taxas de variação.

Vamos, em primeiro lugar, decompor o vetor **Q** em componentes ao longo dos eixos x, y e z do sistema de referência rotativo. Representando por **i**, **j** e **k** os vetores unitários correspondentes, escrevemos,

$$\mathbf{Q} = Q_x\mathbf{i} + Q_y\mathbf{j} + Q_z\mathbf{k} \qquad (15.27)$$

Diferenciando a Eq. (15.27) em relação a t e considerando os vetores unitários **i**, **j** e **k** como fixos, obtemos a taxa de variação de **Q** em relação ao sistema de referência rotativo $Oxyz$.

$$(\dot{\mathbf{Q}})_{Oxyz} = \dot{Q}_x\mathbf{i} + \dot{Q}_y\mathbf{j} + \dot{Q}_z\mathbf{k} \qquad (15.28)$$

Para obter a taxa de variação de **Q** em relação ao sistema de referência fixo $OXYZ$, devemos considerar os vetores unitários **i**, **j** e **k** como variáveis ao diferenciar (15.27). Portanto, escrevemos

$$(\dot{\mathbf{Q}})_{OXYZ} = \dot{Q}_x\mathbf{i} + \dot{Q}_y\mathbf{j} + \dot{Q}_z\mathbf{k} + Q_x\frac{d\mathbf{i}}{dt} + Q_y\frac{d\mathbf{j}}{dt} + Q_z\frac{d\mathbf{k}}{dt} \qquad (15.29)$$

Retomando (15.28), observamos que a soma dos três primeiros termos do segundo membro de (15.29) representa a taxa de variação $(\dot{\mathbf{Q}})_{Oxyz}$. Por outro lado, observamos que a taxa de variação $(\dot{\mathbf{Q}})_{OXYZ}$ se reduziria aos três últimos termos em (15.29) caso o vetor **Q** estivesse fixo no sistema de referência $Oxyz$, pois, assim, $(\dot{\mathbf{Q}})_{Oxyz}$ seria nula. Mas, nesse caso, $(\dot{\mathbf{Q}})_{OXYZ}$ representaria a velocidade

---
*Lembre-se de que a escolha de um sistema de referência fixo é arbitrária. Qualquer sistema de referência pode ser designado como "fixo"; todos os outros serão, então, considerados móveis.

de uma partícula localizada na ponta de **Q** e pertencente a um corpo rigidamente ligado ao sistema de referência *Oxyz*. Logo, os três últimos termos em (15.29) representam a velocidade daquela partícula. Como o sistema de referência *Oxyz* tem uma velocidade angular $\boldsymbol{\Omega}$ em relação a *OXYZ* no instante considerado, escrevemos, usando a Eq. (15.5),

$$Q_x \frac{d\mathbf{i}}{dt} + Q_y \frac{d\mathbf{j}}{dt} + Q_z \frac{d\mathbf{k}}{dt} = \boldsymbol{\Omega} \times \mathbf{Q} \quad (15.30)$$

Considerando as Eqs. (15.28) e (15.30) na Eq. (15.29), obtemos a relação fundamental

$$(\dot{\mathbf{Q}})_{OXYZ} = (\dot{\mathbf{Q}})_{Oxyz} + \boldsymbol{\Omega} \times \mathbf{Q} \quad (15.31)$$

Concluímos que a taxa de variação do vetor **Q** em relação a um sistema de referência fixo *OXYZ* é composta de duas partes: a primeira representa a taxa de variação de **Q** em relação ao sistema de referência rotativo *Oxyz*; a segunda parte, $\boldsymbol{\Omega} \times \mathbf{Q}$, é induzida pela rotação do sistema de referência *Oxyz*.

O uso da relação (15.31) simplifica a determinação da taxa de variação de um vetor **Q** em relação a um sistema de referência fixo *OXYZ* quando o vetor **Q** é definido por seus componentes ao longo de eixos de um sistema de referência rotativo *Oxyz*, já que essa relação não requer o cálculo em separado das derivadas dos vetores unitários que definem a orientação do sistema de referência rotativo.

15.5B Movimento plano de uma partícula em relação a um sistema de referência rotativo

Considere dois sistemas de referência, ambos centrados em *O* e ambos no plano da figura: um referencial fixo *OXY* e um sistema de referência rotativo *Oxy* (Fig. 15.27). Seja *P* uma partícula que se move no plano da figura. O vetor de posição **r** de *P* é o mesmo em ambos os sistemas de referência, mas sua taxa de variação depende do sistema de referência escolhido.

A velocidade absoluta $\mathbf{v}_P$ da partícula é definida como a velocidade observada do sistema de referência fixo *OXY* e é igual à taxa de variação $(\dot{\mathbf{r}})_{OXY}$ de **r** em relação àquele sistema de referência. Podemos, porém, expressar $\mathbf{v}_P$ em termos da taxa de variação $(\dot{\mathbf{r}})_{Oxy}$ observada a partir do sistema de referência rotativo se fizermos uso da Eq. (15.31). Representando por $\boldsymbol{\Omega}$ a velocidade angular do sistema de referência *Oxy* em relação a *OXY* no instante considerado, escrevemos

$$\mathbf{v}_P = (\dot{\mathbf{r}})_{OXY} = \boldsymbol{\Omega} \times \mathbf{r} + (\dot{\mathbf{r}})_{Oxy} \quad (15.32)$$

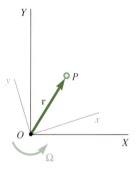

Figura 15.27 Podemos expressar o movimento da partícula *P* em um sistema de referência fixo (*OXYZ*) ou rotativo (*Oxyz*).

onde $(\dot{\mathbf{r}})_{Oxy}$ define a velocidade da partícula *P* relativa ao sistema de referência rotativo *Oxy* e é representado, muitas vezes, como $\mathbf{v}_{\text{rel}}$. Também pode haver casos em que o ponto *O* não é fixo e tem uma velocidade representada por $\mathbf{v}_O$. Portanto, uma forma alternativa de expressar a Eq. (15.32) é

$$\mathbf{v}_P = \mathbf{v}_O + \boldsymbol{\Omega} \times \mathbf{r} + \mathbf{v}_{\text{rel}} \quad (15.32')$$

A velocidade relativa, $\mathbf{v}_{\text{rel}}$ ou $(\dot{\mathbf{r}})_{Oxy}$, é a velocidade do ponto *P* em relação ao sistema de referência rotativo. Representando o sistema de referência rotativo por $\mathcal{F}$, outra maneira de representar a velocidade $(\dot{\mathbf{r}})_{Oxy}$ de *P* em relação ao sistema de referência rotativo é $\mathbf{v}_{P/\mathcal{F}}$. Vamos imaginar que um corpo rígido foi li-

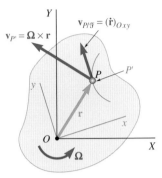

Figura 15.28 A velocidade do ponto P é igual a velocidade do ponto P' que coincide com P mas ligado ao sistema de referência rotativo mais a velocidade de P em relação ao sistema de referência rotativo.

gado ao sistema de referência rotativo. Então $\mathbf{v}_{P/\mathcal{F}}$ representa a velocidade de P ao longo da trajetória que descreve nesse corpo (Fig. 15.28), e o termo $\mathbf{\Omega} \times \mathbf{r}$ na Eq. (15.32) representa a velocidade $\mathbf{v}_{P'}$ do ponto P' do corpo rígido – ou sistema de referência rotativo – que coincide com P no instante considerado. Assim, temos

$$\mathbf{v}_P = \mathbf{v}_{P'} + \mathbf{v}_{P/\mathcal{F}} \tag{15.33}$$

onde

$\mathbf{v}_P$ = velocidade absoluta da partícula P

$\mathbf{v}_{P'}$ = velocidade do ponto P' do sistema de referência móvel $\mathcal{F}$ coincidente com P

$\mathbf{v}_{P/\mathcal{F}}$ = velocidade de P relativa ao sistema de referência móvel $\mathcal{F}$

A aceleração absoluta $\mathbf{a}_P$ da partícula é definida como a taxa de variação de $\mathbf{v}_P$ em relação ao sistema de referência fixo OXY. Calculando as taxas de variação relativamente a OXY dos termos em (15.32), escrevemos

$$\mathbf{a}_P = \dot{\mathbf{v}}_P = \dot{\mathbf{\Omega}} \times \mathbf{r} + \mathbf{\Omega} \times \dot{\mathbf{r}} + \frac{d}{dt}[(\dot{\mathbf{r}})_{Oxy}] \tag{15.34}$$

onde todas as derivadas são definidas em relação a OXY, exceto quando indicação em contrário. Em referência à Eq. (15.31), notamos que o último termo em (15.34) pode ser expresso como

$$\frac{d}{dt}[(\dot{\mathbf{r}})_{Oxy}] = (\ddot{\mathbf{r}})_{Oxy} + \mathbf{\Omega} \times (\dot{\mathbf{r}})_{Oxy}$$

Por outro lado, $\dot{\mathbf{r}}$ representa a velocidade $\mathbf{v}_P$ e pode ser substituído pelo segundo membro da Eq. (15.32). Após completarmos essas duas substituições na Eq. (15.34), escrevemos

$$\mathbf{a}_P = \dot{\mathbf{\Omega}} \times \mathbf{r} + \mathbf{\Omega} \times (\mathbf{\Omega} \times \mathbf{r}) + 2\mathbf{\Omega} \times (\dot{\mathbf{r}})_{Oxy} + (\ddot{\mathbf{r}})_{Oxy} \tag{15.35}$$

Como para a expressão da velocidade, nosso ponto de referência O também pode estar acelerando. Para o movimento plano,

$$\mathbf{a}_P = \mathbf{a}_O + \dot{\mathbf{\Omega}} \times \mathbf{r} - \Omega^2 \mathbf{r} + 2\mathbf{\Omega} \times \mathbf{v}_{rel} + \mathbf{a}_{rel} \tag{15.35'}$$

onde

$\mathbf{a}_O$ = aceleração linear do ponto O

$\dot{\mathbf{\Omega}}$ = aceleração angular do sistema de referência rotativo

$\mathbf{\Omega}$ = velocidade angular do sistema de referência rotativo

$\mathbf{r}$ = vetor de posição da origem ao ponto P

$\mathbf{v}_{rel}$ = velocidade relativa do ponto P em relação ao sistema de referência rotativo

$\mathbf{a}_{rel}$ = aceleração relativa do ponto P em relação ao sistema de referência rotativo

Com relação à expressão (15.8) obtida na Seção 15.1B para a aceleração de uma partícula em um corpo rígido que gira em torno de um eixo fixo, verificamos que a soma dos dois primeiros termos na Eq. (15.35) representa a aceleração $\mathbf{a}_{P'}$ do ponto P' do sistema de referência rotativo que coincide com P no instante considerado. Por outro lado, o último termo define a aceleração $\mathbf{a}_{P/\mathcal{F}}$ da partícula P relativa ao sistema de referência rotativo. Se não fosse pelo terceiro termo, que não foi levado em conta no caso, uma relação semelhante à (15.33) poderia ter sido escrita para as acelerações, e $\mathbf{a}_P$ poderia ter sido expressa como a soma de $\mathbf{a}_{P'}$ e $\mathbf{a}_{P/\mathcal{F}}$. Todavia, é claro que *tal relação seria incorreta* e que devemos incluir o termo adicional. Esse termo, que será representado por $\mathbf{a}_C$, é denominado aceleração complementar, ou **aceleração de Coriolis**, em homenagem ao matemático francês Gaspard de Coriolis (1792-1843) Escrevemos

$$\mathbf{a}_P = \mathbf{a}_{P'} + \mathbf{a}_{P/\mathcal{F}} + \mathbf{a}_C \qquad (15.36)$$

onde

$\mathbf{a}_P$ = aceleração absoluta da partícula P

$\mathbf{a}_{P'}$ = aceleração do ponto P' do sistema de referência móvel $\mathcal{F}$ coincidente com P

$\mathbf{a}_{P/\mathcal{F}}$ = aceleração de P relativa ao sistema de referência móvel $\mathcal{F}$

$\mathbf{a}_C = 2\mathbf{\Omega} \times (\dot{\mathbf{r}})_{Oxy} = 2\mathbf{\Omega} \times \mathbf{v}_{P/\mathcal{F}}$

= aceleração de Coriolis

É importante observar a diferença entre a Eq. (15.36) e a Eq. (15.21). Quando escrevemos

$$\mathbf{a}_B = \mathbf{a}_A + \mathbf{a}_{B/A} \qquad (15.21)$$

na Seção 15.4A, estávamos expressando a aceleração absoluta do ponto B como a soma da aceleração $\mathbf{a}_{B/A}$ relativamente a um sistema de referência em translação e da aceleração $\mathbf{a}_A$ de um ponto daquele sistema de referência. Agora, tentamos relacionar a aceleração absoluta do ponto P à sua aceleração $\mathbf{a}_{P/\mathcal{F}}$ relativa a um sistema de referência rotativo $\mathcal{F}$ e à aceleração $\mathbf{a}_{P'}$ do ponto P' desse sistema de referência, que coincide com P. A Eq. (15.36) mostra que, pelo fato de o sistema de referência ser rotativo, é necessário incluir um termo adicional representando a aceleração de Coriolis: $\mathbf{a}_C$.

Como o ponto P' move-se em um círculo em torno da origem O, sua aceleração $\mathbf{a}_{P'}$ tem, em geral, dois componentes: um componente $(\mathbf{a}_{P'})_t$, tangente ao círculo, e um componente $(\mathbf{a}_{P'})_n$, orientado para O. De modo análogo, a aceleração $\mathbf{a}_{P/\mathcal{F}}$ tem, em geral, dois componentes: um componente $(\mathbf{a}_{P/\mathcal{F}})_t$, tangente à trajetória descrita por P sobre o corpo rotativo, e um componente $(\mathbf{a}_{P/\mathcal{F}})_n$, orientado para o centro de curvatura da trajetória. Notamos ainda que, como o vetor $\mathbf{\Omega}$ é perpendicular ao plano do movimento e, portanto, a $\mathbf{v}_{P/\mathcal{F}}$, a intensidade da aceleração de Coriolis $\mathbf{a}_C = 2\mathbf{\Omega} \times \mathbf{v}_{P/\mathcal{F}}$ é igual a $2\Omega v_{P/\mathcal{F}}$, e sua direção pode ser obtida girando-se 90° o vetor $\mathbf{v}_{P/\mathcal{F}}$ no sentido de rotação do sistema de referência móvel (Fig. 15.29). A aceleração de Coriolis se reduz a zero quando $\mathbf{\Omega}$ ou $\mathbf{v}_{P/\mathcal{F}}$ são zero.

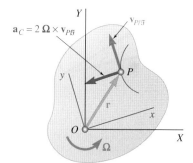

Figura 15.29 A aceleração de Coriolis é perpendicular à velocidade relativa de P em relação ao sistema de referência rotativo.

Considere um colar P que é posto para deslizar a uma velocidade relativa constante u ao longo de uma barra OB que gira a uma velocidade angular constante $\boldsymbol{\omega}$ em torno de O (Fig. 15.30a). De acordo com a Eq. (15.36), a aceleração absoluta de P pode ser obtida pela soma vetorial da aceleração $\mathbf{a}_A$ do ponto A da barra coincidente com P, da aceleração relativa $\mathbf{a}_{P/OB}$ de P em relação à barra e da aceleração de Coriolis $\mathbf{a}_C$.

Como a velocidade angular $\boldsymbol{\omega}$ da barra é constante, $\mathbf{a}_A$ se reduz ao seu componente normal $(\mathbf{a}_A)_n$ de intensidade $r\omega^2$, e como u é constante, a aceleração relativa $\mathbf{a}_{P/OB}$ é nula. De acordo com a definição dada anteriormente, a aceleração de Coriolis é um vetor perpendicular a OB, de intensidade $2\omega u$, e

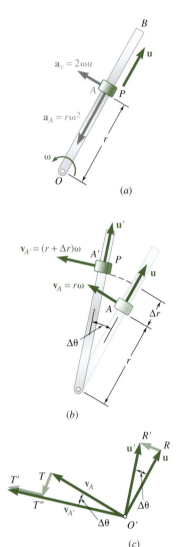

Figura 15.30 (a) Um colar que desliza a uma velocidade constante ao longo de uma barra rotativa; (b) velocidades do colar em dois pontos no tempo; (c) os componentes da aceleração são iguais às variações da velocidade.

orientado pelo modo mostrado na Figura 15.30. Logo, a aceleração do colar P consiste nos dois vetores mostrados na Fig. 15.30a. Note que o resultado obtido pode ser verificado aplicando-se a relação da Eq. (11.43)

Para uma melhor compreensão do significado da aceleração de Coriolis, consideremos a velocidade absoluta de P nos instantes t e $t + t\Delta$ (Fig. 15.30b). A velocidade no instante t pode ser decomposta em seus componentes $\mathbf{u}$ e $\mathbf{v}_A$; a velocidade no instante $t + t\Delta$ pode ser decomposta em seus componentes $\mathbf{u}'$ e $\mathbf{v}_{A'}$. Desenhando esses componentes a partir da mesma origem (Fig. 15.30c), verificamos que a variação da velocidade durante o intervalo Δt pode ser representada pela soma de três vetores: $\overrightarrow{RR'}$, $\overrightarrow{TT''}$ e $\overrightarrow{T''T'}$. O vetor $\overrightarrow{TT''}$ mede a variação na direção da velocidade $\mathbf{v}_A$ e o quociente $\overrightarrow{TT''}/\Delta t$ representa a aceleração $\mathbf{a}_A$ quando Δt tende a zero. Verificamos que a direção de $\overrightarrow{TT''}$ é aquela de $\mathbf{a}_A$ quando Δt tende a zero e que

$$\lim_{\Delta t \to 0} \frac{TT''}{\Delta t} = \lim_{\Delta t \to 0} v_A \frac{\Delta \theta}{\Delta t} = r\omega\omega = r\omega^2 = a_A$$

O vetor $\overrightarrow{RR'}$ mede a variação na direção de $\mathbf{u}$ devido à rotação da barra; o vetor $\overrightarrow{T''T'}$ mede a variação da intensidade de $\mathbf{v}_A$ decorrente do movimento de P sobre a barra. Os vetores $\overrightarrow{RR'}$ e $\overrightarrow{T''T'}$ resultam do *efeito combinado* do movimento relativo de P e da rotação da barra; eles desapareceriam se *qualquer um* desses dois movimentos cessasse. É fácil verificar que a soma desses dois vetores define a aceleração de Coriolis. Sua direção é aquela de $\mathbf{a}_C$ quando Δt tende a zero e, como $RR' = u\,\Delta\theta$ e $T''T' = v_{A'} - v_A = (r + \Delta r)\omega - r\omega = \omega\,\Delta r$, verificamos que a_C é igual a:

$$\lim_{\Delta t \to 0}\left(\frac{RR'}{\Delta t} + \frac{T''T'}{\Delta t}\right) = \lim_{\Delta t \to 0}\left(u\frac{\Delta \theta}{\Delta t} + \omega\frac{\Delta r}{\Delta t}\right) = u\omega + \omega u = 2\omega u$$

As fórmulas (15.33) e (15.36) podem ser usadas para analisar o movimento de mecanismos que contêm partes que deslizam umas sobre as outras. Elas tornam possível, por exemplo, relacionar os movimentos absoluto e relativo de pinos e colares deslizantes (ver Problemas Resolvidos 15.18 a 15.20). O conceito de aceleração de Coriolis também é muito útil no estudo de projéteis de longo alcance e de outros corpos cujos movimentos são muito afetados pela rotação da Terra. Conforme salientado na Seção 12.1A, um sistema de eixos ligado à Terra não constitui verdadeiramente um sistema de referência newtoniano; de fato, tal sistema de eixos deve ser considerado como rotativo. Portanto, as fórmulas deduzidas nesta seção facilitarão o estudo do movimento de corpos em relação a eixos ligados à Terra.

PROBLEMA RESOLVIDO 15.17

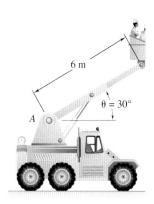

No instante mostrado, o caminhão está avançando com uma velocidade de 0,6 m/s e está diminuindo a uma taxa de 0,1 m/s^2. O comprimento da lança AB está diminuindo a uma taxa constante de 0,2 m/s, a velocidade angular da lança é de 0,1 rad/s, e a aceleração angular é 0,02 rad/s^2, ambas no sentido horário. Determine a velocidade e a aceleração do ponto B.

ESTRATÉGIA Uma vez que não são dadas forças e é preciso encontrar a velocidade e a aceleração de um ponto, utilize a cinemática de corpos rígidos. Como a lança está se movendo em relação ao caminhão, você pode usar um sistema de referência rotativo.

MODELAGEM E ANÁLISE Colocamos um sistema de coordenadas rotativo no encaixe da lança com a sua origem em A (Fig. 1).

Velocidade de B. Da Eq. (15.32'), escrevemos

$$\mathbf{v}_B = \mathbf{v}_A + \mathbf{\Omega} \times \mathbf{r}_{B/A} + \mathbf{v}_{\text{rel}} \qquad (1)$$

onde $\mathbf{v}_A = (0{,}6 \text{ m/s})\mathbf{i}$, $\mathbf{r}_{B/A} = (6 \cos 30° \text{ m})\mathbf{i} + (6 \text{ sen } 30° \text{ m})\mathbf{j}$ e $\mathbf{\Omega} = (-0{,}1 \text{ rad/s}^2)\mathbf{k}$. Para determinar a velocidade relativa, pergunte-se qual seria a velocidade de B, considerando que o sistema de coordenadas rotativo não está se movendo. Neste caso, $\mathbf{v}_{\text{rel}} = -(0{,}2 \cos 30° \text{ m/s})\mathbf{i} - (0{,}2 \text{ sen } 30° \text{ m/s})\mathbf{j}$. Substituindo na Eq. (1), temos

$$\mathbf{v}_B = 0{,}6\mathbf{i} + (-0{,}1\mathbf{k}) \times (5{,}196\mathbf{i} + 3\mathbf{j}) - (0{,}1732\mathbf{i} + 0{,}1\mathbf{j})$$

$$\mathbf{v}_B = (0{,}727 \text{ m/s})\mathbf{i} - (0{,}620 \text{ m/s})\mathbf{j} \quad \blacktriangleleft$$

Aceleração de B. Da Eq. (15.35'), obtemos

$$\mathbf{a}_B = \mathbf{a}_A + \dot{\mathbf{\Omega}} \times \mathbf{r}_{B/A} - \Omega^2 \mathbf{r}_{B/A} + 2\mathbf{\Omega} \times \mathbf{v}_{\text{rel}} + \mathbf{a}_{\text{rel}} \qquad (2)$$

where $\mathbf{a}_A = -(0{,}1 \text{ m/s}^2)\mathbf{i}$, $\dot{\mathbf{\Omega}} = -(0{,}02 \text{ rad/s}^2)\mathbf{k}$ e $\mathbf{a}_{\text{rel}} = 0$. Substituindo na Eq. (2), temos

$$\mathbf{a}_B = -0{,}1\mathbf{i} + (-0{,}02\mathbf{k}) \times (5{,}196\mathbf{i} + 3\mathbf{j}) - 0{,}1^2(5{,}196\mathbf{i} + 3\mathbf{j})$$
$$+ 2(-0{,}1\mathbf{k}) \times (-0{,}1732\mathbf{i} - 0{,}1\mathbf{j}) + 0$$
$$= -0{,}1\mathbf{i} + (-0{,}10392\mathbf{j} + 0{,}06\mathbf{i}) - (0{,}05196\mathbf{i} + 0{,}03\mathbf{j})$$
$$+ (0{,}03464\mathbf{j} - 0{,}02\mathbf{i}) + 0$$

$$\mathbf{a}_B = (-0{,}1120 \text{ m/s}^2)\mathbf{i} - (0{,}0993 \text{ m/s}^2)\mathbf{j} \quad \blacktriangleleft$$

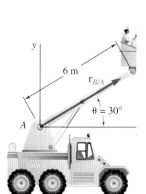

Figura 1 O sistema de coordenadas rotativo é ligado ao caminhão em A.

PARA REFLETIR O maior desafio deste problema é interpretar o que é dado no seu enunciado. Depois disso, é fácil aplicar a substituição nas equações principais. Os últimos quatro termos da Eq. (2) são análogos às expressões de coordenadas polares que usamos no Capítulo 11. Os seguintes termos representam as mesmas quantidades físicas: $\dot{\mathbf{\Omega}} \times \mathbf{r}_{B/A} \to r\ddot{\theta}$, $-\Omega^2 \mathbf{r}_{B/A} \to -r\dot{\theta}^2$, $2\mathbf{\Omega} \times \mathbf{v}_{\text{rel}} \to 2\dot{r}\dot{\theta}$ e $\mathbf{a}_{\text{rel}} \to \ddot{r}$.

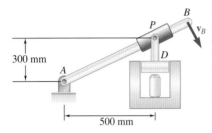

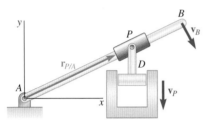

Figura 1 O sistema de coordenadas rotativo é ligado ao braço em AB.

PROBLEMA RESOLVIDO 15.18

Em um amassador de latas, a barra AB tem um comprimento de 750 mm e desliza por dentro de um colar localizado no ponto P. Esse colar é ligado ao pistão DP, que é forçado a mover-se verticalmente. No instante mostrado, o ponto B tem uma velocidade constante de 1,2 m/s perpendicular à barra. Determine a velocidade e a aceleração do pistão D.

ESTRATÉGIA Uma vez que não são dadas forças e é preciso determinar a velocidade e a aceleração de um ponto, utilize a cinemática de corpo rígido. Como o colar está se movendo em relação à barra, utilize um sistema de referência rotativo.

MODELAGEM E ANÁLISE Traçamos um sistema de coordenadas rotativo ligado à barra com a sua origem em A (Fig. 1).

Velocidade angular de AB. Como a barra AB está sofrendo rotação de eixo fixo,

$$\omega_{AB} = \frac{v_B}{r_{B/A}} = \frac{1{,}2 \text{ m/s}}{0{,}75 \text{ m}} = 1{,}60 \text{ rad/s} \downarrow$$

Velocidade de P. Os pontos D e P têm a mesma velocidade e a mesma aceleração porque o pistão é forçado a apenas transladar. Da Eq. (15.32'), sabemos

$$\mathbf{v}_P = \mathbf{v}_A + \mathbf{\Omega} \times \mathbf{r}_{P/A} + \mathbf{v}_{rel} \qquad (1)$$

onde $\mathbf{v}_A = 0$, $\mathbf{r}_{P/A} = (0{,}5 \text{ m})\mathbf{i} + (0{,}3 \text{ m})\mathbf{j}$ e $\mathbf{\Omega} = -(1{,}6 \text{ rad/s})\mathbf{k}$. Para determinar a velocidade relativa, pergunte-se qual seria a velocidade de P, considerando que o sistema de coordenadas rotativo não está se movendo. Neste caso, $\mathbf{v}_{rel} = v_{rel} \cos \theta \mathbf{i} + v_{rel} \sin \theta \mathbf{j}$, onde $\theta = \tan^{-1}(0{,}3/0{,}5) = 30{,}96°$. Substituindo na Eq. (1), temos

$$-v_P \mathbf{j} = 0 + (-1{,}6\mathbf{k}) \times (0{,}5\mathbf{i} + 0{,}3\mathbf{j}) + (v_{rel} \cos \theta \mathbf{i} + v_{rel} \sin \theta \mathbf{j})$$
$$= -0{,}8\mathbf{j} + 0{,}48\mathbf{i} + 0{,}8575 v_{rel} \mathbf{i} + 0{,}5145 v_{rel} \mathbf{j}$$

Equacionar os componentes permite que você resolva as velocidades desconhecidas:

i: $\quad 0 = 0{,}48 + 0{,}8575 v_{rel} \quad \longrightarrow \quad v_{rel} = -0{,}5598$ m/s
j: $\quad -v_P = -0{,}8 + 0{,}5145 v_{rel} \quad \longrightarrow \quad v_P = 1{,}088$ m/s

$$\mathbf{v}_P = 1{,}088 \text{ m/s} \downarrow \quad \blacktriangleleft$$

Aceleração de P. Da Eq. (15.35'), obtemos

$$\mathbf{a}_P = \mathbf{a}_A + \dot{\mathbf{\Omega}} \times \mathbf{r}_{P/A} - \Omega^2 \mathbf{r}_{P/A} + 2\mathbf{\Omega} \times \mathbf{v}_{rel} + \mathbf{a}_{rel} \qquad (2)$$

onde $\mathbf{a}_A = 0$, $\dot{\mathbf{\Omega}} = 0$, $\mathbf{a}_{rel} = a_{rel} \cos \theta \mathbf{i} + a_{rel} \sin \theta \mathbf{j}$. Substituindo na Eq. (2), temos

$$-a_P \mathbf{j} = 0 + 0 - 1{,}6^2(0{,}5\mathbf{i} + 0{,}3\mathbf{j}) + 2(-1{,}6\mathbf{k}) \times$$
$$(-0{,}5598 \cos \theta \mathbf{i} - 0{,}5598 \sin \theta \mathbf{j}) + (a_{rel} \cos \theta \mathbf{i} + a_{rel} \sin \theta \mathbf{j})$$
$$= (-1{,}28\mathbf{i} - 0{,}768\mathbf{j}) + (1{,}536\mathbf{j} - 0{,}9217\mathbf{i}) + (0{,}8575 a_{rel} \mathbf{i} + 0{,}5145 a_{rel} \mathbf{j})$$

Capítulo 15   Cinemática de corpos rígidos   **1055**

Equacionar os componentes permite que você resolva as acelerações desconhecidas:

i: $0 = -1{,}28 - 0{,}9217 + 0{,}8575 a_{rel}$ $\longrightarrow$ $a_{rel} = 2{,}568 \text{ m/s}^2$
j: $-a_P = -0{,}768 + 1{,}536 + 0{,}5145 a_{rel}$ $\longrightarrow$ $a_P = -2{,}089 \text{ m/s}^2$

$$a_P = -2{,}09 \text{ m/s}^2 \downarrow \quad \blacktriangleleft$$

PARA REFLETIR   Usamos a mesma estratégia para a lança telescópica no Problema Resolvido 15.17 ao considerar o colar deslizante. Para cada caso, o ponto de interesse estava se movendo em relação a um sistema de coordenadas ligado a um corpo rígido. A mesma estratégia é usada em problemas em que os pinos se movem dentro de corpos ranhurados (como o mecanismo de Genebra no Exemplo 15.19).

PROBLEMA RESOLVIDO 15.19

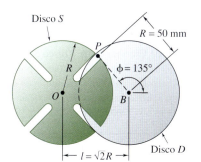

O mecanismo de Genebra, como mostra a figura, é usado em muitos instrumentos de contagem e em outras aplicações onde um movimento rotatório intermitente é necessário. O disco D gira a uma velocidade angular constante $\boldsymbol{\omega}_D$ de 10 rad/s no sentido anti-horário. Um pino P é preso ao disco D e desliza ao longo de uma das várias ranhuras cortadas no disco S. É desejável que a velocidade angular do disco S seja nula nos instantes em que o pino entra e sai de cada ranhura; no caso de quatro ranhuras, isso acontecerá se a distância entre os centros dos discos for $l = \sqrt{2}R$.

No instante em que $\phi = 150°$, determine (a) a velocidade angular do disco S e (b) a velocidade do pino P relativa ao disco S.

ESTRATÉGIA   Como você tem dois corpos rígidos cujos movimentos estão relacionados, use a cinemática de corpos rígidos. Uma vez que o ponto P está se movendo em uma ranhura, é possível utilizar um sistema de referência rotativo.

MODELAGEM E ANÁLISE
Usando a geometria, resolvemos o triângulo OPB, que corresponde à posição $\phi = 150°$ (Fig. 1). Usando a lei dos cossenos, escrevemos

$$r^2 = R^2 + l^2 - 2Rl \cos 30° = 0{,}551 R^2 \qquad r = 0{,}742R = 37{,}1 \text{ mm}$$

Então, da lei dos senos, temos

$$\frac{\text{sen } \beta}{R} = \frac{\text{sen } 30°}{r} \qquad \text{sen } \beta = \frac{\text{sen } 30°}{0{,}742} \qquad \beta = 42{,}4°$$

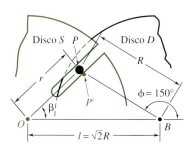

Figura 1   Distâncias e ângulos que relacionam os pontos O, P e B.

Como o pino P está preso ao disco D e como o disco D gira em torno do ponto B, a intensidade da velocidade absoluta de P é:

$$v_P = R\omega_D = (50 \text{ mm})(10 \text{ rad/s}) = 500 \text{ mm/s}$$
$$\mathbf{v}_P = 500 \text{ mm/s} \; \measuredangle \; 60°$$

(*continua*)

Consideremos agora o movimento do pino P ao longo da ranhura no disco S. Representamos por P' o ponto do disco S que coincide com P no instante considerado e escolhemos um sistema de referência rotativo $\mathcal{S}$ ligado ao disco S. Então, da Eq. (15.33), escrevemos

$$\mathbf{v}_P = \mathbf{v}_{P'} + \mathbf{v}_{P/\mathcal{S}} \tag{1}$$

Na Eq. (1), $\mathbf{v}_{P'}$ é perpendicular ao raio OP, e $\mathbf{v}_{P/\mathcal{S}}$ está dirigido ao longo da ranhura. Desenhamos o triângulo de velocidades correspondente à Eq. (1) (ver Fig. 2). Do triângulo, calculamos

$$\gamma = 90° - 42{,}4° - 30° = 17{,}6°$$
$$v_{P'} = v_P \operatorname{sen} \gamma = (500 \text{ mm/s}) \operatorname{sen} 17{,}6°$$
$$\mathbf{v}_{P'} = 151{,}2 \text{ mm/s} \;\nwarrow\; 42{,}4°$$
$$v_{P/\mathcal{S}} = v_P \cos \gamma = (500 \text{ mm/s}) \cos 17{,}6°$$
$$\mathbf{v}_{P/S} = \mathbf{v}_{P/\mathcal{S}} = 477 \text{ mm/s} \;\nearrow\; 42{,}4° \;\blacktriangleleft$$

Como $\mathbf{v}_{P'}$ é perpendicular ao raio OP, escrevemos

$$v_{P'} = r\omega_{\mathcal{S}} \qquad 151{,}2 \text{ mm/s} = (37{,}1 \text{ mm})\omega_{\mathcal{S}}$$
$$\boldsymbol{\omega}_S = \boldsymbol{\omega}_{\mathcal{S}} = 4{,}08 \text{ rad/s} \;\downarrow \;\blacktriangleleft$$

PARA REFLETIR O resultado do mecanismo de Genebra é que o disco S gira ¼ de volta cada vez que o pino P engata. Ele permanece imóvel enquanto o pino P gira antes de entrar na próxima ranhura. O disco D gira continuamente, mas o disco S gira intermitentemente. Uma abordagem alternativa para desenhar o triângulo vetorial é usar álgebra vetorial, como foi feito no Problema Resolvido 15.18.

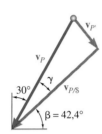

Figura 2 Diagrama vetorial para a velocidade do ponto P.

PROBLEMA RESOLVIDO 15.20

No mecanismo de Genebra do Problema Resolvido 15.19, o disco D gira com velocidade angular constante $\boldsymbol{\omega}_D$ de 10 rad/s no sentido anti-horário. No instante em que $\phi = 150°$, determine a aceleração angular do disco S.

ESTRATÉGIA Você tem dois corpos rígidos cujos movimentos estão relacionados; portanto, use a cinemática de corpo rígido. Uma vez que o ponto P está se movendo em uma ranhura, é possível utilizar um sistema de referência rotativo.

MODELAGEM E ANÁLISE Como estamos calculando acelerações em vez de velocidades, precisamos usar a Eq. (15.36), que inclui a aceleração de Coriolis. Já encontramos a velocidade angular do sistema $\mathcal{S}$ preso ao disco S e a velocidade do pino em relação a $\mathcal{S}$ no Problema Resolvido 15.19:

$$\omega_{\mathcal{S}} = 4{,}08 \text{ rad/s} \;\downarrow$$
$$\beta = 42{,}4° \qquad \mathbf{v}_{P/\mathcal{S}} = 477 \text{ mm/s} \;\nearrow\; 42{,}4°$$

Como o pino P se move em relação ao sistema de referência rotativo $\mathcal{S}$, escrevemos

$$\mathbf{a}_P = \mathbf{a}_{P'} + \mathbf{a}_{P/\mathcal{S}} + \mathbf{a}_c \tag{1}$$

Devemos tratar cada termo dessa equação vetorial separadamente.

Aceleração absoluta a_P. Como o disco D gira com velocidade angular constante, a aceleração absoluta $\mathbf{a}_P$ é orientada para B. Temos

$$a_P = R\omega_D^2 = (500 \text{ mm})(10 \text{ rad/s})^2 = 5000 \text{ mm/s}^2$$
$$\mathbf{a}_P = 5000 \text{ mm/s}^2 \searrow 30°$$

Aceleração $a_{P'}$ do ponto coincidente P'. A aceleração $\mathbf{a}_{P'}$ do ponto P' do sistema de referência $\mathcal{S}$, coincidente com P no instante considerado, é decomposta em componentes normal e tangencial. (Recordemos do Problema Resolvido 15.19 que $r = 37,1$ mm).

$$(a_{P'})_n = r\omega_\mathcal{S}^2 = (37,1 \text{ mm})(4,08 \text{ rad/s})^2 = 618 \text{ mm/s}^2$$
$$(\mathbf{a}_{P'})_n = 618 \text{ mm/s}^2 \nearrow 42,4°$$
$$(a_{P'})_t = r\alpha_\mathcal{S} = 37,1\alpha_\mathcal{S} \qquad (\mathbf{a}_{P'})_t = 37,1\alpha_\mathcal{S} \nwarrow 42,4°$$

Aceleração relativa $a_{P/\mathcal{S}}$. Como o pino P se move em uma ranhura reta do disco S, a aceleração relativa $\mathbf{a}_{P/\mathcal{S}}$ precisa ser paralela à ranhura; ou seja, sua direção deve ser $\swarrow 42,4°$.

Aceleração de Coriolis a_C. Girando a velocidade relativa $\mathbf{v}_{P/\mathcal{S}}$ em 90° no sentido de $\boldsymbol{\omega}_\mathcal{S}$, obtemos a direção da aceleração de Coriolis: $\searrow 42,4°$. Escrevemos

$$a_C = 2\omega_\mathcal{S} v_{P/\mathcal{S}} = 2(4,08 \text{ rad/s})(477 \text{ mm/s}) = 3890 \text{ mm/s}^2$$
$$\mathbf{a}_C = 3890 \text{ mm/s}^2 \searrow 42,4°$$

Reescrevemos a Eq. (1) e substituímos as acelerações encontradas anteriormente (Fig. 1):

$$\mathbf{a}_P = (\mathbf{a}_{P'})_n + (\mathbf{a}_{P'})_t + \mathbf{a}_{P/\mathcal{S}} + \mathbf{a}_C$$
$$[5000 \searrow 30°] = [618 \nearrow 42,4°] + [37,1\alpha_\mathcal{S} \nwarrow 42,4°]$$
$$+ [a_{P/\mathcal{S}} \swarrow 42,4°] + [3890 \searrow 42,4°]$$

Igualando os componentes de acordo com a direção perpendicular à ranhura,

$$5000 \cos 17,6° = 37,1\alpha_\mathcal{S} - 3890$$

$$\boldsymbol{\alpha}_S = \boldsymbol{\alpha}_\mathcal{S} = 233 \text{ rad/s}^2 \downarrow \blacktriangleleft$$

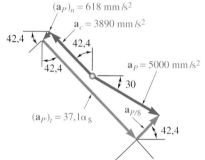

Figura 1 Polígono vetorial para a aceleração do ponto P.

PARA REFLETIR Parece razoável que, uma vez que o disco S se move e para durante intervalos de tempo muito curtos quando o pino P está engatado nas ranhuras, o disco deve ter uma aceleração angular muito grande. Uma abordagem alternativa seria usar a álgebra vetorial.

METODOLOGIA PARA A RESOLUÇÃO DE PROBLEMAS

Nesta seção, você estudou a taxa de variação de um vetor em relação a um sistema de referência rotativo e, em seguida, aplicou seu conhecimento à análise do movimento plano de uma partícula em relação a um sistema de referência rotativo.

1. Taxa de variação de um vetor em relação a um sistema fixo e a um sistema rotativo. Representando a taxa de variação de um vetor $\mathbf{Q}$ em relação a um sistema de referência fixo $OXYZ$ por $(\dot{\mathbf{Q}})_{OXYZ}$ e sua taxa de variação em relação a um sistema de referência rotativo $Oxyz$ por $(\dot{\mathbf{Q}})_{Oxyz}$, obtivemos a relação fundamental

$$(\dot{\mathbf{Q}})_{OXYZ} = (\dot{\mathbf{Q}})_{Oxyz} + \mathbf{\Omega} \times \mathbf{Q} \tag{15.31}$$

onde $\mathbf{\Omega}$ é a velocidade angular do sistema de referência rotativo.
Essa relação fundamental será aplicada agora à solução de problemas bidimensionais.

2. Movimento plano de uma partícula em relação a um sistema de referência rotativo. Usando a Eq. (15.31) e representando por $\mathscr{F}$ o sistema de referência rotativo, obtivemos as seguintes expressões para a velocidade e para a aceleração da partícula P:

$$\mathbf{v}_P = \mathbf{v}_{P'} + \mathbf{v}_{P/\mathscr{F}} \tag{15.33}$$

ou

$$\mathbf{v}_P = \mathbf{v}_O + \mathbf{\Omega} \times \mathbf{r} + \mathbf{v}_{\text{rel}} \tag{15.32'}$$

e

$$\mathbf{a}_P = \mathbf{a}_{P'} + \mathbf{a}_{P/\mathscr{F}} + \mathbf{a}_C \tag{15.36}$$

ou

$$\mathbf{a}_P = \mathbf{a}_O + \mathbf{\alpha} \times \mathbf{r} - \Omega^2 \mathbf{r} + 2\mathbf{\Omega} \times \mathbf{v}_{\text{rel}} + \mathbf{a}_{\text{rel}} \tag{15.35'}$$

As Eqs. (15.33) e (15.36) tem a seguinte notação:

    a. **O subscrito P** refere-se ao movimento absoluto da partícula P, ou seja, ao seu movimento em relação a um sistema de referência fixo ou newtoniano OXY.

    b. **O subscrito P'** refere-se ao movimento do ponto P' do sistema de referência rotativo $\mathscr{F}$ que coincide com P no instante considerado.

    c. **O subscrito $P/\mathscr{F}$** refere-se ao movimento da partícula P relativo ao sistema de referência rotativo $\mathscr{F}$.

    d. **O termo $\mathbf{a}_C$ representa a aceleração de Coriolis do ponto P.** Sua intensidade é de $2\Omega v_{P/\mathscr{F}}$, e sua orientação é encontrada girando-se $90°$ $\mathbf{v}_{P/\mathscr{F}}$ no sentido de rotação do sistema de referência $\mathscr{F}$.

    Você deve ter em mente que a aceleração de Coriolis precisa ser levada em consideração sempre que um ponto tem uma velocidade relativa em um sistema de referência rotativo. Os problemas que encontrará aqui envolvem colares que deslizam em barras rotativas, lanças de guindastes que giram em um plano vertical etc.

    Ao resolver um problema envolvendo um sistema de referência rotativo, você verificará que é conveniente (*a*) desenhar diagramas vetoriais representando as Eqs. (15.33) e (15.36), respectivamente, e usar esses diagramas para obter tanto uma solução analítica como uma solução gráfica, ou (*b*) usar álgebra vetorial.

PROBLEMAS

PERGUNTAS CONCEITUAIS

15.PC8 Uma pessoa caminha radialmente em direção ao centro de uma plataforma que está girando no sentido anti-horário em torno de seu centro. Sabendo que a plataforma tem uma velocidade angular constante ω e a pessoa caminha com uma velocidade constante **u** em relação à plataforma, qual é a direção da aceleração da pessoa no instante mostrado?
- **a.** x negativo
- **b.** y negativo
- **c.** x negativo e y positivo
- **d.** x positivo e y positivo
- **e.** x negativo e y negativo

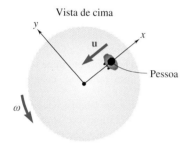

Figura P15.PC8

PROBLEMAS DE FINAL DE SEÇÃO

15.150 e 15.151 O pino P está preso ao colar mostrado na figura; o movimento do pino é guiado por um rasgo cortado na barra BD e pelo colar que desliza sobre a barra AE. Sabendo que, no instante considerado, as barras giram no sentido horário com velocidades angulares constantes, determine a velocidade do pino P para os dados fornecidos:
15.150 $\omega_{AE} = 8$ rad/s, $\omega_{BD} = 3$ rad/s
15.151 $\omega_{AE} = 7$ rad/s, $\omega_{BD} = 4{,}8$ rad/s

15.152 e 15.153 Duas barras rotativas estão conectadas por um bloco deslizante P. A barra presa em A gira com velocidade angular constante ω_A. Para os dados fornecidos e a posição mostrada nas figuras, determine (*a*) a velocidade angular da barra presa em B, (*b*) a velocidade relativa do bloco deslizante P com relação à barra na qual desliza.
15.152 $b = 200$ mm, $\omega_A = 6$ rad/s
15.153 $b = 300$ mm, $\omega_A = 10$ rad/s

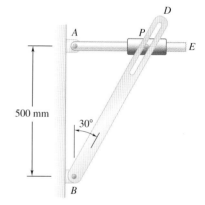

Figura P15.150 e P15.151

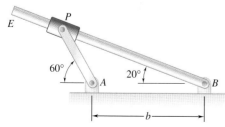

Figura P15.152

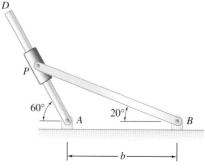

Figura P15.153

15.154 O pino P é preso à roda mostrada na figura e desliza em uma ranhura cortada na barra BD. A roda gira para a direita sem deslizar com uma velocidade angular constante de 20 rad/s. Sabendo que $x = 480$ mm quando $\theta = 0$, determine a velocidade angular da barra e a velocidade relativa do pino P em relação à barra quando (a) $\theta = 0$, (b) $\theta = 90°$.

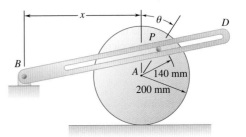

Figura P15.154

15.155 Sabendo que, no instante mostrado, a velocidade angular da barra AB é de 15 rad/s no sentido horário e a velocidade angular da barra EF é de 10 rad/s no sentido horário, determine (a) a velocidade angular da barra DE, (b) a velocidade relativa do colar B em relação à barra DE.

15.156 Sabendo que, no instante mostrado, a velocidade angular da barra DE é de 10 rad/s no sentido horário e a velocidade angular da barra EF é de 15 rad/s no sentido anti-horário, determine (a) a velocidade angular da barra AB, (b) a velocidade relativa do colar B em relação à barra DE.

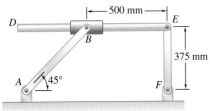

Figura P15.155 e P15.156

15.157 O movimento do pino P é guiado por rasgos cortados nas barras AD e BE. Sabendo que a barra AD tem uma velocidade angular constante de 4 rad/s no sentido horário e a barra BE tem uma velocidade angular de 5 rad/s no sentido anti-horário e está diminuindo a uma velocidade de 2 rad/s², determine a velocidade de P para a posição mostrada.

15.158 Quatro pinos deslizam em quatro ranhuras separadas cortadas em uma placa circular, como mostrado. Quando a placa está em repouso, cada pino tem uma velocidade orientada como mostra a figura com a mesma intensidade constante u. Se cada pino mantém a mesma velocidade em relação à placa quando ela gira em torno de O a uma velocidade angular constante ω no sentido anti-horário, determine a aceleração de cada pino.

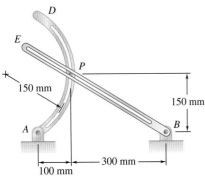

Figura P15.157

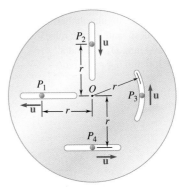

Figura P15.158

15.159 Resolva o Problema 15.158 admitindo que a placa gire em torno de O com velocidade angular constante ω no sentido horário.

15.160 A cabine de um elevador de mina move-se para baixo com uma velocidade constante de 12,2 m/s. Determine a intensidade e a orientação da aceleração de Coriolis da cabine se o elevador estiver localizado (*a*) na linha do equador, (*b*) a 40° de latitude norte, (*c*) a 40° de latitude sul.

15.161 O pino *P* está preso ao colar mostrado na figura; o movimento do pino é guiado por um rasgo cortado na barra *BD* e pelo colar que desliza sobre a barra *AE*. A barra *AE* gira a uma velocidade angular constante de 6 rad/s no sentido horário, e a distância entre *A* e *P* aumenta a uma taxa constante de 2,4 m/s. Determine, no instante mostrado, (*a*) a aceleração angular da barra *BD*, (*b*) a aceleração relativa do pino *P* em relação à barra *BD*.

15.162 Um trenó-foguete é testado em uma pista reta construída ao longo de um meridiano. Sabendo que a pista está localizada a 40° de latitude norte, determine a aceleração de Coriolis do trenó quando ele se move para o norte a uma velocidade de 900 km/h.

15.163 Resolva o mecanismo de Genebra do Problema Resolvido 15.20 usando álgebra vetorial.

15.164 No instante mostrado, o comprimento da lança *AB* está *diminuindo* à taxa constante de 0,2 m/s, e a lança está sendo abaixada à taxa constante de 0,08 rad/s. Determine (*a*) a velocidade do ponto *B*, (*b*) a aceleração do ponto *B*.

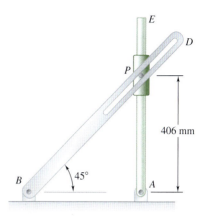

Figura P15.161

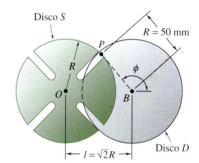

Figura P15.163

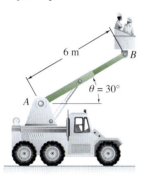

Figura P15.164 e P15.165

15.165 No instante mostrado, o comprimento da lança *AB* está *aumentando* à taxa constante de 0,2 m/s, e a lança está sendo abaixada à taxa constante de 0,08 rad/s. Determine (*a*) a velocidade do ponto *B*, (*b*) a aceleração do ponto *B*.

15.166 Na instalação de soldagem automatizada mostrada, a posição das duas extremidades *G* e *H* é controlada pelo cilindro hidráulico *D* e pela barra *BC*. O cilindro é aparafusado à placa vertical que, no instante mostrado, gira no sentido anti-horário em torno de *A* com uma velocidade angular constante de 1,6 rad/s. Sabendo que, no mesmo instante, o comprimento *EF* do conjunto de soldagem está aumentando à taxa constante de 300 mm/s, determine (*a*) a velocidade da extremidade *H*, (*b*) a aceleração da extremidade *H*.

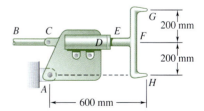

Figura P15.166 e P15.167

15.167 Na instalação de soldagem automatizada mostrada, a posição das duas extremidades *G* e *H* é controlada pelo cilindro hidráulico *D* e pela barra *BC*. O cilindro é aparafusado à placa vertical que, no instante mostrado, gira no sentido anti-horário em torno de *A* com uma velocidade angular constante de 1,6 rad/s. Sabendo que, no mesmo instante, o comprimento *EF* do conjunto de soldagem está aumentando à taxa constante de 300 mm/s, determine (*a*) a velocidade da extremidade *G*, (*b*) a aceleração da extremidade *G*.

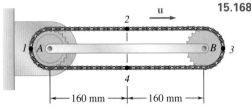

Figura P15.168 e P15.169

15.168 e 15.169 Uma corrente é enrolada em torno de duas engrenagens de 40 mm de raio que podem girar livremente em relação ao braço AB, de 320 mm. A corrente move-se em torno do braço AB no sentido horário a uma taxa constante de 80 mm/s em relação ao braço. Sabendo que, na posição mostrada na figura, o braço AB gira no sentido horário em torno de A a uma taxa constante $\omega = 0{,}75$ rad/s, determine a aceleração de cada um dos elos indicados da corrente.

15.168 Elos 1 e 2.
15.169 Elos 3 e 4.

15.170 Em um lance livre, um jogador de basquete arremessa uma bola de tal forma que seu ombro pode ser considerado uma articulação por pinos no momento do lançamento, como mostrado. Sabendo que, no instante mostrado, o braço SE tem uma velocidade angular constante de 2 rad/s no sentido anti-horário e que o antebraço EW tem uma velocidade angular constante de 4 rad/s no sentido horário em relação a SE, determine a velocidade e a aceleração do pulso W.

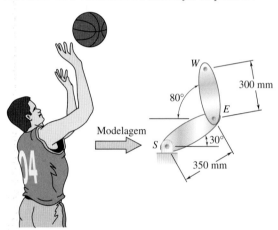

Figura P15.170

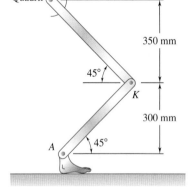

Figura P15.171

15.171 A perna humana pode se aproximar grosseiramente a duas barras rígidas (o fêmur e a tíbia) conectadas com uma articulação com pinos. No instante mostrado, a velocidade do tornozelo A é zero, a tíbia AK tem uma velocidade angular de 1,5 rad/s no sentido anti-horário e uma aceleração angular de 1 rad/s² no sentido anti-horário. Determine a velocidade angular relativa e a aceleração angular relativa do fêmur KH em relação a AK de modo que a velocidade e a aceleração de H estejam diretamente orientadas para cima nesse instante.

15.172 O colar P desliza para fora a uma velocidade relativa constante u ao longo da barra AB, que gira no sentido anti-horário com uma velocidade angular constante de 20 rpm. Sabendo que $r = 250$ mm quando $\theta = 0$ e que o colar atinge B quando $\theta = 90°$, determine a intensidade da aceleração do colar P no momento exato em que ele atinge B.

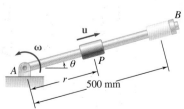

Figura P15.172

15.173 O pino *P* desliza em uma ranhura circular cortada na placa mostrada na figura com uma velocidade relativa constante *u* = 90 mm/s. Sabendo que, no instante mostrado, a placa gira no sentido horário em torno de *A* a uma taxa constante ω = 3 rad/s, determine a aceleração do pino se ele estiver localizado (*a*) no ponto *A*, (*b*) no ponto *B*, (*c*) no ponto *C*.

15.174 A barra *AD* é curvada na forma de um arco de círculo com raio *b* = 150 mm. A posição da barra é controlada pelo pino *B*, que desliza numa ranhura horizontal e também desliza ao longo da barra. Sabendo que, no instante mostrado, o pino *B* se move para a direita a uma velocidade constante de 75 mm/s, determine (*a*) a velocidade angular da barra, (*b*) a aceleração angular da barra.

Figura P15.173

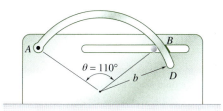

Figura P15.174

15.175 Resolva o Problema 15.174 quando θ = 90°.

15.176 Sabendo que, no instante mostrado, a barra articulada em *A* tem uma velocidade angular de 5 rad/s no sentido anti-horário e uma aceleração angular de 2 rad/s² no sentido horário, determine a velocidade angular e a aceleração angular da barra articulada em *B*.

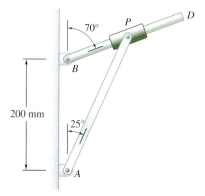

Figura P15.176

15.177 O mecanismo de Genebra mostrado na figura é usado para atribuir um movimento rotatório intermitente ao disco *S*. O disco *D* gira no sentido anti-horário com uma velocidade angular constante ω_D de 8 rad/s. Um pino *P* é preso ao disco *D* e pode deslizar em uma das seis ranhuras igualmente espaçadas no disco *S*. É desejável que a velocidade angular do disco *S* seja nula nos instantes em que o pino entra e sai de cada uma das seis ranhuras; isso acontecerá se a distância entre os centros dos discos e os raios dos discos estiver relacionada do modo indicado. Determine a velocidade angular e a aceleração angular do disco *S* no instante em que ϕ = 150°.

15.178 No Problema 15.177, determine a velocidade angular e a aceleração angular do disco *S* no instante em que ϕ = 135°.

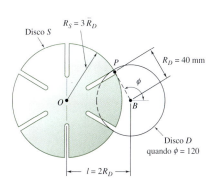

Figura P15.177

15.179 No instante mostrado na figura, a barra BC tem uma velocidade angular de 3 rad/s e uma aceleração de 2 rad/s², ambas no sentido anti-horário. Determine a aceleração angular da placa.

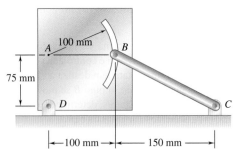

Figura **P15.179** e **P15.180**

15.180 No instante mostrado na figura, a barra BC tem uma velocidade angular de 3 rad/s e uma aceleração de 2 rad/s², ambas no sentido horário. Determine a aceleração angular da placa.

*__15.181__ A barra AB passa através de um colar que é soldado à haste DE. Sabendo que, no instante mostrado, o bloco A se move para a direita a uma velocidade constante de 2 m/s, determine (a) a velocidade angular da barra AB, (b) a velocidade relativa ao colar do ponto da barra em contato com o colar, (c) a aceleração do ponto da barra em contato com o colar. (*Dica*: a barra AB e a haste DE têm o mesmo ω e o mesmo α.)

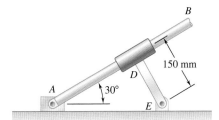

Figura P15.181

*__15.182__ Resolva o Problema 15.181 considerando que o bloco A se desloca para a esquerda com uma velocidade constante de 2 m/s.

*__15.183__ No Problema 15.157, determine a aceleração do pino P.

*15.6 Movimento de um corpo rígido no espaço

Estender o estudo do movimento bidimensional para analisar o movimento em três dimensões utiliza a maioria dos conceitos já estudados para o primeiro caso, mas com a adição de certa complexidade nos cálculos. Introduzimos essas ideias nesta e na próxima seção e retornaremos a elas ao discutir a cinética de um corpo rígido no Capítulo 18.

15.6A Movimento em torno de um ponto fixo

Na Seção 15.1B, o movimento de um corpo rígido forçado a girar em torno de um eixo fixo foi considerado. O caso mais geral do movimento tridimensional de um corpo rígido que tem um ponto fixo O será examinado agora. Primeiro, será demonstrado que:

> O deslocamento mais geral de um corpo rígido com um ponto fixo O é equivalente a uma rotação do corpo em torno de um eixo por meio de O.*

Em vez de considerar o próprio corpo rígido, podemos destacar uma esfera de centro O do corpo e analisar o movimento dessa esfera. Como três pontos definem a posição de um sólido no espaço, o centro O e dois pontos A e B sobre a superfície da esfera definirão a sua posição e, portanto, a posição do corpo. Considere os pontos A_1 e B_1 caracterizando a posição da esfera em um instante e A_2 e B_2 os mesmos pontos caracterizando a posição da esfera em um instante posterior (Fig. 15.31a). Como a esfera é rígida, os comprimentos dos arcos de grande círculo A_1B_1 e A_2B_2 precisam ser os mesmos, mas, exceto por esse requisito, as posições de A_1, A_2, B_1 e B_2 são arbitrárias. Propomo-nos a demonstrar que os pontos A e B podem ser levados, respectivamente, de A_1 e B_1 para A_2 e B_2 por uma rotação única da esfera em torno de um eixo.

Por conveniência, e sem perda de generalidade, selecionamos o ponto B de modo que sua posição inicial coincida com a posição final de A; logo, $B_1 = A_2$ (Fig. 15.31b). Desenhamos os arcos de grande círculo, A_1A_2 e A_2B_2, e os arcos bissetores, respectivamente, de A_1A_2 e A_2B_2. Seja C o ponto de interseção desses dois últimos arcos. Completamos a construção desenhando A_1C, A_2C e B_2C. Conforme mencionado anteriormente, por causa da rigidez da esfera, $A_1B_1 = A_2B_2$. Como C é equidistante de A_1, A_2 e B_2 por construção, temos também que $A_1C = A_2C = B_2C$. Resultado disso é que os triângulos esféricos A_1CA_2 e B_1CB_2 são congruentes e que os ângulos A_1CA_2 e B_1CB_2 são iguais. Representado por θ o valor comum desses ângulos, concluímos que a esfera pode ser levada de sua posição inicial para sua posição final com uma rotação única da esfera de um ângulo θ em torno do eixo OC.

Por conseguinte, o movimento durante um intervalo de tempo Δt de um corpo rígido com um ponto fixo O pode ser considerado como uma rotação de $\Delta \theta$ em torno de um certo eixo. Desenhando ao longo desse eixo um vetor de intensidade $\Delta \theta / \Delta t$ e fazendo Δt tender a zero, obtemos no limite o **eixo instantâneo de rotação** e a velocidade angular ω do corpo no instante considerado (Fig. 15.32). A velocidade de uma partícula P do corpo pode ser obtida, como

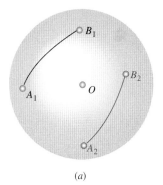

(a)

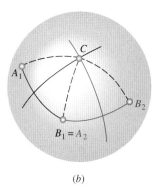

(b)

Figura 15.31 (a) Posições de dois pontos numa esfera rotativa; (b) a esfera pode ser levada para essa nova posição com uma única rotação.

---
*N. de T.: Este resultado é conhecido como teorema de Euler.

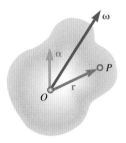

Figura 15.32 Velocidade angular e aceleração angular de um corpo rígido que se move em torno de um ponto fixo O.

na Seção 15.1B, efetuando-se o produto vetorial de $\boldsymbol{\omega}$ e do vetor de posição $\mathbf{r}$ da partícula:

$$\mathbf{v} = \frac{d\mathbf{r}}{dt} = \boldsymbol{\omega} \times \mathbf{r} \tag{15.37}$$

A aceleração da partícula é obtida pela diferenciação da Eq. (15.37) com relação a t. Assim, como na Seção 15.1B, obtemos

$$\mathbf{a} = \boldsymbol{\alpha} \times \mathbf{r} + \boldsymbol{\omega} \times (\boldsymbol{\omega} \times \mathbf{r}) \tag{15.38}$$

onde a aceleração angular $\boldsymbol{\alpha}$ é definida como sendo a derivada

$$\boldsymbol{\alpha} = \frac{d\boldsymbol{\omega}}{dt} \tag{15.39}$$

da velocidade angular $\boldsymbol{\omega}$.

No caso do movimento de um corpo rígido com um ponto fixo, a direção de $\boldsymbol{\omega}$ e do eixo instantâneo de rotação varia de instante para instante. A aceleração angular $\boldsymbol{\alpha}$ reflete a variação na direção de $\boldsymbol{\omega}$, assim como sua variação de intensidade e, em geral, *não está orientada ao longo do eixo instantâneo de rotação*. Embora as partículas do corpo localizadas sobre o eixo instantâneo de rotação tenham velocidade nula no instante considerado, elas não têm aceleração nula. E ainda, as acelerações das várias partículas do corpo *não podem* ser determinadas como se o corpo estivesse girando permanentemente em torno do eixo instantâneo.

Relembrando a definição da velocidade de uma partícula com vetor de posição $\mathbf{r}$, notamos que a aceleração angular $\boldsymbol{\alpha}$, conforme expresso na Eq. (15.39), representa a velocidade da ponta do vetor $\boldsymbol{\omega}$. Essa propriedade pode ser útil para a determinação da aceleração angular de um corpo rígido. Por exemplo, resulta que o vetor $\boldsymbol{\alpha}$ é tangente à curva descrita no espaço pela ponta do vetor $\boldsymbol{\omega}$.

Deve-se notar que o vetor $\boldsymbol{\omega}$ se move no interior do corpo, assim como no espaço. Logo, ele gera dois cones denominados, respectivamente, **cone corporal** e **cone espacial** (Fig. 15.33).* Pode-se mostrar que, em um instante dado qualquer, os dois cones são tangentes ao longo do eixo instantâneo de rotação e que, à medida que o corpo se desloca, o cone corporal parece *rolar* sobre o cone espacial.

Antes de concluir nossa análise do movimento de um corpo rígido com um ponto fixo, devemos demonstrar que as velocidades angulares são de fato vetores. Algumas grandezas, como as *rotações finitas* de um corpo rígido, têm intensidade e direção, mas não obedecem à lei de adição do paralelogramo; essas grandezas não podem ser consideradas como vetores. Em contraste, as velocidades angulares (assim como as *rotações infinitesimais*) obedecem à lei do paralelogramo e, portanto, são realmente grandezas vetoriais.

Considere um corpo rígido com um ponto fixo O que, em um instante dado, gira simultaneamente em torno dos eixos OA e OB com velocidades angulares $\boldsymbol{\omega}_1$ e $\boldsymbol{\omega}_2$ (Fig. 15.34a). Sabemos que, no instante considerado, esse movimento deve ser equivalente a uma rotação única de velocidade angular $\boldsymbol{\omega}$. Propomo-nos a demonstrar que

$$\boldsymbol{\omega} = \boldsymbol{\omega}_1 + \boldsymbol{\omega}_2 \tag{15.40}$$

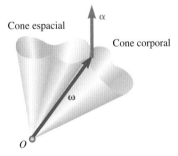

Figura 15.33 O vetor de velocidade angular gera um cone corporal e um cone espacial quando muda de direção.

---

*Lembre-se de que um cone é, por definição, uma superfície gerada por uma linha reta que passa por um ponto fixo. Em geral, os cones considerados aqui não serão cones circulares.

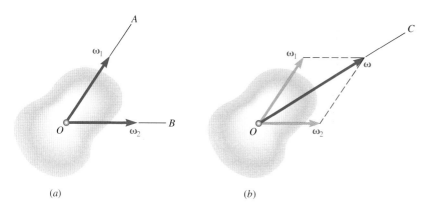

Figura 15.34 (a) Um corpo rígido que gira em torno de dois eixos simultaneamente; (b) o movimento é equivalente a uma única rotação com velocidade angular igual à soma vetorial das velocidades angulares iniciais.

ou seja, que a velocidade angular resultante pode ser obtida pela adição de $\boldsymbol{\omega}_1$ e $\boldsymbol{\omega}_2$ segundo a lei do paralelogramo (Fig. 15.34b).

Considere a partícula P do corpo, definida pelo vetor de posição $\mathbf{r}$. Representando por $\mathbf{v}_1$, $\mathbf{v}_2$ e $\mathbf{v}$ a velocidade de P quando o corpo gira, respectivamente, em torno de OA apenas, em torno de OB apenas e em torno de ambos os eixos simultaneamente, escrevemos

$$\mathbf{v} = \boldsymbol{\omega} \times \mathbf{r} \quad \mathbf{v}_1 = \boldsymbol{\omega}_1 \times \mathbf{r} \quad \mathbf{v}_2 = \boldsymbol{\omega}_2 \times \mathbf{r} \quad (15.41)$$

Mas o caráter vetorial das velocidades *lineares* está bem estabelecido (pois elas representam derivadas de vetores posição). Temos, portanto,

$$\mathbf{v} = \mathbf{v}_1 + \mathbf{v}_2$$

onde o sinal de adição indica adição vetorial. Substituindo (15.41), escrevemos

$$\boldsymbol{\omega} \times \mathbf{r} = \boldsymbol{\omega}_1 \times \mathbf{r} + \boldsymbol{\omega}_2 \times \mathbf{r}$$
$$\boldsymbol{\omega} \times \mathbf{r} = (\boldsymbol{\omega}_1 + \boldsymbol{\omega}_2) \times \mathbf{r}$$

onde o sinal de adição ainda indica adição vetorial. Como a relação obtida vale para um $\mathbf{r}$ arbitrário, concluímos que (15.40) deve ser verdadeira.

*15.6B Movimento geral

O movimento mais geral de um corpo rígido no espaço será agora considerado. Sejam A e B duas partículas do corpo. Relembrando a partir da Seção 11.4D que a velocidade de B em relação ao sistema de referência fixo $OXYZ$ pode ser expressa como

$$\mathbf{v}_B = \mathbf{v}_A + \mathbf{v}_{B/A} \quad (15.42)$$

onde $\mathbf{v}_{B/A}$ é a velocidade de B relativa a um sistema de referência $AX'Y'Z'$ ligado a A e de orientação fixa (Fig. 15.35). Uma vez que A está fixo nesse sistema de referência, o movimento do corpo relativo a $AX'Y'Z'$ é o movimento de um corpo com um ponto fixo. A velocidade relativa $\mathbf{v}_{B/A}$ pode então ser obtida da Eq. (15.37) após a troca de $\mathbf{r}$ pelo vetor de posição $\mathbf{r}_{B/A}$ de B em relação a A. Substituindo $\mathbf{v}_{B/A}$ na Eq. (15.42), escrevemos

$$\mathbf{v}_B = \mathbf{v}_A + \boldsymbol{\omega} \times \mathbf{r}_{B/A} \quad (15.43)$$

onde $\boldsymbol{\omega}$ é a velocidade angular do corpo no instante considerado.

Foto 15.8 Quando a escada do caminhão de bombeiros gira em torno de sua base fixa, sua velocidade angular pode ser obtida pela adição das velocidades angulares correspondentes a relações simultâneas em torno de dois eixos diferentes.

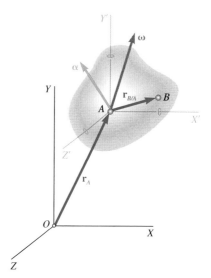

Figura 15.35 Um corpo rígido que se move em relação a um sistema de referência fixo $OXYZ$ e um sistema de referência preso ao corpo, mas com uma orientação fixa $OX'Y'Z'$.

1068 Mecânica vetorial para engenheiros: Dinâmica

A aceleração de B é obtida por um raciocínio semelhante. Primeiro, escrevemos

$$\mathbf{a}_B = \mathbf{a}_A + \mathbf{a}_{B/A}$$

e, retomando a Eq. (15.38),

$$\mathbf{a}_B = \mathbf{a}_A + \boldsymbol{\alpha} \times \mathbf{r}_{B/A} + \boldsymbol{\omega} \times (\boldsymbol{\omega} \times \mathbf{r}_{B/A}) \qquad (15.44)$$

onde $\boldsymbol{\alpha}$ é a aceleração angular do corpo no instante considerado.

A aceleração angular $\boldsymbol{\alpha}$ representa a taxa de variação $(\dot{\boldsymbol{\omega}})_{OXYZ}$ do vetor $\boldsymbol{\omega}$ em relação a um sistema de referência fixo $OXYZ$ e reflete tanto uma variação de intensidade quanto uma variação na orientação da velocidade angular. Ao calcular $\boldsymbol{\alpha}$, calcula-se, geralmente, primeiro a taxa de variação $(\dot{\boldsymbol{\omega}})_{Oxyz}$ de $\boldsymbol{\omega}$ em relação a um sistema de referência rotativo $Oxyz$ de sua escolha e usar a Eq. (15.31) para obter $\boldsymbol{\alpha}$. Temos

$$\boldsymbol{\alpha} = (\dot{\boldsymbol{\omega}})_{OXYZ} = (\dot{\boldsymbol{\omega}})_{Oxyz} + \boldsymbol{\Omega} \times \boldsymbol{\omega}$$

onde $\boldsymbol{\Omega}$ é a velocidade angular do sistema de referência rotativo $Oxyz$ [Problema Resolvido 15.21].

As Eqs. (15.43) e (15.44) mostram que **o movimento mais geral de um corpo rígido, em um instante dado qualquer, é equivalente à soma de uma translação** (na qual todas as partículas do corpo têm a mesma velocidade e aceleração de uma partícula de referência A) **e de um movimento no qual a partícula A é considerada fixa.** *

Resolvendo as Eqs. (15.43) e (15.44) para $\mathbf{v}_A$ e $\mathbf{a}_A$, mostra-se facilmente que o movimento do corpo em relação a um sistema de referência ligado a B seria caracterizado pelos mesmos vetores $\boldsymbol{\omega}$ e $\boldsymbol{\alpha}$ do seu movimento relativo a $AX'Y'Z'$. Logo, a velocidade angular e a aceleração angular de um corpo rígido em um dado instante são independentes da escolha do ponto de referência. Se $AX'Y'Z'$ for um sistema de referência não rotativo, deve-se ter em mente que, esteja o sistema de referência ligado a A ou a B, ele precisa manter uma orientação fixa; isto é, ele deve permanecer paralelo ao sistema de referência fixo $OXYZ$ durante todo movimento do corpo rígido.

Em muitos problemas será, mais conveniente usar um sistema de referência móvel que possa girar, assim como fazer o movimento de translação. O uso de tais sistemas de referência móveis será discutido na Seção 15.7.

---

*A partir da Seção 15.6A, lembre-se de que, em geral, os vetores $\boldsymbol{\omega}$ e $\boldsymbol{\alpha}$ não são colineares e que a aceleração das partículas do corpo em seu movimento relativo ao sistema de referência $AX'Y'Z'$ não pode ser obtida como se o corpo estivesse girando permanentemente em torno do eixo instantâneo que passa por A.

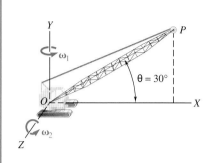

PROBLEMA RESOLVIDO 15.21

O guindaste mostrado na figura gira com uma velocidade angular constante ω_1 de 0,30 rad/s. Simultaneamente, a lança está sendo erguida com uma velocidade angular constante ω_2 de 0,50 rad/s em relação à cabine. Sabendo que o comprimento da lança OP é $l = 12$ m, determine (a) a velocidade angular ω da lança, (b) a aceleração angular α da lança, (c) a velocidade v da ponta da lança e (d) a aceleração a da ponta da lança.

ESTRATÉGIA Como existem múltiplos eixos de rotação, você precisa usar as equações cinemáticas de velocidade e aceleração para movimento geral, somar vetorialmente as velocidades angulares indicadas para encontrar a velocidade angular total da lança e, então, diferenciá-la para encontrar a aceleração angular.

MODELAGEM E ANÁLISE

a. Velocidade angular da lança. Adicionando a velocidade angular ω_1 da cabine e a velocidade angular ω_2 da lança em relação à cabine, obtemos a velocidade angular ω da lança no instante considerado:

$$\omega = \omega_1 + \omega_2 \qquad \omega = (0{,}30 \text{ rad/s})\mathbf{j} + (0{,}50 \text{ rad/s})\mathbf{k} \blacktriangleleft$$

b. Aceleração angular da lança. A aceleração angular α da lança é obtida pela diferenciação de ω. Como o vetor ω_1 é constante em intensidade e direção, temos

$$\alpha = \dot{\omega} = \dot{\omega}_1 + \dot{\omega}_2 = 0 + \dot{\omega}_2$$

onde a taxa de variação $\dot{\omega}_2$ deve ser calculada em relação ao sistema de referência fixo $OXYZ$. Entretanto, é mais conveniente usar um sistema de referência $Oxyz$ ligado à cabine e girando com ela, pois o vetor ω_2 também gira com a cabine e, portanto, tem taxa de variação nula em relação a esse sistema de referência. Usando a Eq. (15.31) com $\mathbf{Q} = \omega_2$ e $\mathbf{\Omega} = \omega_1$, escrevemos

$$(\dot{\mathbf{Q}})_{OXYZ} = (\dot{\mathbf{Q}})_{Oxyz} + \mathbf{\Omega} \times \mathbf{Q}$$
$$(\dot{\omega}_2)_{OXYZ} = (\dot{\omega}_2)_{Oxyz} + \omega_1 \times \omega_2$$
$$\alpha = (\dot{\omega}_2)_{OXYZ} = 0 + (0{,}30 \text{ rad/s})\mathbf{j} \times (0{,}50 \text{ rad/s})\mathbf{k}$$

$$\alpha = (0{,}15 \text{ rad/s}^2)\mathbf{i} \blacktriangleleft$$

c. Velocidade da ponta da lança. Observando que o vetor de posição do ponto P é $\mathbf{r} = (10{,}39 \text{ m})\mathbf{i} + (6 \text{ m})\mathbf{j}$ (Fig. 1) e usando a expressão encontrada para ω na parte (a), escrevemos

$$\mathbf{v} = \omega \times \mathbf{r} = \begin{vmatrix} \mathbf{i} & \mathbf{j} & \mathbf{k} \\ 0 & 0{,}30 \text{ rad/s} & 0{,}50 \text{ rad/s} \\ 10{,}39 \text{ m} & 6 \text{ m} & 0 \end{vmatrix}$$

$$\mathbf{v} = -(3 \text{ m/s})\mathbf{i} + (5{,}20 \text{ m/s})\mathbf{j} - (3{,}12 \text{ m/s})\mathbf{k} \blacktriangleleft$$

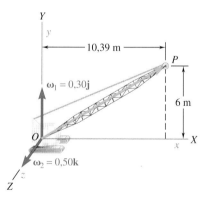

Figura 1 Um sistema de referência rotativo *xyz* é ligado à cabine.

(*continua*)

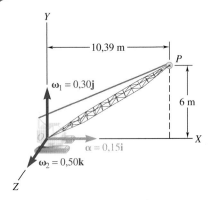

Figura 2 Velocidades e acelerações angulares da lança.

d. Aceleração da ponta da lança. Relembrando que $\mathbf{v} = \boldsymbol{\omega} \times \mathbf{r}$, da Fig. 2, escrevemos

$$\mathbf{a} = \boldsymbol{\alpha} \times \mathbf{r} + \boldsymbol{\omega} \times (\boldsymbol{\omega} \times \mathbf{r}) = \boldsymbol{\alpha} \times \mathbf{r} + \boldsymbol{\omega} \times \mathbf{v}$$

$$\mathbf{a} = \begin{vmatrix} \mathbf{i} & \mathbf{j} & \mathbf{k} \\ 0{,}15 & 0 & 0 \\ 10{,}39 & 6 & 0 \end{vmatrix} + \begin{vmatrix} \mathbf{i} & \mathbf{j} & \mathbf{k} \\ 0 & 0{,}30 & 0{,}50 \\ -3 & 5{,}20 & -3{,}12 \end{vmatrix}$$

$$= 0{,}90\mathbf{k} - 0{,}94\mathbf{i} - 2{,}60\mathbf{i} - 1{,}50\mathbf{j} + 0{,}90\mathbf{k}$$

$$\mathbf{a} = -(3{,}54 \text{ m/s}^2)\mathbf{i} - (1{,}50 \text{ m/s}^2)\mathbf{j} + (1{,}80 \text{ m/s}^2)\mathbf{k} \quad \blacktriangleleft$$

PARA REFLETIR A base da cabine atua como o ponto fixo do movimento. Mesmo que ambos os componentes da velocidade angular sejam constantes, há uma aceleração angular devido à variação na orientação da velocidade angular ω_2. O vetor de velocidade angular ω_2 varia devido à rotação da cabine, ω_1.

PROBLEMA RESOLVIDO 15.22

A barra AB de 175 mm de comprimento está presa ao disco por uma junta articulada e ao colar B por um grampo em U. O disco gira no plano yz a uma taxa constante $\omega_1 = 12$ rad/s, ao passo que o colar está livre para deslizar ao longo da barra horizontal CD. Para a posição $\theta = 0$, determine (a) a velocidade do colar e (b) a velocidade angular da barra.

ESTRATÉGIA Use as equações cinemáticas de velocidade e aceleração para relacionar as velocidades dos pontos A e B.

MODELAGEM E ANÁLISE

a. Velocidade do colar. Como o ponto A está preso ao disco e como o colar B desloca-se em uma direção paralela ao eixo x, temos (Fig. 1)

$$\mathbf{v}_A = \boldsymbol{\omega}_1 \times \mathbf{r}_A = 12\mathbf{i} \times 50\mathbf{k} = -600\mathbf{j} \qquad \mathbf{v}_B = v_B\mathbf{i}$$

Representando por $\boldsymbol{\omega}$ a velocidade angular da barra, escrevemos

$$\mathbf{v}_B = \mathbf{v}_A + \mathbf{v}_{B/A} = \mathbf{v}_A + \boldsymbol{\omega} \times \mathbf{r}_{B/A}$$

$$v_B\mathbf{i} = -600\mathbf{j} + \begin{vmatrix} \mathbf{i} & \mathbf{j} & \mathbf{k} \\ \omega_x & \omega_y & \omega_z \\ 150 & 75 & -50 \end{vmatrix}$$

$$v_B\mathbf{i} = -600\mathbf{j} + (-50\omega_y - 75\omega_z)\mathbf{i} + (150\omega_z + 50\omega_x)\mathbf{j} + (75\omega_x - 150\omega_y)\mathbf{k}$$

Igualando os coeficientes dos vetores unitários, obtemos

$$v_B = -50\omega_y - 75\omega_z \tag{1}$$

$$600 = 50\omega_x + 150\omega_z \tag{2}$$

$$0 = 75\omega_x - 150\omega_y \tag{3}$$

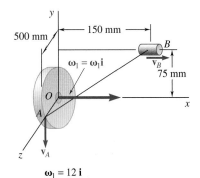

$\omega_1 = 12\,\mathbf{i}$
$\mathbf{r}_A = 50$ mm $\mathbf{k}$
$\mathbf{r}_B = 150$ mm $\mathbf{i} + 75$ mm $\mathbf{j}$
$\mathbf{r}_{B/A} = 150$ mm $\mathbf{i} + 75$ mm $\mathbf{j} - 50$ mm $\mathbf{k}$

Figura 1 Velocidade angular do disco e a direção das velocidades A e B.

Temos três equações e quatro incógnitas. Multiplicando as Eqs. (1), (2), (3), respectivamente, por 6, 3, -2 e somando-as, temos

$$6v_B + 1800 = 0 \qquad v_B = -300 \qquad \mathbf{v}_B = -(300 \text{ mm/s})\mathbf{i} \blacktriangleleft$$

b. Velocidade angular da barra AB. Observamos que a velocidade angular não pode ser determinada somente a partir das Eqs. (1), (2) e (3) porque o determinante formado pelos coeficientes de ω_x, ω_y e ω_z é zero. Uma equação adicional pode ser obtida considerando-se a restrição imposta pelo grampo em B.

A conexão colar–grampo em B permite a rotação de AB em torno da barra CD e também em torno de um eixo perpendicular ao plano que contém AB e CD. Ela impede a rotação de AB em torno do eixo EB, que é perpendicular a CD e pertence ao plano contendo AB e CD (Fig. 2). Assim, a projeção de $\boldsymbol{\omega}$ sobre $\mathbf{r}_{E/B}$ deve ser nula, e escrevemos

$$\boldsymbol{\omega} \cdot \mathbf{r}_{E/B} = 0$$
$$(\omega_x \mathbf{i} + \omega_y \mathbf{j} + \omega_z \mathbf{k}) \cdot (-75\mathbf{j} + 50\mathbf{k}) = 0$$
$$-75\omega_y + 50\omega_z = 0 \qquad (4)$$

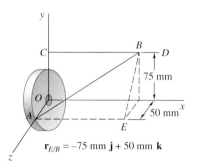

Figura 2 O colar-grampo evita a rotação em torno de EB.

Resolvendo as Eqs. de (1) até (4) simultaneamente, obtemos

$$v_B = -300 \qquad \omega_x = 3{,}69 \qquad \omega_y = 1{,}846 \qquad \omega_z = 2{,}77$$
$$\boldsymbol{\omega} = (3{,}69 \text{ rad/s})\mathbf{i} + (1{,}846 \text{ rad/s})\mathbf{j} + (2{,}77 \text{ rad/s})\mathbf{k} \blacktriangleleft$$

PARA REFLETIR Poderíamos ter observado que a direção de EB é aquela do produto vetorial triplo

$$\mathbf{r}_{B/C} \times (\mathbf{r}_{B/C} \times \mathbf{r}_{B/A})$$

e escrito

$$\boldsymbol{\omega} \cdot [\mathbf{r}_{B/C} \times (\mathbf{r}_{B/C} \times \mathbf{r}_{B/A})] = 0$$

Essa formulação seria particularmente útil caso a barra CD estivesse inclinada.

METODOLOGIA PARA A
RESOLUÇÃO DE PROBLEMAS

Nesta seção, você iniciou o estudo da **cinemática de corpos rígidos em três dimensões**. Primeiramente, estudou o **movimento de um corpo rígido em torno de um ponto fixo** e, em seguida, o **movimento geral de um corpo rígido**.

A. Movimento de um corpo rígido em torno de um ponto fixo. Para analisar o movimento de um ponto B de um corpo rígido que gira em torno de um ponto fixo O, você pode precisar seguir alguns ou todos os seguintes passos.

1. Determine o vetor de posição r que liga o ponto fixo O ao ponto B.

2. Determine a velocidade angular ω do corpo em relação a um sistema de referência fixo. Frequentemente, a velocidade angular ω será obtida pela adição de dois componentes de velocidades angulares ω_1 e ω_2 [Problema Resolvido 15.21].

3. Calcule a velocidade de B usando a equação

$$\mathbf{v} = \boldsymbol{\omega} \times \mathbf{r} \tag{15.37}$$

Normalmente, seu cálculo ficará mais fácil se você expressar o produto vetorial como um determinante.

4. Determine a aceleração angular α do corpo. A aceleração angular $\boldsymbol{\alpha}$ representa a taxa de variação $(\dot{\boldsymbol{\omega}})_{OXYZ}$ do vetor $\boldsymbol{\omega}$ em relação a um sistema de referência fixo $OXYZ$ e reflete tanto uma variação da intensidade como da direção da velocidade angular. Entretanto, ao calcular $\boldsymbol{\alpha}$, você pode achar conveniente calcular, em primeiro lugar, a taxa de variação $(\dot{\boldsymbol{\omega}})_{Oxyz}$ de $\boldsymbol{\omega}$ em relação a um sistema de referência rotativo $Oxyz$ de sua escolha e usar a Eq. (15.31). Você escreverá

$$\boldsymbol{\alpha} = (\dot{\boldsymbol{\omega}})_{OXYZ} = (\dot{\boldsymbol{\omega}})_{Oxyz} + \boldsymbol{\Omega} \times \boldsymbol{\omega}$$

onde $\boldsymbol{\Omega}$ é a velocidade angular do sistema de referência rotativo $Oxyz$ [Problema Resolvido 15.21].

5. Calcule a aceleração de B usando a equação

$$\mathbf{a} = \boldsymbol{\alpha} \times \mathbf{r} + \boldsymbol{\omega} \times (\boldsymbol{\omega} \times \mathbf{r}) \tag{15.38}$$

Observe que o produto vetorial $(\boldsymbol{\omega} \times \mathbf{r})$ representa a velocidade do ponto B e foi calculado no passo 3. Além disso, o cálculo do primeiro produto vetorial em (15.38) ficará mais fácil se você expressar esse produto sob a forma de determinante. Lembre-se de que, como no caso do movimento plano de um corpo rígido, o eixo instantâneo de rotação *não pode* ser usado para determinar as acelerações.

B. Movimento geral de um corpo rígido. O movimento geral de um corpo rígido pode ser considerado como *a soma de uma translação e de uma rotação*. Tenha em mente o seguinte:

    a. Na parte de translação do movimento, todos os pontos do corpo têm a *mesma velocidade* $\mathbf{v}_A$ e a *mesma aceleração* $\mathbf{a}_A$ do ponto A do corpo que foi selecionado como ponto de referência.

    b. Na parte de rotação do movimento, o mesmo ponto de referência A é admitido como um *ponto fixo*.

1. Para determinar a velocidade do ponto B do corpo rígido quando você conhece a velocidade $\mathbf{v}_A$ do ponto de referência A e a velocidade angular $\boldsymbol{\omega}$ do corpo, você deve simplesmente adicionar $\mathbf{v}_A$ à velocidade $\mathbf{v}_{B/A} = \boldsymbol{\omega} \times \mathbf{r}_{B/A}$ de B em sua rotação em torno de A:

$$\mathbf{v}_B = \mathbf{v}_A + \boldsymbol{\omega} \times \mathbf{r}_{B/A} \qquad \textbf{(15.43)}$$

Como indicado anteriormente, o cálculo do produto vetorial normalmente será mais simples se você expressar esse produto sob a forma de determinante.

A Eq. (15.43) também pode ser usada para determinar a intensidade de $\mathbf{v}_B$ quando sua direção é conhecida, mesmo que $\boldsymbol{\omega}$ seja desconhecida. Embora as três equações escalares correspondentes sejam linearmente dependentes e os componentes de $\boldsymbol{\omega}$ permaneçam indeterminados, esses componentes podem ser eliminados e $\mathbf{v}_A$ pode ser encontrado usando-se uma combinação linear apropriada das três equações [Problema Resolvido 15.22, parte (a)]. Alternativamente, você pode atribuir um valor arbitrário a um dos componentes de $\boldsymbol{\omega}$ e resolver as equações para $\mathbf{v}_A$. Entretanto, é preciso encontrar uma equação adicional a fim de determinar os valores reais dos componentes de $\boldsymbol{\omega}$ [Problema Resolvido 15.22, parte (b)].

2. Para determinar a aceleração do ponto B do corpo rígido quando você conhece a aceleração $\mathbf{a}_A$ do ponto de referência A e a aceleração angular $\boldsymbol{\alpha}$ do corpo, você deve simplesmente adicionar $\mathbf{a}_A$ à aceleração de B em sua rotação em torno de A do modo expresso na Eq. (15.38):

$$\mathbf{a}_B = \mathbf{a}_A + \boldsymbol{\alpha} \times \mathbf{r}_{B/A} + \boldsymbol{\omega} \times (\boldsymbol{\omega} \times \mathbf{r}_{B/A}) \qquad \textbf{(15.44)}$$

Observe que o produto vetorial ($\boldsymbol{\omega} \times \mathbf{r}_{B/A}$) representa a velocidade $\mathbf{v}_{B/A}$ de B relativa a A e já pode ter sido determinada como parte do cálculo de $\mathbf{v}_B$.

As três equações escalares associadas à Eq. (15.44) também podem ser usadas para determinar a intensidade de $\mathbf{a}_B$ quando sua direção é conhecida, mesmo que $\boldsymbol{\omega}$ e $\boldsymbol{\alpha}$ não sejam conhecidas. Embora os componentes $\boldsymbol{\omega}$ e $\boldsymbol{\alpha}$ sejam indeterminados, você pode atribuir valores arbitrários a um dos componentes de $\boldsymbol{\omega}$ e a um dos componentes de $\boldsymbol{\alpha}$ e resolver as equações para $\mathbf{a}_B$.

PROBLEMAS

PROBLEMAS DE FINAL DE SEÇÃO

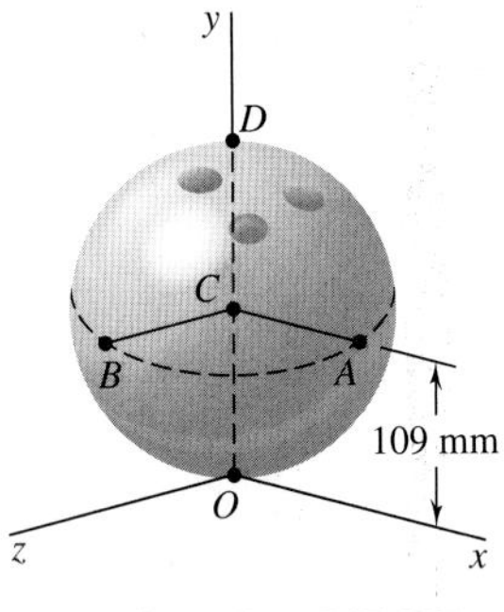

15.184 A bola de boliche mostrada na figura rola sem deslizar sobre o plano horizontal xz com uma velocidade angular $\boldsymbol{\omega} = \omega_x\mathbf{i} + \omega_y\mathbf{j} + \omega_z\mathbf{k}$. Sabendo que $\mathbf{v}_A = (4,8 \text{ m/s})\mathbf{i} - (4,8 \text{ m/s})\mathbf{j} + (3,6 \text{ m/s})\mathbf{k}$ e $\mathbf{v}_D = (9,6 \text{ m/s})\mathbf{i} + (7,2 \text{ m/s})\mathbf{k}$, determine (a) a velocidade angular da bola de boliche, (b) a velocidade de seu centro C.

15.185 A bola de boliche mostrada na figura rola sem deslizar sobre o plano horizontal xz com uma velocidade angular $\boldsymbol{\omega} = \omega_x\mathbf{i} + \omega_y\mathbf{j} + \omega_z\mathbf{k}$. Sabendo que $\mathbf{v}_B = (3,6 \text{ m/s})\mathbf{i} - (4,8 \text{ m/s})\mathbf{j} + (4,8 \text{ m/s})\mathbf{k}$ e $\mathbf{v}_D = (7,2 \text{ m/s})\mathbf{i} + (9,6 \text{ m/s})\mathbf{k}$, determine (a) a velocidade angular da bola de boliche, (b) a velocidade de seu centro C.

Figura P15.184 e P15.185

15.186 Uma placa ABD e uma barra OB estão rigidamente conectadas e giram sobre a junta rotulada O com velocidade angular $\boldsymbol{\omega} = \omega_x\mathbf{i} + \omega_y\mathbf{j} + \omega_z\mathbf{k}$. Sabendo que $\mathbf{v}_A = (80 \text{ mm/s})\mathbf{i} + (360 \text{ mm/s})\mathbf{j} + (v_A)_z\mathbf{k}$ e $\omega_x = 1,5$ rad/s, determine (a) a velocidade angular da montagem, (b) a velocidade angular do ponto D.

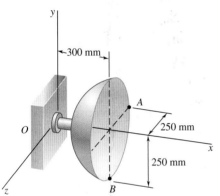

Figura P15.187

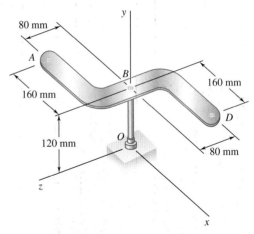

Figura P15.186

15.187 No instante considerado, a antena de radar mostrada na figura gira em torno da origem das coordenadas com uma velocidade angular $\boldsymbol{\omega} = \omega_x\mathbf{i} + \omega_y\mathbf{j} + \omega_z\mathbf{k}$. Sabendo que $(v_A)_y = 300$ mm/s, $(v_B)_y = 180$ mm/s e $(v_B)_z = 360$ mm/s, determine (a) a velocidade angular da antena, (b) a velocidade do ponto A.

15.188 Um rotor de um motor elétrico gira a uma taxa constante $\omega_1 = 1800$ rpm. Determine a aceleração angular do rotor quando o motor é girado sobre o eixo y com a velocidade angular constante $\boldsymbol{\omega}_2$ de 6 rpm no sentido anti-horário quando visto na direção positiva do eixo y.

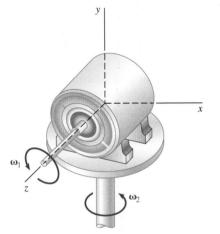

Figura P15.188

15.189 O disco de uma lixadeira portátil gira à velocidade constante ω_1 = 4400 rpm como mostrado na figura. Determine a aceleração angular do disco considerando que um trabalhador gira a lixadeira em torno do eixo z com uma velocidade angular de 0,5 rad/s e uma aceleração angular de 2,5 rad/s^2, ambas no sentido horário quando vistas a partir do eixo positivo z.

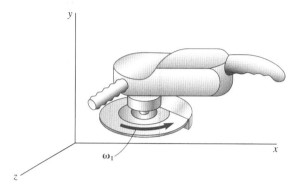

Figura P15.189

15.190 Um simulador de voo é usado para treinar pilotos sobre como reconhecer a desorientação espacial. Ele tem quatro graus de liberdade e pode girar em torno de um eixo planetário, bem como nos eixos vertical, lateral e longitudinal. Sabendo que o simulador está girando em torno do eixo planetário com uma velocidade angular constante de 20 rpm no sentido anti-horário se visto de cima, determine a aceleração angular da cabine se (*a*) a cabine tiver uma velocidade angular lateral constante de $+3\mathbf{k}$ rad/s, (*b*) a cabine tiver uma velocidade angular longitudinal constante de $-4\mathbf{i}$ rad/s.

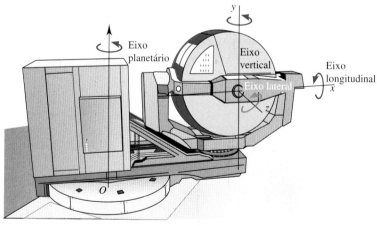

Figura P15.190

15.191 No sistema mostrado na figura, o disco A é livre para girar sobre a barra horizontal OA. Considerando que o disco B é estacionário ($\omega_2 = 0$) e que o eixo OC gira com uma velocidade angular constante ω_1, determine (*a*) a velocidade angular do disco A, (*b*) a aceleração angular do disco A.

15.192 No sistema mostrado na figura, o disco A é livre para girar sobre a barra horizontal OA. Considerando que o eixo OC e o disco B giram com as velocidades angulares constantes ω_1 e ω_2 respectivamente, determine (*a*) a velocidade angular do disco A, (*b*) a aceleração angular do disco A.

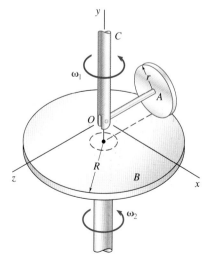

Figura **P15.191** e **P15.192**

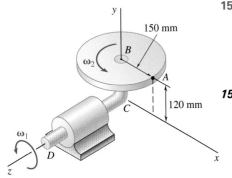

Figura P15.193

15.193 O braço BCD em forma de L gira em torno do eixo z com uma velocidade angular constante ω_1 de 5 rad/s. Sabendo que o disco de 150 mm de raio gira em torno de BC com uma velocidade angular constante $\omega_2 = 4$ rad/s, determine (a) a velocidade do ponto A, (b) a aceleração do ponto A.

15.194 Um cano de canhão de comprimento $OP = 4$ m está instalado sobre uma torre blindada do modo mostrado na figura. Para manter o cano com a mira em um alvo móvel, o ângulo azimutal β é aumentado a uma taxa $d\beta/dt = 30°$/s, e o ângulo de elevação γ é aumentado a uma taxa $d\gamma/dt = 10°$/s. Para a posição $\beta = 90°$ e $\gamma = 30°$, determine (a) a velocidade angular do cano, (b) a aceleração angular do cano, (c) a velocidade e a aceleração do ponto P.

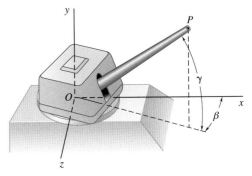

Figura *P15.194*

15.195 Um disco de 100 mm de raio gira à taxa constante $\omega_2 = 4$ rad/s em torno de um eixo apoiado em uma estrutura presa a uma barra horizontal que gira à taxa constante $\omega_1 = 5$ rad/s. Para a posição mostrada na figura, determine (a) a aceleração angular do disco, (b) a aceleração do ponto P sobre a periferia do disco se $\theta = 0$, (c) a aceleração do ponto P sobre a periferia do disco se $\theta = 90°$.

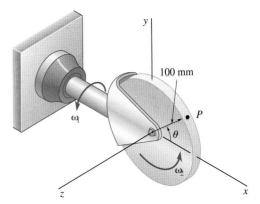

Figura P15.195 e P15.196

15.196 Um disco de 100 mm de raio gira à taxa constante $\omega_2 = 4$ rad/s em torno de um eixo apoiado em uma estrutura presa a uma barra horizontal que gira a uma taxa constante $\omega_1 = 5$ rad/s. Sabendo que $\theta = 30°$, determine a aceleração do ponto P sobre a periferia do disco.

15.197 O cone mostrado rola no plano zx com seu vértice na origem das coordenadas. Representando por $\boldsymbol{\omega}_1$ a velocidade angular constante do eixo OB do cone em torno do eixo y, determine (a) a taxa de rotação do cone em torno do eixo OB, (b) a velocidade angular total do cone, (c) a aceleração angular do cone.

15.198 No instante mostrado, o braço robótico ABC está sendo girado simultaneamente à velocidade constante $\omega_1 = 0{,}15$ rad/s em torno do eixo y e à taxa constante $\omega_2 = 0{,}25$ rad/s em torno do eixo z. Sabendo que o comprimento do braço ABC é de 1 m, determine (a) a aceleração angular do braço, (b) a velocidade do ponto C, (c) a aceleração do ponto C.

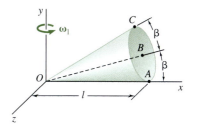

Figura P15.197

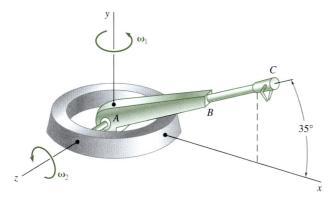

Figura P15.198

15.199 No sistema de engrenagens planetárias mostrado na figura, as engrenagens A e B estão rigidamente conectadas entre si e giram como uma unidade em torno do eixo inclinado. As engrenagens C e D giram com velocidades angulares constantes de 30 rad/s e 20 rad/s, respectivamente (ambas no sentido anti-horário quando vistas a partir da direita). Escolhendo o eixo x para a direita, o eixo y para cima e o eixo z apontando para fora do plano da figura, determine (a) a velocidade angular comum das engrenagens A e B, (b) a velocidade angular do eixo FH, que está rigidamente fixado ao eixo inclinado.

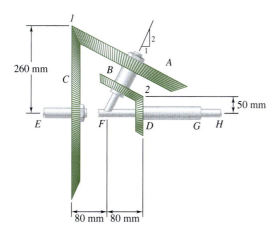

Figura P15.199

15.200 No Problema 15.199, determine (a) a aceleração angular comum das engrenagens A e B, (b) a aceleração do dente da engrenagem A que está em contato com a engrenagem C no ponto 1.

15.201 Várias barras estão soldadas juntas para formar o braço guia robótico mostrado na figura, que é preso a uma junta rotulada em O. A barra OA desliza na ranhura reta inclinada enquanto a barra OB desliza na ranhura paralela ao eixo z. Sabendo que, no instante mostrado, $\mathbf{v}_B = (180 \text{ mm/s})\mathbf{k}$, determine (a) a velocidade angular do braço guia, (b) a velocidade do ponto A, (c) a velocidade do ponto C.

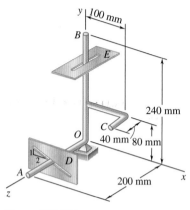

Figura **P15.201**

15.202 No Problema 15.201, a velocidade do ponto B é conhecida e é constante. Para a posição mostrada na figura, determine (a) a aceleração angular do braço guia, (b) a aceleração do ponto C.

15.203 A barra AB de 500 mm de comprimento está conectada por juntas rotuladas aos colares A e B, que deslizam ao longo das duas barras mostradas na figura. Sabendo que o colar B aproxima-se do ponto E a uma velocidade constante de 400 mm/s, determine a velocidade do colar A quando o colar B passa pelo ponto D.

15.204 A barra AB de 325 mm de comprimento está conectada por juntas rotuladas aos colares A e B, que deslizam ao longo das duas barras mostradas na figura. Sabendo que o colar B aproxima-se do ponto D a uma velocidade constante de 1 m/s, determine a velocidade do colar A quando $b = 100$ mm.

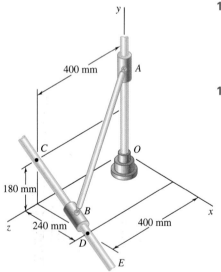

Figura P15.203

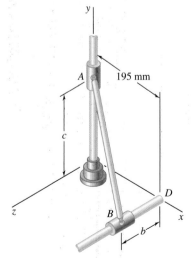

Figura P15.204

15.205 As barras BC e BD têm, cada uma, uma longitude de 840 mm e estão conectadas por juntas rotuladas aos colares que podem deslizar sobre as barras fixas mostradas. Sabendo que o colar B se move para A a uma velocidade constante de 390 mm/s, determine a velocidade do colar C para a posição mostrada.

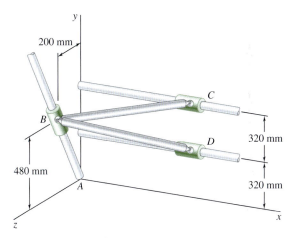

Figura P15.205

15.206 A barra AB está conectada por juntas rotuladas ao colar A e ao disco C de 400 mm de diâmetro. Sabendo que o disco C gira no sentido anti-horário à taxa constante $\omega_0 = 3$ rad/s no plano zx, determine a velocidade do colar A para a posição mostrada na figura.

15.207 A barra AB de 580 mm de comprimento está conectada por juntas rotuladas à manivela BC e ao colar A. A manivela BC tem 160 mm de comprimento e gira no plano horizontal xz à taxa constante $\omega_0 = 10$ rad/s. No instante mostrado na figura, quando a manivela BC está paralela ao eixo z, determine a velocidade do colar A.

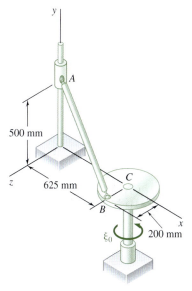

Figura P15.206

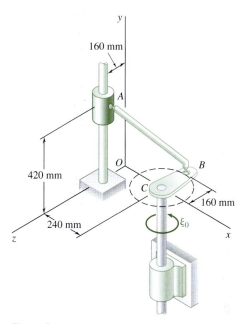

Figura P15.207

15.208 A barra AB de 300 mm de comprimento está conectada por juntas rotuladas aos colares A e B, que deslizam ao longo das duas barras mostradas na figura. Sabendo que o colar B aproxima-se do ponto D a uma velocidade constante de 50 mm/s, determine a velocidade do colar A quando $c = 80$ mm.

15.209 A barra AB de 300 mm de comprimento está conectada por juntas rotuladas aos colares A e B, que deslizam ao longo das duas barras mostradas na figura. Sabendo que o colar B aproxima-se do ponto D a uma velocidade constante de 50 mm/s, determine a velocidade do colar A quando $c = 120$ mm.

15.210 Dois eixos AC e EG, que se situam no plano vertical yz, estão conectados por uma junta universal em D. O eixo AC gira com uma velocidade angular constante ω_1 do modo mostrado na figura. No instante em que o braço da cruzeta preso ao eixo AC está na vertical, determine a velocidade angular do eixo EG.

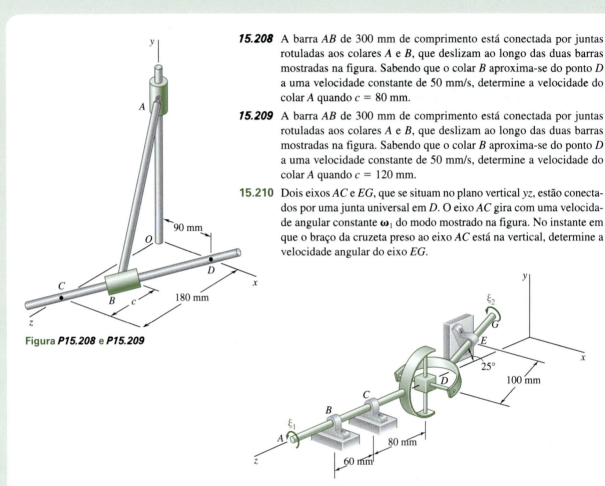

Figura P15.208 e P15.209

Figura P15.210

15.211 Resolva o Problema 15.210 considerando que o braço da cruzeta preso ao eixo AC está na horizontal.

15.212 A barra BC de 1067 mm de comprimento está conectada por juntas rotuladas ao colar B e por um grampo em U ao colar C. Sabendo que o colar B se desloca em direção a A a uma velocidade constante de 495 mm/s, determine, no instante mostrado, (a) a velocidade angular da barra, (b) a velocidade do colar C.

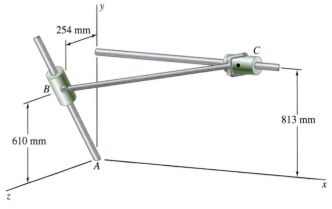

Figura P15.212

15.213 A barra AB de 275 mm de comprimento está conectada por juntas rotuladas ao colar A e por um grampo em U ao colar B. Sabendo que o colar B se move para baixo a uma velocidade constante de 1,35 m/s, determine, no instante mostrado, (a) a velocidade angular da barra, (b) a velocidade do colar A.

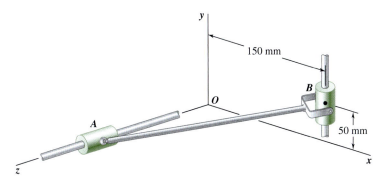

Figura P15.213

15.124 Para o mecanismo do Problema 15.204, determine a aceleração do colar A.

15.215 No Problema 15.205, determine a aceleração do colar C.

15.216 No Problema 15.206, determine a aceleração do colar A.

15.217 No Problema 15.207, determine a aceleração do colar A.

15.218 No Problema 15.208, determine a aceleração do colar A.

15.219 No Problema 15.209, determine a aceleração do colar A.

*15.7 Movimento em relação a um sistema de referência em movimento

Nesta seção final do capítulo, descrevemos o movimento em relação a um sistema de referência móvel – seja rotativo ou em movimento geral. Usaremos esses resultados no Capítulo 18, quando discutiremos a cinética de corpos rígidos em três dimensões.

15.7A Movimento tridimensional de uma partícula em relação a um sistema de referência rotativo

Vimos na Seção 15.5A que, dada uma função vetorial $\mathbf{Q}(t)$ e dois sistemas de referência centrados em O – um sistema de referência fixo $OXYZ$ e um sistema de referência rotativo $Oxyz$ –, as taxas de variação de $\mathbf{Q}$ em relação aos dois sistemas de referência satisfazem a relação

$$(\dot{\mathbf{Q}})_{OXYZ} = (\dot{\mathbf{Q}})_{Oxyz} + \mathbf{\Omega} \times \mathbf{Q} \tag{15.31}$$

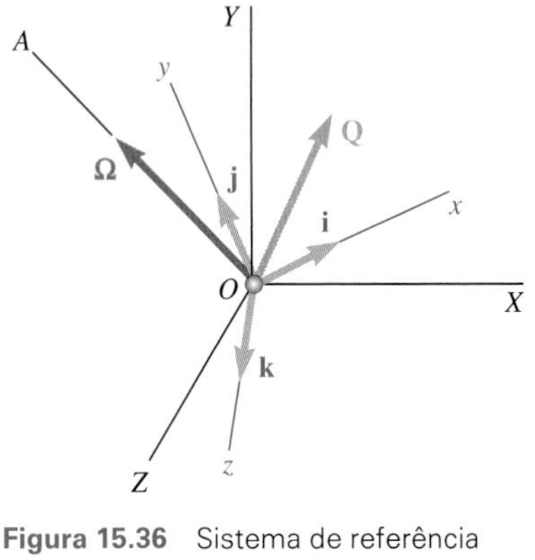

Havíamos admitido na ocasião que o sistema de referência $Oxyz$ era obrigado a girar em torno de um eixo fixo OA. Entretanto, a dedução dada na Seção 15.5A permanece válida quando o sistema de referência $Oxyz$ é forçado tão somente a ter um ponto fixo O. Mediante essa hipótese mais geral, o eixo OA representa o eixo *instantâneo* de rotação do sistema de referência $Oxyz$ (Seção 15.6A) e o vetor $\mathbf{\Omega}$, sua velocidade angular no instante considerado (Fig. 15.36).

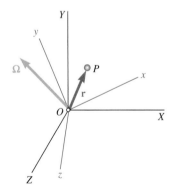

Figura 15.36 Sistema de referência rotativo $Oxyz$ em torno de um eixo instantâneo no sistema de referência fixo $OXYZ$ com velocidade angular $\mathbf{\Omega}$.

Vamos considerar agora o movimento tridimensional de uma partícula P em relação a um sistema de referência rotativo $Oxyz$ forçado a ter uma origem fixa O. Seja $\mathbf{r}$ o vetor de posição de P em um dado instante e $\mathbf{\Omega}$ a velocidade angular do sistema de referência $Oxyz$ em relação ao sistema de referência fixo $OXYZ$ no mesmo instante (Fig 15.37). As deduções fornecidas na Seção 15.5B para o movimento bidimensional de uma partícula podem ser prontamente estendidas ao caso tridimensional, e a velocidade absoluta $\mathbf{v}_P$ de P (isto é, sua velocidade em relação ao sistema de referência fixo $OXYZ$) pode ser expressa como

$$\mathbf{v}_P = \mathbf{\Omega} \times \mathbf{r} + (\dot{\mathbf{r}})_{Oxyz} \tag{15.45}$$

onde $(\dot{\mathbf{r}})_{Oxyz}$ é a velocidade relativa do ponto P em relação ao sistema de referência rotativo. Às vezes isso também é escrito como $\mathbf{v}_{\text{rel}}$. Representando o sistema de referência rotativo $Oxyz$ por $\mathcal{F}$, podemos escrever essa relação na forma alternativa

$$\mathbf{v}_P = \mathbf{v}_{P'} + \mathbf{v}_{P/\mathcal{F}} \tag{15.46}$$

Figura 15.37 Uma partícula P movendo-se em relação ao sistema de referência rotativo.

onde $\mathbf{v}_P =$ velocidade absoluta da partícula P
$\mathbf{v}_{P'} =$ velocidade do ponto P' do sistema de referência móvel $\mathcal{F}$ coincidente com P
$\mathbf{v}_{P/\mathcal{F}} =$ velocidade de P relativa ao sistema de referência móvel $\mathcal{F}$

A aceleração absoluta $\mathbf{a}_P$ de P pode ser expressa da seguinte forma:

$$\mathbf{a}_P = \dot{\mathbf{\Omega}} \times \mathbf{r} + \mathbf{\Omega} \times (\mathbf{\Omega} \times \mathbf{r}) + 2\mathbf{\Omega} \times (\dot{\mathbf{r}})_{Oxyz} + (\ddot{\mathbf{r}})_{Oxyz} \tag{15.47}$$

Uma forma alternativa é

$$\mathbf{a}_P = \mathbf{a}_{P'} + \mathbf{a}_{P/\mathcal{F}} + \mathbf{a}_C \qquad (15.48)$$

onde $\mathbf{a}_P$ = aceleração absoluta da partícula P
$\mathbf{a}_{P'}$ = aceleração do ponto P' do sistema de referência móvel $\mathcal{F}$ coincidente com P
$\mathbf{a}_{P/\mathcal{F}}$ = aceleração de P relativa ao sistema de referência móvel $\mathcal{F}$
$\mathbf{a}_C = 2\mathbf{\Omega} \times (\dot{\mathbf{r}})_{Oxyz} = 2\mathbf{\Omega} \times \mathbf{v}_{P/\mathcal{F}}$ = Aceleração de Coriolis

Observe a diferença entre esta equação e a Eq. (15.21), da Seção 15.4A, e lembre-se da discussão empreendida a partir da Eq. (15.36), da Seção 15.5B.

Observamos que a aceleração de Coriolis é perpendicular aos vetores $\mathbf{\Omega}$ e $\mathbf{v}_{P/\mathcal{F}}$. Todavia, como esses vetores usualmente não são perpendiculares entre si, a intensidade de $\mathbf{a}_C$ em geral *não* é igual a $2\Omega v_{P/\mathcal{F}}$, como era no caso do movimento plano de uma partícula. Observamos ainda que a aceleração de Coriolis se reduz a zero quando os vetores $\mathbf{\Omega}$ e $\mathbf{v}_{P/\mathcal{F}}$ são paralelos ou quando algum deles é nulo.

Os sistemas de referência rotativos são particularmente úteis no estudo do movimento tridimensional de corpos rígidos. Se o corpo rígido tem um ponto fixo O – como era o caso do guindaste do Problema Resolvido 15.21 – podemos usar um sistema de referência $Oxyz$ que pode girar. Representado por $\mathbf{\Omega}$ a velocidade angular do sistema de referência $Oxyz$, decompomos então a velocidade angular $\boldsymbol{\omega}$ do corpo nos componentes $\mathbf{\Omega}$ e $\boldsymbol{\omega}_{B/\mathcal{F}}$, onde o segundo componente representa a velocidade angular do corpo em relação ao sistema de referência $Oxyz$ (ver Problema Resolvido 15.24). Uma escolha apropriada do sistema de referência rotativo muitas vezes conduz a uma análise mais simples do movimento de um corpo rígido do que seria possível com eixos de orientação fixa. Isso é particularmente verdadeiro no caso do movimento tridimensional de um corpo rígido, ou seja, quando o corpo rígido em consideração não possui um ponto fixo (ver Problema Resolvido 15.25).

*15.7B Sistema de referência em movimento geral

Considere um sistema de referência fixo $OXYZ$ e um sistema de referência $Axyz$, que se move de maneira arbitrária, mas conhecida, em relação a $OXYZ$ (Fig. 15.38). Seja P uma partícula que se move no espaço. A posição de P é definida, em qualquer instante, pelo vetor $\mathbf{r}_P$ no sistema de referência fixo e pelo vetor $\mathbf{r}_{P/A}$ no sistema de referência móvel. Representando por $\mathbf{r}_A$ o vetor de posição de A no sistema de referência fixo, temos

$$\mathbf{r}_P = \mathbf{r}_A + \mathbf{r}_{P/a} \qquad (15.49)$$

A velocidade absoluta $\mathbf{v}_P$ da partícula é obtida escrevendo-se

$$\mathbf{v}_P = \dot{\mathbf{r}}_P = \dot{\mathbf{r}}_A + \dot{\mathbf{r}}_{P/A} \qquad (15.50)$$

onde as derivadas estão definidas em relação ao sistema de referência fixo $OXYZ$. Logo, o primeiro termo do membro à direita da Eq. (15.50) representa a velocidade $\mathbf{v}_A$ da origem A dos eixos móveis. Por outro lado, como a taxa de variação de um vetor é a mesma em relação a um sistema fixo e a um sistema em translação (Seção 11.4B), o segundo termo pode ser tratado como a veloci-

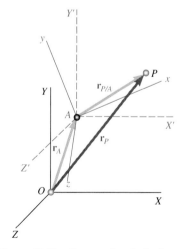

Figura 15.38 Sistema de referência $Axyz$, que se move arbitrariamente em relação ao sistema de referência fixo $OXYZ$.

dade $\mathbf{v}_{P/A}$ de P em relação ao sistema de referência $AX'Y'Z'$ de mesma orientação que $OXYZ$ e de mesma origem que $Axyz$. Temos, portanto, que

$$\mathbf{v}_P = \mathbf{v}_A + \mathbf{v}_{P/A} \quad (15.51)$$

Mas a velocidade $\mathbf{v}_{P/A}$ de P em relação a $AX'Y'Z'$ pode ser obtida de (15.45) trocando-se $\mathbf{r}$ por $\mathbf{r}_{P/A}$ naquela equação. Escrevemos

$$\mathbf{v}_P = \mathbf{v}_A + \mathbf{\Omega} \times \mathbf{r}_{P/A} + (\dot{\mathbf{r}}_{P/A})_{Axyz} \quad (15.52)$$

onde $\mathbf{\Omega}$ é a velocidade angular do sistema de referência $Axyz$ no instante considerado.

A aceleração absoluta $\mathbf{a}_P$ da partícula é obtida pela diferenciação de (15.51) e escrevendo-se

$$\mathbf{a}_P = \dot{\mathbf{v}}_P = \dot{\mathbf{v}}_A + \dot{\mathbf{v}}_{P/A} \quad (15.53)$$

onde as derivadas estão definidas em relação a qualquer um dos sistemas de referência $OXYZ$ ou $AX'Y'Z'$. Portanto, o primeiro termo do segundo membro de (15.53) representa a aceleração $\mathbf{a}_A$ da origem A dos eixos móveis, e o segundo termo representa a aceleração $\mathbf{a}_{P/A}$ de P em relação ao sistema de referência $AX'Y'Z'$. Essa aceleração pode ser obtida de (15.47), trocando-se $\mathbf{r}$ por $\mathbf{r}_{P/A}$. Logo, escrevemos

$$\mathbf{a}_P = \mathbf{a}_A + \dot{\mathbf{\Omega}} \times \mathbf{r}_{P/A} + \mathbf{\Omega} \times (\mathbf{\Omega} \times \mathbf{r}_{P/A}) \\ + 2\mathbf{\Omega} \times (\dot{\mathbf{r}}_{P/A})_{Axyz} + (\ddot{\mathbf{r}}_{P/A})_{Axyz} \quad (15.54)$$

Foto 15.9 O movimento das partículas de ar de um furacão pode ser considerado como o movimento relativo a um sistema de referência ligado à terra e que gira com ela.

As. Eqs. (15.52) e (15.54) tornam possível a determinação da velocidade e da aceleração de uma dada partícula em relação a um sistema de referência fixo quando o movimento da partícula em relação a um sistema de referência móvel é conhecido. Essas fórmulas tornam-se mais significativas e substancialmente mais fáceis de se memorizar se notarmos que a soma dos dois primeiros termos em (15.52) representa a velocidade do ponto P' do sistema de referência móvel coincidente com P no instante considerado e que a soma dos três primeiros termos em (15.54) representa a aceleração do mesmo ponto. Logo, as relações nas Eqs. (15.46) e (15.48) da seção anterior ainda são válidas no caso de um sistema de referência em movimento geral, e podemos escrever

$$\mathbf{v}_P = \mathbf{v}_{P'} + \mathbf{v}_{P/\mathcal{F}} \quad (15.46)$$
$$\mathbf{a}_P = \mathbf{a}_{P'} + \mathbf{a}_{P/\mathcal{F}} + \mathbf{a}_C \quad (15.48)$$

onde os vários vetores envolvidos foram definidos anteriormente.

Deve-se notar que, se o sistema de referência móvel $\mathcal{F}$ (ou $Axyz$) está em translação, a velocidade e a aceleração do ponto P' do sistema de referência coincidente com P tornam-se iguais, respectivamente, à velocidade e à aceleração da origem A do sistema de referência. Por outro lado, como o sistema de referência mantém uma orientação fixa, $\mathbf{a}_C$ é nula, e as relações (15.46) e (15.48) reduzem-se, respectivamente, às relações das Eqs. (11.32) e (11.33) deduzidas na Seção 11.4D.

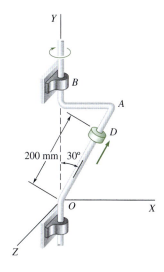

PROBLEMA RESOLVIDO 15.23

A barra dobrada *OAB* gira em torno do eixo vertical *OB*. No instante considerado, sua velocidade e aceleração angulares são, respectivamente, de 20 rad/s e 200 rad/s^2, ambas no sentido horário quando vistas do eixo *Y* positivo. O colar *D* desloca-se ao longo da barra e, no instante considerado, *OD* = 200 mm. A velocidade e a aceleração do colar relativas à barra são, respectivamente, de 1,25 m/s e 15 m/s^2, ambas para cima. Determine (*a*) a velocidade do colar, (*b*) a aceleração do colar.

ESTRATÉGIA   Como o colar *D* está se movendo em relação à barra dobrada, utilize a cinemática de corpos rígidos com um sistema de coordenadas rotativo. Conecte o sistema de referência rotativo à barra dobrada; assim, você pode calcular seu movimento em relação ao sistema de referência fixo e o movimento do colar em relação ao sistema de referência rotativo.

MODELAGEM

Sistemas de referência.   A velocidade angular e a aceleração angular da barra dobrada (e do sistema de referência rotativo *Oxyz*) em relação ao sistema de referência fixo *OXYZ* são $\mathbf{\Omega} = (-20 \text{ rad/s})\mathbf{j}$ e $\dot{\mathbf{\Omega}} = (-200 \text{ rad/s}^2)\mathbf{j}$, respectivamente (Fig. 1). O vetor de posição de *D* é

$$\mathbf{r} = (200 \text{ mm})(\text{sen } 30°\mathbf{i} + \cos 30°\mathbf{j}) = (100 \text{ mm})\mathbf{i} + (173{,}25 \text{ mm})\mathbf{j}$$

ANÁLISE

a. Velocidade $\mathbf{v}_D$.   Representando por *D'* o ponto da barra que coincide com *D* e por $\mathcal{F}$ o sistema de referência rotativo *Oxyz* e considerando a Eq. (15.46), escrevemos

$$\mathbf{v}_D = \mathbf{v}_{D'} + \mathbf{v}_{D/\mathcal{F}} \quad (1)$$

onde

$\mathbf{v}_{D'} = \mathbf{\Omega} \times \mathbf{r} = (-20 \text{ rad/s})\mathbf{j} \times [(100 \text{ mm})\mathbf{i} + (173{,}25 \text{ mm})\mathbf{j}] = (2000 \text{ mm/s})\mathbf{k}$
$\mathbf{v}_{D/\mathcal{F}} = (1250 \text{ mm/s})(\text{sen } 30°\mathbf{i} + \cos 30°\mathbf{j}) = (625 \text{ mm/s})\mathbf{i} + (1083 \text{ mm/s})\mathbf{j}$

Substituindo os valores obtidos para $\mathbf{v}_{D'}$ e $\mathbf{v}_{D/\mathcal{F}}$ na Eq. (1), encontramos

$$\mathbf{v}_D = (625 \text{ mm/s})\mathbf{i} + (1083 \text{ mm/s})\mathbf{j} + (2000 \text{ mm/s})\mathbf{k} \blacktriangleleft$$
$$= (0{,}625 \text{ m/s})\mathbf{i} + (1{,}083 \text{ m/s})\mathbf{j} + (2 \text{ m/s})\mathbf{k}$$

b. Aceleração $\mathbf{a}_D$.   Considerando a Eq. (15.48), temos

$$\mathbf{a}_D = \mathbf{a}_{D'} + \mathbf{a}_{D/\mathcal{F}} + \mathbf{a}_C \quad (2)$$

onde

$\mathbf{a}_{D'} = \dot{\mathbf{\Omega}} \times \mathbf{r} + \mathbf{\Omega} \times (\mathbf{\Omega} \times \mathbf{r})$
  $= (-200 \text{ rad/s}^2)\mathbf{j} \times [(100 \text{ mm})\mathbf{i} + (173{,}25 \text{ mm})\mathbf{j}] - (20 \text{ rad/s})\mathbf{j} \times (2000 \text{ mm/s})\mathbf{k}$
  $= +(20.000 \text{ mm/s}^2)\mathbf{k} - (40.000 \text{ mm/s}^2)\mathbf{i}$
$\mathbf{a}_{D/\mathcal{F}} = (15.000 \text{ mm/s}^2)(\text{sen } 30°\mathbf{i} + \cos 30°\mathbf{j}) = (7500 \text{ mm/s}^2)\mathbf{i} + (12.990 \text{ mm/s}^2)\mathbf{j}$
$\mathbf{a}_c = 2\mathbf{\Omega} \times \mathbf{v}_{D/\mathcal{F}}$
  $= 2(-20 \text{ rad/s})\mathbf{j} \times [(625 \text{ mm/s})\mathbf{i} + (1083 \text{ mm/s})\mathbf{j}] = (25.000 \text{ mm/s}^2)\mathbf{k}$

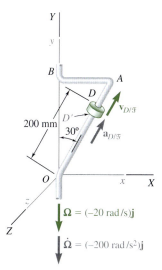

Figura 1   O sistema de coordenadas rotativas *xyz* está ligado à barra *OAB*.

(*continua*)

Substituindo os valores obtidos para $\mathbf{a}_{D'}$, $\mathbf{a}_{D/\mathcal{F}}$ e $\mathbf{a}_C$ na Eq. (2), encontramos

$$\mathbf{a}_D = -(32.5000 \text{ mm/s}^2)\mathbf{i} + (12.990 \text{ mm/s}^2)\mathbf{j} + (45.000 \text{ mm/s}^2)\mathbf{k} \quad \blacktriangleleft$$
$$= -(32{,}5 \text{ m/s}^2)\mathbf{i} + (12{,}99 \text{ m/s}^2)\mathbf{j} + (45 \text{ m/s}^2)\mathbf{k}$$

PARA REFLETIR Para este problema, 20.000 mm/s² $\mathbf{k}$ no termo $\mathbf{a}_{D'}$ correspondem a uma aceleração tangencial devido a $\dot{\mathbf{\Omega}}$, enquanto que -40.000 mm/s²$\mathbf{i}$ correspondem a uma aceleração normal que aponta para o eixo de rotação. O termo de Coriolis reflete o fato de que o termo $\mathbf{v}_{D/\mathcal{F}}$ está mudando de direção devido a $\mathbf{\Omega}$. Ao resolver problemas tridimensionais como esse, a abordagem da álgebra vetorial é claramente superior ao método discutido no Problema Resolvido 15.20, pois é muito difícil visualizar a direção dos termos de aceleração.

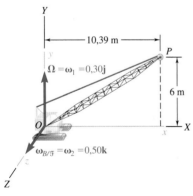

Figura 1 O sistema de coordenadas rotativo *xyz* está ligado à cabine.

PROBLEMA RESOLVIDO 15.24

O guindaste mostrado na figura gira com uma velocidade angular constante $\boldsymbol{\omega}_1$ de 0,30 rad/s. Simultaneamente, a lança está sendo erguida com uma velocidade angular constante $\boldsymbol{\omega}_2$ de 0,50 rad/s em relação à cabine. Sabendo que o comprimento da lança *OP* é *l* = 12 m, determine (*a*) a velocidade da ponta da lança, (*b*) a aceleração da ponta da lança.

ESTRATÉGIA Utilize a cinemática de corpos rígidos com um sistema de coordenadas rotativo, pois é dado $\boldsymbol{\omega}_2$ em relação à cabine. Conecte um sistema de referência rotativo à cabine; assim, você pode calcular seu movimento em relação ao sistema de referência fixo e o movimento da ponta do guindaste em relação ao sistema de referência rotativo.

MODELAGEM

Sistemas de referência. A velocidade angular da cabine (e o sistema de referência rotativo *Oxyz*) em relação ao sistema de referência fixo *OXYZ* é $\mathbf{\Omega} = \boldsymbol{\omega}_1 = (0{,}30 \text{ rad/s})\mathbf{j}$ (Fig. 1). A velocidade angular da lança em relação à cabine e ao sistema de referência rotativo *Oxyz* (ou $\mathcal{F}$ abreviadamente) é $\boldsymbol{\omega}_{B/\mathcal{F}} = \boldsymbol{\omega}_2 = (0{,}50 \text{ rad/s})\mathbf{k}$.

ANÁLISE

b. Velocidade $\mathbf{v}_P$. Considerando a Eq. (15.46), temos

$$\mathbf{v}_P = \mathbf{v}_{P'} + \mathbf{v}_{P/\mathcal{F}} \tag{1}$$

onde $\mathbf{v}_{P'}$ é a velocidade do ponto P' do sistema de referência rotativo coincidente com P

$$\mathbf{v}_{P'} = \mathbf{\Omega} \times \mathbf{r} = (0{,}30 \text{ rad/s})\mathbf{j} \times [(10{,}39 \text{ m})\mathbf{i} + (6 \text{ m})\mathbf{j}] = -(3{,}12 \text{ m/s})\mathbf{k}$$

e onde $\mathbf{v}_{P/\mathcal{F}}$ é a velocidade de P relativa ao sistema de referência rotativo *Oxyz*. Entretanto, a velocidade angular da lança relativa a *Oxyz* foi determinada como $\boldsymbol{\omega}_{B/\mathcal{F}} = (0{,}50 \text{ rad/s})\mathbf{k}$. Logo, a velocidade da ponta P em relação a *Oxyz* é

$$\mathbf{v}_{P/\mathcal{F}} = \boldsymbol{\omega}_{B/\mathcal{F}} \times \mathbf{r} = (0{,}50 \text{ rad/s})\mathbf{k} \times [(10{,}39 \text{ m})\mathbf{i} + (6 \text{ m})\mathbf{j}]$$
$$= -(3 \text{ m/s})\mathbf{i} + (5{,}20 \text{ m/s})\mathbf{j}$$

Substituindo os valores obtidos para $\mathbf{v}_{P'}$ e $\mathbf{v}_{B/\mathcal{F}}$ na Eq. (1), encontramos

$$\mathbf{v}_P = -(3 \text{ m/s})\mathbf{i} + (5{,}20 \text{ m/s})\mathbf{j} - (3{,}12 \text{ m/s})\mathbf{k} \quad \blacktriangleleft$$

b. Aceleração $\mathbf{a}_P$. Considerando a Eq. (15.48), escrevemos

$$\mathbf{a}_P = \mathbf{a}_{P'} + \mathbf{a}_{P/\mathcal{F}} + \mathbf{a}_C \qquad (2)$$

Como $\mathbf{\Omega}$ e $\boldsymbol{\omega}_{B/\mathcal{F}}$ são ambas constantes, temos

$$\mathbf{a}_{P'} = \mathbf{\Omega} \times (\mathbf{\Omega} \times \mathbf{r}) = (0{,}30 \text{ rad/s})\mathbf{j} \times (-3{,}12 \text{ m/s})\mathbf{k} = -(0{,}94 \text{ m/s}^2)\mathbf{i}$$

$$\mathbf{a}_{P/\mathcal{F}} = \boldsymbol{\omega}_{B/\mathcal{F}} \times (\boldsymbol{\omega}_{B/\mathcal{F}} \times \mathbf{r})$$
$$= (0{,}50 \text{ rad/s})\mathbf{k} \times [-(3 \text{ m/s})\mathbf{i} + (5{,}20 \text{ m/s})\mathbf{j}]$$
$$= -(1{,}50 \text{ m/s}^2)\mathbf{j} - (2{,}60 \text{ m/s}^2)\mathbf{i}$$

$$\mathbf{a}_C = 2\mathbf{\Omega} \times \mathbf{v}_{P/\mathcal{F}}$$
$$= 2(0{,}30 \text{ rad/s})\mathbf{j} \times [-(3 \text{ m/s})\mathbf{i} + (5{,}20 \text{ m/s})\mathbf{j}] = (1{,}80 \text{ m/s}^2)\mathbf{k}$$

Substituindo os valores obtidos para $\mathbf{a}_{P'}$, $\mathbf{a}_{P/\mathcal{F}}$ e $\mathbf{a}_C$ na Eq. (2), obtemos

$$\mathbf{a}_P = -(3{,}54 \text{ m/s}^2)\mathbf{i} - (1{,}50 \text{ m/s}^2)\mathbf{j} + (1{,}80 \text{ m/s}^2)\mathbf{k} \quad \blacktriangleleft$$

PARA REFLETIR Você também poderia ter fixado seu sistema de referência à lança, com a qual ele poderia girar:

$$\mathbf{\Omega}_B = \boldsymbol{\omega}_{\mathcal{F}} + \boldsymbol{\omega}_{B/\mathcal{F}} = (0{,}30 \text{ rad/s})\mathbf{j} + (0{,}50 \text{ rad/s})\mathbf{k}$$

e usar a Eq. 15.52 para

$$\mathbf{v}_P = \mathbf{\Omega}_B \times \mathbf{r} = [(0{,}30 \text{ rad/s})\mathbf{j} + (0{,}5 \text{ rad/s})\mathbf{k}] \times [(10{,}39 \text{ m})\mathbf{i} + (6 \text{ m})\mathbf{j}]$$
$$= -(3{,}0 \text{ m/s})\mathbf{i} + (5{,}20 \text{ m/s})\mathbf{j} - (3{,}12 \text{ m/s})\mathbf{k}$$

que é a mesma resposta encontrada anteriormente. Da mesma forma, você pode usar a Eq. 15.54 para resolver a aceleração. Se o guindaste estivesse movendo-se para frente, você apenas adicionaria ao cálculo sua velocidade e sua aceleração de translação devido às rotações.

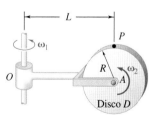

PROBLEMA RESOLVIDO 15.25

O disco D de raio R está preso por pino à extremidade A do braço OA de comprimento L localizado no plano do disco. O braço gira em torno de um eixo vertical que passa por O a uma taxa constante ω_1, e o disco gira em torno de A a uma taxa constante ω_2. Determine (a) a velocidade do ponto P localizado diretamente acima de A, (b) a aceleração de P, (c) a velocidade angular e a aceleração angular do disco.

ESTRATÉGIA Como o disco D se move em relação ao braço OA, utilize a cinemática de corpos rígidos com um sistema de coordenadas rotativo.

MODELAGEM

Sistemas de referência. Ligamos o sistema de referência rotativo $Axyz$ ao braço OA. Portanto, sua velocidade angular em relação a $OXYZ$ é $\mathbf{\Omega} = \omega_1 \mathbf{j}$ (Fig. 1). A velocidade angular do disco D em relação ao sistema de referência móvel $Axyz$ (ou $\mathcal{F}$ abreviadamente) é $\boldsymbol{\omega}_{D/\mathcal{F}} = \omega_2 \mathbf{k}$. O vetor de posição P em relação a O é $\mathbf{r} = L\mathbf{i} + R\mathbf{j}$, e o vetor de posição em relação a A é $\mathbf{r}_{P/A} = R\mathbf{j}$.

(continua)

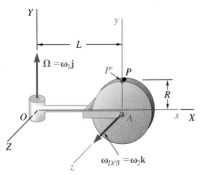

Figura 1 O sistema de coordenadas rotativo *xyz* está ligado ao braço *OA* no ponto *A*.

ANÁLISE

a. Velocidade v_P. Representando por P' o ponto do sistema de referência móvel que coincide com P e considerando a Eq. (15.46), escrevemos

$$\mathbf{v}_P = \mathbf{v}_{P'} + \mathbf{v}_{P/\mathcal{F}} \quad (1)$$

onde

$$\mathbf{v}_{P'} = \mathbf{\Omega} \times \mathbf{r} = \omega_1 \mathbf{j} \times (L\mathbf{i} + R\mathbf{j}) = -\omega_1 L \mathbf{k}$$
$$\mathbf{v}_{P/\mathcal{F}} = \boldsymbol{\omega}_{D/\mathcal{F}} \times \mathbf{r}_{P/A} = \omega_2 \mathbf{k} \times R\mathbf{j} = -\omega_2 R \mathbf{i}$$

Substituindo os valores obtidos para $\mathbf{v}_{P'}$ e $\mathbf{v}_{D/\mathcal{F}}$ na Eq. (1), obtemos

$$\mathbf{v}_P = -\omega_2 R \mathbf{i} - \omega_1 L \mathbf{k} \quad \blacktriangleleft$$

b. Aceleração a_P. Considerando a Eq. (15.48), escrevemos

$$\mathbf{a}_P = \mathbf{a}_{P'} + \mathbf{a}_{P/\mathcal{F}} + \mathbf{a}_C \quad (2)$$

Como $\mathbf{\Omega}$ e $\boldsymbol{\omega}_{D/\mathcal{F}}$ são ambas constantes, temos

$$\mathbf{a}_{P'} = \mathbf{\Omega} \times (\mathbf{\Omega} \times \mathbf{r}) = \omega_1 \mathbf{j} \times (-\omega_1 L \mathbf{k}) = -\omega_1^2 L \mathbf{i}$$
$$\mathbf{a}_{P/\mathcal{F}} = \boldsymbol{\omega}_{D/\mathcal{F}} \times (\boldsymbol{\omega}_{D/\mathcal{F}} \times \mathbf{r}_{P/A}) = \omega_2 \mathbf{k} \times (-\omega_2 R \mathbf{i}) = -\omega_2^2 R \mathbf{j}$$
$$\mathbf{a}_C = 2\mathbf{\Omega} \times \mathbf{v}_{P/\mathcal{F}} = 2\omega_1 \mathbf{j} \times (-\omega_2 R \mathbf{i}) = 2\omega_1 \omega_2 R \mathbf{k}$$

Substituindo esses valores para a Eq. (2), encontramos

$$\mathbf{a}_P = -\omega_1^2 L \mathbf{i} - \omega_2^2 R \mathbf{j} + 2\omega_1 \omega_2 R \mathbf{k} \quad \blacktriangleleft$$

c. Velocidade angular e aceleração angular do disco.

$$\boldsymbol{\omega} = \mathbf{\Omega} + \boldsymbol{\omega}_{D/\mathcal{F}} \qquad \boldsymbol{\omega} = \omega_1 \mathbf{j} + \omega_2 \mathbf{k} \quad \blacktriangleleft$$

Usando a Eq. (15.31) com $\mathbf{\Omega} = \boldsymbol{\omega}$, escrevemos

$$\boldsymbol{\alpha} = (\dot{\boldsymbol{\omega}})_{OXYZ} = (\dot{\boldsymbol{\omega}})_{Axyz} + \mathbf{\Omega} \times \boldsymbol{\omega}$$
$$= 0 + \omega_1 \mathbf{j} \times (\omega_1 \mathbf{j} + \omega_2 \mathbf{k})$$

$$\boldsymbol{\alpha} = \omega_1 \omega_2 \mathbf{i} \quad \blacktriangleleft$$

PARA REFLETIR Sabendo que a velocidade angular absoluta do disco é igual a $\omega_1 \mathbf{j} + \omega_2 \mathbf{k}$, você poderia ter determinado a velocidade de P ligando os eixos de rotação ao disco e usado a Eq. 15.52:

$$\mathbf{v}_P = \mathbf{v}_A + \mathbf{\Omega}_D \times \mathbf{r}_{P/A} + \mathbf{v}_{P/A} = \omega_1 \mathbf{j} \times L \mathbf{i} + (\omega_1 \mathbf{j} + \omega_2 \mathbf{k}) \times R \mathbf{j} + 0$$
$$= -\omega_1 L \mathbf{k} - \omega_2 R \mathbf{i}$$

que é a mesma resposta que encontramos anteriormente. Analogamente,

$$\mathbf{a}_P = \mathbf{a}_A + \dot{\mathbf{\Omega}}_D \times \mathbf{r}_{P/A} + \mathbf{\Omega}_D \times (\mathbf{\Omega}_D \times \mathbf{r}_{P/A}) + 2\mathbf{\Omega}_D \times \dot{\mathbf{r}}_{P/A} + \ddot{\mathbf{r}}_{P/A}$$
$$= -\omega_1^2 L \mathbf{i} + \omega_1 \omega_2 \mathbf{i} \times R \mathbf{j} + (\omega_1 \mathbf{j} + \omega_2 \mathbf{k}) \times [(\omega_1 \mathbf{j} + \omega_2 \mathbf{k}) \times R \mathbf{j}] + 0 + 0$$
$$= -\omega_1^2 L \mathbf{i} + \omega_1 \omega_2 R \mathbf{k} + (\omega_1 \mathbf{j} + \omega_2 \mathbf{k}) \times (-\omega_2 R \mathbf{i})$$
$$= -\omega_1^2 L \mathbf{i} - \omega_2^2 R \mathbf{j} + 2\omega_1 \omega_2 R \mathbf{k}$$

que, novamente, é a mesma resposta mostrada anteriormente.

METODOLOGIA PARA A RESOLUÇÃO DE PROBLEMAS

Nesta seção, você concluiu seu estudo da cinemática de corpos rígidos aprendendo a usar um sistema de referência auxiliar $\mathcal{F}$ para analisar o movimento tridimensional de um corpo rígido. Esse sistema de referência auxiliar pode ser um *sistema de referência rotativo* com uma origem fixa O ou pode ser um *sistema de referência em movimento geral*.

A. Usando um sistema de referência rotativo. Ao abordar um problema envolvendo o uso de um sistema de referência rotativo $\mathcal{F}$, você deve seguir os seguintes passos.

1. Selecione o sistema de referência rotativo $\mathcal{F}$ que você deseja usar e desenhe os eixos de coordenadas correspondentes x, y e z a partir do ponto fixo O.

2. Determine a velocidade angular Ω do sistema de referência $\mathcal{F}$ em relação a um sistema de referência fixo $OXYZ$. Na maioria dos casos, você terá selecionado um sistema de referência que está ligado a algum elemento rotativo do sistema; assim, Ω será a velocidade angular daquele elemento.

3. Designe como P' o ponto do sistema de referência rotativo $\mathcal{F}$ coincidente com o ponto P de interesse no instante que você está considerando. Determine a velocidade $\mathbf{v}_{P'}$ e a aceleração $\mathbf{a}_{P'}$ do ponto P'. Como P' é parte de $\mathcal{F}$ e tem o mesmo vetor de posição $\mathbf{r}$ de P, você encontrará que

$$\mathbf{v}_{P'} = \Omega \times \mathbf{r} \qquad e \qquad \mathbf{a}_{P'} = \alpha \times \mathbf{r} + \Omega \times (\Omega \times \mathbf{r})$$

onde α é a aceleração angular de $\mathcal{F}$.

4. Determine a velocidade e a aceleração do ponto P em relação ao sistema de referência $\mathcal{F}$. Quando estiver tentando determinar $\mathbf{v}_{P/\mathcal{F}}$ e $\mathbf{a}_{P/\mathcal{F}}$, você verificará que é útil visualizar o movimento de P no sistema de referência $\mathcal{F}$ quando este sistema não está girando. Se P é um ponto de um corpo rígido $\mathcal{B}$ que tem uma velocidade angular $\omega_{\mathcal{B}}$ e uma aceleração angular $\alpha_{\mathcal{B}}$ relativas a $\mathcal{F}$ [Problema Resolvido 15.24], você encontrará

$$\mathbf{v}_{P/\mathcal{F}} = \omega_{\mathcal{B}} \times \mathbf{r} \qquad e \qquad \mathbf{a}_{P/\mathcal{F}} = \alpha_{\mathcal{B}} \times \mathbf{r} + \omega_{\mathcal{B}} \times (\omega_{\mathcal{B}} \times \mathbf{r})$$

5. Determine a aceleração de Coriolis. Considerando a velocidade angular Ω do sistema de referência $\mathcal{F}$ e a velocidade $\mathbf{v}_{P/\mathcal{F}}$ do ponto P em relação àquele sistema de referência, calculada na etapa 4, escrevemos

$$\mathbf{a}_C = 2\Omega \times \mathbf{v}_{P/\mathcal{F}}$$

6. A velocidade e a aceleração do ponto P em relação ao sistema de referência fixo $OXYZ$ pode agora ser obtida adicionando as expressões que você determinou:

$$\mathbf{v}_P = \mathbf{v}_{P'} + \mathbf{v}_{P/\mathcal{F}} \tag{15.46}$$

$$\mathbf{a}_P = \mathbf{a}_{P'} + \mathbf{a}_{P/\mathcal{F}} + \mathbf{a}_C \tag{15.48}$$

(Continua)

B. Usando um sistema de referência em movimento geral. Os passos que você deverá seguir diferem apenas ligeiramente daqueles listados na parte A. Eles consistem do seguinte:

1. Selecione o sistema de referência $\mathcal{F}$ que você deseja usar e um ponto de referência A nesse sistema de referência, a partir do qual você desenhará os eixos de coordenadas x, y e z definindo o sistema de referência. Você considerará o movimento do sistema de referência como a soma de uma **translação com A e de uma rotação em torno de** A.

2. Determine a velocidade v_A do ponto A e a velocidade angular Ω do sistema de referência. Na maioria dos casos, você terá selecionado um sistema de referência que está ligado a algum elemento rotativo do sistema; assim, Ω será a velocidade angular desse elemento.

3. Designe como P' o ponto do sistema de referência rotativo $\mathcal{F}$ coincidente com o ponto P de interesse no instante que você está considerando e determine a velocidade $\mathbf{v}_{P'}$ e a aceleração $\mathbf{a}_{P'}$ desse ponto. Em alguns casos, isso pode ser feito visualizando-se o movimento de P como se aquele ponto fosse impedido de se mover em relação a $\mathcal{F}$ [Problema Resolvido 15.25]. Uma abordagem mais geral é relembrar que o movimento de P' é a soma de uma translação com o ponto de referência A e de uma rotação em torno de A. Assim, a velocidade $\mathbf{v}_{P'}$ e a aceleração $\mathbf{a}_{P'}$ de P' podem ser obtidas adicionando-se $\mathbf{v}_A$ e $\mathbf{a}_A$, respectivamente, às expressões encontradas na parte A, etapa 3, e trocando-se o vetor de posição $\mathbf{r}$ pelo vetor $\mathbf{r}_{P/A}$ desenhado de A a P:

$$\mathbf{v}_{P'} = \mathbf{v}_A + \Omega \times \mathbf{r}_{P/A} \qquad \mathbf{a}_{P'} = \mathbf{a}_A + \alpha \times \mathbf{r}_{P/A} + \Omega \times (\Omega \times \mathbf{r}_{P/A})$$

As etapas 4, 5 e 6 são as mesmas da parte A, com a exceção de que o vetor $\mathbf{r}$ deve ser novamente trocado por $\mathbf{r}_{P/A}$. Assim, as Eqs. (15.46) e (15.48) ainda podem ser usadas para obter-se a velocidade e a aceleração de P em relação ao sistema de referência fixo $OXYZ$.

C. Abordagem alternativa usando um sistema de referência em movimento geral. Conforme mostrado nos Problemas Resolvidos, você também pode usar as Eqs. (15.52) e (15.54) para determinar a velocidade e a aceleração do ponto P, respectivamente.

$$\mathbf{v}_P = \mathbf{v}_A + \Omega \times \mathbf{r}_{P/A} + (\dot{\mathbf{r}}_{P/A})_{Axyz} \tag{15.52}$$

$$\mathbf{a}_P = \mathbf{a}_A + \dot{\Omega} \times \mathbf{r}_{P/A} + \Omega \times (\Omega \times \mathbf{r}_{P/A})$$
$$+ 2\Omega \times (\dot{\mathbf{r}}_{P/A})_{Axyz} + (\ddot{\mathbf{r}}_{P/A})_{Axyz} \tag{15.54}$$

Primeiro, você precisa determinar um ponto de referência A e fixar seu sistema de referência rotativo nesse ponto; geralmente ele é ligado a uma parte específica do objeto em consideração (por exemplo, a cabine ou a lança de um guindaste). Depois, defina a velocidade angular do sistema de referência como Ω e a aceleração angular como $\dot{\Omega}$. Os termos $(\dot{\mathbf{r}}_{P/A})_{Axyz}$ e $(\ddot{\mathbf{r}}_{P/A})_{Axyz}$ representam a velocidade e a aceleração do ponto P em relação ao sistema de referência rotativo A_{xyz}.

PROBLEMAS

PROBLEMAS DE FINAL DE SEÇÃO

15.220 Um simulador de voo é usado para treinar pilotos sobre como reconhecer a desorientação espacial. Ele tem quatro graus de liberdade e pode girar em torno de um eixo planetário, bem como nos eixos vertical, lateral e longitudinal. O piloto está sentado de modo que sua cabeça B esteja localizada em **r** = 1**i** + 0,5**j** m em relação ao centro da cabine A. Sabendo que a cabine está girando em torno do eixo planetário com uma velocidade angular constante de 20 rpm no sentido anti-horário vista de cima e gira em torno do eixo lateral com uma velocidade angular constante de +3**k** rad/s, determine (a) a velocidade da cabeça do piloto, (b) a aceleração angular da cabine, (c) a aceleração da cabeça do piloto.

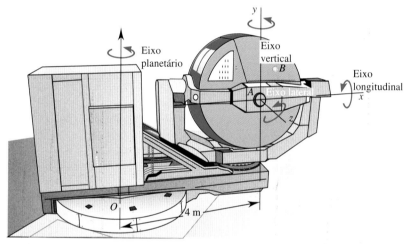

Figura P15.220 e P15.221

15.221 Um simulador de voo é usado para treinar pilotos sobre como reconhecer a desorientação espacial. Ele tem quatro graus de liberdade e pode girar em torno de um eixo planetário, bem como nos eixos vertical, lateral e longitudinal. O piloto está sentado de modo que sua cabeça B esteja localizada em $r = 1\mathbf{i} + 0,5\mathbf{j}$ m em relação ao centro da cabine A. A cabine está girando em torno do eixo planetário com uma velocidade angular constante de 20 rpm no sentido anti-horário vista de cima e está aumentando em 1 rad/s². Sabendo que a cabine gira em torno do eixo longitudinal com uma velocidade angular constante de −4**i** rad/s, determine (a) a velocidade da cabeça do piloto, (b) a aceleração angular da cabine, (c) a aceleração da cabeça do piloto.

15.222 e 15.223 A placa retangular mostrada na figura gira à taxa constante $\omega_2 = 12$ rad/s em relação ao braço AE, que, por sua vez, gira à taxa constante $\omega_1 = 9$ rad/s em torno do eixo Z. Para a posição mostrada, determine a velocidade e a aceleração do ponto da placa indicado.
  15.222 Canto B.
  15.223 Canto C.

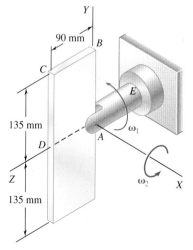

Figura P15.222 e P15.223

15.224 A barra AB está soldada em uma placa de 0,3 m de raio que gira com uma taxa constante $\omega_1 = 6$ rad/s. Sabendo que o colar D se desloca na direção da extremidade B da barra a uma velocidade constante $u = 1,3$ m/s, determine, para a posição mostrada na figura, (a) a velocidade de D, (b) a aceleração de D.

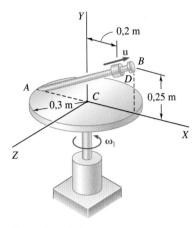

Figura P15.224

15.225 A barra dobrada mostrada na figura gira à taxa $\omega_1 = 5$ rad/s, e o colar C se desloca na direção do ponto B com uma velocidade relativa constante $u = 975$ mm. Sabendo que o colar C está a meio caminho entre os pontos B e D no instante mostrado, determine sua velocidade e sua aceleração.

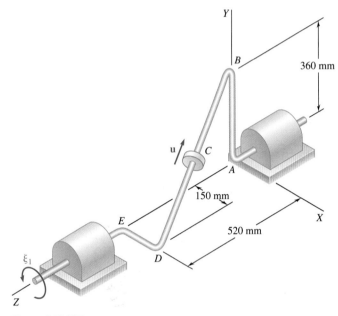

Figura *P15.225*

15.226 O tubo dobrado mostrado na figura gira à velocidade constante $\omega_1 = 10$ rad/s. Sabendo que uma esfera de aço D se move na porção BC do tubo em direção à extremidade C a uma velocidade relativa constante $u = 0,6$ m/s, determine, no instante mostrado, (a) a velocidade de D, (b) a aceleração de D.

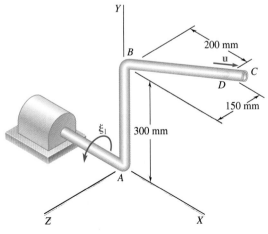

Figura *P15.226*

15.227 A placa circular mostrada na figura gira em torno de seu diâmetro vertical a uma taxa constante $\omega_1 = 10$ rad/s. Sabendo que, na posição mostrada, o disco se encontra no plano XY e o ponto D da alça CD se desloca para cima com velocidade relativa $u = 1{,}5$ m/s, determine (a) a velocidade de D, (b) a aceleração de D.

15.228 Os itens da figura são pintados com spray à medida que passam pela estação de trabalho automatizada mostrada. Sabendo que o tubo dobrado ACE gira à taxa constante $\omega_1 = 0{,}4$ rad/s e que no ponto D a tinta se move através do tubo a uma velocidade relativa constante $u = 150$ mm/s, determine, para a posição mostrada (a) a velocidade da tinta em D, (b) a aceleração da pintura em D.

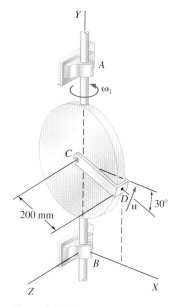

Figura P15.227

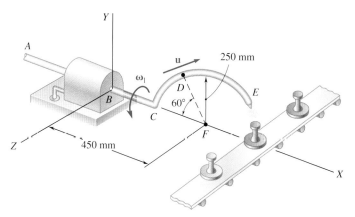

Figura P15.228

15.229 Resolva o Problema 15.227 considerando que, no instante mostrado, a velocidade angular ω_1 da placa de 10 rad/s está decrescendo a uma taxa de 25 rad/s² enquanto a velocidade relativa u do ponto D da alça CD é 1,5 m/s e está decrescendo a uma taxa de 3m/s².

15.230 Resolva o Problema 15.225 considerando que, no instante mostrado, a velocidade angular ω_1 da barra é de 5 rad/s e está aumentando à taxa de 10 rad/s² enquanto a velocidade relativa u do colar C é 975 mm/s e está diminuindo à taxa de 6500 mm/s².

15.231 Resolva o Problema 15.192 usando o método da Seção 15.7A.

15.232 Resolva o Problema 15.196 usando o método da Seção 15.7A.

15.233 Resolva o Problema 15.198 usando o método da Seção 15.7A

15.234 A barra AB de 400 mm é feita para girar à taxa constante de $\omega_2 = d\theta/dt = 8$ rad/s em relação ao sistema de referência CD, que gira à velocidade constante de $\omega_1 = 12$ rad/s em torno do eixo Y. Sabendo que $\theta = 60°$ no instante mostrado, determine a velocidade e aceleração do ponto A.

15.235 A barra AB de 400 mm é feita para girar à velocidade $\omega_2 = d\theta/dt$ em relação ao sistema de referência CD, que gira à velocidade ω_1 em torno do eixo Y. No instante mostrado, $\omega_1 = 12$ rad/s, $d\omega_1/dt = -16$ rad/s², $\omega_2 = 8$ rad/s, $d\omega_2/dt = 10$ rad/s² e $\theta = 60°$. Determine a velocidade e a aceleração do ponto A neste instante.

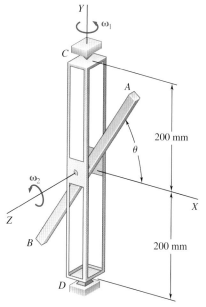

Figura P15.234 e P15.235

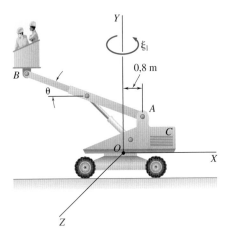

Figura P15.236

15.236 O braço AB de 5 m de comprimento é usado para fornecer uma plataforma elevada para trabalhadores da construção civil. Na posição mostrada na figura, o braço AB está sendo erguido a uma taxa constante $d\theta/dt = 0{,}25$ rad/s; simultaneamente, a unidade está sendo girada em torno do eixo Y a uma taxa constante $\omega_1 = 0{,}15$ rad/s. Sabendo que $\theta = 20°$, determine a velocidade e a aceleração do ponto B.

15.237 O sistema de manipulação remota (SMR) mostrado é usado para movimentar cargas úteis do compartimento de carga de ônibus espaciais. No instante mostrado, todo o SMR está girando a uma velocidade constante $\omega_1 = 0{,}03$ rad/s em torno do eixo AB. Ao mesmo tempo, a porção BCD gira como um corpo rígido à velocidade constante $\omega_2 = d\beta/dt = 0{,}04$ rad/s em torno de um eixo através de B paralelo ao eixo X. Sabendo que $\beta = 30°$, determine (a) a aceleração angular de BCD, (b) a velocidade de D, (c) a aceleração de D.

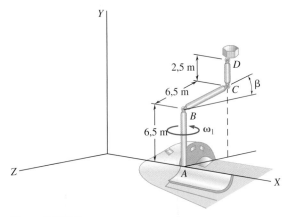

Figura *P15.237*

15.238 Um disco com raio de 120 mm gira à taxa constante $\omega_2 = 5$ rad/s em relação ao braço AB, que, por sua vez, gira à taxa constante $\omega_1 = 3$ rad/s. Para a posição mostrada na figura, determine a velocidade e a aceleração do ponto C.

15.239 O guindaste mostrado na figura gira à taxa constante $\omega_1 = 0{,}25$ rad/s; simultaneamente, a lança telescópica está sendo abaixada à taxa constante $\omega_2 = 0{,}40$ rad/s. Sabendo que, no instante mostrado, o comprimento da lança é de 6 m e que cresce à taxa constante de $u = 0{,}5$ m/s, determine a velocidade e aceleração do ponto B.

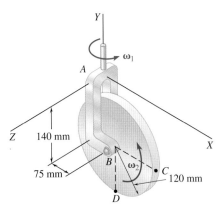

Figura *P15.238*

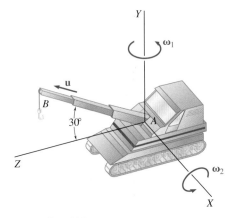

Figura P15.239

15.240 A placa vertical mostrada na figura está soldada ao braço *EFG*, e o conjunto gira como um todo à taxa constante $\omega_1 = 2$ rad/s em torno do eixo *Y*. Ao mesmo tempo, uma correia move-se em torno do perímetro da placa a uma velocidade constante $u = 100$ mm/s. Para a posição mostrada, determine a aceleração da parte da correia localizada (*a*) no ponto *A*, (*b*) no ponto *B*.

15.241 A placa vertical mostrada na figura está soldada ao braço *EFG*, e o conjunto gira como um todo à taxa constante $\omega_1 = 2$ rad/s em torno do eixo *Y*. Ao mesmo tempo, uma correia move-se em torno do perímetro da placa a uma velocidade constante $u = 100$ mm/s. Para a posição mostrada, determine a aceleração da parte da correia localizada (*a*) no ponto *C*, (*b*) no ponto *D*.

15.242 Um disco com raio de 180 mm gira à taxa constante $\omega_2 = 12$ rad/s em relação ao braço *CD*, que por sua vez gira à taxa constante $\omega_1 = 8$ rad/s em torno do eixo *Y*. Determine, no instante mostrado na figura, a velocidade e a aceleração do ponto *A* na periferia do disco.

15.243 Um disco com raio de 180 mm gira à taxa constante $\omega_2 = 12$ rad/s em relação ao braço *CD*, que por sua vez gira à taxa constante $\omega_1 = 8$ rad/s em torno do eixo *Y*. Determine, no instante mostrado na figura, a velocidade e a aceleração do ponto *B* na periferia do disco.

15.244 Uma placa quadrada de lado 2*r* é soldada a um eixo vertical que gira com uma velocidade angular constante $\boldsymbol{\omega}_1$. Ao mesmo tempo, a barra *AB* de comprimento *r* gira em torno do centro da placa com uma velocidade angular constante $\boldsymbol{\omega}_2$ em relação à placa. Para a posição da placa mostrada, determine a aceleração da extremidade *B* da barra se (*a*) $\theta = 0$, (*b*) $\theta = 90°$, (*c*) $\theta = 180°$.

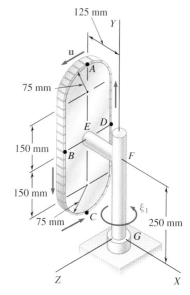

Figura P15.240 e P15.241

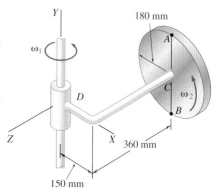

Figura P15.242 e P15.243

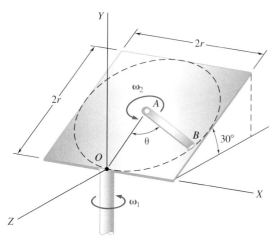

Figura P15.244

15.245 Dois discos de 130 mm de raio estão soldados a uma barra CD de 500 mm. A unidade barra e discos gira a uma taxa constante $\omega_2 = 3$ rad/s com relação ao braço AB. Sabendo que, no instante mostrado na figura, $\omega_1 = 4$ rad/s, determine a velocidade e aceleração do (*a*) ponto E, (*b*) ponto F.

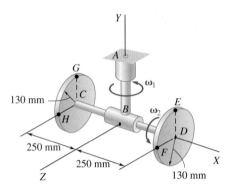

Figura P15.245

15.246 No Problema 15.245, determine a velocidade e a aceleração do (*a*) ponto G, (*b*) ponto H.

15.247 A posição da ponta da caneta A é controlada pelo robô mostrado. Nesta posição, a caneta move-se a uma velocidade constante $u = 180$ mm/s em relação ao solenóide BC. Ao mesmo tempo, o braço CD gira à velocidade constante $\omega_2 = 1,6$ rad/s em relação ao componente DEG. Sabendo que todo o robô gira em torno do eixo X à taxa constante $\omega_1 = 1,2$ rad/s, determine (*a*) a velocidade de A, (*b*) a aceleração de A.

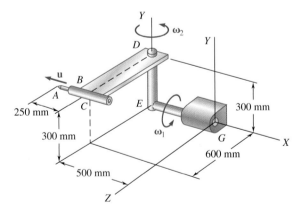

Figura *P15.247*

REVISÃO E RESUMO

Este capítulo foi dedicado ao estudo da cinemática de corpos rígidos.

Corpo rígido em translação
Consideramos, em primeiro lugar, a **translação** de um corpo rígido [Seção 15.1A] e observamos que, em tal movimento, **todos os pontos do corpo têm a mesma velocidade e a mesma aceleração em um dado instante qualquer**.

Rotação de um corpo rígido em torno de um eixo fixo
Em seguida, consideramos a **rotação** de um corpo rígido em torno de um eixo fixo [Seção 15.1B]. A posição do corpo é definida pelo ângulo θ que a linha BP, traçada do eixo de rotação a um ponto P do corpo, forma com um plano fixo (Fig. 15.39). Encontramos que a intensidade da velocidade de P é

$$v = \frac{ds}{dt} = r\dot{\theta} \operatorname{sen} \phi \qquad (15.4)$$

onde $\dot{\theta}$ é a derivada temporal de θ. Expressamos, então, a velocidade de P como

$$\mathbf{v} = \frac{d\mathbf{r}}{dt} = \boldsymbol{\omega} \times \mathbf{r} \qquad (15.5)$$

onde o vetor

$$\boldsymbol{\omega} = \omega\mathbf{k} = \dot{\theta}\mathbf{k} \qquad (15.6)$$

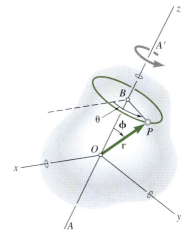

Figura 15.39

é orientado ao longo do eixo fixo de rotação e representa a velocidade angular do corpo.

Representando por $\boldsymbol{\alpha}$ a derivada $d\boldsymbol{\omega}/dt$ da velocidade angular, expressamos a aceleração de P como:

$$\mathbf{a} = \boldsymbol{\alpha} \times \mathbf{r} + \boldsymbol{\omega} \times (\boldsymbol{\omega} \times \mathbf{r}) \qquad (15.8)$$

Diferenciando a Eq. (15.6) e lembrando que $\mathbf{k}$ é constante em intensidade e direção, encontramos que:

$$\boldsymbol{\alpha} = \alpha\mathbf{k} = \dot{\omega}\mathbf{k} = \ddot{\theta}\mathbf{k} \qquad (15.9)$$

O vetor $\boldsymbol{\alpha}$ representa a aceleração angular do corpo e é orientado ao longo do eixo fixo de rotação [Problema Resolvido 15.2].

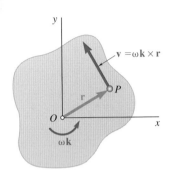

Figura 15.40

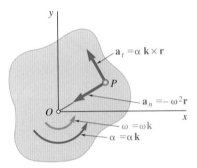

Figura 15.41

Rotação de uma placa representativa: Componentes normal e tangencial

Em seguida, consideramos o movimento de uma placa representativa localizada em um plano perpendicular ao eixo de rotação do corpo (Fig. 15.40). Como a velocidade angular é perpendicular à placa, a velocidade do ponto P da placa foi expressa como

$$\mathbf{v} = \omega \mathbf{k} \times \mathbf{r} \qquad (15.10)$$

onde $\mathbf{v}$ está contido no plano da placa. Substituindo $\boldsymbol{\omega} = \omega \mathbf{k}$ e $\boldsymbol{\alpha} = \alpha \mathbf{k}$ na Eq. (15.8), verificamos que a aceleração de P podia ser decomposta em componentes tangencial e normal (Fig. 15.41) respectivamente iguais a

$$\mathbf{a}_t = \alpha \mathbf{k} \times \mathbf{r} \qquad a_t = r\alpha$$
$$\mathbf{a}_n = -\omega^2 \mathbf{r} \qquad a_n = r\omega^2 \qquad (15.11')$$

Velocidade angular e aceleração angular de um corpo rígido rotativo

Retomando as Eqs. (15.6) e (15.9), obtivemos as seguintes expressões para a *velocidade angular* e para a *aceleração angular* do corpo rígido [Seção 15.1C]:

$$\omega = \frac{d\theta}{dt} \qquad (15.12)$$

$$\alpha = \frac{d\omega}{dt} = \frac{d^2\theta}{dt^2} \qquad (15.13)$$

ou

$$\alpha = \omega \frac{d\omega}{d\theta} \qquad (15.14)$$

Observamos que essas expressões são similares àquelas obtidas no Cap. 11 para o movimento retilíneo de uma partícula.

Dois casos particulares de rotação são encontrados com frequência: *rotação uniforme* e *rotação uniformemente acelerada*. Os problemas que envolvem um desses movimentos podem ser resolvidos pelo uso de equações similares àquelas usadas na Seção 11.2 para o movimento retilíneo uniforme e para o movimento retilíneo uniformemente acelerado de uma partícula, contanto que x, v e a sejam trocados por θ, ω e α, respectivamente [Problema Resolvido 15.1].

Velocidades no movimento plano

O **movimento plano mais geral** de um corpo rígido pode ser considerado como a **soma de uma translação e de uma rotação** [Seção 15.2A]. Por exemplo, pode-se considerar que o corpo mostrado na Fig. 15.42 translado com o ponto A enquanto gira simultaneamente em torno de A. Disso resulta [Seção 15.2B] que a velocidade de qualquer ponto B do corpo rígido pode ser expressa como

$$\mathbf{v}_B = \mathbf{v}_A + \mathbf{v}_{B/A} \qquad (15.17)$$

onde $\mathbf{v}_A$ é a velocidade de A e $\mathbf{v}_{B/A}$ é a velocidade relativa de B em relação a A ou, mais precisamente, em relação aos eixos $x'y'$ que se transladam juntamente com A. Representando por $\mathbf{r}_{B/A}$ o vetor de posição de B relativo a A, encontramos que

$$\mathbf{v}_{B/A} = \omega \mathbf{k} \times \mathbf{r}_{B/A} \qquad v_{B/A} = r\omega \qquad (15.18)$$

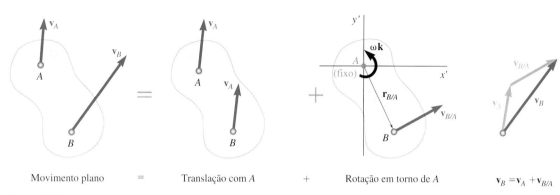

Movimento plano = Translação com A + Rotação em torno de A $v_B = v_A + v_{B/A}$

Figura 15.42

A equação fundamental (15.17) que relaciona as velocidades absolutas dos pontos A e B e a velocidade relativa de B em relação a A foi expressa sob a forma de um diagrama vetorial e usada para resolver problemas envolvendo vários tipos de mecanismos [Problemas Resolvidos 15.6 e 15.7].

Centro instantâneo de rotação

Outra abordagem à solução de problemas envolvendo as velocidades dos pontos de um corpo rígido em movimento plano foi apresentada na Seção 15.3 e usada nos Problemas Resolvidos 15.9 a 15.11. Ela é baseada na determinação do **centro instantâneo de rotação** C do corpo rígido (Fig. 15.43).

Acelerações no movimento plano

Na Seção 15.4A, usamos o fato de que qualquer movimento plano de um corpo rígido pode ser considerado como a soma de uma translação do corpo com um ponto de referência A e de uma rotação em torno de A. Para relacionar as acelerações absolutas de dois pontos quaisquer A e B do corpo e a aceleração relativa de B com relação a A, obtivemos

$$a_B = a_A + a_{B/A} \qquad (15.21)$$

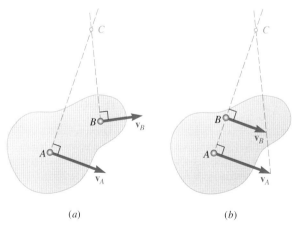

(a)   (b)

Figura 15.43

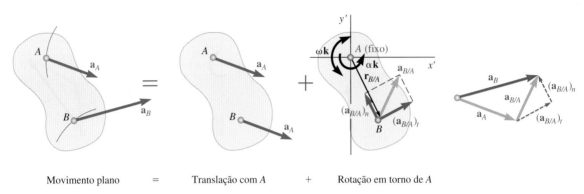

Movimento plano = Translação com A + Rotação em torno de A

Figura 15.44

onde $\mathbf{a}_{B/A}$ consistia de um *componente normal* $(\mathbf{a}_{B/A})_n$ de intensidade $r\omega^2$ e orientada para A, e de um *componente tangencial* $(\mathbf{a}_{B/A})_t$ de intensidade $r\alpha$ e perpendicular à linha AB (Fig. 15.44). A relação fundamental (15.21) foi expressa em termos de diagramas vetoriais ou de equações vetoriais e usada para determinar as acelerações de determinados pontos de vários mecanismos [Problemas Resolvidos 15.12 a 15.16]. Deve-se notar que o centro instantâneo de rotação C considerado na Seção 15.3 não pode ser usado para a determinação de acelerações, pois o ponto C, em geral, *não* tem aceleração nula.

Coordenadas expressas em termos de um parâmetro

No caso de certos mecanismos, é possível expressar as coordenadas x e y de todos os pontos significativos do mecanismo por meio de expressões analíticas simples contendo um *único parâmetro*. Os componentes da velocidade e da aceleração absolutas de um dado ponto são, então, obtidos diferenciando-se duas vezes as coordenadas x e y daquele ponto em relação ao tempo t [Seção 15.4B].

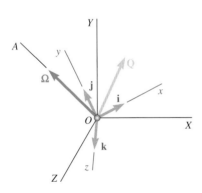

Figura 15.45

Taxa de variação de um vetor em relação a um sistema de referência rotativo

Embora a taxa de variação de um vetor seja a mesma em relação a um sistema de referência fixo e a um sistema de referência em translação, a taxa de variação de um vetor em relação a um sistema de referência rotativo é diferente. Portanto, a fim de estudar o movimento de uma partícula relativo a um sistema de referência rotativo, tivemos antes de comparar as taxas de variação de um vetor genérico $\mathbf{Q}$ em relação a um sistema de referência fixo $OXYZ$ e em relação a um sistema de referência $Oxyz$ girando com velocidade angular $\mathbf{\Omega}$ [Seção 15.5A] (Fig. 15.45). Obtivemos a seguinte relação fundamental:

$$(\dot{\mathbf{Q}})_{OXYZ} = (\dot{\mathbf{Q}})_{Oxyz} + \mathbf{\Omega} \times \mathbf{Q} \qquad (15.31)$$

e concluímos que a taxa de variação do vetor $\mathbf{Q}$ em relação a um sistema de referência fixo $OXYZ$ é composta de duas partes: a primeira representa a taxa de variação de $\mathbf{Q}$ em relação ao sistema de referência rotativo $Oxyz$; a segunda parte, $\mathbf{\Omega} \times \mathbf{Q}$, é induzida pela rotação do sistema de referência $Oxyz$.

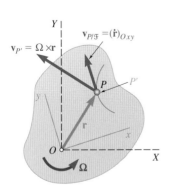

Movimento plano de uma partícula em relação a um sistema de referência rotativo

A seção seguinte [Seção 15.5B] foi dedicada à análise cinemática bidimensional de uma partícula P que se move em relação a um sistema de referência $\mathscr{F}$ girando com velocidade angular $\mathbf{\Omega}$ em torno de um eixo fixo (Fig. 15.46). Verificamos que a velocidade absoluta de P podia ser expressa como

$$\mathbf{v}_P = \mathbf{v}_{P'} + \mathbf{v}_{P/\mathscr{F}} \qquad (15.33)$$

Figura 15.46

ou

$$\mathbf{v}_P = \mathbf{v}_O + \mathbf{\Omega} \times \mathbf{r} + \mathbf{v}_{rel} \qquad (15.32')$$

onde $\mathbf{v}_P$ = velocidade absoluta da partícula P
  $\mathbf{v}_{P'} = \mathbf{v}_O + \mathbf{\Omega} \times \mathbf{r}$ = velocidade do ponto P' do sistema de referência móvel $\mathcal{F}$ coincidente com P
  $\mathbf{v}_{P/\mathcal{F}} = \mathbf{v}_{rel}$ = velocidade de P relativa ao sistema de referência móvel $\mathcal{F}$

Observamos que a mesma expressão para $\mathbf{v}_P$ é obtida se o sistema de referência está em translação em vez de rotação. Mas, quando o sistema de referência está em rotação, verifica-se que a expressão para a aceleração de P contém um termo adicional $\mathbf{a}_C$ denominado aceleração complementar ou **aceleração de Coriolis**. Escrevemos

$$\mathbf{a}_P = \mathbf{a}_{P'} + \mathbf{a}_{P/\mathcal{F}} + \mathbf{a}_C \qquad (15.36)$$

ou

$$\mathbf{a}_P = \mathbf{a}_O + \dot{\mathbf{\Omega}} \times \mathbf{r} - \Omega^2 \mathbf{r} + 2\mathbf{\Omega} \times \mathbf{v}_{rel} + \mathbf{a}_{rel}$$

onde $\mathbf{a}_P$ = aceleração absoluta da partícula P
  $\mathbf{a}_{P'} = \mathbf{a}_O + \dot{\mathbf{\Omega}} \times \mathbf{r} - \Omega^2 \mathbf{r}$ = aceleração do ponto P' do sistema de referência móvel $\mathcal{F}$ coincidente com P
  $\mathbf{a}_{P/\mathcal{F}} = \mathbf{a}_{rel}$ = aceleração de P relativa ao sistema de referência móvel $\mathcal{F}$
  $\mathbf{a}_C = 2\mathbf{\Omega} \times (\dot{\mathbf{r}})_{Oxyz} = 2\mathbf{\Omega} \times \mathbf{v}_{P/\mathcal{F}} = 2\mathbf{\Omega} \times \mathbf{v}_{rel}$ = Aceleração de Coriolis

Uma vez que $\mathbf{\Omega}$ e $\mathbf{v}_{P/\mathcal{F}}$ são perpendiculares entre si no caso de movimento plano, verifica-se que a aceleração de Coriolis tem intensidade $a_C = 2\Omega v_{P/\mathcal{F}}$ e que sua orientação é obtida girando-se o vetor $\mathbf{v}_{P/\mathcal{F}}$ em 90° no sentido da rotação do sistema de referência móvel. As Eqs. (15.33) e (15.36) podem ser usadas para a análise do movimento de mecanismos que contêm partes que deslizam umas sobre as outras [Problemas Resolvidos 15.17 a 15.20].

Movimento de um corpo rígido com um ponto fixo

A última parte do capítulo foi dedicada ao estudo da cinemática de corpos rígidos tridimensionais. Consideramos, em primeiro lugar, o movimento de um corpo rígido com um ponto fixo [Seção 15.6A]. Após demonstrar que o deslocamento mais geral de um corpo rígido com um ponto fixo O é equivalente a uma rotação do corpo em torno de um eixo passando por O, fomos capazes de definir a velocidade angular $\boldsymbol{\omega}$ e o **eixo instantâneo de rotação** do corpo em um instante dado. A velocidade de um ponto P do corpo (Fig. 15.47) pode novamente ser expressa como:

$$\mathbf{v} = \frac{d\mathbf{r}}{dt} = \boldsymbol{\omega} \times \mathbf{r} \qquad (15.37)$$

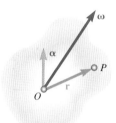

Figura 15.47

Diferenciando essa expressão, escrevemos também

$$\mathbf{a} = \boldsymbol{\alpha} \times \mathbf{r} + \boldsymbol{\omega} \times (\boldsymbol{\omega} \times \mathbf{r}) \qquad (15.38)$$

Entretanto, como a direção de $\boldsymbol{\omega}$ muda de um instante para outro, a aceleração angular $\boldsymbol{\alpha}$ não é, em geral, dirigida ao longo do eixo instantâneo de rotação [Problema Resolvido 15.21].

Movimento geral no espaço

Mostrou-se, na Seção 15.6B, que **o movimento mais geral de um corpo rígido no espaço é equivalente, em um instante dado qualquer, à soma de uma translação e de uma rotação.** Considerando duas partículas A e B do corpo, verificamos que

$$\mathbf{v}_B = \mathbf{v}_A + \mathbf{v}_{B/A} \tag{15.42}$$

onde $\mathbf{v}_{B/A}$ é a velocidade de B relativa ao sistema de referência $AX'Y'Z'$ ligado a A e de orientação fixa (Fig. 15.48). Representando por $\mathbf{r}_{B/A}$ o vetor de posição de B em relação a A, escrevemos

$$\mathbf{v}_B = \mathbf{v}_A + \boldsymbol{\omega} \times \mathbf{r}_{B/A} \tag{15.43}$$

onde $\boldsymbol{\omega}$ é a velocidade angular do corpo no instante considerado [Problema Resolvido 15.22]. A aceleração de B é obtida por um raciocínio semelhante. Primeiro, escrevemos

$$\mathbf{a}_B = \mathbf{a}_A + \mathbf{a}_{B/A}$$

e, retomando a Eq. (15.38),

$$\mathbf{a}_B = \mathbf{a}_A + \boldsymbol{\alpha} \times \mathbf{r}_{B/A} + \boldsymbol{\omega} \times (\boldsymbol{\omega} \times \mathbf{r}_{B/A}) \tag{15.44}$$

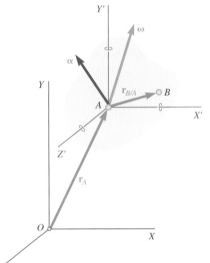

Figura 15.48

Movimento tridimensional de uma partícula em relação a um sistema de referência rotativo

Na seção final deste capítulo, consideramos o movimento tridimensional de uma partícula P em relação a um sistema de referência $Oxyz$ girando com uma velocidade angular $\boldsymbol{\Omega}$ relativamente a um sistema de referência fixo $OXYZ$ (Fig. 15.49). Na Seção 15.7A, expressamos a velocidade absoluta $\mathbf{v}_P$ de P como

$$\mathbf{v}_P = \boldsymbol{\Omega} \times \mathbf{r} + (\dot{\mathbf{r}})_{Oxyz} \tag{15.45}$$

ou alternativamente como

$$\mathbf{v}_P = \mathbf{v}_{P'} + \mathbf{v}_{P/\mathcal{F}} \tag{15.46}$$

onde $\mathbf{v}_P$ = velocidade absoluta da partícula P
  $\mathbf{v}_{P'}$ = velocidade do ponto P' do sistema de referência móvel $\mathcal{F}$ coincidente com P
  $\mathbf{v}_{P/\mathcal{F}}$ = velocidade de P relativa ao sistema de referência móvel $\mathcal{F}$

A aceleração absoluta $\mathbf{a}_P$ de P pode ser expressa como

$$\mathbf{a}_P = \dot{\boldsymbol{\Omega}} \times \mathbf{r} + \boldsymbol{\Omega} \times (\boldsymbol{\Omega} \times \mathbf{r}) + 2\boldsymbol{\Omega} \times (\dot{\mathbf{r}})_{Oxyz} + (\ddot{\mathbf{r}})_{Oxyz} \tag{15.47}$$

ou, alternativamente,

$$\mathbf{a}_P = \mathbf{a}_{P'} + \mathbf{a}_{P/\mathcal{F}} + \mathbf{a}_C \tag{15.48}$$

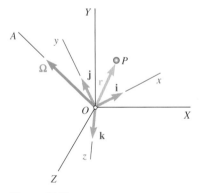

Figura 15.49

onde $\mathbf{a}_P$ = aceleração absoluta da partícula P
  $\mathbf{a}_{P'}$ = aceleração do ponto P' do sistema de referência móvel $\mathcal{F}$ coincidente com P
  $\mathbf{a}_{P/\mathcal{F}}$ = aceleração de P relativa ao sistema de referência móvel $\mathcal{F}$
  $\mathbf{a}_C = 2\mathbf{\Omega} \times (\dot{\mathbf{r}})_{Oxyz} = 2\mathbf{\Omega} \times \mathbf{v}_{P/\mathcal{F}}$ = Aceleração de Coriolis

Observamos que a intensidade a_c da aceleração de Coriolis não é igual a $2\Omega v_{P/\mathcal{F}}$ [Problema Resolvido 15.23], exceto, especialmente, quando $\mathbf{\Omega}$ e $\mathbf{v}_{P/\mathcal{F}}$ são perpendiculares um ao outro. Além disso, geralmente teremos que usar a Eq. 15.31 para determinar a aceleração angular $\mathbf{\Omega}$ do sistema de referência rotativo.

Sistema de referência em movimento geral

Na Seção 15.7B, observamos que as Eqs. (15.46) e (15.48) permanecem válidas quando o sistema de referência $Axyz$ move-se de maneira conhecida, porém arbitrária, em relação ao sistema de referência fixo $OXYZ$ (Fig. 15.50), desde que o movimento de A seja incluído nos termos $\mathbf{v}_{P'}$ e $\mathbf{a}_{P'}$ representando a velocidade e a aceleração absolutas do ponto coincidente P'. Obtemos

$$\mathbf{v}_P = \mathbf{v}_A + \mathbf{\Omega} \times \mathbf{r}_{P/A} + (\dot{\mathbf{r}}_{P/A})_{Axyz} \qquad (15.52)$$

e

$$\mathbf{a}_P = \mathbf{a}_A + \dot{\mathbf{\Omega}} \times \mathbf{r}_{P/A} + \mathbf{\Omega} \times (\mathbf{\Omega} \times \mathbf{r}_{P/A})$$
$$+ 2\mathbf{\Omega} \times (\dot{\mathbf{r}}_{P/A})_{Axyz} + (\ddot{\mathbf{r}}_{P/A})_{Axyz} \qquad (15.54)$$

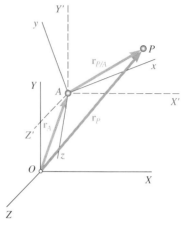

Figura 15.50

Sistemas de referência rotativos são particularmente úteis no estudo do movimento tridimensional de corpos rígidos. De fato, há muitas situações em que uma escolha apropriada do sistema de referência rotativo leva a uma análise mais simples do movimento do corpo rígido do que seria possível com eixos de orientação fixa [Problemas Resolvidos 15.24 e 15.25].

PROBLEMAS DE REVISÃO

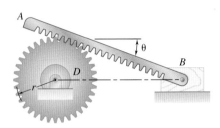

Figura P15.248

15.248 Uma cremalheira reta repousa sobre uma engrenagem de raio r e está ligada a um bloco B como mostrado. Representando por ω_D a velocidade angular da engrenagem D no sentido horário e por θ o ângulo formado pela cremalheira e pela horizontal, deduza expressões para a velocidade do bloco B e para a velocidade angular da cremalheira em termos de r, θ e ω_D.

15.249 Um carro C é suportado por uma rodinha A e um cilindro B, cada um de 50 mm de diâmetro. Sabendo que, no instante mostrado, o carro tem uma aceleração de 2,4 m/s² e uma velocidade de 1,5 m/s, ambas direcionadas para a esquerda, determine (a) as acelerações angulares da rodinha e do cilindro; (b) as acelerações dos centros da rodinha e do cilindro.

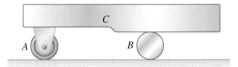

Figura P15.249

15.250 Uma máquina de lançamento de beisebol é projetada para atirar uma bola com uma velocidade de 108 km/h e uma rotação de 300 rpm no sentido horário. Sabendo que não há deslizamento entre as rodas e a bola durante o lançamento, determine as velocidades angulares das rodas A e B.

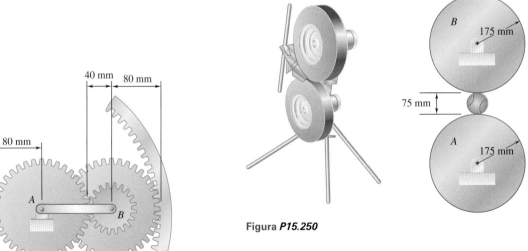

Figura P15.250

15.251 Sabendo que a engrenagem interna A é estacionária e a engrenagem externa C parte do repouso e tem uma aceleração angular constante de 4 rad/s² no sentido horário, determine em $t = 5$ s (a) a velocidade angular do braço AB (b) a velocidade angular da engrenagem B, (c) a aceleração do ponto da engrenagem B que está em contato com a engrenagem A.

Figura P15.251

15.252 Sabendo que, no instante mostrado, a barra *AB* tem velocidade angular de 10 rad/s no sentido horário e está diminuindo a uma taxa de 2 rad/s^2, determine as acelerações angulares da barra *BD* e da barra *DE*.

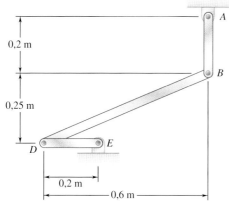

Figura P15.252

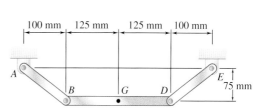

Figura P15.253

15.253 Sabendo, que no instante mostrado, a barra *AB* tem aceleração angular zero e uma velocidade angular de 15 rad/s no sentido anti-horário, determine (*a*) a aceleração angular do braço *DE*, (*b*) a aceleração do ponto *D*.

15.254 A barra *AB* está ligada a um colar em *A* e está equipada com uma roda em *B* que tem um raio $r = 15$ mm. Sabendo, que quando $\theta = 60°$, o colar tem uma velocidade de 250 mm/s para cima e está reduzindo a uma taxa de 150 mm/s^2, determine (*a*) a aceleração angular da barra *AB*, (*b*) a aceleração angular da roda.

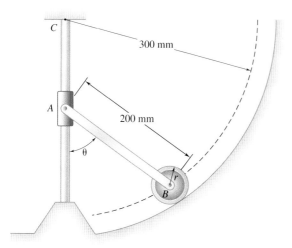

Figura *P15.254*

15.255 A água flui por meio de uma tubulação curva *AB*, que gira com uma velocidade angular constante de 90 rpm no sentido horário. Se a velocidade da água em relação à tubulação é 8 m/s, determine a aceleração total de uma partícula de água em um ponto *P*.

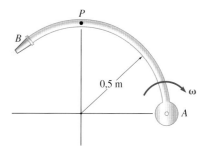

Figura P15.255

15.256 O disco de 0,15 m de raio gira a uma taxa constante ω_2 em relação à placa BC, que por sua vez gira a uma taxa constante ω_1 em torno do eixo y. Sabendo que $\omega_1 = \omega_2 = 3$ rad/s, determine, para a posição mostrada na figura, a velocidade e a aceleração (a) do ponto D, (b) do ponto F.

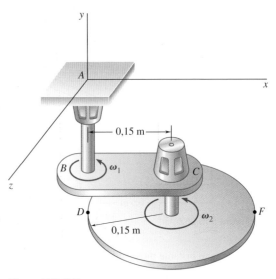

Figura P15.256

15.257 Duas barras AE e BD passam através de buracos perfurados em um bloco hexagonal. (Os buracos são perfurados em planos diferentes para que as barras não se toquem.) Sabendo que a barra AE tem uma velocidade angular de 20 rad/s no sentido horário e uma aceleração angular de 4 rad/s² no sentido anti-horário quando $\theta = 90°$, determine (a) a velocidade relativa do bloco em relação a cada barra, (b) a aceleração relativa do bloco em relação a cada barra.

15.258 A barra BC de 600 mm de comprimento é conectada por juntas rotuladas a um braço rotativo AB e a um colar C que desliza na barra fixa DE. Sabendo que o comprimento do braço AB é 100 mm e que este gira a uma taxa constante $\omega_1 = 10$ rad/s, determine a velocidade do colar C quando $\theta = 0$.

15.259 Na posição mostrada, a barra fina desloca-se a uma velocidade constante $u = 100$ mm/s para fora do tubo BC. Ao mesmo tempo, o tubo BC gira à velocidade constante $\omega_2 = 2$ rad/s em relação ao braço CD. Sabendo que todo o conjunto gira em torno do eixo X à taxa constante $\omega_1 = 1$ rad/s, determine a velocidade e a aceleração da extremidade A da barra.

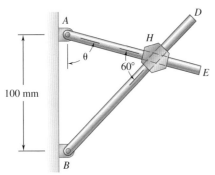

Figura P15.257

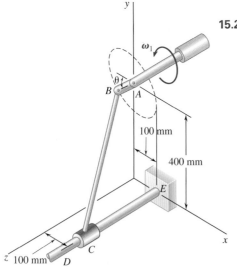

Figura P15.258

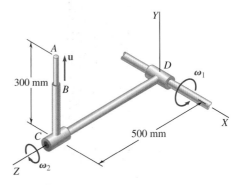

Figura P15.259

16
Movimento plano de corpos rígidos: forças e acelerações

As pás das turbinas eólicas, mostradas nesta figura, são submetidas a grandes forças e momentos durante o movimento. Neste capítulo, você aprenderá a analisar o movimento de um corpo rígido considerando o movimento de seu centro de massa, o movimento em relação ao seu centro de massa e as forças externas que atuam sobre ele.

1108 Mecânica vetorial para engenheiros: Dinâmica

16.1 Cinética de um corpo rígido
16.1A Equações de movimento para um corpo rígido
16.1B Quantidade de movimento angular de um corpo rígido em movimento plano
16.1C Movimento plano de um corpo rígido.
*16.1D Um comentário sobre os axiomas da mecânica de corpos rígidos
16.1E Solução de problemas que envolvem o movimento de um corpo rígido
16.1F Sistemas de corpos rígidos

16.2 Movimento plano restrito

Objetivos

- **Discutir** como a massa e o momento de inércia de massa afetam as acelerações lineares e angulares de um corpo rígido.
- **Modelar** sistemas físicos que envolvem corpos rígidos desenhando diagramas de corpo livre e diagramas cinéticos.
- **Determinar** se um corpo desliza ou inclina e se uma roda rola com ou sem deslizamento utilizando princípios de cinética de corpo rígido.
- **Aplicar** equações cinéticas e relações cinemáticas apropriadas para resolver problemas de cinética para um corpo rígido submetido a translação, rotação em torno do centro de massa ou movimento plano geral.
- **Analisar** sistemas de corpos rígidos conectados usando equações cinéticas e cinemáticas apropriadas.
- **Analisar** o movimento restrito de corpos rígidos, incluindo rotação de eixo fixo e rolamento de discos e rodas.

Introdução

Neste capítulo e nos Caps. 17 e 18, você vai estudar a **cinética de corpos rígidos**, ou seja, as relações que existem entre as forças que atuam sobre um corpo rígido, a forma e a massa desse corpo e o movimento produzido. Nos Caps. 12 e 13, você estudou relações semelhantes, assumindo então que o corpo podia ser considerado como uma partícula, isto é, que sua massa podia ser concentrada em um ponto e que todas as forças atuavam nesse ponto. A forma do corpo, assim como a localização exata dos pontos de aplicação das forças, será considerada agora. Além disso, você vai se preocupar não apenas com o movimento do corpo como um todo, mas também com o movimento desse corpo em torno do seu centro de massa.

Nossa abordagem considerará os corpos rígidos como sendo compostos de um grande número de partículas e utilizará os resultados obtidos no Cap. 14 para o movimento de sistemas de partículas. Especificamente, duas equações do Cap. 14 serão utilizadas: a Eq. (14.16), $\Sigma\mathbf{F} = m\bar{\mathbf{a}}$, que relaciona a resultante das forças externas e a aceleração do centro de massa G do sistema de partículas, e a Eq. (14.23), $\Sigma\mathbf{M}_G = \dot{\mathbf{H}}_G$, que relaciona o momento resultante das forças externas e a taxa de variação da quantidade de movimento angular do sistema de partículas em relação a G.

Com exceção da Seção 16.1A, que se aplica ao caso mais geral do movimento de um corpo rígido, os resultados deduzidos neste capítulo serão limitados de duas maneiras: (1) eles serão restritos ao *movimento plano* de corpos rígidos, isto é, ao movimento no qual cada partícula do corpo permanece a uma distância constante de um plano de referência fixo; (2) os corpos rígidos considerados consistirão somente de corpos rígidos planos e de corpos simétricos em relação ao plano de referência*. O estudo do movimento plano de corpos tridimensionais não simétricos e, de maneira mais ampla, do movimento de corpos rígidos no espaço tridimensional será abordado no Cap. 18.

---

*Ou, de modo mais geral, de corpos que têm um eixo principal de inércia que passa pelo centro de massa perpendicular ao plano de referência.

Na Seção 16.1B, definiremos a quantidade de movimento angular de um corpo rígido em movimento plano e mostraremos que a taxa de variação da quantidade de movimento angular $\dot{\mathbf{H}}_G$ em relação ao centro de massa é igual ao produto $\bar{I}\alpha$ do momento de inércia de massa em relação ao centro de massa $\bar{I}$ e à aceleração angular $\boldsymbol{\alpha}$ do corpo. Provaremos, então, que as forças externas que atuam sobre um corpo rígido são equivalentes a um vetor $m\bar{\mathbf{a}}$ preso ao centro de massa e a um binário de momento $\bar{I}\alpha$.

Também deduziremos o princípio da transmissibilidade usando somente a regra do paralelogramo e as leis de Newton do movimento, permitindo-nos remover esse princípio da lista de axiomas (*Estática*, Seção 1.2) necessários ao estudo da estática e da dinâmica de corpos rígidos. Discutiremos então o uso dos diagramas de corpo livre e cinético na solução de todos os problemas envolvendo o movimento plano de corpos rígidos.

Depois de considerar o movimento plano de corpos rígidos ligados entre si na Seção 16.1F, você estará preparado para resolver uma variedade de problemas que envolvem a translação, a rotação em torno do centro de massa e o movimento sem restrição de corpos rígidos. No restante do capítulo, consideraremos a solução de problemas que incluem rotações em torno de outros pontos que não o centro de massa, o movimento de rolamento e outros movimentos planos parcialmente restritos de corpos rígidos.

16.1 Cinética de um corpo rígido

Como vimos no Capítulo 15, geralmente podemos considerar o movimento de um corpo rígido como uma combinação de translação do corpo e rotação em torno de seu centro de massa. Usamos essa mesma ideia para analisar a relação entre forças e momentos agindo sobre um corpo rígido e a aceleração linear e angular do corpo.

16.1A Equações de movimento para um corpo rígido

Considere um corpo rígido sob a ação de várias forças externas $\mathbf{F}_1$, $\mathbf{F}_2$, $\mathbf{F}_3$, ... (Fig. 16.1). Podemos assumir que o corpo é constituído de um grande número n de partículas de massas Δm_i ($i = 1, 2, ..., n$) e aplicar os resultados obtidos no Cap. 14 para um sistema de partículas (Fig. 16.2). Considerando inicialmente o movimento do centro de massa G do corpo em relação ao sistema de referência newtoniano $Oxyz$, recordamos a Eq. (14.16) e escrevemos

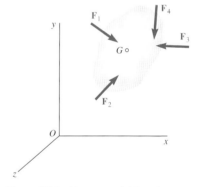

Figura 16.1 Um corpo rígido sob a ação de várias forças externas.

Equação do movimento de translação

$$\Sigma \mathbf{F} = m\bar{\mathbf{a}} \qquad (16.1)$$

onde m é a massa do corpo e $\bar{\mathbf{a}}$ é a aceleração do centro de massa de G. Voltando-nos agora ao movimento do corpo em relação ao sistema de referência ligado ao centro de massa $Gx'y'z'$, recordamos a Eq. (14.23) e escrevemos

Equação do movimento de rotação

$$\Sigma \mathbf{M}_G = \dot{\mathbf{H}}_G \qquad (16.2)$$

onde $\dot{\mathbf{H}}_G$ representa a taxa de variação de $\mathbf{H}_G$, que é a quantidade de movimento angular em relação a G do sistema de partículas que formam o corpo rígido.

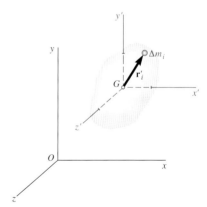

Figura 16.2 Uma partícula de um corpo rígido em relação ao centro de massa G.

No que se segue, vamos nos referir a $\mathbf{H}_G$ simplesmente como a **quantidade de movimento angular do corpo rígido em relação a seu centro de massa G**. As Eqs. (16.1) e (16.2), juntas, expressam que

O sistema de momentos e forças externas é equipolente ao sistema constituído do vetor $m\bar{\mathbf{a}}$ ligado a G e ao binário de momento $\dot{\mathbf{H}}_G$ (Fig. 16.3).

Como você verá no Cap. 18, as Eqs. (16.1) e (16.2) se aplicam no caso mais geral do movimento tridimensional de um corpo rígido. No restante deste capítulo, contudo, nossa análise se limitará ao **movimento plano** de corpos rígidos, isto é, a um movimento em que cada partícula permanece a uma distância constante de um plano de referência fixo. Assumiremos que os corpos rígidos considerados consistem somente de corpos rígidos planos e de corpos que são simétricos em relação a esse plano de referência. Assim, o estudo do movimento plano de corpos não simétricos tridimensionais e do movimento de corpos rígidos no espaço tridimensional será adiado até o Cap. 18.

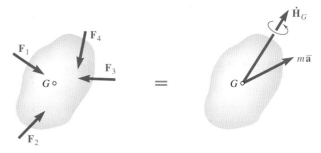

Figura 16.3 Um sistema de forças externas é equipolente a um vetor inercial $m\bar{\mathbf{a}}$ e a um binário de momento $\dot{\mathbf{H}}_G$ que atua no centro de massa.

Foto 16.1 O sistema de forças externas que atua sobre o homem e a prancha inclui os pesos, a tração no cabo de reboque e as forças exercidas pela água e pelo ar.

16.1B Quantidade de movimento angular de um corpo rígido em movimento plano

Considere um corpo rígido em movimento plano. Assumimos que o corpo é constituído de um grande número n de partículas P_i de massas Δm_i. Recordando a Eq. (14.24) da Seção 14.1D, notamos que a quantidade de movimento angular $\mathbf{H}_G$ do corpo rígido em relação a seu centro de massa G pode ser calculada tomando-se os momentos em relação a G das quantidades de movimento das partículas do corpo em relação aos referenciais Oxy ou $Gx'y'$ (Fig. 16.4). Escolhendo a segunda opção, escrevemos

$$\mathbf{H}_G = \sum_{i=1}^{n} (\mathbf{r}'_i \times \mathbf{v}'_i \, \Delta m_i) \tag{16.3}$$

onde $\mathbf{r}'_i$ e $\mathbf{v}'_i \Delta m_i$ representam, respectivamente, o vetor de posição e a quantidade de movimento linear da partícula P_i em relação ao sistema de referência ligado ao centro de massa $Gx'y'$. Contudo, como a partícula pertence ao corpo rígido, temos $\mathbf{v}'_i = \boldsymbol{\omega} \times \mathbf{r}'_i$, onde $\boldsymbol{\omega}$ é a velocidade angular do corpo no instante considerado. Escrevemos

$$\mathbf{H}_G = \sum_{i=1}^{n} [\mathbf{r}'_i \times (\boldsymbol{\omega} \times \mathbf{r}'_i) \, \Delta m_i]$$

Referindo-nos à Fig. 16.4, verificamos facilmente que a expressão obtida representa um vetor com a mesma direção e sentido que $\boldsymbol{\omega}$ (isto é, perpendicular ao corpo) e de intensidade igual a $\omega \Sigma r'^2_i \Delta m_i$. Recordando que a soma $\Sigma r'^2_i \Delta m_i$ representa o momento de inércia $\bar{I}$ do corpo rígido em relação a um eixo perpendicular ao corpo passando pelo centro de massa, concluímos que a quantidade de movimento angular $\mathbf{H}_G$ do corpo rígido em relação ao seu centro de massa é

Quantidade de movimento angular de um corpo rígido em relação a G

$$\mathbf{H}_G = \bar{I}\boldsymbol{\omega} \tag{16.4}$$

Diferenciando ambos os membros da Eq. (16.4), obtemos

Taxa de variação da quantidade de movimento angular em relação a G

$$\dot{\mathbf{H}}_G = \bar{I}\dot{\boldsymbol{\omega}} = \bar{I}\boldsymbol{\alpha} \tag{16.5}$$

Portanto, a taxa da variação da quantidade de movimento angular do corpo rígido é representada por um vetor de mesma direção que $\boldsymbol{\alpha}$ (isto é, perpendicular ao corpo) e de intensidade $\bar{I}\alpha$.

Deve-se ter em mente que os resultados obtidos nesta seção foram deduzidos para um corpo rígido em movimento plano. Como você verá no Cap. 18, eles permanecem válidos no caso do movimento plano de corpos rígidos que são simétricos em relação ao plano de referência.* Entretanto, não se aplicam ao caso de corpos não simétricos ou no caso de movimento tridimensional.

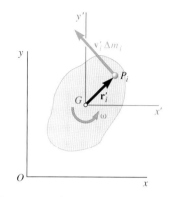

Figura 16.4 A quantidade de movimento angular em relação a G de uma partícula de um corpo rígido é $\mathbf{r}'_i \times \mathbf{v}'_i \, \Delta m_i$.

Foto 16.2 O disco rígido e o braço de captura do disco rígido de um computador sofrem rotação em torno do centro de massa.

---

*Ou, de modo mais geral, de corpos que possuem um eixo principal de inércia ligado ao centro de massa perpendicular ao plano de referência.

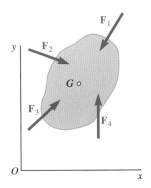

Figura 16.5 Um corpo rígido sob a ação de várias forças externas no plano do corpo.

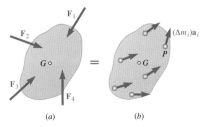

Figura 16.6 As forças externas que atuam sobre o corpo rígido são equivalentes aos termos inerciais das partículas do corpo.

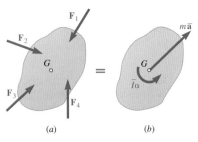

Figura 16.7 As forças externas que atuam sobre o corpo rígido também são equivalentes a um vetor $m\bar{\mathbf{a}}$ ligado ao centro de massa G e a uma inércia rotacional $\bar{I}\alpha$.

16.1C Movimento plano de um corpo rígido

Considere um corpo rígido de massa m que se desloca sob a ação de várias forças externas $\mathbf{F}_1$, $\mathbf{F}_2$, $\mathbf{F}_3$, ..., contidas no plano do corpo (Fig. 16.5). Substituindo $\dot{\mathbf{H}}_G$ da Eq. (16.5) na Eq. (16.2) e escrevendo as equações fundamentais do movimento (16.1) e (16.2) na forma escalar, temos

$$\Sigma F_x = m\bar{a}_x \quad \Sigma F_y = m\bar{a}_y \quad \Sigma M_G = \bar{I}\alpha \qquad (16.6)$$

As equações de (16.6) mostram que a aceleração do centro de massa G do corpo rígido e sua aceleração angular $\boldsymbol{\alpha}$ podem ser facilmente obtidas quando a resultante das forças externas que atuam no corpo e seu momento resultante em relação a G tiverem sido determinados. Dadas as condições iniciais apropriadas, as coordenadas $\bar{x}$ e $\bar{y}$ do centro de massa e a coordenada angular θ do corpo podem então ser obtidas por integração em qualquer instante t. Portanto,

> **O movimento do corpo é completamente definido pela resultante e pelo momento resultante em relação a G das forças externas que atuam sobre ele.**

Como o movimento de um corpo rígido depende somente da resultante e do momento resultante das forças externas que atuam sobre ele, segue-se que **dois sistemas de forças que são equipolentes**, isto é, que têm a mesma resultante e o mesmo momento resultante, **são também equivalentes**. Isto é, eles têm exatamente o mesmo efeito sobre um dado corpo rígido.

Considere, em particular, o sistema de forças externas que atuam sobre um corpo rígido (Fig. 16.6a) e o sistema de termos inerciais associados às partículas que formam esse corpo rígido (Fig.16.6b). Foi mostrado na Seção 14.1A que os dois sistemas assim definidos são equipolentes. Contudo, como as partículas consideradas agora formam um corpo rígido, segue-se que os dois sistemas são também equivalentes. Podemos então afirmar que

> **As forças externas que atuam sobre um corpo rígido são equivalentes aos termos inerciais das várias partículas que formam o corpo.**

O fato de o sistema de forças externas ser equivalente ao sistema de termos inerciais foi enfatizado pelo uso de sinais de igualdade em cor verde na Fig. 16.6 e também na Fig. 16.7, onde, usando os resultados obtidos anteriormente nesta seção, substituímos os termos inerciais por um vetor $m\bar{\mathbf{a}}$ ligado ao centro de massa G do corpo rígido e pela inércia rotacional $\bar{I}\alpha$.

Vejamos três exemplos de movimento plano de um corpo rígido.

Translação. No caso particular de um corpo em translação, a aceleração angular do corpo é igual a zero e seus termos inerciais se reduzem ao vetor $m\bar{\mathbf{a}}$ ligado a G (Fig. 16.8). Assim, a resultante das forças externas que atuam sobre um corpo rígido em translação passa pelo centro de massa do corpo e é igual a $m\bar{\mathbf{a}}$.

Rotação em torno do centro de massa. Quando um corpo rígido, ou, mais genericamente, um corpo simétrico em relação ao plano de referência, gira em torno de um eixo fixo perpendicular ao plano de referência, passando pelo seu centro de massa G, dizemos que o corpo está em *rotação em torno do centro de massa*. Como a aceleração $\bar{\mathbf{a}}$ é identicamente igual a zero, os termos inerciais do corpo se reduzem ao binário $\bar{I}\alpha$ (Fig. 16.9). Assim, as forças externas que atuam em um corpo em rotação em torno do centro de massa são equivalentes a uma inércia rotacional $\bar{I}\alpha$.

Movimento plano geral. Comparando a Fig. 16.7 com as Figs. 16.8 e 16.9, observamos que, do ponto de vista da *cinética*, o movimento plano mais geral de um corpo rígido simétrico em relação ao plano de referência pode ser substituído pela soma de uma translação e uma rotação em torno do centro de massa. Devemos notar que essa afirmação é mais restritiva do que a afirmação similar feita anteriormente do ponto de vista da *cinemática* (Seção 15.2A), uma vez que agora se requer que o centro de massa do corpo seja escolhido como o ponto de referência.

Referindo-nos às Eqs. (16.6), observamos que as duas primeiras equações são idênticas às equações de movimento de uma partícula de massa m sob a ação das forças dadas $\mathbf{F}_1, \mathbf{F}_2, \mathbf{F}_3, \ldots$. Verificamos, assim, que

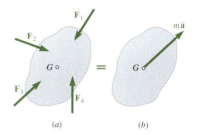

Figura 16.8 Um corpo rígido em translação tem um vetor $m\bar{\mathbf{a}}$ ligado ao centro de massa G, mas sem inércia rotacional $\bar{I}\alpha$.

> O centro de massa G de um corpo rígido em um movimento plano se move como se toda a massa do corpo estivesse concentrada nesse ponto e como se todas as forças externas atuassem sobre ele.

Recordamos que esse resultado já foi obtido na Seção 14.1C no caso geral de um sistema de partículas, partículas essas não necessariamente ligadas rigidamente. Notamos também, como fizemos anteriormente, que o sistema de forças externas, em geral, não se reduz a um único vetor $m\bar{\mathbf{a}}$ ligado a G. Portanto, no caso geral do movimento plano de um corpo rígido, **a resultante das forças externas que atuam sobre o corpo não passa pelo centro de massa desse corpo.**

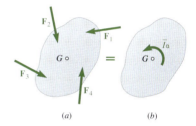

Finalmente, devemos observar que a última das Eqs. (16.6) ainda seria válida se o corpo rígido, embora sujeito às mesmas forças aplicadas, fosse restrito a girar em torno de um eixo fixo passando por G. Portanto, **um corpo rígido em movimento plano gira em torno de seu centro de massa como se esse ponto fosse fixo.**

Figura 16.9 Um corpo rígido em rotação em torno do centro de massa tem inércia rotacional $\bar{I}\alpha$, mas sem $m\bar{\mathbf{a}}$.

*16.1D Um comentário sobre os axiomas da mecânica de corpos rígidos

O fato de que dois sistemas equipolentes de forças externas que atuam sobre um corpo rígido são também equivalentes – isto é, têm o mesmo efeito sobre esse corpo rígido – já foi estabelecido na *Estática*, Seção 3.4B. Mas ali ele foi deduzido do *princípio de transmissibilidade*, um dos axiomas utilizado em nosso estudo de estática de corpos rígidos. Deve-se observar que esse axioma não foi utilizado no presente capítulo porque a segunda e a terceira leis de Newton do movimento tornaram desnecessária sua utilização no estudo da dinâmica dos corpos rígidos.

De fato, o princípio de transmissibilidade pode agora ser deduzido de outros axiomas utilizados no estudo da mecânica. Esse princípio estabeleceu, sem comprovação (Seção 3.1B), que as condições de equilíbrio ou de movimento de um corpo rígido permanecerão inalteradas se uma força $\mathbf{F}$ que atua em um dado ponto do corpo rígido for substituída por uma força $\mathbf{F}'$ de mesma intensidade, direção e sentido, mas que atue em um ponto diferente, contanto que as duas forças tenham a mesma linha de ação. Contudo, como $\mathbf{F}$ e $\mathbf{F}'$ têm o mesmo momento em relação a qualquer ponto dado, é evidente que elas formam dois sistemas equipolentes de forças externas. Assim, podemos agora *provar*, como um resultado do que estabelecemos na seção anterior, que $\mathbf{F}$ e $\mathbf{F}'$ têm o mesmo efeito sobre o corpo rígido (veja a Fig. 3.3 novamente).

O princípio da transmissibilidade pode, portanto, ser retirado da relação de axiomas requeridos para o estudo da mecânica do corpo rígido. Esses axiomas se reduzem à lei do paralelogramo para a adição de vetores e às leis de Newton do movimento.

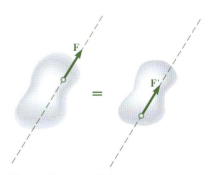

Figura 3.3 (repetida)

16.1E Solução de problemas que envolvem o movimento de um corpo rígido

Vimos na Seção 16.1C que, quando um corpo rígido está em movimento plano, existe uma relação fundamental entre as forças $F_1, F_2, F_3, ...,$ que atuam sobre o corpo, a aceleração $\bar{a}$ de seu centro de massa e a aceleração angular α do corpo. Essa relação está representada na Fig. 16.7 na forma de **diagramas de corpo livre e cinético**. Podemos usar esses diagramas para determinar a aceleração $\bar{a}$ e a aceleração angular α produzidas por um dado sistema de forças que atuam sobre um corpo rígido ou, reciprocamente, para determinar as forças que produzem um dado movimento do corpo rígido.

As três equações algébricas de (16.6) podem ser usadas para resolver os problemas de movimento plano.* Contudo, nossa experiência em estática sugere que a solução de muitos problemas que envolvem corpos rígidos pode ser simplificada por uma escolha apropriada do ponto em relação ao qual são calculados os momentos das forças. É preferível, portanto, relembrar a relação existente entre as forças e as acelerações de forma ilustrada, como mostrado na Fig. 16.7, e deduzir dessa relação fundamental as equações dos componentes ou dos momentos que melhor se adaptarem à solução do problema em questão.

Desenhar um diagrama de corpo livre para corpos rígidos segue os mesmos passos básicos que discutimos no Capítulo 12. Para os corpos rígidos, no entanto, é importante desenhar suas forças em sua localização de ação, uma vez que você estará somando momentos em relação a pontos específicos. Marcar diferentes dimensões no diagrama de corpo livre é particularmente útil ao somar esses momentos.

O diagrama cinético do Cap. 12 também é levemente modificado. O termo de translação inercial $m\bar{a}$ está sempre localizado no centro de massa do corpo. Estamos agora preocupados com a inércia rotacional do corpo, por isso incluímos um termo adicional em nosso diagrama cinético, $\bar{I}\alpha$. Ele também está localizado no centro de massa do corpo.

Podemos aplicar os passos do Cap. 12 ao pêndulo mostrado na Fig. 16.10, onde um momento M é aplicado à haste. Esses passos incluem:

1. Isolamento do **corpo**
2. Definição dos **eixos**
3. Substituição de restrições por **força de apoio**
4. Adição de **forças e momentos aplicados**, bem como de **forças do corpo**, ao diagrama
5. Marcação do diagrama de corpo livre com **dimensões**

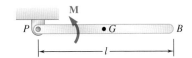

Figura 16.10 Um pêndulo com massa m, comprimento l e um momento aplicado **M**.

Para o diagrama cinético, tipicamente desenhamos o termo inercial de translação em forma de componente (por exemplo, $m\bar{a}_x$ e $m\bar{a}_y$) no centro de massa do corpo e adicionamos o termo inercial rotacional $\bar{I}\alpha$. O uso desses passos nos dá os diagramas de corpo livre e cinético mostrados na Fig. 16.11.

Usamos o pêndulo mostrado na Fig. 16.10 para ilustrar uma forma alternativa da equação de momento. É fácil aplicar a Eq. 16.6 a este problema, no qual a soma de momentos sobre o centro de massa resulta em

$$+\circlearrowleft \Sigma M_G = \bar{I}\alpha : \qquad M - P_y\left(\frac{L}{2}\right) = \bar{I}\alpha$$

---

*Lembre-se de que a última das Eqs. (16.6) é válida somente no caso de movimento plano de um corpo rígido simétrico em relação ao plano de referência. Em todos os demais casos, os métodos do Cap. 18 devem ser usados.

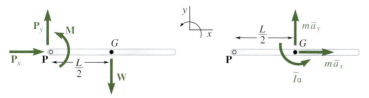

Figura 16.11 Diagramas de corpo livre e cinético para um pêndulo com um momento externo aplicado.

Alternativamente, poderíamos escolher um ponto P arbitrário em relação ao qual somaríamos momentos. Se escolhermos P para estar na extremidade esquerda da haste, então também teremos de somar os momentos em relação a P devido aos termos inerciais. Neste caso, obtemos

$$+\curvearrowleft \Sigma M_P = \bar{I}\alpha + m\bar{a}d_\perp: \quad M - W\left(\frac{L}{2}\right) = \bar{I}\alpha + m\bar{a}_y\left(\frac{L}{2}\right) + m\bar{a}_x(0)$$

onde $d_\perp$ é a distância perpendicular do ponto P à linha de ação do vetor de aceleração resultante $\bar{\mathbf{a}}$. Como na estática, você também pode determinar o momento em relação a um ponto P usando produtos vetoriais, como

$$m\bar{a}d_\perp = \mathbf{r}_{G/P} \times m\bar{\mathbf{a}}$$

onde $\mathbf{r}_{G/P}$ é o vetor do ponto P para o centro de massa do corpo. Portanto, também podemos escrever a Eq. (16.6) como

$$\Sigma F_x = m\bar{a}_x \quad \Sigma F_y = m\bar{a}_y$$
$$\Sigma M_G = \bar{I}\alpha \text{ ou } \Sigma M_P = \bar{I}\alpha + m\bar{a}d_\perp \text{ ou } \Sigma M_P = \bar{I}\alpha + \mathbf{r}_{G/P} \times m\bar{\mathbf{a}} \quad (16.69)$$

O uso de diagramas de corpo livre e cinéticos que mostram vetorialmente a relação existente entre as forças aplicadas sobre o corpo rígido e as acelerações linear e angular resultantes apresenta vantagens consideráveis sobre a aplicação pura e simples da Eq. (16.6). Essas vantagens podem ser resumidas como:

1. O uso de uma representação por figuras fornece um melhor entendimento do efeito das forças sobre o movimento do corpo.
2. Esse procedimento possibilita dividir a solução de um problema de dinâmica em duas partes: na primeira parte, a análise das características cinemáticas e cinéticas do problema leva aos diagramas de corpo livre e cinético da Fig.16.7; na segunda, o diagrama obtido é usado para analisar as várias forças e vetores envolvidos.
3. Um procedimento unificado é dado para a análise do movimento plano de um corpo rígido, independentemente do tipo de movimento específico que se considere. Enquanto a cinemática dos vários movimentos considerados pode variar de um caso para outro, a abordagem da cinética do movimento é consistentemente a mesma. Para cada caso será desenhado um diagrama mostrando as forças externas, o vetor $m\bar{\mathbf{a}}$ associado ao movimento de G e o binário $\bar{I}\alpha$ associado à rotação do corpo em torno de G.
4. A resolução do movimento plano de um corpo rígido em uma translação e em uma rotação em torno do centro de massa, aqui usada, é um conceito básico que pode ser aplicado de modo eficaz em todo o estudo da mecânica. Ela será usada novamente no Cap. 17 com o método de trabalho e energia e com o método de impulso e quantidade de movimento.

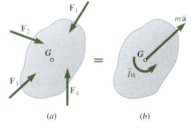

Figura 16.7 (repetida)

5. Como você verá no Cap. 18, esse procedimento pode ser estendido ao estudo do movimento geral tridimensional de um corpo rígido. O movimento do corpo será novamente dividido em uma translação e em uma rotação em torno do centro de massa, e os diagramas de corpo livre e cinético serão utilizados para indicar a relação existente entre as forças externas e as taxas de variação das quantidades de movimento linear e angular do corpo.

16.1F Sistemas de corpos rígidos

O método descrito na seção anterior também pode ser utilizado em problemas que envolvem o movimento plano de vários corpos rígidos unidos. Para cada parte do sistema, um diagrama similar ao da Fig. 16.7 pode ser desenhado. As equações de movimento obtidas a partir desses diagramas são resolvidas simultaneamente.

Em alguns casos, como no Problema Resolvido 16.4, um único diagrama pode ser desenhado para todo o sistema. Esse diagrama deve incluir todas as forças externas, assim como os vetores $m\bar{\mathbf{a}}$ e os binários $\bar{I}\alpha$ associados às várias partes do sistema. Entretanto, forças internas, como as exercidas por cabos de ligação, podem ser omitidas já que ocorrem em pares de forças iguais e opostas e são, portanto, equipolentes a zero. As equações obtidas, expressando-se que o sistema de forças externas é equipolente ao sistema de termos inerciais, podem ser resolvidas para as incógnitas restantes.* Para sistemas envolvendo vários corpos rígidos, a equação geral do movimento é escrita como

$$\Sigma \mathbf{F} = \Sigma m_i \bar{\mathbf{a}}_i \quad \text{e} \quad \sum \mathbf{M}_P = \dot{\mathbf{H}}_P$$

onde

$$\dot{\mathbf{H}}_P = \Sigma \bar{I}_i \boldsymbol{\alpha}_i + \Sigma m_i \bar{\mathbf{a}}_i (d_\perp)_i = \Sigma \bar{I}_i \boldsymbol{\alpha}_i + \Sigma [(\mathbf{r}_{G/P})_i \times m_i \bar{\mathbf{a}}_i]$$

Historicamente, algumas vezes essas equações foram escritas como

$$\Sigma \mathbf{F} = \Sigma \mathbf{F}_{ef} \quad \text{e} \quad \Sigma \mathbf{M}_P = \Sigma (\mathbf{M}_P)_{ef}$$

onde o lado esquerdo dessas equações vêm do diagrama de corpo livre e os lado direito vêm do diagrama cinético. Optamos por não usar essa notação porque os termos no lado direito são devido aos termos inerciais e não devido a forças e momentos externos.

Não é possível incluir mais de um corpo rígido no sistema em problemas que envolvem mais de três incógnitas, já que somente três equações de movimento estão disponíveis quando um único diagrama é utilizado. Não há necessidade de nos alongarmos mais sobre este ponto, já que a discussão seria similar à desenvolvida na Seção 6.3B do *Estática* para o caso do equilíbrio de um sistema de corpos rígidos.

Foto 16.3 A empilhadeira e a carga móvel podem ser analisadas como um sistema de dois corpos rígidos conectados em movimento plano.

---

*Note que não podemos falar de sistemas equivalentes já que não estamos lidando com um único corpo rígido.

Capítulo 16 Movimento plano de corpos rígidos: forças e acelerações

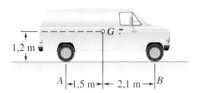

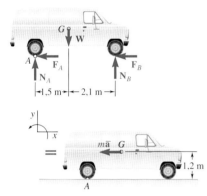

Figura 1 Diagramas de corpo livre e cinético para a van.

PROBLEMA RESOLVIDO 16.1

Quando a velocidade escalar de avanço da van mostrada na figura era de 10 m/s, os freios foram acionados bruscamente, fazendo com que as quatro rodas parassem de girar. Foi observado que a van derrapou por 7 m na pista até o repouso. Determine a intensidade da reação normal e da força de atrito em cada roda enquanto a van derrapava até o repouso.

ESTRATÉGIA Como você recebeu informações suficientes para determinar a aceleração e precisa encontrar as forças, use a segunda lei de Newton. O movimento descrito é estritamente de translação; portanto, a aceleração angular é nula.

MODELAGEM Escolha a van para ser o seu sistema e modele-a como um corpo rígido. Os diagramas de corpo livre e cinético para esse sistema são mostrados na Fig. 1. As forças externas consistem no peso **W** do caminhão, nas reações normais e nas forças de atrito nas rodas. Os vetores $\mathbf{N}_A$ e $\mathbf{F}_A$ representam a soma das reações nas rodas traseiras, enquanto $\mathbf{N}_B$ e $\mathbf{F}_B$ representam a soma das reações nas rodas dianteiras. Como a van está em translação, $\alpha = 0$, e os termos inerciais se reduzem ao vetor $m\bar{\mathbf{a}}$ ligado a G.

ANÁLISE

Cinemática do movimento. Escolhendo o sentido positivo para a direita e usando as equações de movimento uniformemente acelerado, escrevemos

$$\bar{v}_0 = +10 \text{ m/s} \qquad \bar{v}^2 = \bar{v}_0^2 + 2\bar{a}\bar{x} \qquad 0 = (10)^2 + 2\bar{a}(7)$$
$$\bar{a} = -7{,}14 \text{ m/s}^2 \qquad \bar{\mathbf{a}} = 7{,}14 \text{ m/s}^2 \leftarrow$$

Equações do movimento. Três equações do movimento são obtidas ao expressar-se que o sistema de forças externas de seu diagrama de corpo livre é equivalente ao sistema de termos inerciais de seu diagrama cinético. Aplicando a segunda lei de Newton nas direções x e y, temos

$$+\uparrow \Sigma F_y = m\bar{a}_y: \qquad N_A + N_B - W = 0 \qquad (1)$$

$$\xrightarrow{+} \Sigma F_x = m\bar{a}_x: \qquad -(F_A + F_B) = -m\bar{a} \qquad (2)$$

Tomando-se momentos em relação a qualquer ponto, encontramos uma terceira equação. Para momentos em relação a o ponto A, obtemos

$$+\wedge \Sigma M_A = \bar{I}\alpha + m\bar{a}d_\perp: \qquad -W(1{,}5 \text{ m}) + N_B(3{,}6 \text{ m}) = m\bar{a}(1{,}2 \text{ m}) \qquad (3)$$

Nessas três equações, temos cinco incógnitas, N_A, N_B, F_A, F_B e $\bar{a}$. Como $F_A = \mu_k N_A$ e $F_B = \mu_k N_B$, onde μk é o coeficiente de atrito cinético, temos da Eq. (1)

$$F_A + F_B = \mu_k(N_A + N_B) = \mu_k W$$

Substituindo na Eq. (2) e usando $m = W/g$, temos

$$-\mu_k W = -\frac{W}{9{,}81 \text{ m/s}^2}\bar{a} = -\frac{W}{9{,}81 \text{ m/s}^2}(7{,}14 \text{ m/s}^2)$$

(*continua*)

ou $\mu_k = 0{,}728$. Resolvendo a Eq. (3) para N_B, temos $N_B = 0{,}659W$. Substituindo na Eq. (1), temos $N_A = 0{,}341W$. As forças de atrito são facilmente determinadas uma vez que você conhece as forças normais $F_A = \mu_k N_A = (0{,}728)(0{,}341W) = 0{,}248W$ e $F_B = \mu_k N_B = (0{,}728)(0{,}659W) = 0{,}48W$.

Reações em cada roda. Recordando que os valores calculados anteriormente representam a soma das reações nas duas rodas dianteiras ou nas duas rodas traseiras, obtemos as intensidades das reações em cada roda escrevendo

$$N_{\text{dian.}} = \tfrac{1}{2}N_B = 0{,}3295W \qquad N_{\text{tras.}} = \tfrac{1}{2}N_A = 0{,}1705W \blacktriangleleft$$

$$F_{\text{dian.}} = \tfrac{1}{2}F_B = 0{,}24W \qquad F_{\text{tras.}} = \tfrac{1}{2}F_A = 0{,}124W \blacktriangleleft$$

PARA REFLETIR Observe que mesmo que a aceleração angular da van seja zero, a soma dos momentos em relação ao ponto A não é igual a zero, pois a partir do diagrama cinético $m\bar{a}$ produz um momento em relação a A. Tomando-se momentos em relação ao ponto A, você também poderia ter escolhido tomar momentos em relação ao centro de massa G. Nesse caso, a soma dos momentos teria sido igual a zero. Você obtém apenas três equações independentes para um corpo rígido em movimento plano: ΣF_x, ΣF_y e uma equação de momento.

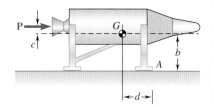

PROBLEMA RESOLVIDO 16.2

Um trenó é impulsionado a jato por uma força P que aumenta linearmente com o tempo de acordo com $P = kt$, onde k é uma constante. O coeficiente de atrito de deslizamento entre os esquis do trenó e a pista é μ_k, o coeficiente de atrito estático é μ_s e a massa do trenó é m. Determine (a) o tempo em que a extremidade do jato começa a girar para baixo, (b) a aceleração do trenó nesse instante. Despreze a perda de massa devido ao consumo de combustível e considere que o trenó irá deslizar antes de tombar.

ESTRATÉGIA Uma vez que você recebeu uma força, use a segunda lei de Newton para determinar a aceleração necessária para que o jato comece a girar para a frente. Você pode determinar o tempo usando $P = kt$.

MODELAGEM Escolha o trenó como seu sistema e modele-o como um corpo rígido. A força do jato deve superar a força de atrito estático antes de começar a se mover. Defina esse tempo para ser t_0. A Figura 1 mostra um diagrama de corpo livre quando o movimento é iminente. Nesse caso, ambas as forças de atrito são colocadas como iguais à força de atrito admissível máxima $\mu_s N$. Os diagramas de corpo livre e cinético para quando o trenó está prestes a tombar são mostrados na Fig. 2. Assim que o trenó começa a tombar, a força normal na parte traseira do trenó vai para zero.

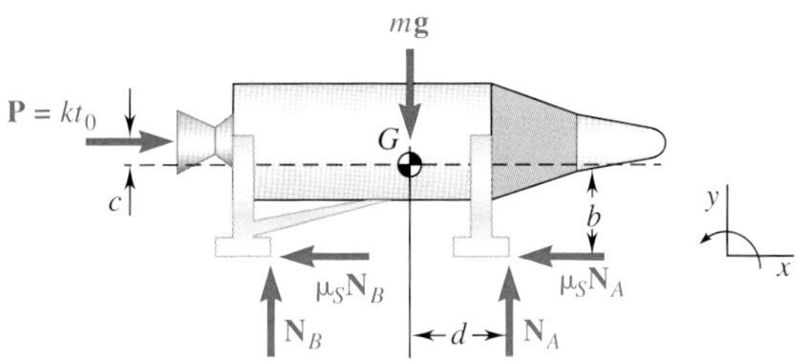

Capítulo 16 Movimento plano de corpos rígidos: forças e acelerações 1119

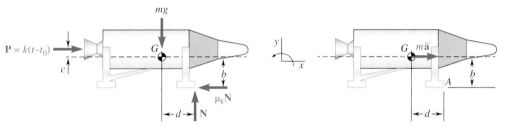

Figura 1 Diagrama de corpo livre quando o movimento é iminente.

ANÁLISE Usando a Fig. 1 e aplicando a segunda lei de Newton nas direções y e x, temos

$$+\uparrow \Sigma F_y = m\bar{a}_y: \quad N_A + N_B - mg = 0 \quad \text{ou} \quad N_A + N_B = mg$$

$$\xrightarrow{+} \Sigma F_x = m\bar{a}_x: \quad kt_0 - (\mu_s N_A + \mu_s N_B) = 0$$

ou

$$kt_0 = \mu_s(N_A + N_B) = \mu_s mg \tag{1}$$

Agora que sabemos quando o trenó começa a deslizar, podemos determinar o tempo que ele começará a tombar usando a Fig. 2.

Figura 2 Diagramas de corpo livre e cinético para o trenó depois que ele começa a se mover.

Para esse diagrama, podemos aplicar a segunda lei de Newton nas direções x e y e somar momentos em relação a qualquer ponto. Se tomarmos momentos em relação a G, temos

$$\xrightarrow{+} \Sigma F_x = m\bar{a}_x: \quad k(t - t_0) - \mu_k N = m\bar{a} \tag{2}$$

$$+\uparrow \Sigma F_y = m\bar{a}_y: \quad N - mg = 0 \tag{3}$$

$$+\circlearrowleft \Sigma M_G = \bar{I}\alpha: \quad Nd - \mu_k Nb - k(t - t_0)c = 0 \tag{4}$$

Resolvendo as Eqs. (1), (2), (3) e (4) para t_0, t, N, $\bar{a}$, determinamos $N = mg$, $t_0 = \mu_s mg/k$ e

$$t = \frac{mg(d + c\mu_s - b\mu_k)}{kc} \quad \blacktriangleleft$$

$$\bar{a} = \frac{g(d - c\mu_k - b\mu_k)}{c} \quad \blacktriangleleft$$

(*continua*)

PARA REFLETIR Em vez de tomar momentos em relação a G, você poderia ter escolhido qualquer outro ponto. Por exemplo, para momentos em relação a A, temos

$$+\curvearrowleft\Sigma M_A = \bar{I}\alpha + m\bar{a}d: \quad mgd - k(t - t_0)(b + c) = -m\bar{a}b$$

Usar essa equação em vez da Eq. (4) lhe dará a mesma resposta. Para verificar a suposição de que o trenó desliza antes de tombar, você precisaria usar a Fig. 1 e mostrar que N_A e N_B são positivos para o valor dado de $P = kt_0$.

PROBLEMA RESOLVIDO 16.3

A placa fina $ABCD$ de massa 8 kg é mantida na posição mostrada pelo fio BH e pelas duas hastes de conexão AE e DF. Desprezando as massas das hastes de conexão, determine, imediatamente após o fio BH ser cortado, (a) a aceleração da placa e (b) a força em cada haste de conexão.

ESTRATÉGIA Uma vez que você precisa determinar a aceleração e as forças, use a segunda lei de Newton. Depois de o fio BH ter sido cortado, observamos que os cantos A e D se movem ao longo de circunferências paralelas de raios iguais a 150 mm centradas, respectivamente, em E e F. O movimento da placa é, portanto, uma translação curvilínea (Fig. 1); as partículas que formam a placa se movem ao longo de circunferências paralelas de 150 mm de raio.

MODELAGEM Escolha a placa para ser seu sistema e modele-a como um corpo rígido. Para desenhar o diagrama cinético, você precisa considerar a cinemática do movimento. No instante em que o fio BH é cortado, a velocidade da placa é nula. Assim, a aceleração do centro de massa G da placa é tangente à trajetória circular que será descrita por G (Fig. 1). Os diagramas de corpo livre e cinético para esse sistema são mostrados na Fig. 2. As forças externas consistem no peso $\mathbf{W}$ e nas forças $\mathbf{F}_{AE}$ e $\mathbf{F}_{DF}$ exercidas pelas hastes de conexão. Como a placa está em translação, o diagrama cinético é o vetor $m\bar{\mathbf{a}}$ ligado a G e dirigido ao longo do eixo t.

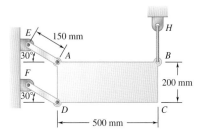

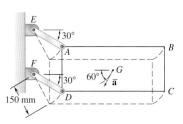

Figura 1 Translação curvilínea da placa.

ANÁLISE

a. Aceleração da placa.

$+\swarrow \Sigma F_t = m\bar{a}_t$:

$$W \cos 30° = m\bar{a}$$
$$mg \cos 30° = m\bar{a}$$
$$\bar{a} = g \cos 30° = (9{,}81 \text{ m/s}^2) \cos 30° \quad (1)$$

$$\bar{\mathbf{a}} = 8{,}50 \text{ m/s}^2 \; \measuredangle \; 60° \; \blacktriangleleft$$

Capítulo 16 Movimento plano de corpos rígidos: forças e acelerações 1121

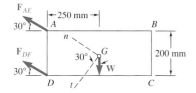

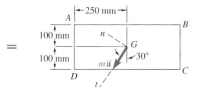

Figura 2 Diagramas de corpo livre e cinético para a placa.

b. Forças nas hastes de conexão AE e DF.

$+\nwarrow \Sigma F_n = m\bar{a}_n$: $F_{AE} + F_{DF} - W \operatorname{sen} 30° = 0$ (2)

$+\downarrow \Sigma M_G = \bar{I}\alpha$:

$(F_{AE} \operatorname{sen} 30°)(250 \text{ mm}) - (F_{AE} \cos 30°)(100 \text{ mm})$
$\quad + (F_{DF} \operatorname{sen} 30°)(250 \text{ mm}) + (F_{DF} \cos 30°)(100 \text{ mm}) = 0$
$38{,}4 F_{AE} + 211{,}6 F_{DF} = 0$
$F_{DF} = -0{,}1815 F_{AE}$ (3)

Substituindo F_{DF} da Eq. (3) na Eq. (2), temos

$F_{AE} - 0{,}1815 F_{AE} - W \operatorname{sen} 30° = 0$
$F_{AE} = 0{,}6109 W$
$F_{DF} = -0{,}1815(0{,}6109 W) = -0{,}1109 W$

Observando que $W = mg = (8 \text{ kg})(9{,}81 \text{ m/s}^2) = 78{,}48$ N, temos

$F_{AE} = 0{,}6109(78{,}48 \text{ N})$ $F_{AE} = 47{,}9 \text{ N } T$ ◄

$F_{DF} = -0{,}1109(78{,}48 \text{ N})$ $F_{DF} = 8{,}70 \text{ N } C$ ◄

onde a haste AE está em tensão e a haste DF está em compressão.

PARA REFLETIR Se AE e DF fossem cabos em vez de hastes de conexão, as respostas que você determinou indicariam que DF teria ficado frouxo (ou seja, você não pode empurrar uma corda), uma vez que a análise mostrou que estaria em compressão. Portanto, a placa não estaria passando por uma translação curvilínea, mas estaria sofrendo movimento plano geral. É importante notar que há sempre mais de uma maneira de resolver problemas como este, uma vez que você pode optar por tomar momentos em relação a qualquer ponto que você desejar. Neste caso, você os tomou em relação a G, mas você também poderia ter escolhido tomá-los em relação a A ou D.

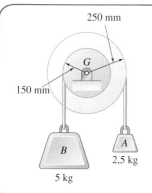

PROBLEMA RESOLVIDO 16.4

Uma polia que pesa 6 kg e tem um raio de giração de 200 mm está unida a dois blocos, como mostrado na figura. Considerando que não exista atrito no eixo, determine a aceleração angular da polia e a aceleração de cada bloco.

ESTRATÉGIA Como você precisa determinar as acelerações, e os pesos foram dados, use a segunda lei de Newton.

MODELAGEM Escolha a polia e os dois blocos como um único sistema. A polia move-se apenas em rotação e cada bloco move-se apenas em translação.

(*continua*)

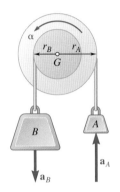

Figura 1 Direções de aceleração considerando uma aceleração de sentido anti-horário.

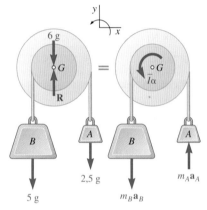

Figura 2 Diagramas de corpo livre e cinético para o sistema.

Sentido do movimento. Embora um sentido arbitrário para o movimento, como mostrado na Fig. 1, possa ser considerado (já que as forças de atrito não estão envolvidas) e posteriormente verificado pelo sinal da resposta, é provável preferirmos determinar o sentido real de rotação da polia. O peso do bloco B, W'_B, necessário para manter o equilíbrio da polia quando ela está sob a ação do bloco A de 2,5 kg, é determinado inicialmente.

$$+\circlearrowleft \Sigma M_G = 0: \quad m_B g(150 \text{ mm}) - (2{,}5 \text{ kg})g\,(250 \text{ mm}) = 0 \quad m_B = 4{,}167 \text{ kg}$$

Como o bloco B pesa realmente 5 kg, a polia girará no sentido anti-horário. Os diagramas de corpo livre e cinético para esse sistema são mostrados na Fig. 2. As forças externas para o sistema consistem nos pesos da polia e dos dois blocos e na reação em G (Fig. 2). As forças exercidas pelos cabos na polia e nos blocos são internas para o sistema e anulam-se. Como o movimento da polia é uma rotação em torno do centro de massa e o movimento de cada bloco é uma translação, os termos inerciais se reduzem ao binário $\bar{I}\alpha$ e aos dois vetores $m\mathbf{a}_A$ e $m\mathbf{a}_B$.

ANÁLISE

Cinemática do movimento. Supondo que α tenha o sentido anti-horário e observando que $a_A = r_A\alpha$ e $a_B = r_B\alpha$, obtemos

$$\mathbf{a}_A = (0{,}25 \text{ m})\alpha \uparrow \quad \mathbf{a}_B = (0{,}15 \text{ m})\alpha \downarrow$$

Equações do movimento. O momento de inércia em torno do centro de massa da polia é

$$\bar{I} = m\bar{k}^2 = (6 \text{ kg})(0{,}2 \text{ m})^2 = 0{,}24 \text{ kg}\cdot\text{m}^2$$

Como o sistema das forças externas é equivalente ao sistema de termos inerciais, escrevemos

$$+\circlearrowleft \Sigma M_G = \dot{H}_G:$$

$$(5 \text{ kg})(9{,}81 \text{ m/s}^2)(0{,}15 \text{ m}) - (2{,}5 \text{ kg})(9{,}81 \text{ m/s}^2)(0{,}25 \text{ m}) = +\bar{I}\alpha + m_B a_B(0{,}15 \text{ m}) + m_A a_A(0{,}25 \text{ m})$$

$$7{,}3575 - 6{,}1312 = 0{,}24\,\alpha + 5(0{,}15\,\alpha)(0{,}15) + 2{,}5(0{,}25\,\alpha)(0{,}25)$$

$$\alpha = +2{,}41 \text{ rad/s}^2 \qquad \alpha = 2{,}41 \text{ rad/s}^2 \circlearrowleft \blacktriangleleft$$

$$a_A = r_A\alpha = (0{,}25 \text{ m})(2{,}41 \text{ rad/s}^2) \qquad \mathbf{a}_A = 0{,}603 \text{ m/s}^2 \uparrow \blacktriangleleft$$

$$a_B = r_B\alpha = (0{,}15 \text{ m})(2{,}41 \text{ rad/s}^2) \qquad \mathbf{a}_B = 0{,}362 \text{ m/s}^2 \downarrow \blacktriangleleft$$

PARA REFLETIR Você também pode resolver este problema considerando a polia e cada bloco como sistemas separados, mas você teria mais equações resultantes. Você teria que usar essa abordagem se quisesse saber as forças nos cabos.

PROBLEMA RESOLVIDO 16.5

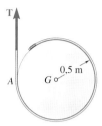

Uma corda está enrolada em torno de um disco homogêneo de raio $r = 0,5$ m e massa $m = 15$ kg. Se a corda for puxada para cima com uma força **T** de intensidade igual a 180 N, determine (*a*) a aceleração do centro do disco, (*b*) a aceleração angular do disco e (*c*) a aceleração da corda.

ESTRATÉGIA Como você tem as forças e precisa determinar acelerações, use a segunda lei de Newton.

MODELAGEM Escolha o disco e a corda como seu sistema. Considere que os componentes $\bar{a}_x$ e $\bar{a}_y$ da aceleração do centro do disco estão dirigidos, respectivamente, para a direita e para cima, e que a aceleração angular do disco está no sentido anti-horário. Os diagramas de corpo livre e cinético para esse sistema são mostrados na Fig. 2. As forças externas que agem no disco consistem no peso **W** e na força **T** exercida pela corda.

Figura 1 Direções consideradas para a aceleração angular e para a aceleração do centro de massa.

ANÁLISE

Equações do movimento. Aplicando a segunda lei de Newton nas direções x e y, temos

$$\xrightarrow{+}\Sigma F_x = m\bar{a}_x: \qquad 0 = m\bar{a}_x \qquad \bar{\mathbf{a}}_x = 0 \quad \blacktriangleleft$$
$$+\uparrow\Sigma F_y = m\bar{a}_y: \qquad T - W = m\bar{a}_y$$
$$\bar{a}_y = \frac{T - W}{m}$$

Como $T = 180$ N, $m = 15$ kg e $W = (15$ kg$)(9,81$ m/s$^2) = 147,1$ N, temos

$$\bar{a}_y = \frac{180 \text{ N} - 147,1 \text{ N}}{15 \text{ kg}} = +2,19 \text{ m/s}^2 \qquad \bar{\mathbf{a}}_y = 2,19 \text{ m/s}^2 \uparrow \quad \blacktriangleleft$$

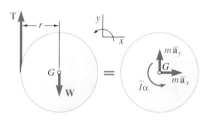

Figura 2 Diagrama de corpo livre e cinético para o disco.

Agora, tomando-se momentos em relação ao centro de gravidade, temos

$$+\uparrow\Sigma M_G = I\alpha: \qquad -Tr = I\alpha$$
$$-Tr = (\tfrac{1}{2}mr^2)\alpha$$
$$\alpha = -\frac{2T}{mr} = -\frac{2(180 \text{ N})}{(15 \text{ kg})(0,5 \text{ m})} = -48,0 \text{ rad/s}^2$$

$$\boldsymbol{\alpha} = 48,0 \text{ rad/s}^2 \downarrow \quad \blacktriangleleft$$

Aceleração da corda. Como a aceleração da corda é igual ao componente tangencial da aceleração do ponto A no disco, escrevemos (Fig. 3)

$$\mathbf{a}_{\text{corda}} = (\mathbf{a}_A)_t = \bar{\mathbf{a}} + (\mathbf{a}_{A/G})_t$$
$$= [2,19 \text{ m/s}^2 \uparrow] + [(0,5 \text{ m})(48 \text{ rad/s}^2)\uparrow]$$

$$\mathbf{a}_{\text{corda}} = 26,2 \text{ m/s}^2 \uparrow \quad \blacktriangleleft$$

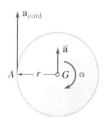

Figura 3 Aceleração dos pontos A e G no disco.

PARA REFLETIR A aceleração angular está no sentido horário, como seria de esperar. Uma análise semelhante seria aplicada em muitas situações práticas, como puxar o fio de um carretel ou o papel de um rolo. Nesses casos, você precisaria ter certeza de que a tensão que puxaria o disco não seria maior do que a resistência à tração do material.

Figura 1 Direções consideradas para as acelerações angular e linear da esfera.

PROBLEMA RESOLVIDO 16.6

Uma esfera uniforme de massa m e raio r é lançada ao longo de uma superfície horizontal rugosa com uma velocidade linear $\bar{\mathbf{v}}_0$ e velocidade angular nula. Representando por μ_k o coeficiente de atrito cinético entre a esfera e o piso, determine (a) o instante t_1 em que a esfera começa a rolar sem deslizar e (b) a velocidade linear e a velocidade angular da esfera no instante t_1.

ESTRATÉGIA Como você tem as forças que atuam na esfera, use a segunda lei de Newton. Para relacionar a aceleração com a velocidade, você precisa usar as relações cinemáticas básicas. A esfera inicia girando e deslizando; ela para de deslizar quando o ponto de contato instantâneo com o solo tem velocidade zero.

MODELAGEM Escolha a esfera como seu sistema e modele-a como um corpo rígido. As direções positivas consideradas para a aceleração do centro de massa e para a aceleração angular são mostradas na Fig. 1. Os diagramas de corpo livre e cinético para esse sistema são mostrados na Fig. 2. Como o ponto da esfera em contato com a superfície está deslizando para a direita, a força de atrito $\mathbf{F}$ é direcionada para a esquerda. Enquanto a esfera está deslizando, a intensidade da força de atrito é $F = \mu_k N$.

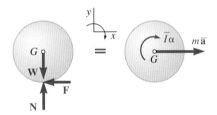

Figura 2 Diagramas de corpo livre e cinético para a esfera.

ANÁLISE

Equações do movimento. Aplicando a segunda lei de Newton nas direções x e y, temos

$+\uparrow \Sigma F_y = m\bar{a}_y$: $\qquad N - W = 0$
$\qquad\qquad\qquad N = W = mg \qquad F = \mu_k N = \mu_k mg$

$\xrightarrow{+} \Sigma F_x = m\bar{a}_x$: $\qquad -F = m\bar{a} \qquad -\mu_k mg = m\bar{a} \qquad \bar{a} = -\mu_k g$

Agora, tomando-se momentos em relação ao centro de gravidade, temos

$+\downarrow \Sigma M_G = \bar{I}\alpha$: $\qquad Fr = \bar{I}\alpha$

Observando que $\bar{I} = \tfrac{2}{5}mr^2$ e substituindo o valor dado para F, temos

$$(\mu_k mg)r = \tfrac{2}{5}mr^2 \alpha \qquad \alpha = \frac{5}{2}\frac{\mu_k g}{r}$$

Cinemática do movimento. Enquanto a esfera gira e desliza, suas acelerações linear e angular são constantes. Portanto, você pode usar as equações de aceleração constante para relacionar essas acelerações com as velocidades linear e angular.

$$t = 0, \bar{v} = \bar{v}_0 \qquad \bar{v} = \bar{v}_0 + \bar{a}t = \bar{v}_0 - \mu_k g t \qquad (1)$$

$$t = 0, \omega_0 = 0 \qquad \omega = \omega_0 + \alpha t = 0 + \left(\frac{5}{2}\frac{\mu_k g}{r}\right)t \qquad (2)$$

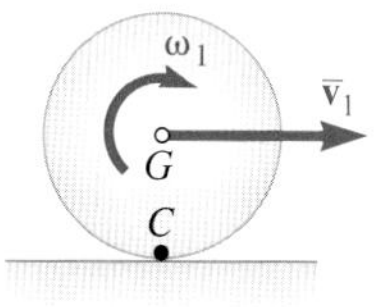

A esfera vai começar a rolar sem deslizar quando a velocidade $\mathbf{v}_C$ do ponto de contato C for zero (Fig. 3). Nesse instante, $t = t_1$, o ponto C se torna o centro instantâneo de rotação, e temos

$$\bar{v}_1 = r\omega_1 \qquad (3)$$

Figura 3 O ponto de contato tem velocidade nula quando a esfera inicia o rolamento.

Substituindo na Eq. (3) os valores obtidos para $\bar{v}_1$ e ω_1 fazendo $t = t_1$ nas Eqs. (1) e (2), respectivamente, obtemos

$$\bar{v}_0 - \mu_k g t_1 = r\left(\frac{5}{2}\frac{\mu_k g}{r} t_1\right) \qquad t_1 = \frac{2}{7}\frac{\bar{v}_0}{\mu_k g} \qquad \blacktriangleleft$$

Substituindo t_1 na Eq. (2), temos

$$\omega_1 = \frac{5}{2}\frac{\mu_k g}{r} t_1 = \frac{5}{2}\frac{\mu_k g}{r}\left(\frac{2}{7}\frac{\bar{v}_0}{\mu_k g}\right) \qquad \omega_1 = \frac{5}{7}\frac{\bar{v}_0}{r} \qquad \omega_1 = \frac{5}{7}\frac{\bar{v}_0}{r} \downarrow \qquad \blacktriangleleft$$

$$\bar{v}_1 = r\omega_1 = r\left(\frac{5}{7}\frac{\bar{v}_0}{r}\right) \qquad \bar{v}_1 = \tfrac{5}{7}\bar{v}_0 \qquad \mathbf{v}_1 = \tfrac{5}{7}\bar{v}_0 \rightarrow \qquad \blacktriangleleft$$

PARA REFLETIR Observe que escolhemos um sistema de coordenadas diferente do que costumamos fazer, com a rotação positiva no sentido horário. Isso significa que você não poderá utilizar soluções de álgebra vetorial, uma vez que não é um sistema de coordenadas para a direita.

Você poderia usar esse tipo de análise para determinar quanto tempo uma bola de boliche leva para começar a rolar sem deslizar ou para ver como o coeficiente de atrito afeta esse movimento. Em vez de tomar momentos em relação ao centro de gravidade, você poderia ter escolhido tomar momentos em relação ao ponto C, caso em que sua terceira equação teria sido $\Sigma M_C = \dot{H}_C \longrightarrow 0 = m\bar{a}r + \bar{I}\alpha$.

METODOLOGIA PARA A RESOLUÇÃO DE PROBLEMAS

Este capítulo trata do ***movimento plano* de corpos rígidos** e, nessa primeira seção, consideramos corpos rígidos que estão livres para se movimentar sob a ação de forças aplicadas.

1. **Diagramas de corpo livre e cinético.** Depois de escolher um sistema, o primeiro passo na solução de um problema é desenhar *diagramas de corpo livre e cinético*.

    a. **Um diagrama de corpo livre** mostra ***as forças exercidas sobre o corpo***, incluindo as forças aplicadas, as reações nos apoios e o peso do corpo.

    b. **Um diagrama cinético** mostra os **termos inerciais**: vetor $m\bar{\mathbf{a}}$ e o binário $\bar{I}\alpha$.

2. **Utilizando os diagramas de corpo livre e cinético, criamos as equações de movimento para o sistema.** Desenhar bons diagramas de corpo livre e cinético permitirá que você *some componentes em qualquer direção e some momentos em relação a qualquer ponto*. Para um único corpo, você pode obter o máximo de três equações independentes (duas de translação e uma de momento) que podem ser usadas para ajudar a analisar o sistema. Observando que as forças externas e momentos são equivalentes aos termos inerciais, escrevemos

$$\Sigma F_x = m\bar{a}_x \quad \Sigma F_y = m\bar{a}_y$$

$$\Sigma M_G = \bar{I}\alpha \ \text{ou} \ \Sigma M_P = \bar{I}\alpha + m\bar{a}d_\perp \ \text{ou} \ \Sigma M_P = \bar{I}\alpha + \mathbf{r}_{G/P} \times m\bar{\mathbf{a}} \tag{16.6'}$$

onde G é o centro de massa do corpo, P é qualquer ponto arbitrário e $d_\perp$ é a distância perpendicular entre o ponto P e a linha de ação da aceleração do centro de massa.

3. **Aplicar relações cinemáticas.** Muitas vezes, você terá mais de três incógnitas e terá que gerar equações adicionais. Normalmente, você pode fazer isso aplicando relações cinemáticas, como $a_n = r\omega^2$ e $a_t = r\alpha$, ou para um corpo rígido submetido a rotação de eixo fixo ou para a expressão mais geral que relaciona a aceleração de dois pontos em um corpo rígido:

$$\mathbf{a}_B = \mathbf{a}_A + \alpha\mathbf{k} \times \mathbf{r}_{B/A} - \omega^2\mathbf{r}_{B/A} \tag{15.21'}$$

4. **Movimento plano de um corpo rígido.** Os problemas que lhe serão apresentados recairão em uma das seguintes categorias:

    a. **Corpo rígido em translação.** Para um corpo em translação, a aceleração angular é igual a zero. Portanto, o diagrama cinético é simplesmente o vetor $m\bar{\mathbf{a}}$ aplicado no centro de massa. [Problemas Resolvidos 16.1 a 16.3].

    b. **Rotação de um corpo rígido em torno do centro de massa.** Para uma rotação de um corpo em torno do centro de massa, a aceleração do centro de massa é igual a zero. Assim, o diagrama cinético é simplesmente o binário $\bar{I}\alpha$ [Problema Resolvido 16.4].

    c. **Corpo rígido em movimento plano geral.** Você pode considerar o movimento plano geral de um corpo rígido como a soma de uma translação e de uma rotação em torno do centro de massa. O diagrama cinético contém o vetor $m\bar{\mathbf{a}}$ e o binário $\bar{I}\alpha$ [Problemas Resolvidos 16.5 e 16.6].

Capítulo 16 — Movimento plano de corpos rígidos: forças e acelerações **1127**

5. Movimento plano de um sistema de corpos rígidos. Você deve primeiramente desenhar diagramas de corpo livre e cinético que incluam todos os corpos rígidos do sistema. Um vetor $m\bar{\mathbf{a}}$ e um binário $\bar{I}\alpha$ são ligados a cada corpo. Entretanto, as forças exercidas entre si pelos vários corpos do sistema podem ser omitidas, já que ocorrem em pares de forças iguais e opostas.

a. Se não mais que três incógnitas estão envolvidas, você pode usar os diagramas de corpo livre e cinético para somar os componentes em qualquer direção e os momentos em relação a qualquer ponto para obter equações que possam ser solucionadas para as incógnitas desejadas [Problema Resolvido 16.4].

b. Se mais de três incógnitas estão envolvidas, você deve escolher um novo sistema, usar cinemática ou usar informações adicionais do enunciado do problema para determinar as equações adicionais.

PROBLEMAS

PERGUNTAS CONCEITUAIS

16.PC1 Dois pêndulos, A e B, com massas e comprimentos mostrados na figura, são liberados do repouso. Qual sistema possui um momento de inércia de massa maior em torno de seu ponto de articulação?
  a. A
  b. B
  c. Eles são iguais.

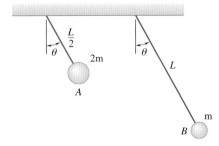

Figura P16.PC1 e Figura P16.PC2

16.PC2 Dois pêndulos, A e B, com massas e comprimentos mostrados na figura, são liberados do repouso. Qual sistema possui uma aceleração angular maior imediatamente após a liberação?
  a. A
  b. B
  c. Elas são iguais.

16.PC3 Dois cilindros sólidos, A e B, têm a mesma massa m e os raios $2r$ e r, respectivamente. Cada um é acelerado do repouso com uma força aplicada, como mostrado na figura. Para transmitir acelerações angulares idênticas para ambos os cilindros, qual é a relação entre F_1 e F_2?
  a. $F_1 = 0{,}5F_2$
  b. $F_1 = F_2$
  c. $F_1 = 2F_2$
  d. $F_1 = 4F_2$
  e. $F_1 = 8F_2$

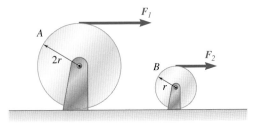

Figura P16.PC3

PROBLEMAS PRÁTICOS DE DIAGRAMA CORPO LIVRE

16.F1 Um quadro de 1,8 m é colocado em um caminhão com uma extremidade repousando sobre um bloco preso no chão e a outra apoiada em uma divisória vertical. Desenhe os diagramas de corpo livre e cinético necessários para determinar a máxima aceleração admissível do caminhão para que o quadro permaneça na posição mostrada na figura.

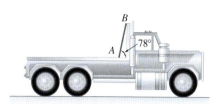

Figura P16.F1

16.F2 Uma placa uniforme circular de massa de 3 kg é unida a duas hastes de conexão AC e BD de mesmo comprimento. Sabendo que a placa é liberada do repouso na posição mostrada na figura e que as linhas que unem G a A e B são, respectivamente, horizontais e verticais, desenhe os diagramas de corpo livre e cinético para a placa.

Figura P16.F2

16.F3 Dois discos uniformes e dois cilindros são montados como indicado na figura. O disco A tem uma massa de 10 kg e o disco B tem uma massa de 6 kg. Sabendo que o sistema é liberado do repouso, desenhe os diagramas de corpo livre e cinético para todo o sistema.

Figura P16.F3

16.F4 A caixa de 200 kg mostrada na figura é abaixada por meio de dois guindastes. Sabendo a tensão em cada cabo, desenhe os diagramas de corpo livre e cinético que podem ser usados para determinar a aceleração angular da caixa e a aceleração do centro de gravidade.

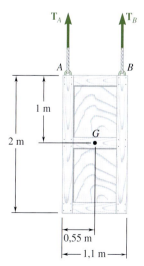

Figura P16.F4

PROBLEMAS DE FINAL DE SEÇÃO

16.1 Um painel fino uniforme de 30 kg é colocado em um caminhão com uma extremidade A em repouso numa superfície horizontal áspera e uma extremidade B sustentada por uma superfície vertical lisa. Sabendo que a desaceleração do caminhão é de 4 m/s², determine (a) as reações nas extremidades A e B, (b) o coeficiente mínimo de atrito estático na extremidade A.

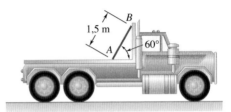

Figura P16.1 e P16.2

16.2 Um painel fino uniforme de 30 kg é colocado em um caminhão com uma extremidade A em repouso numa superfície horizontal áspera e uma extremidade B sustentada por uma superfície vertical lisa. Sabendo que o painel permanece na posição mostrada, determine (a) a aceleração máxima admissível do caminhão, (b) o coeficiente de atrito estático mínimo exigido na extremidade A.

16.3 Sabendo que o coeficiente de atrito estático entre os pneus e a estrada é de 0,80 para o veículo mostrado na figura, determine a aceleração máxima possível, em uma estrada nivelada, considerando (a) tração nas quatro rodas, (b) tração nas rodas traseiras, (c) tração nas rodas dianteiras.

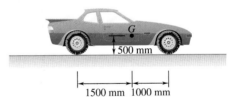

Figura P16.3

16.4 O movimento da haste AB de 2,5 kg é guiado por duas pequenas rodas que rolam livremente em fendas horizontais. Se uma força **P** de intensidade 8 N for aplicada em B, determine (a) a aceleração da haste, (b) as reações em A e B.

16.5 Uma barra uniforme BC de massa 4 kg é conectada a um colar A por uma corda AB de 250 mm. Desprezando a massa do colar e da corda, determine (a) a menor aceleração constante $\mathbf{a}_A$ para a qual a corda e a barra ficarão em linha reta, (b) a tração correspondente na corda.

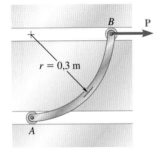

Figura P16.4

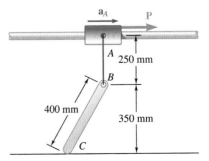

Figura P16.5

16.6 Uma caminhonete de 2.000 kg é usada para elevar uma rocha B de 400 kg que está sobre um estrado A de 50 kg. Sabendo que a aceleração da tração traseira da caminhonete é 1 m/s², determine (a) a reação em cada uma das rodas dianteiras, (b) a força entre a rocha e o estrado.

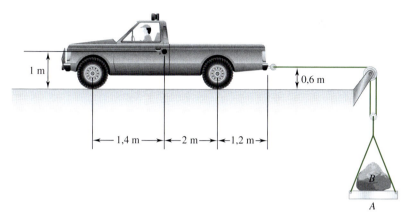

Figura P16.6

16.7 O suporte mostrado na figura é utilizado para transportar uma lata cilíndrica de um nível de elevação para o outro. Sabendo que $\mu_s = 0{,}25$ entre a lata e o suporte, determine (a) a intensidade da aceleração para cima **a** em que a lata vai escorregar no suporte, (b) a menor relação h/d em que a lata vai tombar antes de escorregar.

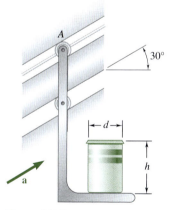

Figura P16.7

16.8 Resolva o Problema 16.7, considerando que a aceleração **a** do suporte é dirigida para baixo.

16.9 Um armário de 20 kg é montado sobre rodinhas que o deixam mover-se livremente ($\mu = 0$) sobre o chão. Se uma força de 100 N for aplicada como mostra a figura, determine (a) a aceleração do armário, (b) o intervalo de valores de h nos quais o armário não tombará.

16.10 Resolva o Problema 16.9, considerando que as rodinhas estão travadas e deslizam sobre o piso áspero ($\mu_k = 0{,}25$).

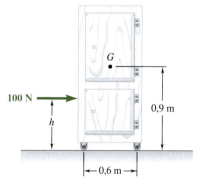

Figura P16.9

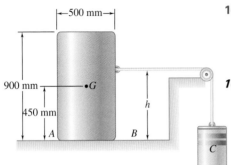

Figura P16.11

16.11 Um barril cheio somado com seu conteúdo tem uma massa combinada de 90 kg. Um cilindro C é ligado ao barril na altura $h = 550$ mm, como mostra a figura. Sabendo que $\mu_s = 0{,}40$ e $\mu_k = 0{,}35$, determine o peso máximo de C para o qual o barril não tombará.

16.12 Um vaso de 40 kg tem uma base de 200 mm de diâmetro e está se movendo utilizando um carrinho de 100 kg, como mostrado na figura. O carrinho move-se livremente ($\mu = 0$) no chão. Sabendo que o coeficiente de atrito estático entre o vaso e o carrinho é $\mu_s = 0{,}4$, determine a força máxima **F** que pode ser aplicada se o vaso não desliza ou tomba.

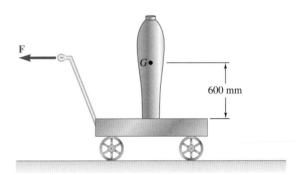

Figura *P16.12*

16.13 A prateleira retrátil mostrada na figura é sustentada por dois sistemas idênticos de ligação e mola; apenas um dos sistemas é mostrado. Uma máquina de 20 kg é colocada na prateleira de modo que metade do seu peso é suportado pelo sistema mostrado. Se as molas forem removidas e o sistema for liberado do repouso, determine (*a*) a aceleração da máquina, (*b*) a tensão na ligação AB. Despreze o peso da prateleira e das ligações.

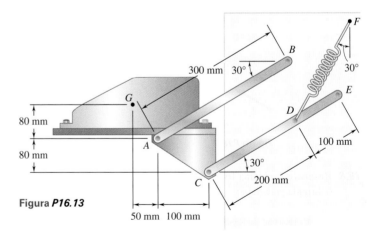

Figura *P16.13*

16.14 As barras AB e BE, cada uma de massa de 4 kg, são soldadas juntas e unidas por pinos a duas hastes de conexão AC e BD. Sabendo que o conjunto é liberado do repouso na posição mostrada na figura e desprezando o peso das hastes de conexão, determine (a) a aceleração do conjunto, (b) as forças nas hastes de conexão.

16.15 No instante mostrado na figura, as tensões das cordas verticais AB e DE são 300 N e 200 N, respectivamente. Sabendo que o peso da barra uniforme BE é de 5 kg, determine, neste instante, (a) a força **P**, (b) a intensidade da velocidade angular de cada corda, (c) a aceleração angular de cada corda.

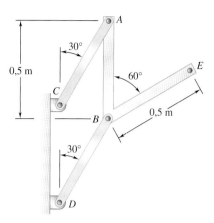

Figura P16.14

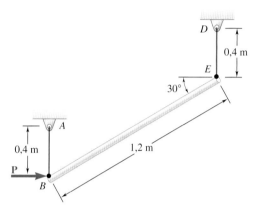

Figura P16.15

16.16 Três barras, cada uma de massa de 3 kg, são soldadas juntas e unidas por pinos a duas hastes de conexão BE e CF. Desprezando o peso das hastes de conexão, determine a força em cada haste de conexão imediatamente depois do sistema ser liberado do repouso.

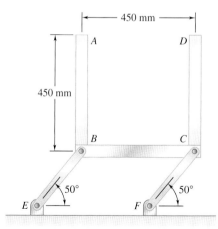

Figura *P16.16*

16.17 Os membros ACE e DCB têm cada um 600 mm de comprimento e estão ligados por um pino em C. O centro de massa do membro AB de 10 kg está localizado em G. Determine (a) a aceleração de AB imediatamente após o sistema ter sido liberado do repouso na posição mostrada na figura, (b) a força correspondente exercida pelo rolo A no membro AB. Despreze o peso dos membros ACE e DCB.

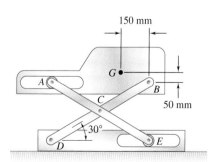

Figura *P16.17*

16.18 Uma haste delgada uniforme AB de 4 kg é mantida na sua posição por duas cordas e pela haste de conexão CA, que tem um peso desprezível. Depois de cortar a corda BD, o conjunto roda num plano vertical sob o efeito combinado da gravidade e de um binário **M** de 6 N·m aplicado à haste de conexão CA, como mostrado na figura. Determine, imediatamente após o corte da corda BD, (a) a aceleração da haste AB, (b) a tensão na corda EB.

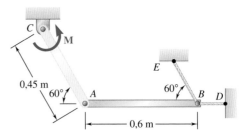

Figura P16.18

16.19 Uma estrutura soldada triangular ABC é guiada por dois pinos que deslizam livremente em rasgos curvos paralelos de raio 150 mm cortados em uma placa vertical. A estrutura soldada tem uma massa de 8 kg e seu centro de massa é localizado no ponto G. Sabendo que no instante mostrado na figura a velocidade de cada pino é 750 mm/s para baixo ao longo dos rasgos, determine (a) a aceleração da estrutura soldada, (b) as reações em A e B.

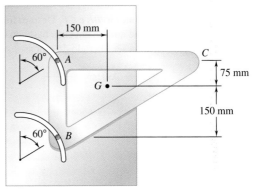

Figura P16.19

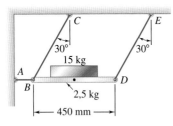

Figura P16.20

16.20 Os coeficientes de atrito entre o bloco de 15 kg e a plataforma BD de 2,5 kg são $\mu_s = 0{,}50$ e $\mu_k = 0{,}40$. Determine as acelerações do bloco e da plataforma imediatamente após o fio AB ser cortado.

16.21 Desenhe os diagramas de esforço cortante e de momento fletor para a barra vertical AB do Problema 16.16.

*16.22 Desenhe os diagramas de esforço cortante e de momento fletor para cada uma das barras AB e BE do Problema 16.14.

16.23 Para um corpo rígido em translação, mostre que o sistema dos termos inerciais consiste de vetores $(\Delta m_i)\bar{\mathbf{a}}$ unidos às várias partículas do corpo, onde $\bar{\mathbf{a}}$ é a aceleração do centro de massa G do corpo. Mostre também, calculando sua soma e a soma de seus momentos em relação a G, que os termos inerciais são reduzidas a um único vetor $m\bar{\mathbf{a}}$ ligado a G.

16.24 Para um corpo rígido em rotação em torno do centro de massa, mostre que o sistema de termos inerciais consiste de vetores $-(\Delta m_i)\omega^2 \mathbf{r}'_i$ e $(\Delta m_i)(\boldsymbol{\alpha} \times \mathbf{r}'_i)$ ligados às várias partículas P_i do corpo, onde $\boldsymbol{\omega}$ e $\boldsymbol{\alpha}$ são a velocidade angular e a aceleração angular do corpo, e no qual $\mathbf{r}'_i$ representa a posição da partícula P_i em relação ao centro de massa G do corpo. Mostre também, calculando sua soma e a soma de seus momentos em relação a G, que os termos inerciais se reduzem a um binário $\bar{I}\alpha$.

16.25 Um volante de motor de 2,4 Mg leva 10 minutos para desacelerar até o repouso a partir de uma velocidade angular de 300 rpm. Sabendo que o raio de giração do volante é de 1 m, determine a intensidade média do binário devida ao atrito cinético no mancal.

16.26 O rotor de um motor elétrico tem uma velocidade angular de 3.600 rpm quando a carga e a energia elétrica são desligadas. O rotor de 50 kg, que tem um raio de giração em relação ao centro de massa de 180 mm, então gira desacelerando até o repouso. Sabendo que o atrito cinético resulta em um binário de intensidade 3,5 N·m exercido sobre o rotor, determine o número de revoluções que o rotor executa antes de chegar ao repouso.

16.27 O tambor de freio de 200 mm de raio é unido a um volante maior que não está mostrado na figura. O momento de inércia total da massa do tambor e do volante é de 20 kg·m², e o coeficiente de atrito cinético entre o tambor e a sapata de freio é 0,35. Sabendo que a velocidade angular do volante é de 360 rpm no sentido anti-horário quando a força $\mathbf{P}$ de intensidade 400 N é aplicada ao pedal C, determine o número de revoluções executadas pelo volante antes de ele parar.

16.28 Resolva o Problema 16.27, considerando que a velocidade angular inicial do volante é de 360 rpm no sentido horário.

16.29 Um tambor de freio de 100 mm de raio é ligado a um volante que não é mostrado na figura. O tambor e o volante têm, juntos, uma massa de 300 kg e um raio de giração de 600 mm. O coeficiente de atrito cinético entre o tambor e a cinta de freio é 0,30. Sabendo que uma força $\mathbf{P}$ de intensidade 50 N é aplicada em A quando a velocidade angular é de 180 rpm no sentido anti-horário, determine o tempo necessário para parar o volante quando $a = 200$ mm e $b = 160$ mm.

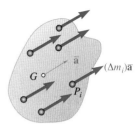

Figura P16.23

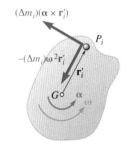

Figura P16.24

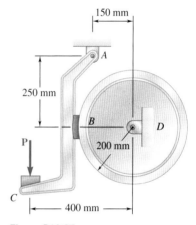

Figura P16.27

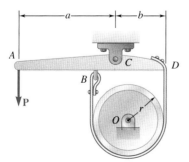

Figura P16.29

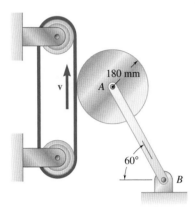

Figura P16.30

16.30 Um disco de raio 180 mm está em repouso quando é colocado em contato com uma correia em movimento com velocidade constante. Desprezando o peso da haste de conexão AB e sabendo que o coeficiente de atrito cinético entre o disco e a correia é 0,40, determine a aceleração angular do disco enquanto ocorre o deslizamento.

16.31 Resolva o Problema 16.30 considerando que a direção do movimento da correia é invertida.

16.32 Para poder determinar o momento de inércia de massa de um volante de raio de 600 mm, um bloco de 12 kg é ligado a um fio que é enrolado em torno do volante de motor. O bloco é solto e observa-se que ele cai 3 m em 4,6 s. Para eliminar o atrito do mancal dos cálculos, um segundo bloco de massa 24 kg é usado e observa-se que ele cai 3 m em 3,1 s. Considerando que o momento do binário devido ao atrito permanece constante, determine o momento de inércia de massa do volante.

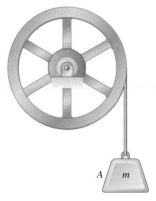

Figura *P16.32* e P16.33

16.33 O volante de motor mostrado na figura tem um raio de 500 mm, massa de 120 kg e um raio de giração de 375 mm. Um bloco A de 15 kg é preso a um fio que é enrolado em torno do volante e o sistema é solto a partir do repouso. Desprezando o efeito do atrito, determine (*a*) a aceleração do bloco A, (*b*) a velocidade do bloco A depois de ele ter se deslocado 1,5 m.

16.34 Cada uma das roldanas duplas mostradas na figura tem um momento de inércia de massa de 20 kg·m² e está inicialmente em repouso. O raio externo é de 500 mm e o interno de 250 mm. Determine (*a*) a aceleração angular de cada uma das roldanas, (*b*) a velocidade angular de cada uma das roldanas depois do ponto A na corda ter se deslocado 3 m.

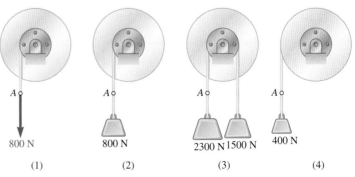

Figura P16.34

16.35 Cada uma das engrenagens *A* e *B* tem massa de 9 kg e um raio de giração de 200 mm; a engrenagem *C* tem uma massa de 3 kg e um raio de giração de 75 mm. Se o binário **M** de intensidade constante 5 N·m é aplicado à engrenagem *C*, determine (*a*) a aceleração angular da engrenagem *A*, (*b*) a força tangencial que a engrenagem *C* exerce na engrenagem *A*.

16.36 Resolva o Problema 16.35, considerando que o binário **M** é aplicado ao disco *A*.

16.37 Os discos *A* e *B* são aparafusados juntos, e os cilindros *D* e *E* são ligados em cordas separadas enroladas nos discos. Uma única corda passa pelos discos *B* e *C*. O disco *A* tem a massa de 10 kg e os discos *B* e *C* tem uma massa de 6 kg. Sabendo que o sistema é liberado do repouso e que não ocorre deslizamento entre as cordas e os discos, determine a aceleração (*a*) do cilindro *D*, (*b*) do cilindro *E*.

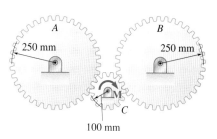

Figura **P16.35**

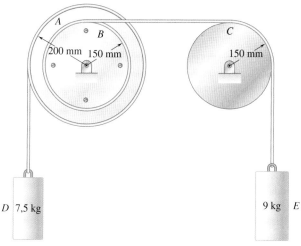

Figura **P16.37**

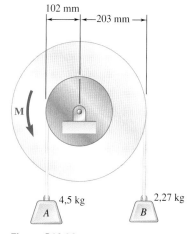

Figura **P16.38**

16.38 A roldana dupla de 11,3 kg mostrada na figura está em repouso e em equilíbrio quando é aplicado um binário **M** constante de 4,75 N·m. Desprezando o efeito do atrito e sabendo que o raio de giração da roldana dupla é de 152 mm, determine (*a*) a aceleração angular da roldana dupla, (*b*) a tensão em cada corda.

16.39 Uma correia de massa desprezível passa entre os cilindros *A* e *B* e é puxada para a direita com uma força **P**. Os cilindros *A* e *B* têm uma massa de, respectivamente, 2,5 e 10 kg. O eixo do cilindro A é livre para deslizar no rasgo vertical, e os coeficientes de atrito entre a correia e cada cilindro são $\mu_s = 0{,}50$ e $\mu_k = 0{,}40$. Para $P = 18$ N, determine (*a*) se ocorre ou não deslizamento entre a correia e um dos cilindros, (*b*) a aceleração angular de cada cilindro.

16.40 Resolva o Problema 16.39 para $P = 10$ N.

16.41 O disco *A* tem massa de 6 kg e velocidade angular inicial de 360 rpm no sentido horário; o disco *B* tem massa de 3 kg e está inicialmente em repouso. Os discos são ligados aplicando-se uma força horizontal de intensidade 20 N ao eixo do disco *A*. Sabendo que $\mu_k = 0{,}15$ entre os discos e desprezando o atrito do mancal, determine (*a*) a aceleração angular de cada disco, (*b*) a velocidade angular final de cada disco.

16.42 Resolva o Problema 16.41 considerando que o disco *A* está inicialmente em repouso e que o disco *B* tem uma velocidade angular de 360 rpm no sentido horário.

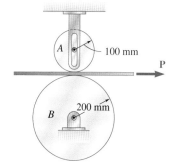

Figura P16.39

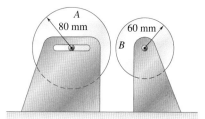

Figura P16.41

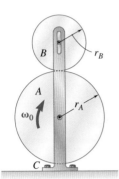

Figura P16.43 e P16.44

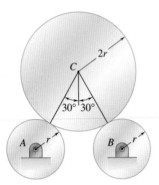

Figura **P16.45**

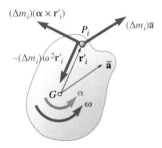

Figura P16.47

16.43 O disco A tem massa $m_A = 4$ kg, raio $r_A = 300$ mm e velocidade angular inicial $\omega_0 = 300$ rpm no sentido horário. O disco B tem massa $m_B = 1,6$ kg, raio $r_B = 180$ mm e está em repouso quando é posto em contato com o disco A. Sabendo que $\mu_k = 0,35$ entre os discos e desprezando o atrito do mancal, determine (a) a aceleração angular de cada disco, (b) a reação no suporte C.

16.44 O disco B tem uma velocidade angular ω_0 quando é posto em contato com o disco A, que está em repouso. (a) Mostre que as velocidades angulares finais dos discos são independentes do coeficiente de atrito μ_k entre os discos desde que $\mu_k \neq 0$. (b) Expresse a velocidade angular final do disco A em termos de ω_0 e a razão das massas dos dois discos m_A/m_B.

16.45 O cilindro A tem uma velocidade angular inicial de 720 rpm no sentido horário, e o cilindro B e C estão inicialmente em repouso. Os discos A e B têm massa de 2,5 kg e raio $r = 100$ mm. O disco C tem uma massa de 10 kg e raio 200 mm. Os discos são ligados quando C é colocado vagarosamente em A e B. Sabendo que $\mu_k = 0,25$ entre A e C e que não ocorre deslizamento entre B e C, determine (a) a aceleração angular de cada disco, (b) a velocidade angular final de cada disco.

16.46 Mostre que o sistema de termos inerciais para um corpo rígido em movimento plano é reduzido a um único vetor e expresse a distância do centro de massa G do corpo à linha de ação desse vetor em termos do raio de giração $\bar{k}$ em torno do centro de massa do corpo, da intensidade $\bar{a}$ da aceleração de G e da aceleração angular α.

16.47 Para um corpo rígido em movimento plano, mostre que o sistema dos termos inerciais consiste dos vetores $(\Delta m_i)\bar{\mathbf{a}}$, $-(\Delta m_i)\omega^2 \mathbf{r}'_i$ e $(\Delta m_i)(\boldsymbol{\alpha} \times \mathbf{r}'_i)$ ligados às várias partículas P_i da placa, onde $\bar{\mathbf{a}}$ é a aceleração do centro de massa G do corpo, $\boldsymbol{\omega}$ é a velocidade angular do corpo, $\boldsymbol{\alpha}$ é sua aceleração angular e $\mathbf{r}'_i$ representa o vetor de posição da partícula P_i em relação a G. Mostre também, calculando sua soma e a soma de seus momentos em relação a G, que os termos inerciais se reduzem a um vetor $m\bar{\mathbf{a}}$ ligado a G e a um binário $\bar{I}\alpha$.

16.48 Uma barra delgada uniforme AB repousa sobre uma superfície horizontal sem atrito, e uma força $\mathbf{P}$ de intensidade igual a 1 N é aplicada em A em uma direção perpendicular à barra. Sabendo que a barra tem peso de 9 N, determine (a) a aceleração do ponto A, (b) a aceleração do ponto B, (c) a localização do ponto onde a barra tem aceleração zero.

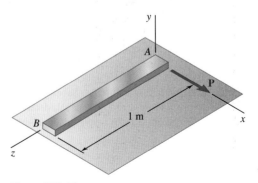

Figura P16.48

16.49 (a) No Problema 16.48, determine o ponto da barra AB onde a força **P** deve ser aplicada para a aceleração do ponto B ser igual a zero. (b) Sabendo que $P = 1$ N, determine a aceleração correspondente do ponto A.

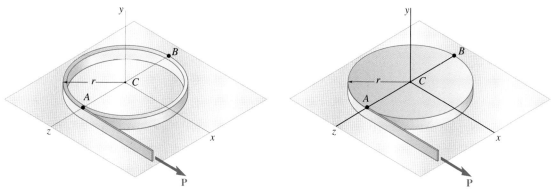

Figura P16.50

Figura P16.51

16.50 e 16.51 Uma força **P** de intensidade igual a 3 N é aplicada a uma fita enrolada em torno do corpo indicado na figura. Sabendo que o corpo repousa sobre uma superfície horizontal sem atrito, determine a aceleração (a) do ponto A, (b) do ponto B.
   16.50 Para um pequeno aro de massa 2,4 kg.
   16.51 Para um disco uniforme de massa 2,4 kg.

16.52 Um satélite de 120 kg tem um raio de giração de 600 mm com relação ao eixo y e é simétrico em relação ao plano zx. Sua orientação é modificada pelo acionamento de quatro pequenos foguetes A, B, C e D, cada um produzindo um impulso **T** de 16,20 N dirigido como mostra a figura. Determine a aceleração angular do satélite e a aceleração de seu centro de massa G (a) quando todos os quatro foguetes são acionados, (b) quando todos os foguetes exceto D são acionados.

16.53 Uma placa retangular de massa 5 kg é suspensa por quatro arames verticais, e a força **P** de intensidade 6 N é aplicada no canto C como mostra a figura. Imediatamente depois que **P** é aplicada, determine a aceleração (a) do ponto médio da borda BC, (b) do canto B.

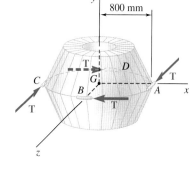

Figura P16.52

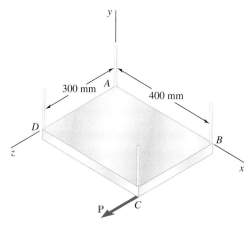

Figura *P16.53*

16.54 Uma placa semicircular uniforme de massa 6 kg é suspensa por três arames verticais nos pontos A, B e C, e uma força **P** com intensidade de 5 N é aplicada no ponto B. Imediatamente depois que **P** é aplicada, determine a aceleração do (*a*) centro de massa da placa, (*b*) ponto C.

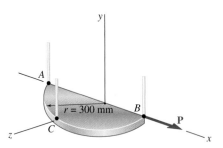

Figura **P16.54**

16.55 Um tambor de freio de 200 mm de raio é unido a um disco com raio de $r_A = 150$ mm. O disco e o tambor tem uma massa combinada de 5 kg e um raio de giração combinado de 120 mm e são suspensos por duas cordas. Sabendo que $T_A = 35$ N e $T_B = 25$ N, determine as acelerações dos pontos A e B nas cordas.

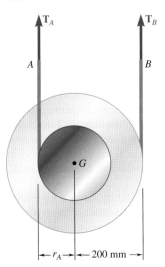

Figura P16.55 e P16.56

16.56 Um tambor de 200 mm de raio é ligado a um disco com um raio de $r_A = 140$ mm. O disco e o tambor tem uma massa combinada de 5 kg e estão suspensos por duas cordas. Sabendo que a aceleração do ponto B sobre a corda é zero, $T_A = 40$ N e $T_B = 20$ N, determine o raio de giração combinado do disco e do tambor.

16.57 O disco uniforme de 5,4 kg mostrado na figura tem um raio de $r = 81$ mm e rotação no sentido anti-horário. Seu centro C é forçado a se mover em um rasgo cortado no membro vertical AB, e uma força horizontal **P** de 48,9 N é aplicada em B para manter o contato em D entre o disco e a parede vertical. O disco move-se para baixo sob a influência da gravidade e do atrito em D. Sabendo que o coeficiente de atrito cinético entre o disco e a parede é 0,12 e desprezando o atrito no rasgo vertical, determine (*a*) a aceleração angular do disco, (*b*) a aceleração do centro C do disco.

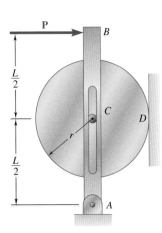

Figura P16.57

16.58 O rolo de aço mostrado na figura tem massa de 1.200 kg e raio de giração do centro de massa de 150 mm, e é elevado por dois cabos dobrados sobre seu eixo. Sabendo que para cada cabo $T_A = 3.100$ N e $T_B = 3.300$ N, determine (a) a aceleração angular do rolo, (b) a aceleração de seu centro de massa.

16.59 O rolo de aço mostrado na figura tem massa de 1.200 kg e raio de giração do centro de massa de 150 mm, e é elevado por dois cabos dobrados sobre seu eixo. Sabendo que no instante mostrado na figura a aceleração do rolo é 150 mm/s² para baixo e que para cada cabo $T_A = $ 3.000 N, determine (a) a tração correspondente de T_B, (b) a aceleração angular do rolo.

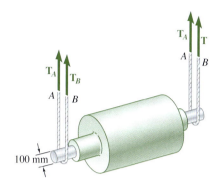

Figura P16.58 e P16.59

16.60 e 16.61 Uma viga de 5 m pesando 2.500 N é abaixada por meio de dois cabos que são desenrolados de guindastes suspensos. À medida que a viga se aproxima do chão, os operadores dos guindastes aplicam os freios para reduzir a velocidade desse movimento de desenrolar dos cabos. Sabendo que a desaceleração do cabo A é de 6 m/s² e que a desaceleração do cabo B é de 1 m/s², determine a tensão em cada cabo.

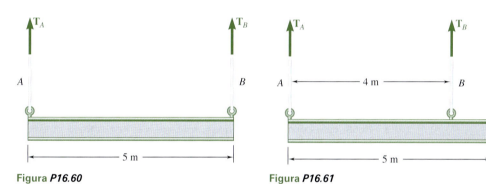

Figura *P16.60*   Figura *P16.61*

16.62 Dois cilindros uniformes, cada um com massa 7 kg e raio $r = 125$ mm, estão conectados por uma esteira como mostrado na figura. Se o sistema é liberado do repouso, determine (a) a aceleração angular de cada cilindro, (b) a tração na parte da esteira que conecta os dois cilindros, (c) a velocidade do centro do cilindro A após ele se mover 1 m.

16.63 a 16.64 Uma viga AB de massa m e de seção reta uniforme é suspensa a partir de duas molas como mostra a figura. Se a mola 2 quebra, determine nesse instante (a) a aceleração angular da viga, (b) a aceleração do ponto A, (c) a aceleração do ponto B.

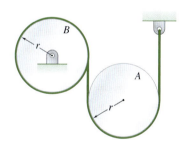

Figura *P16.62*

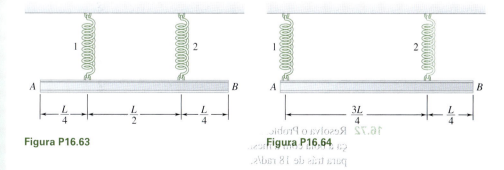

Figura P16.63   Figura P16.64

16.65 Uma barra delgada uniforme AB com uma massa m é suspensa por duas molas como mostrado na figura. Se a mola 2 quebra, determine nesse instante (a) a aceleração angular da barra, (b) a aceleração do ponto A, (c) a aceleração do ponto B.

16.66 a 16.68 Uma placa fina com a forma indicada na figura e de massa m é suspensa a partir de duas molas como mostra a figura. Se a mola 2 quebra, determine a aceleração nesse instante (a) do ponto A, (b) do ponto B.

  16.66 Para uma placa quadrada de lado b.
  16.67 Para um aro fino de diâmetro b.
  16.68 Para uma placa retangular de altura b e largura a.

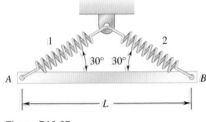

Figura P16.65

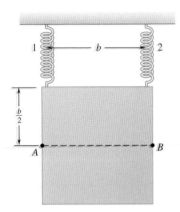

Figura P16.66

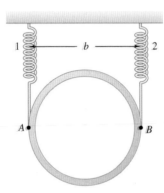

Figura P16.67

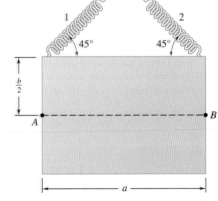

Figura P16.68

Figura P16.69

16.69 Uma esfera de raio r e massa m é lançada ao longo de uma superfície horizontal rugosa com as velocidades iniciais indicadas na figura. Se a velocidade final da esfera for zero, expresse, em termos de v_0, r, e μ_k, (a) a intensidade requerida de ω_0, (b) o tempo t_1 necessário para a esfera parar, (c) a distância que a esfera percorrerá antes de parar.

16.70 Resolva o Problema 16.69 considerando que a esfera é substituída por um aro fino uniforme de raio r e massa m.

16.71 Um jogador de boliche lança uma bola de 200 mm de diâmetro e massa de 6 kg ao longo de uma pista com uma velocidade para frente $\mathbf{v}_0$ de 5 m/s e uma rotação para trás $\boldsymbol{\omega}_0$ de 9 rad/s. Sabendo que o coeficiente de atrito cinético entre a bola e a pista é de 0,10, determine (a) o instante t_1 em que a bola vai começar a rolar sem deslizamento, (b) a velocidade escalar da bola no instante t_1, (c) a distância que a bola irá percorrer no instante t_1.

Figura P16.71

16.72 Resolva o Problema 16.71 considerando que o jogador de boliche lança a bola com a mesma velocidade para frente, mas com uma rotação para trás de 18 rad/s.

16.73 Uma esfera homogênea de raio r e massa m é colocada com velocidade inicial nula sobre uma correia que se move para a direita com uma velocidade constante $\mathbf{v}_1$. Representando por μ_k o coeficiente de atrito cinético entre a esfera e a correia, determine (a) o instante t_1 em que a esfera começará a rolar sem deslizar, (b) as velocidades linear e angular da esfera no instante t_1.

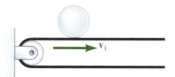

Figura P16.73

16.74 Uma esfera de raio r e massa m tem uma velocidade linear $\mathbf{v}_0$ dirigida para a esquerda e velocidade angular nula no momento em que ela é colocada sobre uma correia que se move para a direita com uma velocidade constante $\mathbf{v}_1$. Se, depois de primeiro deslizar sobre a correia, a esfera tiver velocidade linear relativa ao chão nula no momento em que ela começar a rolar na correia sem deslizar, determine, em termos de v_1 e do coeficiente de atrito cinético μ_k entre a esfera e a correia, (a) o valor necessário para v_0, (b) o instante t_1 em que a esfera vai começar a rolar sobre a correia, (c) a distância que a esfera terá percorrido relativa ao chão no instante t_1.

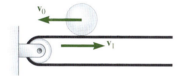

Figura P16.74

16.2 Movimento plano restrito

A maioria das aplicações de engenharia trata de corpos rígidos que estão em movimento sob a ação de determinadas restrições. Por exemplo, manivelas têm de girar em torno de um eixo fixo, rodas devem rolar sem deslizar e barras de ligação devem descrever certos movimentos prescritos. Em todos esses casos, existem relações definidas entre os componentes da aceleração $\bar{\mathbf{a}}$ do centro de massa G do corpo considerado e sua aceleração angular $\boldsymbol{\alpha}$. O movimento correspondente é chamado de **movimento restrito**.

Como discutido na seção anterior, desenhamos nossos diagramas de corpo livre e cinético (Fig. 16.13) e depois escrevemos as equações de movimento. A solução de um problema envolvendo um movimento plano restrito exige em primeiro lugar uma *análise cinemática* do problema. Considere, por exemplo, uma barra delgada AB de comprimento l e massa m, cujas extremidades estão ligadas a blocos de massa desprezível que deslizam ao longo de trilhos horizontais e verticais sem atrito. A barra é puxada por uma força $\mathbf{P}$ aplicada em A (Fig. 16.12). Sabemos a partir da Seção 15.4A que a aceleração $\bar{\mathbf{a}}$ do centro de massa G da barra pode ser determinada em qualquer instante dado a partir da posição da barra, de sua velocidade angular e de sua aceleração angular nesse instante. Suponha, por exemplo, que os valores de θ, ω e α são conhecidos num dado instante e que queremos determinar o valor correspondente da força $\mathbf{P}$, como também as reações em A e B. Devemos primeiro *determinar os componentes $\bar{a}_x$ e $\bar{a}_y$ da aceleração do centro de massa G* pelo método da Seção 15.4A. Em seguida, resolvemos nossas equações de movimento usando as expressões obtidas para $\bar{a}_x$ e $\bar{a}_y$. Podemos então determinar as forças desconhecidas $\mathbf{P}$, $\mathbf{N}_A$ e $\mathbf{N}_B$ resolvendo as equações apropriadas.

Suponha agora que a força aplicada $\mathbf{P}$, o ângulo θ e a velocidade angular ω da barra são conhecidos em um dado instante e que queremos determinar a aceleração angular α da barra e os componentes $\bar{a}_x$ e $\bar{a}_y$ da aceleração de seu centro de massa nesse instante, como também as reações em A e B. O estudo cinemático preliminar do problema terá por objetivo *expressar os componentes $\bar{a}_x$ e $\bar{a}_y$ da aceleração de G em termos da aceleração angular α da barra*. Isso será feito em princípio expressando-se a aceleração de um ponto de referência adequado, como o ponto A, em termos da aceleração angular α. Os componentes $\bar{a}_x$ e $\bar{a}_y$ da aceleração de G podem então ser determinados em função de α e as expressões obtidas carregadas para a Fig. 16.13. Três equações podem então ser deduzidas em termos de α, N_A e N_B e resolvidas para as três incógnitas (ver Problema Resolvido 16.12).

Quando um mecanismo consiste de várias partes móveis, o método recém descrito pode ser utilizado para cada parte do mecanismo. O procedimento requerido para determinar as várias incógnitas é, então, similar ao procedimento seguido no caso do equilíbrio de um sistema de corpos rígidos ligados (*Estática*, Seção 6.3B).

Já analisamos anteriormente dois casos particulares de movimento plano restrito: a translação de um corpo rígido, na qual a aceleração angular do corpo é restringida a zero, e a rotação em torno do centro de massa, em que a aceleração $\bar{\mathbf{a}}$ do centro de massa do corpo é restringida a ser zero. Dois outros casos particulares de movimento plano restrito são de especial interesse: a *rotação em torno de um ponto diferente do centro de massa* de um corpo rígido e o *movimento de rolamento* de um disco ou de uma roda. Podemos analisar esses dois casos usando um dos métodos gerais descritos anterior-

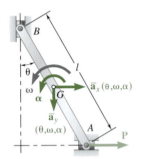

Figura 16.12 Variáveis cinemáticas para uma barra restringida puxada para a direita.

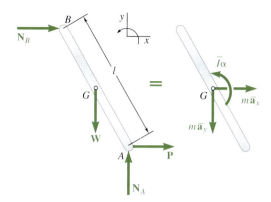

Figura 16.13 Diagramas de corpo livre e cinético para a barra da Fig. 16.12.

mente. Entretanto, em vista da extensão de suas aplicações, eles merecem alguns comentários especiais.

Rotação em torno de um ponto diferente do centro de massa.

O movimento de um corpo rígido restrito a girar em torno de um eixo fixo que não passa por seu centro de massa é chamado **rotação em torno de um ponto diferente do centro de massa**. O centro de massa G do corpo se desloca ao longo de uma circunferência de raio $\bar{r}$ centrada no ponto O, onde o eixo de rotação intercepta o plano de referência (Fig. 16.14). Representando, respectivamente, por ω e α a velocidade angular e a aceleração angular da linha OG, obtemos as seguintes expressões para os componentes tangencial e normal da aceleração de G:

$$\bar{a}_t = \bar{r}\alpha \qquad \bar{a}_n = \bar{r}\omega^2 \qquad (16.7)$$

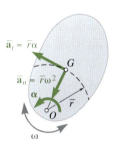

Figura 16.14 Para rotação em torno de um ponto diferente do centro de massa do eixo fixo, o centro de massa tem um componente tangencial e uma componente normal de aceleração.

Como a reta OG pertence ao corpo, sua velocidade angular ω e sua aceleração angular α também representam a velocidade angular e a aceleração angular do corpo. As Eqs. (16.7) definem, portanto, a relação cinemática existente entre o movimento do centro de massa G e o movimento do corpo em torno de G.

Uma relação interessante é obtida igualando-se os momentos, em relação ao ponto fixo O, das forças e vetores mostrados, respectivamente, nas partes a e b da Fig. 16.15. Escrevemos

$$+\circlearrowleft \Sigma M_O = \bar{I}\alpha + (m\bar{r}\alpha)\bar{r} = (\bar{I} + m\bar{r}^2)\alpha$$

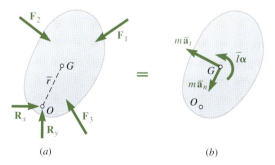

(a)   (b)

Figura 16.15 Diagramas de corpo livre e cinético para o corpo rígido da Fig. 16.14.

Mas, de acordo com o teorema dos eixos paralelos, temos $\bar{I} + m\bar{r}^2 = I_O$, onde I_O representa o momento de inércia do corpo rígido em torno do eixo fixo. Portanto, escrevemos

Momentos em torno de um eixo fixo

$$\Sigma M_O = I_O \alpha \tag{16.8}$$

Embora a Eq. (16.8) expresse uma importante relação entre a soma dos momentos das forças externas em relação ao ponto fixo O e o produto $I_O\alpha$, ainda precisaremos aplicar a Eq. (16.1) para encontrar as forças em O.

Um caso particular de rotação em torno de um ponto diferente do centro de massa é de especial interesse – o caso da *rotação uniforme*, no qual a velocidade angular **ω** é constante. Como **α** é zero, o binário de inércia na Fig. 16.15 desaparece, e o vetor de inércia se reduz a seu componente normal. Esse componente (também chamado *força centrífuga*) representa a tendência que o corpo rígido tem de escapar do eixo de rotação.

Movimento de rolamento. Outro caso importante de movimento plano é o movimento de um disco ou roda que rola sobre uma superfície plana. Se o disco é restringido a rolar sem deslizar, a aceleração **ā** de seu centro de massa G e sua aceleração angular **α** não são independentes. Considerando que o disco está balanceado, de modo que seu centro de massa coincide com seu centro geométrico, escrevemos em primeiro lugar que a distância $\bar{x}$ percorrida por G durante uma rotação θ do disco é $\bar{x} = r\theta$, onde r é o raio do disco. Diferenciando essa relação duas vezes, escrevemos

$$\bar{a} = r\alpha \tag{16.9}$$

Recordando que o sistema dos termos inerciais no movimento plano se reduz a um vetor $m\bar{\mathbf{a}}$ e a um binário $\bar{I}\alpha$, encontramos que, no caso particular do movimento de rolamento de um disco balanceado, os termos inerciais se reduzem a um vetor de intensidade $mr\alpha$ ligado a G e a um binário de intensidade $\bar{I}\alpha$. Podemos, então, dizer que as forças externas são equivalentes ao vetor e ao binário mostrado na Fig. 16.16.

Quando um disco **rola sem deslizar**, não há movimento relativo entre o ponto do disco que está em contato com o chão e o próprio chão. Assim, no que concerne ao cálculo da força de atrito **F**, um disco que rola pode ser comparado a um bloco em repouso sobre uma superfície. A intensidade F da força de atrito pode ter qualquer valor, desde que esse valor não exceda o valor máximo $F_m = \mu_s N$, onde μ_s é o coeficiente de atrito estático e N é a intensidade da força normal. No caso de um disco que rola, a intensidade F da força de atrito deve, portanto, ser determinada, independentemente de N, pela resolução da equação obtida a partir da Fig. 16.16.

Quando o *deslizamento é iminente*, a força de atrito alcança seu valor máximo $F_m = \mu_s N$ e pode ser obtida de N.

Foto 16.4 Quando a bola bate na pista de boliche, ela primeiro gira e desliza para depois rolar sem deslizar.

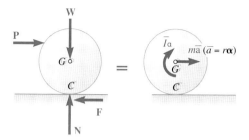

Figura 16.16 Diagramas de corpo livre e cinético para um disco que rola sem deslizar em uma superfície fixa.

Quando o disco *rola e desliza* ao mesmo tempo, existe um movimento relativo entre o ponto do disco que está em contato com o chão e o próprio chão. A força de atrito tem intensidade $F_k = \mu_k N$, onde μ_k é o coeficiente de atrito cinético. Nesse caso, entretanto, o movimento do centro de massa G do disco e a rotação do disco em torno de G são independentes, e $\bar{a}$ não é igual a $r\alpha$.

Esses três casos diferentes podem ser resumidos assim:

Rolamento, sem deslizamento $F \leq \mu_s N$ $\bar{a} = r\alpha$

Rolamento, com deslizamento iminente $F = \mu_s N$ $\bar{a} = r\alpha$

Rotação e deslizamento $F = \mu_k N$ $\bar{a}$ e α independentes

Quando não se sabe se o disco desliza ou não, deve-se primeiro considerar que o disco rola sem deslizar. Você será capaz de resolver seu sistema de equações considerando que $\bar{a} = r\alpha$. Se F é constatado como menor ou igual a $\mu_s N$, a suposição estará correta. Se F for constatado como maior do que $\mu_s N$, a suposição estará incorreta e o problema deverá ser revisto, considerando-se a rotação e o deslizamento $F = \mu_k N$.

Quando um disco está *desbalanceado*, ou seja, quando seu centro de massa G não coincide com seu centro geométrico O, a relação (16.9) entre $\bar{a}$ e α não se verifica. Entretanto, uma relação similar se verifica entre a intensidade a_O da aceleração do centro geométrico e a aceleração angular α de um disco desbalanceado que rola sem deslizar. Escrevemos então

$$a_O = r\alpha \quad (16.10)$$

Para determinar $\bar{a}$ em termos da aceleração angular α e da velocidade angular ω do disco, podemos usar a fórmula da aceleração relativa:

$$\bar{a} = \bar{a}_G = a_O + a_{G/O}$$
$$= a_O + (a_{G/O})_t + (a_{G/O})_n \quad (16.11)$$

onde os três componentes da aceleração obtida têm as direções e sentidos indicados na Fig. 16.17 e as intensidades $a_O = r\alpha$, $(a_{G/O})_t = (OG)\alpha$ e $(a_{G/O})_n = (OG)\omega^2$. Esses termos também podem ser resolvidos utilizando a relação entre dois pontos em um corpo rígido submetido a movimento plano:

$$\bar{a} = a_O + \alpha \times r_{G/O} - \omega^2 r_{G/O} \quad (16.12)$$

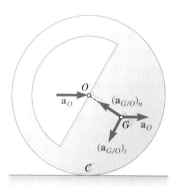

Figura 16.17 Aceleração do centro geométrico O e do centro de massa G para um disco desbalanceado que rola.

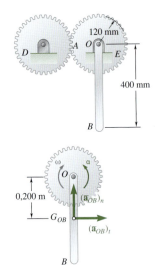

Figura 1 Aceleração do centro de gravidade da barra.

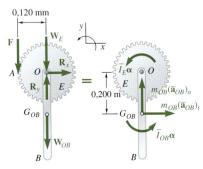

Figura 2 Diagrama de corpo livre e cinético para o sistema.

PROBLEMA RESOLVIDO 16.7

A parte AOB de um mecanismo consiste em uma barra de aço OB de 400 mm soldada a uma engrenagem E de raio de 120 mm que pode girar em torno de um eixo horizontal O. Ela é acionada por uma engrenagem D e, no instante mostrado na figura, tem uma velocidade angular de 8 rad/s no sentido horário e uma aceleração angular de 40 rad/s² no sentido anti-horário. Sabendo que a barra OB tem massa de 3 kg e que a engrenagem E tem massa de 4 kg e um raio de giração de 85 mm, determine (a) a força tangencial exercida pela engrenagem D sobre a engrenagem E, (b) os componentes de reação no eixo O.

ESTRATÉGIA Uma vez que você precisa determinar forças, use a segunda lei de Newton.

MODELAGEM Para seu sistema, escolha o único objeto que consiste na barra de aço OB e na engrenagem E. Uma vez que esses dois objetos são soldados juntos, eles têm a mesma velocidade angular e aceleração angular. Em vez de encontrar o centro de massa para esse objeto, utilize o centro de massa para a engrenagem E e para a barra OB separadamente em seu diagrama cinético. Portanto, os componentes da aceleração do centro de massa G_{OB} da barra (Fig. 1) serão determinados em primeiro lugar:

$$(\bar{a}_{OB})_t = \bar{r}\alpha = (0{,}200 \text{ m})(40 \text{ rad/s}^2) = 8 \text{ m/s}^2$$
$$(\bar{a}_{OB})_n = \bar{r}\omega^2 = (0{,}200 \text{ m})(8 \text{ rad/s})^2 = 12{,}8 \text{ m/s}^2$$

Os diagramas de corpo livre e cinético para esse sistema são mostrados na Fig. 2. Os termos inerciais em seu diagrama cinético consistem de um binário $\bar{I}_E\alpha$ (visto que a engrenagem E está em rotação em torno de seu centro de massa), de um binário $\bar{I}_{OB}\alpha$ e de dois componentes vetoriais $m_{OB}(\bar{a}_{OB})_n$ e $m_{OB}(\bar{a}_{OB})_t$ no centro de massa de OB.

ANÁLISE

Cálculos preliminares: As intensidades dos pesos são

$$W_E = m_E g = (4 \text{ kg})(9{,}81 \text{ m/s}^2) = 39{,}2 \text{ N}$$
$$W_{OB} = m_{OB} g = (3 \text{ kg})(9{,}81 \text{ m/s}^2) = 29{,}4 \text{ N}$$

Como sabemos as acelerações, podemos calcular as intensidades dos componentes e dos binários no diagrama cinético, como

$$\bar{I}_E\alpha = m_E \bar{k}_E^2 \alpha = (4 \text{ kg})(0{,}085 \text{ m})^2(40 \text{ rad/s}^2) = 1{,}156 \text{ N·m}$$
$$m_{OB}(\bar{a}_{OB})_t = (3 \text{ kg})(8 \text{ m/s}^2) = 24{,}0 \text{ N}$$
$$m_{OB}(\bar{a}_{OB})_n = (3 \text{ kg})(12{,}8 \text{ m/s}^2) = 38{,}4 \text{ N}$$
$$\bar{I}_{OB}\alpha = (\tfrac{1}{12}m_{OB}L^2)\alpha = \tfrac{1}{12}(3 \text{ kg})(0{,}400 \text{ m})^2(40 \text{ rad/s}^2) = 1{,}600 \text{ N·m}$$

Equações de movimento. Definindo o sistema das forças externas, mostrado na figura, no diagrama de corpo livre igual aos termos inerciais no diagrama cinético, obtemos as seguintes equações:

$$+\circlearrowleft \Sigma M_O = \dot{H}_O:$$
$$F(0{,}120 \text{ m}) = \bar{I}_E\alpha + m_{OB}(\bar{a}_{OB})_t(0{,}200 \text{ m}) + \bar{I}_{OB}\alpha$$
$$F(0{,}120 \text{ m}) = 1{,}156 \text{ N·m} + (24{,}0 \text{ N})(0{,}200 \text{ m}) + 1{,}600 \text{ N·m}$$
$$F = 63{,}0 \text{ N} \qquad \mathbf{F} = 63{,}0 \text{ N} \downarrow \blacktriangleleft$$

$$\xrightarrow{+} \Sigma F_x = \Sigma m\bar{a}_x: \qquad R_x = m_{OB}(\bar{a}_{OB})_t$$
$$R_x = 24{,}0 \text{ N} \qquad \mathbf{R}_x = 24{,}0 \text{ N} \rightarrow \blacktriangleleft$$

$$+\uparrow \Sigma F_y = \Sigma m\bar{a}_y: \qquad R_y - F - W_E - W_{OB} = m_{OB}(\bar{a}_{OB})_n$$
$$R_y - 63{,}0 \text{ N} - 39{,}2 \text{ N} - 29{,}4 \text{ N} = 38{,}4 \text{ N}$$
$$R_y = 170{,}0 \text{ N} \qquad \mathbf{R}_y = 170{,}0 \text{ N} \uparrow \blacktriangleleft$$

PARA REFLETIR Quando você desenhou seu diagrama cinético, você colocou aos termos inerciais no centro de massa para a engrenagem e a barra. Alternativamente, você poderia ter encontrado o centro de massa para o sistema e ter colocado os vetores $\bar{I}_{AOB}\alpha$, $m_{AOB}\bar{a}_x$ e $m_{AOB}\bar{a}_y$ no diagrama. Finalmente, você poderia ter encontrado, no geral, um I_O para a engrenagem e para a barra combinadas, e usar a Eq. 16.8 para resolver a força F.

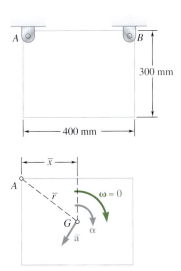

Figura 1 A placa se desloca em círculo em relação a A.

PROBLEMA RESOLVIDO 16.8

Uma placa retangular de 300×400 de massa 30 kg está suspensa por dois pinos A e B. Se o pino B for removido repentinamente, determine (a) a aceleração angular da placa e (b) os componentes da reação no pino A imediatamente após o pino B ter sido removido.

ESTRATÉGIA Você precisa determinar forças e a aceleração angular da placa, então utilize a segunda lei de Newton.

MODELAGEM Escolha a esfera como seu sistema e modele-o como um corpo rígido. Observe que, à medida que a placa gira em torno do ponto A, seu centro de massa G descreve uma circunferência de raio $\bar{r}$ com centro em A (Fig. 1). Os diagramas de corpo livre e cinético para esse sistema são mostrados na Fig. 2. Como a placa parte do repouso ($\omega = 0$), o componente normal da aceleração de G é zero. A intensidade da aceleração $\bar{a}$ do centro de massa G é, portanto, $\bar{a} = \bar{r}\alpha$.

ANÁLISE

a. Aceleração angular. Utilizando os diagramas de corpo livre e cinético, podemos tomar momentos em relação a A para determinar

$$+\circlearrowleft \Sigma M_A = \bar{I}\alpha + m\bar{a}d_\perp: \qquad mg\,\bar{x} = \bar{I}\alpha + (m\bar{a})\bar{r}$$

Como $\bar{a} = \bar{r}\alpha$, temos

$$mg\,\bar{x} = \bar{I}\alpha + (m\bar{r}\alpha)\bar{r} \qquad \alpha = \frac{mg\,\bar{x}}{m\bar{r}^2 + \bar{I}} \qquad (1)$$

(*continua*)

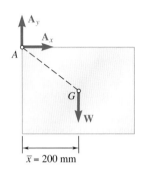

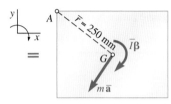

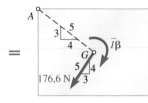

Figura 2 Diagramas de corpo livre e cinético para a placa.

O momento de inércia em torno do centro de massa da placa é

$$\bar{I} = \frac{m}{12}(a^2 + b^2) = \frac{(30 \text{ kg})[(0{,}4 \text{ m})^2 + (0{,}3 \text{ m})^2]}{12}$$

$$= 0{,}625 \text{ kg} \cdot \text{m}^2$$

Substituindo esse valor de $\bar{I}$ junto com $m = 30$ kg, $\bar{r} = 0{,}25$ m e $\bar{x} = 0{,}2$ m na Eq. (1), obtemos

$$\alpha = +23{,}54 \text{ rad/s}^2 \qquad \alpha = 23{,}5 \text{ rad/s}^2 \downarrow \quad \blacktriangleleft$$

b. Reação em A. Usando o valor calculado de α, determinamos a intensidade do vetor $m\bar{a}$ ligado a G como

$$m\bar{a} = m\bar{r}\alpha = (30 \text{ kg})(0{,}25 \text{ m})(23{,}54 \text{ rad/s}^2) = 176{,}6 \text{ N}$$

Aplicando a segunda lei de Newton nas direções x e y, temos

$$\xrightarrow{+} \Sigma F_x = m\bar{a}_x: \quad A_x = -\tfrac{3}{5}(176{,}6 \text{ N})$$
$$= -106 \text{ N} \qquad A_x = 106{,}0 \text{ N} \leftarrow \quad \blacktriangleleft$$

$$+\uparrow \Sigma F_y = m\bar{a}_y: \quad A_y - 294{,}3 \text{ N} = -\tfrac{4}{5}(176{,}6 \text{ N})$$
$$A_y = +153{,}0 \text{ N} \qquad A_y = 153{,}0 \text{ N} \uparrow \quad \blacktriangleleft$$

PARA REFLETIR Se você tivesse escolhido tomar momentos em relação ao centro de gravidade em vez do ponto A, as duas forças de reação A_x e A_y estariam na equação resultante; ou seja, você teria uma equação e três incógnitas, e não poderia resolver α diretamente. Portanto, você também precisaria usar as equações das direções x e y para resolver as três incógnitas. Observe que, por conveniência, não usamos um sistema de coordenadas dextrogiro.

PROBLEMA RESOLVIDO 16.9

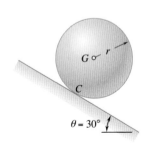

Uma esfera de raio r e peso W é liberada com velocidade inicial nula sobre um plano inclinado e rola sem deslizar. Determine (a) o valor mínimo do coeficiente de atrito estático compatível com o movimento de rolamento, (b) a velocidade do centro G da esfera após ela ter rolado 3 m, (c) a velocidade de G se a esfera tivesse percorrido 3 m descendo em um plano inclinado de 30° sem atrito.

ESTRATÉGIA Utilize a segunda lei de Newton para determinar a aceleração do centro de gravidade. Em seguida, determine a velocidade a partir da cinemática.

MODELAGEM Escolha a esfera como seu sistema e modele-o como um corpo rígido. Lembre-se que para o movimento de rolamento, o ponto de contato instantâneo tem uma velocidade nula, o que leva a $\bar{a} = r\alpha$ (Fig. 1). Os diagramas de corpo livre e cinético para esse sistema são mostrados na Fig. 2. As forças externas **W**, **N** e **F** formam um sistema equivalente ao sistema de termos inerciais representado pelo vetor $m\bar{a}$ e pelo binário $\bar{I}\alpha$.

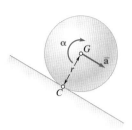

Figura 1 A aceleração de G descendo a inclinação.

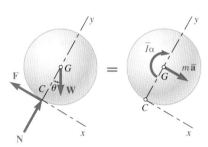

Figura 2 Diagramas de corpo livre e cinético para a esfera.

ANÁLISE

a. Valor mínimo μ_s para o movimento de rolamento. Como a esfera rola sem deslizar, temos que $\bar{a} = r\alpha$ e podemos somar momentos em relação a C:

$$+\downarrow\Sigma M_C = \bar{I}\alpha + m\bar{a}d_\perp: \qquad (W\operatorname{sen}\theta)r = \bar{I}\alpha + (m\bar{a})r$$
$$(W\operatorname{sen}\theta)r = \bar{I}\alpha + (mr\alpha)r$$

Notando que $m = W/g$ e $\bar{I} = \frac{2}{5}mr^2$, temos

$$(W\operatorname{sen}\theta)r = \frac{2}{5}\frac{W}{g}r^2\alpha + \left(\frac{W}{g}r\alpha\right)r \qquad \alpha = +\frac{5g\operatorname{sen}\theta}{7r}$$

$$\bar{a} = r\alpha = \frac{5g\operatorname{sen}\theta}{7} = \frac{5(9{,}81\text{ m/s}^2)\operatorname{sen}30°}{7} = 3{,}504\text{ m/s}^2$$

Aplicando a segunda lei de Newton nas direções x e y, temos

$$+\searrow\Sigma F_x = m\bar{a}_x: \qquad W\operatorname{sen}\theta - F = m\bar{a}$$
$$W\operatorname{sen}\theta - F = \frac{W}{g}\frac{5g\operatorname{sen}\theta}{7}$$
$$F = +\tfrac{2}{7}W\operatorname{sen}\theta = \tfrac{2}{7}W\operatorname{sen}30° \qquad \mathbf{F} = 0{,}143W \;\angle\; 30°$$

$$+\nearrow\Sigma F_y = m\bar{a}_y: \qquad N - W\cos\theta = 0$$
$$N = W\cos\theta = 0{,}866W \qquad \mathbf{N} = 0{,}866W \;\angle\; 60°$$

$$\mu_s = \frac{F}{N} = \frac{0{,}143W}{0{,}866W} \qquad \mu_s = 0{,}165 \quad \blacktriangleleft$$

b. Velocidade de rolamento da esfera. Esse é um caso de movimento uniformemente acelerado, então:

$$\bar{v}_0 = 0 \qquad \bar{a} = 3{,}504\text{ m/s}^2 \qquad \bar{x} = 3\text{ m} \qquad \bar{x}_0 = 0$$
$$\bar{v}^2 = \bar{v}_0^2 + 2\bar{a}(\bar{x} - \bar{x}_0) \qquad \bar{v}^2 = 0 + 2(3{,}504\text{ m/s}^2)(3\text{ m})$$
$$\bar{v} = 4{,}59\text{ m/s} \qquad \bar{\mathbf{v}} = 4{,}59\text{ m/s} \;\searrow\; 30° \quad \blacktriangleleft$$

c. Velocidade de deslizamento da esfera. Supondo agora a ausência de atrito, temos $F = 0$ e obtemos

$$+\downarrow\Sigma M_G = \bar{I}\alpha: \qquad 0 = \bar{I}\alpha \qquad \alpha = 0$$
$$+\text{R}\;\Sigma F_x = m\bar{a}_x: \qquad W\operatorname{sen}30° = m\bar{a} \qquad 0{,}50W = \frac{W}{g}\bar{a}$$
$$\bar{a} = +4{,}905\text{ m/s}^2 \qquad \bar{\mathbf{a}} = 4{,}905\text{ m/s}^2 \;\searrow\; 30°$$

Substituindo $\bar{a} = 4{,}905$ m/s² nas equações de movimento uniformemente acelerado, obtemos

$$\bar{v}^2 = \bar{v}_0^2 + 2\bar{a}(\bar{x} - \bar{x}_0) \qquad \bar{v}^2 = 0 + 2(4{,}905\text{ m/s}^2)(3\text{ m})$$
$$\bar{v} = 5{,}42\text{ m/s} \qquad \bar{\mathbf{v}} = 5{,}42\text{ m/s} \;\searrow\; 30° \quad \blacktriangleleft$$

PARA REFLETIR Observe que a esfera que está se movendo para baixo na superfície sem atrito tem uma velocidade maior do que a esfera que rola, como seria de esperar. Também é interessante notar que a expressão que você obteve para a aceleração do centro de massa, isto é, $\bar{a} = 5g\operatorname{sen}\theta/7$, é independente do raio da esfera e da massa da esfera. Isso significa qualquer uma das duas esferas sólidas, desde que estejam rolando sem deslizamento, têm a mesma aceleração linear.

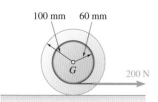

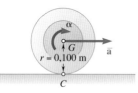

Figura 1 Acelerações linear e angular da roda.

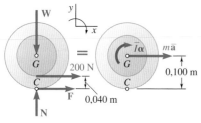

Figura 2 Diagramas de corpo livre e cinético para a roda considerando que a força de atrito está para a direita.

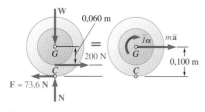

Figura 3 Diagramas de corpo livre e cinético para a roda quando ela está deslizando e girando.

PROBLEMA RESOLVIDO 16.10

Uma corda está enrolada no tambor interno de uma roda e é puxada horizontalmente com uma força de 200 N. A roda tem massa de 50 kg e um raio de giração de 70 mm. Sabendo que os coeficientes de atrito são $\mu_s = 0{,}20$ e $\mu_k = 0{,}15$, determine a aceleração de G e a aceleração angular da roda.

ESTRATÉGIA Como você tem as forças e precisa determinar acelerações, use a segunda lei de Newton. Considere que a roda gira sem deslizar e compare a força de atrito necessária com a força de atrito máxima possível. Se a força necessária exceder a força possível, refaça o problema supondo rotação e deslizamento.

MODELAGEM Escolha a roda como seu sistema e modele-o como um corpo rígido. A aceleração de G é para a direita e a aceleração angular é no sentido horário (Fig. 1). Os diagramas de corpo livre e cinético para esse sistema são mostrados na Fig. 2.

ANÁLISE

a. Suponha rolamento sem deslizamento. Neste caso, temos

$$\bar{a} = r\alpha = (0{,}100 \text{ m})\alpha$$

O momento de inércia da roda é

$$\bar{I} = m\bar{k}^2 = (50 \text{ kg})(0{,}070 \text{ m})^2 = 0{,}245 \text{ kg·m}^2$$

Equações de movimento. Definindo o sistema de forças externas no diagrama de corpo livre igual ao sistema de termos inerciais no diagrama cinético, obtemos

$$+\downarrow \Sigma M_C = \bar{I}\alpha + m\bar{a}d_\perp: \quad (200 \text{ N})(0{,}040 \text{ m}) = \bar{I}\alpha + (m\bar{a})(0{,}100 \text{ m})$$
$$8{,}00 \text{ N·m} = (0{,}245 \text{ kg·m}^2)\alpha + (50 \text{ kg})(0{,}100 \text{ m})\alpha(0{,}100 \text{ m})$$
$$\alpha = +10{,}74 \text{ rad/s}^2$$
$$\bar{a} = r\alpha = (0{,}100 \text{ m})(10{,}74 \text{ rad/s}^2) = 1{,}074 \text{ m/s}^2$$

$$\stackrel{+}{\rightarrow} \Sigma F_x = m\bar{a}_x: \quad F + 200 \text{ N} = m\bar{a}$$
$$F + 200 \text{ N} = (50 \text{ kg})(1{,}074 \text{ m/s}^2)$$
$$F = -146{,}3 \text{ N} \qquad \mathbf{F} = 146{,}3 \text{ N} \leftarrow$$

$$+\uparrow \Sigma F_y = m\bar{a}_y:$$
$$N - W = 0 \quad N - W = mg = (50 \text{ kg})(9{,}81 \text{ m/s}^2) = 490{,}5 \text{ N}$$
$$\mathbf{N} = 490{,}5 \text{ N} \uparrow$$

Força de atrito máxima possível

$$F_{\text{máx}} = \mu_s N = 0{,}20(490{,}5 \text{ N}) = 98{,}1 \text{ N}$$

Como $F > F_{\text{máx}}$, o movimento suposto é impossível.

b. Rotação e deslizamento. Como a roda deve rolar e deslizar ao mesmo tempo, traçamos novos diagramas de corpo livre e cinético (Fig. 3), onde $\bar{a}$ e α são independentes e

$$F = F_k = \mu_k N = 0{,}15(490{,}5 \text{ N}) = 73{,}6 \text{ N}$$

Dos cálculos da parte (*a*), encontramos que **F** está dirigida para a esquerda. Podemos obter e resolver as seguintes equações de movimento:

$\xrightarrow{+} \Sigma F_x = m\bar{a}_x:$ $200\text{ N} - 73,6\text{ N} = (50\text{ kg})\bar{a}$
$\bar{a} = +2,53\text{ m/s}^2$ $\bar{\mathbf{a}} = 2,53\text{ m/s}^2 \rightarrow$ ◀

$+\downarrow \Sigma M_G = \bar{I}\alpha:$
$(73,6\text{ N})(0,100\text{ m}) - (200\text{ N})(0,060\text{ m}) = (0,245\text{ kg·m}^2)\alpha$
$\alpha = -18,94\text{ rad/s}^2$ $\boldsymbol{\alpha} = 18,94\text{ rad/s}^2 \uparrow$ ◀

PARA REFLETIR A roda tem maiores acelerações linear e angular em condições de rotação ao deslizar do que quando rola sem deslizar.

PROBLEMA RESOLVIDO 16.11

Os guindastes são frequentemente utilizados para movimentar grandes *containers* em estaleiros navais. Um modelo simplificado de um *container* de 30.000 kg e um guindaste é mostrado na figura. O *container* uniforme está em repouso quando a conexão em *B* falha. Determine a tensão no cabo que liga a polia ao *container* em *A*.

ESTRATÉGIA Uma vez que você precisa determinar forças, use a segunda lei de Newton.

MODELAGEM Comece escolhendo o *container* para ser seu sistema. Após a ligação em *B* falhar, as únicas forças externas que atuam sobre o *container* são a tensão no cabo em *A* e o peso. Os diagramas de corpo livre e cinético para esse sistema imediatamente após a conexão em *B* falhar são mostrados na Fig. 1. Uma vez que o *container* está em movimento plano geral, no diagrama cinético você pode representar a aceleração do centro de massa como tendo uma componente vertical e uma componente horizontal.

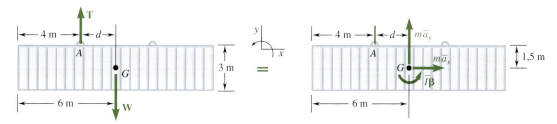

Figura 1 Diagramas de corpo livre e cinético para o *container*.

ANÁLISE Utilizando a Fig. 1 e aplicando a segunda lei de Newton na direção *x* e na direção *y* e somando momentos em relação ponto *G*, temos

$\xrightarrow{+} \Sigma F_x = m\bar{a}_x:$ $0 = m\bar{a}_x$ (1)

$+\uparrow \Sigma F_y = m\bar{a}_y:$ $T - W = m\bar{a}_y$ (2)

$+\uparrow \Sigma M_G = \bar{I}\alpha:$ $-Td = \bar{I}\alpha$ (3)

(*continua*)

onde

$d = 2$ m e

$m = 30.000$ kg

$I = \frac{1}{12}m(b^2 + c^2) = \frac{1}{12}(30.000 \text{ kg})[(12 \text{ m})^2 + (3 \text{ m})^2] = 382.500$ kg·m²

Nas Eqs. (1) a (3), temos quatro incógnitas: $T, \bar{a}_x, \bar{a}_y$ e α. Podemos utilizar cinemática para obter equações adicionais. Precisamos relacionar a aceleração do centro de massa com a de outro ponto no *container*. No momento em que o cabo quebra, a velocidade angular do cabo é nula, então o ponto A não tem aceleração normal, mas tem uma aceleração perpendicular ao cabo. As acelerações de A e G estão relacionadas:

$$\mathbf{a}_G = \mathbf{a}_A + \mathbf{a}_{G/A} = \mathbf{a}_A + \boldsymbol{\alpha} \times \mathbf{r}_{G/A} - \omega^2 \mathbf{r}_{G/A}$$

Substituindo em valores conhecidos e permitindo $\omega = 0$ e $\boldsymbol{\alpha} = \alpha\mathbf{k}$, temos

$$\bar{a}_x\mathbf{i} + \bar{a}_y\mathbf{j} = a_A\mathbf{i} + \alpha\mathbf{k} \times [d\mathbf{i} - 1,5\mathbf{j}] - 0 = a_A\mathbf{i} + (d\alpha)\mathbf{j} + (1,5\alpha)\mathbf{i}$$

Igualando componentes, temos

i: $\quad \bar{a}_x = a_A + 1,5\alpha$ \hfill (4)

j: $\quad \bar{a}_y = d\alpha$ \hfill (5)

Resolvendo as Eqs. (1-5) para $T, \bar{a}_y, \bar{a}_x, a_A$ e α< temos $T = 224$ kN, $\bar{a}_y = -3,43$ m/s², $\bar{a}_x = 0, a_A = 2,57$ m/s² e $\alpha = -1,713$ rad/s².

$$T = 224 \text{ kN} \uparrow \blacktriangleleft$$

PARA REFLETIR Você não precisa de todas as cinco equações para resolver as incógnitas necessárias; ou seja, você poderia ter escolhido usar apenas as Eqs. (2), (3) e (5). A aceleração do centro de gravidade é apenas na direção vertical no instante em que o cabo quebra. Quando o *container* estava em repouso, a força no cabo em A era 147.150 N. A tensão aumentou quando a ligação em B falhou. O que teria acontecido se A estivesse no canto superior esquerdo do *container*? Sua análise seria idêntica, exceto que d seria igual a 6 m em vez de 2 m. Substituindo isso em suas equações e resolvendo, temos $T = 76.971$, que é inferior a 147.150 N.

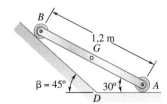

PROBLEMA RESOLVIDO 16.12

As extremidades de uma barra de 1,2 m com massa de 25 kg podem se deslocar livremente e sem atrito ao longo de dois trilhos retos como mostra a figura. Se a barra é liberada do repouso na posição mostrada, determine (*a*) a aceleração angular da barra e (*b*) as reações em A e B.

ESTRATÉGIA Uma vez que você precisa a determinar forças, utilize a segunda lei de Newton. Como o movimento é restrito, a aceleração de G deve estar relacionada com a aceleração angular $\boldsymbol{\alpha}$. Para obter essa relação, determine primeiro a intensidade da aceleração $\mathbf{a}_A$ do ponto A em função de α.

Capítulo 16 Movimento plano de corpos rígidos: forças e acelerações

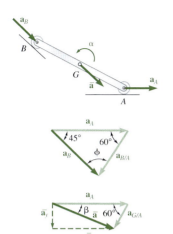

Figura 1 Diagramas vetoriais para acelerações nos pontos da barra.

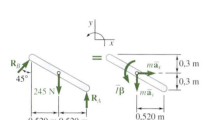

Figura 2 Diagramas de corpo livre e cinético para a barra considerando uma aceleração para baixo.

MODELAGEM E ANÁLISE Escolha a barra como seu sistema e modele-o, como um corpo rígido. Antes de desenhar o diagrama cinético, você precisa relacionar a aceleração de G com a aceleração angular da barra. Você pode fazer isso usando cinemática.

Cinemática do movimento. Supondo que $\boldsymbol{\alpha}$ é dirigido no sentido anti-horário e observando que $a_{B/A} = 4\alpha$, temos (Fig. 1)

$$\mathbf{a}_B = \mathbf{a}_A + \mathbf{a}_{B/A}$$
$$[a_B \searrow 45°] = [a_A \rightarrow] + [1{,}2\alpha \nearrow 60°]$$

Observando que $\phi = 75°$ e usando a lei dos senos, obtemos

$$a_A = 1{,}639\alpha \qquad a_B = 1{,}47\alpha$$

Agora podemos determinar a aceleração de G:

$$\bar{\mathbf{a}} = \mathbf{a}_G = \mathbf{a}_A + \mathbf{a}_{G/A}$$
$$\bar{\mathbf{a}} = [1{,}639\alpha \rightarrow] + [0{,}6\alpha \nearrow 60°]$$

Decompondo $\bar{\mathbf{a}}$ em componentes em x e em y, obtemos:

$$\bar{a}_x = 1{,}639\alpha - 0{,}6\alpha \cos 60° = 1{,}339\alpha \qquad \bar{\mathbf{a}}_x = 1{,}339\alpha \rightarrow$$
$$\bar{a}_y = -0{,}6\alpha \operatorname{sen} 60° = -0{,}520\alpha \qquad \bar{\mathbf{a}}_y = 0{,}520\alpha \downarrow$$

Cinética do movimento. Desenhamos os diagramas de corpo livre e cinético para o sistema (Fig. 2). Calculamos as seguintes intensidades:

$$\bar{I} = \tfrac{1}{12}ml^2 = \frac{1}{12}(25 \text{ kg})(1{,}2 \text{ m})^2 = 3 \text{ kg}\cdot\text{m}^2 \qquad \bar{I}\alpha = 3\alpha$$

$$m\bar{a}_x = 25(1{,}339\alpha) = 33{,}5\alpha \qquad m\bar{a}_y = (25)(-0{,}520\alpha) = -13\alpha$$

Equações do movimento.

$+\circlearrowleft \Sigma M_B = \bar{I}\alpha + m\bar{a}d_\perp$:

$$R_A(1{,}2 \cos 30° \text{ m}) - W(0{,}6 \cos 30° \text{ m}) = \bar{I}\alpha + (m\bar{a}_x)(0{,}6 \operatorname{sen} 30° \text{ m})$$
$$- (m\bar{a}_y)(0{,}6 \cos 30° \text{ m})$$

$$R_A(1{,}039) - (245 \text{ N})(0{,}520 \text{ m}) = 3\alpha + (33{,}475\,\alpha)(0{,}3)$$
$$- (13\alpha)(0{,}520) \qquad (1)$$

$\xrightarrow{+} \Sigma F_x = m\bar{a}_x$: $\qquad R_B \operatorname{sen} 45° = 33{,}475\alpha \qquad (2)$

$+\uparrow \Sigma F_y = m\bar{a}_y$: $\qquad R_A + R_B \cos 45° - 245 = -13\alpha \qquad (3)$

Resolvendo essas equações, temos

$$\boldsymbol{\alpha} = 2{,}33 \text{ rad/s}^2 \circlearrowleft \blacktriangleleft$$
$$\mathbf{R}_B = 110{,}4 \text{ N} \measuredangle 45° \blacktriangleleft$$
$$\mathbf{R}_A = 136{,}6 \text{ N} \uparrow \blacktriangleleft$$

PARA REFLETIR Para a cinemática, poderíamos ter usado a abordagem de álgebra vetorial em vez do método demonstrado neste exemplo. Utilizando a abordagem de álgebra vetorial, podemos escrever

$$\mathbf{a}_B = \mathbf{a}_A + \alpha\mathbf{k} \times \mathbf{r}_{B/A} - \omega^2 \mathbf{r}_{B/A}$$

(*continua*)

Substituindo as direções consideradas na Fig. 1, temos

$$\frac{a_B}{\sqrt{2}}\mathbf{i} - \frac{a_B}{\sqrt{2}}\mathbf{j} = a_A\mathbf{i} + \alpha\mathbf{k} \times (-1{,}039\mathbf{i} + 0{,}6\mathbf{j}) + 0$$
$$= a_A\mathbf{i} + (-1{,}039\alpha\mathbf{j} - 0{,}6\alpha\mathbf{i})$$

Igualando componentes, temos

$$\mathbf{i}: \quad \frac{a_B}{\sqrt{2}} = a_A - 0{,}6\,\alpha$$

$$\mathbf{j}: \quad -\frac{a_B}{\sqrt{2}} = -1{,}039\alpha$$

Resolvendo esses problemas, determinamos $a_B = 1{,}469\alpha$ e $a_A = 1{,}639\alpha$, que são similares à abordagem mostrada previamente. Podemos determinar a aceleração do centro de gravidade em termos da aceleração angular usando $\mathbf{a}_G = \mathbf{a}_A + \alpha\mathbf{k} \times r_{G/A} - \omega^2 \mathbf{r}_{G/A}$. Substituindo as direções consideradas na Fig. 1, temos

$$\bar{a}_x\mathbf{i} + \bar{a}_y\mathbf{j} = a_A\mathbf{i} + \alpha\mathbf{k} \times (-0{,}520\mathbf{i} + 0{,}3\mathbf{j}) + 0 = a_A\mathbf{i} + (-0{,}520\alpha\mathbf{j} - 0{,}3\alpha\mathbf{i})$$

Igualando componentes, temos

$\mathbf{i}: \quad \bar{a}_x = a_A - 0{,}3\alpha = 1{,}339\alpha$
$\mathbf{j}: \quad \bar{a}_y = -0{,}520\alpha$

Essas respostas são idênticas às determinadas anteriormente.

PROBLEMA RESOLVIDO 16.13

No sistema biela-manivela de motor do Problema Resolvido 15.15, a manivela AB tem uma velocidade angular constante no sentido horário de 2.000 rpm. Sabendo que a barra de ligação BD tem uma massa de 2 kg e o pistão P tem uma massa de 2,5 kg, determine as forças na barra de ligação em B e D. Suponha que o centro de massa de BD está no seu centro geométrico e que a barra pode ser tratada como uma haste uniforme e delgada.

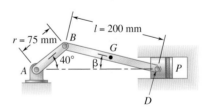

ESTRATÉGIA Uma vez que você precisa determinar forças no instante mostrado na figura, utilize a segunda lei de Newton.

MODELAGEM Como você quer determinar as forças em B e em D, comece escolhendo a barra de ligação BD como seu sistema. As forças dos pino em B e em D são representadas pelos componentes horizontal e vertical, e como a barra está passando por um movimento plano geral, você pode representar a aceleração do centro de massa no diagrama cinético como tendo uma componente vertical e uma horizontal.

Os diagramas de corpo livre e cinético para esse sistema são mostrados na Fig. 1, onde $\ell = 200$ mm $= 0,2$ m e $\beta = 13,95°$.

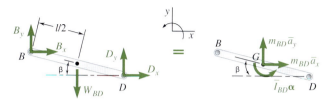

Figura 1

ANÁLISE Utilizando a Fig. 1, aplicando a segunda lei de Newton na direção x e na direção y e somando momentos em ligação ao ponto G, temos

$\xrightarrow{+} \Sigma F_x = m\bar{a}_x$: $B_x + D_x = m_{BD}\bar{a}_x$ (1)

$+\uparrow \Sigma F_y = m\bar{a}_y$: $B_y + D_y - W_{BD} = m_{BD}\bar{a}_y$ (2)

$+\circlearrowleft \Sigma M_G = \bar{I}\alpha$: $-B_y(\ell/2)\cos\beta - B_x(\ell/2)\sen\beta + D_y(\ell/2)\cos\beta$
$+ D_x(\ell/2)\sen\beta = \bar{I}_{BD}\alpha_{BD}$ (3)

onde

$m_{BD} = 2$ kg, $W_{BD} = (2$ kg$)(9,81$ m/s$^2) = 19,62$ N

$I_{BD} = \frac{1}{12}m_{BD}\ell^2 = \frac{1}{12}(2$ kg$)(0,2$ m$)^2 = \frac{1}{150}$ kg·m^2

Nas Eqs. (1) a (3), temos sete incógnitas: $B_x, B_y, D_x, D_y, \bar{a}_x, \bar{a}_y$ e α_{BD}. Portanto, precisamos de mais equações. Podemos obtê-las da cinemática ou escolhendo outro sistema. Escolhemos o pistão para ser nosso sistema, o modelamos como uma partícula e desenhamos os diagramas de corpo livre e cinético (Fig. 2).

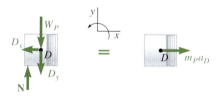

Figura 2 Diagramas de corpo livre e cinético para o pistão.

Observe que devemos desenhar D_x e D_y nas direções opostas em que desenhamos a barra de ligação. Utilizando a Fig. 2 e aplicando a segunda lei de Newton na direção x e y, temos

$\xrightarrow{+} \Sigma F_x = m\bar{a}_x$: $-D_x = m_P a_D$ (4)

$+\uparrow \Sigma F_y = m\bar{a}_y$: $-D_y + N - W_P = 0$ (5)

onde

$m_p = 2,5$ kg
$W_p = (2,5$ kg$)(9,81$ m/s$^2) = 24,525$ N

(continua)

Agora temos cinco equações e nove incógnitas: N, B_x, B_y, D_x, D_y, $\bar{a}_x$, a_y, α_{BD} e a_D. Poderíamos escolher a manivela AB como outro sistema, mas como isso introduzirá três incógnitas adicionais (as reações em A e o torque de acionamento) e não é fornecida sua massa, devemos transformar para cinemática para obtermos equações adicionais. Do Problema Resolvido 15.15, obtemos $\boldsymbol{\omega}_{BD} = 62{,}0$ rad/s$\searrow$, $\mathbf{a}_D = 2786$ m/s$^2 \leftarrow$ e $\alpha_{BD} = 9940$ rad/s^2 $\nwarrow$. Isso reduz o número de incógnitas por dois, então temos cinco equações e sete incógnitas: N, B_x, B_y, D_x, D_y, $\bar{a}_x$ e $\bar{a}_y$. Podemos encontrar mais duas equações relacionando a aceleração do centro de massa da barra de ligação com a aceleração de D,

$$\mathbf{a}_G = \mathbf{a}_D + \mathbf{a}_{G/D} = \mathbf{a}_D + \boldsymbol{\alpha} \times \mathbf{r}_{G/D} - \omega_{BD}^2 \mathbf{r}_{G/D}$$

Substituindo em valores conhecidos e determinados (Fig. 1) $\mathbf{a}_D = a_D\mathbf{i}$, onde $a_D = -2786$ m/s^2, e $\boldsymbol{\alpha}_{BD} = \alpha_{BD}\mathbf{k}$, onde $\alpha_{BD} = 9940$ rad/s^2, temos

$$\bar{a}_x\mathbf{i} + \bar{a}_y\mathbf{j} = a_D\mathbf{i} + \alpha_{BD}\mathbf{k} \times \left[-\tfrac{\ell}{2}\cos\beta\mathbf{i} + \tfrac{\ell}{2}\,\text{sen}\,\beta\mathbf{j}\right] - \omega_{BD}^2\left[-\tfrac{\ell}{2}\cos\beta\mathbf{i} + \tfrac{\ell}{2}\,\text{sen}\,\beta\mathbf{j}\right]$$

$$= a_D\mathbf{i} - \alpha_{BD}\tfrac{\ell}{2}\cos\beta\mathbf{j} - \alpha_{BD}\tfrac{\ell}{2}\,\text{sen}\,\beta\mathbf{i} + \omega_{BD}^2\tfrac{\ell}{2}\cos\beta\mathbf{i} - \omega_{BD}^2\tfrac{\ell}{2}\,\text{sen}\,\beta\mathbf{j}$$

Igualando componentes, temos

$$\mathbf{i}: \quad \bar{a}_x = a_D - \alpha_{BD}\tfrac{\ell}{2}\,\text{sen}\,\beta + \omega_{BD}^2\tfrac{\ell}{2}\cos\beta \tag{6}$$

$$\mathbf{j}: \quad \bar{a}_y = -\alpha_{BD}\tfrac{\ell}{2}\cos\beta - \omega_{BD}^2\tfrac{\ell}{2}\,\text{sen}\,\beta \tag{7}$$

Agora temos sete equações e sete incógnitas. Substituindo em valores numéricos e resolvendo essas equações utilizando uma calculadora ou um software como MathCad, Maple, Matlab ou Mathematica, temos $B_x = -12.270$ N, $B_y = 999{,}3$ N, $D_x = 6.965$ N, $D_y = -3.094$ N, $N = -3.070$ N, $\bar{a}_x -2652{,}6$ m/s^2 e $\bar{a}_x = -1057$ m/s^2.

$$B_x = 12.270 \text{ N} \leftarrow \qquad B_y = 999 \text{ N} \uparrow \quad \blacktriangleleft$$

$$D_x = 6970 \text{ N} \rightarrow \qquad D_y = 3090 \text{ N} \downarrow \quad \blacktriangleleft$$

PARA REFLETIR As forças calculadas são muito maiores do que o peso do pistão e da barra de ligação. Este problema exigiu vários sistemas e cinemática de corpo rígido para resolvê-lo, a maioria dos quais foi feito no Problema Resolvido 15.15. Em problemas como este, é uma boa prática se concentrar na formulação do problema e acompanhar as equações e incógnitas. Depois de ter equações suficientes para resolver todas as incógnitas, usar um computador ou uma calculadora é muitas vezes a abordagem mais fácil para resolver as equações resultantes.

METODOLOGIA PARA A RESOLUÇÃO DE PROBLEMAS

Nesta seção consideramos o **movimento plano de corpos rígidos sob restrições**. Vimos que os tipos de restrições envolvidas em problemas de engenharia variam muito. Por exemplo, um corpo rígido pode ser restrito a girar em torno de um eixo fixo ou a rolar sobre uma dada superfície, ou pode estar ligado por pinos a colares ou a outros corpos.

1. **Sua solução de um problema envolvendo o movimento restrito de um corpo rígido** consistirá, em geral, de três passos. Primeiro, você deve modelar seu sistema desenhando os diagramas de corpo livre e cinético. Em segundo lugar, use esses diagramas para escrever suas equações de movimento. Finalmente, você geralmente precisará considerar a *cinemática do movimento* para ter equações suficientes para resolver o problema. Às vezes, é útil examinar a cinemática primeiro para ajudá-lo a desenhar o diagrama cinético e escolher um sistema de coordenadas apropriado.

2. **Diagramas de corpo livre e cinético.** Seu primeiro passo para a solução de um problema é desenhar *diagramas de corpo livre e cinético*.

   a. **Um diagrama de corpo livre** demonstra *as forças exercidas sobre o corpo*, incluindo as forças aplicadas, as reações nos apoios e o peso do corpo.

   b. **Um diagrama cinético** demonstra os **termos iniciais**: o vetor $m\bar{\mathbf{a}}$ e o binário $\bar{I}\alpha$.

3. **Utilizando os diagramas de corpo livre e cinético, crie as equações de movimento para o sistema.** Desenhar bons diagramas de corpo livre e cinético permitirá que você *some componentes em qualquer direção e some momentos em relação a qualquer ponto*. Para um único corpo, você pode obter um máximo de três equações independentes (duas de translação e uma de momento) que podem ser utilizadas para ajudar a analisar o sistema.

$$\Sigma F_x = m\bar{a}_x \qquad \Sigma F_y = m\bar{a}_y$$

$$\Sigma M_G = \bar{I}\alpha \quad \text{ou} \quad \Sigma M_O = I_O\alpha \quad \text{ou} \quad \Sigma M_P = \bar{I}\alpha + m\bar{a}d_\perp \quad \text{ou} \quad \Sigma M_P = \bar{I}\alpha + r_{G/P} \times m\bar{\mathbf{a}}$$

onde G é o centro de massa do corpo, O é um eixo fixo de rotação, P é qualquer ponto arbitrário e $d_\perp$ é a distância perpendicular entre o ponto P e a linha de ação da aceleração do centro de massa.

4. **A análise cinemática do movimento** é feita usando-se os métodos que você aprendeu no Cap. 15. Devido às restrições, as acelerações linear e angular estarão relacionadas. Você deve estabelecer uma relação entre as acelerações (angular e linear), e sua meta deve ser expressar todas as acelerações em termos de uma única aceleração desconhecida.

   a. **Para um corpo em rotação em torno de um eixo fixo diferente do centro de massa,** os componentes da aceleração do centro de massa são $\bar{a}_t = \bar{r}\alpha$ e $\bar{a}_n = \bar{r}\omega^2$, onde v é geralmente conhecido [Problemas Resolvidos 16.7 e 16.8].

   b. **Para um disco ou roda em rolamento,** a aceleração do centro geométrico é $\bar{a} = r\alpha$ [Problema Resolvido 16.9].

(Continua)

c. Para um corpo em movimento plano geral, sua melhor linha de ação, se nem $\bar{a}$ ou α são conhecidos ou de fácil obtenção, é expressar $\bar{a}$ em termos de α [Problemas Resolvidos 16.10 a 16.13]. Isso pode ser feito relacionando a aceleração do centro de massa a algum ponto de referência:

$$\bar{\mathbf{a}} = \mathbf{a}_A + \alpha\mathbf{k} \times \mathbf{r}_{G/A} - \omega^2\mathbf{r}_{G/A}$$

5. Ao solucionar problemas envolvendo discos ou rodas em rolamento, tenha em mente as seguintes situações:

a. Se o deslizamento é iminente, a força de atrito exercida no corpo em rolamento atingiu seu valor máximo, $F_m = \mu_s N$, em que N é a força normal exercida sobre o corpo e μ_s é o coeficiente de atrito estático entre as superfícies de contato.

b. Se o deslizamento não é iminente, a força de atrito F pode ter qualquer valor menor que F_m e deve, então, ser considerada como uma incógnita independente. Depois que você tiver determinado F, verifique se ele é menor que F_m; se não for, o corpo não rola, mas gira e desliza como descrito no próximo parágrafo.

c. Se o corpo gira e desliza ao mesmo tempo, então ele não está rolando, e a aceleração $\bar{a}$ do centro de massa é *independente* da aceleração angular do corpo: $\bar{a} \neq r\alpha$. Por outro lado, a força de atrito tem um valor bem definido, $F = \mu_k N$, onde μ_k é o coeficiente de atrito cinético entre as superfícies de contato.

d. Para um disco ou roda desbalanceado em rolamento, a relação $\bar{a} = r\alpha$ entre a aceleração $\bar{a}$ do centro de massa G e a aceleração angular α do disco ou roda não se aplica mais. Entretanto, uma relação similar aplica-se entre a aceleração a_O do centro geométrico O e a aceleração angular a_O do disco ou roda: $a_O = r\alpha$. Essa relação pode ser utilizada para expressar $\bar{a}$ em termos de α e ω (Fig. 16.17).

6. Para um sistema de corpos rígidos ligados, a meta da sua análise cinemática deve ser determinar todas as acelerações a partir da informação dada, ou expressá-las em termos de uma única incógnita. Para sistemas com vários graus de liberdade, você precisará utilizar muitas incógnitas assim como graus de liberdade.

Sua análise cinética, às vezes, será realizada desenhando diagramas de corpo livre e cinético para todo o sistema. Se você só tem três incógnitas, essa é geralmente a melhor abordagem. No entanto, na maioria dos casos, será necessário analisar cada corpo rígido separadamente para obter equações suficientes para resolver todas as grandezas desconhecidas no problema.

PROBLEMAS

PERGUNTAS CONCEITUAIS

16.PC4 Uma corda é ligada a uma bobina quando uma força **P** é aplicada à corda, como mostrado na figura. Considerando que a bobina rola sem deslizar, em que direção ela se move para cada caso?
Caso 1:   **a.** esquerda   **b.** direita   **c.** Não se move.
Caso 2:   **a.** esquerda   **b.** direita   **c.** Não se move.
Caso 3:   **a.** esquerda   **b.** direita   **c.** Não se move.

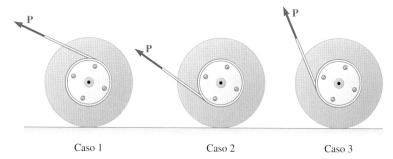

Caso 1   Caso 2   Caso 3

Figura P16.PC4 e P16.PC5

16.PC5 Uma corda é ligada a uma bobina quando uma força **P** é aplicada à corda, como mostrado na figura. Considerando que as bobinas rolam sem deslizar, em que direção a força de atrito atua para cada caso?
Caso 2:   **a.** esquerda   **b.** direita   **c.** A força de atrito é zero.
Caso 3:   **a.** esquerda   **b.** direita   **c.** A força de atrito é zero.

16.PC6 Um carro com tração dianteira parte do repouso e acelera para a direita. Sabendo que os pneus não deslizam na estrada, qual é a direção da força de atrito que a estrada aplica aos pneus dianteiros?
   a. esquerda
   b. direita
   c. A força de atrito é zero.

16.PC7 Um carro com tração dianteira parte do repouso e acelera para a direita. Sabendo que os pneus não deslizam na estrada, qual é a direção da força de atrito que a estrada aplica aos pneus traseiros?
   a. esquerda
   b. direita
   c. A força de atrito é zero.

PROBLEMAS PRÁTICOS DE DIAGRAMA DE CORPO LIVRE

16.F5 Uma placa retangular uniforme de 150 x 200 mm de massa m é fixada em A. Sabendo que a velocidade angular da placa no instante mostrado é ω, desenhe os diagramas de corpo livre e cinético.

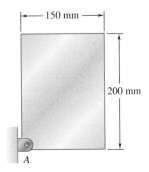

Figura P16.F5

16.F6 Duas hastes delgadas idênticas AB e BC de 2 kg são conectadas por um pino em B e pela corda AC. O conjunto gira em um plano vertical sob o efeito combinado da gravidade e um binário **M** aplicado à haste AB. Sabendo que na posição mostrada na figura a velocidade angular do conjunto é ω, desenhe os diagramas de corpo livre e cinético que podem ser utilizados para determinar a aceleração angular do conjunto.

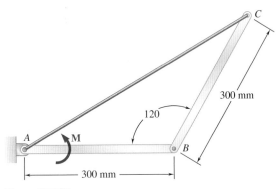

Figura P16.F6

16.F7 A haste uniforme AB de 2 kg é presa a cursores de peso desprezível que deslizam sem atrito ao longo de hastes fixas mostradas na figura. A haste AB está em repouso na posição $\theta = 25°$ quando uma força horizontal **P** é aplicada ao cursor A, causando o início do seu movimento para a esquerda. Desenhe os diagramas de corpo livre e cinético para a haste.

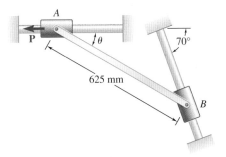

Figura P16.F7

16.F8 Um disco uniforme de massa $m = 4$ kg e raio $r = 150$ mm é sustentado por uma correia $ABCD$ que é aparafusada ao disco em B e C. Se a correia quebrar repentinamente em um ponto localizado entre A e B, desenhe os diagramas de corpo livre e cinético para o disco imediatamente após o rompimento.

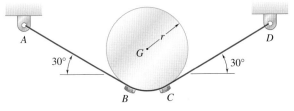

Figura P16.F8

PROBLEMAS DE FINAL DE SEÇÃO

16.75 Mostre que o binário $\bar{I}\alpha$ da Fig. 16.15 pode ser eliminado fixando-se os vetores $m\bar{a}_t$ e $m\bar{a}_n$, em um ponto P denominado *centro de percussão* e localizado sobre a linha OG a uma distância $GP = \bar{k}^2/\bar{r}$ a partir do centro de massa do corpo.

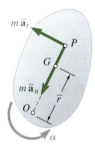

Figura P16.75

16.76 Uma haste delgada uniforme de comprimento $L = 900$ mm e massa $m = 4$ kg está suspensa a partir de uma articulação em C. Uma força horizontal **P** de intensidade 75 N é aplicada à extremidade B. Sabendo que $\bar{r} = 225$ mm, determine (*a*) a aceleração angular da haste, (*b*) os componentes da reação em C.

16.77 No Problema 16.76, determine (*a*) a distância $\bar{r}$ na qual a componente horizontal da reação C é nula, (*b*) a aceleração angular correspondente da haste.

16.78 Uma haste delgada uniforme de comprimento $L = 1$ m e massa $m = 2$ kg está suspensa livremente a partir de uma articulação em A. Se uma força **P** de intensidade 8 N é aplicada em B horizontalmente para a esquerda ($h = L$), determine (*a*) a aceleração angular da haste, (*b*) os componentes da reação em A.

16.79 No Problema 16.78, determine (*a*) a distância h na qual a componente horizontal da reação A é nula, (*b*) a aceleração angular correspondente da haste.

16.80 Um atleta realiza uma extensão de perna em uma máquina usando um peso A de 20 kg localizado a 400 mm da articulação do joelho no centro O. Estudos biomecânicos demonstram que o tendão da patela se insere em B, que está 100 mm abaixo do ponto O e 20 mm da linha central da tíbia (ver figura). A massa da perna e do pé é de 5 kg, o centro de gravidade desse segmento está a 300 mm do joelho, e o raio de giração em torno do joelho é de 350 mm. Sabendo que a perna está se movendo a uma velocidade angular constante de 30 graus por segundo quando $\theta = 60°$, determine (*a*) a força **F** no tendão da patela, (*b*) a intensidade da força conjunta no centro da articulação O do joelho.

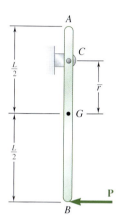

Figura P16.76

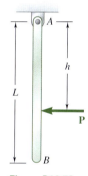

Figura P16.78

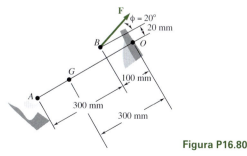

Figura P16.80

Figura P16.81

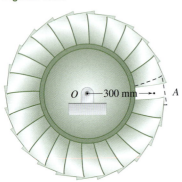

Figura P16.83

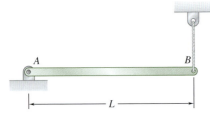

Figura P16.84

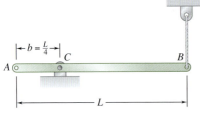

Figura P16.85

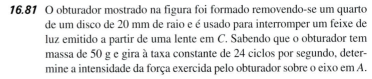

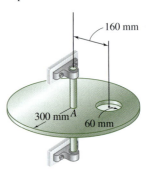

Figura P16.82

16.81 O obturador mostrado na figura foi formado removendo-se um quarto de um disco de 20 mm de raio e é usado para interromper um feixe de luz emitido a partir de uma lente em C. Sabendo que o obturador tem massa de 50 g e gira à taxa constante de 24 ciclos por segundo, determine a intensidade da força exercida pelo obturador sobre o eixo em A.

16.82 Uma abertura de 120 mm de diâmetro é cortada, como mostrado na figura, em um disco fino de 600 mm de diâmetro. O disco gira num plano horizontal em torno do seu centro geométrico A a uma taxa constante de 480 rpm. Sabendo que o disco tem uma massa de 30 kg após a abertura ter sido cortada, determine a componente horizontal da força exercida pelo eixo no disco em A.

16.83 Um disco de turbina de massa 26 kg gira a uma taxa constante de 9.600 rpm. Sabendo que o centro de massa do disco coincide com o centro de rotação O, determine a reação em O imediatamente depois que uma única pá em A, de massa de 45 g, fica solta e é jogada fora.

16.84 e 16.85 Uma haste uniforme de comprimento L e massa m é apoiada como mostra a figura. Se o cabo ligado a B repentinamente se parte, determine (a) a aceleração da extremidade B, (b) a reação no suporte do pino.

16.86 Um lançador adaptado utiliza uma mola de torção sobre o ponto O para ajudar pessoas com dificuldades de mobilidade a lançar discos. Logo após o disco deixar o braço, a velocidade angular do braço de lançamento é de 200 rad/s e sua aceleração é 10 rad/s²; ambos são no sentido anti-horário. O ponto de rotação O está localizado a 25 mm dos dois lados. Suponha que você possa modelar o braço de lançamento de 1 kg como um retângulo uniforme. Logo após o disco deixar o braço, determine (a) o momento em relação a O causado pela mola, (b) as forças no pino em O.

Figura P16.86

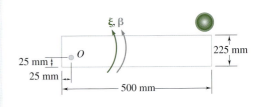

16.87 Uma haste delgada de 1,5 kg é soldada a um disco uniforme de 5 kg como mostra a figura. O conjunto oscila livremente em torno de *C* em um plano vertical. Sabendo que na posição mostrada na figura o conjunto tem uma velocidade angular de 10 rad/s no sentido horário, determine (*a*) a aceleração angular do conjunto, (*b*) os componentes da reação em *C*.

16.88 Duas barras delgadas idênticas *AB* e *BC* de 17,8 N são ligadas por um pino *B* e por uma corda *AC*. O conjunto gira em um plano vertical sob o efeito combinado da gravidade 8 N·m e do binário **M** aplicado à barra *AB*. Sabendo que na posição mostrada na figura a velocidade angular do conjunto é nula, determine (*a*) a aceleração angular do conjunto, (*b*) a tensão na corda *AC*.

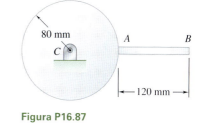

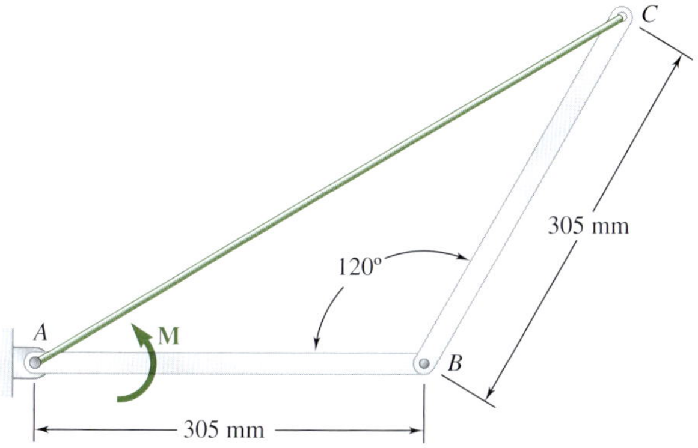

Figura P16.87

Figura P16.88

16.89 O objeto *ABC* consiste de duas barras delgadas soldadas no ponto *B*. A barra *AB* tem uma massa de 1 kg e a barra *BC* tem uma massa de 2 kg. Sabendo que a intensidade da velocidade angular de *ABC* é 10 rad/s quando $\theta = 0°$, determine os componentes da reação no ponto *C* nessa posição.

16.90 Uma barra delgada *AB* de 3,5 kg e uma barra delgada *BC* de 2 kg estão ligadas por um pino *B* e por uma corda *AC*. O conjunto gira em um plano vertical sob o efeito combinado da gravidade e do binário **M** aplicado à barra *BC*. Sabendo que na posição mostrada na figura a velocidade angular do conjunto é zero e que a tração na corda *AC* é igual a 25 N, determine (*a*) a aceleração angular do conjunto, (*b*) a intensidade do binário **M**.

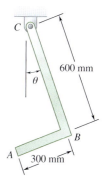

Figura P16.89

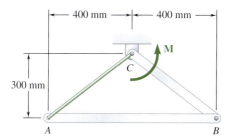

Figura P16.90

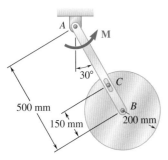

Figura **P16.91**

16.91 Um disco uniforme de 9 kg é ligado à barra delgada AB de 5 kg por meio de pinos sem atrito em B e C. O conjunto gira em um plano vertical sob o efeito combinado da gravidade e do binário **M** aplicado à barra AB. Sabendo que no instante mostrado na figura o conjunto tem uma velocidade angular de 6 rad/s e uma aceleração angular de 25 rad/s^2, ambas no sentido anti-horário, determine (*a*) o binário **M**, (*b*) a força exercida pelo pino C na barra AB.

16.92 Deduza a equação $\Sigma M_C = I_C \alpha$ para o disco em rolamento da Fig. 16.16, onde ΣM_C representa a soma dos momentos das forças externas em relação ao centro instantâneo C, e I_C é o momento de inércia do disco em torno de C.

16.93 Demonstre que no caso de um disco desbalanceado, a equação deduzida no Problema 16.92 é válida somente quando o centro de massa G, o centro geométrico O e o centro instantâneo C estão sobre uma linha reta.

16.94 Uma roda de raio r e raio de giração em torno do centro de massa $\bar{k}$ é liberada a partir do repouso no declive e rola sem deslizar. Deduza uma expressão para a aceleração do centro da roda em termos de $r, \bar{k}, \beta$ e g.

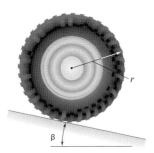

Figura P16.94

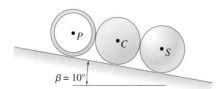

Figura P16.95

16.95 Uma esfera homogênea S, um cilindro uniforme C e um tubo fino P estão em contato quando são liberados a partir do repouso no declive mostrado na figura. Sabendo que todos os três objetos rolam sem deslizar, determine, após 4 s de movimento, a distância entre (*a*) o tubo e o cilindro, (*b*) o cilindro e a esfera.

16.96 Um volante de motor de 40 kg de raio $R = 0,5$ m é preso rigidamente a um eixo de raio $r = 0,05$ m que pode rolar ao longo de trilhos paralelos. Uma corda é fixada como mostra a figura e puxada com uma força **P** de intensidade 150 N. Sabendo que o raio de giração em torno do centro de massa é $\bar{k} = 0,4$ m, determine (*a*) a aceleração angular do volante, (*b*) a velocidade do centro de gravidade após 5 s.

16.97 Um volante de motor de 40 kg de raio $R = 0,5$ m é preso rigidamente a um eixo de raio $r = 0,05$ m que pode rolar ao longo de trilhos paralelos. Uma corda é fixada como mostra a figura e puxada por uma força **P**. Sabendo que o raio de giração em torno do centro de massa é $\bar{k} = 0,4$ m e que o coeficiente de atrito estático é $\mu_s = 0,4$, determine a maior intensidade da força **P** para que não ocorra deslizamento.

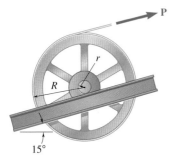

Figura **P16.96** e **P16.97**

16.98 a *16.101* Um tambor de 60 mm de raio está preso a um disco de 120 mm de raio. O disco e o tambor têm uma massa total de 6 kg e um raio de giração combinado de 90 mm. Uma corda é presa como mostra a figura e puxada com uma força **P** de intensidade 20 N. Sabendo que o disco rola sem deslizar, determine (*a*) a aceleração angular do disco e a aceleração de *G*, (*b*) o valor mínimo do coeficiente de atrito estático compatível com esse movimento.

16.102 a 16.105 Um tambor de 80 mm de raio está preso a um disco de 160 mm de raio. O disco e o tambor têm uma massa total de 5 kg e um raio de giração combinado de 120 mm. Uma corda é presa como mostra a figura e puxada com a força **P** de intensidade 20 N. Sabendo que os coeficientes de atrito estático e cinético são $\mu_s = 0{,}25$ e $\mu_k = 0{,}20$, respectivamente, determine (*a*) se o disco desliza ou não, (*b*) a aceleração angular do disco e a aceleração de *G*.

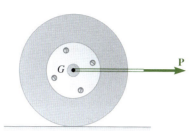

Figura P16.98 e P16.102

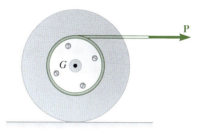

Figura P16.99 e P16.103

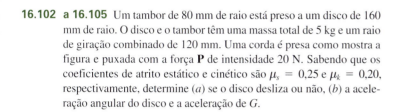

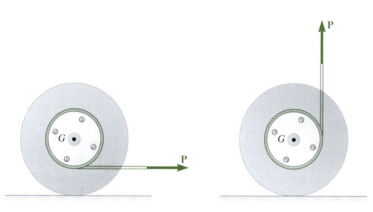

Figura *P16.100* e P16.104   **Figura *P16.101* e P16.105**

16.106 e 16.107 Um cilindro de 300 mm de raio e massa de 8 kg repousa sobre um transportador de 3 kg. O sistema está em repouso quando uma força **P** de intensidade 20 N é aplicada. Sabendo que o cilindro rola sem deslizar sobre o transportador e desprezando a massa das rodas do transportador, determine (*a*) a aceleração do transportador, (*b*) a aceleração do ponto *A*, (*c*) a distância que o cilindro rolou em relação ao transportador após 0,5 s.

Figura *P16.106*   **Figura P16.107**

16.108 A engrenagem *C* tem uma massa de 5 kg e um raio de giração do centro de massa de 75 mm. Uma barra uniforme *AB* tem uma massa de 3 kg, e a engrenagem *D* é fixa. Se o sistema é liberado do repouso na posição mostrada na figura, determine (*a*) a aceleração angular da engrenagem *C*, (*b*) a aceleração do ponto *B*.

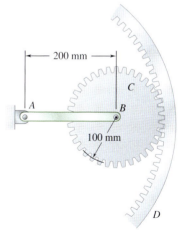

Figura P16.108

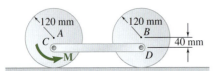

Figura P16.109

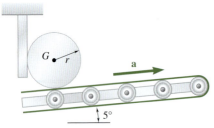

Figura P16.110

16.109 Dois discos uniformes A e B, cada um com massa de 2 kg, estão ligados por uma haste CD de 2,5 kg, como mostra a figura. Um binário **M** de momento 2,25 N·m no sentido anti-horário é aplicado ao disco A. Sabendo que os discos rolam sem deslizar, determine (a) a aceleração do centro de cada disco, (b) o componente horizontal da força exercida no disco B pelo pino D.

16.110 Um cilindro de 5 kg de raio $r = 100$ mm repousa sobre uma correia transportadora quando ela é subitamente ligada e sofre uma aceleração de intensidade $a = 1,8$ m/s². A barra vertical lisa mantém o cilindro no lugar quando a correia não se move. Sabendo que o cilindro rola sem deslizar e que o atrito entre a barra vertical e o cilindro é desprezível, determine (a) a aceleração angular do cilindro, (b) os componentes da força que a correia transportadora aplica ao cilindro.

16.111 Um hemisfério de peso W e raio r é liberado do repouso na posição mostrada na figura. Determine (a) o valor mínimo de μ_s para o qual o hemisfério começa a rolar sem deslizar, (b) a aceleração correspondente do ponto B. [*Dica*: observe que $OG = \frac{3}{8}r$ e que, pelo teorema do eixo paralelo, $\bar{I} = \frac{2}{5}mr^2 - m(OG)^2$.]

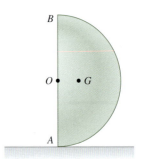

Figura P16.111

16.112 Resolva o Problema 16.111, considerando um meio cilindro em vez de um hemisfério. [*Dica*: observe que $OG = 4r/3\pi$ e que, pelo teorema do eixo paralelo, $\bar{I} = \frac{1}{2}mr^2 - m(OG)^2$.]

16.113 O centro de gravidade G de uma roda desbalanceada de 1,5 kg está localizado a uma distância $r = 18$ mm de seu centro geométrico B. O raio da roda é $R = 60$ mm e seu raio de giração em relação ao centro de massa é 44 mm. No instante mostrado na figura, o centro B da roda tem uma velocidade de 0,35 m/s e uma aceleração de 1,2 m/s², ambas dirigidas para a esquerda. Sabendo que a roda rola sem deslizar e desprezando a massa do braço AB, determine a força horizontal **P** aplicada a esse braço.

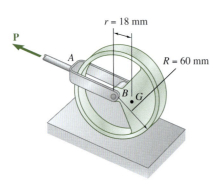

Figura P16.113

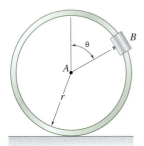

Figura P16.114 e P16.115

16.114 Uma pequena braçadeira de massa m_B está presa em B a um arco de massa m_h. O sistema é liberado a partir do repouso quando $\theta = 90°$ e rola sem deslizar. Sabendo que $m_h = 3m_B$, determine (a) a aceleração angular do arco, (b) os componentes horizontal e vertical da aceleração de B.

16.115 Uma pequena braçadeira de massa m_B está presa em B a um arco de massa m_h. Sabendo que o sistema é liberado a partir do repouso e rola sem deslizar, deduza uma expressão para a aceleração angular do arco em termos de m_B, m_h, r e θ.

16.116 Uma barra de 2 kg é ligada a um cilindro uniforme de 5 kg por um pino quadrado P, como mostrado na figura. Sabendo que $r = 400$ mm, $h = 200$ mm, $\theta = 20°$, $L = 500$ mm e $\omega = 2$ rad/s no instante mostrado, determine as reações em P nesse instante considerando que o cilindro rola para baixo sem deslizar no plano inclinado.

16.117 Uma barra uniforme AB com massa m e comprimento de 2L está presa a cursores de massa desprezível que deslizam sem atrito ao longo de hastes fixas. Se a barra é liberada do repouso na posição mostrada na figura, determine, imediatamente depois da liberação, (a) a aceleração angular da barra, (b) a reação em A.

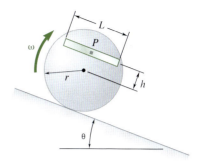

Figura P16.116

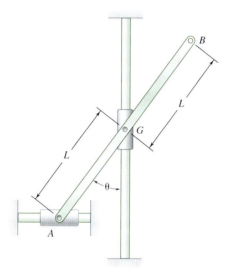

Figura P16.117 e P16.118

16.118 Uma barra uniforme AB de 5 kg tem um comprimento total de $2L = 0,6$ m e é presa a cursores de massa desprezível que deslizam sem atrito ao longo de hastes fixas. Se a barra AB é liberada a partir do repouso quando $\theta = 30°$, determine, imediatamente depois da liberação, (a) a aceleração angular da barra, (b) a reação em A.

16.119 O movimento de uma haste uniforme AB de 4 kg é guiado por pequenas rodas de peso desprezível que rolam ao longo de rasgos sem atrito, como mostrado na figura. Se a haste é liberada do repouso na posição mostrada na figura, determine, imediatamente depois da liberação, (a) a aceleração angular da haste, (b) a reação em B.

16.120 Uma barra AB de comprimento L e massa m é sustentada por dois cabos, como mostrado na figura. Se o cabo BD romper, determine nesse instante a tensão no cabo remanescente em função da sua orientação angular inicial θ.

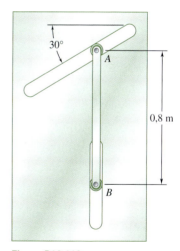

Figura P16.119

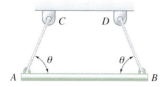

Figura P16.120

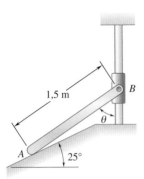

Figura P16.121 e *P16.122*

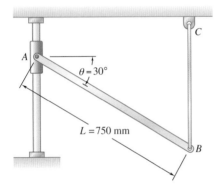

Figura *P16.123*

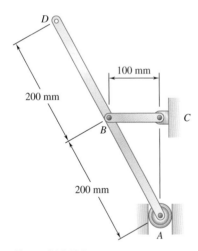

Figura P16.124

16.121 A extremidade A da barra uniforme AB de 6 kg repousa sobre a superfície inclinada, enquanto a extremidade B é ligada a um colar de massa desprezível que pode deslizar ao longo da haste vertical mostrada na figura. Sabendo que a barra é liberada do repouso quando $\theta = 35°$ e desprezando o efeito do atrito, determine, imediatamente após a liberação, (a) a aceleração angular da barra, (b) a reação em B.

16.122 A extremidade A da barra uniforme AB de 6 kg repousa sobre a superfície inclinada, enquanto a extremidade B é ligada a um colar de massa desprezível que pode deslizar ao longo da barra vertical mostrada na figura. Quando a barra está em repouso, uma força vertical **P** é aplicada em B, fazendo com que a extremidade B da barra comece a se mover para cima com uma aceleração de 4 m/s². Sabendo que $\theta = 35°$, determine a força **P**.

16.123 A extremidade A da barra uniforme AB de 8 kg é ligada ao colar que pode deslizar sem atrito na barra vertical. A extremidade B da barra é ligada ao cabo vertical BC. Se a barra é liberada do repouso na posição mostrada na figura, determine, imediatamente depois da liberação, (a) a aceleração angular da barra, (b) a reação em A.

16.124 A haste uniforme ABD de 4 kg está presa à manivela BC e é ajustada com uma pequena roda que pode rolar sem atrito ao longo de uma fenda vertical. Sabendo que no instante mostrado na figura a manivela BC gira com uma velocidade angular de 6 rad/s no sentido horário e com uma aceleração angular de 15 rad/s² no sentido anti-horário, determine a reação em A.

16.125 A haste uniforme BD de 1,4 kg está presa à manivela AB e a um cursor de peso desprezível. Um binário (não mostrado na figura) é aplicado na manivela AB, fazendo com que ela gire com uma velocidade angular de 12 rad/s no sentido anti-horário e com uma aceleração angular de 80 rad/s² no sentido horário no instante mostrado na figura. Desprezando o efeito do atrito, determine a reação em D.

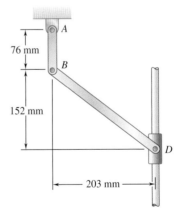

Figura P16.125 e P16.126

16.126 A haste uniforme BD de 1,4 kg está presa à manivela AB e a um cursor de peso desprezível. Um binário (não mostrado na figura) é aplicado na manivela AB, fazendo com que ela gire. No instante mostrado, a manivela tem uma velocidade angular de 12 rad/s e uma aceleração angular de 80 rad/s²; ambas no sentido anti-horário. Desprezando o efeito do atrito, determine a reação em D.

16.127 O equipamento de teste mostrado na figura foi desenvolvido para realizar testes de fadiga em trampolins de ginástica. Um motor aciona o volante AB de raio de 200 mm, que é fixado no seu ponto central A, no sentido anti-horário, com uma velocidade angular constante de 120 rpm. O volante é ligado à barra CD pela haste de conexão BC de 400 mm. A massa da haste BC é de 5 kg, e a massa da barra CD e da base é de 2 kg. No instante em que $\theta = 0°$ e a base está logo acima do trampolim, determine a força exercida pelo pino C na haste BC.

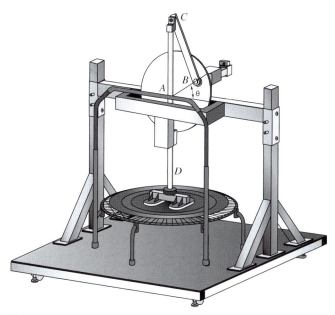

Figura P16.127

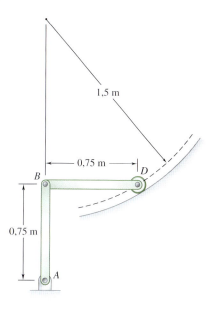

Figura P16.129

16.128 Resolva o Problema 16.127 para $\theta = 90°$.

16.129 A barra delgada e uniforme BD de 4 kg é ligada à barra AB e a uma roda de massa desprezível que rola sobre uma superfície circular. Sabendo que no instante mostrado na figura a barra AB tem uma velocidade angular de 6 rad/s e nenhuma aceleração angular, determine a reação no ponto D.

16.130 O movimento da haste delgada uniforme de comprimento $L = 0,5$ m e massa $m = 3$ kg é guiado por pinos em A e B que deslizam livremente em fendas sem atrito, uma circular e uma horizontal, cortadas em uma placa vertical, como mostrado na figura. Sabendo que no instante mostrado na figura a haste tem uma velocidade angular de 3 rad/s no sentido anti-horário e que $\theta = 30°$, determine as reações nos pontos A e B.

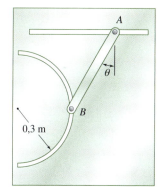

Figura *P16.130*

16.131 No instante mostrado na figura, a estaca uniforme ABC de 50 kg e de 6 m de comprimento tem uma velocidade angular de 1 rad/s no sentido anti-horário, e o ponto C desliza para a direita. Uma força **P** horizontal de 500 N atua em B. Sabendo que o coeficiente de atrito cinético entre a estaca e o solo é 0,3, determine nesse instante (*a*) a aceleração do centro de gravidade, (*b*) a força normal entre a estaca e o chão.

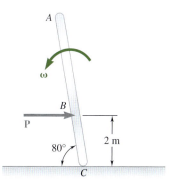

Figura P16.131

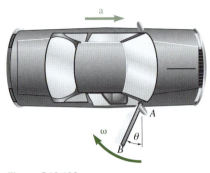

Figura P16.132

16.132 Um motorista liga seu carro com a porta do lado do passageiro totalmente aberta ($\theta = 0$). A porta de 40 kg tem raio de giração em torno do centro de massa $\bar{k} = 300$ mm e seu centro de massa está localizado a uma distância $r = 500$ mm de seu eixo vertical de rotação. Sabendo que o motorista mantém uma aceleração constante de 2 m/s², determine a velocidade angular da porta quando ela bate ao fechar ($\theta = 90°$).

16.133 Para o carro do Problema 16.131, determine a menor aceleração constante que o motorista pode manter se a porta fechar e travar, sabendo que quando a porta bate na estrutura sua velocidade angular deve ser no mínimo de 2 rad/s para o mecanismo de travamento funcionar.

16.134 A haste AB de 2 kg e a haste BC de 3 kg estão ligadas, como mostra a figura, a um disco que é colocado em rotação em um plano vertical a uma velocidade angular constante de 6 rad/s no sentido horário. Para a posição mostrada na figura, determine as forças exercidas em A e B sobre a haste AB.

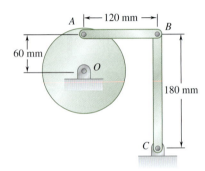

Figura P13.134

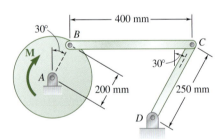

Figura P16.135 e P16.136

*16.135 A haste BC de 6 kg liga um disco de 10 kg centrado em A a uma haste CD de 5 kg. O movimento do sistema é controlado pelo binário **M** aplicado ao disco A. Sabendo que no instante mostrado na figura o disco A tem uma velocidade angular de 36 rad/s no sentido horário e uma aceleração angular nula, determine (*a*) o binário **M**, (*b*) os componentes da força exercida em B sobre a haste BC.

*16.136 A haste BC de 6 kg liga um disco de 10 kg centrado em A a uma haste CD de 5 kg. O movimento do sistema é controlado pelo binário **M** aplicado ao disco A. Sabendo que no instante mostrado na figura o disco A tem uma velocidade angular de 36 rad/s no sentido horário e uma aceleração angular de 150 rad/s², determine (*a*) o binário **M**, (*b*) os componentes da força exercida em C sobre a haste BC.

16.137 No sistema de motor mostrado na figura, $l = 250$ mm e $b = 100$ mm. A haste conectora BD é considerada como uma haste delgada uniforme de 1,2 kg e está ligada ao pistão P de 1,8 kg. Durante um teste do sistema, a manivela AB é posta em rotação com uma velocidade angular constante de 600 rpm no sentido horário com nenhuma força aplicada na face do pistão. Determine as forças exercidas na haste conectora em B e D quando $\theta = 180°$. (Despreze o efeito do peso da haste.)

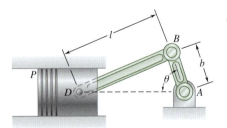

Figura P16.137

16.138 Resolva o Problema 16.137 quando $\theta = 90°$.

16.139 A haste delgada uniforme AB de 1,8 kg, a haste delgada BF de 3,6 kg e o colar fino uniforme CE de 1,8 kg são ligados como mostrado na figura e movem-se sem atrito num plano vertical. O movimento do sistema é controlado pelo binário **M** aplicado à barra AB. Sabendo que no instante mostrado na figura a velocidade angular da haste AB é 15 rad/s e que a intensidade do binário **M** é 6,78 N·m, determine (*a*) a aceleração angular da haste AB, (*b*) a reação no ponto D.

16.140 A haste delgada uniforme AB de 1,8 kg, a haste delgada BF de 3,6 kg e o colar fino uniforme CE de 1,8 kg são ligados como mostrado na figura e movem-se sem atrito num plano vertical. O movimento do sistema é controlado pelo binário **M** aplicado à barra AB. Sabendo que no instante mostrado na figura a velocidade angular da haste AB é 30 rad/s e que a aceleração angular da haste AB é 96 rad/s no sentido horário, determine (*a*) a intensidade do binário **M**, (*b*) a reação no ponto D.

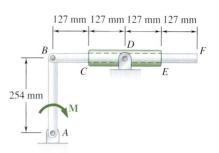

Figura P16.139 e P16.140

16.141 Duas hastes rotativas no plano vertical estão ligadas por um bloco deslizante P de massa desprezível. A haste ligada em A tem uma massa de 0,8 kg e um comprimento de 160 mm. A haste BP tem uma massa de 1 kg e tem 200 mm de comprimento, e o atrito entre os blocos P e AE é desprezível. O movimento do sistema é controlado pelo binário **M** aplicado à haste BP. Sabendo que a haste BP tem uma velocidade angular constante de 20 rad/s no sentido horário, determine (*a*) o binário **M**, (*b*) os componentes da força exercida sobre AE pelo bloco P.

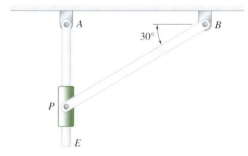

Figura *P16.141* e *P16.142*

16.142 Duas hastes rotativas no plano vertical estão ligadas por um bloco deslizante P de massa desprezível. A haste ligada em A tem uma massa de 0,8 kg e um comprimento de 160 mm. A haste BP tem uma massa de 1 kg e tem 200 mm de comprimento, e o atrito entre o bloco P e AE é desprezível. O movimento do sistema é controlado pelo binário **M** aplicado à haste BP. Sabendo que no instante mostrado a haste BP tem uma velocidade angular de 20 rad/s no sentido horário e uma aceleração angular de 80 rad/s no sentido horário, determine (*a*) o binário **M**, (*b*) os componentes da força exercida sobre AE pelo bloco P.

16.143 Dois discos, cada um de massa m e raio r, estão ligados como mostra a figura por uma corrente contínua de massa desprezível. Se um pino no ponto C da corrente é repentinamente removido, determine (*a*) a aceleração angular de cada disco, (*b*) a tração na porção esquerda da corrente, (*c*) a aceleração do centro do disco B.

16.144 Uma barra delgada uniforme AB de massa de m está suspensa como mostra a figura a partir de um disco uniforme de mesma massa m. Desprezando o efeito do atrito, determine as acelerações dos pontos A e B imediatamente após uma força horizontal P ter sido aplicada em B.

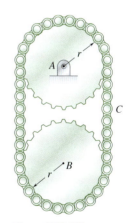

Figura P16.143

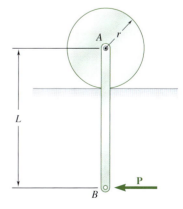

Figura P16.144

16.145 A barra uniforme AB de massa 15 kg e comprimento 1 m está presa a um carrinho C de 20 kg. Desprezando o efeito do atrito, determine, imediatamente depois do sistema ter sido liberado do repouso, (a) a aceleração do carrinho, (b) a aceleração angular da barra.

*16.146 A barra delgada e uniforme BD de 2 kg é ligada ao disco uniforme de 6 kg por um pino em B e liberada do repouso na posição mostrada na figura. Considerando que o disco rola sem deslizar, determine (a) a reação inicial no ponto de contato A, (b) o menor valor admissível correspondente do coeficiente de atrito estático.

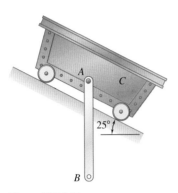

Figura P16.145

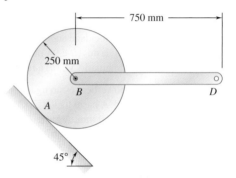

Figura P16.146

*16.147 e *16.148 O cilindro B de 3 kg e a cunha A de 2 kg são mantidos em repouso na posição mostrada na figura pela corda C. Considerando que o cilindro rola sem deslizar sobre a cunha e desprezando o atrito entre a cunha e o solo, determine, imediatamente após a corda C ter sido cortada, (a) a aceleração da cunha, (b) a aceleração angular do cilindro.

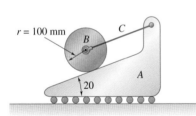

Figura P16.147

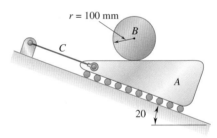

Figura P16.148

*16.149 Cada uma das barras AB e BC de 3 kg tem comprimento $L = 500$ mm. Uma força horizontal **P** de intensidade 20 N é aplicada na barra BC como mostra a figura. Sabendo que $b = L$ (**P** está aplicada em C), determine a aceleração angular de cada barra.

*16.150 Cada uma das barras AB e BC de 3 kg tem comprimento $L = 500$ mm. Uma força horizontal **P** de intensidade 20 N é aplicada na barra BC. Para a posição mostrada na figura, determine (a) a distância b para a qual as barras se movem como se formassem um único corpo rígido, (b) a correspondente aceleração angular das barras.

*16.151 (a) Determine a intensidade e a localização do momento fletor máximo na haste do Problema 16.78. (b) Mostre que a resposta para a parte a é independente do peso da haste.

*16.152 Desenhe os diagramas de esforço cortante e de momento fletor para a haste AB do Problema 16.84 imediatamente após o cabo em B se romper.

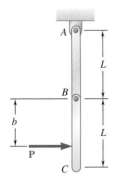

Figura **P16.149** e **P16.150**

REVISÃO E RESUMO

Neste capítulo, estudamos a **cinética de corpos rígidos**, ou seja, as relações existentes entre as forças aplicadas em um corpo rígido, a forma e a massa desse corpo e o movimento produzido. Exceto nas duas primeiras seções, que tratam do caso mais geral do movimento de um corpo rígido, nossa análise restringiu-se ao **movimento plano de corpos rígidos** e de corpos rígidos simétricos em relação ao plano de referência. O estudo do movimento plano de corpos rígidos não simétricos e do movimento de corpos rígidos no espaço tridimensional será considerado no Cap. 18.

Equações fundamentais de movimento para um corpo rígido

Primeiro recordamos [Seção 16.2] as duas equações fundamentais deduzidas no Cap. 14 para o movimento de um sistema de partículas e observamos que elas se aplicam ao caso mais geral do movimento de um corpo rígido. A primeira equação define o movimento do centro de massa G do corpo. Temos

$$\Sigma \mathbf{F} = m\bar{\mathbf{a}} \quad (16.1)$$

onde m é a massa do corpo e $\bar{\mathbf{a}}$ é a aceleração de G. A segunda equação está relacionada com o movimento do corpo em relação a um sistema de referência ligado ao centro de massa. Escrevemos

$$\Sigma \mathbf{M}_G = \dot{\mathbf{H}}_G \quad (16.2)$$

onde $\dot{\mathbf{H}}_G$ é a taxa de variação da quantidade de movimento angular $\mathbf{H}_G$ do corpo em relação a seu centro de massa G. As Eqs. (16.1) e (16.2), em conjunto, expressam que **o sistema de forças externas é equipolente ao sistema que consiste no vetor $m\bar{\mathbf{a}}$ ligado a G e no binário de momento $\dot{\mathbf{H}}_G$** (Fig. 16.18).

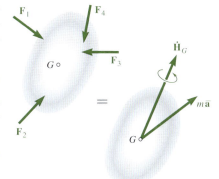

Figura P16.18

Quantidade de movimento angular no movimento plano

Restringindo nossa análise neste ponto e no restante do capítulo ao movimento plano de corpos rígidos e de corpos rígidos simétricos em relação ao plano de referência, mostramos [Seção 16.3] que a quantidade de movimento angular do corpo pode ser expressa como

$$\mathbf{H}_G = \bar{I}\boldsymbol{\omega} \quad (16.4)$$

onde $\bar{I}$ é o momento de inércia do corpo em torno de um eixo que passa pelo centro de massa perpendicular ao plano de referência e $\boldsymbol{\omega}$ é a velocidade angular do corpo. Diferenciando ambos os membros da Eq. (16.4), obtivemos

$$\dot{\mathbf{H}}_G = \bar{I}\dot{\boldsymbol{\omega}} = \bar{I}\boldsymbol{\alpha} \quad (16.5)$$

que mostra que, no caso restrito aqui considerado, a taxa de variação da quantidade de movimento angular do corpo rígido pode ser representada por um vetor de mesma direção e sentido que $\boldsymbol{\alpha}$ (isto é, perpendicular ao plano de referência) e de intensidade $\bar{I}\alpha$.

Equações para o movimento plano de um corpo rígido

Resulta do que foi mencionado anteriormente [Seção 16.1E] que o movimento plano de um corpo rígido ou de um corpo rígido simétrico em relação a um plano de referência é determinado por três equações escalares. Você terá uma equação para a direção x, uma para a direção y e uma equação de momento, como

$$\Sigma F_x = m\bar{a}_x \qquad \Sigma F_y = m\bar{a}_y$$

$$\Sigma M_G = \bar{I}\alpha \quad \text{ou} \quad \Sigma M_O = I_O\alpha \quad \text{ou} \quad \Sigma M_P = \bar{I}\alpha + m\bar{a}d_\perp \quad \text{ou}$$

$$\Sigma M_P = \bar{I}\alpha + \mathbf{r}_{G/P} \times m\bar{\mathbf{a}}$$

onde G é o centro de massa do corpo, O é o eixo fixo de rotação, P é qualquer ponto arbitrário e $d_\perp$ é a distância perpendicular entre o ponto P e a linha de ação da aceleração do centro de massa.

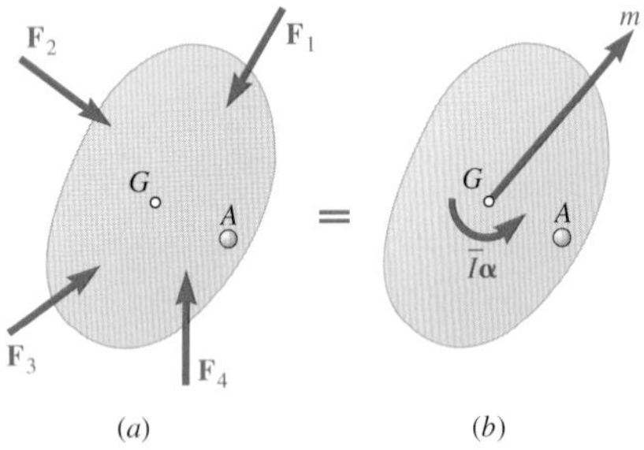

Movimento plano de um corpo rígido

Resulta ainda do apresentado anteriormente que as *forças externas que atuam sobre o corpo rígido são realmente* **equivalentes** *aos termos inerciais das várias partículas que o constituem*. Esse enunciado pode ser representado por diagramas de corpo livre e cinético, como mostrado na Fig. 16.19, onde os termos inerciais foram representados por um vetor $m\bar{\mathbf{a}}$ ligado a G e um binário $\bar{I}\alpha$. No caso particular de um corpo rígido em *translação*, os termos inerciais mostrados na parte *b* dessa figura se reduzem a um único vetor $m\bar{\mathbf{a}}$, enquanto no caso particular de um corpo rígido em *rotação em torno do centro de massa* elas se reduzem a um único binário $\bar{I}\alpha$. Em qualquer outro caso de movimento plano, tanto o vetor $m\bar{\mathbf{a}}$ como o binário $\bar{I}\alpha$ devem ser incluídos.

Diagramas de corpo livre e cinético

Qualquer problema envolvendo o movimento plano de um corpo rígido pode ser resolvido ao se desenhar **diagramas de corpo livre e cinético** similares aos da Fig. 16.19 [Sec. 16.1E]. Três equações de movimento podem então ser obtidas (ver equações anteriores) igualando-se os componentes em x, os componentes em y e os momentos em relação a um ponto escolhido (como G ou algum ponto arbitrário P) das forças e vetores envolvidos [Problemas Resolvidos 16.1 a 16.5].

Corpos rígidos ligados

O método descrito anteriormente também pode ser usado para resolver problemas envolvendo o movimento plano de vários corpos rígidos ligados [Seção 16.1F]. Diagramas de corpo livre e cinético são desenhados para cada parte do sistema e equações de movimento obtidas são resolvidas simultaneamente. Em alguns casos, entretanto, um único diagrama pode ser desenhado para todo o sistema, incluindo todas as forças externas, assim como os vetores $m\bar{\mathbf{a}}$ e os binários $\bar{I}\alpha$ associados às várias partes do sistema [Problema Resolvido 16.4].

Movimento plano restrito

Na segunda parte do capítulo nos preocupamos com o *movimento de corpos rígidos sob dadas restrições* [Seção 16.2]. Embora a análise cinética do movimento plano restrito de um corpo rígido seja a mesma da mencionada anteriormente, ela deve ser complementada por uma *análise cinemática* que tem como objetivo expressar os componentes $\bar{a}_x$ e $\bar{a}_y$ da aceleração do centro de massa G do corpo em termos de sua aceleração angular α. Isso geralmente envolve o uso de análises que examinamos no Cap. 15, incluindo a relação entre dois pontos de um corpo em movimento plano geral:

$$\bar{\mathbf{a}} = \mathbf{a}_A + \alpha\mathbf{k} \times \mathbf{r}_{G/A} - \omega^2\mathbf{r}_{G/A}$$

Problemas resolvidos dessa maneira incluem os de rotação em torno de um ponto diferente do centro de massa de barras e placas [Problemas Resolvidos 16.7 e 16.8], o movimento de rolamento de esferas e rodas [Problemas Resolvidos 16.9 e 16.10], o movimento plano geral de um corpo sem ponto fixo [Problemas Resolvidos 16.11 e 16.12] e o movimento plano de vários tipos de sistemas articulados [Problema Resolvido 16.13].

Figura P16.19

PROBLEMAS DE REVISÃO

16.153 Um ciclista está pedalando uma bicicleta a uma velocidade escalar de 30 km/h em uma estrada horizontal. A distância entre eixos é 1.050 mm e o centro de massa do ciclista e da bicicleta é localizado a 650 mm atrás do eixo dianteiro e 1.000 mm acima do chão. Se o ciclista aplica os freios apenas na roda dianteira, determine a menor distância que ele pode parar sem ser jogado sobre a roda dianteira.

16.154 A empilhadeira mostrada na figura tem uma massa de 1.125 kg e é usada para elevar um caixote de massa $m = 1.250$ kg. A empilhadeira está se movendo para a esquerda com velocidade de 3 m/s quando os freios são acionados em todas as quatro rodas. Sabendo que o coeficiente de atrito estático entre o caixote e o garfo da empilhadeira é 0,30, determine a menor distância que a empilhadeira pode utilizar para parar se o caixote não desliza e se a empilhadeira não tomba para frente.

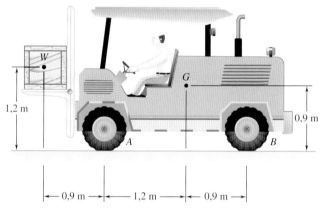

Figura P16.154

16.155 A massa total do carro *Baja* e do motorista, incluindo as rodas, é de 250 kg. Cada par de rodas de 58 cm de raio e eixo tem uma massa total de 20 kg e um momento de inércia de massa de 2,9 kg·m². O centro de gravidade do motorista e do carro *Baja* (excluindo as rodas) situa-se $x = 0,70$ m do eixo traseiro A e $y = 0,55$ m do solo. A distância entre eixos é de $L = 1,60$ m. Se o motor exerce um torque de 500 N·m no eixo traseiro, qual é a aceleração do carro?

16.156 Cilindros idênticos de massa m e raio r são empurrados por uma série de braços de movimentação. Considerando que o coeficiente de atrito entre todas as superfícies é $\mu < 1$ e indicando por a a intensidade da aceleração dos braços, deduza uma expressão para (*a*) o máximo valor admissível de a se cada cilindro rola sem deslizar, (*b*) o mínimo valor admissível de a se cada cilindro se move para a direita sem girar.

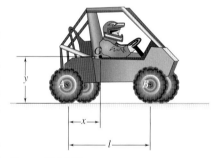

Figura *P16.155*

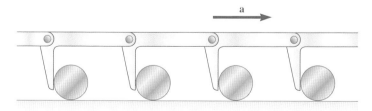

Figura P16.156

16.157 A barra uniforme AB de peso W é liberada do repouso quando $\beta = 70°$. Considerando que a força de atrito entre a extremidade A e a superfície é grande o suficiente para evitar o deslizamento, determine, imediatamente após a liberação, (a) a aceleração angular da barra, (b) a reação normal em A, (c) a força de atrito em A.

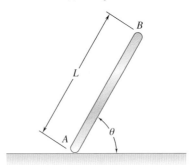

Figura P16.157 e P16.158

16.158 A barra uniforme AB de peso W é liberada do repouso quando $\beta = 70°$. Considerando que a força de atrito é zero entre a extremidade A e a superfície, determine, imediatamente após a liberação, (a) a aceleração angular da barra, (b) a aceleração do centro de massa da barra, (c) a reação em A.

16.159 Uma barra de massa $m = 5$ kg é mantida, como mostra a figura, entre quatro discos, cada um com massa $m' = 2$ kg e raio $r = 75$ mm. Sabendo que as forças normais sobre os discos são suficientes para evitar qualquer deslizamento, para cada um dos casos mostrados na figura, determine a aceleração da barra imediatamente após ela ter sido liberada do repouso.

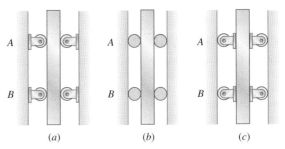

Figura *P16.159*

16.160 Uma placa uniforme de massa m é suspensa em cada uma das maneiras mostradas na figura. Para cada caso, determine, imediatamente após a conexão B ter sido liberada, (a) a aceleração angular da placa, (b) a aceleração de seu centro de massa.

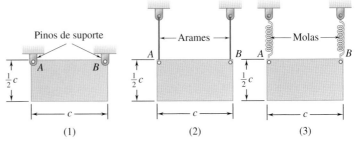

Figura P16.160

16.161 Um cilindro com um furo circular está rolando sem deslizar em uma superfície curvada fixa, como mostrado na figura. O cilindro teria uma massa de 8 kg sem o furo, mas com o furo tem massa de 7,5 kg. Sabendo que no instante mostrado na figura o disco tem uma velocidade angular de 5 rad/s no sentido horário, determine (*a*) a aceleração angular do disco, (*b*) as componentes da força de reação entre o cilindro e o solo nesse instante.

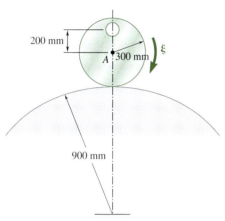

Figura P16.161

16.162 O movimento de uma placa quadrada de lado 150 mm e massa 2,5 kg é guiado por pinos nos cantos *A* e *B* que deslizam em rasgos cortados em uma parede vertical. Imediatamente após a placa ser liberada do repouso na posição mostrada na figura, determine (*a*) a aceleração angular da placa, (*b*) a reação no canto *A*.

16.163 O movimento de uma placa quadrada de lado 150 mm e massa 2,5 kg é guiado por uma pino no canto *A* que desliza na horizontal em um rasgo cortado em uma parede vertical. Imediatamente após a placa ser liberada do repouso na posição mostrada na figura, determine (*a*) a aceleração angular da placa, (*b*) a reação no canto *A*.

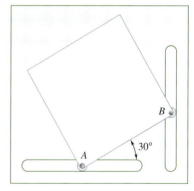

Figura P16.162

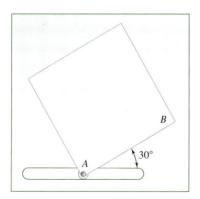

Figura P16.163

16.164 Uma barra delgada *AB* de 5 kg é conectada por um pino em um disco uniforme de 8 kg, como mostrado na figura. Imediatamente após o sistema ser liberado do repouso, determine a aceleração do (*a*) ponto *A*, (*b*) ponto *B*.

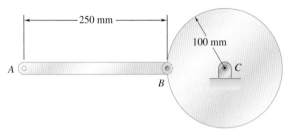

Figura **P16.164**

17

Movimento plano de corpos rígidos: métodos de energia e quantidade de movimento

Neste capítulo, os métodos de energia e quantidade de movimento serão somados às ferramentas disponíveis para o seu estudo sobre o movimento de corpos rígidos. Podemos analisar a transferência entre energia potencial e cinética à medida que o ginasta vai de uma posição superior a uma posição inferior e podemos usar a conservação da quantidade de movimento angular para examinar como as variações na posição do corpo do ginasta afetam sua velocidade angular.

Mecânica vetorial para engenheiros: Dinâmica

17.1 Métodos de energia para um corpo rígido
17.1A Princípio de trabalho e energia
17.1B Trabalho de forças que agem sobre um corpo rígido
17.1C Energia cinética de um corpo rígido em movimento plano
17.1D Sistemas de corpos rígidos
17.1E Conservação de energia
17.1F Potência

17.2 Métodos de quantidade de movimento para um corpo rígido
17.2A Princípio de impulso e quantidade de movimento
17.2B Sistemas de corpos rígidos
17.2C Conservação da quantidade de movimento angular

17.3 Impacto excêntrico

Objetivos

- **Calcular** o trabalho realizado por uma força ou por um momento em um corpo rígido.
- **Calcular** a energia cinética de um corpo rígido em movimento plano.
- **Resolver** problemas de cinética com corpos rígidos utilizando o princípio de trabalho e energia.
- **Resolver** problemas de cinética com corpos rígidos utilizando a conservação de energia.
- **Calcular** a potência de um sistema mecânico de corpos rígidos.
- **Desenhar** diagramas de impulso e quantidade de movimento completos e precisos para problemas que envolvam corpos rígidos.
- **Resolver** problemas de cinéticas com corpos rígidos utilizando os princípios de impulso e quantidade de movimento linear e de impulso e quantidade de movimento angular.
- **Resolver** problemas de cinética com corpos rígidos utilizando a conservação da quantidade de movimento angular.
- **Resolver** problemas de corpo rígido que envolvam o impacto excêntrico usando o princípio de impulso e quantidade de movimento e o coeficiente de restituição.

Introdução

Neste capítulo, retornamos ao método de trabalho e energia e ao método de impulso e quantidade de movimento que foram introduzidos no Capítulo 13 no contexto da cinética de partículas. Aqui utilizaremos esses métodos para analisar o movimento plano e os sistemas de corpos rígidos.

O método de trabalho e energia será considerado em primeiro lugar. O trabalho de uma força e de um binário será definido e será obtida uma expressão para a energia cinética de um corpo rígido em movimento plano. O princípio de trabalho e energia será, então, usado para resolver problemas que envolvem deslocamentos e velocidades.

Na segunda seção do capítulo, o princípio de impulso e quantidade de movimento será aplicado à resolução de problemas que envolvem velocidades e tempo. Também nesta parte, o conceito de conservação de quantidade de movimento angular para corpos rígidos no movimento plano será introduzido e discutido.

Na seção final do capítulo, serão considerados problemas que envolvem o impacto excêntrico de corpos rígidos. Como fizemos no Cap. 13 ao analisar o impacto de partículas, o coeficiente de restituição entre os corpos em colisão será usado juntamente com o princípio de impulso e quantidade de movimento para a resolução de problemas de impacto. Será mostrado, também, que o método usado é aplicável não apenas quando os corpos em colisão movem-se livremente após o impacto, mas também quando eles estão parcialmente restritos em seu movimento.

17.1 Métodos de nergia para um corpo rígido

O princípio de trabalho e energia será usado agora na análise do movimento plano de corpos rígidos. Conforme salientado no Cap. 13, o método de trabalho e energia adapta-se particularmente bem à resolução de problemas que envolvem velocidades e deslocamentos. Sua vantagem principal reside no fato de que o trabalho de forças e a energia cinética de partículas são grandezas escalares.

17.1A Princípio de trabalho e energia

Para aplicar o princípio de trabalho e energia à análise do movimento de um corpo rígido, admitiremos novamente que o corpo rígido é constituído de um grande número n de partículas de massa Δm_i. Retomando a Eq. (14.30) da Seção 14.12B, escrevemos

Princípio de trabalho e energia para um corpo rígido

$$T_1 + U_{1\to 2} = T_2 \qquad (17.1)$$

onde T_1, T_2 = valores inicial e final da energia cinética total das partículas constituintes do corpo rígido
$U_{1\to 2}$ = trabalho de todas as forças que agem sobre as várias partículas do corpo

De fato, como vimos no Cap. 13, podemos expressar o trabalho realizado por forças não conservativas como $U_{1\to 2}^{NC}$ e podemos definir termos de energia potencial para forças conservativas. Então, podemos expressar a Eq. (17.1) como

$$T_1 + V_{g_1} + V_{e_1} + U_{1\to 2}^{NC} = T_2 + V_{g_2} + V_{e_2} \qquad (17.1')$$

onde V_{g_1} e V_{g_2} são as energias potenciais gravitacionais inicial e final do centro de massa do corpo rígido em relação a um ponto de referência ou ponto de partida, e V_{e_1} e V_{e_2} são os valores inicial e final da energia elástica associada a molas no sistema.

A energia cinética total

$$T = \frac{1}{2}\sum_{i=1}^{n} \Delta m_i v_i^2 \qquad (17.2)$$

Foto 17.1 O trabalho realizado pelo atrito reduz a energia cinética da roda.

é obtida adicionando-se as grandezas escalares positivas, sendo ela mesma uma grandeza escalar positiva. Veremos adiante que T pode ser determinada para vários tipos de movimento de um corpo rígido.

A expressão $U_{1\to 2}$ na Eq. (17.1) representa o trabalho de todas as forças que agem sobre as várias partículas do corpo, sejam essas forças internas ou externas. Todavia, o trabalho total das forças internas que mantêm as partículas de um corpo rígido juntas é nulo. Considere duas partículas A e B de um corpo rígido e as duas forças iguais e opostas $\mathbf{F}$ e $-\mathbf{F}$ que elas exercem uma sobre a outra (Fig. 17.1). Embora, em geral, pequenos deslocamentos $d\mathbf{r}$ e $d\mathbf{r}'$ das duas partículas sejam diferentes, os componentes desses deslocamentos ao longo de AB precisam ser iguais; caso contrário, as partículas não permaneceriam à mesma distância uma da outra e o corpo não seria rígido. Portanto, o trabalho de $\mathbf{F}$ é igual em intensidade e tem sinal oposto ao trabalho de $-\mathbf{F}$, e sua soma é igual a zero. Logo, o trabalho total das forças internas que agem sobre as partículas de um corpo rígido é nulo, e a expressão $U_{1\to 2}$ na Eq. (17.1) se reduz ao

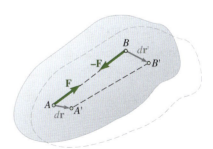

Figura 17.1 O trabalho total das forças internas que agem sobre as partículas de um corpo rígido é nulo.

trabalho das forças externas que agem sobre o corpo durante o deslocamento considerado.

17.1B Trabalho de forças que agem sobre um corpo rígido

Nós vimos na Seção 13.1A que o trabalho de uma força **F** durante um deslocamento de seu ponto de aplicação de A_1 até A_2 é

Trabalho de uma força

$$U_{1 \to 2} = \int_{A_1}^{A_2} \mathbf{F} \cdot d\mathbf{r} \quad (17.3)$$

ou

$$U_{1 \to 2} = \int_{s_1}^{s_2} (F \cos \alpha)\, ds \quad (17.3')$$

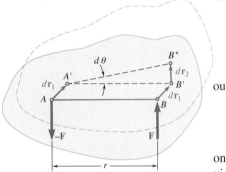

Figura 17.2 O trabalho de um binário atuando sobre um corpo rígido é igual à integral do momento **M** do binário em relação ao deslocamento angular do corpo.

onde F era a intensidade da força, α o ângulo entre a força e a direção do movimento de A e s a variável de integração que mede a distância percorrida por A ao longo de sua trajetória.

No cálculo do trabalho das forças externas que agem sobre um corpo rígido, frequentemente convém determinar o trabalho de um binário sem considerar separadamente o trabalho de cada uma das duas forças que o constituem. Considere as duas forças **F** e $-\mathbf{F}$ que formam um binário de momento **M** e que agem sobre um corpo rígido (Fig. 17.2). Um pequeno deslocamento qualquer do corpo rígido levando A e B, respectivamente, para A' e B'' pode ser dividido em duas partes: em uma parte, os pontos A e B realizam deslocamentos iguais a $d\mathbf{r}_1$; na outra parte, A' permanece fixo, enquanto B' se move para B'' por meio de um deslocamento $d\mathbf{r}_2$ de intensidade $ds_2 = r\, d\theta$. Na primeira parte do movimento, o trabalho de **F** é igual em intensidade e tem sinal oposto ao trabalho de $-\mathbf{F}$, e sua soma é igual a zero. Na segunda parte do movimento, apenas a força **F** realiza trabalho, igual a $dU = F\, ds_2 = Fr\, d\theta$. Mas o produto Fr é igual à intensidade M do momento do binário. Portanto, o trabalho de um binário de momento **M** que age sobre um corpo rígido é

$$dU = M\, d\theta \quad (17.4)$$

onde $d\theta$ é o pequeno ângulo, expresso em radianos, por meio do qual o corpo gira. (Observamos novamente que o trabalho deve ser expresso em unidades obtidas pelo produto das unidades de força e de comprimento.) O trabalho do binário durante uma rotação finita do corpo rígido é obtido pela integração de ambos os membros da Eq. (17.4) desde o valor inicial θ_1 do ângulo θ até seu valor final θ_2.

$$U_{1 \to 2} = \int_{\theta_1}^{\theta_2} M\, d\theta \quad (17.5)$$

Quando o momento **M** *do binário é constante*, a Eq. (17.5) reduz-se a

$$U_{1 \to 2} = M(\theta_2 - \theta_1) \quad (17.6)$$

Na Seção 13.1A, destacamos que certas forças encontradas em problemas de cinética *não realizam trabalho*. Trata-se de forças aplicadas a pontos fixos ou que atuam em uma direção perpendicular ao deslocamento de seu ponto de aplicação. Entre as forças que não realizam trabalho, foram listadas as seguintes: a reação em um pino sem atrito quando o corpo apoiado gira em torno do pino; a reação em uma superfície sem atrito quando o corpo em contato se move ao longo da superfície; e o peso de um corpo quando seu centro de gravidade move-se horizontalmente. Podemos agora acrescentar que

Quando um corpo rígido rola sem deslizar sobre uma superfície fixa, a força de atrito F no ponto de contato C não realiza trabalho.

A velocidade $\mathbf{v}_C$ do ponto de contato C é nula, e o trabalho da força de atrito $\mathbf{F}$ durante um pequeno deslocamento do corpo rígido é

$$dU = F\,ds_C = F(v_C\,dt) = 0$$

17.1C Energia cinética de um corpo rígido em movimento plano

Considere um corpo rígido de massa m em movimento plano. Recordemos a partir da Seção 14.2A que, sendo a velocidade absoluta $\mathbf{v}_i$ de cada partícula P_i do corpo expressa como a soma da velocidade $\bar{\mathbf{v}}$ do centro de massa G do corpo e da velocidade $\mathbf{v}'_i$ da partícula relativa a um sistema de referência $Gx'y'$ ligado a G e de orientação fixa (Fig. 17.3), a energia cinética do sistema de partículas constituintes do corpo rígido pode ser escrita sob a forma

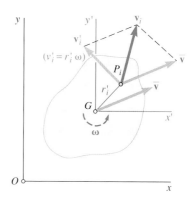

Figura 17.3 A velocidade de uma partícula P_i é a soma vetorial da velocidade do centro de massa G e da velocidade tangencial $r'_i\omega$ devida à rotação em torno de G.

$$T = \tfrac{1}{2}m\bar{v}^2 + \frac{1}{2}\sum_{i=1}^{n}\Delta m_i v'^2_i \qquad (17.7)$$

Como você pode ver na Fig. 17.3, v'_i da partícula P_i é igual ao produto $r'_i\omega$, onde r'_i é a distância de G a P_i e ω é a velocidade angular do corpo no instante considerado. Substituindo na Eq. (17.7), temos

$$T = \tfrac{1}{2}m\bar{v}^2 + \frac{1}{2}\left(\sum_{i=1}^{n}r'^2_i\,\Delta m_i\right)\omega^2 \qquad (17.8)$$

ou, então, como a somatória representa o momento de inércia $\bar{I}$ do corpo em torno do eixo que passa por G, obtemos

Energia cinética de um corpo rígido

$$T = \tfrac{1}{2}m\bar{v}^2 + \tfrac{1}{2}\bar{I}\omega^2 \qquad (17.9)$$

Notamos que, no caso particular de um corpo em translação ($\omega = 0$), a expressão obtida reduz-se a $\tfrac{1}{2}m\bar{v}^2$, enquanto no caso de uma rotação centroidal ($\bar{v} = 0$), ela se reduz a $\tfrac{1}{2}\bar{I}\omega^2$. Concluímos que a energia cinética de um corpo rígido em movimento plano pode ser separada em duas partes: (1) a energia cinética $\tfrac{1}{2}m\bar{\mathbf{v}}^2$ associada ao movimento do centro de massa G do corpo e (2) a energia cinética $\tfrac{1}{2}\bar{I}\omega^2$ associada à rotação do corpo em torno de G.

Rotação não centroidal. A relação (17.9) é válida para qualquer tipo de movimento plano e pode, portanto, ser usada para expressar a energia cinética de um corpo rígido que gira com uma velocidade angular $\boldsymbol{\omega}$ em torno de um

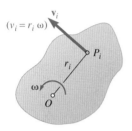

Figura 17.4 Para uma rotação não centroidal, a velocidade de uma partícula P_i é a velocidade tangencial $r_i\omega$ devida à rotação em torno de O.

eixo fixo passando por O (Fig. 17.4). Neste caso, porém, a energia cinética do corpo pode ser mais diretamente expressa considerando-se que a velocidade v_i da partícula P_i é igual ao produto $r_i\omega$, onde r_i é a distância do eixo fixo a P_i e ω é a velocidade angular do corpo no instante considerado. Substituindo na Eq. (17.2), temos

$$T = \frac{1}{2}\sum_{i=1}^{n} \Delta m_i (r_i\omega)^2 = \frac{1}{2}\left(\sum_{i=1}^{n} r_i^2 \,\Delta m_i\right)\omega^2$$

ou, então, como o último somatório representa o momento de inércia I_O do corpo em torno do eixo fixo que passa por O, essa equação se reduz a

$$T = \tfrac{1}{2} I_O \omega^2 \tag{17.10}$$

Observamos que os resultados obtidos não são limitados ao movimento de corpos rígidos planos ou ao movimento de corpos simétricos em relação ao plano de referência, e que podem ser aplicados ao estudo do movimento plano de qualquer corpo rígido, qualquer que seja o seu formato. Entretanto, é importante lembrar que a Eq. (17.9) é aplicável a qualquer movimento plano, enquanto a Eq. (17.10) aplica-se apenas em casos que envolvem rotação em torno de um eixo fixo.

17.1D Sistemas de corpos rígidos

Quando um problema envolve diversos corpos rígidos, normalmente é feita uma análise de todos os corpos como um sistema conjunto, e não um estudo de cada corpo rígido de forma individual. Somando as energias cinéticas de todos os corpos rígidos e considerando o trabalho de todas as forças envolvidas, podemos também escrever a equação de trabalho e energia para todo o sistema. Temos

$$T_1 + U_{1\to 2} = T_2 \tag{17.11}$$

onde T representa a soma aritmética das energias cinéticas dos corpos rígidos constituintes do sistema (todos os termos são positivos) e $U_{1\to 2}$ representa o trabalho de todas as forças que agem sobre os vários corpos, sejam elas forças *internas ou externas* do ponto de vista do sistema como um todo.

O método de trabalho e energia é particularmente útil para a resolução de problemas que envolvem elementos conectados por pinos, blocos e polias ligados por cabos inextensíveis e transmissões por engrenagens. Em todos esses casos, as forças internas ocorrem em pares de forças iguais e opostas, e os pontos de aplicação das forças em cada par *movem-se por meio de distâncias iguais* durante um pequeno deslocamento do sistema. Como resultado, o trabalho das forças internas é nulo, e $U_{1\to 2}$ se reduz ao trabalho das *forças externas ao sistema*.

17.1E Conservação de energia

Vimos na Seção 13.2A que o trabalho de forças conservativas, como o peso de um corpo ou a força exercida por uma mola, pode ser expresso como uma variação da energia potencial. Quando um corpo rígido, ou um sistema de corpos rígidos, move-se sob a ação de forças conservativas, o princípio de trabalho e energia pode ser expresso por meio de uma forma modificada. Substituindo $U_{1\to 2}$ da Eq. (13.19′) na Eq. (17.1), escrevemos

Conservação de energia para um corpo rígido

$$T_1 + V_1 = T_2 + V_2 \tag{17.12}$$

No Cap. 13, discutimos dois tipos de energia potencial: energia potencial gravitacional, V_g, e energia potencial elástica, V_e. Portanto, outra maneira de escrever a Eq. (17.12) é

$$T_1 + V_{g_1} + V_{e_1} = T_2 + V_{g_2} + V_{e_2} \tag{17.12′}$$

As equações (17.12) e (17.12′) estabelecem que, quando um corpo rígido, ou um sistema de corpos rígidos, move-se sob a ação de forças conservativas, **a soma da energia cinética e da energia potencial do sistema permanece constante**. Deve-se notar que, no caso do movimento plano de um corpo rígido, a energia cinética do corpo deve incluir tanto o termo *translacional* $\frac{1}{2}m\bar{v}^2$ como o termo *rotacional* $\frac{1}{2}\bar{I}\omega^2$.

Como um exemplo de aplicação do princípio de conservação da energia, consideremos uma barra delgada AB, de comprimento l e massa m, cujas extremidades estão conectadas a blocos de massa desprezível que deslizam ao longo de pistas horizontal e vertical. Assumimos que a barra é liberada, sem velocidade inicial, de uma posição horizontal (Fig. 17.5a) e desejamos determinar sua velocidade angular depois de ela ter girado por meio de um ângulo θ (Fig. 17.5b).

Como a velocidade inicial é nula, temos $T_1 = 0$. Medindo a energia potencial a partir do nível da pista horizontal, escrevemos $V_1 = 0$. Após o giro da barra por meio do ângulo θ, o centro de gravidade G da barra está a uma distância $\frac{1}{2}l\,\text{sen}\,\theta$ abaixo do nível de referência, e temos

$$V_2 = -\tfrac{1}{2}Wl\,\text{sen}\,\theta = -\tfrac{1}{2}mgl\,\text{sen}\,\theta$$

Observando que, nessa posição, o centro instantâneo de rotação da barra está localizado em C e que $CG = \frac{1}{2}l$, escrevemos $\bar{v}_2 = \frac{1}{2}l\omega$ e obtemos

$$T_2 = \tfrac{1}{2}m\bar{v}_2^2 + \tfrac{1}{2}\bar{I}\omega_2^2 = \tfrac{1}{2}m(\tfrac{1}{2}l\,\omega)^2 + \tfrac{1}{2}(\tfrac{1}{12}ml^2)\omega^2$$

$$= \frac{1}{2}\frac{ml^2}{3}\omega^2$$

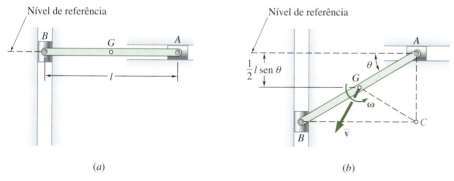

Figura 17.5 (a) A barra AB, na posição 1, com seu nível de referência. (b) A barra AB, na posição 2, com um centro instantâneo C.

Aplicando o princípio da conservação da energia, escrevemos:

$$T_1 + V_1 = T_2 + V_2$$

$$0 = \frac{1}{2}\frac{ml^2}{3}\omega^2 - \frac{1}{2}mgl\,\text{sen}\,\theta$$

$$\omega = \left(\frac{3g}{l}\,\text{sen}\,\theta\right)^{1/2}$$

As vantagens do método de trabalho e energia, assim como suas limitações, foram indicadas na Seção 13.1C. Aqui, devemos acrescentar que esse método precisa ser suplementado pela aplicação do método de trabalho e energia da segunda lei de Newton quando for determinar reações em eixos fixos, rolamentos e blocos deslizantes. Por exemplo, para calcular as reações nas extremidades A e B da barra da Fig. 17.5b, deve-se desenhar os diagramas de corpo livre e cinético para expressar que o sistema de forças externas aplicadas à barra é equivalente ao vetor $m\bar{\mathbf{a}}$ e ao binário $\bar{I}\alpha$. Entretanto, a velocidade angular $\boldsymbol{\omega}$ da barra é determinada pelo método de trabalho e energia antes que as equações de movimento sejam resolvidas para as reações. Portanto, a análise completa do movimento da barra e das forças exercidas sobre ela requer o uso combinado do método de trabalho e energia e do princípio de equivalência dos momentos e forças externas e dos termos inércias.

17.1F Potência

Potência foi definida na Seção 13.1D como sendo a taxa temporal em que o trabalho é realizado. No caso de um corpo sujeito a uma força $\mathbf{F}$, movendo-se com uma velocidade $\mathbf{v}$, a potência foi expressa da seguinte maneira:

$$\text{Potência} = \frac{dU}{dt} = \mathbf{F}\cdot\mathbf{v} \tag{13.13}$$

No caso de um corpo rígido girando com velocidade angular $\boldsymbol{\omega}$ e sujeito a um binário de momento $\mathbf{M}$ paralelo ao eixo de rotação, temos, pela Eq. (17.4),

$$\text{Potência} = \frac{dU}{dt} = \frac{M\,d\theta}{dt} = M\omega \tag{17.13}$$

As diferentes unidades usadas para medir a potência, como o watt (W) e o cavalo-potência (hp), foram definidas na Seção 13.1D.

Capítulo 17   Movimento plano de corpos rígidos: métodos de energia e quantidade de movimento   **1189**

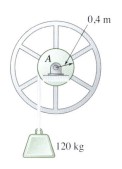

PROBLEMA RESOLVIDO 17.1

Um bloco de 120 kg está suspenso por um cabo inextensível enrolado em torno de um tambor de 0,4 m de raio, preso rigidamente a um volante. O tambor e o volante têm um momento de inércia centroidal combinado $\bar{I} = 16$ kg·m². No instante mostrado na figura, a velocidade do bloco é de 2 m/s para baixo. Sabendo que o mancal em A é pouco lubrificado e que seu atrito equivale a um binário **M** de intensidade de 90 N·m, determine a velocidade do bloco após ele ter se deslocado 1,25 m para baixo.

ESTRATÉGIA   Como você tem duas posições e está interessado em determinar a velocidade do bloco, utilize o princípio de trabalho e energia.

MODELAGEM   Consideremos o sistema formado pelo volante e pelo bloco. Como o cabo é inextensível, o trabalho realizado pelas forças internas exercidas pelo cabo se cancela. As posições inicial e final do sistema e as forças externas que agem sobre ele estão mostradas na Figura 1.

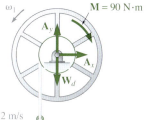

ANÁLISE   Primeiro, aplicamos o princípio de trabalho e energia:

$$T_1 + U_{1 \to 2} = T_2 \quad (1)$$

Energia cinética.   Precisamos calcular as energias cinéticas inicial e final e o trabalho.

Posição 1.

Bloco: $\bar{v}_1 = 2$ m/s

Volante: $w_1 = \dfrac{\bar{v}_1}{r} = \dfrac{2 \text{ m/s}}{0,4 \text{ m}} = 5$ rad/s

$$T_1 = \tfrac{1}{2}m\bar{v}_1^2 + \tfrac{1}{2}\bar{I}\omega_1^2$$

$$= \tfrac{1}{2}(120 \text{ kg})(2 \text{ m/s})^2 + \tfrac{1}{2}(16 \text{ kg·m}^2)(5 \text{ rad/s})^2$$

$$= 440 \text{ J}$$

Posição 2.   Observando que $\omega_2 = \bar{v}_2/0,4$, escrevemos

$$T_2 = \tfrac{1}{2}m\bar{v}_2^2 + \tfrac{1}{2}\bar{I}\omega_2^2$$

$$= \tfrac{1}{2}(120)(\bar{v}_2)^2 + (\tfrac{1}{2})(16)\left(\dfrac{\bar{v}_2}{0,4}\right)^2 = 110\,\bar{v}_2^2$$

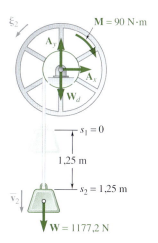

Figura 1   Diagrama de corpo livre do sistema nas posições 1 e 2.

(*continua*)

Trabalho. Durante o movimento, apenas o peso **W** do bloco e o binário de atrito **M** realizam trabalho. Observando que **W** realiza trabalho positivo e que o binário de atrito **M** realiza trabalho negativo, encontramos o trabalho total realizado:

$$s_1 = 0 \qquad s_2 = 1{,}25 \text{ m}$$

$$\theta_1 = 0 \qquad \theta_2 = \frac{s_2}{r} = \frac{1{,}25 \text{ m}}{0{,}4 \text{ m}} = 3{,}125 \text{ rad}$$

$$U_{1\to 2} = W(s_2 - s_1) - M(\theta_2 - \theta_1)$$

$$= (120 \text{ kg})(9{,}81 \text{ m/s}^2)(1{,}25 \text{ m}) - (90 \text{ N·m})(3{,}125 \text{ rad})$$

$$= 1190 \text{ J}$$

Substituindo essas expressões na Eq. (1), temos

$$T_1 + U_{1\to 2} = T_2$$

$$440 \text{ J} + 1190 \text{ J} = 110\bar{v}_2^2$$

$$\bar{v}_2 = 3{,}85 \text{ m/s} \qquad\qquad \bar{\mathbf{v}}_2 = 3{,}85 \text{ m/s} \downarrow \quad \blacktriangleleft$$

PARA REFLETIR A velocidade do bloco aumenta quando ele cai, mas muito mais lentamente do que se estivesse em queda livre. Isso parece ser um resultado razoável. Em vez de calcular o trabalho realizado pela gravidade, você também poderia ter tratado o efeito do peso usando a energia potencial gravitacional, V_g.

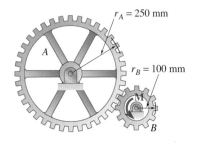

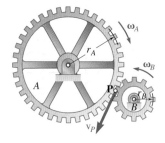

Figura 1 O ponto de contato tem a mesma velocidade sobre cada engrenagem.

PROBLEMA RESOLVIDO 17.2

A engrenagem A tem massa de 10 kg e raio de giração de 200 mm; a engrenagem B tem massa de 3 kg e raio de giração de 80 mm. O sistema está em repouso quando um binário **M** de intensidade 6 N·m é aplicado à engrenagem B. Desprezando o atrito, determine (a) o número de revoluções executadas pela engrenagem B antes que sua velocidade angular atinja 600 rpm e (b) a força tangencial que a engrenagem B exerce sobre a engrenagem A.

ESTRATÉGIA Como é dado um binário e é preciso determinar a posição de uma dada velocidade angular, utilize o princípio de trabalho e energia.

MODELAGEM Para o item (a), considere as engrenagens como seu sistema e modele cada uma como um corpo rígido. No item (b), uma vez que é necessário determinar uma força interna, considere a engrenagem A como seu sistema.

ANÁLISE

Cinemática. A velocidade do ponto de contato P é a mesma para ambas as engrenagens (Fig. 1). Assim, temos

$$v_P = r_A \omega_A = r_B \omega_B \qquad \omega_A = \omega_B \frac{r_B}{r_A} = \omega_B \frac{100 \text{ mm}}{250 \text{ mm}} = 0{,}40 \omega_B$$

Cálculos. Para $\omega_B = 600$ rpm, temos

$$\omega_B = 62{,}8 \text{ rad/s} \qquad \omega_A = 0{,}40\omega_B = 25{,}1 \text{ rad/s}$$
$$\bar{I}_A = m_A \bar{k}_A^2 = (10 \text{ kg})(0{,}200 \text{ m})^2 = 0{,}400 \text{ kg}\cdot\text{m}^2$$
$$\bar{I}_B = m_B \bar{k}_B^2 = (3 \text{ kg})(0{,}080 \text{ m})^2 = 0{,}0192 \text{ kg}\cdot\text{m}^2$$

Princípio de trabalho e energia. Aplicamos, então, o princípio de trabalho e energia

$$T_1 + U_{1\to 2} = T_2 \tag{1}$$

Agora precisamos calcular a energias cinéticas inicial e final e o trabalho.

Energia cinética. Como o sistema está inicialmente em repouso, $T_1 = 0$. Somando as energias cinéticas das duas engrenagens quando $\omega_B = 600$ rpm, obtemos

$$T_2 = \tfrac{1}{2}\bar{I}_A \omega_A^2 + \tfrac{1}{2}\bar{I}_B \omega_B^2$$
$$= \tfrac{1}{2}(0{,}400 \text{ kg}\cdot\text{m}^2)(25{,}1 \text{ rad/s})^2 + \tfrac{1}{2}(0{,}0192 \text{ kg}\cdot\text{m}^2)(62{,}8 \text{ rad/s})^2$$
$$= 163{,}9 \text{ J}$$

Trabalho. Representando por θ_B o deslocamento angular da engrenagem B, temos

$$U_{1\to 2} = M\theta_B = (6 \text{ N}\cdot\text{m})(\theta_B \text{ rad}) = (6\theta_B) \text{ J}$$

Substituindo esse termo na Eq. (1), obtemos

$$0 + (6\theta_B) \text{ J} = 163{,}9 \text{ J}$$
$$\theta_B = 27{,}32 \text{ rad} \qquad \theta_B = 4{,}35 \text{ rev} \blacktriangleleft$$

Movimento da engrenagem A.

Energia cinética. Inicialmente, a engrenagem A está em repouso, de modo que $T_1 = 0$. Quando $\omega_B = 600$ rpm, a energia cinética da engrenagem A é

$$T_2 = \tfrac{1}{2}\bar{I}_A \omega_A^2 = \tfrac{1}{2}(0{,}400 \text{ kg}\cdot\text{m}^2)(25{,}1 \text{ rad/s})^2 = 126{,}0 \text{ J}$$

Trabalho. As forças que agem sobre a engrenagem A estão mostradas na Fig. 2. A força tangencial **F** realiza trabalho igual ao produto de sua intensidade pelo comprimento $\theta_A r_A$ do arco descrito pelo ponto de contato. Como $\theta_A r_A = \theta_B r_B$, temos

$$U_{1\to 2} = F(\theta_B r_B) = F(27{,}3 \text{ rad})(0{,}100 \text{ m}) = F(2{,}73 \text{ m})$$

Substituindo esses valores na Eq (1), temos

$$T_1 + U_{1\to 2} = T_2$$
$$0 + F(2{,}73 \text{ m}) = 126{,}0 \text{ J}$$
$$F = +46{,}2 \text{ N} \qquad \mathbf{F} = 46{,}2 \text{ N} \blacktriangleleft$$

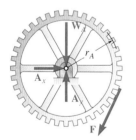

Figura 2 Diagrama de corpo livre para a engrenagem A.

PARA REFLETIR Quando o sistema era as duas engrenagens, a força tangencial entre elas não aparecia na equação de trabalho e energia, uma vez que era interna ao sistema e, portanto, não realizava trabalho. Se quiséssemos determinar uma força interna, precisaríamos definir um sistema onde a força de interesse fosse uma força externa. Esse problema, como a maioria, também poderia ter sido resolvido pela segunda lei de Newton e pelas relações cinemáticas.

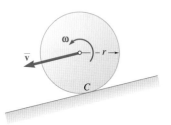

Figura 1 Velocidade angular e velocidade do centro de massa do objeto que está rolando.

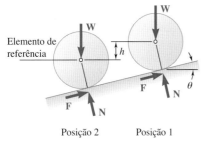

Figura 2 Diagramas de corpo livre do sistema nas posições 1 e 2.

PROBLEMA RESOLVIDO 17.3

Uma esfera, um cilindro e um aro, todos de mesma massa e mesmo raio, são liberados do repouso em um plano inclinado. Determine a velocidade de cada corpo depois de ter rolado por uma distância correspondente a uma variação de elevação h.

ESTRATÉGIA

São dadas duas posições, e a força de atrito **F** no movimento de rolamento não realiza trabalho. Como é preciso determinar as velocidades, usaremos a conservação de energia. Primeiro, resolva o problema em termos gerais e depois encontre os resultados para cada corpo. Represente a massa por m, o momento de inércia centroidal por $\bar{I}$ e o raio por r.

MODELAGEM Considere o objeto de rolamento como seu sistema e modelo-o como um corpo rígido. Como cada corpo rola, o centro instantâneo de rotação está localizado em C (Fig. 1). Diagramas de corpo livre das duas posições são mostrados na Fig. 2.

ANÁLISE
Conservação de energia.

$$T_1 + V_{g_1} + V_{e_1} = T_2 + V_{g_2} + V_{e_2} \quad (1)$$

Energia potencial.
Como não há mola no sistema, $V_{e_1} = V_{e_2} = 0$. Se colocarmos o ponto de referência no centro da massa do sistema quando ele está na posição 2, temos $V_{g_2} = 0$ e $V_{g_1} = mgh$.

Energia cinética.

$$T_1 = 0$$
$$T_2 = \tfrac{1}{2}m\bar{v}^2 + \tfrac{1}{2}\bar{I}\omega^2$$

Cinemática. Precisamos relacionar $\bar{v}$ e ω usar a cinemática. Como cada corpo rola, o centro instantâneo de rotação está localizado em C (Fig. 1). Assim, escrevemos

$$\omega = \frac{\bar{v}}{r}$$

Substituindo em T_2, temos

$$T_2 = \tfrac{1}{2}m\bar{v}^2 + \tfrac{1}{2}\bar{I}\left(\frac{\bar{v}}{r}\right)^2 = \tfrac{1}{2}\left(m + \frac{\bar{I}}{r^2}\right)\bar{v}^2$$

Substituindo essas expressões na Eq. (1), obtemos

$$0 + mgh + 0 = \tfrac{1}{2}\left(m + \frac{\bar{I}}{r^2}\right)\bar{v}^2 + 0 + 0$$

Resolvendo para a velocidade na posição 2, encontramos

$$\bar{v}^2 = \frac{2gh}{1 + \bar{I}/mr^2}$$

(continua)

Velocidades da esfera, do cilindro e do aro.
Introduzindo sucessivamente a expressão particular para $\bar{I}$, obtemos

Esfera: $\quad\quad\bar{I} = \frac{2}{5} mr^2 \quad\quad \bar{v} = 0{,}845\sqrt{2gh}$ ◀

Cilindro: $\quad\bar{I} = \frac{1}{2} mr^2 \quad\quad \bar{v} = 0{,}816\sqrt{2gh}$ ◀

Aro: $\quad\quad\quad\bar{I} = mr^2 \quad\quad\quad \bar{v} = 0{,}707\sqrt{2gh}$ ◀

PARA REFLETIR Ao compararmos os resultados, verificamos que a velocidade do corpo é independente tanto da massa como do raio. Entretanto, a velocidade depende do quociente $\bar{I}/mr^2 = \bar{k}^2/r^2$, que mede a razão entre a energia cinética rotacional e a energia cinética translacional. Assim, o aro, que possui o maior $\bar{k}$ para um raio dado r, atinge a menor velocidade, enquanto o bloco deslizante, que não gira, atinge a maior velocidade.

Comparemos os resultados com a velocidade atingida por um bloco sem atrito que desliza pela mesma distância. A solução é idêntica à solução anterior, exceto que $\omega = 0$; encontramos $\bar{v} = \sqrt{2gh}$. Portanto todos os objetos do problema são mais lentos do que um capaz de se mover sem atrito.

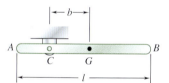

PROBLEMA RESOLVIDO 17.4

Uma barra delgada de comprimento l está pivotada no ponto C, localizado a uma distância b de seu centro G. Ela é liberada do repouso em uma posição horizontal e oscila livremente. Determine (*a*) a distância b para a qual a velocidade angular da barra, ao passar por uma posição vertical, seja máxima, (*b*) os valores correspondentes de sua velocidade angular e da reação em C.

ESTRATÉGIA
Como são dadas duas posições e nenhuma força externa realiza trabalho, é possível determinar as velocidades pelo uso da conservação de energia. Para encontrar as reações na posição 2, a abordagem mais simples é desenhar um diagrama de corpo livre e um diagrama cinético.

MODELAGEM
Consideramos a barra e a mola como nosso sistema e modelamos a barra como um corpo rígido. Representamos a posição inicial como posição 1 e a posição vertical como posição 2 (Fig. 1). Definidos, então, um ponto de referência na posição 1.

ANÁLISE
Conservação da energia.
$$T_1 + V_{g_1} + V_{e_1} = T_2 + V_{g_2} + V_{e_2} \quad\quad (1)$$

Precisamos calcular a energia nas posições 1 e 2.

(continua)

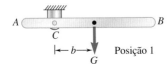

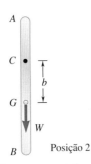

Figura 1 A barra nas posições 1 e 2.

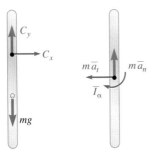

Figura 3 Diagramas de corpo livre e cinético para a barra.

Posição 1.
Como a barra é liberada do repouso,

$$\bar{v} = 0, \qquad \omega = 0 \qquad T_1 = 0$$

Elevação: $\qquad h = 0 \qquad V_1 = mgh = 0$

Posição 2.
Seja ω_2 a velocidade angular da barra na posição 2. Como a barra gira em torno de C, $\bar{v}_2 = b\omega_2$.

$$\bar{v}_2 = b\omega_2$$
$$\bar{I} = \frac{1}{12}ml^2$$
$$T_2 = \frac{1}{2}m\bar{v}_2^2 + \frac{1}{2}\bar{I}\omega_2^2$$
$$= \frac{1}{2}m\left(b^2 + \frac{1}{12}l^2\right)\omega_2^2$$

Elevação: $\qquad h = -b \qquad V_2 = -mgb$

Princípio de conservação da energia:

$$T_1 + V_1 = T_2 + V_2: \quad 0 + 0 = \frac{1}{2}m\left(b^2 + \frac{1}{12}l^2\right)\omega_2^2 - mgb \quad \omega_2^2 = \frac{2gb}{b^2 + \frac{1}{12}l^2} \quad (1)$$

(*a*) Valor de *b* para o valor máximo de ω_2:

$$\frac{d}{db}\left(\frac{b}{b^2 + \frac{1}{12}l^2}\right) = \frac{\left(b^2 + \frac{1}{12}l^2\right) - b(2b)}{\left(b^2 + \frac{1}{12}l^2\right)^2} = 0 \quad b^2 = \frac{1}{12}l^2 \quad (2) \quad b = \frac{l}{\sqrt{12}} \quad \blacktriangleleft$$

(*b*) Velocidade angular. Substituindo o volume de *b* de (2) em (1),

$$\omega_2^2 = \frac{2g\frac{l}{\sqrt{12}}}{\frac{l^2}{12} + \frac{l^2}{12}} = \sqrt{12}\frac{g}{l} \quad \omega_2 = 12^{1/4}\sqrt{\frac{g}{l}} \quad \omega_2 = 1{,}861\sqrt{\frac{g}{l}} \quad \blacktriangleleft$$

Reação em *C*. Como a barra gira em torno de C, $\bar{a}_n = b\omega_2^2 \uparrow$ e $\bar{a}_t = b\alpha \leftarrow$

$$\bar{a}_n = b\omega_2^2 = \frac{l}{\sqrt{12}}\sqrt{12}\frac{g}{l} = g$$

$+\uparrow \Sigma F_y = m\bar{a}_n: \quad C_y - mg = mg \quad C_y = 2mg$

$+\circlearrowleft \Sigma M_C = mb\bar{a}_t + \bar{I}\alpha: \quad 0 = mb^2\alpha + \bar{I}\alpha = (mb^2 + \bar{I})\alpha$
$$\alpha = 0, \bar{a}_t = 0$$

$\xrightarrow{+} \Sigma F_x = m\bar{a}_t: \quad C_x = -m\bar{a}_t = 0 \qquad\qquad C = 2mg \uparrow \quad \blacktriangleleft$

PARA REFLETIR Esse problema mostra como pode ser preciso complementar a conservação de energia por meio do uso da segunda lei de Newton.

Capítulo 17 Movimento plano de corpos rígidos: métodos de energia e quantidade de movimento 1195

PROBLEMA RESOLVIDO 17.5

Uma caixa grande de massa m e base plana repousa sobre dois rolos cilíndricos homogêneos idênticos, cada um com raio r e metade da massa da caixa. O sistema é liberado do repouso em um plano inclinado a um ângulo ϕ com a horizontal. Determine a velocidade da caixa no instante em que os rolos tenham girado em um ângulo θ. Despreze a resistência de rolamento e considere que os rolos não deslizam.

ESTRATÉGIA É preciso determinar velocidade após os rolos terem percorrido uma distância específica $r\theta$. Como a força de atrito no movimento de rolamento não realiza trabalho, uma melhor abordagem seria utilizar a conservação de energia.

MODELAGEM Considere a caixa e os dois rolos cilíndricos como seu sistema e modele-os como corpos rígidos. Para que possamos desenhar o sistema em suas posições inicial e final, é preciso saber até que ponto cada massa se move. Para isso, podemos utilizar o centro instantâneo de rotação. Os rolos não deslizam, de modo que o centro instantâneo de rotação de cada um está localizado no ponto de contato C, entre o rolo e o solo (Fig. 1). Utilizando esse centro instantâneo de velocidade, sabemos que $v_B = 2\omega r$ e $v_R = \omega r$. Portanto, a caixa percorre uma distância $2h$ para baixo quando os rolos percorrem uma distância h (Fig. 2). Como temos três massas no sistema (os dois rolos e a caixa), podemos definir um elemento de referência individual para cada massa a fim de simplificar o cálculo da energia potencial gravitacional.

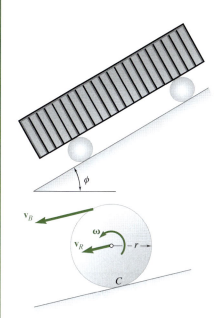

Figura 1 Velocidade de vários pontos sobre o rolo.

ANÁLISE
Conservação da energia.

$$T_1 + V_{g_1} + V_{e_1} = T_2 + V_{g_2} + V_{e_2} \quad (1)$$

Precisamos calcular a energia nas posições 1 e 2.

Energia potencial. Como não há molas no sistema, $V_{e_1} = V_{e_2} = 0$. Se colocarmos o elemento de referência no centro de massa de cada objeto quando o sistema está na posição 2, temos $V_{g_2} = 0$. A distância vertical que um rolo percorre é $h = r\theta \operatorname{sen} \phi$. Então

$$V_{g_1} = mg(2h) + 2(\tfrac{m}{2})g(h) = 3mgh = 3mgr\theta \operatorname{sen}\phi$$

Energia cinética. Como a velocidade na posição 1 é nula, $T_1 = 0$. Na posição 2,

$$T_2 = 2(\tfrac{1}{2}m_R v_R^2 + \tfrac{1}{2}\bar{I}\omega^2) + \tfrac{1}{2}mv_B^2$$

onde m_R é a massa do rolo e $\bar{I}$ é o momento de inércia de massa do rolo em torno do seu centro de gravidade. Substituindo $v_B = 2\omega r$, $v_R = \omega r$ e $\bar{I} = \tfrac{1}{2}m_R r^2 = \tfrac{1}{2}(\tfrac{m}{2})r^2 = \tfrac{1}{4}mr^2$ em T_2, temos

$$T_2 = \tfrac{11}{4}mr^2\omega^2$$

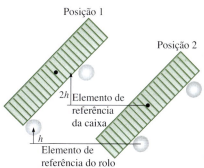

Figura 2 O sistema nas posições 1 e 2.

(continua)

Substituindo essas expressões na Eq. (1), obtemos

$$0 + 3mgr\theta\operatorname{sen}\phi + 0 = \tfrac{11}{4}mr^2\omega^2 + 0 + 0$$

Resolvendo para a velocidade angular, $\omega = \sqrt{\dfrac{12g\theta\operatorname{sen}\phi}{11r}}$. Assim, a velocidade da caixa quando $v_B = 2\omega r$ é

$$v_B = 4\sqrt{\dfrac{3}{11}gr\theta\operatorname{sen}\phi} \blacktriangleleft$$

PARA REFLETIR Se os rolos tivessem sido fixados na caixa por meio de suportes, teriam percorrido a mesma distância vertical que ela, e a variação de altura dos centros de gravidade dos rolos e da caixa teria sido a mesma.

PROBLEMA RESOLVIDO 17.6

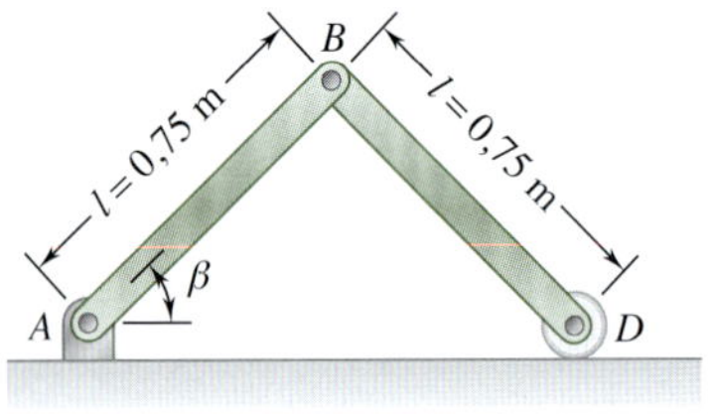

Cada uma das barras delgadas mostradas na figura tem 0,75 m de comprimento e 6 kg de massa. Se o sistema é liberado do repouso com $\beta = 60°$, determine (a) a velocidade angular da barra AB quando $\beta = 20°$ e (b) a velocidade do ponto D no mesmo instante.

ESTRATÉGIA Como são dadas duas posições e é preciso determinar velocidades, convém utilizar a conservação de energia. Também precisaremos usar a cinemática para relacionar os termos de velocidade na expressão da energia cinética.

MODELAGEM Considere ambas as barras como um sistema e modele-as como corpos rígidos.

ANÁLISE Como não importa a ordem em que resolvemos este problema, começaremos pela cinemática.

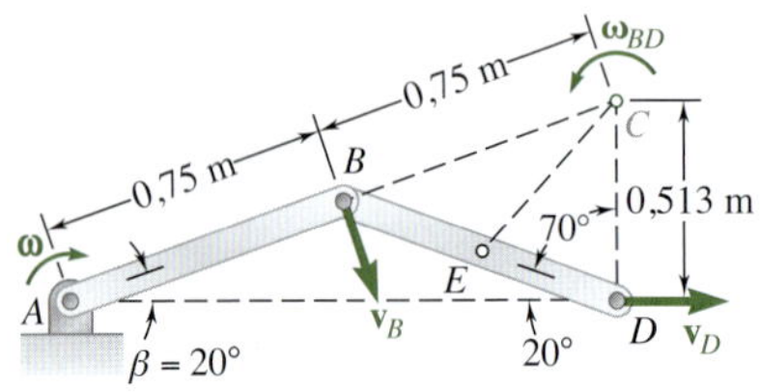

Cinemática do movimento quando $\beta = 20°$. Como $\mathbf{v}_B$ é perpendicular à barra AB e $\mathbf{v}_D$ é horizontal, o centro instantâneo de rotação da barra BD está localizado em C (Fig. 1). Considerando a geometria da figura, obtemos

$$BC = 0{,}75 \text{ m} \qquad CD = 2(0{,}75 \text{ m})\operatorname{sen} 20° = 0{,}513 \text{ m}$$

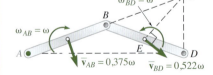

Figura 1 Centro instantâneo de rotação C da barra BD.

Aplicando a lei dos cossenos ao triângulo CDE, estando E localizado no centro de massa da barra BD, obtemos $EC = 0{,}522$ m. Representando por ω a velocidade angular da barra AB, temos

$$\bar{v}_{AB} = (0{,}375 \text{ m})\omega \qquad \bar{\mathbf{v}}_{AB} = 0{,}375\,\omega \searrow$$
$$v_B = (0{,}75 \text{ m})\omega \qquad \mathbf{v}_B = 0{,}75\,\omega \searrow$$

Como a barra BD parece girar em torno do ponto C, escrevemos

$$v_B = (BC)\omega_{BD} \qquad (0{,}75 \text{ m})\omega = (0{,}75 \text{ m})\omega_{BD} \qquad \omega_{BD} = \omega \;\uparrow$$
$$\bar{v}_{BD} = (EC)\omega_{BD} = (0{,}522 \text{ m})\omega \qquad \bar{\mathbf{v}}_{BD} = 0{,}522\omega \searrow$$

Figura 2 Velocidades dos centros de massa de AB e BD em termos de ω.

Conservação de energia. Como não há molas no sistema,

$$T_1 + V_{g_1} = T_2 + V_{g_2}$$

Primeiro, precisamos determinar a energia nas duas posições.

Posição 1.

Energia potencial. Escolhendo o elemento de referência mostrado na Fig. 3 e observando que $W = (6 \text{ kg})(9{,}81 \text{ m/s}^2) = 58{,}86$ N, temos

$$V_{g_1} = 2W\bar{y}_1 = 2(58{,}86 \text{ N})(0{,}325 \text{ m}) = 38{,}26 \text{ J}$$

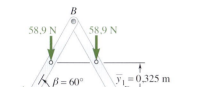

Figura 3 Diagrama de corpo livre e distância do elemento de referência na posição 1.

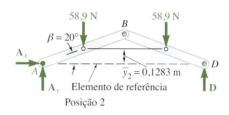

Figura 4 Diagrama de corpo livre e distância do elemento de referência na posição 2.

Energia cinética. Como o sistema está inicialmente em repouso, $T_1 = 0$.

Posição 2.

Energia potencial. Calcule a nova altura dos centros de massa das barras: $\bar{y}_2 = 0{,}75\text{sen}(20) = 0{,}1283$ m (Fig. 4).

$$V_{g_2} = 2W\bar{y}_2 = 2(58{,}86 \text{ N})(0{,}1283 \text{ m}) = 15{,}10 \text{ J}$$

Energia cinética.

$$I_{AB} = \bar{I}_{BD} = \tfrac{1}{12}ml^2 = \tfrac{1}{12}(6 \text{ kg})(0{,}75 \text{ m})^2 = 0{,}281 \text{ kg·m}^2$$
$$T_2 = \tfrac{1}{2}m\bar{v}_{AB}^2 + \tfrac{1}{2}\bar{I}_{AB}\omega_{AB}^2 + \tfrac{1}{2}m\bar{v}_{BD}^2 + \tfrac{1}{2}\bar{I}_{BD}\omega_{BD}^2$$
$$= \tfrac{1}{2}(6)(0{,}375\omega)^2 + \tfrac{1}{2}(0{,}281)\omega^2 + \tfrac{1}{2}(6)(0{,}522\omega)^2 + \tfrac{1}{2}(0{,}281)\omega^2$$
$$= 1{,}520\omega^2$$

Conservação da energia. Agora podemos escrever

$$T_1 + V_{g_1} = T_2 + V_{g_2}$$
$$0 + 38{,}26 \text{ J} = 1{,}520\omega^2 + 15{,}10 \text{ J}$$
$$\omega = 3{,}90 \text{ rad/s} \qquad \boldsymbol{\omega}_{AB} = 3{,}90 \text{ rad/s} \downarrow \quad \blacktriangleleft$$

Velocidade do ponto D.

$$v_D = (CD)\omega = (0{,}513 \text{ m})(3{,}90 \text{ rad/s}) = 2{,}00 \text{ m/s}$$
$$\mathbf{v}_D = 2{,}00 \text{ m/s} \rightarrow \quad \blacktriangleleft$$

PARA REFLETIR O único passo em que você precisa usar forças é ao calcular a energia potencial gravitacional em cada posição. No entanto, é uma boa prática de engenharia apresentar o diagrama de corpo livre completo em cada caso, a fim de identificar quais forças realizam trabalho. Em vez de usar o centro instantâneo de rotação, você também poderia ter usado álgebra vetorial para relacionar as velocidades dos vários objetos.

METODOLOGIA PARA A RESOLUÇÃO DE PROBLEMAS

Nesta seção, introduzimos métodos de energia para determinar a velocidade de corpos rígidos para várias posições durante seu movimento. Como você constatou anteriormente no Capítulo 13, métodos de energia devem ser considerados para problemas que envolvam deslocamentos e velocidades.

1. O método de trabalho e energia, quando aplicado a todas as partículas constituintes de um corpo rígido, conduz à equação

$$T_1 + U_{1 \to 2} = T_2 \tag{17.1}$$

onde T_1 e T_2 são, respectivamente, os valores inicial e final da energia cinética total das partículas constituintes do corpo rígido e $U_{1 \to 2}$ é o trabalho realizado pelas forças externas exercidas sobre esse corpo. Se expressarmos o trabalho realizado por forças não conservativas como $U_{1 \to 2}^{NC}$ e definirmos os termos de energia potencial para as forças conservativas, podemos expressar a Eq. (17.1) da seguinte forma:

$$T_1 + V_{g_1} + V_{e_1} + U_{1 \to 2}^{NC} = T_2 + V_{g_2} + V_{e_2} \tag{17.1'}$$

onde V_{g_1} e V_{g_2} são as energias potenciais gravitacionais inicial e final do centro de massa do corpo rígido e V_{e_1} e V_{e_2} são os valores inicial e final da energia elástica associada a molas no sistema. Relembre que, para uma mola linear, $V_e = \frac{1}{2}kx^2$, onde x é a deflexão da mola a partir de seu comprimento não esticado. Para um único corpo rígido, $V_g = mgy$, onde y é a elevação do centro de massa de um plano de referência ou elemento de referência.

    a. Trabalho de forças e binários. À expressão do trabalho de uma força (Cap. 13), adicionamos a expressão do trabalho de um binário e escrevemos

$$U_{1 \to 2} = \int_{A_1}^{A_2} \mathbf{F} \cdot d\mathbf{r} \qquad U_{1 \to 2} = \int_{\theta_1}^{\theta_2} M d\theta \tag{17.3, 17.5}$$

Quando o momento de um binário é constante, o trabalho do binário é

$$U_{1 \to 2} = M(\theta_2 - \theta_1) \tag{17.6}$$

onde θ_1 e θ_2 são expressos em radianos [Problemas Resolvidos 17.1 e 17.2].

    b. A energia cinética de um corpo rígido em movimento plano foi encontrada considerando-se o movimento do corpo como a soma de uma translação com seu centro de massa e de uma rotação em torno dele. Assim,

$$T = \tfrac{1}{2} m \bar{v}^2 + \tfrac{1}{2} \bar{I} \omega^2 \tag{17.9}$$

onde $\bar{v}$ é a velocidade do centro de massa e ω é a velocidade angular do corpo [Problemas Resolvidos 17.3 e 17.4]. Você geralmente precisará usar a cinemática para relacionar $\bar{v}$ e ω.

Capítulo 17 Movimento plano de corpos rígidos: métodos de energia e quantidade de movimento **1199**

2. **Para um sistema de corpos rígidos,** usamos novamente a equação

$$T_1 + U_{1\to2} = T_2 \qquad (17.1)$$

onde T é a soma das energias cinéticas dos corpos que formam o sistema e U é o trabalho realizado por *todas as forças que agem sobre os corpos*, tanto internas como externas. Seus cálculos serão simplificados se você tiver em mente o que vem a seguir.

    a. **As forças exercidas entre si por elementos conectados por pinos ou pelas engrenagens de uma transmissão** são iguais e opostas e, como elas têm o mesmo ponto de aplicação, efetuarão pequenos deslocamentos iguais. Portanto, *seu trabalho total será nulo* e pode ser omitido de seus cálculos [Problema Resolvido 17.2].

    b. **As forças exercidas por um cabo inextensível** sobre dois corpos por ele conectados têm a mesma intensidade e seus pontos de aplicação percorrem distâncias iguais, mas o trabalho de uma força é positivo e o trabalho da outra é negativo. Portanto, *seu trabalho total será nulo* e pode ser omitido de seus cálculos [Problema Resolvido 17.1].

    c. **As forças exercidas por uma mola** sobre os dois corpos por ela conectados também têm a mesma intensidade, mas seus pontos de aplicação, em geral, percorrerão distâncias diferentes. Portanto, *seu trabalho total normalmente não é nulo* e deve ser levado em conta em seus cálculos. A maneira mais fácil de analisar molas é usar a energia potencial elástica.

3. **O princípio de conservação da energia** pode ser expresso como

$$T_1 + V_1 = T_2 + V_2 \qquad (17.12)$$

onde V representa a energia potencial do sistema. Se você prefere escrever essa equação em termos da energia potencial gravitacional V_{g_1} e da energia potencial elástica V_g, obtemos

$$T_1 + V_{g_1} + V_{e_1} = T_2 + V_{g_2} + V_{e_2} \qquad (17.12')$$

Esse princípio pode ser usado quando um corpo ou um sistema de corpos está sujeito a forças conservativas, tais como a força exercida por uma mola ou a força da gravidade [Problemas Resolvidos 17.4 a 17.6].

4. **A última lição desta seção foi dedicada à potência,** que é a taxa de variação temporal com que o trabalho é realizado. Para um corpo sujeito a um binário de momento **M**, a potência pode ser expressa como

$$\text{Potência} = M\omega \qquad (17.13)$$

onde ω é a velocidade angular do corpo expressa em rad/s. Como no Cap. 13, você deve expressar a potência em watts ou em cavalo-potência (1 hp = 746 W).

PROBLEMAS

PERGUNTAS CONCEITUAIS

17.PC1 Um objeto redondo de massa m e raio r é liberado do repouso no topo de uma superfície curvada e rola sem deslizar até que deixe a superfície com uma velocidade horizontal conforme mostra a figura. Qual dos seguintes objetos percorrerá a maior distância x?
  a. Esfera sólida
  b. Cilindro sólido
  c. Aro
  d. Todos irão percorrer a mesma distância.

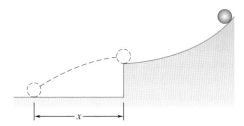

Figura P17.PC1

17.PC2 Uma esfera de aço sólido A de raio r e massa m é liberada do repouso e rola sem deslizar por uma inclinação como mostrado. Depois de percorrer uma distância d, a esfera tem uma velocidade v. Se uma esfera de aço sólido de raio $2r$ é liberada do repouso na mesma inclinação, qual será sua velocidade após rolar uma distância d?
  a. $0{,}25v$
  b. $0{,}5v$
  c. v
  d. $2v$
  e. $4v$

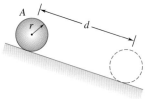

Figura P17.PC2

17.PC3 Uma barra delgada *A* está, no Caso 1, rigidamente conectada a uma haste *BC* sem massa e, no Caso 2, a dois cabos sem massa, como mostra a figura. A espessura vertical da barra *A* é desprezível em comparação com *L*. Em ambos os casos, *A* é liberada do repouso em um ângulo $\theta = \theta_0$. Quando $\theta = 0°$, qual sistema terá a maior energia cinética?
  a. Caso 1.
  b. Caso 2.
  c. A energia cinética será a mesma.

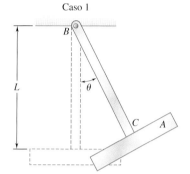
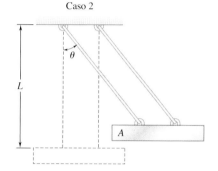

Figura P17.PC3 e P17.PC5

17.PC4 No problema 17.PC3, como seria a relação entre as velocidades dos centros de gravidade dos dois casos quando $\theta = 0°$?
  a. O Caso 1 terá uma velocidade maior.
  b. O Caso 2 terá uma velocidade maior.
  c. As velocidades serão a mesma.

17.PC5 Uma barra delgada *A* está, no Caso 1, rigidamente conectada a uma haste *BC* sem massa e, no Caso 2, a dois cabos sem massa, como mostra a figura. A espessura vertical da barra *A* não é desprezível em comparação com *L*. Em ambos os casos, *A* é liberada do repouso em um ângulo $\theta = \theta_0$. Quando $\theta = 0°$, qual sistema terá a maior energia cinética?
  a. Caso 1.
  b. Caso 2.
  c. A energia cinética será a mesma.

PROBLEMAS DE FINAL DE SEÇÃO

17.1 Um volante de 200 kg está em repouso quando a ele é aplicado um binário constante de 300 N·m. Depois de executar 560 revoluções, o volante atinge a sua velocidade nominal de 2.400 rpm. Sabendo que o raio de giração do volante é de 400 mm, determine a intensidade média do binário devido ao atrito cinético nos mancais.

17.2 O rotor de um motor elétrico tem uma velocidade angular de 3.600 rpm quando a carga e a energia elétrica são desligadas. O rotor de 50 kg, que tem um raio de giração centroidal de 230 mm, chega então ao estado de repouso. Sabendo que o atrito cinético do rotor produz um binário de intensidade de 3,4 N·m, determine o número de revoluções que o rotor executa antes de chegar ao repouso.

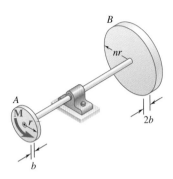

Figura P17.3 e P17.4

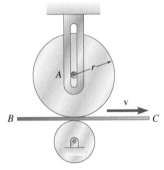

Figura P17.7

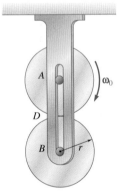

Figura P17.8

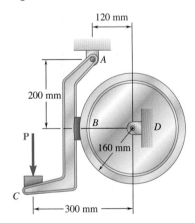

Figura P17.9

17.3 Dois discos de mesmo material estão presos a um eixo como mostra a figura. O disco A tem massa de 4,5 kg e um raio $r = 152$ mm. O disco B tem o dobro da espessura do disco A. Sabendo que um binário **M** de intensidade 30 N·m é aplicado ao disco A quando o sistema está em repouso, determine o raio nr do disco B para que a velocidade angular do sistema seja de 480 rpm após cinco revoluções.

17.4 Dois discos de mesmo material estão presos a um eixo como mostra a figura. O disco A tem raio r e espessura b, enquanto o disco B tem raio nr e espessura $2b$. Um binário **M** de intensidade constante é aplicado quando o sistema está em repouso e é removido após o sistema realizar duas revoluções. Determine o valor de n que resulte na maior velocidade final para um ponto na aba do disco B.

17.5 O volante de uma pequena máquina perfuratriz gira a 360 rpm. Cada operação de perfuração requer 2.250 N·m de trabalho, sendo desejável que a velocidade do volante após cada perfuração não seja menor que 95% da velocidade original. (a) Determine o momento de inércia requerido do volante. (b) Se um binário constante de 27 N·m é aplicado ao eixo do volante, determine o número de revoluções que devem ocorrer entre duas perfurações sucessivas, sabendo que a velocidade inicial precisa ser de 360 rpm no início de cada perfuração.

17.6 O volante de uma máquina perfuratriz tem uma massa de 300 kg e um raio de giração de 600 mm. Cada operação de perfuração requer 2.500 J de trabalho. (a) Sabendo que a velocidade do volante é de 300 rpm logo antes de uma perfuração, determine a velocidade imediatamente após a perfuração. (b) Se um binário constante de 25 N·m é aplicado ao eixo do volante, determine o número de revoluções executadas antes de a velocidade novamente atingir 300 rpm.

17.7 O disco A, de massa 5 kg e raio $r = 150$ mm, está em repouso quando é posto em contato com a esteira BC, que se move para a direita com uma velocidade constante $v = 12$ m/s. Sabendo que $\mu_k = 0,20$ entre o disco e a esteira, determine o número de revoluções executadas pelo disco antes de ele atingir uma velocidade angular constante.

17.8 O cilindro uniforme A, de massa 4 kg e raio $r = 150$ mm, tem uma velocidade angular de $\omega_0 = 50$ rad/s quando é posto em contato com um cilindro B idêntico, que está em repouso. O coeficiente de atrito cinético no ponto de contato D é μ_k. Após certo período de deslizamento, os cilindros atingem velocidades angulares constantes de igual intensidade e direção oposta ao mesmo tempo. Sabendo que o cilindro A executa três revoluções antes de atingir uma velocidade angular constante e o cilindro B executa uma revolução antes de atingir uma velocidade angular constante, determine (a) a velocidade angular final de cada cilindro, (b) o coeficiente de atrito cinético μ_k.

17.9 O tambor de freio de 160 mm de raio é preso a um volante que não é mostrado na figura. O momento de inércia de massa total do volante e do tambor é 20 kg·m², e o coeficiente de atrito cinético entre o tambor e a sapata do freio é 0,35. Sabendo que a velocidade angular inicial do volante é 360 rpm no sentido anti-horário, determine a força vertical **P** que precisa ser aplicada ao pedal C para fazer o sistema parar em 100 revoluções.

17.10 Resolva o Problema 17.9 considerando que a velocidade angular inicial do volante é de 360 rpm no sentido horário.

17.11 Cada uma das engrenagens A e B tem uma massa de 2,4 kg e um raio de giração de 60 mm, enquanto a engrenagem C tem uma massa de 12 kg e um raio de giração de 150 mm. Um binário **M** de intensidade de 10 N·m é aplicado à engrenagem C. Determine (a) o número de revoluções da engrenagem C necessárias para sua velocidade angular aumentar de 100 para 450 rpm, (b) a força tangencial correspondente que age sobre a engrenagem A.

17.12 Resolva o Problema 17.11 considerando que o binário de 10 N·m é aplicado à engrenagem B.

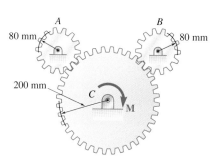

Figura P17.11

17.13 O trem de engrenagens mostrado na figura consiste de quatro engrenagens de mesma espessura e do mesmo material: duas engrenagens têm raio r, e as outras duas tem raio nr. O sistema está em repouso quando o binário $\mathbf{M}_0$ é aplicado no eixo C. Indicado por I_0 o momento de inércia de uma engrenagem de raio r, determine a velocidade angular do eixo A se o binário $\mathbf{M}_0$ é aplicado para uma revolução do eixo C.

17.14 A polia dupla mostrada na figura tem massa de 15 kg e um raio de giração centroidal de 160 mm. O cilindro A e o bloco B estão presos a cordas enroladas sobre as polias, conforme ilustrado na figura. O coeficiente de atrito cinético entre o bloco B e a superfície é de 0,2. Sabendo que o sistema é liberado do repouso na posição mostrada quando uma força constante **P** = 200 N é aplicada no cilindro A, determine (a) a velocidade do cilindro A quando ele atinge o solo, (b) a distância total percorrida pelo bloco B antes de retornar ao estado de repouso.

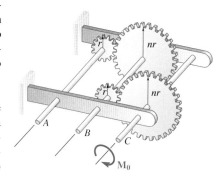

Figura P17.13

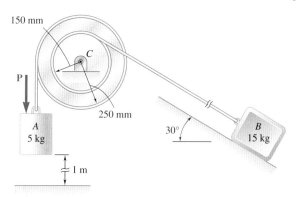

Figura *P17.14*

17.15 A engrenagem A tem massa de 1 kg e um raio de giração de 30 mm; a engrenagem B tem massa de 4 kg e um raio de giração de 75 mm; a engrenagem C tem massa de 9 kg e um raio de giração de 100 mm. O sistema está em repouso quando um binário $\mathbf{M}_0$ de intensidade constante 4 N·m é aplicado à engrenagem C. Considerando que não ocorre deslizamento entre os discos, determine o número de revoluções necessário para o disco A alcançar a velocidade angular de 300 rpm.

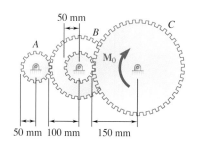

Figura *P17.15*

17.16 Uma barra delgada de comprimento l e peso W é pivotada em uma extremidade como mostra a figura. Ela é liberada do repouso na posição horizontal e oscila livremente. (a) Determine a velocidade angular da barra quando ela passa por meio da posição vertical e determine a reação correspondente no pivô. (b) Resolva a parte a para W = 10 N e l = 1 m.

Figura P17.16

17.17 Uma barra delgada AB de 15 kg tem 2,5 m de comprimento e está pivotada em um ponto O situado a 0,5 m da extremidade B. A outra extremidade é pressionada contra uma mola de constante k = 300 kN/m, até que a mola seja comprimida em 40 mm. A barra fica, então, em uma posição horizontal. Se a barra é liberada dessa posição, determine a velocidade angular e a reação no pivô O quando a barra atinge vertical.

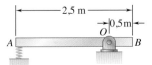

Figura P17.17

17.18 e 17.19 Uma barra delgada de 4 kg pode girar em um plano vertical em torno de um pivô em B. Uma mola de constante k = 400 N/m e comprimento indeformado de 150 mm é presa à barra como mostrado na figura. Sabendo que a barra é liberada do repouso na posição mostrada, determine sua velocidade angular após ela ter girado 90°.

17.20 Um ginasta de 80 kg está executando uma série de giros completos em uma barra horizontal. Na posição mostrada na figura, ele tem uma velocidade angular pequena e desprezível no sentido horário. O ginasta manterá seu corpo ereto e rígido à medida que for girando para baixo novamente. Admitindo que, durante o giro, o raio de giração centroidal de seu corpo seja de 0,4 m, determine sua velocidade angular e a força exercida sobre suas mãos após ele ter girado (a) 90°, (b) 180°.

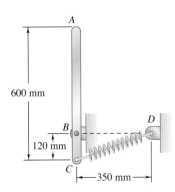

Figura P17.18

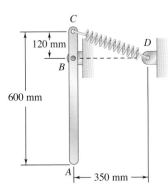

Figura P17.19

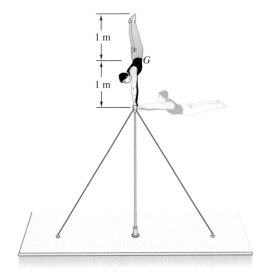

Figura P17.20

17.21 Um colar com massa de 1 kg é rigidamente preso a uma distância $d =$ 300 mm da extremidade de uma barra delgada uniforme AB. A barra tem uma massa 3 kg e comprimento $L = 600$ mm. Sabendo que a barra é liberada do repouso na posição mostrada na figura, determine a velocidade angular da barra depois de ela ter girado 90°.

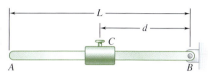

Figura P17.21 e P17.22

17.22 Um colar com massa de 1 kg é rigidamente preso a uma barra delgada uniforme AB de massa 3 kg e comprimento $L = 600$ mm. A barra é liberada do repouso na posição mostrada na figura. Determine a distância d para que a velocidade angular da barra seja máxima depois de ela ter girado 90°.

17.23 Duas barras delgadas idênticas AB e BC estão soldadas entre si, formando um conjunto em forma de L. O conjunto é pressionado contra uma mola em D e liberado a partir da posição mostrada na figura. Sabendo que o ângulo máximo de rotação do conjunto em seu movimento subsequente é de 90° no sentido anti-horário, determine a intensidade da velocidade angular do conjunto quando ele atingir a posição em que a barra AB forma um ângulo de 30° com a horizontal.

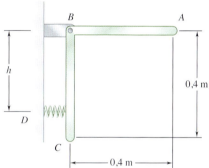

17.24 O disco de turbina de 30 kg tem um raio de giração centroidal de 175 mm e está girando no sentido horário a uma velocidade constante de 60 rpm quando uma pequena lâmina de peso 0,5 N no ponto A se solta e é arremessada para fora. Desprezando o atrito, determine a variação de velocidade angular do disco da turbina após ter girado (*a*) 90°, (*b*) 270°.

Figura P17.23

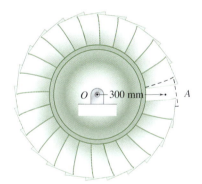

Figura P17.24

Figura P17.25

17.25 Uma corda é enrolada em torno de um cilindro de raio r e massa m como mostra a figura. Sabendo que o cilindro é liberado do repouso, determine a velocidade do centro do cilindro após ele ter se deslocado para baixo a uma distância s.

17.26 Resolva o Problema 17.25 considerando que o cilindro é substituído por um tubo de parede fina de raio r e massa m.

17.27 Engenheiros gregos tiveram a tarefa invejável de mover grandes colunas das pedreiras para a cidade. Um engenheiro, Chersiphron, testou diferentes técnicas para fazer isso. Um dos métodos era cortar furos de pivô nas extremidades da pedra e, em seguida, usar bois para puxar a coluna. A coluna de 1,2 m de diâmetro mostrada na figura tem uma massa de 60.000 kg, e a equipe de bois gera uma força de tração constante de 7.500 N no centro do cilindro G. Sabendo que a coluna parte do repouso e rola sem deslizar, determine (*a*) a velocidade de seu centro G depois de ter movido 1,5 m, (*b*) o coeficiente de atrito estático mínimo que o impedirá de deslizar.

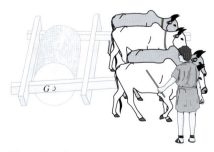

Figura P17.27

17.28 Uma pequena esfera de massa m e raio r é liberada do repouso em A e rola sem deslizar sobre a superfície curva em direção ao ponto B, onde deixa a superfície com uma velocidade horizontal. Sabendo que $a = 1,5$ m e $b = 1,2$ m, determine (*a*) a velocidade da esfera quando atinge o solo em C, (*b*) a distância correspondente c.

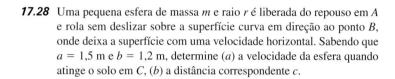

Figura *P17.28*

Figura P17.29

17.29 O centro de massa G de uma roda de 3 kg de raio $R = 180$ mm é localizado a uma distância $r = 60$ mm do centro geométrico C. O raio de giração centroidal da roda é $\bar{k} = 90$ mm. Enquanto a roda rola sem deslizar, observa-se que sua velocidade angular varia. Sabendo que $\omega = 8$ rad/s na posição mostrada na figura, determine (*a*) a velocidade angular da roda quando o centro de massa G estiver diretamente acima do centro geométrico C, (*b*) a reação na superfície horizontal no mesmo instante.

17.30 Um semicilindro de massa m e raio r é liberado do repouso na posição mostrada na figura. Sabendo que ele rola sem deslizar, determine (*a*) sua velocidade angular após ele ter rolado por 90°, (*b*) a reação na superfície horizontal no mesmo instante. [*Dica*: observe que $GO = 4r/3\pi$ e que, pelo teorema dos eixos paralelos, $\bar{I} = \frac{1}{2}mr^2 - m(GO)^2$.]

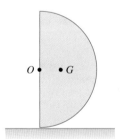

Figura P17.30

17.31 Uma esfera de massa m e raio r rola sem deslizar dentro de uma superfície curva de raio R. Sabendo que a esfera é liberada do repouso na posição mostrada, deduza uma expressão para (*a*) a velocidade linear da esfera quando ela passa por B, (*b*) a intensidade da reação vertical nesse instante.

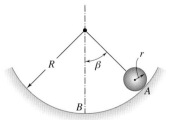

Figura P17.31

17.32 Dois cilindros uniformes, cada um com massa $m = 7$ kg e raio $r = 100$ mm, estão conectados por uma esteira como mostra a figura. Sabendo que a velocidade angular inicial do cilindro B é de 30 rad/s no sentido anti-horário, determine (a) a distância que o cilindro A subirá antes que a velocidade angular do cilindro B seja reduzida para 5 rad/s, (b) a tração na parte da esteira que liga os dois cilindros.

17.33 Dois cilindros uniformes, cada um com massa $m = 7$ kg e raio $r = 100$ mm, estão conectados por uma esteira como mostra a figura. Se o sistema é liberado do repouso, determine (a) a velocidade do centro do cilindro A após ele ter se deslocado 1 m, (b) a tração na parte da esteira que liga os dois cilindros.

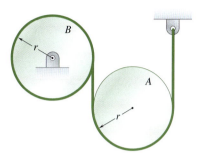

Figura P17.32

17.34 Uma barra de massa $m = 5$ kg é mantida, como mostra a figura, entre quatro discos, cada um com massa $m' = 2$ kg e raio $r = 75$ mm. Sabendo que as forças exercidas sobre os discos são suficientes para evitar qualquer deslizamento e que a barra é liberada do repouso para cada um dos casos mostrados, determine a velocidade da barra após ela ter percorrido a distância h.

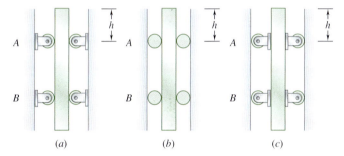

Figura P17.34

17.35 A barra delgada uniforme AB de 1,5 kg está ligada à engrenagem B de 3 kg presa à engrenagem externa estacionária C. O raio de giração centroidal da engrenagem B é de 30 mm. Sabendo que o sistema é liberado do repouso na posição mostrada, determine (a) a velocidade angular da barra quando ela passa pela posição vertical, (b) a velocidade angular correspondente da engrenagem B.

17.36 O movimento da barra uniforme AB é guiado por roletes de massa desprezível que rolam sobre a superfície mostrada na figura. Se a barra é liberada do repouso quando $\theta = 0$, determine as velocidades de A e B quando $\theta = 30°$.

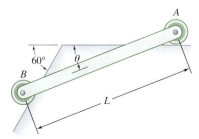

Figura P17.36

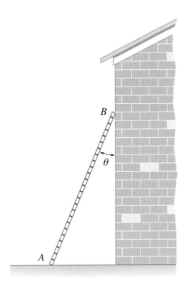

Figura P17.37 e P17.38

17.37 Uma escada de 5 m de comprimento tem uma massa de 15 kg e é colocada contra uma parede num ângulo $\theta = 20°$. Sabendo que a escada é liberada do repouso, determine sua velocidade angular e a velocidade da extremidade A quando $\theta = 45°$. Suponha que a escada possa deslizar livremente no chão horizontal e na parede vertical.

17.38 Uma longa escada de comprimento l, massa m e momento de inércia de massa centroidal $\bar{I}$ é colocada contra uma parede em um ângulo $\theta = \theta_0$. Sabendo que a escada é liberada do repouso, determine sua velocidade angular quando $\theta = \theta_2$. Suponha que a escada possa deslizar livremente no chão horizontal e na parede vertical.

17.39 As extremidades de uma barra AB de 4,5 kg são forçadas a se mover ao longo de ranhuras cortadas em uma placa vertical como mostra a figura. Uma mola de constante $k = 600$ N/m está presa à extremidade A de tal maneira que sua extensão é nula quando $\theta = 0$. Se a barra é liberada do repouso quando $\theta = 50°$, determine a velocidade angular da barra e a velocidade da extremidade B quando $\theta = 0$.

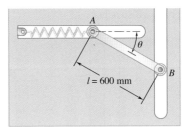

Figura P17.39

17.40 O mecanismo mostrado é um de dois mecanismos idênticos ligados aos dois lados de uma porta retangular uniforme de 90 kg. A extremidade ABC da porta é guiada por rodas de massa desprezível que rolam em uma pista horizontal e em uma pista vertical. Uma mola de constante $k = 600$ N/m está presa à roda B. Sabendo que a porta é liberada do repouso na posição $\theta = 30°$ com a mola indeformada, determine a velocidade da roda A assim que a porta alcançar a posição vertical.

17.41 O mecanismo mostrado é um de dois mecanismos idênticos ligados aos dois lados de uma porta retangular uniforme de 90 kg. A extremidade ABC da porta é guiada por rodas de massa desprezível que rolam em uma pista horizontal e em uma pista vertical. Uma mola de constante k está presa à roda B de tal forma que sua tensão é nula quando $\theta = 30°$. Sabendo que a porta é liberada do repouso na posição $\theta = 45°$ e atinge a posição vertical com uma velocidade angular de 0,6 rad/s, determine a constante k da mola.

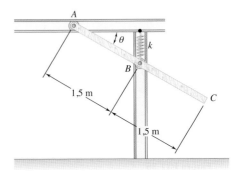

Figura P17.40 e *P17.41*

17.42 Cada uma das duas hastes mostradas na figura tem um comprimento $L = 1$ m e uma massa de 5 kg. O ponto D está ligado a uma mola de constante $k = 20$ N/m e é limitado a se mover ao longo de uma ranhura vertical. Sabendo que o sistema é liberado do repouso quando a haste BD está na horizontal e a mola conectada ao ponto D está inicialmente indeformada, determine a velocidade do ponto D quando ele estiver diretamente à direita do ponto A.

17.43 A barra AB de 4 kg está presa a um colar de peso desprezível em A e a um volante em B. O volante tem massa de 16 kg e raio de giração de 180 mm. Sabendo que, na posição mostrada na figura, a velocidade angular do volante é de 60 rpm no sentido horário, determine a velocidade do volante quando o ponto B está diretamente abaixo de C.

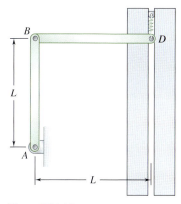

Figura P17.42

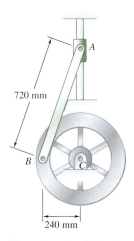

Figura P17.43 e P17.44

17.44 No Problema 17.43, se a velocidade angular do volante tiver de ser a mesma da posição mostrada na figura, e quando o ponto B estiver diretamente acima de C, determine o valor requerido de sua velocidade angular na posição mostrada na figura.

17.45 As barras uniformes AB e BC têm massas de 2,4 kg e 4 kg, respectivamente, e o rolete em C tem massa desprezível. Se o rolete é levemente deslocado para a direita e então liberado, determine a velocidade do pino B após a barra AB ter girado 90°.

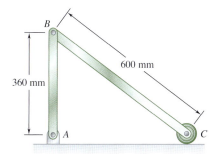

Figura P17.45 e P17.46

17.46 As barras uniformes AB e BC têm massas de 2,4 kg e 4 kg, respectivamente, e o rolete em C tem massa desprezível. Sabendo que, na posição mostrada na figura, a velocidade do rolete C é de 2 m/s para a direita, determine a velocidade do pino B após a barra AB ter girado 90°.

17.47 A engrenagem de raio 80 mm mostrada na figura tem uma massa de 5 kg e um raio de giração centroidal de 60 mm. A barra AB de 4 kg é presa ao centro da engrenagem e ao pino em B, que desliza livremente na ranhura vertical. Sabendo que o sistema é liberado do repouso quando $\theta = 60°$, determine a velocidade do centro da engrenagem quando $\theta = 20°$.

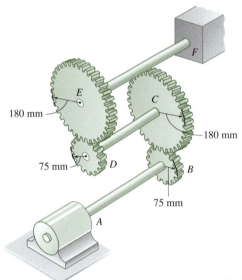

Figura P17.49

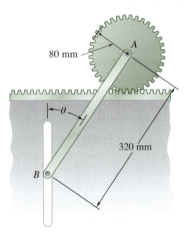

Figura P17.47

17.48 Sabendo que o binário máximo admissível capaz de ser aplicado a um eixo é de 2.000 N·m, determine a potência máxima (em kW) que pode ser transmitida pelo eixo em (a) 180 rpm, (b) 480 rpm.

17.49 Três eixos e quatro engrenagens são usados para formar um trem de engrenagens que transmitirá 7,5 kW de um motor em A para uma máquina operatriz em F. (Os mancais dos eixos foram omitidos do esboço.) Sabendo que a frequência do motor é 30 Hz, determine a intensidade do binário que é aplicado ao eixo (a) AB, (b) CD, (c) EF.

17.50 O dispositivo eixo-disco-esteira mostrado na figura é usado para transmitir 2,4 kW do ponto A ao ponto D. Sabendo que os binários máximos admissíveis que podem ser aplicados aos eixos AB e CD são de 25 N·m e 80 N·m, respectivamente, determine a velocidade mínima requerida do eixo AB.

17.51 A cinta de transmissão de uma lixadeira transmite 400 W para uma polia que tem um diâmetro de $d = 100$ mm. Sabendo que a polia gira a 1.450 rpm, determine a diferença de tensão $T_1 - T_2$ entre os lados da cinta.

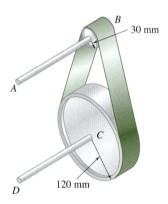

Figura P17.50

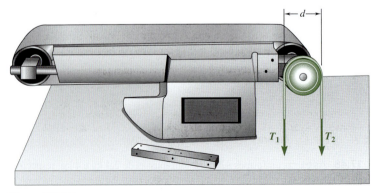

Figura P17.51

Capítulo 17 Movimento plano de corpos rígidos: métodos de energia e quantidade de movimento   1211

17.2 Métodos de quantidade de movimento para um corpo rígido

O princípio de impulso e quantidade de movimento será agora aplicado à análise do movimento plano de corpos rígidos e de sistemas de corpos rígidos. Como salientado no Cap. 13, o método de impulso e quantidade de movimento adapta-se particularmente bem à resolução de problemas que envolvem tempo e velocidades. Além disso, o princípio de impulso e quantidade de movimento fornece o único método praticável para a solução de problemas cnvolvendo o movimento impulsivo ou o impacto (Seção 17.3).

17.2A Princípio de impulso e quantidade de movimento

Considerando outra vez um corpo rígido como sendo constituído de diversas partículas P_i, relembremos a partir da Seção 14.2C que os diagramas de impulso e quantidade de movimento são uma representação pictórica do princípio de impulso e quantidade de movimento. Eles mostram que (a) o sistema formado pelas quantidades de movimento das partículas no tempo t_1 e (b) o sistema de impulsos das forças externas aplicadas de t_1 até t_2 são, em conjunto, equipolentes ao (c) sistema formado pelas quantidades de movimento das partículas no tempo t_2 (Fig. 17.6). Uma vez que os vetores associados a um corpo rígido podem ser considerados como vetores deslizantes (*Estática*, Seção 3.4B), segue-se que os sistemas de vetores mostrados na Fig. 17.6 não são apenas equipolentes mas, de fato, *equivalentes*. Em outras palavras, os vetores do lado esquerdo do sinal de igualdade podem ser transformados nos vetores do lado direito pelo uso das operações fundamentais listadas na Seção 3.3B do *Estática*. Portanto, escrevemos

Sist. de Quant. de Mov.$_1$ + Sist. de Imp. Ext.$_{1\to2}$ = Sist. de Quant. de Mov.$_2$

(17.14)

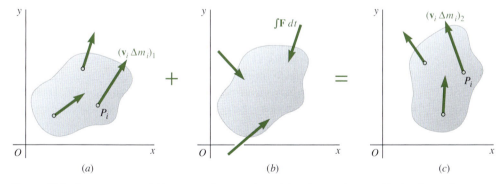

Figura 17.6 Para um corpo rígido em movimento plano: (a) o sistema de quantidades de movimento da partícula no tempo t_1 mais (b) o sistema de impulsos das forças externas de t_1 a t_2 é equivalente ao (c) sistema de quantidades de movimento da partícula no tempo t_2.

As quantidades de movimento $\mathbf{v}_i\,\Delta m_i$ das partículas podem ser reduzidas a um vetor ligado a G, igual à sua soma

$$\mathbf{L} = \sum_{i=1}^{n} \mathbf{v}_i\,\Delta m_i$$

Foto 17.2 Um teste de impacto Charpy é usado para determinar a quantidade de energia absorvida pelo material durante o impacto. Para determinar a quantidade de energia absorvida, a energia potencial gravitacional final do braço é subtraída da sua energia potencial gravitacional inicial.

e a um binário de momento igual à soma de seus momentos em relação a G:

$$\mathbf{H}_G = \sum_{i=1}^{n} \mathbf{r}'_i \times \mathbf{v}_i \, \Delta m_i$$

Recordemos da Seção 14.1B que $\mathbf{L}$ e $\mathbf{H}_G$ definem, respectivamente, a quantidade de movimento linear e a quantidade de movimento angular em relação a G do sistema de partículas constituintes do corpo rígido. Observamos também, pela Eq. (14.14), que $\mathbf{L} = m\bar{\mathbf{v}}$. Por outro lado, restringindo a presente análise ao movimento plano de um corpo rígido ou de um corpo rígido simétrico em relação ao plano de referência, relembramos pela Eq. (16.4) que $\mathbf{H}_G = \bar{I}\boldsymbol{\omega}$. Logo, concluímos que o sistema de quantidades de movimento $\mathbf{v}_i \, \Delta m_i$ é equivalente ao **vetor quantidade de movimento linear** $m\bar{\mathbf{v}}$ ligado a G e ao **binário quantidade de movimento angular** $\bar{I}\boldsymbol{\omega}$ (Fig. 17.7).

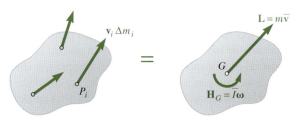

Figura 17.7 O sistema de quantidades de movimento de um corpo rígido é equivalente a um vetor quantidade de movimento linear ligado em G e a um binário de quantidade de movimento angular.

O sistema de quantidades de movimento se reduz ao vetor $m\bar{\mathbf{v}}$ no caso particular de uma translação ($\boldsymbol{\omega} = 0$) e ao binário $\bar{I}\boldsymbol{\omega}$ no caso particular de uma rotação centroidal ($\bar{\mathbf{v}} = 0$). Portanto, verificamos uma vez mais que o movimento plano de um corpo rígido simétrico em relação ao plano de referência pode ser decomposto em uma translação com o centro de massa G e em uma rotação em torno de G.

Substituindo o sistema de quantidades de movimento das partes a e c da Fig. 17.6 pelos equivalentes vetor quantidade de movimento linear e binário quantidade de movimento angular, obtemos os três diagramas mostrados na Fig. 17.8. Esse diagrama de impulso e quantidade de movimento é uma representação visual da relação fundamental na Eq. (17.14) no caso do movimento plano de um corpo rígido ou de um corpo rígido simétrico em relação ao plano de referência.

Três equações de movimento podem ser deduzidas da Fig. 17.8. Duas delas podem ser obtidas somando-se e igualando os *componentes* em x e em y das

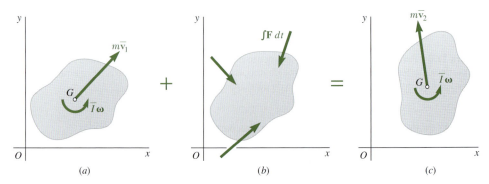

Figura 17.8 Um diagrama de impulso e quantidade de movimento é usado para aplicar o princípio de impulso e quantidade de movimento.

quantidades de movimento e impulsos. A terceira equação é obtida somando-se e igualando os *momentos* desses vetores *em torno de um dado ponto qualquer*. Os eixos de coordenadas podem ser escolhidos como sendo fixos no espaço ou deslocando-se com o centro do massa do corpo, embora mantendo uma orientação fixa. Em qualquer dos casos, o ponto em torno do qual os momentos são efetuados deve manter a mesma posição relativamente aos eixos de coordenadas durante o intervalo de tempo considerado. Se optarmos por somar momentos em relação a um ponto P, a Eq. (17.14) pode ser expressa como

$$\bar{I}\omega_1 + m\bar{v}_1 d_\perp + \sum \int_{t_1}^{t_2} M_P dt = \bar{I}\omega_2 + m\bar{v}_2 d_\perp \qquad (17.14')$$

onde $d_\perp$ é a distância perpendicular do ponto P à linha de ação da velocidade linear de G. Se optarmos por somar momentos em relação ao centro de gravidade do corpo, então a Eq. (17.14') se reduz a

$$\bar{I}\omega_1 + \sum \int_{t_1}^{t_2} M_G dt = \bar{I}\omega_2 \qquad (17.14'')$$

Ao deduzir as três equações de movimento para um corpo rígido, deve-se tomar cuidado para não adicionar quantidades de movimento lineares e angulares indiscriminadamente. Pode-se evitar confusões relembrando que $m\bar{v}_x$ e $m\bar{v}_y$ representam os *componentes de um vetor*, a saber, o vetor quantidade de movimento linear $m\bar{v}$, ao passo que $\bar{I}\omega$ representa a *intensidade de um binário*, isto é, o binário quantidade de movimento angular $\bar{I}\omega$. Logo, a grandeza $\bar{I}\omega$ deve ser adicionada somente ao *momento* da quantidade de movimento linear $m\bar{v}$, e jamais a esse próprio vetor nem a seus componentes. Todas as grandezas envolvidas serão, então, expressas na mesma unidade, a saber, N·m·s.

Rotação não centroidal. Nesse caso particular de movimento plano, a intensidade da velocidade do centro de massa do corpo é $\bar{v} = \bar{r}\omega$, onde $\bar{r}$ representa a distância do centro de massa ao eixo fixo de rotação e ω representa a velocidade angular do corpo no instante considerado. A intensidade do vetor quantidade de movimento ligado a G é, então, $m\bar{v} = m\bar{r}\omega$. Somando os momentos em relação a O do vetor quantidade de movimento e do binário quantidade de movimento (Fig. 17.9) e usando o teorema dos eixos paralelos para momentos de inércia, verificamos que a quantidade de movimento angular $\mathbf{H}_O$ do corpo em relação a O tem a intensidade*

$$\bar{I}\omega + (m\bar{r}\omega)\bar{r} = (\bar{I} + m\bar{r}^2)\omega = I_O\omega \qquad (17.15)$$

Figura 17.9 A quantidade de movimento linear e angular para a rotação não centroidal.

Igualando os momentos em relação a O das quantidades de movimento e impulsos em (17.14), escrevemos

$$I_O\omega_1 + \sum \int_{t_1}^{t_2} M_O \, dt = I_O\omega_2 \qquad (17.16)$$

No caso geral do movimento plano de um corpo rígido simétrico em relação ao plano de referência, a Eq. (17.16) pode ser usada em relação ao eixo instantâneo de rotação, sob certas condições. Todavia, é recomendável que todos os problemas de movimento plano sejam resolvidos pelo método geral descrito anteriormente nesta seção.

---

*Observe que a soma $\mathbf{H}_P$ dos momentos em relação a um ponto arbitrário P das quantidades de movimento das partículas de um corpo rígido não é, em geral, igual a $I_P\omega$ (ver Problema 17.67).

1214 Mecânica vetorial para engenheiros: Dinâmica

17.2B Sistemas de corpos rígidos

O movimento de sistemas de corpos rígidos pode ser analisado pela aplicação do princípio de impulso e quantidade de movimento a cada corpo em separado (Problema Resolvido 17.7). Entretanto, ao resolver problemas envolvendo não mais que três incógnitas (incluindo os impulsos de reações desconhecidas), é muitas vezes conveniente aplicar o princípio de impulso e quantidade de movimento ao sistema como um todo.

Para fazer isso, primeiro trace os diagramas de impulso e quantidade de movimento para todo o sistema de corpos. Para cada parte móvel do sistema, os diagramas das quantidades de movimento devem incluir um vetor quantidade de movimento e um binário quantidade de movimento angular. Impulsos de forças internas ao sistema podem ser omitidos do diagrama de impulso, pois eles ocorrem em pares de vetores iguais e opostos. Somando e equacionando sucessivamente os componentes em x, os componentes em y e os momentos de todos os vetores envolvidos, obtêm-se três relações que expressam que as quantidades de movimento no tempo t_1 e os impulsos das forças externas formam um sistema equipolente ao sistema de quantidades de movimento no tempo t_2. Novamente, deve-se tomar cuidado para não adicionar quantidades de movimento lineares e angulares indiscriminadamente; cada equação deve ser verificada para se ter certeza do emprego de unidades consistentes. Essa abordagem é usada nos Problemas Resolvidos 17.9 a 17.13.

17.2C Conservação da quantidade de movimento angular

Quando não há forças externas agindo sobre um corpo rígido ou um sistema de corpos rígidos, os impulsos das forças externas são nulos, e o sistema de quantidades de movimento no tempo t_1 é equipolente ao sistema de quantidades de movimento no tempo t_2. Somando e igualando sucessivamente os componentes em x, os componentes em y e os momentos das quantidades de movimento nos tempos t_1 e t_2, concluímos que a quantidade de movimento linear total do sistema conserva-se em qualquer direção e que sua quantidade de movimento angular total conserva-se em relação a qualquer ponto.

Entretanto, há muitas aplicações de engenharia em que a quantidade de movimento linear não se conserva, embora a quantidade de movimento angular $\mathbf{H}_P$ do sistema em relação a um dado ponto P seja conservada, isto é, em que

$$(\mathbf{H}_P)_1 = (\mathbf{H}_P)_2 \tag{17.17}$$

Tais casos ocorrem quando as linhas de ação de todas as forças externas passam por P ou, de modo mais geral, quando a soma dos impulsos angulares das forças externas em torno de P é nula.

Problemas envolvendo a **conservação da quantidade de movimento angular** em relação a um ponto P podem ser resolvidos pelo método geral de impulso e quantidade de movimento, ou seja, desenhando-se diagramas de impulso e quantidade de momento como descrito anteriormente. Assim, a Eq. (17.17) é obtida somando-se e igualando-se momentos em relação a P (Problema Resolvido 17.9). Como você verá adiante, no Problema Resolvido 17.11, duas equações adicionais podem ser escritas, somando-se e igualando os componentes em x e y, e essas equações podem ser usadas para determinar dois impulsos lineares desconhecidos, tais como os impulsos dos componentes de reação em um ponto fixo.

Foto 17.3 Uma patinadora artística no início e no final de uma rotação. Usando o princípio de conservação da quantidade de movimento angular, você verificará que a velocidade angular da patinadora é muito maior no final da rotação.

Capítulo 17 Movimento plano de corpos rígidos: métodos de energia e quantidade de movimento 1215

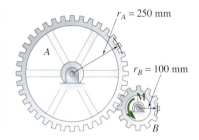

PROBLEMA RESOLVIDO 17.7

A engrenagem A tem massa de 10 kg e raio de giração de 200 mm, e a engrenagem B tem massa de 3 kg e raio de giração de 80 mm. O sistema está em repouso quando um binário **M** de intensidade de 6 N·m é aplicado à engrenagem B. (Essas engrenagens foram consideradas no Problema Resolvido 17.2.) Desprezando o atrito, determine (a) o tempo requerido para a velocidade angular da engrenagem B atingir 600 rpm e (b) a força tangencial exercida pela engrenagem B sobre a engrenagem A.

ESTRATÉGIA Como uma velocidade angular é conhecida e precisamos encontrar o tempo, convém utilizarmos o princípio de impulso e quantidade de movimento.

MODELAGEM Como é preciso determinar a força tangencial interna, precisamos de dois sistemas para esse problema; isto é, as engrenagens A e B. Modele as engrenagens como corpos rígidos. Como todas as forças e binários são constantes, os impulsos são obtidos multiplicando as forças e os momentos pelo tempo desconhecido t.

ANÁLISE Relembremos do Problema Resolvido 17.2 os momentos de inércia centroidais e as velocidades angulares finais:

$$\bar{I}_A = 0{,}400 \text{ kg·m}^2 \qquad \bar{I}_B = 0{,}0192 \text{ kg·m}^2$$

$$(\omega_A)_2 = 25{,}1 \text{ rad/s} \qquad (\omega_B)_2 = 62{,}8 \text{ rad/s}$$

Princípio de impulso e quantidade de movimento para a engrenagem A.
O diagrama de impulso e quantidade de movimento (Fig. 1) para a engrenagem A apresenta as quantidades de movimento iniciais, os impulsos e as quantidades de movimento finais.

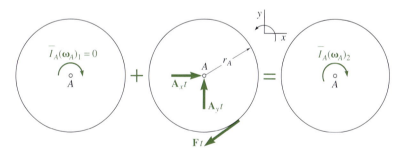

Figura 1 Diagrama de impulso e quantidade de movimento para a engrenagem A.

Sist. de Quant. de Mov.$_1$ + Sist. de Imp. Ext.$_{1\to2}$ = Sist. de Quant. de Mov.$_2$

+↺ momentos em relação a A: $\qquad 0 - Ftr_A = -\bar{I}_A(\omega_A)_2$

$$Ft(0{,}250 \text{ m}) = (0{,}400 \text{ kg·m}^2)(25{,}1 \text{ rad/s})$$

$$Ft = 40{,}2 \text{ N·s}$$

(*continua*)

Princípio de impulso e quantidade de movimento para a engrenagem B.
Desenhamos um diagrama de impulso e quantidade de movimento também para a engrenagem B (Fig. 2).

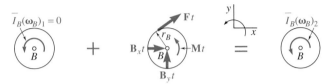

Figura 2 Diagrama de impulso e quantidade de movimento para a engrenagem B.

Sist. de Quant. de Mov.$_1$ + Sist. de Imp. Ext.$_{1\to2}$ = Sist. de Quant. de Mov.$_2$

+↑ momentos em relação a B: $0 + Mt - Ftr_B = \bar{I}_B(\omega_B)_2$

$$+(6 \text{ N·m})t - (40,2 \text{ N·s})(0,100 \text{ m}) = (0,0192 \text{ kg·m}^2)(62,8 \text{ rad/s})$$
$$t = 0,871 \text{ s} \blacktriangleleft$$

Relembrando que $Ft = 40,2$ N·m, escrevemos

$$F(0,871 \text{ s}) = 40,2 \text{ N·s} \qquad F = +46,2 \text{ N}$$

Logo, a força exercida pela engrenagem B sobre a engrenagem A é

$$\mathbf{F} = 46,2 \text{ N} \swarrow \blacktriangleleft$$

PARA REFLETIR Essa é a mesma resposta obtida no Problema Resolvido 17.2 pelo método de trabalho e energia, como era de se esperar. A diferença é que, no Problema Resolvido 17.2, era preciso determinar o número de revoluções e, neste problema, o tempo. Muitas vezes, aquilo que é necessário enconrtar determinará a melhor abordagem para resolver o problema.

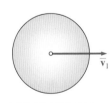

PROBLEMA RESOLVIDO 17.8

Uma esfera uniforme de massa m e raio r é lançada ao longo de uma superfície horizontal rugosa com uma velocidade linear $\bar{\mathbf{v}}_1$ e sem velocidade angular. Representando por μ_k o coeficiente de atrito cinético entre a esfera e a superfície, determine (a) o tempo t_2 em que a esfera começará a rolar sem deslizar e (b) as velocidades linear e angular da esfera no tempo t_2.

ESTRATÉGIA Como é preciso determinar o tempo, uma abordagem possível é utilizar o princípio de impulso e quantidade de movimento. Podemos aplicar esse princípio à esfera desde o tempo $t_1 = 0$, quando ela é posta sobre a superfície, até o tempo $t_2 = t$, quando ela começa a rolar sem deslizar.

MODELAGEM Considere a esfera como seu sistema e modele-a, como um corpo rígido. Enquanto a esfera está deslizando em relação à superfície, ela está sujeita à força normal $\mathbf{N}$, à força de atrito $\mathbf{F}$ e a seu peso $\mathbf{W}$ de intensidade $W = mg$. Um diagrama de impulso e quantidade de movimento para esses sistema é mostrado na Fig. 1.

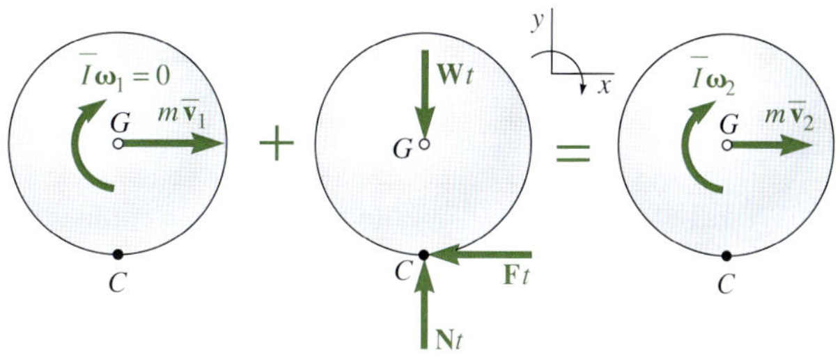

Capítulo 17　Movimento plano de corpos rígidos: métodos de energia e quantidade de movimento　**1217**

Figura 1 Diagrama de Impulso e quantidade de movimento para a esfera.

ANÁLISE

Princípio de impulso e quantidade de movimento. Aplicamos o princípio de impulso e quantidade de movimento para esse sistema entre o tempo t_1 e t_2.

$$\text{Sist. de Quant. de Mov.}_1 + \text{Sist. de Imp. Ext.}_{1\to2} = \text{Sist. de Quant. de Mov.}_2$$

$+\uparrow$ componentes em y:
$$Nt - Wt = 0 \tag{1}$$

$\xrightarrow{+}$ componentes em x:
$$m\bar{v}_1 - Ft = m\bar{v}_2 \tag{2}$$

$+\downarrow$ momentos em relação a G:
$$Ftr = \bar{I}\omega_2 \tag{3}$$

De (1), obtemos $N = W = mg$. Durante todo o intervalo de tempo considerado, ocorre deslizamento no ponto C, e temos $F = \mu_k N = \mu_k mg$. Substituindo a expressão no lugar de F em (2), escrevemos

$$m\bar{v}_1 - \mu_k mgt = m\bar{v}_2 \qquad \bar{v}_2 = \bar{v}_1 - \mu_k gt \tag{4}$$

Substituindo $F = \mu_k mg$ e $\bar{I} = \frac{2}{5}mr^2$ em (3), temos

$$\mu_k mgtr = \tfrac{2}{5}mr^2\omega_2 \qquad \omega_2 = \frac{5}{2}\frac{\mu_k g}{r}t \tag{5}$$

A esfera começará a rolar sem deslizar quando a velocidade $\mathbf{v}_C$ do ponto de contato for nula. Nesse instante, o ponto C se torna o centro instantâneo de rotação e temos $\bar{v}_2 = r\omega_2$. Com essa consideração em (4) e (5), escrevemos

$$\bar{v}_1 - \mu_k gt = r\left(\frac{5}{2}\frac{\mu_k g}{r}t\right) \qquad\qquad t = \frac{2}{7}\frac{\bar{v}_1}{\mu_k g} \blacktriangleleft$$

Substituindo essa expressão para t em (5), temos

$$\omega_2 = \frac{5}{2}\frac{\mu_k g}{r}\left(\frac{2}{7}\frac{\bar{v}_1}{\mu_k g}\right) \qquad \omega_2 = \frac{5}{7}\frac{\bar{v}_1}{r} \qquad \omega_2 = \frac{5}{7}\frac{\bar{v}_1}{r} \downarrow \blacktriangleleft$$

$$\bar{v}_2 = r\omega_2 \qquad\qquad \bar{v}_2 = r\left(\frac{5}{7}\frac{v_1}{r}\right) \qquad \bar{v}_2 = \tfrac{5}{7}\bar{v}_1 \to \blacktriangleleft$$

PARA REFLETIR　Esta é a mesma resposta obtida no Problema Resolvido 16.6, quando tratamos diretamente com a força e a aceleração aplicando, em seguida, relações cinemáticas.

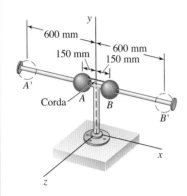

PROBLEMA RESOLVIDO 17.9

Duas esferas sólidas de raio de 100 mm, pesando 1 kg cada, estão montadas em A e B sobre a barra horizontal $A'B'$, que gira livremente em torno da vertical com uma velocidade angular de 6 rad/s no sentido anti-horário. As esferas são mantidas no lugar por uma corda que é subitamente cortada. Sabendo que o momento de inércia centroidal da barra e do pivô é $I_R = 0,4$ kg·m², determine (a) a velocidade angular da barra após as esferas terem se movido para as posições A' e B' e (b) a energia perdida devido ao impacto plástico das esferas e dos anteparos em A' e B'.

ESTRATÉGIA É possível utilizar, primeiro, o princípio de impulso e quantidade de movimento para encontrar a velocidade angular da barra e, depois, a definição de energia cinética para determinar a variação de energia.

MODELAGEM Considere as duas esferas sólidas e a barra horizontal como seu sistema e modele-as como corpos rígidos. O diagrama de impulso e quantidade de movimento para este sistema é mostrado na Fig. 1.

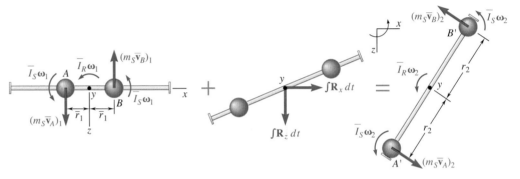

Figura 1 Diagrama de impulso e quantidade de movimento para o sistema.

ANÁLISE

a. Princípio de impulso e quantidade de movimento. Aplicamos o princípio de impulso e quantidade de movimento para esse sistema entre o tempo t_1 (quando as esferas estão em r_1) e t_2 (quando as esferas estão em r_2)

Sist. de Quant. de Mov.$_1$ + Sist. de Imp. Ext.$_{1 \to 2}$ = Sist. de Quant. de Mov.$_2$

Observando que as forças externas consistem dos pesos e da reação no pivô, que não produzem momento em torno do eixo y, e notando que $\bar{v}_A = \bar{v}_B = \bar{r}\omega$, igualamos os momentos em torno do eixo y:

$$2(m_S\bar{r}_1\omega_1)\bar{r}_1 + 2\bar{I}_S\omega_1 + \bar{I}_R\omega_1 = 2(m_S\bar{r}_2\omega_2)\bar{r}_2 + 2\bar{I}_S\omega_2 + \bar{I}_R\omega_2$$
$$(2m_S\bar{r}_1^2 + 2\bar{I}_S + \bar{I}_R)\omega_1 = (2m_S\bar{r}_2^2 + 2\bar{I}_S + \bar{I}_R)\omega_2 \qquad (1)$$

expressando que a quantidade de movimento angular do sistema em relação ao eixo y se conserva. Calculamos agora

$$\bar{I}_S = \tfrac{2}{5}m_S a^2 = \tfrac{2}{5}(1 \text{ kg})(0,1 \text{ m})^2 = 0,004 \text{ kg·m}^2$$
$$m_S\bar{r}_1^2 = (1 \text{ kg})(0,15 \text{ m})^2 = 0,0225 \text{ kg·m}^2$$
$$m_S\bar{r}_2^2 = (1 \text{ kg})(0,6 \text{ m})^2 = 0,36 \text{ kg·m}^2$$

Substituindo esses valores e $\bar{I}_R = 0{,}4$ kg·m² e $\omega_1 = 6$ rad/s em (1):

$$0{,}453(6 \text{ rad/s}) = (1{,}128)\omega_2 \quad \omega_2 = 2{,}41 \text{ rad/s} \blacktriangleleft$$

b. Energia perdida. Na posição inicial, a esfera tem somente o componente de velocidade V_θ. Após o impacto plástico, o componente da velocidade V_r da esfera também é zero. Assim, a energia cinética do sistema nas configurações 1 e 2 pode ser escrita como

$$T = 2(\tfrac{1}{2}m_S\bar{v}^2 + \tfrac{1}{2}\bar{I}_S\omega^2) + \tfrac{1}{2}\bar{I}_R\omega^2 = \tfrac{1}{2}(2m_S\bar{r}^2 + 2\bar{I}_S + \bar{I}_R)\omega^2$$

Trazendo os valores numéricos encontrados anteriormente, temos

$$T_1 = \tfrac{1}{2}(0{,}453)(6)^2 = 8{,}154 \text{ J} \qquad T_2 = \tfrac{1}{2}(1{,}128)(2{,}4096)^2 = 3{,}275 \text{ J}$$

$$\Delta T = T_2 - T_1 = 8{,}154 - 3{,}275 \qquad \Delta T = -4{,}88 \text{ J} \blacktriangleleft$$

PARA REFLETIR Como esperado, quando as esferas se movem para fora, a velocidade angular do sistema diminui. Isso pode ser comparado a um patinador de gelo que abre seus braços para reduzir sua velocidade angular. Observe que o componente radial da velocidade da esfera não é zero quando ela se desloca de 1 a 2, mas não afeta a quantidade de movimento angular do sistema. A perda de energia cinética ocorre quando as esferas sofrem impacto com as extremidades.

PROBLEMA RESOLVIDO 17.10

O disco B de 4 kg está ligado ao eixo de um motor montado sobre a placa A, que pode girar livremente em torno do eixo vertical C. A unidade motor-placa-eixo tem um momento de inércia de $0{,}20$ kg·m² em relação à linha de centro do eixo C. Se o motor é ligado quando o sistema está em repouso, determine as velocidades angulares do disco e da placa após o motor ter atingido sua velocidade normal de operação de 360 rpm.

ESTRATÉGIA

Uma vez que se tem dois tempos – quando o sistema parte do repouso e quando o motor atinge uma velocidade de 360 rpm – é possível utilizar a conservação da quantidade de movimento angular. O cálculo por conservação de energia não pode ser aplicado a este problema, já que o motor converte energia elétrica em energia mecânica.

MODELAGEM Considere o disco B, a placa A, o motor e o eixo como seu sistema e modele-os como corpos rígidos. O diagrama de impulso e quantidade de movimento para esse sistema é mostrado na Fig. 1.

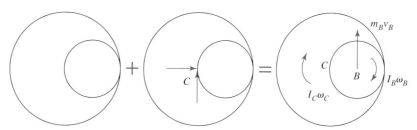

Figura 1 Diagrama de impulso e quantidade de movimento para o sistema.

(*continua*)

Momentos de inércia. O momento de inércia de massa do braço e do motor em relação ao eixo é $I_C = 0,2$ kg·m^2, e o momento de inércia de massa do disco B em relação a seu centro de massa é

$$\bar{I}_B = \frac{1}{2} m_B r_B^2 = \frac{1}{2}(4 \text{ kg})(0,09 \text{ m})^2 = 0,0162 \text{ kg·m}^2$$

ANÁLISE

Princípio de impulso e quantidade de movimento. Aplicamos o princípio de impulso e quantidade de movimento para esse sistema entre o tempo t_1 (quando o sistema está em repouso) e t_2 (quando o motor tem uma velocidade angular de 360 rpm).

Sist. de Quant. de Mov.$_1$ + Sist. de Imp. Ext.$_{1 \to 2}$ = Sist. de Quant. de Mov.$_2$

Tomando os momentos em relação C, temos

$$+\text{↰ momentos em relação a } C: \quad 0 + 0 = (m_B v_B)r_{B/C} + I_C \omega_C + \bar{I}_B \omega_B \quad (1)$$

Cinemática. Podemos relacionar a velocidade de B com a velocidade angular de AB utilizando

$$v_B = r_{B/C} \omega_C = 0,09\ \omega_C \quad (2)$$

A velocidade do motor é $\omega_M = 360$ rpm $= 12\pi$ rad/s, que é a velocidade angular do disco em relação ao braço. Portanto,

$$\omega_B = \omega_C + \omega_M \quad (3)$$

Substituindo as Eqs. (2) e (3) na Eq. (1) e resolvendo para ω_{AB}, temos

$$[(m_B r_{B/C})^2 + I_C)]\omega_C + \bar{I}_B(\omega_O + \omega_M) = 0$$

$$[(4)(0,09)^2 + 0,2]\omega_C + 0,0162(\omega_C + 12\pi) = 0$$

$$\omega_C = -2,456 \text{ rad/s}$$

$$\boldsymbol{\omega}_C = 23,5 \text{ rpm} \downarrow \blacktriangleleft$$

A velocidade angular do disco é

$$\omega_B = -2,456 + 12\pi = 35,24 \text{ rad/s}$$

$$\boldsymbol{\omega}_B = 337 \text{ rpm} \text{↰} \blacktriangleleft$$

PARA REFLETIR Quando o motor gira o disco no sentido anti-horário (visto de cima), o braço AB gira no sentido horário. Uma dica para resolver este problema é reconhecer que a velocidade angular do motor é a velocidade angular relativa do disco em relação à barra.

METODOLOGIA PARA A RESOLUÇÃO DE PROBLEMAS

Nesta seção você aprendeu a usar o método de impulso e quantidade de movimento para resolver problemas que envolvem o movimento plano de corpos rígidos. Como você verificou no Cap. 13, esse método é bastante eficaz quando usado na resolução de problemas que envolvem velocidade e tempo.

1. O princípio de impulso e quantidade de movimento para o movimento plano de um corpo rígido é expresso pela seguinte equação vetorial:

$$\text{Sist. de Quant. de Mov.}_1 + \text{Sist. de Imp. Ext.}_{1 \to 2} = \text{Sist. de Quant. de Mov.}_2 \quad \textbf{(17.14)}$$

onde **Sist. de Quantidades de Movimento** representa o sistema de quantidades de movimento das partículas constituintes do corpo rígido e **Sist. de Imp. Ext.** representa o sistema de todos os impulsos externos exercidos durante o movimento.

   a. O sistema de quantidades de movimento de um corpo rígido é equivalente a um vetor quantidade de movimento linear $m\bar{\mathbf{v}}$ ligado ao centro de massa do corpo e a um binário quantidade de movimento angular em relação ao centro de massa $\bar{I}\boldsymbol{\omega}$ (Fig. 17.7).

   b. Você deve desenhar um diagrama de impulso e quantidade de movimento para o corpo rígido para expressar graficamente a equação vetorial (17.14). Seu diagrama consistirá em três esboços do corpo, representando, respectivamente, as quantidades de movimento iniciais, os impulsos das forças externas e as quantidades de movimento finais. Ele mostrará que o sistema de quantidades de movimento iniciais e o sistema de impulsos das forças externas são, em conjunto, equivalentes ao sistema de quantidades de movimento finais (Fig. 17.8).

   c. Usando a equação baseada no diagrama de impulso e quantidade de movimento, você pode somar componentes em qualquer direção e somar momentos em relação a qualquer ponto. Para um único corpo rígido, se escolher somar momentos em relação a um ponto arbitrário P, você pode escrever a Eq. (17.14) como

$$\bar{I}\omega_1 + m\bar{v}_1 d_\perp + \sum \int_{t_1}^{t_2} M_P dt = \bar{I}\omega_2 + m\bar{v}_2 d_\perp \quad \textbf{(17.14}')$$

onde $d_\perp$ é a distância perpendicular do ponto P à linha de ação da velocidade linear de G. Se você optar por somar momentos em relação ao centro de gravidade do corpo, então a Eq. (17.14$'$) se reduz a

$$\bar{I}\omega_1 + \sum \int_{t_1}^{t_2} M_G dt = \bar{I}\omega_2 \quad \textbf{(17.14}'')$$

Se você escolher somar momentos em relação a um ponto fixo no ponto O, a Eq. (17.14$'$) se reduz a

$$I_O\omega_1 + \sum \int_{t_1}^{t_2} M_O\, dt = I_O\omega_2 \quad \textbf{(17.16)}$$

onde $\boldsymbol{I}_O$ é o momento de inércia de massa em relação ao ponto O. Em muitos casos, você estará apto a selecionar e resolver uma equação que envolva apenas uma incógnita.

(Continua)

2. Em problemas que envolvem um sistema de corpos rígidos, você pode aplicar o princípio de impulso e quantidade de movimento ao sistema como um todo. Uma vez que as forças internas ocorrem em pares de forças iguais e opostas, elas não farão parte de sua resolução [Problemas Resolvidos 17.9 e 17.10].

3. A conservação da quantidade de movimento angular em relação a um eixo dado ocorre quando, para um sistema de corpos rígidos, *a soma dos momentos dos impulsos externos em relação àquele eixo é nula*. De fato, você pode observar facilmente na equação baseada no diagrama de corpo livre que as quantidades de movimento angulares inicial e final do sistema em relação àquele eixo são iguais e, portanto, que a quantidade de movimento angular do sistema em relação ao eixo dado se conserva. Logo, você pode somar as quantidades de movimento angulares dos diversos corpos do sistema e os momentos de suas quantidades de movimento lineares em relação àquele eixo para obter uma equação que pode ser resolvida para uma incógnita [Problemas Resolvidos 17.9 e 17.10.]

PROBLEMAS

PERGUNTAS CONCEITUAIS

17.PC6 Uma barra delgada A está, no Caso 1, rigidamente conectada a uma haste BC sem massa e, no Caso 2 a dois cabos sem massa, como mostra a figura. A espessura vertical da barra A é desprezível em comparação com L. Se a bala D atinge A com uma velocidade v_0 e nela se aloja, como seria a relação entre as as velocidades do centro de gravidade de A imediatamente após o impacto?
  a. O Caso 1 terá uma velocidade maior.
  b. O Caso 2 terá uma velocidade maior.
  c. As velocidades serão a mesma.

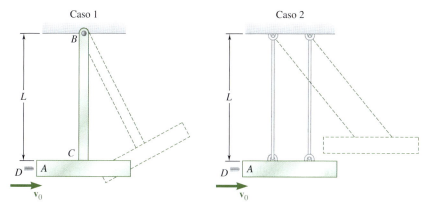

Figura P17.PC6

17.PC7 Uma barra delgada AB de 1 m de comprimento tem uma velocidade angular de 12 rad/s, e seu centro de gravidade tem uma velocidade de 2 m/s como mostra a figura. Em relação a qual ponto temos a menor quantidade de movimento angular de A neste instante?
  a. P_1
  b. P_2
  c. P_3
  d. P_4
  e. É a mesma em relação a todos os pontos.

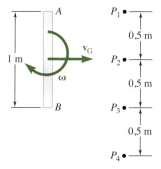

Figura P17.PC7

PROBLEMAS PRÁTICOS DE DIAGRAMA DE IMPULSO E QUANTIDADE DE MOVIMENTO

17.F1 O volante de 350 kg de um pequeno guincho tem um raio de giração de 600 mm. Se o motor é desligado quando a velocidade angular do volante é de 100 rpm no sentido horário, desenhe um diagrama de impulso e quantidade de movimento que pode ser utilizado para determinar o tempo necessário para o sistema chegar ao estado de repouso.

Figura P17.F1

17.F2 Uma esfera de raio r e massa m é colocada sobre um piso horizontal sem velocidade linear, mas com velocidade angular ω_0 no sentido horário. Representando por μ_k o coeficiente de atrito cinético entre a esfera e o piso, desenhe o diagrama de impulso e quantidade de movimento que pode ser usado para determinar o tempo t_1 no qual a esfera começará a rolar sem deslizar.

Figura P17.F2

17.F3 Dois painéis, A e B, são ligados por dobradiças a uma placa retangular e presos por um fio como mostra a figura. A placa e os painéis são feitos do mesmo material e têm a mesma espessura. Todo o conjunto está girando com uma velocidade angular ω_0 quando o fio se rompe. Desenhe o diagrama de impulso e quantidade de movimento necessário para determinar a velocidade angular do conjunto após os painéis terem chegado ao repouso contra a placa.

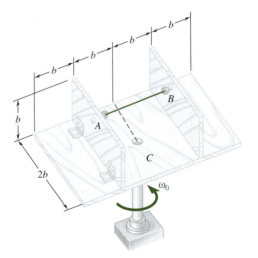

Figura P17.F3

PROBLEMAS DE FINAL DE SEÇÃO

17.52 O rotor de um motor elétrico tem massa de 25 kg, e se observa que são necessários 4,2 min para ele chegar ao repouso a partir de uma velocidade angular de 3.600 rpm após ser desligado. Sabendo que o atrito cinético produz um binário de intensidade 1,2 N·m, determine o raio de giração centroidal para o rotor.

17.53 Uma pequena roda de moagem é presa ao eixo de um motor elétrico que tem uma velocidade nominal de 3600 rpm. Quando o motor é desligado, a unidade repousa em 70 s. A roda de moagem e o rotor têm uma massa combinada de 3 kg e um raio de giração combinado de 50 mm. Determine a intensidade média do binário devido ao atrito cinético nos rolamentos do motor.

Figura P17.53

17.54 Um parafuso localizado a 50 mm do centro de uma roda de automóvel é apertado aplicando-se o binário indicado na figura por 0,10 s. Considerando que a roda está livre para girar e está inicialmente em repouso, determine sua velocidade angular resultante. A roda tem uma massa de 19 kg e um raio de giração de 250 mm.

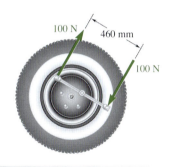

Figura P17.54

17.55 Um cubo uniforme de 65,3 kg está preso a um eixo circular uniforme de 61,7 kg como mostrado, e um binário **M** com intensidade constante é aplicado ao eixo quando o sistema está em repouso. Sabendo que $r = 102$ mm, $L = 305$ mm e a velocidade angular do sistema é de 960 rpm após 4 s, determine a intensidade do binário **M**.

17.56 Um cubo uniforme de 75 kg está preso a um eixo circular uniforme de 70 kg, como mostrado, e um binário **M** com uma intensidade constante de 20 N·m é aplicado ao eixo. Sabendo que $r = 100$ mm e $L = 300$ mm, determine o tempo necessário para que a velocidade angular do sistema aumente de 1.000 rpm para 2.000 rpm.

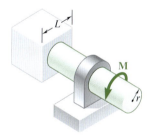

Figura *P17.55* e P17.56

17.57 Um disco de espessura uniforme, inicialmente em estado de repouso, é posto em contato com uma esteira que se move com velocidade constante **v**. Representando por μ_k o coeficiente de atrito cinético entre o disco e a esteira, deduza uma expressão para o tempo necessário de o disco atingir uma velocidade angular constante.

17.58 O disco A, de massa de 2,5 kg e raio $r = 100$ mm, está em estado de repouso quando é posto em contato com uma esteira que se move à velocidade constante de $v = 15$ m/s. Sabendo que $\mu_k = 0,20$ entre o disco e a esteira, determine o tempo necessário para o disco atingir uma velocidade angular constante.

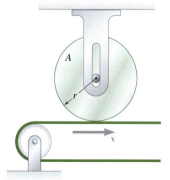

Figura P17.57 e *P17.58*

17.59 Um cilindro de raio r e peso W com velocidade angular inicial ω_0 no sentido anti-horário é colocado no canto formado pelo piso e por uma parede vertical. Representando por μ_k o coeficiente de atrito cinético entre o cilindro, a parede e o piso, deduza uma expressão para o tempo necessário de o cilindro chegar ao estado de repouso.

Figura P17.59

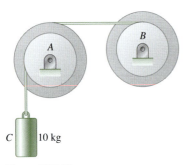

Figura P17.60

17.60 Cada uma das polias duplas mostradas tem um momento de inércia de massa centroidal de 0,25 kg·m², um raio interior de 100 mm e um raio exterior de 150 mm. Desprezando o atrito dos mancais, determine (a) a velocidade do cilindro 3 s após o sistema ser liberado do repouso, (b) a tração na corda que liga as polias.

17.61 Cada uma das engrenagens A e B tem massa de 675 g e um raio de giração de 40 mm, enquanto a engrenagem C tem massa de 3,6 kg e um raio de giração de 100 mm. Considere que o atrito cinético nos mancais das engrenagens A, B e C produz binários de intensidade constante 0,15 N·m, 0,15 N·m e 0,3 N·m, respectivamente. Sabendo que a velocidade angular inicial da engrenagem C é de 2.000 rpm, determine o tempo necessário para que o sistema chegue ao estado de repouso.

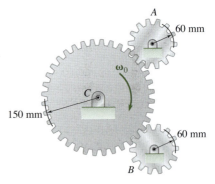

Figura P17.61

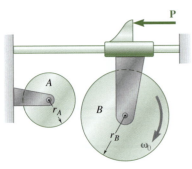

Figura P17.62 e P17.63

17.62 O disco B tem velocidade angular inicial ω_0 quando é posto em contato com o disco A, que está em repouso. Mostre que a velocidade angular final do disco B depende apenas de ω_0 e da razão das massas m_A e m_B dos dois discos.

17.63 O disco A, de 4 kg, tem raio $r_A = 150$ mm e está inicialmente em repouso. O disco B, de 5 kg, tem raio $r_B = 200$ mm e velocidade angular ω_0 de 900 rpm quando é posto em contato com o disco A. Desprezando o atrito nos mancais, determine (a) a velocidade angular final de cada disco, (b) o impulso total da força de atrito exercida sobre o disco A.

17.64 Uma fita move-se sobre os dois tambores mostrados na figura. O tambor *A* tem massa de 0,6 kg e raio de giração de 20 mm, enquanto o tambor *B* tem massa de 1,75 kg e raio de giração de 30 mm. Na porção inferior da fita, a tensão é constante e igual a $T_A = 4$ N. Sabendo que a fita está inicialmente em repouso, determine (*a*) a tensão constante requerida T_B se a velocidade da fita deve ser $v = 3$ m/s após 0,24 s, (*b*) a tensão correspondente na porção da fita entre os tambores.

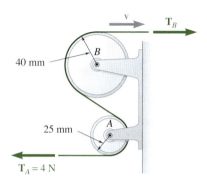

Figura P17.64

17.65 Mostre que o sistema de quantidades de movimento de um corpo rígido em movimento plano reduz-se a um vetor único e expresse a distância do centro de massa *G* à linha de ação desse vetor em termos do raio de giração centroidal $\bar{k}$ do corpo, da intensidade $\bar{v}$ da velocidade de *G* e da velocidade angular **ω**.

17.66 Demonstre que, quando um corpo rígido gira em torno de um eixo fixo passando por *O* perpendicular ao corpo, o sistema de quantidades de movimento de suas partículas é equivalente a um vetor único de intensidade $m\bar{r}\omega$, perpendicular à linha *OG* e aplicado a um ponto *P* sobre essa linha, denominado *centro de percussão*, a uma distância $GP = \bar{k}^2/\bar{r}$ do centro de massa do corpo.

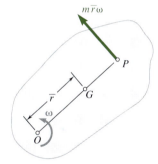

Figura P17.66

17.67 Demonstre que a soma $\mathbf{H}_A$ dos momentos em relação ao ponto *A* das quantidades de movimento das partículas de um corpo rígido em movimento plano é igual a $I_A\boldsymbol{\omega}$, onde **ω** é a velocidade angular do corpo no instante considerado e I_A é o momento de inércia do corpo em relação a *A*, se e somente se uma das seguintes condições é satisfeita: (*a*) *A* é o centro de massa do corpo, (*b*) *A* é o centro instantâneo de rotação, (*c*) a velocidade de *A* é dirigida ao longo de uma linha que liga o ponto *A* ao centro de massa *G*.

Figura P17.68

17.68 Considere um corpo rígido inicialmente em estado de repouso e sujeito a uma força impulsiva **F** contida no plano do corpo. Definimos o *centro de percussão P* como o ponto de interseção da linha de ação de **F** com a perpendicular desenhada a partir de *G*. (*a*) Mostre que o centro instantâneo de rotação *C* do corpo está localizado sobre a linha *GP* a uma distância $GC = \bar{k}^2/GP$ sobre o lado oposto a *G*. (*b*) Mostre que, se o centro de percussão estivesse localizado em *C*, o centro instantâneo de rotação estaria localizado em *P*.

17.69 Um volante está rigidamente conectado a um eixo de 40 mm de raio que rola sem deslizar ao longo de trilhos paralelos. Sabendo que, após ser liberado do estado de repouso, o sistema atinge uma velocidade de 150 mm/s em 30 s, determine o raio de giração centroidal do sistema.

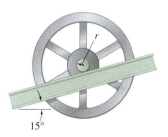

Figura P17.69

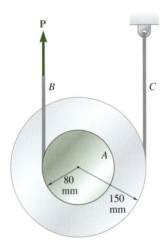

Figura P17.71

Figura P17.74 e P17.75

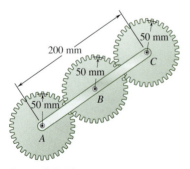

Figura P17.76

17.70 Uma roda de raio r e raio de giração centroidal $\bar{k}$ é liberada do estado de repouso sobre o plano inclinado mostrado na figura no instante $t = 0$. Considerando que a roda rola sem deslizar, determine (a) a velocidade do seu centro no tempo t, (b) o coeficiente de atrito estático necessário para evitar o deslizamento.

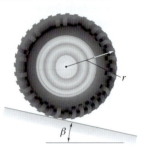

Figura P17.70

17.71 A polia dupla mostrada na figura tem massa de 3 kg e um raio de giração de 100 mm. Sabendo que, quando a polia está em repouso, uma força **P** de 24 N de intensidade é aplicada à corda B, determine (a) a velocidade do centro da polia após 1,5 s, (b) a tração na corda C.

17.72 e 17.73 Um cilindro de 240 mm de raio e 8 kg de massa repousa sobre um transportador de 3 kg. O sistema está em estado de repouso quando uma força **P** de intensidade 10 N é aplicada como mostra a figura durante 1,2 s. Sabendo que o cilindro rola sem deslizar sobre o transportador e desprezando a massa dos roletes, determine a velocidade resultante (a) do transportador, (b) do centro do cilindro.

Figura P17.72   **Figura P17.73**

17.74 Dois cilindros uniformes, cada um com massa $m = 6$ kg e raio $r = 125$ mm, estão conectados por uma esteira como mostra a figura. Se o sistema é liberado do repouso quando $t = 0$, determine (a) a velocidade do centro do cilindro B em $t = 3$ s, (b) a tração na parte da esteira que liga os dois cilindros.

17.75 Dois cilindros uniformes, cada um com massa $m = 6$ kg e raio $r = 125$ mm, estão conectados por uma esteira como mostra a figura. Sabendo que, no instante mostrado, a velocidade angular do cilindro A é de 30 rad/s no sentido anti-horário, determine (a) o tempo necessário para que a velocidade angular do cilindro A seja reduzida para 5 rad/s, (b) a tração na parte da esteira que liga os dois cilindros.

17.76 No arranjo das engrenagens mostrado na figura, as engrenagens A e C estão presas à barra ABC, que é livre para girar em torno de B, enquanto a engrenagem interna B é fixa. Sabendo que o sistema está em repouso, determine a intensidade do binário **M** que deve ser aplicado na barra ABC se, 2,5 s depois, a velocidade angular da barra for de 240 rpm no sentido horário. As engrenagens A e C têm massa de 1,25 kg cada uma e podem ser consideradas como discos de 50 mm de raio; a barra ABC tem massa de 2 kg.

17.77 Uma esfera de raio r e massa m é lançada ao longo de uma superfície horizontal rugosa com as velocidades iniciais mostradas na figura. Para que a velocidade final da esfera seja nula, expresse (a) a intensidade requerida de $\boldsymbol{\omega}_0$ em termos de v_0 e r, (b) o tempo necessário para a esfera chegar ao repouso em termos de v_0 e do coeficiente de atrito cinético ω_k.

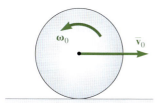

Figura P17.77

17.78 Um tubo de 6 kg de massa e 160 mm de diâmetro repousa sobre uma placa de 1,5 kg. O tubo e a placa estão inicialmente em repouso quando uma força **P** de intensidade 25 N é aplicada durante 0,75 s. Sabendo que $\mu_s = 0{,}25$ e $\mu_k = 0{,}20$ entre a placa, o tubo e o piso, determine (a) se o tubo desliza em relação à placa, (b) as velocidades resultantes do tubo e da placa.

Figura P17.78

17.79 Um painel semicircular com um raio r é preso a dobradiças em uma placa circular com um raio r e inicialmente é mantido na posição vertical como mostrado. A placa e o painel são feitos do mesmo material e têm a mesma espessura. Sabendo que todo o conjunto está girando livremente com uma velocidade angular inicial $\boldsymbol{\omega}_0$, determine a velocidade angular do conjunto após o painel ser liberado e ter chegado ao estado de repouso contra a placa.

Figura P17.79

17.80 Um disco de 1,25 kg e de 100 mm de raio está preso ao suporte BCD por meio de pequenos eixos montados em mancais em B e D. O suporte de 0,75 kg tem raio de giração de 75 mm em relação ao eixo x. Inicialmente, o conjunto está girando a 120 rpm com o disco no plano do suporte ($\theta = 0$). Se o disco for levemente deslocado e girar em relação ao suporte até $\theta = 90°$, onde ele é contido por uma pequena barra em D, determine a velocidade angular final do conjunto.

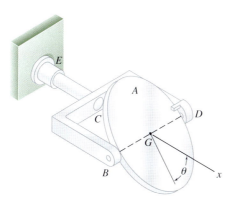

Figura P17.80

17.81 Dois discos de 4 kg e um pequeno motor são montados em uma plataforma retangular de 6 kg que é livre para girar em torno de um fuso vertical central. A velocidade de operação normal do motor é de 240 rpm. Se o motor é ligado quando o sistema está em repouso, determine as velocidades angulares de todos os elementos do sistema após o motor ter atingido sua velocidade normal de operação. Despreze as massas do motor e da cinta.

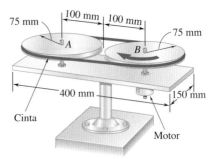

Figura P17.81

17.82 Uma barra de 3 kg e de 800 mm de comprimento pode deslizar livremente no cilindro de 240 mm DE, que pode girar livremente no plano horizontal. Na posição mostrada na figura, o conjunto está girando com velocidade angular de intensidade $\omega = 40$ rad/s e a extremidade B da barra se movimenta na direção do cilindro a uma velocidade de 75 mm/s em relação ao cilindro. Sabendo que o momento de inércia da massa centroidal do cilindro em torno do eixo vertical é $0{,}025 = $ kg·m^2 e desprezando o efeito do atrito, determine a velocidade angular do conjunto quando a extremidade B da barra bate na extremidade E do cilindro.

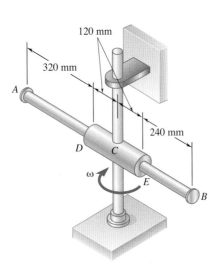

Figura P17.82

17.83 Um tubo AB de 1,6 kg desliza livremente na barra DE, que pode girar livremente no plano horizontal. Inicialmente, o conjunto está rodando com velocidade angular $\omega = 5$ rad/s, e o tubo é mantido na posição C por uma corda. O momento de inércia da barra e do braço em torno do eixo vertical de rotação é 0,30 kg·m^2 e o momento de inércia centroidal do tubo em torno do eixo vertical é 0,0025 kg·m^2. Se a corda é subitamente rompida, determine (a) a velocidade angular do conjunto após o tubo ter se movido para a extremidade E, (b) a energia perdida pelo impacto plástico em E.

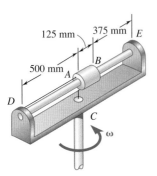

Figura P17.83

17.84 No helicóptero mostrado na figura, um rotor de cauda é usado para impedir a rotação da cabine à medida que a velocidade das pás principais é alterada. Considerando que o rotor de cauda não esteja em operação, determine a velocidade angular final da cabine após a velocidade das pás principais ter sido alterada de 180 para 240 rpm. (A velocidade das pás principais é medida em relação à cabine, que tem um momento de inércia centroidal de 1.000 kg·m^2. Cada uma das quatro pás principais é considerada como uma barra delgada de 4,2 m de comprimento e 25 kg de massa.).

17.85 Considerando que o rotor de cauda do Problema 17.84 esteja operando e que a velocidade angular da cabine permaneça nula, determine a velocidade horizontal final da cabine quando a velocidade das pás principais for alterada de 180 para 240 rpm. A cabine tem massa de 625 kg e está inicialmente em estado de repouso. Determine também a força exercida pelo rotor de cauda considerando que a variação de velocidade seja uniforme durante 12 s.

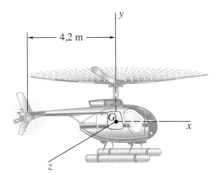

Figura *P17.84*

17.86 Uma plataforma circular *A* é presa a um aro de raio interno de 200 mm e pode girar livremente em torno de um eixo vertical. É sabido que a unidade plataforma–aro tem massa de 5 kg e raio de giração de 175 mm com relação ao eixo. No momento em que a plataforma está girando com uma velocidade de 50 rpm, um disco *B* de 3 kg e raio de 80 mm é colocado na plataforma com velocidade nula. Sabendo que o disco *B*, então, desliza de encontro ao aro até ficar em repouso relativo à plataforma, determine a velocidade angular final da plataforma.

17.87 O disco uniforme *A* de 30 kg e a barra *BC* estão em repouso, e o disco uniforme *D* de 5 kg tem uma velocidade angular inicial de ω_1 com uma intensidade de 440 rpm quando a mola comprimida é liberada e o disco *D* entra em contato com o disco *A*. O sistema gira livremente em torno do fuso vertical *BE*. Após um período de deslizamento, o disco *D* rola sem deslizar. Sabendo que a intensidade da velocidade angular final do disco *D* é de 176 rpm, determine as velocidades angulares finais da barra *BC* e do disco *A*. Despreze a massa da barra *BC*.

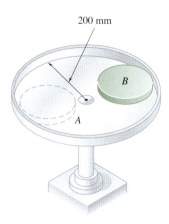

Figura P17.86

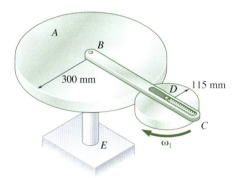

Figura P17.87

17.88 A barra *AB* de 4 kg pode deslizar livremente dentro do tubo de 6 kg. A barra estava inteiramente dentro do tubo ($x = 0$) e foi liberada sem velocidade inicial em relação ao tubo quando a velocidade angular do conjunto era de 5 rad/s. Desprezando o efeito do atrito, determine a velocidade da barra em relação ao tubo quando $x = 400$ mm.

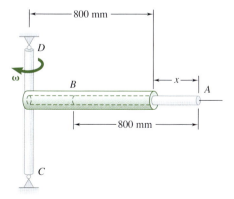

Figura P17.88

17.89 Um colar A de 1,8 kg e um colar B de 0,7 kg podem deslizar sem atrito sobre uma estrutura que consiste da barra horizontal OE e da barra vertical CD, livre para girar em torno do seu eixo vertical de simetria. Os dois colares são presos por uma corda que passa sobre uma polia que está ligada à estrutura em O. No instante mostrado, a velocidade $\mathbf{v}_A$ do colar A tem uma intensidade de 2,1 m/s, e um batente evita que o colar B se mova. O batente é repentinamente removido, e o colar A move-se em direção a E. À medida que atinge uma distância de 0,12 m a partir de O, a intensidade da sua velocidade é observada em 2,5 m/s. Determine, nesse instante, a intensidade da velocidade angular do sistema e o momento de inércia da estrutura e da polia em relação a CD.

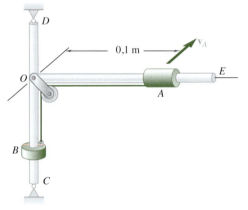

Figura P17.89

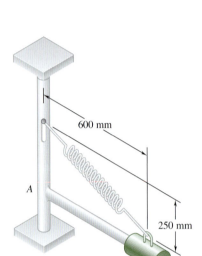

Figura P17.90

17.90 Um cursor C de 3 kg é preso a uma mola e pode deslizar na barra AB, que pode girar no plano horizontal. O momento de inércia da massa da barra AB em relação a extremidade A é 0,5 kg·m². A mola tem uma constante $k = 3.000$ N/m e um comprimento indeformado de 250 mm. No instante mostrado na figura, a velocidade do cursor em relação à barra é nula, e o conjunto está girando com uma velocidade angular de 12 rad/s. Desprezando o efeito do atrito, determine (a) a velocidade angular do conjunto quando o cursor passa pelo ponto localizado 180 mm da extremidade A da barra, (b) a velocidade correspondente do cursor em relação à barra.

17.91 Um pequeno cursor C de 2 kg pode deslizar livremente sobre um anel fino de 3 kg de massa e de 250 mm de raio. O anel está soldado a um eixo vertical curto que pode girar livremente em um mancal fixo. Inicialmente, o anel tem uma velocidade angular de 35 rad/s, e o cursor está no alto do anel ($\theta = 0$), quando este recebe um leve toque. Desprezando o efeito do atrito, determine (a) a velocidade angular do anel quando o cursor passar pela posição $\theta = 90°$, (b) a velocidade correspondente do cursor relativamente ao anel.

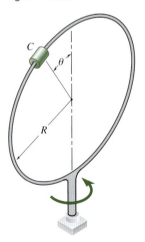

Figura P17.91

17.92 A barra AB, de massa 2,7 kg, é ligada a um carrinho C de 4,5 kg. Sabendo que o sistema é liberado do repouso na posição mostrada na figura e desprezando o atrito, determine (a) a velocidade do ponto B quando a barra AB passar por uma posição vertical, (b) a velocidade correspondente do carrinho C.

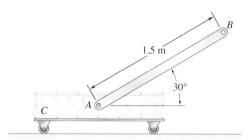

Figura **P17.92**

17.93 No Problema 17.82, determine a velocidade da barra AB em relação ao cilindro DE quando a extremidade B da barra bate na extremidade E do cilindro.

17.94 No Problema 17.83, determine a velocidade do tubo em relação à barra quando o tubo bate na extremidade E do conjunto.

17.95 Um cilindro A de aço de 3 kg e um carrinho de madeira B de 5 kg estão em repouso na posição mostrada na figura quando o cilindro recebe um empurrãozinho, fazendo com que ele role sem deslizar ao longo da superfície superior do carrinho. Desprezando o atrito entre o carrinho e o chão, determine a velocidade do carrinho quando o cilindro passar pelo ponto mais baixo da superfície em C.

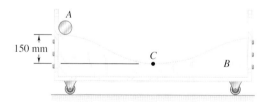

Figura P17.95

17.3 Impacto excêntrico

Você viu no Cap. 13 que o método de impulso e quantidade de movimento é o único praticável para a resolução de problemas que envolvem o movimento impulsivo de uma partícula. Agora verificaremos que os problemas que envolvem o movimento impulsivo de corpos rígidos adaptam-se particularmente bem à resolução pelo método de impulso e quantidade de movimento. Uma vez que o intervalo de tempo considerado no cálculo de impulsos lineares e de impulsos angulares é muito curto, é possível considerar que os corpos envolvidos ocupem a mesma posição durante aquele intervalo de tempo, o que torna o cálculo bastante simples.

Na Seção 13.4, você aprendeu a resolver problemas de **impacto central**, isto é, problemas em que os centros de massa dos dois corpos em colisão estão localizados sobre a linha de impacto. Agora, analisaremos o **impacto excêntrico** de dois corpos rígidos.

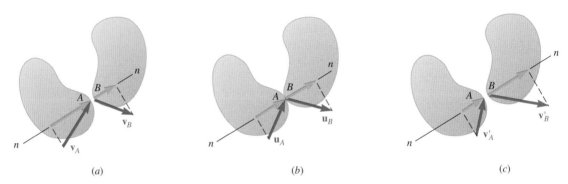

Figura 17.10 Quando dois corpos rígidos colidem, (a) as velocidades dos pontos de contato antes do impacto (b) mudam durante o período de deformação e (c) mudam novamente durante o período de restituição.

Foto 17.4 Um bastão em rotação exerce uma força impulsiva quando entra em contato com a bola. Podemos utilizar o princípio de impulso e quantidade de movimento para determinar as velocidades finais da bola e do bastão.

Considere dois corpos que colidem e represente por $\mathbf{v}_A$ e $\mathbf{v}_B$ as velocidades antes do impacto dos dois pontos de contato A e B (Fig. 17.10a). Sob o impacto, os dois corpos se *deformarão* e, ao final do período de deformação, as velocidades $\mathbf{u}_A$ e $\mathbf{u}_B$ de A e B terão componentes iguais ao longo da linha de impacto nn (Fig. 17.10b). Um período de *restituição* então, se seguirá, ao término do qual A e B terão velocidades $\mathbf{v}'_A$ e $\mathbf{v}'_B$ (Fig. 17.10c). Admitindo que os corpos estão sem atrito, concluiremos que as forças que eles exercem um sobre o outro são dirigidas ao longo da linha de impacto. Representando a intensidade do impulso de uma dessas forças durante o período de deformação por $\int P dt$ e a intensidade do seu impulso durante o período de restituição por $\int R dt$, relembremos que o coeficiente de restituição e é definido pela razão

$$e = \frac{\int R \, dt}{\int P \, dt} \qquad (17.18)$$

Propomo-nos a mostrar que as relações estabelecidas na Seção 13.4 entre as velocidades relativas de duas partículas antes e depois do impacto também valem para os componentes das velocidades relativas dos dois pontos de contato A e B ao longo da linha de impacto. Portanto, queremos mostrar que

$$(v'_B)_n - (v'_A)_n = e[(v_A)_n - (v_B)_n] \qquad (17.19)$$

Primeiro, iremos admitir que o movimento de cada um dos dois corpos em colisão da Fig. 17.10 é irrestrito. Logo, as únicas forças impulsivas exercidas sobre os corpos durante o impacto estão aplicadas em A e B, respectivamente. Considere o corpo ao qual o ponto A pertence e desenhe o diagrama de impulso e quantidade de movimento correspondente ao período de deformação (Fig. 17.11). Representemos por $\bar{\mathbf{v}}$ e $\bar{\mathbf{u}}$, respectivamente, a velocidade do centro de massa no início e no fim do período de deformação, e por ω e ω^* as velocidade angular do corpo nos mesmos instantes. Somando e igualando os componentes das quantidades de movimento e impulsos ao longo da linha de impacto nn, escrevemos

$$m\bar{v}_n - \int P\,dt = m\bar{u}_n \tag{17.20}$$

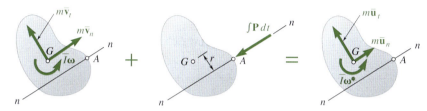

Figura 17.11 Diagrama de impulso e quantidade de movimento para um corpo que sofre um impacto excêntrico durante o período de deformação.

Somando e igualando os momentos em relação a G das quantidades de movimento e impulsos, escrevemos também

$$\bar{I}\omega - r\int P\,dt = \bar{I}\omega^* \tag{17.21}$$

onde r representa a distância perpendicular entre G e a linha de impacto. Considerando agora o período de restituição, obtemos de modo similar

$$m\bar{u}_n - \int R\,dt = m\bar{v}'_n \tag{17.22}$$

$$\bar{I}\omega^* - r\int R\,dt = \bar{I}\omega' \tag{17.23}$$

onde $\bar{\mathbf{v}}'$ e ω' representam, respectivamente, a velocidade do centro de massa e a velocidade angular do corpo após o impacto. Resolvendo (17.20) e (17.22) para os dois impulsos e substituindo os resultados em (17.18) e, em seguida, resolvendo (17.21) e (17.23) para os mesmos dois impulsos e substituindo os resultados novamente em (17.18), obtemos as duas seguintes expressões alternativas para o coeficiente de restituição:

$$e = \frac{\bar{u}_n - \bar{v}'_n}{\bar{v}_n - \bar{u}_n} \qquad e = \frac{\omega^* - \omega'}{\omega - \omega^*} \tag{17.24}$$

Multiplicando por r o numerador e o denominador da segunda expressão obtida para e e adicionando os produtos, respectivamente, ao numerador e ao denominador da primeira expressão, temos

$$e = \frac{\bar{u}_n + r\omega^* - (\bar{v}'_n + r\omega')}{\bar{v}_n + r\omega - (\bar{u}_n + r\omega^*)} \tag{17.25}$$

Observando que $\bar{v}_n + r\omega$ representa o componente $(v_A)_n$ ao longo de nn da velocidade do ponto de contato A e que, analogamente, $\bar{u}_n + r\omega^*$ e $\bar{v}'_n + r\omega'$ representam, respectivamente, os componentes $(u_A)_n$ e $(v'_A)_n$, escrevemos

$$e = \frac{(u_A)_n - (v'_A)_n}{(v_A)_n - (u_A)_n} \tag{17.26}$$

A análise do movimento do segundo corpo conduz a uma expressão semelhante para e em termos dos componentes das velocidades sucessivas do ponto B ao longo de nn. Relembrando que $(u_A)_n = (u_B)_n$ e eliminando esses dois componentes de velocidade por uma manipulação semelhante àquela usada na Seção 13.4, obtemos a relação em (17.19).

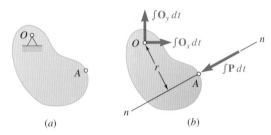

Figura 17.12 (a) Um corpo rígido limitado a girar em torno de um ponto fixo O; (b) reação impulsiva em O resultante de um impacto excêntrico.

Se um ou ambos os corpos em colisão forem restringidos a girar em torno de um ponto fixo O, como no caso de um pêndulo composto (Fig. 17.12a), uma reação impulsiva será exercida em O (Fig. 17.12b). Verificamos que as Eqs. (17.26) e (17.19) permanecem válidas, embora sua dedução deva ser modificada. Aplicando a fórmula (17.16) ao período de deformação e ao período de restituição, escrevemos

$$I_O \omega - r\int P\, dt = I_O \omega^* \qquad (17.27)$$

$$I_O \omega^* - r\int R\, dt = I_O \omega' \qquad (17.28)$$

onde r representa a distância perpendicular do ponto fixo O à linha de impacto. Resolvendo (17.27) e (17.28) para os dois impulsos, substituindo os resultados em (17.18) e observando então que $r\omega$, $r\omega^*$ e $r\omega'$ representam os componentes das sucessivas velocidades do ponto A ao longo de nn, escrevemos

$$e = \frac{\omega^* - \omega'}{\omega - \omega^*} = \frac{r\omega^* - r\omega'}{r\omega - r\omega^*} = \frac{(u_A)_n - (v'_A)_n}{(v_A)_n - (u_A)_n}$$

Constatamos que a Eq. (17.26) ainda vale. Portanto, a Eq. (17.19) permanece válida quando um ou ambos os corpos em colisão forem restringidos a girar em torno de um ponto fixo O.

Para determinar as velocidades dos dois corpos em colisão após o impacto, a relação (17.19) deve ser usada em conjunto com uma ou várias outras equações obtidas pela aplicação do princípio de impulso e quantidade de movimento (Problema Resolvido 17.11 e 17.13).

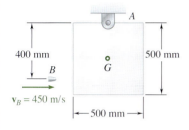

PROBLEMA RESOLVIDO 17.11

Uma bala B de 25 kg é disparada com uma velocidade horizontal de 450 m/s contra a lateral de um painel quadrado de 10 kg suspenso por uma articulação em A. Sabendo que o painel está inicialmente em estado de repouso, determine (a) a velocidade angular do painel imediatamente após a bala se alojar no painel e (b) a reação impulsiva em A, considerando que a bala leva 0,0006 s para se alojar.

ESTRATÉGIA Como o problema apresenta um impacto, é possível utilizar o princípio de impulso e quantidade de movimento.

MODELAGEM Considere a bala e o painel como seu sistema. Modele a bala com uma partícula e o painel como um corpo rígido. O diagrama de impulso e quantidade de movimento é apresentado na Figura 1. Uma vez que o intervalo de tempo $\Delta t = 0{,}0006$ é muito curto, é possível desprezar todas as forças não impulsivas e considerar apenas os impulsos externos $\mathbf{A}_x \Delta$ e $\mathbf{A}_y \Delta t$.

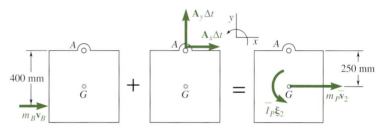

Figura 1 Diagrama de impulso e quantidade de movimento para o sistema. A bala é desprezada no tempo 2.

ANÁLISE
Princípio de impulso e quantidade de movimento.

$$\text{Sist. de Quant. de Mov.}_1 + \text{Sist. de Imp. Ext.}_{1\to 2} = \text{Sist. de Quant. de Mov.}_2$$

$+\circlearrowleft$ momentos em relação a A: $\quad m_B v_B (0{,}4 \text{ m}) + 0 = m_P \bar{v}_2 (0{,}25 \text{ m}) + \bar{I}_P \omega_2 \quad (1)$

$\xrightarrow{+}$ componentes em x: $\qquad\qquad m_B v_B + A_x \Delta t = m_P \bar{v}_2 \quad (2)$

$+\uparrow$ componentes em y: $\qquad\qquad\qquad 0 + A_y \Delta t = 0 \quad (3)$

Observe que o peso da bala é desprezível comparado ao peso do painel, portanto não o incluímos no lado direito da Eq. (1). O momento de inércia de massa centroidal do painel quadrado é

$$\bar{I}_P = \tfrac{1}{6} m_P b^2 = \frac{1}{6}(10 \text{ kg})(0{,}5 \text{ m})^2 = 0{,}417 \text{ kg} \cdot \text{m}^2$$

Substituindo esse valor, bem como os dados na Eq. (1), e observando que, da cinemática, temos

$$\bar{v}_2 = (0{,}25 \text{ m})\omega_2$$

(*continua*)

então escrevemos

$$(0{,}025)(450)(0{,}4) = 0{,}417\,\omega_2 + (10)(0{,}25\,\omega_2)(0{,}25)$$

$$\omega_2 = 4{,}32 \text{ rad/s} \qquad \boldsymbol{\omega}_2 = 4{,}32 \text{ rad/s} \downarrow \blacktriangleleft$$

$$\bar{v}_2 = (0{,}25 \text{ m})\omega_2 = (0{,}25 \text{ m})(4{,}32 \text{ rad/s}) = 1{,}08 \text{ m/s}$$

Substituindo $\bar{v}_2 = 1{,}08$ m/s, $\Delta t = 0{,}0006$ s e os dados na Eq. (2), escrevemos

$$(0{,}025)(450) + A_x(0{,}0006) = (10)(1{,}08)$$

$$A_x = -750 \text{ N} \qquad \mathbf{A}_x = 750 \text{ N} \leftarrow \blacktriangleleft$$

Da Eq. (3), temos $A_y = 0$.

$$A_y = 0 \blacktriangleleft$$

PARA REFLETIR A velocidade da bala está na faixa de um rifle moderno de alta performance. Observe que a reação em A é mais de 5000 vezes o peso da bala e mais de 10 vezes o peso da placa.

PROBLEMA RESOLVIDO 17.12

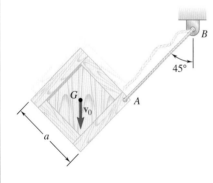

Uma caixa quadrada, uniforme e carregada está caindo livremente com uma velocidade $\mathbf{v}_0$ quando a corda AB se estica repentinamente. Considerando que o impacto é perfeitamente plástico, determine a velocidade angular da caixa e a velocidade de seu centro de massa imediatamente depois de a corda ficar esticada.

ESTRATÉGIA Como o problema apresenta um impacto, é possível utilizar o princípio de impulso e quantidade de movimento para resolvê-lo.

MODELAGEM Considere a caixa como seu sistema e modele-a como um corpo rígido. O diagrama de impulso e quantidade de movimento para esse sistema é mostrado na Fig. 1. O momento de inércia de massa da caixa em torno de G é $\bar{I} = \frac{1}{6}ma^2$.

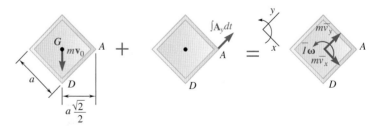

Sist. de Quant. de Mov.$_1$ + Sist. de Imp. Ext.$_{1\to 2}$ = Sist. de Quant. de Mov.$_2$

Figura 1 Diagrama de impulso e quantidade de movimento para a caixa.

(continua)

Capítulo 17 Movimento plano de corpos rígidos: métodos de energia e quantidade de movimento

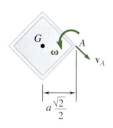

Figura 2 Velocidade do ponto A.

ANÁLISE

Princípio de impulso e quantidade de movimento. Aplicando o princípio de impulso e quantidade de movimento na direção x e tomando momentos em relação a A, temos

$$+\circlearrowleft \text{ momentos em relação a } A: \quad mv_0 a\frac{\sqrt{2}}{2} + 0 = \bar{I}\omega + m\bar{v}_x \frac{a}{2} - m\bar{v}_y \frac{a}{2} \quad (1)$$

$$\searrow^+ \text{ componentes em } x: \quad mv_0 \frac{\sqrt{2}}{2} + 0 = m\bar{v}_x \quad (2)$$

Há três incógnitas nessas duas equações: ω, $\bar{v}_x$ e $\bar{v}_y$. Para equações adicionais, é possível usar a cinemática. Como o impacto é perfeitamente plástico, o ponto A tem uma velocidade perpendicular à corda (Fig. 2). Portanto, podemos relacionar a aceleração de A com a de G:

$$\bar{\mathbf{v}} = \mathbf{v}_G = \mathbf{v}_A + \mathbf{v}_{G/A}$$

$$= [v_A \,\swarrow\, 45°] + \left[a\frac{\sqrt{2}}{2}\omega \downarrow\right]$$

Equacionando componentes na direção x e y, obtemos

$$\searrow^+ \text{ componentes em } x: \quad \bar{v}_x = v_A + a\frac{\sqrt{2}}{2}\omega\frac{\sqrt{2}}{2} = v_A + \frac{a\omega}{2} \quad (3)$$

$$\nearrow^+ \text{ componentes em } y: \quad \bar{v}_y = -a\frac{\sqrt{2}}{2}\omega\frac{\sqrt{2}}{2} = -\frac{a\omega}{2} \quad (4)$$

Agora temos quatro equações e quatro incógnitas. Resolvendo esses problemas, temos

$$\omega = \frac{3\sqrt{2}}{5}\frac{v_0}{a} \quad \bar{v}_x = \frac{\sqrt{2}}{2}v_0 \quad \bar{v}_y = -\frac{3\sqrt{2}}{10}v_0 \quad v_A = \frac{\sqrt{2}}{5}v_0$$

Então

$$\boldsymbol{\omega} = 0{,}849\frac{v_0}{d} \circlearrowleft \blacktriangleleft$$

Figura 3 Diagrama para determinar a intensidade e a direção de $\bar{v}$.

Decompondo a velocidade do centro de massa em uma intensidade e uma direção usando a Fig. 3, escrevemos

$$\bar{\mathbf{v}} = 0{,}825 v_0 \,\swarrow\, 76{,}0° \blacktriangleleft$$

PARA REFLETIR Se o impacto não tivesse sido plástico, o ponto A teria ricocheteado e a corda teria afrouxado. Para resolver o problema nesse caso, você precisaria calcular o coeficiente de restituição.

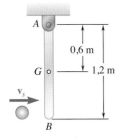

PROBLEMA RESOLVIDO 17.13

Uma esfera de 2 kg movendo-se horizontalmente para a direita com velocidade inicial de 5 m/s bate na extremidade inferior de uma barra rígida AB de 8 kg. A barra está suspensa por uma articulação em A e está inicialmente em repouso. Sabendo que o coeficiente de restituição entre a barra e a esfera é de 0,80, determine a velocidade angular da barra e a velocidade da esfera imediatamente após o impacto.

ESTRATÉGIA Como o problema apresenta um impacto, é possível utilizar o princípio de impulso e quantidade de movimento para resolvê-lo.

MODELAGEM Considere a esfera e a barra como seu sistema; modele a esfera como uma partícula e a barra como um corpo rígido. Você também precisa usar a equação do coeficiente de restituição. O diagrama de impulso e quantidade de movimento para esse sistema é mostrado na Fig. 1. Observe que a única força impulsiva externa ao sistema é a reação impulsiva em A.

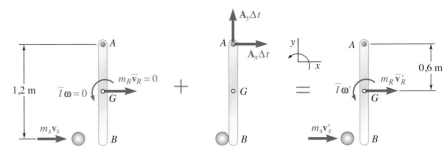

Figura 1 Diagrama de impulso e quantidade de movimento para o sistema.

ANÁLISE
Princípio de impulso e quantidade de movimento.

Sist. de Quant. de Mov.$_1$ + Sist. de Imp. Ext.$_{1\to 2}$ = Sist. de Quant. de Mov.$_2$

+↱ momentos em relação a A:

$$m_s v_s (1{,}2 \text{ m}) = m_s v'_s (1{,}2 \text{ m}) + m_R \bar{v}'_R (0{,}6 \text{ m}) + \bar{I}\omega' \qquad (1)$$

Neste caso, a massa da esfera não é desprezível em comparação com a da barra; portanto, devemos incluí-la no lado direito da Eq. (1). Como a barra gira em torno de A, da cinemática, temos $\bar{v}'_R = \bar{r}\omega' = (0{,}6 \text{ m})\omega'$. Além disso,

$$\bar{I} = \tfrac{1}{12}mL^2 = \tfrac{1}{12}(8 \text{ kg})(1{,}2 \text{ m})^2 = 0{,}96 \text{ kg·m}^2$$

Substituindo esses valores e os dados fornecidos na Eq. (1), obtemos

$$(2 \text{ kg})(5 \text{ m/s})(1{,}2 \text{ m}) = (2 \text{ kg})v'_s(1{,}2 \text{ m}) + (8 \text{ kg})(0{,}6 \text{ m})\omega'(0{,}6 \text{ m})$$
$$+ (0{,}96 \text{ kg·m}^2)\omega'$$
$$12 = 2{,}4v'_s + 3{,}84\omega' \qquad (2)$$

Coeficiente de restituição. Escolhendo o sentido positivo para a direita, escrevemos

$$v'_B - v'_s = e(v_s - v_B)$$

Substituindo $v_s = 5$ m/s, $v_B = 0$ e $e = 0,80$, temos

$$v'_B - v'_s = 0,8(5 \text{ m/s} - 0) \tag{3}$$

Novamente, considerando que a barra gira em torno de A, escrevemos

$$v'_B = (1,2 \text{ m})\,\omega' \tag{4}$$

Resolvendo as Eqs. de (2) a (4) simultaneamente, obtemos

$$\omega' = 3,21 \text{ rad/s} \qquad \omega' = 3,21 \text{ rad/s} \;\nwarrow \blacktriangleleft$$

$$v'_s = -0,143 \text{ m/s} \qquad \mathbf{v}'_s = 0,143 \text{ m/s} \leftarrow \blacktriangleleft$$

PARA REFLETIR O valor negativo para a velocidade da esfera após o impacto significa que ela ricocheteia para a esquerda. Dadas as massas da esfera e da barra, esse resultado parece razoável.

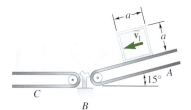

PROBLEMA RESOLVIDO 17.14

Um pacote quadrado de lado a e massa m move-se para baixo sobre uma esteira transportadora A com uma velocidade constante $\bar{\mathbf{v}}_1$. No final da esteira, o canto do pacote bate em um suporte rígido em B. Admitindo que o impacto em B seja perfeitamente plástico, deduza uma expressão para a menor intensidade da velocidade $\bar{\mathbf{v}}_1$ de modo que o pacote gire em torno de B e atinja a esteira transportadora C.

ESTRATÉGIA Como temos um impacto, utilizaremos o princípio de impulso e quantidade de movimento para o momento em que o pacote atinge o suporte rígido em B e, em seguida, aplicaremos a conservação de energia para a rotação do pacote em torno do suporte B após o impacto.

MODELAGEM Considere o pacote como seu sistema e modele-o como um corpo rígido. O diagrama de impulso e quantidade de movimento para esse sistema é mostrado na Fig. 1. Observe que a única força impulsiva externa ao sistema é a reação impulsiva em B.

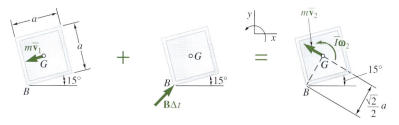

Figura 1 Diagrama de impulso e quantidade de movimento para o pacote.

(*continua*)

Posição 2

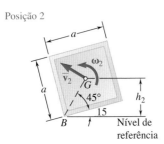

$GB = \dfrac{1}{2}\sqrt{2}a = 0{,}707a$

$h_2 = GB \operatorname{sen}(45 + 15)$

$\qquad = 0{,}612a$

Posição 3

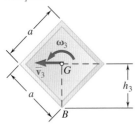

$h_3 = GB = 0{,}707a$

Figura 2 O pacote nas posições 2 e 3.

ANÁLISE
Princípio de impulso e quantidade de movimento.

Sist. de Quant. de Mov.$_1$ + Sist. de Imp. Ext.$_{1\to 2}$ = Sist. de Quant. de Mov.$_2$

$+\uparrow$ momentos em relação a B: $(m\bar v_1)(\tfrac{1}{2}a) + 0 = (m\bar v_2)(\tfrac{1}{2}\sqrt{2}a) + \bar I\omega_2$ (1)

Uma vez que o pacote gira em torno de B, temos $\bar v_2 = (GB)\omega_2 = \tfrac{1}{2}\sqrt{2}a\omega_2$. Substituímos essa expressão juntamente com $\bar I = \tfrac{1}{6}ma^2$ na Eq. (1) para

$(m\bar v_1)(\tfrac{1}{2}a) = m(\tfrac{1}{2}\sqrt{2}a\omega_2)(\tfrac{1}{2}\sqrt{2}a) + \tfrac{1}{6}ma^2\omega_2 \qquad \bar v_1 = \tfrac{4}{3}a\omega_2$ (2)

Conservação de energia. Aplicamos o princípio de conservação de energia entre a posição 2 e a posição 3 (Fig. 2):

$$T_2 + V_2 = T_3 + V_3 \qquad (3)$$

Agora precisamos determinar a energia nas duas posições.

Posição 2. $V_2 = Wh_2$. Relembrando que $\bar v_2 = \tfrac{1}{2}\sqrt{2}a\omega_2$, escrevemos

$T_2 = \tfrac{1}{2}m\bar v_2^2 + \tfrac{1}{2}\bar I\omega_2^2 = \tfrac{1}{2}m(\tfrac{1}{2}\sqrt{2}a\omega_2)^2 + \tfrac{1}{2}(\tfrac{1}{6}ma^2)\omega_2^2 = \tfrac{1}{3}ma^2\omega_2^2$

Posição 3. Uma vez que o pacote precisa atingir a esteira transportadora C, ele terá que passar pela posição 3, onde G estará diretamente acima de B. Além disso, como desejamos determinar a menor velocidade para que o pacote atinja essa posição, escolhemos $\bar v_3 = \omega_3 = 0$. Portanto, $T_3 = 0$ e $V_3 = Wh_3$.

Substituindo os valores na Eq. (3):

$\tfrac{1}{3}ma^2\omega_2^2 + Wh_2 = 0 + Wh_3$

$\omega_2^2 = \dfrac{3W}{ma^2}(h_3 - h_2) = \dfrac{3g}{a^2}(h_3 - h_2)$ (4)

Substituindo os valores calculados de h_2 e h_3 na Eq. (4), obtemos

$\omega_2^2 = \dfrac{3g}{a^2}(0{,}707a - 0{,}612a) = \dfrac{3g}{a^2}(0{,}095a) \qquad \omega_2 = \sqrt{0{,}285g/a}$

$\bar v_1 = \tfrac{4}{3}a\omega_2 = \tfrac{4}{3}a\sqrt{0{,}285g/a} \qquad\qquad \bar v_1 = 0{,}712\sqrt{ga}$ ◄

PARA REFLETIR A combinação entre energia e os métodos de quantidade de movimento é típica de muitas análises de projeto. Se você estivesse interessado em determinar a reação em B imediatamente após o impacto ou em algum outro ponto do movimento, teria sido necessário desenhar um diagrama de corpo livre e um diagrama cinético e aplicar a segunda lei de Newton.

PROBLEMA RESOLVIDO 17.15

Um equipamento de testes para bolas de futebol consiste em uma barra delgada AB de 15 kg com um pé simulador de 1,1 kg localizado em A e uma mola de torção localizada no pino B. A mola de torção tem uma constante de mola $k_t = 910$ N·m e não está deformada quando AB é vertical. O comprimento de AB é 0,9 m, e podemos considerar que o pé pode ser modelado como uma massa pontual. Sabendo que a velocidade da bola de futebol de 0,45 kg é de 30 m/s após o impacto, determine (a) o coeficiente de restituição entre o pé simulador e a bola, (b) o impulso em B durante o impacto.

ESTRATÉGIA Este problema pode ser resolvido em dois estágios distintos do movimento. No estágio 1, o braço se move para baixo sob a influência da gravidade e da mola de torção. Pode-se usar a conservação de energia para essa fase. No estágio 2, como o pé bate na bola, faz-se necessário o uso do princípio de impulso e quantidade de movimento e o coeficiente de restituição.

MODELAGEM Cada estágio requer um sistema diferente. Para o estágio 1, seu sistema é a barra AB, o pé B e a mola de torção. No estágio 2, seu sistema é a barra AB, o pé B e a bola de futebol. Os diagramas apropriados estão desenhados na seção de análise. Você pode modelar AB como uma barra delgada. Seu momento de inércia de massa é

$$\bar{I}_{AB} = \tfrac{1}{12}m_{AB}l^2 = \tfrac{1}{12}(15 \text{ kg})(0,9 \text{ m})^2 = 1,0125 \text{ kg·m}^2$$

ANÁLISE
Barra *AB* move-se para baixo. Aplicamos o princípio de conservação da energia:

$$T_1 + V_{g_1} + V_{e_1} = T_2 + V_{g_2} + V_{e_2} \qquad (1)$$

(*continua*)

Posição 1. Como o sistema inicia do repouso, $T_1 = 0$. Utilizando o nível de referência da Fig. 1, sabemos que $V_{g_1} = 0$ e, como a mola não está deformada na posição 2, temos

$$V_{e_1} = \tfrac{1}{2}k_t\theta^2 = \tfrac{1}{2}(910 \text{ N·m})(\tfrac{\pi}{2})^2 = 1123 \text{ J}$$

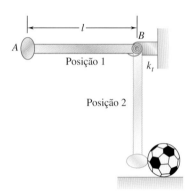

Figura 1 A barra nas posições 1 e 2.

Posição 2. A energia potencial elástica é $V_{e_2} = 0$, e a energia potencial gravitacional é

$$V_{g_2} = -m_{AB}g\frac{l}{2} - m_A g l = -(15 \text{ kg})(9{,}81 \text{ m/s}^2)(0{,}45 \text{ m}) - (1{,}1 \text{ kg})(9{,}81 \text{ m/s}^2)(0{,}9 \text{ m})$$
$$= -75{,}93 \text{ J}$$

A energia cinética é

$$T_2 = \tfrac{1}{2}m_A v_A^2 + \tfrac{1}{2}m_{AB}v_G^2 + \tfrac{1}{2}\bar{I}_{AB}\omega^2$$

Você pode relacionar a velocidade do pé e a velocidade do centro de gravidade da barra com a velocidade angular de AB, reconhecendo que AB está sofrendo uma rotação de eixo fixo. Portanto, $v_G = \omega\frac{l}{2}$ e $v_A = \omega l$. Substituindo na expressão para T_2, temos

$$T_2 = \frac{1}{2}\left(m_A l^2 + m_{AB}\left(\frac{l}{2}\right)^2 + \bar{I}_{AB}\right)\omega^2 = 2{,}4705\omega^2$$

Substituindo esses termos de energia na Eq. (1), temos

$$0 + 0 + 1123 = 2{,}4705\omega^2 - 75{,}93 + 0$$

Resolvendo para a velocidade angular, obtemos $\omega = 22{,}03$ rad/s. Conhecendo ω, podemos calcular as velocidades $v_G = 9{,}912$ m/s e $v_A = 19{,}824$ m/s.

O pé *A* chuta a bola de futebol. Os diagramas de impulso e quantidade de movimento para o impacto sobre a bola são mostrados na Fig. 2.

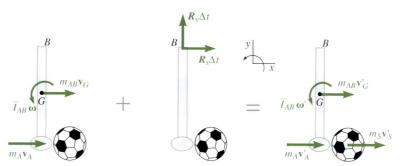

Sist. de Quant. de Mov.$_1$ + Sist. de Imp. Ext.$_{1\to2}$ = Sist. de Quant. de Mov.$_2$

Figura 2

Tomando os momentos em relação a *B*, temos

+↑ momentos em relação a *B*:

$$m_A v_A l + m_{AB} v_G \frac{l}{2} + \bar{I}_{AB}\omega + 0 = m_A v'_A l + m_{AB} v'_G \frac{l}{2} + \bar{I}_{AB}\omega' + m_S v'_S l \quad (2)$$

A equação para o coeficiente de restituição é

$$v'_S - v'_A = e(v_A - 0) \quad (3)$$

onde $v'_S = 30$ m/s. Da cinemática, sabemos que $v'_A = \omega' l$ e $v'_G = \omega'(l/2)$. Usando essas equações cinemáticas e as Eqs. (2) e (3), podemos resolver para as quantidades desconhecidas

$$v'_A = 17{,}61 \text{ m/s} \quad v'_G = 8{,}81 \text{ m/s} \quad \omega' = 19{,}57 \text{ rad/s} \quad e = 0{,}625$$

$$e = 0{,}625 \;\blacktriangleleft$$

Impulsos durante o impacto. Aplicando os métodos de impulso e quantidade de movimento nas direções x e y, temos

$\xrightarrow{+}$ componentes em *x*: $\quad m_{AB} v_G + m_A v_A + R_x \Delta t = m_{AB} v'_G + m_A v'_A + m_S v'_S \quad (4)$

+↑ componentes em *y*: $\quad\quad\quad\quad 0 + R_y \Delta t = 0 \quad (5)$

Resolvendo essas equações, temos $R_x \Delta t = -5{,}53$ N e $R_y \Delta t = 0$.

$$\mathbf{R}\Delta t = 5{,}53 \text{ N} \leftarrow \;\blacktriangleleft$$

PARA REFLETIR Esse coeficiente de restituição parece razoável. À medida que você diminui a pressão na bola, espera-se que o coeficiente de restituição diminua; portanto, a distância que a bola percorre diminui. Para determinar as reações em *B* após o impacto, você precisaria desenhar os diagramas de corpo livre e cinético para o seu sistema e aplicar a segunda lei de Newton.

METODOLOGIA PARA A
RESOLUÇÃO DE PROBLEMAS

Esta seção foi dedicada ao **movimento impulsivo** e ao **impacto excêntrico** de corpos rígidos.

1. O movimento impulsivo ocorre quando um corpo rígido é submetido a uma força **F** muito intensa durante um intervalo de tempo Δt bastante curto; o impulso resultante **F** Δt é finito e diferente de zero. Tais forças são conhecidas como **forças impulsivas** e são encontradas sempre que há um impacto entre dois corpos rígidos. As forças cujo impulso é nulo são conhecidas como **forças não impulsivas**. Como você observou no Cap. 13, as seguintes forças podem ser consideradas como não impulsivas: o peso de um corpo, a força exercida por uma mola e qualquer outra força que sabidamente seja pequena em comparação com as forças impulsivas. Reações desconhecidas, porém, não podem ser consideradas como não impulsivas.

2. Impacto excêntrico de corpos rígidos. Você já sabe que, quando dois corpos colidem, os componentes de velocidade dos pontos de contato A e B ao longo da linha de impacto, antes e depois do impacto, satisfazem a seguinte equação:

$$(v_B')_n - (v_A')_n = e[(v_A)_n - (v_B)_n] \tag{17.19}$$

onde o primeiro membro é a *velocidade relativa depois do impacto* e o segundo membro é o produto do coeficiente de restituição e da *velocidade relativa antes do impacto*.

Essa equação expressa a mesma relação entre os componentes de velocidade dos pontos de contato antes e depois do impacto que você usou para partículas no Cap. 13.

3. Para resolver um problema que envolve um impacto, você deve usar o *método de impulso e quantidade de movimento* e seguir os seguintes passos.

    a. Desenhe um diagrama de impulso e quantidade de movimento para o sistema expressando as quantidades de movimento imediatamente antes do impacto e mais os impulsos das forças externas que atuam durante o impacto; essa soma é equivalente ao sistema de quantidades de movimento imediatamente após o impacto.

    b. Escreva as equações governantes para a quantidade de movimento angular em relação a algum ponto. Dependendo do tipo de problema (especialmente quando você deseja obter reações impulsivas de suporte), também é possível escrever as equações para a quantidade de movimento linear [Problema Resolvido 17.11].

    c. No caso de um impacto em que $e > 0$, o número de incógnitas será maior que o número de equações que você pode escrever pela soma de componentes e momentos, e você deve suplementar as equações obtidas da equação baseada no diagrama de corpo livre com a Eq. (17.19), que relaciona as velocidades relativas dos pontos de contato antes e depois do impacto [Problemas Resolvidos 17.13 e 17.15].

    d. Durante um impacto, você deve usar o método de impulso e quantidade de movimento. Todavia, *antes e depois do impacto*, se necessário, você pode usar alguns dos outros métodos de solução que você aprendeu, tais como o método de trabalho e energia [Problemas Resolvidos 17.14 e 17.15] ou a segunda lei de Newton.

PROBLEMAS

PROBLEMAS PRÁTICOS DE DIAGRAMA DE IMPULSO E QUANTIDADE DE MOVIMENTO

17.F4 Uma barra delgada uniforme AB de massa m está em repouso sobre uma superfície horizontal sem atrito quando o gancho C engata em um pequeno pino em A. Sabendo que o gancho é puxado para cima com uma velocidade constante $\mathbf{v}_0$, desenhe o diagrama de impulso e quantidade de movimento que é necessário para determinar o impulso exercido sobre a barra em A e B. Suponha que a velocidade do gancho pemanece inalterada e que o impacto é perfeitamente plástico.

Figura P17.F4

17.F5 Uma barra delgada AB de comprimento L está em queda livre com uma velocidade $\mathbf{v}_0$ até que a corda AC se estica subitamente. Considerando que o impacto é perfeitamente plástico, desenhe o diagrama de impulso e quantidade de movimento necessário para determinar a velocidade angular da barra e a velocidade de seu centro de massa imediatamente depois de a corda ficar esticada.

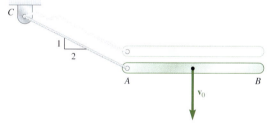

Figura P17.F5

17.F6 Uma barra delgada CDE de comprimento L e massa m está ligada a um suporte de pino no seu ponto médio D. Uma segunda barra idêntica AB está girando em torno de um suporte de pino em A com uma velocidade angular ω_1 quando a sua extremidade B atinge a extremidade C da barra CDE. O coeficiente de restituição entre as barras é e. Desenhe os diagramas de impulso e quantidade de movimento necessários para determinar a velocidade angular de cada barra imediatamente após o impacto.

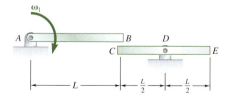

Figura P17.F6

PROBLEMAS DE FINAL DE SEÇÃO

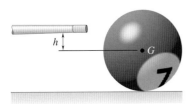

Figura P17.96

17.96 A que altura h acima do seu centro de massa G uma bola de bilhar de raio r deve ser golpeada horizontalmente por um taco para começar a rolar sem deslizar?

17.97 Uma bala de 40 g é disparada com uma velocidade horizontal de 550 m/s contra a extremidade inferior de uma barra delgada de 7,5 kg e de comprimento $L = 800$ mm. Sabendo que $h = 300$ mm e que a barra está inicialmente em estado de repouso, determine (a) a velocidade angular da barra imediatamente após a bala se alojar nela, (b) a reação impulsiva em C, considerando que a bala se aloja em 0,001 s.

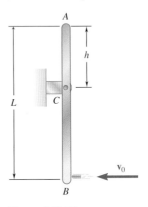

Figura P17.97

17.98 No Problema 17.97, determine (a) a distância h requerida para que a reação impulsiva em C seja nula, (b) a velocidade angular correspondente da barra imediatamente após a bala ter se alojado.

17.99 Um painel de madeira de 8 kg é suspenso por um suporte de pino em A e está inicialmente em repouso. Uma esfera de metal de 2 kg é liberada do repouso em B e cai dentro de uma concha semiesférica C presa ao painel em um ponto localizado em sua borda de cima. Considerando que o impacto é perfeitamente plástico, determine a velocidade do centro de massa G do painel imediatamente após o impacto.

17.100 Um painel de madeira de 8 kg é suspenso por um suporte de pino em A e está inicialmente em repouso. Uma esfera de metal de 2 kg é liberada do repouso em B' e cai dentro de uma concha semiesférica C' presa ao painel em um ponto localizado no mesmo nível do seu centro de massa G. Considerando que o impacto é perfeitamente plástico, determine a velocidade do centro de massa G do painel imediatamente após o impacto.

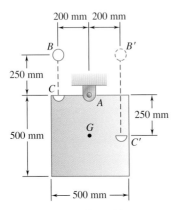

Figura P17.99 e P17.100

17.101 Uma bala de 45 g é disparada com velocidade de 400 m/s a $\theta = 30°$ contra um painel quadrado de 9 kg de lado $b = 200$ mm. Sabendo que $h = 150$ mm e que o painel está inicialmente em repouso, determine (a) a velocidade do centro do painel imediatamente depois de a bala ter se alojado, (b) a reação impulsiva em A, considerando que a bala leva 2 ms para se alojar.

17.102 Uma bala de 45 g é disparada com velocidade de 400 m/s a $\theta = 5°$ contra um painel quadrado de 9 kg de lado $b = 200$ mm. Sabendo que o painel está inicialmente em repouso, determine (a) a distância h necessária para que o componente da reação impulsiva em A seja igual a zero, (b) a velocidade correspondente do centro do painel imediatamente após a bala ter se alojado.

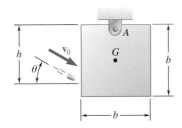

Figura P17.101 e P17.102

17.103 Duas barras uniformes, cada uma de massa m, formam o corpo rígido em forma de L ABC, que está inicialmente em repouso sobre uma superfície horizontal sem atrito quando o gancho D do carro E engata em um pequeno pino em C. Sabendo que o carro é puxado para a direita com uma velocidade constante v_0, determine, parao momento imediatamente após o impacto, (a) a velocidade angular do corpo, (b) a velocidade do canto B. Considere que a velocidade do carro permanece inalterada e que o impacto é perfeitamente plástico.

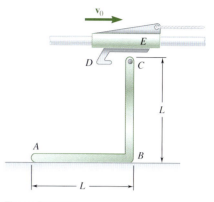

Figura P17.103

17.104 Uma barra delgada uniforme AB de massa 2,5 kg e comprimento 750 mm forma um ângulo $\beta = 30°$ com a vertical quando atinge o canto liso mostrado na figura com uma velocidade vertical v_1 de intensidade de 2,4 m/s e sem velocidade angular. Considerando que o impacto é perfeitamente elástico, determine a velocidade angular da barra imediatamente após o impacto.

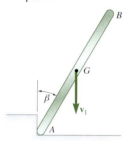

Figura P17.104

17.105 Uma bala de 40 g é disparada com uma velocidade horizontal de 550 m/s contra a barra de madeira de 7,5 kg e comprimento $L = 750$ mm. A barra, que está inicialmente em repouso, é suspensa por um cordão de comprimento $L = 750$ mm. Determine a distância h para que, imediatamente após a bala ter se alojado, o centro instantâneo de rotação da barra seja o ponto C.

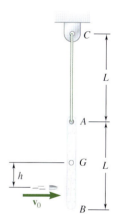

Figura P17.105

17.106 Um protótipo de um dispositivo adaptado de boliche consiste em uma rampa simples ligada a uma cadeira de rodas. A bola de boliche tem um momento de inércia de massa em relação a seu centro de gravidade de cmr^2, onde c é uma constante sem unidade, r é o raio, e m é sua massa. O atleta empurra rapidamente a bola a uma altura de h, e a bola rola para baixo na rampa sem deslizar. Ela atinge a pista de boliche e, depois de escorregar por uma curta distância, começa a rolar novamente. Considerando que a bola não quica ao atingir a superfície horizontal, determine sua velocidade angular e a velocidade de seu centro de massa após recomeçar a rolar.

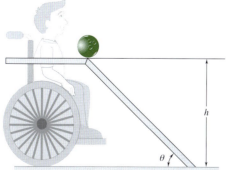

Figura P17.106

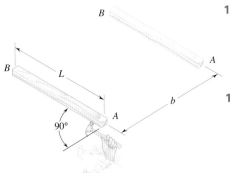

Figura P17.107

17.107 Uma barra delgada uniforme AB está em estado de repouso sobre uma mesa horizontal sem atrito quando a extremidade A da barra é golpeada por um martelo que fornece um impulso perpendicular à barra. No movimento subsequente, determine a distância b que a barra percorrerá cada vez que ela completar uma revolução inteira.

17.108 Uma bala de massa m é disparada com uma velocidade horizontal $\mathbf{v}_0$ e a uma altura $h = \frac{1}{2}R$ em um grande disco de madeira de massa M e raio R. O disco repousa sobre um plano horizontal, e o coeficiente de atrito entre o disco e o plano é finito. (a) Determine a velocidade linear $\bar{\mathbf{v}}_1$ e a velocidade angular $\boldsymbol{\omega}_1$ do disco imediatamente após a bala ter se alojado no disco. (b) Descreva o movimento subsequente do disco e determine a sua velocidade linear depois de o movimento se tornar uniforme.

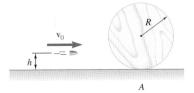

Figura P17.108 e P17.109

17.109 Determine a altura h em que a bala do Problema 17.108 deve ser disparada (a) para o disco rolar sem deslizar imediatamente após o impacto, (b) para o disco deslizar sem rolar imediatamente após o impacto.

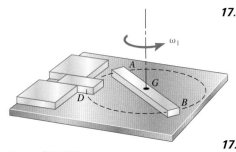

Figura P17.110

17.110 Uma barra delgada uniforme de comprimento $L = 200$ mm e massa $m = 0{,}5$ kg é apoiada em uma mesa horizontal sem atrito. Inicialmente, a barra está girando em torno de seu centro de massa G com uma velocidade angular constante $\omega_1 = 6$ rad/s. Subitamente, o trinco D é movido para a direita, batendo na extremidade A da barra. Sabendo que o coeficiente de restituição entre A e D é $e = 0{,}6$, determine a velocidade angular da barra e a velocidade de seu centro de massa imediatamente após o impacto.

17.111 Uma barra delgada uniforme de comprimento L cai contra suportes rígidos em A e B. Como o suporte B está ligeiramente abaixo do suporte A, a barra bate em A com uma velocidade $\bar{\mathbf{v}}_1$ antes de bater em B. Admitindo um impacto perfeitamente elástico tanto em A como em B, determine a velocidade angular da barra e a velocidade de seu centro de massa imediatamente após a barra (a) bater no suporte A, (b) bater no suporte B, (c) bater mais uma vez no suporte A.

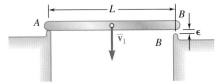

Figura *P17.111*

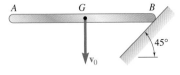

Figura P17.112

17.112 Uma barra delgada uniforme AB de massa m e comprimento L está em queda livre com uma velocidade $\mathbf{v}_0$ quando a extremidade B atinge uma superfície lisa e inclinada, como mostrado. Considerando que o impacto é perfeitamente elástico, determine a velocidade angular da barra e a velocidade de seu centro de massa imediatamente após o impacto.

17.113 A barra delgada AB, de comprimento $L = 1$ m, forma um ângulo $\beta = 30°$ com a vertical quando choca com a superfície sem atrito mostrada na figura com uma velocidade vertical $\bar{v}_1 = 2$ m/s e sem velocidade angular. Sabendo que o coeficiente de restituição entre a barra e o solo é $e = 0{,}80$, determine a velocidade angular da barra imediatamente após o impacto.

17.114 Um dos méodos inovadores para o lançamento de foguetes de carga consiste em uma sequência de liberação aérea que envolve várias etapas, como mostrado em (1), em que o foguete de carga é apresentado em distintas instâncias durante o lançamento. Para investigar o primeiro passo desse processo, em que o corpo do foguete cai livremente da aeronave transportadora até que um cordão interrompa o movimento vertical de B, um foguete é testado como mostra a figura em (2). Ele pode ser considerado um retângulo uniforme de 1×7 m de 4.000 kg de massa. Sabendo que o foguete é liberado do repouso e cai verticalmente 2 m antes que o cordão seja esticado, determine a velocidade angular do foguete imediatamente após o cordão ficar esticado.

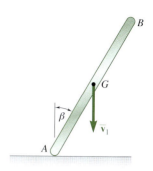

Figura **P17.113**

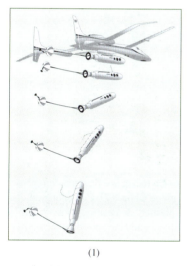

(1)

Figura **P17.114**

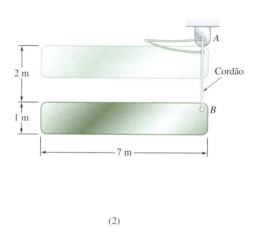

(2)

17.115 O bloco retangular uniforme mostrado na figura está se movendo ao longo de uma superfície sem atrito com uma velocidade $\bar{v}_1$ quando atinge uma pequena obstrução em B. Supondo que o impacto entre o canto A e a obstrução B é perfeitamente plástico, determine a intensidade da velocidade $\bar{v}_1$ para que o ângulo máximo θ que o bloco irá girar seja de 30°.

Figura **P17.115**

17.116 A ginasta de 40 kg cai de uma altura máxima de $h = 0,5$ m em linha reta até a barra como mostrado. Suas mãos tocam e agarram a barra, e seu corpo permanece em linha reta na posição mostrada. Seu centro de massa está a 0,75 metros de suas mãos, e seu momento de inércia de massa em relação a seu centro de massa é de 7,5 kg·m². Considerando que o atrito entre a barra e as mãos é desprezível e que ela permanece na mesma posição durante todo o giro, determine sua velocidade angular quando ela alcança um ângulo $\theta = 135°$.

Figura P17.116

17.117 Um barra delgada de comprimento L e massa m é liberada do repouso na posição mostrada na figura e atinge a borda D. Considerando que o impacto em D é perfeitamente plástico, determine, para $b = 0,6L$, (a) a velocidade angular da barra imediatamente após o impacto, (b) o ângulo máximo que a barra irá girar após o impacto.

17.118 Um caixote quadrado uniformemente carregado é liberado do repouso com seu canto D diretamente acima de A; ele gira em torno de A até que seu canto B bata no chão, quando então passa a girar em torno de B. O chão é suficientemente áspero para impedir o deslizamento, e o impacto em B é perfeitamente plástico. Representando por ω_0 a velocidade angular do caixote imediatamente após B bater no chão, determine (a) a velocidade angular do caixote imediatamente antes de B bater no chão, (b) a fração da energia cinética do caixote perdida durante o impacto, (c) o ângulo θ em que o caixote irá girar após B bater no chão.

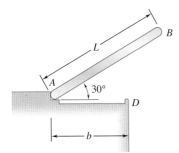

Figura P17.117

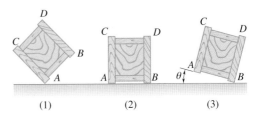

Figura P17.116

17.119 Uma bala de 30 g é disparada com uma velocidade horizontal de 350 m/s contra uma viga de madeira AB de 8 kg. A viga está suspensa por um cursor de peso desprezível que pode deslizar ao longo de uma barra horizontal. Desprezando o atrito entre o cursor e a barra, determine o ângulo máximo de rotação da viga durante seu movimento subsequente.

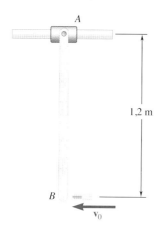

Figura P17.119

17.120 Para a viga do Problema 17.119, determine a velocidade da bala de 30 g para que o ângulo máximo de rotação da viga seja de 90°.

17.121 A prancha CDE tem massa de 15 kg e repousa sobre um pequeno pivô em D. A ginasta A de 55 kg está parada sobre a prancha em C quando o ginasta B de 70 kg pula de uma altura de 2,5 m e atinge a prancha em E. Considerando um impacto perfeitamente plástico e que a ginasta A esteja de pé e absolutamente ereta, determine a altura a que a ginasta A subirá.

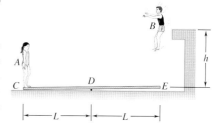

Figura P17.121

17.122 Resolva o Problema 17.121 considerando que os ginastas troquem de lugar, com a ginasta A pulando sobre a prancha e o ginasta B parado em C.

17.123 Uma barra delgada AB é liberada do estado de repouso na posição mostrada na figura. Ela oscila para baixo até uma posição vertical e bate em uma segunda barra idêntica CD, que está em repouso sobre uma superfície sem atrito. Admitindo que o coeficiente de restituição entre as barras seja de 0,4, determine a velocidade da barra CD imediatamente após o impacto.

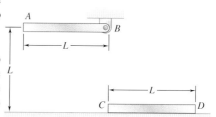

Figura P17.123 e P17.124

17.124 Uma barra delgada AB é liberada do estado de repouso na posição mostrada na figura. Ela oscila para baixo até uma posição vertical e bate em uma segunda barra idêntica CD, que está em repouso sobre uma superfície sem atrito. Admitindo que o impacto entre as barras seja perfeitamente elástico, determine a velocidade da barra CD imediatamente após o impacto.

17.125 O bloco A de massa m é preso a uma corda enrolada em torno de um disco uniforme de massa M. O bloco é liberado do repouso e cai a uma distância h antes da corda ficar esticada. Deduza expressões para a velocidade do bloco e para a velocidade angular do disco imediatamente após o impacto. Suponha que o impacto seja (a) perfeitamente plástico, (b) perfeitamente elástico.

Figura *P17.125*

17.126 Uma esfera sólida de 2 kg e de raio $r = 40$ mm cai de uma altura $h = 200$ mm sobre uma prancha delgada AB de massa 4 kg e comprimento $L = 500$ mm sustentada por duas cordas inextensíveis. Sabendo que o impacto é perfeitamente plástico e que a esfera permanece presa à prancha a uma distância $a = 40$ mm da sua extremidade esquerda, determine a velocidade da esfera imediatamente após o impacto. Despreze a espessura da prancha.

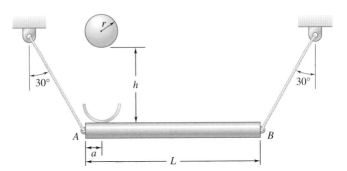

Figura **P17.126**

17.127 e 17.128 O elemento ABC tem uma massa de 2,4 kg e está preso a um suporte de pino em B. Uma esfera D de 800 g bate na extremidade do elemento ABC com uma velocidade vertical $\mathbf{v}_1$ de 3 m/s. Sabendo que $L = 750$ mm e que o coeficiente de restituição entre a esfera e o elemento ABC é 0,5, determine, imediatamente após o impacto, (a) a velocidade angular do elemento ABC, (b) a velocidade da esfera.

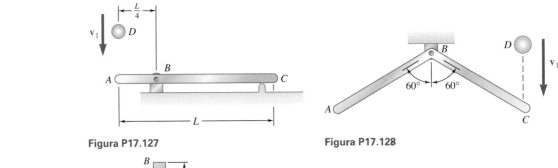

Figura **P17.127**   Figura **P17.128**

17.129 A esfera A de massa $m_A = 2$ kg e raio $r = 40$ mm rola sem deslizar a uma velocidade $\bar{\mathbf{v}}_1 = 2$ m/s em uma superfície horizontal quando atinge diretamente uma barra delgada uniforme B de massa $m_B = 0,5$ kg e comprimento $L = 100$ mm que está em pé e em repouso. Representando por μ_k o coeficiente de atrito cinético entre a esfera e a superfície horizontal, desprezando o atrito entre a esfera e a barra e sabendo que o coeficiente de restituição entre A e B é 0,1, determine as velocidades angulares da esfera e da barra imediatamente após o impacto.

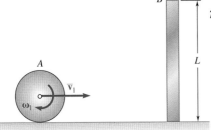

Figura **P17.129**

17.130 Uma grande esfera de 1,5 kg com raio $r = 100$ mm é solta dentro de uma cesta leve na extremidade de uma barra fina e uniforme de massa 1 kg e comprimento $L = 250$ mm como mostra a figura. Imediatamente antes do impacto, a velocidade angular da barra é 3 rad/s no sentido anti-horário e a velocidade da esfera é 0,5 m/s para baixo. Considerando que a esfera se fixa na cesta, determine, após o impacto, (*a*) a velocidade angular da barra e da esfera, (*b*) os componentes da reação em *A*.

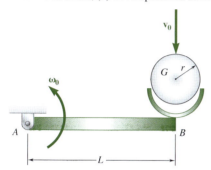

Figura P17.130

17.131 Uma pequena bola de borracha de raio *r* é atirada contra um piso rugoso com uma velocidade $\bar{\mathbf{v}}_A$ de intensidade $\mathbf{v}_0$ e uma velocidade angular $\boldsymbol{\omega}_A$ de intensidade ω_0. Observa-se que a bola salta de *A* para *B*, depois de *B* para *A*, depois de *A* para *B* etc. Admitindo um impacto perfeitamente elástico, determine a intensidade requerida ω_0 da velocidade angular em termos de $\bar{\mathbf{v}}_0$ e *r*.

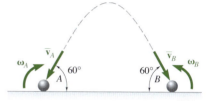

Figura P17.131

17.132 A esfera *A* de massa *m* e raio *r* rola sem deslizar com uma velocidade $\bar{\mathbf{v}}_1$ sobre uma superfície horizontal quando bate de frente com uma esfera idêntica *B* que está em estado de repouso. Representando por μ_k o coeficiente de atrito cinético entre as esferas e a superfície, desprezando o atrito entre as esferas e admitindo um impacto perfeitamente elástico, determine (*a*) as velocidades linear e angular de cada esfera imediatamente após o impacto, (*b*) a velocidade de cada esfera depois que elas começam a rolar uniformemente.

Figura P17.132

17.133 Em um jogo de sinuca, a bola *A* está rolando sem deslizar com uma velocidade $\bar{\mathbf{v}}_0$ quando bate obliquamente na bola *B*, que está em estado de repouso. Representando por *r* o raio de cada bola e por μ_k o coeficiente de atrito cinético entre a bola e a mesa, e considerando um impacto perfeitamente elástico, determine (*a*) as velocidades linear e angular de cada bola imediatamente após o impacto, (*b*) a velocidade da bola *B* após começar a rolar uniformemente.

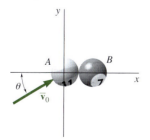

Figura P17.133

17.134 Cada uma das barras *AB* e *BC* tem comprimento $L = 400$ mm e massa $m = 1,2$ kg. Determine a velocidade angular de cada barra imediatamente depois que o impulso $\mathbf{Q}\Delta t = (1,5 \text{ N·s})\mathbf{i}$ é aplicado em *C*.

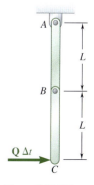

Figura P17.134

REVISÃO E RESUMO

Neste capítulo, consideramos novamente o método de trabalho e energia e o método de impulso e quantidade de movimento. Na primeira parte, estudamos o método de trabalho e energia e suas aplicações à análise do movimento de corpos rígidos e sistemas de corpos rígidos.

A segunda seção foi dedicada ao método de impulso e quantidade de movimento e sua aplicação à resolução de vários tipos de problemas que envolvem o movimento plano de corpos rígidos e corpos rígidos simétricos em relação ao plano de referência.

Princípio de trabalho e energia para um corpo rígido

Na Seção 17.1, expressamos primeiramente o princípio de trabalho e energia para um corpo rígido na forma

$$T_1 + U_{1 \to 2} = T_2 \tag{17.1}$$

onde T_1 e T_2 representam os valores inicial e final da energia cinética do corpo rígido e $U_{1 \to 2}$ representa o trabalho das forças externas que agem sobre o corpo rígido. Se expressarmos o trabalho realizado por forças não conservativas como $U_{1 \to 2}^{\text{NC}}$ e definirmos os termos de energia potencial para forças conservativas, podemos expressar a Eq. (17.1) como

$$T_1 + V_{g_1} + V_{e_1} + U_{1 \to 2}^{\text{NC}} = T_2 + V_{g_2} + V_{e_2} \tag{17.1'}$$

onde V_{g_1} e V_{g_2} são as energias potenciais gravitacionais inicial e final do centro de massa do corpo rígido e V_{e_1} e V_{e_2} são os valores inicial e final da energia elástica associada a molas no sistema, respectivamente.

Trabalho de uma força ou de um binário

Na Seção 17.1B, recordamos a expressão encontrada no Cap. 13 para o trabalho de uma força $\mathbf{F}$ aplicada a um ponto A, a saber

$$U_{1 \to 2} = \int_{A_1}^{A_2} \mathbf{F} \cdot d\mathbf{r} \tag{17.3}$$

ou

$$U_{1 \to 2} = \int_{s_1}^{s_2} (F \cos \alpha) \, ds \tag{17.3'}$$

onde F é a intensidade da força, α é o ângulo entre a força e a direção do movimento de A e s é a variável de integração que mede a distância percorrida por A ao longo de sua trajetória. Deduzimos também a expressão para o trabalho de um binário de momento $\mathbf{M}$ aplicado a um corpo rígido durante uma rotação em θ do corpo rígido:

$$U_{1 \to 2} = \int_{\theta_1}^{\theta_2} M \, d\theta \tag{17.5}$$

Energia cinética no movimento plano

Em seguida, deduzimos uma expressão para a energia cinética de um corpo rígido em movimento plano [Seção 17.1C].

$$T = \tfrac{1}{2} m \bar{v}^2 + \tfrac{1}{2} \bar{I} \omega^2 \tag{17.9}$$

onde $\bar{v}$ é a velocidade do centro de massa G do corpo, ω é a velocidade angular do corpo e $\bar{I}$ é o seu momento de inércia em relação a um eixo que passa por G, perpendicularmente ao plano de referência (Fig. 17.13) [Problema Resolvido 17.3]. Observamos que a energia cinética de um corpo rígido em movimento plano pode ser separada em duas partes: (1) a energia cinética $\frac{1}{2}m\bar{v}^2$, associada ao movimento do centro de massa G do corpo e (2) a energia cinética $\frac{1}{2}\bar{I}\omega^2$, associada à rotação do corpo em torno de G. Você geralmente precisará utilizar a cinemática para relacionar $\bar{v}$ e ω.

Energia cinética na rotação em torno de um eixo fixo

Para um corpo rígido girando em torno de um eixo fixo que passa por O com uma velocidade angular $\boldsymbol{\omega}$, obtivemos

$$T = \tfrac{1}{2}I_O\omega^2 \tag{17.10}$$

onde $\boldsymbol{I}_O$ é o momento de inércia do corpo em relação ao eixo fixo. Observamos que o resultado obtido não se limita à rotação de corpos rígidos planos ou de corpos simétricos em relação ao plano de referência, mas que é válido independentemente do formato do corpo ou da localização do eixo de rotação.

Sistemas de corpos rígidos

A Eq. (17.1) pode ser aplicada ao movimento de sistemas de corpos rígidos [Seção 17.1D] desde que todas as forças envolvidas que agem sobre os vários corpos – tanto internas como externas ao sistema – estejam incluídas no cálculo de $U_{1\to 2}$. Entretanto, no caso de sistemas constituídos de elementos conectados por pinos, ou blocos e polias conectados por cabos inextensíveis, ou transmissões por engrenagens, os pontos de aplicação das forças internas percorrem distâncias iguais e o trabalho dessas forças se cancela [Problemas Resolvidos 17.1, 17.2 e 17.6].

Conservação de energia

Quando um corpo rígido, ou um sistema de corpos rígidos, move-se sob a ação de forças conservativas, o princípio de trabalho e energia pode ser expresso sob a forma

$$T_1 + V_1 = T_2 + V_2 \tag{17.12}$$

ou

$$T_1 + V_{g_1} + V_{e_1} = T_2 + V_{g_2} + V_{e_2} \tag{17.12'}$$

que é conhecida como *princípio de conservação de energia* [Seção 17.1E]. Esse princípio pode ser usado para resolver problemas que envolvam forças conservativas, tais como a força da gravidade ou a força exercida por uma mola [Problemas Resolvidos 17.4 a 17.6]. Todavia, quando for necessário determinar uma reação, o princípio de conservação de energia deve ser suplementado pela segunda lei de Newton [Problema Resolvido 17.4].

Potência

Na Seção 17.1F, estendemos o conceito de potência a um corpo rotativo sujeito a um binário escrevendo

$$\text{Potência} = \frac{dU}{dt} = \frac{M\,d\theta}{dt} = M\omega \tag{17.13}$$

onde M é a intensidade do binário e ω é a intensidade da velocidade angular do corpo.

Princípio de impulso e quantidade de movimento para um corpo rígido

Na Seção 17.2, aplicamos o princípio de impulso e quantidade de movimento deduzido na Seção 14.2C para um sistema de partículas ao movimento de um corpo rígido [Seção 17.2A]. Escrevemos

$$\text{Sist. de Quant. de Mov.}_1 + \text{Sist. de Imp. Ext.}_{1 \to 2} = \text{Sist. de Quant. de Mov.}_2 \quad (17.14)$$

Em seguida, mostramos que, para um corpo rígido simétrico em relação ao plano de referência, o sistema de quantidades de movimento das partículas constituintes do corpo é equivalente a um vetor $m\bar{\mathbf{v}}$ ligado ao centro de massa G do corpo e a um binário $\bar{I}\boldsymbol{\omega}$ (Fig. 17.14). O vetor $m\bar{\mathbf{v}}$ é associado à translação do corpo com G e representa a *quantidade de movimento linear* do corpo, enquanto o binário $\bar{I}\boldsymbol{\omega}$ corresponde à rotação do corpo em torno de G e representa a *quantidade de movimento angular* do corpo em relação a um eixo passando por G.

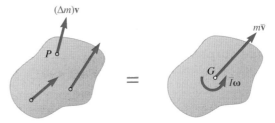

Figura 17.14

A Eq. (17.14) pode ser expressa graficamente como mostra a Fig. 17.15. O diagrama representa o sistema de quantidades de movimento iniciais do corpo, os impulsos das forças externas que agem sobre o corpo e o sistema de quantidades de movimento finais do corpo, respectivamente. Podemos escolher somar momentos em relação a um ponto arbitrário P usando

$$\bar{I}\omega_1 + m\bar{v}_1 d_\perp + \sum \int_{t_1}^{t_2} M_P \, dt = \bar{I}\omega_2 + m\bar{v}_2 d_\perp \quad (17.14')$$

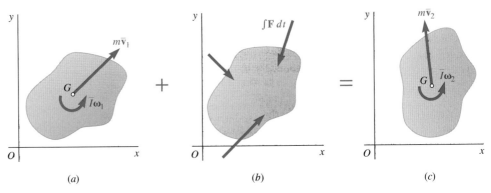

Figura 17.15

o centro de massa G utilizando

$$\bar{I}\omega_1 + \sum \int_{t_1}^{t_2} M_G \, dt = \bar{I}\omega_2 \quad (17.14'')$$

ou um eixo fixo de rotação O utilizando

$$I_O \omega_1 + \sum \int_{t_1}^{t_2} M_O \, dt = I_O \omega_2 \quad (17.16)$$

Utilizando uma dessas expressões e os *componentes x e y* da equação linear de impulso e quantidade de movimento, obtemos três equações de movimento que podemos resolver para as incógnitas desejadas [Problemas Resolvidos 17.7 e 17.8].

Em problemas que tratam de diversos corpos rígidos conectados [Seção 17.2B], cada corpo pode ser considerado separadamente [Problema Resolvido 17.7] ou, se mais de três incógnitas estiverem envolvidas, o princípio de impulso e quantidade de movimento pode ser aplicado a todo o sistema, considerando apenas os impulsos das forças externas [Problema Resolvido 17.9].

Conservação da quantidade de movimento angular

Quando as linhas de ação de todas as forças externas que agem sobre um sistema de corpos rígidos passam por um dado ponto O, a quantidade de movimento angular do sistema em relação a O conserva-se [Seção 17.2C]. Sugeriu-se que os problemas envolvendo a conservação da quantidade de movimento angular fossem resolvidos pelo método geral descrito anteriormente [Problema Resolvido 17.9 e 17.10].

Movimento impulsivo

A Seção 17.3 foi dedicada ao **movimento impulsivo** e ao **impacto excêntrico** de corpos rígidos. Relembramos que o método de impulso e quantidade de movimento é o único método praticável para a resolução de problemas que envolvem o movimento impulsivo e que o cálculo de impulsos em tais problemas é particularmente simples [Problema Resolvido 17.11 e 17.12].

Impacto excêntrico

Recordamos que o impacto excêntrico de dois corpos rígidos é definido como um impacto em que os centros de massa dos corpos em colisão *não* estão localizados na linha de impacto. Em tal situação, mostrou-se que ainda é válida uma relação similar àquela deduzida no Cap. 13 para o impacto central de duas partículas envolvendo o coeficiente de restituição e, mas que *as velocidades dos pontos A e B onde há contato durante o impacto devem ser usadas*. Escrevemos então:

$$(v'_B)_n - (v'_A)_n = e[(v_A)_n - (v_B)_n] \qquad (17.19)$$

onde $(v_A)_n$ e $(v_B)_n$ são os componentes ao longo da linha de impacto das velocidades de A e B antes do impacto e $(v'_A)_n$ e $(v'_B)_n$ são seus componentes depois do impacto (Fig. 17.16). A Eq. (17.19) é aplicável não apenas quando os corpos em colisão movem-se livremente após o impacto, mas também quando os corpos estão parcialmente restringidos em seu movimento. Ela deve ser usada em conjunto com uma ou várias outras equações obtidas pela aplicação do princípio de impulso e quantidade de movimento [Problema Resolvido 17.13]. Também consideramos problemas em que o método de impulso e quantidade de movimento e o método de trabalho e energia podem ser combinados [Problema Resolvido 17.14].

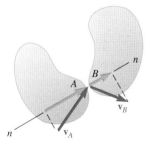
(*a*) Antes do impacto

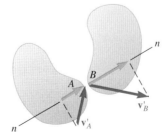
(*b*) Depois do impacto

Figura 17.16

PROBLEMAS DE REVISÃO

17.135 Um disco uniforme de espessura constante, inicialmente em estado de repouso, é posto em contato com a esteira mostrada na figura, que se move a uma velocidade constante $v = 25$ m/s. Sabendo que o coeficiente de atrito cinético entre o disco e a esteira é de 0,15, determine (*a*) o número de revoluções executadas pelo disco antes de ele atingir uma velocidade angular constante, (*b*) o tempo requerido para o disco atingir aquela velocidade angular constante.

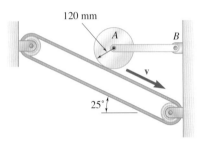

Figura P17.135

17.136 Duas barras delgadas uniformes *AB* e *DE* de peso *w* por unidade de comprimento são ligadas a um eixo *CF* como mostra a figura. O comprimento da barra *AB* é *L*, e o comprimento da barra *DE* é *nL*. Um binário **M** de momento constante é aplicado ao eixo *CF* quando o sistema está em repouso e removido após o sistema ter executado uma revolução completa. Desprezando a massa do eixo, determine o comprimento da barra *DE* que resulta na maior velocidade final do ponto *D*.

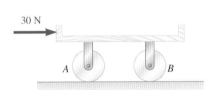

Figura P17.137(a)

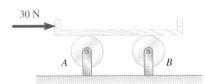

Figura P17.137(b)

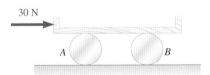

Figura P17.137(c)

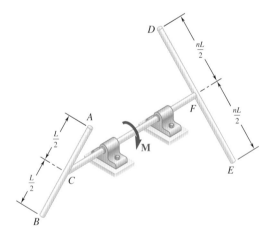

Figura P17.136

17.137 (**a, b e c**) O estrado de 9 kg mostrado na figura está apoiado por dois discos uniformes que rolam sem deslizar em todas as superfícies de contato. A massa de cada disco é $m = 6$ kg, e o raio de cada disco é $r = 80$ mm. Sabendo que o sistema está inicialmente em repouso, determine a velocidade do estrado após ele ter se deslocado 250 mm.

17.138 A engrenagem mostrada na figura tem raio $R = 150$ mm e raio de giração $\bar{k} = 125$ mm. A engrenagem está rolando sem deslizar com uma velocidade $\bar{v}_1$ de intensidade 3 m/s quando atinge um degrau de altura $h = 75$ mm. Como a ponta do degrau engata no dente da engrenagem, nenhum deslizamento ocorre entre a engrenagem e o degrau. Considerando um impacto perfeitamente plástico, determine (*a*) a velocidade angular da engrenagem imediatamente após o impacto, (*b*) a velocidade angular da engrenagem após ter girado para cima do degrau.

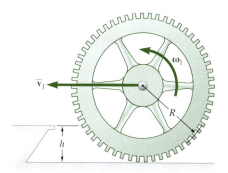

Figura P17.138

17.139 Uma barra delgada e uniforme é colocada no canto *B* e é feito um leve movimento no sentido horário. Considerando que o canto é agudo e torna-se levemente incorporado na extremidade da barra, tal que o coeficiente estático em *B* é muito grande, determine (*a*) o ângulo β por meio do qual a barra irá girar até que ela perca o contato com o canto, (*b*) a velocidade correspondente da extremidade *A*.

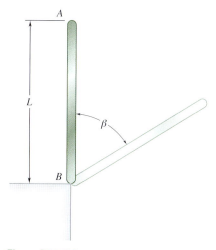

Figura P17.139

17.140 O movimento de uma barra delgada *AB* de 250 mm é guiado por pinos em *A* e *B* que deslizam livremente em uma ranhura feita em uma placa vertical como mostra a figura. Sabendo que a barra tem uma massa de 2 kg e é liberada do repouso quando $\theta = 0$, determine as reações em *A* e *B* quando $\theta = 90°$.

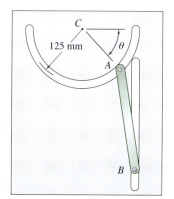

Figura P17.140

17.141 Um acessório que ajuda as pessoas com dificuldades de mobilidade a jogar beisebol e *T-ball* é impulsionado por uma mola que não está esticada na posição 2. A mola é presa a uma corda ligada ao ponto B da polia de 75 mm de raio. A polia é fixa no ponto O, gira para trás na posição rígida em θ, e a corda se enrola na polia e estica a mola com uma rigidez $k = 2.000$ N/m. O momento de inércia de massa combinado de todos os componentes rotativos em torno do ponto O é 0,40 kg·m². O giro é perfeitamente cronometrado para bater em uma bola de beisebol de 145 gramas deslocando-se a uma velocidade de $v_0 = 10$ m/s a uma distância $h = 0,7$ m de distância do ponto O. Sabendo que o coeficiente de restituição entre o bastão e a bola é 0,59, determine a velocidade da bola de beisebol imediatamente após o impacto. Suponha que a bola esteja se deslocando principalmente no plano horizontal e que sua rotação seja desprezível.

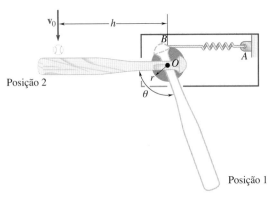

Figura P17.141

17.142 Dois painéis, A e B, são ligados por dobradiças a uma placa retangular e presos por um fio como mostra na figura. A placa e os painéis são feitos do mesmo material e têm a mesma espessura. Sabendo que todo o conjunto está girando com uma velocidade angular ω_0 quando o fio se parte, determine a velocidade angular do conjunto após os painéis terem chegado ao estado de repouso sobre a placa.

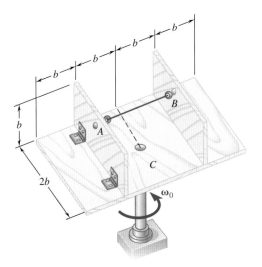

Figura P17.142

17.143 Os discos A e B são feitos do mesmo material e são da mesma espessura; eles podem girar livremente em torno do eixo vertical mostrado na figura. O disco B está em repouso quando é solto sobre o disco A, que está girando com uma velocidade de 500 rpm. Sabendo que o disco A tem uma massa de 8 kg, determine (*a*) a velocidade angular final dos discos, (*b*) a variação na energia cinética do sistema.

17.144 Um bloco quadrado de massa m está caindo com velocidade $\bar{\mathbf{v}}_1$ quando atinge uma pequena obstrução em B. Sabendo que o coeficiente de restituição para o impacto entre o canto A e a obstrução B é $e = 0,5$, determine, imediatamente após o impacto, (*a*) a velocidade angular do bloco, (*b*) a velocidade de seu centro de massa G.

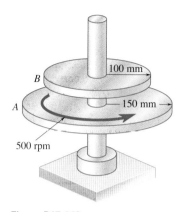

Figura P17.143

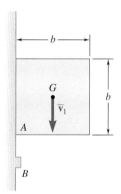

Figura P17.144

17.145 Uma barra AB de 3 kg está presa por um pino em D a uma placa quadrada de 4 kg que pode girar livremente em torno de um eixo vertical. Sabendo que a velocidade angular da placa é de 120 rpm quando a barra está na vertical, determine (*a*) a velocidade angular da placa depois da barra ter girado até uma posição horizontal e chegado ao repouso contra o pino C, (*b*) a energia perdida durante o impacto plástico em C.

17.146 Uma barra delgada CDE de comprimento L e massa m é presa por um suporte de pino em seu ponto médio D. Uma segunda e idêntica barra AB está girando em torno de um suporte de pino em A com uma velocidade angular ω_1 quando sua extremidade B atinge barra CDE. Representando por e o coeficiente de restituição entre as barras, determine a velocidade angular de cada barra imediatamente após o impacto.

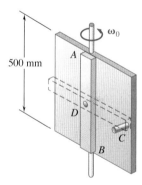

Figura P17.145

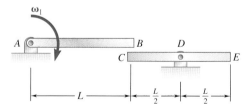

Figura P17.146

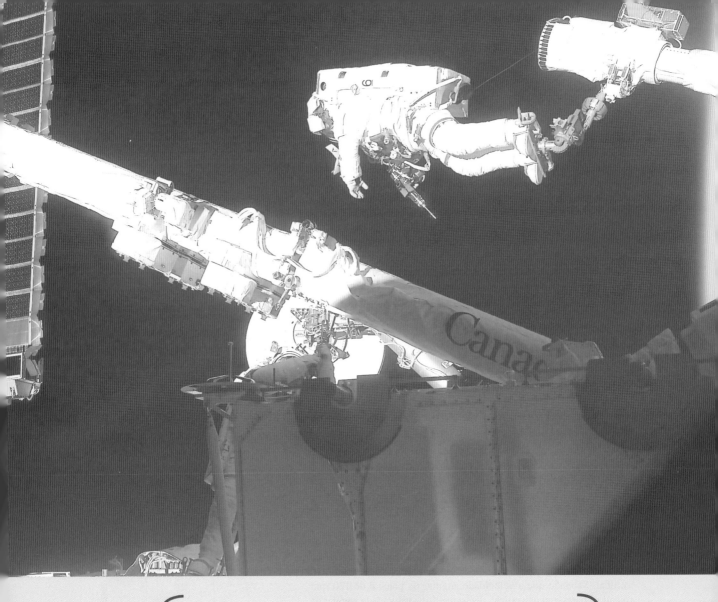

18

Cinética de corpos rígidos tridimensionais

Embora os princípios gerais que você aprendeu nos capítulos anteriores possam ser novamente usados para resolver problemas que envolvem o movimento tridimensional de corpos rígidos, essa resolução requer uma nova abordagem e é bem mais complexa que a de problemas bidimensionais. Um exemplo é a determinação das forças que atuam no braço robótico do ônibus espacial.

Objetivos

- **Calcular** a quantidade de movimento angular e a energia cinética de um corpo rígido em movimento tridimensional.
- **Definir** o tensor, os produtos e os eixos principais de inércia.
- **Aplicar** o princípio de impulso e quantidade de movimento para resolver problemas de cinética com corpos rígidos tridimensionais.
- **Resolver** problemas de cinética com corpos rígidos tridimensionais, incluindo a rotação em torno de um ponto fixo, a rotação em torno de um eixo fixo e o movimento do giroscópio.
- **Descrever** a relação entre momento, precessão e rotação própria de um giroscópio submetido a precessão em regime permanente.
- **Analisar** o movimento de uma rotação de um corpo com simetria axial livre de forças externas.

18.1 Energia e quantidade de movimento de um corpo rígido
*18.1A Quantidade de movimento angular de um corpo rígido tridimensional
*18.1B Aplicação do princípio de impulso e quantidade de movimento ao movimento tridimensional de um corpo rígido
*18.1C Energia cinética de um corpo rígido tridimensional

***18.2 Movimento de um corpo rígido tridimensional**
18.2A Taxa de variação da quantidade de movimento angular
*18.2B Equações de Euler do movimento
*18.2C Movimento de um corpo rígido em torno de um ponto fixo
*18.2D Rotação de um corpo rígido em torno de um eixo fixo

***18.3 Movimento de um giroscópio**
18.3A Ângulos de Euler
*18.3B Precessão em regime permanente de um giroscópio
*18.3C Movimento de um corpo com simetria axial livre de forças

Introdução

Nos Capítulos 16 e 17, tratamos do movimento plano de corpos rígidos e de sistemas de corpos rígidos. No Cap. 16 e na segunda metade do Cap. 17 (impulso e quantidade de movimento), nosso estudo ficou ainda mais restrito ao movimento de corpos rígidos planos e corpos simétricos em relação a um plano de referência. Todavia, muitos dos resultados fundamentais obtidos nesses dois capítulos permanecem válidos no caso do movimento de um corpo rígido tridimensional. Por exemplo, as duas equações fundamentais

$$\Sigma \mathbf{F} = m\bar{\mathbf{a}} \qquad (18.1)$$

$$\Sigma \mathbf{M}_G = \dot{\mathbf{H}}_G \qquad (18.2)$$

nas quais se baseou a análise do movimento plano de um corpo rígido, permanecem válidas no caso mais geral do movimento de um corpo rígido. Conforme indicado na Seção 16.1, essas equações expressam que o sistema de forças externas é equipolente ao sistema que consiste do vetor $m\bar{\mathbf{a}}$ ligado a G e ao binário de momento $\dot{\mathbf{H}}_G$ (Fig. 18.1).

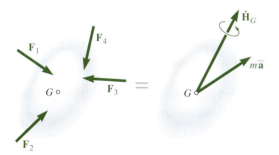

Figura 18.1 As forças externas que agem sobre o corpo rígido também são equipolentes a um vetor $m\bar{\mathbf{a}}$ ligado ao centro de massa G e a um vetor de inércia rotacional $\dot{\mathbf{H}}_G$.

Entretanto, a relação $\mathbf{H}_G = \bar{I}\boldsymbol{\omega}$, que nos possibilitou determinar a quantidade de movimento angular de uma placa rígida e desempenhou um papel importante na solução de problemas envolvendo o movimento plano de corpos rígidos e corpos simétricos em relação a um plano de referência, deixa de valer no caso de corpos assimétricos ou de movimento tridimensional. Assim sendo, será desenvolvido um método mais geral para o cálculo da quantidade de movimento angular $\mathbf{H}_G$ de um corpo rígido tridimensional.

Analogamente, embora o aspecto principal do método de impulso e quantidade de movimento discutido na Seção 17.2A, ou seja, a redução das quantidades de movimento das partículas de um corpo rígido a um vetor de quantidade de movimento linear $m\bar{\mathbf{v}}$ ligado ao centro de massa G do corpo e a um binário de quantidade de movimento angular $\mathbf{H}_G$, permaneça válido, devemos descartar $\mathbf{H}_G = \bar{I}\boldsymbol{\omega}$ e substituí-la por uma relação mais geral antes que esse método possa ser aplicado ao movimento tridimensional de um corpo rígido (Seção 18.1B).

Notemos também que o princípio de trabalho e energia e o princípio de conservação da energia ainda se aplicam ao caso do movimento de um corpo rígido tridimensional. Entretanto, a expressão obtida na Seção 17.1C para a energia cinética de um corpo rígido em movimento plano será substituída por uma nova expressão para um corpo rígido em movimento tridimensional.

Na segunda parte do capítulo, você aprenderá primeiro a determinar a taxa de variação $\dot{\mathbf{H}}_G$ da quantidade de movimento angular $\mathbf{H}_G$ de um corpo rígido tridimensional usando um referencial rotativo em relação ao qual os momentos e os produtos de inércia mantêm-se constantes. As Eqs. (18.1) e (18.2) serão, então, expressas como equações baseadas em diagramas de corpo livre e cinético, podendo ser usadas para resolver diversos problemas que envolvam o movimento tridimensional de corpos rígidos (Seção 18.2).

A última parte do capítulo (Seção 18.3) é dedicada ao estudo do movimento do giroscópio ou, de modo mais geral, de um corpo com simetria axial e com um ponto fixo localizado sobre seu eixo de simetria. Primeiro será considerado o caso particular da precessão em regime permanente de um giroscópio e, depois, será analisado o movimento de um corpo com simetria axial livre de forças, exceto por seu próprio peso.

18.1 Energia e quantidade de movimento de um corpo rígido

Todos os métodos que você estudou nos capítulos anteriores para analisar o movimento plano de um corpo rígido têm versões correspondentes para o movimento tridimensional. No entanto, algumas das fórmulas para determinar quantidades cinéticas, como energia e momento angular, precisam ser substituídas por equações mais gerais. Nesta seção, examinaremos algumas das quantidades básicas e equações necessárias para o estudo do movimento no espaço.

*18.1A Quantidade de movimento angular de um corpo rígido tridimensional

Nesta seção, você verá como a quantidade de movimento angular $\mathbf{H}_G$ de um corpo em torno de seu centro de massa G pode ser determinada a partir da velocidade angular $\boldsymbol{\omega}$ do corpo no caso de movimento tridimensional.

De acordo com a Eq. (14.24), a quantidade de movimento angular do corpo em relação a G pode ser expressa como

$$\mathbf{H}_G = \sum_{i=1}^{n} (\mathbf{r}'_i \times \mathbf{v}'_i \, \Delta m_i) \quad (18.3)$$

onde $\mathbf{r}'_i$ e $\mathbf{v}'_i$ representam, respectivamente, o vetor de posição e a velocidade da partícula P_i, de massa Δm_i, em relação ao referencial centroidal $Gxyz$ (Fig. 18.2). Mas $\mathbf{v}'_i = \boldsymbol{\omega} \times \mathbf{r}'_i$, onde $\boldsymbol{\omega}$ é a velocidade angular do corpo no instante considerado. Substituindo na Eq. (18.3), temos

$$\mathbf{H}_G = \sum_{i=1}^{n} [\mathbf{r}'_i \times (\boldsymbol{\omega} \times \mathbf{r}'_i) \, \Delta m_i]$$

Relembrando a regra para a determinação dos componentes retangulares de um produto vetorial (*Estática*, Seção 3.1D), obtemos as seguintes expressões para o componente x da quantidade de movimento angular:

$$H_x = \sum_{i=1}^{n} [y_i(\boldsymbol{\omega} \times \mathbf{r}'_i)_z - z_i(\boldsymbol{\omega} \times \mathbf{r}'_i)_y] \, \Delta m_i$$

$$= \sum_{i=1}^{n} [y_i(\omega_x y_i - \omega_y x_i) - z_i(\omega_z x_i - \omega_x z_i)] \, \Delta m_i$$

$$= \omega_x \sum_i (y_i^2 + z_i^2) \, \Delta m_i - \omega_y \sum_i x_i y_i \, \Delta m_i - \omega_z \sum_i z_i x_i \, \Delta m_i$$

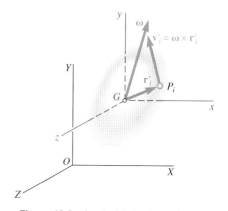

Figura 18.2 A velocidade da partícula P_i é necessária para se deduzir a quantidade de movimento angular de um corpo rígido tridimensional.

Substituindo as somas por integrais nessa expressão e nas duas expressões similares que são obtidas para H_y e H_z, temos

$$\begin{aligned} H_x &= \omega_x \int(y^2 + z^2) \, dm - \omega_y \int xy \, dm - \omega_z \int zx \, dm \\ H_y &= -\omega_x \int xy \, dm + \omega_y \int(z^2 + x^2) \, dm - \omega_z \int yz \, dm \\ H_z &= -\omega_x \int zx \, dm - \omega_y \int yz \, dm + \omega_z \int(x^2 + y^2) \, dm \end{aligned} \quad (18.4)$$

Notemos que as integrais que contêm quadrados representam os *momentos centroidais de inércia de massa* do corpo em relação aos eixos x, y e z, respectivamente (*Estática*, Seção 9.5A ou Apêndice B); temos

$$\bar{I}_x = \int(y^2 + z^2) \, dm \qquad \bar{I}_y = \int(z^2 + x^2) \, dm$$
$$\bar{I}_z = \int(x^2 + y^2) \, dm \quad (18.5)$$

Analogamente, as integrais que contêm produtos de coordenadas representam os *produtos centroidais de inércia de massa* do corpo (Seção 9.6A); temos

$$\bar{I}_{xy} = \int xy \, dm \qquad \bar{I}_{yz} = \int yz \, dm \qquad \bar{I}_{zx} = \int zx \, dm \quad (18.6)$$

Substituindo (18.5) e (18.6) em (18.4), obtemos os componentes da quantidade de movimento angular $\mathbf{H}_G$ do corpo em relação ao seu centro de massa:

Quantidade de movimento angular em relação ao centro de massa

$$\begin{aligned} H_x &= +\bar{I}_x \, \omega_x - \bar{I}_{xy} \omega_y - \bar{I}_{xz} \omega_z \\ H_y &= -\bar{I}_{yx} \omega_x + \bar{I}_y \, \omega_y - \bar{I}_{yz} \omega_z \\ H_z &= -\bar{I}_{zx} \omega_x - \bar{I}_{zy} \omega_y + \bar{I}_z \, \omega_z \end{aligned} \quad (18.7)$$

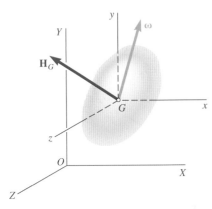

Figura 18.3 Em geral, a quantidade de movimento angular e a velocidade angular não estão na mesma direção.

As relações na Eq. (18.7) mostram que a operação que transforma o vetor $\boldsymbol{\omega}$ no vetor $\mathbf{H}_G$ (Fig. 18.3) é caracterizada pela matriz de momentos e produtos de inércia:

Tensor de inércia

$$\begin{pmatrix} \bar{I}_x & -\bar{I}_{xy} & -\bar{I}_{xz} \\ -\bar{I}_{yx} & \bar{I}_y & -\bar{I}_{yz} \\ -\bar{I}_{zx} & -\bar{I}_{zy} & \bar{I}_z \end{pmatrix} \qquad (18.8)$$

A matriz (18.8) define o **tensor de inércia** do corpo em seu centro de massa G.* Uma nova matriz de momentos e produtos de inércia seria obtida se um sistema de eixos diferente fosse usado. Claramente, a quantidade de movimento angular $\mathbf{H}_G$ correspondente a uma dada velocidade angular $\boldsymbol{\omega}$ é independente da escolha dos eixos de coordenadas.

Conforme mostrado em *Estática* (Seção 9.6) ou no Apêndice B, sempre é possível selecionar um sistema de eixos $Gx'y'z'$, denominados *eixos principais de inércia*, em relação aos quais todos os produtos de inércia de um dado corpo são nulos. Nessa situação, a matriz (18.8) assume a forma diagonal:

$$\begin{pmatrix} \bar{I}_{x'} & 0 & 0 \\ 0 & \bar{I}_{y'} & 0 \\ 0 & 0 & \bar{I}_{z'} \end{pmatrix} \qquad (18.9)$$

onde $\bar{I}_{x'}, \bar{I}_{y'}, \bar{I}_{z'}$ representam os *momentos centroidais principais de inércia* do corpo, e as relações (18.7) se reduzem a

$$H_{x'} = \bar{I}_{x'}\omega_{x'} \qquad H_{y'} = \bar{I}_{y'}\omega_{y'} \qquad H_{z'} = \bar{I}_{z'}\omega_{z'} \qquad (18.10)$$

Observamos que, se os três momentos centroidais principais de inércia $\bar{I}_{x'}, \bar{I}_{y'}, \bar{I}_{z'}$ forem iguais, os componentes $H_{x'}, H_{y'}, H_{z'}$ da quantidade de movimento angular em relação a G serão proporcionais aos componentes $\omega_{x'}, \omega_{y'}, \omega_{z'}$ da velocidade angular, e os vetores $\mathbf{H}_G$ e $\boldsymbol{\omega}$ serão colineares. Em geral, porém, os momentos de inércia principais serão diferentes, e os vetores $\mathbf{H}_G$ e $\boldsymbol{\omega}$ terão direções diferentes, exceto quando dois dos três componentes de $\boldsymbol{\omega}$ forem nulos, isto é, quando $\boldsymbol{\omega}$ estiver orientado ao longo de um dos eixos de coordenadas. Logo,

A quantidade de movimento angular $\mathbf{H}_G$ de um corpo rígido e sua velocidade angular $\boldsymbol{\omega}$ têm a mesma direção se, e somente se, $\boldsymbol{\omega}$ estiver orientado ao longo de um eixo principal de inércia.**

Como essa condição é satisfeita no caso do movimento plano de um corpo rígido simétrico em relação ao plano de referência, fomos capazes, nas Seções 16.1 e 17.2, de representar a quantidade de movimento angular $\mathbf{H}_G$ de um dado corpo pelo vetor $\bar{I}\boldsymbol{\omega}$. Entretanto, devemos compreender que esse resultado não pode ser estendido ao caso do movimento plano de um corpo assimétrico ou ao caso do movimento tridimensional de um corpo rígido. Exceto quando $\boldsymbol{\omega}$ estiver

---

*Fazendo $\bar{I}_x = I_{11}$, $\bar{I}_y = I_{22}$, $\bar{I}_z = I_{33}$ e $-\bar{I}_{xy} = I_{12}$, $-\bar{I}_{xz} = I_{13}$ etc., podemos escrever o tensor de inércia (18.8) sob a forma padrão

$$\begin{pmatrix} I_{11} & I_{12} & I_{13} \\ I_{21} & I_{22} & I_{23} \\ I_{31} & I_{32} & I_{33} \end{pmatrix}$$

**No caso particular em que $\bar{I}_{x'} = \bar{I}_{y'} = \bar{I}_{z'}$ qualquer linha que passe por G pode ser considerada como um eixo principal de inércia, e os vetores $\mathbf{H}_G$ e $\boldsymbol{\omega}$ são sempre colineares.

orientado ao longo de um eixo principal de inércia, a quantidade de movimento angular e a velocidade angular de um corpo rígido terão direções diferentes, e a relação (18.7) ou (18.10) deverá ser usada para determinar $\mathbf{H}_G$ a partir de $\boldsymbol{\omega}$.

Redução das quantidades de movimento das partículas de um corpo rígido a um vetor de quantidade de movimento e a um binário em G. Vimos na Seção 17.2A que o sistema formado pelas quantidades de movimento das várias partículas de um corpo rígido pode ser reduzido a um vetor $\mathbf{L}$ ligado ao centro de massa G do corpo, representando a quantidade de movimento linear do corpo, e a um binário $\mathbf{H}_G$, representando a quantidade de movimento angular do corpo em relação a G (Fig. 18.4). Estamos, agora, em condições de determinar o vetor $\mathbf{L}$ e o binário $\mathbf{H}_G$ no caso mais geral de movimento tridimensional de um corpo rígido. Como no caso do movimento bidimensional considerado anteriormente, a quantidade de movimento linear $\mathbf{L}$ do corpo é igual ao produto $m\bar{\mathbf{v}}$ de sua massa m pela velocidade de seu centro de massa G. A quantidade de movimento angular $\mathbf{H}_G$, porém, não pode mais simplesmente ser obtida multiplicando-se a velocidade angular $\boldsymbol{\omega}$ do corpo pelo escalar $\bar{I}$. Ela deve agora ser obtida a partir dos componentes de $\boldsymbol{\omega}$ e dos momentos e produtos centroidais de inércia do corpo, usando-se a Eq. (18.7) ou (18.10).

Foto 18.1 O projeto de um soldador robótico para uma linha de montagem de automóveis requer um estudo tridimensional tanto de cinemática quanto de cinética.

Devemos notar também que, uma vez determinadas a quantidade de movimento linear $m\bar{\mathbf{v}}$ e a quantidade de movimento angular $\mathbf{H}_G$ de um corpo rígido, sua quantidade de movimento angular $\mathbf{H}_O$ em relação a um ponto dado qualquer O pode ser obtida pela adição dos momentos em relação a O do vetor $m\bar{\mathbf{v}}$ e do binário $\mathbf{H}_G$. Escrevemos

$$\mathbf{H}_O = \bar{\mathbf{r}} \times m\bar{\mathbf{v}} + \mathbf{H}_G \quad (18.11)$$

Quantidade de movimento angular de um corpo rígido restrito a girar em torno de um ponto fixo. No caso particular de um corpo rígido restrito a girar no espaço tridimensional em torno de um ponto fixo O (Fig. 18.5a), às vezes é conveniente determinar a quantidade de movimento angular $\mathbf{H}_O$ do corpo em relação ao ponto fixo O. Embora $\mathbf{H}_O$ possa ser obtido calculando-se primeiramente $\mathbf{H}_G$ do modo descrito anteriormente e usando em seguida a Eq. (18.11), com frequência é vantajoso determinar $\mathbf{H}_O$ diretamente a partir da velocidade angular $\boldsymbol{\omega}$ do corpo e de seus momentos e produtos de inércia em relação a um referencial $Oxyz$ centrado no ponto fixo O. Retomando a Eq. (14.7), temos

$$\mathbf{H}_O = \sum_{i=1}^{n} (\mathbf{r}_i \times \mathbf{v}_i \, \Delta m_i) \quad (18.12)$$

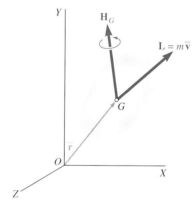

Figura 18.4 Um vetor de quantidade de movimento ligado ao centro de massa de um corpo rígido e a quantidade de movimento angular do corpo em relação a seu centro de massa.

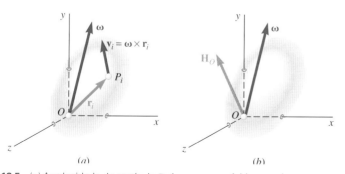

Figura 18.5 (a) A velocidade da partícula P_i de um corpo rígido que gira com uma velocidade angular $\boldsymbol{\omega}$; (b) velocidade angular e quantidade de movimento angular de um corpo rígido.

onde $\mathbf{r}_i$ e $\mathbf{v}_i$ representam, respectivamente, o vetor de posição e a velocidade da partícula P_i em relação ao referencial fixo $Oxyz$. Substituindo $\mathbf{v}_i = \boldsymbol{\omega} \times \mathbf{r}_i$ e depois de operações semelhantes às usadas na primeira parte desta seção, deduzimos que os componentes da quantidade de movimento angular $\mathbf{H}_O$ (Fig. 18.5b) são dados pelas relações

Quantidade de movimento angular em relação a um ponto fixo O

$$\begin{aligned} H_x &= +I_x\,\omega_x - I_{xy}\omega_y - I_{xz}\omega_z \\ H_y &= -I_{yx}\omega_x + I_y\,\omega_y - I_{yz}\omega_z \\ H_z &= -I_{zx}\omega_x - I_{zy}\omega_y + I_z\,\omega_z \end{aligned} \quad (18.13)$$

onde os momentos de inércia I_x, I_y, I_z e os produtos de inércia I_{xy}, I_{yz}, I_{zx} são calculados em relação ao referencial $Oxyz$ centrado no ponto fixo O.

*18.1B Aplicação do princípio de impulso e quantidade de movimento ao movimento tridimensional de um corpo rígido

Antes que possamos aplicar a equação fundamental (18.2) à resolução de problemas que envolvem o movimento tridimensional de um corpo rígido, devemos aprender a calcular a derivada do vetor $\mathbf{H}_G$. Mostramos isso na Seção 18.2A. Entretanto, os resultados obtidos podem ser usados de imediato para resolver problemas pelo método de impulso e quantidade de movimento.

Relembrando que o sistema formado pelas quantidades de movimento das partículas de um corpo rígido se reduz a um vetor de quantidade de movimento linear $m\overline{\mathbf{v}}$ ligado ao centro de massa G do corpo e a um binário de quantidade de movimento angular $\mathbf{H}_G$. Representamos a relação fundamental

$$\text{Sist. de Quant. de Mov.}_1 + \text{Sist. de Imp. Ext.}_{1\to 2} = \quad (17.14)$$
$$\text{Sist. de Quant. de Mov.}_2$$

por meio do diagrama de impulso e quantidade de movimento mostrado na Fig. 18.6. Para resolver um determinado problema, podemos usar esses esboços para escrever equações apropriadas de componentes e de momento, tendo em mente que os componentes da quantidade de movimento angular $\mathbf{H}_G$ relacionam-se com os componentes da velocidade angular $\boldsymbol{\omega}$ pela Eq. (18.7).

Foto 18.2 Como resultado da força impulsiva aplicada pela bola de boliche, um pino adquire tanto quantidade de movimento linear como quantidade de movimento angular.

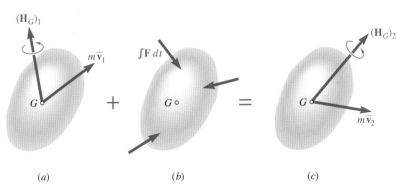

Figura 18.6 Diagrama de impulso e quantidade de movimento para aplicar o princípio de impulso e quantidade de movimento para o movimento de um corpo rígido no espaço.

Ao resolver problemas que tratam do movimento de um corpo que gira em torno de um ponto fixo O, será conveniente eliminar o impulso da reação em O escrevendo-se uma equação que envolve os momentos das quantidades de movimento e dos impulsos em relação a O. Relembremos que a quantidade de movimento angular $\mathbf{H}_O$ do corpo em relação ao ponto fixo O pode ser obtida seja diretamente, a partir das Eqs. (18.13), seja pelo cálculo preliminar da quantidade de movimento linear $m\bar{\mathbf{v}}$ e da sua quantidade de movimento angular $\mathbf{H}_G$, usando-se em seguida a Eq. (18.11).

*18.1C Energia cinética de um corpo rígido tridimensional

Considere um corpo rígido de massa m em movimento tridimensional. Recordemos da Seção 14.2A que, sendo a velocidade absoluta $\mathbf{v}_i$ de cada partícula P_i do corpo expressa como a soma da velocidade $\bar{\mathbf{v}}$ do centro de massa G do corpo e da velocidade $\mathbf{v}'_i$ da partícula relativamente a um referencial $Gxyz$ ligado a G e de orientação fixa (Fig. 18.7), a energia cinética do sistema de partículas constituintes do corpo rígido pode ser escrita sob a forma

$$T = \tfrac{1}{2}m\bar{v}^2 + \frac{1}{2}\sum_{i=1}^{n}\Delta m_i v_i'^{\,2} \qquad (18.14)$$

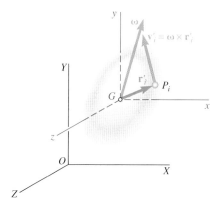

Figura 18.7 A velocidade relativa de uma partícula P_i em relação ao centro de massa é $\boldsymbol{\omega} \times \mathbf{r}'_i$.

onde o último termo representa a energia cinética T' do corpo relativa ao referencial centroidal $Gxyz$. Como $v'_i = |\mathbf{v}'_i| = |\boldsymbol{\omega} \times \mathbf{r}'_i|$, escrevemos

$$T' = \frac{1}{2}\sum_{i=1}^{n}\Delta m_i v_i'^{\,2} = \frac{1}{2}\sum_{i=1}^{n}|\boldsymbol{\omega}\times\mathbf{r}'_i|^2\,\Delta m_i$$

Expressando o quadrado em termos de componentes retangulares do produto vetorial e substituindo as somas por integrais, temos

$$\begin{aligned}T' &= \tfrac{1}{2}\int[(\omega_x y - \omega_y x)^2 + (\omega_y z - \omega_z y)^2 + (\omega_z x - \omega_x z)^2]\,dm \\ &= \tfrac{1}{2}[\omega_x^2\int(y^2+z^2)\,dm + \omega_y^2\int(z^2+x^2)\,dm + \omega_z^2\int(x^2+y^2)\,dm \\ &\quad - 2\omega_x\omega_y\int xy\,dm - 2\omega_y\omega_z\int yz\,dm - 2\omega_z\omega_x\int zx\,dm]\end{aligned}$$

ou, considerando as relações (18.5) e (18.6), temos

$$T' = \tfrac{1}{2}(\bar{I}_x\omega_x^2 + \bar{I}_y\omega_y^2 + \bar{I}_z\omega_z^2 - 2\bar{I}_{xy}\omega_x\omega_y - 2\bar{I}_{yz}\omega_y\omega_z - 2\bar{I}_{zx}\omega_z\omega_x) \qquad (18.15)$$

Substituindo a Eq. (18.15) para a energia cinética do corpo em relação aos eixos centroidais na Eq. (18.14), obtemos

Energia cinética de um corpo rígido

$$T = \tfrac{1}{2}m\bar{v}^2 + \tfrac{1}{2}(\bar{I}_x\omega_x^2 + \bar{I}_y\omega_y^2 + \bar{I}_z\omega_z^2 - 2\bar{I}_{xy}\omega_x\omega_y \\ - 2\bar{I}_{yz}\omega_y\omega_z - 2\bar{I}_{zx}\omega_z\omega_x) \quad (18.16)$$

Se os eixos de coordenadas são escolhidos de modo a coincidirem, no instante considerado, com os eixos principais x', y', z' do corpo, a relação obtida reduz-se a

$$T = \tfrac{1}{2}m\bar{v}^2 + \tfrac{1}{2}(\bar{I}_{x'}\omega_{x'}^2 + \bar{I}_{y'}\omega_{y'}^2 + \bar{I}_{z'}\omega_{z'}^2) \quad (18.17)$$

onde $\bar{v}$ = velocidade do centro de massa
ω = velocidade angular
m = massa do corpo rígido
$\bar{I}_{x'}, \bar{I}_{y'}, \bar{I}_{z'}$ = momentos centroidais principais de inércia

Os resultados que obtivemos possibilitam-nos aplicar ao movimento tridimensional de um corpo rígido os princípios de trabalho e energia (Seção 17.1A) e conservação da energia (Seção 17.1E).

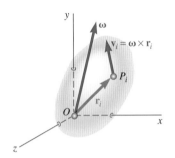

Figura 18.8 A velocidade de cada partícula P_i de um corpo rígido submetido a rotação de eixo fixo é $\omega \times \mathbf{r}_i$.

Energia cinética de um corpo rígido com um ponto fixo. No caso particular de um corpo rígido girando no espaço tridimensional em torno de um ponto fixo O, a energia cinética do corpo pode ser expressa em termos de seus momentos e produtos de inércia em relação a eixos ligados a O (Fig. 18.8). Retomando a definição de energia cinética de um sistema de partículas e substituindo $v_i = |\mathbf{v}_i| = |\boldsymbol{\omega} \times \mathbf{r}_i|$, escrevemos

$$T = \frac{1}{2}\sum_{i=1}^{n} \Delta m_i v_i^2 = \frac{1}{2}\sum_{i=1}^{n} |\boldsymbol{\omega} \times \mathbf{r}_i|^2 \Delta m_i \quad (18.18)$$

Operações semelhantes àquelas usadas na dedução da Eq. (18.15) produzem

$$T = \tfrac{1}{2}(I_x\omega_x^2 + I_y\omega_y^2 + I_z\omega_z^2 - 2I_{xy}\omega_x\omega_y - 2I_{yz}\omega_y\omega_z - 2I_{zx}\omega_z\omega_x) \quad (18.19)$$

ou, caso os eixos principais x', y', z' do corpo na origem O sejam escolhidos como eixos de coordenadas, temos

$$T = \tfrac{1}{2}(I_{x'}\omega_{x'}^2 + I_{y'}\omega_{y'}^2 + I_{z'}\omega_{z'}^2) \quad (18.20)$$

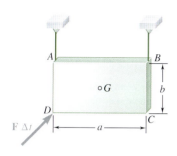

PROBLEMA RESOLVIDO 18.1

Uma placa retangular de massa m suspensa por dois fios em A e B é atingida em D em uma direção perpendicular à placa. Representando por $\mathbf{F}\,\Delta t$ o impulso aplicado em D, determine, imediatamente após o impacto, (a) a velocidade do centro de massa G, (b) a velocidade angular da placa.

ESTRATÉGIA Como é dado impulso aplicado à placa, convém utilizar-se o princípio de impulso e quantidade de movimento.

MODELAGEM Considere a placa seu sistema e modele-a como um corpo rígido em movimento tridimensional.

ANÁLISE Admitindo que os fios permanecem sob tração e que os componentes $\bar{v}_y$ de $\bar{\mathbf{v}}$ e ω_z de $\boldsymbol{\omega}$ são nulos após o impacto, temos

$$\bar{\mathbf{v}} = \bar{v}_x\mathbf{i} + \bar{v}_z\mathbf{k} \qquad \boldsymbol{\omega} = \omega_x\mathbf{i} + \omega_y\mathbf{j}$$

e como os eixos x, y e z são eixos principais de inércia,

$$\mathbf{H}_G = \bar{I}_x\omega_x\mathbf{i} + \bar{I}_y\omega_y\mathbf{j} \qquad \mathbf{H}_G = \tfrac{1}{12}mb^2\omega_x\mathbf{i} + \tfrac{1}{12}ma^2\omega_y\mathbf{j} \qquad (1)$$

Princípio de impulso e quantidade de movimento. Uma vez que as quantidades de movimento iniciais são nulas, o sistema dos impulsos deve ser equivalente ao sistema das quantidades de movimento finais:

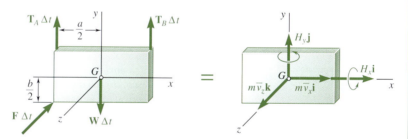

Figura 1 Diagrama de impulso e quantidade de movimento para a placa.

a. Velocidade do centro de massa. Igualando os componentes dos impulsos e quantidades de movimento nas direções x e z:

Componentes em x: $\qquad 0 = m\bar{v}_x \qquad \bar{v}_x = 0$
Componentes em z: $\qquad -F\,\Delta t = m\bar{v}_z \qquad \bar{v}_z = -F\,\Delta t/m$

$$\bar{\mathbf{v}} = \bar{v}_x\mathbf{i} + \bar{v}_z\mathbf{k} \qquad \bar{\mathbf{v}} = -(F\,\Delta t/m)\mathbf{k} \quad \blacktriangleleft$$

b. Velocidade angular. Igualando os momentos dos impulsos e quantidades de movimento em relação aos eixos x e y:

Em relação ao eixo x: $\qquad \tfrac{1}{2}bF\,\Delta t = H_x$
Em relação ao eixo y: $\qquad -\tfrac{1}{2}aF\,\Delta t = H_y$

$$\mathbf{H}_G = H_x\mathbf{i} + H_y\mathbf{j} \qquad \mathbf{H}_G = \tfrac{1}{2}bF\,\Delta t\,\mathbf{i} - \tfrac{1}{2}aF\,\Delta t\,\mathbf{j} \qquad (2)$$

(*continua*)

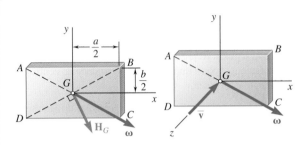

Figura 2 Direções da velocidade angular, da quantidade de movimento angular e da velocidade de G imediatamente após o impulso.

Comparando as Eqs. (1) e (2), concluímos que

$$\omega_x = 6F\,\Delta t/mb \qquad \omega_y = -6F\,\Delta t/ma$$
$$\boldsymbol{\omega} = \omega_x\mathbf{i} + \omega_y\mathbf{j} \qquad \boldsymbol{\omega} = (6F\,\Delta t/mab)(a\mathbf{i} - b\mathbf{j}) \blacktriangleleft$$

Observe que $\boldsymbol{\omega}$ é orientado ao longo da diagonal AC (Fig. 2).

PARA REFLETIR Igualando os componentes em y dos impulsos e quantidades de movimento e seus momentos em relação ao eixo z, obtemos duas equações adicionais que fornecem $T_A = T_B = \frac{1}{2}W$. Verificamos assim que os fios permanecem sob tração e que nossa hipótese estava correta. Se o impulso estivesse em G, isto se reduziria a um problema bidimensional.

PROBLEMA RESOLVIDO 18.2

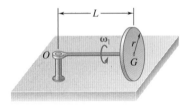

Um disco homogêneo de raio r e massa m está montado sobre um eixo OG de comprimento L e massa desprezível. O eixo é pivotado no ponto fixo O, e o disco é compelido a rolar sobre um piso horizontal. Sabendo que o disco gira no sentido anti-horário a uma taxa ω_1 em torno do eixo OG, determine (a) a velocidade angular do disco, (b) sua quantidade de movimento angular em relação a O, (c) sua energia cinética, (d) as quantidades de movimento linear e angular em relação a G do disco.

ESTRATÉGIA Reconhecendo que a roda rola sem deslizar, podemos utilizar a cinemática para calcular a velocidade angular da barra em torno de O. Então, determinamos a energia cinética e a quantidade de movimento do sistema.

MODELAGEM E ANÁLISE

a. Velocidade angular. À medida que o disco gira em torno do eixo OG, ele também gira juntamente com seu eixo em torno do eixo y a uma taxa ω_2 no sentido horário (Fig. 1). Portanto, a velocidade angular total do disco é

$$\boldsymbol{\omega} = \omega_1\mathbf{i} - \omega_2\mathbf{j} \qquad (1)$$

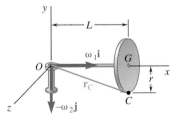

Figura 1 Velocidade angular do sistema.

Como o disco está rolando, definimos a velocidade de C como nula para determinar ω_2:

$$\mathbf{v}_C = \boldsymbol{\omega} \times \mathbf{r}_C = 0$$
$$(\omega_1 \mathbf{i} - \omega_2 \mathbf{j}) \times (L\mathbf{i} - r\mathbf{j}) = 0$$
$$(L\omega_2 - r\omega_1)\mathbf{k} = 0 \qquad \omega_2 = r\omega_1/L$$

Substituindo na Eq. (1) para ω_2, temos

$$\boldsymbol{\omega} = \omega_1 \mathbf{i} - (r\omega_1/L)\mathbf{j} \quad \blacktriangleleft$$

b. Quantidade de movimento angular em relação a O. Admitindo que o eixo seja parte do disco, podemos considerar que o disco tem um ponto fixo em O. Como os eixos x, y e z são eixos principais de inércia para o disco, obtemos

$$H_x = I_x \omega_x = (\tfrac{1}{2}mr^2)\omega_1$$
$$H_y = I_y \omega_y = (mL^2 + \tfrac{1}{4}mr^2)(-r\omega_1/L)$$
$$H_z = I_z \omega_z = (mL^2 + \tfrac{1}{4}mr^2)0 = 0$$
$$\mathbf{H}_O = \tfrac{1}{2}mr^2\omega_1 \mathbf{i} - m(L^2 + \tfrac{1}{4}r^2)(r\omega_1/L)\mathbf{j} \quad \blacktriangleleft$$

c. Energia cinética. Usando os valores obtidos para os momentos de inércia e os componentes de $\boldsymbol{\omega}$, temos

$$T = \tfrac{1}{2}(I_x\omega_x^2 + I_y\omega_y^2 + I_z\omega_z^2) = \tfrac{1}{2}[\tfrac{1}{2}mr^2\omega_1^2 + m(L^2 + \tfrac{1}{4}r^2)(-r\omega_1/L)^2]$$

$$T = \tfrac{1}{8}mr^2\left(6 + \frac{r^2}{L^2}\right)\omega_1^2 \quad \blacktriangleleft$$

d. Quantidades de movimento linear e angular em relação a G. O vetor de quantidade de movimento linear $m\bar{\mathbf{v}}$ e o binário de quantidade de movimento angular $\mathbf{H}_G$ são (Fig. 2)

$$m\bar{\mathbf{v}} = mr\omega_1 \mathbf{k} \quad \blacktriangleleft$$

e

$$\mathbf{H}_G = \bar{I}_{x'}\omega_x \mathbf{i} + \bar{I}_{y'}\omega_y \mathbf{j} + \bar{I}_{z'}\omega_z \mathbf{k} = \tfrac{1}{2}mr^2\omega_1 \mathbf{i} + \tfrac{1}{4}mr^2(-r\omega_1/L)\mathbf{j}$$

$$\mathbf{H}_G = \tfrac{1}{2}mr^2\omega_1\left(\mathbf{i} - \frac{r}{2L}\mathbf{j}\right) \quad \blacktriangleleft$$

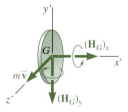

Figura 2 Quantidades de movimento angular e linear para o sistema.

PARA REFLETIR Se a massa do eixo não fosse desprezível e fosse modelada como uma barra delgada de massa M_{eixo}, isso contribuiria para a energia cinética $T_{\text{eixo}} = \tfrac{1}{2}(\tfrac{1}{3}M_{\text{eixo}}L^2)\omega_2^2$ e para a quantidade de movimento angular $\mathbf{H}_{\text{eixo}} = -(\tfrac{1}{3}M_{\text{eixo}}L^2)\omega_2\mathbf{j}$ do sistema.

METODOLOGIA PARA A RESOLUÇÃO DE PROBLEMAS

Nesta seção, você aprendeu a calcular a **quantidade de movimento angular de um corpo rígido tridimensional** e a aplicar o princípio de impulso e quantidade de movimento ao movimento tridimensional de um corpo rígido. Aprendeu também a calcular a **energia cinética de um corpo rígido tridimensional**. É importante que você tenha em mente que, exceto em situações muito especiais, a quantidade de movimento angular de um corpo rígido tridimensional *não pode* ser expressa pelo produto $\bar{I}\boldsymbol{\omega}$ e que, portanto, não terá a mesma direção da velocidade angular $\boldsymbol{\omega}$ (Fig. 18.3).

1. Para calcular a quantidade de movimento angular H_G de um corpo rígido em relação ao seu centro de massa G, você precisa primeiro determinar a velocidade angular $\boldsymbol{\omega}$ do corpo em relação a um sistema de eixos centrado em G e de orientação fixa. Como nesta seção você será solicitado a determinar a quantidade de movimento angular do corpo *em um dado instante apenas*, selecione o sistema de eixos mais conveniente para seus cálculos.

    a. Se os eixos principais de inércia do corpo em G são conhecidos, use-os como eixos de coordenadas x', y' e z', pois os respectivos produtos de inércia do corpo serão iguais a zero. Decomponha $\boldsymbol{\omega}$ em componentes $\omega_{x'}$, $\omega_{y'}$ e $\omega_{z'}$ ao longo desses eixos e calcule os momentos principais de inércia $\bar{I}_{x'}, \bar{I}_{y'}$ e $\bar{I}_{z'}$. Os respectivos componentes da quantidade de movimento angular $\mathbf{H}_G$ são

$$H_{x'} = \bar{I}_{x'}\omega_{x'} \qquad H_{y'} = \bar{I}_{y'}\omega_{y'} \qquad H_{z'} = \bar{I}_{z'}\omega_{z'} \tag{18.10}$$

    b. Se os eixos principais de inércia do corpo em G são desconhecidos, você deve usar as Eqs. (18.7) para determinar os componentes da quantidade de movimento angular $\mathbf{H}_G$. Essas equações requerem o cálculo preliminar dos produtos de inércia do corpo, bem como dos seus momentos de inércia em relação aos eixos selecionados.

    c. A intensidade e os cossenos diretores de H_G são obtidos a partir de fórmulas similares àquelas usadas em *Estática* [Seção 2.4A]. Escrevemos então:

$$H_G = \sqrt{H_x^2 + H_y^2 + H_z^2}$$

$$\cos\theta_x = \frac{H_x}{H_G} \qquad \cos\theta_y = \frac{H_y}{H_G} \qquad \cos\theta_z = \frac{H_z}{H_G}$$

    d. Uma vez determinado H_G, você pode obter a quantidade de movimento angular do corpo em relação a um dado ponto qualquer O, observando, na Fig. (18.4), que

$$\mathbf{H}_O = \bar{\mathbf{r}} \times m\bar{\mathbf{v}} + \mathbf{H}_G \tag{18.11}$$

onde $\bar{\mathbf{r}}$ é o vetor de posição de G relativo a O e $m\bar{\mathbf{v}}$ é a quantidade de movimento linear do corpo.

2. Para calcular a quantidade de movimento angular H_O de um corpo rígido com um ponto fixo O, siga o procedimento descrito no primeiro parágrafo, mas usando eixos centrados no ponto fixo O. Alternativamente, você pode usar a Eq. 18.11.

    a. Se os eixos principais de inércia do corpo em O são conhecidos, decomponha $\boldsymbol{\omega}$ em componentes ao longo desses eixos [Problema Resolvido 18.2]. Os componentes respectivos da quantidade de movimento angular $\mathbf{H}_G$ são obtidos a partir de equações semelhantes às Eqs. (18.10).

b. Se os eixos principais de inércia do corpo em *O* são desconhecidos, você deve calcular tanto os produtos como os momentos de inércia do corpo em relação aos eixos que você selecionou e usar as Eqs. (18.13) para determinar os componentes da quantidade de movimento angular $\mathbf{H}_O$.

3. Para aplicar o princípio de impulso e quantidade de movimento à solução de um problema que envolve o movimento tridimensional de um corpo rígido, você usará a mesma equação vetorial que usou para o movimento plano no Cap. 17:

$$\text{Sist. de Quant. de Mov.}_1 + \text{Sist. de Imp. Ext.}_{1\to2} = \text{Sist. de Quant. de Mov.}_2 \qquad (17.14)$$

onde cada um dos sistemas inicial e final de quantidades de movimento são representados por um *vetor de quantidade de movimento linear* $m\overline{\mathbf{v}}$ e *um binário de quantidade de movimento angular* $\mathbf{H}_G$. Agora, porém, esses sistemas de vetor e binário devem ser representados em três dimensões, conforme mostra a Fig. 18.6, e $\mathbf{H}_G$ deve ser determinado como explicado no parágrafo 1.

a. Em problemas que envolvem a aplicação de um impulso conhecido a um corpo rígido, desenhe o diagrama de impulso e quantidade de movimento correspondente à Eq. (17.14). Igualando os componentes dos vetores envolvidos, você determinará a quantidade de movimento linear final $m\overline{\mathbf{v}}$ do corpo e, portanto, a velocidade correspondente $\overline{\mathbf{v}}$ de seu centro de massa. Igualando momentos em relação a G, você determinará a quantidade de movimento angular final $\mathbf{H}_G$ do corpo. Substituirá então os valores obtidos para os componentes de $\mathbf{H}_G$ nas Eqs. (18.10) ou (18.7) e resolverá essas equações para os respectivos valores dos componentes da velocidade angular $\boldsymbol{\omega}$ do corpo [Problema Resolvido 18.1].

b. Em problemas que envolvem impulsos desconhecidos, desenhe o diagrama de impulso e quantidade de movimento correspondente à Eq. (17.14) e escreva equações que não envolvam tais impulsos. Essas equações podem ser obtidas igualando momentos em relação ao ponto ou à linha de impacto.

4. Para calcular a energia cinética de um corpo rígido com um ponto fixo *O*, decomponha a velocidade angular $\boldsymbol{\omega}$ em componentes ao longo dos eixos de sua escolha e calcule os momentos e produtos de inércia do corpo em relação a esses eixos. Como no caso do cálculo da quantidade de movimento angular, utilize os eixos principais de inércia x', y' e z' se puder determiná-los facilmente. Nesse caso, os produtos de inércia serão nulos [Problema Resolvido 18.2], e a expressão para a energia cinética se reduzirá a

$$T = \tfrac{1}{2}(I_{x'}\omega_{x'}^2 + I_{y'}\omega_{y'}^2 + I_{z'}\omega_{x'}^2) \qquad (18.20)$$

Se precisar usar outros eixos que não os eixos principais de inércia, a energia cinética do corpo deverá ser expressa do modo mostrado na Eq. (18.19).

5. Para calcular a energia cinética de um corpo rígido em movimento geral, considere o movimento como a soma de uma *translação junto com o centro de massa G e uma rotação em torno de G*. A energia cinética associada à translação é $\tfrac{1}{2}m\overline{v}^2$. Se for possível usar eixos principais de inércia, a energia cinética associada à rotação em torno de G poderá ser expressa sob a forma mostrada na Eq. (18.20). A energia cinética total do corpo rígido será então

$$T = \tfrac{1}{2}m\overline{v}^2 + \tfrac{1}{2}(\overline{I}_{x'}\omega_{x'}^2 + \overline{I}_{y'}\omega_{y'}^2 + \overline{I}_{z'}\omega_{z'}^2) \qquad (18.17)$$

Se você tiver que usar outros eixos que não os eixos principais de inércia para determinar a energia cinética associada à rotação em torno de G, a energia cinética total do corpo deverá ser expressa como mostrado na Eq. (18.16).

PROBLEMAS

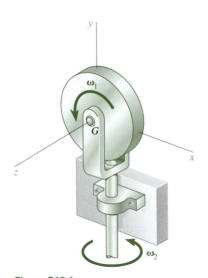

Figura P18.1

18.1 Um disco fino e homogêneo de massa m e raio r gira a uma taxa constante ω_1 em torno de um eixo apoiado em uma união em U presa a uma barra vertical que gira a uma taxa constante ω_2. Determine a quantidade de movimento angular $\mathbf{H}_G$ do disco em relação ao seu centro de massa G.

18.2 Uma barra delgada de 5,4 kg é dobrada para formar uma estrutura retangular que está presa a um eixo e gira em torno da sua diagonal, como mostra a figura. Sabendo que o conjunto tem uma velocidade angular de intensidade constante $\omega = 10$ rad/s, determine a quantidade de movimento angular $\mathbf{H}_G$ da estrutura em torno de seu centro de massa G.

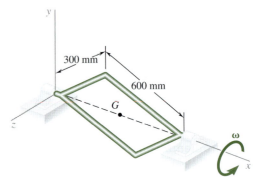

Figura P18.2

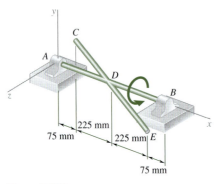

Figura P18.3

18.3 Duas barras uniformes AB e CE, cada qual com 1,5 kg de massa e 600 mm de comprimento, estão soldadas uma a outra em seus pontos médios. Sabendo que esse conjunto tem uma velocidade angular de intensidade constante $\omega = 12$ rad/s, determine a intensidade e a direção da quantidade de movimento angular $\mathbf{H}_D$ do conjunto em relação a D.

18.4 Um disco homogêneo de massa $m = 3$ kg gira à taxa constante $\omega_1 = 16$ rad/s em relação ao braço ABC, que está soldado ao eixo DCE. O eixo, por sua vez, gira à taxa constante $\omega_2 = 8$ rad/s. Determine a quantidade de movimento angular $\mathbf{H}_A$ do disco em relação a seu centro A.

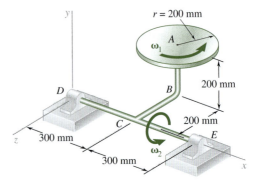

Figura P18.4

18.5 Um disco fino de massa $m = 4$ kg gira à taxa constante $\omega_2 = 15$ rad/s em relação ao braço ABC, que gira à taxa constante $\omega_1 = 5$ rad/s em relação ao eixo y. Determine a quantidade de movimento angular do disco em relação a seu centro C.

18.6 Um paralelepípedo retangular sólido de massa m tem uma base quadrada de lado a e um comprimento de $2a$. Sabendo que ele gira à taxa constante ω em torno de sua diagonal AC' e que essa rotação é vista de A como anti-horária, determine (*a*) a intensidade da quantidade de movimento angular $\mathbf{H}_G$ do paralelepípedo em relação ao seu centro de massa G, (*b*) o ângulo que $\mathbf{H}_G$ forma com a diagonal AC'.

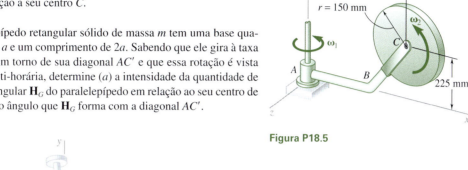

Figura P18.5

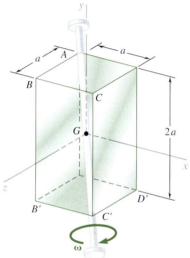

Figura P18.6

18.7 Resolva o Problema 18.6 considerando que o paralelepípedo retangular sólido tenha sido substituído por um oco constituído de seis chapas metálicas finas soldadas entre si.

18.8 Um disco fino e homogêneo de massa m e raio r é montado em um eixo horizontal AB. O plano do disco forma um ângulo de $\beta = 20°$ com a vertical. Sabendo que o eixo gira com uma velocidade angular ω, determine o ângulo θ formado pelo eixo e a quantidade de movimento angular do disco em relação a G.

18.9 Determine a quantidade de movimento angular $\mathbf{H}_D$ do disco do Problema 18.4 em relação ao ponto D.

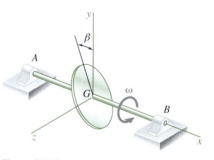

Figura P18.8

18.10 Determine a quantidade de movimento angular do disco do Problema 18.5 em relação ao ponto A.

18.11 Determine a quantidade de movimento angular $\mathbf{H}_O$ do disco do Problema Resolvido 18.2 a partir das expressões obtidas para sua quantidade de movimento linear $m\bar{\mathbf{v}}$ e sua quantidade de movimento angular $\mathbf{H}_G$, usando as Eqs. (18.11). Verifique se o resultado é o mesmo que aquele obtido por cálculo direto.

18.12 O projétil de 100 kg, mostrado na figura, tem um raio de giração de 100 mm em relação ao seu eixo de simetria Gx e um raio de giração de 250 mm em relação ao eixo transversal Gy. Sua velocidade angular ω pode ser decomposta em dois componentes: um componente na direção de Gx, que mede a *taxa de rotação própria* do projétil, e outro componente na direção de GD, que mede a *taxa de precessão*. Sabendo que $\theta = 6°$ e que a quantidade de movimento angular do projétil em relação ao seu centro de massa G é $\mathbf{H}_G = (500\ \text{g·m}^2/\text{s})\mathbf{i} - (10\ \text{g·m}^2/\text{s})\mathbf{j}$, determine (a) a taxa de rotação própria, (b) a taxa de precessão.

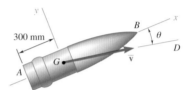

Figura P18.12

18.13 Determine a quantidade de movimento angular $\mathbf{H}_A$ do projétil do Problema 18.12 em relação ao centro A de sua base, sabendo que seu centro de massa G tem uma velocidade $\bar{\mathbf{v}}$ de 750 m/s. Forneça sua resposta em termos de componentes paralelos, respectivamente, aos eixos x e y mostrados na figura e a um terceiro eixo z apontado para você.

18.14 (a) Mostre que a quantidade de movimento angular $\mathbf{H}_B$ de um corpo rígido em relação ao ponto B pode ser obtida adicionando-se a quantidade de movimento angular $\mathbf{H}_A$ desse corpo em relação ao ponto A ao produto vetorial do vetor $\mathbf{r}_{A/B}$ traçado de B a A pela quantidade de movimento linear $m\bar{\mathbf{v}}$ do corpo:

$$\mathbf{H}_B = \mathbf{H}_A + \mathbf{r}_{A/B} \times m\bar{\mathbf{v}}$$

(b) Mostre ainda que, quando um corpo rígido gira em torno de um eixo fixo, sua quantidade de movimento angular será a mesma em relação a dois pontos quaisquer A e B localizados sobre o eixo fixo ($\mathbf{H}_A = \mathbf{H}_B$) se, e somente se, o centro de massa G do corpo estiver localizado sobre o eixo fixo.

18.15 Dois braços em formato L, cada qual com massa de 5 kg, são soldados aos terços médios do eixo AB de 600 mm para formar o conjunto mostrado na figura. Sabendo que o conjunto gira à taxa constante de 360 rpm, determine (a) a quantidade de movimento angular $\mathbf{H}_A$ do conjunto em relação ao ponto A, (b) o ângulo formado entre $\mathbf{H}_A$ e AB.

18.16 Para o conjunto do Problema 18.15, determine (a) a quantidade de movimento angular $\mathbf{H}_B$ do conjunto em relação ao ponto B, (b) o ângulo formado entre $\mathbf{H}_B$ e BA.

18.17 Uma barra de seção transversal uniforme de 5 kg é usada para formar o eixo mostrado na figura. Sabendo que o eixo gira com uma velocidade angular constante ω de intensidade 12 rad/s, determine (a) a quantidade de movimento angular $\mathbf{H}_G$ do eixo em relação ao seu centro de massa G, (b) o ângulo formado entre $\mathbf{H}_G$ e o eixo AB.

18.18 Determine a quantidade de movimento angular do eixo do Problema 18.17 em relação (a) ao ponto A, (b) ao ponto B.

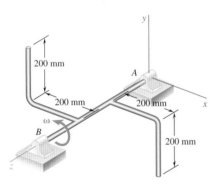

Figura P18.15

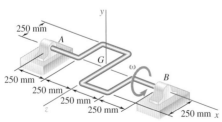

Figura P18.17

18.19 Duas placas triangulares, cada qual com uma massa de 8 kg, são soldadas a um eixo vertical *AB*. Sabendo que o sistema gira a uma velocidade constante de ω = 6 rad/s, determine sua quantidade de movimento angular em relação a *G*.

18.20 O conjunto mostrado na figura consiste em duas peças de uma chapa de alumínio de espessura uniforme e massa total de 1,6 kg soldadas a um eixo leve suportado pelos rolamentos *A* e *B*. Sabendo que o conjunto gira a uma velocidade angular de intensidade constante ω = 20 rad/s, determine a quantidade de movimento angular $\mathbf{H}_G$ do conjunto em relação ao ponto *G*.

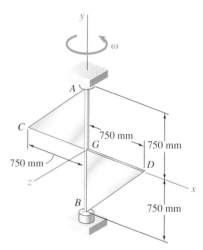

Figura **P18.19**

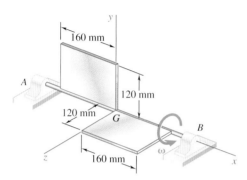

Figura **P18.20**

18.21 Uma das esculturas expostas em um campus universitário consiste em um cubo oco feito de seis chapas de alumínio de 1,5 × 1,5 m cada, soldadas entre si e reforçadas com tirantes internos de massa desprezível. O cubo está montado sobre uma base fixa *A* e pode girar livremente em torno de sua diagonal vertical *AB*. Ao passar por essa exposição a caminho de uma aula de mecânica, uma estudante de engenharia segura o canto *C* do cubo e o empurra durante 1,2 s em direção perpendicular ao plano *ABC* com uma força média de 50 N. Tendo observado que o cubo leva 5 s para completar uma volta completa, ela utiliza a sua calculadora e começa a calcular a massa do cubo. Qual é o resultado de seu cálculo? (*Dica*: a distância perpendicular da diagonal que liga dois vértices de um cubo a qualquer um de seus seis outros vértices pode se obtida multiplicando-se o lado do cubo por $\sqrt{2/3}$.)

18.22 Se o cubo de alumínio do Problema 18.21 fosse substituído por um cubo do mesmo tamanho feito de seis placas de madeira compensada de 8 kg cada uma, quanto tempo ele levaria para fazer uma volta completa se a estudante empurrasse o canto *C* do mesmo modo que empurrou o canto do cubo de alumínio?

18.23 Uma barra uniforme de massa *m* é dobrada no formato mostrado na figura e suspensa por um fio preso em *B*. A barra dobrada é atingida em *D* segundo uma direção perpendicular ao plano que contém a barra (no sentido *z* negativo). Representando o impulso correspondente por $\mathbf{F}\,\Delta t$, determine (*a*) a velocidade do centro de massa da barra, (*b*) a velocidade angular da barra.

18.24 Resolva o Problema 18.23 considerando que a barra dobrada seja atingida em *C*.

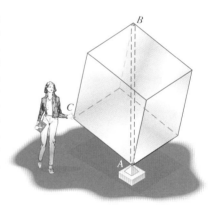

Figura P18.21

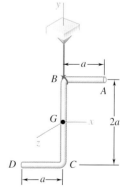

Figura **P18.23**

18.25 Três barras esbeltas, cada uma com massa m e comprimento $2a$, são soldadas para formar a estrutura mostrada na figura. A estrutura é atingida em A em uma direção vertical descendente. Representando o impulso correspondente por $\mathbf{F}\,\Delta t$, determine, imediatamente após o impacto, (a) a velocidade do centro de massa G, (b) a velocidade angular da barra.

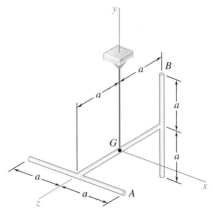

Figura P18.25

18.26 Resolva o Problema 18.25 considerando que a estrutura seja atingida em B no sentido x negativo.

18.27 Duas placas circulares, cada uma com uma massa de 4 kg, são rigidamente conectadas pela barra AB de massa desprezível e suspensas pelo ponto A como mostra a figura. Sabendo que um impulso $\mathbf{F}\,\Delta t = -(2{,}4 \text{ N·s})\mathbf{k}$ é aplicado à estrutura no ponto D, determine (a) a velocidade do centro de massa G da estrutura, (b) a velocidade angular da estrutura.

18.28 Duas placas circulares, cada uma com uma massa de 4 kg, são rigidamente conectadas pela barra AB de massa desprezível e suspensas pelo ponto A como mostra a figura. Sabendo que um impulso $\mathbf{F}\,\Delta t = (2{,}4 \text{ N·s})\mathbf{j}$ é aplicado à estrutura no ponto D, determine (a) a velocidade do centro de massa G da estrutura, (b) a velocidade angular da estrutura.

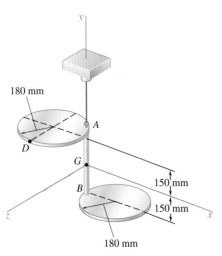

Figura P18.27 e P18.28

18.29 Uma placa circular de massa m cai com velocidade $\bar{\mathbf{v}}_0$ e sem velocidade angular quando seu canto C bate em uma obstrução. Uma linha que passa pela origem e paralela à linha CG faz um ângulo de 45° com o eixo x. Admitindo que o impacto seja perfeitamente plástico ($e = 0$), determine a velocidade angular da placa imediatamente após o impacto.

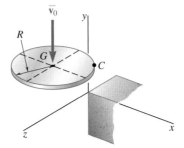

Figura *P18.29*

18.30 Para a placa do Problema 18.29, determine (a) a velocidade do seu centro de massa G imediatamente após o impacto, (b) o impulso exercido sobre a placa pela obstrução durante o impacto.

18.31 Uma placa quadrada de lado a e massa m, suspensa por uma junta articulada no ponto A, está girando em torno do eixo y com uma velocidade angular constante $\boldsymbol{\omega} = \omega_0\mathbf{j}$ quando uma obstrução é repentinamente introduzida no ponto B do plano xy. Admitindo que o impacto no ponto B seja perfeitamente plástico ($e = 0$), determine, imediatamente após o impacto, (a) a velocidade angular da placa, (b) a velocidade de seu centro de massa G.

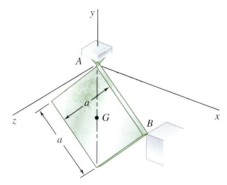

Figura P18.31

18.32 Determine o impulso exercido sobre a placa do Problema 18.31 durante o impacto (a) pela obstrução no ponto B, (b) pelo apoio no ponto A.

18.33 Os eixos de coordenadas mostrados na figura representam os eixos centroidais principais de inércia de uma sonda espacial de 1.500 kg cujos raios de giração são $k_x = 0{,}4$ m, $k_y = 0{,}45$ m e $k_z = 0{,}375$ m. A sonda não tem velocidade angular quando um meteorito de 150 g atinge um de seus painéis solares em A com uma velocidade $\mathbf{v}_0 = (720\text{ m/s})\mathbf{i} - (900\text{ m/s})\mathbf{j} + (960\text{ m/s})\mathbf{k}$ em relação à sonda. Sabendo que o meteorito emerge do outro lado do painel sem mudança na direção de sua velocidade, mas com uma redução de 20% na sua intensidade, determine a velocidade angular final da sonda.

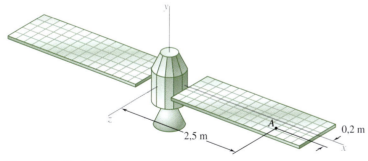

Figura P18.33 e P18.34

18.34 Os eixos de coordenadas mostrados na figura representam os eixos centroidais principais de inércia de uma sonda espacial de 1.500 kg cujos raios de giração são $k_x = 0{,}4$ m, $k_y = 0{,}45$ m e $k_z = 0{,}375$ m. A sonda não tem velocidade angular quando um meteorito de 150 g atinge um de seus painéis solares em A e emerge do outro lado do painel sem mudança na direção de sua velocidade, mas com uma redução de 25% na sua intensidade. Sabendo que a velocidade angular final da sonda é $\boldsymbol{\omega} = (0{,}05\text{ rad/s})\mathbf{i} - (0{,}12\text{ rad/s})\mathbf{j} + \omega_z\mathbf{k}$ e que o componente x da variação resultante da velocidade do centro de massa da sonda é -16 mm/s, determine (a) o componente ω_z da velocidade angular final da sonda, (b) a velocidade relativa $\mathbf{v}_0$ com que o meteorito atinge o painel.

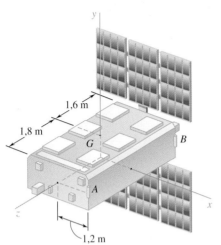

Figura P18.35

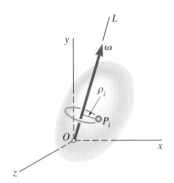

Figura P18.38

18.35 Um satélite de 1.200 kg projetado para estudar o sol tem uma velocidade angular de $\omega_0 = (0,050$ rad/s$)\mathbf{i} + (0,075$ rad/s$)\mathbf{k}$ quando dois pequenos jatos são ativados em A e B em uma direção paralela ao eixo y. Sabendo que os eixos de coordenadas são eixos centroidais principais, que os raios de giração do satélite são $\bar{k}_x = 1,120$ m, $\bar{k}_y = 1,200$ m e $\bar{k}_z = 0,900$ m e que cada jato produz um impulso de 50 N, determine (*a*) o tempo de operação necessário de cada jato para que a velocidade angular do satélite seja reduzida a zero, (*b*) a variação de velocidade resultante do centro de massa G.

18.36 Se o jato A do Problema 18.35 é inoperante, determine (*a*) o tempo de funcionamento necessário do jato B para reduzir o componente x da velocidade angular do satélite a zero, (*b*) a velocidade angular final resultante, (*c*) a variação de velocidade resultante do centro de massa G.

18.37 Representando por $\boldsymbol{\omega}$, $\mathbf{H}_O$ e T, respectivamente, a velocidade angular, a quantidade de movimento angular e a energia cinética de um corpo rígido com um ponto fixo O, (*a*) demonstre que $\mathbf{H}_O \cdot \boldsymbol{\omega} = 2T$ e (*b*) mostre que o ângulo θ entre $\boldsymbol{\omega}$ e $\mathbf{H}_O$ será sempre agudo.

18.38 Mostre que a energia cinética de um corpo rígido com um ponto fixo O pode ser expressa por $T = \frac{1}{2}I_{OL}\omega^2$, onde $\boldsymbol{\omega}$ é a velocidade angular instantânea do corpo e I_{OL} é seu momento de inércia em relação à linha de ação OL de $\boldsymbol{\omega}$. Deduza essa expressão (*a*) a partir das Eqs. (9.46) (ou a Eq. B.19 no Apêndice) e (18.19), (*b*) considerando T como a soma das energias cinéticas das partículas P_i que descrevem círculos de raios ρ_i em torno da linha OL.

18.39 Determine a energia cinética do disco do Problema 18.1.

18.40 Determine a energia cinética da estrutura retangular do Problema 18.2.

18.41 Determine a energia cinética do conjunto do Problema 18.3.

18.42 Determine a energia cinética do disco do Problema 18.4.

18.43 Determine a energia cinética do disco do Problema 18.5.

18.44 Determine a energia cinética do paralelepípedo sólido do Problema 18.6.

18.45 Determine a energia cinética do paralelepípedo oco do Problema 18.7.

18.46 Determine a energia cinética do disco do Problema 18.8.

18.47 Determine a energia cinética do conjunto do Problema 18.15.

18.48 Determine a energia cinética do eixo do Problema 18.7.

18.49 Determine a energia cinética do conjunto do Problema 18.19.

18.50 Determine a energia cinética transmitida para o cubo do Problema 18.21.

18.51 Determine a energia cinética perdida quando o canto C da placa do Problema 18.29 bate na obstrução.

18.52 Determine a energia cinética perdida quando a placa do Problema 18.31 bate na obstrução no ponto B.

18.53 Determine a energia cinética da sonda espacial do Problema 18.33 em seu movimento em torno do seu centro de massa após sua colisão com o meteorito.

18.54 Determine a energia cinética da sonda espacial do Problema 18.34 em seu movimento em torno do seu centro de massa após sua colisão com o meteorito.

*18.2 Movimento de um corpo rígido tridimensional

Conforme indicado na Seção 18.1A, as equações fundamentais

$$\Sigma \mathbf{F} = m\bar{\mathbf{a}} \qquad (18.1)$$

$$\Sigma \mathbf{M}_G = \dot{\mathbf{H}}_G \qquad (18.2)$$

permanecem válidas no caso mais geral do movimento de um corpo rígido. Entretanto, antes que a Eq. (18.2) pudesse ser aplicada ao movimento tridimensional de um corpo rígido, foi necessário deduzir as Eqs. (18.7), que relacionam os componentes da quantidade de movimento angular $\mathbf{H}_G$ e os componentes da velocidade angular $\boldsymbol{\omega}$. Ainda nos falta encontrar um meio eficaz e conveniente de calcular os componentes da derivada $\dot{\mathbf{H}}_G$ da quantidade de movimento angular. Nesta seção, determinaremos esse cálculo e, em seguida, mostraremos como podemos usar os resultados para analisar o movimento de um corpo rígido no espaço.

18.2A Taxa de variação da quantidade de movimento angular

Como $\mathbf{H}_G$ representa a quantidade de movimento angular de um corpo em seu movimento relativo aos eixos centroidais $GX'Y'Z'$ de orientação fixa (Fig. 18.9), e como $\dot{\mathbf{H}}_G$ representa a taxa de variação de $\mathbf{H}_G$ em relação aos mesmos eixos, pareceria natural usar componentes de $\boldsymbol{\omega}$ e $\mathbf{H}_G$ ao longo dos eixos X', Y', Z' ao escrever as relações da Eq.(18.7). Todavia, uma vez que o corpo gira, seus momentos e produtos de inércia variariam continuamente, e seria necessário determinar seus valores em função do tempo. Logo, é mais conveniente usar eixos x, y, z ligados ao corpo, garantindo que seus momentos e produtos de inércia manterão os mesmos valores durante o movimento. A velocidade angular $\boldsymbol{\omega}$, porém, ainda deve ser *definida* em relação ao referencial $GX'Y'Z'$, de orientação fixa. O vetor $\boldsymbol{\omega}$ pode então ser *decomposto* em componentes ao longo dos eixos rotativos x, y e z. Aplicando as relações da Eq. (18.7), obtemos os *componentes* do vetor $\mathbf{H}_G$ ao longo dos eixos rotativos. No entanto, o vetor $\mathbf{H}_G$ representa a quantidade de movimento em relação ao centro de massa G do corpo *em seu movimento relativo ao referencial $GX'Y'Z'$*.

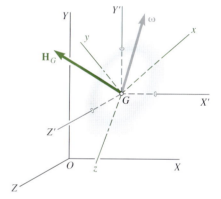

Figura 18.9 Velocidades angulares e quantidades de movimento angulares de um corpo rígido com eixos centroidais $X'Y'Z'$ de orientação fixa e eixos centroidais xyz ligados ao corpo.

Diferenciando em relação a t os componentes da quantidade de movimento angular em (18.7), definimos a taxa de variação do vetor $\mathbf{H}_G$ relativamente ao referencial rotativo $Gxyz$.

$$(\dot{\mathbf{H}}_G)_{Gxyz} = \dot{H}_x \mathbf{i} + \dot{H}_y \mathbf{j} + \dot{H}_z \mathbf{k} \qquad (18.21)$$

onde $\mathbf{i}$, $\mathbf{j}$ e $\mathbf{k}$ são os vetores unitários ao longo dos eixos rotativos. Relembrando da Seção 15.5A que a taxa de variação $\dot{\mathbf{H}}_G$ do vetor $\mathbf{H}_G$ em relação ao referencial $GX'Y'Z'$ é determinada adicionando-se a $(\dot{\mathbf{H}}_G)_{Gxyz}$ o produto vetorial $\boldsymbol{\Omega} \times \mathbf{H}_G$, onde $\boldsymbol{\Omega}$ representa a velocidade angular do referencial rotativo, escrevemos

$$\dot{\mathbf{H}}_G = (\dot{\mathbf{H}}_G)_{Gxyz} + \boldsymbol{\Omega} \times \mathbf{H}_G \qquad (18.22)$$

onde $\mathbf{H}_G$ = quantidade de movimento angular do corpo em relação ao referencial $GX'Y'Z'$ de orientação fixa
$(\dot{\mathbf{H}}_G)_{Gxyz}$ = taxa de variação de $\mathbf{H}_G$ em relação ao referencial rotativo $Gxyz$ a ser calculado a partir das relações das Eqs. (18.7) e (18.21)
$\boldsymbol{\Omega}$ = velocidade angular do referencial rotativo $Gxyz$

Substituindo $\dot{\mathbf{H}}_G$ da Eq. (18.22) na Eq. (18.2), temos

$$\Sigma \mathbf{M}_G = (\dot{\mathbf{H}}_G)_{Gxyz} + \boldsymbol{\Omega} \times \mathbf{H}_G \qquad (18.23)$$

Se o referencial rotativo é ligado ao corpo, como havia sido admitido nesta discussão, sua velocidade angular $\boldsymbol{\Omega}$ é identicamente igual à velocidade angular $\boldsymbol{\omega}$ do corpo. Todavia, há muitas aplicações em que é vantajoso usar um referencial que não é de fato ligado ao corpo, mas que gira de um modo independente. Por exemplo, se o corpo considerado tem simetria axial, como no Problema Resolvido 18.5 ou na Seção 18.3, é possível selecionar um referencial em relação ao qual os momentos e produtos de inércia do corpo permanecem constantes, mas que gira menos que o próprio corpo. Como resultado, é possível obter expressões mais simples para a velocidade angular $\boldsymbol{\omega}$ e para a quantidade de movimento angular $\mathbf{H}_G$ do corpo do que as que seriam obtidas caso o referencial fosse de fato ligado ao corpo. É claro que, em tais situações, a velocidade angular $\boldsymbol{\Omega}$ do referencial rotativo e a velocidade angular $\boldsymbol{\omega}$ do corpo são diferentes.

*18.2B   Equações de Euler do movimento

Se os eixos x, y e z forem escolhidos de modo a coincidir com os eixos principais de inércia do corpo, as relações simplificadas da Eq. (18.10) podem ser usadas para determinar os componentes da quantidade de movimento angular $\mathbf{H}_G$. Omitindo as plicas dos subscritos, escrevemos

$$\mathbf{H}_G = \bar{I}_x \omega_x \mathbf{i} + \bar{I}_y \omega_y \mathbf{j} + \bar{I}_z \omega_z \mathbf{k} \qquad (18.24)$$

onde $\bar{I}_x$, $\bar{I}_y$ e $\bar{I}_z$ representam os momentos centroidais principais de inércia do corpo. Substituindo $\mathbf{H}_G$ da Eq. (18.24) na Eq. (18.23) e definindo $\boldsymbol{\Omega} = \boldsymbol{\omega}$, obtemos as três equações escalares seguintes:

Equações de Euler do movimento

$$
\begin{aligned}
\Sigma M_x &= \bar{I}_x \dot{\omega}_x - (\bar{I}_y - \bar{I}_z)\omega_y \omega_z \\
\Sigma M_y &= \bar{I}_y \dot{\omega}_y - (\bar{I}_z - \bar{I}_x)\omega_z \omega_x \\
\Sigma M_z &= \bar{I}_z \dot{\omega}_z - (\bar{I}_x - \bar{I}_y)\omega_x \omega_y
\end{aligned}
\qquad (18.25)
$$

Essas equações, denominadas **equações de Euler do movimento** em homenagem ao matemático suíço Leonhard Euler (1707-1783), podem ser usadas para analisar o movimento de um corpo rígido em relação ao seu centro de massa. Entretanto, nas seções seguintes, a Eq. (18.23) será usada preferencialmente à Eq. (18.25), pois a primeira é mais geral e a forma vetorial compacta em que ela está expressa é mais fácil de recordar.

Escrevendo a Eq. (18.1) em forma escalar, obtemos três equações adicionais

$$\Sigma F_x = m\bar{a}_x \qquad \Sigma F_y = m\bar{a}_y \qquad \Sigma F_z = m\bar{a}_z \qquad (18.26)$$

as quais, juntamente com as equações de Euler, formam um sistema de seis equações diferenciais. Sob condições iniciais apropriadas, essas equações diferenciais têm uma solução única. Logo, o movimento de um corpo rígido tridimensional é completamente definido pela resultante das forças externas que agem sobre ele e pelo momento resultante dessas forças. Esse resultado será considerado como uma generalização de um resultado similar obtido na Seção 16.1C para o caso do movimento plano de um corpo rígido. Conclui-se que, em três ou duas dimensões, dois sistemas de forças que são equipolentes são também equivalentes; ou seja, eles exercem o mesmo efeito sobre um dado corpo rígido.

Considerando em particular o sistema de forças externas que agem sobre um corpo rígido (Fig. 18.10a) e o sistema de termos inerciais associado às partículas constituintes do corpo rígido (Fig. 18.10b), podemos afirmar que os dois sistemas – que são equipolentes, conforme demonstrado na Seção 14.1A – são também equivalentes. Substituindo os termos inerciais na Fig.18.10b por $m\bar{a}$ e $\dot{\mathbf{H}}_G$, verificamos que o sistema de forças externas que agem sobre um corpo rígido em movimento tridimensional é equivalente ao sistema que consiste do vetor $m\bar{a}$ ligado ao centro de massa G do corpo e do binário de momento $\dot{\mathbf{H}}_G$ (Fig. 18.11), onde $\dot{\mathbf{H}}_G$ é obtido a partir das relações (18.7) e (18.22). Note que a equivalência dos sistemas de vetores mostrados nas Figuras 18.10 e 18.11 foi indicada por sinais de igualdade em *negrito*. Problemas envolvendo o movimento tridimensional de um corpo rígido podem ser resolvidos considerando-se a equação baseada nos diagramas de corpo livre e cinético representados na Fig. 18.11 e escrevendo-se equações escalares apropriadas para relacionar os componentes ou os momentos das forças externas e dos termos inerciais (ver o Problema Resolvido 18.3).

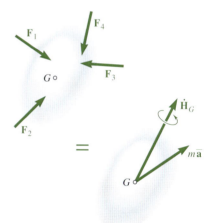

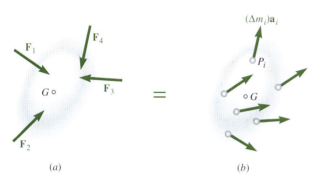

Figura 18.10 (a) O sistema de forças externas que agem sobre o corpo rígido é equivalente ao (b) sistema de termos inerciais associados com as partículas do corpo rígido.

Figura 18.11 Os diagramas de corpo livre e cinético mostram que o sistema de forças externas é equivalente ao sistema constituído pelos vetores $m\bar{a}$ ligados ao centro de massa G e $\dot{\mathbf{H}}_G$.

*18.2C Movimento de um corpo rígido em torno de um ponto fixo

Quando um corpo rígido é restrito a girar em torno de um ponto fixo O, é desejável escrever uma equação envolvendo os momentos em relação a O das forças externas e dos termos inerciais, pois essa equação não conterá a reação incógnita em O. Embora tal equação possa ser obtida a partir da Fig. 18.11, pode ser mais conveniente escrevê-la considerando a taxa de variação da quantidade de movimento angular $\mathbf{H}_O$ do corpo em relação ao ponto fixo O (Fig. 18.12). Relembrando a Eq. (14.11), escrevemos

$$\Sigma \mathbf{M}_O = \dot{\mathbf{H}}_O \qquad (18.27)$$

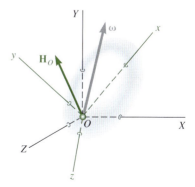

Figura 18.12 Velocidade angular e quantidade de movimento angular de um corpo rígido que gira em torno de um ponto fixo.

Foto 18.3 O radiotelescópio giratório é um exemplo de uma estrutura limitada a girar em torno de um ponto fixo.

onde $\dot{\mathbf{H}}_O$ representa a taxa de variação do vetor $\mathbf{H}_O$ em relação ao referencial fixo $OXYZ$. Uma dedução semelhante àquela usada na Seção 18.2A permite-nos relacionar $\dot{\mathbf{H}}_O$ à taxa de variação $(\dot{\mathbf{H}}_O)_{Oxyz}$ de $\mathbf{H}_O$ em relação ao referencial rotativo $Oxyz$. Uma substituição na Eq. (18.27) conduz à equação

$$\Sigma \mathbf{M}_O = (\dot{\mathbf{H}}_O)_{Oxyz} + \mathbf{\Omega} \times \mathbf{H}_O \qquad (18.28)$$

onde $\Sigma \mathbf{M}_O$ = somatório dos momentos em relação a O das forças aplicadas ao corpo rígido
$\mathbf{H}_O$ = quantidade de movimento angular em relação ao referencial fixo $OXYZ$
$(\dot{\mathbf{H}}_O)_{Oxyz}$ = taxa de variação de $\mathbf{H}_O$ em relação ao referencial rotativo $Oxyz$ a ser calculado a partir das relações da Eq. (18.13)
$\mathbf{\Omega}$ = velocidade angular do referencial rotativo $Oxyz$

Se o referencial rotativo está ligado ao corpo, sua velocidade angular $\mathbf{\Omega}$ é identicamente igual à velocidade angular $\boldsymbol{\omega}$ do corpo. Todavia, conforme indicado no último parágrafo da Seção 18.2A há muitas aplicações em que é vantajoso usar um referencial que não é de fato ligado ao corpo, mas que gira de um modo independente.

*18.2D Rotação de um corpo rígido em torno de um eixo fixo

A Eq. (18.28) deduzida na seção anterior será usada para analisar o movimento de um corpo rígido restringido a girar em torno de um eixo fixo AB (Fig. 18.13). Primeiramente, notemos que a velocidade angular do corpo em relação ao referencial fixo $OXYZ$ é representada pelo vetor $\boldsymbol{\omega}$ orientado ao longo do eixo de rotação. Ligando o referencial móvel $Oxyz$ ao corpo, com o eixo z ao longo de AB, temos $\boldsymbol{\omega} = \omega \mathbf{k}$. Substituindo $\omega_x = 0$, $\omega_y = 0$, $\omega_z = \omega$ nas relações (18.13), obtemos os componentes ao longo dos eixos rotativos da quantidade de movimento angular $\mathbf{H}_O$ do corpo em relação a O:

$$H_x = -I_{xz}\omega \qquad H_y = -I_{yz}\omega \qquad H_z = I_z\omega$$

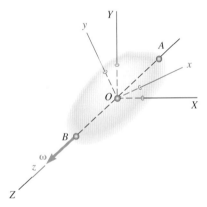

Figura 18.13 Velocidade angular de um corpo rígido que gira em torno de um eixo fixo AB.

Como o referencial $Oxyz$ está ligado ao corpo, temos $\mathbf{\Omega} = \boldsymbol{\omega}$, e a Eq. (18.28) fornece

$$\Sigma \mathbf{M}_O = (\dot{\mathbf{H}}_O)_{Oxyz} + \boldsymbol{\omega} \times \mathbf{H}_O$$
$$= (-I_{xz}\mathbf{i} - I_{yz}\mathbf{j} + I_z\mathbf{k})\dot{\omega} + \omega\mathbf{k} \times (-I_{xz}\mathbf{i} - I_{yz}\mathbf{j} + I_z\mathbf{k})\omega$$
$$= (-I_{xz}\mathbf{i} - I_{yz}\mathbf{j} + I_z\mathbf{k})\alpha + (-I_{xz}\mathbf{j} + I_{yz}\mathbf{i})\omega^2$$

O resultado obtido pode ser expresso pelas três equações escalares seguintes:

$$\Sigma M_x = -I_{xz}\alpha + I_{yz}\omega^2$$
$$\Sigma M_y = -I_{yz}\alpha - I_{xz}\omega^2 \qquad (18.29)$$
$$\Sigma M_z = I_z\alpha$$

Quando as forças e os momentos aplicados ao corpo são conhecidos, a aceleração angular α pode ser obtida da última das Eqs. (18.29). A velocidade angular ω é, então, determinada por integração, e os valores obtidos para α e ω são substituídos nas duas primeiras equações de (18.29). Essas equações, mais as três equações de (18.26) que definem o movimento do centro de massa do corpo, podem então ser usadas para determinar as reações nos mancais A e B.

É possível selecionar outros eixos que não aqueles mostrados na Fig. 18.13 para analisar a rotação de um corpo rígido em torno de um eixo fixo. Em muitos casos, os eixos principais de inércia do corpo serão considerados mais vantajosos. Portanto, é sensato retornar à Eq. (18.28) e selecionar o sistema de eixos que melhor se adapte ao problema.

Se o corpo rotativo é simétrico em relação ao plano xy, os produtos de inércia I_{xz} e I_{yz} são nulos, e as Eqs. (18.29) se reduzem a

$$\Sigma M_x = 0 \quad \Sigma M_y = 0 \quad \Sigma M_z = I_z \alpha \quad (18.30)$$

o que está de acordo com os resultados obtidos no Cap. 16. Por outro lado, se os produtos de inércia I_{xz} e I_{yz} não forem iguais a zero, a soma dos momentos das forças externas em relação aos eixos x e y também serão diferentes de zero, mesmo quando o corpo girar a uma taxa constante ω. De fato, nesse último caso, as Eqs. (18.29) produzem

$$\Sigma M_x = I_{yz}\omega^2 \quad \Sigma M_y = -I_{xz}\omega^2 \quad \Sigma M_z = 0 \quad (18.31)$$

Essa última observação nos leva a discutir o **balanceamento de eixos rotativos**. Considere, por exemplo, o eixo de manivelas mostrado na Fig. 18.14a, que é simétrico em relação ao seu centro de massa G. Observemos primeiro que, quando o eixo de manivelas está em repouso, ele não exerce esforço lateral em seus apoios, pois seu centro de gravidade G está localizado diretamente acima de A. Diz-se então que o eixo está *estaticamente balanceado*. A reação em A, comumente referida como uma *reação estática*, é vertical, e sua intensidade é igual ao peso W do eixo. Vamos então considerar que o eixo gire com uma velocidade angular constante ω. Ligando nosso referencial ao eixo, com sua origem em G, o eixo z ao longo de AB e o eixo y no plano de simetria do eixo (Fig. 18.14b), notamos que I_{xz} é zero e que I_{yz} é positivo. De acordo com a Eq. (18.31), há um termo inercial $I_{yz}\omega^2 \mathbf{i}$. Somando-se os momentos em relação a G na direção x e aplicando a Eq. (18.31), temos

$$\mathbf{A}_y = \frac{I_{yz}\omega^2}{l}\mathbf{j} \quad \mathbf{B} = -\frac{I_{yz}\omega^2}{l}\mathbf{j} \quad (18.32)$$

Uma vez que as reações nos mancais são proporcionais a ω^2, o eixo terá uma tendência de ser arrancado de seus mancais em altas velocidades de rotação. Além disso, como as reações $\mathbf{A}_y$ e $\mathbf{B}$ nos mancais, denominadas *reações dinâmicas*, estão contidas no plano yz, elas giram com o eixo e fazem a estrutura de apoio vibrar. Esses efeitos indesejáveis serão evitados se, por redistribuição de massas em torno do eixo ou pela adição de massas corretivas, fizermos I_{yz} ser igual a zero. As reações dinâmicas $\mathbf{A}_y$ e $\mathbf{B}$ desaparecerão, e as reações nos mancais se reduzirão à reação estática $\mathbf{A}_z$, cuja direção está fixada. O eixo estará, então, **balanceado tanto dinamicamente como estaticamente**.

Foto 18.4 A manivela giratória de um automóvel provoca reações estáticas e dinâmicas sobre seus mancais. A manivela pode ser projetada para minimizar desequilíbrios dinâmicos e reduzir essas forças de reação.

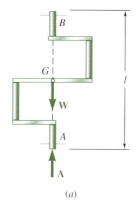

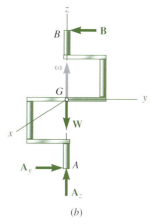

Figura 18.14 (a) A manivela em repouso está estaticamente balanceada; (b) a manivela que gira com velocidade angular constante pode ou não estar dinamicamente balanceada.

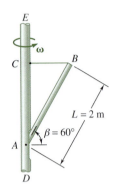

PROBLEMA RESOLVIDO 18.3

Uma barra delgada AB de comprimento $L = 2$ m e massa $m = 20$ kg está ligada por um pino em A a um eixo vertical DE que gira com uma velocidade angular constante ω de 15 rad/s. A barra é mantida no lugar por meio de um fio horizontal BC preso ao eixo e à extremidade B da barra. Determine a tração no fio e a reação em A.

ESTRATÉGIA Como o problema apresenta um corpo rígido que é assimétrico em relação ao plano de movimento, é preciso usar a forma tridimensional da segunda lei de Newton.

MODELAGEM Considere a barra AB como seu sistema. A velocidade angular é mostrada na Fig. 1, e os diagramas de corpo livre e cinético que consistem no vetor $m\bar{\mathbf{a}}$ ligado em G e no binário $\dot{\mathbf{H}}_G$ são mostrados na Fig. 2.

ANÁLISE Como G descreve um círculo horizontal de raio $\bar{r} = \frac{1}{2}L\cos\beta$ e BG gira a uma taxa constante ω (Fig. 1), temos

$$\bar{\mathbf{a}} = \mathbf{a}_n = -\bar{r}\omega^2\mathbf{I} = -(\tfrac{1}{2}L\cos\beta)\omega^2\mathbf{I} = -(112{,}5 \text{ m/s}^2)\mathbf{I}$$

$$m\bar{\mathbf{a}} = (20)(-112{,}5\mathbf{I}) = -(2250 \text{ N})\mathbf{I}$$

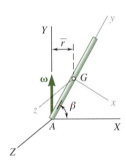

Figura 1 Velocidade angular da barra.

Determinação de $\dot{\mathbf{H}}_G$. Calculamos, primeiro, a quantidade de movimento angular $\mathbf{H}_G$. Usando os eixos centroidais principais de inércia x, y e z, escrevemos

$$\bar{I}_x = \tfrac{1}{12}mL^2 \qquad \bar{I}_y = 0 \qquad \bar{I}_z = \tfrac{1}{12}mL^2$$
$$\omega_x = -\omega\cos\beta \qquad \omega_y = \omega\operatorname{sen}\beta \qquad \omega_z = 0$$
$$\mathbf{H}_G = \bar{I}_x\omega_x\mathbf{i} + \bar{I}_y\omega_y\mathbf{j} + \bar{I}_z\omega_z\mathbf{k}$$
$$\mathbf{H}_G = -\tfrac{1}{12}mL^2\omega\cos\beta\,\mathbf{i}$$

A taxa de variação $\dot{\mathbf{H}}_G$ de $\mathbf{H}_G$ em relação aos eixos de orientação fixa é obtida pela Eq. (18.22). Observando que a taxa de variação $(\dot{\mathbf{H}}_G)_{Gxyz}$ de $\mathbf{H}_G$ em relação ao referencial rotativo $Gxyz$ é nula e que a velocidade angular $\mathbf{\Omega}$ do referencial é igual à velocidade angular ω da barra, temos

$$\dot{\mathbf{H}}_G = (\dot{\mathbf{H}}_G)_{Gxyz} + \boldsymbol{\omega} \times \mathbf{H}_G$$
$$\dot{\mathbf{H}}_G = 0 + (-\omega\cos\beta\,\mathbf{i} + \omega\operatorname{sen}\beta\,\mathbf{j}) \times (-\tfrac{1}{12}mL^2\omega\cos\beta\,\mathbf{i})$$
$$\dot{\mathbf{H}}_G = \tfrac{1}{12}mL^2\omega^2\operatorname{sen}\beta\cos\beta\,\mathbf{k} = (649{,}5 \text{ N·m})\mathbf{k}$$

Equações de movimento. Expressando que o sistema de forças externas é equivalente ao sistema de termos inerciais (Fig. 2), escrevemos

$$\Sigma\mathbf{M}_A = \dot{\mathbf{H}}_A = \mathbf{r} \times m\bar{\mathbf{a}} + \dot{\mathbf{H}}_G:$$
$$1{,}732\mathbf{J} \times (-T\mathbf{I}) + 0{,}5\mathbf{I} \times (-196{,}2\mathbf{J}) = 0{,}866\mathbf{J} \times (-2250\mathbf{I}) + 649{,}5\mathbf{K}$$
$$(1{,}732T - 98{,}1)\mathbf{K} = (1948{,}5 + 649{,}5)\mathbf{K} \qquad T = 1557 \text{ N} \blacktriangleleft$$

$$\Sigma\mathbf{F} = m\bar{\mathbf{a}}: \qquad A_X\mathbf{I} + A_Y\mathbf{J} + A_Z\mathbf{K} - 1613\mathbf{I} - 196{,}2\mathbf{J} = -2250\mathbf{I}$$
$$\mathbf{A} = -(697 \text{ N})\mathbf{I} + (196{,}2 \text{ N})\mathbf{J} \blacktriangleleft$$

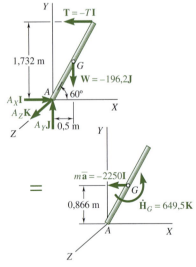

Figura 2 Diagramas de corpo livre e cinético para a barra.

PARA REFLETIR O valor de T poderia ter sido obtido a partir de $\mathbf{H}_A$ e da Eq. (18.28). Embora a barra gire com velocidade angular constante, sua assimetria provoca um momento em torno do eixo z. Observe que calculamos o termo inercial $\dot{\mathbf{H}}_A$ adicionando $\mathbf{r} \times m\bar{\mathbf{a}}$ ao binário $\dot{\mathbf{H}}_G$.

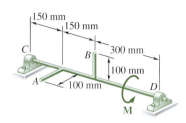

PROBLEMA RESOLVIDO 18.4

Duas barras A e B de 100 mm, cada qual com massa de 300 g, estão soldadas ao eixo CD, que é apoiado por mancais em C e D. Se um binário **M** de intensidade igual a 6 N·m é aplicado ao eixo, determine os componentes das reações dinâmicas em C e D no instante em que o eixo tiver atingido uma velocidade angular de 1.200 rpm. Despreze o momento de inércia do próprio eixo.

ESTRATÉGIA Utilize a forma tridimensional da segunda lei de Newton na forma da Eq. (18.28) para o caso de rotação em torno de um eixo fixo, onde $\Omega = \omega$.

MODELAGEM Considere o eixo e as duas barras como seu sistema. A quantidade de movimento angular e a velocidade angular são mostradas na Fig. 1, e um diagrama de corpo livre é mostrado na Fig. 2.

ANÁLISE

Quantidade de movimento angular em relação a O. Ligamos um referencial $Oxyz$ ao corpo e verificamos que os eixos escolhidos não são eixos principais de inércia para o corpo. Como o corpo gira em torno do eixo x, temos $\omega_x = \omega$ e $\omega_y = \omega_z = 0$ (Fig. 1). Substituindo nas Eqs. (18.13),

$$H_x = I_x\omega \qquad H_y = -I_{xy}\omega \qquad H_z = -I_{xz}\omega$$
$$\mathbf{H}_O = (I_x\mathbf{i} - I_{xy}\mathbf{j} - I_{xz}\mathbf{k})\omega$$

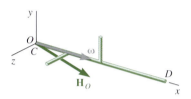

Figura 1 A quantidade de movimento angular e a velocidade angular do sistema.

Momentos das forças externas em relação a O. Como o referencial gira com velocidade angular $\boldsymbol{\omega}$ e somente o termo de aceleração angular é $\alpha_x = \alpha$, a Eq. (18.28) fornece

$$\Sigma\mathbf{M}_O = (\dot{\mathbf{H}}_O)_{Oxyz} + \boldsymbol{\omega} \times \mathbf{H}_O$$
$$= (I_x\mathbf{i} - I_{xy}\mathbf{j} - I_{xz}\mathbf{k})\alpha + \omega\mathbf{i} \times (I_x\mathbf{i} - I_{xy}\mathbf{j} - I_{xz}\mathbf{k})\omega$$
$$= I_x\alpha\mathbf{i} - (I_{xy}\alpha - I_{xz}\omega^2)\mathbf{j} - (I_{xz}\alpha + I_{xy}\omega^2)\mathbf{k} \quad (1)$$

Reação dinâmica em D. As forças externas consistem dos pesos do eixo e das barras, do binário **M**, das reações estáticas em C e D e das reações dinâmicas em C e D. Uma vez que os pesos e as reações estáticas estão equilibradas, as forças externas se reduzem ao binário **M** e às reações dinâmicas **C** e **D**, conforme mostrado na Fig. 2. Tomando momentos em relação a O, temos

$$\Sigma\mathbf{M}_O = L\mathbf{i} \times (D_y\mathbf{j} + D_z\mathbf{k}) + M\mathbf{i} = M\mathbf{i} - D_zL\mathbf{j} + D_yL\mathbf{k} \quad (2)$$

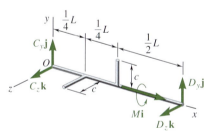

Figura 2 Diagrama de corpo livre para o sistema.

Igualando os coeficientes do vetor unitário **i** nas Eqs. (1) e (2), temos

$$M = I_x\alpha \qquad M = 2(\tfrac{1}{3}mc^2)\alpha \qquad \alpha = 3M/2mc^2$$

Igualando os coeficientes de **k** e **j** nas Eqs. (1) e (2):

$$D_y = -(I_{xz}\alpha + I_{xy}\omega^2)/L \qquad D_z = (I_{xy}\alpha - I_{xz}\omega^2)/L \quad (3)$$

(*continua*)

Usando o teorema dos eixos paralelos e observando que o produto de inércia de cada barra é nulo em relação aos eixos centroidais, temos

$$I_{xy} = \Sigma m\bar{x}\bar{y} = m(\tfrac{1}{2}L)(\tfrac{1}{2}c) = \tfrac{1}{4}mLc$$
$$I_{xz} = \Sigma m\bar{x}\bar{z} = m(\tfrac{1}{4}L)(\tfrac{1}{2}c) = \tfrac{1}{8}mLc$$

Substituindo em (3) os valores encontrados para I_{xy}, I_{xz} e α, obtemos

$$D_y = -\tfrac{3}{16}(M/c) - \tfrac{1}{4}mc\omega^2 \qquad D_z = \tfrac{3}{8}(M/c) - \tfrac{1}{8}mc\omega^2$$

Substituindo ω = 1200 rpm = 125,7 rad/s, c = 0,100 m, M = 6 N·m e m = 0,300 kg, temos

$$D_y = -129,8 \text{ N} \qquad D_z = -36,8 \text{ N} \quad \blacktriangleleft$$

Reação dinâmica em C. Usando um referencial ligado a D, obtemos equações semelhantes às Eqs. (3), que produzem

$$C_y = -152,2 \text{ N} \qquad C_z = -155,2 \text{ N} \quad \blacktriangleleft$$

PARA REFLETIR As forças dinâmicas são maiores em C do que em D. Como a barra A está mais próxima dessa extremidade da barra, é natural pensar que ela afetaria mais essa extremidade do que a outra. Observe que duas barras pequenas de 300 g acabam causando forças de mais de 150 N. Muitas vezes você tem que tomar em conta essas grandes forças ao projetar sistemas mecânicos envolvendo equipamentos rotativos (por exemplo, automóveis, turbinas, moinhos).

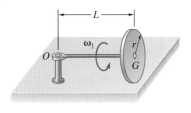

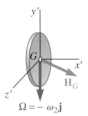

Figura 1 Quantidade de movimento angular e velocidade angular do disco.

PROBLEMA RESOLVIDO 18.5

Um disco homogêneo de raio r e massa m está montado sobre um eixo OG de comprimento L e massa desprezível. O eixo é pivotado no ponto fixo O, e o disco é compelido a rolar sobre um piso horizontal. Sabendo que o disco gira no sentido anti-horário à taxa constante ω_1 em torno do eixo, determine (a) a força (considerada vertical) exercida pelo piso sobre o disco, (b) a reação no pivô O.

ESTRATÉGIA Use a forma tridimensional da segunda lei de Newton, isto é, as Eqs. (18.1) e (18.2).

MODELAGEM Considere o disco como seu sistema e modele-o, como um corpo rígido. A quantidade de movimento angular e a velocidade angular são mostradas na Fig. 1, e os diagramas de corpo livre e cinético que consistem no vetor $m\bar{\mathbf{a}}$ fixado em G e no binário $\dot{\mathbf{H}}_G$ são mostrados na Fig. 2.

ANÁLISE Do Problema Resolvido 18.2, sabemos que o eixo gira em torno do eixo y à taxa $\omega_2 = r\omega_1/L$. Assim,

$$m\bar{\mathbf{a}} = -mL\omega_2^2\mathbf{i} = -mL(r\omega_1/L)^2\mathbf{i} = -(mr^2\omega_1^2/L)\mathbf{i} \qquad (1)$$

Determinação de $\dot{\mathbf{H}}_G$. Admita que os eixos x, y, z girem com a barra OG, mas não com o disco; os eixos x', y', z' giram com a barra e com o disco. Recordemos, do Problema Resolvido 18.2, que a quantidade de movimento angular do disco em relação a G é

$$\mathbf{H}_G = \tfrac{1}{2}mr^2\omega_1\left(\mathbf{i} - \frac{r}{2L}\mathbf{j}\right)$$

onde $\mathbf{H}_G$ está decomposto em componentes ao longo dos eixos rotativos x', y', z', com x' ao longo de OG e y' vertical no instante mostrado (Fig. 1). A taxa de variação $\dot{\mathbf{H}}_G$ de $\mathbf{H}_G$ em relação aos eixos de orientação fixa é obtida da Eq. (18.22). Observando que a taxa de variação $(\dot{\mathbf{H}}_G)_{Gx'y'z'}$ de $\mathbf{H}_G$ em relação ao referencial rotativo é nula e que a velocidade angular $\mathbf{\Omega}$ daquele referencial é

$$\mathbf{\Omega} = -\omega_2\mathbf{j} = -\frac{r\omega_1}{L}\mathbf{j}$$

temos

$$\dot{\mathbf{H}}_G = (\dot{\mathbf{H}}_G)_{Gx'y'z'} + \mathbf{\Omega} \times \mathbf{H}_G$$
$$= 0 - \frac{r\omega_1}{L}\mathbf{j} \times \tfrac{1}{2}mr^2\omega_1\left(\mathbf{i} - \frac{r}{2L}\mathbf{j}\right)$$
$$= \tfrac{1}{2}mr^2(r/L)\omega_1^2\mathbf{k} \quad (2)$$

Equações de movimento. Expressando que o sistema de força externas é equivalente ao sistema dos termos inerciais (Fig. 2), escrevemos

$\Sigma\mathbf{M}_O = \dot{\mathbf{H}}_G$:
$$L\mathbf{i} \times (N\mathbf{j} - W\mathbf{j}) = \dot{\mathbf{H}}_G$$
$$(N - W)L\mathbf{k} = \tfrac{1}{2}mr^2(r/L)\omega_1^2\mathbf{k}$$
$$N = W + \tfrac{1}{2}mr(r/L)^2\omega_1^2 \quad \mathbf{N} = [W + \tfrac{1}{2}mr(r/L)^2\omega_1^2]\mathbf{j} \quad (3) \blacktriangleleft$$

$\Sigma\mathbf{F} = m\bar{\mathbf{a}}$:
$$\mathbf{R} + N\mathbf{j} - W\mathbf{j} = m\bar{\mathbf{a}}$$

Substituindo N de (3) e $m\bar{\mathbf{a}}$ de (1) e resolvendo para $\mathbf{R}$, obtemos

$$\mathbf{R} = -(mr^2\omega_1^2/L)\mathbf{i} - \tfrac{1}{2}mr(r/L)^2\omega_1^2\mathbf{j}$$

$$\mathbf{R} = -\frac{mr^2\omega_1^2}{L}\left(\mathbf{i} + \frac{r}{2L}\mathbf{j}\right) \quad \blacktriangleleft$$

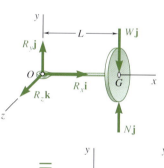
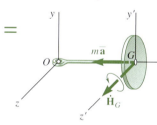

Figura 2 Diagramas de corpo livre e cinético para o sistema.

PARA REFLETIR Este é um caso em que o sistema de coordenadas ligado ao objeto de giração tem a sua própria velocidade angular. A variação na direção da quantidade de movimento angular do disco acaba aumentando a força normal.

METODOLOGIA PARA A RESOLUÇÃO DE PROBLEMAS

Nesta seção, você deverá resolver problemas que envolvem o movimento tridimensional de corpos rígidos. O método a ser empregado é basicamente o mesmo que você usou no Cap. 16 em seu estudo do movimento plano de corpos rígidos. Você construirá uma equação baseada nos diagramas de corpo livre e cinético mostrando que o sistema de forças externas é equivalente ao sistema de termos inerciais e igualará somas de componentes e somas de momentos nos dois membros dessa equação. Agora, porém, o sistema de termos inerciais será representado pelo vetor $m\bar{\mathbf{a}}$ e um binário $\dot{\mathbf{H}}_G$, cuja determinação será explicada nos parágrafos 1 e 2.

Para resolver um problema que envolve o movimento tridimensional de um corpo rígido, você deve perfazer os seguintes passos:

1. Determine a quantidade de movimento angular H_G do corpo em relação ao seu centro de massa G a partir de sua velocidade angular $\boldsymbol{\omega}$ relativa a um referencial $GX'Y'Z'$ de orientação fixa. Essa é uma operação que você aprendeu a efetuar na Seção 18.1. Todavia, como a configuração do corpo mudará com o tempo, será necessário agora que você use um sistema auxiliar de eixos $Gx'y'z'$ (Fig. 18.9) para calcular os componentes de $\boldsymbol{\omega}$ e os momentos e produtos de inércia do corpo. Esses eixos podem ser rigidamente ligados ao corpo, caso em que sua velocidade angular é igual a $\boldsymbol{\omega}$ [Problemas Resolvidos 18.3 e 18.4], ou podem ter uma velocidade angular própria $\boldsymbol{\Omega}$ [Problema Resolvido 18.5].

Da lição anterior, lembre-se do seguinte:

a. Se os eixos principais de inércia do corpo em G são conhecidos, use-os como eixos de coordenadas x', y' e z', pois os respectivos produtos de inércia do corpo serão iguais a zero. (Note que, se o corpo tiver simetria axial, esses eixos não precisarão ser rigidamente ligados a ele.) Decomponha $\boldsymbol{\omega}$ em componentes $\omega_{x'}$, $\omega_{y'}$ e $\omega_{z'}$ ao longo desses eixos e calcule os momentos principais de inércia $\bar{I}_{x'}$, $\bar{I}_{y'}$ e $\bar{I}_{z'}$. Os respectivos componentes da quantidade de movimento angular $\mathbf{H}_G$ são

$$H_{x'} = \bar{I}_{x'}\omega_{x'} \qquad H_{y'} = \bar{I}_{y'}\omega_{y'} \qquad H_{z'} = \bar{I}_{z'}\omega_{z'} \qquad\qquad \textbf{(18.10)}$$

b. Se os eixos principais de inércia do corpo em G são desconhecidos, você deve usar a Eq. (18.7) para determinar os componentes da quantidade de movimento angular $\mathbf{H}_G$. Essas equações requerem o cálculo preliminar dos produtos de inércia do corpo, bem como dos seus momentos de inércia em relação aos eixos selecionados.

2. Calcule a taxa de variação $\dot{\mathbf{H}}_G$ da quantidade de movimento angular $\mathbf{H}_G$ em relação ao referencial $GX'Y'Z'$. Note que esse referencial tem uma *orientação fixa*, enquanto o referencial $Gx'y'z'$ que você usou para calcular os componentes do vetor $\boldsymbol{\omega}$ era um *referencial rotativo*. (Remetemos você à nossa discussão, na Seção 15.5A, sobre a taxa de variação de um vetor em relação a um referencial rotativo). Retomando a Eq. (15.31), você expressará a taxa de variação $\dot{\mathbf{H}}_G$ como segue:

$$\dot{\mathbf{H}}_G = (\dot{\mathbf{H}}_G)_{Gx'y'z'} + \boldsymbol{\Omega} \times \mathbf{H}_G \qquad (18.22)$$

O primeiro termo do segundo membro da Eq. (18.22) representa a taxa de variação de $\mathbf{H}_G$ em relação ao referencial rotativo $Gx'y'z'$. Esse termo se anulará se o vetor $\boldsymbol{\omega}$ – e, portanto, $\mathbf{H}_G$ – permanecer constante tanto em intensidade como em direção quando visto a partir daquele referencial. Por outro lado, se qualquer uma das derivadas temporais $\dot{\omega}_{x'}$, $\dot{\omega}_{y'}$ e $\dot{\omega}_{z'}$ for diferente de zero, $(\dot{\mathbf{H}}_G)_{Gx'y'z'}$ também será diferente de zero, e seus componentes deverão ser determinados por diferenciação das Eqs. (18.10) em relação a t. Finalmente, lembre-se de que, se o referencial rotativo estiver rigidamente ligado ao corpo, sua velocidade angular será igual à do corpo, e $\boldsymbol{\Omega}$ poderá ser substituída por $\boldsymbol{\omega}$.

3. Desenhe os diagramas de corpo livre e cinético para o corpo rígido, mostrando que o sistema de forças externas exercidas sobre o corpo é equivalente ao vetor $m\bar{\mathbf{a}}$ aplicado em G e ao vetor binário $\dot{\mathbf{H}}_G$ (Fig. 18.11). Igualando componentes em qualquer direção e momentos em relação a qualquer ponto, você pode escrever até seis equações escalares de movimento independentes [Problemas Resolvidos 18.3 e 18.5].

4. Ao resolver problemas que envolvem o movimento de um corpo rígido em torno de um ponto fixo O, você pode achar conveniente usar a seguinte equação, deduzida na Seção 18.2C, que elimina os componentes da reação em O. Assim,

$$\Sigma\mathbf{M}_O = (\dot{\mathbf{H}}_O)_{Oxyz} + \boldsymbol{\Omega} \times \mathbf{H}_O \qquad (18.28)$$

onde o primeiro termo do segundo membro representa a taxa de variação de $\mathbf{H}_O$ em relação ao referencial rotativo $Oxyz$ e onde $\boldsymbol{\Omega}$ é a velocidade angular do referencial.

5. Ao determinar as reações dos mancais de um eixo rotativo, use a Eq. (18.28) e siga os seguintes passos:

   a. Coloque o ponto fixo O em um dos dois mancais de apoio do eixo e ligue o referencial $Oxyz$ ao eixo rotativo, sendo este alinhado com um dos eixos de coordenadas. Por exemplo, admitindo que o eixo x tenha sido alinhado com o eixo rotativo, você terá $\boldsymbol{\Omega} = \boldsymbol{\omega} = \omega\mathbf{i}$ [Problema Resolvido 18.4].

   b. Como os eixos selecionados não serão, em geral, eixos principais de inércia em O, você precisará calcular, além dos momentos de inércia, os produtos de inércia do eixo rotativo em relação aqueles eixos de coordenadas e usar as Eqs. (18.13) para determinar $\mathbf{H}_O$. Admitindo novamente que o eixo x tenha sido alinhado com o eixo rotativo, as Eqs. (18.13) se reduzem a

$$H_x = I_x\omega \qquad H_y = -I_{yx}\omega \qquad H_z = -I_{zx}\omega \qquad (18.13')$$

Essas equações mostram que $\mathbf{H}_O$ não estará orientado ao longo do eixo rotativo.

(Continua)

c. Para obter $\dot{\mathbf{H}}_O$, substitua as expressões obtidas na Eq. (18.28) e faça $\boldsymbol{\Omega} = \boldsymbol{\omega} = \omega\mathbf{i}$. Se a velocidade angular do eixo rotativo for constante, o primeiro termo do segundo membro da equação se anulará. Porém, se o eixo tiver uma aceleração angular $\boldsymbol{\alpha} = \alpha\mathbf{i}$, o primeiro termo não será nulo e deverá ser calculado por diferenciação das expressões em (18.13$'$) em relação ao tempo t. Resultarão disso equações similares às Eqs. (18.13$'$), com ω substituído por α. O resultado obtido pode ser expresso pelas três equações escalares da Eq. (18.29).

d. Uma vez que o ponto O coincida com um dos mancais, as três equações escalares correspondentes à Eq. (18.28) poderão ser resolvidas para os componentes da reação dinâmica no outro mancal. Se o centro de massa G do eixo estiver localizado sobre a linha que liga os dois mancais, o termo inercial $m\bar{\mathbf{a}}$ será nulo. Construindo a equação baseada nos diagramas de corpo livre e cinético do eixo rotativo, você observará então que os componentes da reação dinâmica do primeiro mancal devem ser iguais e opostos àqueles que acabou de determinar. Se G não estiver localizado sobre a linha que liga os dois mancais, você poderá determinar a reação do primeiro mancal pondo o ponto fixo O no segundo mancal e repetindo o procedimento anterior [Problema Resolvido 18.4]; ou então poderá obter equações adicionais de movimento a partir da equação baseada nos diagramas de corpo livre e cinético do eixo, assegurando-se, antes, de determinar e incluir o termo inercial $m\bar{\mathbf{a}}$ aplicado em G.

e. Na maioria dos problemas, pede-se para determinar as "reações dinâmicas" nos mancais, ou seja, as forças adicionais exercidas pelos mancais sobre o eixo quando ele está girando. Ao determinar reações dinâmicas, ignore o efeito de carregamentos estáticos, tais como o peso do eixo.

PROBLEMAS

18.55 Determine a taxa de variação $\dot{\mathbf{H}}_G$ da quantidade de movimento angular $\mathbf{H}_G$ do disco do Problema 18.1.

18.56 Determine a taxa de variação $\dot{\mathbf{H}}_G$ da quantidade de movimento angular $\mathbf{H}_G$ da barra do Problema 18.2.

18.57 Determine a taxa de variação $\dot{\mathbf{H}}_D$ da quantidade de movimento angular $\mathbf{H}_D$ do conjunto do Problema 18.3.

18.58 Determine a taxa de variação $\dot{\mathbf{H}}_A$ da quantidade de movimento angular $\mathbf{H}_A$ do disco do Problema 18.4.

18.59 Determine a taxa de variação $\dot{\mathbf{H}}_C$ da quantidade de movimento angular $\mathbf{H}_C$ do disco do Problema 18.5.

18.60 Determine a taxa de variação $\dot{\mathbf{H}}_G$ da quantidade de movimento angular $\mathbf{H}_G$ do disco do Problema 18.8 para um valor arbitrário de β, sabendo que sua velocidade angular $\boldsymbol{\omega}$ permanece constante.

18.61 Determine a taxa de variação $\dot{\mathbf{H}}_D$ da quantidade de movimento angular $\mathbf{H}_D$ do conjunto do Problema 18.3, admitindo que, no instante considerado, o conjunto tenha uma velocidade angular $\boldsymbol{\omega} = (12 \text{ rad/s})\mathbf{i}$ e uma aceleração angular $\boldsymbol{\alpha} = -(96 \text{ rad/s}^2)\mathbf{i}$.

18.62 Determine a taxa de variação $\dot{\mathbf{H}}_D$ da quantidade de movimento angular $\mathbf{H}_D$ do conjunto do Problema 18.3, admitindo que, no instante considerado, o conjunto tenha uma velocidade angular $\boldsymbol{\omega} = (12 \text{ rad/s})\mathbf{i}$ e uma aceleração angular $\boldsymbol{\alpha} = (96 \text{ rad/s}^2)\mathbf{i}$.

18.63 Uma placa fina, quadrada e homogênea de massa m e lado a é soldada a um eixo vertical AB, formando com ele um ângulo de 45°. Sabendo que o eixo gira com uma velocidade angular $\boldsymbol{\omega} = \omega$ e com uma aceleração $\boldsymbol{\alpha} = \alpha\mathbf{j}$, determine a taxa de variação $\dot{\mathbf{H}}_A$ da quantidade de movimento angular $\mathbf{H}_A$ do conjunto da placa.

18.64 Determine a taxa de variação $\dot{\mathbf{H}}_G$ da quantidade de movimento angular $\mathbf{H}_G$ do disco do Problema 18.8 para um valor arbitrário β, sabendo que o disco tem uma velocidade angular $\boldsymbol{\omega} = \omega\mathbf{i}$ e uma aceleração $\boldsymbol{\alpha} = \alpha\mathbf{i}$.

18.65 Uma barra AB uniforme e delgada de massa m e um eixo vertical CD, cada um com comprimento $2b$, são soldados juntos em seus pontos médios G. Sabendo que o eixo gira numa taxa constante ω, determine as reações dinâmicas de C e D.

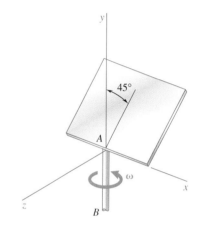

Figura **P18.63**

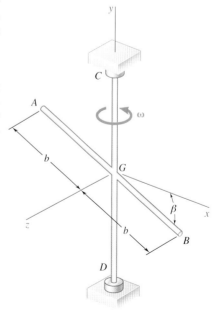

Figura P18.65

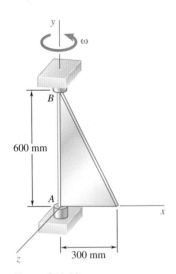

Figura P18.66

18.66 Uma placa triangular fina e homogênea de 2,5 kg de massa está soldada a um eixo vertical leve suportado por dois mancais em A e B. Sabendo que a placa gira com uma taxa constante ω de 8 rad/s, determine as reações dinâmicas nos pontos A e B.

18.67 O conjunto mostrado na figura consiste de pedaços de chapa de alumínio de espessura uniforme e massa total de 1,25 kg soldados a um eixo leve apoiado em mancais em A e B. Sabendo que o conjunto gira a uma taxa constante ω = 240 rpm, determine as reações dinâmicas em A e B.

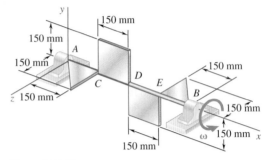

Figura P18.67

18.68 O eixo de 8 kg mostrado na figura tem uma seção transversal constante. Sabendo que ele gira com uma taxa constante ω = 12 rad/s, determine as reações dinâmicas nos pontos A e B.

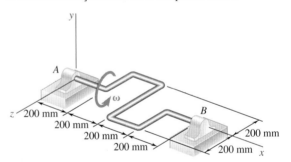

Figura P18.68

18.69 Depois de prender a roda de 18 kg mostrada na figura a uma máquina de balanceamento e colocá-la para girar a uma taxa de 15 rev/s, um mecânico verifica que, para balancear a roda tanto estática como dinamicamente, ele deve usar dois pesos corretivos: um peso de 170 g de massa em B e um peso de 56 g de massa em D. Usando um referencial dextrogiro que gira com a roda (com o eixo z perpendicular ao plano da figura), determine, antes de se prender os pesos corretivos, (a) a distância do eixo de rotação ao centro de massa da roda e os produtos de inércia I_{xy} e I_{zx}, (b) o sistema força-binário em C equivalente às forças exercidas pela roda sobre a máquina.

18.70 Quando a roda de 18 kg mostrada na figura é presa a uma máquina de balanceamento e posta para girar a uma taxa de 12,5 rev/s, verifica-se que as forças exercidas pela roda sobre a máquina são equivalentes a um sistema força-binário consistindo de uma força $\mathbf{F}$ = (160 N)$\mathbf{j}$ aplicada em C e um binário $\mathbf{M}_C$ = (14,7 N·m)$\mathbf{k}$, sendo que os vetores unitários formam uma tríade que gira com a roda. (a) Determine a distância do eixo de rotação ao centro de massa da roda e os produtos de inércia I_{xy} e I_{zx}. (b) Usando apenas dois pesos corretivos a fim de balancear a roda estática e dinamicamente, quais deveriam ser esses pesos e em quais dos pontos A, B, D ou E eles deveriam ser colocados?

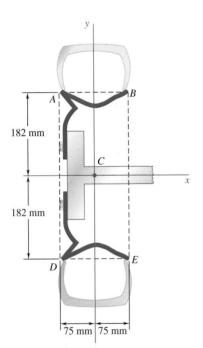

Figura P18.69 e P18.70

18.71 Sabendo que o conjunto do Problema 18.65 está inicialmente em repouso ($\omega = 0$) quando um binário de momento $\mathbf{M}_0 = M_0\mathbf{j}$ é aplicado ao eixo CD, determine (a) a aceleração angular resultante do conjunto, (b) as reações dinâmicas em C e D imediatamente após a aplicação do binário.

18.72 Sabendo que a placa do Problema 18.66 está inicialmente em repouso ($\omega = 0$) quando um binário de momento $\mathbf{M}_0 = (0{,}75 \text{ N·m})\mathbf{j}$ é aplicado ao eixo, determine (a) a aceleração angular resultante da placa, (b) as reações dinâmicas em A e B imediatamente após a aplicação do binário.

18.73 O conjunto do Problema 18.67 está inicialmente em repouso ($\omega = 0$) quando um binário $\mathbf{M}_0$ é aplicado ao eixo AB. Sabendo que a aceleração angular resultante do conjunto é $\boldsymbol{\alpha} = (150 \text{ rad/s}^2)\mathbf{i}$, determine (a) o binário $\mathbf{M}_0$, (b) as reações dinâmicas em A e B imediatamente após o binário ser aplicado.

18.74 O eixo do Problema 18.68 está inicialmente em repouso ($\omega = 0$) quando um binário $\mathbf{M}_0$ é aplicado a ele. Sabendo que a resultante da aceleração angular do eixo é $\boldsymbol{\alpha} = (20 \text{ rad/s}^2)\mathbf{i}$, determine (a) o binário $\mathbf{M}_0$, (b) as reações dinâmicas em A e B imediatamente após o binário ser aplicado.

18.75 O conjunto mostrado na figura tem massa de 6 kg e consiste em quatro placas finas semicirculares de alumínio com 400 mm de diâmetro soldadas a um eixo leve AB de 1 m de comprimento. O conjunto está em repouso ($\omega = 0$) no instante $t = 0$ quando um binário $\mathbf{M}_0$ é aplicado do modo mostrado, fazendo o conjunto girar uma volta completa em 2 s. Determine (a) o binário $\mathbf{M}_0$, (b) as reações dinâmicas em A e B em $t = 0$.

18.76 Para o conjunto do Problema 18.75, determine as reações dinâmicas em A e B em $t = 2$ s.

18.77 O componente de chapa metálica mostrado na figura tem espessura homogênea e massa de 600 g. Ele está preso a um eixo leve suportado por mancais em A e B distantes em 150 mm. O componente está em repouso quando um binário $\mathbf{M}_0$ lhe é aplicado. Se a resultante da aceleração angular é $\boldsymbol{\alpha} = (12 \text{ rad/s}^2)\mathbf{k}$, determine (a) o binário $\mathbf{M}_0$, (b) as reações dinâmicas em A e B imediatamente após a aplicação do binário.

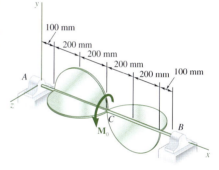

Figura P18.75

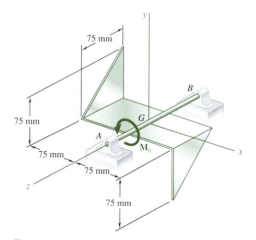

Figura *P18.77*

18.78 Para o componente de chapa metálica do Problema 18.77, determine (a) a sua velocidade angular 0,6 s depois do binário $\mathbf{M}_0$ ter sido aplicado, (b) a intensidade das reações dinâmicas em A e B neste momento.

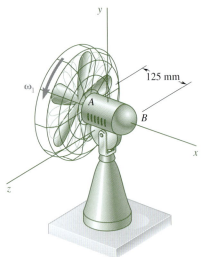

Figura P18.79

18.79 As pás de um ventilador oscilante e o rotor de seu motor têm massa total de 300 g e um raio de giração combinado de 75 mm. Eles estão apoiados em mancais em A e B, distantes de 125 mm, e giram à taxa ω_1 = 1800 rpm. Determine as reações dinâmicas em A e B quando a carcaça do motor tem velocidade angular ω_2 = (0,6 rad/s)**j**.

18.80 A lâmina de uma serra portátil e o rotor de seu motor têm massa total de 1,25 kg e raio de giração combinado de 40 mm. Sabendo que a lâmina gira do modo mostrado na figura a uma taxa ω_1 = 1500 rpm, determine a intensidade e a direção do binário **M** que um operário deve exercer sobre a alça da serra para girá-la com uma velocidade angular constante ω_2 = −(2,4 rad/s)**j**.

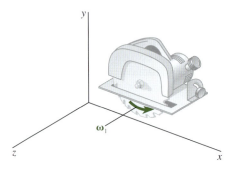

Figura *P18.80*

18.81 O volante de um motor de automóvel, preso rigidamente ao eixo de manivelas, é equivalente a uma placa de aço de 400 mm de diâmetro e 15 mm de espessura. Determine a intensidade do binário exercido pelo volante sobre o eixo de manivelas horizontal à medida que o automóvel faz uma curva sem inclinação de 200 m de raio a uma velocidade de 90 km/h, com o volante girando a 2.700 rpm. Admita que o automóvel tenha (*a*) tração nas rodas traseiras com o motor montado longitudinalmente, (*b*) tração nas rodas dianteiras com o motor montado transversalmente. (Densidade do aço = 7860 kg/m³.)

18.82 Cada roda de um automóvel tem massa de 22 kg, diâmetro de 575 mm e raio de giração de 225 mm. O automóvel faz uma curva sem inclinação de raio de 150 m a uma velocidade de 95 km/h. Sabendo que a distância transversal entre as rodas é de 1,5 m, determine a força normal adicional exercida pelo solo sobre cada roda externa devido ao movimento do carro.

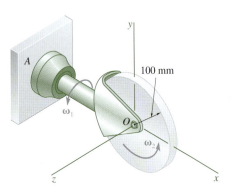

Figura *P18.83*

18.83 O disco uniforme e fino de 2,5 kg mostrado na figura gira a uma taxa constante ω_2 = 6 rad/s em torno de um eixo suportado por uma carcaça presa a uma barra horizontal que gira à taxa constante ω_1 = 3 rad/s. Determine o binário que representa a reação dinâmica no suporte *A*.

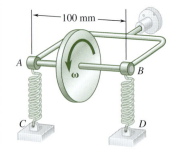

Figura P18.84

18.84 A estrutura essencial de certo tipo de indicador de guinada de uma aeronave é mostrada na figura. Cada mola tem uma constante de 500 N/m, e o disco uniforme de 200 g e de 40 mm de raio gira à taxa de 10.000 rpm. As molas estão tensionadas e exercem forças verticais iguais sobre a união *AB* quando o avião voa em linha reta. Determine o ângulo em que a união *AB* irá girar quando o piloto executar uma guinada horizontal de 750 m de raio para a direita a uma velocidade de 800 km/h. Indique se o ponto *A* se moverá para cima ou para baixo.

18.85 Uma barra delgada é dobrada em forma de uma estrutura quadrada de lado 200 mm. A estrutura está articulada no ponto A por uma base que gira com uma velocidade angular constante ω. Determine o valor de ω para que a linha AB forme um ângulo $\beta = 48°$ com o eixo horizontal x.

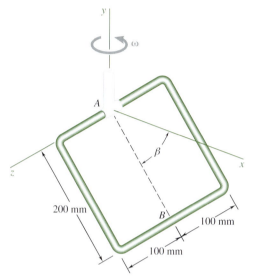

Figura P18.85

18.86 Uma placa quadrada e uniforme de raio $a = 225$ mm está articulada nos pontos A e B por uma base em forma de U que gira com velocidade angular constante ω em relação a um eixo vertical. Determine (a) o ângulo β que a placa forma com a horizontal x quando $\omega = 12$ rad/s, (b) o maior valor de ω para que a placa permaneça vertical ($\beta = 90°$).

18.87 Uma placa quadrada e uniforme de raio $a = 300$ mm está articulada em A e B por uma base em forma de U que gira com velocidade angular constante ω em relação a um eixo vertical. Determine (a) o valor de ω para que a placa forme um ângulo constante $\beta = 60°$ com o eixo horizontal x, (b) o maior valor de ω para que a placa permaneça vertical ($\beta = 90°$).

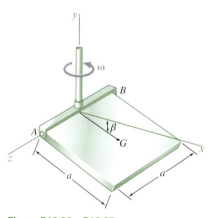

Figura P18.86 e P18.87

18.88 A engrenagem A, de 950 g, está limitada a rolar sobre a engrenagem fixa B, mas é livre para girar em torno do eixo AD. O eixo AD, de 400 mm de comprimento e peso desprezível, está ligado por um grampo em forma de U ao eixo vertical DE, que gira do modo mostrado na figura com uma velocidade angular constante ω_1. Considerando que a engrenagem A possa ser considerada como um disco fino de 80 mm de raio, determine o maior valor admissível de ω_1 para que a engrenagem A não perca contato com a engrenagem B.

18.89 Determine a força **F** exercida pela engrenagem B sobre a engrenagem A do Problema 18.88 quando o eixo DE gira com uma velocidade angular constante de $\omega_1 = 4$ rad/s. (Dica: a força **F** tem de ser perpendicular à linha traçada de D a C.)

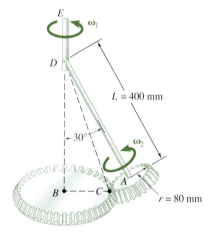

Figura P18.88

18.90 e 18.91 A barra delgada *AB* está presa por um grampo ao braço *BCD*, que gira com uma velocidade angular constante **ω** em torno da linha de centro de sua porção vertical *CD*. Determine a intensidade da velocidade angular **ω**.

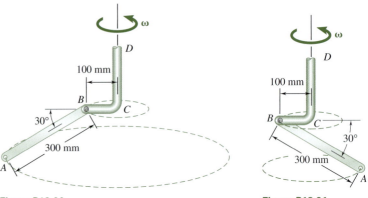

Figura **P18.90**   Figura **P18.91**

18.92 A estrutura essencial de certo tipo de indicador de guinada de uma aeronave é mostrada na figura. As molas *AC* e *BD* estão inicialmente tensionadas e exercem forças verticais iguais em *A* e *B* quando o avião voa em linha reta. Cada mola tem uma constante de 600 N/m, e o disco uniforme de 250 g gira à taxa de 12.000 rpm. Determine o ângulo em que a união irá girar quando o piloto executar uma guinada horizontal de 800 m de raio para a direita a uma velocidade de 720 km/h. Indique se o ponto *A* se moverá para cima ou para baixo.

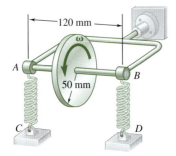

Figura *P18.92*

18.93 O disco de 300 g mostrado na figura gira à taxa ω_1 = 750 rpm, enquanto o eixo *AB* gira do modo mostrado com uma velocidade angular ω_2 de intensidade 6 rad/s. Determine as reações dinâmicas em *A* e *B*.

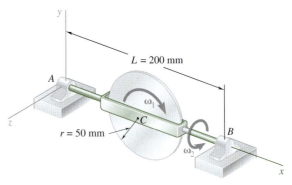

Figura **P18.93 e P18.94**

18.94 O disco de 300 g mostrado na figura gira à taxa ω_1 = 750 rpm, enquanto o eixo *AB* gira do modo mostrado com uma velocidade angular ω_2. Determine a intensidade máxima admissível de ω_2 para que as reações dinâmicas em *A* e *B* não excedam 1 N cada uma.

18.95 Dois discos, cada qual com massa de 5 kg e raio de 300 mm, giram do modo mostrado na figura à taxa $\omega_1 = 1200$ rpm em torno de uma barra AB de massa desprezível que, por sua vez, gira em torno do eixo horizontal z à taxa $\omega_2 = 60$ rpm (*a*) Determine as reações dinâmicas nos pontos C e D. (*b*) Resolva a parte (a) considerando que o sentido de giro do disco A seja invertido.

18.96 Dois discos, cada qual com massa de 5 kg e raio de 300 mm, giram do modo mostrado na figura à taxa $\omega_1 = 1200$ rpm em torno de uma barra AB de massa desprezível que, por sua vez, gira em torno do eixo horizontal z à taxa ω_2. Determine o valor máximo admissível de ω_2 para que as intensidades das reações dinâmicas nos pontos C e D não excedam 350 N cada uma.

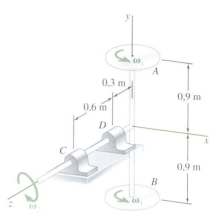

Figura P18.95 e P18.96

18.97 Uma placa horizontal estacionária é presa ao teto por meio de um tubo vertical fixo. Uma roda de raio a e massa m está montada em um eixo leve AC que está preso por meio de um grampo em forma de U em A a uma barra AB encaixada dentro do tubo vertical. A barra AB é posta a girar com uma velocidade angular constante Ω, fazendo com que a roda role na face inferior da placa estacionária. Determine a velocidade angular mínima Ω para que o contato entre a roda e a placa seja mantido. Considere os casos particulares (*a*) quando a massa da roda se concentra no aro, (*b*) quando a roda é equivalente a um disco fino de raio a.

18.98 Considerando que a roda do Problema 18.97, de 4 kg de massa e raio a = 100 mm, tem um raio de giração de 75 mm, e que $R = 500$ mm, determine a força exercida pela placa sobre a roda quando $\Omega = 25$ rad/s.

18.99 Um disco fino de massa $m = 4$ kg gira com uma velocidade angular ω_2 em relação ao braço ABC, que por sua vez gira com uma velocidade angular ω_1 em torno do eixo y. Sabendo que $\omega_1 = 5$ rad/s e $\omega_2 = 15$ rad/s e que ambas são constantes, determine o sistema força-binário que representa as reações dinâmicas no apoio A.

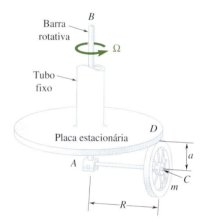

Figura *P18.97*

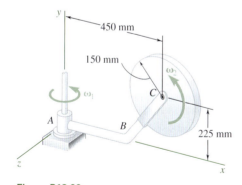

Figura P18.99

18.100 Um concentrador experimental de energia solar por lentes Fresnel pode girar em torno do eixo horizontal AB que passa por meio de seu centro de massa G. Ele é suportado em A e B por uma estrutura que pode girar em torno do eixo vertical y. O concentrador tem uma massa de 30 Mg, um raio de giração de 12 m em torno do seu eixo de simetria CD e um raio de giração de 10 m em torno de qualquer eixo transversal que passa por G. Sabendo que as velocidades angulares ω_1 e ω_2 têm intensidades constantes iguais a 0,20 rad/s e 0,25 rad/s, respectivamente, determine, para a posição $\theta = 60°$, (*a*) a força exercida no concentrador em A e B, (*b*) o binário $M_2\mathbf{k}$ aplicado no concentrador naquele instante.

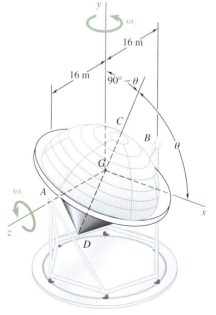

Figura P18.100

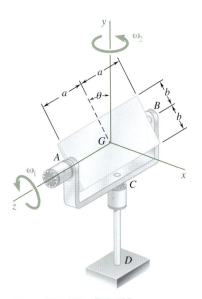

Figura P18.101 e P18.102

18.101 Um outdoor de 45,4 kg e de comprimento $2a = 2,2$ m e largura $2b = 1,5$ m é mantido em rotação a uma taxa constante ω_1 em torno de seu eixo horizontal por um pequeno motor elétrico preso em A à estrutura ACB. Essa mesma estrutura é mantida girando a uma taxa constante ω_2 em torno de um eixo vertical por um segundo motor preso em C à coluna CD. Sabendo que o painel e a estrutura percorrem uma volta completa em 6 s e 12 s, respectivamente, expresse, em função do ângulo θ, a reação dinâmica exercida sobre a coluna CD por seu apoio em D.

18.102 Para o sistema do Problema 18.101, mostre que (a) a reação dinâmica em D é independente do comprimento $2a$ do painel e que (b) a razão M_1/M_2 das intensidades dos binários exercidos pelos motores em A e C, respectivamente, é independente das dimensões e da massa do painel, e é igual a $\omega_2/2\omega_1$ em um dado instante qualquer.

18.103 Um disco homogêneo de 2,5 kg e raio de 80 mm gira com uma velocidade angular ω_1 em relação ao braço ABC, que está soldado a um eixo DCE girando a uma taxa constante $\omega_2 = 12$ rad/s como mostra a figura. O atrito nos mancais em A provoca um decréscimo de ω_1 numa taxa de 15 rad/s^2. Determine as reações dinâmicas correspondentes em D e E no momento que ω_1 tenha decrescido para 50 rad/s.

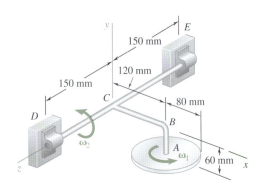

Figura P18.103 e P18.104

18.104 Um disco homogêneo de 2,5 kg e raio de 80 mm gira à taxa constante $\omega_1 = 50$ rad/s em relação ao braço ABC, que é soldado a um eixo DCE. Sabendo que, no instante mostrado, o eixo DCE tem uma velocidade angular $\omega_2 = (12 \text{ rad/s})\mathbf{k}$ e uma aceleração angular $\alpha_2 = (8 \text{ rad/s}^2)\mathbf{k}$, determine (a) o binário que deve ser aplicado ao eixo DCE para produzir essa aceleração, (b) as reações dinâmicas correspondentes em D e E.

18.105 Para o disco do Problema 18.99, determine (a) o binário $M_1\mathbf{j}$ que poderia ser aplicado ao braço ABC para lhe proporcionar uma aceleração angular $\alpha_1 = -(7,5 \text{ rad/s}^2)\mathbf{j}$ quando $\omega_1 = 5$ rad/s, sabendo que o disco gira a uma taxa constante $\omega_2 = 15$ rad/s, (b) o sistema força-binário que representa a reação dinâmica em A nesse instante. Considere que ABC tem massa desprezível.

*__18.106__ Uma barra delgada e homogênea AB, de massa m e comprimento L, é posta a girar com uma taxa constante ω_2 em torno do eixo horizontal z, enquanto a estrutura CD é posta a girar com uma taxa constante ω_1 em torno do eixo y. Expresse, em função do ângulo θ, (a) o binário $\mathbf{M}_1$ necessário para manter a rotação da estrutura, (b) o binário $\mathbf{M}_2$ necessário para manter a rotação da barra, (c) as reações dinâmicas nos suportes C e D.

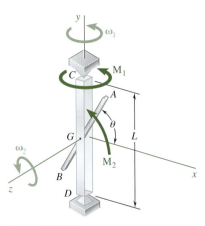

Figura *P18.106*

*18.3 Movimento de um giroscópio

Um **giroscópio** consiste essencialmente de um rotor que pode girar livremente em torno de seu eixo geométrico. Quando montado em uma suspensão Cardan (Fig. 18.15), o giroscópio pode assumir qualquer orientação, mas seu centro de massa precisa permanecer fixo no espaço. Como um giroscópio consegue medir sua orientação no espaço e mantê-la, ele tornou-se parte indispensável do equipamento de navegação moderno. Nesta seção, examinaremos o movimento de um giroscópio como um exemplo prático para a análise do movimento de um corpo rígido em três dimensões.

18.3A Ângulos de Euler

A fim de definir a posição de um giroscópio em um dado instante, selecionemos um referencial fixo $OXYZ$, com a origem O localizada no centro de massa do giroscópio e o eixo Z orientado ao longo da linha definida pelos mancais A e A' da argola externa. Vamos considerar uma posição de referência do giroscópio em que as duas argolas e um dado diâmetro DD' do rotor estejam localizados no plano fixo YZ (Fig. 18.15a). O giroscópio pode ser levado dessa posição de referência a qualquer posição arbitrária (Fig. 18.15b) por meio dos seguintes passos:

1. Uma rotação da argola externa de um ângulo ϕ em torno do eixo AA'.
2. Uma rotação da argola interna de θ em torno de BB'.
3. Uma rotação do rotor de ψ em torno de CC'.

Os ângulos ϕ, θ e ψ são denominados **ângulos de Euler**; eles caracterizam por completo a posição do giroscópio em um instante dado qualquer. Suas derivadas $\dot{\phi}$, $\dot{\theta}$ e $\dot{\psi}$ definem, respectivamente, a taxa de **precessão**, a taxa de **nutação** e a taxa de **rotação própria** do giroscópio no instante considerado. A precessão é a revolução do eixo BB' em torno do eixo Z, e a nutação é o movimento de ida e volta de CC' à medida que o objeto sofre precessão.

Para calcular os componentes da velocidade angular e da quantidade de movimento angular do giroscópio, usaremos um sistema de eixos rotativo $Oxyz$ ligado à argola interna, com o eixo y ao longo de BB' e o eixo z ao longo de CC' (Fig. 18.16). Esses eixos são eixos principais de inércia para o giroscópio. Embora eles o sigam em sua precessão e sua nutação, não giram com $\dot{\psi}$; por essa razão, eles são mais convenientes para o uso do que os eixos realmente ligados ao giroscópio. A velocidade angular $\boldsymbol{\omega}$ do giroscópio em relação ao referencial fixo $OXYZ$ será agora expressa como a soma das três velocidades angulares parciais correspondentes, respectivamente, à precessão, à nutação e à rotação própria do giroscópio. Representando por $\mathbf{i}$, $\mathbf{j}$ e $\mathbf{k}$ os vetores unitários ao longo dos eixos rotativos e por $\mathbf{K}$ o vetor unitário ao longo do eixo fixo Z, temos

$$\boldsymbol{\omega} = \dot{\phi}\mathbf{K} + \dot{\theta}\mathbf{j} + \dot{\psi}\mathbf{k} \qquad (18.33)$$

Como os componentes vetoriais obtidos para $\boldsymbol{\omega}$ em (18.33) não são ortogonais (Fig. 18.16), o vetor unitário $\mathbf{K}$ será decomposto em componentes ao longo dos eixos x e z; escrevemos

$$\mathbf{K} = -\operatorname{sen}\theta\,\mathbf{i} + \cos\theta\,\mathbf{k} \qquad (18.34)$$

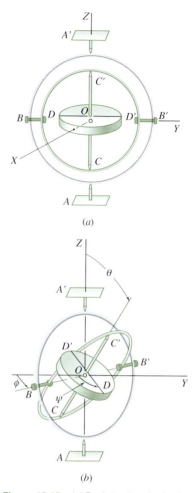

Figura 18.15 (a) Posição de referência de um giroscópio; (b) posição arbitrária do giroscópio por rotação através dos três ângulos de Euler.

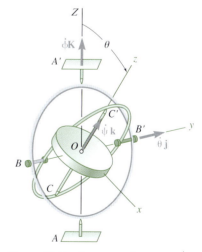

Figura 18.16 Precessão $\dot{\phi}$, nutação $\dot{\theta}$ e rotação $\dot{\psi}$ de um giroscópio.

Então, substituindo **K** em (18.33), obtemos

$$\boldsymbol{\omega} = -\dot{\phi}\operatorname{sen}\theta\,\mathbf{i} + \dot{\theta}\mathbf{j} + (\dot{\psi} + \dot{\phi}\cos\theta)\mathbf{k} \qquad (18.35)$$

Uma vez que os eixos de coordenadas são eixos principais de inércia, os componentes da quantidade de movimento angular $\mathbf{H}_O$ podem ser obtidos multiplicando-se os componentes de $\boldsymbol{\omega}$ pelos momentos de inércia do rotor em relação aos eixos x, y e z, respectivamente. Representando por I o momento de inércia do rotor em relação a seu eixo de rotação própria, por I' seu momento de inércia em relação a um eixo transversal passando por O e desprezando a massa das argolas, escrevemos

$$\mathbf{H}_O = -I'\dot{\phi}\operatorname{sen}\theta\,\mathbf{i} + I'\dot{\theta}\mathbf{j} + I(\dot{\psi} + \dot{\phi}\cos\theta)\mathbf{k} \qquad (18.36)$$

Lembrando que os eixos rotativos estão ligados à argola interna e que, portanto, não giram com $\dot{\psi}$, expressamos sua velocidade angular pela soma

$$\boldsymbol{\Omega} = \dot{\phi}\mathbf{K} + \dot{\theta}\mathbf{j} \qquad (18.37)$$

ou, substituindo **K** da Eq. (18.34),

$$\boldsymbol{\Omega} = -\dot{\phi}\operatorname{sen}\theta\,\mathbf{i} + \dot{\theta}\mathbf{j} + \dot{\phi}\cos\theta\,\mathbf{k} \qquad (18.38)$$

Substituindo para $\mathbf{H}_O$ e $\boldsymbol{\Omega}$ de (18.36) e (18.38) na equação

$$\Sigma\mathbf{M}_O = (\dot{\mathbf{H}}_O)_{Oxyz} + \boldsymbol{\Omega} \times \mathbf{H}_O \qquad (18.28)$$

obtemos as três equações diferenciais

$$\begin{aligned}\Sigma M_x &= -I'(\ddot{\phi}\operatorname{sen}\theta + 2\dot{\theta}\dot{\phi}\cos\theta) + I\dot{\theta}(\dot{\psi} + \dot{\phi}\cos\theta) \\ \Sigma M_y &= I'(\ddot{\theta} - \dot{\phi}^2\operatorname{sen}\theta\cos\theta) + I\dot{\phi}\operatorname{sen}\theta\,(\dot{\psi} + \dot{\phi}\cos\theta) \\ \Sigma M_z &= I\frac{d}{dt}(\dot{\psi} + \dot{\phi}\cos\theta)\end{aligned} \qquad (18.39)$$

As equações (18.39) definem o movimento de um giroscópio sujeito a um dado sistema de forças quando a massa das argolas é desprezada. Elas também podem ser usadas para definir o movimento de um **corpo com simetria axial** (ou corpo de revolução) preso a um ponto sobre seu eixo de simetria e para definir o movimento de um corpo com simetria axial em relação ao seu centro de massa. Embora as argolas do giroscópio tenham nos ajudado a visualizar os ângulos de Euler, está claro que esses ângulos podem ser usados para definir a posição de qualquer corpo rígido em relação a eixos centrados em um ponto do corpo, não importando de que maneira o corpo esteja de fato apoiado.

Como as equações (18.39) são não lineares, em geral, não será possível expressar os ângulos de Euler ϕ, θ e ψ como funções analíticas do tempo t, podendo ser necessário empregar métodos numéricos. Todavia, como você verá nas próximas seções, existem diversos casos particulares de interesse que podem ser facilmente analisados.

Foto 18.5 O giroscópio pode ser usado para medir a orientação e consegue manter a mesma direção absoluta no espaço.

*18.3B Precessão em regime permanente de um giroscópio

Vamos investigar o caso particular do movimento de um giroscópio em que o ângulo θ, a taxa de precessão $\dot{\phi}$ e a taxa de rotação própria $\dot{\psi}$ permanecem constantes. Propomo-nos a determinar as forças que devem ser aplicadas ao giroscópio para manter esse movimento, conhecido como **precessão em regime permanente** de um giroscópio.

Em vez de aplicar as equações gerais (18.39), iremos determinar o somatório dos momentos das forças requeridas calculando a taxa de variação da quantidade de movimento angular do giroscópio no caso particular considerado. Notemos primeiramente que a velocidade angular $\boldsymbol{\omega}$ do giroscópio, sua quantidade de movimento angular $\mathbf{H}_O$ e a velocidade angular $\boldsymbol{\Omega}$ do referencial rotativo (Fig. 18.17) se reduzem, respectivamente, a

$$\boldsymbol{\omega} = -\dot{\phi}\ \text{sen}\ \theta\ \mathbf{i} + \omega_z \mathbf{k} \quad (18.40)$$
$$\mathbf{H}_O = -I'\dot{\phi}\ \text{sen}\ \theta\ \mathbf{i} + I\omega_z \mathbf{k} \quad (18.41)$$
$$\boldsymbol{\Omega} = -\dot{\phi}\ \text{sen}\ \theta\ \mathbf{i} + \dot{\phi}\ \cos\theta\ \mathbf{k} \quad (18.42)$$

onde $\omega_z = \dot{\psi} + \dot{\phi}\cos\theta$ é o componente retangular da velocidade angular total do giroscópio ao longo do eixo de rotação própria.

Como θ, $\dot{\phi}$ e $\dot{\psi}$ são constantes, o vetor $\mathbf{H}_O$ é constante em intensidade e direção em relação ao referencial rotativo, e sua taxa de variação $(\dot{\mathbf{H}}_O)_{Oxyz}$ em relação a esse referencial é nula. Logo, a Eq. (18.28) se reduz a

$$\Sigma \mathbf{M}_O = \boldsymbol{\Omega} \times \mathbf{H}_O \quad (18.43)$$

que fornece, após substituições de (18.41) e (18.42),

$$\Sigma \mathbf{M}_O = (I\omega_z - I'\dot{\phi}\cos\theta)\dot{\phi}\ \text{sen}\ \theta\ \mathbf{j} \quad (18.44)$$

Uma vez que o centro de massa do giroscópio é fixo no espaço, temos, pela Eq. (18.1), $\Sigma\mathbf{F} = 0$. Portanto, as forças que devem ser aplicadas ao giroscópio para manter sua precessão em regime permanente se reduzem a um binário de momento igual ao membro da direita da Eq. (18.44). Notemos que *esse binário deve ser aplicado em relação a um eixo perpendicular ao eixo de precessão e ao eixo de rotação própria do giroscópio* (Fig. 18.18).

No caso particular em que o eixo de precessão e o eixo de rotação própria formam um ângulo reto, temos $\theta = 90°$, e a Eq. (18.44) se reduz a

$$\Sigma\mathbf{M}_O = I\dot{\psi}\dot{\phi}\mathbf{j} \quad (18.45)$$

Logo, se aplicarmos ao giroscópio um binário $\mathbf{M}_O$ em relação a um eixo perpendicular a seu eixo de rotação própria, o giroscópio terá precessão em torno de um eixo perpendicular tanto ao eixo de rotação própria como ao eixo do binário, em um sentido tal que os vetores que representam a rotação própria, o binário e a precessão, respectivamente, formam um trio dextrogiro (Fig. 18.19). A relação desse trio também pode ser representada escrevendo-se a Eq. (18.45) como a equação vetorial de

$$\Sigma\mathbf{M}_O = \dot{\boldsymbol{\phi}} \times I\dot{\boldsymbol{\psi}} \quad (18.45')$$

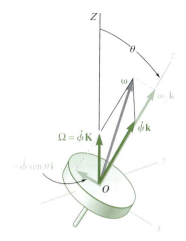

Figura 18.17 Quantidades cinemáticas usadas para determinar a taxa de precessão em regime permanente de um giroscópio.

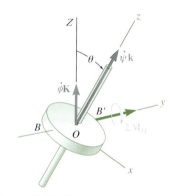

Figura 18.18 Para manter a precessão em regime permanente de um giroscópio, um binário deve ser aplicado em relação a um eixo perpendicular ao eixo de precessão e ao eixo de rotação própria.

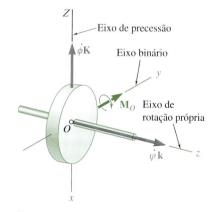

Figura 18.19 Trio dextrogiro dos eixos de rotação própria, binário e precessão.

Por causa dos binários relativamente altos requeridos para mudar a orientação de seus eixos, os giroscópios são usados como estabilizadores em torpedos e navios. Balas e cápsulas rotativas permanecem tangentes às suas trajetórias devido à ação giroscópica. E é mais fácil manter uma bicicleta balanceada em altas velocidades devido ao efeito estabilizador de suas rodas giratórias. Todavia, a ação giroscópica nem sempre é bem-vinda e deve ser levada em conta no projeto de mancais que apoiam eixos rotativos sujeitos a precessão forçada. As reações exercidas por suas hélices sobre um avião que muda sua direção de voo também devem ser levadas em consideração e compensadas sempre que possível.

*18.3C Movimento de um corpo com simetria axial livre de forças

Nesta seção, iremos analisar o movimento, em relação ao seu centro de massa, de um corpo com simetria axial livre de forças, exceto por seu peso próprio. Exemplos de tal tipo de movimento são fornecidos por projéteis (caso a resistência do ar seja desprezada) e por satélites e veículos espaciais após a extinção de seus foguetes lançadores.

Como o somatório dos momentos das forças externas sem relação ao centro de massa G do corpo é nulo, a Eq. (18.2) fornece $\dot{\mathbf{H}}_G = 0$. Segue-se que a quantidade de movimento angular $\mathbf{H}_G$ do corpo em relação a G é constante. Logo, a direção de $\mathbf{H}_G$ é fixa no espaço e pode ser usada para definir o eixo Z, ou o eixo de precessão (Fig. 18.20). Escolhendo um sistema de eixos rotativo $Gxyz$ com o eixo z ao longo do eixo de simetria do corpo, o eixo x no plano definido pelos eixos Z e z, e o eixo y apontando para longe de você (Fig. 18.21). Temos

$$H_x = -H_G \operatorname{sen} \theta \qquad H_y = 0 \qquad H_z = H_G \cos \theta \qquad (18.46)$$

onde θ representa o ângulo formado entre os eixos Z e z, e H_G representa a intensidade constante da quantidade de movimento angular do corpo em relação a G. Como os eixos x, y e z são eixos principais de inércia para o corpo considerado, podemos escrever

$$H_x = I' \omega_x \qquad H_y = I' \omega_y \qquad H_z = I \omega_z \qquad (18.47)$$

onde I representa o momento de inércia do corpo em relação ao seu eixo de simetria e I' representa seu momento de inércia em relação a um eixo transversal passando por G. Segue-se das Eqs. (18.46) e (18.47) que

$$\omega_x = -\frac{H_G \operatorname{sen} \theta}{I'} \qquad \omega_y = 0 \qquad \omega_z = \frac{H_G \cos \theta}{I} \qquad (18.48)$$

A segunda das relações obtidas mostra que a velocidade angular $\boldsymbol{\omega}$ não tem componente ao longo do eixo y, isto é, ao longo de um eixo perpendicular ao plano Z–z. Assim, o ângulo θ entre os eixos Z e z permanece constante e *o corpo está em precessão em regime permanente em torno do eixo Z*.

Dividindo a primeira e a terceira das relações (18.48) membro a membro e observando pela Fig. 18.21 que $-\omega_x/\omega_z = \tan \gamma$, obtemos a seguinte relação entre os ângulos γ e θ que os vetores $\boldsymbol{\omega}$ e $\mathbf{H}_G$, respectivamente, fazem com o eixo de simetria do corpo:

$$\operatorname{tg} \gamma = \frac{I}{I'} \operatorname{tg} \theta \qquad (18.49)$$

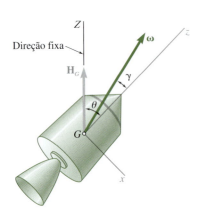

Figura 18.20 Para um corpo com simetria axial livre de forças, exceto por seu próprio peso, a quantidade de movimento angular tem uma direção constante.

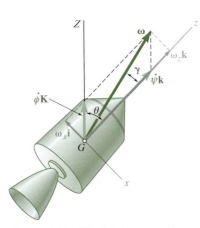

Figura 18.21 Velocidade angular de um corpo com simetria axial livre de forças expresso em um sistema de coordenadas *xyz* fixo no corpo.

Há dois casos particulares de movimento de um corpo com simetria axial livre de forças que não envolvem precessão:

1. Se o corpo é posto para girar em torno de seu eixo de simetria, temos $\omega_x = 0$ e, pela Eq. (18.47), $H_x = 0$; os vetores $\boldsymbol{\omega}$ e $\mathbf{H}_G$ têm a mesma orientação, e o corpo mantém-se girando em torno de seu eixo de simetria (Fig. 18.22a).
2. Se o corpo é posto para girar em torno de um eixo transversal, temos $\omega_z = 0$ e, pela Eq. (18.47), $H_z = 0$; novamente, os vetores $\boldsymbol{\omega}$ e $\mathbf{H}_G$ têm a mesma orientação, e o corpo mantém-se girando em torno do eixo transversal dado (Fig. 18.22b).

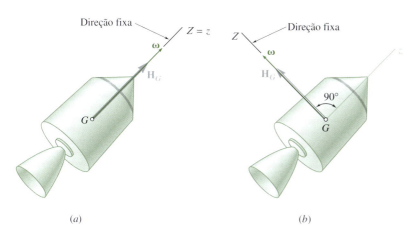

Figura 18.22 (a) Um corpo que gira em torno de seu eixo de simetria; (b) um corpo que gira em torno de um eixo transversal.

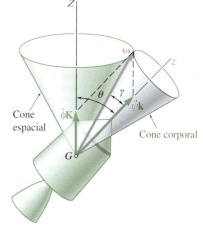

Figura 18.23 Cone espacial e cone corporal para um corpo alongado ($I < I'$) em precessão direta.

Considerando agora o caso geral representado na Fig. 18.21, lembramos da Seção 15.6A que o movimento de um corpo em torno de um ponto fixo – ou em torno de seu centro de massa – pode ser representado pelo movimento de um cone corporal que rola sobre um cone espacial. No caso de precessão em regime permanente, os dois cones são circulares, pois os ângulos γ e $\theta - \gamma$ que a velocidade angular $\boldsymbol{\omega}$ faz, respectivamente, com o eixo de simetria do corpo e com o eixo de precessão são constantes. Dois casos devem ser destacados:

1. $I < I'$. Esse é o caso de um corpo alongado, tal como o veículo espacial da Fig. 18.23. Pela Eq. (18.49), temos $\gamma < \theta$. O vetor $\boldsymbol{\omega}$ fica dentro do ângulo ZGz; o cone espacial e o cone corporal são tangentes externamente; a rotação própria e a precessão são ambas observadas como anti-horárias a partir do eixo z positivo. A precessão é dita *direta*.
2. $I > I'$. Esse é o caso de um corpo achatado, tal como o satélite da Fig. 18.24. Pela Eq. (18.49), temos $\gamma > \theta$. Como o vetor $\boldsymbol{\omega}$ deve ficar fora do ângulo ZGz, o vetor $\dot{\psi}\mathbf{k}$ tem sentido oposto ao do eixo z; o cone espacial está dentro do cone corporal; a precessão e a rotação própria têm sentidos opostos. A precessão é dita *retrógrada*.

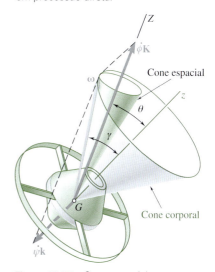

Figura 18.24 Cone espacial e cone corporal para um corpo achatado ($I > I'$) em precessão retrógrada.

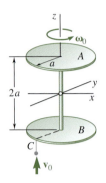

PROBLEMA RESOLVIDO 18.6

Sabe-se que um satélite espacial de massa m pode ser modelado como dois discos finos de massas iguais. Os discos têm raio $a = 800$ mm e estão rigidamente conectados por uma barra leve de comprimento $2a$. Inicialmente, o satélite está girando livremente em torno de seu eixo de simetria a uma taxa $\omega_0 = 60$ rpm. Um meteorito de massa $m_0 = m/1000$, que está viajando a uma velocidade $\mathbf{v}_0$ de 2.000 m/s em relação ao satélite, colide com ele e fica alojado em C. Determine (a) a velocidade angular do satélite imediatamente após o impacto, (b) o eixo de precessão do movimento subsequente e (c) as taxas de precessão e de rotação própria do movimento subsequente.

ESTRATÉGIA Como ocorre um impacto, é possível utilizar o princípio de impulso e quantidade de movimento. Depois, podemos usar as relações desta seção para determinar o movimento giroscópico do satélite.

MODELAGEM Considere o meteorito e o satélite como seu sistema. As quantidades de movimento linear e angular do sistema antes e depois do impacto são mostradas na Fig. 1.

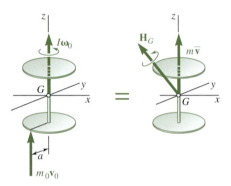

Figura 1 Quantidades de movimento antes e depois do impacto.

ANÁLISE

Momentos de inércia. Observamos que os eixos mostrados são eixos principais de inércia para o satélite. Assim, escrevemos

$$I = I_z = \tfrac{1}{2}ma^2 \qquad I' = I_x = I_y = 2[\tfrac{1}{4}(\tfrac{1}{2}m)a^2 + (\tfrac{1}{2}m)a^2] = \tfrac{5}{4}ma^2$$

Princípio de impulso e quantidade de movimento. Como não há forças externas agindo sobre esse sistema, as quantidades de movimento antes e depois do impacto são iguais (Fig. 1). Tomando momentos em relação a G, escrevemos

$$-a\mathbf{j} \times m_0 v_0 \mathbf{k} + I\omega_0 \mathbf{k} = \mathbf{H}_G$$
$$\mathbf{H}_G = -m_0 v_0 a\mathbf{i} + I\omega_0 \mathbf{k} \qquad (1)$$

Velocidade angular após o impacto. Substituindo os valores obtidos para os componentes de $\mathbf{H}_G$ na Eq. (1) e para os momentos de inércia em

$$H_x = I_x\omega_x \qquad H_y = I_y\omega_y \qquad H_z = I_z\omega_z$$

O resultado é

$$-m_0v_0a = I'\omega_x = \tfrac{5}{4}ma^2\omega_x \qquad 0 = I'\omega_y \qquad I\omega_0 = I\omega_z$$

$$\omega_x = -\frac{4}{5}\frac{m_0v_0}{ma} \qquad \omega_y = 0 \qquad \omega_z = \omega_0 \qquad (2)$$

Para o satélite considerado, temos ω_0 = 60 rpm = 6,283 rad/s, m_0/m = 1/1000, a = 0,800 m e v_0 = 2000 m/s. Obtemos

$$\omega_x = -2 \text{ rad/s} \qquad \omega_y = 0 \qquad \omega_z = 6{,}283 \text{ rad/s}$$

$$\omega = \sqrt{\omega_x^2 + \omega_z^2} = 6{,}594 \text{ rad/s} \qquad \text{tg } \gamma = \frac{-\omega_x}{\omega_z} = +0{,}3183$$

$$\omega = 63{,}0 \text{ rpm} \qquad \gamma = 17{,}7° \quad \blacktriangleleft$$

Eixo de precessão. Uma vez que, no movimento livre, a direção da quantidade de movimento angular $\mathbf{H}_G$ é fixa no espaço, o satélite terá precessão em torno dessa direção. O ângulo θ entre o eixo de precessão e o eixo z é (Fig. 2)

$$\text{tg } \theta = \frac{-H_x}{H_z} = \frac{m_0v_0a}{I\omega_0} = \frac{2m_0v_0}{ma\omega_0} = 0{,}796 \qquad \theta = 38{,}5° \quad \blacktriangleleft$$

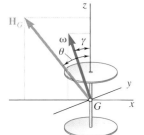

Figura 2 Ângulos entre o eixo z e a velocidade angular e a quantidade de movimento angular.

Taxas de precessão e de rotação própria. Esboçamos os cones espacial e corporal para o movimento livre do satélite (Fig. 3). Usando a lei dos senos, calculamos as taxas de precessão e de rotação própria.

$$\frac{\omega}{\text{sen }\theta} = \frac{\dot\phi}{\text{sen }\gamma} = \frac{\dot\psi}{\text{sen }(\theta - \gamma)}$$

$$\dot\phi = 30{,}8 \text{ rpm} \qquad \dot\psi = 35{,}9 \text{ rpm} \quad \blacktriangleleft$$

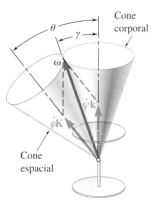

Figura 3 Cones espacial e corporal para o satélite.

PARA REFLETIR Se aplicássemos o princípio de impulso e quantidade de movimento na direção z, veríamos que $P\Delta t = m\bar{v}$, onde $P\Delta t$ é o impulso que o meteorito aplica ao satélite. Neste problema, estávamos interessados na rotação tridimensional do satélite e em modelá-lo como um corpo rígido. No Capítulo 12, estávamos preocupados com as órbitas dos satélites sobre a Terra e modelamos o satélite como uma partícula. Na engenharia, modelamos um sistema conforme o tipo de problema que estamos tentando resolver.

METODOLOGIA PARA A RESOLUÇÃO DE PROBLEMAS

Nesta seção, analisamos o movimento de **giroscópios** e de outros **corpos com simetria axial** com um ponto fixo O. Para definir a posição desses corpos em um dado instante qualquer, introduzimos os três **ângulos de Euler** ϕ, θ e ψ (Fig. 18.15) e observamos que suas derivadas temporais definem, respectivamente, a taxa de **precessão**, a taxa de **nutação** e a taxa de **rotação própria** (Fig. 18.16). Os problemas que você encontrará caem em uma das seguintes categorias.

1. **Precessão em regime permanente.** Este é o movimento de um giroscópio, ou outro corpo com simetria axial com um ponto fixo localizado sobre seu eixo de simetria, em que o ângulo θ, a taxa de precessão $\dot{\phi}$ e a taxa de rotação própria $\dot{\psi}$ permanecem constantes.

   a. **Usando o referencial rotativo** $Oxyz$ mostrado na Fig. 18.17, que efetua *precessão* com o corpo, *mas não gira* com ele, obtemos as seguintes expressões para a velocidade angular $\boldsymbol{\omega}$ do corpo, sua quantidade de movimento angular $\mathbf{H}_O$ e a velocidade angular $\boldsymbol{\Omega}$ do referencial $Oxyz$:

$$\boldsymbol{\omega} = -\dot{\phi}\ \text{sen}\ \theta\ \mathbf{i} + \omega_z \mathbf{k} \qquad (18.40)$$

$$\mathbf{H}_O = -I'\dot{\phi}\ \text{sen}\ \theta\ \mathbf{i} + I\ \omega_z \mathbf{k} \qquad (18.41)$$

$$\boldsymbol{\Omega} = -\dot{\phi}\ \text{sen}\ \theta\ \mathbf{i} + \dot{\phi}\ \cos\ \theta\ \mathbf{k} \qquad (18.42)$$

   onde I = momento de inércia do corpo em relação ao seu eixo de simetria

   $\quad I'$ = momento de inércia do corpo em relação a um eixo transversal passando por O

   $\quad \omega_z$ = componente retangular de $\boldsymbol{\omega}$ ao longo do eixo $z = \dot{\psi} + \dot{\phi}\cos\ \theta$

   b. **O somatório de momentos em relação a O das forças aplicadas ao corpo** é igual à taxa de variação de sua quantidade de movimento angular, conforme expresso pela Eq. (18.28). Mas, como θ e a taxa de variação $\dot{\phi}$ e $\dot{\psi}$ são constantes, segue-se da Eq. (18.41) que $\mathbf{H}_O$ permanece constante em intensidade e direção quando visto a partir do referencial $Oxyz$. Logo, sua taxa de variação é nula em relação a esse referencial, e você pode escrever

$$\Sigma\mathbf{M}_O = \boldsymbol{\Omega} \times \mathbf{H}_O \qquad (18.43)$$

   onde $\boldsymbol{\Omega}$ e $\mathbf{H}_O$ estão definidos, respectivamente, pela Eq. (18.42) e pela Eq. (18.41). A equação (18.43) mostra que o momento resultante em O das forças aplicadas ao corpo é perpendicular ao eixo de precessão, bem como ao eixo de rotação própria (Fig. 18.18).

   c. **Tenha em mente que o método descrito aplica-se** não apenas a giroscópios, onde o ponto fixo O coincide com o centro de massa G, mas também a qualquer corpo com simetria axial com um ponto fixo O localizado sobre seu eixo de simetria. Portanto, esse método pode ser usado para analisar a *precessão em regime permanente de um pião* sobre um piso áspero.

   d. **Quando um corpo com simetria axial não tem ponto fixo, mas está em precessão em regime permanente em torno de seu centro de massa G,** você deve desenhar os diagramas de corpo livre e cinético mostrando que o sistema de forças externas exercidas sobre o corpo (incluindo o peso do corpo) é equivalente ao vetor $m\bar{\mathbf{a}}$ aplicado em G e ao vetor binário $\dot{\mathbf{H}}_G$. Você pode usar as Eqs. (18.40) a (18.42), trocando $\mathbf{H}_O$ por $\mathbf{H}_G$, e expressar o momento do binário como

$$\dot{\mathbf{H}}_G = \boldsymbol{\Omega} \times \mathbf{H}_G$$

Você pode então usar os diagramas de corpo livre e cinético para escrever até seis equações escalares independentes.

Capítulo 18   Cinética de corpos rígidos tridimensionais   **1313**

2.   Movimento de um corpo com simetria axial livre de forças, exceto seu peso próprio. Temos $\Sigma\mathbf{M}_G = 0$ e, portanto, $\dot{\mathbf{H}}_G = 0$; segue-se que a quantidade de movimento angular $\mathbf{H}_G$ é constante em intensidade e direção (Seção 18.3C). O corpo está em **precessão em regime permanente** com o eixo de precessão GZ dirigido ao longo de $\mathbf{H}_G$ (Fig. 18.20). Usando o referencial rotativo $Gxyz$ e representando por γ o ângulo que $\boldsymbol{\omega}$ faz com o eixo de rotação própria Gz (Fig. 18.21), obtivemos as seguintes relações entre γ e o ângulo θ formado pelos eixos de precessão e de rotação própria:

$$\operatorname{tg}\gamma = \frac{I}{I'}\operatorname{tg}\theta \qquad\qquad (18.49)$$

A precessão é dita *direta* se $I < I'$ (Fig. 18.23) e *retrógrada* se $I > I'$ (Fig. 18.24).

a.   Em muitos dos problemas que tratam do movimento de um corpo com simetria axial livre de forças, você será solicitado a determinar o eixo de precessão e as taxas de precessão e de rotação própria do corpo, conhecendo a intensidade de sua velocidade angular $\boldsymbol{\omega}$ e o ângulo γ que ela forma com o eixo de simetria Gz (Fig. 18.21). Partindo da Eq. (18.49), você vai determinar o ângulo θ entre o eixo de precessão GZ e o eixo Gz e decompor $\boldsymbol{\omega}$ em dois componentes oblíquos $\dot{\phi}\mathbf{K}$ e $\dot{\psi}\mathbf{k}$. Usando a lei dos senos, você determinará, então, a taxa de precessão $\dot{\phi}$ e a taxa de rotação própria $\dot{\psi}$.

b.   Em outros problemas, o corpo será submetido a um dado impulso e você determinará em primeiro lugar a quantidade de movimento angular resultante $\mathbf{H}_G$. Usando as Eqs. (18.10), você calculará os componentes retangulares da velocidade angular $\boldsymbol{\omega}$, sua intensidade ω e o ângulo γ que ela faz com o eixo de simetria. Determinará então o eixo de precessão e as taxas de precessão e de rotação própria conforme descrito anteriormente [Problema Resolvido 18.6].

3.   Movimento geral de um corpo de simetria axial com um ponto fixo O localizado sobre seu eixo de simetria e sujeito apenas ao seu próprio peso. Esse é um movimento em que o ângulo θ pode variar. Em um dado instante qualquer, você deve levar em consideração a taxa de precessão $\dot{\phi}$, a taxa de rotação própria $\dot{\psi}$ e a taxa de nutação $\dot{\theta}$. Nenhuma delas permanecerá constante. Um exemplo de movimento desse tipo é o movimento de um pião, discutido nos Problemas 18.137 e 18.138. O referencial rotativo $Oxyz$ que você usará ainda é aquele mostrado na Fig. 18.18, mas esse referencial irá girar agora em torno do eixo y com a taxa $\dot{\theta}$. Portanto, as Eqs. (18.40), (18.41) e (18.42) devem ser substituídas pelas seguintes equações:

$$\boldsymbol{\omega} = -\dot{\phi}\operatorname{sen}\theta\,\mathbf{i} + \dot{\theta}\,\mathbf{j} + (\dot{\psi} + \dot{\phi}\cos\theta)\,\mathbf{k} \qquad\qquad (18.40')$$
$$\mathbf{H}_O = -I'\dot{\phi}\operatorname{sen}\theta\,\mathbf{i} + I'\dot{\theta}\,\mathbf{j} + I(\dot{\psi} + \dot{\phi}\cos\theta)\,\mathbf{k} \qquad\qquad (18.41')$$
$$\boldsymbol{\Omega} = -\dot{\phi}\operatorname{sen}\theta\,\mathbf{i} + \dot{\theta}\,\mathbf{j} + \dot{\phi}\cos\theta\,\mathbf{k} \qquad\qquad (18.42')$$

Como a substituição dessas expressões na Eq. (18.44) levaria a equações diferenciais não lineares, é preferível, sempre que possível, aplicar os seguintes princípios de conservação.

a.   Conservação de energia. Representando por c a distância entre o ponto fixo O e o centro de massa G do corpo e por E a energia total, você escreverá

$$T + V = E: \qquad \tfrac{1}{2}(I'\omega_x^2 + I'\omega_y^2 + I\omega_z^2) + mgc\cos\theta = E$$

e substituirá os componentes de $\boldsymbol{\omega}$ pelas expressões obtidas na Eq. (18.40′). Note que c será positivo ou negativo, dependendo da posição de G em relação a O. Ainda, $c = 0$ se G coincidir com O, caso em que a energia cinética se conserva.

b.   Conservação da quantidade de movimento angular em relação ao eixo de precessão. Como o apoio em O está localizado sobre o eixo Z e como o peso do corpo e o eixo Z são ambos verticais e, portanto, paralelos entre si, resulta que $\Sigma M_Z = 0$ e, consequentemente, que H_Z

(Continua)

permanece constante. Isso pode ser expresso escrevendo-se que o produto escalar $\mathbf{K} \cdot \mathbf{H}_O$ é constante, sendo $\mathbf{K}$ o vetor unitário ao longo do eixo Z.

    c. Conservação da quantidade de movimento angular em relação ao eixo de rotação própria. Como o apoio em O e o centro de gravidade G são ambos localizados sobre o eixo z, resulta que $\Sigma M_z = 0$ e, portanto, H_z permanece constante. Assim, o coeficiente do vetor unitário $\mathbf{k}$ na Eq. (18.41′) é constante. Observe que este último princípio de conservação não pode ser aplicado quando o corpo é impedido de girar em torno de seu eixo de simetria, mas, nesse caso, as únicas variáveis são θ e ϕ.

PROBLEMAS

18.107 Um disco fino uniforme com diâmetro de 152 mm é preso à extremidade de uma barra AB de massa desprezível e é suspenso por uma junta articulada no ponto A. Sabendo que o disco tem precessão em torno do eixo vertical AC à taxa constante de 36 rpm no sentido indicado e que o seu eixo de simetria AB forma um ângulo $\beta = 60°$ com AC, determine a taxa de rotação própria do disco em torno da barra AB.

18.108 Um disco fino uniforme com diâmetro de 152 mm é preso à extremidade de uma barra AB de massa desprezível e é suspenso por uma junta articulada no ponto A. Sabendo que o disco está girando em torno de seu eixo de simetria AB à taxa de 2.100 rpm no sentido indicado e que AB forma um ângulo $\beta = 45°$ com o eixo vertical AC, determine as duas taxas possíveis de precessão em regime permanente do disco em torno do eixo AC.

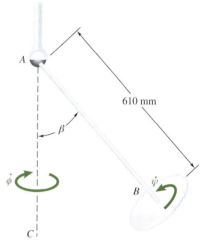

Figura P18.107 e *P18.108*

18.109 O pião de 85 g mostrado na figura está apoiado no ponto fixo O. Os raios de giração do pião em relação ao seu eixo de simetria e em relação a um eixo transversal passando por O são de 21 mm e 45 mm, respectivamente. Sabendo que $c = 37,5$ mm e que a taxa de rotação própria do pião em torno de seu eixo de simetria é de 1.800 rpm, determine as duas possíveis taxas de precessão em regime permanente correspondentes a $\theta = 30°$.

18.110 O pião mostrado na figura está apoiado no ponto fixo O, e seus momentos de inércia em relação ao seu eixo de simetria e em relação a um eixo transversal passando por O são representados por I e I', respectivamente. (a) Mostre que a condição para a precessão em regime permanente do pião é

$$(I\omega_z - I'\dot{\phi} \cos \theta) \dot{\phi} = Wc$$

onde $\dot{\phi}$ é a taxa de precessão e ω_z é o componente retangular da velocidade angular ao longo do eixo de simetria do pião. (b) Mostre que, se a taxa de rotação própria $\dot{\psi}$ do pião é muito grande comparada com sua taxa de precessão $\dot{\phi}$, a condição de precessão em regime permanente é $I\dot{\psi}\dot{\phi} \approx Wc$. (c) Determine o erro percentual introduzido quando esta última relação é usada para aproximar a menor das duas taxas de precessão obtidas para o pião do Problema 18.109.

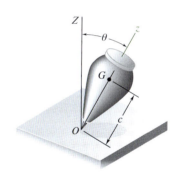

Figura P18.109 e *P18.110*

18.111 Uma esfera sólida de alumínio de 100 mm de raio está soldada à extremidade de uma barra AB de 200 mm de comprimento e de peso desprezível suspensa por uma junta articulada em A. Sabendo que a esfera tem precessão em torno de um eixo vertical à taxa constante de 60 rpm no sentido indicado e que a barra AB faz um ângulo $\beta = 30°$ com a vertical, determine a taxa de rotação própria da esfera em torno da linha AB.

18.112 Uma esfera sólida de alumínio de 100 mm de raio está soldada à extremidade de uma barra AB de 200 mm de comprimento e de peso desprezível suspensa por uma junta articulada em A. Sabendo que a esfera gira do modo mostrado na figura em torno da linha AB à taxa de 700 rpm, determine o ângulo β com que a esfera terá precessão em torno do eixo vertical à taxa constante de 60 rpm no sentido indicado.

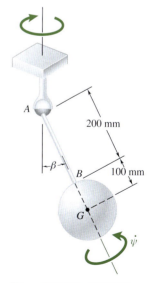

Figura P18.111 e P18.112

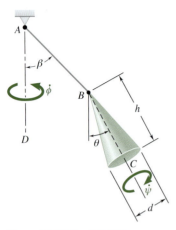

Figura P18.113 e P18.114

18.113 Um cone homogêneo de altura h e base de diâmetro $d < h$ é preso a uma corda AB como mostrado. O cone gira em torno do seu eixo BC à taxa constante $\dot{\psi}$ e tem precessão em torno da vertical que passa por A à taxa constante $\dot{\phi}$. Determine o ângulo β com que o eixo BC do cone estará alinhado com a corda AB ($\theta = \beta$).

18.114 Um cone homogêneo de altura $h = 305$ mm e base de diâmetro $d = 152$ mm é preso a uma corda AB como mostrado. Sabendo que os ângulos que a corda AB e o eixo BC do cone formam com a vertical são, respectivamente, $\beta = 45°$ e $\theta = 30°$ e que o cone tem precessão a uma taxa constante $\dot{\phi} = 8$ rad/s no sentido indicado, determine (a) a taxa de rotação própria $\dot{\psi}$ do cone em torno do seu eixo BC, (b) o comprimento da corda AB.

18.115 Um cubo sólido de lado $c = 80$ mm é preso a uma corda AB como mostra a figura. Observa-se que ele gira a uma taxa $\dot{\psi} = 40$ rad/s em torno de sua diagonal BC e tem precessão à taxa constante de $\dot{\phi} = 5$ rad/s em torno do eixo vertical AD. Sabendo que $\beta = 30°$, determine o ângulo θ que a diagonal BC forma com a vertical. (*Dica*: O momento de inércia do cubo em torno de um eixo que passa pelo seu centro é independente da orientação daquele eixo.)

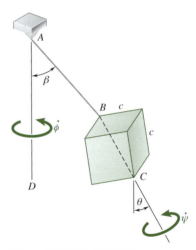

Figura P18.115 e P18.116

18.116 Um cubo sólido de lado $c = 120$ mm é preso a uma corda AB de comprimento 240 mm como mostra a figura. O cubo gira em torno de sua diagonal BC e tem precessão em torno do eixo vertical AD. Sabendo que $\theta = 25°$ e $\beta = 40°$, determine (a) a taxa de rotação própria do cubo, (b) sua taxa de precessão. (Ver dica do Problema 18.115.)

18.117 Um registro fotográfico de alta velocidade mostra que um certo projétil foi disparado com uma velocidade horizontal $\bar{\mathbf{v}}$ de 600 m/s e com seu eixo de simetria formando um ângulo $\beta = 3°$ com a horizontal. A taxa de rotação própria $\dot{\psi}$ do projétil era de 6.000 rpm, e o arrasto aerodinâmico era equivalente a uma força $\mathbf{D}$ de 120 N agindo no centro de pressão C_P localizado a uma distância $c = 150$ mm de G. (a) Sabendo que o projétil tem massa de 20 kg e um raio de giração de 50 mm em relação ao seu eixo de simetria, determine sua taxa aproximada de precessão em regime permanente. (b) Sabendo ainda que o raio de giração do projétil em relação a um eixo transversal passando por G é 200 mm, determine os valores exatos das duas taxas de precessão possíveis.

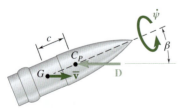

Figura P18.117

18.118 Se a Terra fosse uma esfera, a atração gravitacional do Sol, da Lua e dos planetas seria, em todos os instantes, equivalente a uma única força **R** agindo no seu centro de massa. No entanto, a Terra é de fato um esferoide oblato, e o sistema gravitacional que age sobre ela é equivalente a uma força **R** e a um binário **M**. Sabendo que o efeito do binário **M** é fazer com que o eixo da Terra tenha precessão em torno do eixo GA à taxa de uma revolução em 25.800 anos, determine a intensidade média do binário **M** aplicado à Terra. Admita que a densidade média da Terra seja de 5,51 g/cm³, que o raio médio da Terra seja de 6.370 km e que $\bar{I} = \frac{2}{5}mR^2$. (*Nota*: Esta precessão forçada é conhecida como a precessão dos equinócios e não deve ser confundida com a precessão livre discutida no Problema 18.123.)

18.119 Mostre que, para um corpo com simetria axial livre de forças, as taxas de precessão e de rotação própria podem ser expressas, respectivamente, como

$$\dot{\phi} = \frac{H_G}{I'}$$

e

$$\dot{\psi} = \frac{H_G \cos \theta (I' - I)}{II'}$$

onde H_G é o valor constante da quantidade de movimento angular do corpo.

18.120 (*a*) Mostre que, para um corpo com simetria axial livre de forças, a taxa de precessão pode ser expressa como

$$\dot{\phi} = \frac{I\omega_2}{I' \cos \theta}$$

onde ω_2 é o componente retangular de **ω** ao longo do eixo de simetria do corpo. (*b*) Use esse resultado para verificar que a condição (18.44) para a precessão em regime permanente é satisfeita por um corpo com simetria axial livre de forças.

18.121 Mostre que o vetor velocidade angular **ω** de um corpo com simetria axial livre de forças é visto do corpo como ele próprio girando em torno do eixo de simetria à taxa constante

$$n = \frac{I' - I}{I'} \omega_2$$

onde ω_2 é o componente retangular de **ω** ao longo do eixo de simetria do corpo.

18.122 Para um corpo com simetria axial livre de forças, demonstre (*a*) que a taxa de precessão retrógrada nunca pode ser menor que o dobro da taxa de rotação própria do corpo em torno de seu eixo de simetria, (*b*) que, na Fig. 18.24, o eixo de simetria do corpo nunca pode ficar no interior do cone espacial.

18.123 Usando a relação dada no Problema 18.121, determine o período de precessão do polo norte da Terra em torno do eixo de simetria do planeta. A Terra pode ser considerada como um esferoide oblato de momento de inércia axial I e momento de inércia transversal $I' = 0{,}9967I$. (*Nota*: Observações reais mostram um período de precessão do polo norte de aproximadamente 432,5 dias solares médios; a diferença entre os períodos observados e calculados deve-se ao fato de que a Terra não é um corpo perfeitamente rígido. A precessão livre aqui considerada não deve ser confundida com a precessão dos equinócios, muito mais lenta, que é uma precessão forçada. Ver o Problema 18.118.)

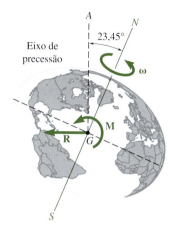

Figura *P18.118*

Figura P18.124

18.124 Uma moeda é lançada para o alto. Observa-se que ela gira a uma taxa de 600 rpm em torno do eixo GC perpendicular à moeda e que tem precessão em torno da direção vertical GD. Sabendo que GC faz um ângulo de 15° com GD, determine (a) o ângulo que a velocidade angular $\boldsymbol{\omega}$ da moeda faz com GD, (b) a taxa de precessão da moeda em torno de GD.

18.125 O vetor velocidade angular de uma bola de futebol americano que acaba de ser chutada é horizontal e seu eixo de simetria OC está orientado do modo mostrado na figura. Sabendo que a intensidade da velocidade angular é de 200 rpm e que a razão entre os momentos de inércia axial e transversal é $I/I' = \frac{1}{3}$, determine (a) a orientação do eixo de precessão OA e (b) as taxas de precessão e de rotação própria.

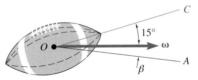

Figura P18.125

18.126 Uma estação espacial consiste de duas seções A e B de massas iguais que estão rigidamente conectadas. Cada seção é dinamicamente equivalente a um cilindro homogêneo de 15 m de comprimento e um raio de 3 m. Sabendo que a estação tem precessão em torno da direção fixa GD à taxa constante de 2 rev/h, determine a taxa de rotação própria da estação em torno do seu eixo de simetria CC'.

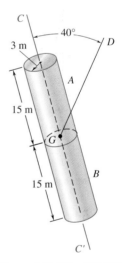

Figura P18.126 e P18.127

18.127 Se a conexão entre as seções A e B da estação espacial do Problema 18.126 for desfeita quando a estação estiver orientada como mostrado e se as duas seções forem levemente empurradas ao longo do seu eixo de simetria comum, determine (a) o ângulo entre o eixo de rotação própria e o novo eixo de precessão da seção A, (b) a taxa de precessão da seção A, (c) sua taxa de rotação própria.

18.128 Resolva o Problema 18.6 admitindo que o meteorito atinja o satélite em C com uma velocidade $\mathbf{v}_0 = (2000 \text{ m/s})\mathbf{i}$.

18.129 Um satélite geoestacionário de 400 kg está girando com uma velocidade angular $\boldsymbol{\omega}_0 = (1{,}5 \text{ rad/s})\mathbf{j}$ quando é atingido em B por um meteorito de 200 g viajando a uma velocidade $\mathbf{v}_0 = -(500 \text{ m/s})\mathbf{i} + (400 \text{ m/s})\mathbf{j} + (1.250 \text{ m/s})\mathbf{k}$ relativa ao satélite. Sabendo que $b = 500$ mm e que os raios de giração do satélite são $\bar{k}_x = \bar{k}_z = 700$ mm e $\bar{k}_y = 800$ mm, determine o eixo de precessão e as taxas de precessão e de rotação própria do satélite depois do impacto.

18.130 Resolva o Problema 18.129 admitindo que o meteorito atinja o satélite em A em vez de B.

18.131 Uma placa retangular homogênea de massa m e lados c e $2c$ está apoiada nos pontos A e B por um garfo na extremidade do eixo, de massa desprezível, que é suportado pelo mancal em C. A placa é livre para girar em torno de AB, e o eixo é livre para girar em torno do eixo horizontal que passa por C. Sabendo que, inicialmente, $\theta_0 = 40°$, $\dot{\theta}_0 = 0$ e $\dot{\phi}_0 = 10$ rad/s, determine, para o movimento subsequente, (a) a faixa de valores de θ, (b) o valor mínimo de $\dot{\phi}$, (c) o valor máximo de $\dot{\theta}$.

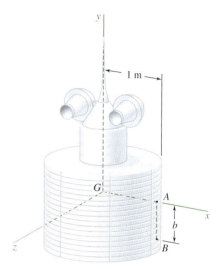

Figura **P18.129**

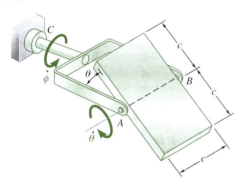

Figura **P18.131 e P18.132**

18.132 Uma placa retangular homogênea de massa m e lados c e $2c$ está apoiada nos pontos A e B por um garfo na extremidade do eixo, de massa desprezível, que é suportado pelo mancal em C. A placa é livre para girar em torno de AB, e o eixo é livre para girar em torno do eixo horizontal que passa por C. Inicialmente, a placa está no plano do garfo ($\theta_0 = 0$) e o eixo tem uma velocidade angular $\dot{\phi}_0 = 10$ rad/s. Se a placa é levemente perturbada, determine, para o movimento subsequente, (a) o valor mínimo de $\dot{\phi}$, (b) o valor máximo de $\dot{\theta}$.

18.133 Uma placa quadrada homogênea de massa m e lado c está apoiada nos pontos A e B por uma estrutura de massa desprezível suportada por mancais nos pontos C e D. A placa é livre para girar em torno de AB, e a estrutura é livre para girar em torno da vertical CD. Sabendo que, inicialmente, $\theta_0 = 45°$, $\dot{\theta}_0 = 0$ e $\dot{\phi}_0 = 8$ rad/s, determine, para o movimento subsequente, (a) a faixa de valores de θ, (b) o valor mínimo de $\dot{\phi}$, (c) o valor máximo de $\dot{\theta}$.

18.134 Uma placa quadrada homogênea de massa m e lado c está apoiada nos pontos A e B por uma estrutura de massa desprezível suportada por mancais nos pontos C e D. A placa é livre para girar em torno de AB, e a estrutura é livre para girar em torno da vertical CD. Inicialmente, a placa encontra-se no plano da estrutura ($\theta_0 = 90°$), e a estrutura tem uma velocidade angular de $\dot{\phi} = 8$ rad/s. Se a placa é levemente perturbada, determine, para o movimento subsequente, (a) o valor mínimo de $\dot{\phi}$, (b) o valor máximo de $\dot{\theta}$.

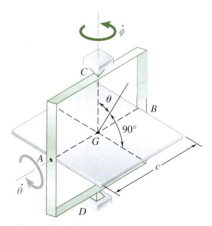

Figura **P18.133 e P18.134**

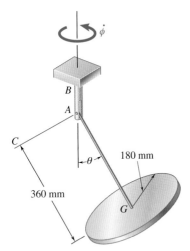

Figura P18.135 e P18.136

18.135 Um disco homogêneo de raio 180 mm está soldado a uma barra AG de comprimento 360 mm e massa desprezível que está conectada por um grampo a um eixo vertical AB. A barra e o disco podem girar livremente em torno de um eixo horizontal AC, e o eixo AB pode girar livremente em torno de um eixo vertical. Inicialmente, a barra AG está na horizontal ($\theta_0 = 90°$) e não tem velocidade angular em torno de AC. Sabendo que o valor máximo $\dot\phi_m$ da velocidade angular do eixo AB no movimento subsequente é o dobro de seu valor inicial $\dot\phi_0$, determine (a) o valor mínimo de θ, (b) a velocidade angular inicial $\dot\phi_0$ do eixo AB.

18.136 Um disco homogêneo de raio 180 mm está soldado a uma barra AG de comprimento 360 mm e massa desprezível que está conectada por um grampo a um eixo vertical AB. A barra e o disco podem girar livremente em torno de um eixo horizontal AC, e o eixo AB pode girar livremente em torno de um eixo vertical. Inicialmente, a barra AG está na horizontal ($\theta_0 = 90°$) e não tem velocidade angular em torno de AC. Sabendo que o menor valor de θ no movimento subsequente é 30°, determine (a) a velocidade angular inicial do eixo AB e (b) sua velocidade angular máxima.

*18.137 Um pião se apoia em um ponto fixo O como mostra a figura. Representando por ϕ, θ e ψ os ângulos de Euler que definem a posição do pião em relação a um referencial fixo, considere o movimento geral do pião no qual todos os ângulos de Euler variam.

(a) Observando que $\Sigma M_Z = 0$ e $\Sigma M_z = 0$ e representando por I e I', respectivamente, os momentos de inércia do pião em relação ao seu eixo de simetria e em relação a um eixo transversal passando por O, deduza as duas equações diferenciais de primeira ordem do movimento

$$I'\dot\phi \,\text{sen}^2\, \theta + I(\dot\psi + \dot\phi \cos \theta) \cos \theta = \alpha \quad (1)$$

$$I(\dot\psi + \dot\phi \cos \theta) = \beta \quad (2)$$

onde α e β são constantes que dependem das condições iniciais. Essas equações expressam que a quantidade de movimento angular do pião se conserva em relação aos eixos Z e z, ou seja, que os componentes retangulares de $\mathbf{H}_O$ ao longo de cada um desses eixos é constante.

(b) Use as Eqs. (1) e (2) para mostrar que o componente retangular ω_z da velocidade angular do pião é constante e que a taxa de precessão $\dot\phi$ depende do valor do ângulo de nutação θ.

*18.138 (a) Aplicando o princípio de conservação de energia, deduza uma terceira equação diferencial para o movimento geral do pião do Problema 18.137.

(b) Eliminando as derivadas $\dot\phi$ e $\dot\psi$ da equação obtida e das duas equações do Problema 18.137, mostre que a taxa de nutação $\dot\theta$ é definida pela equação diferencial $\dot\theta^2 = f(\theta)$, onde

$$f(\theta) = \frac{1}{I'}\left(2E - \frac{\beta^2}{I} - 2mgc \cos \theta\right) - \left(\frac{\alpha - \beta \cos \theta}{I' \,\text{sen}\, \theta}\right)^2 \quad (1)$$

(c) Introduzindo uma variável auxiliar $x = \cos \theta$, mostre ainda que os valores máximo e mínimo de θ podem ser obtidos resolvendo-se a seguinte equação cúbica para x

$$\left(2E - \frac{\beta^2}{I} - 2mgcx\right)(1 - x^2) - \frac{1}{I'}(\alpha - \beta x)^2 = 0 \quad (2)$$

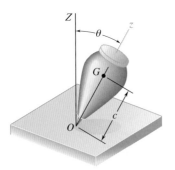

Figura P18.137 e P18.138

*18.139 Um cone sólido de altura 180 mm com a base circular de raio 60 mm é suportado por uma junta articulada em A. O cone é liberado da posição $\theta_0 = 30°$ com uma taxa de rotação própria $\dot{\psi}_0 = 300$ rad/s, uma taxa de precessão $\dot{\phi}_0 = 20$ rad/s e uma taxa nula de nutação. Determine (a) o valor máximo de θ no movimento subsequente, (b) os valores correspondentes das taxas de rotação própria e precessão. [*Dica*: use a Eq. (2) do Prob. 18.138; você pode resolver essa equação numericamente ou reduzi-la a uma equação quadrática, já que uma de suas raízes é conhecida.]

*18.140 Um cone sólido de altura 180 mm com a base circular de raio 60 mm é suportado por uma junta articulada em A. O cone é liberado da posição $\theta_0 = 30°$ com uma taxa de rotação própria $\dot{\psi}_0 = 300$ rad/s, uma taxa de precessão $\dot{\phi}_0 = -4$ rad/s e uma taxa nula de nutação. Determine (a) o valor máximo de θ no movimento subsequente, (b) os valores correspondentes das taxas de rotação própria e precessão, (c) o valor de θ com que o sentido da precessão é invertido. (Ver a dica do Problema 18.139.)

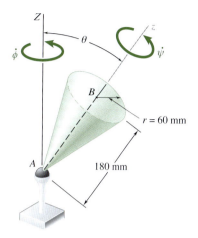

Figura P18.139 e P18.140

*18.141 Uma esfera homogênea de massa m e raio a é soldada a uma barra AB de massa desprezível, que é suportada por uma junta articulada em A. A esfera é liberada na posição $\beta = 0$ com a taxa de precessão $\dot{\phi} = \sqrt{17\,g/11a}$ com rotação e nutação nulas. Determine o maior valor de β no momento subsequente.

*18.142 Uma esfera homogênea de massa m e raio a é soldada a uma barra AB de massa desprezível, que é suportada por uma junta articulada em A. A esfera é liberada na posição $\beta = 0$ com a taxa de precessão $\dot{\phi} = \dot{\phi}_0$ com rotação e nutação nulas. Sabendo que o maior valor de β no momento subsequente é $30°$, determine (a) a taxa de precessão $\dot{\phi}_0$ da esfera na sua posição inicial, (b) as taxas de precessão e rotação própria quando $\beta = 30°$.

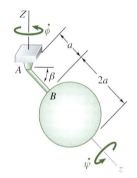

Figura *P18.141* e *P18.142*

*18.143 Considere um corpo rígido de formato arbitrário que está preso ao seu centro de massa O e não está sujeito a forças, exceto por seu peso próprio pela reação do apoio em O.
(a) Demonstre que a quantidade de movimento angular $\mathbf{H}_O$ do corpo em relação ao ponto fixo O é constante em intensidade e direção, que a energia cinética T do corpo é constante e que a projeção ao longo de $\mathbf{H}_O$ da velocidade angular $\boldsymbol{\omega}$ do corpo é constante.
(b) Mostre que a ponta do vetor $\boldsymbol{\omega}$ descreve uma curva sobre um plano fixo no espaço (chamado *plano invariante*) que é perpendicular a $\mathbf{H}_O$ e a uma distância $2T/H_O$ de O.
(c) Mostre, em relação a um referencial ligado ao corpo e coincidente com seus eixos principais de inércia, que a ponta do vetor $\boldsymbol{\omega}$ parece descrever uma curva sobre um elipsoide cuja equação é

$$I_x\omega_x^2 + I_y\omega_y^2 + I_z\omega_z^2 = 2T = \text{constante}$$

O elipsoide (chamado *elipsoide de Poinsot*) está rigidamente ligado ao corpo e tem o mesmo formato do elipsoide de inércia, mas em tamanho diferente.

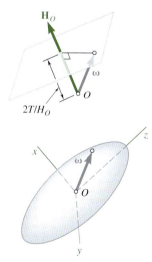

Figura P18.143

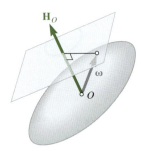

Figura P18.144

*18.144 Referindo-se ao Problema 18.143, (*a*) demonstre que o elipsoide de Poinsot é tangente ao plano invariante, (*b*) mostre que o movimento do corpo rígido deve ser tal que o elipsoide de Poinsot pareça rolar sobre o plano invariante. (*Dica*: Na parte *a*, mostre que a normal ao elipsoide de Poinsot na ponta de **ω** é paralela a **H**$_O$. Lembre-se de que a direção da normal a uma superfície de equação $F(x, y, z)$ = constante em um ponto *P* é a mesma do vetor **grad** *F* no ponto *P*.)

*18.145 Usando os resultados obtidos nos Problemas 18.143 e 18.144, mostre que, para um corpo com simetria axial preso ao seu centro de massa *O* e livre de forças, exceto por seu peso próprio e pela reação em *O*, o elipsoide de Poinsot é um elipsoide de revolução e os cones espacial e corporal são ambos circulares e tangentes entre si. Mostre ainda que (*a*) os dois cones são tangentes externamente e que a precessão é direta quando $I < I'$, onde I e I' representam, respectivamente, os momentos de inércia axial e transversal do corpo, (*b*) o cone espacial fica dentro do cone corporal e a precessão é retrógrada quando $I > I'$.

*18.146 Refira-se aos Problemas 18.143 e 18.144.
(a) Mostre que a curva (chamada *polódia*) descrita pela ponta do vetor **ω** em relação a um referencial coincidente com os eixos principais de inércia do corpo rígido é definida pelas equações

$$I_x\omega_x^2 + I_y\omega_y^2 + I_z\omega_z^2 = 2T = \text{constante} \quad (1)$$

$$I_x^2\omega_x^2 + I_y^2\omega_y^2 + I_z^2\omega_z^2 = H_O^2 = \text{constante} \quad (2)$$

e que, portanto, ela pode ser obtida por interseção do elipsoide de Poinsot com o elipsoide definido pela Eq. (2).
(b) Admitindo que $I_x > I_y > I_z$, mostre ainda que as polódias obtidas para vários valores de H_O têm os formatos indicados na figura.
(c) Usando o resultado obtido na parte *b*, mostre que um corpo rígido livre de forças pode girar em torno de um eixo centroidal fixo se, e somente se, aquele eixo coincidir com um dos eixos principais de inércia do corpo, e que o movimento será estável se o eixo de rotação própria coincidir com o eixo maior ou menor do elipsoide de Poinsot (eixo *z* ou *x* na figura) e instável se coincidir com o eixo intermediário (eixo *y*).

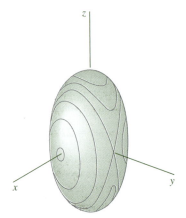

Figura P18.146

REVISÃO E RESUMO

Este capítulo foi dedicado à análise cinética do movimento de corpos rígidos tridimensionais.

Equações fundamentais do movimento para um corpo rígido

Verificamos em primeiro lugar que as duas equações fundamentais deduzidas no Cap. 14 para o movimento de um sistema de partículas

$$\Sigma \mathbf{F} = m\bar{\mathbf{a}} \tag{18.1}$$

$$\Sigma \mathbf{M}_G = \dot{\mathbf{H}}_G \tag{18.2}$$

fornecem a base de nossa análise, assim como elas fizeram no Cap. 16 no caso do movimento plano de corpos rígidos. Entretanto, o cálculo da quantidade de movimento angular $\mathbf{H}_G$ do corpo e de sua derivada $\dot{\mathbf{H}}_G$ é agora bem mais complexo.

Quantidade de movimento angular de um corpo rígido tridimensional

Na Seção 18.1A, vimos que os componentes retangulares da quantidade de movimento angular $\mathbf{H}_G$ de um corpo rígido podem ser expressos em termos dos componentes de sua velocidade angular $\boldsymbol{\omega}$ e de seus momentos e produtos centroidais de inércia:

$$\begin{aligned} H_x &= +\bar{I}_x \omega_x - \bar{I}_{xy}\omega_y - \bar{I}_{xz}\omega_z \\ H_y &= -\bar{I}_{yx}\omega_x + \bar{I}_y \omega_y - \bar{I}_{yz}\omega_z \\ H_z &= -\bar{I}_{zx}\omega_x - \bar{I}_{zy}\omega_y + \bar{I}_z \omega_z \end{aligned} \tag{18.7}$$

Se forem empregados os **eixos principais de inércia** $Gx'y'z'$, essas relações se reduzem a

$$H_{x'} = \bar{I}_{x'}\omega_{x'} \qquad H_{y'} = \bar{I}_{y'}\omega_{y'} \qquad H_{z'} = \bar{I}_{z'}\omega_{z'} \tag{18.10}$$

Observamos que, em geral, *a quantidade de movimento angular $\mathbf{H}_G$ e a velocidade angular $\boldsymbol{\omega}$ não têm a mesma direção* (Fig. 18.25). Todavia, elas terão a mesma direção se $\boldsymbol{\omega}$ estiver orientado ao longo de um dos eixos principais de inércia do corpo.

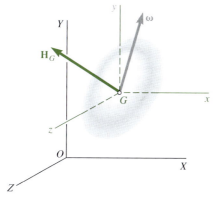

Figura 18.25

Quantidade de movimento angular em relação a um ponto dado

Relembrando que o sistema de quantidades de movimento das partículas constituintes de um corpo rígido pode ser reduzido ao vetor $m\bar{\mathbf{v}}$ ligado a G e ao binário $\mathbf{H}_G$ (Fig. 18.26), observamos que, uma vez que a quantidade de movimento linear $m\bar{\mathbf{v}}$ e a quantidade de movimento angular $\mathbf{H}_G$ de um corpo rígido tenham sido determinadas, a quantidade de movimento angular $\mathbf{H}_O$ do corpo em relação a um ponto dado qualquer O pode ser obtida escrevendo-se

$$\mathbf{H}_O = \bar{\mathbf{r}} \times m\bar{\mathbf{v}} + \mathbf{H}_G \tag{18.11}$$

Corpo rígido com um ponto fixo

No caso particular de um corpo rígido *restrito a girar em torno de um ponto fixo O*, os componentes da quantidade de movimento angular $\mathbf{H}_O$ do corpo em relação a O podem ser obtidos diretamente a partir dos componentes de sua velocidade angular e de seus momentos e produtos de inércia em relação a eixos passando por O. Escrevemos

$$\begin{aligned} H_x &= +I_x\,\omega_x - I_{xy}\omega_y - I_{xz}\omega_z \\ H_y &= -I_{yx}\omega_x + I_y\,\omega_y - I_{yz}\omega_z \\ H_z &= -I_{zx}\omega_x - I_{zy}\omega_y + I_z\,\omega_z \end{aligned} \tag{18.13}$$

Princípio de impulso e quantidade de movimento

O *princípio de impulso e quantidade de movimento* para um corpo rígido em movimento tridimensional [Seção 18.1B] é expresso pela mesma fórmula fundamental usada no Cap. 17 para um corpo rígido em movimento plano

$$\text{Sist. de Quant. de Mov.}_1 + \text{Sist. de Imp. Ext.}_{1\to 2} = \text{Sist. de Quant. de Mov.}_2 \tag{17.14}$$

mas, agora, os sistemas de quantidades de movimento inicial e final devem ser representados do modo mostrado na Fig. 18.26, e $\mathbf{H}_G$ deve ser calculado a partir das relações (18.7) ou (18.10) [Problemas Resolvidos 18.1 e 18.2].

Energia cinética de um corpo rígido tridimensional

A energia cinética de um corpo rígido em movimento tridimensional pode ser dividida em duas partes [Seção 18.1C], uma associada ao movimento de seu centro de massa G e a outra ao seu movimento em torno de G. Usando os eixos centroidais principais x', y', z', escrevemos

$$T = \tfrac{1}{2}m\bar{v}^2 + \tfrac{1}{2}(\bar{I}_{x'}\omega_{x'}^2 + \bar{I}_{y'}\omega_{y'}^2 + \bar{I}_{z'}\omega_{z'}^2) \tag{18.17}$$

onde $\bar{\mathbf{v}}$ = velocidade do centro de massa
$\boldsymbol{\omega}$ = velocidade angular
m = massa do corpo rígido
$\bar{I}_{x'}, \bar{I}_{y'}, \bar{I}_{z'}$ = momentos centroidais principais de inércia

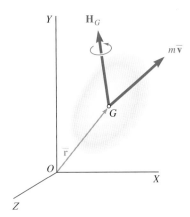

Figura 18.26

Observamos também que, no caso de um corpo rígido *limitado a girar em torno de um ponto fixo O*, a energia cinética do corpo pode ser expressa como

$$T = \tfrac{1}{2}(I_{x'}\omega_{x'}^2 + I_{y'}\omega_{y'}^2 + I_{z'}\omega_{z'}^2) \tag{18.20}$$

onde x', y' e z' são os eixos principais de inércia do corpo em O. Os resultados obtidos tornam possível estender ao movimento tridimensional de um corpo rígido a aplicação do princípio de trabalho e energia e do princípio de conservação da energia.

Uso de um referencial rotativo para escrever as equações do movimento de um corpo rígido no espaço

A Seção 18.2 foi dedicada à aplicação das equações fundamentais

$$\Sigma \mathbf{F} = m\bar{\mathbf{a}} \tag{18.1}$$

$$\Sigma \mathbf{M}_G = \dot{\mathbf{H}}_G \tag{18.2}$$

ao movimento de um corpo rígido tridimensional. Primeiramente relembramos [Seção 18.2A] que $\mathbf{H}_G$ representa a quantidade de movimento angular do corpo em relação a um referencial centroidal $GX'Y'Z'$ de orientação fixa (Fig. 18.27)

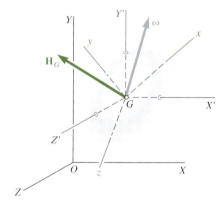

Figura 18.27

e que $\dot{\mathbf{H}}_G$ na Eq. (18.2) representa a taxa de variação de $\mathbf{H}_G$ em relação àquele referencial. Verificamos que, à medida que o corpo gira, seus momentos e produtos de inércia em relação ao referencial $GX'Y'Z'$ variam continuamente. Portanto, é mais conveniente usar um referencial rotativo $Gxyz$ para decompor $\boldsymbol{\omega}$ em componentes e para calcular os momentos e produtos de inércia que serão usados para determinar $\mathbf{H}_G$ nas Eqs. (18.7) ou (18.10). Entretanto, como $\dot{\mathbf{H}}_G$ na Eq. (18.2) representa a taxa de variação de $\mathbf{H}_G$ em relação ao referencial $GX'Y'Z'$, de orientação fixa, devemos usar o método da Seção 15.5A para determinar seu valor. Retomando a Eq. (15.31), escrevemos

$$\dot{\mathbf{H}}_G = (\dot{\mathbf{H}}_G)_{Gxyz} + \boldsymbol{\Omega} \times \mathbf{H}_G \tag{18.22}$$

onde $\mathbf{H}_G$ = quantidade de movimento angular em relação ao referencial $GX'Y'Z'$ de orientação fixa
$(\dot{\mathbf{H}}_G)_{Gxyz}$ = taxa de variação de $\mathbf{H}_G$ em relação ao referencial rotativo $Gxyz$ a ser calculado a partir das relações da Eq. (18.7)
$\boldsymbol{\Omega}$ = velocidade angular do referencial rotativo $Gxyz$

Substituindo $\dot{\mathbf{H}}_G$ da Eq. (18.22) na Eq. (18.2), obtemos

$$\Sigma \mathbf{M}_G = (\dot{\mathbf{H}}_G)_{Gxyz} + \boldsymbol{\Omega} \times \mathbf{H}_G \tag{18.23}$$

Se o referencial rotativo é de fato ligado ao corpo, sua velocidade angular $\mathbf{\Omega}$ é identicamente igual à velocidade angular $\boldsymbol{\omega}$ do corpo. Todavia, há muitas aplicações em que é vantajoso usar um referencial que não esteja ligado ao corpo, mas que gira de maneira independente [Problema Resolvido 18.5].

Equações de Euler do movimento
Fazendo $\mathbf{\Omega} = \boldsymbol{\omega}$ na Eq. (18.23), usando eixos principais e escrevendo esta equação em forma escalar, obtivemos as **equações de Euler do movimento** [Seção 18.2B]. Então estendemos a segunda lei de Newton ao movimento tridimensional de um corpo rígido e concluímos que o sistema de forças externas que agem sobre um corpo rígido é não só equipolente, mas também, de fato, *equivalente* aos termos inerciais do corpo representados pelo vetor $m\bar{\mathbf{a}}$ e pelo binário $\dot{\mathbf{H}}_G$ (Fig. 18.28). Problemas que envolvem o movimento tridimensional de um corpo rígido podem ser resolvidos considerando-se os diagramas de corpo livre e cinético representados na Fig. 18.28 e escrevendo-se equações escalares apropriadas que relacionam os componentes ou momentos das forças externas e dos termos inerciais [Problemas Resolvidos 18.3 e 18.5].

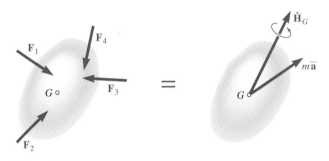

Figura 18.28

Corpo rígido com um ponto fixo
No caso de um corpo rígido *limitado a girar em torno de um ponto fixo O*, é possível usar um método alternativo de solução envolvendo os momentos das forças e a taxa de variação da quantidade de movimento angular em relação ao ponto O. Escrevemos [Seção 18.2C]

$$\Sigma \mathbf{M}_O = (\dot{\mathbf{H}}_O)_{Oxyz} + \mathbf{\Omega} \times \mathbf{H}_O \qquad (18.28)$$

Essa abordagem pode ser usada na resolução de certos problemas que envolvam a rotação de um corpo rígido em torno de um eixo fixo [Seção 18.2D], como, por exemplo, um eixo rotativo desbalanceado [Problema Resolvido 18.4].

Movimento de um giroscópio
Na Seção 18.3, consideramos o movimento de **giroscópios** e de outros *corpos com simetria axial*. Introduzindo os **ângulos de Euler** ϕ, θ e ψ para definir a posição de um giroscópio (Fig. 18.29) e observamos que suas derivadas $\dot{\phi}$, $\dot{\theta}$ e $\dot{\psi}$ representam, respectivamente, as taxas de **precessão**, de **nutação** e de **rotação própria** do giroscópio [Seção 18.3A]. Expressando a velocidade angular $\boldsymbol{\omega}$ em termos dessas derivadas, escrevemos

$$\boldsymbol{\omega} = -\dot{\phi}\,\text{sen}\,\theta\,\mathbf{i} + \dot{\theta}\mathbf{j} + (\dot{\psi} + \dot{\phi}\cos\theta)\mathbf{k} \qquad (18.35)$$

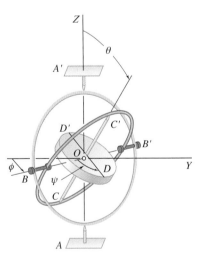

Figura 18.29

onde os vetores unitários estão associados ao referencial $Oxyz$ ligado à argola interna do giroscópio (Fig. 18.30) e, portanto, giram com a velocidade angular

$$\mathbf{\Omega} = -\dot{\phi} \operatorname{sen} \theta \mathbf{i} + \dot{\theta}\mathbf{j} + \dot{\phi} \cos \theta \mathbf{k} \tag{18.38}$$

Representando por I o momento de inércia do giroscópio em relação ao seu eixo de rotação própria z e por I' seu momento de inércia em relação a um eixo transversal passando por O, escrevemos

$$\mathbf{H}_O = -I'\dot{\phi} \operatorname{sen} \theta \mathbf{i} + I'\dot{\theta}\mathbf{j} + I(\dot{\psi} + \dot{\phi} \cos \theta)\mathbf{k} \tag{18.36}$$

A substituição de $\mathbf{H}_O$ e $\mathbf{\Omega}$ na Eq. (18.28) levou-nos às equações diferenciais que definem o movimento do giroscópio.

Precessão em regime permanente
No caso particular da **precessão em regime permanente** de um giroscópio [Seção 18.3B], o ângulo θ, a taxa de precessão $\dot{\phi}$ e a taxa de rotação própria $\dot{\psi}$ permanecem constantes. Vimos que tal movimento só é possível se os momentos das forças externas em relação a O satisfizerem a relação

$$\Sigma \mathbf{M}_O = (I\omega_z - I'\dot{\phi} \cos \theta)\dot{\phi} \operatorname{sen} \theta \mathbf{j} \tag{18.44}$$

ou seja, se as forças externas se reduzirem a um binário de momento igual ao membro à direita da Eq. (18.44) aplicado em relação a um eixo perpendicular ao eixo de precessão e ao eixo de rotação própria (Fig. 18.31). O capítulo terminou com uma discussão sobre o movimento de um corpo com simetria axial com rotação própria e precessão livre de forças [Seção 18.3C; Problema Resolvido 18.6].

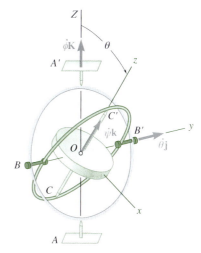

Figura 18.30

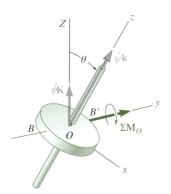

Figura 18.31

PROBLEMAS DE REVISÃO

18.147 Três discos de rotor de 12,5 kg estão presos a um eixo que gira a 720 rpm. O disco A é fixado de forma excêntrica de modo que o seu centro de massa está 6 mm distante do eixo de rotação, enquanto os discos B e C estão ligados de modo que os seus centros de massa coincidem com o eixo de rotação. Onde as massas de 1 kg devem ser aparafusadas aos discos B e C para equilibrar o sistema dinamicamente?

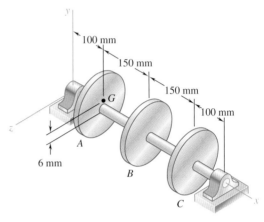

Figura P18.147

18.148 Um disco homogêneo de massa $m = 5$ kg gira a uma taxa constante $\omega_1 = 8$ rad/s em relação ao eixo dobrado ABC, que por sua vez gira a uma taxa constante $\omega_2 = 3$ rad/s em torno do eixo y. Determine a quantidade de movimento angular $\mathbf{H}_C$ do disco em torno de seu centro C.

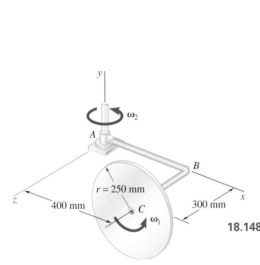

Figura P18.148

18.149 Uma barra de seção transversal uniforme é usada para formar o eixo mostrado na figura. Representando por m a massa total do eixo e sabendo que ele gira com uma velocidade angular constante $\boldsymbol{\omega}$, determine (a) a quantidade de movimento angular $\mathbf{H}_G$ do eixo em torno de seu centro de massa G, (b) o ângulo formado entre $\mathbf{H}_G$ e o eixo AB, (c) a quantidade de movimento angular do eixo em relação ao ponto A.

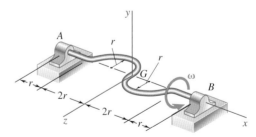

Figura P18.149

18.150 Uma barra uniforme de massa m e comprimento $5a$ é dobrada na forma mostrada na figura e é suspensa por um fio preso em B. Sabendo que a barra é atingida no ponto A na direção y negativa e indicando que o impulso correspondente por $-(F\,\Delta t)\mathbf{j}$, determine, logo após o impacto, (a) a velocidade do centro de massa G, (b) a velocidade angular da barra.

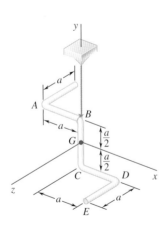

Figura P18.150

18.151 Uma hélice de quatro lâminas de um avião tem massa de 160 kg e um raio de giração de 800 mm. Sabendo que a hélice gira a 1.600 rpm quando o avião voa em uma trajetória circular vertical de 600 m de raio a 540 km/h, determine a intensidade do binário exercido pela hélice sobre seu eixo devido à rotação do avião.

18.152 Um pedaço de chapa de aço de 2,4 kg com dimensões 160 mm × 640 mm foi dobrada na forma do componente mostrado na figura. O componente está em repouso ($\omega = 0$) quando o binário $\mathbf{M}_0 = (0,8 \text{ N·m})\mathbf{k}$ é aplicado nele. Determine (a) a aceleração angular do componente, (b) as reações dinâmicas em A e B imediatamente após o binário ser aplicado.

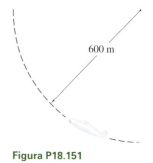

Figura P18.151

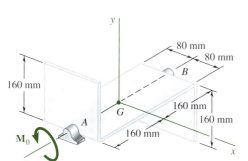

Figura P18.152

18.153 Um disco homogêneo de massa $m = 3$ kg gira à taxa constante $\omega_1 = 16$ rad/s em relação ao braço ABC. O braço está soldado ao eixo DCE, que gira à taxa constante $\omega_2 = 8$ rad/s. Determine as reações dinâmicas em D e E.

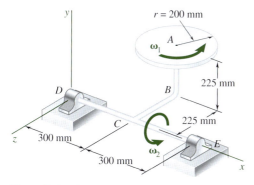

Figura P18.153

18.154 Um disco homogêneo de 3 kg e de raio 60 mm gira do modo mostrado na figura à taxa constante $\omega_1 = 60$ rad/s e é suportado por um garfo da extremidade da barra AB, que está soldada ao eixo vertical CBD. O sistema está em repouso quando um binário $\mathbf{M}_0 = (0,40 \text{ N · m})\mathbf{j}$ é aplicado ao eixo durante 2 s, sendo então removido. Determine as reações dinâmicas em C e D após a remoção do binário.

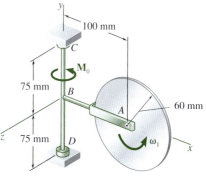

Figura P18.154

18.155 Um satélite de 2.500 kg tem 2,4 m de altura e bases octogonais com lados de 1,2 m. Os eixos de coordenadas mostrados na figura são os eixos centroidais principais de inércia do satélite. Seus raios de giração são $k_x = k_z = 0,90$ m e $k_y = 0,98$ m. O satélite é equipado com um propulsor principal E de 500 N de empuxo e quatro propulsores A, B, C e D de 20 N de empuxo, que podem expelir propelente no sentido y positivo. O satélite está girando à taxa de 36 rev/h em torno de seu eixo de simetria Gy, que mantém uma direção fixa no espaço, quando os propulsores A e B são ativados durante 2 s. Determine (a) o eixo de precessão do satélite, (b) sua taxa de precessão, (c) sua taxa de rotação própria.

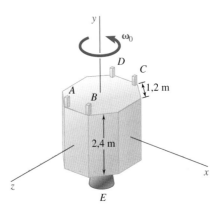

Figura P18.155

18.156 A cápsula espacial mostrada na figura não tem velocidade angular quando o jato em A é ativado durante 1 s numa direção paralela ao eixo x. Sabendo que a cápsula tem uma massa de 1.000 kg, que seus raios de giração são $\bar{k}_x = \bar{k}_y = 1,00$ m e $\bar{k}_z = 1,25$ m, e que o jato em A produz um empuxo de 50 N, determine o eixo de precessão e as taxas de precessão e rotação própria após o jato ter sido desativado.

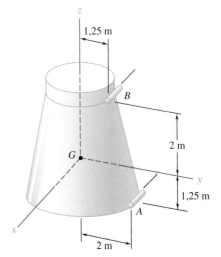

Figura P18.156

18.157 Um disco homogêneo de massa m está conectado em A e B a um garfo de massa desprezível que se apoia em um mancal em C. O disco é livre para girar em torno de seu diâmetro horizontal AB, e o eixo é livre para girar em torno do eixo vertical que passa por C. Inicialmente, o disco está em um plano vertical ($\theta_0 = 90°$) e o eixo tem uma velocidade angular $\dot{\phi}_0 = 8$ rad/s. Se o disco é ligeiramente perturbado, determine, para o movimento subsequente, (a) o valor mínimo de $\dot{\phi}$ (b) o valor máximo de θ.

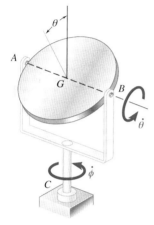

Figura P18.157

18.158 As características essenciais de um giroscópio são mostradas na figura. O rotor gira a uma taxa $\dot{\psi}$ em torno de um eixo montado em uma única argola que pode girar livremente em torno do eixo vertical AB. O ângulo formado pelo eixo do rotor e o plano do meridiano é indicado por θ, e a latitude da posição da Terra é indicada por λ. Notamos que a linha OC é paralela ao eixo da Terra e indicamos por $\boldsymbol{\omega}_e$ a velocidade angular da terra em torno de seu eixo.

(a) Mostre que as equações de movimento do giroscópio são

$$I'\ddot{\theta} + I\omega_z\omega_e \cos \lambda \operatorname{sen} \theta - I'\omega_e^2 \cos^2 \lambda \operatorname{sen} \theta \cos \theta = 0$$

$$I\dot{\omega}_z = 0$$

onde ω_z é um componente retangular da velocidade angular total $\boldsymbol{\omega}$ ao longo do eixo do rotor, e I e I' são os momentos de inércia do rotor com relação ao seu eixo de simetria e ao eixo transversal que passa por O, respectivamente.

(b) Desprezando o termo contendo ω_e^2, mostre que, para o menor valor de θ, temos

$$\ddot{\theta} + \frac{I\omega_z\omega_e \cos \lambda}{I'} \theta = 0$$

e que o eixo do giroscópio oscila em torno da direção norte-sul.

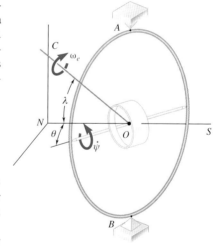

Figura *P18.158*

19
Vibrações mecânicas

O amortecedor de vento ajuda a proteger de tufões e terremotos reduzindo os efeitos do vento e da vibração na construção. Sistemas mecânicos podem estar sujeitos a *vibrações livres* ou a *vibrações forçadas*. As vibrações são *amortecidas* quando há dissipação de energia e *não amortecidas* no caso contrário. Este capítulo é uma introdução para muitos conceitos fundamentais na análise de vibração.

Capítulo 19 Vibrações mecânicas **1333**

Objetivos

- **Definir, comparar e contrastar** o movimento harmônico simples, as vibrações livres e forçadas não amortecidas e as vibrações livres e forçadas amortecidas.
- Utilizando a segunda lei de Newton, **determinar** a equação diferencial de movimento de uma partícula ou de um corpo rígido submetido a um movimento vibratório.
- Utilizando a conservação de energia, **determinar** a equação diferencial de movimento de uma partícula ou de um corpo rígido submetido a um movimento vibratório.
- **Calcular** a frequência natural circular, o período e a frequência natural para um sistema que sofre movimento harmônico simples.
- **Calcular** a amplitude máxima e o fator de ampliação para um corpo submetido a vibrações forçadas.
- **Comparar e contrastar** as respostas de vibração de sistemas de amortecimento supercrucial, crucial e subcrucial.

19.1 Vibrações sem amortecimento
19.1A Movimento harmônico simples e vibrações livres de partículas
19.1B Pêndulo simples (solução aproximada)
19.1C Pêndulo simples (solução exata)

19.2 Vibrações livres da corpos rígidos

19.3 Aplicação do princípio de conservação da energia

19.4 Vibrações forçadas

19.5 Vibrações amortecidas
19.5A Vibrações livres amortecidas
19.5B Vibrações forçadas amortecidas
19.5C Análogos elétricos

Introdução

Uma **vibração mecânica** é o movimento de uma partícula ou de um corpo que oscila em torno de uma posição de equilíbrio. A maior parte das vibrações em máquinas e estruturas é indesejável devido ao aumento de tensões e às perdas de energia que as acompanham. Elas deveriam, portanto, ser eliminadas ou reduzidas, tanto quanto possível, por meio de projetos adequados. A análise de vibrações tem se tornado cada vez mais importante nos últimos anos devido à tendência atual por máquinas de alta velocidade e estruturas mais leves. Existem muitas razões para esperar que essa tendência permaneça e que uma necessidade ainda maior de análise de vibrações ocorra no futuro.

A análise de vibrações é um tema muito extenso, aos quais textos inteiros têm sido dedicados. Nosso presente estudo, consequentemente, será limitado a tipos simples de vibrações, a saber, as vibrações de um corpo ou de um sistema de corpos com um grau de liberdade.

Uma vibração mecânica é geralmente produzida quando um sistema é deslocado de sua posição de equilíbrio estável. O sistema tende a retornar a essa posição sob a ação de forças restauradoras (sejam forças elásticas, como no caso de uma massa ligada a uma mola, ou forças gravitacionais, como no caso de um pêndulo). Contudo, o sistema em geral atinge sua posição original com certa velocidade adquirida que o leva além dessa posição. Como o processo pode ser repetido indefinidamente, o sistema mantém-se em movimento oscilatório ao redor de sua posição de equilíbrio. O intervalo de tempo necessário para o sistema completar um ciclo inteiro do movimento é chamado de **período** da vibração. O número de ciclos por unidade de tempo define a **frequência**, e o deslocamento máximo do sistema de sua posição de equilíbrio é chamado de **amplitude** da vibração.

Quando o movimento é mantido somente pelas forças restauradoras, a vibração é denominada **vibração livre**. Quando uma força periódica é aplicada ao sistema, o movimento resultante é descrito como uma **vibração forçada**. Quando os efeitos do atrito podem ser desprezados, as vibrações são ditas **não amortecidas**. Entretanto, todas as vibrações são realmente **amortecidas** em algum grau. Se uma vibração livre é apenas ligeiramente amortecida, sua amplitude decresce lentamente até, depois de certo tempo, o movimento cessar. Contudo, se o amortecimento for grande o suficiente para impedir qualquer vibração real, o sistema, então, retorna lentamente à sua posição original. Uma vibração forçada amortecida é mantida durante todo o tempo em que a força periódica que produz a vibração é aplicada. A amplitude da vibração, entretanto, é afetada pelas intensidades das forças de amortecimento.

Neste capítulo, examinaremos primeiro as vibrações sem amortecimento, estudando vibrações de partículas, corpos rígidos e vibrações forçadas. Em seguida, examinaremos vibrações amortecidas, incluindo vibrações livres e forçadas.

19.1 Vibrações sem amortecimento

O primeiro passo na análise de vibrações é formular uma equação de movimento para o caso simples de uma partícula em vibração livre. Modificaremos essa equação conforme considerarmos situações mais complicadas, como vibrações amortecidas e forçadas.

19.1A Movimento harmônico simples e vibrações livres de partículas

Considere um corpo de massa m ligado a uma mola de constante k (Fig. 19.1a). Como, neste momento, estamos preocupados somente com o movimento de seu centro de massa, nos referimos a esse corpo como uma partícula. Quando a partícula está em equilíbrio estático, as forças que agem sobre ela são seu peso $\mathbf{W}$ e a força $\mathbf{T}$ exercida pela mola, de intensidade $T = k\delta_{st}$, onde δ_{st} representa a elongação da mola a partir de seu comprimento não deformado. Temos, portanto,

$$W = k\delta_{st}$$

Considere agora que a partícula é deslocada ao longo de uma distância x_m de sua posição de equilíbrio e é liberada com velocidade inicial nula. Se x_m for escolhido como menor que δ_{st}, a partícula vai oscilar em torno de sua posição de equilíbrio; uma vibração de amplitude x_m terá sido produzida. Note que a vibração também pode ser produzida comunicando-se certa velocidade inicial à partícula quando ela está em sua posição de equilíbrio $x = 0$ ou, de modo mais geral, pondo a partícula em movimento a partir de qualquer posição dada $x = x_0$ com uma dada velocidade inicial $\mathbf{v}_0$.

Para analisar a vibração, consideremos a partícula em uma posição P em algum instante arbitrário t (Fig. 19.1b). Representando por x o deslocamento OP medido a partir da posição de equilíbrio O (positivo para baixo), observamos que as forças que atuam sobre a partícula são seu peso $\mathbf{W}$ e a força $\mathbf{T}$ exercida pela mola que, nessa posição, tem uma intensidade $T = k(\delta_{st} + x)$. Recordando que $W = k\delta_{st}$, constatamos que a intensidade da resultante $\mathbf{F}$ das duas forças (positivo para baixo) é

$$F = W - k(\delta_{st} + x) = -kx \qquad (19.1)$$

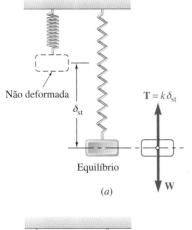

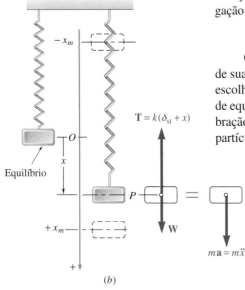

Figura 19.1 (a) Na posição de equilíbrio, a força da mola é igual ao peso; (b) o bloco na posição P com seus diagramas de corpo livre e cinético.

Capítulo 19 Vibrações mecânicas **1335**

Assim, a resultante das forças exercidas sobre a partícula é proporcional ao deslocamento OP **medido a partir da posição de equilíbrio**. Recordando a convenção de sinal, verificamos que **F** é sempre dirigida *ao longo* da posição de equilíbrio O. Substituindo F na equação fundamental $F = ma$ e recordando que a é a segunda derivada $\ddot{x}$ de x em relação a t, escrevemos

Equação de movimento para movimento harmônico simples

$$m\ddot{x} + kx = 0$$

(19.2)

Observe que a mesma convenção de sinal deve ser utilizada para a aceleração $\ddot{x}$ e para o deslocamento x, a saber, positivo para baixo. Medindo o deslocamento do ponto de equilíbrio estático, obtemos uma equação diferencial homogênea; ou seja, o lado direito é igual a zero.

O movimento definido pela Eq. (19.2) é chamado de **movimento harmônico simples**. Ele é caracterizado pelo fato de que **a aceleração é proporcional ao deslocamento e em direção e sentido oposto**. Podemos verificar que cada uma das funções

$$x_1 = \text{sen}\left(\sqrt{k/m}\ t\right) \quad \text{e} \quad x_2 = \cos\left(\sqrt{k/m}\ t\right)$$

satisfaz a Eq. (19.2). Essas funções, portanto, constituem duas *soluções particulares* da equação diferencial (19.2). A *solução geral* da Eq. (19.2) é obtida multiplicando-se cada uma das soluções particulares por uma constante arbitrária e adicionando-as. Assim, a solução geral é expressa como

$$x = C_1 x_1 + C_2 x_2 = C_1 \text{sen}\left(\sqrt{\frac{k}{m}}\ t\right) + C_2 \cos\left(\sqrt{\frac{k}{m}}\ t\right)$$

(19.3)

Observamos que x é uma **função periódica** do tempo t e que, portanto, representa uma vibração da partícula P. O coeficiente de t na expressão que obtivemos é chamado de **frequência natural circular** da vibração e é representado por ω_n. Temos

$$\text{Frequência natural circular} = \omega_n = \sqrt{\frac{k}{m}}$$

(19.4)

Substituindo $\sqrt{k/m}$ na Eq. (19.3), escrevemos

$$x = C_1 \text{sen}\ \omega_n t + C_2 \cos\ \omega_n t$$

(19.5)

Essa é a solução geral da equação diferencial

$$\ddot{x} + \omega_n^2 x = 0$$

(19.6)

que pode ser obtida a partir da Eq. (19.2) dividindo-se ambos os termos por m e observando que $k/m = \omega_n^2$. Diferenciando ambos os membros da Eq. (19.5) em relação a t, obtemos as seguintes expressões para a velocidade e a aceleração no instante t:

$$v = \dot{x} = C_1 \omega_n \cos\ \omega_n t - C_2 \omega_n \text{sen}\ \omega_n t$$

(19.7)

$$a = \ddot{x} = -C_1 \omega_n^2 \text{sen}\ \omega_n t - C_2 \omega_n^2 \cos\ \omega_n t$$

(19.8)

Os valores das constantes C_1 e C_2 dependem das *condições iniciais* do movimento. Por exemplo, temos $C_1 = 0$ se a partícula é deslocada de sua posição de equilíbrio e liberada em $t = 0$ com velocidade inicial nula. Então, temos

$C_2 = 0$ se a partícula parte de O em $t = 0$ com determinada velocidade inicial. Em geral, substituindo $t = 0$ e os valores iniciais x_0 e v_0 do deslocamento e da velocidade nas Eqs. (19.5) e (19.7), temos que $C_1 = v_0/\omega_n$ e $C_2 = x_0$.

As expressões obtidas para o deslocamento, velocidade e aceleração de uma partícula podem ser escritas de forma mais compacta se observarmos que a Eq. (19.5) expressa que o deslocamento $x = OP$ é a soma dos componentes x de dois vetores, $\mathbf{C}_1$ e $\mathbf{C}_2$, respectivamente, de intensidades C_1 e C_2, dirigidos como mostrado na Fig. 19.2a. Quando t varia, ambos os vetores giram no sentido horário; constatamos também que a intensidade da sua resultante $\overrightarrow{OQ}$ é igual ao deslocamento máximo x_m. O movimento harmônico simples de P ao longo do eixo x pode, assim, ser obtido projetando-se neste eixo o movimento de um ponto Q que descreve uma *circunferência auxiliar* de raio x_m com uma velocidade angular constante ω_n (o que explica o nome de frequência natural *circular* dado para ω_n). Representando por ϕ o ângulo formado pelos vetores $\overrightarrow{OQ}$ e $\mathbf{C}_1$, escrevemos

$$OP = OQ \operatorname{sen}(\omega_n t + \phi) \tag{19.9}$$

Isso conduz a novas equações para o deslocamento, velocidade e aceleração de P:

$$x = x_m \operatorname{sen}(\omega_n t + \phi) \tag{19.10}$$

$$v = \dot{x} = x_m \omega_n \cos(\omega_n t + \phi) \tag{19.11}$$
$$a = \ddot{x} = -x_m \omega_n^2 \operatorname{sen}(\omega_n t + \phi) \tag{19.12}$$

A curva deslocamento-tempo é representada por uma curva senoidal (Fig. 19.2b); o valor máximo x_m do deslocamento é chamado de **amplitude** da vibração, e o ângulo ϕ que define a posição inicial de Q no círculo é chamado de **ângulo de fase**. Verificamos a partir da Fig. 19.2 que um ciclo completo é descrito a cada 2π rad. O valor correspondente de t, representado por τ_n, é chamado de **período** da vibração livre e é medido em segundos. Temos

$$\text{Período} = \tau_n = \frac{2\pi}{\omega_n} \tag{19.13}$$

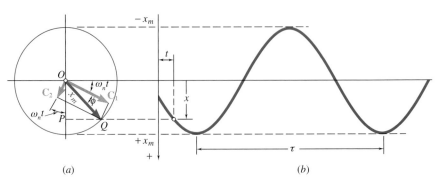

Figura 19.2 (*a*) Circunferência auxiliar do movimento harmônico simples: a resultante OQ gira com velocidade angular constante ω_n; (*b*) o gráfico de deslocamento em função do tempo é uma curva senoidal.

O número de ciclos descritos por unidade de tempo é representado por f_n e é conhecido como a **frequência natural** da vibração. Escrevemos

$$\text{Frequência natural} = f_n = \frac{1}{\tau_n} = \frac{\omega_n}{2\pi} \quad (19.14)$$

Ela é chamada de *hertz* (Hz) no sistema de unidades SI. Segue-se também da Eq. (19.14) que uma frequência de 1 s^{-1} ou 1 Hz corresponde a uma frequência circular de 2π rad. Em problemas que envolvem velocidades angulares expressas em rotações por minuto (rpm), temos 1 rpm = $\frac{1}{60}$ s^{-1} = $\frac{1}{60}$ Hz, ou 1 rpm = $(2\pi/60)$ rad/s.

Recordamos que ω_n foi definido em (19.4) em termos da constante k da mola e da massa m da partícula. Observamos que o período e a frequência são independentes das condições iniciais e da amplitude da vibração. Além disso, τ_n e f_n dependem da *massa* e não do *peso* da partícula, e, assim, são independentes do valor de g.

As curvas velocidade-tempo e aceleração-tempo podem ser representadas por curvas senoidais de mesmo período que a curva deslocamento-tempo, mas com amplitudes e ângulos de fase diferentes. A partir das Eqs. (19.11) e (19.12), verificamos que os valores máximos das intensidades da velocidade e da aceleração são

$$v_m = x_m \omega_n \qquad a_m = x_m \omega_n^2 \quad (19.15)$$

Como o ponto Q descreve a circunferência auxiliar, de raio x_m, a uma velocidade angular constante ω_n, sua velocidade e aceleração são iguais, respectivamente, às expressões da Eq. (19.15). Recordando as Eqs. (19.11) e (19.12), constatamos, portanto, que a velocidade e a aceleração de P podem ser obtidas em qualquer instante pela projeção no eixo x de vetores de intensidade $v_m = x_m \omega_n$ e $a_m = x_m \omega_n^2$. Esses dois vetores representam, respectivamente, a velocidade e a aceleração de Q no mesmo instante (Fig. 19.3).

Os resultados obtidos não estão limitados à solução do problema de uma massa ligada a uma mola. Eles podem ser usados para analisar o movimento retilíneo de uma partícula sempre que a resultante **F** das forças que atuam sobre a partícula for proporcional ao deslocamento x e dirigida para O. Nesse caso, a equação fundamental do movimento $F = ma$ pode então ser escrita sob a forma da Eq. (19.6), que é característica de um movimento harmônico simples. Observando que o coeficiente de x deve ser igual a ω_n^2, podemos facilmente determinar a frequência natural circular ω_n do movimento. Substituindo o valor obtido para ω_n nas Eqs. (19.13) e (19.14), obtemos então o período τ_n e a frequência natural f_n do movimento.

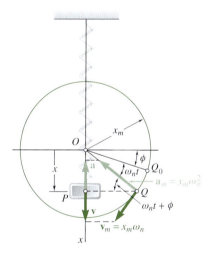

Figura 19.3 Cincunferência auxiliar de movimento harmônico simples mostrando os valores máximos de velocidade e de aceleração.

19.1B Pêndulo simples (solução aproximada)

Muitas das vibrações encontradas em aplicações de engenharia podem ser representadas por um movimento harmônico simples. Muitas outras podem ser *aproximadas* a um movimento harmônico simples, contanto que suas amplitudes permaneçam pequenas. Considere, por exemplo, um **pêndulo simples**, consistindo em um pêndulo de massa m ligado a uma corda de comprimento l que pode oscilar em um plano vertical (Fig. 19.4a). Em um determinado ins-

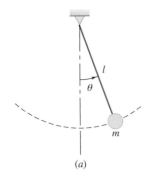

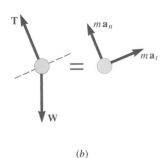

Figura 19.4 (a) Um pêndulo simples consiste em um pêndulo de massa m na extremidade de um corda de comprimento l; (b) diagramas de corpo livre e cinético do pêndulo simples.

tante t, a corda forma um ângulo θ com a vertical. As forças que agem sobre o pêndulo são seu peso **W** e a força **T** exercida pela corda (Fig. 19.4b). Decompondo o vetor $m\mathbf{a}$ em componentes tangencial e normal, com $m\mathbf{a}_t$ dirigido para a direita, isto é, na direção e sentido correspondente aos valores crescentes de θ, e observando que $a_t = l\alpha = l\ddot{\theta}$, escrevemos

$$\Sigma F_t = ma_t: \qquad -W \operatorname{sen} \theta = ml\ddot{\theta}$$

Sabendo que $W = mg$ e dividindo tudo por ml, obtemos

$$\ddot{\theta} + \frac{g}{l}\operatorname{sen}\theta = 0 \tag{19.16}$$

Para oscilações de pequena amplitude, podemos substituir sen θ por θ, expresso em radianos, e escrever

$$\ddot{\theta} + \frac{g}{l}\theta = 0 \tag{19.17}$$

A comparação com a Eq. (19.6) mostra que a equação diferencial (19.17) é a de um movimento harmônico simples com uma frequência natural circular ω_n igual a $(g/l)^{1/2}$. A solução geral da Eq. (19.17) pode, portanto, ser expressa como

$$\theta = \theta_m \operatorname{sen}(\omega_n t + \phi)$$

onde θ_m é a amplitude das oscilações e ϕ é um ângulo de fase. Substituindo o valor obtido para ω_m na Eq. (19.13), obtemos a seguinte expressão para o período das pequenas oscilações de um pêndulo de comprimento l:

$$\tau_n = \frac{2\pi}{\omega_n} = 2\pi\sqrt{\frac{l}{g}} \tag{19.18}$$

*19.1C Pêndulo simples (solução exata)

A Eq. (19.18) é apenas uma solução aproximada. Para obter uma expressão exata para o período das oscilações de um pêndulo simples, devemos retornar à Eq. (19.16). Multiplicando ambos os termos por $2\dot{\theta}$ e integrando de uma posição inicial correspondente à máxima deflexão, isto é, $\theta = \theta_m$ e $\dot{\theta} = 0$, escrevemos

$$\left(\frac{d\theta}{dt}\right)^2 = \frac{2g}{l}(\cos\theta - \cos\theta_m)$$

Substituindo $\theta \cos \theta$ por $1 - 2 \operatorname{sen}^2(\theta/2)$ e cos θ_m por uma expressão análoga, resolvendo para dt e integrando em um quarto do período partindo de $t = 0$, $\theta = 0$ até $t = \tau_n/4$, $\theta = \theta_m$, temos

$$\tau_n = 2\sqrt{\frac{l}{g}} \int_0^{\theta_m} \frac{d\theta}{\sqrt{\operatorname{sen}^2(\theta_m/2) - \operatorname{sen}^2(\theta/2)}}$$

A integral de lado direito da equação é uma *integral elíptica*; ela não pode ser expressa em termos das funções algébricas ou trigonométricas usuais. Entretanto, fazendo

$$\operatorname{sen}(\theta/2) = \operatorname{sen}(\theta_m/2) \operatorname{sen}\phi$$

podemos escrever

$$\tau_n = 4\sqrt{\frac{l}{g}} \int_0^{\pi/2} \frac{d\phi}{\sqrt{1 - \operatorname{sen}^2(\theta_m/2)\operatorname{sen}^2\phi}} \tag{19.19}$$

Capítulo 19 Vibrações mecânicas **1339**

onde a integral obtida, comumente representada por K, pode ser calculada usando-se um método numérico de integração. Essa integral também pode ser encontrada usando-se programas de computador, como Maple, Mathematica ou Matlab, ou em *tabelas de integrais elípticas* para vários valores de $\theta_m/2$.*

A fim de comparar o resultado aqui obtido com o resultado da seção anterior, escrevemos a Eq. (19.19) na forma

$$\tau_n = \frac{2K}{\pi}\left(2\pi\sqrt{\frac{l}{g}}\right) \qquad \textbf{(19.20)}$$

A Eq. (19.20) mostra que o valor real do período de um pêndulo simples pode ser obtido multiplicando-se o valor aproximado dado na Eq. (19.18) pelo fator de correção $2K/\pi$. Na Tabela 19.1 são apresentados valores do fator de correção para vários valores da amplitude θ_m. Verificamos que, para cálculos comuns de engenharia, o fator de correção pode ser omitido, desde que a amplitude não exceda $10°$.

Tabela 19.1 Fator de correção para o período de um pêndulo simples

θ_m	$0°$	$10°$	$20°$	$30°$	$60°$	$90°$	$120°$	$150°$	$180°$
K	1,571	1,574	1,583	1,598	1,686	1,854	2,157	2,768	∞
$2K/\pi$	1,000	1,002	1,008	1,017	1,073	1,180	1,373	1,762	∞

---

*Ver, por exemplo, *Standard Mathematical Tables and Formulae*, CRC Press, Cleveland, Ohio.

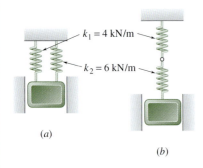

(a)

(b)

PROBLEMA RESOLVIDO 19.1

Um bloco de 50 kg se move entre guias verticais, como mostra a figura. O bloco é puxado até 40 mm abaixo de sua posição de equilíbrio e liberado. Para cada combinação de molas, determine o período da vibração, a velocidade máxima do bloco e a aceleração máxima desse bloco.

ESTRATÉGIA Primeiro, você precisa calcular a constante de mola equivalente para cada combinação de molas. Em seguida, você pode usar as informações desta seção para determinar o movimento.

MODELAGEM E ANÁLISE

a. Molas presas em paralelo. Inicialmente, determinamos a constante k de uma mola única equivalente às duas molas, *encontrando a intensidade da força* **P** necessária para produzir uma dada deflexão δ (Fig.1). Uma vez que para uma deflexão δ as intensidades das forças exercidas pelas molas são, respectivamente, $k_1\delta$ e $k_2\delta$, temos

$$P = k_1\delta + k_2\delta = (k_1 + k_2)\delta$$

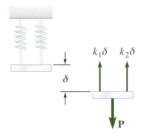

Figura 1 As molas em paralelo alongadas a uma distância δ.

A constante k da mola única equivalente é

$$k = \frac{P}{\delta} = k_1 + k_2 = 4\text{ kN/m} + 6\text{ kN/m} = 10\text{ kN/m} = 10^4\text{ N/m}$$

Como $m = 50$ kg, a Eq. (19.4) resulta em

Período de vibração:

$$\omega_n^2 = \frac{k}{m} = \frac{10^4\text{ N/m}}{50\text{ kg}} \qquad \omega_n = 14{,}14\text{ rad/s}$$

$$\tau_n = 2\pi/\omega_n \qquad\qquad \tau_n = 0{,}444\text{ s} \blacktriangleleft$$

Velocidade máxima:

$$v_m = x_m\omega_n = (0{,}040\text{ m})(14{,}14\text{ rad/s})$$

$$v_m = 0{,}566\text{ m/s} \qquad \mathbf{v}_m = 0{,}566\text{ m/s} \updownarrow \blacktriangleleft$$

Aceleração máxima:

$$a_m = x_m\omega_n^2 = (0{,}040\text{ m})(14{,}14\text{ rad/s})^2$$

$$a_m = 8{,}00\text{ m/s}^2 \qquad \mathbf{a}_m = 8{,}00\text{ m/s}^2 \updownarrow \blacktriangleleft$$

b. Molas presas em série. Determinamos a constante k da mola única equivalente às duas molas *encontrando a elongação total* δ dessas molas sob a ação de uma dada carga estática **P** (Fig. 2).

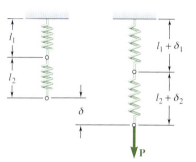

Figura 2 Molas em série alongadas a uma distância δ.

Para facilitar o cálculo, podemos usar uma carga estática arbitrária com uma intensidade de $P = 12$ kN (esse número é escolhido porque tem quatro e seis como divisores). Obtemos

$$\delta = \delta_1 + \delta_2 = \frac{P}{k_1} + \frac{P}{k_2} = \frac{12 \text{ kN}}{4 \text{ kN/m}} + \frac{12 \text{ kN}}{6 \text{ kN/m}} = 5 \text{ m}$$

$$k = \frac{P}{\delta} = \frac{12 \text{ kN}}{5 \text{ m}} = 2,4 \text{ kN/m} = 2400 \text{ N/m}$$

Período de vibração:

$$\omega_n^2 = \frac{k}{m} = \frac{2400 \text{ N/m}}{50 \text{ kg}} \qquad \omega_n = 6,93 \text{ rad/s}$$

$$\tau_n = \frac{2\pi}{\omega_n} \qquad\qquad \tau_n = 0,907 \text{ s} \quad \blacktriangleleft$$

Velocidade máxima:

$$v_m = x_m \omega_n = (0,040 \text{ m})(6,93 \text{ rad/s})$$
$$v_m = 0,277 \text{ m/s} \qquad \mathbf{v}_m = 0,277 \text{ m/s} \updownarrow \quad \blacktriangleleft$$

Aceleração máxima:

$$a_m = x_m \omega_n^2 = (0,040 \text{ m})(6,93 \text{ rad/s})^2$$
$$a_m = 1,920 \text{ m/s}^2 \qquad \mathbf{a}_m = 1,920 \text{ m/s}^2 \updownarrow \quad \blacktriangleleft$$

PARA REFLETIR O problema não lhe pediu para determinar a expressão para combinar molas em série, mas a partir dessa análise, é claro que $\delta = \frac{P}{k_1} + \frac{P}{k_2} = \frac{P}{k}$ ou $\frac{1}{k} = \frac{1}{k_1} + \frac{1}{k_2}$. Assim, para molas em série, $\frac{1}{k} = \frac{1}{k_1} + \frac{1}{k_2}$, e para molas em paralelo, $k = k_1 + k_2$.

METODOLOGIA PARA A RESOLUÇÃO DE PROBLEMAS

Este capítulo trata de **vibrações mecânicas**, ou seja, do movimento de uma partícula ou corpo que oscila em torno de uma posição de equilíbrio. Nesta primeira seção, vimos que uma **vibração livre** de uma partícula ocorre quando essa partícula está sujeita a uma força proporcional ao seu deslocamento e de direção oposta, tal como a força exercida por uma mola (Fig. 19.1). O movimento resultante, chamado **movimento harmônico simples**, é caracterizado pela equação diferencial

$$m\ddot{x} + kx = 0 \tag{19.2}$$

onde x é o deslocamento da partícula de seu ponto de equilíbrio, $\ddot{x}$ é sua aceleração, m é sua massa e k é a constante da mola. A solução encontrada para essa equação diferencial foi

$$x = x_m \operatorname{sen} (\omega_n t + \phi) \tag{19.10}$$

onde x_m = amplitude da vibração
$\omega_n = \sqrt{k/m}$ = frequência natural circular (rad/s)
ϕ = ângulo de fase (rad)

Também definimos o **período** da vibração como o tempo $\tau_n = 2\pi/\omega_n$ necessário para a partícula completar um ciclo. A **frequência natural** é o número de ciclos por segundo, $f_n = 1/\tau_n = \omega_n/2\pi$, expressa em Hz ou s^{-1}. Diferenciando a Eq. (19.10) duas vezes, obtemos a velocidade e a aceleração da partícula em qualquer instante. Os valores máximos encontrados da velocidade e da aceleração foram

$$v_m = x_m\omega_n \qquad a_m = x_m\omega_n^2 \tag{19.15}$$

Para determinar os parâmetros da Eq. (19.10), você pode seguir estes passos:

1. **Desenhe um diagrama de corpo livre mostrando as forças exercidas sobre a partícula** quando essa partícula está a uma distância x de sua posição de equilíbrio. A resultante dessas forças será proporcional a x e seu sentido será oposto ao sentido positivo de x [Eq. (19.1)].

2. **Escreva a equação diferencial do movimento** igualando $m\ddot{x}$ à resultante das forças encontradas no passo 1. Note que, uma vez que uma direção positiva para x tenha sido escolhida, a mesma convenção de sinal deve ser usada para a aceleração $\ddot{x}$. Depois da transposição, você vai obter uma equação na forma da Eq. (19.2).

3. **Determine a frequência natural circular** ω_n dividindo o coeficiente de x pelo coeficiente de $\ddot{x}$ nessa equação e tomando a raiz quadrada do resultado obtido. Certifique-se de que ω_n está expresso em rad/s.

4. **Determine a amplitude** x_m **e o ângulo de fase** ϕ substituindo o valor obtido para ω_n e os valores iniciais de x e $\ddot{x}$ na Eq. (19.10) e na equação obtida diferenciando a Eq. (19.10) em relação a t.

A Eq. (19.10) e as duas equações obtidas diferenciando a Eq. (19.10) duas vezes em relação a t podem agora ser usadas para encontrar o deslocamento, a velocidade e a aceleração da partícula em um instante qualquer. As Eqs. (19.15) produzem a velocidade máxima v_m e a aceleração máxima a_m.

5. Para pequenas oscilações de um pêndulo simples, o ângulo θ que a corda do pêndulo forma com a vertical satisfaz à equação diferencial

$$\ddot{\theta} + \frac{g}{l}\theta = 0 \tag{19.17}$$

onde l é o comprimento da corda e θ é expresso em radianos [Seção 19.1B]. Essa equação define novamente um movimento harmônico simples, e sua solução tem a mesma forma que a Eq. (19.10):

$$\theta = \theta_m \operatorname{sen}(\omega_n t + \phi)$$

onde a frequência natural circular $\omega_n = \sqrt{g/l}$ é expressa em rad/s. A determinação das várias constantes dessa expressão é realizada de maneira similar à da descrita anteriormente. Lembre-se de que a velocidade do pêndulo é tangente à trajetória e que sua intensidade é $v = l\dot{\theta}$, enquanto a aceleração do pêndulo tem um componente tangencial $\mathbf{a}_t$, de intensidade $a_t = l\ddot{\theta}$, e um componente normal $\mathbf{a}_n$ dirigido para o centro da trajetória e de intensidade $a_n = l\dot{\theta}^2$.

PROBLEMAS

19.1 Uma partícula se move em movimento harmônico simples. Sabendo que a velocidade máxima é de 200 mm e a aceleração máxima é de 4 m/s², determine a amplitude da partícula e a frequência do movimento.

19.2 Uma partícula se move em movimento harmônico simples. Sabendo que a amplitude é de 300 mm e a aceleração máxima é de 5 m/s², determine a velocidade máxima da partícula e a frequência de seu movimento.

19.3 Determine a amplitude e a aceleração máxima de uma partícula que se move em movimento harmônico simples com uma velocidade máxima de 1,2 m/s e uma frequência de 6 Hz.

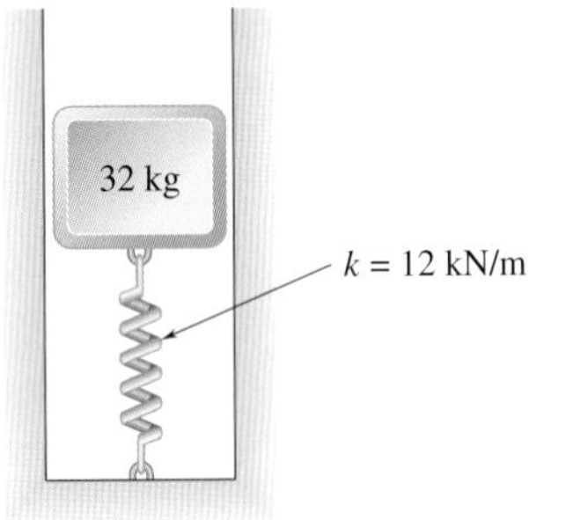

19.4 Um bloco de 32 kg é ligado a uma mola e pode mover-se sem atrito em um rasgo, como mostrado na figura. O bloco está na sua posição de equilíbrio quando é atingido por um martelo que lhe confere uma velocidade inicial de 250 mm/s. Determine (*a*) o período e a frequência do movimento resultante, (*b*) a amplitude do movimento e a aceleração máxima do bloco.

19.5 Um bloco de 12 kg é suportado por uma mola, como mostrado na figura. Se o bloco é movido verticalmente para baixo até sua posição de equilíbrio e liberado, determine (*a*) o período e a frequência do movimento resultante, (*b*) a velocidade máxima e a aceleração máxima do bloco se a amplitude de seu movimento é 50 mm.

Figura P19.4

Figura P19.5

19.6 Uma caixa de instrumento *A* está aparafusada numa mesa vibratória, como mostrado na figura. A mesa se movimenta verticalmente em movimento harmônico simples na mesma frequência do motor de rotação variável que a impulsiona. A caixa deve ser testada para uma aceleração de pico de 50 m/s². Sabendo que a amplitude da mesa vibratória é de 60 mm, determine (*a*) a rotação requerida do motor em rpm, (*b*) a velocidade máxima da mesa.

19.7 Um pêndulo simples consistindo de um peso ligado a uma corda oscila em um plano vertical com um período de 1,3 s. Considerando um movimento harmônico simples e sabendo que a velocidade máxima do pêndulo é de 0,4 m/s, determine (*a*) a amplitude do movimento em graus, (*b*) a aceleração tangencial máxima do peso.

19.8 Um pêndulo simples consistindo de um peso ligado a uma corda de comprimento *l* = 800 mm oscila em um plano vertical. Considerando um movimento harmônico simples e sabendo que o pêndulo é liberado do repouso quando $\theta = 6°$, determine (*a*) a frequência de oscilação, (*b*) a velocidade máxima do peso.

Figura P19.6

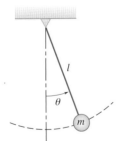

Figura P19.7 e P19.8

19.9 O movimento de uma partícula é definido pela equação $x = 5$ sen $2t$ $+ 4 \cos 2t$, onde x e t são expressos em metros e segundos, respectivamente. Determine (a) o período do movimento, (b) sua amplitude, (c) seu ângulo de fase.

19.10 Um vaso de vidro frágil de 5 kg é empacotado por um material de embalagem em uma caixa de papelão de peso desprezível. O material de empacotamento tem um amortecimento desprezível e uma relação força-deflexão como mostra a figura. Sabendo que a caixa é solta de uma altura de 1 m e que o impacto com o solo é perfeitamente plástico, determine (a) a amplitude de vibração para o vaso, (b) a aceleração máxima que o vaso sofre em g's.

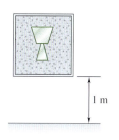
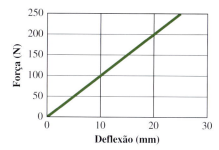

Figura P19.10

19.11 Um bloco de 2 kg é suportado, como mostrado na figura, por uma mola de constante $k = 400$ N/m que pode atuar em tração ou compressão. O bloco está na sua posição de equilíbrio quando ele é atingido por baixo por um martelo que lhe confere uma velocidade para cima de 2,5 m/s. Determine (a) o tempo requerido para o bloco se mover 100 mm para cima, (b) as correspondentes velocidade e aceleração do bloco.

19.12 No Problema 19.11, determine a posição, velocidade e aceleração do bloco 0,90 s após ter sido atingido pelo martelo.

Figura P19.11

19.13 O peso de um pêndulo simples de comprimento $l = 800$ mm é liberado do repouso quando $\theta = 5°$. Considerando um movimento harmônico simples, determine, 1,6 s após a liberação, (a) o ângulo θ, (b) as intensidades da velocidade e da aceleração do peso.

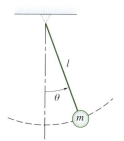

Figura P19.13

Figura P19.14

19.14 Um eletroímã de 150 kg, em repouso, mantém uma sucata de aço de 100 kg quando a corrente é desativada e o aço cai. Sabendo que o cabo e a corrente de suporte têm uma rigidez total equivalente a uma constante de mola de 200 kN/m, determine (*a*) a frequência, a amplitude e a velocidade máxima do movimento resultante, (*b*) a tração mínima que ocorrerá no cabo durante o movimento, (*c*) a velocidade do eletroímã 0,03 s após a corrente ser desativada.

19.15 Um colar C de 8 kg é liberado do repouso na posição mostrada na figura e desliza sem atrito sobre uma barra vertical até atingir uma mola de constante $k = 720$ N/m que é comprimida. A velocidade do colar é reduzida para zero, e o colar inverte a direção do seu movimento e volta à sua posição inicial. O ciclo é então repetido. Determine (*a*) o período do movimento do colar, (*b*) a velocidade do colar 0,4 s depois de ter sido liberado. (*Nota*: isso é um movimento periódico, mas não um movimento harmônico simples.)

Figura *P19.15*

19.16 Um pequeno pêndulo é preso a uma corda de comprimento 1,2 m e é liberado do repouso quando $\theta_A = 5°$. Sabendo que $d = 0,6$ m, determine (*a*) o tempo requerido para o pêndulo retornar para o ponto A, (*b*) a amplitude θ_C.

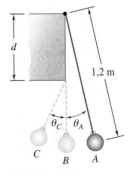

Figura *P19.16*

19.17 Um bloco de 25 kg é suportado pelo sistema de molas mostrado na figura. Se o bloco é movido verticalmente para baixo até sua posição de equilíbrio e liberado, determine (*a*) o período e a frequência do movimento resultante, (*b*) a velocidade máxima e a aceleração máxima do bloco se a amplitude de seu movimento é 30 mm.

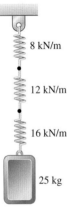

Figura P19.17

19.18 Um bloco de 5 kg é preso à extremidade inferior de uma mola cuja extremidade superior é fixa vibra com um período de 6,8 s. Sabendo que a constante k da mola é inversamente proporcional ao seu comprimento (por exemplo, se cortar uma mola de 400 N/m ao meio, as duas molas restantes têm uma constante de mola igual a 800 N/m), determine o período de um bloco de 3 kg que está preso ao centro da mesma mola se as extremidades superior e inferior da mola forem fixas.

19.19 O bloco A tem uma massa m e é suportado pelo sistema de molas mostrado na figura. Sabendo que a massa da polia é desprezível e que o bloco é movido verticalmente para baixo a partir de sua posição de equilíbrio e liberado, determine a frequência do movimento.

19.20 Um bloco de 13,6 kg é suportado pelo sistema de molas mostrado na figura. Se o bloco é movido 44 mm verticalmente para baixo a partir da sua posição de equilíbrio e liberado, determine (a) o período e a frequência do movimento resultante, (b) a velocidade máxima e a aceleração máxima do bloco.

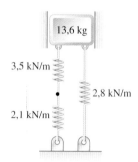

Figura P19.20

Figura P19.19

19.21 e ***19.22*** Um bloco de 50 kg é suportado pelo sistema de molas mostrado na figura. O bloco é movido verticalmente para baixo a partir de sua posição de equilíbrio e liberado. Sabendo que a amplitude do movimento resultante é de 60 mm, determine (a) o período e a frequência do movimento, (b) a velocidade máxima e a aceleração máxima do bloco.

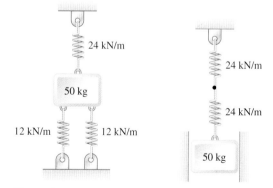

Figura *P19.21*   Figura *P19.22*

19.23 Duas molas de constantes k_1 e k_2 estão unidas em série a um bloco A que vibra em movimento harmônico simples com um período de 5 s. Quando as mesmas duas molas são unidas em paralelo ao mesmo bloco, este vibra com um período de 2 s. Determine a razão k_1/k_2 das duas constantes de mola.

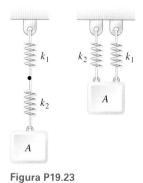

Figura P19.23

19.24 Observou-se que o período de vibração do sistema mostrado na figura é de 0,8 s. Se o bloco A é removido, o período observado é de 0,7 s. Determine (a) a massa do bloco C, (b) o período de vibração quando os blocos A e B são removidos.

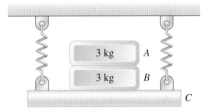

Figura P19.24

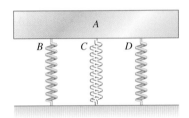

Figura P19.25

19.25 Uma plataforma A de 50 kg é presa às molas B e D, cada uma das quais tem uma constante de k = 2 kN/m. Sabendo que a frequência de vibração da plataforma permanece inalterada quando um bloco de 40 kg é colocado sobre ela e uma terceira mola C é adicionada entre as molas B e D, determine a constante requerida da mola C.

19.26 O período de vibração para um barril flutuando em água salgada é de 0,58 s quando o barril está vazio e de 1,8 s quando ele é preenchido com 250 litros de petróleo bruto. Sabendo que a densidade do óleo é de 900 kg/m³, determine (a) a massa do barril vazio, (b) a densidade da água salgada, ρ_{as}. [Dica: A força da água no fundo do barril pode ser modelada como uma mola com constante $k = \rho_{as}gA$.]

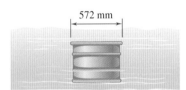

Figura P19.26

19.27 A partir da resistência dos materiais, sabe-se que, para uma viga de seção uniforme suportada, uma carga estática **P** aplicada no centro causará uma deflexão de $\delta A = PL^3/48EI$, onde L é o comprimento da viga, E é o módulo de elasticidade e I é o momento de inércia da área de seção transversal da viga. Sabendo que L = 4,6 m, E = 207 × 10⁹ N/m² e I = 1,73 × 10⁻⁵ m⁴, determine (a) a constante de mola equivalente à viga, (b) a frequência de vibração de um bloco de 680 kg preso ao centro da viga. Despreze a massa da viga e considere que a carga permanece em contato com a viga.

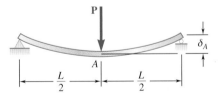

Figura *P19.27*

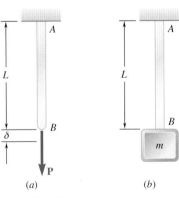

Figura P19.28

19.28 A partir da resistência dos materiais sabe-se que quando uma carga estática P é aplicada à extremidade B de uma barra de metal uniforme engastada na extremidade A, o comprimento da barra terá um incremento $\delta = PL/AE$, onde L é o comprimento não deformado da barra, A é a área da seção transversal e E é o módulo de elasticidade do metal. Sabendo que L = 450 mm, E = 200 GPa e que o diâmetro da barra é 8 mm, e desprezando a massa da barra, determine (a) a constante de mola equivalente da barra, (b) a frequência da vibração vertical de um bloco de massa m = 8 kg preso à extremidade B da mesma barra.

19.29 Representando por δ_{est} a deflexão estática de uma viga submetida a uma determinada carga, mostre que a frequência de vibração da carga é

$$f = \frac{1}{2\pi}\sqrt{\frac{g}{\delta_{est}}}$$

Despreze a massa da viga e considere que a carga permanece em contato com a viga.

19.30 Uma deflexão de 40 mm no segundo piso de um edifício é medida diretamente abaixo de uma máquina rotativa de 4.000 kg recém-instalada que possui um rotor com um pequeno desbalanceamento. Considerando que a deflexão do piso é proporcional à carga que ele suporta, determine (*a*) a constante de mola equivalente do sistema do piso, (*b*) a rotação da máquina, em rpm, que deve ser evitada para não coincidir com a frequência natural do sistema máquina-piso.

19.31 Se $h = 700$ mm e $d = 500$ mm e cada mola tem uma constante $k = 600$ N/m, determine a massa m para a qual o período de pequenas oscilações é (*a*) 0,50 s, (*b*) infinito. Despreze a massa da barra e considere que cada mola pode atuar tanto em tração como em compressão.

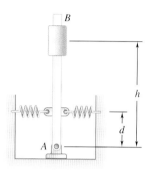

Figura P19.31

19.32 A equação de força-deflexão para uma mola não linear engastada em uma extremidade é $F = 1,5x^{1/2}$, onde F é a força, expressa em newtons, aplicada à outra extremidade, e x é a deflexão expressa em metros. (*a*) Determine a deflexão x_0 se um bloco de 120 g estiver suspenso pela mola e em repouso. (*b*) Considerando que a inclinação da curva força–deflexão no ponto correspondente a esta carga pode ser utilizada como uma constante de mola equivalente, determine a frequência de vibração do bloco se esse bloco for ligeiramente deslocado para baixo de sua posição de equilíbrio e liberado.

*****19.33** Expandindo o integrando da Eq. (19.19) da Seção 19.1C em uma série de potências pares de sen ϕ e integrando, mostre que o período de um pêndulo simples de comprimento l pode ser aproximado pela fórmula

$$\tau = 2\pi\sqrt{\frac{l}{g}}\left(1 + \tfrac{1}{4}\operatorname{sen}^2\frac{\theta_m}{2}\right)$$

onde θ_m é a amplitude das oscilações.

*****19.34** Usando a fórmula dada no Problema 19.33, determine a amplitude θ_m para a qual o período de um pêndulo simples é $\tfrac{1}{2}\%$ mais longo que o período do mesmo pêndulo considerando pequenas oscilações.

*****19.35** Usando os dados da Tabela 19.1, determine o período de um pêndulo simples de comprimento $l = 750$ mm (*a*) para pequenas oscilações, (*b*) para oscilações de amplitude $\theta_m = 60°$, (*c*) para oscilações de amplitude $\theta_m = 90°$.

*****19.36** Usando os dados da Tabela 19.1, determine o comprimento em milímetros de um pêndulo simples que oscila com um período de 2 s e uma amplitude de 90°.

19.2 Vibrações livres de corpos rígidos

A análise das vibrações de um corpo rígido (ou de um sistema de corpos rígidos) que possui um único grau de liberdade é análoga à análise das vibrações de uma partícula. Uma variável apropriada, tal como uma distância x ou um ângulo θ, é escolhida para definir a posição do corpo ou sistema de corpos, e uma equação relacionando essa variável e sua derivada segunda em relação a t é escrita. Se a equação obtida for da mesma forma que (19.6), isto é, se tivermos

$$\ddot{x} + \omega_n^2 x = 0 \quad \text{ou} \quad \ddot{\theta} + \omega_n^2 \theta = 0 \quad (19.21)$$

a vibração considerada será um movimento harmônico simples. O período e a frequência natural da vibração podem, então, ser obtidos identificando-se ω_n e substituindo seu valor nas Eqs. (19.13) e (19.14).

Em geral, um modo simples de se obter uma das Eqs. (19.21) é utilizar a segunda lei de Newton. Para fazer isso, primeiro desenhe os diagramas de corpo livre e cinético para o sistema deslocado na direção positiva. A aceleração em seu diagrama cinético precisa estar na mesma direção positiva que você definiu para o deslocamento. Traçando seus diagramas, é fácil escrever a equação de movimento apropriada. Lembre que nosso objetivo deve ser a determinação do coeficiente da variável x ou θ, e não a determinação da variável em si ou das derivadas $\ddot{x}$ ou $\ddot{\theta}$. Fazendo esse coeficiente igual a ω_n^2, obtemos a frequência natural circular ω_n a partir da qual τ_n e f_n podem ser determinados.

O método apresentado pode ser utilizado para analisar vibrações que sejam de fato representadas por um movimento harmônico simples ou vibrações de pequena amplitude que possam ser *aproximadas* por um movimento harmônico simples. Como um exemplo, vamos determinar o período das pequenas oscilações de uma placa quadrada de lado $2b$ que está suspensa pelo ponto médio O de um dos seus lados (Fig. 19.5a). Consideramos a placa em uma posição arbitrária definida pelo ângulo θ que a linha OG forma com a vertical. Desenhamos os diagramas de corpo livre e cinético para expressar que o peso $\mathbf{W}$ da placa e os componentes $\mathbf{R}_x$ e $\mathbf{R}_y$ da reação em O são equivalentes aos vetores $m\mathbf{a}_t$ e $m\mathbf{a}_n$ e ao binário $\bar{I}\boldsymbol{\alpha}$ (Fig. 19.5b). Como a velocidade angular e a aceleração angular da placa são iguais, respectivamente, a $\dot{\theta}$ e $\ddot{\theta}$, as intensidades dos dois vetores $m\mathbf{a}_t$ e $m\mathbf{a}_n$ são, respectivamente, $mb\ddot{\theta}$ e $mb\dot{\theta}^2$, ao passo que o momento do binário é $\bar{I}\ddot{\theta}$. Em aplicações anteriores desse método (Cap. 16), tentamos, sempre que possível, assumir o sentido correto para a aceleração. Aqui, porém, devemos considerar o mesmo sentido positivo para θ e $\ddot{\theta}$ a fim de obter uma equação da forma (19.21). Consequentemente, a aceleração angular $\ddot{\theta}$ será considerada positiva no sentido anti-horário, ainda que essa suposição não seja claramente realista. Igualando os momentos em relação a O, escrevemos

$$-W(b \operatorname{sen} \theta) = (mb\ddot{\theta})b + \bar{I}\ddot{\theta}$$

Considerando que

$$\bar{I} = \tfrac{1}{12}m[(2b)^2 + (2b)^2] = \tfrac{2}{3}mb^2 \quad \text{e} \quad W = mg$$

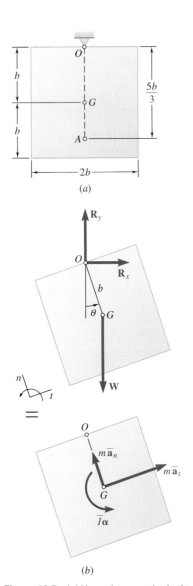

Figura 19.5 (a) Uma placa quadrada de lado $2b$ suspensa a partir do ponto médio de um dos seus lados; (b) diagramas de corpo livre e cinético para a placa.

obtemos

$$\ddot{\theta} + \frac{3}{5}\frac{g}{b} \operatorname{sen} \theta = 0 \qquad \textbf{(19.22)}$$

Para oscilações de pequena amplitude, podemos substituir θ por θ, expresso em radianos, e escrever

$$\ddot{\theta} + \frac{3}{5}\frac{g}{b} \theta = 0 \qquad \textbf{(19.23)}$$

A comparação com a Eq. (19.21) mostra que a equação obtida é a de um movimento harmônico simples e que a frequência natural circular ω_n das oscilações é igual a $(3g/5b)^{1/2}$. Substituindo na Eq. (19.13), encontramos que o período das oscilações é

$$\tau_n = \frac{2\pi}{\omega_n} = 2\pi\sqrt{\frac{5b}{3g}} \qquad \textbf{(19.24)}$$

O resultado obtido é válido somente para oscilações de pequena amplitude. Uma descrição mais precisa do movimento da placa é obtida pela comparação das Eqs. (19.16) e (19.22). Observamos que as duas equações são idênticas se escolhermos l igual a $5b/3$. Isso significa que a placa oscilará como um pêndulo simples de comprimento $l = 5b/3$, e os resultados da Seção 19.1C podem ser utilizados para corrigir o valor do período dado na Eq. (19.24). O ponto A da placa localizado sobre a linha OG a uma distância $l = 5b/3$ de O é definido como o **centro de oscilação** correspondente a O (Fig. 19.5a).

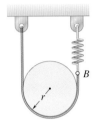

PROBLEMA RESOLVIDO 19.2

Um cilindro de peso W e raio r está suspenso por um laço de corda, conforme mostrado na figura. Uma extremidade da corda está presa diretamente a um suporte rígido, enquanto a outra extremidade está presa a uma mola de constante k. Determine o período e a frequência natural das vibrações do cilindro.

ESTRATÉGIA Primeiro, escolha uma coordenada para descrever o movimento e, em seguida, use a segunda lei de Newton para determinar as equações do movimento.

MODELAGEM Escolha o cilindro como seu sistema e modele-o como um corpo rígido. O sistema de forças externas que atuam sobre o cilindro consiste no peso **W** e nas forças $\mathbf{T}_1$ e $\mathbf{T}_2$ exercidas pela corda. Desenhe os diagramas de corpo livre e cinético (Fig. 1) para expressar que esse sistema é equivalente ao sistema representado pelo vetor $m\bar{a}$ ligado a G e ao binário $\bar{I}\alpha$.

ANÁLISE

Cinemática do movimento. Expressamos o deslocamento linear e a aceleração do cilindro em função do deslocamento angular θ. Escolhendo o sentido horário como positivo e medindo os deslocamentos a partir da posição de equilíbrio (Fig.1), escrevemos

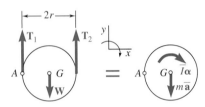

Figura 1 Diagrama de corpo livre e cinético para o cilindro.

$$\bar{x} = r\theta \qquad \delta = 2\bar{x} = 2r\theta$$
$$\boldsymbol{\alpha} = \ddot{\theta}\downarrow \qquad \bar{a} = r\alpha = r\ddot{\theta} \qquad \bar{\mathbf{a}} = r\ddot{\theta}\downarrow \qquad (1)$$

Equações do movimento. A segunda lei de Newton nos dá (Fig. 1)

$$+\downarrow \Sigma M_A = m\bar{a}d_\perp + \bar{I}\alpha: \qquad Wr - T_2(2r) = m\bar{a}r + \bar{I}\alpha \qquad (2)$$

Quando o cilindro está em sua posição de equilíbrio, a tração na corda é $T_0 = \tfrac{1}{2}W$. Verificamos que, para um deslocamento angular θ, a intensidade de $\mathbf{T}_2$ é

$$T_2 = T_0 + k\delta = \tfrac{1}{2}W + k\delta = \tfrac{1}{2}W + k(2r\theta) \qquad (3)$$

Substituindo (1) e (3) em (2) e lembrando que $\bar{I} = \tfrac{1}{2}mr^2$, escrevemos

$$Wr - (\tfrac{1}{2}W + 2kr\theta)(2r) = m(r\ddot{\theta})r + \tfrac{1}{2}mr^2\ddot{\theta}$$

$$\ddot{\theta} + \frac{8}{3}\frac{k}{m}\theta = 0$$

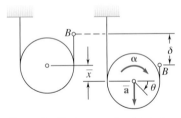

Figura 2 Deslocamentos linear e angular e acelerações linear e angular do cilindro.

Vemos que o movimento é harmônico simples, e temos

$$\omega_n^2 = \frac{8}{3}\frac{k}{m} \qquad \omega_n = \sqrt{\frac{8}{3}\frac{k}{m}}$$

$$\tau_n = \frac{2\pi}{\omega_n} \qquad \tau_n = 2\pi\sqrt{\frac{3}{8}\frac{m}{k}} \quad \blacktriangleleft$$

$$f_n = \frac{\omega_n}{2\pi} \qquad f_n = \frac{1}{2\pi}\sqrt{\frac{8}{3}\frac{k}{m}} \quad \blacktriangleleft$$

PARA REFLETIR Se o cilindro fosse liso, ele não teria girado quando deslocado para baixo. Observe também que as respostas obtidas são independentes de r.

PROBLEMA RESOLVIDO 19.3

Um disco circular pesando 10 kg e de raio de 200 mm está suspenso por um arame como ilustrado na figura. O disco é girado (torcendo, portanto, o arame) e, em seguida, liberado; o período da vibração torcional é visto como sendo de 1,13 s. A seguir, uma engrenagem é então suspensa pelo mesmo arame e o período de vibração torcional é observado como de 1,93 s. Considerando que o momento do binário exercido pelo arame é proporcional ao ângulo de torção, determine (*a*) a constante de mola torcional do arame, (*b*) o momento de inércia centroidal da engrenagem, (*c*) a velocidade angular máxima alcançada pela engrenagem quando ela é girada em 90° e liberada.

ESTRATÉGIA Utilize a segunda lei de Newton para obter a equação de movimento. A partir disso, você pode encontrar a frequência natural circular em termos da constante de mola torcional e o momento de inércia centroidal. Você pode determinar a constante de mola torcional para o arame a partir da análise do disco. Em seguida, você pode usar isso para descrever o movimento da engrenagem.

MODELAGEM Escolha o disco (ou engrenagem) como seu sistema e modele-o, como um corpo rígido. As variáveis cinemáticas são mostradas na Fig. 1, e os diagramas de corpo livre e cinético são mostrados na Fig. 2.

Figura 1 Deslocamento angular e aceleração do disco (ou engrenagem).

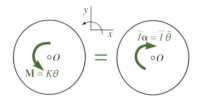

Figura 2 Diagrama de corpo livre e cinético para o disco (ou engrenagem).

ANÁLISE

a. Vibração do disco. Representando por θ o deslocamento angular do disco, expressamos que a intensidade do binário exercido pelo arame é $M = K\theta$, onde K é a constante de mola torcional do arame. Aplicando a segunda lei de Newton, escrevemos

$$+\curvearrowleft \Sigma M_O = \bar{I}\alpha: \qquad +K\theta = -\bar{I}\ddot{\theta}$$

$$\ddot{\theta} + \frac{K}{\bar{I}}\theta = 0$$

O movimento é, portanto, harmônico simples, e temos

$$\omega_n^2 = \frac{K}{\bar{I}} \qquad \tau_n = \frac{2\pi}{\omega_n} \qquad \tau_n = 2\pi\sqrt{\frac{\bar{I}}{K}} \qquad (1)$$

Para o disco, temos

$$\tau_n = 1{,}13 \text{ s} \qquad \bar{I} = \tfrac{1}{2}mr^2 = \frac{1}{2}(10 \text{ kg})(0{,}2 \text{ m})^2 = 0{,}2 \text{ kg·m}^2$$

(*continua*)

Substituindo em (1), obtemos

$$1,13 = 2\pi\sqrt{\frac{0,2}{K}} \qquad K = 6,18 \text{ N·m/rad} \blacktriangleleft$$

b. Vibração da engrenagem. Como o período de vibração da engrenagem é de 1,93 s e $K = 6,183$ N·m/rad, a Eq. (1) fornece

$$1.93 = 2\pi\sqrt{\frac{\bar{I}}{6,183}} \qquad \bar{I}_{engr.} = 0,583 \text{ kg·m}^2 \blacktriangleleft$$

c. Velocidade angular máxima da engrenagem. Como o movimento é harmônico simples, temos

$$\theta = \theta_m \text{ sen } \omega_n t \qquad \omega = \theta_m \omega_n \cos \omega_n t \qquad \omega_m = \theta_m \omega_n$$

Recordando que $\theta_m = 90° = 1,571$ rad e $\tau = 1,93$ s, escrevemos

$$\omega_m = \theta_m \omega_n = \theta_m\left(\frac{2\pi}{\tau}\right) = (1,571 \text{ rad})\left(\frac{2\pi}{1,93 \text{ s}}\right)$$

$$\omega_m = 5,11 \text{ rad/s} \blacktriangleleft$$

PARA REFLETIR Uma mola torcional é frequentemente usada experimentalmente para medir o momento de inércia de massa de diferentes objetos. É uma prática comum de engenharia usar uma situação para determinar as características dinâmicas de um sistema e, em seguida, usar esses parâmetros para analisar uma situação ligeiramente diferente.

METODOLOGIA PARA A RESOLUÇÃO DE PROBLEMAS

Nesta seção você viu que um corpo rígido, ou um sistema de corpos rígidos, cuja posição pode ser definida por uma única coordenada x ou θ, executará um movimento harmônico simples se a equação diferencial obtida pela aplicação da segunda Lei de Newton for da forma

$$\ddot{x} + \omega_n^2 x = 0 \qquad \text{ou} \qquad \ddot{\theta} + \omega_n^2 \theta = 0 \qquad\qquad (19.21)$$

Seu objetivo deve ser determinar ω_n a partir do qual pode obter o período τ_n e a frequência natural f_n. Levando em conta as condições iniciais, você pode então escrever uma equação da forma

$$x = x_m \operatorname{sen}\,(\omega_n t + \phi) \qquad\qquad (19.10)$$

onde x deve ser substituído por θ se houver uma rotação envolvida. Para resolver os problemas desta seção, você deve seguir os seguintes passos:

1.   Escolha uma coordenada que irá medir o deslocamento do corpo a partir de sua posição de equilíbrio. Você notará que muitos dos problemas desta seção envolvem a rotação de um corpo em torno de um eixo fixo e que o ângulo que mede a rotação do corpo a partir da sua posição de equilíbrio é a coordenada mais conveniente para ser utilizada. Em problemas envolvendo o movimento plano geral de um corpo, onde a coordenada x (e possivelmente a coordenada y) é usada para definir a posição do centro de massa G do corpo e uma coordenada θ é utilizada para medir sua rotação em torno de G, encontre relações cinemáticas que lhe permitirão expressar x (e y) em termos de θ [Problema Resolvido 19.2].

2.   Desenhe os diagramaa de corpo livre e cinético para expressar que o sistema das forças externas é equivalente ao vetor $m\bar{\mathbf{a}}$ e ao binário $\bar{I}\boldsymbol{\alpha}$, onde $\bar{a} = \ddot{x}$ e $\alpha = \ddot{\theta}$. Assegure-se de que cada força ou binário aplicado esteja desenhado em uma direção e um sentido coerentes com os deslocamentos considerados e de que os sentidos de $\bar{\mathbf{a}}$ e $\boldsymbol{\alpha}$ sejam, respectivamente, os sentidos de crescimento das coordenadas x e θ.

3.   Escreva as equações diferenciais de movimento igualando as somas dos componentes das forças externas e dos termos inerciais nas direções x e y e as somas de seus momentos em relação a um dado ponto. Se necessário, utilize as relações cinemáticas desenvolvidas no passo 1 para obter equações envolvendo somente a coordenada θ. Se θ for um ângulo pequeno, substitua sen θ por θ e cos θ por 1 se essas funções aparecerem em suas equações. Ao eliminar todas as reações desconhecidas, você obterá uma equação do tipo das Eqs. (19.21). Observe que, em problemas envolvendo um corpo que gira em torno de um eixo fixo, você pode obter tal equação de maneira imediata igualando os momentos das forças externas e dos termos inerciais em relação a esse eixo fixo.

4.   Comparando a equação que você obteve com uma das Eqs. (19.21), você pode identificar ω_n^2 e assim determinar a frequência natural circular ω_n. Lembre-se de que o objetivo da sua análise *não é resolver* a equação diferencial que você obteve, *mas sim identificar* ω_n^2.

(Continua)

5. Determine a amplitude e o ângulo de fase ϕ por meio da substituição do valor obtido para ω_n e dos valores iniciais da coordenada e de sua primeira derivada na Eq. (19.10), e a equação obtida diferenciando a Eq. (19.10) e as duas equações obtidas diferenciando a Eq. (19.10) e das duas equações obtidas diferenciando (19.10) duas vezes em relação a t, e usando as relações cinemáticas desenvolvidas no passo 1, você será capaz de determinar a posição, a velocidade, e a aceleração de qualquer ponto do corpo em qualquer instante de tempo.

6. Em problemas envolvendo vibrações torcionais, a constante K da mola torcional é expressa em N·m/rad. O produto de K pelo ângulo de torção θ, expresso em radianos, resulta no momento restaurador, o qual deve ser igualado aos termos inerciais no sistema [Problema Resolvido 19.3].

PROBLEMAS

19.37 A barra uniforme mostrada na figura tem uma massa de 6 kg e está presa a uma mola de constante $k = 700$ N/m. Se a extremidade B da barra é abaixada 10 mm e liberada, determine (*a*) o período de vibração, (*b*) a velocidade máxima da extremidade B.

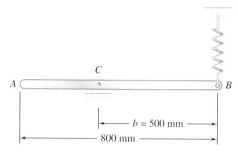

Figura P19.37

19.38 Uma esteira é posta sobre a borda do aro de um volante de 240 kg e ligada, como mostra a figura, a duas molas, cada uma de constante $k = 15$ kN/m. Se a extremidade C da esteira é puxada 40 mm para baixo e liberada, observa-se que o período de vibração do volante é de 0,5 s. Sabendo que a tração inicial na esteira é suficiente para impedir o deslizamento, determine (*a*) a velocidade angular máxima do volante, (*b*) o raio de giração centroidal do volante.

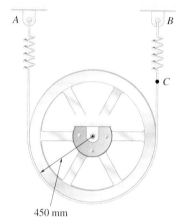

Figura P19.38

19.39 Um cilindro uniforme de 6 kg pode rolar sem deslizar sobre uma superfície horizontal e está preso por um pino no ponto C à barra horizontal AB de 4 kg. A barra está presa a duas molas, cada uma tendo uma constante de $k = 5$ kN/m, como mostrado na figura. Sabendo que a barra é movida 12 mm para a direita da posição de equilíbrio e liberada, determine (*a*) o período de vibração do sistema, (*b*) a intensidade da velocidade máxima da barra AB.

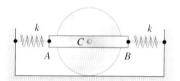

Figura P19.39 e *P19.40*

19.40 Um cilindro uniforme de 6 kg pode rolar sem deslizar sobre uma superfície horizontal e está preso por um pino no ponto C à barra horizontal AB de 4 kg. A barra está presa a duas molas, cada uma tendo uma constante de $k = 3,5$ kN/m, como mostrado na figura. Sabendo que o coeficiente de atrito estático entre o cilindro e a superfície é 0,5, determine a amplitude máxima do movimento do ponto C que é compatível com a suposição de rolamento.

19.41 Uma barra delgada AB de 7,5 kg está aparafusada a um disco uniforme de 6 kg como mostra a figura. Uma esteira é presa na borda do disco e em uma mola que mantém a barra em repouso na posição mostrada na figura. Se a extremidade A da barra é movida 20 mm para baixo e liberada, determine (*a*) o período de vibração, (*b*) a velocidade máxima da extremidade A.

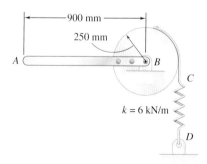

Figura P19.41

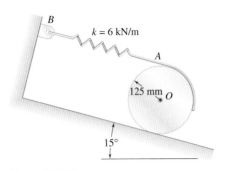

Figura P19.42

19.42 Um cilindro uniforme de 15 kg pode rolar sem deslizar em um plano inclinado de 15°. Uma esteira é presa à borda do cilindro, e uma mola mantém o cilindro em repouso na posição mostrada na figura. Se o centro do cilindro é movido 50 mm para baixo no plano inclinado e liberado, determine (a) o período de vibração, (b) a aceleração máxima do centro do cilindro.

19.43 Uma placa quadrada de massa m é mantida por oito molas, cada uma de constante k. Sabendo que cada mola pode agir em tração ou em compressão, determine a frequência da vibração resultante se (a) a placa sofre um pequeno deslocamento vertical e é liberada, (b) a placa é girada por um pequeno ângulo em torno de G e liberada.

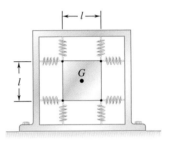

Figura *P19.43*

19.44 Dois pequenos pesos w são fixados em A e B no aro de um disco uniforme de raio r e peso W. Indicando por τ_0 o período de pequenas oscilações quando $\beta = 0$, determine o ângulo β para o qual o período de pequenas oscilações é $2\tau_0$.

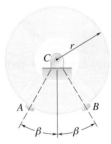

Figura P19.44 e P19.45

19.45 Dois pesos de massa 40 g cada são fixados em A e B no aro de um disco uniforme de 1,5 kg e de raio $r = 100$ mm. Determine a frequência de pequenas oscilações quando o ângulo $\beta = 60°$.

19.46 Uma turbina eólica de três pás usada para pesquisa é suportada em um eixo de modo que é livre para girar em torno de O. Uma técnica para determinar o momento de inércia de massa centroidal de um objeto é colocar um peso conhecido a uma distância conhecida do eixo de rotação e medir a frequência de oscilações após liberá-lo do repouso com um ângulo inicial pequeno. Neste caso, uma massa de $m_{adic} = 25$ kg está ligada a uma das pás a uma distância $R = 6$ m do eixo de rotação. Sabendo que, quando a pá com o peso adicionado é deslocada ligeiramente do eixo vertical, o sistema tem um período de 7,6 s, determine o momento de inércia de massa centroidal do rotor de três pás.

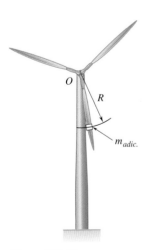

Figura *P19.46*

19.47 Uma biela é suportada por uma aresta pontiaguda no ponto A; o período de suas pequenas oscilações observado é de 0,87 s. A biela é então invertida e suportada pela aresta pontiaguda no ponto B, e o período de suas pequenas oscilações observado é de 0,78s. Sabendo que $r_a + r_b = 250$ mm, determine (a) a localização do centro de massa G, (b) o raio de giração centroidal.

19.48 Um furo semicircular é cortado em uma placa quadrada uniforme que está ligada a um pino sem atrito em seu centro geométrico O. Determine (a) o período de pequenas oscilações da placa, (b) o comprimento de um pêndulo simples que tenha o mesmo período.

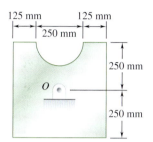

Figura P19.48

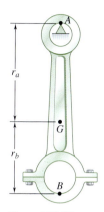

Figura *P19.47*

19.49 Um disco uniforme de raio $r = 250$ mm é fixado em A a uma haste AB de 650 mm, de massa desprezível, que pode girar livremente em um plano vertical em torno de B. Determine o período de pequenas oscilações (a) se o disco é livre para girar em um mancal em A, (b) se a haste está rebitada ao disco em A.

19.50 Um pequeno cursor de massa de 1 kg está rigidamente ligado a uma barra uniforme de 3 kg e de comprimento $L = 750$ mm. Determine (a) a distância d para maximizar a frequência de oscilação quando é dado na barra um pequeno deslocamento inicial, (b) o correspondente período de oscilação.

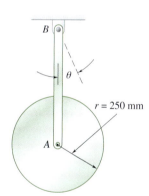

Figura P19.49

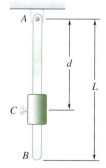

Figura P19.50

19.51 Um fio homogêneo fino é dobrado na forma de um triângulo isósceles dos lados b, b e 1,6b. Determine o período de pequenas oscilações se o fio (a) estiver suspenso a partir do ponto A, como mostrado na figura, (b) estiver suspenso a partir do ponto B.

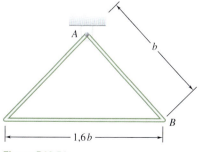

Figura P19.51

19.52 Um *pêndulo composto* é definido como um corpo rígido que oscila em torno de um ponto fixo O, chamado de centro de suspensão. Mostre que o período de oscilação de um pêndulo composto é igual ao período de um pêndulo simples de comprimento OA, onde a distância de A para o centro de massa G é $GA = \bar{k}^2/\bar{r}$. O ponto A é definido como o centro de oscilação e coincide com o centro de percussão definido no Problema 17.66.

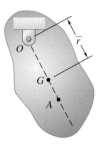

Figura P19.52 e P19.53

19.53 Uma placa rígida oscila em torno de um ponto fixo O. Mostre que o menor período de oscilação ocorre quando a distância $\bar{r}$ do ponto O para o centro de massa G é igual a $\bar{k}$.

19.54 Mostre que, se o pêndulo composto do Problema 19.52 é suspenso a partir do ponto A em vez de O, o período de oscilação é o mesmo que o anterior e que o novo centro de oscilação está localizado em O.

19.55 Uma barra uniforme AB de 8 kg está articulada em C e é presa em A a uma mola de constante $k = 500$ N/m. Se a extremidade A recebe um pequeno deslocamento e é liberada, determine (*a*) a frequência de pequenas oscilações, (*b*) o menor valor da constante de mola k para o qual as oscilações vão ocorrer.

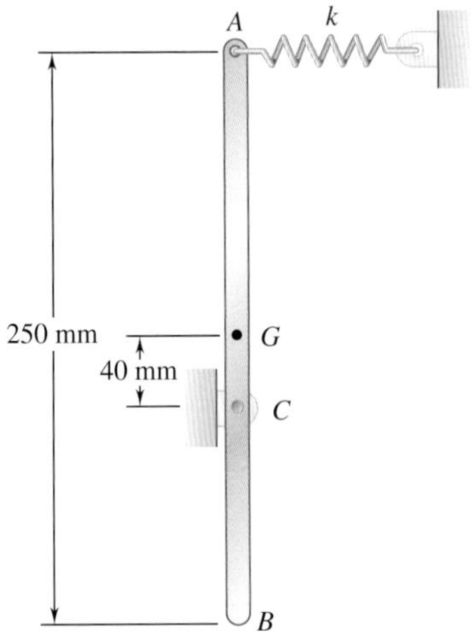

Figura P19.55

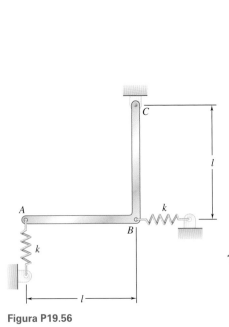

Figura P19.56

19.56 Duas hastes uniformes têm, cada uma, uma massa m e um comprimento l e são soldadas juntas para formar um conjunto em forma de L. O conjunto é limitado por duas molas, cada uma com uma constante k, e está em equilíbrio num plano vertical na posição mostrada na figura. Determine a frequência de pequenas oscilações do sistema.

19.57 Um disco uniforme com raio r e massa m pode rolar sem deslizar numa superfície cilíndrica e é ligado à barra ABC de comprimento L e massa desprezível. A barra está ligada no ponto A a uma mola de constante k e pode girar livremente em torno do ponto B no plano vertical. Sabendo que a extremidade A recebe um pequeno deslocamento e é liberada, determine a frequência da vibração resultante em termos de m, L, k e g.

19.58 Um carro esportivo de 1.300 kg tem um centro de gravidade G localizado a uma distância h acima de uma linha que liga os eixos dianteiro e traseiro. O carro está suspenso a partir de cabos ligados aos eixos dianteiro e traseiro, conforme mostrado na figura. Sabendo que os períodos de oscilação são 4,04 s quando $L = 4$ m e 3,54 s quando $L = 3$ m, determine h e o raio de giração centroidal.

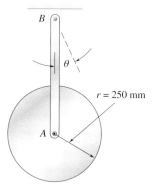

Figura **P19.58**

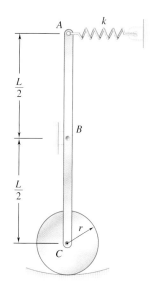

Figura P19.57

19.59 Determine o período de pequenas oscilações de um quarto de um cilindro circular uniforme de raio $r = 0,3$ m que rola sem deslizar. [*Dica*: Note que $GO = 4\sqrt{2}r/3\pi$ e que, pelo teorema dos eixos paralelos, $\bar{I} = \frac{1}{2}mr^2 - m(GO)^2$.]

19.60 Um disco uniforme de raio $r = 250$ mm é fixado em A a uma haste AB de 650 mm, de massa desprezível, que pode girar livremente em um plano vertical em torno de B. Se a haste é deslocada em 2° da posição mostrada na figura e liberada, determine a intensidade da velocidade máxima do ponto A, considerando que o disco (*a*) é livre para girar em um mancal em A, (*b*) está rebitado à barra em A.

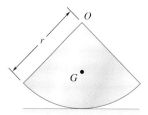

Figura P19.59

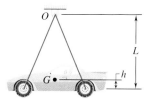

Figura P19.60

19.61 Duas barras uniformes, cada uma de massa m e comprimento L, são soldadas juntas para formar a montagem mostrada na figura. Determine a frequência de pequenas oscilações da montagem.

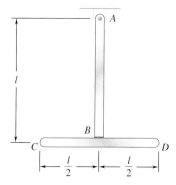

Figura **P19.61**

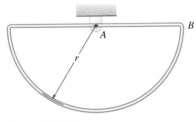

Figura P19.62

19.62 Um fio homogêneo dobrado para formar a figura mostrada está ligado ao pino do suporte em A. Sabendo que $r = 220$ mm e que o ponto B é empurrado para baixo 20 mm e liberado, determine a intensidade da aceleração de B após 8 s.

19.63 Uma plataforma horizontal P é suspensa por meio de diversas barras rígidas que estão conectadas a um arame vertical. Sabe-se que o período de oscilação da plataforma é de 2,2 s quando a plataforma está vazia e de 13,8 s quando um objeto A com momento de inércia desconhecido é colocado sobre a plataforma com seu centro de massa diretamente sobre o centro de massa da placa. Sabendo que o arame tem uma constante de mola torcional $K = 27$ N·m/rad, determine o momento de inércia em torno do centro de massa do objeto A.

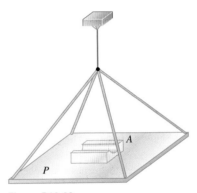

Figura P19.63

19.64 Um disco uniforme de raio $r = 120$ mm tem seu centro soldado a duas barras elásticas de igual comprimento com extremidades A e B fixas. Sabendo que o disco gira em um ângulo de 8° quando um binário de 1500 mN·m é aplicado ao disco e que o mesmo oscila com um período de 1,3 s quando o binário é removido, determine (a) a massa do disco, (b) o período de vibração se uma das barras for removida.

19.65 Uma barra uniforme CD de 5 kg e de comprimento $l = 0,7$ m está soldada em C a duas barras elástica que têm as extremidades A e B engastadas e uma constante de mola torcional combinada de $K = 24$ N·m/rad. Determine o período de pequenas oscilações se a posição de equilíbrio de CD é (a) vertical, como mostra a figura, (b) horizontal.

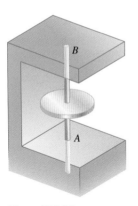

Figura P19.64

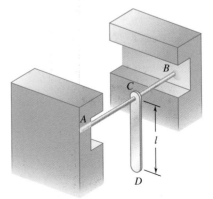

Figura **P19.65**

19.66 Uma placa triangular equilátera uniforme com um lado b é suspensa por três fios verticais de mesmo comprimento l. Determine o período de pequenas oscilações da placa quando (a) ela é girada por um pequeno ângulo em torno de um eixo vertical através de seu centro de massa G, (b) é dado a ela um pequeno deslocamento horizontal em uma direção perpendicular a AB.

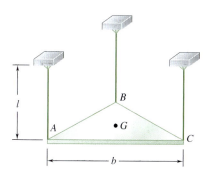

Figura P19.66

19.67 Um disco circular de 1,8 kg e de raio $r = 102$ cm é suspenso pelo seu centro C por meio dos arames AB e BC soldados no ponto B. As constantes de mola torcional dos arames são $K_1 = 4$ N·m/rad para AB e $K_2 = 2$ N·m/rad para BC. Determine o período de oscilação do disco em torno do eixo AC.

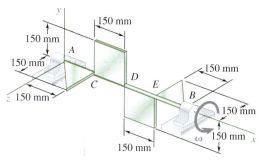

Figura P19.67

19.68 Uma placa circular uniforme de 54,4 kg é soldada a duas hastes elásticas que têm extremidades fixas nos suportes A e B, como mostrado na figura. A constante de mola torcional de cada haste é de 203 N·m/rad, e o sistema está em equilíbrio quando a placa é vertical. Sabendo que a placa é girada 2° em torno do eixo AB e liberada, determine (a) o período de oscilação, (b) a intensidade da velocidade máxima do centro de massa G da placa.

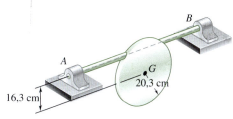

Figura P19.68

1364 Mecânica vetorial para engenheiros: Dinâmica

19.3 Aplicação do princípio de conservação de energia

A conservação de energia fornece um método alternativo para determinar a frequência natural de um sistema. Geralmente, a cinemática de velocidade é mais fácil do que a cinemática de aceleração, então usar energia às vezes é mais fácil do que usar a segunda lei de Newton diretamente. Vimos na Seção 19.1A que, quando uma partícula de massa m está em movimento harmônico simples, a resultante $\mathbf{F}$ das forças exercidas sobre a partícula tem uma intensidade proporcional ao deslocamento x medido a partir da posição de equilíbrio O e está dirigida na direção de O; escrevemos $F = -kx$. Voltando à Seção 13.2A, observamos que $\mathbf{F}$ é uma *força conservativa* e que a energia potencial correspondente é $V = \frac{1}{2}kx^2$, onde V é considerado igual a zero na posição de equilíbrio $x = 0$. Uma vez que a velocidade da partícula é igual a $\dot{x}$, sua energia cinética é $T = \frac{1}{2}m\dot{x}^2$. Podemos expressar que a energia total da partícula se conserva escrevendo

$$T + V = \text{constante} \qquad \tfrac{1}{2}m\dot{x}^2 + \tfrac{1}{2}kx^2 = \text{constante}$$

Dividindo a equação por $m/2$ e recordando da Seção 19.1A que $k/m = \omega_n^2$, onde ω_n é a frequência natural circular da vibração, temos

$$\dot{x}^2 + \omega_n^2 x^2 = \text{constante} \qquad\qquad \textbf{(19.25)}$$

A Eq. (19.25) é característica de um movimento harmônico simples, pois ela pode ser obtida a partir da Eq. (19.6) multiplicando-se ambos os termos por $2\dot{x}$ e integrando.

Uma vez que tenha sido estabelecido que o movimento do sistema é um movimento harmônico simples ou que possa ser aproximado por um movimento harmônico simples, o princípio de conservação da energia fornece um caminho conveniente para a determinação do período de vibração de um corpo rígido ou de um sistema de corpos rígidos que possuem um único grau de liberdade. Escolhendo uma variável apropriada, tal como uma distância x ou um ângulo θ, consideremos duas posições particulares do sistema:

1. **O deslocamento do sistema é máximo.** Temos $T_1 = 0$, e V_1 pode ser expresso em termos da amplitude x_m ou θ_m (escolhendo $V = 0$ na posição de equilíbrio).
2. **O sistema passa por sua posição de equilíbrio.** Temos $V_2 = 0$, e T_2 pode ser expresso em função da velocidade máxima $\dot{x}_m$ ou da velocidade angular máxima $\dot{\theta}_m$.

Expressamos então que a energia total do sistema é conservada e escrevemos $T_1 + V_1 = T_2 + V_2$. Recordando da Eq. (19.15) que para o movimento harmônico simples a velocidade máxima é igual ao produto da amplitude pela frequência natural circular ω_n, encontramos que a equação obtida pode ser resolvida para ω_n.

Como um exemplo, consideremos novamente a placa quadrada tratada na Seção 19.2 e determinamos o período de seu movimento com essa nova abordagem. Na posição de deslocamento máximo (Fig. 19.6a), temos

$$T_1 = 0 \qquad V_1 = W(b - b\cos\theta_m) = Wb(1 - \cos\theta_m)$$

ou, como $1 - \cos\theta_m = 2\,\text{sen}^2(\theta_m/2) \approx 2(\theta_m/2)^2 = \theta_m^2/2$ para oscilações de pequena amplitude,

$$T_1 = 0 \qquad\quad V_1 = \tfrac{1}{2}Wb\theta_m^2 \qquad\qquad \textbf{(19.26)}$$

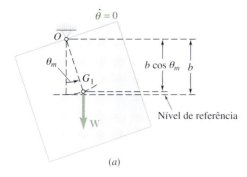

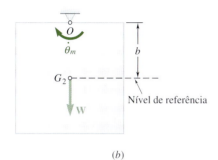

Figura 19.6 Uma placa quadrada: (*a*) na posição de deslocamento máximo; (*b*) quando passa pela sua posição de equilíbrio.

Quando a placa passa por sua posição de equilíbrio (Fig. 19.6*b*), sua velocidade é máxima, e temos

$$T_2 = \tfrac{1}{2}m\bar{v}_m^2 + \tfrac{1}{2}\bar{I}\omega_m^2 = \tfrac{1}{2}mb^2\dot{\theta}_m^2 + \tfrac{1}{2}\bar{I}\dot{\theta}_m^2 \qquad V_2 = 0$$

ou recordando da Seção 19.2 que $\bar{I} = \dfrac{2}{3}mb^2$,

$$T_2 = \tfrac{1}{2}(\tfrac{5}{3}mb^2)\dot{\theta}_m^2 \qquad V_2 = 0 \qquad (19.27)$$

Substituindo (19.26) e (19.27) em $T_1 + V_1 = T_2 + V_2$ e observando que a velocidade máxima $\dot{\theta}_m$ é igual ao produto $\theta_m\omega_m$, escrevemos

$$\tfrac{1}{2}Wb\theta_m^2 = \tfrac{1}{2}(\tfrac{5}{3}mb^2)\theta_m^2\omega_n^2 \qquad (19.28)$$

Isso nos dá $\omega_n^2 = 3g/5b$ e

$$\tau_n = \frac{2\pi}{\omega_n} = 2\pi\sqrt{\frac{5b}{3g}} \qquad (19.29)$$

como previamente obtido na Seção 19.2.

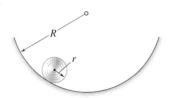

PROBLEMA RESOLVIDO 19.4

Determine o período de pequenas oscilações de um cilindro de raio r que rola sem deslizar no interior de uma superfície curva de raio R.

ESTRATÉGIA Como o cilindro rola sem deslizar, você pode aplicar o princípio de conservação da energia entre a posição 1, onde $\theta = \theta_m$, e a posição 2, onde $\theta = 0$.

MODELAGEM Escolha o cilindro como seu sistema e modele-o como um corpo rígido. Represente o ângulo que a linha OG forma com a vertical por θ (Fig. 1).

ANÁLISE *Posição* **1**.

Energia cinética. Como a velocidade do cilindro é zero, $T_1 = 0$.

Energia potencial. Escolhendo um nível de referência como mostrado na Fig. 1 e representando por W o peso do cilindro, temos

$$V_1 = Wh = W(R - r)(1 - \cos\theta)$$

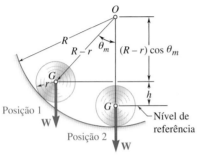

Figura 1 O cilindro nas posições 1 e 2.

Para pequenas oscilações, $(1 - \cos\theta) = 2\operatorname{sen}^2(\theta/2) \approx \theta^2/2$, então temos

$$V_1 = W(R - r)\frac{\theta_m^2}{2}$$

Posição **2**. Representando por $\dot\theta_m$ a velocidade angular da linha OG quando o cilindro passa pela posição 2 e observando que o ponto C é o centro instantâneo de rotação do cilindro (Fig. 2), escrevemos

$$\bar v_m = (R - r)\dot\theta_m \qquad \omega_m = \frac{\bar v_m}{r} = \frac{R - r}{r}\dot\theta_m$$

Energia cinética.

$$\begin{aligned}T_2 &= \tfrac{1}{2}m\bar v_m^2 + \tfrac{1}{2}\bar I \omega_m^2 \\ &= \tfrac{1}{2}m(R-r)^2\dot\theta_m^2 + \tfrac{1}{2}(\tfrac{1}{2}mr^2)\left(\frac{R-r}{r}\right)^2\dot\theta_m^2 \\ &= \tfrac{3}{4}m(R-r)^2\dot\theta_m^2\end{aligned}$$

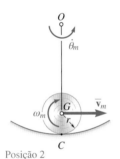

Figura 2 Grandezas cinemáticas para descrever o movimento do disco.

Energia potencial.

$$V_2 = 0$$

Conservação da energia.

$$T_1 + V_1 = T_2 + V_2$$
$$0 + W(R - r)\frac{\theta_m^2}{2} = \tfrac{3}{4}m(R - r)^2\dot\theta_m^2 + 0$$

Como $\dot\theta_m = \omega_n \theta_m$ e $W = mg$, escrevemos

$$mg(R - r)\frac{\theta_m^2}{2} = \tfrac{3}{4}m(R - r)^2(\omega_n\theta_m)^2 \qquad \omega_n^2 = \frac{2}{3}\frac{g}{R - r}$$

$$\tau_n = \frac{2\pi}{\omega_n} \qquad\qquad \tau_n = 2\pi\sqrt{\frac{3}{2}\frac{R - r}{g}} \blacktriangleleft$$

PARA REFLETIR Essa resposta faz sentido, porque como o raio R aumenta, o período também aumenta. No limite em que R vai para o infinito, o período também vai para o infinito, isto é, o sistema não oscila. Esse é o caso de um cilindro em uma superfície horizontal. A aproximação de ângulo pequeno, $(1 - \cos\theta) = 2\operatorname{sen}^2(\theta/2) \approx \theta^2/2$, é frequentemente usada em problemas como este.

METODOLOGIA PARA A RESOLUÇÃO DE PROBLEMAS

Nos problemas que se seguem você será solicitado a usar o *princípio de conservação da energia* para determinar o período ou a frequência natural de um movimento harmônico simples de uma partícula ou corpo rígido. Considerando que você escolha um ângulo θ para definir a posição do sistema (com $\theta = 0$ na posição de equilíbrio), como fará na maioria dos problemas desta seção, você vai expressar que a energia total de um sistema é conservada, usando $T_1 + V_1 = T_2 + V_2$, entre a posição 1 de deslocamento máximo ($\theta_1 = \theta_m, \dot{\theta}_1 = 0$) e a posição 2 de velocidade máxima ($\dot{\theta}_2 = \dot{\theta}_m, \theta_2 = 0$). Segue-se que T_1 e V_2 serão ambos iguais a zero, e a equação de energia vai se reduzir a $V_1 = T_2$, onde V_1 e T_2 são expressões quadráticas homogêneas em θ_m e $\dot{\theta}_m$, respectivamente. Recordando que, para um movimento harmônico simples, $\dot{\theta}_m = \theta_m \omega_n$ e substituindo esse produto na equação de energia, você vai obter, depois da redução, uma equação que pode ser resolvida para ω_n^2. Uma vez que você tenha determinado a frequência natural circular ω_n, poderá obter o período τ_n e a frequência natural f_n da vibração.

Os passos que você deve adotar são os seguintes:

1. **Calcule a energia potencial V_1 do sistema na sua posição de deslocamento máximo.** Desenhe um esboço do sistema na sua posição de deslocamento máximo e expresse a energia potencial de todas as forças envolvidas em termos do deslocamento máximo x_m ou θ_m.

   a. **A energia potencial associada ao peso W de um corpo é $V_g = Wy$,** onde y é a elevação do centro de gravidade G do corpo acima da sua posição de equilíbrio. Se o problema que você está resolvendo envolve a oscilação de um corpo rígido em torno de um eixo horizontal por meio do ponto O, localizado a uma distância b de G (Fig. 19.6), expresse y em termos do ângulo θ que a linha OG forma com a vertical: $y = b(1 - \cos\theta)$. Para valores pequenos de θ, você pode substituir essa expressão por $y = \frac{1}{2}b\theta^2$ [Problema Resolvido 19.4]. Portanto, quando θ alcança seu valor máximo θ_m, e para oscilações de pequena amplitude, você pode expressar V_g como

$$V_g = \frac{1}{2}Wb\theta_m^2$$

Observe que *se G está localizado acima de O* em sua posição de equilíbrio (em vez de abaixo de O, como temos considerado), o deslocamento vertical y será negativo e deve ser aproximado por $y = -\frac{1}{2}b\theta^2$, o que vai resultar em um valor negativo para V_g. Na ausência de outras forças, a posição de equilíbrio será instável e o sistema não vai oscilar. (Veja, por exemplo, o Problema 19.89.)

   b. **A energia potencial associada à força elástica exercida por uma mola é $V_e = \frac{1}{2}kx^2$,** onde k é a constante da mola e x é sua deflexão. Em problemas envolvendo a rotação de um corpo em torno de um eixo, você geralmente vai ter $x = a\theta$, onde a é a distância do eixo de rotação ao ponto do corpo onde a mola está presa e onde θ é o ângulo de rotação. Portanto, quando x alcança seu valor máximo x_m e θ alcança seu valor máximo θ_m, você pode expressar V_e como

$$V_e = \tfrac{1}{2}kx_m^2 = \tfrac{1}{2}ka^2\theta_m^2$$

   c. **A energia potencial V_1 do sistema em sua posição de deslocamento máximo** é obtida pela adição de várias energias potenciais que você tenha calculado. Ela será igual ao produto de uma constante e θ_m^2.

(Continua)

2. Calcule a energia cinética T_2 do sistema na sua posição de deslocamento máximo. Observe que essa posição é também a posição de equilíbrio do sistema.

   a. Se o sistema consiste de um único corpo rígido, a energia cinética T_2 do sistema será a soma da energia cinética associada ao movimento do centro de massa G do corpo e a energia cinética associada à rotação do corpo em torno de G. Você vai escrever, portanto,

$$T_2 = \tfrac{1}{2}m\bar{v}_m^2 + \tfrac{1}{2}\bar{I}\omega_m^2$$

Considerando que a posição do corpo tenha sido definida por um ângulo θ, expresse $\bar{v}_m$ e ω_m em termos da taxa de variação $\dot{\theta}_m$ de θ quando o corpo passa por sua posição de equilíbrio. A energia cinética do corpo será, assim, expressa como o produto de uma constante e $\dot{\theta}_m^2$. Observe que se θ mede a rotação do corpo em torno de seu centro de massa, como foi o caso para a placa da Fig. 19.6, então $\omega_m = \dot{\theta}_m$. Em outros casos, entretanto, a cinemática do movimento deve ser usada para deduzir uma relação entre ω_m e $\dot{\theta}_m$ [Problema Resolvido 19.4].

   b. Se o sistema consiste de vários corpos rígidos, repita os cálculos anteriores para cada um dos corpos, usando a mesma coordenada θ, e some o resultado obtido.

3. Iguale a energia potencial V_1 do sistema à sua energia cinética T_2,

$$V_1 = T_2$$

e, recordando a primeira das Eqs. (19.15), substitua $\dot{\theta}_m$ no primeiro membro pelo produto da amplitude θ_m e da frequência circular ω_n. Como ambos os termos contêm agora o fator θ_m^2, esse fator pode ser cancelado e a equação resultante pode ser resolvida pela frequência circular ω_n.

PROBLEMAS

19.69 Dois blocos, cada um de 1,5 kg, são ligados a hastes de conexão que estão conectadas por pinos à barra BC, como mostrado na figura. As massas das hastes de conexão e da barra são desprezíveis, e os blocos podem deslizar sem atrito. O bloco D está ligado a uma mola de constante $k = 720$ N/m. Sabendo que o bloco A está em repouso quando é atingido horizontalmente com um bastão e é dada uma velocidade inicial de 250 mm/s, determine a intensidade do deslocamento máximo do bloco D durante o movimento resultante.

19.70 Duas esferas pequenas, A e C, cada uma com massa m, estão ligadas à haste AB que é suportada por um pino, por um suporte em B e por uma mola CD de constante k. Sabendo que a massa da haste é desprezível e que o sistema está em equilíbrio quando a haste é horizontal, determine a frequência de pequenas oscilações do sistema.

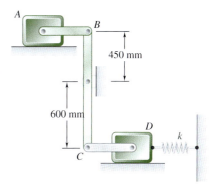

Figura P19.69

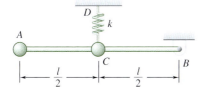

Figura P19.70

19.71 Uma esfera A de 400 g e uma esfera C de 300 g estão ligadas às extremidades de uma barra AC de massa desprezível que pode girar em um plano vertical em torno de um eixo em B. Determine o período de pequenas oscilações da barra.

19.72 Determine o período de pequenas oscilações de uma pequena partícula que se move sem atrito dentro de uma superfície cilíndrica de raio R.

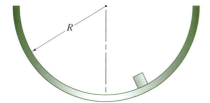

Figura P19.72

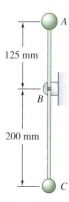

Figura P19.71

19.73 Uma placa fina uniforme cortada na forma de um quarto de círculo pode girar em um plano vertical em torno de um eixo horizontal no ponto O. Determine o período de pequenas oscilações da placa.

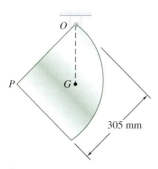

Figura *P19.73*

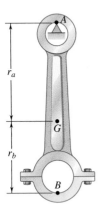

Figura **P19.74**

19.74 Uma biela é suportada por uma aresta pontiaguda no ponto A; o período de suas pequenas oscilações observado é de 1,03 s. Sabendo que a distância r_a é 150 mm, determine o raio de giração centroidal da biela.

19.75 Uma barra AB uniforme pode girar em um plano vertical em torno de um eixo horizontal em C localizado a uma distância c acima do centro de massa G da barra. Para pequenas oscilações, determine o valor de c para o qual a frequência do movimento será máxima.

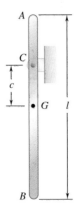

Figura P19.75

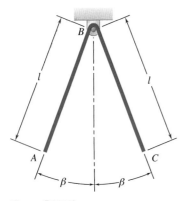

Figura P19.76

19.76 Um arame homogêneo de comprimento $2l$ é dobrado como mostrado na figura e pode oscilar sobre o pino B sem atrito. Indicando por τ_0 o período de pequenas oscilações quando $\beta = 0$, determine o ângulo β para o qual o período de pequenas oscilações é $2\tau_0$.

19.77 Um disco uniforme de raio r e massa m pode rolar sem deslizar em uma superfície cilíndrica e é ligado à barra ABC de comprimento L e massa desprezível. A barra está ligada a uma mola de constante k e pode girar livremente no plano vertical em torno do ponto B. Sabendo que a extremidade A recebe um pequeno deslocamento e é liberada, determine a frequência do movimento resultante em termos de m, L e k.

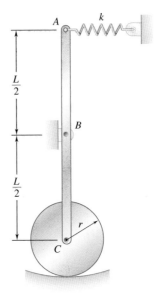

Figura P19.77

19.78 Duas barras uniformes, cada uma de massa $m = 600$ g e comprimento $l = 200$ mm, estão unidas por solda para formar a montagem mostrada na figura. Sabendo que a constante de cada mola é $k = 120$ N/m e que a extremidade A sofre um pequeno deslocamento e é liberada, determine a frequência do movimento resultante.

19.79 Um cilindro uniforme de 7,5 kg pode rolar sem deslizar em um plano inclinado e está ligado a uma mola AB, como mostrado na figura. Se o centro do cilindro é movido em 10 mm para baixo no plano inclinado e liberado, determine (a) o período de vibração, (b) a velocidade máxima do centro do cilindro.

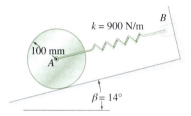

Figura P19.79

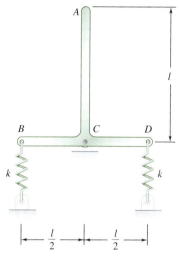

Figura P19.78

19.80 Uma barra delgada AB de 3 kg está aparafusada a um disco uniforme de 5 kg. Uma mola de constante 280 N/m está ligada ao disco e está indeformada na posição mostrada na figura. Se a extremidade B da barra recebe um pequeno deslocamento e é liberada, determine o período de vibração do sistema.

19.81 Uma barra delgada AB de 10 kg e comprimento $l = 0,6$ m está ligada a dois cursores de peso desprezível. O cursor A está ligado a uma mola de constante $k = 1,5$ kN/m e pode deslizar em uma barra horizontal, enquanto o cursor B pode deslizar livremente em uma barra vertical. Sabendo que o sistema está em equilíbrio quando a barra AB é vertical e que o cursor A recebe um pequeno deslocamento e é liberado, determine o período das vibrações resultantes.

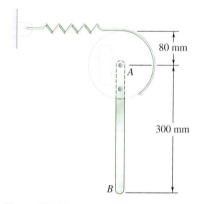

Figura P19.80

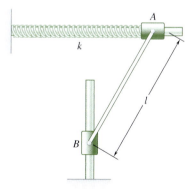

Figura *P19.81* e *P19.82*

19.82 Uma barra delgada AB de 5 kg e de comprimento $l = 0,6$ m está ligada a dois cursores, cada um com massa de 2,5 kg. O cursor A está ligado a uma mola de constante $k = 1,5$ kN/m e pode deslizar em uma barra horizontal, enquanto o cursor B pode deslizar livremente em uma barra vertical. Sabendo que o sistema está em equilíbrio quando a barra AB é vertical e que o cursor A recebe um pequeno deslocamento e é liberado, determine o período das vibrações resultantes.

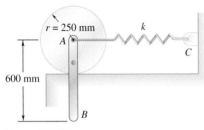

Figura P19.83

19.83 Uma barra AB de 800 g está aparafusada a um disco de 1,2 kg. Uma mola de constante $k = 12$ N/m é presa ao centro do disco em A e na parede em C. Sabendo que o disco gira sem deslizar, determine o período de pequenas oscilações do sistema.

19.84 Três barras delgadas uniformes idênticas de 3,6 kg são ligadas por pinos, como mostrado na figura, e podem mover-se em um plano vertical. Sabendo que a barra BC recebe um pequeno deslocamento e é liberada, determine o período de vibração do sistema.

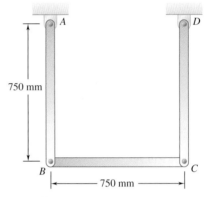

Figura *P19.84*

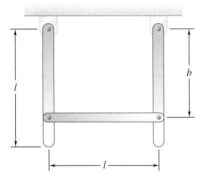

Figura P19.85

19.85 Três barras idênticas são ligadas como mostra a figura. Se $b = \frac{3}{4}l$, determine a frequência de pequenas oscilações do sistema.

19.86 Uma barra uniforme CD de 5 kg é soldada em C a um eixo de massa desprezível que está soldado aos centros de dois discos uniformes A e B de 10 kg. Sabendo que os discos rolam sem deslizar, determine o período de pequenas oscilações do sistema.

19.87 e 19.88 Duas barras uniformes AB e CD, cada uma de comprimento l e massa m, estão ligadas a engrenagens como mostra a figura. Sabendo que a massa da engrenagem C é m e que a massa da engrenagem A é $4m$, determine o período de pequenas oscilações do sistema.

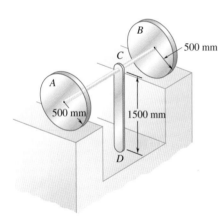

Figura P19.86

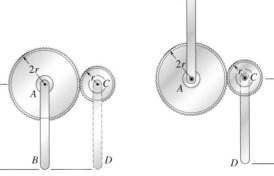

Figura P19.87   Figura *P19.88*

19.89 Um pêndulo invertido constituído de uma barra rígida ABC de comprimento l e massa m é suportado por um pino e suporte em C. A mola de constante k está ligada à barra em B e não está deformada quando a barra está na posição vertical mostrada na figura. Determine (a) a frequência de pequenas oscilações, (b) o menor valor de a para o qual ocorrerão oscilações.

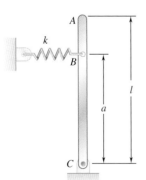

Figura P19.89

19.90 Dois discos uniformes de 6 kg estão ligados à haste AB de 10 kg, como mostrado na figura. Sabendo que a constante da mola é de 6 kN/m e que os discos rolam sem deslizar, determine a frequência de vibração do sistema.

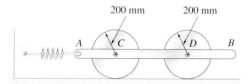

Figura P19.90

19.91 A barra AB de 10 kg é presa a dois discos de 4 kg como mostra a figura. Sabendo que os discos rolam sem deslizar, determine a frequência de pequenas oscilações do sistema.

19.92 Uma meia seção de um cilindro uniforme de raio r e massa m repousa sobre duas rodinhas A e B, cada uma das quais é um cilindro uniforme de raio $r/4$ e massa $m/8$. Sabendo que o meio cilindro é girado por um pequeno ângulo e liberado, e que não ocorre deslizamento, determine a frequência de pequenas oscilações.

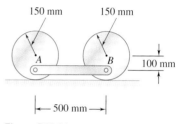

Figura P19.91

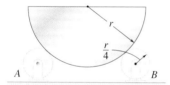

Figura P19.92

19.93 O movimento da barra uniforme AB é guiado pela corda BC e pelo pequeno rolo em A. Determine a frequência de oscilação quando a extremidade B da barra recebe um pequeno deslocamento horizontal e é liberada.

19.94 Uma barra uniforme de comprimento L é suportada por um suporte esférico em A e por um fio vertical CD. Deduza uma expressão para o período de oscilação da barra se a extremidade B recebe um pequeno deslocamento horizontal e então é liberada.

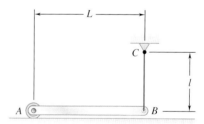

Figura P19.93

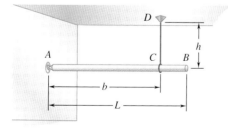

Figura P19.94

19.95 Uma seção de tubo uniforme é suspensa a partir de dois cabos verticais conectados em A e B. Determine a frequência de oscilação quando o tubo recebe uma pequena rotação em torno do eixo centroidal OO' é liberado.

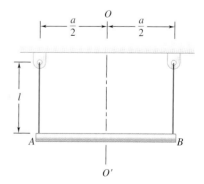

Figura P19.95

19.96 Três cursores, cada um com uma massa m, são ligados por pinos às barras AC e BC, cada uma tendo comprimento l e massa desprezível. Os cursores A e B podem deslizar sem atrito em uma barra horizontal e estão ligados por uma mola de constante k. O cursor C pode deslizar sem atrito em uma barra vertical, e o sistema está em equilíbrio na posição mostrada na figura. Sabendo que o cursor C recebe um pequeno deslocamento e é liberado, determine a frequência do movimento resultante do sistema.

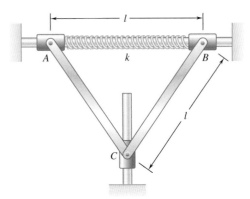

Figura P19.96

*19.97 Uma placa fina de comprimento l repousa sobre um semicilindro de raio r. Deduza uma expressão para o período de pequenas oscilações da placa.

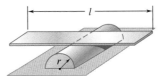

Figura P19.97

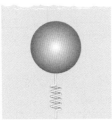

Figura P19.98

*19.98 Quando um corpo submerso se move em um fluido, as partículas deste fluido circulam em torno do corpo e adquirem energia cinética. No caso de uma esfera movendo-se em um fluido ideal, a energia cinética total adquirida pelo fluido é $\frac{1}{4}\rho V v^2$, onde ρ é o peso específico do fluido, V é o volume da esfera e v é a velocidade da esfera. Considere uma cápsula esférica oca de 500 g e raio de 80 mm que é mantida submersa em um tanque de água por uma mola de constante 500 N/m. (a) Desprezando o atrito do fluido, determine o período de vibração da cápsula quando ela é deslocada verticalmente e então liberada. (b) Resolva o item a considerando que o tanque é acelerado para cima à taxa constante de 8 m/s^2.

19.4 Vibrações forçadas

As vibrações mais importantes do ponto de vista de aplicações da engenharia são as **vibrações forçadas** de um sistema. Essas vibrações ocorrem quando um sistema está sujeito a uma força periódica ou quando ele está elasticamente conectado a um suporte que tem um movimento alternado.

Considere primeiramente o caso de um corpo de massa m suspenso por uma mola e sujeito a uma força periódica **P** de intensidade $P = P_m \operatorname{sen} \omega_f t$, onde ω_f é a frequência circular de **P** e é referenciada como a **frequência forçada circular** do movimento (Fig. 19.7). Essa força pode ser uma força real externa aplicada ao corpo, ou pode ser resultado da rotação de alguma parte desbalanceada do corpo (veja o Problema Resolvido 19.5). Representando por x o deslocamento do corpo medido a partir de sua posição de equilíbrio, a equação de movimento é obtida a partir dos diagramas de corpo livre e cinético na Fig. 19.7, como

$+\downarrow \Sigma F = ma:$ $P_m \operatorname{sen} \omega_f t + W - k(\delta_{st} + x) = m\ddot{x}$

Recordando que $W = k\delta_{est}$, temos

$$m\ddot{x} + kx = P_m \operatorname{sen} \omega_f t \qquad (19.30)$$

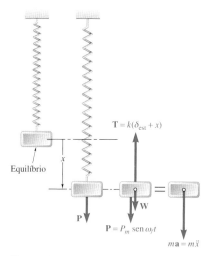

Figura 19.7 Diagramas de corpo livre e cinético de um bloco suspenso por uma mola e submetido a uma força periódica.

A seguir, consideramos o caso de um corpo de massa m suspenso por uma mola ligada a um suporte móvel cujo deslocamento δ é igual a $\delta_m \operatorname{sen} \omega_f t$ (Fig. 19.8). Medindo o deslocamento x do corpo a partir da posição de equilíbrio estático correspondente a $\omega_f t = 0$, encontramos que o alongamento total da mola no instante t é $\delta_{est} + x - \delta_m \operatorname{sen} \omega_f t$. A equação do movimento é, então,

$+\downarrow \Sigma F = ma:$ $W - k(\delta_{est} + x - \delta_m \operatorname{sen} \omega_f t) = m\ddot{x}$

Recordando que $W = k\delta_{est}$, temos

$$m\ddot{x} + kx = k\delta_m \operatorname{sen} \omega_f t \qquad (19.31)$$

Observamos que as Eqs. (19.30) e (19.31) são da mesma forma e que a solução da primeira equação irá satisfazer a segunda se colocarmos $P_m = k\delta_m$.

Uma equação diferencial como (19.30) ou (19.31), que tem um segundo membro diferente de zero, é chamada *não homogênea*. Sua solução geral é obtida adicionando-se uma solução particular da equação dada à solução geral da correspondente equação *homogênea* (com o segundo membro igual a zero). Uma *solução particular* de (19.30) ou (19.31) pode ser obtida tentando-se uma solução da forma

$$x_{part} = x_m \operatorname{sen} \omega_f t \qquad (19.32)$$

Substituindo x_{part} por x em (19.30), encontramos

$$-m\omega_f^2 x_m \operatorname{sen} \omega_f t + kx_m \operatorname{sen} \omega_f t = P_m \operatorname{sen} \omega_f t$$

que pode ser resolvida para a amplitude

$$x_m = \frac{P_m}{k - m\omega_f^2}$$

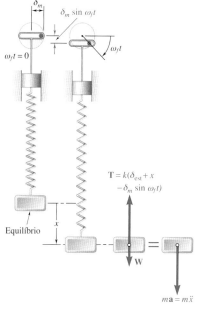

Figura 19.8 Diagramas de corpo livre e cinético de um bloco suspenso por uma mola ligada a um suporte que se move harmonicamente.

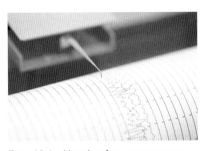

Foto 19.1 Um sismômetro opera medindo a quantidade de energia elétrica necessária para manter uma massa centrada em seu alojamento na presença de um forte tremor do solo.

Recordando de (19.4) que $k/m = \omega_n^2$, onde ω_n é a frequência natural circular do sistema, escrevemos

$$x_m = \frac{P_m/k}{1 - (\omega_f/\omega_n)^2} \tag{19.33}$$

Se definimos a relação de frequência r como $r = \omega_f/\omega_n$, podemos escrever essa equação como

$$x_m = \frac{P_m/k}{1 - r^2}$$

De modo semelhante, substituindo a Eq. (19.32) na Eq. (19.31), obtemos

$$x_m = \frac{\delta_m}{1 - (\omega_f/\omega_n)^2} \tag{19.33'}$$

ou

$$x_m = \frac{\delta_m}{1 - r^2}$$

A equação homogênea correspondente a (19.30) ou (19.31) é a Eq. (19.2), que define a vibração livre do corpo. Sua solução geral, chamada *função complementar*, foi encontrada na Seção 19.1A:

$$x_{\text{comp}} = C_1 \operatorname{sen} \omega_n t + C_2 \cos \omega_n t \tag{19.34}$$

Somando a solução particular (19.32) à função complementar (19.34), obtemos a **solução geral** das Eqs. (19.30) e (19.31):

$$x = C_1 \operatorname{sen} \omega_n t + C_2 \cos \omega_n t + x_m \operatorname{sen} \omega_f t \tag{19.35}$$

Observamos que a vibração obtida consiste em duas vibrações superpostas. Os dois primeiros termos da Eq. (19.35) representam uma vibração livre do sistema. A frequência dessa vibração é a *frequência natural* do sistema, que depende somente da constante k da mola e da massa m do corpo, e as constantes C_1 e C_2 podem ser determinadas a partir das condições iniciais. Essa vibração livre também é chamada vibração **transiente**, pois, na prática, ela é rapidamente amortecida pelas forças de atrito (Seção 19.5B).

O último termo da Eq. (19.35) representa a vibração em **regime permanente** produzida e mantida pela força imprimida ou pelo movimento forçado do suporte. Sua frequência é a **frequência forçada** imposta por essa força ou movimento, e sua amplitude x_m, definida por (19.33) ou (19.33′), depende da **razão de frequência** $r = \omega_f/\omega_n$. Dividindo a amplitude x_m da vibração em regime permanente por P_m/k no caso de uma força periódica, ou por δ_n no caso de um suporte oscilante, obtemos o **fator de ampliação**. De (19.33) e (19.33′), obtemos

$$\text{Fator de ampliação} = \frac{x_m}{P_m/k} = \frac{x_m}{\delta_m} = \frac{1}{1 - (\omega_f/\omega_n)^2} \tag{19.36}$$

Na Fig. 19.9, traçamos o fator de ampliação *versus* a razão das frequências ω_f/ω_n. Observamos que, quando $\omega_f = \omega_n$, a amplitude da vibração forçada torna-se infinita. A força imprimida ou o movimento forçado do suporte é dito estar em **ressonância** com o sistema dado. Na verdade, a amplitude da vibra-

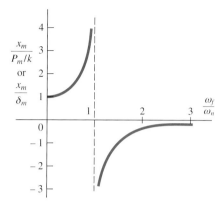

Figura 19.9 Para um sistema não amortecido, o fator de ampliação torna-se infinito a uma frequência forçada igual à frequência natural.

ção permanece finita por causa das forças amortecedoras (Seção 19.5B); todavia, tal situação deve ser evitada, e a frequência forçada não deve ser escolhida muito próxima da frequência natural do sistema. Observamos também que, para $\omega_f < \omega_n$ o coeficiente de sen $\omega_f t$ em (19.35) é positivo, enquanto para $\omega_f > \omega_n$, esse coeficiente é negativo. No primeiro caso, a vibração forçada está em fase com a força imprimida ou com o movimento forçado do suporte, enquanto, no segundo caso, ela *está defasada* em 180°.

Finalmente, observemos que a velocidade e a aceleração da vibração em regime permanente podem ser obtidas diferenciando duas vezes em relação a t o último termo da Eq. (19.35). Seus valores máximos são dados por expressões similares àquelas das Eqs. (19.15) da Seção 19.1A, exceto que essas expressões envolvem agora a amplitude e a frequência circular da vibração forçada:

$$v_m = x_m \omega_f \qquad a_m = x_m \omega_f^2 \qquad (19.37)$$

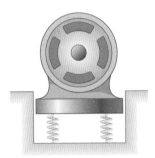

PROBLEMA RESOLVIDO 19.5

Um motor que pesa 200 kg é suportado por quatro molas, cada uma tendo uma constante de 150 kN/m. O desbalanceamento do rotor é equivalente a um peso de 30 g localizado a 150 mm do eixo de rotação. Sabendo que o motor é restringido a mover-se verticalmente, determine (*a*) a rotação em rpm na qual ocorrerá ressonância, (*b*) a amplitude da vibração do motor a uma rotação de 1.200 rpm.

ESTRATÉGIA Você pode determinar a rotação de ressonância diretamente dos dados fornecidos, desde que você saiba $\omega_n = \sqrt{k/m}$. Para encontrar a amplitude de vibração a uma rotação de 1.200 rpm, você pode usar a Eq. (19.33).

MODELAGEM Escolha o motor como seu sistema e modele-o como uma única partícula de grau de liberdade submetida a oscilação forçada.

ANÁLISE

a. Rotação de ressonância. A rotação de ressonância é igual à frequência natural circular ω_n (em rpm) da vibração livre do motor. A constante equivalente das molas de sustentação é

$$k = 4(150 \text{ kN/m}) = 600.000 \text{ N/m}$$

$$\omega_n = \sqrt{\frac{k}{M}} = \sqrt{\frac{600.000}{200}} = 54{,}8 \text{ rad/s} = 523 \text{ rpm}$$

Rotação de ressonância = 523 rpm ◀

b. Amplitude de vibração a 1.200 rpm. A velocidade angular do motor é

$$\omega = 1200 \text{ rpm} = 125{,}7 \text{ rad/s}$$

$$m = 0{,}03 \text{ kg}$$

Para determinar o equivalente a uma força aplicada, podemos desenhar os diagramas de corpo livre e cinético (Fig. 1).

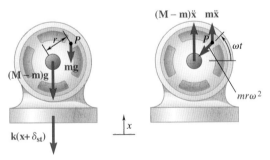

Figura 1 Diagramas de corpo livre e cinético para o sistema.

Aplicando a segunda lei de Newton na direção vertical, temos

$$-(M - m)g - mg - k(x + \delta_{\text{est}}) = (M - m)\ddot{x} + m\ddot{x} - mr\omega^2 \operatorname{sen} \omega t$$

Reconhecendo que $Mg = k\delta_{\text{est}}$, essa equação simplifica a

$$M\ddot{x} + kx = mr\omega^2 \operatorname{sen} \omega t$$

Dessa forma, a massa desbalanceada rotativa é equivalente a uma força aplicada

$$P_m = ma_n = mr\omega^2 = (0,03 \text{ kg})(0,15 \text{ m})(125,7 \text{ rad/s})^2 = 71,1 \text{ N}$$

A deflexão estática que seria causada por uma carga constante P_m é

$$\frac{P_m}{k} = \frac{71,1 \text{ N}}{600.000 \text{ N/m}} \times 1000 \frac{\text{mm}}{\text{m}} = 0,1185 \text{ mm}$$

A frequência forçada circular ωf do movimento é a velocidade angular do motor,

$$\omega_f = \omega = 125,7 \text{ rad/s}$$

Substituindo os valores de P_m/k, ω_f e ω_n na Eq. (19.33), obtemos

$$x_m = \frac{P_m/k}{1 - (\omega_f/\omega_n)^2} = \frac{0,1185 \text{ mm}}{1 - (125,7/54,8)^2} = -0,0278 \text{ mm}$$

$$x_m = 0,0278 \text{ mm (defasado)}$$

PARA REFLETIR Em problemas envolvendo uma massa desbalanceada, o resultado do desbalanceamento é equivalente a uma força aplicada de $P_m = mr\omega^2$. Neste problema, como $\omega_f > \omega_n$, vibração está defasada 180° em relação à força causada pelo desbalanceamento do rotor. Por exemplo, quando a massa desbalanceada está diretamente abaixo do eixo de rotação, a posição do motor é $x_m = 0,0278$ mm acima da posição de equilíbrio.

METODOLOGIA PARA A RESOLUÇÃO DE PROBLEMAS

Nesta seção, consideramos as **vibrações forçadas** de um sistema mecânico. Essas vibrações ocorrem quando o sistema está submetido a uma força periódica **P** (Fig. 19.7) ou está preso elasticamente a um suporte em movimento alternado (Fig. 19.8). No primeiro caso, o movimento do sistema é definido pela equação diferencial

$$m\ddot{x} + kx = P_m \text{ sen } \omega_f t \tag{19.30}$$

onde o membro à direita representa a intensidade da força **P** em um dado instante. No segundo caso, o movimento é definido pela equação diferencial

$$m\ddot{x} + kx = k\delta_m \text{ sen } \omega_f t \tag{19.31}$$

onde o membro à direita é o produto da constante de mola k pelo deslocamento do suporte em um dado instante.

Você se preocupará somente com o movimento **em regime permanente** do sistema, que é definido por uma *solução particular* das Eqs. (19.30) e (19.31), da forma

$$x_{\text{part}} = x_m \text{ sen } \omega_f t \tag{19.32}$$

1. **Se a vibração forçada é causada por uma força periódica P** de amplitude P_m e frequência circular ω_f, a amplitude da vibração é

$$x_m = \frac{P_m/k}{1 - (\omega_f/\omega_n)^2} \tag{19.33}$$

onde ω_n é a *frequência natural circular* do sistema, $\omega_n = \sqrt{k/m}$, e k é a constante de mola. Observe que a frequência circular da vibração é ω_f e que a amplitude x_m não depende das condições iniciais. Para $\omega_f = \omega_n$ o denominador da Eq. (19.33) é zero e x_m é infinito (Fig. 19.9); a força imprimida **P** é dita estar em **ressonância** com o sistema. Também, para $\omega_f < \omega_n$, x_m é positivo e a vibração está *em fase* com **P**, enquanto que, para $\omega_f > \omega_n$, x_m é negativo e a vibração está *defasada*.

a. **Nos problemas que se seguem,** você poderá ser solicitado a determinar um dos parâmetros da Eq. (19.33) quando os outros são conhecidos. Sugerimos que mantenha a Fig. 19.9 à sua frente quando estiver resolvendo esses problemas. Por exemplo, se você for solicitado a encontrar a frequência na qual a amplitude de uma vibração forçada tenha um dado valor, mas não sabe se a vibração está em fase ou não em relação à força imprimida, você deve verificar a partir da Fig. 19.9 que podem existir duas frequências que satisfazem esse requisito. Uma frequência corresponde a um valor positivo de x_m e a uma vibração em fase com a força imprimida, e a outra frequência corresponde a um valor negativo de x_m e a uma vibração defasada com a força imprimida.

b. **Uma vez que você tenha obtido a amplitude x_m** do movimento de um componente do sistema a partir da Eq. (19.33), poderá usar as Eqs. (19.37) para determinar os valores máximos da velocidade e da aceleração daquele componente:

$$v_m = x_m\omega_f \qquad a_m = x_m\omega_f^2 \tag{19.37}$$

c. **Quando a força imprimida P é causada pelo desbalanceamento do rotor de um motor,** seu valor máximo é $P_m = mr\omega_f^2$, onde m é a massa do rotor, r é a distância entre seu centro de massa e o eixo de rotação e ω_f é igual à velocidade angular ω do rotor expressa em rad/s [Problema Resolvido 19.5].

2. Se a vibração forçada é causada pelo movimento harmônico simples de um suporte de amplitude δ_m e frequência circular ω_f, a amplitude de vibração é

$$x_m = \frac{\delta_m}{1 - (\omega_f/\omega_n)^2}$$

$$(19.33')$$

onde ω_n é a *frequência natural circular* do sistema e $\omega_n = \sqrt{k/m}$. Novamente, observe que a frequência circular da vibração é ω_f e que a amplitude x_m não depende das condições iniciais.

a. Certifique-se de ler nossos comentários nos parágrafos 1, 1a e 1b, pois eles se aplicam igualmente bem a uma vibração causada pelo movimento de um suporte.

b. Se a aceleração máxima a_m do suporte é especificada em vez de seu deslocamento máximo δ_m, lembre-se de que, como o movimento do suporte é um movimento harmônico simples, você pode usar a relação $a_m = \delta_m\omega^2_f$ para determinar δ_m; o valor obtido é então substituído na Eq. (19.33').

PROBLEMAS

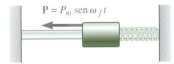

Figura P19.99, P19.100 e P19.101

19.99 Um cursor de 4 kg pode deslizar sobre uma barra horizontal sem atrito e está ligado a uma mola de constante 450 N/m. Sobre ele atua uma força periódica de intensidade $P = P_m \operatorname{sen} \omega_f t$, onde $P_m = 13$ N. Determine a amplitude do movimento do cursor se (a) $\omega_f = 5$ rad/s, (b) $\omega_f = 10$ rad/s.

19.100 Um cursor de 4 kg pode deslizar sobre uma barra horizontal sem atrito e está ligado a uma mola de constante k. Sobre ele atua uma força periódica de intensidade $P = P_m \operatorname{sen} \omega_f t$, onde $P_m = 9$ N e $\omega_f = 5$ rad/s. Determine o valor da constante de mola k sabendo que o movimento do cursor tem uma amplitude de 150 mm e está (a) em fase com a força aplicada, (b) defasado com a força aplicada.

19.101 Um cursor de massa m que desliza sobre uma barra horizontal sem atrito está ligado a uma mola de constante k e sobre ele atua uma força periódica de intensidade $P = P_m \operatorname{sen} \omega_f t$. Determine o intervalo de valores de ω_f para o qual a amplitude da vibração excede três vezes a deflexão estática causada por uma força constante de intensidade P_m.

19.102 Um bloco de 20 kg está ligado a uma mola de constante $k = 8$ kN/m e pode se mover sem atrito em uma fenda vertical como mostrado na figura. Sobre ele atua uma força periódica de intensidade $P = P_m \operatorname{sen} \omega_f t$, onde $P_m = 100$ N. Determine a amplitude do movimento do bloco se (a) $\omega_f = 10$ rad/s, (b) $\omega_f = 19$ rad/s, (c) $\omega_f = 30$ rad/s.

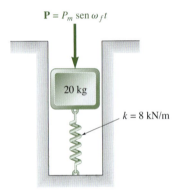

Figura P19.102

19.103 Um pequeno bloco A de 20 kg está ligado à barra BC de massa desprezível que é suportada em B por um pino e suporte e em C por uma mola de constante $k = 2$ kN/m. O sistema pode mover-se em um plano vertical e está em equilíbrio quando a barra é horizontal. Sobre a barra em C atua uma força periódica **P** de intensidade $P = P_m \operatorname{sen} \omega_f t$, onde $P_m = 6$ N. Sabendo que $b = 200$ mm, determine o intervalo de valores de ω_f para o qual a amplitude de vibração do bloco A excede 3,5 mm.

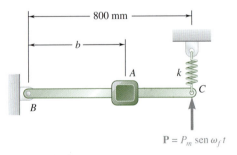

Figura P19.103

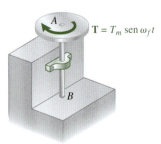

Figura P19.104

19.104 Um disco uniforme de 8 kg e raio de 200 mm é soldado a um eixo vertical com uma extremidade engastada em B. O disco gira em um ângulo de 3° quando um binário estático de intensidade de 50 N·m lhe é aplicado. Se sobre o disco atua um binário torcional periódico de intensidade $T = T_m \operatorname{sen} \omega_f t$, onde $T_m = 60$ N · m, determine o intervalo de valores de ω_f para o qual a amplitude da vibração é menor que o ângulo de rotação causado por um binário estático de intensidade T_m.

19.105 Um bloco A de 8 kg desliza em uma fenda vertical sem atrito e está ligado a um suporte móvel B por meio de uma mola AB de constante $k = 1,6$ kN/m. Sabendo que o deslocamento do suporte é $\delta = \delta_m \text{ sen } \omega_f t$, onde $\delta_m = 150$ mm, determine o intervalo de valores de ω_f no qual a amplitude da força oscilante exercida pela mola no bloco é menor que 120 N.

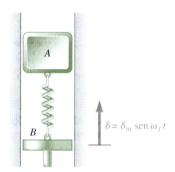

Figura P19.105

19.106 Uma barra ABC é suportada por uma ligação de pinos em A e por rolos em B. Um bloco de 120 kg colocado na extremidade da barra provoca uma deflexão estática de 15 mm em C. Supondo que o suporte em A sofra um deslocamento periódico vertical $\delta = \delta_m \text{ sen } \omega_f t$, onde $\delta_m = 10$ mm e $\omega_f = 18$ rad/s, e que o suporte em B não se move, determine a aceleração máxima do bloco em C. Despreze a massa da barra e considere que o bloco não deixa a barra.

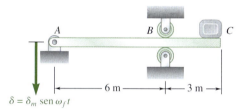

Figura P19.106

19.107 Uma pequena esfera B de 2 kg é presa à barra AB de massa desprezível que é suportada em A por um pino e suporte e conectada em C a um suporte móvel D por meio de uma mola de constante $k = 3,6$ kN/m. Sabendo que o suporte D sofre um deslocamento vertical $\delta = \delta_m \text{ sen } \omega_f t$, onde $\delta_m = 3$ mm e $\omega_f = 15$ rad/s, determine (a) a intensidade da velocidade angular máxima da barra AB, (b) a intensidade da aceleração máxima da esfera B.

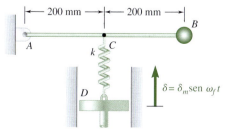

Figura P19.107

19.108 O equipamento de bombeamento de petróleo bruto mostrado na figura é conduzido a 20 rpm. O diâmetro interno do tubo do poço é de 50 mm, e o diâmetro da haste da bomba é de 20 mm. O comprimento da haste da bomba e o comprimento da coluna de petróleo levantada durante o curso são essencialmente os mesmos e iguais a 1,8 km. Durante o curso para baixo, uma válvula na extremidade inferior da haste da bomba abre para deixar uma quantidade de petróleo entrar no tubo do poço, e a coluna de petróleo é então levantada para obter uma descarga na tubagem de ligação. Assim, a quantidade de petróleo bombeada num dado tempo depende do curso da extremidade inferior da haste da bomba. Sabendo que a extremidade superior da haste em D é essencialmente senoidal com um curso de 1,12 m e que a densidade do petróleo bruto é 800 kg/m³, determine (a) a saída do poço em litros/min se o eixo for rígido, (b) a saída do poço em litros/min se a rigidez da haste é de 2210 N/m, a massa equivalente do petróleo e do eixo é de 290 kg e o amortecimento é desprezível.

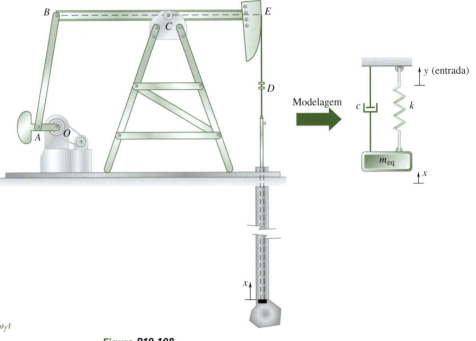

Figura P19.108

19.109 Um pêndulo simples de comprimento l é suspenso do colar C que é forçado a se mover horizontalmente de acordo com a relação $x_C = \delta_m$ sen $\omega_f t$. Determine o intervalo de valores de ω_f para o qual a amplitude do movimento do pêndulo é menor que δ_m. (Suponha que δ_m é pequeno comparado com o comprimento l do pêndulo.)

19.110 Um peso de 1,2 kg de um pêndulo simples de comprimento l = 600 mm é suspenso de um cursor C de 1,4 kg. O cursor é forçado a se mover de acordo com a relação $x_C = \delta_m$ sen $\omega_f t$, com uma amplitude δ_m = 10 mm e uma frequência f_f = 0,5 Hz. Determine (a) a amplitude do movimento do pêndulo, (b) a força que deve ser aplicada ao cursor C para manter o movimento.

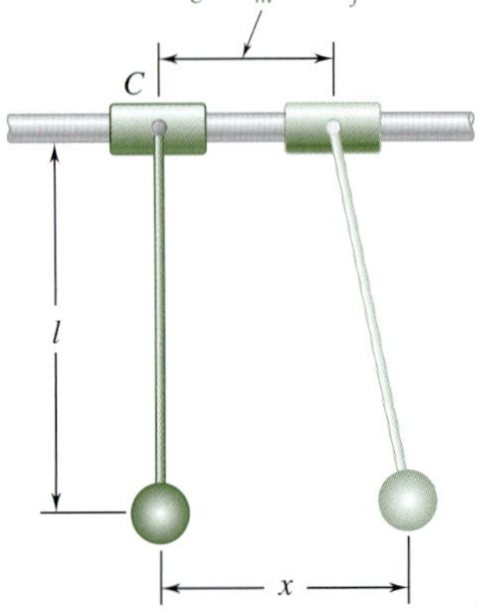

Figura P19.109 e P19.110

19.111 Um bloco A de 8 kg desliza em uma fenda vertical sem atrito e está ligado a um suporte móvel B por meio de uma mola AB de constante $k = 120$ N/m. Sabendo que a aceleração do suporte é $a = a_m \text{ sen } \omega_f t$, onde $a_m = 1{,}5$ m/s² e $\omega_f = 5$ rad/s, determine (a) o deslocamento máximo do bloco A, (b) a amplitude da força oscilante exercida pela mola sobre o bloco.

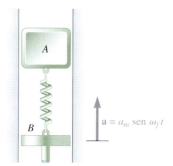

Figura P19.111

19.112 Um motor de rotação variável é rigidamente preso a uma viga BC. Quando a rotação do motor é menor que 600 rpm ou mais que 1.200 rpm, observa-se que um pequeno objeto em A permanece em contato com a viga. Para rotações entre 600 e 1.200 rpm, observa-se que o objeto "dança" e realmente perde o contato com a viga. Determine a velocidade para a qual ocorrerá ressonância.

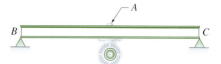

Figura P19.112

19.113 Um motor de massa M é suportado por molas com uma constante de mola equivalente k. O desbalanceamento de seu rotor é equivalente a uma massa m localizada a uma distância r do eixo de rotação. Mostre que quando a velocidade angular do motor é ω_f, a amplitude x_m do movimento do motor é

$$x_m = \frac{r(m/M)(\omega_f/\omega_n)^2}{1 - (\omega_f/\omega_n)^2}$$

onde $\omega_n = \sqrt{k/M}$.

19.114 À medida que a velocidade de rotação de um motor de 100 kg apoiado por molas é aumentada, a amplitude da vibração, causada pelo desbalanceamento do seu rotor de 15 kg, primeiro aumenta e depois diminui. Observa-se que quando velocidades muito altas são alcançadas, a amplitude da vibração se aproxima de 3,3 mm. Determine a distância entre o centro de massa do rotor e seu eixo de rotação. (*Dica*: use a fórmula deduzida no Problema 19.113.)

19.115 Um motor de massa 18 kg é suportado por quatro molas, cada uma tendo uma constante de 40 kN/m. O motor é restringido a mover-se verticalmente, e a amplitude observada de seu movimento é de 1,5 mm a uma velocidade de 1.200 rpm. Sabendo que a massa do rotor é de 4 kg, determine a distância entre o centro de massa do rotor e o eixo da haste.

19.116 Um motor de massa 200 kg é suportado por quatro molas, cada uma tendo uma constante de 240 kN/m. O desbalanceamento do rotor é equivalente a uma massa de 30 g localizada a 200 mm do eixo de rotação. Determine o intervalo de valores admissíveis da velocidade do motor se a amplitude da vibração não exceder 1,5 mm.

Figura P19.115

Figura P19.117

19.117 Um motor de 180 kg é parafusado a uma viga horizontal leve. O desbalanceamento do seu rotor é equivalente a uma massa de 28 g localizada a 150 mm do eixo de rotação, e a deflexão estática da viga decorrente do peso do motor é de 12 mm. A amplitude da vibração decorrente do desbalanceamento pode ser diminuída pela adição de uma placa na base do motor. Se a amplitude de vibração deve ser menor que 60 μm para velocidades do motor acima de 300 rpm, determine a massa necessária da placa.

19.118 O desbalanceamento do rotor de um motor de 200 kg é equivalente a uma massa de 100 g localizada a 150 mm do eixo de rotação. A fim de limitar para 1 N a intensidade da força oscilante exercida na fundação quando o motor gira a velocidades de 100 rpm ou acima, uma base amortecedora é colocada entre o motor e a fundação. Determine (*a*) a constante *k* máxima admissível da mola da base, (*b*) a amplitude correspondente da força oscilante exercida na fundação quando o motor está girando a 200 rpm.

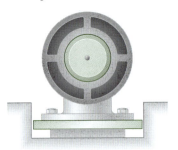

Figura *P19.118*

19.119 Um excitador de massa excêntrica contrarrotativo consiste de duas massas rotativas de 100 g que descrevem círculos de raio *r* com a mesma velocidade, mas em sentidos opostos, e é colocado em um elemento de máquina para induzir uma vibração em regime permanente nesse elemento. A massa total do sistema é de 300 kg, a constante de cada mola é $k = 600$ kN/m e a velocidade de rotação do excitador é de 1200 rpm. Sabendo que a amplitude da força oscilante total exercida sobre a fundação é de 160 N, determine o raio *r*.

Figura P19.119

19.120 Um motor de 180 kg é suportado por molas de constante total 150 kN/m. O desbalanceamento do rotor é equivalente a uma massa de 28 g localizada a 150 mm do eixo de rotação. Determine o intervalo de velocidades do motor para o qual a amplitude da força oscilante exercida na fundação é menor que 20 N.

19.121 As Figuras (1) e (2) mostram como molas podem ser usadas para suportar um bloco em duas situações diferentes. Na Fig. (1), elas ajudam a diminuir a amplitude da força oscilante transmitida pelo bloco à fundação. Na Fig. (2), elas ajudam a diminuir a amplitude do deslocamento oscilante transmitido pela fundação ao bloco. A razão da força transmitida pela força imprimida ou a razão do deslocamento transmitido pelo deslocamento forçado é chamada de *transmissibilidade*. Deduza uma equação para a transmissibilidade em cada situação. Dê sua resposta em termos da razão ω_f/ω_n da frequência ω_f da força imprimida ou do deslocamento forçado pela frequência natural ω_n do sistema massa-mola. Mostre que, para causar qualquer redução na transmissibilidade, a razão ω_f/ω_n deve ser maior que $\sqrt{2}$.

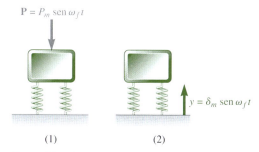

Figura P19.121

19.122 Um medidor de vibração, usado para medir a amplitude das vibrações, consiste de uma caixa contendo um sistema massa-mola com frequência natural conhecida de 120 Hz. A caixa está rigidamente ligada a uma superfície que se move de acordo com a equação $y = \delta_m \text{ sen } \omega_f t$. Se a amplitude z_m do movimento da massa relativo à caixa é usada como uma medida da amplitude δ_m da vibração da superfície, determine (*a*) o erro percentual quando a frequência da vibração é de 600 Hz, (*b*) a frequência na qual o erro é zero.

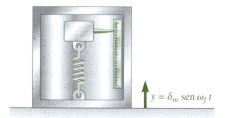

Figura P19.122 e P19.123

19.123 Um certo acelerômetro consiste essencialmente de uma caixa contendo um sistema massa-mola com uma frequência natural conhecida de 2.200 Hz. A caixa está rigidamente ligada a uma superfície que se move de acordo com a equação $y = \delta_m \text{ sen } \omega_f t$. Se a amplitude z_m do movimento da massa em relação à caixa vezes um fator de escala ω_n^2 é usada como uma medida da aceleração máxima $\alpha_m = \delta_m \omega_f^2$ da superfície vibratória, determine o erro percentual quando a frequência da vibração é de 600 Hz.

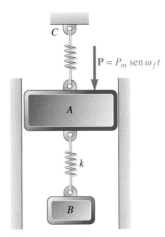

Figura **P19.124**

19.124 O bloco A pode mover-se sem atrito na fenda mostrada na figura, e sobre ele atua uma força periódica vertical de intensidade $P = P_m \operatorname{sen} \omega_f t$, onde $\omega_f = 2$ rad/s e $P_m = 20$ N. Uma mola de constante k é ligada à parte inferior do bloco A e a um bloco B de 22 kg. Determine (*a*) o valor da constante k que impedirá uma vibração em regime permanente do bloco A, (*b*) a correspondente amplitude da vibração do bloco B.

19.125 Um disco de 30 kg é fixado, com uma excentricidade $e = 0{,}15$ mm, ao ponto médio de um eixo vertical AB que gira com uma velocidade angular ω_f constante. Sabendo que a constante de mola k para o movimento horizontal do disco é de 650 kN/m, determine (*a*) a velocidade angular ω_f na qual a ressonância vai ocorrer, (*b*) a deflexão r do eixo quando $\omega_f = 1200$ rpm.

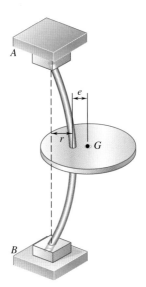

Figura P19.125

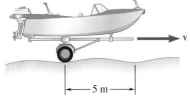

Figura **P19.126**

19.126 Um pequeno reboque e sua carga têm uma massa total de 250 kg. O reboque é suportado por duas molas, cada uma de constante 10 kN/m, e puxado sobre uma estrada cuja superfície pode ser aproximada por uma curva senoidal com amplitude de 40 mm e comprimento de onda de 5 m (ou seja, a distância entre cristas sucessivas é de 5 m e a distância vertical da crista para a depressão é de 80 mm). Determine (*a*) a velocidade em que ocorrerá ressonância, (*b*) a amplitude da vibração do reboque a uma velocidade de 50 km/h.

19.5 Vibrações amortecidas

Os sistemas vibratórios dados na primeira parte deste capítulo foram considerados livres de amortecimento. Na realidade, todas as vibrações são amortecidas em algum grau pelas forças de atrito. Essas forças podem ser causadas pelo *atrito seco*, ou *atrito de Coulomb*, entre corpos rígidos, por *atrito fluido*, quando um corpo rígido se move em um fluido, ou por *atrito interno*, entre as moléculas de um corpo aparentemente elástico. Um tipo de amortecimento de especial interesse é o *amortecimento viscoso* causado pelo atrito fluido a velocidades baixas e moderadas. Consideraremos primeiro as vibrações livres com amortecimento viscoso e depois examinaremos o efeito do amortecimento viscoso nas vibrações forçadas.

*19.5A Vibrações livres amortecidas

O amortecimento viscoso é caracterizado pelo fato de que a força de atrito é *diretamente proporcional e oposta à velocidade* do corpo móvel. Como um exemplo, vamos novamente considerar um corpo de massa m suspenso por uma mola de constante k, considerando que o corpo está ligado ao êmbolo de um amortecedor (Fig. 19.10). A intensidade da força de atrito exercida sobre o êmbolo pelo fluido que o envolve é igual a $c\dot{x}$, onde a constante c, expressa em N·s/m e conhecida como o *coeficiente de amortecimento viscoso*, depende das propriedades físicas do fluido e da construção do amortecedor. Examinando os diagramas de corpo livre e cinético, a equação do movimento é

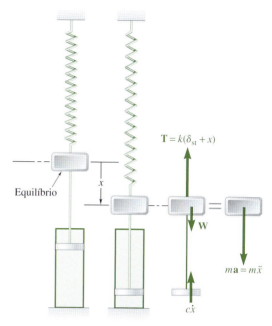

Figura 19.10 Diagrama de corpo livre e cinético para o sistema mola-massa-amortecedor.

$+\downarrow \Sigma F = ma$: $W - k(\delta_{est} + x) - c\dot{x} = m\ddot{x}$

Recordando que $W = k\delta_{est}$, temos

$$m\ddot{x} + c\dot{x} + kx = 0 \qquad (19.38)$$

Se substituirmos $x = e^{\lambda t}$ na Eq. (19.38) e dividirmos por $e^{\lambda t}$, vamos obter

Equação característica

$$m\lambda^2 + c\lambda + k = 0 \qquad (19.39)$$

e obtemos as raízes

$$\lambda = -\frac{c}{2m} \pm \sqrt{\left(\frac{c}{2m}\right)^2 - \frac{k}{m}} \qquad (19.40)$$

Definindo o *coeficiente de amortecimento crucial* c_c como o valor de c que torna o radical da Eq. (19.40) nulo, escrevemos

$$\left(\frac{c_c}{2m}\right)^2 - \frac{k}{m} = 0 \qquad c_c = 2m\sqrt{\frac{k}{m}} = 2m\omega_n \qquad (19.41)$$

onde ω_n é a frequência natural circular do sistema na ausência de amortecimento. Podemos distinguir três casos diferentes de amortecimento, dependendo do valor do coeficiente c:

1. **Amortecimento supercrucial:** $c > c_c$. As raízes λ_1 e λ_2 da equação característica (19.39) são reais e distintas, e a solução geral da equação diferencial (19.38) é

$$x = C_1 e^{\lambda_1 t} + C_2 e^{\lambda_2 t} \qquad (19.42)$$

Essa solução corresponde a um movimento não vibratório. Como λ_1 e λ_2 são ambos negativos, x aproxima-se de zero quando t aumenta indefinidamente. Contudo, o sistema na realidade retorna à sua posição de equilíbrio após um tempo finito.

2. **Amortecimento crucial:** $c = c_c$. A equação característica tem uma raiz dupla $\lambda = -c_c/2m = -\omega_n$, e a solução geral de (19.38) é

$$x = (C_1 + C_2 t)e^{-\omega_n t} \qquad (19.43)$$

O movimento obtido é novamente não vibratório. Sistemas criticamente amortecidos são de interesse especial em aplicações de engenharia, pois eles retornam à sua posição de equilíbrio no menor tempo possível sem oscilação.

3. **Amortecimento subcrucial:** $c < c_c$. As raízes da Eq. (19.39) são complexas e conjugadas, e a solução geral de (19.38) é da forma

$$x = e^{-(c/2m)t}(C_1 \operatorname{sen} \omega_d t + C_2 \cos \omega_d t) \qquad (19.44)$$

onde ω_d é definido pela relação

$$\omega_d^2 = \frac{k}{m} - \left(\frac{c}{2m}\right)^2$$

Substituindo $k/m = \omega_n^2$ e recordando (19.41), escrevemos

$$\omega_d = \omega_n \sqrt{1 - \left(\frac{c}{c_c}\right)^2} \qquad (19.45)$$

onde a constante c/c_c é conhecida como **fator de amortecimento** ou **taxa de amortecimento**. Essa quantidade é frequentemente indicada por ζ. Mesmo que o movimento não se repita, a constante ω_d é comumente referida como a *frequência circular amortecida*. Em termos da taxa de amortecimento, a frequência circular amortecida é

$$\omega_d = \omega_n \sqrt{1 - \zeta^2} \qquad (19.45')$$

Uma substituição semelhante à utilizada na Seção 19.1A permite-nos escrever a solução geral da Eq. (19.38) na forma

$$x = x_0 e^{-(c/2m)t} \operatorname{sen}(\omega_d t + \phi) \qquad (19.46)$$

ou

$$x = x_0 e^{-\zeta \omega_n t} \operatorname{sen}(\omega_d t + \phi) \qquad (19.46')$$

O movimento definido pela Eq. (19.46) é vibratório com amplitude decrescente (Fig. 19.11). O intervalo de tempo $\tau_d = 2\pi/\omega_d$ que separa dois pontos sucessivos, onde a curva definida pela Eq. (19.46) toca uma das curvas limites mostradas na Fig. 19.11, é comumente referenciado como o *período da vibração amortecida*. Recordando a Eq. (19.45), observamos que $\omega_d < \omega_n$ e, assim, que τ_d é maior que o período de vibração τ_n do sistema não amortecido correspondente.

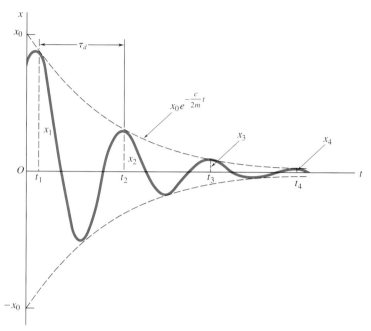

Figura 19.11 A resposta livre de um sistema viscosamente amortecido decai exponencialmente e oscila com uma frequência ω_d.

*19.5B Vibrações forçadas amortecidas

Se o sistema considerado na seção anterior é submetido a uma força periódica **P** de intensidade $P = P_m \text{ sen } \omega_f t$, a equação do movimento se torna

$$m\ddot{x} + c\dot{x} + kx = P_m \text{ sen } \omega_f t \quad (19.47)$$

Foto 19.2 A suspensão de automóvel mostrada consiste essencialmente de uma mola e um absorvedor de choque, que vão fazer com que o corpo do carro sofra *vibrações forçadas amortecidas* quando ele é dirigido sobre uma estrada irregular.

A solução geral de (19.47) é obtida adicionando-se uma solução particular de (19.47) à função complementar ou uma solução geral da equação homogênea (19.38). A função complementar é dada por (19.42), (19.43) ou (19.44), dependendo do tipo de amortecimento considerado. Ela representa um movimento *transiente* que é, no final das contas, completamente amortecido.

Nosso interesse nesta seção está centrado nas vibrações em regime permanente representadas por uma solução particular de (19.47) da forma

$$x_{\text{part}} = x_m \text{ sen } (\omega_f t - \phi) \quad (19.48)$$

Substituindo x_{part} por x na Eq. (19.47), obtemos

$$-m\omega_f^2 x_m \text{ sen } (\omega_f t - \phi) + c\omega_f x_m \cos (\omega_f t - \phi) + kx_m \text{ sen } (\omega_f t - \phi) = P_m \text{ sen } \omega_f t$$

Fazendo $\omega_f t - \phi$ sucessivamente igual a 0 e a $\pi/2$, escrevemos

$$c\omega_f x_m = P_m \text{ sen } \phi \quad (19.49)$$
$$(k - m\omega_f^2)x_m = P_m \cos \phi \quad (19.50)$$

Foto 19.3 Esta camioneta está passando por vibração forçada amortecida no ensaio dinâmico de veículo mostrado.

Elevando ao quadrado ambos os membros de (19.49) e (19.50) e somando, temos

$$[(k - m\omega_f^2)^2 + (c\omega_f)^2] x_m^2 = P_m^2 \qquad (19.51)$$

Resolvendo (19.51) para x_m e dividindo (19.49) e (19.50), membro a membro, obtemos, respectivamente,

$$x_m = \frac{P_m}{\sqrt{(k - m\omega_f^2)^2 + (c\omega_f)^2}} \qquad \text{tg } \phi = \frac{c\omega_f}{k - m\omega_f^2} \qquad (19.52)$$

Recordando de (19.4) que $k/m = \omega_n^2$, onde ω_n é a frequência circular da vibração livre não amortecida, e de (19.41) que $2m\omega_n = c_c$, onde c_c é o coeficiente de amortecimento crucial do sistema, escrevemos

$$\frac{x_m}{P_m/k} = \frac{x_m}{\delta_m} = \frac{1}{\sqrt{[1 - (\omega_f/\omega_n)^2]^2 + [2(c/c_c)(\omega_f/\omega_n)]^2}} \qquad (19.53)$$

$$\text{tg } \phi = \frac{2(c/c_c)(\omega_f/\omega_n)}{1 - (\omega_f/\omega_n)^2} \qquad (19.54)$$

Definindo a razão de frequência $r = \omega_f/\omega_n$, podemos escrever a resposta em regime permanente de um sistema viscosamente amortecido em termos da razão de frequência e da razão de amortecimento como

$$\frac{x_m}{P_m/k} = \frac{x_m}{\delta_{st}} = \frac{1}{\sqrt{(1 - r^2)^2 + (2\zeta r)^2}} \qquad (19.53)$$

$$\text{tg } \phi = \frac{2\zeta r}{1 - r^2} \qquad (19.54)$$

Podemos usar essas equações para determinar a amplitude da vibração em regime permanente produzida por uma força imprimida de intensidade $P = P_m$ sen $\omega_f t$ ou pelo movimento forçado do suporte $\delta = \delta_m$ sen $\omega_f t$. A Eq. (19.54) define, em termos dos mesmos parâmetros, a *diferença de fase* ϕ entre a força imprimida ou o movimento forçado do suporte e a resultante vibração em regime permanente do sistema amortecido. O fator de ampliação foi traçado em função da razão de frequências na Fig. 19.12 para vários valores do fator de amortecimento. Observamos que a amplitude de uma vibração forçada pode ser mantida pequena pela escolha de um coeficiente de amortecimento viscoso c grande ou mantendo a frequência natural e a forçada bem distanciadas entre si.

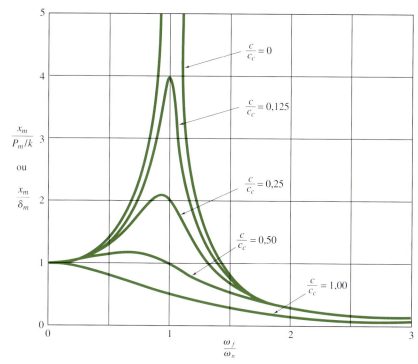

Figura 19.12 Gráfico do fator de ampliação em função da razão de frequência para vários valores da taxa de amortecimento.

*19.5C Análogos elétricos

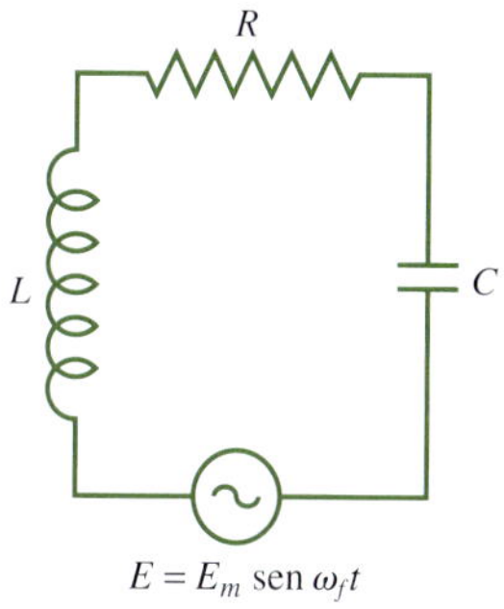

Circuitos elétricos oscilantes são caracterizados por equações diferenciais do mesmo tipo que as obtidas nas seções anteriores. Sua análise é, portanto, similar àquela de um sistema mecânico, e os resultados obtidos para um dado sistema vibratório podem ser prontamente estendidos ao circuito equivalente. Reciprocamente, qualquer resultado obtido para um circuito elétrico também se aplicará ao sistema mecânico correspondente.

Considere um circuito elétrico que consiste em um indutor de indutância L, um resistor de resistência R e um capacitor de capacitância C ligados em série com uma fonte de tensão alternada $E = E_m \, \text{sen} \, \omega_f t$ (Fig. 19.13). Recordamos a partir da teoria elementar de circuitos* que, se i representa a corrente do circuito e q representa a carga elétrica do capacitor, a queda de potencial é $L(di/dt)$ por meio do indutor, Ri por meio do resistor e q/C por meio do capacitor. Expressando que a soma algébrica da tensão aplicada e das quedas de potencial ao longo do circuito fechado é nula, escrevemos

$$E_m \, \text{sen} \, \omega_f t - L\frac{di}{dt} - Ri - \frac{q}{C} = 0 \qquad (19.55)$$

Figura 19.13 Um circuito elétrico com indutância L, resistência R, capacitor C e uma fonte de tensão alternada E.

---

*Ver C. R. Paul, S. A. Nasar e L. E. Unnewehr, *Introduction to Electrical Engineering*, 2ª ed., McGraw-Hill, Nova York, 1992.

Reordenando os termos e recordando que em qualquer instante a corrente i é igual à taxa de variação $\dot{q}$ da carga q, temos

$$L\ddot{q} + R\dot{q} + \frac{1}{C}q = E_m \operatorname{sen} \omega_f t \qquad (19.56)$$

Verificamos que a Eq. (19.56), que define as oscilações do circuito elétrico da Fig. 19.13, é do mesmo tipo da Eq. (19.47), que caracteriza as vibrações forçadas amortecidas do sistema mecânico da Fig. 19.10. Comparando as duas equações, podemos construir uma tabela de expressões mecânicas e elétricas análogas.

A Tabela 19.2 pode ser usada para estender os resultados obtidos nas seções anteriores para vários sistemas mecânicos aos seus análogos elétricos. Por exemplo, a amplitude i_m da corrente no circuito da Fig. 19.13 pode ser obtida observando que ela corresponde ao valor máximo v_m da velocidade no sistema mecânico análogo. Recordando a partir da primeira das Eqs. (19.37) que $v_m = x_m\omega_f$, substituindo x_m da Eq. (19.52) e trocando as constantes do sistema mecânico pelas correspondentes expressões elétricas, temos

$$i_m = \frac{\omega_f E_m}{\sqrt{\left(\dfrac{1}{C} - L\omega_f^2\right)^2 + (R\omega_f)^2}}$$

$$i_m = \frac{E_m}{\sqrt{R^2 + \left(L\omega_f - \dfrac{1}{C\omega_f}\right)^2}} \qquad (19.57)$$

O radical na expressão obtida é conhecido como *impedância* do circuito elétrico.

A analogia entre sistemas mecânicos e circuitos elétricos é válida tanto para oscilações transitórias como para oscilações em regime permanente. As oscilações do circuito mostrado na Fig. 19.14, por exemplo, são análogas às vibrações livres amortecidas do sistema da Fig.19.10. No que diz respeito às condições iniciais, devemos notar que fechar a chave S quando a carga no capacitor é $q = q_0$ equivale à liberação da massa do sistema mecânico com velocidade inicial nula da posição $x = x_0$. Devemos observar também que se uma bateria de tensão constante E é introduzida no circuito elétrico da Fig. 19.14, fechar a chave S será equivalente à aplicação repentina de uma força de intensidade constante P à massa do sistema mecânico da Fig. 19.10.

A discussão anterior seria de valor questionável se seu único resultado fosse tornar possível para os estudantes de mecânica analisar circuitos elétricos sem aprender os elementos da teoria de circuitos. Espera-se que essa discussão vá, ao contrário, encorajá-los a aplicarem, na resolução de problemas de

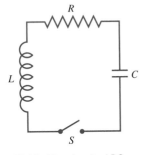

Figura 19.14 Um circuito *LRC* com chave *S*.

Tabela 19.2 Características de um sistema mecânico e de seu análogo elétrico

Sistema mecânico		Circuito elétrico	
m	Massa	L	Indutância
c	Coeficiente de amortecimento viscoso	R	Resistência
k	Constante de mola	$1/C$	Inverso da capacitância
x	Deslocamento	q	Carga
v	Velocidade	i	Corrente
P	Força aplicada	E	Voltagem aplicada

vibrações mecânicas, as técnicas matemáticas que possam aprender em cursos posteriores de teoria de circuitos elétricos. O principal valor do conceito de análogos elétricos, no entanto, reside em sua aplicação a *métodos experimentais* para a determinação das características de um dado sistema mecânico. De fato, um circuito elétrico é muito mais facilmente montado que um modelo mecânico, e o fato de que suas características podem ser modificadas variando a indutância, a resistência ou a capacitância de seus vários componentes torna o uso do análogo elétrico particularmente conveniente.

Para determinar o análogo elétrico de um dado sistema mecânico, concentraremos nossa atenção sobre cada massa móvel no sistema, observando quais molas, amortecedores ou forças externas estão diretamente aplicados sobre ela. Uma malha, ou circuito elétrico, equivalente pode, então, ser montada para combinar cada uma das unidades mecânicas assim definidas; as várias malhas obtidas desse modo formarão, no seu conjunto, o circuito desejado. Considere, por exemplo, o sistema mecânico da Fig. 19.15. A massa m_1 está sob a ação de duas molas de constantes k_1 e k_2 e de dois amortecedores caracterizados pelos coeficientes de amortecimento viscoso c_1 e c_2. O circuito elétrico deveria, portanto, incluir uma malha consistindo em um indutor de indutância L_1 proporcional a m_1, em dois capacitores de capacitâncias C_1 e C_2 inversamente proporcionais a k_1 e k_2, respectivamente, e em dois resistores de resistência R_1 e R_2, proporcionais a c_1 e c_2, respectivamente. Como a massa m_2 está sob a ação da mola k_2 e do amortecedor c_2, bem como da força $P = P_m$ sen $\omega_f t$, o circuito também deveria incluir uma malha contendo o capacitor C_2, o resistor R_2, o novo indutor L_2 e a fonte de tensão $E = E_m$ sen $\omega_f t$ (Fig. 19.16).

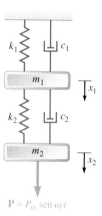

Figura 19.15 Modelo de um sistema de dois graus de liberdade harmonicamente excitado.

Para verificar se o sistema mecânico da Fig. 19.15 e o circuito elétrico da Fig. 19.16 realmente satisfazem as mesmas equações diferenciais, as equações de movimento para m_1 e m_2 serão deduzidas primeiro. Representando, respectivamente, por x_1 e x_2 os deslocamentos de m_1 e m_2 de suas posições de equilíbrio, observamos que o alongamento da mola k_1 (medido de sua posição de equilíbrio) é igual a x_1, enquanto o alongamento da mola k_2 é igual ao deslocamento relativo $x_2 - x_1$ de m_2 em relação a m_1. As equações de movimento para m_1 e m_2 são, portanto,

$$m_1\ddot{x}_1 + c_1\dot{x}_1 + c_2(\dot{x}_1 - \dot{x}_2) + k_1x_1 + k_2(x_1 - x_2) = 0 \quad (19.58)$$

$$m_2\ddot{x}_2 + c_2(\dot{x}_2 - \dot{x}_1) + k_2(x_2 - x_1) = P_m \text{ sen } \omega_f t \quad (19.59)$$

Considere, agora, o circuito elétrico da Fig. 19.16; representamos, respectivamente, por i_1 e i_2 as correntes da primeira e segunda malhas, e por q_1 e q_2 as integrais $\int i_1\, dt$ e $\int i_2\, dt$. Observando que a carga no capacitor C_1 é q_1, enquanto a carga em C_2 é $q_1 - q_2$, expressamos que a soma das diferenças de potencial em cada malha é zero e obtemos as seguintes equações:

$$L_1\ddot{q}_1 + R_1\dot{q}_1 + R_2(\dot{q}_1 - \dot{q}_2) + \frac{q_1}{C_1} + \frac{q_1 - q_2}{C_2} = 0 \quad (19.60)$$

$$L_2\ddot{q}_2 + R_2(\dot{q}_2 - \dot{q}_1) + \frac{q_2 - q_1}{C_2} = E_m \text{ sen } \omega_f t \quad (19.61)$$

Verificamos facilmente que as Eqs. (19.60) e (19.61) se reduzem a (19.58) e a (19.59), respectivamente, quando as substituições indicadas na Tabela 19.2 são efetuadas.

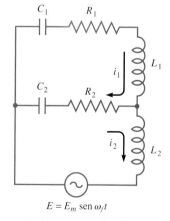

Figura 19.16 Um circuito elétrico análogo ao sistema mecânico da Fig. 19.15.

METODOLOGIA PARA A RESOLUÇÃO DE PROBLEMAS

Nesta seção, um modelo mais realístico de sistema vibratório foi desenvolvido incluindo-se o efeito do **amortecimento viscoso** causado pelo atrito fluido. O amortecimento viscoso foi representado na Fig. 19.10 pela força exercida sobre o corpo em movimento por um êmbolo movendo-se em um amortecedor. Essa força é igual em intensidade a $c\dot{x}$, onde a constante c, expressa em N·s/m, é conhecida como o *coeficiente de amortecimento viscoso*. Tenha em mente que a mesma convenção de sinal deve ser usada para x, $\dot{x}$ e $\ddot{x}$.

1. Vibrações livres amortecidas. A equação diferencial que define esse movimento foi encontrada como sendo

$$m\ddot{x} + c\dot{x} + kx = 0 \qquad (19.38)$$

Para obter a solução dessa equação, calcule o *coeficiente de amortecimento crucial* c_c usando a equação

$$c_c = 2m\sqrt{k/m} = 2m\omega_n \qquad (19.41)$$

onde ω_n é a frequência natural circular do sistema não amortecido.

    a. Se $c > c_c$ (amortecimento supercrucial), a solução da Eq. (19.38) é

$$x = C_1 e^{\lambda_1 t} + C_2 e^{\lambda_2 t} \qquad (19.42)$$

onde

$$\lambda_{1,2} = -\frac{c}{2m} \pm \sqrt{\left(\frac{c}{2m}\right)^2 - \frac{k}{m}} \qquad (19.40)$$

e onde as constantes C_1 e C_2 podem ser determinadas a partir das condições iniciais $x(0)$ e $\dot{x}(0)$. Essa solução corresponde a um movimento não vibratório.

    b. Se $c = c_c$ (amortecimento crucial), a solução da Eq. (19.38) é

$$x = (C_1 + C_2 t)e^{-\omega_n t} \qquad (19.43)$$

que também corresponde a um movimento não vibratório. Sistemas criticamente amortecidos são de interesse especial em aplicações de engenharia, pois eles retornam à sua posição de equilíbrio no menor tempo possível sem oscilação.

    c. Se $c < c_c$ (amortecimento subcrucial), a solução da Eq. (19.38) é

$$x = x_0 e^{-(c/2m)t} \, \text{sen} \, (\omega_d t + \phi) \qquad (19.46)$$

ou em termos da taxa de amortecimento $\zeta = c/c_{\text{cr}}$,

$$x = x_0 e^{-\zeta \omega_n t} \, \text{sen} \, (\omega_d t + \phi) \qquad (19.46')$$

onde

$$\omega_d = \omega_n \sqrt{1 - \left(\frac{c}{c_c}\right)^2} \qquad (19.45)$$

ou

$$\omega_d = \omega_n \sqrt{1 - \zeta^2} \qquad (19.45')$$

e onde x_0 e ϕ podem ser determinados a partir das condições iniciais $x(0)$ e $\dot{x}(0)$. Essa solução corresponde a oscilações de amplitude decrescente e de período $\tau_d = 2\pi/\omega_d$ (Fig. 19.11).

2. **Vibrações forçadas amortecidas.** Essas vibrações ocorrem quando um sistema com amortecimento viscoso está sujeito a uma força periódica **P** de intensidade $P = P_m$ sen $\omega_f t$ ou quando ele está elasticamente ligado a um suporte com um movimento alternado $\delta = \delta_m$ sen $\omega_f t$. No primeiro caso, o movimento é definido pela equação diferencial

$$m\ddot{x} + c\dot{x} + kx = P_m \text{ sen } \omega_f t \qquad (19.47)$$

e, no segundo caso, por uma equação similar obtida pela substituição de P_m por $k\delta_m$. Você se preocupará somente com o movimento em *regime permanente* do sistema, que é definido por uma *solução particular* dessas equações, da forma

$$x_{\text{part}} = x_m \text{ sen } (\omega_f t - \phi) \qquad (19.48)$$

onde

$$\frac{x_m}{P_m/k} = \frac{x_m}{\delta_m} = \frac{1}{\sqrt{[1 - (\omega_f/\omega_n)^2]^2 + [2(c/c_c)(\omega_f/\omega_n)]^2}} \qquad (19.53)$$

e

$$\text{tg } \phi = \frac{2(c/c_c)(\omega_f/\omega_n)}{1 - (\omega_f/\omega_n)^2} \qquad (19.54)$$

A expressão dada na Eq. (19.53) é referida como o *fator de ampliação* e foi traçada em um gráfico em função da razão de frequências $\omega_f/\omega n$ da Fig. 19.12 para vários valores do fator de amortecimento c/c_c. As Eqs. (19.53) e (19.54) podem ser escritas em termos do fator de amortecimento ζ e da razão de frequências r como mostrado nas Eqs. (19.53) e (19.54′). Nos problemas que se seguem, você poderá ser solicitado a determinar um dos parâmetros das Eqs. (19.53) e (19.54) onde os outros parâmetros são conhecidos.

PROBLEMAS

19.127 Mostre que, no caso de amortecimento supercrucial ($c > c_c$), um corpo nunca passa pela sua posição de equilíbrio O (*a*) se ele é liberado sem velocidade inicial de uma posição arbitrária, (*b*) se ele parte de O com uma velocidade inicial arbitrária.

19.128 Mostre que, no caso de amortecimento supercrucial ($c > c_c$), um corpo liberado de uma posição arbitrária com uma velocidade inicial arbitrária não pode passar mais de uma vez pela sua posição de equilíbrio.

19.129 No caso de amortecimento subcrucial ($c < c_c$), os deslocamentos x_1, x_2 e x_3 mostrados na Fig. 19.11 podem ser considerados iguais aos deslocamentos máximos. Mostre que a razão de dois deslocamentos máximos sucessivos x_n e x_{n+1} é constante e que o logaritmo natural dessa razão, chamado de *decremento logarítmico*, é

$$\ln\frac{x_n}{x_{n+1}} = \frac{2\pi(c/c_c)}{\sqrt{1 - (c/c_c)^2}}$$

19.130 Na prática, é frequentemente difícil determinar o decremento logarítmico de um sistema com o amortecimento subcrucial definido no Problema 19.129 pela medida de dois deslocamentos máximos sucessivos. Mostre que o decremento logarítmico também pode ser expresso como $(1/k) \ln(x_n/x_{n+k})$, onde k é o número de ciclos entre leituras do deslocamento máximo.

19.131 Em um sistema com amortecimento subcrucial ($c < c_c$), o período de vibração é usualmente definido como o intervalo de tempo $\tau_d = 2\pi/\omega_d$ correspondente a dois pontos sucessivos onde a curva deslocamento-tempo toca uma das curvas limites mostradas na Fig. 19.11. Mostre que o intervalo de tempo (*a*) entre o deslocamento positivo e o deslocamento negativo seguinte máximos é $\frac{1}{2}\tau_d$, (*b*) entre dois deslocamentos nulos sucessivos é $\frac{1}{2}\tau_d$, (*c*) entre um deslocamento positivo máximo e o deslocamento nulo seguinte é maior que $\frac{1}{4}\tau_d$.

19.132 Um vagão de trem carregado, de massa 15.000 kg, está circulando a uma velocidade constante $\mathbf{v}_0$ quando é acoplado com uma mola e um sistema amortecedor (Fig. 1). O registro da curva deslocamento-tempo do vagão de trem carregado é mostrado na Fig. 2. Determine (*a*) a constante de amortecimento, (*b*) a constante da mola. (*Dica*: Use a definição de decremento logarítmico dado em 19.129.)

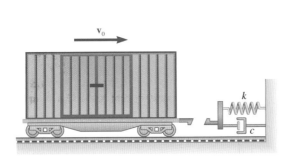

(1)

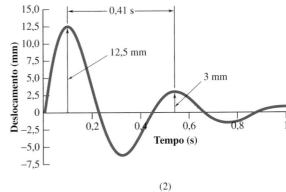

(2)

Figura P19.132

19.133 Um pêndulo torsional tem um momento de inércia de massa centroidal de 0,3 kg·m² e, quando se dá uma torção inicial e ele é liberado, o pêndulo tem uma frequência de oscilação de 200 rpm. Sabendo que, quando esse pêndulo é imerso em óleo e quando se tem a mesma condição inicial, ele tem uma frequência de oscilação de 180 rpm, determine a constante de amortecimento para o óleo.

19.134 Um cano de canhão tem massa de 750 kg e é retornado para a posição de tiro após o recuo de um recuperador de constante c = 18 kN·s/m. Determine (*a*) a constante *k* que deveria ser usada para o recuperador retornar o cano para a posição de tiro no menor tempo possível sem qualquer oscilação, (*b*) o tempo necessário para o cano voltar dois terços do caminho de sua posição de recuo máximo para a sua posição de tiro.

19.135 Um bloco de 2 kg é suportado por uma mola com uma constante *k* de 128 N/m e por um amortecedor com um coeficiente de amortecimento viscoso de c = 0,6 N·s/m. O bloco está em equilíbrio quando é atingido por baixo por um martelo que transmite ao bloco uma velocidade para cima de 0,4 m/s. Determine (*a*) o decremento logarítmico, (*b*) o deslocamento máximo para cima do bloco a partir do equilíbrio após dois ciclos.

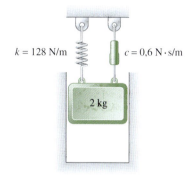

Figura P19.135

19.136 Um bloco *A* de 4 kg é solto de uma altura de 800 mm sobre um bloco *B* de 9 kg que está em repouso. O bloco *B* é suportado por uma mola de constante *k* = 1500 N/m e está unido a um amortecedor de coeficiente de amortecimento c = 230 N·s/m. Sabendo que não há rebote, determine a distância máxima que os blocos vão se mover após o impacto.

19.137 Um bloco *B* de 0,9 kg é ligado por uma corda a um bloco *A* de 2,4 kg que está suspenso, como mostrado na figura, por molas, cada uma com constante *k* = 180 N/m, e por um amortecedor com um coeficiente de amortecimento c = 7,5 N·s/m. Sabendo que o sistema está em repouso quando a corda que liga *A* e *B* é cortada, determine a tensão mínima que ocorrerá em cada mola durante o movimento resultante.

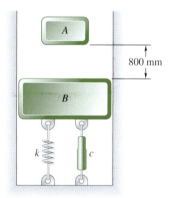

Figura P19.136

Figura P19.137 e P19.138

19.138 Um bloco *B* de 0,9 kg é ligado por uma corda a um bloco *A* de 2,4 kg que está suspenso, como mostrado na figura, por duas molas, cada uma com constante *k* = 180 N/m, e por um amortecedor com um coeficiente de amortecimento c = 60 N·s/m. Sabendo que o sistema está em repouso quando a corda que liga *A* e *B* é cortada, determine a velocidade do bloco *A* após 0,1 s.

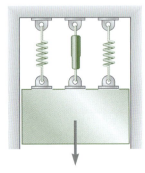

Figura P19.139

19.139 Uma peça de máquina de massa 500 kg é sustentada por quatro molas, cada uma tendo uma constante de 50 kN/m. Uma força periódica de valor máximo 150 N é aplicada ao elemento com uma frequência de 2,8 Hz. Sabendo que o coeficiente de amortecimento é de 1,8 kN·s/m, determine a amplitude da vibração em regime permanente do elemento.

19.140 No Problema 19.139, determine o valor necessário da constante de cada mola se a amplitude da vibração em regime permanente deve ser de 1,25 mm.

19.141 No caso da vibração forçada de um sistema, determine o intervalo de valores do fator de amortecimento c/c_c para o qual o fator de ampliação sempre diminuirá quando a razão de frequência ω_f/ω_n aumentar.

19.142 Mostre que, para um fator de amortecimento c/c_c pequeno, a amplitude máxima de uma vibração forçada ocorre quando $\omega_f \approx \omega_n$ e que o valor correspondente do fator de ampliação é $\frac{1}{2}(c/c_c)$.

19.143 Um excitador de massa excêntrica contrarrotativo consiste de duas massas rotativas de 400 g que descrevem círculos de raio 150 mm com a mesma velocidade, mas em sentidos opostos. Ele é colocado em um elemento de máquina para induzir uma vibração em regime permanente nesse elemento e para determinar algumas características dinâmicas do elemento. A uma velocidade de 1.200 rpm, um estroboscópio mostra as massas excêntricas exatamente abaixo de seus respectivos eixos de rotação e o elemento passando pela sua posição de equilíbrio estático. Sabendo que a amplitude de movimento do elemento a essa velocidade é 15 mm e que a massa total do sistema é 140 kg, determine (a) a constante de mola combinada k, (b) o fator de amortecimento c/c_c.

Figura P19.143

Figura P19.144 e P19.145

19.144 Um motor de 16,3 kg é parafusado a uma viga leve horizontal que tem uma deflexão estática de 1,9 mm devido ao peso do motor. Sabendo que o desbalanceamento do rotor é equivalente a uma massa de 0,02 kg localizada a 158 mm do eixo de rotação, determine a amplitude da vibração do motor a uma velocidade de 900 rpm, considerando (a) que nenhum amortecimento está presente, (b) que o fator de amortecimento c/c_c é igual a 0,055.

19.145 Um motor de 45 kg é parafusado a uma viga leve horizontal que tem uma deflexão estática de 6 mm devido ao peso do motor. O desbalanceamento do motor é equivalente a uma massa de 110 g localizada a 75 mm do eixo de rotação. Sabendo que a amplitude da vibração do motor é 0,25 mm a uma velocidade de 300 rpm, determine (a) o fator de amortecimento c/c_c, (b) o coeficiente de amortecimento c.

19.146 O desbalanceamento do rotor de um motor de 180 kg equivale a uma massa de 85 g localizada a 150 mm do eixo de rotação. O amortecedor que é colocado entre o motor e a fundação é equivalente a uma mola com uma constante de $k = 7,5$ kN/m em paralelo com um amortecedor com constante c. Sabendo que a intensidade da aceleração máxima do motor é de 9 mm/s^2 a uma velocidade de 100 rpm, determine o fator de amortecimento c/c_c.

19.147 Um elemento de máquina é suportado por molas e está ligado a um amortecedor, como mostrado na figura. Mostre que, se uma força periódica de intensidade $P = P_m \operatorname{sen} \omega_f t$ é aplicada ao elemento, a amplitude da força oscilante transmitida à fundação é

$$F_m = P_m \sqrt{\frac{1 + [2(c/c_c)(\omega_f/\omega_n)]^2}{[1 - (\omega_f/\omega_n)^2]^2 + [2(c/c_c)(\omega_f/\omega_n)]^2}}$$

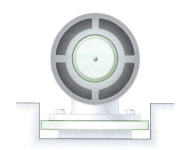

Figura P19.146

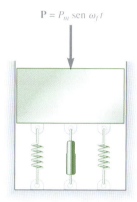

$\mathbf{P} = P_m \operatorname{sen} \omega_f t$

19.148 Um elemento de máquina de 91 kg suportado por quatro molas, cada uma de constante $k = 175$ N/m, está sujeito a uma força periódica de 0,8 Hz de frequência e de 89 N de amplitude. Determine a amplitude da força oscilante transmitida à fundação se (*a*) um amortecedor com um coeficiente de amortecimento $c = 365$ N·s/m está ligado à peça de máquina e ao chão, (*b*) o amortecedor é removido.

19.149 Um modelo simplificado de uma máquina de lavar é mostrado na figura. Uma trouxa de roupa molhada forma uma massa m_b de 10 kg na máquina e causa um desbalanceamento rotativo. A massa rotativa é 20 kg (incluindo m_b) e o raio da cesta de lavar e é 250 mm. Sabendo que a máquina de lavar tem uma constante de mola equivalente a $k = 1000$ N/m e fator de amortecimento $\zeta = c/c_c = 0,05$ e que durante o ciclo de centrifugação a cesta gira a 250 rpm, determine a amplitude do movimento e a intensidade da força transmitida para os lados da máquina de lavar.

Figura P19.147 e P19.148

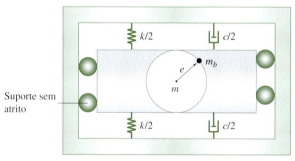

Figura P19.149

*__*19.150__* Para uma vibração em regime permanente com amortecimento sob uma força harmônica, mostre que a energia mecânica dissipada por ciclo pelo amortecedor é $E = \pi c x_m^2 \omega_f$, onde c é o coeficiente de amortecimento, x_m é a amplitude do movimento e ω_f é a frequência circular da força harmônica.

*__*19.151__* A suspensão de um automóvel pode ser aproximada pelo sistema simplificado mola-amortecedor mostrado na figura. (*a*) Escreva a equação diferencial que define o deslocamento vertical da massa m quando o sistema se move com uma velocidade v por uma estrada com uma seção longitudinal senoidal de amplitude δ_m e comprimento de onda L. (*b*) Deduza uma expressão para a amplitude do deslocamento vertical da massa m.

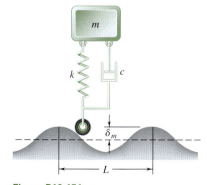

Figura P19.151

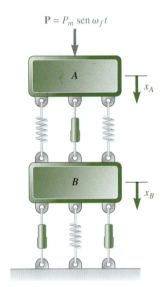

Figura P19.152

***19.152** Dois blocos, A e B, cada um de massa m, são suportados, como mostrado na figura, por três molas de mesma constante k. Os blocos A e B estão ligados por um amortecedor e o bloco B está ligado ao chão por dois amortecedores, cada um tendo o mesmo coeficiente de amortecimento c. O bloco A é submetido a uma força de intensidade $P = P_m \operatorname{sen} \omega_f t$. Escreva as equações diferenciais que definem os deslocamentos x_A e x_B dos dois blocos a partir de suas posições de equilíbrio.

19.153 Expresse em termos de L, C e E o intervalo de valores da resistência R no qual ocorrerão oscilações no circuito mostrado na figura quando a chave S for fechada.

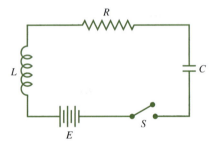

Figura P19.153

19.154 Considere o circuito do Problema 19.153 quando o capacitor C é removido. Se a chave S for fechada no instante $t = 0$, determine (a) o valor final da corrente no circuito, (b) o instante t no qual a corrente alcançará $(1 - 1/e)$ vezes o valor final. (O valor desejado de t é conhecido como a *constante de tempo* do circuito.)

19.155 e 19.156 Desenhe o análogo elétrico do sistema mecânico mostrado na figura. (*Dica:* desenhe as malhas correspondentes aos corpos livres m e A.)

Figura P19.155 e P19.157

19.157 e 19.158 Escreva as equações diferenciais definindo (a) os deslocamentos da massa m e do ponto A, (b) as cargas nos capacitores do análogo elétrico.

Figura P19.156 e P19.158

REVISÃO E RESUMO

Este capítulo foi dedicado ao estudo de **vibrações mecânicas**, ou seja, à análise do movimento de partículas e corpos rígidos que oscilam em torno de uma posição de equilíbrio. Na primeira parte do capítulo [Seções 19.1 a 19.4], consideramos *vibrações sem amortecimento*, enquanto a segunda parte foi dedicada às *vibrações amortecidas* [Seção 19.5].

Vibrações livres de uma partícula

Na Seção 19.1, consideramos as **vibrações livres de uma partícula**, isto é, o movimento de uma partícula P sujeita a uma força restauradora proporcional ao deslocamento da partícula – como a força exercida por uma mola. Se o deslocamento x da partícula P é medido a partir de sua posição de equilíbrio O (Fig. 19.17), a resultante **F** das forças que atuam em P (incluindo seu peso) tem uma intensidade kx e está dirigida para O. Aplicando a segunda lei de Newton, $F = ma$, e lembrando que $a = \ddot{x}$, escrevemos a equação diferencial

$$m\ddot{x} + kx = 0 \qquad (19.2)$$

ou, estabelecendo que $\omega_n^2 = k/m$,

$$\ddot{x} + \omega_n^2 x = 0 \qquad (19.6)$$

O movimento definido por essa equação é chamado de **movimento harmônico simples**.

A solução da Eq. (19.6), que representa o deslocamento da partícula P, foi expressa como

$$x = x_m \operatorname{sen}(\omega_n t + \phi) \qquad (19.10)$$

onde x_m = amplitude da vibração
$\omega_n = \sqrt{k/m}$ = frequência natural circular
ϕ = ângulo da fase

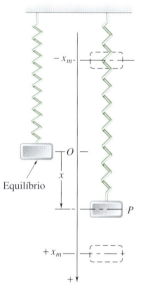

Figura 19.17

O **período da vibração** (isto é, o tempo necessário para um ciclo completo) e sua **frequência natural** (isto é, o número de ciclos por segundo) foram expressos como

$$\text{Período} = \tau_n = \frac{2\pi}{\omega_n} \qquad (19.13)$$

$$\text{Frequência natural} = f_n = \frac{1}{\tau_n} = \frac{\omega_n}{2\pi} \qquad (19.14)$$

A velocidade e aceleração da partícula foram obtidas diferenciando-se a Eq. (19.10), e seus valores máximos foram encontrados como sendo

$$v_m = x_m \omega_n \qquad a_m = x_m \omega_n^2 \qquad (19.15)$$

Como todos os parâmetros anteriores dependem diretamente da frequência natural circular ω_n e, portanto, da razão k/m, é essencial calcular o valor da constante k em qualquer problema dado. Isso pode ser feito determinando-se a relação entre a força restauradora e o deslocamento correspondente da partícula [Problema Resolvido 19.1].

Foi também mostrado que o movimento oscilatório da partícula P pode ser representado pela projeção no eixo x do movimento de um ponto Q que descreve um círculo auxiliar de raio x_m com a velocidade angular constante ω_n (Fig. 19.18). Os valores instantâneos da velocidade e da aceleração de P podem, então, ser obtidos projetando-se no eixo x os vetores $\mathbf{v}_m$ e $\mathbf{a}_m$ que representam, respectivamente, a velocidade e aceleração de Q.

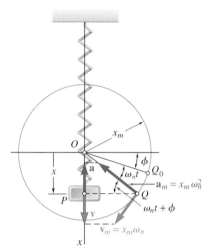

Figura 19.18

Pêndulo simples

Apesar de o movimento de um **pêndulo simples** não ser realmente um movimento harmônico simples, as fórmulas dadas anteriormente podem ser usadas, com $\omega_n^2 = g/l$, para calcular o período e a frequência natural de *pequenas oscilações* de um pêndulo simples [Seção 19.1B]. Oscilações de grande amplitude de um pêndulo simples foram discutidas na Seção 19.1C.

Vibrações livres de um corpo rígido

As **vibrações livres de um corpo rígido** podem ser analisadas escolhendo-se uma variável apropriada, como uma distância x ou um ângulo θ, para definir a posição do corpo. Desenhamos os diagramas de corpo livre e cinético para expressar a equivalência entre forças externas e termos inerciais e escrevemos uma equação relacionando a variável escolhida e sua segunda derivada [Seção 19.2]. Se a equação obtida for da forma

$$\ddot{x} + \omega_n^2 x = 0 \qquad \text{ou} \qquad \ddot{\theta} + \omega_n^2 \theta = 0 \qquad (19.21)$$

a vibração considerada é um movimento harmônico simples e seu período e frequência natural podem ser obtidos *identificando-se* ω_n e substituindo seu valor nas Eqs. (19.13) e (19.14) [Problemas Resolvidos 19.2 e 19.3].

Usando o princípio de conservação da energia

O *princípio de conservação de energia* pode ser usado como um método alternativo para a determinação do período e da frequência natural do movimento harmônico simples de uma partícula ou de um corpo rígido [Seção 19.3]. Escolhendo novamente uma variável apropriada, como θ, para definir a posição do sistema, expressamos que a energia total do sistema é conservada, $T_1 + V_1 = T_2 + V_2$, entre a posição de deslocamento máximo ($\theta_1 = \theta_m$) e a posição de velocidade máxima ($\dot{\theta}_2 = \dot{\theta}_m$). Se o movimento considerado é harmônico simples, os dois membros da equação obtida consistem de expressões quadráticas homogêneas em θ_m e $\dot{\theta}_m$, respectivamente. Substituindo $\dot{\theta}_m = \theta_m \omega_n$ nessa equação, podemos fatorar θ_m^2 e resolver para a frequência circular ω_n [Problema

Resolvido 19.4]. É importante notar que se o movimento pode ser aproximado apenas por um movimento harmônico simples, como para as pequenas oscilações de um corpo sob gravidade, devemos aproximar a energia potencial por uma expressão quadrática em θ_m [Problema Resolvido 19.4].

Vibrações forçadas

Na Seção 19.4, consideramos as **vibrações forçadas** de um sistema mecânico. Essas vibrações ocorrem quando o sistema está submetido a uma força periódica (Fig. 19.19) ou está preso elasticamente a um suporte em movimento alternado (Fig. 19.20). Representando por ω_f a frequência forçada circular, encontramos que, no primeiro caso, o movimento do sistema foi definido pela equação diferencial

$$m\ddot{x} + kx = P_m \operatorname{sen} \omega_f t \qquad (19.30)$$

e que, no segundo caso, ele foi definido pela equação diferencial

$$m\ddot{x} + kx = k\delta_m \operatorname{sen} \omega_f t \qquad (19.31)$$

A solução geral dessas equações é obtida adicionando-se uma solução particular da forma

$$x_{\text{part}} = x_m \operatorname{sen} \omega_f t \qquad (19.32)$$

à solução geral da equação homogênea correspondente. A solução particular da Eq.(19.32) representa uma **vibração em regime permanente** do sistema, enquanto a solução da equação homogênea representa uma **vibração livre transiente** que pode normalmente ser desprezada.

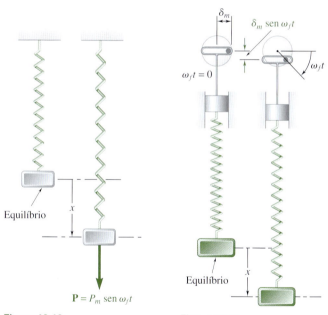

Figura 19.19   **Figura 19.20**

Dividindo a amplitude x_m da vibração em regime permanente por P_m/k no caso de uma força periódica ou por δ_m no caso de um suporte oscilante, definimos o **fator de ampliação** da vibração e encontramos que

$$\text{Fator de ampliação} = \frac{x_m}{P_m/k} = \frac{x_m}{\delta_m} = \frac{1}{1 - (\omega_f/\omega_n)^2} \qquad (19.36)$$

De acordo com a Eq. (19.36), a amplitude x_m da vibração forçada se torna infinita quando $\omega_f = \omega_n$, isto é, quando a frequência forçada é igual à frequência natural do sistema. A força imprimida ou o movimento forçado do suporte são, então, ditos a estarem em **ressonância** com o sistema [Problema Resolvido 19.5]. (Na verdade, a amplitude da vibração permanece finita por causa das forças amortecedoras.)

Vibrações livres amortecidas

Na Seção 19.5, consideramos as **vibrações amortecidas** de um sistema mecânico. Primeiramente, analisamos as vibrações livres amortecidas de um sistema com **amortecimento viscoso** [Seção 19.5A]. Constatamos que o movimento de tal sistema foi definido pela equação diferencial

$$m\ddot{x} + c\dot{x} + kx = 0 \qquad (19.38)$$

onde c é uma constante chamada de *coeficiente de amortecimento viscoso*. Definindo o *coeficiente de amortecimento crucial* c_c como

$$c_c = 2m\sqrt{\frac{k}{m}} = 2m\omega_n \qquad (19.41)$$

onde ω_n é a frequência natural circular do sistema na ausência de amortecimento, distinguimos os três casos diferentes de amortecimento, a saber: (1) *amortecimento supercrucial*, quando $c > c_c$; (2) *amortecimento crucial*, quando $c = c_c$; e (3) *amortecimento subcrucial*, quando $c < c_c$. Nos dois primeiros casos, o sistema, quando perturbado, tende a restaurar sua posição de equilíbrio sem qualquer oscilação. No terceiro caso, o movimento é vibratório com amplitude decrescente. Para um sistema subcrucial, a resposta transiente é

$$x = x_0 e^{-(c/2m)t} \operatorname{sen}(\omega_d t + \phi) \qquad (19.46)$$

onde

$$\omega_d = \omega_n \sqrt{1 - \left(\frac{c}{c_c}\right)^2} \qquad (19.45)$$

Vibrações forçadas amortecidas

Na Seção 19.15B, consideramos as **vibrações forçadas amortecidas** de um sistema mecânico. Essas vibrações ocorrem quando um sistema com amortecimento viscoso é sujeito a uma força periódica $\mathbf{P}$ de intensidade $P = P_m \operatorname{sen} \omega_f t$ ou quando ele está elasticamente ligado a um suporte com um movimento alternado $\delta = \delta_m \operatorname{sen} \omega_f t$. No primeiro caso, o movimento do sistema é definido pela equação diferencial

$$m\ddot{x} + c\dot{x} + kx = P_m \operatorname{sen} \omega_f t \qquad (19.47)$$

e, no segundo caso, por uma equação análoga obtida substituindo P_m por $k\delta_m$ em (19.47).

A *vibração em regime permanente* do sistema é representada por uma solução particular da Eq. (19.47), sob a forma

$$x_{\text{part}} = x_m \text{ sen } (\omega_f t - \phi) \tag{19.48}$$

Dividindo a amplitude x_m da vibração em regime permanente por Pm/k no caso de uma força periódica ou por δ_m no caso de um suporte oscilante, obtivemos a seguinte expressão para o fator de ampliação

$$\frac{x_m}{P_m/k} = \frac{x_m}{\delta_m} = \frac{1}{\sqrt{[1 - (\omega_f/\omega_n)^2]^2 + [2(c/c_c)(\omega_f/\omega_n)]^2}} \tag{19.53}$$

ou

$$\frac{x_m}{P_m/k} = \frac{x_m}{\delta_{st}} = \frac{1}{\sqrt{(1 - r^2)^2 + (2\zeta r)^2}}$$

onde $\omega = \sqrt{k/m}$ = frequência natural circular de sistema não amortecido

$c_c = 2m\omega_n$ = coeficiente de amortecimento crucial

$c/c_c = \zeta$ = fator de amortecimento

$r = \omega/\omega_n$ = razão de frequência

Também verificamos que a *diferença de fase* entre a força imprimida ou o movimento do suporte e a vibração em regime permanente resultante do sistema amortecido foi definida pela relação

$$\text{tg } \phi = \frac{2(c/c_c)(\omega_f/\omega_n)}{1 - (\omega_f/\omega_n)^2} \tag{19.54}$$

ou

$$\text{tg } \phi = \frac{2\zeta r}{1 - r^2} \tag{19.54'}$$

Análogos elétricos

O capítulo terminou com uma discussão sobre *análogos elétricos* [Seção 19.5C], na qual mostrou-se que as vibrações de sistemas mecânicos e as oscilações de circuitos elétricos são definidas pelas mesmas equações diferenciais. Análogos elétricos de sistemas mecânicos podem, portanto, ser usados para estudar ou prever o comportamento desses sistemas.

PROBLEMAS DE REVISÃO

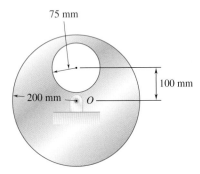

Figura P19.159

19.159 Um furo de 75 mm de raio é cortado em um disco uniforme de 200 mm de raio que está ligado a um pino sem atrito em seu centro geométrico O. Determine (a) o período de pequenas oscilações do disco, (b) o comprimento de um pêndulo simples que tenha o mesmo período.

19.160 Observou-se que o período de vibração do sistema mostrado na figura é de 0,6 s. Após o cilindro B ser removido, o período observado é de 0,5 s. Determine (a) a massa do cilindro A, (b) a constante da mola.

Figura P19.160

19.161 Os discos A e B têm massas de 15 kg e 6 kg, respectivamente, e um pequeno bloco C de 2,5 kg é preso na borda disco B. Considerando que não ocorre deslizamento entre os discos, determine o período de pequenas oscilações do sistema.

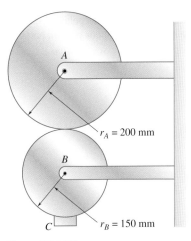

Figura P19.161

19.162 O bloco mostrado na figura é abaixado em 30 mm da sua posição de equilíbrio e então liberado. Sabendo que depois de 10 ciclos o deslocamento máximo do bloco é de 12,5 mm, determine (*a*) o fator de amortecimento c/c_c, (*b*) o valor do coeficiente de amortecimento viscoso. (*Dica:* veja os Problemas 19.129 e 19.130.)

19.163 Uma bola de 20 g está ligada a uma raquete por meio de uma corda elástica AB de constante $k = 7,5$ N/m. Sabendo que a raquete é movida verticalmente de acordo com a relação $\delta = \delta_m$ sen $\omega_f t$, onde $\delta_m = 200$ mm, determine a frequência circular máxima ω_f admissível para a corda não ficar frouxa.

Figura P19.162

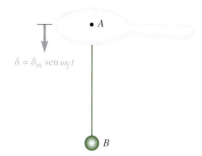

Figura P19.163

19.164 Uma barra delgada AB de 3 kg está aparafusada a um disco uniforme de 5 kg. Um amortecedor com um coeficiente de amortecimento de $c = 9$ N·s/m é ligado ao disco, como mostrado na figura. Determine (*a*) a equação diferencial de movimento para pequenas oscilações, (*b*) o fator de amortecimento c/c_c.

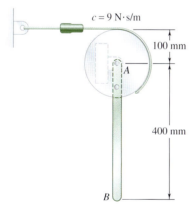

Figura P19.164

19.165 Uma barra uniforme de 2 kg é suportada por um pino em O e por uma mola em A e está ligada a um amortecedor em B. Determine (*a*) a equação diferencial de movimento para pequenas oscilações, (*b*) o ângulo que a barra formará com a horizontal 5 s depois que a extremidade B for empurrada 25 mm para baixo e liberada.

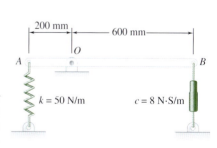

Figura P19.165

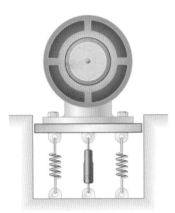

Figura **P19.166**

19.166 Um motor de 400 kg é suportado por quatro molas, cada uma de constante $k = 150$ kN/m, e um amortecedor de constante $c = 6.500$ N·s/m é restringido a mover-se verticalmente. Sabendo que o desbalanceamento do rotor é equivalente a uma massa de 23 g localizada a uma distância de 100 mm do eixo de rotação, determine, para a velocidade de 800 rpm, (a) a amplitude da força oscilante transmitida para a fundação, (b) a amplitude do movimento vertical do motor.

19.167 O compressor mostrado tem massa de 250 kg e opera em 2.000 rpm. Nessa condição de operação, a força transmitida ao solo é excessivamente alta e é $mr\omega_f^2$, onde mr é o desbalanceamento e ω_f é a frequência de forçamento. Para corrigir esse problema, propõe-se isolar o compressor montando-o num bloco de concreto quadrado separado do resto do piso, como mostrado na figura. A densidade do concreto é 2.400 kg/m³ e a constante de mola para o solo é 80×10^6 N/m. A geometria do compressor leva a escolher um bloco de concreto de 1,5 m por 1,5 m. Determine a profundidade h que reduzirá a força transmitida para o chão em 75%.

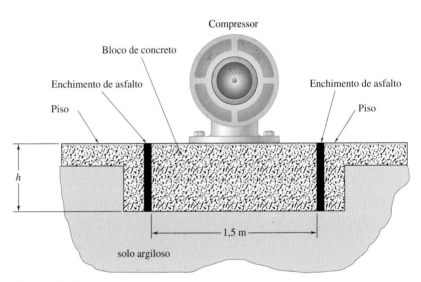

Figura **P19.167**

19.168 Uma pequena bola de massa m presa ao ponto médio de uma corda elástica bem esticada de comprimento l pode deslizar em um plano horizontal. A bola recebe um pequeno deslocamento na direção perpendicular à corda e é liberada. Considerando que a tração T na corda permanece constante, (a) escreva a equação diferencial de movimento da bola, (b) determine o período de vibração.

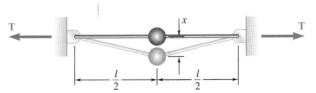

Figura **P19.168**

19.169 Um determinado vibrômetro utilizado para medir amplitudes de vibração consiste essencialmente numa caixa que contém uma barra delgada à qual está ligada uma massa *m*; a frequência natural do sistema barra–massa é conhecida como sendo 5 Hz. Quando a caixa está rigidamente ligada ao revestimento de um motor que gira a 600 rpm, observa-se que a massa vibra com uma amplitude de 1,5 mm em relação à caixa. Determine a amplitude do movimento vertical do motor.

Figura P19.169

19.170 Se um pêndulo simples ou composto é usado para determinar experimentalmente a aceleração da gravidade *g*, dificuldades são encontradas. No caso de um pêndulo simples, a corda não é verdadeiramente leve, enquanto no caso de um pêndulo composto, a localização exata do centro de massa é difícil de estabelecer. No caso de um pêndulo composto, a dificuldade pode ser eliminada usando um pêndulo reversível ou um pêndulo de Kater. Duas arestas pontiagudas, *A* e *B* ,são dispostas tal que elas não estão, obviamente, à mesma distância do centro de massa *G*, e a distância *l* é medida com grande precisão. A posição do contrapeso *D* é, então, ajustada tal que o período de oscilação τ seja o mesmo quando qualquer aresta pontiaguda é usada. Mostre que o período τ obtido é igual ao de um pêndulo simples verdadeiro de comprimento *l* e que $g = 4\pi^2/\tau^2$.

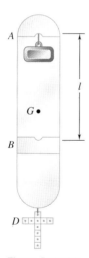

Figura P19.170

Apêndice A: Algumas definições úteis e propriedades de álgebra vetorial

As seguintes definições e propriedades de álgebra vetorial foram discutidas detalhadamente nos Capítulos 2 e 3 do livro *Mecânica vetorial para engenheiros: Estática*. Elas estão resumidas aqui para conveniência do leitor, com referências às seções apropriadas do volume de *Estática*. Os números das equações e das ilustrações são aqueles usados na apresentação original.

A.1 Adição de vetores (Seções 2.1B e 2.1C)

Vetores são definidos como *expressões matemáticas constituídas por intensidade, direção e sentido, que se somam de acordo com a lei do paralelogramo*. Portanto, a soma de dois vetores **P** e **Q** é obtida aplicando-se os dois vetores no mesmo ponto *A* e construindo-se um paralelogramo, usando **P** e **Q** como dois lados desse paralelogramo (Fig. A.2). A diagonal que passa por *A* representa a soma dos vetores **P** e **Q**, e essa soma é representada por **P** + **Q**. A adição vetorial é *associativa* e *comutativa*.

Figura A.1

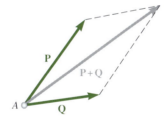

Figura A.2

O *vetor negativo* de um dado vetor **P** é definido como um vetor que tem a mesma intensidade *P* e direção e sentido opostos ao de **P** (Fig. A.1); o negativo do vetor **P** é representado por −**P**. Claramente, temos

$$\mathbf{P} + (-\mathbf{P}) = 0$$

A.2 Produto de um escalar e um vetor (Seção 2.1C)

O produto $k\mathbf{P}$ de um escalar *k* e um vetor **P** é definido como um vetor que tem a mesma direção e sentido de **P** (se *k* é positivo), ou direção e sentido opostos ao de **P** (se *k* é negativo), e uma intensidade igual ao produto da intensidade *P* pelo valor absoluto de *k* (Fig. A.3).

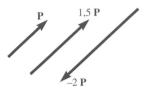

Figura A.3

A.3 Vetores unitários. Decomposição de um vetor em componentes retangulares (Seções 2.2A e 2.4A)

Os vetores **i**, **j** e **k**, chamados de *vetores unitários*, são definidos como vetores de intensidade 1, dirigidos, respectivamente, ao longo dos eixos *x*, *y* e *z* positivos (Fig. A.4).

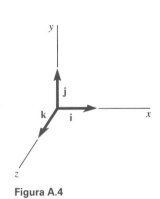

Figura A.4

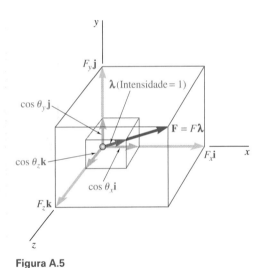

Figura A.5

Representando por F_x, F_y e F_z os componentes escalares de um vetor **F**, temos (Fig. A.5)

$$\mathbf{F} = F_x\mathbf{i} + F_y\mathbf{j} + F_z\mathbf{k} \quad (2.20)$$

No caso particular de um vetor unitário **λ** dirigido ao longo de uma reta formando ângulos θ_x, θ_y e θ_z com os eixos coordenados, temos

$$\boldsymbol{\lambda} = \cos\theta_x\mathbf{i} + \cos\theta_y\mathbf{j} + \cos\theta_z\mathbf{k} \quad (2.22)$$

A.4 Produto escalar de dois vetores (Seções 3.1C e 3.1D)

O produto vetorial de dois vetores **P** e **Q** é definido como o vetor

$$\mathbf{V} = \mathbf{P} \times \mathbf{Q}$$

que satisfaz as seguintes condições:

1. A linha de ação de **V** é perpendicular ao plano que contém **P** e **Q** (Fig. A.6).
2. A intensidade de **V** é o produto das intensidades de **P** e **Q** pelo seno do ângulo θ formado por **P** e **Q** (cujo valor é sempre menor ou igual a 180°); temos, então

$$V = PQ \operatorname{sen} \theta \qquad (3.1)$$

3. A direção e o sentido de **V** são obtidos pela *regra da mão direita*. Feche sua mão direita e posicione-a de modo que seus dedos se curvem no mesmo sentido da rotação em θ que leva o vetor **P** a ficar alinhado com o vetor **Q**; seu polegar irá então indicar a direção e o sentido do vetor **V** (Fig. A.6b). Note que, se **P** e **Q** não tiverem um ponto comum de aplicação, eles deverão primeiramente ser redesenhados com a origem no mesmo ponto. Os três vetores **P**, **Q** e **V** – tomados nessa ordem – formam uma *tríade da mão direita*.

Os produtos vetoriais são *distributivos*, mas *não comutativos*. Temos

$$\mathbf{Q} \times \mathbf{P} = -(\mathbf{P} \times \mathbf{Q}) \qquad (3.4)$$

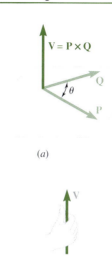

Figura A.6

Produtos vetoriais de vetores unitários. Segue-se da definição do produto vetorial de dois vetores que

$$\begin{array}{lll}
\mathbf{i} \times \mathbf{i} = 0 & \mathbf{j} \times \mathbf{i} = -\mathbf{k} & \mathbf{k} \times \mathbf{i} = \mathbf{j} \\
\mathbf{i} \times \mathbf{j} = \mathbf{k} & \mathbf{j} \times \mathbf{j} = 0 & \mathbf{k} \times \mathbf{j} = -\mathbf{i} \\
\mathbf{i} \times \mathbf{k} = -\mathbf{j} & \mathbf{j} \times \mathbf{k} = \mathbf{i} & \mathbf{k} \times \mathbf{k} = 0
\end{array} \qquad (3.7)$$

Componentes retangulares de produto vetorial. Decompondo os vetores **P** e **Q** em componentes retangulares, obtemos as seguintes expressões para os componentes de seu produto vetorial **V**:

$$\begin{aligned}
V_x &= P_y Q_z - P_z Q_y \\
V_y &= P_z Q_x - P_x Q_z \\
V_z &= P_x Q_y - P_y Q_x
\end{aligned} \qquad (3.9)$$

Na forma de determinante, temos

$$\mathbf{V} = \mathbf{P} \times \mathbf{Q} = \begin{vmatrix} \mathbf{i} & \mathbf{j} & \mathbf{k} \\ P_x & P_y & P_z \\ Q_x & Q_y & Q_z \end{vmatrix} \qquad (3.10)$$

A.5 Momento de uma força em relação a um ponto (Seções 3.1E e 3.1F)

O momento de uma força **F** (ou, mais geralmente, de um vetor **F**) em relação a um ponto O é definido como o produto vetorial

$$\mathbf{M}_O = \mathbf{r} \times \mathbf{F} \qquad (3.11)$$

onde **r** representa o *vetor de posição* do ponto de aplicação A de **F** (Fig. A.7a).

De acordo com a definição do produto vetorial de dois vetores, dada na Seção A.4, o momento $\mathbf{M}_O$ deve ser perpendicular ao plano que contém O e a força **F**. Sua intensidade é igual a

$$M_O = rF \operatorname{sen} \theta = Fd \qquad (3.12)$$

Figura A.7

onde d é a distância perpendicular de O à linha de ação de **F**, e seu sentido é definido pelo sentido da rotação que traria o vetor **r** alinhado com o vetor **F**; essa rotação deve ser vista como no sentido *anti-horário* por um observador localizado na ponta de $\mathbf{M}_O$. Outra maneira de definir o sentido de $\mathbf{M}_O$ é fornecida por uma variação da *regra da mão direita*: feche sua mão direita e mantenha-a de modo que seus dedos fiquem curvados no sentido da rotação que **F** imprimiria ao corpo rígido em relação ao eixo fixo dirigido ao longo da linha de ação de $\mathbf{M}_O$; seu polegar irá indicar o sentido do momento $\mathbf{M}_O$ (Fig. A.7*b*).

Componentes retangulares do momento de uma força. Representando por x, y e z as coordenadas do ponto de aplicação A de **F**, obtemos as seguintes expressões para os componentes do momento $\mathbf{M}_O$ de **F**:

$$M_x = yF_z - zF_y$$
$$M_y = zF_x - xF_z \quad (3.18)$$
$$M_z = xF_y - yF_x$$

Na forma de determinante, temos

$$\mathbf{M}_O = \mathbf{r} \times \mathbf{F} = \begin{vmatrix} \mathbf{i} & \mathbf{j} & \mathbf{k} \\ x & y & z \\ F_x & F_y & F_z \end{vmatrix} \quad (3.19)$$

Para calcular o momento $\mathbf{M}_B$ em relação a um ponto arbitrário B de uma força **F** aplicada em A, devemos usar o vetor $\mathbf{r}_{A/B} = \mathbf{r}_A - \mathbf{r}_B$ desenhado de B para A em vez do vetor **r**. Escrevemos

$$\mathbf{M}_B = \mathbf{r}_{A/B} \times \mathbf{F} = (\mathbf{r}_A - \mathbf{r}_B) \times \mathbf{F} \quad (3.20)$$

ou, usando a forma de determinante

$$\mathbf{M}_B = \begin{vmatrix} \mathbf{i} & \mathbf{j} & \mathbf{k} \\ x_{A/B} & y_{A/B} & z_{A/B} \\ F_x & F_y & F_z \end{vmatrix} \quad (3.21)$$

onde $x_{A/B}$, $y_{A/B}$ e $z_{A/B}$ são componentes do vetor $\mathbf{r}_{A/B}$:

$$x_{A/B} = x_A - x_B \qquad y_{A/B} = y_A - y_B \qquad z_{A/B} = z_A - z_B$$

A.6 Produto escalar de dois vetores (Seção 3.2A)

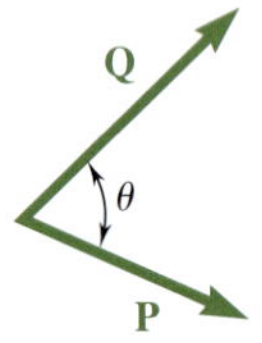

O produto escalar de dois vetores **P** e **Q** é definido como o produto das intensidades de **P** e **Q** e do cosseno do ângulo θ formado por **P** e **Q** (Fig. A.8). O produto escalar de **P** e **Q** é representado por $\mathbf{P} \cdot \mathbf{Q}$. Escrevemos

$$\mathbf{P} \cdot \mathbf{Q} = PQ \cos \theta \quad (3.24)$$

Figura A.8

Produtos escalares são *comutativos* e *distributivos*.

Produtos escalares de vetores unitários. Segue-se da definição de produto escalar de dois vetores que

$$\begin{aligned} \mathbf{i} \cdot \mathbf{i} &= 1 & \mathbf{j} \cdot \mathbf{j} &= 1 & \mathbf{k} \cdot \mathbf{k} &= 1 \\ \mathbf{i} \cdot \mathbf{j} &= 0 & \mathbf{j} \cdot \mathbf{k} &= 0 & \mathbf{k} \cdot \mathbf{i} &= 0 \end{aligned} \quad (3.27)$$

Produto escalar expresso em termos de componentes retangulares. Decompondo os vetores **P** e **Q** em coordenadas retangulares, obtemos

$$\mathbf{P} \cdot \mathbf{Q} = P_x Q_x + P_y Q_y + P_z Q_z \quad (3.28)$$

Ângulo formado por dois vetores. Segue-se de (3.24) e (3.27) que

$$\cos \theta = \frac{\mathbf{P} \cdot \mathbf{Q}}{PQ} = \frac{P_x Q_x + P_y Q_y + P_z Q_z}{PQ} \quad (3.30)$$

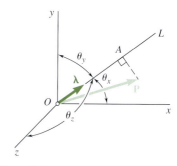

Figura A.9

Projeção de um vetor em um dado eixo. A projeção de um vetor **P** sobre o eixo OL definido pelo vetor unitário $\boldsymbol{\lambda}$ (Fig. A.9) é

$$P_{OL} = OA = \mathbf{P} \cdot \boldsymbol{\lambda} \quad (3.34)$$

A.7 Produto triplo misto de três vetores (Seção 3.2B)

O produto triplo misto dos três vetores **S**, **P** e **Q** é definido como a expressão escalar

$$\mathbf{S} \cdot (\mathbf{P} \times \mathbf{Q}) \quad (3.36)$$

obtida formando-se o produto escalar de **S** com o produto vetorial de **P** e **Q**. Produtos triplos mistos são invariantes por *permutações cíclicas*, mas mudam de sinal com qualquer outra permutação:

$$\mathbf{S} \cdot (\mathbf{P} \times \mathbf{Q}) = \mathbf{P} \cdot (\mathbf{Q} \times \mathbf{S}) = \mathbf{Q} \cdot (\mathbf{S} \times \mathbf{P})$$
$$= -\mathbf{S} \cdot (\mathbf{Q} \times \mathbf{P}) = -\mathbf{P} \cdot (\mathbf{S} \times \mathbf{Q}) = -\mathbf{Q} \cdot (\mathbf{P} \times \mathbf{S}) \quad (3.37)$$

Produto triplo misto expresso em termos de componentes retangulares. O produto triplo misto de **S**, **P** e **Q** pode ser expresso na forma de um determinante

$$\mathbf{S} \cdot (\mathbf{P} \times \mathbf{Q}) = \begin{vmatrix} S_x & S_y & S_z \\ P_x & P_y & P_z \\ Q_x & Q_y & Q_z \end{vmatrix} \quad (3.39)$$

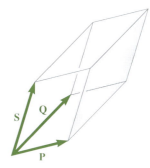

Figura A.10

O produto triplo misto $\mathbf{S} \cdot (\mathbf{P} \times \mathbf{Q})$ mede o volume do paralelepípedo que tem os vetores **S**, **P** e **Q** como lados (Fig. A.10).

A.8 Momento de uma força em relação a um dado eixo (Seção 3.2C)

O momento M_{OL} de uma força **F** (ou, de modo mais geral, de um vetor **F**) em relação a um eixo OL é definido como a projeção OC sobre o eixo OL do momento $\mathbf{M}_O$ de **F** em relação a O (Fig. A.11). Representando por $\boldsymbol{\lambda}$ o vetor unitário ao longo de OL, temos

$$M_{OL} = \boldsymbol{\lambda} \cdot \mathbf{M}_O = \boldsymbol{\lambda} \cdot (\mathbf{r} \times \mathbf{F}) \quad (3.40)$$

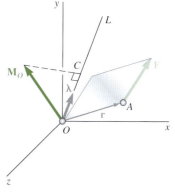

Figura A.11

ou, em forma de determinante,

$$M_{OL} = \begin{vmatrix} \lambda_x & \lambda_y & \lambda_z \\ x & y & z \\ F_x & F_y & F_z \end{vmatrix} \quad (3.41)$$

onde $\lambda_x, \lambda_y, \lambda_z$ = cossenos diretores do eixo OL
x, y, z = coordenadas do ponto de aplicação de **F**
F_x, F_y, F_z = componentes da força **F**

Os momentos da força **F** em relação aos três eixos coordenados são dados pelas expressões (3.18) obtidas anteriormente para os componentes retangulares do momento $\mathbf{M}_O$ de **F** em relação a O:

$$\begin{aligned} M_x &= yF_z - zF_y \\ M_y &= zF_x - xF_z \\ M_z &= xF_y - yF_x \end{aligned} \quad (3.18)$$

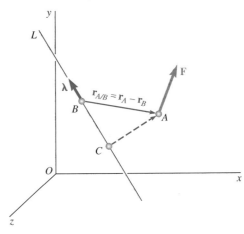

Figura A.12

De modo mais geral, o momento de uma força **F** aplicada em A em relação a um eixo que não passa pela origem é obtido escolhendo-se um ponto arbitrário B sobre o eixo (Fig. A.12) e determinando a projeção sobre o eixo BL do momento $\mathbf{M}_B$ de **F** em relação a B. Escrevemos

$$M_{BL} = \boldsymbol{\lambda} \cdot \mathbf{M}_B = \boldsymbol{\lambda} \cdot (\mathbf{r}_{A/B} \times \mathbf{F}) \quad (3.43)$$

onde $\mathbf{r}_{A/B} = \mathbf{r}_A - \mathbf{r}_B$ representa o vetor desenhado de B para A. Expressando M_{BL} na forma de um determinante, temos

$$M_{BL} = \begin{vmatrix} \lambda_x & \lambda_y & \lambda_z \\ x_{A/B} & y_{A/B} & z_{A/B} \\ F_x & F_y & F_z \end{vmatrix} \quad (3.44)$$

onde $\lambda_x, \lambda_y, \lambda_z$ = cossenos diretores do eixo BL
$x_{A/B} = x_A - x_B, y_{A/B} = y_A - y_B, z_{A/B} = z_A - z_B$
F_x, F_y, F_z = componentes da força **F**

Deve-se observar que o resultado obtido é independente da escolha do ponto B no eixo dado; o mesmo resultado teria sido obtido se o ponto C tivesse sido escolhido em vez de B.

Apêndice B: Momentos de inércia de massas

B.1 Momento de inércia de massa de um corpo simples

Considere um pequeno corpo de massa Δm fixado em uma barra de massa desprezível que pode girar livremente em torno de um eixo AA' (Fig. B.1a). Se um binário é aplicado ao sistema, a barra e o corpo, considerados inicialmente em repouso, começarão a girar em torno de AA'. O tempo necessário para que o sistema alcance uma dada velocidade de rotação é proporcional à massa Δm e ao quadrado da distância r. O produto $r^2 \Delta m$ fornece, portanto, uma medida da **inércia** do sistema, ou seja, uma medida da resistência que o sistema oferece quando tentamos colocá-lo em movimento. Por essa razão, o produto $r^2 \Delta m$ é denominado **momento de inércia** do corpo de massa Δm em relação ao eixo AA'.

Considere agora um corpo de massa m que deve ser posto para girar em torno de um eixo AA' (Fig. B.1b). Dividindo o corpo em elementos de massa Δm_1, Δm_2, etc., verificamos que a resistência do corpo ao movimento de rotação é medida pela soma $r_1^2 \Delta m_1 + r_2^2 \Delta m_2 + \ldots$. Esta soma define, portanto, o momento de inércia do corpo em relação ao eixo AA'. Aumentando o número de elementos, concluímos que o momento de inércia é igual, no limite, à integral

Momento de inércia de um corpo

$$I = \int r^2 \, dm \tag{B.1}$$

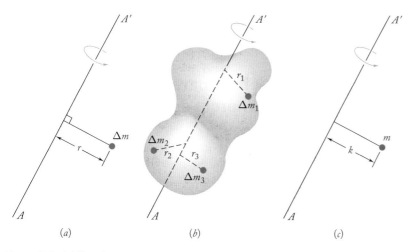

Figura B.1 (a) Um elemento de massa Δm a uma distância r do eixo AA'; (b) o momento de inércia de um corpo rígido é a soma dos momentos de inércia de várias massas pequenas; (c) o momento de inércia permanece inalterado se toda a massa estiver concentrada em um ponto a uma distância do eixo igual ao raio de giração.

O **raio de giração** k do corpo em relação ao eixo AA' é definido pela relação

Raio de giração de um corpo

$$I = k^2 m \quad \text{ou} \quad k = \sqrt{\frac{I}{m}} \tag{B.2}$$

Logo, o raio de giração k representa a distância a que toda massa do corpo deve ser concentrada para que seu momento de inércia em relação a AA' permaneça inalterado (Fig. B.1c). Seja mantido em seu formato original (Fig. B.1b), seja concentrado da maneira mostrada na Fig. B.1c, o corpo de massa m reagirá do mesmo modo a uma rotação, ou *giração*, em torno de AA'.

O raio de giração k é expresso em metros e a massa m, em quilogramas; logo, a unidade usada para o momento de inércia de um corpo é kg·m².

O momento de inércia de um corpo em relação a um eixo de coordenadas pode ser facilmente expresso em termos das coordenadas x, y, z do elemento de massa dm (Fig. B.2). Observando, por exemplo, que o quadrado da distância r do elemento dm ao eixo y é $z^2 + x^2$, denotamos o momento de inércia do corpo em relação ao eixo y do seguinte modo:

$$I_y = \int r^2 \, dm = \int (z^2 + x^2) \, dm$$

Expressões similares podem ser obtidas para os momentos de inércia em relação aos eixos x e z.

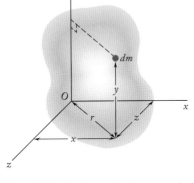

Figura B.2 Um elemento de massa dm em um sistema de coordenadas x, y, z.

Momento de inércia em relação aos eixos coordenados

$$\begin{aligned} I_x &= \int (y^2 + z^2) \, dm \\ I_y &= \int (z^2 + x^2) \, dm \\ I_z &= \int (x^2 + y^2) \, dm \end{aligned} \tag{B.3}$$

Foto B.1 Como você discutirá em seu curso de dinâmica, o comportamento rotacional de uma árvore de comando de válvulas depende do seu momento de inércia de massa em relação ao eixo de rotação.

B.2 Teorema dos eixos paralelos para momentos de inércia dos corpos

Considere um corpo de massa m. Seja $Oxyz$ um sistema de coordenadas retangulares cuja origem está em um ponto arbitrário O, e $Gx'y'z'$ um sistema de eixos centroidais paralelos, ou seja, um sistema cuja origem está no centro de gravidade G do corpo e cujos eixos x', y', z' são paralelos aos eixos x, y, z, respectivamente (Fig. B.3). (Observe que o termo *centroidal* é usado aqui para definir um eixo que passa pelo centro de gravidade G do corpo, seja G coincidente ou não com o centroide do volume do corpo.) Representando por $\bar{x}$, $\bar{y}$, $\bar{z}$

as coordenadas de G em relação a $Oxyz$, temos as seguintes relações entre as coordenadas x, y, z do elemento dm em relação a $Oxyz$ e suas coordenadas x', y', z' em relação aos eixos centroidais $Gx'y'z'$:

$$x = x' + \bar{x} \quad y = y' + \bar{y} \quad z = z' + \bar{z} \tag{B.4}$$

Voltando às Eqs. (B.3), podemos expressar o momento de inércia do corpo em relação ao eixo x da seguinte maneira:

$$I_x = \int (y^2 + z^2)\, dm = \int [(y' + \bar{y})^2 + (z' + \bar{z})^2]\, dm$$

$$= \int (y'^2 + z'^2)\, dm + 2\bar{y}\int y'\, dm + 2\bar{z}\int z'\, dm + (\bar{y}^2 + \bar{z}^2)\int dm$$

A primeira integral representa o momento de inércia $\bar{I}_{x'}$ do corpo em relação ao eixo centroidal x'; a segunda e a terceira integrais representam o momento de primeira ordem do corpo em relação aos planos $z'x'$ e $x'y'$, respectivamente, e, como ambos os planos contêm G, as duas integrais são nulas; a última integral é igual à massa total m do corpo. Logo, temos

$$I_x = \bar{I}_{x'} + m(\bar{y}^2 + \bar{z}^2) \tag{B.5}$$

e, de maneira análoga,

$$I_y = \bar{I}_{y'} + m(\bar{z}^2 + \bar{x}^2) \quad I_z = \bar{I}_{z'} + m(\bar{x}^2 + \bar{y}^2) \tag{B.5'}$$

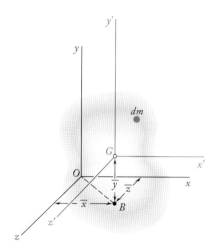

Figura B.3 Um corpo de massa m com um sistema de coordenadas retangular arbitrário em O e um sistema de coordenadas centroidal paralelo em G. Também é possível observar, na imagem, um elemento de massa dm.

Pela Fig. B.3, verificamos facilmente que a soma $\bar{z}^2 + \bar{x}^2$ representa o quadrado da distância OB entre os eixos y e y'. Analogamente, $\bar{y}^2 + \bar{z}^2$ e $\bar{x}^2 + \bar{y}^2$ representam os quadrados da distância entre os eixos x e x' e os eixos z e z', respectivamente. Portanto, representando por d a distância entre um eixo arbitrário AA' e um eixo centroidal paralelo BB' (Fig. B.4), podemos escrever a seguinte relação geral entre os momentos de inércia I do corpo em relação a AA' e seu momento de inércia $\bar{I}$ em relação a BB', conhecida como teorema dos eixos paralelos para momentos de inércia dos corpos:

Teorema dos eixos paralelos para momentos de inércia dos corpos

$$I = \bar{I} + md^2 \tag{B.6}$$

Expressando os momentos de inércia em termos dos raios de giração correspondentes, podemos escrever também

$$k^2 = \bar{k}^2 + d^2 \tag{B.7}$$

onde k e $\bar{k}$ representam os raios de giração do corpo em relação a AA' e BB', respectivamente.

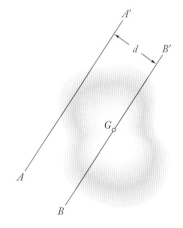

Figura B.4 Utilizamos d para representar a distância entre um eixo arbitrário AA' e um eixo centroidal paralelo BB'.

B.3 Momentos de inércia de placas delgadas

Considere uma placa delgada de espessura uniforme t, feita de um material homogêneo de massa específica ρ (massa específica = massa por unidade de volume). O momento de inércia de massa da placa em relação a um eixo AA' *contido no plano* da placa (Fig. B.5a) é

$$I_{AA', \text{massa}} = \int r^2 \, dm$$

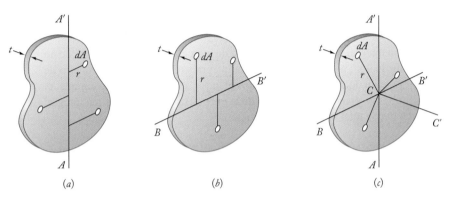

Figura B.5 (a) Uma placa delgada com um eixo AA' contido no plano da placa; (b) um eixo BB' contido no plano da placa e perpendicular a AA'; (c) um eixo CC' perpendicular à placa e atravessando a intersecção de AA' e BB'.

Uma vez que $dm = \rho t \, dA$, temos

$$I_{AA', \text{massa}} = \rho t \int r^2 \, dA$$

Mas r representa a distância do elemento de área dA ao eixo AA'. Logo, a integral é igual ao momento de inércia da superfície da placa em relação a AA'. Temos

$$I_{AA', \text{massa}} = \rho t I_{AA', \text{área}} \qquad \textbf{(B.8)}$$

De modo semelhante, para um eixo BB' contido no plano da placa e perpendicular a AA' (Fig. B.5b), temos

$$I_{BB', \text{massa}} = \rho t I_{BB', \text{área}} \qquad \textbf{(B.9)}$$

Considerando agora o eixo CC' *perpendicular* ao plano da placa e passando pelo ponto de interseção C de AA' e BB' (Fig. B.5c), temos

$$I_{CC', \text{massa}} = \rho t J_{C, \text{área}} \qquad \textbf{(B.10)}$$

sendo J_C o momento de inércia polar da superfície da placa em relação ao ponto C.

Recordando a relação entre os momentos de inércia retangular e polar de uma superfície, $J_C = I_{AA'} + I_{BB'}$, escrevemos a seguinte relação entre os momentos de inércia de corpo de uma placa delgada:

$$I_{CC'} = I_{AA'} + I_{BB'} \qquad \textbf{(B.11)}$$

Placa retangular. No caso de uma placa retangular de lados a e b (Fig. B.6), obtemos os seguintes momentos de inércia de massa em relação a eixos que passam pelo centro de gravidade da placa:

$$I_{AA', \text{massa}} = \rho t I_{AA', \text{área}} = \rho t (\tfrac{1}{12} a^3 b)$$
$$I_{BB', \text{massa}} = \rho t I_{BB', \text{área}} = \rho t (\tfrac{1}{12} a b^3)$$

Observando que o produto $\rho a b t$ é igual à massa m da placa, escrevemos os momentos de inércia de corpo de uma placa retangular delgada da seguinte maneira:

$$I_{AA'} = \tfrac{1}{12} m a^2 \qquad I_{BB'} = \tfrac{1}{12} m b^2 \qquad (B.12)$$

$$I_{CC'} = I_{AA'} + I_{BB'} = \tfrac{1}{12} m (a^2 + b^2) \qquad (B.13)$$

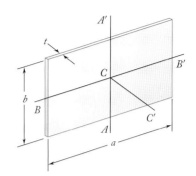

Figura B.6 Uma placa delgada retangular de lados a e b.

Placa circular. No caso de uma placa circular, ou disco, de raio r (B.7), a Eq. (B.8) se torna

$$I_{AA', \text{massa}} = \rho t I_{AA', \text{área}} = \rho t (\tfrac{1}{4} \pi r^4)$$

Observando que o produto $\rho \pi r^2 t$ é igual à massa m da placa e que $I_{AA'} = I_{BB'}$, escrevemos os momentos de inércia de corpo de uma placa circular delgada da seguinte maneira:

$$I_{AA'} = I_{BB'} = \tfrac{1}{4} m r^2 \qquad (B.14)$$

$$I_{CC'} = I_{AA'} + I_{BB'} = \tfrac{1}{2} m r^2 \qquad (B.15)$$

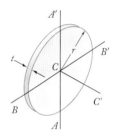

Figura B.7 Uma placa circular delgada de raio r.

B.4 Determinação do momento de inércia de um corpo tridimensional por integração

O momento de inércia de um corpo tridimensional é obtido pelo cálculo da integral $I = \int r^2 \, dm$. Se o corpo é feito de um material homogêneo de massa específica ρ, o elemento de massa dm é igual a $\rho \, dV$, e podemos escrever $I = \rho \int r^2 \, dV$. Essa integral depende do formato do corpo. Logo, para se calcular o momento de inércia de um corpo tridimensional, provavelmente será preciso efetuar uma integração tripla ou, pelo menos, uma integração dupla.

Todavia, se o corpo tiver dois planos de simetria, provavelmente será possível determinar o momento de inércia do corpo com uma integração simples, escolhendo como elemento de massa dm uma fatia delgada perpendicular aos planos de simetria. No caso de corpos de revolução, por exemplo, o elemento de massa seria um disco delgado (Fig. B.8). Usando a fórmula (B.15), o momento de inércia do disco em relação ao eixo de revolução pode ser expresso como indicado na Fig. B.8. Seu momento de inércia em relação a cada um dos outros dois eixos de coordenadas é obtido pela fórmula (B.14) e pelo teorema dos eixos paralelos. A integração da expressão obtida conduz aos momentos de inércia do corpo.

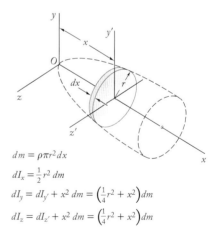

$dm = \rho \pi r^2 \, dx$
$dI_x = \tfrac{1}{2} r^2 \, dm$
$dI_y = dI_{y'} + x^2 \, dm = \left(\tfrac{1}{4} r^2 + x^2\right) dm$
$dI_z = dI_{z'} + x^2 \, dm = \left(\tfrac{1}{4} r^2 + x^2\right) dm$

Figura B.8 Uso de um disco delgado para determinar o momento de inércia de um corpo de revolução.

B.5 Momentos de inércia de corpos compostos

Os momentos de inércia de alguns formatos simples são mostrados na Fig. B.9. Para um corpo constituído de vários desses formatos simples, pode-se obter o momento de inércia em relação a um dado eixo calculando-se primeiro os momentos de inércia de suas partes componentes em relação ao eixo desejado e somando-os em seguida. Tal como no caso de superfícies, o raio de giração de um corpo composto *não pode* ser obtido pela adição dos raios de giração de suas partes componentes.

B6 Apêndice B: Momentos de inércia de massas

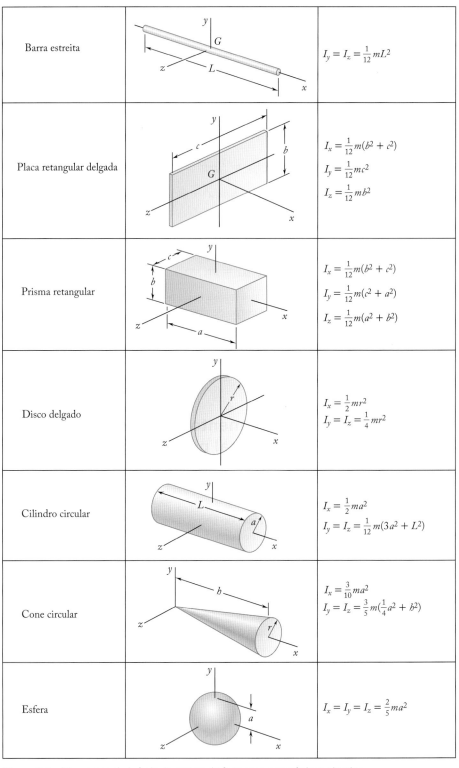

Figura B.9 Momentos de inércia de massa de formatos geométricos simples.

PROBLEMA RESOLVIDO B.1

Determine o momento de inércia de uma barra estreita de comprimento L e massa m em relação a um eixo perpendicular à barra passando por uma de suas extremidades.

ESTRATÉGIA: Considerar a barra como um corpo de uma dimensão permite que resolvamos o problema com uma única integração.

MODELAGEM E ANÁLISE: Escolhemos o elemento diferencial de massa mostrado na Figura 1 e o expressamos como uma massa por unidade de comprimento.

$$dm = \frac{m}{L}dx$$

$$I_y = \int x^2\,dm = \int_0^L x^2 \frac{m}{L}dx = \left[\frac{m}{L}\frac{x^3}{3}\right]_0^L \quad I_y = \tfrac{1}{3}mL^2 \blacktriangleleft$$

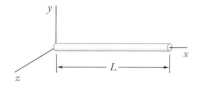
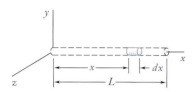

Figura 1 Elemento diferencial de massa.

REFLETIR E PENSAR: Este problema também poderia ter sido solucionado partindo-se do momento de inércia para uma barra estreita em relação ao seu centroide, apresentado na Fig. B.9, e utilizando-se o teorema dos eixos paralelos para obter o momento de inércia em relação a uma extremidade da barra.

PROBLEMA RESOLVIDO B.2

Para o prisma retangular homogêneo mostrado na figura, determine o momento de inércia em relação ao eixo z.

ESTRATÉGIA: Podemos abordar este problema escolhendo um elemento diferencial de massa perpendicular ao eixo longitudinal do prisma; encontramos seu momento de inércia em relação a um eixo centroidal paralelo ao eixo z e então aplicamos o teorema dos eixos paralelos.

MODELAGEM E ANÁLISE: Escolhemos o elemento diferencial de massa mostrado na Figura 1. Logo,

$$dm = \rho bc\,dx$$

Voltando à Seção B.3, verificamos que o momento de inércia do elemento em relação ao eixo z' é

$$dI_{z'} = \tfrac{1}{12}b^2\,dm$$

Aplicando o teorema dos eixos paralelos, obtemos o momento de inércia de massa do elemento em relação ao eixo z.

$$dI_z = dI_{z'} + x^2\,dm = \tfrac{1}{12}b^2\,dm + x^2\,dm = (\tfrac{1}{12}b^2 + x^2)\rho bc\,dx$$

Integrando de $x = 0$ até $x = a$, obtemos

$$I_z = \int dI_z = \int_0^a (\tfrac{1}{12}b^2 + x^2)\rho bc\,dx = \rho abc(\tfrac{1}{12}b^2 + \tfrac{1}{3}a^2)$$

Como a massa total do prisma é $m = \rho abc$, podemos escrever:

$$I_z = m(\tfrac{1}{12}b^2 + \tfrac{1}{3}a^2) \qquad I_z = \tfrac{1}{12}m(4a^2 + b^2) \blacktriangleleft$$

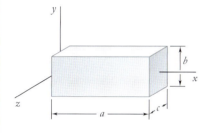
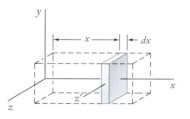

Figura 1 Elemento diferencial de massa.

REFLETIR E PENSAR: Observamos que, se o prisma é delgado, sendo b pequeno em comparação com a, a expressão para I_z se reduz a $\tfrac{1}{3}ma^2$, que é o resultado obtido no Problema Resolvido B.1, quando $L = a$.

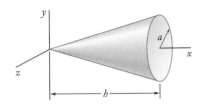

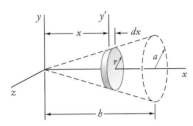

Figura 1 Elemento diferencial de massa.

PROBLEMA RESOLVIDO B.3

Determine o momento de inércia de um cone circular em relação a (*a*) seu eixo longitudinal, (*b*) um eixo que passa pelo vértice do cone e é perpendicular ao seu eixo longitudinal, (*c*) um eixo que passa pelo centroide do cone e é perpendicular a seu eixo longitudinal.

ESTRATÉGIA: Para os itens (*a*) e (*b*), escolhemos um elemento diferencial de massa na forma de um disco circular delgado perpendicular ao eixo longitudinal do cone. Podemos resolver o item (*c*) com a aplicação do teorema dos eixos paralelos.

MODELAGEM E ANÁLISE: Escolhemos o elemento diferencial de massa mostrado na Fig. 1. O raio e a massa do disco são expressos como

$$r = a\frac{x}{h} \qquad dm = \rho\pi r^2\, dx = \rho\pi\frac{a^2}{h^2}x^2\, dx$$

a. Momento de inércia I_x. Usando a expressão deduzida na Seção B.3 para um disco delgado, calculamos o momento de inércia de massa do elemento diferencial em relação ao eixo x.

$$dI_x = \tfrac{1}{2}r^2\, dm = \tfrac{1}{2}\left(a\frac{x}{h}\right)^2\left(\rho\pi\frac{a^2}{h^2}x^2\, dx\right) = \tfrac{1}{2}\rho\pi\frac{a^4}{h^4}x^4\, dx$$

Integrando de $x = 0$ até $x = h$, obtemos

$$I_x = \int dI_x = \int_0^h \tfrac{1}{2}\rho\pi\frac{a^4}{h^4}x^4\, dx = \tfrac{1}{2}\rho\pi\frac{a^4}{h^4}\frac{h^5}{5} = \tfrac{1}{10}\rho\pi a^4 h$$

Como a massa total do cone é $m = \tfrac{1}{3}\rho\pi a^2 h$, podemos escrever:

$$I_x = \tfrac{1}{10}\rho\pi a^4 h = \tfrac{3}{10}a^2(\tfrac{1}{3}\rho\pi a^2 h) = \tfrac{3}{10}ma^2 \qquad I_x = \tfrac{3}{10}ma^2 \quad \blacktriangleleft$$

b. Momento de inércia I_y. É usado o mesmo elemento diferencial. Aplicando o teorema dos eixos paralelos e usando a expressão deduzida na Seção B.3 para um disco delgado, temos

$$dI_y = dI_{y'} + x^2\, dm = \tfrac{1}{4}r^2\, dm + x^2\, dm = (\tfrac{1}{4}r^2 + x^2)\, dm$$

Substituindo as expressões para r e dm na equação, obtemos

$$dI_y = \left(\frac{1}{4}\frac{a^2}{h^2}x^2 + x^2\right)\left(\rho\pi\frac{a^2}{h^2}x^2\, dx\right) = \rho\pi\frac{a^2}{h^2}\left(\frac{a^2}{4h^2} + 1\right)x^4\, dx$$

$$I_y = \int dI_y = \int_0^h \rho\pi\frac{a^2}{h^2}\left(\frac{a^2}{4h^2} + 1\right)x^4\, dx = \rho\pi\frac{a^2}{h^2}\left(\frac{a^2}{4h^2} + 1\right)\frac{h^5}{5}$$

Introduzindo a massa total m do cone, reescrevemos I_y da seguinte maneira:

$$I_y = \tfrac{3}{5}(\tfrac{1}{4}a^2 + h^2)\tfrac{1}{3}\rho\pi a^2 h \qquad I_y = \tfrac{3}{5}m(\tfrac{1}{4}a^2 + h^2) \quad \blacktriangleleft$$

c. Momento de inércia $\bar{I}_{y''}$. Aplicamos o teorema dos eixos paralelos e, assim, temos

$$I_y = \bar{I}_{y''} + m\bar{x}^2$$

Resolvendo para $\bar{I}_{y''}$ e lembrando da Fig. 5.21 (*Estática*) que $\bar{x} = \tfrac{3}{4}h$ (Fig. 2), temos

$$\bar{I}_{y''} = I_y - m\bar{x}^2 = \tfrac{3}{5}m(\tfrac{1}{4}a^2 + h^2) - m(\tfrac{3}{4}h)^2$$

$$\bar{I}_{y''} = \tfrac{3}{20}m(a^2 + \tfrac{1}{4}h^2) \quad \blacktriangleleft$$

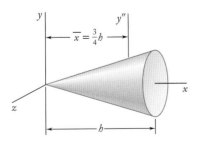

Figura 2 Centroide de um cone circular.

REFLETIR E PENSAR: O teorema dos eixos paralelos para corpos pode ser tão útil quanto a sua versão para superfícies. Não podemos esquecer de usar as figuras de referência para os centroides dos volumes quando necessário.

PROBLEMA RESOLVIDO B.4

Uma peça de aço forjado consiste em um prisma retangular de 150 × 50 × 50 mm e dois cilindros de 50 mm de diâmetro e 75 mm de comprimento, tal como mostra a figura. Determine os momentos de inércia do conjunto em relação aos eixos coordenados. (A massa específica do aço é 7.850 kg/m³.)

ESTRATÉGIA: Os momentos de inércia de cada componente são calculados a partir da Fig. B.9, usando-se o teorema dos eixos paralelos quando necessário. Observe que todos os comprimentos devem ser expressos em metros para serem consistentes com as unidades da densidade fornecida.

MODELAGEM E ANÁLISE:

Cálculo das massas.
Prisma

$$V = (0{,}05 \text{ m})(0{,}05 \text{ m})(0{,}15 \text{ m}) = 3{,}75 \times 10^{-4} \text{ m}^3$$
$$m = (7850 \text{ kg/m}^3)(3{,}75 \times 10^{-4} \text{ m}^3) = 2{,}94 \text{ kg}$$

Cada cilindro

$$V = \pi(0{,}025 \text{ m})^2(0{,}075 \text{ m}) = 1{,}473 \times 10^{-4} \text{ m}^3$$
$$m = (7850 \text{ kg/m}^3)(1{,}473 \times 10^{-4} \text{ m}^3) = 1{,}16 \text{ kg}$$

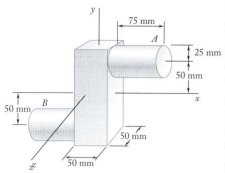

Figura 1 Geometria de cada componente.

Momentos de Inércia (Fig. 1).
Prisma

$$I_x = I_z = \tfrac{1}{12}(2{,}94 \text{ kg})[(0{,}15 \text{ m})^2 + (0{,}05 \text{ m})^2] = 6{,}125 \times 10^{-3} \text{ kg·m}^2$$
$$I_y = \tfrac{1}{12}(2{,}94 \text{ kg})[(0{,}05 \text{ m})^2 + (0{,}05 \text{ m})^2] = 1{,}225 \times 10^{-3} \text{ kg·m}^2$$

Cada cilindro

$$I_x = \tfrac{1}{2}ma^2 + m\bar{y}^2 = \tfrac{1}{2}(1{,}16 \text{ kg})(0{,}025 \text{ m})^2$$
$$+ (1{,}16 \text{ kg})(0{,}05 \text{ m})^2 = 3{,}263 \times 10^{-3} \text{ kg·m}^2$$
$$I_y = \tfrac{1}{12}m(3a^2 + L^2) = m\bar{x}^2 = \tfrac{1}{12}(1{,}16 \text{ kg})(3 \times 0{,}025 \text{ m})^2 + (0{,}075 \text{ m})^2$$
$$+ (1{,}16 \text{ kg})(0{,}0625 \text{ m})^2 = 5{,}256 \times 10^{-3} \text{ kg·m}^2$$
$$I_z = \tfrac{1}{12}m(3a^2 + L^2) + m(\bar{x}^2 + \bar{y}^2) = \tfrac{1}{12}(1{,}16 \text{ kg})(3 \times 0{,}025 \text{ m})^2 + (0{,}075 \text{ m})^2$$
$$+ (1{,}16 \text{ kg})(0{,}0625 \text{ m})^2 + (0{,}05 \text{ m})^2 = 8{,}156 \times 10^{-3} \text{ kg·m}^2$$

Todo o corpo. Adicionando os valores obtidos para o prisma e dois cilindros, temos

$$I_x = 6{,}125 \times 10^{-3} + 2(3{,}263 \times 10^{-3}) \qquad I_x = 12{,}65 \times 10^{-3} \text{ kg·m}^2 \quad \blacktriangleleft$$

$$I_y = 1{,}225 \times 10^{-3} + 2(5{,}256 \times 10^{-3}) \qquad I_y = 11{,}74 \times 10^{-3} \text{ kg·m}^2 \quad \blacktriangleleft$$

$$I_z = 6{,}125 \times 10^{-3} + 2(8{,}156 \times 10^{-3}) \qquad I_z = 22{,}44 \times 10^{-3} \text{ kg·m}^2 \quad \blacktriangleleft$$

REFLETIR E PENSAR: A solução indica que este conjunto tem mais resistência à rotação em relação ao eixo z (maior momento de inércia) do que em relação aos eixos x e y. Como a maior parte da massa do conjunto está mais distante do eixo z do que dos eixos x ou y, podemos considerar este resultado razoável.

B10 Apêndice B: Momentos de inércia de massas

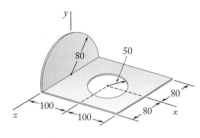

Dimensões em mm

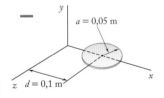

Figura 1 Modelagem da peça de máquina como uma combinação de formas geométricas simples.

PROBLEMA RESOLVIDO B.5

Uma placa de aço delgada de 4 mm de espessura é cortada e dobrada para formar a peça de máquina mostrada na figura. A massa específica do aço é 7850 kg/m³. Determine os momentos de inércia da superfície sombreada em relação aos eixos coordenados.

ESTRATÉGIA: Observamos que a peça da máquina consiste em uma placa semicircular e uma placa retangular da qual foi retirada uma placa circular (Fig. 1). Após o cálculo dos momentos de inércia de cada parte, adicionamos os momentos da placa semicircular e da placa retangular e então subtraímos os da placa circular para determinar os momentos de inércia de toda a peça de máquina.

MODELAGEM E ANÁLISE:

Cálculo das massas. *Placa semicircular*

$$V_1 = \tfrac{1}{2}\pi r^2 t = \tfrac{1}{2}\pi(0{,}08 \text{ m})^2(0{,}004 \text{ m}) = 40{,}21 \times 10^{-6} \text{ m}^3$$
$$m_1 = \rho V_1 = (7{,}85 \times 10^3 \text{ kg/m}^3)(40{,}21 \times 10^{-6} \text{ m}^3) = 0{,}3156 \text{ kg}$$

Placa retangular

$$V_2 = (0{,}200 \text{ m})(0{,}160 \text{ m})(0{,}004 \text{ m}) = 128 \times 10^{-6} \text{ m}^3$$
$$m_2 = \rho V_2 = (7{,}85 \times 10^3 \text{ kg/m}^3)(128 \times 10^{-6} \text{ m}^3) = 1{,}005 \text{ kg}$$

Placa circular

$$V_3 = \pi a^2 t = \pi(0{,}050 \text{ m})^2(0{,}004 \text{ m}) = 31{,}42 \times 10^{-6} \text{ m}^3$$
$$m_3 = \rho V_3 = (7{,}85 \times 10^3 \text{ kg/m}^3)(31{,}42 \times 10^{-6} \text{ m}^3) = 0{,}2466 \text{ kg}$$

Momentos de inércia. Adotando o método apresentado na Seção B.3, calculamos os momentos de inércia de cada componente.

Placa semicircular. Observamos na Fig. B.9 que, para uma placa circular de massa m e raio r,

$$I_x = \tfrac{1}{2}mr^2 \quad I_y = I_z = \tfrac{1}{4}mr^2$$

Devido à simetria, os valores para uma placa semicircular são reduzidos pela metade. Então,

$$I_x = \tfrac{1}{2}(\tfrac{1}{2}mr^2) \quad I_y = I_z = \tfrac{1}{2}(\tfrac{1}{4}mr^2)$$

Como a massa de uma placa semicircular é $m_1 = \tfrac{1}{2}m$, temos

$$I_x = \tfrac{1}{2}m_1 r^2 = \tfrac{1}{2}(0{,}3156 \text{ kg})(0{,}08 \text{ m})^2 = 1{,}010 \times 10^{-3} \text{ kg·m}^2$$
$$I_y = I_z = \tfrac{1}{4}(\tfrac{1}{2}mr^2) = \tfrac{1}{4}m_1 r^2 = \tfrac{1}{4}(0{,}3156 \text{ kg})(0{,}08 \text{ m})^2 = 0{,}505 \times 10^{-3} \text{ kg·m}^2$$

Placa retangular

$$I_x = \tfrac{1}{12}m_2 c^2 = \tfrac{1}{12}(1{,}005 \text{ kg})(0{,}16 \text{ m})^2 = 2{,}144 \times 10^{-3} \text{ kg·m}^2$$
$$I_z = \tfrac{1}{3}m_2 b^2 = \tfrac{1}{3}(1{,}005 \text{ kg})(0{,}2 \text{ m})^2 = 13{,}400 \times 10^{-3} \text{ kg·m}^2$$
$$I_y = I_x + I_z = (2{,}144 + 13{,}400)(10^{-3}) = 15{,}544 \times 10^{-3} \text{ kg·m}^2$$

Placa circular

$$I_x = \tfrac{1}{4}m_3 a^2 = \tfrac{1}{4}(0{,}2466 \text{ kg})(0{,}05 \text{ m})^2 = 0{,}154 \times 10^{-3} \text{ kg·m}^2$$
$$I_y = \tfrac{1}{2}m_3 a^2 + m_3 d^2$$
$$= \tfrac{1}{2}(0{,}2466 \text{ kg})(0{,}05 \text{ m})^2 + (0{,}2466 \text{ kg})(0{,}1 \text{ m})^2 = 2{,}774 \times 10^{-3} \text{ kg·m}^2$$
$$I_z = \tfrac{1}{4}m_3 a^2 + m_3 d^2 = \tfrac{1}{4}(0{,}2466 \text{ kg})(0{,}05 \text{ m})^2 + (0{,}2466 \text{ kg})(0{,}1 \text{ m})^2$$
$$= 2{,}620 \times 10^{-3} \text{ kg·m}^2$$

Peça de máquina completa

$$I_x = (1{,}010 + 2{,}144 - 0{,}154)(10^{-3}) \text{ kg·m}^2 \qquad I_x = 3{,}00 \times 10^{-3} \text{ kg·m}^2 \blacktriangleleft$$
$$I_y = (0{,}505 + 15{,}544 - 2{,}774)(10^{-3}) \text{ kg·m}^2 \qquad I_y = 13{,}28 \times 10^{-3} \text{ kg·m}^2 \blacktriangleleft$$
$$I_z = (0{,}505 + 13{,}400 - 2{,}620)(10^{-3}) \text{ kg·m}^2 \qquad I_z = 11{,}29 \times 10^{-3} \text{ kg·m}^2 \blacktriangleleft$$

METODOLOGIA PARA A RESOLUÇÃO DE PROBLEMAS

Nesta seção, apresentamos o **momento de inércia de massa** e o **raio de giração** de um corpo tridimensional em relação a um dado eixo [Eqs. (B.1) e (B.2)]. Também deduzimos um **teorema dos eixos paralelos** referente a momentos de inércia de massa e discutimos o cálculo dos momentos de inércia de massa de placas delgadas e corpos tridimensionais.

1. Cálculo dos momentos de inércia de massa. O momento de inércia de massa I de um corpo em relação a um dado eixo pode ser calculado diretamente a partir da definição dada na Eq. (B.1) para formatos comuns [Problema Resolvido B.1]. Em muitos casos, porém, é necessário dividir o corpo em fatias delgadas, calcular o momento de inércia de uma fatia típica em relação ao eixo dado – usando o teorema dos eixos paralelos – e integrar a expressão obtida.

2. Aplicação do teorema dos eixos paralelos. Na Seção B.2, deduzimos o teorema dos eixos paralelos para momentos de inércia de massa

$$I = \bar{I} + md^2 \tag{B.6}$$

estabelecendo que o momento de inércia I de um corpo de massa m em relação a um dado eixo é igual à soma do momento de inércia $\bar{I}$ desse corpo em relação ao eixo centroidal paralelo e ao produto md^2, sendo d a distância entre os dois eixos. Quando o momento de inércia de um corpo tridimensional é calculado em relação a um dos eixos de coordenadas, d^2 pode ser substituído pela soma dos quadrados das distâncias medidas ao longo dos outros dois eixos de coordenadas [Eqs. (B.5) e (B.5′)].

3. Evitando erros de unidades. Para evitar erros, é essencial que você seja consistente no uso de unidades. Recomendamos enfaticamente que sejam incluídas as unidades ao efetuar os cálculos [Problemas Resolvidos B.4 e B.5].

4. Cálculo do momento de inércia de massa de placas delgadas. Mostramos na Seção B.3 que o momento de inércia de massa de uma placa delgada em relação a um dado eixo pode ser obtido pelo produto do momento correspondente de inércia da superfície da placa com a massa específica ρ e a espessura t da placa [Eqs. (B.8) a (B.10)]. Observe que, sendo o eixo CC' na Fig. B.5c perpendicular à placa, $I_{CC'\text{massa}}$ é associado ao momento de inércia polar $J_{C,\text{área}}$.

Em vez de calcular diretamente o momento de inércia de uma placa delgada em relação a um eixo especificado, às vezes podemos concluir que é mais conveniente calcular primeiro o momento de inércia em relação a um eixo paralelo ao eixo especificado e, em seguida, aplicar o teorema dos eixos paralelos. Além disso, para determinar o momento de inércia de uma placa delgada em relação a um eixo perpendicular à placa, podemos querer determinar primeiro seus momentos de inércia em relação a dois eixos perpendiculares no plano e, então, usar a Eq. (B.11). Finalmente, lembre-se de que a massa de uma placa de área A, espessura t e massa específica ρ é $m = \rho t A$.

(Continua)

5. Determinação do momento de inércia de um corpo por integração direta simples. Discutimos na Seção B.4 e exemplificamos nos Problemas Resolvidos B.2 e B.3 de que maneira se pode usar uma integração simples para calcular o momento de inércia de um corpo que pode ser dividido em uma série de elementos delgados paralelos. Nesses casos, às vezes você precisará expressar a massa do corpo em termos da massa específica e das dimensões do corpo. Assim como nos Problemas Resolvidos, considerando que o corpo tenha sido dividido em elementos delgados perpendiculares ao eixo x, precisaremos expressar as dimensões de cada elemento em função da variável x.

a. No caso especial de um corpo de revolução, o elemento é um disco delgado, e as equações fornecidas na Fig. B.8 devem ser usadas para determinar o momento de inércia do corpo [Problema Resolvido B.3].

b. No caso geral, quando o corpo não é de revolução, o elemento diferencial não é um disco, mas um elemento delgado de formato diferente, e as equações da Fig. B.8 não podem ser usadas. Veja, por exemplo, o Problema Resolvido B.2, em que o elemento era uma placa delgada retangular. Para configurações mais complexas, podemos querer usar uma ou mais das seguintes equações, baseadas nas Eqs. (B.5) e (B.5′) da Seção B.2.

$$dI_x = dI_{x'} + (\bar{y}_{el}^2 + \bar{z}_{el}^2)\, dm$$
$$dI_y = dI_{y'} + (\bar{z}_{el}^2 + \bar{x}_{el}^2)\, dm$$
$$dI_z = dI_{z'} + (\bar{x}_{el}^2 + \bar{y}_{el}^2)\, dm$$

onde as plicas indicam os eixos centroidais de cada elemento e onde $\bar{x}_{el}$, $\bar{y}_{el}$ e $\bar{z}_{el}$ representam as coordenadas do seu centroide. Os momentos de inércia centroidais do elemento são determinados da maneira descrita anteriormente para uma placa delgada: calcule os momentos correspondentes de inércia de superfície do elemento e multiplique o resultado pela massa específica ρ e pela espessura t do elemento. Além disso, considerando que o corpo tenha sido dividido em elementos delgados perpendiculares ao eixo x, lembre-se de que você pode obter $dI_{x'}$ adicionando $dI_{y'}$ e $dI_{z'}$, em vez de calculá-lo diretamente. Finalmente, usando a geometria do corpo, expresse o resultado obtido em termos da variável única x e integre em x.

6. Cálculo do momento de inércia de um corpo composto. Conforme estabelecemos na Seção B.5, o momento de inércia de um corpo composto em relação a um eixo especificado é igual à soma dos momentos de inércia de seus componentes em relação ao mesmo eixo. Os Problemas Resolvidos B.4 e B.5 ilustram o método de solução adequado. Você deve se lembrar também de que o momento de inércia de um componente só será negativo se o componente estiver *removido* (como no caso de um furo).

Embora os problemas de corpos compostos desta seção sejam relativamente diretos, precisaremos trabalhar com cuidado para evitar erros de cálculo. Além disso, se alguns dos momentos de inércia de que você necessitar não estiverem dados na Fig. B.9, teremos de deduzir suas próprias fórmulas usando as técnicas desta seção.

PROBLEMAS

B.1 Uma placa delgada de massa m é cortada na forma de um triângulo equilátero de lado a. Determine o momento de inércia de massa da placa em relação (a) aos eixos centroidais AA' e BB', (b) ao eixo centroidal CC' perpendicular à placa.

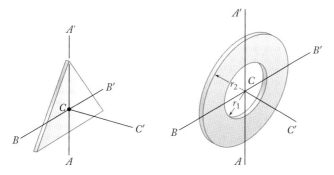

Figura B.1   Figura B.2

B.2 Um anel de massa m é cortado de uma placa delgada uniforme. Determine o momento de inércia de massa do anel em relação (a) ao eixo AA', (b) ao eixo centroidal CC' perpendicular ao plano do anel.

B.3 Uma placa delgada semielíptica tem massa m. Determine o momento de inércia de massa da placa em relação (a) ao eixo centroidal BB', (b) ao eixo centroidal CC' perpendicular à placa.

B.4 O arco parabólico mostrado na figura foi cortado de uma placa delgada uniforme. Indicando a massa do arco parabólico por m, determine seu momento de inércia com relação (a) ao eixo BB', (b) o eixo DD' que é perpendicular ao arco parabólico.

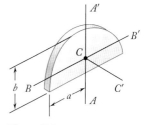

Figura B.3

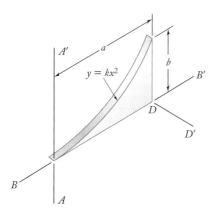

Figura B.4

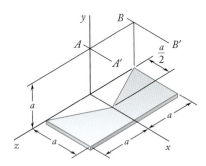

Figura B.5 e B.6

B.5 Um pedaço de chapa metálica delgada e uniforme é cortado para formar o componente de máquina mostrado na figura. Representada a massa do componente por m, determine seu momento de inércia de massa em relação (*a*) ao eixo x, (*b*) ao eixo y.

B.6 Um pedaço de chapa metálica delgada e uniforme é cortado para formar o componente de máquina mostrado na figura. Representada a massa do componente por m, determine o momento de inércia em relação (*a*) ao eixo AA', (*b*) ao eixo BB', sendo os eixos AA' e BB' paralelos ao eixo x e pertencentes a um plano paralelo ao plano xz a uma distância a acima.

B.7 Uma placa delgada de massa m tem o formato trapezoidal mostrado na figura. Determine o momento de inércia de massa da placa em relação (*a*) ao eixo x, (*b*) ao eixo y.

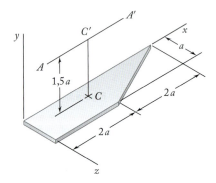

Figura B.7 e B.8

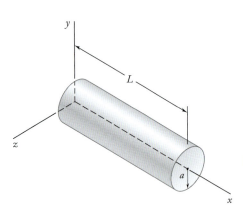

Figura B.9

B.8 Uma placa delgada de massa m tem o formato trapezoidal mostrado na figura. Determine o momento de inércia de massa da placa em relação (*a*) ao eixo centroidal CC' perpendicular à placa, (*b*) ao eixo AA' paralelo ao eixo x e localizado a uma distância $1,5a$ da placa.

B.9 Determine por integração direta o momento de inércia de massa em relação ao eixo z do cilindro circular mostrado na figura, considerando que ele tem massa específica uniforme e massa m.

B.10 A superfície plana mostrada na figura é girada em torno do eixo x para formar um corpo de revolução homogêneo de massa m. Usando integração direta, expresse o momento de inércia do corpo em relação ao eixo x em termos de m e h.

B.11 A superfície plana mostrada na figura é girada em torno do eixo x para formar um corpo de revolução homogêneo de massa m. Usando integração direta, expresse o momento de inércia do corpo em relação (*a*) ao eixo x, (*b*) ao eixo y. Expresse suas respostas em termos de m e as dimensões do sólido.

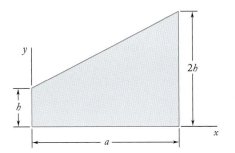

Figura B.10

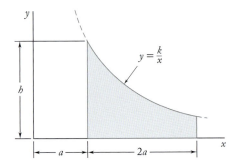

Figura B.11

B.12 Determine por integração direta o momento de inércia de massa em relação ao eixo *x* do corpo tetraédrico mostrado na figura, considerando que ele tem massa específica uniforme e massa *m*.

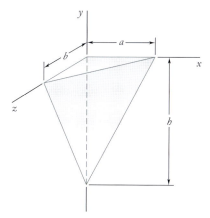

Figura B.12 e *B.13*

B.13 Determine por integração direta o momento de inércia em relação ao eixo *y* do corpo tetraédrico mostrado na figura, considerando que ele tem massa específica uniforme e massa *m*.

B.14 Determine por integração direta o momento de inércia de massa e o raio de giração em relação ao eixo *x* do paraboloide mostrado na figura, considerando que ele tem massa específica uniforme e massa *m*.

B.15 Uma placa retangular delgada com massa *m* é soldada a um eixo vertical *AB* como mostra a figura. Sabendo que a placa faz um ângulo θ com o eixo *y*, determine por integração direta o momento de inércia de massa da placa em relação (*a*) ao eixo *y*, (*b*) ao eixo *z*.

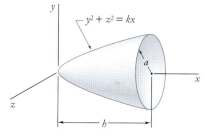

Figura B.14

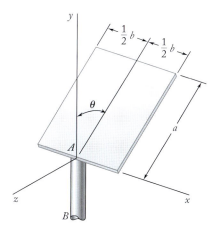

Figura *B.15*

*****B.16** Um arame fino de aço é dobrado no formato mostrado na figura. Representando por *m'* a massa por unidade de comprimento do arame, determine por integração direta o momento de inércia do arame em relação a cada um dos eixos coordenados.

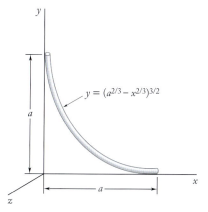

Figura B.16

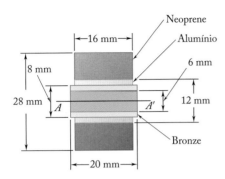

Figura B.17

B.17 A figura mostra a seção transversal de um rolete esticador. Determine seu momento de inércia de massa e seu raio de giração em relação ao eixo AA'. (A massa específica do bronze é 8.580 kg/m^3; do alumínio, 2.770 kg/m^3; do neoprene, 1.250 kg/m^3).

B.18 A figura mostra a seção transversal de uma polia plana fundida. Determine seu momento de inércia de massa e seu raio de giração em relação ao eixo AA'. (A massa específica do latão é 8.650 kg/m^3 e a massa específica do policarboneto reforçado em fibra é 1.250 kg/m^3.)

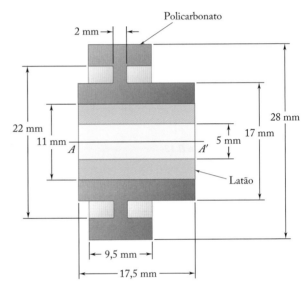

Figura B.18

B.19 Uma peça de máquina mostrada na figura é formada por uma superfície cônica feita por usinagem num cilindro. Para $b = \frac{1}{2}h$, determine o momento de inércia de massa e o raio de giração da peça da máquina com relação a eixo y.

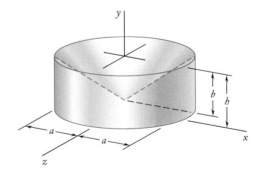

Figura *B.19*

B.20 Sabendo que uma concha hemisférica delgada tem massa m e espessura t, determine o momento de inércia de massa e o raio de giração da concha em relação ao eixo x. (*Dica*: considere que a concha é formada removendo-se um hemisfério de raio r de um hemisfério de raio $r + t$; então, ignore os termos contendo t^2 e t^3 e mantenha aqueles contendo t.)

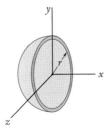

Figura B.20

B.21 O componente de alumínio de uma máquina tem um furo de seção quadrada centrado ao longo de seu comprimento. Determine (*a*) o valor de *a* para que o momento de inércia do componente em relação ao eixo *AA'*, que intercepta a superfície superior do furo, seja máximo, (*b*) os valores correspondentes do momento de inércia de massa e do raio de giração em relação ao eixo *AA'*. (A massa específica do alumínio é 2.770 kg/m^3.)

B.22 As conchas e os braços de um anemômetro são fabricados de um material de massa específica ρ. Sabendo que o momento de inércia de uma casca hemisférica de massa *m* e espessura *t* em relação ao seu eixo centroidal *GG'* é $5ma^2/12$, determine (*a*) o momento de inércia do anemômetro em relação ao eixo *AA'*, (*b*) a razão *a/l* para que o momento de inércia centroidal das conchas seja igual a 1% do momento de inércia das conchas em relação ao eixo *AA'*.

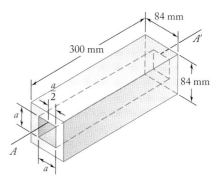

Figura B.21

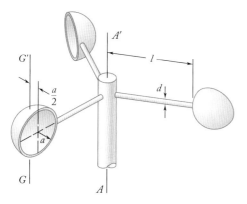

Figura B.22

B.23 Após um período de uso, uma das lâminas de um desfibrador desgasta-se, assumindo o formato mostrado na figura de massa 0,18 kg. Sabendo que os momentos de inércia da lâmina em relação aos eixos *AA'* e *BB'* são 0,320 g·m^2 e 0,680 g·m^2, respectivamente, determine (*a*) a localização do eixo centroidal *GG'*, (*b*) o raio de giração em relação ao eixo *GG'*.

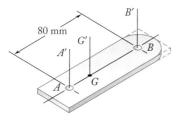

Figura B.23

B.24 Determine o momento de inércia de massa de um componente de máquina de 0,5 kg mostrado na figura com relação ao eixo *AA'*.

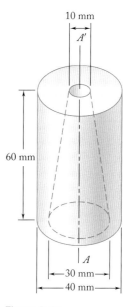

Figura *B.24*

B.25 e B.26 Um pedaço de chapa metálica de 2 mm de espessura é cortado e dobrado para formar o componente de máquina mostrado na figura. Sabendo que a massa específica do aço é 7.850 kg/m³, determine o momento de inércia de massa do componente em relação a cada um dos eixos coordenados.

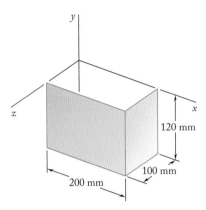

Figura B.25

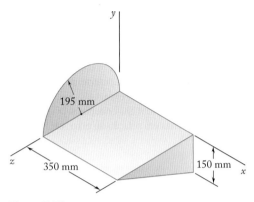

Figura B.26

B.27 Um subconjunto de um modelo de aeroplano é fabricado com três peças de 1,5 mm de madeira. Desprezando a massa do adesivo usado na montagem das três peças, determine o momento de inércia de massa do subconjunto com relação a cada um dos eixos coordenados. (A massa específica da madeira é 780 kg/m³).

B.28 Uma seção de chapa de aço de 0,3 mm de espessura é cortada e dobrada para formar o componente de máquina mostrado na figura. Determine o momento de inércia de massa do componente em relação a cada um dos eixos de coordenadas. (A massa específica do aço é 7.850 kg/m³.)

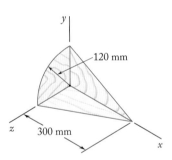

Figura *B.27*

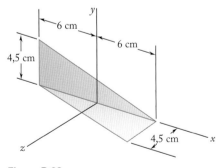

Figura B.28

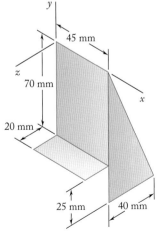

Figura B.29

B.29 Um apoio estrutural é feito com chapa de aço galvanizado de 2 mm de espessura. Determine o momento de inércia de massa do apoio em relação a cada um dos eixos de coordenadas. (A massa específica do aço galvanizado é 7.530 kg/m³.)

*B.30 Um fazendeiro constrói uma calha soldando uma chapa de aço retangular de espessura 2 mm a uma metade de um tambor. Sabendo que a massa específica do aço é 7.850 kg/m³ e que a espessura das paredes do tambor é 1,8 mm, determine o momento de inércia da massa da calha em relação aos eixos coordenados. Despreze a massa das soldas.

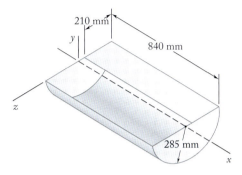

Figura *B.30*

B.31 O elemento de máquina mostrado na figura é fabricado em aço. Determine o momento de inércia de massa do conjunto em relação (a) ao eixo x, (b) ao eixo y, (c) ao eixo z. (A massa específica do aço é 7.850 kg/m³.)

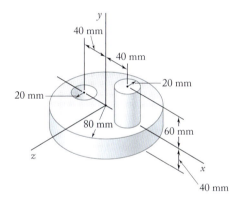

Figura B.31

B.32 Determine os momentos de inércia e os raios de giração do elemento de máquina de aço mostrado na figura em relação aos eixos x e y. (A massa específica do aço é 7.850 kg/m³.)

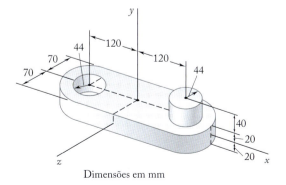

Figura B.32

B.33 Determine o momento de inércia de massa do elemento de máquina de aço mostrado na figura em relação ao eixo *x*. (A massa específica do aço é 7.850 kg/m³.)

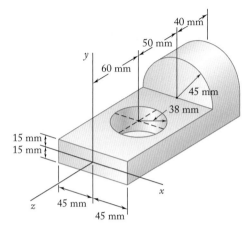

Figura B.33 e B.34

B.34 Determine o momento de inércia de massa do elemento de máquina de aço mostrado na figura em relação ao eixo *y*. (A massa específica do aço é 7.850 kg/m³.)

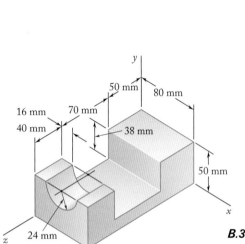

Figura B.35

B.35 Determine o momento de inércia de massa do objeto de aço mostrado na figura em relação (*a*) ao eixo *x*, (*b*) ao eixo *y*, (*c*) ao eixo *z*. (A massa específica do aço é 7.850 kg/m³.)

B.36 Um arame de alumínio com 0,049 kg/m de massa por unidade de comprimento é usado para formar o círculo e os membros retilíneos mostrados na figura. Determine o momento de inércia de massa do conjunto em relação a cada um dos eixos coordenados.

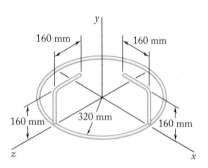

Figura B.36

B.37 A armação mostrada na figura é formada por um arame de aço de 3 mm de diâmetro. Sabendo que a massa específica do aço é 7.850 kg/m³, determine o momento de inércia de massa da armação em relação a cada um dos eixos coordenados.

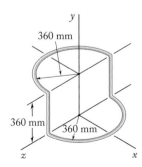

Figura B.37

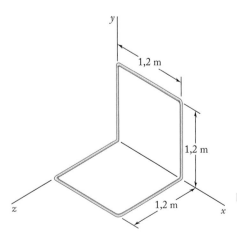

Figura B.38

B.38 Um arame homogêneo com 0,056 kg/m de massa por unidade de comprimento é usado para formar a armação mostrada na figura. Determine o momento de inércia da armação em relação a cada um dos eixos coordenados.

*B.6 Produtos de inércia de corpos

Nesta seção, veremos que o momento de inércia de um corpo pode ser determinado em relação a um eixo arbitrário OL que passa pela origem (Fig. B.10) se já estiverem determinados os momentos de inércia em relação aos três eixos de coordenadas, bem como outras grandezas a serem definidas a seguir.

O momento de inércia I_{OL} do corpo em relação a OL é igual a $\int p^2\, dm$, sendo p a distância perpendicular do elemento de massa dm ao eixo OL. Se representarmos por $\boldsymbol{\lambda}$ o vetor unitário ao longo de OL e por $\mathbf{r}$ o vetor de posição do elemento dm, observamos que a distância perpendicular p é igual a $r\operatorname{sen}\theta$, que é a intensidade do produto vetorial $\boldsymbol{\lambda} \times \mathbf{r}$. Logo, temos

$$I_{OL} = \int p^2\, dm = \int |\boldsymbol{\lambda} \times \mathbf{r}|^2\, dm \qquad \text{(B.16)}$$

Expressando $|\boldsymbol{\lambda} \times \mathbf{r}|^2$ em termos dos componentes retangulares do produto vetorial, temos

$$I_{OL} = \int [(\lambda_x y - \lambda_y x)^2 + (\lambda_y z - \lambda_z y)^2 + (\lambda_z x - \lambda_x z)^2]\, dm$$

onde os componentes λ_x, λ_y, λ_z do vetor unitário $\boldsymbol{\lambda}$ representam os cossenos diretores do eixo OL e os componentes x, y, z de $\mathbf{r}$ representam as coordenadas do elemento de massa dm. Expandindo os quadrados e rearrumando os termos, temos

$$I_{OL} = \lambda_x^2 \int (y^2 + z^2)\, dm + \lambda_y^2 \int (z^2 + x^2)\, dm + \lambda_z^2 \int (x^2 + y^2)\, dm$$
$$- 2\lambda_x \lambda_y \int xy\, dm - 2\lambda_y \lambda_z \int yz\, dm - 2\lambda_z \lambda_x \int zx\, dm \qquad \text{(B.17)}$$

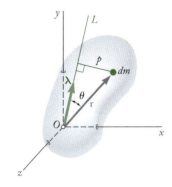

Figura B.10 Um elemento de massa dm de um corpo e sua distância perpendicular a um eixo arbitrário OL que passa pela origem.

Voltando às Eqs. (B.3), notamos que as três primeiras integrais em (B.17) representam, respectivamente, os momentos de inércia I_x, I_y e I_z do corpo em relação aos eixos de coordenadas. As três últimas integrais em (B.17), que envolvem os produtos de coordenadas, são denominadas **produtos de inércia** do corpo em relação aos eixos x e y, aos eixos y e z e aos eixos z e x, respectivamente.

Produtos de inércia dos corpos

$$I_{xy} = \int xy\, dm \qquad I_{yz} = \int yz\, dm \qquad I_{zx} = \int zx\, dm \qquad \text{(B.18)}$$

Reescrevendo a Eq. (B.17) em termos das integrais definidas nas Eqs. (B.3) e (B.18), temos

$$I_{OL} = I_x \lambda_x^2 + I_y \lambda_y^2 + I_z \lambda_z^2 - 2I_{xy}\lambda_x\lambda_y - 2I_{yz}\lambda_y\lambda_z - 2I_{zx}\lambda_z\lambda_x \qquad \text{(B.19)}$$

Observamos que a definição dos produtos de inércia de um corpo dada nas Eqs. (B.18) é uma extensão da definição do produto de inércia de uma superfície. Produtos de inércia de um corpo reduzem-se a zero nas mesmas condições de simetria em que os produtos de inércia de uma superfície se anulam, e o teorema dos eixos paralelos para produtos de inércia de um corpo é expresso por relações similares à formula derivada para o produto de inércia de uma superfície. Substituindo as expressões para x, y e z dadas nas Eqs. (B.4) nas Eqs. (B.18), concluímos que

Teorema dos eixos paralelos para produtos de inércia dos corpos

$$I_{xy} = \bar{I}_{x'y'} + m\bar{x}\bar{y}$$
$$I_{yz} = \bar{I}_{y'z'} + m\bar{y}\bar{z} \quad \quad (\mathbf{B.20})$$
$$I_{zx} = \bar{I}_{z'x'} + m\bar{z}\bar{x}$$

sendo $\bar{x}, \bar{y}, \bar{z}$ as coordenadas do centro de gravidade G do corpo e $\bar{I}_{x'y'}, \bar{I}_{y'z'}, \bar{I}_{z'x'}$ representantes dos produtos de inércia do corpo em relação aos eixos centroidais x', y' e z' (Fig. B.3).

*B.7 Eixos principais e momentos de inércia principais

Vamos admitir que o momento de inércia do corpo considerado na seção anterior tenha sido determinado em relação a um grande número de eixos OL que passam pelo ponto fixo O e que tenha sido plotado um ponto Q sobre cada eixo OL a uma distância $OQ = 1/\sqrt{I_{OL}}$ de O. O lugar geométrico dos pontos Q assim obtidos forma uma superfície (Fig. B.11). A equação dessa superfície pode ser obtida substituindo-se $1/(OQ)^2$ por I_{OL} em (B.19) e depois multiplicando-se os membros da equação por $(OQ)^2$. Observando que

$$(OQ)\lambda_x = x \quad \quad (OQ)\lambda_y = y \quad \quad (OQ)\lambda_z = z$$

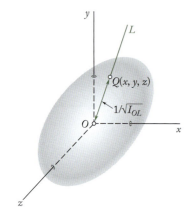

Figura B.11 O elipsoide de inércia define o momento de inércia de um corpo em relação a qualquer eixo que passe por O.

com x, y, z representando as coordenadas retangulares de Q, temos:

$$I_x x^2 + I_y y^2 + I_z z^2 - 2I_{xy}xy - 2I_{yz}yz - 2I_{zx}zx = 1 \quad (\mathbf{B.21})$$

A equação obtida é a equação de uma *superfície quádrica*. Como o momento de inércia I_{OL} é diferente de zero para cada eixo OL, nenhum ponto Q pode ficar a uma distância infinita de O. Portanto, a superfície quádrica obtida é um *elipsoide*. Esse elipsoide, que define o momento de inércia do corpo em relação a qualquer eixo que passe por O, é conhecido como o **elipsoide de inércia** do corpo em O.

Observamos que, se os eixos na Fig. B.11 são girados, os coeficientes da equação que define o elipsoide se alteram, pois tornam-se iguais aos momentos e produtos de inércia do corpo em relação aos eixos de coordenadas girados. No entanto, *o próprio elipsoide permanece inalterado*, pois sua forma depende apenas da distribuição de massa do corpo considerado. Suponha que escolhemos como eixo de coordenadas os eixos principais x', y' e z' do elipsoide de inércia (Fig. B.12). Sabe-se que a equação do elipsoide em relação a esses eixos de coordenadas é da forma

$$I_{x'}x'^2 + I_{y'}y'^2 + I_{z'}z'^2 = 1 \quad (\mathbf{B.22})$$

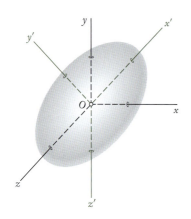

Figura B.12 Eixos principais de inércia x', y', z' do corpo em O.

que não contém quaisquer produtos das coordenadas. Comparando as Eqs. (B.21) e (B.22), observamos que os produtos de inércia do corpo em relação aos eixos x', y', z' precisam ser nulos. Os eixos x', y' e z' são conhecidos como **eixos principais de inércia** do corpo em O e os coeficientes $I_{x'}$, $I_{y'}$ e $I_{z'}$ são referidos como os **momentos principais de inércia** do corpo em O. Observe que, dado um corpo de formato arbitrário e um ponto O, sempre é possível encontrar eixos principais de inércia do corpo em O, ou seja, em relação aos quais os produtos de inércia do corpo são nulos. De fato, qualquer que seja o formato do corpo, os momentos e os produtos de inércia do corpo em relação aos eixos x, y e z que passam por O irão definir um elipsoide, e esse elipsoide terá eixos principais que, por definição, são os eixos principais de inércia do corpo em O.

Se os eixos principais de inércia x', y', z' são usados como eixos de coordenadas, a expressão obtida na Eq. (B.19) para o momento de inércia de um corpo em relação a um eixo arbitrário reduz-se a

$$I_{OL} = I_{x'}\lambda_{x'}^2 + I_{y'}\lambda_{y'}^2 + I_{z'}\lambda_{z'}^2 \qquad \text{(B.23)}$$

A determinação dos eixos principais de inércia de um corpo de formato arbitrário é um tanto complexa e será discutida na próxima seção. Todavia, há muitos casos em que esses eixos podem ser identificados de imediato. Por exemplo, considere o corpo cônico homogêneo de base elíptica mostrado na Fig. B.13: esse corpo tem dois planos de simetria perpendiculares entre si, OAA' e OBB'. Observemos na definição (B.18) que, se os planos $x'y'$ e $y'z'$ são escolhidos para coincidir com os dois planos de simetria, todos os produtos de inércia são nulos. Portanto, os eixos x', y' e z' assim selecionados são os eixos principais de inércia do corpo cônico em O. No caso do corpo homogêneo em forma de tetraedro regular $OABC$ mostrado na Fig. B.14, a linha que une o vértice O ao centro D da face oposta é um eixo principal de inércia em O, e qualquer linha que passe por O perpendicular a OD também é um eixo principal de inércia em O. Essa propriedade fica evidente se observarmos que uma rotação de 120° do corpo em torno de OD deixa inalterados o formato e a distribuição de massa. Resulta que o elipsoide de inércia em O também permanece inalterado mediante tal rotação. Logo, o elipsoide é um corpo de revolução cujo eixo de revolução é OD, e a linha OD, assim como qualquer linha perpendicular que passe por O, deve ser um eixo principal do elipsoide.

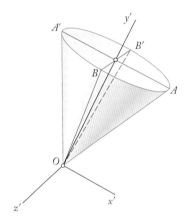

Figura B.13 Um corpo cônico homogêneo com base elíptica tem dois planos de simetria perpendiculares entre si.

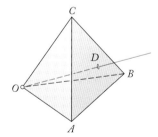

Figura B.14 Uma linha traçada de uma quina até o centro da face oposta de um tetraedro homogêneo regular é um eixo principal, já que cada rotação de 120° do corpo em torno desse eixo inaltera a forma e a distribuição da massa.

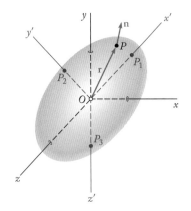

Figura B.15 Os eixos principais interceptam um elipsoide de inércia nos pontos em que os vetores raio são colineares com os vetores unitários da normal à superfície.

*B.8 Eixos principais e momentos principais de inércia de um corpo de formato arbitrário

O método de análise descrito nesta seção amplia a análise da seção anterior. Entretanto, de um modo geral, ele deve ser usado somente quando o corpo que está em consideração não apresenta uma propriedade clara de simetria.

Considere o elipsoide de inércia do corpo em um dado ponto O (Fig. B.15); seja **r** o vetor raio de um ponto P sobre a superfície do elipsoide e seja **n** o vetor unitário ao longo da normal a essa superfície em P. Observamos que os únicos pontos em que **r** e **n** são colineares são os pontos P_1, P_2 e P_3, onde os eixos principais interceptam a parte visível da superfície do elipsoide, e os pontos correspondentes sobre o outro lado do elipsoide.

Lembremos agora do cálculo de que a direção da normal a uma superfície de equação $f(x, y, z) = 0$ em um ponto $P(x, y, z)$ é definida pelo gradiente ∇f da função f nesse ponto. Para obter os pontos em que os eixos principais interceptam a superfície do elipsoide de inércia, devemos então escrever que **r** e ∇f são colineares,

$$\nabla f = (2K)\mathbf{r} \tag{B.24}$$

sendo K uma constante, $\mathbf{r} = x\mathbf{i} + y\mathbf{j} + z\mathbf{k}$, e

$$\nabla f = \frac{\partial f}{\partial x}\mathbf{i} + \frac{\partial f}{\partial y}\mathbf{j} + \frac{\partial f}{\partial z}\mathbf{k}$$

Voltando à Eq. (B.21), notamos que a função $f(x, y, z)$ correspondente ao elipsoide de inércia é

$$f(x, y, z) = I_x x^2 + I_y y^2 + I_z z^2 - 2I_{xy}xy - 2I_{yz}yz - 2I_{zx}zx - 1$$

Substituindo **r** e ∇f na Eq. (B.24) e igualando os coeficientes dos vetores unitários, obtemos

$$\begin{aligned} I_x x - I_{xy} y - I_{zx} z &= Kx \\ -I_{xy} x + I_y y - I_{yz} z &= Ky \\ -I_{zx} x - I_{yz} y + I_z z &= Kz \end{aligned} \tag{B.25}$$

Dividindo cada termo pela distância r de O a P, obtemos equações similares que envolvem os cossenos diretores λ_x, λ_y e λ_z:

$$\begin{aligned} I_x \lambda_x - I_{xy}\lambda_y - I_{zx}\lambda_z &= K\lambda_x \\ -I_{xy}\lambda_x + I_y \lambda_y - I_{yz}\lambda_z &= K\lambda_y \\ -I_{zx}\lambda_x - I_{yz}\lambda_y + I_z \lambda_z &= K\lambda_z \end{aligned} \tag{B.26}$$

Transpondo os termos do segundo membro para o primeiro, chegamos ao seguinte sistema de equações lineares homogêneas:

$$\begin{aligned} (I_x - K)\lambda_x - I_{xy}\lambda_y - I_{zx}\lambda_z &= 0 \\ -I_{xy}\lambda_x + (I_y - K)\lambda_y - I_{yz}\lambda_z &= 0 \\ -I_{zx}\lambda_x - I_{yz}\lambda_y + (I_z - K)\lambda_z &= 0 \end{aligned} \tag{B.27}$$

Apêndice B: Momentos de inércia de massas   **B25**

Para que esse sistema tenha solução diferente da trivial, $\lambda_x = \lambda_y = \lambda_z = 0$, seu determinante deve ser nulo: Então:

$$\begin{vmatrix} I_x - K & -I_{xy} & -I_{zx} \\ -I_{xy} & I_y - K & -I_{yz} \\ -I_{zx} & -I_{yz} & I_z - K \end{vmatrix} = 0 \qquad \textbf{(B.28)}$$

Expandindo esse determinante e trocando sinais, temos

$$K^3 - (I_x + I_y + I_z)K^2 + (I_xI_y + I_yI_z + I_zI_x - I_{xy}^2 - I_{yz}^2 - I_{zx}^2)K$$
$$- (I_xI_yI_z - I_xI_{yz}^2 - I_yI_{zx}^2 - I_zI_{xy}^2 - 2I_{xy}I_{yz}I_{zx}) = 0 \qquad \textbf{(B.29)}$$

Trata-se de uma equação cúbica em K que fornece três raízes reais positivas K_1, K_2 e K_3.

Para obter os cossenos diretores do eixo principal correspondente à raiz K_1, substituímos K_1 por K nas Eqs. (B.27). Como essas equações são agora linearmente dependentes, apenas duas delas podem ser usadas para se determinar λ_x, λ_y e λ_z. No entanto, pode-se obter uma equação adicional voltando à Seção 2.4A, em que se viu que os cossenos diretores devem satisfazer a relação

$$\lambda_x^2 + \lambda_y^2 + \lambda_z^2 = 1 \qquad \textbf{(B.30)}$$

Repetindo esse procedimento com K_2 e K_3, obtemos os cossenos diretores dos outros dois eixos principais.

Vamos mostrar agora que *as raízes K_1, K_2 e K_3 da Eq. (B.29) são os momentos principais de inércia do corpo considerado.* Vamos substituir K nas Eqs. (B.26) pela raiz K_1 e λ_x, λ_y e λ_z pelos valores correspondentes $(\lambda_x)_1$, $(\lambda_y)_1$ e $(\lambda_z)_1$ dos cossenos diretores; as três equações serão satisfeitas. Multipliquemos agora cada termo da primeira, segunda e terceira equações por $(\lambda_x)_1$, $(\lambda_y)_1$ e $(\lambda_z)_1$, respectivamente, e adicionemos as equações obtidas desse modo. Temos

$$I_x^2(\lambda_x)_1^2 + I_y^2(\lambda_y)_1^2 + I_z^2(\lambda_z)_1^2 - 2I_{xy}(\lambda_x)_1(\lambda_y)_1$$
$$- 2I_{yz}(\lambda_y)_1(\lambda_z)_1 - 2I_{zx}(\lambda_z)_1(\lambda_x)_1 = K_1[(\lambda_x)_1^2 + (\lambda_y)_1^2 + (\lambda_z)_1^2]$$

Voltando à Eq. (B.19), observamos que o primeiro membro dessa equação representa o momento de inércia do corpo em relação ao eixo principal correspondente a K_1; logo, trata-se do momento principal de inércia correspondente a essa raiz. Por outro lado, voltando à Eq. (B.30), observamos que o segundo membro reduz-se a K_1. Portanto, K_1 é o próprio momento principal de inércia. Da mesma maneira, podemos mostrar que K_2 e K_3 são os outros dois momentos principais de inércia do corpo.

PROBLEMA RESOLVIDO B.6

Considere o corpo em forma de prisma retangular de massa m e lados a, b e c. Determine (*a*) os momentos e os produtos de inércia do prisma em relação aos eixos de coordenadas mostradas na figura, (*b*) o momento de inércia do corpo em relação à diagonal *OB*.

ESTRATÉGIA: Para o item (*a*), podemos introduzir eixos centroidais e aplicar o teorema dos eixos paralelos. Para o item (*b*), determinamos os cossenos diretores da linha *OB* da geometria dada e usamos a Eq. (B.19) ou (B.20).

MODELAGEM E ANÁLISE: **a. Momentos e produtos de inércia em relação aos eixos de coordenadas.**

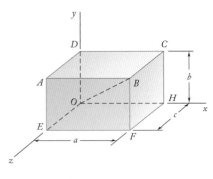

Momentos de inércia. Apresentando os eixos centroidais x', y' e z', em relação aos quais os momentos de inércia são fornecidos na Fig. B.9, aplicamos o teorema dos eixos paralelos (Fig. 1). Então

$$I_x = \bar{I}_{x'} + m(\bar{y}^2 + \bar{z}^2) = \tfrac{1}{12}m(b^2 + c^2) + m(\tfrac{1}{4}b^2 + \tfrac{1}{4}c^2)$$
$$I_x = \tfrac{1}{3}m(b^2 + c^2) \quad \blacktriangleleft$$

e, de maneira análoga:

$$I_y = \tfrac{1}{3}m(c^2 + a^2) \qquad I_z = \tfrac{1}{3}m(a^2 + b^2) \quad \blacktriangleleft$$

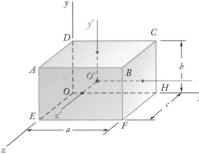

Figura 1 Eixos centroidais para o prisma retangular.

Produtos de inércia. Devido à simetria, os produtos de inércia em relação aos eixos centroidais x', y' e z' são nulos, e estes são eixos principais de inércia. Usando o teorema dos eixos pararelos, temos

$$I_{xy} = \bar{I}_{x'y'} + m\bar{x}\,\bar{y} = 0 + m(\tfrac{1}{2}a)(\tfrac{1}{2}b) \qquad I_{xy} = \tfrac{1}{4}mab \quad \blacktriangleleft$$

e, de maneira análoga,

$$I_{yz} = \tfrac{1}{4}mbc \qquad I_{zx} = \tfrac{1}{4}mca \quad \blacktriangleleft$$

b. Momento de inércia em relação a *OB*. Voltando à Eq. (B.19):

$$I_{OB} = I_x\lambda_x^2 + I_y\lambda_y^2 + I_z\lambda_z^2 - 2I_{xy}\lambda_x\lambda_y - 2I_{yz}\lambda_y\lambda_z - 2I_{zx}\lambda_z\lambda_x$$

onde os cossenos diretores de *OB* são (Fig. 2):

$$\lambda_x = \cos\theta_x = \frac{OH}{OB} = \frac{a}{(a^2 + b^2 + c^2)^{1/2}}$$

$$\lambda_y = \frac{b}{(a^2 + b^2 + c^2)^{1/2}} \qquad \lambda_z = \frac{c}{(a^2 + b^2 + c^2)^{1/2}}$$

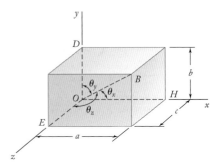

Figura 2 Ângulos diretores para *OB*.

Substituindo os valores obtidos no item (*a*) para os momentos e produtos de inércia e para os cossenos diretores na equação para I_{OB}, obtemos

$$I_{OB} = \frac{1}{a^2 + b^2 + c^2}[\tfrac{1}{3}m(b^2 + c^2)a^2 + \tfrac{1}{3}m(c^2 + a^2)b^2 + \tfrac{1}{3}m(a^2 + b^2)c^2$$
$$- \tfrac{1}{2}ma^2b^2 - \tfrac{1}{2}mb^2c^2 - \tfrac{1}{2}mc^2a^2]$$

$$I_{OB} = \frac{m}{6}\frac{a^2b^2 + b^2c^2 + c^2a^2}{a^2 + b^2 + c^2} \quad \blacktriangleleft$$

REFLETIR E PENSAR: O momento de inércia I_{OB} pode ser obtido diretamente dos momentos principais de inércia $\bar{I}_{x'}$, $\bar{I}_{y'}$ e $\bar{I}_{z'}$, pois a linha *OB* passa pelo centroide O'. Sendo x', y' e z' os eixos principais de inércia (Fig. 3), usamos a Eq. (B.23) para escrever:

$$I_{OB} = \bar{I}_{x'}\lambda_x^2 + \bar{I}_{y'}\lambda_y^2 + \bar{I}_{z'}\lambda_z^2$$

$$= \frac{1}{a^2 + b^2 + c^2}\left[\frac{m}{12}(b^2 + c^2)a^2 + \frac{m}{12}(c^2 + a^2)b^2 + \frac{m}{12}(a^2 + b^2)c^2\right]$$

$$I_{OB} = \frac{m}{6}\frac{a^2b^2 + b^2c^2 + c^2a^2}{a^2 + b^2 + c^2} \quad \blacktriangleleft$$

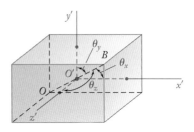

Figura 3 A linha *OB* passa pelo centroide O'.

Apêndice B: Momentos de inércia de massas **B27**

PROBLEMA RESOLVIDO B.7

Se $a = 3c$ e $b = 2c$ para o prisma retangular do Problema Resolvido B.6, determine (*a*) os momentos principais de inércia na origem *O*, (*b*) os eixos principais de inércia em *O*.

ESTRATÉGIA: Substituindo os resultados obtidos no Problema Resolvido B.6 pelos dados fornecidos aqui, obtemos valores que podemos utilizar com a Eq. (B.29) para determinar os momentos principais de inércia. Podemos usar esses valores para configurar um sistema de equações e determinar os cossenos diretores dos eixos principais.

MODELAGEM E ANÁLISE:

a. Momentos principais de inércia na origem *O*. Substituindo $a = 3c$ e $b = 2c$ na solução do Problema Resolvido B.6, temos:

$$I_x = \tfrac{5}{3}mc^2 \qquad I_y = \tfrac{10}{3}mc^2 \qquad I_z = \tfrac{13}{3}mc^2$$
$$I_{xy} = \tfrac{3}{2}mc^2 \qquad I_{yz} = \tfrac{1}{2}mc^2 \qquad I_{zx} = \tfrac{3}{4}mc^2$$

Substituindo os valores dos momentos e os produtos de inércia na Eq. (B.29) e agrupando os termos, temos:

$$K^3 - (\tfrac{28}{3}mc^2)K^2 + (\tfrac{3479}{144}m^2c^4)K - \tfrac{589}{54}m^3c^6 = 0$$

Em seguida, determinamos as raízes dessa equação; pela discussão da Seção B.8, segue-se que essas raízes são os momentos principais de inércia do corpo na origem.

$$K_1 = 0{,}568867mc^2 \qquad K_2 = 4{,}20885mc^2 \qquad K_3 = 4{,}55562mc^2$$
$$K_1 = 0{,}569mc^2 \qquad K_2 = 4{,}21mc^2 \qquad K_3 = 4{,}56mc^2$$

b. Eixos principais de inércia em *O*. Para determinar a direção de um eixo principal de inércia, primeiro substituímos o valor correspondente de *K* em duas das Eqs. (B.27); as equações resultantes, em conjunto com a Eq. (B.30), constituem um sistema de três equações do qual é possível determinar os cossenos diretores do eixo principal correspondente. Logo, para o primeiro momento principal de inércia K_1, temos

$$(\tfrac{5}{3} - 0{,}568867)mc^2(\lambda_x)_1 - \tfrac{3}{2}mc^2(\lambda_y)_1 - \tfrac{3}{4}mc^2(\lambda_z)_1 = 0$$
$$-\tfrac{3}{2}mc^2(\lambda_x)_1 + (\tfrac{10}{3} - 0{,}568867)\,mc^2(\lambda_y)_1 - \tfrac{1}{2}mc^2(\lambda_z)_1 = 0$$
$$(\lambda_x)_1^2 + (\lambda_y)_1^2 + (\lambda_z)_1^2 = 1$$

Resolvendo o sistema, obtemos

$$(\lambda_x)_1 = 0{,}836600 \qquad (\lambda_y)_1 = 0{,}496001 \qquad (\lambda_z)_1 = 0{,}232557$$

Assim, os ângulos que os eixos principais de inércia fazem com os eixos de coordenadas são

$$(\theta_x)_1 = 33{,}2° \qquad (\theta_y)_1 = 60{,}3° \qquad (\theta_z)_1 = 76{,}6° \quad \blacktriangleleft$$

Usando sucessivamente o mesmo conjunto de equações com K_2 e K_3, concluímos que os ângulos associados ao segundo e terceiro momentos principais de inércia na origem são, respectivamente,

$$(\theta_x)_2 = 57{,}8° \qquad (\theta_y)_2 = 146{,}6° \qquad (\theta_z)_2 = 98{,}0° \quad \blacktriangleleft$$

e

$$(\theta_x)_3 = 82{,}8° \qquad (\theta_y)_3 = 76{,}1° \qquad (\theta_z)_3 = 164{,}3° \quad \blacktriangleleft$$

METODOLOGIA PARA A RESOLUÇÃO DE PROBLEMAS

Nesta seção, definimos os **produtos de inércia de massa** I_{xy}, I_{yz} e I_{zx} de um corpo e mostramos como determinar os momentos de inércia desse corpo em relação a um eixo arbitrário que passa pela origem O. Também aprendemos como determinar na origem O os **eixos principais de inércia** de um corpo e os **momentos principais de inércia** correspondentes.

1. Determinação dos produtos de inércia de massa de um corpo composto. Os produtos de inércia de massa de um corpo composto em relação aos eixos de coordenadas podem ser expressos como as somas dos produtos de inércia de suas partes componentes em relação a esses eixos. Para cada parte componente, podemos usar o teorema dos eixos paralelos e escrever as Eqs. (B.20):

$$I_{xy} = \bar{I}_{x'y'} + m\bar{x}\bar{y} \qquad I_{yz} = \bar{I}_{y'z'} + m\bar{y}\bar{z} \qquad I_{zx} = \bar{I}_{z'x'} + m\bar{z}\bar{x}$$

onde as plicas indicam os eixos centroidais de cada parte componente e $\bar{x}$, $\bar{y}$ e $\bar{z}$ representam as coordenadas do seu centro de gravidade. Temos que ter em mente que os produtos de inércia de massa de um corpo podem ser positivos, negativos ou nulos, e certifiquemo-nos de levar em conta os sinais de $\bar{x}$, $\bar{y}$ e $\bar{z}$.

   a. Das propriedades de simetria de uma parte componente, pode-se deduzir que dois ou todos os três de seus produtos de inércia de massa são nulos. Por exemplo, para uma placa delgada paralela ao plano xy, um arame situado em um plano paralelo ao plano xy, um corpo com um plano de simetria paralelo ao plano xy, e um corpo com um eixo de simetria paralelo ao eixo z, pode-se verificar que os produtos de inércia $\bar{I}_{y'z'}$ e $\bar{I}_{z'x'}$ são nulos.
   Para placas retangulares, circulares ou semicirculares com eixos de simetria paralelos aos eixos de coordenadas, arames retilíneos paralelos a um eixo de coordenadas, arames circulares e semicirculares com eixos de simetria paralelos aos eixos de coordenadas, e prismas retangulares com eixos de simetria paralelos aos eixos de coordenadas, os produtos de inércia $\bar{I}_{x'y'}$, $\bar{I}_{y'z'}$ e $\bar{I}_{z'x'}$ são todos nulos.
   b. Produtos de inércia diferentes de zero podem ser calculados pelas Eqs. (B.18). Embora geralmente seja necessária uma integração tripla para se determinar um produto de inércia de massa, uma integração simples poderá ser usada caso o corpo em consideração possa ser dividido em uma série de elementos delgados paralelos. Nesse caso, os cálculos serão semelhantes àqueles discutidos na lição anterior para os momentos de inércia.

2. Cálculo do momento de inércia de um corpo em relação a um eixo arbitrário OL. Uma expressão para o momento de inércia I_{OL} foi deduzida na Seção B.6 e é dada na Eq. (B.19). Antes de calcular I_{OL}, devemos determinar os momentos de massa e os produtos de inércia do corpo em relação aos eixos de coordenadas dados, bem como os cossenos diretores do vetor unitário $\boldsymbol{\lambda}$ ao longo de OL.

3. Cálculo dos momentos principais de inércia de um corpo e determinação de seus eixos principais de inércia. Vimos na Seção B.7 que é sempre possível encontrar uma orientação dos eixos de coordenadas para a qual os produtos de inércia de massa são nulos. Esses eixos são citados como os **eixos principais de inércia**, e os momentos de inércia correspondentes são conhecidos como os **momentos principais de inércia** do corpo. Em muitos casos, os eixos principais de inércia de um corpo podem ser determinados por suas propriedades de simetria. O procedimento para se determinarem os momentos e os eixos principais de inércia de um corpo sem propriedade evidente de simetria foi discutido na Seção B.8 e ilustrado no Problema Resolvido B.7. Esse procedimento consiste nos seguintes passos:

a. Expandir o determinante da Eq. (B.28) e resolver a equação cúbica resultante. A solução pode ser obtida por tentativa e erro ou, de preferência, com uma calculadora científica avançada ou um programa de computador apropriado. As raízes K_1, K_2 e K_3 dessa equação são os momentos principais de inércia do corpo.

b. Para determinar a direção do eixo principal correspondente a K_1, devemos substituir esse valor de K em duas das Eqs. (B.27) e resolver essas equações em conjunto com a Eq. (B.30) para os cossenos diretores do eixo principal correspondente a K_1.

c. Repetir esse procedimento com K_2 e K_3 para se determinar as direções dos outros dois eixos principais. Para se certificar dos cálculos, podemos verificar que o produto escalar de dois vetores unitários quaisquer ao longo dos eixos que obtivemos é nulo e, portanto, que esses eixos são perpendiculares entre si.

PROBLEMAS

B.39 Determine os produtos de inércia I_{xy}, I_{yz} e I_{zx} do aparelho de aço mostrado na figura. (A massa específica do aço é 7.850 kg/m³.)

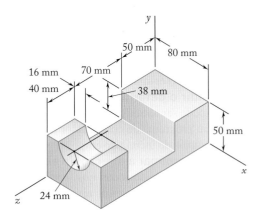

Figura B.39

B.40 Determine os produtos de inércia I_{xy}, I_{yz} e I_{zx} da peça de máquina de aço mostrado na figura. (A massa específica do aço é 7.850 kg/m³.)

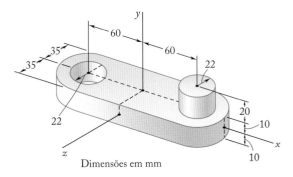

Dimensões em mm

Figura B.40

B.41 e B.42 Determine os produtos de inércia de massa I_{xy}, I_{yz} e I_{zx} da peça de máquina de alumínio fundido mostrado na figura. (A massa específica do alumínio é 2.770 kg/m³.)

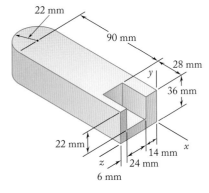

Figura B.41

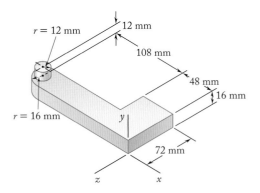

Figura B.42

Apêndice B: Momentos de inércia de massas   B31

B.43 a B.46 Uma seção de chapa de aço de 2 mm de espessura é cortada e dobrada para formar o componente de máquina mostrado na figura. Sabendo que a massa específica do aço é 7.850 kg/m³, determine os produtos de inércia I_{xy}, I_{yz} e I_{zx} do componente.

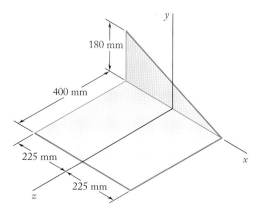

Figura **B.43**

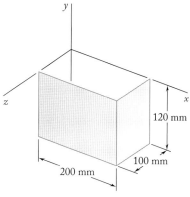

Figura **B.44**

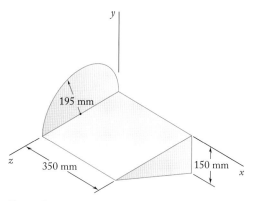

Figura B.45

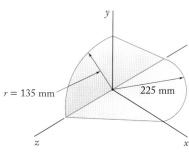

Figura B.46

B.47 A armação mostrada na figura é formada por um arame de alumínio de 1,5 mm de espessura. Sabendo que a massa específica do alumínio é 2.800 kg/m³, determine os produtos de inércia I_{xy}, I_{yz} e I_{zx} da armação.

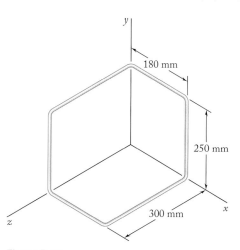

Figura B.47

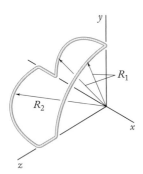

Figura B.48

B.48 Um arame fino de alumínio com diâmetro uniforme é usado para formar a armação mostrada na figura. Representado por m' a massa por unidade de comprimento do arame, determine os produtos de inércia I_{xy}, I_{yz} e I_{zx} da armação.

B.49 e B.50 Um arame de latão com peso por unidade de comprimento w é usado para formar a armação mostrada na figura. Determine os produtos de inércia I_{xy}, I_{yz} e I_{zx} da armação.

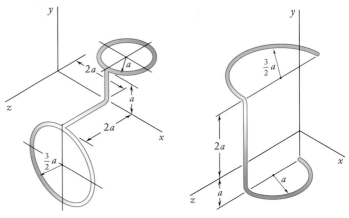

Figura B.49   Figura B.50

B.51 Complete a dedução das Eqs. (B.20), que representam o teorema de eixos paralelos para produtos de inércia de massa.

B.52 Para o tetraedro homogêneo de massa m mostrado na figura, (a) determine por integração direta o produto de inércia de massa I_{zx}, (b) deduza I_{yz} e I_{xy} dos resultados obtidos no item a.

B.53 O cilindro circular homogêneo mostrado na figura tem massa m. Determine seu momento de inércia de massa em relação à linha que liga a origem O e o ponto A.

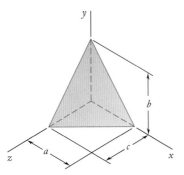

Figura B.52

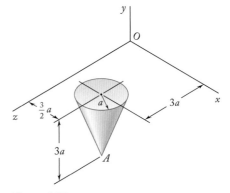

Figura B.53

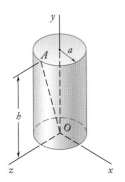

Figura B.54

B.54 O cilindro circular homogêneo mostrado na figura tem massa m. Determine o momento de inércia do cilindro em relação à linha que liga a origem O e o ponto A localizado sobre o perímetro da superfície superior do cilindro.

B.55 A figura mostra o elemento de máquina do Problema B.31. Determine seu momento de inércia de massa em relação à linha que liga a origem O e o ponto A.

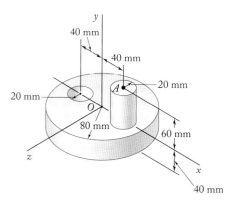

Figura B.55

B.56 Determine o momento de inércia do elemento de máquina de aço dos Problemas B.35 e B.39 em relação ao eixo que passa pela origem e forma ângulos iguais com os eixos x, y e z.

B.57 Na figura é mostrada uma placa delgada dobrada de massa específica uniforme e peso W. Determine seu momento de inércia de massa em relação à linha que liga a origem O e o ponto A.

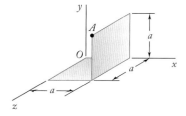

Figura B.57

B.58 Um pedaço de chapa metálica de espessura t e massa específica γ é cortada e dobrada no formato mostrado na figura. Determine seu momento de inércia de massa em relação à linha que liga a origem O e o ponto A.

B.59 Determine o momento de inércia de massa do componente da máquina dos Problemas B.26 e B.45 em relação ao eixo que passa pela origem caracterizado pelo vetor unitário $\lambda = (-4\mathbf{i} + 8\mathbf{j} + \mathbf{k})/9$.

B.60 a B.62 Para a armação de arame do problema indicado, determine o momento de inércia de massa da armação em relação ao eixo que passa pela origem caracterizado pelo vetor unitário $\lambda = (-3\mathbf{i} - 6\mathbf{j} + 2\mathbf{k})/7$.
    B.60 Problema B.38.
    B.61 Problema B.37.
    B.62 Problema B.36.

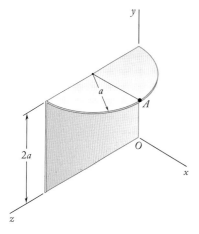

Figura B.58

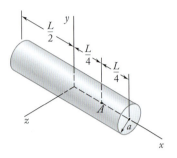

Figura B.63

B.63 Para o cilindro circular homogêneo mostrado na figura, de raio a e comprimento L, determine o valor da razão a/L para que o elipsoide de inércia do cilindro seja uma esfera quando calculado (*a*) no centroide do cilindro, (*b*) no ponto A.

B.64 Para o prisma retangular mostrado na figura, determine os valores das razões b/a e c/a para que o elipsoide de inércia do prisma seja uma esfera quando calculado (*a*) no ponto A, (*b*) no ponto B.

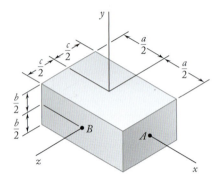

Figura B.64

B.65 Para o cone circular do Problema Resolvido B.3, determine o valor da razão a/h para que o elipsoide de inércia do cone seja uma esfera quando calculado (*a*) no vértice do cone, (*b*) no centro da base do cone.

B.66 Dado um corpo arbitrário e três eixos retangulares x, y e z, demonstre que o momento de inércia do corpo em relação a qualquer um dos três eixos não pode ser maior que a soma dos momentos de inércia do corpo em relação aos outros dois eixos. Em outras palavras, demonstre que a desigualdade $I_x \leq I_y + I_z$ e as duas desigualdades similares são satisfeitas. Além disso, demonstre que $I_y \geq \frac{1}{2}I_x$ caso o corpo seja sólido de revolução homogêneo, com x representando o eixo de revolução e y um eixo transversal.

B.67 Considere um cubo de massa m e lado a. (*a*) Mostre que o elipsoide de inércia no centro do cubo é uma esfera e use essa propriedade para determinar o momento de inércia do cubo em relação a uma de suas diagonais. (*b*) Mostre que o elipsoide de inércia em um dos vértices do cubo é um elipsoide de revolução e determine os momentos principais de inércia do cubo nesse ponto.

B.68 Dado um corpo homogêneo de massa m e de formato arbitrário e três eixos retangulares x, y e z com origem em O, demonstre que a soma $I_x + I_y + I_z$ dos momentos de inércia do corpo não pode ser menor que a soma equivalente calculada para uma esfera de igual massa e mesmo material centrada em O. Além disso, usando os resultados do Problema B.66, mostre que, se o corpo é sólido de revolução, com x representando o eixo de revolução, seu momento de inércia I_y em relação a um eixo transversal y não pode ser menor que $3ma^2/10$, sendo a o raio da esfera de igual massa e mesmo material.

*B.69 O cilindro circular homogêneo mostrado na figura tem massa m, e o diâmetro OB da sua superfície superior forma ângulos de 45° com os eixos x e z. (a) Determine os momentos principais de inércia do cilindro na origem O. (b) Calcule os ângulos que os eixos principais de inércia em O formam com os eixos de coordenadas. (c) Esboce o cilindro e mostre a orientação dos eixos principais de inércia em relação aos eixos x, y e z.

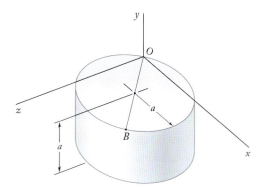

Figura B.69

B.70 a *B.74* Para o componente descrito no problema indicado, determine (a) os momentos principais de inércia na origem, (b) os eixos principais de inércia na origem. Esboce o corpo e mostre a orientação dos eixos principais de inércia em relação aos eixos x, y e z.
  *B.70 Problema B.55.
  *B.71 Problemas B.35 e B.39.
  *B.72 Problema B.57.
  *B.73 Problema B.58.
  *B.74 Problemas B.38 e B.60.

REVISÃO E RESUMO

Momentos de inércia dos corpos

Este apêndice foi dedicado à determinação de **momentos de inércia de massa de corpos**, que aparecem em problemas de dinâmica que envolvem a rotação de um corpo rígido em torno de um eixo. O momento de inércia de massa de um corpo em relação a um eixo AA' (Fig. B.16) foi definido como

$$I = \int r^2 \, dm \tag{B.1}$$

sendo r a distância de AA' ao elemento de massa [Seção B.1]. O **raio de giração** do corpo foi definido como

$$k = \sqrt{\frac{I}{m}} \tag{B.2}$$

Os momentos de inércia de um corpo em relação aos eixos de coordenadas foram expressos como

$$I_x = \int (y^2 + z^2) \, dm$$
$$I_y = \int (z^2 + x^2) \, dm \tag{B.3}$$
$$I_z = \int (x^2 + y^2) \, dm$$

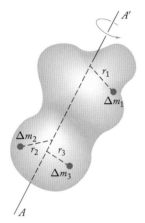

Figura B.16

Teorema dos eixos paralelos

Vimos que o **teorema dos eixos paralelos** também se aplica aos momentos de inércia de massa [Seção B.2]. Assim, o momento de inércia I de um corpo em relação a um eixo arbitrário AA' (Fig. B.17) pode ser expresso como

$$I = \bar{I} + md^2 \tag{B.6}$$

sendo $\bar{I}$ o momento de inércia do corpo em relação ao eixo centroidal BB' paralelo ao eixo AA', m a massa do corpo e d a distância entre os dois eixos.

Momentos de inércia de placas delgadas

Os momentos de inércia de placas delgadas podem ser obtidos diretamente dos momentos de inércia de suas superfícies [Seção B.3]. Concluímos que, para uma placa retangular, os momentos de inércia em relação aos eixos mostrados (Fig. B.18) são

$$I_{AA'} = \tfrac{1}{12}ma^2 \qquad I_{BB'} = \tfrac{1}{12}mb^2 \tag{B.12}$$

$$I_{CC'} = I_{AA'} + I_{BB'} = \tfrac{1}{12}m(a^2 + b^2) \tag{B.13}$$

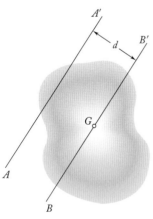

Figura B.17

enquanto, para uma placa circular (Fig. B.19), eles são

$$I_{AA'} = I_{BB'} = \tfrac{1}{4}mr^2 \qquad \text{(B.14)}$$

$$I_{CC'} = I_{AA'} + I_{BB'} = \tfrac{1}{2}mr^2 \qquad \text{(B.15)}$$

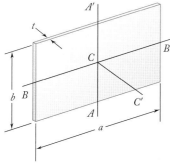

Figura B.18

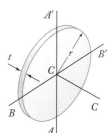

Figura B.19

Corpos compostos

Quando um corpo tem dois planos de simetria, geralmente é possível efetuar uma integração simples para se determinar seu momento de inércia em relação a um dado eixo, selecionando-se o elemento de massa *dm* igual ao de uma placa delgada [Problemas Resolvidos B.2 e B.3]. Por outro lado, quando um corpo consiste em diversos formatos geométricos simples, seu momento de inércia em relação a um dado eixo pode ser obtido aplicando-se as fórmulas dadas na Fig. B.9 juntamente com o teorema dos eixos paralelos [Problemas Resolvidos B.4 e B.5].

Momento de inércia de um corpo em relação a um eixo arbitrário

Na última seção do capítulo, aprendemos a determinar o momento de inércia de um corpo em relação a um eixo arbitrário OL que passa pela origem O [Seção B.6]. Representado por $\lambda_x, \lambda_y, \lambda_z$ os componentes do vetor unitário $\boldsymbol{\lambda}$ ao longo de OL (Fig. B.20) e apresentando os **produtos de inércia** como

$$I_{xy} = \int xy\, dm \qquad I_{yz} = \int yz\, dm \qquad I_{zx} = \int zx\, dm \qquad \text{(B.18)}$$

concluímos que o momento de inércia de um corpo em relação a OL pode ser expresso como

$$I_{OL} = I_x\lambda_x^2 + I_y\lambda_y^2 + I_z\lambda_z^2 - 2I_{xy}\lambda_x\lambda_y - 2I_{yz}\lambda_y\lambda_z - 2I_{zx}\lambda_z\lambda_x \quad \text{(B.19)}$$

Elipsoide de inércia

Plotando um ponto Q ao longo de cada eixo OL a uma distância $OQ = 1/\sqrt{I_{OL}}$ de O [Seção B.7], obtivemos a superfície de um elipsoide, conhecido como **elipsoide de inércia** do corpo no ponto O.

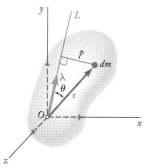

Figura B.20

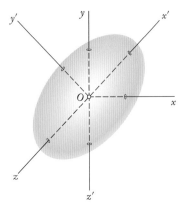

Figura B.21

Eixos principais e momentos de inércia principais

Os eixos principais x', y', z' desse elipsoide (Fig. B.21) são os **eixos principais de inércia** do corpo; ou seja, os produtos de inércia $I_{x'y'}$, $I_{y'z'}$ e $I_{z'x'}$ do corpo em relação a esses eixos são todos nulos. Há muitas situações em que os eixos principais de inércia de um corpo podem ser deduzidos das propriedades de simetria do corpo. Escolhendo esses eixos como sendo os eixos de coordenadas, podemos então expressar I_{OL} como

$$I_{OL} = I_{x'}\lambda_{x'}^2 + I_{y'}\lambda_{y'}^2 + I_{z'}\lambda_{z'}^2 \tag{B.23}$$

sendo $I_{x'}$, $I_{y'}$ e $I_{z'}$ os **momentos principais de inércia** do corpo em O.

Quando os eixos principais de inércia não podem ser obtidos por inspeção [Seção B.7], é preciso resolver a equação cúbica

$$K^3 - (I_x + I_y + I_z)K^2 + (I_xI_y + I_yI_z + I_zI_x - I_{xy}^2 - I_{yz}^2 - I_{zx}^2)K$$
$$- (I_xI_yI_z - I_xI_{yz}^2 - I_yI_{zx}^2 - I_zI_{xy}^2 - 2I_{xy}I_{yz}I_{zx}) = 0 \tag{B.29}$$

Verificamos [Seção B.8] que as raízes K_1, K_2 e K_3 dessa equação são os momentos principais de inércia do corpo considerado. Os cossenos diretores $(\lambda_x)_1$, $(\lambda_y)_1$ e $(\lambda_z)_1$ do eixo principal correspondente ao momento principal de inércia K_1 são, então, determinados por substituição de K_1 nas Eqs. (B.27) e solução de duas dessas equações e a Eq. (B.30) simultaneamente. O mesmo procedimento é, então, repetido com K_2 e K_3 para se determinarem os cossenos diretores dos outros dois eixos principais [Problema Resolvido B.7].

Respostas

CAPÍTULO 11

11.2 $t = 1,000$ s, $x_1 = 15,00$ m, $a_1 = -6,00$ m/s^2; $t = 2,00$ s, $x_2 = 14,00$ m, $a_2 = 6,00$ m/s^2.

11.3 (a) 102,9 mm, $-35,6$ mm/s, $-11,40$ mm/s^2.
(b) $-36,1$ mm/s, 72,1 mm/s^2.

11.4 (a) 0 mm, 960 mm/s $\rightarrow$, 9220 mm/s^2 ou 9,22 m/s^2 $\leftarrow$.
(b) 14,16 mm $\leftarrow$, 87,9 mm/s $\rightarrow$, 3110 mm/s^2 ou 3,11 m/s^2 $\rightarrow$.

11.5 0,667 s, 0,259m, $-8,56$ m/s.

11.6 (a) $t = 2,00$ s, $t = 4,00$ s, (b) $x_3 = 10,00$ m, $m = 22,0$ m.

11.7 (a) 0,586 s and 3,414 s. (b) 0 m. (c) 3,656 m.

11.9 (a) $v_0 = 24,5$ m/s^2. (b) $t_f = 8,17$ s.

11.11 $x(t) = t^4/108 + 10t + 24$ m.
$v(t) = t^3/27 + 10$ m/s.

11.12 (a) 6,00 m/s^4. (b) $a = 6t^2$, $v = 2t^3 - 8$, $x = t^4/2 - 8t + 8$.

11.15 800 m/s^2 $\uparrow$.

11.16 (a) $a_0 = -729 \times 10^3$ m/s^2. (b) $t = 1,366 \times 10^{-3}$ s.

11.17 (a) $v = 1,962$ m/s. (b) $x = 0,591$ m.

11.18 167,1 mm/s^2 $\uparrow$, 15,19 m/s^2 $\uparrow$.

11.21 (a) 2,52 m^2/s^2, 4,70 m/s.

11.22 (a) $x = 22,5$ m, (b) $v = 38,4$ m/s.

11.23 $v = 5,88$ m/s.

11.24 (a) 29,3 m/s. (b) 0,947 s.

11.25 (a) 4,76 mm/s. (b) 0,171 s.

11.26 1,995 m/s^2.

11.27 (a) $-0,0525$ m/s^2. (b) 6,17 s.

11.28 (a) $x = 10,55$ km. (b) $a_0 = -2 \times 10^{-4}$ m/s^2. (c) $t = 49,9$ min.

11.29 (a) $y_{máx} = 14,90 \times 10^3$ m. (b) $y_{máx} = 41,6 \times 10^3$ m.
(c) $y_{máx} = -6,12 \times 10^{10}$ m. ou $y_{máx} \rightarrow \infty$

11.30 $v_e = 11.180$ m/s.

11.31 (a) 2,36 $v_0 T$, $\pi v_0/T$. (b) 0,363 v_0.

11.32 $r + \dfrac{d_{máx}}{2}\cos\theta, -v_{máx}\,\text{sen}\,\theta, -\dfrac{d_{máx}}{2}\ddot{\theta}\,\text{sen}\,\theta - \dfrac{2v_{máx}^2}{d_{máx}}\cos\theta.$

11.33 (a) 2,0 m/s^2. (b) 60,0 m/s.

11.34 (a) $-0,417$ m/s^2. (b) 18,00 km/h.

11.36 (a) $v_1 = 76,8$ m/s. (b) $y_{máx} = 328$ m.

11.39 11,60 s, 50,4 m.

11.40 (a) 1,563 m/s^2. (b) 3,13 m/s^2.

11.41 (a) $a_A = -2,10$ m/s^2, $a_B = 2,06$ m/s^2.
(b) O corredor B deve começar a correr 2,59 s antes de A alcançar a zona de troca.

11.42 (a) $t_1 = 14,548$ s, $x_A = 0,203$ m.
(b) $v_A = 64,3$ km/h $\rightarrow$. $v_B = 35,1$ km/h $\rightarrow$.

11.43 (a) $a_A = -0,250$ m/s^2, $a_B = 0,300$ m/s^2.
(b) $t > 0 \Rightarrow t_{AB} = 20,8$ s. (c) $v_B = 85,5$ km/h.

11.44 (a) 1,330 s. (b) 4,68 m abaixo do homem.

11.46 (a) $a_A = 3,11$ m/s^2. (b) $t_{AB} = 7,61$ s. (c) $d = 279$ m

11.47 (a) 8,00 m/s $\uparrow$. (b) 4,00 m/s $\uparrow$. (c) 12,00 m/s $\uparrow$. (d) 8,00 m/s $\uparrow$.

11.48 (a) $\mathbf{a}_E = 0,800$ m/s^2 $\uparrow$, $\mathbf{a}_C = 1,600$ m/s^2 $\downarrow$.
(b) $(\mathbf{v}_E)_5 = 4,00$ m/s $\uparrow$.

11.49 (a) 0,125 m/s $\uparrow$. (b) 0,5154 m/s $\measuredangle$ 14°.

11.51 (a) 200 mm/s $\rightarrow$. (b) 600 mm/s $\rightarrow$.
(c) 200 mm/s $\leftarrow$. (d) 400 mm/s $\rightarrow$.

11.52 (a) $\mathbf{a}_A = 13,33$ mm/s^2 $\leftarrow$, $\mathbf{a}_B = 20,0$ mm/s^2 $\leftarrow$.
(b) 13,33 mm/s^2 $\rightarrow$. (c) 70,0 mm/s $\rightarrow$. 440 mm $\rightarrow$.

11.53 (a) $\mathbf{v}_B = 2,00$ m/s $\uparrow$. (b) $\mathbf{v}_D = 2,00$ m/s $\downarrow$. (c) $\mathbf{v}_{C/D} = 8,00$ m/s $\uparrow$.

11.55 (a) $\mathbf{a}_A = 0,0500$ m/s^2 $\uparrow$ $\mathbf{a}_B = 0,250$ m/s^2 $\downarrow$.
(b) $\mathbf{v}_B = 0,1500$ m/s $\downarrow$ $\mathbf{y}_B - (\mathbf{y}_B)_0 = 0,450$ m $\downarrow$.

11.56 (a) $t = 1,000$ s. (b) $\Delta_{yC} = 75,0$ mm. $\downarrow$.

11.57 (a) $\mathbf{a}_A = 345$ mm/s^2 $\downarrow$, $\mathbf{a}_B = 240$ mm/s^2 $\uparrow$.
(b) $(\mathbf{v}_A)_0 = 43,3$ mm/s $\uparrow$, $(v_C)_0 = 130,0$ mm/s $\rightarrow$.
(c) 728 mm $\rightarrow$.

11.58 (a) 10,00 mm/s $\rightarrow$. (b) $\mathbf{a}_A = 2,00$ mm/s^2 $\uparrow$,
$\mathbf{a}_C = 6,00$ mm/s^2 $\rightarrow$. (c) 175,0 mm $\uparrow$.

11.63 (a) 10 s até 26 s, $a = -5,00$ m/s^2;
41 s até 46 s, $a = 3,00$ m/s^2; senão $a = 0$.
(b) 1383 m. (c) 9,00 s, 49,5 s.

11.64 (a) Mesmo do Prob. 11.63. (b) 420 m. (c) 10,69 s, 40,0 s.

11.66 (a) 44,8 s. (b) 103,3 m/s^2.

11.67 (a) $t_1 = 5$ min (b) $v_2 = 6$ km/h (c) $a_{final} = -0,0444$ m/s^2

11.68 $t_{ciclo} = 10,5$ s

11.69 (a) 0,600 s. (b) 0,200 m/s, 2,84 m.

11.70 (a) 60,0 m/s, 1194 m. (b) 59,3 m/s.

11.71 (a) A: 52,2 s, B: 52,0 s. (b) 1,879 m.

11.72 $t_F = 9,20$ s.

11.73 $t_F = 8,54$ s, $v_m = 86,9$ km/h.

11.74 $x_{B/A} = 39,4$ m.

11.75 5,67 s.

11.76 (a) $(x_{A/B})_{mín} = 8,73$ m. (b) $t = 14,25$ s.

11.77 $v_{0,2} = 2,13$ m/s, $v_{0,3} = 2,73$ m/s, $v_{0,4} = 2,93$ m/s; $x_{0,3} = 0,1137$ m, $x_{0,2} = -0,1327$ m.

11.78 (a) 18,00 s. (b) 178,8 m. (c) 34,7 km/h.

11.79 (a) $t_{mín} = 5$ min 11,95 s. (b) $v_{méd} = 28,9$ km/h.

11.80 (a) $t_{mín} = 2,04$ s. (b) $v_{máx} = 0,392$ m/s, $v_{méd} = 0,196$ m/s.

11.83 (a) $t = 3,00$ s. (b) $x = 68,0$ m.

11.84 (a) $a = 4070$ mm/s^2. (b) $a = 2860$ mm/s^2.

11.85 (a) 15,49 s. (b) 4,65 m/s. (c) 2,90 m/s, 8,50 m.

11.86 (a) $t_1 = 2,40$ s (b) $x = 9,60$ m

11.89 (a) 6,28 m/s $\searrow$ 37,2°. (b) 7,49 m.

11.90 (a) 67,1 mm/s $\measuredangle$ 63,4°, 256 mm/s^2 $\nearrow$ 69,4°.
(b) 8,29 mm/s $\measuredangle$ 36,2°, 336 mm/s^2 $\nearrow$ 86,6°.

11.91 (a) $\mathbf{v} = -(4\pi$ m/s$)\mathbf{i}$, $\mathbf{a} = -(4\pi^2$ m/s$^2)\mathbf{j}$. (b)
$$y = \frac{1}{8}x^2 - 1 \quad \text{(Parábola)}.$$

11.92 (a) $v_{mín} = 50$ mm/s, $v_{máx} = 150$ mm/s.
(b) $t = 2n\pi$ s, $x = 200\,n\pi$ mm, $y = 50,00$ mm; $\theta_{v_{mín}} = 0 \rightarrow$,
$t = (2n + 1)\pi$ s, $x = 100(2n + 1)\pi$ mm, $y = 150$ mm,
$\theta_{v_{máx}} = 0 \rightarrow$

11.95 $\sqrt{R^2(1 + w_n^2 t^2) + c^2}$, $Rw_n\sqrt{4 + w_n^2 t^2}$.

11.96 $\left(\dfrac{y}{A}\right)^2 - \left(\dfrac{x}{A}\right)^2 - \left(\dfrac{z}{B}\right)^2 = 1$ \qquad C.Q.D. ,

(a) $v = 3$ m/s, $a = 3,61$ m/s^2. (b) $t = 3,82$ s.

11.97 $d = 353$ m.

11.98 (a) 2,94 s. (b) 84,9 m. (c) 10,62 m.

R2 Respostas

11.99 (a) $115,3$ km/h $\le v_0 \le 148,0$ km/h.
  (b) $h = 0,788$ m, $\alpha = 6,66°$; $h = 1,068$ m, $\alpha = 4,05°$.

11.100 $4,65$ m/s $\le v_0 \le 10,58$ m/s.

11.101 $0 \le d \le 0,5173$ m.

11.102 (a) Satisfaz a exigência de altura máxima. (b) $0,937$ m.

11.103 (a) A bola passa pela rede. (b) $7,01$ m da rede.

11.104 $d = 233$ m

11.105 $v_0 = 6,93$ m/s.

11.106 $16,20$ m/s $< v_0 < 21,0$ m/s.

11.107 (a) $v_0 = 8,96$ m/s. (b) $v_0 = 8,87$ m/s.

11.108 $37,7$ m/s $< v_0 < 44,3$ m/s.

11.111 (a) $10,38°$. (b) $9,74°$.

11.112 (a) $4,17°$. (b) 285 m. (c) $15,89$ s.

11.113 (a) $14,66°$. (b) $0,1074$ s.

11.114 (a) $4,98$ m. (b) $23,8°$.

11.117 $\mathbf{v}_{A/B} = 5,05$ m/s $\nwarrow 55,8°$.

11.118 $\mathbf{v}_A = 125$ mm/s $\uparrow$, $\mathbf{v}_B = 75$ mm/s $\downarrow$, $\mathbf{v}_C = 175$ mm/s $\downarrow$.

11.119 (a) $\mathbf{v}_{B/A} = 34,5$ m/s $\nearrow 63,0°$. (b) $\mathbf{v}_{B/A} = 137,8$ m $\nearrow 63,0°$.
  (c) Distância entre os automóveis $= 140$ m.

11.120 $3,20$ km/h $\nwarrow 17,8°$.

11.123 (a) $14,66°$. (b) $0,1074$ s.

11.124 (a) $\mathbf{v}_B = 213,194$ mm/s $\nwarrow 54,1°$. (b) $\mathbf{a}_B = 159,9$ mm/s^2 $\nwarrow 54,1°$.

11.125 (a) $0,979$ m. (b) $12,55$ m/s $\nwarrow 86,5°$.

11.126 (a) $0,835$ mm/s^2 $\nwarrow 75°$. (b) $8,35$ mm/s $\nwarrow 75°$.

11.127 (a) $\mathbf{v}_B = 2,59$ m/s $\nwarrow 15°$. (b) $\mathbf{v}_B = 1,011$ m/s $\nwarrow 15°$.

11.128 $\mathbf{v}_{B/A} = 3,18$ m/s $\nearrow 81,4°$.

11.129 $5,96$ m/s $\nwarrow 82,8°$.

11.130 (a) 405 km/h $\measuredangle 30,6°$. (b) 74.7 km/h $\nearrow 26,6°$.

11.131 $15,79$ km/h $\nwarrow 26,0°$.

11.132 $\mathbf{v}_D = 0,341$ m/s $\nwarrow 2,07°$, $\mathbf{v}_D = 0,341$ m/s $\nwarrow 2,07°$.

11.133 500 m.

11.134 $97,6$ km/h.

11.135 $12,13$ m/s.

11.136 (a) $20,0$ mm/s^2. (b) $26,8$ mm/s^2.

11.137 (a) $178,9$ m. (b) $1,118$ m/s^2.

11.138 (a) $10,20$ mm/s^2. (b) $25,2$ s.

11.139 (a) $178,9$ m. (b) $1,118$ m/s^2.

11.141 (a) $189,5$ km/h $\nwarrow 54,0°$. (b) $21,8$ m/s^2 $\nwarrow 5,3°$.

11.143 (a) $1,047\mathbf{i} - 33,726\mathbf{j}$ m/s^2. (b) $-47,55\mathbf{i} - 8,64\mathbf{j}$ m/s.

11.144 $1467,9$ m.

11.145 (a) 281 m. (b) 209 m.

11.146 (a) $27,6$ m. (b) $34,0$ m.

11.147 (a) $0,634$ m. (b) $9,07$ m.

11.149 (a) $14,48$ m/s. (b) $21,3$ m.

11.151 $(R^2 + c^2)/2w_n R$.

11.152 $\rho = 2,50$ m.

11.153 $149,8$ Gm.

11.154 1425 Gm.

11.155 $v_{\text{circ.}} = 25,8 \times 10^3$ km/h.

11.156 $v_{\text{circ.}} = 12,56 \times 10^3$ km/h.

11.157 $v_{\text{circ.}} = 153,3 \times 10^3$ km/h.

11.159 $1,606$ h.

11.160 $T_C = 54,6$ h.

11.161 (a) $\mathbf{v}_A = -(25$ mm/s$)\mathbf{e}_r - (250$ mm/s$)\mathbf{e}_\theta$
  (b) $\mathbf{a}_B = -(490$ mm/s$^2)\mathbf{e}_r + (100$ mm/s$^2)\mathbf{e}_\theta$
  (c) $\mathbf{a}_{B/OA} = (10$ mm/s$^2)\mathbf{e}_r$.

11.162 (a) $3\pi b e_\theta$ e $-4\pi^2 b \mathbf{e}_r$, $14,48$. (b) $\theta = 2N\pi$, $N = 0, 1, 2, \ldots$.

11.163 $13,280$ m/s $\measuredangle 27,08°$, $0,2437$ m/s^2 $\nwarrow 30,00°$.

11.164 $v_0 \cos \beta$ (tg $\beta \cos \theta + $ sen $\theta)^2/h$.

11.165 (a) $\mathbf{v} = bk\mathbf{e}_\theta$, $\mathbf{a} = -(bk^2/2)\mathbf{e}_r$.
  (b) $\mathbf{v} = 2bk\mathbf{e}_r + 2bk\mathbf{e}_\theta$, $\mathbf{a} = 2bk^2\mathbf{e}_r + 4bk^2\mathbf{e}_\theta$.

11.166 (a) $a = 4b\dot{\theta}^2$. (b) Direcionado para o ponto A.

11.169 $\dot{r} = 120$ m/s, $\dot{\theta} = -0,0900$ rad/s, $\ddot{r} = 34,8$ m/s^2,
  $\ddot{\theta} = -0,0156$ rad/s^2

11.170 (a) $\dot{r} = -dw/2$, $\dot{\theta} = w/2$. (b) $\ddot{r} = -\sqrt{3}\,dw^2/4$, $\ddot{\theta} = 0$.

11.171 $185,7$ km/h.

11.172 $v_{\text{méd}} = 103,5$ km/h, $\beta = 51,2°$.

11.175 $be^{\frac{1}{2}\theta^2}\theta(\theta^2 + 4)^{\frac{1}{2}}\omega^2$.

11.176 $\dfrac{b}{\theta^4}(36 + 4\theta^2 + \theta^4)^{\frac{1}{2}}\omega^2$.

11.177 $v = 2\pi\sqrt{A^2 + n^2 B^2 \cos^2 2\pi nt}$,
  $a = 4\pi^2\sqrt{A^2 + n^4 B^2 \text{sen}^2 2\pi nt}$

11.179 (a) $v = \sqrt{A^2 + B^2}$, $a = \sqrt{(1 + 16\pi^2)A^2 + B^2}$.
  (b) $v = 2\pi A$, $a = 4\pi^2 A$.

11.180 $\text{tg}^{-1}[R(2 + w_n^2 t^2)/c\sqrt{4 + w_n^2 t^2}]$.

11.181 (a) $\theta_x = 90°$, $\theta_y = 123,7°$, $\theta_z = 33,7°$.
  (b) $\theta_x = 103,4°$, $\theta_y = 134,3°$, $\theta_z = 47,4°$.

11.182 (a) $1,00$ s and $4,00$ s. (b) $1,500$ m, $24,5$ m.

11.183 (a) $9,6$ s. (b) $543,0$ m.

11.185 (a) $111,4$ km/h $\measuredangle 10,50°$. (b) $2,96$ km.

11.186 (a) $\mathbf{a}_A = 20$ m/s$^2 \rightarrow$, $\mathbf{a}_B = 6,67$ m/s^2 $\downarrow$.
  (b) $\mathbf{v}_B = 13,33$ m/s $\downarrow$, $\mathbf{y}_B - (\mathbf{y}_B)_0 = 13,33$ m$\downarrow$.

11.187 (a) $a_B = -50$ mm/s^2 ou $\mathbf{a}_B = 50,0$ mm/s$^2 \uparrow$,
  $a_C = 75$ mm/s^2 ou $\mathbf{a}_C = 75,0$ mm/s$^2\downarrow$. (b) $t = 0,667$ s.

11.188 (a) $38,1$ m/s, $20,4$ m. (b) $41,1$ m/s, $29,6$ m.

11.189 (a) $\alpha = 22,4°$, $\mathbf{a}_B = 0,964$ m/s^2 $\nwarrow 22,4°$. (b) $\mathbf{v}_B = 1,929$ m/s^2 $\nwarrow 22,4°$.

11.190 $1,097\mathbf{e}_t + 19,71\mathbf{e}_n$ m/s^2.

11.191 (a) $v_0 = 7,10$ m/s. (b) $\rho = 31,0$ m.

11.193 (a) $\mathbf{v} = (-31,5$ m/s$)\mathbf{e}_r + (10,5$ m/s$)\mathbf{e}_\theta$, $v = 33,2$ m/s $\nearrow 6.57°$
  (b) $\mathbf{a} = (-3,74$ m/s$^2)\mathbf{e}_r + (4,59$ m/s$^2)\mathbf{e}_\theta$, $a = 5,92$ m/s^2 $\nearrow 25,9°$
  (c) $\mathbf{d} = 125,5$ m

CAPÍTULO 12

12.2 (a) $\phi = 0°$: $W = (5$ kg$)(9,78$ m/s$^2) = 48,9$ N
  $\phi = 45°$: $W = (5$ kg$)(9,8059$ m/s$^2) = 49,0$ N
  $\phi = 60°$: $W = (5$ kg$)(9,8189$ m/s$^2) = 49,1$ N
  (b) $m = 5,000$ kg.

12.3 $2,84 \times 10^6$ kg·m/s.

12.5 $x_{\text{aclive}} = 0,470$ km.

12.6 (a) $78,3$ m (b) $4,5$ s.

12.7 (a) $18,84$ s. (b) $36,14$ m.

12.8 (a) $110,5$ km/h. (b) $85,6$ km/h. (c) $69,9$ km/h.

12.9 (a) $40,1$ m. (b) $47,0$ m.

12.10 (a) $2,22$ s. (b) $3,32$ m.

12.11 $51,0$ m.

12.12 (a) 234 m. (b) $3,33$ kN (tração).

12.13 (a) $\mathbf{a}_A = 2,49$ m/s$^2 \rightarrow$, $\mathbf{a}_B = 0,831$ m/s$^2\downarrow$.
  (b) $T = 74,8$ N

12.14 (a) $\mathbf{a}_A = 0,698$ m/s$^2 \rightarrow$, $\mathbf{a}_B = 0,233$ m/s$^2\downarrow$.
  (b) $T = 79,8$ N

12.15 (a) (1): $(\mathbf{a}_A)_1 = 3,27$ m/s^2 $\downarrow$, (2): $(\mathbf{a}_A)_2 = 4,91$ m/s^2 $\downarrow$, (3): $(\mathbf{a}_A)_3 = 0,228$ m/s^2 $\downarrow$.
  (b) (1): $(v_A)_1 = 4,43$ m/s $\downarrow$, (2): $(v_A)_2 = 5,42$ m/s $\downarrow$, (3): $(v_A)_3 = 1,170$ m/s $\downarrow$.
  (c) (1): $t_1 = 1,835$ s, (2): $t_2 = 1,223$ s, (3): $t_3 = 26,3$ s.

12.17 (a) $F = 6816$ N. (b) $F_{AB} = 5060$ N.

12.18 (a) $0,986$ m/s^2 $\nwarrow 25°$. (b) $51,7$ N.

12.19 (a) $1,794$ m/s^2 $\nwarrow 25°$. (b) $58,2$ N.

12.20 (a) $16,19$ kN. (b) $2,45$ m/s^2.

Respostas **R3**

12.23 $\mathbf{a}_1 = 19{,}53$ m/s^2 $\measuredangle$ 65°, $\mathbf{a}_2 = 4{,}24$ m/s^2 $\searrow$ 65°.
12.24 1,598 km.
12.25 (a) 335 m. (b) 73,6 mm/s$\downarrow$.
12.27 $\sqrt{k/m}\,(\sqrt{l^2 + x_0^2} - l)$.
12.28 (a) 10,00 N. (b) 103,1 N.
12.29 (a) $\mathbf{a} = 2{,}73$ m/s^2, $T = 88{,}6$ N.
   (b) $\mathbf{a} = 3{,}77$ m/s$^2\leftarrow$, $T = 75{,}5$ N. (c) $\mathbf{a} = 3{,}77$ m/s^2;
   $T = 75{,}5$ N.
12.30 20,26 kg.
12.31 (a) $m_C = 1{,}426$ kg. (b) $\mathbf{a}_A = 1{,}503$ m/s$^2\rightarrow$,
   $\mathbf{a}_B = 0{,}348$ m/s$^2\rightarrow$, $\mathbf{a}_C = 1{,}759$ m/s$^2\downarrow$.
12.34 0,0740 m/s^2 $\measuredangle$ 20°, 137,2 N.
12.35 (a) 5,94 m/s^2 $\searrow$ 75,6°. (b) 3,74 m/s $\searrow$ 20°.
12.36 (a) 49,9°. (b) 6,85 N.
12.37 (a) 80,4 N. (b) 2,30 m/s.
12.38 (a) 22,55 s. (b) 6,379°.
12.39 3,47 m/s.
12.40 3,01 m/s $\leq v \leq$ 3,85 m/s.
12.42 2,72 m/s $< v_C \leq$ 3,84 m/s.
12.43 0,536 m/s $\leq v \leq$ 4,10 m/s.
12.44 (a) $T_{BA} = 533$ N. (b) $T_{BA} = 659$ N.
12.45 (a) $\rho = 201$ m. (b) N = 612 N$\uparrow$.
12.46 434 N.
12.47 (a) 4,63 m/s^2. (b) 1,962 m/s^2. (c) 0,1842 m.s^2.
12.48 77,23 rpm.
12.49 (a) 2,91 N. (b) 13,09°.
12.50 1126 N $\searrow$ 25,6°.
12.51 (a) 12,19 m/s. (b) 2290 N.
12.52 (a) $\theta = 43{,}5$°. (b) $\mu = 0{,}408$. (c) $v = 121{,}8$ km/h
12.53 (a) $F_s = 0{,}1631W$. (b) $\phi = 9{,}06$°.
12.54 $\phi = 3{,}52$°.
12.55 7,67 m/s.
12.56 (a) 12,00 m/s. (b) $2{,}05 \times 10^{-3}$ N.
12.57 0,236.
12.58 3,71 m.
12.60 (a) $\mathbf{F} = 9{,}3617$ N $\searrow$ 80°. (b) $\mathbf{F} = 5{,}413$ N $\searrow$ 40°.
12.61 0,400.
12.62 (a) $(\mu_s)_{\text{mín}} = 0{,}204$. (b) $\theta = 11{,}53$°, $\theta = 168{,}5$°
12.63 (a) $(v_B)_{\text{máx}} = 0{,}900$ m/s. (b) $\theta = 19{,}29$°, $\theta = 160{,}7$°
12.64 0°, 180°, e 69,6°.
12.65 (a) Não desliza, 0,611 N $\measuredangle$ 75°. (b) Desliza, 0,957 N $\nearrow$ 40°.
12.66 (a) 1,226 m/s $\searrow$ 60°. (b) 10,90 m/s^2 $\searrow$ 60°.
12.67 (a) 7,47 N $\measuredangle$ 45°. (b) 6,94 m/s^2 $\searrow$ 45°.
12.68 2,00 s.
12.69 (a) $F_r = -10{,}73$ N, $F_\theta = 0{,}754$ N.
   (b) $F_r = -4{,}44$ N, $F_\theta = 1{,}118$ N.
12.70 (a) $F_r = -50{,}8$ N, $F_\theta = 8{,}10$ N
   (b) $\mathbf{P} = 26{,}6$ N $\searrow$ 70°, $\mathbf{Q} = 54{,}1$ N $\nearrow$ 40°
12.71 (a) 126,6 N. (b) 5,48 m/s$^2 \rightarrow$. (c) 4,75 m/s$^2 \downarrow$.
12.72 (a) 142,7 N. (b) 6,18 m/s$^2 \rightarrow$. (c) 4,10 m/s$^2 \downarrow$.
12.73 (a) $v_r = -4{,}00$ m/s, $v_\theta = 3{,}00$ m/s.
   (b) $a_r = -60{,}0$ m/s^2, $a_\theta = -80{,}0$ m/s^2.
   (c) $F_\theta = -20{,}0$ N.
12.74 $v_r = v_0$ sen $2\theta/\sqrt{\cos 2\theta}$, $v_\theta = v_0\sqrt{\cos 2\theta}$.
12.77 (a) $F_t = 0$. (b) $F_t = \dfrac{8mv_0^2}{r_0}$.
12.78 $M = 6{,}01 \times 10^{24}$ kg.
12.79 $r = \left(\dfrac{g\mathrm{t}^2 R^2}{4\mathrm{p}^2}\right)^{1/3}$ C.Q.D. , $r = 383 \times 10^3$ km.
12.80 (a) $h = 35{.}800$ km. (b) $v = 3{,}07$ km/s.

12.81 (b) 24,8 m/s^2.
12.82 (a) $1{,}998 \times 10^{30}$ kg. (b) 276 m/s^2.
12.83 (a) $R = 60{.}000$ km. (b) $M = 5{,}62 \times 10^{24}$ kg.
12.84 (a) 1685 km. (b) 25,2 min.
12.85 (a) 1684 N. (b) 2510 km. (c) 1,620 m/s^2.
12.86 (a) 1551 m/s. (b) $-15{,}8$ m/s.
12.87 2,64 km/s.
12.88 (a) 1632 m/s. (b) $\Delta v_A = 2600$ m/s.
12.89 $v = 5000$ m/s.
12.90 (a) $(a_A)_r = (a_A)_\theta = 0$. (b) 38,4 m/s^2. (c) 0,800 m/s.
12.91 (a) $(a_B)_r = 0$, $(a_B)_\theta = 0$. (b) $\ddot{r}_B = 20{,}0$ m/s^2.
   (c) $(v_A)_f = 0{,}931$ m/s.
12.92 (a) $(v_\theta)_2 = 1{,}200$ m/s. (b) $T = 8{,}38$ N, $a_{A/\text{haste}} = 3{,}11$ m/s^2
   radialmente para dentro.
12.99 $v_{\text{máx}} = 10{,}42$ km/s.
12.100 (a) 10,13 km/s. (b) 2,97 km/s.
12.101 1,147.
12.103 $\sqrt{2/(2 + \alpha)}$.
12.104 (a) $1{,}637 \times 10^3$ m/s. (b) 725 m/s. (c) 0,333.
12.105 (a) $\Delta v_A = 159{,}0$ m/s. (b) $\Delta v_B = 70{,}1$ m/s. (c) $\Delta v_C = 2370$ m/s.
12.106 (a) $r_B = 71{,}8 \times 10^3$ km. (b) $\Delta v_B = 247$ m/s, $\Delta v_C = 2010$ m/s.
12.107 (a) $v_A = 16{,}3 \times 10^3$ m/s. (b) $|\Delta v_A| = 582$ m/s, $|\Delta v_B| = 1210$ m/s.
12.108 $5{,}31 \times 10^9$ km.
12.109 $91{,}8 \times 10^3$ anos.
12.112 4,95 h.
12.113 50 min 55 s.
12.114 $\cos^{-1}[(1 - n\beta^2)/(1 - \beta^2)]$.
12.115 (a) 4,00 km/s. (b) 0,684.
12.122 (a) $v = 110{,}5$ km/h. (b) $v = 85{,}6$ km/h. (c) $v = 69{,}9$ km/h.
12.124 (a) $\mathbf{a}_A = 6{,}24$ m/s^2 $\nearrow$ 30°. (b) $\mathbf{a}_{B/A} = 5{,}40$ m/s$^2 \rightarrow$.
12.125 (a) $\mathbf{a}_{B/A} = 0{,}363$ m/s^2 $\leftarrow$. (b) $T_{CD} = 1145$ N.
12.126 (a) 5,79 m/s^2. (b) 2,45 m/s^2. (c) 0,230 m/s^2.
12.127 18,4 kN $\searrow$ 31,97°.
12.128 (a) 0,454, para baixo. (b) 0,1796, para baixo. (c) 0,218, para cima.
12.129 (a) 539 N. (b) 47,1 m.
12.131 (a) $\tau_{AB} = 43$ min 56,6 s. (b) $\tau_{\text{circ}} = 1$h 29 min 48 s.
12.132 54,0°.
12.133 (a) 0,500 m, 0. (b) 0,270 m, $-84{,}1$ N.

CAPÍTULO 13

13.1 6,17 GJ.
13.2 (a) $T_2 = 225$ N·m, $h = 45{,}9$ m. (b) $T_2 = 225$ N·m, $h = 276$ m.
13.3 (a) $T_1 = 128$ N·m, (b) $T_2 = 75{,}1$ N·m, 33,7 m. (c) $h = 34{,}3$ m.
13.5 $v = 4{,}05$ m/s.
13.6 $d = 2{,}99$ m.
13.7 (a) 112,2 km/h. (b) 91,6 km/h.
13.8 (a) 17,54 km/s. (b) 0,893.
13.9 (a) 8,70 m. (b) 4,94 m/s $\nearrow$ 15°.
13.11 6,71 m.
13.12 (a) 2,90 m/s. (b) 0,893 m.
13.13 $\mathbf{v}_0 = 4{,}61$ m/s $\nearrow$ 15°.
13.14 $\mathbf{v}_0 = 3{,}87$ m/s $\nearrow$ 15°.
13.15 (a) 57,8 m. (b) 154 N $\rightarrow$.
13.16 (a) 7,41 kN. (b) 5,56 kN (tração).
13.17 (a) $x = 40{,}576$ m. (b) $F_{AB} = 95{,}1$ kN (tração);
   $F_{BC} = 42{,}3$ kN (tração).
13.18 (a) $x = 91{,}3$ m. (b) $F_{AB} = 95{,}1$ kN (compressão);
   $F_{BC} = 42{,}3$ kN (compressão).
13.19 (a) $E_p = 45{,}7$ J.
   (b) $T_A = 83{,}2$ N, $T_B = 60{,}3$ N.
13.20 (a) $\mathbf{v}_B = 2{,}34$ m/s $\leftarrow$. (b) $d = 235$ mm.

R4 Respostas

13.23 (a) 1,218 m/s ←. (b) 91,0 N.
13.24 1,190 m/s.
13.25 (a) 3,96 m/s. (b) 5,60 m/s.
13.26 (a) 3,29 m/s. (b) 1,533 m.
13.27 (a) 3,29 m/s. (b) 1,472 m.
13.28 (a) d = 559 mm. (b) d = 218 mm.
13.29 (a) 0,1590. (b) 1,8 m/s.
13.32 $0,759\sqrt{pAa/m}$.
13.33 (a) d = 3,72 m. (b) a_D = 120 m/s^2.
13.34 (a) v_m = 162,8 mm/s. (b) $\mathbf{a}_m$ = 14,72 m/s^2 ↑.
13.36 (a) 10,39 km/s. (b) 11,14 km/s. (c) 11,18 km/s.
13.37 (a) P = 0,0314%. (b) P = 25,3%.
13.38 364 m.
13.39 14,00°.
13.40 (a) $\sqrt{3gl}$. (b) $\sqrt{2gl}$.
13.41 41,8°.
13.42 (a) $\mathbf{N}_B$ = 5490 N ↑, $\mathbf{N}_D$ = 785 N ↓. (b) ρ = 24 m.
13.43 15 m ≤ h ≤ 17,25 m.
13.44 2,30 m/s.
13.45 (a) θ = −28,5°. (b) x = 1,261 m.
13.46 (a) 57,2 kW. (b) 269 kW.
13.47 (a) 2,75 kW. (b) 3,35 kW.
13.48 14,80 kN.
13.49 (a) P_W = 25,4 W. (b) P_B = 148,2 W.
13.50 (a) $P(\text{kw}) = 0,278 \times 10^{-6}\, \dfrac{mgb}{\eta}$.
13.51 (a) 14,95 kW. (b) 45,4 kW.
13.52 (a) 17,75 kW. (b) 46,7 kW.
13.54 (a) 8,00 hp. (b) 7,91 hp.
13.55 (a) $k_1 k_2/(k_1 + k_2)$. (b) $k_1 + k_2$.
13.57 (a) 5,12 m/s. (b) 4,20 m/s.
13.58 21,9 m/s.
13.59 23,1 m/s.
13.62 (a) k = 7060 N/m. (b) d = 12,72 m.
13.63 (a) $y_m = y_{\text{est}}\left(1 + \sqrt{\dfrac{2h}{y_{est}}}\right)$.
13.64 (a) 2,48 m/s ←. (b) 1,732 m/s ↑.
13.65 (a) 2,92 m/s. (b) (−33,9 N)$\mathbf{i}$ + (33,3 N)$\mathbf{j}$.
13.66 (a) θ = 43,2°. (b) $\mathbf{v}_A$= 2,43 m/s ↓.
13.68 0,269 m.
13.69 0,1744 m.
13.70 731 N.
13.71 (máx) 5520 N em D; (mín) 731 N logo acima de B.
13.72 $\mathbf{v}_B$ = 4,18 m/s ←, $\mathbf{N}$ = 63,2 N ↑.
13.74 1: (a) v_0 = 7,99 m/s. (b) $\mathbf{N}_C$ = 5,89 N ←.
2: (a) v_0 = 7,67 m/s. (b) $\mathbf{N}_C$ = 3,92 N ←.
13.75 (a) v_C = 3,836 m/s > 3,5 m/s. (b) v_0 = 7,83 m/s.
13.76 Estrutura 1: (a) $\sqrt{5gr}$. (b) 3 W →.
Estrutura 2: (a) $\sqrt{4gr}$. (b) 2 W →.
13.77 0,488 m.
13.78 3/5l.
13.80 $V = -\ln xyz$.
13.81 (a) $(k - 1)a^2/2$, não conservativa. (b) 0, conservativa.
13.82 (a) P_x = x/R, P_y = y/R, P_z = z/R, onde
$R = (x^2 + y^2 + z^2)^{1/2}$.
(b) $U_{OABD} = -\Delta V_{OD} = a\sqrt{3}$.
13.85 (a) 62,5 MJ/kg. (b) 11,18 km/s.
13.86 (a) 9,56 km/s. (b) 2,39 km/s.
13.87 (a) ΔE_{300} = 90,4 GJ. (b) ΔE_E = 208 GJ.
13.88 (a) 33,9 MJ/kg. (b) 46,4 MJ/kg.
13.89 25,1 Mm/h.

13.90 6,48 km/s.
13.91 $\dfrac{M_B}{M_{\text{sol}}} = 1,334 \times 10^9$.
13.93 $v_r = \pm 3,87$ m/s, v_θ = 1,000 m/s.
13.94 (a) 0,720 m. (b) 0,834 m/s.
13.95 (a) v_A' = 1,713 m/s ∡ 37,8°. (b) v_A' = 0,316 m/s.
13.98 $r_{\text{máx}}$ = 66.700 km.
13.99 (a) $r_{\text{máx}}$ = 1,661 m, $r_{\text{mín}}$ = 0,339 m. (b) $v_{\text{máx}}$ = 26,6 m/s,
$v_{\text{mín}}$ = 5,21 m/s.
13.100 $27,6 \times 10^3$ km/h.
13.101 (a) Δv_A = 2430 m/s. (b) Δv_B = 1470 m/s.
13.102 (a) Δv_A = 8,880 m/s. (b) v_B = 6860 m/s.
13.103 14,20 km/s.
13.106 (a) 7,35 km/s. (b) 45,0°.
13.107 68,9°.
13.108 $r_{\text{máx}} = r_0(1 + \text{sen } \alpha)$, $r_{\text{mín}} = (1 - \text{sen } \alpha)r_0$.
13.109 3450 m/s.
13.110 (a) v_A = 2450 m/s. (b) v_B = 2960 m/s.
13.111 v_B = 9560 m/s, ϕ_B = 57,4°.
13.115 (b) $v_{\text{esc}}\sqrt{\alpha/(1 + \alpha)} < v_0 < v_{\text{esc}}\sqrt{(1 + \alpha)/(2 + \alpha)}$.
13.119 4 min 19 s.
13.120 (a) t = 3,40 s. (b) t = 25,5 s.
13.121 F_n = 83,3 N.
13.124 (a) F = 7940 N. (b) t = 3,00 s.
13.125 μ_s = 0,260.
13.126 (a) 18,16 s. (b) 1,94 km.
13.127 t = 2,53 s.
13.129 (a) t_{1-2} = 14,42 s. (b) F_C = 3470N (tração).
13.130 (a) t_{1-2} = 28,8 s. (b) F_C = 12.480 N (tração).
13.131 (a) 5,28 s. (b) 17,05 kN (compressão).
13.132 (a) 0,549 s. (b) 56,8 N.
13.134 (a) $F_{\text{méd}}$= 18,18 kN. (b) F_m = 36,4 kN.
13.136 223 MPa.
13.139 F_{AV} = 350 N.
13.140 F_m = 7,23 kN.
13.141 6,21 W.
13.142 2,68 kN.
13.145 (a) v' = 1,333 km/h ←. (b) t = 0,1888 s.
13.146 (a) Carro A. (b) 115,2 km/h.
13.147 65,0 kN.
13.148 (a) $T_1 - T_2$ = 13,50 N · m, $F\Delta t$ = 4,5 N · S.
(b) $T_1 - T_2$ = 11,57 N · m, $F(\Delta t)$ = 3,86 N · m.
13.149 v_0 = 208 m/s.
13.150 (a) $\mathbf{v}_2$ = 0,875 m/s ←. (b) $\mathbf{v}_2'$ = −0,0714 m/s ←.
13.151 (a) 1,694 m/s ↓. (b) 0,1619 J.
13.152 (a) 778,9 m/s. (b) 4,65 J. (c) 19,74 N.
13.153 (a) $\mathbf{v}'$ = 3,64 m/s ↓. (b) $R_x\Delta t$ = 5,31 N · S, $R_y\Delta t$ = 9,11 N · S.
13.154 (a) $F\Delta t$ = 162,7 N · s, E = 441 J. (b) $F\Delta t$ = 130,2 N · s,
E = 353 J.
13.155 (a) v_A = 0,594 m/s ←, v_B = 1,156 m/s →. (b) 2,99 J.
13.156 $(1 - e^2)mv^2$.
13.157 0,728 ≤ e ≤ 0,762.
13.158 (a) m_B = 1,500 kg. (b) 1,000 kg ≤ m_B ≤ 3,00 kg.
13.161 (a) $v_0(1 - e)/2$ e $v_0(1+e)/2$. (b) $v_0(1 - e)^2/4$ e $v_0(1 + e)^2/4$.
(c) $v_0(1 + e)^{n-1}/2^{n-1}$. (d) 0,698v_0.
13.163 0,294 m/s ←.
13.164 $\mathbf{v}_A'$ = 0,711 v_0 ∡ 39,3°, $\mathbf{v}_B'$ = 0,636 v_0 ⦨ 45°.
13.165 (a) $\mathbf{v}_A$ = 0,878 v_0 ⦨ 24,2°, v_B = 0,412 v_0 ∡ 61,0°.
13.166 $\mathbf{v}_A'$ = 6,37 m/s ⦦ 77,2°, $\mathbf{v}_B'$ = 1,802 m/s ∡ 40°.
13.167 $\mathbf{v}_A'$ = 1,322 m/s ⦦ 70,9°, $\mathbf{v}_B'$ = 3,85 m/s ⦨ 27,0°.
13.168 (a) 70,2°. (b) 0,322 m/s.
13.169 0,837.

Respostas **R5**

13.171 $d = 15,94$ m.
13.172 13,09 m/s $\nearrow$ 26,6°.
13.174 (a) $v_B = 37,9$ km/h. (b) $e = 0,1902$.
13.175 (a) 0,294 m. (b) 54,4 mm.
13.176 (a) $e = 0,258$. (b) $v_0 = 4,34$ m/s.
13.177 (a) 2,90 m/s. (b) 100,5 J.
13.178 (a) $e_{AB} = 0,724$, $e_{BC} = 0,288$. (b) $x = 293$ mm.
13.179 (a) 8,89 mm. (b) 3758 N.
13.180 (a) 0,588. (b) 148,7 kN/m.
13.181 (a) $t = 0,08495$ s. (b) $x_C = 7,08$ mm, $x_A = 28,3$ mm.
13.182 (a) $\mathbf{v}_A' = 0$, $\mathbf{v}_B' = 0$.
(b) $\mathbf{v}_A' = 1,201$ m/s $\leftarrow$, $\mathbf{v}_B' = 0,400$ m/s $\rightarrow$.
13.183 45,5 mm.
13.184 (a) $v_C = 0$, $v_A = 1,372$ m/s $\downarrow$. (b) 6,86 N · s $\uparrow$.
13.185 $h_B = 86,6$ mm.
13.186 (a) 0,923. (b) 1,278 m.
13.190 265 km/h.
13.191 $E_L = 2,38$ J.
13.194 0,283
13.195 (a) 13,31 N $\rightarrow$. (b) 4,49 N $\downarrow$. (c) 13,31 N $\leftarrow$.
13.197 (a) 217 mm. (b) 69,1 mm.
13.198 (a) $v_A' = v_B' = v_C' = 1,368$ m/s. (b) 0,668 m. (c) 1,049 m.
13.200 0,107 m.
13.201 $\mathbf{v}_0 = 4,64$ m/s $\rightarrow$.

CAPÍTULO 14

14.1 (a) 4,46 m/s $\leftarrow$. (b) 0,409 m/s $\leftarrow$.
14.2 10,67 km/h $\leftarrow$, 4,27 km/h $\leftarrow$, e 4,27 km/h $\leftarrow$.
14.3 (a) $\mathbf{v}_1 = 1,125$ m/s$\rightarrow$, $\mathbf{v}_2 = 1,417$ m/s$\rightarrow$
(b) $\mathbf{v}_1' = 0,8889$ m/s$\rightarrow$, $\mathbf{v}_2' = 1,417$ m/s
14.4 (a) $m = 25,2$ g. (b) $\mathbf{v}_1 = 271$ m/s $\rightarrow$.
14.6 (a) $\mathbf{v}_2 = 2,88$ m/s $\leftarrow$. (b) $\mathbf{v}_2' = 2,93$ m/s $\leftarrow$.
14.7 (a) 3,79 km/h $\rightarrow$, 2,77 km/h $\rightarrow$.
(b) 5,54 km/h $\rightarrow$, 2,77 km/h $\rightarrow$.
(c) 5,54 km/h $\rightarrow$, 3,60 km/h $\rightarrow$.
14.8 $v_A = 1,013$ m/s $\leftarrow$, $v_B = 0,338$ m/s $\leftarrow$, $v_C = 0,150$ m/s $\leftarrow$.
14.9 $-(600$ kg·m²/s$)\mathbf{i} - (1070,0$ kg·m²/s$)\mathbf{j} + (370,0$ kg·m²/s$)\mathbf{k}$
14.10 (a) $(22,78$ m$)\mathbf{i} + (15,00$ m$)\mathbf{j} + (11,67$ m$)\mathbf{k}$.
(b) $(38,0$ kg·m/s$)\mathbf{i} + (32,0$ kg·m/s$)\mathbf{j} + (40,0$ kg·m/s$)\mathbf{k}$.
(c) $-(826,67$ kg·m²/s$)\mathbf{i} - (602,22$ kg·m²/s$)\mathbf{j} + (211,11$ kg·m²/s$)\mathbf{k}$.
14.11 (a) $(1,333$ m/s$)\mathbf{j}$; $(0,333$ m/s$)\mathbf{i}$; $(1$ m/s$)\mathbf{k}$.
(b) $(1,8$ kg · m²/s$)\mathbf{i} + (0,9$ kg · m²/s$)\mathbf{j} - (3,6$ kg · m²/s$)\mathbf{k}$.
14.12 (a) $(3,33$ m/s$)\mathbf{j}$; $(1,667$ m/s$)\mathbf{i}$; $(3,33$ m/s$)\mathbf{k}$.
(b) $(9$ kg · m²/s$)\mathbf{i} + (4,5$ kg · m²/s$)\mathbf{j} - (9$ kg · m²/s$)\mathbf{k}$.
14.15 $(114,4$ m$)\mathbf{i} - (76,1$ m$)\mathbf{j} + (8,75$ m$)\mathbf{k}$.
14.16 $(1180$ m$)\mathbf{i} + (140$ m$)\mathbf{j} + (155$ m$)\mathbf{k}$.
14.19 $x_P = 17,40$ m, $y_P = 16,50$ m.
14.20 (a) $t_P = 2,00$ s. (b) $v_A = 144,0$ km/h.
14.21 $\mathbf{r}_p = (26,0$ m$)\mathbf{i} + (125,4$ m$)\mathbf{k}$.
14.22 (a) $\mathbf{v}_A' = 2,46$ m/s $\rightarrow$. (b) $\theta = 36,6°$, $v_C = 3,30$ m/s, $v_D = 2,77$ m/s.
14.23 $v_A = 2,98$ m/s, $v_B = 1,437$ m/s.
14.24 $v_A = 431$ m/s, $v_B = 395$ m/s, $v_C = 528$ m/s.
14.25 $v_A = 646$ m/s, $v_B = 789$ m/s, $v_C = 176$ m/s.
14.26 $v_A = 919$ m/s, $v_B = 717$ m/s, $v_C = 619$ m/s.
14.31 Atrito: 2,97 J, primeiro impacto: 3007 J, segundo impacto:
14.32 (a) 42,2 J. (b) 5,10 J.
14.33 $T_1 - T_0 = 600$ J, $T_2' + T_1' = 703$ J
14.35 (b) $E_A = 180,0$ kJ, $E_B = 320$ kJ.
14.37 (a) $\mathbf{v}_B = \dfrac{m_A v_0}{m_A + m_B} \rightarrow$. (b) $h = \dfrac{m_A}{m_A + m_B}\dfrac{v_0^2}{2g}$.

14.38 $\mathbf{v}_A = 4,11$ m/s $\measuredangle$ 46,9°, $\mathbf{v}_B = 17,39$ m/s $\searrow$ 16,7°.
14.40 $\mathbf{v}_B = 1,485$ m/s $\rightarrow$, $\mathbf{v}_A = 0,990$ m/s $\leftarrow$.
14.41 $v_A = 3,54$ m/s, $v_B = 1,768$ m/s, $v_C = 3,06$ m/s.
14.42 $v_A = 2,50$ m/s, $v_B = 3,06$ m/s, $v_C = 3,06$ m/s.
14.45 $v_A = 0,218$ m/s $\measuredangle$ 53,1° e $v_B = 1,813$ m/s $\searrow$ 43,8°.
14.46 $\mathbf{v}_A = (60,0$ m/s$)\mathbf{i} + (60,0$ m/s$)\mathbf{j} + (390$ m/s$)\mathbf{k}$.
14.47 (a) $v_C = 3,50$ m/s, $v_D = 1,750$ m/s. (b) $\dfrac{(T_1 - T_2)}{T_1} = 0,786$.
14.48 $x = 181,7$ mm, $y = 0$, $z = 139,4$ mm.
14.49 $(v_B)_y = -0,6$ m/s, $\mathbf{v}_C = (0,6$ m/s$)\mathbf{i} + (0,6$ m/s$)\mathbf{j}$.
14.51 (a) $\mathbf{v}_B = 2,40$ m/s $\measuredangle$ 53,1°, $\mathbf{v}_C = 2,56$ m/s $\rightarrow$, (b) $c = 1,059$ m.
14.52 (a) $\mathbf{v}_A = 2,40$ m/s $\downarrow$, $\mathbf{v}_B = 3,00$ m/s $\measuredangle$ 53,1°, (b) $a = 1,864$ m.
14.55 (a) $\mathbf{v}_A = 0,693$ m/s $\uparrow$, $\mathbf{v}_B = 0,693$ m/s $\downarrow$, $\mathbf{v}_C = 1,200$ m/s $\rightarrow$. (b) $d = 200$ mm.
14.56 (a) $v_0 = 0,600$ m/s $\rightarrow$. (b) $l = 240$ mm. (c) $\dot{\theta} = 5,00$ rad/s $\downarrow$.
14.57 1086,5 N.
14.58 $\rho A_2 v_2^2 - \rho A_1 v_1^2 \cos\theta$.
14.59 117 N $\rightarrow$; 56,8 N $\uparrow$.
14.60 146 N $\rightarrow$; 71 N $\uparrow$.
14.61 (a) 14,8 kN. (b) 27,7 kN.
14.62 90,6 N $\leftarrow$.
14.63 $R = 4040$ N $\uparrow$.
14.64 $D_x = 329$ N, $D_y = 0$, $C_x = -203$ N, $C_y = 271$ N.
14.65 $C_x = 0$, $C_y = 130,6$ N $\downarrow$; $D_x = 215,2$ N $\rightarrow$, $D_y = 242,18$ N $\downarrow$.
14.66 (a) $\theta = 35,4°$. (b) 187,3 N $\nearrow$ 53,8°.
14.67 (a) 26,0 m/s. (b) 230 N $\nearrow$ 48,4°.
14.68 $C_x = 90,0$ N, $C_y = 2360$ N, $D_x = 0$, $D_y = 2900$ N.
14.69 100 kg/s.
14.70 $D = 36,9$ kN.
14.71 33,6 kN $\leftarrow$.
14.72 $W = 41,4$ kN.
14.74 (a) $F = 46100$ N, $d = 1,205$ m. (b) $F = 32200$ N, $d = 3,45$ m.
14.76 (a) 3,03 m/s² $\measuredangle$ 18°. (b) 922 km/h.
14.77 (a) 30,6 m/s. (b) 96,1 m³/s. (c) 55.100 N·m/s.
14.78 (a) 3,23 MW. (b) 0,464.
14.79 213 m.
14.80 (a) Potência de propulsão = 12 MW.
(b) Potência total = 21,6 MW.
(c) Eficiência mecânica = 0,556.
14.83 (a) $m_0 e^{qL/m_0 v_0}$. (b) $v_0 e^{-qL/m_0 v_0}$.
14.85 $Q = 17,58$ m³/s.
14.86 (a) $m(v^2 + gy)/l$. (b) $\mathbf{R} = mg(1 - y/l)\uparrow$.
14.87 (a) mgy/l. (b) $m[g(l - y) + v^2]/l \uparrow$.
14.88 $\sqrt{gh}$ tg h$(\sqrt{gh}\, t/L)$.
14.89 $v_{máx} = 3,37$ m/s.
14.90 $U = 1,485$ m/s.
14.91 533 kg/s.
14.92 Empuxo total = 3,03 MN.
14.93 $w_{combustível} = 23200$ N.
14.94 (a) 90,0 m/s². (b) 35,9 × 10³ km/h.
14.95 7930 m/s.
14.96 (a) 1800 m/s. (b) 9240 m/s.
14.99 87,2 km.
14.100 (a) $\mathbf{a} = 31,9$ m/s² $\uparrow$. (b) $\mathbf{a} = 240$ m/s² $\uparrow$.
14.101 186,8 km/h.
14.102 (a) 31,2 km. (b) 197,5 km.
14.105 (a) $\mathbf{v}_C' = 0,901$ m/s $\rightarrow$. (b) $\mathbf{v}_A'' = 0,807$ m/s $\rightarrow$.
14.106 (a) 1,595 m/s. (b) 0,370 m.
14.107 (a) 5,20 km/h $\rightarrow$. (b) 4,00 km/h $\rightarrow$.
14.108 (a) 2,13 m/s. (b) 2,34 m/s.
14.110 $\mathbf{v}_A = 4,81$ m/s $\rightarrow$, $\mathbf{v}_B = 1,602$ m/s $\leftarrow$.
14.112 $\mathbf{M}_A = 46,0$ N · m $\downarrow$, $\mathbf{A} = 274$ N $\searrow$ 20°.

R6 Respostas

14.114 $\mathbf{D} = 2,29$ kN $\uparrow$, $\mathbf{C} = 1,712$ kN $\uparrow$.
14.115 414 rpm.
14.116 Caso 1: (a) 0,333 g $\downarrow$. (b) $0,817\sqrt{gl}$.
Caso 2: (a) $gy/l \downarrow$. (b) $\sqrt{gl}$.

CAPÍTULO 15

15.1 (a) 29,6 rad/s. (b) 32,2 rev.
15.2 (a) 0,50 rad, $-4,71$ rad/s, $-34,50$ rad/s^2. (b) 0, $-1,934$ rad/s, 36,46 rad/s^2.
15.3 (a) 0,253 rad, $-0,927$ rad/s, $-36,55$ rad/s^2. (b) 0, 0, 0.
15.4 (a) $-3,01$ rad/s^2. (b) 13.800 rev.
15.5 (a) 150 rev. (b) 2100 rev.
15.6 (a) 0,855 rad/s. (b) 3,71°.
15.9 (a) 9,55 rev. (b) ∞. (c) 7,82 s.
15.10 $-(0,450$ m/s)$\mathbf{i} - (1,200$ m/s)$\mathbf{j} + (1,500$ m/s)$\mathbf{k}$, $(12,60$ m/s$^2)\mathbf{i} + (7,65$ m/s$^2)\mathbf{j} + (9,90$ m/s$^2)\mathbf{k}$.
15.11 $(0,750$ m/s)$\mathbf{i} + (1,500$ m/s)$\mathbf{k}$, $(12,75$ m/s$^2)\mathbf{i} + (11,25$ m/s$^2)\mathbf{j} + (3,00$ m/s$^2)\mathbf{k}$.
15.12 $\mathbf{v}_B = -(0,95$ m/s)$\mathbf{i} + (0,305$ m/s)$\mathbf{j} - (0,396$ m/s)$\mathbf{k}$.
$\mathbf{a}_B = -(3,2$ m/s$^2)\mathbf{i} - (1,88$ m/s$^2)\mathbf{j} + (6,23$ m/s$^2)\mathbf{k}$.
15.13 $\mathbf{v}_B = -(0,475$ m/s)$\mathbf{i} + (0,15$ m/s)$\mathbf{j} - (0,198$ m/s)$\mathbf{k}$.
$\mathbf{a}_B = -(0,08$ m/s$^2)\mathbf{i} - (0,7$ m/s$^2)\mathbf{j} + (1,85$ m/s$^2)\mathbf{k}$.
15.16 $v = 10.750$ km/h, $a = 5,95 \times 10^{-4}$ m/s^2.
15.17 (a) $v = 465$ m/s, $a = 0,0339$ m/s^2. (b) $v = 356$ m/s, $a = 0,0260$ m/s^2. (c) $v = a = 0$.
15.18 (a) 2,50 rad/s γ, 1,500 rad/s^2 $\downarrow$. (b) 771 mm/s^2 $\searrow$ 76,5°.
15.19 12,00 rad/s^2 γ ou 12,00 rad/s^2 $\downarrow$.
15.22 esquerda: $t = 3,49$ s; meio: $t = 6,98$ s; direita: $t = 13,96$ s.
15.23 (a) $\mathbf{v}_C = 0,15$ m/s $\rightarrow$, $\mathbf{a}_C$ 0,45 m/s^2 $\leftarrow$.
(b) $\mathbf{a}_B = 1,273$ m/s^2 $\searrow$ 45°.
15.24 (a) $\boldsymbol{\omega}_B = 300$ rpm γ, $\boldsymbol{\omega}_C = 100$ rpm $\downarrow$. (b) $\mathbf{a}_B = 49,3$ m/s^2 $\leftarrow$, $\mathbf{a}_C = 16,45$ m/s^2 $\rightarrow$.
15.25 (a) A: $\boldsymbol{\omega}_A = 15,00$ rad/s γ; B: $\boldsymbol{\omega}_B = 7,50$ rad/s γ.
(b) A: $\mathbf{a}_A = 22,5$ m/s^2 $\uparrow$; B: $\mathbf{a}_B = 11,25$ m/s^2 $\downarrow$.
15.26 (a) C: 120 rpm; B: 275 rpm.
(b) A: 23,7 m/s^2 $\uparrow$; B: 19,90 m/s^2 $\downarrow$.
15.27 (a) 10,00 rad/s. (b) A: 7,50 m/s^2; B: 3,00 m/s^2 $\downarrow$.
(c) 4,00 m/s^2 $\downarrow$.
15.28 (a) $\boldsymbol{\alpha}_B = 0,400$ rad/s^2 $\downarrow$. (b) $\theta_B = 1,528$ rev.
15.29 (a) 3,00 rad/s^2 $\downarrow$. (b) 4,00 s.
15.30 (a) 1,975 rad/s^2 γ. (b) 6,91 rad/s γ.
15.31 (a) $\theta_A = 15,28$ rev. (b) $t_f = 10,14$ s.
15.36 $b\omega_0^2/2\pi \rightarrow$.
15.37 $bv^2/2\pi r^3 \downarrow$.
15.38 $\mathbf{v}_C = 0$, $\mathbf{v}_B = 44,4$ m/s $\rightarrow$, $\mathbf{v}_D = 42,9$ m/s $\measuredangle$ 15,0°, $\mathbf{v}_E = 31,4$ m/s $\nearrow$ 45,0°.
15.39 (b) $\mathbf{v}_A = 160,4$ mm/s $\uparrow$. (a) $\boldsymbol{\omega}_{AB} = 0,378$ rad/s $\downarrow$.
15.40 (a) 0,231 rad/s $\downarrow$. (b) $-(1,00$ m/s)$\mathbf{i} - (0,577$ m/s)$\mathbf{j}$.
15.41 (a) 3,00 rad/s $\downarrow$. (b) 1,30 m/s $\nearrow$ 67,4°.
15.43 (a) $\boldsymbol{\omega}_{ABC} = 1,175$ rad/s γ. (b) $\mathbf{v}_B = 0,449$ m/s $\measuredangle$ 59,1°.
15.44 (a) 10,00 rad/s γ. (b) $-(7,40$ m/s)$\mathbf{i} - (1,00$ m/s)$\mathbf{j}$.
15.45 (a) $-(1,40$ m/s)$\mathbf{i} - (1,00$ m/s)$\mathbf{j}$. (b) $x = 100,0$ mm, $y = -140,0$ mm.
15.48 (a) $\boldsymbol{\omega}_B = \boldsymbol{\omega}_C = \boldsymbol{\omega}_D = \frac{1}{2}\boldsymbol{\omega}_A$ γ. (b) $\boldsymbol{\omega}_S = 0,25$ $\boldsymbol{\omega}_A$ $\downarrow$.
15.49 (a) $\boldsymbol{\omega}_B = \boldsymbol{\omega}_C = \boldsymbol{\omega}_D = 150$ rpm $\downarrow$. (b) $\boldsymbol{\omega}_S = 195$ rpm $\downarrow$.
15.50 (a) 48,0 rad/s $\downarrow$. (b) 3,39 m/s $\measuredangle$ 45°.
15.51 (a) 5,65 m/s $\uparrow$. (b) 9000 rpm, (c) 1500.
15.52 (a) $r = 1,5$ mm. (b) $a_n = 0,457 \times 10^{-3}$ mm/s^2. (c) $a_n = 2,74 \times 10^{-3}$ mm/s^2.

15.53 (a) $\boldsymbol{\omega}_A = 200$ rad/s γ. (b) $\boldsymbol{\omega}_B = 24,0$ rad/s $\downarrow$.
15.54 (a) $\boldsymbol{\omega}_A = 104,0$ rad/s γ. (b) $\boldsymbol{\omega}_B = 120,0$ rad/s $\downarrow$.
15.55 (a) $(6,00$ rad/s)$\mathbf{k}$ ou 6,00 rad/s γ.
(b) $(360$ mm/s)$\mathbf{i} - (672$ mm/s)$\mathbf{j}$ ou 762 mm/s $\searrow$ 61,8°.
15.56 (a) 540 mm/s $\rightarrow$. (b) 457 mm/s $\searrow$ 61,8°.
15.57 (a) $\boldsymbol{\omega}_{BD} = 4,38$ rad/s $\downarrow$; $\mathbf{v}_D = 0,31$ m/s $\uparrow$.
(b) $\boldsymbol{\omega}_{BD} = 0$; $\mathbf{v}_D = 1,065$ m/s $\downarrow$.
(c) $\boldsymbol{\omega}_{BD} = 4,38$ rad/s γ; $\mathbf{v}_D = 0,31$ m/s $\downarrow$.
15.58 (b) Para $\theta = 22,9°$: $\boldsymbol{\omega}_{BD} = 5,6$ rad/s $\downarrow$; Para $\theta = 192,6°$: $\boldsymbol{\omega}_{BD} = 5,6$ rad/s γ.
15.60 (a) $\mathbf{v}_B = 497$ mm/s $\leftarrow$.
15.61 (a) $\mathbf{v}_P = 0$, $\boldsymbol{\omega}_{BD} = 39,3$ rad/s γ.
(b) $\mathbf{v}_P = 6,28$ m/s $\downarrow$, $\boldsymbol{\omega}_{BD} = 0$.
15.62 $\mathbf{v}_P = 6,52$ m/s $\downarrow$, $\boldsymbol{\omega}_{BD} = 20,8$ rad/s γ.
15.63 (a) 12,00 rad/s γ. (b) 3,90 m/s $\nearrow$ 67,4°.
15.64 $\boldsymbol{\omega}_{DE} = 2,55$ rad/s $\downarrow$, $\boldsymbol{\omega}_{BD} = 0,955$ rad/s γ.
15.65 $\boldsymbol{\omega}_{BD} = 4,00$ rad/s γ, $\boldsymbol{\omega}_{EB} = 0,600$ rad/s γ.
15.66 $\boldsymbol{\omega}_{DE} = 5,00$ rad/s $\downarrow$, $\boldsymbol{\omega}_{BD} = 5,00$ rad/s γ, (b) $\mathbf{v}_F = 2,90$ m/s $\rightarrow$.
15.67 (b) $\boldsymbol{\omega}_{AB} = 2,00$ rad/s $\downarrow$, $\boldsymbol{\omega}_{DE} = 1,464$ rad/s $\downarrow$, $\mathbf{v}_F = 1,039$ m/s $\rightarrow$.
15.68 (a) 3,33 rad/s γ. (b) 2,00 m/s $\searrow$ 56,3°.
15.69 (a) 1,500 m. (b) 5,00 m/s $\downarrow$.
15.70 $\mathbf{v}_E = 369$ mm/s $\mathbf{i} = 369$ mm/s $\rightarrow$.
15.71 (a) 338 mm/s $\leftarrow$, 0. (b) 710 mm/s $\leftarrow$, 2,37 rad/s $\downarrow$.
15.72 $(1 - r_A/r_C)\omega_{ABC}$.
15.73 $v_A = 10,2$ m/s, $v_B = 7,20$ m/s. Ponto C está a 40 mm à esquerda de G.
15.74 (a) 42,9 mm abaixo de A. (b) 22,5 m/s $\rightarrow$ (c) 15,95 m/s $\measuredangle$ 41,2°.
15.75 $z = 2,75$ m.
15.76 (a) 3,00 rad/s γ. (b) 300 mm/s $\leftarrow$. (c) 180,0 mm/s (enrolada).
15.77 (a) 3,00 rad/s $\downarrow$. (b) 180 mm/s $\rightarrow$. (c) 300 mm/s (desenrolada).
15.78 (a) 50 mm à direita do eixo.
(b) $\mathbf{v}_B = 750$ mm/s $\downarrow$, $\mathbf{v}_D = 1,950$ m/s $\uparrow$.
15.79 (a) 25 mm à direita de 0. (b) 420 mm/s $\uparrow$.
15.80 (a) A: 300 mm à esquerda de A.
C: 600 mm à esquerda de C.
(b) $\boldsymbol{\omega}_A = 4,00$ rad/s $\downarrow$, $\boldsymbol{\omega}_C = 2,00$ rad/s γ.
15.81 (a) $\boldsymbol{\omega} = 2,40$ rad/s γ.
(b) $\mathbf{v}_A = 240$ mm/s $= 0,24$ m/s $\uparrow$, $\mathbf{v}_D = 0,433$ m/s $\measuredangle$ 33,7°.
15.82 (a) $\boldsymbol{\omega} = 0,389$ rad/s γ. (b) $\mathbf{v}_D = 1,164$ m/s $\measuredangle$ 59,2°.
15.83 (a) $\boldsymbol{\omega} = 2,89$ rad/s $\downarrow$. (b) $\mathbf{v}_D = 2080$ m/s $\searrow$ 73,9°.
15.86 (a) 0,122 rad/s γ. (b) 22,76 mm/s $\measuredangle$ 15°.
15.87 (a) 0,133 rad/s γ. (b) 18,22 mm/s $\measuredangle$ 15°.
15.88 (a) (v_A/l) sen $\beta/\cos(\beta - \theta)$. (b) $v_A \cos \theta/\cos(\beta - \theta)$.
15.89 (a) $\boldsymbol{\omega} = 4,42$ rad/s γ. (b) $\mathbf{v}_B = 3,26$ m/s $\measuredangle$ 50°.
15.90 (a) 0,900 rad/s $\downarrow$. (b) 411 mm/s $\searrow$ 20,5°.
15.91 (a) 1,00 rad/s $\downarrow$. (b) 1,04 m/s $\rightarrow$.
15.94 (a) $\boldsymbol{\omega}_{ABD} = 1,579$ rad/s $\downarrow$. (b) $\mathbf{v}_A = 699$ mm/s $\measuredangle$ 78,3°.
15.95 $\boldsymbol{\omega}_{AB} = 0,9$ rad/s $\downarrow$. (a) $\boldsymbol{\omega}_{DE} = 0,338$ rad/s $\downarrow$.
(b) $\mathbf{v}_E = 78,8$ mm/s $\leftarrow$.
15.96 (a) 5,00 rad/s γ. (b) 3,00 m/s $\downarrow$.
15.97 (a) 2,49 rad/s γ. (b) 3,73 rad/s $\downarrow$. (c) 0,835 m/s $\searrow$ 53,6°.
15.98 (a) $\boldsymbol{\omega}_{DE} = 2,5$ rad/s $\downarrow$, $\boldsymbol{\omega}_{AB} = 1,177$ rad/s $\downarrow$.
(b) $\mathbf{v}_A = 735$ mm/s $\leftarrow$.
15.99 O *centrodo espacial* é um quarto de círculo de 15 in. de raio centrado em 0. O *centro corporal* é um semicírculo de 7,5 in de raio centrado a meio caminho entre A e B.
15.100 Centrodo espacial: cremalheira inferior.
Centrodo corporal: circunferência da engrenagem.

Respostas R7

15.101 $\mathbf{v}_B = 497$ mm/s $\leftarrow$.

15.102 $\boldsymbol{\omega}_{BD} = 0,955$ rad/s $\downarrow$, $\boldsymbol{\omega}_{DE} = 2,55$ rad/s $\uparrow$.

15.103 $\boldsymbol{\omega}_{BD} = 4,000$ rad/s $\uparrow$, $\boldsymbol{\omega}_{EB} = 0,600$ rad/s $\uparrow$.

15.104 $\mathbf{v}_C = 0$, $\mathbf{v}_B = 44,4$ m/s $\rightarrow$, $\mathbf{v}_D = 42,9$ m/s $\measuredangle\, 15,0°$, $\mathbf{v}_E = 31,4$ m/s $\diagdown 45,0°$.

15.105 (a) $0,50$ rad/s^2 $\downarrow$. (b) $\mathbf{a}_A = 3,25$ m/s^2 $\uparrow$, $\mathbf{a}_E = 0,75$ m/s^2 $\uparrow$.

15.106 (a) $0,20$ m/s^2 $\downarrow$. (b) $2,20$ m/s^2 $\uparrow$.

15.107 (a) $0,900$ m/s^2 $\rightarrow$. (b) $1,800$ m/s^2 $\leftarrow$.

15.108 (a) $0,600$ m de A. (b) $0,200$ m de A.

15.109 (a) $\mathbf{a}_A = 2,56$ m/s^2 $\downarrow$. (b) $\mathbf{a}_D = 4,62$ m/s^2 $\measuredangle\, 16,1°$.

15.110 (a) $\mathbf{a}_D = 2,88$ m/s^2 $\leftarrow$. (b) $\mathbf{a}_E = 3,60$ m/s^2 $\leftarrow$.

15.111 (a) 1430 m/s^2 $\downarrow$. (b) 1430 m/s^2 $\uparrow$, (c) 1430 m/s^2 $\diagdown 60°$.

15.112 (a) $\mathbf{a}_A = 315$ mm/s^2 $\diagup\hspace{-0.3em} 64,7°$. (b) $\mathbf{a}_B = 301$ mm/s^2 $\measuredangle\, 67,4°$.

15.113 $\mathbf{a}_B = 2000$ mm/s^2 $\uparrow$, $\mathbf{a}_A = 1415$ mm/s^2 $\diagdown\hspace{-0.2em} 58,0°$, $\mathbf{a}_C = 4300$ mm/s^2 $\diagdown\hspace{-0.2em} 25,8°$

15.114 $\mathbf{a}_A = 1200$ mm/s^2 $\uparrow$, $\mathbf{a}_B = 2140$ mm/s^2 $\diagdown\hspace{-0.2em} 69,4°$, $\mathbf{a}_C = 2070$ mm/s^2 $\diagup\hspace{-0.3em} 65,0°$.

15.115 (a) $2,00$ rad/s^2 $\downarrow$. (b) $0,224$ m/s^2 $\diagdown 63,4°$.

15.118 (a) $a_T = 3080$ mm/s^2. (b) $a_E = 9250$ mm/s^2.

15.120 $148,3$ m/s^2 $\downarrow$.

15.121 296 m/s^2 $\uparrow$.

15.122 $\mathbf{a}_D = 1558$ m/s^2 $\diagdown 45°$. $\mathbf{a}_E = 337$ m/s^2 $\measuredangle\, 45°$.

15.123 $\mathbf{a}_D = 59,8$ m/s^2 $\uparrow$. $\mathbf{a}_D = 190,6$ m/s^2 $\uparrow$

15.125 $\mathbf{a}_D = 17350$ mm/s^2 $\leftarrow$.

15.126 (a) $\boldsymbol{\alpha}_{AB} = 0,718$ rad/s^2 $\downarrow$. (b) $\mathbf{a}_B = 125,0$ mm/s^2 $\rightarrow$

15.127 $2,10$ m/s^2 $\measuredangle\, 47,1°$.

15.128 (a) $1,47$ rad/s^2 $\uparrow$. (b) $1,575$ m/s^2 $\diagup\hspace{-0.3em} 47,1°$.

15.129 (a) 228 rad/s^2 $\uparrow$. (b) $92,0$ m/s^2 $\downarrow$.

15.130 (a) 42 m/s^2 $\diagdown\hspace{-0.2em} 78,6°$. (b) 62 m/s^2 $\measuredangle\, 19,46°$.

15.131 (a) $\alpha_{BD} = 10,75$ rad/s^2 $\uparrow$. (b) $\alpha_{DE} = 2,30$ rad/s^2 $\uparrow$.

15.132 (a) $4,18$ rad/s^2 $\downarrow$. (b) $2,43$ rad/s^2 $\downarrow$.

15.133 (a) $\alpha_{BD} = 8,15$ rad/s^2 $\uparrow$. (b) $\alpha_{DE} = 0,896$ rad/s^2 $\downarrow$.

15.134 (a) $3,70$ rad/s^2 $\downarrow$. (b) $3,70$ rad/s^2 $\downarrow$.

15.135 (a) $\boldsymbol{\alpha}_{DE} = 16,53$ rad/s^2 $\uparrow$. (b) $\mathbf{a}_F = -(4800$ mm/s$^2)\mathbf{i} - (620$ mm/s$^2)\mathbf{j} = 4840$ mm/s^2 $\diagdown 7,36°$.

15.136 $\mathbf{v}_D = 1,382$ m/s $\downarrow$. $\mathbf{a}_D = 0,695$ m/s^2 $\downarrow$.

15.138 $\mathbf{v}_B = b\omega \cos\theta$, $a_B = b\alpha \cos\theta - b\omega^2 \operatorname{sen}\theta$.

15.139 $\mathbf{v}_B \operatorname{sen}\beta/l \cos\theta$.

15.140 $(v_B \operatorname{sen}\beta/l)^2 (\operatorname{sen}\theta/\cos^3\theta)$.

15.141 $v_x = v[1 - \cos(vt/r)]$. $v_y = v\operatorname{sen}(vt/r)$.

15.142 $\boldsymbol{\omega} = bv_A(b^2 + x_A^2) \uparrow$, $\boldsymbol{\alpha} = 2bx_A v_A^2/(b^2 + x_A^2)^2 \uparrow$.

15.143 $v_{B_x} = v_A - \mathrm{lb}^2 v_A/(b^2 + x_A^2)^{3/2} \rightarrow$, $(v_B)_y = \mathrm{lb}\, x_A v_A/(b^2 + x_A^2)^{3/2} \uparrow$.

15.144 $\boldsymbol{\omega}_{BD} = b\omega(b + l \cos\theta)/(l^2 + b^2 + 2bl \cos\theta) \downarrow$, $\mathbf{v}_E = bl\omega \operatorname{sen}\theta/(l^2 + b^2 + 2bl \cos\theta) \diagdown$ $\operatorname{tg}^{-1}[(b \operatorname{sen}\theta/(l + b \cos\theta)]$

15.145 $bl\omega^2(l^2 - b^2) \operatorname{sen}\theta/(l^2 + b^2 + 2bl \cos\theta) \uparrow$.

15.146 (a) $\boldsymbol{\omega} = \dfrac{v_0}{b}\operatorname{sen}^2\theta \downarrow$. (b) $\mathbf{v}_E = \dfrac{v_0 l}{b}\operatorname{sen}^2\theta \cos\theta \rightarrow + \dfrac{v_0 l}{b}\operatorname{sen}^3\theta \uparrow$.

(a) $\boldsymbol{\alpha} = \dfrac{2v_0^2}{b^2}\operatorname{sen}^3\theta \cos\theta \uparrow$.

15.147 $\boldsymbol{\omega} = v_0 \operatorname{sen}^2\theta/r \cos\theta \uparrow$, $\boldsymbol{\alpha} = (v_0/r)^2 (1 + \cos^2\theta) \operatorname{tg}^3\theta \uparrow$.

15.148 $(v_\rho)_x = r\omega \left[\cos\dfrac{r\omega t}{R - r} - \cos\omega t\right]$, $(v_\rho)_y = r\omega \left[\operatorname{sen}\dfrac{r\omega t}{R - r} + \operatorname{sen}\omega t\right]$.

15.149 Trajetória é o eixo y. $\mathbf{v} = (R\omega \operatorname{sen}\omega t)\mathbf{j}$, $\mathbf{a} = (R\omega^2 \cos\omega t)\mathbf{j}$.

15.150 $2,40$ m/s $\diagdown 73,9°$.

15.151 $2,87$ m/s $\diagdown 44.8°$.

15.152 (a) $\boldsymbol{\omega}_{BE} = 1,815$ rad/s$\downarrow$. (b) $\mathbf{v}_{P/BE} = 410$ mm/s $\diagdown 20°$.

15.153 (a) $5,16$ rad/s $\downarrow$. (b) $1,399$ m/s $\diagdown\hspace{-0.2em} 60°$.

15.154 (a) $3,81$ rad/s $\downarrow$, $6,53$ m/s $\measuredangle\, 16,26°$. (b) $3,00$ rad/s $\downarrow$, $4,00$ m/s $\rightarrow$.

15.155 (a) $11,25$ rad/s $\uparrow$. (b) $1,875$ m/s $\rightarrow$.

15.156 (a) $13,33$ rad/s $\uparrow$. (b) $0,625$ m/s $\rightarrow$.

15.160 (a) $1,78 \times 10^{-3}$ m/s^2 oeste. (b) $1,36 \times 10^{-3}$ m/s^2 oeste. (c) $1,36 \times 10^{-3}$ m/s^2 oeste.

15.161 (a) 54 rad/s^2 $\downarrow$. (b) 10 m/s^2 $\measuredangle\, 45°$.

15.162 $0,0234$ m/s^2 oeste.

15.164 (a) $0,520$ m/s $\diagdown\hspace{-0.2em} 82,6°$. (b) $50,0$ mm/s^2 $\diagdown\hspace{-0.2em} 9,8°$.

15.165 (a) $0,520$ m/s $\diagdown\hspace{-0.2em} 37,4°$. (b) $50,0$ mm/s^2 $\diagup\hspace{-0.3em} 69,8°$.

15.166 (a) 1006 mm/s $\measuredangle\, 72,6°$. (b) 1811 mm/s^2 $\measuredangle\, 32,0°$.

15.167 (a) 1018 mm/s $\diagdown\hspace{-0.2em} 70,5°$. (b) 1537 mm/s^2 $\diagup\hspace{-0.3em} 2,4°$.

15.168 (1) 303 mm/s^2 $\rightarrow$; (2) $168,5$ mm/s^2 $\diagup\hspace{-0.3em} 57,7°$.

15.169 (3) 483 mm/s^2 $\leftarrow$; (4) $168,5$ mm/s^2 $\diagdown\hspace{-0.2em} 57,7°$.

15.170 $0,750$ m/s $\measuredangle\, 71,3°$, $2,13$ m/s^2 $\diagup\hspace{-0.3em} 61,9°$.

15.171 $\boldsymbol{\omega} = -(2,79$ rad/s$)\mathbf{k} = 2,79$ rad/s$\downarrow$, $\boldsymbol{\alpha} = -(2,13$ rad/s$^2)\mathbf{k} = 2,13$ rad/s$^2\downarrow$.

15.174 (a) $0,436$ rad/s $\uparrow$. (b) $0,271$ rad/s^2 $\uparrow$.

15.175 (a) $0,354$ rad/s $\uparrow$. (b) $0,125$ rad/s^2 $\uparrow$.

15.176 $7,86$ rad/s $\uparrow$, $81,1$ rad/s^2 $\uparrow$.

15.177 $\boldsymbol{\omega}_S = 3,81$ rad/s$\downarrow$, $\alpha_S = 81,4$ rad/s$^2\downarrow$.

15.178 $\boldsymbol{\omega}_S = 1,526$ rad/s$\downarrow$, $\boldsymbol{\alpha}_S = 57,6$ rad/s$^2\downarrow$.

15.179 $\alpha_P = 43,0$ rad/s$^2\downarrow$.

15.180 $\alpha_P = 47,0$ rad/s$^2\downarrow$.

15.181 (a) $\boldsymbol{\omega} = 3,85$ rad/s$\uparrow$. (b) $\mathbf{u} = 2,31$ m/s $\measuredangle\, 30°$. (c) $\mathbf{a}_P = 16,03$ m/s^2 $\diagdown\hspace{-0.2em} 46,1°$.

15.182 (a) $\boldsymbol{\omega} = 3,85$ rad/s$\downarrow$. (b) $\mathbf{u} = 2,31$ m/s $\diagup\hspace{-0.3em} 30°$, $\mathbf{a}_P = 16,03$ m/s^2 $\diagup\hspace{-0.3em} 46,1°$.

15.183 $51,5$ m/s^2 $\diagdown\hspace{-0.2em} 44,4°$.

15.184 (a) $(33,0$ rad/s$)\mathbf{i} - (44,0$ rad/s$)\mathbf{k}$. (b) $(4,80$ m/s$)\mathbf{i} + (3,60$ m/s$)\mathbf{k}$.

15.185 (a) $(44,0$ rad/s$)\mathbf{i} - (33,0$ rad/s$)\mathbf{k}$. (b) $(3,60$ m/s$)\mathbf{i} + (4,80$ m/s$)\mathbf{k}$.

15.186 (a) $(1,5$ rad/s$)\mathbf{i} - (3,5$ rad/s$)\mathbf{j} - (3,0$ rad/s$)\mathbf{k}$. (b) $(640$ mm/s$)\mathbf{i} - (360$ mm/s$)\mathbf{j} + (740$ mm/s$)\mathbf{k}$.

15.187 (a) $\boldsymbol{\omega} = (0,480$ rad/s$)\mathbf{i} - (1,600$ rad/s$)\mathbf{j} + (0,600$ m/s$)\mathbf{k}$. (b) $\mathbf{v}_A = (400$ mm/s$)\mathbf{i} + (300$ mm/s$)\mathbf{j} + (480$ mm/s$)\mathbf{k}$.

15.188 $(118,4$ rad/s$^2)\mathbf{i}$.

15.189 $(230$ rad/s$^2)\mathbf{i} - (2,5$ rad/s$^2)\mathbf{k}$.

15.190 (a) $(6,28$ rad/s$^2)\mathbf{i}$. (b) $(8,38$ rad/s$^2)\mathbf{k}$.

15.193 (a) $-(0,600$ m/s$)\mathbf{i} + (0,750$ m/s$)\mathbf{j} - (0,600$ m/s$)\mathbf{k}$. (b) $-(6,15$ m/s$^2)\mathbf{i} - (3,00$ m/s$^2)\mathbf{j}$.

15.195 (a) $\alpha = -(20,0$ rad/s$^2)\mathbf{j}$. (b) $\mathbf{a}_P = -(1,6$ m/s$^2)\mathbf{i} + (4$ m/s$^2)\mathbf{k}$. (c) $\mathbf{a}_P = -(4,1$ m/s$^2)\mathbf{j}$.

15.196 $\mathbf{a}_P = -(1,386$ m/s$^2)\mathbf{i} - (2,05$ m/s$^2)\mathbf{j} + (3,46$ m/s$^2)\mathbf{k}$.

15.197 (a) $\omega_1 / \operatorname{sen}\beta$. (b) $\omega_1 / \operatorname{tg}\beta\mathbf{i}$. (c) $\omega_1^2 / \operatorname{tg}\beta\mathbf{k}$.

15.198 (a) $(0,0375$ rad/s$^2)\mathbf{i}$. (b) $-(0,1434$ m/s$)\mathbf{i} + (0,204$ m/s$)\mathbf{j} - (0,1228$ m/s$)\mathbf{k}$. (c) $-(0,696$ m/s$^2)\mathbf{i} - (0,0358$ m/s$^2)\mathbf{j} + (0,0430$ m/s$^2)\mathbf{k}$.

15.199 (a) $(28,4$ rad/s$)\mathbf{i} + (5,24$ rad/s$)\mathbf{j}$. (b) $(25,8$ rad/s$)\mathbf{i}$.

15.200 (a) $(135,1$ rad/s$^2)\mathbf{k}$. (b) $(5,77$ m/s$^2)\mathbf{i}. - (232$ m/s$^2)\mathbf{j}$.

15.201 (a) $\boldsymbol{\omega} = (0,75$ rad/s$)\mathbf{i} + (1,5$ rad/s$)\mathbf{j}$. (b) $\mathbf{v}_A = (300$ mm/s$)\mathbf{i} - (150$ mm/s$)\mathbf{j}$. (c) $\mathbf{v}_C = (60$ mm/s$)\mathbf{i} - (30$ mm/s$)\mathbf{j} - (90$ mm/s$)\mathbf{k}$.

15.202 $\alpha = (1,125$ rad/s$)\mathbf{k}$. (b) $\mathbf{a}_C = -(225$ mm/s$^2)\mathbf{i} + (180$ mm/s$^2)\mathbf{j} - (112,5$ mm/s$^2)\mathbf{k}$.

15.203 $\mathbf{v}_A = -(667$ mm/s$)\mathbf{j}$.

15.204 $\mathbf{v}_A = (210$ mm/s$)\mathbf{k}$.

15.205 $-(34,5$ mm/s$)\mathbf{i}$.

R8 Respostas

15.206 $\mathbf{v}_A = -(750 \text{ mm/s})\mathbf{j}$.

15.207 $\mathbf{v}_A = (0,914 \text{ m/s})\mathbf{j}$.

15.210 $\boldsymbol{\omega}_{EG} = \dfrac{\omega_2}{\cos 25°}(-\text{sen } 25°\mathbf{j} + \cos 25°\mathbf{k})$.

15.211 $\boldsymbol{\omega}_{EG} = \omega_1 \cos 25° (-\text{sen } 25°\mathbf{i} + \cos 25°\mathbf{k})$.

15.212 (a) $(1,45 \text{ rad/s})\mathbf{i} + (0,1563 \text{ rad/s})\mathbf{j} + (0,1249 \text{ rad/s})\mathbf{k}$.
(b) $-(0,065 \text{ m/s})\mathbf{i}$.

15.213 (a) $-(4,15 \text{ rad/s})\mathbf{i} + (0,615 \text{ rad/s})\mathbf{j} - (2,77 \text{ rad/s})\mathbf{k}$.
(b) $(0,30 \text{ m/s})\mathbf{k}$.

15.216 $\mathbf{a}_A = -(1125 \text{ mm/s}^2)\mathbf{j}$.

15.217 $\mathbf{v}_A = (0,914 \text{ m/s})\mathbf{j}$, $\mathbf{a}_A = (4100 \text{ mm/s}^2)\mathbf{j}$.

15.218 $-(9,51 \text{ mm/s}^2)\mathbf{j}$.

15.219 $-(8,76 \text{ mm/s}^2)\mathbf{j}$.

15.222 (a) $-(1,215 \text{ m/s})\mathbf{i} + (1,620 \text{ m/s})\mathbf{k}$. (b) $-(30,4 \text{ m/s}^2)\mathbf{j}$.

15.223 (a) $-(1,215 \text{ m/s})\mathbf{i} - (1,080 \text{ m/s})\mathbf{j} + (1,620 \text{ m/s})\mathbf{k}$.
(b) $(19,44 \text{ m/s}^2)\mathbf{i} - (30,4 \text{ m/s}^2)\mathbf{j} - (12,96 \text{ m/s}^2)\mathbf{k}$.

15.224 (a) $(1,200 \text{ m/s})\mathbf{i} + (0,500 \text{ m/s})\mathbf{j} - (1,200 \text{ m/s})\mathbf{k}$.
(b) $-(7,20 \text{ m/s}^2)\mathbf{i} - (14,40 \text{ m/s}^2)\mathbf{k}$.

15.225 (a) $-(1,125 \text{ m/s})\mathbf{i} + (0,915 \text{ m/s})\mathbf{j} - (0,78 \text{ m/s})\mathbf{k}$.
(b) $-(7,28 \text{ m/s}^2)\mathbf{i} - (6,75 \text{ m/s}^2)\mathbf{j}$.

15.226 (a) $\mathbf{v}_D = (0,480 \text{ m/s})\mathbf{i} + (1,50 \text{ m/s})\mathbf{j} + (2,64 \text{ m/s})\mathbf{k}$.
(b) $\mathbf{a}_D = -(22,8 \text{ m/s}^2)\mathbf{j} + (15 \text{ m/s}^2)\mathbf{k}$.

15.227 (a) $(0,750 \text{ m/s})\mathbf{i} + (1,299 \text{ m/s})\mathbf{j} - (1,732 \text{ m/s})\mathbf{k}$.
(b) $(27,1 \text{ m/s}^2)\mathbf{i} + (5,63 \text{ m/s}^2)\mathbf{j} - (15,00 \text{ m/s}^2)\mathbf{k}$.

15.228 (a) $(129,9 \text{ mm/s})\mathbf{i} + (75,0 \text{ mm/s})\mathbf{j} + (86,6 \text{ mm/s})\mathbf{k}$.
(b) $(45,0 \text{ mm/s}^2)\mathbf{i} - (112,6 \text{ mm/s}^2)\mathbf{j} + (60,0 \text{ mm/s}^2)\mathbf{k}$.

15.230 (a) $-(1,125 \text{ m/s})\mathbf{i} + (0,915 \text{ m/s})\mathbf{j} - (0,78 \text{ m/s})\mathbf{k}$.
(b) $-(7,58 \text{ m/s}^2)\mathbf{i} - (9,6 \text{ m/s}^2)\mathbf{j} + (5,2 \text{ m/s}^2)\mathbf{k}$.

15.231 (a) $\omega_1 + (R/r)(\omega_1 - \omega_2)\mathbf{k}$. (b) $\omega_1(\omega_1 - \omega_2)(R/r)\mathbf{j}$.

15.232 $\mathbf{a}_P = -(1,386 \text{ m/s}^2)\mathbf{i} - (2,05 \text{ m/s}^2)\mathbf{j} + (3,46 \text{ m/s}^2)\mathbf{k}$.

15.233 (a) $(0,0375 \text{ rad/s}^2)\mathbf{i}$.
(b) $-(0,143 \text{ m/s})\mathbf{i} + (0,205 \text{ m/s})\mathbf{j} - (0,123 \text{ m/s})\mathbf{k}$.
(c) $-(0,0696 \text{ m/s}^2)\mathbf{i} - (0,0358 \text{ m/s}^2)\mathbf{j} + (0,0430 \text{ m/s}^2)\mathbf{k}$.

15.234 $\mathbf{v}_A = -(1,39 \text{ m/s})\mathbf{i} + (0,80 \text{ m/s})\mathbf{j} - (1,20 \text{ m/s})\mathbf{k}$,
$\mathbf{a}_A = -(20,8 \text{ m/s}^2)\mathbf{i} - (11,09 \text{ m/s}^2)\mathbf{j} + (33,3 \text{ m/s}^2)\mathbf{k}$.

15.235 $\mathbf{v}_A = -(1,39 \text{ m/s})\mathbf{i} + (0,80 \text{ m/s})\mathbf{j} - (1,20 \text{ m/s})\mathbf{k}$,
$\mathbf{a}_A = -(22,5 \text{ m/s}^2)\mathbf{i} - (10,09 \text{ m/s}^2)\mathbf{j} + (34,9 \text{ m/s}^2)\mathbf{k}$.

15.236. $\mathbf{v}_B = -(0,428 \text{ m/s})\mathbf{i} + (1,175 \text{ m/s})\mathbf{j} + (0,585 \text{ m/s})\mathbf{k}$.
$\mathbf{a}_B = (0,381 \text{ m/s}^2)\mathbf{i} + (0,1069 \text{ m/s}^2)\mathbf{j} - (0,1283 \text{ m/s}^2)\mathbf{k}$.

15.239 $\mathbf{v}_B = (1,299 \text{ m/s})\mathbf{i} - (1,828 \text{ m/s})\mathbf{j} + (1,633 \text{ m/s})\mathbf{k}$,
$\mathbf{a}_B = (0,817 \text{ m/s}^2)\mathbf{i} - (0,826 \text{ m/s}^2)\mathbf{j} - (0,956 \text{ m/s}^2)\mathbf{k}$.
$\mathbf{v}_B = (1,299 \text{ m/s})\mathbf{i} - (1,828 \text{ m/s})\mathbf{j} + (1,633 \text{ m/s})\mathbf{k}$,
$\mathbf{a}_B = (0,817 \text{ m/s}^2)\mathbf{i} - (0,826 \text{ m/s}^2)\mathbf{j} - (0,956 \text{ m/s}^2)\mathbf{k}$.

15.240 (a) $\mathbf{a}_A = (0,9 \text{ m/s}^2)\mathbf{i} - (0,1333 \text{ m/s}^2)\mathbf{j}$.
(b) $\mathbf{a}_B = (0,500 \text{ m/s}^2)\mathbf{i} - (0,300 \text{ m/s}^2)\mathbf{k}$.

15.241 (a) $\mathbf{a}_C = -(0,1 \text{ m/s}^2)\mathbf{i} + (0,1333 \text{ m/s}^2)\mathbf{j}$.
(b) $\mathbf{a}_D = (0,500 \text{ m/s}^2)\mathbf{i} + (0,300 \text{ m/s}^2)\mathbf{k}$.

15.242 $-(5,04 \text{ m/s})\mathbf{i} - (1,200 \text{ m/s})\mathbf{k}$.
$-(9,60 \text{ m/s}^2)\mathbf{i} - (25,9 \text{ m/s}^2)\mathbf{j} + (57,6 \text{ m/s}^2)\mathbf{k}$.

15.243 $-(0,720 \text{ m/s})\mathbf{i} - (1,200 \text{ m/s})\mathbf{k}$,
$-(9,60 \text{ m/s}^2)\mathbf{i} + (25,9 \text{ m/s}^2)\mathbf{j} - (11,52 \text{ m/s}^2)\mathbf{k}$.

15.244 (a) $r\omega_2^2 \text{ sen } 30°\mathbf{j} - (r\omega_2^2 \cos 30° + 2r\omega_1\omega_2)\mathbf{k}$.
(b) $-r(\omega_1^2 + \omega_2^2 + 2\omega_1\omega_2 \cos 30°)\mathbf{i} + r\omega_1^2 \cos 30°\mathbf{k}$.
(c) $-r\omega_2^2 \text{ sen } 30°\mathbf{j} + r(2\omega_1^2 \cos 30° + \omega_2^2 \cos 30° + 2\omega_1\omega_2)\mathbf{k}$.

15.245 (a) $(0,610 \text{ m/s})\mathbf{k}, -(0,880 \text{ m/s}^2)\mathbf{i} + (1,170 \text{ m/s}^2)\mathbf{j}$.
(b) $(5,20 \text{ m/s})\mathbf{i} - (0,390 \text{ m/s})\mathbf{j} - (1,000 \text{ m/s})\mathbf{k}$,
$-(4,00 \text{ m/s}^2)\mathbf{i} - (3,25 \text{ m/s}^2)\mathbf{k}$.

15.248 (a) $\mathbf{v}_B = \dfrac{r\omega_D}{\cos\theta} \rightarrow$. (b) $\boldsymbol{\omega}_{AB} = \omega_D = \text{tg}^2\,\theta$ ↰.

15.249 $\boldsymbol{\alpha}_A = 96,0 \text{ rad/s}^2$ ↰, $\mathbf{a}_A = 2,40 \text{ m/s}^2 \leftarrow$.
$\boldsymbol{\alpha}_B = 48,0 \text{ rad/s}^2$ ↰, $\mathbf{a}_B = 1,200 \text{ m/s}^2 \leftarrow$.

15.250 $\boldsymbol{\omega}_A = 1701 \text{ rpm}$ ↓, $\boldsymbol{\omega}_B = 1573 \text{ rpm}$ ↰.

15.252 $\boldsymbol{\alpha}_{BD} = 306 \text{ rad/s}^2$ ↰, $\boldsymbol{\alpha}_{DE} = 737 \text{ rad/s}^2$ ↰.

15.253 (a) $\boldsymbol{\alpha}_{DE} = 1080 \text{ rad/s}^2$ ↓. (b) $\mathbf{a}_D = 137,9 \text{ m/s}^2$ ⬂ 64,9°.

15.255 $49,4 \text{ m/s}^2$ ⬃ 26,0°.

15.256 (a) $(0,450 \text{ m/s})\mathbf{k}, (4,05 \text{ m/s}^2)\mathbf{i}$. (b) $-(1,350 \text{ m/s})\mathbf{k}, -(6,75 \text{ m/s}^2)\mathbf{i}$.

15.258 $\mathbf{v}_C = (1,000 \text{ m/s})\mathbf{k}$.

15.259 Método 1: $\mathbf{v}_A = (0,600 \text{ m/s})\mathbf{i} - (0,400 \text{ m/s})\mathbf{j} + (0,300 \text{ m/s})\mathbf{k}$.
$\mathbf{a}_A = (0,400 \text{ m/s}^2)\mathbf{i} - (1,500 \text{ m/s}^2)\mathbf{j} - (0,300 \text{ m/s}^2)\mathbf{k}$.

CAPÍTULO 16

16.1 (a) $\mathbf{A} = 295 \text{ N}$ ∡ 85,2°; $\mathbf{B} = 145,0 \text{ N} \leftarrow$. (b) 0,0848.

16.2 (a) $5,66 \text{ m/s}^2 \rightarrow$. (b) 0,577.

16.3 (a) $\overline{\mathbf{a}} = 7,85 \text{ m/s}^2$. (b) $\overline{\mathbf{a}} = 3,74 \text{ m/s}^2$. (c) $\overline{\mathbf{a}} = 4,06 \text{ m/s}^2 \rightarrow$.

16.4 (a) $3,20 \text{ m/s}^2$. (b) $\mathbf{A} = 3,82 \text{ N}$ ↑, $\mathbf{B} = 20,7 \text{ N}$ ↑.

16.5 (a) $4,09 \text{ m/s}^2$. (b) 42,5 N.

16.6 (a) 5270 N ↑. (b) 4120 N.

16.9 (a) $5,00 \text{ m/s}^2 \rightarrow$. (b) $0,311 \text{ m} \leq h \leq 1,489 \text{ m}$.

16.10 (a) $2,55 \text{ m/s}^2 \rightarrow$. (b) $h \leq 1,047 \text{ m}$.

16.11 195,9 kg.

16.12 229 N.

16.14 (a) $4,91 \text{ m/s}^2$ ⬃ 30°. (b) $F_A = 0$, $F_B = 68,0 \text{ N}$ compressão.

16.15 (a) $173,2 \text{ N} \rightarrow$. (b) 15,02 rad/s. (c) $86,6 \text{ rad/s}^2$ ↰.

16.18 (a) $1,572 \text{ m/s}^2$ ⬀ 30°. (b) 20,8 N.

16.19 (a) $\overline{\mathbf{a}} = 9,29 \text{ m/s}^2$ ⬃ 83,8°. (b) $\mathbf{B} = 6,63 \text{ N}$ ∡ 30°,
$\mathbf{A} = 2,60 \text{ N}$ ∡ 30°.

16.20 $\mathbf{a}_b = 5,18 \text{ m/s}^2$ ⬃ 67,1°, $\mathbf{a}_P = 9,55 \text{ m/s}^2$ ⬃ 30°.

16.25 125,7 N-m.

16.26 $\theta = 5230$ rev.

16.27 $\theta = 75,1$ rev.

16.28 $\theta = 86,4$ rev.

16.29 74,5 s.

16.30 $20,4 \text{ rad/s}^2$ ↓.

16.31 $32,7 \text{ rad/s}^2$ ↰.

16.33 (a) $\mathbf{a}_A = 1,784 \text{ m/s}^2$↓. (b) $v_A = 2,31 \text{ m/s}$.

16.34 (1): (a) $\boldsymbol{\alpha} = 10 \text{ rad/s}^2$ ↰. (b) $\boldsymbol{\omega} = 15,49 \text{ rad/s}$ ↰.
(2): (a) $\boldsymbol{\alpha} = 7,97 \text{ rad/s}^2$ ↰. (b) $\boldsymbol{\omega} = 13,83 \text{ rad/s}$ ↰.
(3): (a) $\boldsymbol{\alpha} = 4,52 \text{ rad/s}^2$ ↰. (b) $\boldsymbol{\omega} = 10,42 \text{ rad/s}$ ↰.
(4): (a) $\boldsymbol{\alpha} = 6,62 \text{ rad/s}^2$ ↰. (b) $\boldsymbol{\omega} = 12,61 \text{ rad/s}$ ↰.

16.36 (a) $6,06 \text{ rad/s}^2$ ↓. (b) 11,28 N ↗

16.37 (a) $\mathbf{a}_D = 0,218 \text{ m/s}^2$↓. (b) $\mathbf{a}_E = 0,164 \text{ m/s}^2$↑.

16.38 $\boldsymbol{\alpha} = 32,7 \text{ rad/s}^2$ ↰.

16.39 (a) Ocorre deslizamento entre o disco B e a correia.
$\boldsymbol{\alpha}_B = 9,81 \text{ rad/s}^2$ ↓.
Não ocorre deslizamento entre o disco A e a correia
$\boldsymbol{\alpha}_A = 65,5 \text{ rad/s}^2$ ↰.

16.40 (a) $\boldsymbol{\alpha}_A = 16,00 \text{ rad/s}^2$ ↰. (b) $\boldsymbol{\alpha}_B = 8,00 \text{ rad/s}^2$ ↓.

16.41 (a) $\boldsymbol{\alpha}_A = 12,50 \text{ rad/s}^2$ ↰, $\boldsymbol{\alpha}_B = 33,3 \text{ rad/s}^2$ ↰.
(b) $\boldsymbol{\omega}_A = 240 \text{ rpm}$ ↓, $\boldsymbol{\omega}_B = 320 \text{ rpm}$ ↰.

16.42 (a) $\boldsymbol{\alpha}_A = 12,50 \text{ rad/s}^2$ ↰, $\boldsymbol{\alpha}_B = 33,3 \text{ rpm}$ ↰.
(b) $\boldsymbol{\omega}_A = 90,0 \text{ rpm}$ ↰, $\boldsymbol{\omega}_B = 120,0 \text{ rpm}$ ↓.

16.43 (a) $\boldsymbol{\alpha}_A = 9,16 \text{ rad/s}^2$ ↰, $\boldsymbol{\alpha}_B = 38,2 \text{ rad/s}^2$ ↰.
(b) $\mathbf{C} = 54,9 \text{ N}$ ↑, $\mathbf{M}_C = 2,64 \text{ N·m}$ ↰.

16.44 (b) $\omega_0/(1 + m_B/m_A)$ ↓.

16.45 (a) $\boldsymbol{\alpha}_A = 104,2 \text{ rad/s}^2$ ↰, $\boldsymbol{\alpha}_B = 20,85 \text{ rad/s}^2$ ↓,
$\boldsymbol{\alpha}_C = 10,43 \text{ rad/s}^2$ ↰.
(b) $\boldsymbol{\omega}_A = 120,0 \text{ rpm}$ ↓, $\boldsymbol{\omega}_C = 60,0 \text{ rpm}$ ↰, $\boldsymbol{\omega}_B = 120,0 \text{ rpm}$ ↓.

16.48 (a) $\mathbf{a}_A = 4,36 \text{ m/s}^2 \rightarrow$. (b) $\mathbf{a}_B = 2,18 \text{ m/s}^2 \leftarrow$.

Respostas **R9**

16.49 (a) P está localizado a $\frac{1}{3}$ m da extremidade A.

(b) $\mathbf{a}_A = 2,18$ m/s$^2 \rightarrow$.

16.50 (a) $2,50$ m/s$^2 \rightarrow$. (b) 0.

16.51 (a) $3,75$ m/s$^2 \rightarrow$. (b) $1,25$ m/s$^2 \leftarrow$.

16.52 (a) $\overline{\mathbf{a}} = 0$, $\boldsymbol{\alpha} = -(1.200$ rad/s$^2)\mathbf{j}$. (b) $\overline{\mathbf{a}} = -(0,1350$ m/s$^2)\mathbf{i}$, $\boldsymbol{\alpha} = -(0,900$ rad/s$^2)\mathbf{j}$.

16.55 $\mathbf{a}_A = 2,71$ m/s$^2 \uparrow$ e $\mathbf{a}_B = 1,496$ m/s$^2 \uparrow$.

16.56 $170,9$ mm.

16.57 $\mathbf{a}_A = 0,885$ m/s$^2 \downarrow$, $\mathbf{a}_B = 2,60$ m/s$^2 \uparrow$.

16.58 (a) $0,741$ rad/s$^2 \gamma$. (b) $0,857$ m/s^2.

16.59 (a) 2800 N. (b) $15,11$ rad/s$^2 \jmath$.

16.60 $T_A = 1802$ N, $T_B = 1590$ N.

16.61 $T_A = 1378$ N, $T_B = 1855$ N.

16.62 (a) $\boldsymbol{\alpha}_A = 22,4$ rad/s$^2 \gamma$, $\boldsymbol{\alpha}_B = 44,8$ rad/s$^2 \jmath$.

(b) $T_{AB} = 19,62$ N. (c) $\mathbf{v}_A = 2,37$ m/s$\downarrow$.

16.63 (a) $\frac{3g}{2L} \jmath$. (b) $\frac{g}{4} \uparrow$. (c) $\frac{5g}{4} \downarrow$.

16.64 (a) $\frac{2g}{L} \jmath$. (b) $\frac{g}{3} \uparrow$. (c) $\frac{5g}{3} \downarrow$.

16.65 (a) $\frac{3g}{L} \jmath$. (b) $1,323\,g \measuredangle 49,1°$. (c) $2,18\,g \gamma 66,6°$.

16.66 (a) $0,25\,g \uparrow$. (b) $5\,g/4 \downarrow$.

16.67 (a) 0. (b) $g\downarrow$.

16.69 (a) $5v_0/2r \gamma$. (b) $v_0/\mu_k g$. (c) $v_0^2/2\mu_k g$.

16.70 (a) $v_0/r \gamma$. (b) $v_0/\mu_k g$. (c) $v_0^2/2\mu_k g$.

16.71 (a) $t_1 = 1,718$ s. (b) $\overline{v}_1 = 3,31$ m/s. (c) $s_1 = 7,14$ m.

16.72 (a) $t_1 = 1,980$ s. (b) $\overline{v}_1 = 3,06$ m/s. (c) $s_1 = 7,98$ m.

16.76 (a) $107,1$ rad/s$^2 \jmath$. (b) $21,4$ N $\leftarrow$, $39,2$ N $\uparrow$.

16.77 (a) 150 mm. (b) 125 rad/s$^2 \jmath$.

16.78 (a) $\boldsymbol{\alpha} = 12,00$ rad/s$^2 \jmath$. (b) $\mathbf{A}_y = 19,62$ N $\uparrow$, $\mathbf{A}_x = 4,00$ N$\leftarrow$.

16.79 (a) $\boldsymbol{\alpha} = 8,00$ rad/s$^2 \jmath$. (b) $h = 0,667$ m.

16.80 (a) $1522,9$ N. (b) $1341,8$ N.

16.81 $R = 4,55$ N.

16.82 (a) $\mathbf{a}_D = 2,50g\downarrow$. (b) $\mathbf{C} = \frac{3}{8}mg\uparrow$.

16.83 $13,64$ kN $\rightarrow$.

16.84 (a) $1,5\,g \downarrow$. (b) $0,25\,mg \uparrow$.

16.85 (a) $9g/7$. (b) $4mg/7 \uparrow$.

16.87 (a) $43,6$ rad/s^2. (b) $21,0$ N $\leftarrow$, $54,6$ N $\uparrow$.

16.88 (a) $\boldsymbol{\alpha} = 16,88$ rad/s$^2 \gamma$. (b) $\mathbf{M} = 8,49$ N $\cdot$ m γ.

16.89 $\mathbf{C} = 150,1$ N $\measuredangle 83,2°$.

16.94 $r^2 g \operatorname{sen}\beta/(r^2 + \overline{k}^2)$.

16.95 (a) $x_{C/P} = \frac{1}{2}\left(\frac{1}{6}9,81 \text{ m/s}^2\right)\operatorname{sen} 10° (4 \text{ s})^2 = 2,27$ m.

(b) $x_{S/C} = \frac{1}{2}\left(\frac{1}{21}9,81 \text{ m/s}^2\right)\operatorname{sen} 10° (4 \text{ s})^2 = 0,649$ m.

16.98 (a) $17,78$ rad/s$^2 \jmath$, $2,13$ m/s$^2 \rightarrow$. (b) $0,122$.

16.99 (a) $26,7$ rad/s$^2 \jmath$, $3,20$ m/s$^2 \rightarrow$. (b) $0,0136$.

16.102 (a) Não desliza. (b) 16 rad/s$^2 \jmath$; $2,56$ m/s$^2 \rightarrow$.

16.103 (a) Não desliza. (b) 24 rad/s$^2 \jmath$; $3,84$ m/s$^2 \rightarrow$.

16.106 (a) $\mathbf{a}_B = 3,53$ m/s$^2 \rightarrow$. (b) $\mathbf{a}_A = 1,176$ m/s$^2 \rightarrow$.

(c) $\mathbf{x}_{B/A} = 0,294$ m $\rightarrow$.

16.107 (a) $\mathbf{a}_B = 2,06$ m/s$^2 \rightarrow$. (b) $\mathbf{a}_A = 1,176$ m/s$^2 \rightarrow$.

(c) $\mathbf{x}_{A/B} = 0,1103$ m $\rightarrow$.

16.108 (a) $72,4$ rad/s$^2 \gamma$. (b) $7,24$ m/s$^2 \downarrow$.

16.109 (a) $2,64$ m/s$^2 \leftarrow$. (b) $11,87$ N $\leftarrow$.

16.110 (a) $\boldsymbol{\alpha} = 17,70$ rad/s$^2 \gamma$ (b) $\mathbf{F} = 4,42$ N $\measuredangle 5°$, $\mathbf{N} = 48,9$ N $\searrow 85°$.

16.111 (a) $0,298$. (b) $0,536\,g \rightarrow$.

16.112 (a) $0,322$. (b) $0,566\,g \rightarrow$.

16.113 $8,26$ N $\leftarrow$.

16.114 (a) $0,125\,g/r \jmath$. (b) $0,125\,g \rightarrow$, $0,125\,g \downarrow$.

16.115 $m_B g \operatorname{sen} \theta/[2r\{m_h + m_B (1 + \cos \theta)\}]$.

16.116 $\mathbf{P} = 16,48$ N $\measuredangle 70,5°$, $\mathbf{M}_P = 0,228$ N $\cdot$ m $\jmath$.

16.117 (a) $\frac{g}{L}\left[\frac{\operatorname{sen} \theta}{\frac{1}{3} + \operatorname{sen}^2\theta}\right] \jmath$. (b) $\frac{mg}{1 + 3\operatorname{sen}^2\theta} \uparrow$.

16.119 (a) $\boldsymbol{\alpha} = 10,62$ rad/s$^2 \gamma$. (b) $\mathbf{B} = 4,25$ N $\leftarrow$.

16.120 $mg \operatorname{sen} \theta/(1 + 3 \operatorname{sen} \theta)$.

16.121 (a) $6,26$ rad/s$^2 \jmath$. (b) $13,22$ N $\leftarrow$.

16.124 $6,40$ N $\leftarrow$.

16.125 $34,28$ N $\rightarrow$.

16.126 $22,7$ N $\rightarrow$.

16.127 $67,62$ N $\nearrow 56,0°$.

16.128 $75,13$ N $\uparrow$.

16.129 $25,9$ N $\searrow 60°$.

16.131 (a) $\mathbf{a}_G = 9,36$ m/s$^2 \searrow 27,1°$. (b) $\mathbf{N} = 278$ N$\uparrow$.

16.132 $\omega_f = 2,43$ rad/s.

16.133 $\mathbf{a}_A = 1,360$ m/s$^2 \rightarrow$.

16.134 $\mathbf{B} = 8,61$ N$\uparrow$, $\mathbf{A}_y = 8,13$ N$\uparrow$.

16.135 (a) $36,3$ N·m γ. (b) 231 N $\leftarrow$, 524 N $\uparrow$.

16.136 (a) $82,3$ N·m γ. (b) $147,2$ N $\leftarrow$, 479 N $\uparrow$.

16.137 $\mathbf{B} = 805$ N $\leftarrow$, $\mathbf{D} = 426$ N $\rightarrow$.

16.138 $\mathbf{B} = 525$ N $\nearrow 38,1°$, $\mathbf{D} = 322$ N $\searrow 15,7°$.

16.139 (a) $24,8$ rad/s$^2 \jmath$. (b) $1,32$ N $\uparrow$.

16.140 (a) $26,4$ N $\cdot$ m. (b) $3,67$ N $\uparrow$.

16.143 (a) $\boldsymbol{\alpha}_A = \frac{2}{5}\frac{g}{r} \gamma$ e $\boldsymbol{\alpha}_B = \frac{2}{5}\frac{g}{r} \jmath$. (b) $\frac{1}{5}mg$. (c) $\frac{4}{5}g \downarrow$.

16.146 (a) $50,2$ N $\measuredangle 60,3°$. (b) $0,273$.

16.147 (a) $\mathbf{a}_A = 1,950$ m/s$^2 \rightarrow$. (b) $\boldsymbol{\alpha} = 34,6$ rad/s$^2 \gamma$.

*16.148 (a) $\mathbf{a}_A = 5,38$ m/s$^2 \searrow 20°$. (b) $\boldsymbol{\alpha} = 35,6$ rad/s$^2 \gamma$.

16.151 $M_{\text{máx}} = 10,39$ lb $\cdot$ in. localizado $20,8$ in. abaixo de A.

16.153 $s = 5,45$ m.

16.154 $x = 5,12$ m, $\mu_{\text{nec}} = 0,09 < 0,30$. O caixote não desliza.

16.156 (a) $2\mu g/(1 + 3\mu)$. (b) 1.000 g.

16.157 (a) $0,513\,g/L \jmath$. (b) $0,912\,mg \uparrow$. (c) $0,241\,mg \rightarrow$.

16.158 (a) $1,519\,g/L \jmath$. (b) $0,260\,g \downarrow$. (c) $0,740\,mg \uparrow$.

16.160 (1): (a) $1,200\,g/c \jmath$. (b) $0,671\,g \nearrow 63,4°$.

(2): (a) $24\,g/17c \jmath$. (b) $12\,g/17 \downarrow$.

(3): (a) $2,40\,g/c \jmath$. (b) $0,500\,g \downarrow$.

16.161 (a) $\boldsymbol{\alpha} = 0$. (b) $\mathbf{C}_x = 0$, $\mathbf{C} = 62,0$ N$\uparrow$.

16.162 (a) $51,2$ rad/s$^2 \jmath$. (b) $21,0$ N $\uparrow$.

16.163 (a) $59,8$ rad/s$^2 \jmath$. (b) $20,4$ N $\uparrow$.

16.164 (a) $\mathbf{a}_A = 13,55$ m/s$^2\downarrow$. (b) $\mathbf{a}_B = 2,34$ m/s$^2\downarrow$.

CAPÍTULO 17

17.1 $12,77$ N·m.

17.2 8798 rev.

17.3 $0,24$ m

17.4 $0,841$.

17.5 (a) $I = 32,5$ kg $\cdot$ m^2. (b) $\theta = 13,26$ rev

17.6 (a) 293 rpm. (b) $15,92$ rev.

17.7 $\theta = 19,47$ rev.

17.9 $\mathbf{P} = 417$ N $\downarrow$.

17.10 $\mathbf{P} = 480$ N $\downarrow$.

17.11 (a) $6,35$ rev. (b) $7,14$ N.

17.12 (a) $2,54$ rev. (b) $17,86$ N.

R10 Respostas

17.13 $\omega_A = \dfrac{2n}{n^2 + 1}\sqrt{\dfrac{\pi M_0}{\bar{I}_0}}.$

17.16 (a) $\omega_2 = \sqrt{\dfrac{3g}{l}}\ \downarrow$, $\mathbf{A} = \dfrac{5}{2}W\ \uparrow$. (b) $\omega_2 = 5{,}42$ rad/s $\downarrow$,

$\mathbf{A} = 25{,}0$ N $\uparrow$.

17.17 (a) $\omega_2 = 3{,}995$ rad/s$\downarrow$. (b) $\mathbf{R} = 32{,}4$ N $\downarrow$.

17.18 $\omega_2 = 11{,}13$ rad/s $\uparrow$.

17.19 $\omega_2 = 3{,}27$ rad/s $\downarrow$.

17.20 (a) $\omega_2 = 4{,}11$ rad/s $\downarrow$, $\mathbf{R} = 1357$ N $\searrow$ $4{,}57°$.

(b) $\omega_3 = 5{,}82$ rad/s $\downarrow$, $\mathbf{R} = 3490$ N $\uparrow$.

17.23 $7{,}09$ rad/s.

17.24 (a) $-0{,}250$ rpm. (b) $0{,}249$ rpm.

17.25 $\sqrt{4gs/3}$.

17.26 $\sqrt{gs}$.

17.29 (a) $5{,}00$ rad/s. (b) $24{,}9$ N $\uparrow$.

17.30 (a) $1{,}142\sqrt{\dfrac{g}{r}}\ \downarrow$. (b) $1{,}553\ mg\uparrow$.

17.31 (a) $[10g\,(R - r)\,(1 - \cos\beta)/7]^{1/2}$.
(b) $mg(17 - 10\cos\beta)/7$.

17.32 (a) $h = 0{,}390$ m. (b) $P = 19{,}62$ N.

17.33 (a) $\bar{\mathbf{v}}_A = 2{,}37$ m/s $\downarrow$. (b) $P = 19{,}62$ N.

17.35 (a) $11{,}57$ rad/s $\downarrow$. (b) $27{,}8$ rad/s $\uparrow$.

17.36 $\mathbf{v}_A = 0{,}775\sqrt{gl}\ \leftarrow$, $\mathbf{v}_B = 0{,}775\sqrt{gl}\ \nearrow\ 60°$.

17.37 $1{,}170$ rad/s $\downarrow$, $5{,}07$ m/s $\leftarrow$.

17.38 $[3g\,(\cos\theta_0 - \cos\theta_2)/L]^{1/2}\ \downarrow$.

17.39 $\omega_2 = 3{,}67$ rad/s $\uparrow$, $\mathbf{v}_B = 2{,}20$ m/s $\uparrow$.

17.40 $4{,}65$ m/s $\rightarrow$.

17.41 806 N/m.

17.42 $2{,}69$ m/s $\downarrow$.

17.43 $84{,}7$ rpm $\downarrow$.

17.44 $110{,}8$ rpm $\downarrow$.

17.45 $3{,}25$ m/s $\downarrow$.

17.46 $4{,}43$ m/s $\downarrow$.

17.47 $0{,}770$ m/s $\leftarrow$.

17.48 (a) $37{,}7$ kW (b) $100{,}5$ kW.

17.49 (a) $39{,}8$ N·m. (b) $95{,}5$ N·m. (c) 229 N·m.

17.50 1146 rpm.

17.52 $179{,}1$ mm.

17.53 $M = 0{,}0404$ N · m.

17.54 $3{,}87$ rad/s.

17.55 $33{,}5$ N · m

17.58 $t = 3{,}82$ s.

17.59 $(1 + \mu_k^2)\,r\omega_0/[2\mu_k(1 + \mu_k)g]$.

17.62 $\omega_0/(1 + m_A/m_B)$.

17.63 (a) $\boldsymbol{\omega}_A = 667$ rpm $\uparrow$, $\boldsymbol{\omega}_B = 500$ rpm $\downarrow$. (b) $\mathbf{F}t = 20{,}9$ N · s $\uparrow$.

17.64 (a) $T_B = 21{,}1$ N. (b) $T_{AB} = 8{,}80$ N.

17.65 $\mathbf{X} = m\mathbf{v}$, $d = \bar{k}^2\omega/\bar{v}$.

17.69 $\bar{k} = 900$ mm.

17.70 (a) $r^2 gt \,\mathrm{sen}\,\beta/(r^2 + \bar{k}^2)\ \searrow\ \beta$.
(b) $u_s \geq \bar{k}^2\,\mathrm{tg}\,\beta/(r^2 + \bar{k}^2)$.

17.71 (a) $2{,}55$ m/s $\uparrow$. (b) $10{,}53$ N.

17.72 (a) $\mathbf{v}_B = 2{,}12$ m/s $\rightarrow$. (b) $\mathbf{v}_A = 0{,}706$ m/s $\rightarrow$.

17.73 (a) $\mathbf{v}_B = 0{,}706$ m/s $\rightarrow$. (b) $\mathbf{v}_A = 0{,}235$ m/s $\rightarrow$.

17.74 (a) $8{,}41$ m/s $\downarrow$. (b) $16{,}82$ N.

17.75 (a) $0{,}557$ s. (b) $16{,}82$ N.

17.76 $\mathbf{M} = 0{,}444$ N · m $\downarrow$.

17.77 (a) $2{,}50\ \bar{v}_0/r$. (b) $\bar{v}_0/\mu_k g$.

17.78 (a) Tubo rola sem deslizar.
(b) *Tubo*: $0{,}857$ m/s $\rightarrow$, $10{,}71$ rad/s $\uparrow$;
Placa: $1{,}714$ m/s $\rightarrow$.

17.79 $\dfrac{5}{6}\omega_0.$

17.80 $\omega_2 = 84{,}2$ rpm.

17.81 $\omega_A = 212$ rpm $\downarrow$, $\omega_B = 212$ rpm $\downarrow$, $\omega_P = 27{,}9$ rpm $\uparrow$.

17.82 $18{,}07$ rad/s.

17.83 (a) $2{,}54$ rad/s. (b) $1{,}902$ J.

17.84 $\Omega_2 = -22{,}2$ rpm.

17.85 (a) $v_2 = 1{,}019$ m/s. (b) $F = 61{,}6$ N.

17.86 $37{,}2$ rpm.

17.87 $\boldsymbol{\omega}_{BC} = 36{,}6$ rpm $\downarrow$ e $\boldsymbol{\omega}_A = 16{,}87$ rpm $\uparrow$.

17.88 $2{,}51$ m/s.

17.89 $18{,}83$ rad/s, $0{,}0508$ kg·m^2.

17.90 (a) $\omega_2 = 31{,}7$ rad/s. (b) $(v_r)_2 = 5{,}64$ m/s.

17.91 (a) $\omega_2 = 15{,}00$ rad/s. (b) $v_y = 6{,}14$ m/s.

17.92 (a) $7{,}8$ m/s $\leftarrow$. (b) $1{,}8$ m/s $\rightarrow$.

17.94 $1{,}542$ m/s.

17.95 $\mathbf{v}_B = 0{,}607$ m/s $\leftarrow$.

17.96 $0{,}400\ r$.

17.97 (a) $\boldsymbol{\omega} = 22{,}7$ rad/s $\downarrow$. (b) $\mathbf{C} = 4540$ N $\rightarrow$.

17.98 (a) $h = 267$ mm. (b) $\omega = 21{,}5$ rad/s.

17.99 $\bar{\mathbf{v}}_2 = 242$ mm/s $\rightarrow$.

17.100 $\bar{\mathbf{v}}_2 = 302$ mm/s $\leftarrow$.

17.101 (a) $2{,}16$ m/s $\rightarrow$. (b) $4{,}87$ kN $\measuredangle$ $66{,}9°$.

17.102 (a) $158{,}0$ mm. (b) $1{,}992$ m/s $\rightarrow$.

17.103 (a) $0{,}90\ v_0/L\ \downarrow$. (b) $0{,}10\ v_0\ \rightarrow$.

17.104 $\omega = 2{,}40$ rad/s $\downarrow$.

17.105 $h = 41{,}7$ mm.

17.106 $\boldsymbol{\omega} = \dfrac{\sqrt{2gh}(c + \cos\theta)}{r(1 + c)^{\frac{3}{2}}}\ \downarrow$ e $\mathbf{v} = \dfrac{\sqrt{2gh}(c + \cos\theta)}{(1 + c)^{\frac{3}{2}}}\ \rightarrow$.

17.107 $\dfrac{\pi}{3}L.$

17.108 (a) $mv_0/M\ \rightarrow$. (b) $mv_0/MR\ \uparrow$.

17.109 (a) $1{,}500\ R$. (b) $1{,}000\ R$.

17.112 $\boldsymbol{\omega} = 2{,}4\dfrac{v_0}{L}\ \uparrow$ e $\bar{\mathbf{v}} = 0{,}721v_0\ \nearrow\ 56{,}3°$.

17.115 $2{,}38$ m/s.

17.116 $4{,}867$ rad/s $\uparrow$.

17.117 (a) $0{,}437\sqrt{g/L}$. (b) $5{,}12°$.

17.118 (a) $0{,}250\ \omega_0\ \downarrow$. (b) $0{,}9375$. (c) $1{,}50°$.

17.119 $\theta_\mathrm{m} = 55{,}9°$.

17.120 $v_0 = 528$ m/s.

17.121 725 mm.

17.122 447 mm.

17.123 $0{,}606\sqrt{gL}\ \rightarrow$.

17.124 $0{,}866\sqrt{gL}\ \rightarrow$.

17.127 (a) $3{,}00$ rad/s $\uparrow$. (b) $0{,}938$ m/s $\uparrow$.

17.128 (a) $2{,}60$ rad/s $\downarrow$. (b) $1{,}635$ m/s $\searrow$ $53{,}4°$.

17.130 (a) $\boldsymbol{\omega}' = 0{,}922$ rad/s $\downarrow$.
(b) $\boldsymbol{\alpha} = 36{,}1766$ rad/s^2 $\downarrow$, $\mathbf{A}_x = 5{,}21$ N $\rightarrow$, $\mathbf{A}_y = 6{,}31$ N $\uparrow$.

17.131 $1{,}250\ v_0/r$.

17.132 (a) $\mathbf{v}_A = 0$, $\boldsymbol{\omega}_A = v_1/r\ \downarrow$, $\mathbf{v}_B = v_1\ \rightarrow$, $\boldsymbol{\omega}_B = 0$.
(b) $\mathbf{v}'_A = 0{,}286\ v_1\ \rightarrow$, $\mathbf{v}'_B = 0{,}514\ v_1\ \rightarrow$.

17.133 (a) $\mathbf{v}_A = (v_0\,\mathrm{sen}\,\theta)\mathbf{j}$, $\mathbf{v}_B = (v_0\cos\theta)\mathbf{i}$, $\boldsymbol{\omega}_A = (v_0/r)\,(-\mathrm{sen}\,\theta\mathbf{i} + \cos\theta\mathbf{j})$, $\boldsymbol{\omega}_B = 0$.
(b) $0{,}714\ v_0\cos\theta\mathbf{i}$.

17.134 $\boldsymbol{\omega}_{AB} = 2{,}68$ rad/s $\downarrow$, $\boldsymbol{\omega}_{BC} = 13{,}39$ rad/s $\downarrow$.

17.135 (a) $\theta = 118{,}7$ rev. (b) $t = 7{,}16$ s.

17.136 $1{,}260L$.

17.139 (a) $53{,}1°$. (b) $1{,}095\sqrt{gL}\ \searrow\ 53{,}1°$.

17.140 $\mathbf{A} = 100{,}1$ N $\uparrow$, $\mathbf{B} = 43{,}9$ N $\rightarrow$.

17.142 $0{,}778\ \omega_0$.

Respostas **R11**

17.143 (a) 418 rpm. (b) −20,4 J.
17.145 (a) 68,6 rpm. (b) 2,82 J.
17.146 $(\omega_{CE})_2 = \omega_1(1 + e)$ ↖, $(\omega_{AB})_2 = \frac{1}{2}\omega_1(1 - e)$ ↙.

CAPÍTULO 18

18.1 $0,250\ mr^2\ \omega_2\mathbf{j} + 0,500\ mr^2\ \omega_1\mathbf{k}$.
18.2 $(1,296\ \text{kg}\cdot\text{m}^2/\text{s})\mathbf{i} - (0,702\ \text{kg}\cdot\text{m}^2/\text{s})\mathbf{k}$.
18.3 $\mathbf{H}_D = 0,357\ \text{kg}\cdot\text{m}^2/\text{s},\ \theta_x = 48,6°,\ \theta_y = 41,4°,\ \theta_z = 90°$.
18.4 $\mathbf{H}_A = (0,24\ \text{kg}\cdot\text{m}^2/\text{s})\mathbf{i} + (0,96\ \text{kg}\cdot\text{m}^2/\text{s})\mathbf{j}$.
18.5 $(0,1125\ \text{kg·m}^2/\text{s})\mathbf{j} + (0,675\ \text{kg·m}^2/\text{s})\mathbf{k}$.
18.7 $0,432\ ma^2\omega,\ 20,2°$.
18.8 9,7°.
18.9 $(2,16\ \text{kg}\cdot\text{m}^2/\text{s})\mathbf{i} - (0,48\ \text{kg}\cdot\text{m}^2/\text{s})\mathbf{j} + (1,440\ \text{kg}\cdot\text{m}^2/\text{s})\mathbf{k}$.
18.10 $-(2,03\ \text{kg·m}^2/\text{s})\mathbf{i} + (4,16\ \text{kg·m}^2/\text{s})\mathbf{j} + (0,675,03\ \text{kg·m}^2/\text{s}))\mathbf{k}$.
18.11 $0,500\ mr^2\omega_1\mathbf{i} - m(L^2 + 0,250\ r^2)\ (r\omega_1/L)\mathbf{j}$.
18.12 (a) 0,485 rad/s. (b) 0,01531 rad/s.
18.15 (a) $(5,65\ \text{kg·m}^2/\text{s})\mathbf{i} - (1,885\ \text{kg·m}^2/\text{s})\mathbf{j} + (12,57\ \text{kg·m}^2/\text{s})\mathbf{k}$.
(b) 25,4°.
18.16 (a) $(5,65\ \text{kg·m}^2/\text{s})\mathbf{i} - (1,885\ \text{kg·m}^2/\text{s})\mathbf{j} + (12,57\ \text{kg·m}^2/\text{s})\mathbf{k}$.
(b) 154,6°.
18.17 (a) $\mathbf{H}_G = (1,563\ \text{kg}\cdot\text{m}^2/\text{s})\mathbf{i} - (0,938\ \text{kg}\cdot\text{m}^2/\text{s})\mathbf{k}$. (b) 31,0.
18.18 (a) $\mathbf{H}_A = (1,563\ \text{kg}\cdot\text{m}^2/\text{s})\mathbf{i} - (0,938\ \text{kg}\cdot\text{m}^2/\text{s})\mathbf{k}$.
(b) $\mathbf{H}_B = (1,563\ \text{kg}\cdot\text{m}^2/\text{s})\mathbf{i} - (0,938\ \text{kg}\cdot\text{m}^2/\text{s})\mathbf{k}$.
18.21 93,6 kg.
18.22 2,57 s.
18.25 (a) 0. (b) $(3F\Delta t/ma)\ (\mathbf{i} - 4\mathbf{k})$.
18.26 (a) $-(F\Delta t/m)\mathbf{i}$. (b) $(3\ F\Delta t/8ma)\ (\mathbf{j} + 4\mathbf{k})$.
18.27 (a) $-(0,300\ \text{m/s})\mathbf{i}$. (b) $-(0,962\ \text{rad/s})\mathbf{i} - (0,577\ \text{rad/s})\mathbf{j}$.
18.28 (a) $(0,300\ \text{m/s})\mathbf{j}$.
(b) $-(3,46\ \text{rad/s})\mathbf{i} + (1,923\ \text{rad/s})\mathbf{j} - (0,857\ \text{rad/s})\mathbf{k}$.
18.31 (a) $0,1250\ \omega_0\ (-\mathbf{i} + \mathbf{j})$. (b) $0,0884\ a\omega_0\mathbf{k}$.
18.32 (a) $0,1031\ ma\omega_0\mathbf{k}$. (b) $-0,01473\ ma\omega_0\mathbf{k}$.
18.33 $\boldsymbol{\omega} = (0,0225\ \text{rad/s})\mathbf{i} - (0,223\ \text{rad/s})\mathbf{j} - (0,320\ \text{rad/s})\mathbf{k}$.
18.34 (a) $\omega_z = -0,711$ rad/s.
(b) $\mathbf{v}_0 = -(640\ \text{m/s})\mathbf{i} - (1600\ \text{m/s})\mathbf{j} + (338\ \text{m/s})\mathbf{k}$.
18.35 (a) $t_A = 0,129$ s, $t_B = 1,086$ s. (b) $-(50,6\ \text{mm/s})\mathbf{j}$.
18.36 (a) 0,941 s. (b) $(0,0169\ \text{rad/s})\mathbf{j}$. (c) $-(39,2\ \text{mm/s})\mathbf{j}$.
18.39 $0,1250\ mr^2\ (\omega_2^2 + 2\omega_1^2)$.
18.40 6,48 J
18.41 $T = 1,417$ J
18.42 $T = 16,32$ N · m.
18.43 15,47 J.
18.44 $0,1250\ ma^2\omega^2$.
18.45 $0,203\ ma^2\omega^2$.
18.47 237 J.
18.48 $T = 9,38$ J.
18.49 27,0 J.
18.50 46,2 J.
18.51 $0,1000\ m\bar{v}_0^2$.
18.53 $T = 18,40$ N · m.
18.54 $\omega_z = -0,711$ rad/s, $T' = 55,8$ N · m.
18.55 $0,500\ mr^2\ \omega_1\omega_2\mathbf{i}$.
18.56 $(7,02\ \text{N}\cdot\text{m})\mathbf{j}$.
18.57 $\dot{\mathbf{H}}_D = (3,21\ \text{N}\cdot\text{m})\mathbf{k}$.
18.58 $\dot{\mathbf{H}}_A = (7,68\ \text{N}\cdot\text{m})\mathbf{k}$.
18.59 $(3,38\ \text{N·m})\mathbf{i}$.
18.60 $\frac{1}{4}mr^2\omega^2\,\text{sen}\,\beta\cos\beta\mathbf{k}$.
18.61 $\dot{\mathbf{H}}_D = -(1,890\ \text{N}\cdot\text{m})\mathbf{i} - (2,14\ \text{N}\cdot\text{m})\mathbf{j} + (3,21\ \text{N}\cdot\text{m})\mathbf{k}$

18.62 $\dot{\mathbf{H}}_D = (1,890\ \text{N}\cdot\text{m})\mathbf{i} - (2,14\ \text{N}\cdot\text{m})\mathbf{j} + (3,21\ \text{N}\cdot\text{m})\mathbf{k}$
18.64 $\frac{1}{4}mr^2\alpha\,\text{sen}\,\beta\cos\beta\mathbf{j} + \frac{1}{4}mr^2\omega^2\text{sen}\,\beta\cos\beta\mathbf{k}$.
18.65 $\mathbf{C} = 0,1667\ mb\omega^2\,\text{sen}\,\beta\cos\beta\mathbf{i}$.
$\mathbf{D} = -0,1667\ mb\omega^2\,\text{sen}\,\beta\cos\beta\mathbf{i}$.
18.66 $\mathbf{A} = -(12,00\ \text{N})\mathbf{i}$, $\mathbf{B} = -(4,00\ \text{N})\mathbf{i}$.
18.67 $\mathbf{A} = -(4,93\ \text{N})\mathbf{j} - (4,11\ \text{N})\mathbf{k}$, $\mathbf{B} = (4,93\ \text{N})\mathbf{j} + (4,11\ \text{N})\mathbf{k}$.
18.68 $\mathbf{A} = (14,4\ \text{N})\mathbf{k}$, $\mathbf{B} = -(14,4\ \text{N})\mathbf{k}$.
18.71 (a) $3M_0/mb^2\cos^2\beta$. (b) $\mathbf{C} = -\mathbf{D} = (M_0\ \text{tg}\ \beta/2b)\mathbf{k}$.
18.72 $\boldsymbol{\alpha} = (20,0\ \text{rad/s}^2)\mathbf{j}$, $\mathbf{B} = -(1,250\ \text{N})\mathbf{k}$, $\mathbf{A} = -(3,75\ \text{N})\mathbf{k}$.
18.73 (a) $M_0 = (1,172\ \text{N}\cdot\text{m})\mathbf{i}$.
(b) $\mathbf{A} = -(0,977\ \text{N})\mathbf{j} + (1,172\ \text{N})\mathbf{k}$,
$\mathbf{B} = (0,977\ \text{N})\mathbf{j} - (1,172\ \text{N})\mathbf{k}$.
18.74 (a) $(2,67\ \text{N·m})\mathbf{i}$. (b) $\mathbf{A} = -\mathbf{B} = (2,00\ \text{N})\mathbf{j}$.
18.75 (a) $M_0 = (0,1885\ \text{N}\cdot\text{m})\mathbf{i}$.
(b) $\mathbf{A} = -(0,1600\ \text{N})\mathbf{j} + (0,1600\ \text{N})\mathbf{k}$,
$\mathbf{B} = (0,1600\ \text{N})\mathbf{j} - (0,1600\ \text{N})\mathbf{k}$.
18.76 $\mathbf{A} = -(2,17\ \text{N})\mathbf{j} - (1,851\ \text{N})\mathbf{k}$, $\mathbf{B} = -(2,17\ \text{N})\mathbf{j} - (1,851\ \text{N})\mathbf{k}$.
18.79 $\mathbf{A} = -\mathbf{B} = (1,527\ \text{N})\mathbf{j}$.
18.80 $\mathbf{M} = -(0,754\ \text{N}\cdot\text{m})\mathbf{i}$.
18.81 (a) 10,47 N·m. (b) 10,47 N·m.
18.82 24,0 N ↑.
18.83 $\mathbf{M} = -(0,225\ \text{N}\cdot\text{m})\mathbf{j}$.
18.84 1,138°; para cima.
18.85 $\omega = 8,90$ rad/s.
18.86 (a) 27,0°. (b) 8,09 rad/s.
18.87 (a) 7,53 rad/s. (b) 7,00 rad/s.
18.88 $\omega_2 = 5,45$ rad/s.
18.89 2,11 N ⦦ 18.7°.
18.90 7,89 rad/s.
18.91 15,24 rad/s.
18.93 $\mathbf{A} = (0,884\ \text{N})\mathbf{k}$; $\mathbf{B} = -(0,884\ \text{N})\mathbf{k}$.
18.94 6,79 rad/s.
18.95 (a) $\mathbf{C} = -(592\ \text{N})\mathbf{j}$ e $\mathbf{D} = (592\ \text{N})\mathbf{j}$. (b) $\mathbf{C} = \mathbf{D} = 0$.
18.96 35,5 rpm.
18.98 $\mathbf{D} = 101,4$ N↓.
18.99 $-(45,0\ \text{N})\mathbf{i}$, $(3,38\ \text{N·m})\mathbf{i} + (10,13\ \text{N·m})\mathbf{k}$.
18.100 (a) $\mathbf{A} = (1,786\ \text{kN})\mathbf{i} + (143,5\ \text{kN})\mathbf{j}$,
$\mathbf{B} = -(1,786\ \text{kN})\mathbf{i} + (150,8\ \text{kN})\mathbf{j}$, (b) $-(35,7\ \text{kN·m})\mathbf{k}$.
18.103 $\mathbf{D} = -(22,0\ \text{N})\mathbf{i} + (26,8\ \text{N})\mathbf{j}$, $\mathbf{E} = -(21,2\ \text{N})\mathbf{i} - (5,20\ \text{N})\mathbf{j}$.
18.104 (a) $(0,392\ \text{N·m})\mathbf{k}$. (b) $\mathbf{D} = -(21,0\ \text{N})\mathbf{i} + (28,0\ \text{N})\mathbf{j}$,
$\mathbf{E} = -(21,0\ \text{N})\mathbf{i} - (4,00\ \text{N})\mathbf{j}$.
18.109 45,9 rpm, 533 rpm.
18.111 $\dot{\psi} = 50,9$ rpm.
18.112 $\beta = 72,0°$.
18.113 $\cos\beta = \dfrac{2d^2\dot{\psi}}{(h^2 - d^2)\dot{\phi}}$.
18.114 (a) 131,27 rad/s. (b) 0,055 m
18.115 23,7°.
18.116 (a) 52,7 rad/s. (b) 6,44 rad/s.
18.117 (a) $\dot{\phi} \approx 5,47$ rpm. (b) $\dot{\phi} = 5,55$ rpm, 395 rpm.
18.123 período = 302 dias
18.124 (a) 13,19°. (b) 1242 rpm (retrógrado)
18.126 24,8 rev/h.
18.127 (a) 12,85°. (b) 5,78 rev/h. (c) 20,7 rev/h.
18.128 (a) 109,4 rpm, $\gamma_x = 90°$, $\gamma_y = 100,05°$, $\gamma_z = 10,05°$.
(b) $\theta_x = 90°$, $\theta_y = 113,9°$, $\theta_z = 23,9°$.
(c) precessão: 47,1 rpm; rotação própria: 64,6 rpm.

R12 Respostas

18.129 $\theta_x = 132,3°$, $\theta_y = 43,8°$, $\theta_z = 80,7°$;
$\dot{\phi} = 0,947$ rad/s, $\dot{\psi} = 0,1602$ rad/s. Como $\gamma > \theta$,
a precessão é retrógrada.

18.130 $\theta_x = 90,0°$, $\theta_y = 30,8°$, $\theta_z = 59,2°$;
$\dot{\phi} = 0,796$ rad/s, $\dot{\psi} = 0,1602$ rad/s. Como $\gamma > \theta$,
a precessão é retrógrada.

18.131 (a) $40,0° < \theta < 140,0°$. (b) 5,31 rad/s. (c) 5,58 rad/s.

18.132 (a) 2,00 rad/s. (b) 8,94 rad/s.

18.135 (a) $\theta_m = 41,2°$. (b) $\dot{\phi}_0 = 6,21$ rad/s.

18.136 (a) $\dot{\phi}_0 = 4,76$ rad/s. (b) $\dot{\phi}_m = 14,09$ rad/s.

18.139 (a) 47,0°. (b) precessão: 15,25 rad/s; rotação própria: 307 rad/s.

18.140 (a) 76,3°. (b) precessão: 9.62 rad/s; rotação própria: 294 rad/s. (

18.147 Em *B*: 150 mm abaixo do eixo. Em *C*: 75 mm acima do eixo.

18.148 $(0,234$ kg·m²/s$)\mathbf{j} + (1,250$ kg·m²/s$)\mathbf{k}$.

18.150 (a) 0. (b) $(F\Delta t/ma)$ $(2,50\mathbf{i} - 1,454\mathbf{j} + 2,19\mathbf{k})$.

18.151 4,29 kN·m.

18.153 $\mathbf{D} = -(34,4$ N$)\mathbf{j} + (21,6$ N$)\mathbf{k}$; $\mathbf{E} = -(8,8$ N$)\mathbf{j} + (21,6$ N$)\mathbf{k}$.

18.154 $\mathbf{C} = -(89,8$ N$)\mathbf{i} + (52,8$ N$)\mathbf{k}$,
$\mathbf{D} = -(89,8$ N$)\mathbf{i} - (52,8$ lb$)\mathbf{k}$.

18.155 (a) $\theta_x = 52,5°$, $\theta_y = 37,5°$, $\theta_z = 90°$.
(b) 53,8 rev/h. (c) 6,68 rev/h.

18.156 eixo: 32,0°, precessão: 1,126 rpm, e rotação própria: 0,344 rpm

18.157 (a) 4,00 rad/s. (b) 5,66 rad/s.

CAPÍTULO 19

19.1 10 mm, 3,18 Hz.

19.2 f_n 0,650 Hz, $v_m = 1,225$ m/s.

19.3 0,032 m; 45,48 m/s².

19.4 (a) 0,324 s, 3,08 Hz. (b) 12,91 mm, 4,84 m/s².

19.5 (a) 0,308 s, 3,25 Hz. (b) 1,021 m/s, 20,8 m/s².

19.6 (a) velocidade = 276 rpm. (b) $v_{máx} = 1,732$ m/s.

19.7 (a) 11,29°. (b) 1,933 m/s².

19.8 (a) 0,557 Hz. (b) 293 mm/s.

19.9 (a) 3,14 s. (b) 6,40 m. (c) 38,7°.

19.11 (a) $t = 0,046$ s. (b) $\mathbf{v} = 2,06$ m/s $\uparrow$, $\mathbf{a} = 20,0$ m/s²$\downarrow$.

19.12 $\mathbf{x} = 0,0284$ m$\uparrow$, $\mathbf{v} = 2,47$ m/s$\uparrow$, $\mathbf{a} = 5,69$ m/s²$\downarrow$.

19.13 (a) $\theta = 0,06786$ rad = 3,89°.
(b) $v = l\dot{\theta} = (0,800$ m$)(0,19223$ rad/s$) = 0,1538$ m/s, $a = 0,666$ m/s².

19.14 (a) 4,91 mm, 5,81 Hz, 0,1791 m/s.
(b) 491 N, (c) 0,1592 m/s $\uparrow$.

19.17 (a) 0,517 s, 1,934 Hz. (b) 0,365 m/s, 4,43 m/s².

19.18 $\tau_{n2} = 2,63$ s.

19.19 $\sqrt{\dfrac{k}{2m}}$.

19.20 (a) 0,361 s, 2,77 Hz. (b) 0,765 m/s, 13,30 m/s².

19.23 4.

19.24 (a) 6,80 kg. (b) 0,583 s.

19.25 $k_C = 5,20$ kN/m.

19.26 (a) $m_b = 26,1$ kg. (b) $\rho_{sal} = 1213$ kg/m³.

19.28 (a) 22,3 MN/m. (b) 266 Hz.

19.30 (a) 858 N/mm. (b) 149,5 rpm.

19.31 (a) 3,56 kg. (b) 43,7 kg.

19.32 (a) $x_0 = 616$ mm. (b) $f_n = 0,449$ Hz.

19.34 16,26°.

19.35 (a) 1,737 s. (b) 1,864 s. (c) 2,05 s.

19.36 $l = 713$ mm.

19.37 (a) 0,293 s. (b) 0,215 m/s.

19.38 (a) $\dot{\theta}_m = 1,117$ rad/s. (b) $\bar{k} = 400$ mm.

19.39 (a) 0,227 s. (b) 333 mm/s.

19.41 (a) $\tau = 0,483$ s. (b) $v_m = 260$ m/s.

19.42 (a) $\tau_n = 0,1924$ s. (b) $(a_0)_{máx} = 53,3$ m/s².

19.44 75,5°.

19.45 0,346 Hz.

19.46 $\bar{I} = 1255$ kg · m².

19.47 (a) $r_a = 153,7$ mm, $r_b = 96,31$ mm.

19.48 (a) 2,79 s. (b) 1,933 m.

19.49 (a) 1,617 s. (b) 1,676 s.

19.50 (a) 227 mm. (b) 1,352 s.

19.51 (a) $6,33\sqrt{\dfrac{b}{g}}$. (b) $6,67\sqrt{\dfrac{b}{g}}$.

19.55 (a) 2,21 Hz. (b) 115,3 N/m.

19.56 $\dfrac{1}{2\pi}\sqrt{\dfrac{6k}{5m} + \dfrac{9g}{10l}}$ Hz.

19.57 $\dfrac{1}{2\pi}\sqrt{\dfrac{2k}{3m} + \dfrac{4g}{3L}}$ Hz.

19.59 0,776 s.

19.60 (a) 88,1 mm/s. (b) 85,1 mm/s.

19.62 82,2 mm/s $\uparrow$.

19.63 6,57 kg·m².

19.64 (a) 21,3 kg. (b) 1,836 s.

19.67 5,22 s.

19.68 (a) 0,400 s. (b) 0,089 m/s.

19.69 19,02 mm.

19.70 $\dfrac{1}{2\pi}\sqrt{\dfrac{k}{5m}}$ Hz.

19.71 $\tau_n = 3,18$ s.

19.72 $6,28\sqrt{R/g}$.

19.74 $\bar{k} = 130,6$ mm.

19.75 $l/\sqrt{12}$.

19.76 75,5°.

19.77 $0,159\sqrt{(2k/3m) + (4g/3L)}$.

19.78 $f_n = 2,75$ Hz.

19.79 (a) $\tau_n = \dfrac{2\pi}{\omega_n} = \dfrac{2\pi}{\sqrt{\dfrac{2}{3}\dfrac{(900 \text{ N/m})}{(7,5 \text{ kg})}}} = \dfrac{2\pi}{\sqrt{80}} = 0,702$ s.

(b) $v_m = (0,01$ m/s$)\sqrt{80} = 0,0894$ m/s.

19.80 0,821 s.

19.83 1,327 s.

19.85 $f_n = 0,1899\sqrt{\dfrac{g}{l}}$.

19.86 $\tau_n = 3,06$ s.

19.87 $2\pi\sqrt{(12r^2 + 2l^2)/3gl}$.

19.89 (a) $\sqrt{(6ka^2 - 3mgl)}/(2\pi)$. (b) $\sqrt{mgl/2k}$.

19.90 $f = 2,33$ Hz.

19.91 $f_n = 0,918$ Hz.

19.92 $0,1312\sqrt{g/r}$.

19.95 $0,276\sqrt{g/l}$.

19.96 $\dfrac{1}{2\pi}\sqrt{\dfrac{12k}{7m} + \dfrac{8g}{7\sqrt{3}l}}$ Hz.

19.97 $1,814l/\sqrt{gr}$.

19.98 0,352 s.

19.99 (a) 37,1 mm. (b) 260 mm.

19.100 (a) 160,0 N/m. (b) 40,0 N/m.

19.101 $\sqrt{\dfrac{2k}{3m}} < \omega_f < \sqrt{\dfrac{4k}{3m}}$.

Respostas **R13**

19.102 (a) $x_m = 166,7$ mm (em fase). (b) $x_m = 128,2$ mm (em fase). (c) $x_m = 10,00$ mm (defasada).

19.105 $\omega_f < 8,16$ rad/s.

19.106 3,21 m/s^2.

19.107 (a) 0,450 rad/s. (b) 2,70 m/s^2.

19.108 (a) 36,9 litros/min. (b) 87,1 litros/min.

19.109 $\omega_f > \sqrt{2g/l}$.

19.110 (a) $x_m = 25,2$ mm. (b) $F = -0,437$ sen πt (N).

19.111 (a) $x_m = 90,0$ mm. (b) $F_m = 18,00$ N.

19.112 651 rpm.

19.114 22,0 mm.

19.115 2,95 mm.

19.116 $\omega_f < 328$ rpm, $\omega_f > 334$ rpm.

19.117 39,1 kg.

19.118 (a) $k = 8,292$ kN/m. (b) $|F_m| = 0,687$ N.

19.119 149,3 mm.

19.120 (a) $\omega_f < 254$ rpm, $\omega_f > 304$ rpm.

19.121 Transmissibilidade, força: $1/(1 - \omega_f^2/\omega_n^2)$,
Transmissibilidade, deslocamento: $1/(1 - \omega_f^2/\omega_n^2)$.

19.122 (a) 4,17%. (b) 84,9 Hz.

19.123 8,04%.

19.125 (a) $\omega_n = \omega_f = 1406$ rpm. (b) $r = 0,403$ mm.

19.132 (a) $c = 104,4$ kN · s/m. (b) $k = 3,70 \times 10^6$ N/m.

19.133 5,48 N·m·s.

19.134 (a) $k = \dfrac{\left[\frac{c_C}{2}\right]^2}{m} = \dfrac{\left[\frac{18000}{2}\right]^2}{750} = 108$ kN/m. (b) $t = 0,1908$ s.

19.135 (a) 0,118. (b) 38,4 mm.

19.136 56,9 mm.

19.137 8,82 N.

19.138 106,5 mm/s↑.

19.139 $x_m = 2,37$ mm.

19.140 $\dfrac{k}{2} = 135,3$ kN/m.

19.141 $\geq 0,707$.

19.143 (a) $k = 2,21$ Mn/m. (b) $\dfrac{c}{c_c} = 0,0286$.

19.145 (a) 0,127. (b) 462 N·s/m.

19.146 0,487.

19.148 (a) 71,8 N. (b) 39,0 N.

19.149 (a) $x_m = 134,8$ mm. (b) $F_m = 143,7$ N.

19.151 (a) $m\ddot{x} + c\dot{x} + kx = (k$ sen $\omega_f t + c\omega_f \cos \omega_f t)\delta_m$.
(b) $x = x_m$ sen $(\omega_f t - \varphi + \psi)$, onde
$x_m = \delta_m \sqrt{k^2 + (c\omega_f)^2}/\sqrt{(k - m\omega_f^2)^2 + (c\omega_f)^2}$,
tg $\varphi = c\omega_f/(k - m\omega_f^2)$, tg $\psi = c\omega_f/k$.

19.153 $R < 2\sqrt{L/C}$.

19.154 (a) E/R. (b) L/R.

19.157 (a) $c(\dot{x}_A - \dot{x}_m) + kx_A = 0$
$m\ddot{x}_m + c(\dot{x}_m - \dot{x}_A) = P_m$ sen $\omega_f t$
(b) $R(\dot{q}_A - \dot{q}_m) + (1/C)q_A = 0$
$L\ddot{q}_m + R(\dot{q}_m - \dot{q}_A) = E_m$ sen $\omega_f t$

19.159 (a) $\tau_n = \dfrac{2\pi}{2,753} = 2,28$ s. (b) $l = 1,294$ m.

19.160 (a) $W_A = 33,4$ N. (b) $k = 538$ N/m.

19.161 $\tau_n = 1,772$ s.

19.162 (a) $\dfrac{c}{c_c} = 0,01393$. (b) $c = 0,737$ N · s/m.

19.163 $\omega_f < 6,59$ rad/s.

19.165 (a) $0,18667\ddot{\theta} + 2,88\dot{\theta} + 2\theta = 0$.

19.168 (a) $m\ddot{x} + 2T(2x/l) = 0$. (b) $\pi\sqrt{ml/T}$.

19.169 $x_m = 1,125$ mm.

Créditos das fotos

CAPÍTULO 11
Página de abertura: ©Mario Eder/Getty Images RF; **Foto 11.1:** Stefano Paltera/NREL; **Fig. P11.26:** ©Phillip Cornwell; **Foto 11.2:** ©fotog/Getty Images RF; **Foto 11.3:** ©Purestock/SuperStock RF; **Foto 11.4:** ©Digital Vision/Getty Images RF; **Foto 11.5:** ©Tony Hertz/Alamy; **Foto 11.6:** ©Fuse/Getty Images RF.

CAPÍTULO 12
Página de abertura: ©Belinda Images/SuperStock; **Foto 12.1:** ©Glow Images RF; **Foto 12.2:** ©Chris Ryan/agefotostock RF; **Foto 12.3:** ©Purestock/SuperStock RF; **Foto 12.4:** ©Russell Illig/Getty Images RF; **Foto 12.5:** NASA/JSC; **Fig. P12.117:** ©Edward Slater/Getty Images.

CAPÍTULO 13
Página de abertura: ©Tom Miles; **Foto 13.1:** ©imagebroker.net/SuperStock RF; **Foto 13.2:** ©Dynamic Graphics/SuperStock RF; **Foto 13.3:** ©iLexx/Getty Images RF; **Foto 13.4:** ©Sandia National Laboratories/Getty Images RF; **p. 859:** ©Don Farrall/Getty Images RF; **Fig. P13.126:** U.S. Air Force photo/Samuel King Jr.; **Foto 13.5:** ©Terry Oakley/Alamy; **Foto 13.6:** ©Richard T. Nowitz/Corbis.

CAPÍTULO 14
Página de abertura: ©XCOR Aerospace/Mike Massee; **Foto 14.1:** ©Lena Kofoed; **Foto 14.2:** ©Design Pics/Darren Greenwood RF; **Fig. 14.11a, c:** ©Purestock/SuperStock RF; **Fig. 14.11b:** ©Design Pics/PunchStock RF; **Foto 14.3:** NASA.

CAPÍTULO 15
Página de abertura: ©Ryan Pyle/Corbis; **Foto 15.1:** ©Alen Penton/Alamy RF; **Foto 15.2:** ©Luc Novovitch/Alamy RF; **Foto 15.3:** ©Lester Lefkowitz/agefotostock; **Foto 15.4:** ©Plus Pix/agefotostock; **Foto 15.5:** ©Glow Images RF; **Foto 15.6:** ©Lawrence Manning/Corbis RF; **p. 1034:** ©Alen Penton/Alamy RF; **Foto 15.7:** ©Purdue University/Physics/PRIME Lab; **Foto 15.8:** ©Syracuse Newspapers/M Greenlar/The Image Works; **Foto 15.9:** ©StockTrek/Getty Images RF.

CAPÍTULO 16
Página de abertura: ©Glen Allison/Getty Images RF; **Foto 16.1:** ©Chua Wee Boo/agefotostock; **Foto 16.2:** Cortesia de Seagate Technology LLC; **Foto 16.3:** ©Tony Arruza/Corbis; **Foto 16.4:** ©Doable/amanaimages/agefotostock RF.

CAPÍTULO 17
Página de abertura: ©Matt Dunham/AP Photo; **Foto 17.1:** ©Richard McDowell/Alamy RF; **Foto 17.2:** ©Phillip Cornwell; **Foto 17.3:** ©Jill Braaten; **Foto 17.4:** ©Tetra Images/Alamy RF.

CAPÍTULO 18
Página de abertura: NASA; **Foto 18.1:** ©agefotostock/SuperStock; **Foto 18.2:** Foto de Lance Cpl. Scott L. Tomaszycki; **Foto 18.3:** ©ESO/C. Malin, CC BY 3.0; **Foto 18.4:** ©loraks/Getty Images RF; **Foto 18.5:** ©Ingram Publishing RF.

CAPÍTULO 19
Página de abertura: ©Peter Tsai Photography; **Foto 19.1:** ©kickers/Getty Images RF; **Foto 19.2:** ©McGraw-Hill Education/Foto de Sabina Dowell; **Foto 19.3:** Cortesia de MTS Systems Corporation.

APÊNDICE B
Foto B.1: ©loraks/Getty Images RF.

Índice

A

Aceleração absoluta, 1030
Aceleração angular
 movimento restrito (plano), 1146–1147
 rotação em torno de um eixo fixo, 982–983, 989
Aceleração de Coriolis, 980
 movimento bidimensional (planar), 1051–1052, 1058
 movimento em relação a um sistema de referência rotativo, 980, 1051–1052, 1058
 movimento tridimensional (espacial), 1083, 1089
 sistemas de referência tmóveis, 1083, 1089
 sistemas de referência rotativos, 1051–1052, 1058
Aceleração de corpos rígidos, 1029–1039
 componentes normais, 1029–1031
 componentes tangenciais, 1029–1031
 movimento bidimensional (planar), 982–983, 989, 1029–1039
 movimento em três dimensões (espacial), 1066, 1068, 1072–1073, 1083–1084, 1089–1090
 movimento plano, 1029–1039
 movimento restrito (plano), 1044–1046, 1159–1160
 polígonos vetoriais para a determinação de, 1030
 sistemas de referência móveis, 1083–1084, 1089–1090
Aceleração de partículas, 621–622
 componente radial e transversal de, 694
 componente retangular de, 667–668
 componentes tangencial e normal de, 691–692, 700
 determinação, 618-620
 instantânea, 619, 664
 movimento curvilíneo e, 664–665
 movimento retilíneo e, 618–662
Aceleração instantânea, 619, 664
Aceleração média, 618–619, 664
Aceleração relativa, 669, 1029–1030, 1038–1039
Álgebra vetorial
 adição, 1413
 produto triplo misto de três vetores, 1417
 vetores unitários, 1414
Álgebra vetorial, momento de uma força
 componentes retangulares de, 1416
 em relação a um dado eixo, 1417–1418
 em relação a um ponto, 1415–1416
Álgebra vetorial, produto escalar
 de componentes retangulares, 1417
 de dois vetores, 1416
 de vetores unitários, 1416
Álgebra vetorial, produto vetorial
 de componentes retangulares, 1415
 de dois vetores, 1414–1415
 de um escalar e um vetor, 1414
 de vetores unitários, 1415
Amplitude, 1333, 1336, 1343
Análogos elétricos, 1393–1395
Ângulo de disparo, 671, 676
Ângulo de fase, 1336, 1343
Ângulos de Euler, 1305–1306, 1312
Apogeu, 775

B

Balanceamento, 1289
Binário de quantidade de movimento angular, 1212
Binormal, 692

C

Cabos inextensíveis, trabalho de forças exercidas em, 1199
Centro de força, 762
Centro de massa
 centro de gravidade comparado com, 921
 equações para, 921–922, 928
 movimento de um projétil e, 922
 sistema de referência ligado ao, 923
 sistemas de partículas, 916, 921–924, 928
Centro de massa, quantidade de movimento angular em relação a
 corpos rígidos em movimento plano, 1111
 corpos rígidos em movimento tridimensional, 1267–1268, 1276
 sistemas de partículas, 922–924, 928
Centro instantâneo de rotação, 980, 1015–1022
Centrodos, 1017
Cinemática, 616
 aceleração de Coriolis, 980, 1051–1052, 1058, 1083, 1089
 condições iniciais para, 621, 644
 graus de liberdade, 637
 soluções gráficas para, 652–655
Cinemática das partículas, 615–717
 componentes não retangulares, 690–701
 movimento bidimensional (planar), 690–692
 movimento curvilíneo, 663–677
 movimento dependente, 637, 645
 movimento independente, 636–637, 644
 movimento relativo, 636–645
 movimento retilíneo uniforme, 635–636
 movimento retilíneo, 617–629
 movimento tridimensional (espacial), 692
 resoluções para problemas de movimento, 628–629, 644–645
Cinemática de corpos rígidos, 977–1106
 aceleração, 1029–1039, 1066, 1068, 1072–1073, 1083–1084, 1089–1090
 centro instantâneo de rotação, 980, 1015–1022
 movimento bidimensional (planar), 978–1058
 movimento em torno de um ponto fixo, 979, 1065–1067, 1072
 movimento geral, 979, 1067–1068, 1073, 1083–1084, 1090
 movimento plano geral, 979–980, 997–1006, 1029–1039
 movimento tridimensional (espacial), 980, 1065–1073, 1082–1090
 rotação em torno de um eixo fixo, 978–980, 981–990
 sistemas de referência móveis, movimento em relação a, 1082–1090
 sistemas de referência rotativos, movimento em relação a, 1048–1058
 translação, 978, 980–981, 990
 velocidade, 997–1006, 1015–1022, 1067, 1072–1073, 1084, 1089–1090
Cinética, 616
Cinética de corpos rígidos, 1107–1180, 1264–1331
 forças, 1112–1116
 movimento plano geral, 1113, 1127
 movimento plano, 1107–1180

Índice

movimento restrito (plano), 1144–1160
movimento tridimensional, 1264–1331
princípio de transmissibilidade, 1113
quantidade de movimento angular, 1110–1111
rolamento, 1146–1147, 1160
rotação em torno de um ponto diferente do centro de massa, 1145–1146, 1159
rotação em torno do centro de massa, 1112, 1127
sistemas, 1116, 1127
translação, 1112, 1126
Cinética de partículas, 718–794
energia e quantidade de movimento, métodos, 795–914
lei de Newton da gravitação para, 763–764
leis de Kepler do movimento planetário, 776, 780
movimento sob a ação de uma força central, 720, 762–763, 767, 772–780
movimento, 718–794
princípio de impulso e quantidade de movimento, 796, 855–857, 865, 884
princípio de trabalho e energia, 796, 801–804, 884
princípios múltiplos, problemas envolvendo, 882–884
quantidade de movimento angular, 719, 761–767
segunda lei de Newton para, 719–740, 884
Cinética, diagramas de corpo livre e cinético para, 723–725, 739, 1114–1116, 1126
movimento plano, 1112–1116, 1126
movimento restrito, 1144–1145, 1159
segunda lei de Newton e, 723–725, 739
Coeficientes
análise de impacto, 878–879, 882, 894–895
análise de vibrações, 1389, 1396
de amortecimento crucial, 1389, 1396
de amortecimento viscoso, 1389
de restituição, 878–879, 882, 894–895
Componentes normais. *Ver* Componentes tangencial e normal
Componentes radial e transversal
aceleração em, 694
análise do movimento de uma partícula usando, 693–694, 696–699, 701
coordenadas cilíndricas para, 694, 701
coordenadas polares para, 693–694, 696–699, 701
equações de movimento, 724–725, 739
velocidade em, 694
Componentes retangulares
equações de movimento, 723–725, 739
movimento curvilíneo, 667–668
Componentes tangencial e normal
aceleração em, 691–692, 700, 1029–1031
análise de corpos rígidos usando, 1029–1031
análise de partículas usando, 690–692, 695–696, 700
equações do movimento, 724–725, 739
movimento bidimensional (planar), 690–692, 1029–1031
movimento tridimensional (espacial), 692
Componentes transversais, *Ver* Componentes radial e transversal
Condições iniciais, 621, 644
Cone corporal, 1066
Cone espacial, 1066
Conservação da quantidade de movimento, 857
angular, 763, 939, 944, 1214, 1222
impacto central direto e, 877–878, 894
impacto central oblíquo e, 880, 895
linear, 857, 939, 944
movimento de partículas, 857
movimento plano de corpos rígidos, 1214, 1222

sistemas de partículas, 924, 928, 939, 944
Conservação de energia
aplicação à mecânica espacial, 832
conversão de energia e, 831
em sistemas de partículas, 937, 944
energia cinética, 937, 944
energia potencial, 827–829, 840–841
forças conservativas, 829–830, 832, 840
no movimento de um corpo rígido, 1186–1188, 1199
no movimento de uma partícula, 827–841
princípio de, 830–831
vibração, 1364–1368
Constante de gravitação, 764
Conversão de energia, 831
Coordenada angular, 982, 989
Coordenada de posição, 617–618
Coordenadas cilíndricas para componentes transversal e radial, 694, 701
Coordenadas polares
componentes radial e transversal, 693–694, 696–699, 701
quantidade de movimento angular do movimento de uma partícula em, 762
Corpo com simetria axial, análise, 1306, 1308–1309, 1313–1314
Corpos compostos, momento de inércia de massa, 1423–1424, 1430
Corpos de formato arbitrário, momento de inércia de massa, 1442–1443, 1446
Corpos rígidos. *Ver também* Sistemas de corpos rígidos
vibração livre de, 1350–1356
Corpos rígidos, cinemática de, 977–1106
aceleração, 982–983, 989, 1029–1039, 1066, 1068, 1072–1073, 1083–1084, 1089–1090
centro instantâneo de rotação, 980, 1015–1022
em movimento geral, 979, 1067–1068, 1073, 1083–1084, 1090
movimento bidimensional (planar), 978–1058
movimento em torno de um ponto fixo, 979, 1065–1067, 1072
movimento plano geral, 979–980, 997–1006, 1029–1039
movimento tridimensional (espacial), 980, 1065–1073, 1082–1090
rotação em torno de um eixo fixo, 978–980, 981–990
sistemas de referência rotativos, movimento em relação a, 1048–1058, 1082–1083, 1089
translação, 978, 980–981, 990
velocidade, 997–1006, 1067, 1072–1073, 1084, 1089–1090
Corpos rígidos, cinética de, 1107–1180
forças de, 1112–1116
movimento plano geral, 1113, 1127
movimento plano, 1107–1180
movimento restrito plano, 1144–1160
movimento tridimensional (espacial), 1264–1331
princípio de transmissibilidade e, 1113
quantidade de movimento angular de, 1110–1111
rotação em torno do centro de massa, 1112, 1127
sistemas, 1116, 1127
translação, 1112, 1126
Corpos rígidos, energia e quantidade de movimento, métodos, 1181–1263
conservação de energia, 1186–1188, 1199
conservação de quantidade de movimento angular, 1214, 1222
energia cinética, 1185–1186, 1198
impacto excêntrico, 1234–1246
potência, 1188, 1199
princípio de impulso e quantidade de movimento, 1211–1213, 1221–1222
princípio de trabalho e energia, 1183–1184, 1198
rotação não centroidal, 1185–1186, 1213

Índice I3

sistemas, análises de, 1186, 1199, 1214
trabalho de forças, 1184–1185, 1198
Correias transportadoras, fluxo de fluido desviado por, 951–952, 959
Corrente de ar, 952–953

D

Deformação por impacto, 877–878, 1234
Desaceleração, 619
Deslizamento iminente, 1146
Deslocamento, 797–800
finito, 798, 800
trabalho de uma força e, 797–800
vertical, 799
Diagrama de impulso e quantidade de movimento, 856, 865, 880–882, 894, 1246
Diagramas cinéticos
movimento de uma partícula, 723–725, 739
movimento plano de corpos rígidos, 1112–1116, 1126
movimento restrito de um corpo rígido, 1144–1145, 1159
Diagramas de corpo livre
movimento de uma partícula, 723–725, 739
movimento plano de corpos rígidos, 1114–1116, 1126
movimento restrito de um corpo rígido, 1144–1145, 1159
Diferença de fase, 1392
Diferencial exato, 829
Direção radial, 693, 701
Direção transversal, 693, 701
Disco ou roda desbalanceados, 1147, 1160

E

Eficiência, 804–805
global, 805
mecânica, 805
potência e, 804–805
Eixo instantâneo de rotação, 1065–1066
Eixos de coordenadas, momentos de inércia em relação a, 1420
Eixos principais de inércia, 1268, 1276, 1294
Eixos rotativos, balanceamento, 1289
Elementos conectados por pinos, trabalho de forças exercidas sobre, 1199
Elipsoide de inércia, 1440–1441
Empuxo
fluxo de fluido que causa, 952–953, 959
perda e ganho de massa de foguetes, 954, 960
unidades para, 954
Energia cinética de sistemas de partículas
conservação de energia, 937, 944
perda de energia em colisões, 944
princípio de trabalho e energia, 937
sistema de referência centroidais para, 936–937
Energia cinética de uma partícula
princípio de conservação de energia, 830–831, 840
princípio de trabalho e energia, 801–802, 816
Energia cinética do movimento de um corpo rígido tridimensional
em relação a um ponto fixo, 1272, 1277
em relação ao centro de massa, 1271–1272, 1277
Energia cinética do movimento plano de corpos rígidos
corpo em translação, 1185, 1198
rotação não centroidal, 1185–1186
Energia e quantidade de movimento, métodos, 795–914, 1181–1263
deslocamento, 797–800
eficiência e, 804–805
forças de atrito e, 804, 831

movimento de um corpo rígido tridimensional, 1266–1277
movimento de uma partícula, 795–914
movimento plano de corpos rígidos, 1181–1263
quantidade de movimento angular, 1266–1270, 1276
sistemas de corpos rígidos, 1116, 1127, 1214, 1222
Energia e quantidade de movimento, métodos, conservação de energia
aplicação à mecânica espacial, 832
energia potencial, 827–829, 840–841
forças conservativas, 829–830, 832, 840
no movimento de uma partícula, 827–841
no movimento plano de corpos rígidos, 1186–1188, 1199
princípio de, 830–831
Energia e quantidade de movimento, métodos, energia cinética
movimento de um corpo rígido tridimensional, 1271–1272, 1277
movimento de uma partícula, 801–802, 816, 830–831, 840
movimento plano de corpos rígidos, 1185–1186, 1198
sistemas de partículas, 936–937, 944
Energia e quantidade de movimento, métodos, impacto
conservação de energia e, 883–884, 895
direto central, 877–880, 894
excêntrico, 1234–1246
oblíquo central, 880–882, 894–895
problemas envolvendo princípios múltiplos da cinética, 882–884
Energia e quantidade de movimento, métodos, impulso e quantidade de movimento
conservação da quantidade de movimento angular, 1214, 1222
conservação da quantidade de movimento linear, 857
do movimento de uma partícula, 855–866
do movimento plano de corpos rígidos, 1211–1222
impulso de uma força, 855–856, 865–866
movimento impulsivo, 857–858
Energia e quantidade de movimento, métodos, potência
movimento de uma partícula, 804–805, 816
movimento plano de corpos rígidos, 1188, 1199
Energia e quantidade de movimento, métodos, princípio de impulso e quantidade de movimento
movimento de um corpo rígido tridimensional, 1270–1271, 1277
movimento de uma partícula, 796, 855–857, 865
movimento plano de corpos rígidos, 1211–1213, 1221–1222
Energia e quantidade de movimento, métodos, princípio de trabalho e energia
movimento de uma partícula, 796, 801–804
movimento plano de corpos rígidos, 1183–1184, 1198
Energia e quantidade de movimento, métodos, sistemas de partículas, 936–944
conservação da quantidade de movimento, 939, 944
conservação de energia, 937, 944
princípio de impulso e quantidade de movimento, 938–939
princípio de trabalho e energia, 937
Energia e quantidade de movimento, métodos, trabalho de uma força
elementos conectados por pinos, 1199
força constante em movimento retilíneo, 799, 815
força da gravidade, 799, 815
força de uma mola, 799–800, 815, 1199
força gravitacional, 800–801, 816
movimento de uma partícula, 797–816
movimento plano de corpos rígidos, 1184–1185, 1198
Energia mecânica, 830–831
Energia potencial, 827–841
conservação de energia, 830–831
de forças conservativas, 829–830
determinação, 827–829
elástica, 828
forças de atrito e, 831

I4 Índice

gravitacional, 827–828
trabalho, 827
Equação do movimento rotacional, 1109
Equação do movimento translacional, 1109
Equação homogênea, 1375
Equação não homogênea, 1375
Euler
  ângulos de, 1305–1306, 1312
  equações para o movimento, 1065, 1286–1287
  teorema de, 1065
Excentricidade, 772–774

F

Fator de amortecimento, 1390
Fator de ampliação
  vibração amortecida, 1392–1393, 1397
  vibração não amortecida, 1376–1377
Fluxo permanente de partículas, 950–953, 959
  fluido que escoa por meio de um tubo, 952–953
  fluxo de fluido desviado por uma pá, 951–952, 959
  fluxo em pás rotativas de um helicóptero, 953
  fluxo em um motor a jato, 952–953
  fluxo em um ventilador, 953
  unidades para, 951–952
Força
  centrífuga, 1146
  conservativa, 829–830, 832, 840
  constante em movimento retilíneo, 799, 815
  da gravidade, 799, 815, 827
  de atrito, 804, 831, 1146
  de uma mola, 799–800, 815
  do movimento plano de corpos rígidos, 1112–1116
  equipolente, 1112
  externa, 916–919, 1112–1113
  força gravitacional, 800–801, 816
  gravitacional, 773–774
  impulsiva, 857, 865, 1246
  interna, 916–919
  não impulsiva, 1246
  sistemas de partículas, 916–919
  trabalho de uma, 797–816
Força central, mecânica espacial do movimento, 773–776
  condições iniciais, 774–775
  excentricidade, 773–774
  força gravitacional, 773–774
  leis de Kepler do movimento planetário, 776
  período, 775–776
  velocidade de escape, 775
Força central, movimento 720, 762–763, 767, 772–780
  aplicações de, 772–780
  de partículas, 720, 762–763, 767, 772–780
  quantidade de movimento de uma partícula, 762–763, 767
  trajetória da partícula, 772–773
Força centrífuga, 1146
Força constante, trabalho em movimento retilíneo, 799, 815
Força de uma mola
  energia potencial de, 828–829
  trabalho de, 799–800, 815, 1199
Força elástica, *Ver* Força de uma mola
Força gravitacional, trabalho de uma, 800–801, 816
Forças conservativas, 829–830, 832, 840
  aplicação à mecânica espacial, 832
  diferencial exato, 829
  energia pontencial de, 829–830

trabalho de, 829
Forças de atrito
  deslizamento e, 1146
  energia potencial de, 831
  trabalho, 804
  vibração causada por, 1389
Forças externas
  atuando sobre sistemas de partículas, 916–919
  atuando sobre um corpo rígido em movimento plano, 1112–1113
Forças internas atuando sobre sistemas de partículas, 916–919
Frequência, 1333
  circular amortecida, 1390
  forçada circular, 1375
  forçada, 1376
  natural circular, 1335, 1343
  natural, 1337, 1342
  razão de, 1376
  unidades de, 1337
Função complementar, 1376
Função periódica, 1335
Função potencial, 829

G

Giroscópio, 1305–1314
  análise de um corpo com simetria axial, 1306, 1308–1309, 1313–1314
  análise do movimento tridimensional, 1305–1314
  ângulos de Euler, 1305–1306, 1312
  precessão em regime permanente, 1307–1308, 1312–1313
Gradiente de uma função escalar, 830
Graus de liberdade, 637
Gravidade
  constante de, 764
  energia potencial, 827–828
  força de, 799, 815
  lei de Newton, 763–764

I

Impacto
  central direto, 877–880, 894
  central, 877, 894
  coeficiente de restituição, 878–879, 882, 894–895, 1235
  direto, 877
  excêntrico, 877, 1234–1246
  linha de, 877
  movimento de uma partícula, 877–895
  movimento plano de corpos rígidos, 1234–1246
  oblíquo central, 880–882, 894–895
  perfeitamente elástico, 879
  perfeitamente plástico, 879
  oblíquo, 877
  perda de energia, 879–880, 895
  problemas envolvendo múltiplos princípios cinéticos, 882–884
Impacto central direto, 877–880, 894
  coeficiente de restituição, 878–879, 894
  conservação da quantidade de movimento e, 877–878, 894
  deformação por, 877–878
  perda de energia, 879–880
  perfeitamente elástico, 879
  perfeitamente plástico, 879
  período de restituição, 877–878
Impacto oblíquo, 877
  coeficiente de restituição, 882, 895

Índice   I5

conservação da quantidade de movimento e, 880, 895
diagramas de impulso e quantidade de movimentos para, 880–882, 894
impacto central, 880–882, 894–895
Impulso, 855–866
de uma força, 855–856, 865–866, 1246
impacto excêntrico e, 1234–1246
intervalo de tempo, 865
linear, 855
princípio de impulso e quantidade de movimento, 796, 855–857, 865
quantidade de movimento e, 855–866
unidades de, 855–856
Inércia
cálculo do momento de massa de, 1419, 1429
elipsoide de, 1440–1441
momento de inércia de massa, 1419–1430
momento de inércia polar, 1422, 1429
produtos de massa de, 1439–1447
Inércia, eixos e momentos principais de,
cálculo de, 1440–1447
para um corpo de formato arbitrário, 1442–1443, 1446
para um corpo rígido tridimensional, 1268, 1276, 1294
para uma superfície quádrica, 1440–1441
quantidade de movimento angular e, 1268, 1276
Integração
integrais definitivas, 621
momentos de inércia determinados por, 1423, 1430
movimento determinado por, 621–622
Integral elíptica, 1339
Intensidade, velocidade escalar, 618, 663
Intervalo de tempo
impulso de uma força, 865
período de vibração amortecida, 1390–1391
período de vibração não amortecida, 1334–1339, 1342

L

Lei de Newton da gravitação, 763–764
Leis de Kepler do movimento planetário, 776, 780
Linha de impacto, 877

M

Massa
cálculo do momento de inércia, 1419, 1429
efeitos de ganho e perda do empuxo, 953–954, 960
momentos de inércia, 1419–1430
produtos de inércia, 1439–1447
raio de giração, 1420
Mecânica espacial
condições iniciais, 774–775
conservação de energia, 832
empuxo, 952–954, 959–960
excentricidade, 773–774
força gravitacional, 773–774
leis de Kepler do movimento planetário, 776, 780
movimento de um projétil, 668, 670–672, 676
período, 775–776, 780
sob a ação de uma força central conservativa, 832
trajetórias, 773–776, 779–780
velocidade de escape, 775
Mecânica espacial, giroscópios, 1305–1314
análise de corpos com simetria axial, 1306, 1308–1309, 1313–1314
análise do movimento, 1305–1314
ângulos de Euler, 1305–1306, 1312

precessão em regime permanente, 1307–1308, 1312–1313
Momento de uma força
componentes retangulares de, 1416
em relação a um dado eixo, 1417–1418
em relação a um ponto, 1415–1416
Momentos de inércia, 1419–A–18
de corpos compostos, 1423–1424, 1430
de massas, 1419–1430
de placas delgadas, 1422–1423, 1429
em relação aos eixos de coordenadas, 1420
integração para a determinação de, 1423, 1430
massa, cálculos de, 1419, 1429
polar, 1422, 1429
teorema dos eixos paralelos para, 1420–1421, 1429
Momentos de partículas, redução em movimento tridimensional, 1269
Motor a jato, fluxo permanente de partículas, 952–953, 959
Movimento bidimensional (planar)
de corpos rígidos, 978–1058
de partículas, 690–692
Movimento curvilíneo de partículas, 663–677
ângulo de disparo, 671, 676
componentes retangulares, 667–668
derivadas de funções vetoriais, 665–667
movimento de um projétil, 668, 670–672, 676
problemas bidimensionais, 677
problemas de movimento relativo, 668–669, 673–675, 677
rotação comparada com, 979
sistema de referência, 667–669
taxa de variação de um vetor, 666
vetores de aceleração, 664–665, 667–669
vetores de posição, 663, 669
vetores de velocidade, 663–664, 667–669
Movimento de deslizamento, 1146–1147, 1160
Movimento de um pêndulo
impacto, 883–884
oscilações, 1338, 1343
solução aproximada, 1337–1338
solução exata, 1338–1339
vibração, 1337–1339, 1343
Movimento de um projétil, 668, 670–672, 676
Movimento dependente de partículas, 637, 645
Movimento geral, 979
aceleração, 1068, 1073
em relação a um ponto fixo, 1067–1068, 1073
em relação a um sistema de referência móvel, 1083–1084, 1090
velocidade, 1067, 1073, 1083–1084, 1090
Movimento harmônico, 1334–1343
Movimento impulsivo, 857–858, 1246
Movimento orbital, 761–767. *Ver também* Quantidade de movimento angular
Movimento plano, 979
análise de, 997–998, 1031
centro instantâneo de rotação, 980, 1015–1022
diagrama cinético para, 1112–1116, 1126
diagramas de corpo livre para, 1114–1116, 1126
diagramas de rotação e translação, 997–998, 1006, 1029–1030, 1038
em termos de um parâmetro, 1031, 1039, 1100
equações de, 1109–1110, 1126
partículas em, 690–692
sistemas de referência rotativos, 1049–1052
Movimento plano, aceleração, 1029–1039
absoluta, 1030
componentes normais, 1029–1031
componentes tangenciais, 1029–1031

16 Índice

relativa, 1029–1031, 1038–1038
Movimento plano, corpos rígidos em, 978–1058, 1107–1180, 1181–1263
  energia e quantidade de movimento, métodos, 1181–1263
  forças, 1112–1116
  geral, 1113, 1127
  princípio de transmissibilidade e, 1113
  quantidade de movimento angular, 1110–1111
  restrito, 1144–1160
  rotação em torno do centro de massa, 1112, 1127
  sistemas, 1116, 1127
  translação, 1112, 1126
Movimento plano, velocidade, 997–1006
  absoluta, 998
  angular, 1000
  centro instantâneo de velocidade zero, 1015
  relativa, 998–1000
Movimento relativo de partículas, 636–645
  movimento dependente, 637, 645
  movimento independente, 636–637, 644
  solução curvilínea para problemas, 668–669, 673–675, 677
Movimento restrito (plano), 1144–1160
  aceleração angular, 1146–1147
  aceleração, 1044–1046, 1159–1160
  deslizamento, 1146–1147, 1160
  diagramas de corpo livre e cinético para, 1144–1145, 1159
  disco ou roda desbalanceados, 1147, 1160
  momentos em relação a um eixo fixo, 1146, 1159
  rolamento, 1146–1147, 1160
  rotação em torno de um ponto diferente do centro de massa, 1145–1146, 1159
  sistema de corpos rígidos, 1160
Movimento retilíneo de partículas, 617–629
  aceleração, 618–622, 628
  condições iniciais para, 621
  coordenada de posição, 617–618
  desaceleração, 619
  determinação, 621–629
  força constante em, 799, 815
  soluções gráficas para, 652–655
  trabalho de uma força constante em, 799, 815
  uniforme, 635–636
  uniformemente acelerado, 635–656
  velocidade (intensidade), 618
  velocidade, 618
Movimento tridimensional (espacial)
  cinemática de, 692, 980, 1065–1073, 1082–1090
  cinética de, 1264–1131
  de corpos rígidos, 980, 1065–1073, 1082–1090, 1264–1331
  de partículas, 692, 1082–1083, 1089
  em relação a um sistema de referência móvel, 1082–1090
  em torno do centro de massa, 1267–1268, 1276
  equações de Euler para, 1065, 1286–1287
  equações e princípios para, 1265–1266
  geral, 1067–1068, 1073, 1083–1084, 1089
  resoluções para problemas, 1285–1296
  rotação em torno de um eixo fixo, 1288–1289, 1295–1296
Movimento tridimensional (espacial) em torno de um ponto fixo
  análise de, 1287–1288, 1295
  eixo instantâneo de rotação, 1065–1066
  quantidade de movimento angular de, 1269–1270, 1276–1277
Movimento tridimensional (espacial), energia e quantidade de movimento, 1266–1277
  energia cinética, 1271–1272, 1277

princípio de impulso e quantidade de movimento para, 1270–1271, 1277
  quantidade de movimento angular, 1266–1270, 1276
Movimento tridimensional (espacial), giroscópios, 1305–1314
  análise de corpos com simetria axial, 1306, 1308–1309, 1313–1314
  ângulos de Euler, 1305–1306, 1312
  precessão em regime permanente, 1307–1308, 1312–1313
Movimento tridimensional (espacial), quantidade de movimento angular
  de corpos rígidos, 1266–1270, 1276, 1285–1288, 1294–1295
  eixos principais de inércia, 1268, 1276, 1294
  em torno de um ponto fixo, 1269–1270, 1276–1277
  em torno do centro de massa, 1267–1268, 1276
  redução, 1269
  taxa de variação de, 1285–1286, 1295
  tensor de inércia, 1268
Movimento, cinemática de corpos rígidos, 977–1106
  aceleração, 1029–1039, 1068, 1073, 1083–1084, 1089–1090
  bidimensional (planar), 978–1058
  centro instantâneo de rotação, 980, 1015–1022
  em relação a sistemas de referência móveis, 1082–1090
  em relação a sistemas de referência rotativos, 1048–1058
  em torno de um ponto fixo, 979, 1065–1067, 1072
  geral, 979, 1067–1068, 1073, 1083–1084, 1090
  plano, 979–980, 997–1006, 1029–1039
  rotação em torno de um eixo fixo, 978–980, 981–990
  translação, 978, 980–981, 990
  tridimensional (espacial), 980, 1065–1073, 1082–1090
  velocidade, 997–1006, 1015–1022, 1067, 1073, 1084, 1089–1090
Movimento, cinemática de uma partícula, 615–717
  condições iniciais para, 627
  curvilíneo, 663–677
  de um projétil, 668, 676
  dependente, 637, 645
  determinação do movimento de uma partícula, 621–622
  independente, 636–637, 644
  integração por determinação de, 621–622
  relativo, 636–645
  retilíneo, 617–629
Movimento, cinética de corpos rígidos, 1107–1180
  de rolamento, 1146–1147, 1160
  deslizamento, 1146–1147, 1160
  em torno de um ponto diferente do centro de massa, 1145–1146, 1159
  plano geral, 1113, 1127
  plano, 1107–1180
  restrito, 1144–1160
  rotação em torno do centro de massa, 1112, 1127
  tridimensional (espacial), 1264–1331
Movimento, cinética de uma partícula, 718–794
  força central, 720, 762–763, 767, 772–780
  orbital, 761–767
  quantidade de movimento angular, 719, 761–767
  segunda lei de Newton para, 719–740
Movimento, diagramas de corpo livre e cinético para, 723–725, 739
Movimento, equações
  cinética de corpos rígidos, 1109–1110, 1112, 1126, 1265
  cinética de partículas, 724–725, 739
  componentes radial e transversal, 724–725, 739
  componentes retangulares, 723–725, 739
  componentes tangencial e normal, 724–725, 739
  de Euler, 1065, 1286–1287
  forma escalar, 1112
  rotacional, 1109

translacional, 1109
Movimento, mecânica espacial, 773–776, 832
   giroscópios, 1305–1314
   sob uma força central conservativa, 832
   sob uma força gravitacional, 773–774
   trajetórias, 773–776, 779–780

N

Normal principal, 692
Nutação, taxa de, 1305

O

Órbitas circulares, 765–767
Órbitas elípticas, 765–767
Oscilações, 1338, 1343, 1351

P

Partículas. *Ver também* Sistemas de partículas
   equipolentes, 919
Partículas equipolentes, 919
Partículas, cinemática de, 615–717
   componentes não retangulares, 690–701
   componentes radial e transversal, 693–694, 696–699, 701
   componentes tangencial e normal, 690
   em relação a um sistema de referência rotativo, 1082–1083, 1089
   movimento bidimensional (planar), 690–692
   movimento curvilíneo, 663–677
   movimento dependente, 637, 645
   movimento independente, 636–637, 644
   movimento relativo, 636–637
   movimento retilíneo uniforme, 635–636
   movimento retilíneo, 617–629
   movimento tridimensional (espacial), 692, 1082–1083,1089
   resoluções para problemas de movimento, 628–629, 644–645
Partículas, cinética de, 718–794
   massa, 719
   movimento sob a ação de uma força central, 720, 762–763, 767, 772–780
   quantidade de movimento angular, 719, 761–767
   quantidade de movimento linear, 719
   resultante das forças, 719
   segunda lei de Newton para, 719–740
Pás, fluxo de fluido desviado por, 951–952, 959
Perda de energia por impacto, 879–880, 895
Perigeu, 775
Período, 775–776, 780
Período de restituição, 877–878, 1234
Período de vibração, 1336
   equação de vibração livre para, 1336
   fator de correção para, 1339
   intervalo de tempo como, 1333, 1336–1337
   vibração amortecida, 1390–1391
   vibração não amortecida, 1334–1339, 1342
Placa representativa na rotação em torno de um eixo fixo, 983–984, 989–990
Placas circulares, momento de inércia de massa de, 1423
Placas delgadas, momento de inércia de, 1422–1423, 1429
Placas retangulares, momentos de inércia de massa, 1423
Plano osculador, 692
Ponto fixo, movimento em torno de, 979
   aceleração, 1066, 1072
   análise do movimento plano, 1065–1067, 1072
   análise do movimento tridimensional, 1287–1288, 1295

eixo instantâneo de rotação, 1065–1066
   quantidade de movimento angular, 1269–1270, 1276–1277
   taxa de variação da quantidade de movimento angular, 1285, 1294
   teorema de Euler para, 1065
   velocidade, 1067, 1072
Posição relativa, 669
   movimento plano, 998–1000
   sistemas variáveis de partículas, 952–954
Posição relativa a um sistema de referência, 669
Potência
   eficiência e, 804–805, 816
   média, 804
   movimento de uma partícula, 804–805, 816
   movimento plano de corpos rígidos, 1188, 1199
   taxa de trabalho como, 804–805, 816
   unidades de, 804–805
Precessão
   em regime permanente, 1307–1308, 1312–1313
   taxa de, 1305
Princípio da conservação de energia, 830–831
Princípio de impulso e quantidade de movimento, 858, 938–939
Princípio de impulso e quantidade de movimento
   movimento de um corpo rígido tridimensional, 1270–1271, 1277
   movimento de uma partícula, 796, 855–857, 865
   movimento plano de corpos rígidos, 1211–1213, 1221–1222
   rotação não centroidal, 1213
Princípio de trabalho e energia
   movimento de uma partícula, 796, 801–804
   movimento plano de corpos rígidos, 1183–1184, 1198
Princípio de trabalho e energia para sistemas de partículas, 937
Princípio de transmissibilidade para o movimento plano de corpos rígidos, 1113
Produto escalar
   de componentes retangulares, 1417
   de dois vetores, 1416
   de funções vetoriais, 666
   de vetores unitários, 1416
Produto triplo misto de três valores, 983, 1417
Produto triplo misto de três vetores, 1417
Produto vetorial
   de componentes retangulares, 1415
   de dois vetores, 1414–1415
   de funções vetoriais, 666
   de um escalar e um vetor, 1414
   de vetores unitários, 1415
Produtos de inércia, 1439–1447
   de massas, 1439–1447
   massa, cálculo de, 1439
   para um corpo de formato arbitrário, 1442–1443
   para uma superfície quádrica, 1440–1441
   teorema dos eixos paralelos para, 1440

Q

Quantidade de movimento, 855–866. *Ver também* Princípio de impulso e quantidade de movimento
   angular, 919–920, 922–924, 928
   binário de quantidade de movimento angular, 1212
   conservação de, 857, 877–878, 894, 924, 928
   força impulsiva, 857, 865
   impacto central direto e, 877–878, 894
   impulso e, 855–866
   linear, 877–878, 919–920, 928
   movimento de uma partícula, 855–866
   movimento plano de corpos rígidos, 1211–1213, 1221–1222

I8   Índice

sistemas de partículas, 917–928
total, 857, 866
vetor de quantidade de movimento, 1212
Quantidade de movimento angular
conservação de, 763, 924, 939, 944
de sistemas de partículas, 919–920, 922–924, 928, 939, 944
de um corpo rígido em movimento plano, 1110–1111
do movimento de uma partícula, 719, 761–767
em coordenadas polares, 762
em relação ao centro de massa, 922–924, 928, 1111, 1267–1268, 1276
equações para, 919–920
força central e, 762–763, 767
formas vetoriais, 761
lei de Newton da gravitação para, 763–764
movimento orbital e, 761–767
Quantidade de movimento angular, corpos rígidos tridimensionais, 1266–1270, 1276, 1285–1286
eixos principais de inércia, 1268, 1276
em torno de um centro de massa, 1267–1268, 1276
em torno de um ponto fixo, 1269–1270, 1276–1277
redução das quantidades de movimento das partículas, 1269
tensor de inércia, 1268
Quantidade de movimento angular, taxa de variação
de corpos rígidos em movimento plano, 1111
de corpos rígidos tridimensionais, 1285–1286, 1294–1295
de uma partícula, 734–762
Quantidade de movimento linear
conservação de, 857, 924, 939, 944
equações para, 919–920, 928
movimento de uma partícula, 857
sistemas de partículas, 919–920, 924, 928, 939, 944

R

Raio de giração, 1420
Razão de frequência, 1376
Ressonância, 1376, 1380
Rolamento, 1146–1147, 1160
aceleração angular, 1146–1147
deslizamento e, 1146–1147, 1160
disco ou roda desbalanceados, 1147, 1160
Rotação, 978
centro instantâneo de, 980, 1015–1022
centroidal, 1112, 1127
diagramas de movimento plano, 997–998, 1006, 1029–1030, 1038
eixo instantâneo de, 1065–1066
em torno do centro de massa, 1112, 1127
finita, 1066
força centrífuga, 1146
infinitesimal, 1066
movimento em torno de um ponto fixo, 1065–1067
translação curvilínea comparada a, 979
uniforme, 1146
Rotação em torno de um eixo fixo
aceleração angular, 982–983, 989
análise do movimento tridimensional, 1288–1289,1295–1296
balanceamento de eixos, 1289
coordenada angular, 982, 989
equações para, 984, 990
movimento de corpos rígidos, 978–990
não centroidal, 1146, 1159
placa representativa, 983–984, 989–990
taxa de variação da quantidade de movimento angular, 1286, 1295
velocidade angular, 982, 989

Rotação em torno de um ponto diferente do centro de massa
de um corpo em movimento restrito, 1145–1146, 1159
em torno de um eixo fixo, 1146, 1159
energia cinética de um corpo em, 1185–1186
princípio de impulso e quantidade de movimento para, 1213
Rotação própria, taxa de, 1305

S

Segunda lei de Newton, 719–740. *Ver também* Movimento
aplicação, 725–740
definição, 720
diagramas de corpo livre e cinético para, 723–725, 739
massa e, 720
múltiplas forças, 722
quantidade de movimento linear e, 719–740
sistemas de partículas, 917–919
Segunda lei de Newton, equações de movimento, 724–725, 739
componentes radial e transversal, 724–725, 739
componentes retangulares, 723–725, 739
componentes tangencial e normal, 724–725, 739
Sistema de referência móvel, 668
aceleração de Coriolis, 1083, 1089
aceleração de, 1083–1084, 1089–1090
em movimento geral, 1083–1084, 1090
movimento de corpos rígidos em relação a, 1082–1090
movimento tridimensional de uma partícula, 1082–1083, 1089
sistema de referência rotativo, 1082–1083, 1089
velocidade de, 1082–1084, 1089–1090
Sistema de referência, 667–669
em movimento geral, 1083–1084, 1090
fixo, 668
ligado ao centro de massa, 923, 936–937
móvel, 668, 1082–1090
movimento em relação a, 668–669
movimento tridimensional de uma partícula, 1082–1083, 1089
newtoniano, 721
posição, velocidade e aceleração relativas, 669
rotativo, 1048–1058, 1082–1083, 1089
taxa de variação de um vetor, 667, 1048–1049, 1058
translação de, 667, 669
Sistemas de corpos rígidos
movimento plano de, 1116, 1127
movimento restrito (plano) de, 1160
princípio de impulso e quantidade de movimento para, 1214, 1222
princípio de trabalho e energia para, 1116, 1127
Sistemas de partículas, 915–976
centro de massa de, 916, 921–924, 928
conservação da quantidade de movimento em, 924, 928, 939, 944
conservação de energia em, 937, 944
forças externas e internas atuando sobre, 916–919
segunda lei de Newton para, 917–919
Sistemas de partículas, energia e quantidade de movimento, métodos, 936–944
energia cinética, 936–937, 944
princípio de impulso e quantidade de movimento, 938–939
princípio de trabalho e energia, 937
Sistemas de partículas, quantidade de movimento, 917–928
angular, 919–920, 922–924, 928, 939, 944
linear, 919–920, 924, 928, 939, 944
Sistemas de referência rotativos
aceleração de Coriolis, 1051–1052, 1058
movimento de corpos rígidos em relação a, 1048–1058, 1082–1083, 1089
movimento plano de uma partícula em relação a, 1049–1052

Índice I9

movimento tridimensional de uma partícula, 1082–1083, 1089
taxa de variação de um vetor, 1048–1049, 1058
Sistemas variáveis de partículas, 950–960
empuxo, 952–953, 954, 959
fluxo de fluido desviado, 951–952, 959
fluxo de fluido, 952–953
fluxo permanente de partículas, 950–953, 959
perda e ganho de massa, 953–954, 960
velocidade relativa, 952, 953
Soluções gráficas, 652–655
Superfície quádrica, 1440–1441

T

Taxa de variação
de um vetor, 666–667, 762, 1048–1049
em coordenadas polares, 762
sistemas de referência rotativos, 1048–1049
Taxa de variação da quantidade de movimento angular
corpos rígidos tridimensionais, 1285–1286, 1295
movimento rotacional, 1286, 1295
no movimento em torno de um ponto fixo, 1285, 1294
partículas, 761–762
Tensor de inércia, 1268
Teorema de Euler, 1065
Teorema dos eixos paralelos
para momentos de inércia, 1420–1421, 1429
para produtos de inércia, 1440
Trabalho de uma força
elementos conectados por pinos, 1199
energia potencial, 827–829
força constante em movimento retilíneo, 799, 815
força da gravidade, 799, 815, 827–828
força de uma mola, 799–800, 815, 1199
força gravitacional, 800–801, 816
movimento de uma partícula, 797–816
movimento plano de corpos rígidos, 1183–1185, 1198–1199
princípio de trabalho e energia, 796, 801–804, 1183–1184, 1198
Trajetória
de uma partícula, 772–773
elíptica, 773–774, 779–780
hiperbólica, 773–774, 779–780
mecânica espacial, 773–776, 779–780
movimento sob a ação de uma força central e, 772–780
parabólica, 668, 773–774, 779–780
período, 775–776, 780
Translação, 978
corpo rígido em, 980–981, 990, 1112, 1126
diagramas cinéticos para, 1112, 1126
diagramas de movimento plano para, 997–998, 1006, 1029–1030, 1038
energia cinética de um corpo em, 1185
forças externas de um movimento plano, 1112, 1126
movimento curvilíneo e, 667
Tubos, fluido que escoa por meio de, 952–953

U

Unidades
de frequência, 1337
de impulso, 855–856
de potência, 804–805
de trabalho, 798
empuxo, 954
fluxo permanente de partículas, 951–952

V

Velocidade
absoluta, 998
angular, 982, 989, 1000
areolar, 764
centro instantâneo de rotação, 1015–1022
centro instantâneo de velocidade zero, 1015
componentes radial e transversal de, 694
componentes retangulares de, 667–668
de escape, 775
determinação, 618
instantânea, 618, 663
média, 618, 663
movimento bidimensional (planar), 997–1006
movimento curvilíneo e, 663–664
movimento geral, 1067, 1073, 1083–1084, 1090
movimento plano, 997–1006
movimento retilíneo e, 618
movimento tridimensional (espacial), 1067, 1072–1073, 1082–1084, 1089–1090
relativa, 669, 952–954, 1000
sistema de referência rotativo, 1082, 1089
sistemas de referência móveis, 1082–1084, 1089–1090
sistemas variáveis de partículas, 952–954
velocidade escalar (intensidade), 618, 663
vetor, 663–664, 667–668
Vetores, 663–677
aceleração, 664–665, 667–668
componentes retangulares e, 667–668
derivadas de funções, 665–667
deslocamento, 663
função, 663–664
movimento curvilíneo e, 663–677
posição, 663
quantidade de movimento angular de partículas, 762
quantidade de movimento linear, 1212
sistema de referência, 667
taxa de variação, 666–667, 1048–1049, 1058
velocidade, 663–664, 667–668
Vetores unitários, 1414
produto escalar de, 1416
produto vetorial de, 1415
Vibração, 1332–1411
amortecida, 1334, 1389–1397
amplitude, 1333, 1336, 1343
ângulo de fase, 1336, 1343
aplicação da conservação de energia, 1364–1368
de corpos rígidos, 1350–1356
em regime permanente, 1376, 1380
forçada, 1334, 1375–1381, 1391–1393
frequência, 1333, 1335, 1337, 1343, 1375–1376
função periódica, 1335
livre, 1334–1343, 1350–1356, 1389–1391, 1396–1397
movimento harmônico simples, 1334–1343
não amortecida, 1334–1343, 1350–1356, 1375–1376
oscilações, 1338, 1343, 1351
período, 1333, 1336, 1342, 1390–1391
transiente, 1376
Vibração amortecida, 1334, 1389–1397
amortecimento crucial, 1390, 1396
amortecimento subcrucial, 1390, 1396
amortecimento supercrucial, 1390, 1396
análogos elétricos, 1393–1395
causadas pelo atrito, 1389

I10 Índice

diferença de fase, 1392
fator de ampliação, 1392–1393, 1397
período de, 1390–1391
vibrações forçadas, 1391–1393, 1397
vibrações livres, 1389–1391, 1396–1396
Vibração forçada, 1334
    amortecida, 1391–1393, 1367
    causada pelo movimento harmônico simples, 1375, 1381
    causada por forças periódicas, 1375, 1380
    fator de ampliação, 1376–1377, 1392–1393, 1397
    frequência forçada circular, 1375
    frequência forçada, 1376
    não amortecida, 1375–1381
    razão de frequência para, 1376
    ressonância do sistema, 1377, 1380
Vibração livre, 1334
    amortecida, 1389–1391, 1396–1397
    de corpos rígidos, 1350–1356

movimento de um pêndulo, 1337–1339, 1343
movimento harmônico simples com, 1334–1343
não amortecida, 1334–1343, 1350–1356
Vibração mecânica, 1333. *Ver também* Vibração
    análogos elétricos, 1393–1395
    aplicação da conservação de energia, 1364–1368
    de corpos rígidos, 1350–1356
    deslocamento do sistema, 1333
Vibração mecânica, movimento de um pêndulo, 1337–1339, 1343
    oscilações, 1338, 1343
    solução aproximada, 1337–1338
    solução exata, 1338–1339
Vibração não amortecida
    movimento harmônico simples, 1334–1343
    vibração forçada, 1334, 1375–1381
    vibração livre, 1334–1343, 1350–1356
Vibração transiente, 1376. *Ver também* Vibração livre

Centroides de áreas e linhas de formatos comuns

Formato		$\bar{x}$	$\bar{y}$	Área
Superfície triangular			$\dfrac{h}{3}$	$\dfrac{bh}{2}$
Superfície de um quarto de círculo		$\dfrac{4r}{3\pi}$	$\dfrac{4r}{3\pi}$	$\dfrac{\pi r^2}{4}$
Superfície semicircular		0	$\dfrac{4r}{3\pi}$	$\dfrac{\pi r^2}{2}$
Superfície de um quarto de elipse		$\dfrac{4a}{3\pi}$	$\dfrac{4b}{3\pi}$	$\dfrac{\pi ab}{4}$
Superfície semielíptica		0	$\dfrac{4b}{3\pi}$	$\dfrac{\pi ab}{2}$
Superfície semiparabólica		$\dfrac{3a}{8}$	$\dfrac{3h}{5}$	$\dfrac{2ah}{3}$
Superfície parabólica		0	$\dfrac{3h}{5}$	$\dfrac{4ah}{3}$
Superfície sob um arco parabólico		$\dfrac{3a}{4}$	$\dfrac{3h}{10}$	$\dfrac{ah}{3}$
Superfície sob um arco exponencial qualquer		$\dfrac{n+1}{n+2}a$	$\dfrac{n+1}{4n+2}h$	$\dfrac{ah}{n+1}$
Setor circular		$\dfrac{2r\,\mathrm{sen}\,\alpha}{3\alpha}$	0	αr^2

Formato		$\bar{x}$	$\bar{y}$	Comprimento
Arco de um quarto de círculo		$\dfrac{2r}{\pi}$	$\dfrac{2r}{\pi}$	$\dfrac{\pi r}{2}$
Arco semicircular		0	$\dfrac{2r}{\pi}$	πr
Arco de círculo		$\dfrac{r\,\mathrm{sen}\,\alpha}{\alpha}$	0	$2\alpha r$

Momentos de inércia de áreas geométricas comuns

Retângulo

$\bar{I}_{x'} = \frac{1}{12}bh^3$
$\bar{I}_{y'} = \frac{1}{12}b^3h$
$I_x = \frac{1}{3}bh^3$
$I_y = \frac{1}{3}b^3h$
$J_C = \frac{1}{12}bh(b^2 + h^2)$

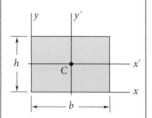

Triângulo

$\bar{I}_{x'} = \frac{1}{36}bh^3$
$I_x = \frac{1}{12}bh^3$

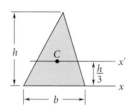

Círculo

$\bar{I}_x = \bar{I}_y = \frac{1}{4}\pi r^4$
$J_O = \frac{1}{2}\pi r^4$

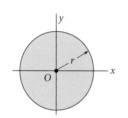

Semicírculo

$I_x = I_y = \frac{1}{8}\pi r^4$
$J_O = \frac{1}{4}\pi r^4$

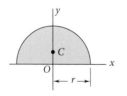

Quarto de círculo

$I_x = I_y = \frac{1}{16}\pi r^4$
$J_O = \frac{1}{8}\pi r^4$

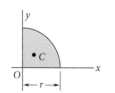

Elipse

$\bar{I}_x = \frac{1}{4}\pi ab^3$
$\bar{I}_y = \frac{1}{4}\pi a^3 b$
$J_O = \frac{1}{4}\pi ab(a^2 + b^2)$

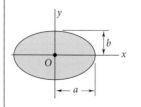

Momentos de inércia de sólidos geométricos comuns

Barra estreita

$I_y = I_z = \frac{1}{12}mL^2$

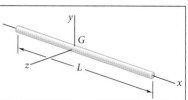

Placa retangular delgada

$I_x = \frac{1}{12}m(b^2 + c^2)$
$I_y = \frac{1}{12}mc^2$
$I_z = \frac{1}{12}mb^2$

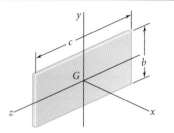

Prisma retangular

$I_x = \frac{1}{12}m(b^2 + c^2)$
$I_y = \frac{1}{12}m(c^2 + a^2)$
$I_z = \frac{1}{12}m(a^2 + b^2)$

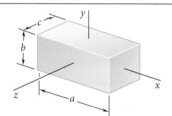

Disco delgado

$I_x = \frac{1}{2}mr^2$
$I_y = I_z = \frac{1}{4}mr^2$

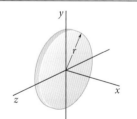

Cilindro circular

$I_x = \frac{1}{2}ma^2$
$I_y = I_z = \frac{1}{12}m(3a^2 + L^2)$

Cone circular

$I_x = \frac{3}{10}ma^2$
$I_y = I_z = \frac{3}{5}m(\frac{1}{4}a^2 + h^2)$

Esfera

$I_x = I_y = I_z = \frac{2}{5}ma^2$

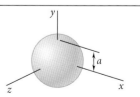

Prefixos SI

Fator de multiplicação	Prefixo	Símbolo
$1.000.000.000.000 = 10^{12}$	tera	T
$1.000.000.000 = 10^{9}$	giga	G
$1.000.000 = 10^{6}$	mega	M
$1.000 = 10^{3}$	quilo	k
$100 = 10^{2}$	hecto*	h
$10 = 10^{1}$	deca*	da
$0,1 = 10^{-1}$	deci*	d
$0,01 = 10^{-2}$	centi*	c
$0,001 = 10^{-3}$	mili	m
$0,000\ 001 = 10^{-6}$	micro	μ
$0,000\ 000\ 001 = 10^{-9}$	nano	n
$0,000\ 000\ 000\ 001 = 10^{-12}$	pico	p
$0,000\ 000\ 000\ 000\ 001 = 10^{-15}$	femto	f
$0,000\ 000\ 000\ 000\ 000\ 001 = 10^{-18}$	atto	a

* O uso desses prefixos deve ser evitado, exceto para a medição de áreas e volumes e para o uso não técnico do centímetro, como no caso das medidas do corpo e de roupas.

Principais unidades do SI usadas em mecânica

Grandeza	Unidade	Símbolo	Fórmula
Aceleração	Metro por segundo ao quadrado	. . .	m/s^2
Ângulo	Radiano	rad	*
Aceleração angular	Radiano por segundo ao quadrado	. . .	rad/s^2
Velocidade angular	Radiano por segundo	. . .	rad/s
Área	Metro quadrado	. . .	m^2
Massa específica	Quilograma por metro cúbico	. . .	kg/m^3
Energia	Joule	J	$N \cdot m$
Força	Newton	N	$kg \cdot m/s^2$
Frequência	Hertz	Hz	s^{-1}
Impulso	Newton-segundo	. . .	$kg \cdot m/s$
Comprimento	Metro	m	**
Massa	Quilograma	kg	**
Momento de uma força	Newton-metro	. . .	$N \cdot m$
Potência	Watt	W	J/s
Pressão	Pascal	Pa	N/m^2
Tensão	Pascal	Pa	N/m^2
Tempo	Segundo	s	**
Velocidade	Metro por segundo	. . .	m/s
Volume			
Sólidos	Metro cúbico	. . .	m^3
Líquidos	Litro	L	$10^{-3}\ m^3$
Trabalho	Joule	J	$N \cdot m$

* Unidade suplementar (1 revolução = 2π rad = 360°).
** Unidade básica.